Decker

Maschinenelemente Aufgaben

Decker

Maschinenelemente Aufgaben

Bearbeitet von Frank Rieg, Frank Weidermann,
Gerhard Engelken und Reinhard Hackenschmidt

15., aktualisierte Auflage

Mit 521 Aufgaben und 368 Bildern

HANSER

Autoren:
Studiendirektor i. R. Karl-Heinz Decker (†), Berlin
Studiendirektor i. R. Dipl.-Ing. Karlheinz Kabus (†), Berlin
Bearbeiter:
Prof. Dr.-Ing. Frank Rieg, Universität Bayreuth, Federführender Bearbeiter
(Kapitel 1.6, 14 bis 17, 20)
Prof. Dr.-Ing. Frank Weidermann, Hochschule Mittweida
(Kapitel 1.2, 1.4, 1.5, 4, 23, 24)
Prof. Dr.-Ing. Gerhard Engelken, Hochschule RheinMain, CIM-Zentrum Rüsselsheim
(Kapitel 1.1, 2, 18, 21, 22, 25 bis 29)
Dipl.-Wirtsch.-Ing. Reinhard Hackenschmidt, Universität Bayreuth
(Kapitel 1.3, 5 bis 13)

Die vorliegende Aufgabensammlung ist vollkommen abgestimmt auf das im gleichen Verlag erschienene Lehrbuch **Decker, Maschinenelemente**, 19., aktualisierte Auflage.

Bibliografische Information der Deutschen Nationalbibliothek

Die Deutsche Nationalbibliothek verzeichnet diese Publikation in der Deutschen Nationalbibliografie; detaillierte bibliografische Daten sind im Internet über http://dnb.d-nb.de abrufbar.

ISBN 978-3-446-44224-5
E-Book-ISBN 978-3-446-44102-6

Einbandbild: Schaeffler Technologies GmbH & Co. KG Herzogenaurach

www.hanser-fachbuch.de
Lektorat: Ute Eckardt
Herstellung: Katrin Wulst
Satz: Beltz Bad Langensalza GmbH, Bad Langensalza
Druck und Bindung: Friedrich Pustet, Regensburg
Printed in Germany

Vorwort

Mit dieser Aufgabensammlung zum Berechnen von Maschinenelementen kommen die Verfasser einem Bedürfnis technischer Fachschulen, Fachhochschulen und Universitäten nach. Das Buch fand in den vergangenen Jahren bei Dozenten und Studierenden ebenso wie bei Ingenieuren und Technikern im Berufsleben eine gute Aufnahme.
Dieses Aufgabenbuch soll die praktische Anwendung der Theorie vermitteln und mit den üblichen Lösungsgängen bei der Berechnung von Maschinenelementen vertraut machen. In der Regel werden für eine Konstruktionsaufgabe verschiedene Lösungen erwogen, von denen dann die wirtschaftlichste ausgewählt wird. Derartige Untersuchungen konnten im Rahmen dieses Buches naturgemäß nicht vorgesehen werden, und es sei deshalb hervorgehoben, dass es keine grundsätzliche Gebrauchsanweisung für den Einsatz bestimmter Maschinenelemente sein kann, sondern eher ein Wegweiser, um das Verständnis für technische Berechnungen zu vertiefen. Es ist ferner zur Intensivierung und Rationalisierung des Unterrichts an den maschinenbautechnischen Bildungseinrichtungen gedacht. Das gilt besonders in Verbindung mit den Zusatzmaterialien auf der neu entstandenen Website **www.hanser-fachbuch.de/decker**. Dort finden sich über 100 Excel-Arbeitsblätter und Berechnungstools der BayMP (Bayreuther Maschinenelemente-Programme), womit viele der Aufgaben in diesem Buch in kurzer Zeit durchgerechnet werden können.
Das Aufgabenbuch enthält neben den Aufgabenstellungen (abschnittsweise nummeriert), zu deren Verständnis zahlreiche Zeichnungen als Berechnungsskizzen beitragen, die Ergebnisse der Berechnungen (**E:**), gegebenenfalls auch Zwischenergebnisse und die verwendeten Tabellenwerte. Anschließend werden Erläuterungen und Hinweise zum Lösungsweg jeder Aufgabe gegeben (**L:**). Somit entfällt in dieser Auflage das häufige Blättern im Buch.
Mit dem Aufgabenbuch wird Studienanfängern und auch Praktikern, die nur hin und wieder bestimmte Maschinenelemente zu berechnen haben, eine Möglichkeit zur schnellen Einarbeitung angeboten. Ein separates Lösungsbuch wird somit überflüssig, da jede Lösung nach der gegebenen Anleitung sicher nachvollzogen werden kann. Selbstverständlich führen in vielen Fällen auch andere Lösungswege zu einem richtigen Ergebnis.
Verlag und Verfasser hoffen, dass diese Auflage ebenso wohlwollend aufgenommen wird wie die vorangegangenen und sowohl den Dozenten als auch den in der Ausbildung Stehenden und den bereits in der Praxis tätigen Ingenieuren und Technikern eine wertvolle Hilfe sein wird. An dieser Stelle sei allen Kollegen und Benutzern der bisherigen Auflagen herzlich gedankt, die durch Zuschriften zur Verbesserung beigetragen haben. Sollten sich trotz intensiver Bemühungen um Korrektheit einige Fehler eingeschlichen haben, so wird um Nachsicht gebeten. Auch weiterhin werden Hinweise und Anregungen stets dankbar entgegengenommen.

Frank Rieg
Frank Weidermann
Gerhard Engelken
Reinhard Hackenschmidt

Hinweise zur Benutzung des Buches

Die folgenden Aufgaben entsprechen in ihrer Gliederung, den Bezeichnungen der Maschinenelemente und deren Berechnungsweise vollkommen dem im gleichen Verlag in der **19. Auflage** erschienenen Buch **Decker, Maschinenelemente**. Sie stellen also eine Ergänzung des genannten Werkes dar. Alle Gleichungen und Tabellen sind in diesem Werk zu finden; ferner beziehen sich auch alle Hinweise auf Bilder oder Kapitel, die durch ein vorangestelltes **„ME“** gekennzeichnet sind, auf das Lehrbuch „Maschinenelemente“.

Jeder Abschnitt beginnt in der Regel mit relativ einfachen Einführungsaufgaben, deren Lösungsgang sich an die Beispiele im Lehrbuch anlehnt. Das Erkennen des Lösungsganges wird durch die gegliederte Fragestellung erleichtert. Danach folgen Aufgaben zunehmenden Schwierigkeitsgrades und unter Verzicht auf Fragestellungen nach Zwischenergebnissen.

Bei den Bildern zu den Aufgaben handelt es sich nicht um Konstruktionszeichnungen, sondern um Berechnungsskizzen, die in Anlehnung an die Normen für technische Zeichnungen angefertigt wurden. Die Bildnummern sind identisch mit den zugehörigen und den Kapiteln zugeordneten Aufgabennummern. Den Bildern bei den Ergebnissen ist der Buchstabe **„E“** vorangestellt, z. B. gehört Bild E 15.2 zum Ergebnis der Aufgabe 15.2. Sinngemäß haben die Bildnummern zu den Lösungen ein vorangestelltes **„L“**. Dabei handelt es sich vorzugsweise um Berechnungsskizzen, die das Verständnis des Lösungsganges erleichtern sollen.

Die Richtigkeit der vom Leser ausgeführten Berechnungen kann anhand der Ergebnisse (**E:**) und Zwischenergebnisse (in Klammern angegeben) kontrolliert werden. Die Ergebnisse sind im Allgemeinen sinnvoll gerundet, falls nicht besonders genaue Abmessungen errechnet werden müssen, wie bei Kettenrädern, Zahnrädern und Zahnriemen. Es ist wenig sinnvoll, ein auf mehrere Stellen genaues Rechenergebnis anzustreben, wenn der Rechnungsansatz und die als zulässig angegebenen Beanspruchungen nur eine für die Praxis ausreichende Näherung darstellen. Innerhalb der Berechnungen wurde jeweils mit den angegebenen Zwischenergebnissen weitergerechnet, diese Werte wurden in den elektronischen Rechner immer neu eingegeben. Beim Weiterrechnen mit den vom Rechner angezeigten ungerundeten Werten ergeben sich teilweise geringfügig von den angegebenen Werten abweichende Endergebnisse. Das ist besonders zu beachten beim Anwenden der Zusatzmaterialien von der Website **www.hanser-fachbuch.de/decker**, wo stets mit den ungerundeten Zwischenergebnissen gerechnet wird!

Ab dieser 19. Auflage ist dem Lehrbuch keine CD/DVD mehr beigefügt. Die Erklärungen im Lehrbuch zu einem Link ermöglichen es Studenten und Auszubildenden, als zukünftige Mitarbeiter in Konstruktion und Entwicklung professionelle Werkzeuge für die Auslegung und Berechnung von Maschinenelementen kennenzulernen und die Berechnungssoftware **MDESIGN Student** zu nutzen.

Alle weiteren Zusatzmaterialien (Excel-Arbeitsblätter, Aufgaben, Beispiele, Berechnungstools) sind nunmehr über die Website **www.hanser-fachbuch.de/decker** verfügbar, hinzu kommt jetzt auch das Programmpaket BayMP (Bayreuther Maschinenelemente-Programme). Die unter **www.baymp.de** erhältlichen Programme ermöglichen die Auslegung wichtiger Maschinenelemente (Wellen, Lager, Federn, Getriebe, Kupplungen usw.) entweder online, computergestützt unter Windows-, Linux- oder Mac-OS, auf verschiedenen wissenschaftlichen Taschenrechnern oder unter Android für mobile Geräte wie Smartphones, Mobiltelefone, Netbooks und Tablet-Computer.

Für die im Lehrbuch enthaltenen Kapitel **„3 Gestaltabweichungen der Oberflächen“**, **„16 Tribologie: Reibung, Schmierung und Verschleiß“**, **„19 Lager- und Wellendichtungen“** sowie **„30 Armaturen“** wurden keine speziellen Aufgabenstellungen erarbeitet. Problemstellungen aus diesen Gebieten sind in die Aufgaben anderer Kapitel an geeigneter Stelle einbezogen.

Inhaltsverzeichnis

1 Konstruktionstechnik

Festigkeitsberechnung

1.1 Im Bild 1.1 ist der gefährdete Querschnitt A einer Zugstange aus Stahl E295 angegeben. Die Belastungskraft schwingt zwischen der Unterkraft $F_u = 240\,\text{kN}$ und der Nennoberkraft $F_{oN} = 280\,\text{kN}$, die bis auf das 1,5fache ansteigen kann (Betriebs- oder Anwendungsfaktor $K_A = 1{,}5$). Es ist ein Festigkeitsnachweis wie folgt durchzuführen:

1. Berechnung der Nennspannungen σ_o, σ_u, σ_a, σ_m und des Ruhegrades R,
2. Ermittlung der Kerbwirkungszahl β_k und der Gestalt-Ausschlagsfestigkeit σ_{AG},
3. Sind die Sicherheiten $S_D = 1{,}5$ gegen Dauerbruch und $S_F = 1{,}4$ gegen Fließen gewährleistet?

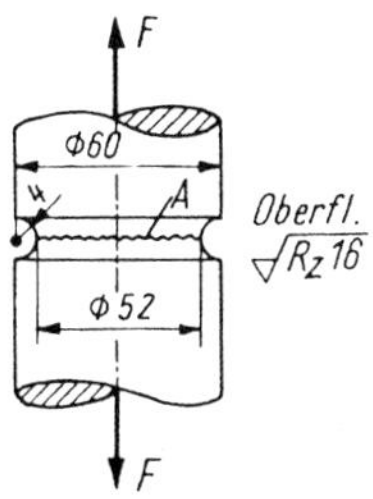

Bild 1.1 Zugstange mit Ringrille

E: **1.** $\sigma_o = 197{,}8\,\text{N/mm}^2$, $\sigma_u = 113\,\text{N/mm}^2$, $\sigma_a = 42{,}4\,\text{N/mm}^2$, $\sigma_m = 155{,}4\,\text{N/mm}^2$, $R = 0{,}786 > 0{,}5$ ($A = 2123{,}7\,\text{mm}^2$).
2. $\beta_k = 2{,}2$ ($t/d = 0{,}077$, $r/t = 1$, $\alpha_k \approx 2{,}41$, $\chi = 0{,}5\,\text{mm}^{-1}$, $R_e = 275\,\text{N/mm}^2$), $\sigma_{AG} \approx \sigma_{WG} = 69{,}6\,\text{N/mm}^2$ ($\sigma_W = 220\,\text{N/mm}^2$, $b_g \approx 0{,}8$, $R_m = 490\,\text{N/mm}^2$, $b_o \approx 0{,}87$).
3. Ja, $S_D = 1{,}64 > 1{,}5$ und $S_F = 1{,}4$.

L: **1.** σ_o, σ_u mit F_u, σ_a, σ_m und R siehe Abschn. 1.4 unter 1. **2.** Sinngemäß wie 2. und 3. im ME Beisp. 1.1. **3.** Nach Gl. (1.8) wie unter 4. im ME Beisp. 1.1.

1.2 Bild 1.2 zeigt den Ausschnitt einer Hohlwelle aus S275JR, deren Querschnitt A nur durch ein Drehmoment belastet wird, das zwischen dem Unterwert $T_u = 1{,}6\,\text{kNm}$ und dem maximalen Oberwert $T_o = 7{,}0\,\text{kNm}$ schwingt. Zu ermitteln sind:

1. Die Torsionsspannungen τ_{to} und τ_{ta} und der Ruhegrad R,
2. Die Kerbwirkungszahl β_{kt} (mit α_{kt} wie bei Vollwellen) und die Gestalt-Ausschlagsfestigkeit τ_{tAG},
3. Genügen die Sicherheiten S_D gegen Dauerbruch und S_F gegen Fließen, wenn diese mindestens 1,8 betragen sollen?

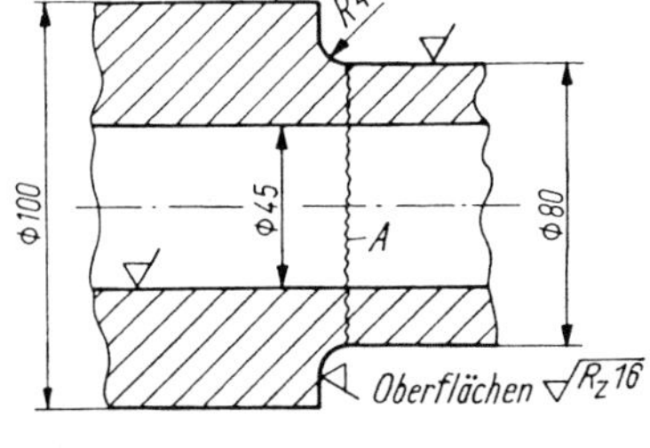

Bild 1.2 Hohlwellenausschnitt

1

E: **1.** $\tau_{to} = 75{,}96\,\text{N/mm}^2$ ($W_t = 92\,148\,\text{mm}^3$), $\tau_{ta} = 29{,}3\,\text{N/mm}^2$ ($\tau_{tu} = 17{,}36\,\text{N/mm}^2$), $R = 0{,}614 > 0{,}5$.
2. $\beta_{kt} \approx 1{,}5$ ($d/D = 0{,}8$, $r/t = 0{,}4$, $\alpha_{kt} \approx 1{,}5$, $\chi_t = 0{,}275\,\text{mm}^{-1}$, $\tau_{tAG} \approx \tau_{tWG} = 62{,}4\,\text{N/mm}^2$ ($\tau_{tW} = 125\,\text{N/mm}^2$, $b_g \approx 0{,}78$, $b_o \approx 0{,}9$).
3. Ja, $S_D = 2{,}0 > 1{,}8$ und $S_F = 1{,}85 > 1{,}8$ ($\tau_{tF} \approx 0{,}6R_e = 141\,\text{N/mm}^2$).

L: **1.** $\tau_t = T/W_t$ mit W_t nach Tab. 15.2, τ_{ta} und R nach Abschn. 1.4. **2.** Sinngemäß wie 2. und 3. im ME Beisp. 1.1, jedoch mit α_{kt} nach Tab. 15.4 (Bild b) und χ_t nach Gl. (1.3). **3.** Sinngemäß wie 4. im ME Beisp. 1.1 mit τ_{tAG} und τ_{ta} sowie $\tau_{tF} \approx 0{,}6R_e$ (Tab. 1.9) und τ_{to}.

1.3

An der Riemenscheibe mit $D_R = 500$ mm Durchmesser nach Bild 1.3 wirken die gleichbleibenden Riemenkräfte $F_1 = 5{,}2$ kN und $F_2 = 1{,}38$ kN. Der Umschlingungswinkel beträgt $\beta = 200°$, der Lagerzapfendurchmesser $D = 70$ mm und der Übergangsradius $r = 5$ mm. Die Oberflächen sind geschlichtet, Werkstoff: Stahl E295. Gesucht sind:

1. Die im Wellenquerschnitt A mit dem Durchmesser $d = 60$ mm durch die im Abstand $l = 200$ mm wirkende resultierende Riemenkraft F hervorgerufene Biegespannung σ_b,
2. Die durch das Torsionsmoment T in diesem Querschnitt erzeugte Torsionsspannung τ_t,
3. Die Kerbwirkungszahl β_{kb} und die Gestalt-Ausschlagsfestigkeit σ_{bAG},
4. Der Ausschlag der Vergleichsspannung σ_{va} und die Sicherheit S_D gegen Dauerbruch.

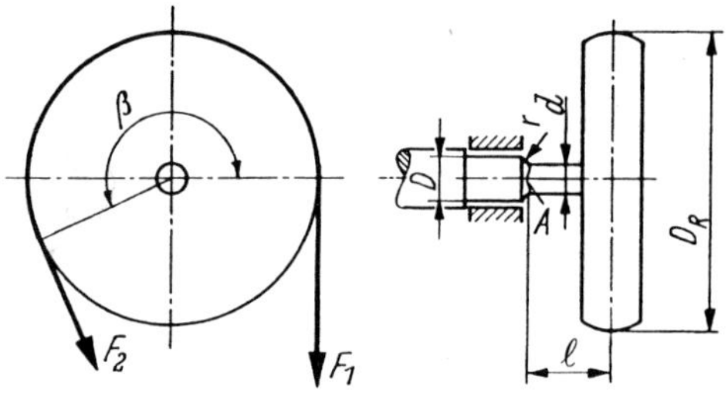

Bild 1.3 Getriebewelle mit Riemenscheibe

E: **1.** $\sigma_b = 60{,}31\,\text{N/mm}^2$ ($F = 6514$ N, $W_b = 21\,600\,\text{mm}^3$).
2. $\tau_t = 22{,}1\,\text{N/mm}^2$ ($T = 955$ Nm).
3. $\beta_{kb} = 1{,}67$ ($d/D = 0{,}857$, $r/t = 1$, $\alpha_{kb} \approx 1{,}7$, $\chi_b = 0{,}433\,\text{mm}^{-1}$), $\sigma_{bAG} = \sigma_{bWG} = 103{,}0\,\text{N/mm}^2$ ($\sigma_{bW} = 245\,\text{N/mm}^2$, $b_g \approx 0{,}78$, $b_o \approx 0{,}85$).
4. $\sigma_{va} = \sigma_v = 65{,}99\,\text{N/mm}^2$ ($R = 0$), $S_D = 1{,}56$.

L: **1.** $F = \sqrt{F_1^2 + F_2^2 + 2 \cdot F_1 \cdot F_2 \cdot \cos 20°}$ (Resultierende von F_1 und F_2 nach Cosinussatz), $\sigma_b = F\,l/W_b$ mit W_b nach Tab. 15.2 oder 1.12. **2.** Nach Gl. (15.7) mit W_t nach Tab. 15.2. **3.** Sinngemäß wie 2. und 3. im ME Beisp. 1.1, jedoch mit α_{kb} nach Tab. 15.4 (Bild a) und χ_b nach Gl. (1.2). **4.** Nach Gl. (1.8) mit σ_{bAG} als K und $\sigma = \sigma_{vo}$ nach Gl. (15.10), worin $\sigma_o = \sigma_b$ ist ($R = 0$, da Wechselbiegung infolge Wellenumlauf).

2 Maße, Toleranzen und Passungen

Normzahlen und Normmaße

2.1 Die Gehäusehöhen einer Schaltgeräte-Baureihe sind von 50 bis 500 mm nach der abgeleiteten Normzahlreihe R 20/5 gestuft. Es sind der Stufensprung q und die Höhen h aller Gehäuse der Baureihe anzugeben.

E: $q = 1{,}78$ $(= 10^{5/20})$, $h = 50 \quad 90 \quad 160 \quad 280 \quad 500$ mm.

L: Für R 20/5 ist $q = q_{20}^{5}$.

2.2 Für nachstehende Normzahlreihen sind das Reihenkurzzeichen nach DIN 323 anzugeben und der Stufensprung q zu bestimmen:

1.	1	1,4	2	2,8	4
2.	1,25	2,5	5	10	20
3.	120	180	260	400	600

E: **1.** R 20/3, $q = 1{,}4$ $(= 1{,}12^3,\ p = 3)$.
2. R 10/3(... 1,25 ...), $q = 2$ $(= 1{,}25^3)$.
3. R′40/7(... 120 ...), $q \approx 1{,}5$ $(\approx 1{,}06^7,\ p = 7)$.

L: Bestimmen des Kurzzeichens durch Aufsuchen der Zahlen in Tab. 2.1 und Feststellen der Steigerung p, d. h. der Anzahl der Stufen in der Grundreihe zwischen zwei Zahlen der gegebenen Reihe. Bei Reihen, die nicht mit der Zahl 1 beginnen, wird eine Zahl der Reihe in Klammern angegeben.

2.3 Für eine Typenreihe von Bremsen sind die Durchmesser D nach der Normzahlreihe R 10 von 50 bis 400 mm und die Stufung der zugehörigen Bremsmomente T_b festzulegen, wenn für die erste Baugröße der Reihe das Verhältnis $D/T_b = 50$ mm/Nm betragen soll. Es sind zu ermitteln:

1. Die Stufung der Durchmesser D,
2. Die Stufung der Bremsmomente T_b mit Angaben der Normzahlreihe,
3. Die Stufung und die Normzahlreihe für das Verhältnis D/T_b.

E: **1.** $D = 50 \quad 63 \quad 80 \quad 100 \quad 125 \quad 160 \quad 200 \quad 250 \quad 320 \quad 400$ mm.
2. $T_b = 1 \quad 2 \quad 4 \quad 8 \quad 16 \quad 32 \quad 63 \quad 125 \quad 250 \quad 500$ Nm, R 10/3.
3. $\dfrac{D}{T_b} = 50 \quad 31{,}5 \quad 20 \quad 12{,}5 \quad 8 \quad 5 \quad 3{,}15 \quad 2 \quad 1{,}25 \quad 0{,}8\,\dfrac{\text{mm}}{\text{Nm}}$, R 10/2(... 0,8)

L: **1.** Nach Tab. 2.1, Werte der Reihe R10 mit 10 bzw. 100 malnehmen. **2.** Sinngemäß wie ME Beisp. 2.1, jedoch Ermittlung der Reihe für T_b ausgehend von $q = T_{b2}/T_{b1} = (D_2/D_1)^3 = q_{10}^3$ und mit $T_{b1} = D_1/(D/T_b)$. **3.** Nach Aufstellen der mit 50 mm/Nm beginnenden Reihe Ermittlung des Reihenkurzzeichen (Tab. 2.1) mit Angabe der Reihenanfangs- oder -endgliedes in Klammern, da die Reihe nicht bei 1 beginnt (vgl. Aufg. 2.2).

2

2.4 In einer Getriebe-Baureihe mit 6 Baugrößen sollen die Drehmomente der Abtriebswelle nach der abgeleiteten Normzahlreihe R 10/3 zunehmend und die Drehzahlen nach R 10 abnehmend gestuft sein. Die kleinste Baugröße hat das Drehmoment 100 Nm und die Drehzahl 500 min^{-1}. Es sind zu ermitteln:
1. Die Stufung der Drehmomente T in Nm,
2. Die Stufung der Drehzahlen n in min^{-1}.

E:

1. T =	100	200	400	800	1600	3200 Nm
2. n =	500	400	315	250	200	160 min^{-1}

L: **1.** und **2.** Werte der Tab. 2.1 entspr. multiplizieren.

2.5 Eine Typenreihe zylindrischer Druckbehälter (Bild 2.5) für einen größten Überdruck $p = 25$ bar soll 5 Baugrößen enthalten, bei denen das Volumen eines Behälters jeweils etwa das doppelte des nächst kleineren beträgt. Die kleinste Größe Nr. 1 soll ein Nennvolumen von 0,1 m^3 haben. Es sind die Nennvolumen V in m^3, die Außendurchmesser D_a in mm, die Außenlängen L_a in mm und die Wanddicken s in mm nach Normzahlreihen festzulegen, wobei das Verhältnis $L_a/D_a = 2$ betragen und eine zulässige Spannung $\sigma_{zul} \approx$ 125 N/mm^2 zugrunde gelegt werden soll. Hierbei ist näherungsweise als Nennvolumen $V \approx (D_a^2 \cdot \pi/4) \cdot L_a$ zu setzen. Die Wanddicke ist nach der Näherungsgleichung $s \approx 0{,}5 D_a \cdot p/\sigma_{zul}$ zu errechnen. Die Krempenrundungen mit dem Radius r sind zu vernachlässigen. Um Normmaße für D_a und L_a anwenden zu können, dürfen die tatsächlichen Volumen bis ±8 % von den Nennvolumen abweichen. Die Blechdicken sind auf volle oder 0,5 mm aufzurunden. In einer tabellarischen Zusammenstellung sind V, D_a, L_a und s sowie das Kurzzeichen der jeweils zutreffenden Normzahlreihe anzugeben. Außerdem ist bei jeder Behältergröße die Abweichung ΔV in % vom Nennvolumen V einzutragen.

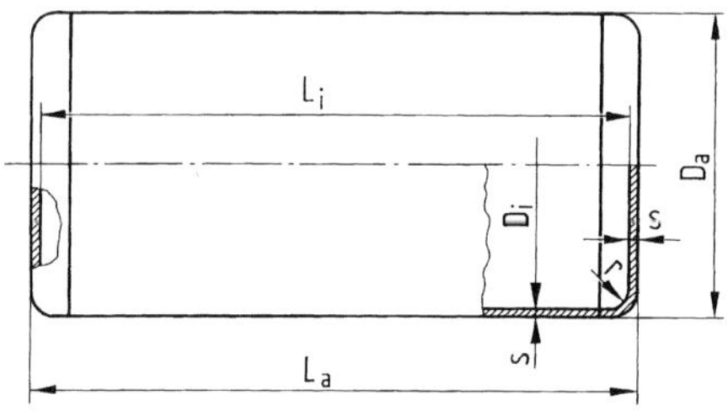

Bild 2.5 Maßbild eines Druckbehälters

E:

Baugröße Nr.	V / m^3	D_a / mm	L_a / mm	s / mm	ΔV / %
1	0,1	400	800	4	−4,4
2	0,2	500	1000	5	−6,7
3	0,4	630	1250	6,5*)	−7,5
4	0,8	800	1600	8	−4,4
5	1,6	1000	2000	10	−6,7
NZ	R 10/3	R 10	R 10	R 10	

*) aufgerundet, der Normzahlwert ist 6,3

L: Es ist 1 bar = 0,1 N/mm^2, aus der angegebenen Gleichung folgt damit $s \approx 0{,}01 D_a$. Volumenabweichung $\Delta V = V - V_i$ mit $V_i = L_i \cdot D_i^2 \cdot \pi/4$, damit ΔV in % = $(\Delta V/V)$ 100 %.

Toleranzen und Passungen

2.6 Für den Nennmassbereich über 400 bis 500 mm ist die Grundtoleranz des Toleranzgrades 10 zu ermitteln und mit dem Normwert (Tab. 2.2) zu vergleichen.

E: $T_{10} = 250\,\mu\text{m}$ entspr. Tab. 2.2 (errechnet: $64i = 248{,}8\,\mu\text{m}$).

L: Wie ME Beisp. 2.2.

2.7 Es ist die Grundtoleranz des Toleranzgrades 8 für den Nennmaßbereich über 800 bis 900 m zu errechnen.

E: $T_8 = 140\,\mu\text{m}$ (errechnet: $25I = 137{,}4\,\mu\text{m}$).

L: Wie Aufg. 2.6, jedoch mit Gl. (2.2) für $N > 500$ mm.

2.8 Für folgende tolerierte Maße sind die Abmaße zu bestimmen: 16 m6, 30 x8, 80 h9, 200 c11, 24 G7, 120 F8, 210 E9, 320 R6, 12 ZA7.

E: $16\text{ m6} = 16^{+0{,}018}_{+0{,}007}$ mm, $30 \times 8 = 30^{+0{,}097}_{+0{,}064}$ mm, $80\text{ h9} = 80^{\ 0}_{-0{,}074}$ mm,
$200\text{ c11} = 200^{-0{,}240}_{-0{,}530}$ mm, $24\text{ G7} = 24^{+0.028}_{+0{,}007}$ mm, $120\text{ F8} = 120^{+0.090}_{+0{,}036}$ mm,
$210\text{ E9} = 210^{+0{,}215}_{+0{,}100}$ mm, $320\text{ R6} = 320^{-0.097}_{-0{,}133}$ mm, $12\text{ ZA7} = 12^{-0{,}057}_{-0{,}075}$ mm.

L: Sinngemäß wie ME Beisp. 2.3.

2.9 Es sind das Höchstspiel S_g, das Mindestspiel S_k und die Passtoleranz T_p folgender Passungen zu ermitteln:

1. Bohrung $85^{+0{,}2}_{\ 0}$ mm mit Welle $85^{-0{,}05}_{-0{,}2}$ mm,
2. Bohrung $120^{+0{,}25}_{+0{,}1}$ mm mit Welle $120^{\ 0}_{-0{,}12}$ mm.

E: **1.** $S_g = 400\,\mu\text{m}$, $S_k = 50\,\mu\text{m}$, $T_p = 350\,\mu\text{m}$.
2. $S_g = 370\,\mu\text{m}$, $S_k = 100\,\mu\text{m}$, $T_p = 270\,\mu\text{m}$.

L: Sinngemäß wie ME Beisp. 2.4.

2.10 Für die Passungen 60 H8/f7, 20 H7/k6 und 180 S7/h6 sind zu ermitteln:
1. Das Passsystem (EB oder EW).
2. Höchst- und Mindestspiel S_g und S_k oder Höchst- und Mindestübermaß U_g und U_k und die Passtoleranz T_p.
3. Handelt es sich bei diesen Passungen jeweils um eine Spiel-, Übergangs- oder Übermaßpassung?

E: 60 H8/f7: **1.** EB, **2.** $S_g = 106\,\mu\text{m}$, $S_k = 30\,\mu\text{m}$, $T_p = 76\,\mu\text{m}$, **3.** Spielpassung
20 H7/k6: **1.** EB, **2.** $S_g = 19\,\mu\text{m}$, $U_g = 15\,\mu\text{m}$, $T_p = 34\,\mu\text{m}$, **3.** Übergangspassung
180 S7/h6: **1.** EW, **2.** $U_g = 133\,\mu\text{m}$, $U_k = 68\,\mu\text{m}$, $T_p = 65\,\mu\text{m}$, **3.** Übermaßpassung.

L: **1.** Nach ME Abschn. 2.5. **2.** Wie die ME Beisp. 2.5, 2.6 und 2.7. **3.** Nach ME Abschn. 2.5.

2.11 Der Durchmesser einer Welle hat das tolerierte Maß 40 h9. Es ist das tolerierte Maß mit ISO-Toleranzkurzzeichen für eine Bohrung des Toleranzgrades 9 zu ermitteln, die mit der Welle eine Spielpassung bildet, wobei ein zulässiges Höchstspiel $S_{g\,zul} = 0{,}18$ mm möglichst erreicht, aber nicht überschritten wird.

E: 40 E9 (damit $S_g = 174\,\mu m < S_{g\,zul} = 180\,\mu m$, $EI = 50\,\mu m < EI_{zul} = 56\,\mu m$, $ES = 112\,\mu m < ES_{zul} = 118\,\mu m$).

L: Nach Gl. (2.3) und den Tabn. 2.2 u. 2.4 wie folgt: $T_B = T_W$ für IT 9 nach Tab. 2.2, $ei = -T_W$ und $es = 0$ bei h, $ES_{zul} = S_{g\,zul} + ei$, $EI_{zul} = ES_{zul} - T_B$, danach Passung aus Tab. 2.4, S_g nach Gl. (2.3).

2.12 Eine Bohrung mit dem tolerierten Maß 250 H7 soll mit einer Welle des Toleranzgrades 6 eine Übermaßpassung ergeben, bei der ein erforderliches Mindestübermaß $U_{k\,erf} = 0{,}09$ mm nicht unterschritten wird. Es sind zu ermitteln:
1. Das tolerierte Maß der Welle mit ISO-Toleranzkurzzeichen und mit Abmaßen,
2. Die Übermaße U_k und U_g.

E: **1.** 250 s6 $= 250^{+0{,}169}_{+0{,}140}$ mm ($ei = 140\,\mu m > ei_{erf} = 136\,\mu m$).
2. $U_k = 94\,\mu m > 90\,\mu m$, $U_g = 169\,\mu m$.

L: **1.** Sinngemäß wie Aufg. 2.11 nach Gl. (2.6) und den Tabn. 2.2 u. 2.5. Es ist $EI = 0$ und $ES = T_B$ bei H, ferner $ei_{erf} = U_{k\,erf} + ES$ (nach Gl. (2.6)). **2.** Nach den Gl. (2.6) u. (2.5).

2.13 Die Verbindung einer Kupplungsnabe mit einer Welle von 100 mm Durchmesser soll als Pressverbindung ausgeführt werden, wobei ein Höchstübermaß von 0,15 mm zulässig und ein Mindestübermaß von 0,085 mm erforderlich ist. Die Bohrung ist in dem Toleranzgrad 7, die Passung nach dem System Einheitsbohrung auszuführen. Das tolerierte Maß mit ISO-Toleranzkurzzeichen für Bohrung und Welle und die Übermaße U_g und U_k sind zu ermitteln.

E: 100 H7/u6 mit $U_g = 146\,\mu m < U_{g\,zul} = 150\,\mu m$ und $U_k = 89\,\mu m > U_{kerf} = 85\,\mu m$ ($ei = 124\,\mu m > ei_{min} = 120\,\mu m$).

L: Nach den Gln. (2.5) u. (2.6) und den Tabn. 2.2 u. 2.5 (teilweise sinngemäß wie Aufg. 2.12). Es müssen gewählt werden: Buchstabe für Toleranzfeldlage nach Tab. 2.5 bei $ei \geq ei_{min} = U_{k\,erf} + ES$ und IT nach Tab. 2.2 mit $T_W \leq T_{W\,max} = es_{max} - ei$, worin $es_{max} = U_{g\,zul} + EI$.

2.14 Der Griff einer Handkurbel nach Bild 2.14 enthält eine Hülse aus Pressstoff, die auf dem Distanzrohr leicht drehbar sein soll und reichliches Axialspiel haben darf. Der Schaft der Sechskantschraube ist mit h 13 toleriert, der Innendurchmesser des Rohres mit H 11. Die Rohrlänge hat ein unteres Abmaß von $-0{,}5$ mm, sein Außendurchmesser und die Länge der Pressstoffhülse sind nicht toleriert. Es sind zu ermitteln:

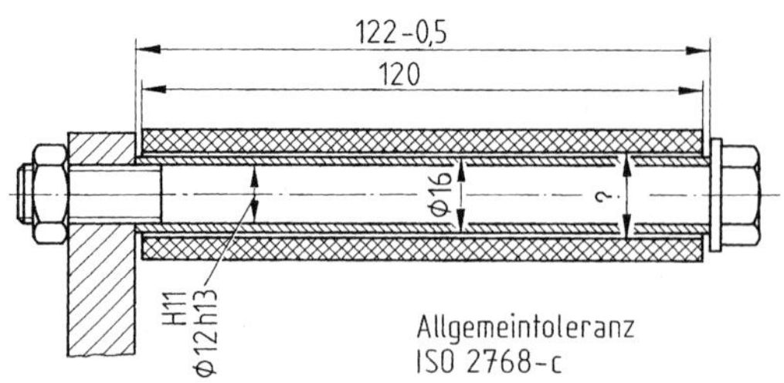

Bild 2.14 Abmessungen an einem Kurbelhandgriff

2

1. Das Höchst- und Mindestspiel zwischen Schraubenschaft und Rohrinnendurchmesser,
2. Das Höchst- und Mindestspiel zwischen Rohr- und Hülsenlänge,
3. Das tolerierte Maß für den Hülseninnendurchmesser mit Abmaßen, wenn das untere Abmaß $EI = 0$, das Mindestspiel $S_k = 0{,}5$ mm und das Höchstspiel $S_g = 2$ mm betragen sollen.

E: **1.** $S_g = 380\,\mu m$, $S_k = 0$.
2. $S_g = 2{,}8$ mm, $S_k = 0{,}7$ mm (mit ±0,8 mm für $N = 120$ mm)
3. $17^{+0{,}5}_{0}$ mm (mit ±0,5 mm für $N_w = 16$ mm, $G_B = 17{,}5$ mm).

L: **1.** u. **2.** sinngemäß wie ME Beisp. 2.8. **3.** Aus Bild L 2.14 folgen: $G_{oB} = S_g + G_{uW}$, $G_{uB} = S_k + G_{oW} = N_B$, $ES = G_{oB} - G_{uB}$.

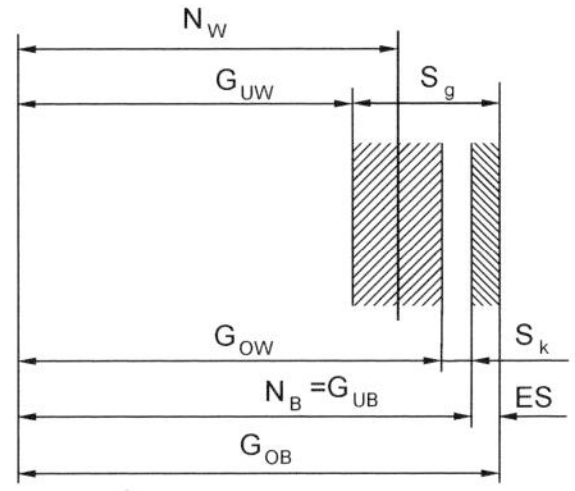

Bild L 2.14
Darstellung des Höchst- und Mindestspiels

2.15

Das Kettenrad einer Kettenspanneinrichtung ist entsprechend Bild 2.15 auf einem Bolzen gelagert, dessen Schaftdurchmesser das tolerierte Maß 20 h9 hat. Für die Maßeintragung sind zu ermitteln:

1. Das tolerierte Maß für die Lagerbohrung, sodass reichlich Spiel vorhanden ist, sowie das Höchst- und Mindestmaß der gewählten Passung,
2. Das tolerierte Maß für die Bohrung im Hebel zur Aufnahme des Bolzens, wenn hier ein Haftsitz erforderlich ist, sowie Höchstspiel und -übermaß,
3. Eine geeignete Übermaßpassung des Systems EB für einen mittleren Presssitz zwischen Lagerbuchse und Kettenradbohrung mit dem Nennmaß 26 mm. Es sind das tolerierte Maß, das Höchst- und Mindestübermaß anzugeben.
4. Das Nennmaß mit Abmaßen für die Schaftlänge L des Bolzens, wenn die Bohrungstiefe $b = 15{,}5$ mm im Hebel mit +0,2 mm und die Buchsenbreite $B = 20$ mm mit −0,2 mm toleriert sind und das Axialspiel S zwischen 0,1 und 0,7 mm schwanken darf.

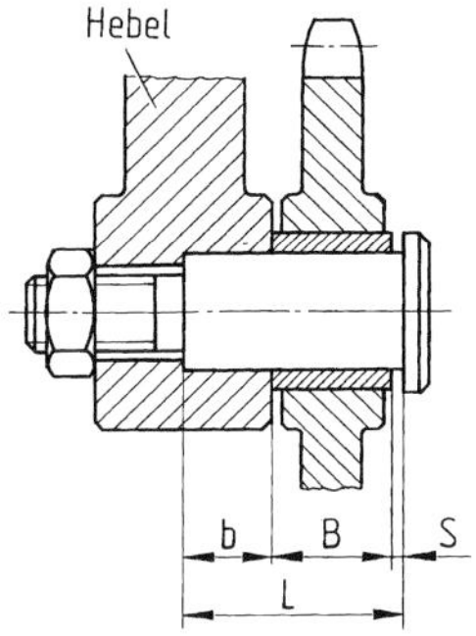

Bild 2.15 Kettenradlagerung

E: **1.** 20 E9, $S_g = 144\,\mu m$, $S_k = 40\,\mu m$.
2. 20 K7, $S_g = 58\,\mu m$, $U_g = 15\,\mu m$.
3. 26 H7/r6, $U_g = 41\,\mu m$, $U_k = 7\,\mu m$ (oder 26 H7/s6, $U_g = 48\,\mu m$, $U_k = 14\,\mu m$).
4. $L = 36^{\;0}_{-0{,}2}$ mm ($L_k = 35{,}8$ mm).

L: **1.**, **2.** u. **3.** nach Tab. 2.9 und sinngemäß wie ME Beisp. 2.8. **4.** Es ist $L_k = S_k + B_g + b_g$, $L_g = S_g + B_k + b_k = N_L$, $ei = L_k - L_g$ und $es = 0$.

4 Schmelzschweißverbindungen

Maschinenbau

4

4.1 In der Verstelleinrichtung einer Baggerschaufel befindet sich die in Bild 4.1 skizzierte Schubstange aus Baustahl S235JR. Sie hat eine wechselnd wirkende größte Kraft $F = 46$ kN zu übertragen. Wird die zulässige Schweißnahtspannung für die Bewertungsgruppe B überschritten?

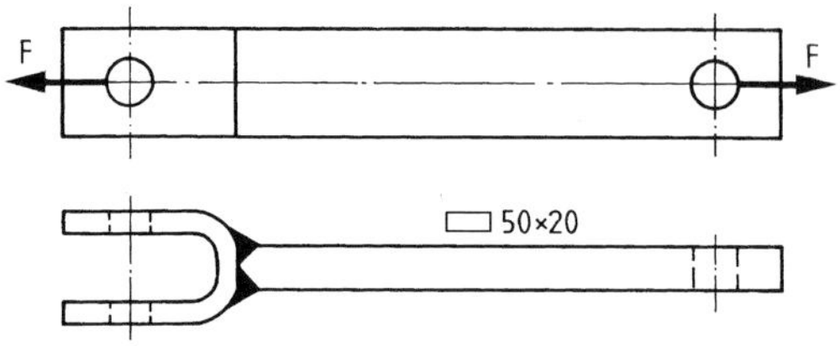

Bild 4.1 Geschweißte Schubstange

E: Nein, $\sigma_w = 46\ \text{N/mm}^2 < \sigma_{w\,zul} = 55\ \text{N/mm}^2$ ($A_w = 1000\ \text{mm}^2$).

L: Berechnung der DHV-Naht mit Doppelkehlnaht als Stumpfnaht mit Gegenlage.

4.2 Zur Aufhängung eines Elektroseilzuges sind an der in Bild 4.2 gezeigten Traverse zwei Flachstahlösen 1 und 2 angeschweißt, Werkstoff S355JO. Der Elektrozug hat ein Eigengewicht von 400 kg und ist für eine größte Last von 3 t ausgelegt. Wegen der häufigen Be- und Entlastung mit verschieden großen Lasten liegt schwellende Beanspruchung vor. Welche Länge l müssen die Schweißnähte für die Bewertungsgruppe C mindestens erhalten?

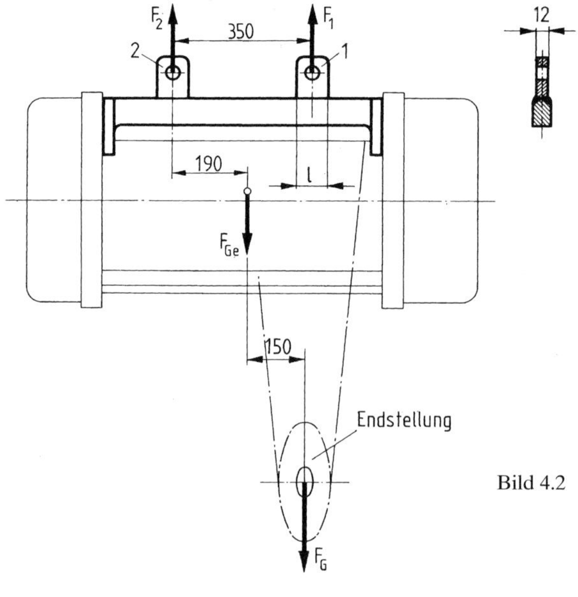

Bild 4.2 Geschweißte Ösen an einem Elektroseilzug

E: **1.** $F_1 = 30{,}72$ kN,
2. $l = 24{,}4$ mm ≈ 25 mm ($\sigma_{\mathrm{w\,zul}} = 105\ \mathrm{N/mm^2}$).

L: Die ungleichschenklige DV-Naht (X-Naht) wird als zugbeanspruchte Stumpfnaht mit Gegenlage berechnet. Beide Ösen stellen die Auflager eines Trägers auf zwei Stützen dar (Bild L 4.2), der durch die Eigengewichtskraft $F_{\mathrm{Ge}} = m_{\mathrm{e}} \cdot g$ und die Gewichtskraft $F_{\mathrm{G}} = m \cdot g$ der Last beansprucht wird. Da der Lastschwerpunkt näher an der Öse 1 liegt, wird diese stärker beansprucht als die Öse 2. Deshalb erfolgt die Berechnung nur für die Öse 1. Die Öse 2 wird wie die Öse 1 ausgeführt.

4

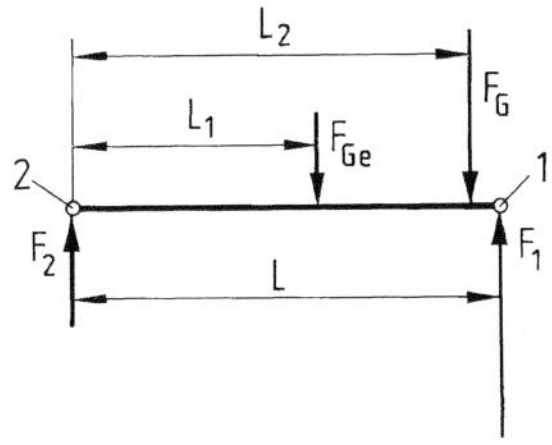

Bild L 4.2 Skizze zur Berechnung der Ösenkräfte

4.3

Der in Bild 4.3 dargestellte Kopf einer Kranbremsen-Zugstange wird mit der Kraft $F = 12$ kN schwellend beansprucht, Werkstoff S235JR.

1. Ist die Schweißnaht ausreichend bemessen?
2. Genügt der Bauteil-Anschlussquerschnitt den Anforderungen?
3. Würde ggf. eine $a = 3$ mm dicke Naht ausreichen?

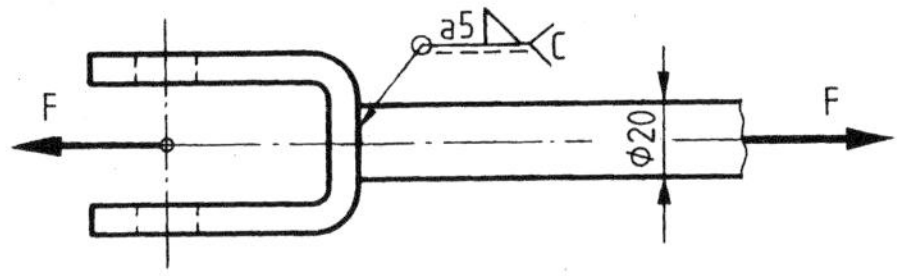

Bild 4.3 Geschweißter Zugstangenkopf

E: **1.** Ja, $\sigma_{\mathrm{w}} = 30{,}6\ \mathrm{N/mm^2} < \sigma_{\mathrm{w\,zul}} = 70\ \mathrm{N/mm^2}$ ($A_{\mathrm{w}} = 392{,}7\ \mathrm{mm^2}$),
2. Ja, $\sigma = 38{,}2\ \mathrm{N/mm^2} < \sigma_{\mathrm{zul}} = 95\ \mathrm{N/mm^2}$ ($A \approx 314{,}2\ \mathrm{mm^2}$),
3. Ja, $\sigma_{\mathrm{w}} = 55{,}4\ \mathrm{N/mm^2} < \sigma_{\mathrm{w\,zul}}$.

L: Schweißnahtfläche $A_{\mathrm{w}} = a(d + a)\pi$ wie in ME Bild 4.29a.

4.4

Ein mit der Masse $m = 500$ kg belastetes Seil wird nach Bild 4.4 über eine Seilrolle geführt, die an einer geschweißten Pendelstange befestigt ist. Der Stangendurchmesser und die Schweißnahtdicke sind für die Bewertungsgruppe D und schwellende Beanspruchung zu berechnen. Unter Vernachlässigung der Reibung an der Seilrolle sind zu ermitteln:

1. Die in der Stange wirkende Kraft F,
2. Der für den Werkstoff S235JRG2 erforderliche Stangendurchmesser d, auf volle mm aufgerundet,
3. Die erforderliche Nahtdicke a, auf volle mm aufgerundet.

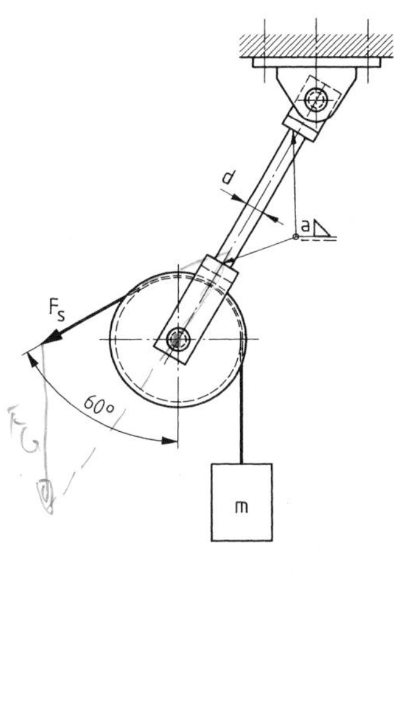

Bild 4.4 Geschweißte Pendelstange

4

E: **1.** $F = 8496$ N,
2. $d = 12$ mm ($d_{erf} = 11{,}3$ mm, $\sigma_{zul} = 85$ N/mm^2),
3. $a = 3$ mm ($\sigma_{w\,zul} = 60$ N/mm^2).

L: **1.** Die Stangenkraft F ist Resultierende oder Gleichgewichtskraft der Seilkräfte $F_S = F_G = m \cdot g$ (Bild L 4.4). **2.** Stangendurchmesser aus $S_{erf} = F/\sigma_{zul} = d^2 \cdot \pi/4$. **3.** Nahtdicke aus $A_{w\,erf} = F/\sigma_{w\,zul} = (d + 2a)^2 \cdot \pi/4 - d^2 \cdot \pi/4$.

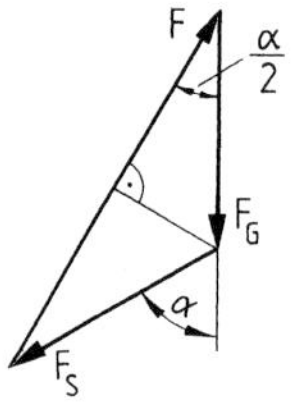

Bild L 4.4 Krafteck zur Berechnung der Stangenkraft

4.5 Von den in eine Seilrolle nach Bild 4.5 eingeschweißten Speichen aus S235JO hat jeweils eine Speiche die resultierende Kraft F aus den Seilkräften $F_S = 25$ kN aufzunehmen. Für die Berechnung denkt man sich den auf eine Speiche entfallenden Kranzanteil herausgeschnitten und freigemacht (siehe die Wellenlinien a und b). Genügen die Nähte 1 und die Bauteil-Anschlussquerschnitte der durch die Drehbewegung hervorgerufenen schwellenden Beanspruchung, wenn die Nahtdicke $a = 6$ mm beträgt und die Bewertungsgruppe C vorgesehen ist?

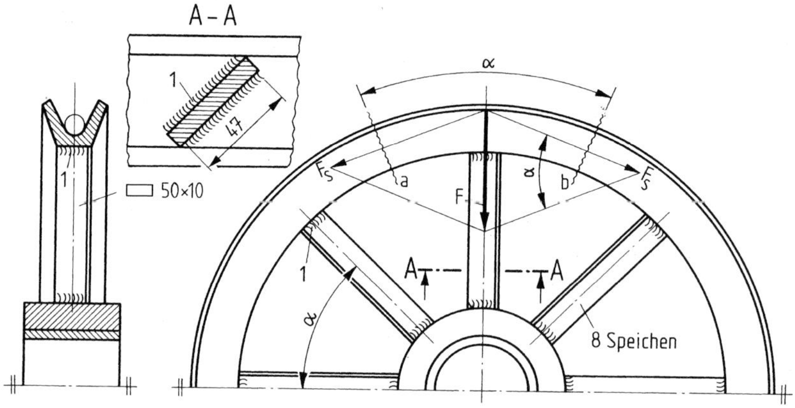

Bild 4.5 Seilrolle mit eingeschweißten Speichen

E: Ja, $\sigma_w = 33{,}9$ N/mm^2 $< \sigma_{w\,zul} = 70$ N/mm^2 ($F = 19{,}13$ kN),
$\sigma_d = 38{,}3$ N/mm^2 $< \sigma_{zul} = 95$ N/mm^2.

L: Die Berechnungsmethode stellt eine für die Praxis notwendige Vereinfachung dar. Tatsächlich sind die Verhältnisse äußerst verwickelt, denn alle anderen Speichen nehmen an der Kraftübertragung ebenfalls teil, weil sie mit dem Kranz verbunden sind. Die tatsächliche Druckspannung ist daher geringer als die errechnete, jedoch tritt zusätzlich Biegebeanspruchung auf. Bei der Festlegung von $\sigma_{w\,zul}$ ist zu beachten, dass es sich um Doppelflachkehlnähte handelt.

4.6 Für die in Bild 4.6 dargestellte geschweißte Tragöse aus S355JO ist die zulässige schwellend wirkende Belastungskraft F wie folgt zu ermitteln:

1. wenn nur mit der Stumpfnaht gerechnet wird,
2. wenn Stumpf- und Kehlnaht berücksichtigt werden,
3. Ist der Bauteil-Anschlussquerschnitt S an der Kehlnaht für die unter 2. errechnete Kraft ausreichend bemessen?

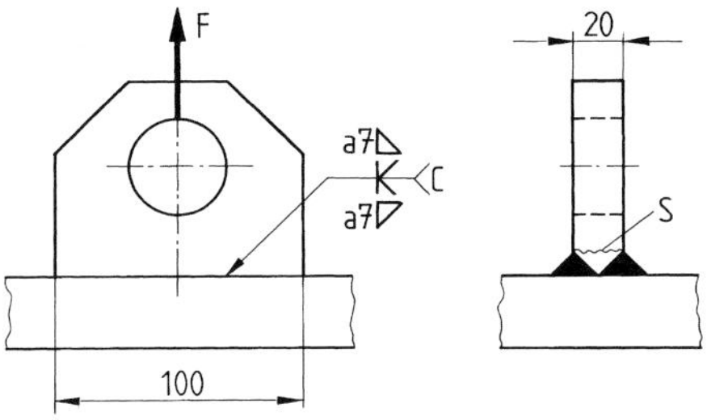

Bild 4.6 Angeschweißte Tragöse

E: **1.** $F = 210\ \text{kN}$ ($\sigma_{\text{w zul}} = 105\ \text{N/mm}^2$),
2. $F = 323\ \text{kN}$ ($\sigma_{\text{w zul}} = 95\ \text{N/mm}^2$),
3. Nein, $\sigma = 161{,}5\ \text{N/mm}^2 > \sigma_{\text{zul}} = 110\ \text{N/mm}^2$.

L: **1.** Nahtfläche der DHV-Naht (K-Naht als Stumpfnaht mit Gegenlage): $A_{\text{wS}} = a_{\text{S}} \cdot l = s \cdot b = S$. **2.** $A_{\text{w}} = A_{\text{wS}} + A_{\text{wK}} = (a_{\text{S}} + 2a_{\text{K}})l$, $\sigma_{\text{w zul}}$ für Doppelflachkehlnaht. **3.** Die für das Bauteil zulässige Kraft hängt hier nicht vorzugsweise von der Spannung im Querschnitt an der Kehlnaht ab, sondern vom gefährdeten Querschnitt an der Bohrung, dessen zulässige Belastungskraft mit den entsprechenden Gleichungen der Festigkeitslehre zu berechnen ist.

4.7 In einer Landmaschine ist ein Flachstahl aus S235JR entsprechend Bild 4.7 mit rundum laufenden Kehlnähten angeschweißt. Es ist eine wechselnd wirkende Kraft $F = 15\ \text{kN}$ zu übertragen.

1. Genügen die Schweißnähte den Anforderungen?
2. Mit welchem Betrag ist das Maß e auszuführen, wenn die Wirkungslinie der Kraft F in der Schwerlinie der Flankenkehlnähte liegen soll?

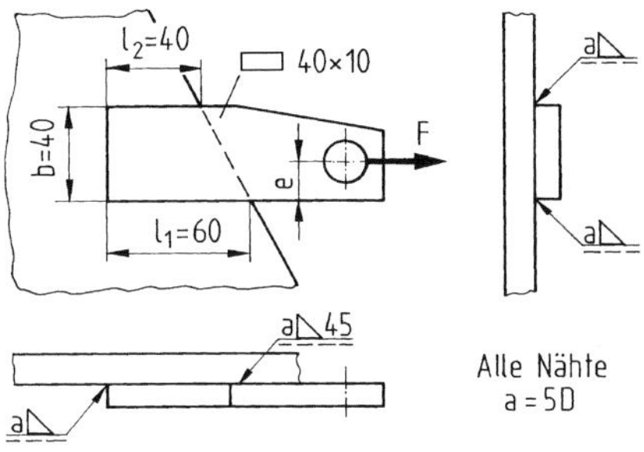

Bild 4.7 Schweißverbindung eines Flachstahls

E: **1.** Ja, $\tau_{\text{w}} = 16{,}7\ \text{N/mm}^2 < \tau_{\text{w zul}} = 35\ \text{N/mm}^2$,
2. $E = 16\ \text{mm}$.

L: **1.** Wie im Stahlbau ist auch hier für die Länge der schräg zur Kraftrichtung laufenden Kehlnaht nur die Flachstahlbreite b einzusetzen; somit $A_{\text{w}} = \sum (a \cdot l) = a(l_1 + l_2 + 2b)$. **2.** Entspricht der Empfehlung für den Stahlbau (s. ME Abschn. 4.7, unter 7.), die hier ebenfalls angebracht ist. Das Maß e folgt aus: $l_1 \cdot e = l_2(b - e)$.

4.8 Der in Bild 4.8 gezeigte Gabelkopf der Zugstange einer Doppelbackenbremse ist durch zwei eingeschweißte Flachstähle gebildet, Werkstoff S235JR. Sind die Flankenkehlnähte und die Bauteil-Anschlussquerschnitte für die größte, schwellend wirkende Zugkraft $F = 25$ kN ausreichend bemessen?

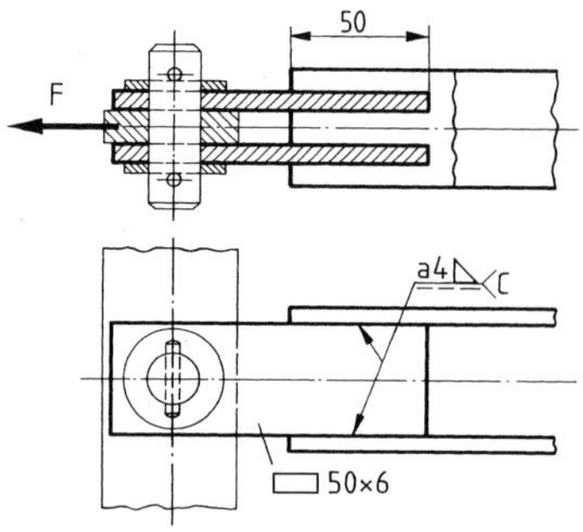

Bild 4.8 Geschweißter Gabelkopf einer Zugstange

E: Ja, $\tau_w = 31{,}3\,\text{N/mm}^2 < \tau_{w\,zul} = 50\,\text{N/mm}^2$ und $\sigma = 41{,}7\,\text{N/mm}^2 < \sigma_{zul} = 95\,\text{N/mm}^2$.

L: Schweißnahtfläche $A_w = \sum (a \cdot l) = 4 \cdot a \cdot l$, Bauteil-Anschlussquerschnitt $S = 2 \cdot b \cdot s$.

4.9 In Bild 4.9 ist der Ausschnitt eines in Verbundkonstruktion ausgeführten Läufers eines Elektromotors dargestellt, Nabenwerkstoff Stahlguss GS-38, Stegbleche aus Baustahl S235JR. Für welches wechselnde Drehmoment ist die Schweißverbindung geeignet, wenn die DV-Nähte (Bewertungsgruppe B) ringsum geschweißt sind?

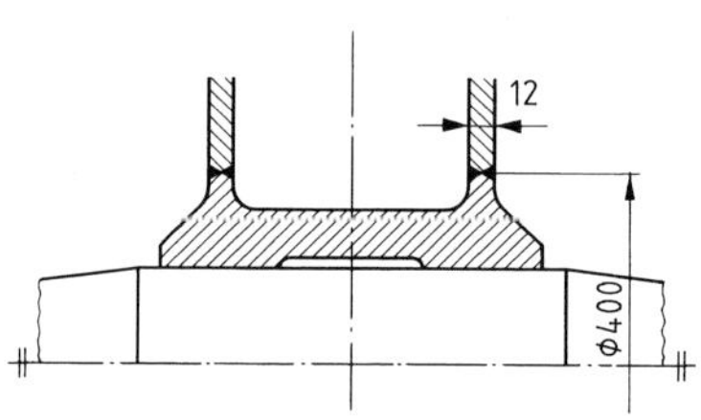

Bild 4.9 Ausschnitt eines Elektromotorläufers in Verbundkonstruktion

E: $M \approx 211$ kNm ($A_w = 30\,159\,\text{mm}^2$, $\tau_{w\,zul} = 35\,\text{N/mm}^2$).

L: Es handelt sich um schubbeanspruchte, beidseitig geschweißte Stumpfnähte (DV-Nähte als Stumpfnähte mit Gegenlage). Zulässiges Drehmoment $M = F_{zul} \cdot d/2 = A_w \cdot \tau_{w\,zul} \cdot d/2$ mit $A_w = \sum (a \cdot l) = 2 \cdot a \cdot l = 2 \cdot a \cdot d \cdot \pi$.

4.10 Das in Bild 4.10 gezeigte geschweißte Kettenrad hat ein schwellend wirkendes Spitzendrehmoment von 920 Nm zu übertragen. Die in den Ringschweißnähten auftretenden Spannungen sind rechnerisch zu überprüfen mit der Annahme, dass jede Naht das halbe Drehmoment aufnimmt. Ferner sind die Bauteilquerschnitte an der Kehlnaht nachzurechnen. Es sind zu ermitteln:

1. Die Spannungen in den Nähten 1 und 2,

2. Die Bauteilspannungen an der Kehlnaht im Kettenrad aus S355JO und in der Nabe aus S235JO,

3. Werden die zulässigen Spannungen der Bewertungsgruppe C überschritten?

E: **1.** $\tau_{w1} = 13\,N/mm^2$ ($F_1 = 12\,267$ N), $\tau_{w2} = 14{,}7\,N/mm^2$ ($F_2 = 11\,500$ N),
2. $\tau = 6{,}6\,N/mm^2$ ($F = 21\,395$ N, $S = 3242\,mm^2$), $\tau_t = 9{,}2\,N/mm^2$ ($W_t \approx 99\,800\,mm^3$),
3. Nein, $\tau_{w1\,zul} = 50\,N/mm^2 > \tau_{w1}$, $\tau_{w2\,zul} = 70\,N/mm^2 > \tau_{w2}$ und $\tau_{zul} = 80\,N/mm^2 > \tau$, $\tau_{t\,zul} = 70\,N/mm^2 > \tau_t$.

L: **1.** Dass jede Naht das halbe Drehmoment überträgt, ist eine vereinfachende Annahme. Tatsächlich handelt es sich um einen statisch unbestimmten Fall. Es werden beide Nähte getrennt auf Schub berechnet mit $A_{w1} = a_1 \cdot d_1 \cdot \pi$ (Naht 1 aufgefasst als Stumpfnaht ohne Gegenlage) und $A_{w2} = a_2(d_2 + a_2)\,\pi$. Hierbei $d_1 = 75$ mm, $d_2 = 80$ mm. **2.** Schubbeanspruchung in der Rundschnittfläche $S = (d_2 + 2a_2)\,\pi \cdot s$ des Kettenrades und Torsionsbeanspruchung im Querschnitt der Nabe mit $W_t \approx 0{,}2(d_2^4 - d^4)/d_2$. Hierbei ist $d = 32$ mm. **3.** Auf die Berechnungen zu 2. kann normalerweise verzichtet werden, da diese Spannungen meistens sehr gering sind, wie sich auch hier zeigt.

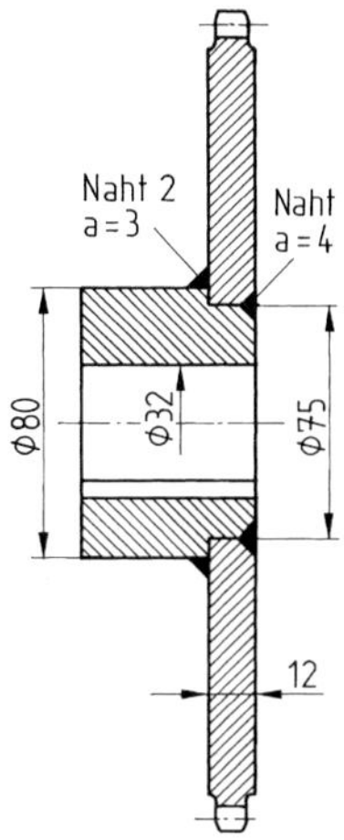

Bild 4.10 Geschweißtes Kettenrad

4.11 In einer Vorrichtung ist ein Flachstahl aus S235JR zur Aufnahme einer Zugfeder entsprechend Bild 4.11 angeschweißt.

1. Welche schwellend wirkende Federkraft F ist höchstens zulässig?
2. Welche Nahtdicke a ist für eine gleichlange Doppelflachkehlnaht der Bewertungsgruppe D anstelle der DHV-Naht zur Übertragung der unter 1. errechneten Kraft erforderlich, und ist der Bauteil-Anschlussquerschnitt hierfür ausreichend bemessen?

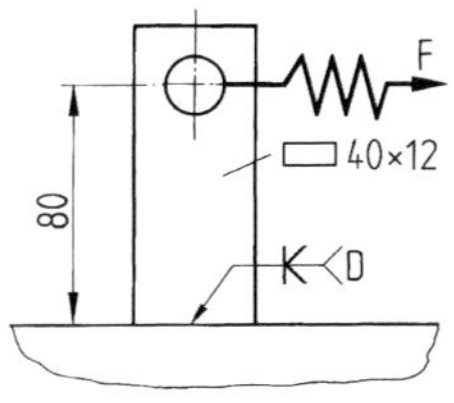

Bild 4.11 Schweißverbindung eines Flachstahls für Zugfederaufnahme

E: **1.** $F = 3$ kN ($\sigma_{w\,zul} = 75\,N/mm^2$),
2. $a = 7{,}5$ mm ($\sigma_{w\,zul} = 60\,N/mm^2$), Bauteil ausreichend: $\sigma_b = 68\,N/mm^2 < \sigma_{b\,zul} = 110\,N/mm^2$.

L: **1.** Aus Gl. (4.3) folgt für $F = \sigma_{w\,zul} \cdot a \cdot l^2/(6 \cdot L)$, $a = s$, $l = b$, $\sigma_{w\,zul}$ nach Tab. 4.4 für Stumpfnaht mit Gegenlage, **2.** $a = \dfrac{F \cdot L \cdot 6}{\sigma_{w\,zul} \cdot 2 \cdot l^2}$, $\sigma_b = \dfrac{M_b}{W_b} = \dfrac{F(L-a)}{s \cdot b^2/6}$.

4.12 Für ein Steuergestänge ist ein Winkelhebel nach Bild 4.12 als Schweißteil ausgebildet, Werkstoff S235JR. Die angreifenden Kräfte $F_1 = 600$ N und F_2 wirken wechselnd. Genügen die Schweißnähte und die Bauteil-Anschlussquerschnitte den Anforderungen? Es sind zu ermitteln:

4

1. Die Kraft F_2 und die von den Schweißnähten aufzunehmenden Biegemomente M_{wb1} und M_{wb2}.
2. Die Vergleichsspannung σ_{wv} in der höher beanspruchten Schweißnaht und die Biegespannung σ_b im Bauteil-Anschlussquerschnitt,
3. Die Antwort auf die gestellte Frage und erforderlichenfalls eine andere Flachstahlbreite unter Beibehaltung der Dicke von 8 mm sowie ggf. auch eine andere Nahtdicke.

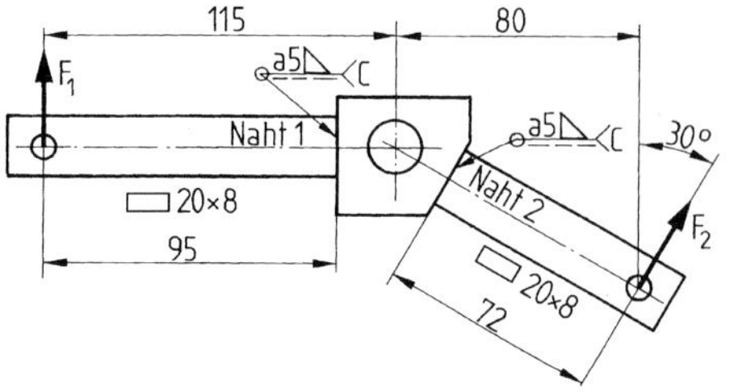

Bild 4.12 Geschweißter Winkelhebel

E: **1.** $F_2 = 747$ N, $M_{wb1} = 57$ Nm $> M_{wb2} = 53{,}8$ Nm,
2. $\sigma_{wv} = 39{,}1\ \text{N/mm}^2$ ($\sigma_{wb} = 38{,}9\ \text{N/mm}^2$, $I_w = 1{,}467\ \text{cm}^4$, $\tau_w = 3\ \text{N/mm}^2$, $F_q = 600$ N, $A_w = 200\ \text{mm}^2$), $\sigma_b \approx 101\ \text{N/mm}^2$ ($M_b = 54$ Nm, $W_b = 0{,}533\ \text{cm}^3$).
3. Schweißnähte ja, $\sigma_{wv\,zul} = 40\ \text{N/mm}^2 > \sigma_{wv}$, Bauteil nein, da $\sigma_{w\,zul} = 60\ \text{N/mm}^2 < \sigma_b$, $b_{erf} = 26$ mm, gewählt Flachstahl 30 × 8. Damit Nahtdickenverringerung möglich. Bei $a = 4$ mm wird $\sigma_{wv} = 26{,}6\ \text{N/mm}^2$ ($\sigma_{wb} = 26{,}4\ \text{N/mm}^2$, $\tau_w = 2{,}5\ \text{N/mm}^2$).

L: **1.** F_2 aus $\sum M = F_1 \cdot 115\ \text{mm} - F_2 \cdot 80\ \text{mm}/\cos 30° = 0$, **2.** σ_{wb} nach Gl. (4.3) mit $M_{wb1} > M_{wb2}$ und I_w wie für ME Bild 4.31 b. Die durch die Querkraft hervorgerufenen Schubspannungen sind nur mit den Stegnahtflächen $2a \cdot l$ zu errechnen. Danach ist die Vergleichsspannung nach Gl. (4.5) zu bilden. σ_b wie unter 2. in Aufg. 4.11 mit F_1 und L_1, **3.** $\sigma_{w\ zul}$ nach Tab. 4.4 für Doppelflachkehlnaht; erforderliche Flachstahlbreite aus: $W_{b\,erf} = M_{b1}/\sigma_{b\,zul} = F_1(L_1 - a)/\sigma_{b\,zul} = s \cdot b_{erf}^2/6$.

4.13

In die mit Bild 4.13 gezeigte Bremsscheibe einer Doppelbackenbremse ist eine elastische Kupplung eingebaut. Zur Aufnahme der Bindeglieder sind an den Steg gleichmässig verteilt drei Rohrstutzen aus S235JR angeschweißt, die das wechselseitige Nenndrehmoment $T_{KN} = 1{,}4$ kNm zu übertragen haben. Es ist mit einem Stoßfaktor $S_S = 2$ zu rechnen (bei Kupplungen S_S, sonst K_A). Die um die Rohrstutzen gelegten ringförmigen Kehlnähte genügen der Bewertungsgruppe C. Der Einfluss der Versteifungsrippen ist zu vernachlässigen. Werden in den Schweißnähten und in den Anschlussquerschnitten der Rohrstutzen die zulässigen Spannungen überschritten?

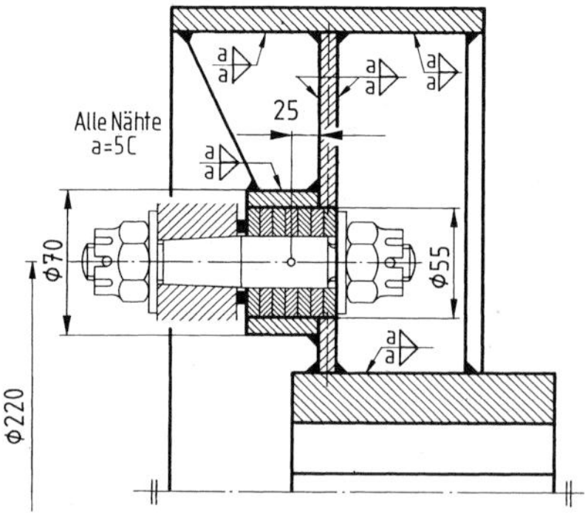

Bild 4.13 Bremsscheibe mit angeschweißten Rohrstutzen

E: Nein, $\sigma_{\mathrm{w\,zul}} = 40\,\mathrm{N/mm^2} > \sigma_{\mathrm{wv}} = 13{,}1\,\mathrm{N/mm^2}$ ($F = 8485\,\mathrm{N}$, $I_{\mathrm{w}} = 83{,}2\,\mathrm{mm^2}$, $A_{\mathrm{w}} = 1178\,\mathrm{mm^2}$, $\sigma_{\mathrm{wb}} = 8{,}9\,\mathrm{N/mm^2}$, $\tau_{\mathrm{w}} = 7{,}2\,\mathrm{N/mm^2}$) und $\sigma_{\mathrm{b\,zul}} = 60\,\mathrm{N/mm^2} > \sigma_{\mathrm{b}} = 8\,\mathrm{N/mm^2}$ ($W_{\mathrm{b}} = 21{,}23\,\mathrm{cm^3}$).

L: Die aus dem Stoßdrehmoment $T_{\mathrm{K}} = S_{\mathrm{S}} \cdot T_{\mathrm{KN}}$ zu errechnende Umfangskraft $F_{\mathrm{u}} = T_{\mathrm{K}}/r_0$ beansprucht die am Teilkreis $d_0 = 220\,\mathrm{mm}$ angeordneten Ringschweißnähte auf Biegung und Schub, sodass die Vergleichsspannung nach Gl. (4.5) zu bilden ist. Die Biegespannung auf der kreisringförmigen Schweißnahtfläche wird nach Gl. (4.3) mit I_{w} wie für ME Bild 4.31c und $e_{\mathrm{w}} = d/2$, die Schubspannung nach Gl. (4.2) mit $A_{\mathrm{w}} = a(d + a)\,\pi$ errechnet.

4.14

Das geschweißte Lagerschild aus S235JR einer elektrischen Maschine ist in Bild 4.14 gezeigt. Durch die Eigengewichtskraft des Läufers und die Betriebskräfte (einschließlich Riemenzug am Wellenende) kann eine größte, schwellend wirkende Kraft $F = 140\,\mathrm{kN}$ an der Lagerstelle auftreten. Die umlaufende Doppel-Flachkehlnaht am Flansch und der Bauteil-Anschlussquerschnitt im 10 mm dicken Blech sind unter Vernachlässigung der Versteifungsrippen rechnerisch auf Festigkeit zu überprüfen. Ist eine Verringerung der Naht- und Bauteildicken ratsam?

E: $\sigma_{\mathrm{wv}} = 10{,}4\,\mathrm{N/mm^2} < \sigma_{\mathrm{w\,zul}} = 70\,\mathrm{N/mm^2}$ ($I_{\mathrm{w}} \approx 140750\,\mathrm{cm^4}$, $A_{\mathrm{w}} = 22305\,\mathrm{cm^4}$, $\sigma_{\mathrm{wb}} \approx 6{,}1\,\mathrm{N/mm^2}$, $\tau_{\mathrm{w}} = 6{,}3\,\mathrm{N/mm^2}$) und $\sigma_{\mathrm{b}} = 5{,}8\,\mathrm{N/mm^2} < \sigma_{\mathrm{b\,zul}} = 125\,\mathrm{N/mm^2}$ ($W_{\mathrm{b}} = 3978\,\mathrm{cm^3}$); Verringerung ratsam, da $\sigma_{\mathrm{wv}} \ll \sigma_{\mathrm{b\,zul}}$ und $\sigma_{\mathrm{b}} \ll \sigma_{\mathrm{b\,zul}}$.

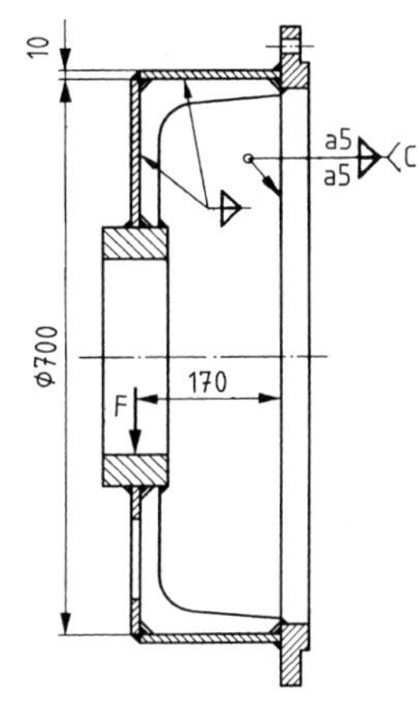

Bild 4.14 Geschweißtes Lagerschild

L: Beanspruchung auf Biegung und Schub, Berechnung wie in Aufg. 4.13, jedoch besteht die Schweißnahtfläche aus zwei konzentrischen Kreisringflächen, deren Flächenmomente 2. Grades zusammen das Flächenmoment I_{w} der Nahtfläche ergeben. Als Randabstand e_{w} ist der Wurzelabstand y_{w} (s. Bild L 4.14) gleich Innenradius der äußeren Ringfläche einzusetzen.

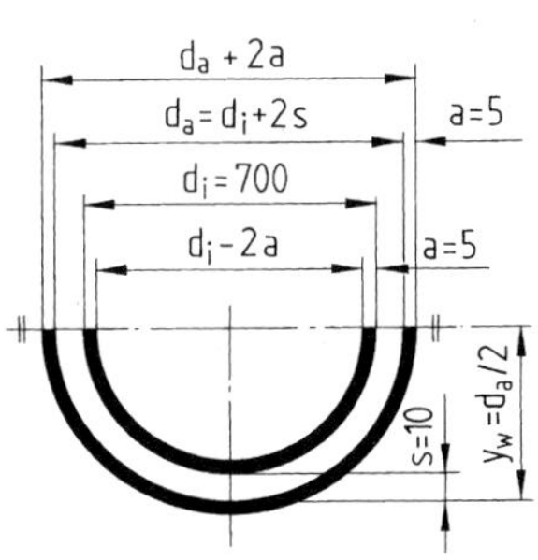

Bild L 4.14 Skizze zur Berechnung des Flächenmoments 2. Grades

4.15

An einen Tragbalken (Lasttraverse) sind zwei Tragösen aus S235JR angeschweißt (Bild 4.15). Durch die Anordnung der Tragketten greift die Kraft F unter 45° an. Sie wird in die Horizontalkomponente F_{H} und die Vertikalkomponente F_{V} zerlegt. Genügen die Schweißanschlüsse und die Bauteil-Anschlussquerschnitte für eine Belastung mit 10,5 t

4

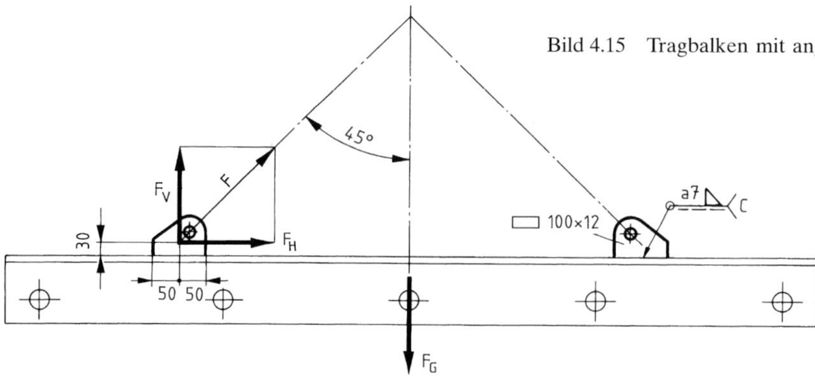

Bild 4.15 Tragbalken mit angeschweißten Ösen

einschließlich Eigengewicht der Traverse? Wegen der häufigen Be- und Entlastung liegt schwellende Beanspruchung vor. Es sind zu ermitteln:

1. Die Kaftkomponenten F_H und F_V und das eine Schweißnaht beanspruchende Biegemoment M_{wb},
2. Die Nahtoberfläche A_w und deren Flächenmoment 2. Grades I_w,
3. Die größte resultierende Normalspannung σ_{wr}, die Schubspannung τ_w und die Vergleichsspannung σ_{wv} für die Schweißnaht,
4. Die größte resultierende Normalspannung σ im Bauteil-Anschlussquerschnitt,
5. Sind die Spannungen zulässig?
6. Falls nein, genügt eine Nahtdicke $a = 8$ mm oder muss für die Öse ein breiterer Flachstahl vorgesehen werden?

E: **1.** $F_H = F_V = 51{,}5$ kN, $M_{wb} = 1545$ Nm,
2. $A_w = 1568\ \text{mm}^2$, $I_w = 158{,}7\ \text{cm}^4$,
3. $\sigma_{wr} = 81{,}5\ \text{N/mm}^2$ ($\sigma_{wbz} = 48{,}7\ \text{N/mm}^2$), $\tau_w = 36{,}8\ \text{N/mm}^2$, $\sigma_{wv} = 95{,}3\ \text{N/mm}^2$,
4. $\sigma = 102{,}1\ \text{N/mm}^2$ ($\sigma_z = 42{,}9\ \text{N/mm}^2$, $\sigma_{bz} = 59{,}2\ \text{N/mm}^2$),
5. Schweißnaht: Nein, $\sigma_{w\,zul} = 70\ \text{N/mm}^2 < \sigma_{wv}$, Bauteil: Ja, $\sigma_{b\,zul} = 125\ \text{N/mm}^2 > \sigma$ (Biegung vorherrschend),
6. Nein, $\sigma_{wv} = 83{,}4\ \text{N/mm}^2 > \sigma_{w\,zul}$ ($\sigma_{wz} = 28{,}7\ \text{N/mm}^2$, $\sigma_{wb} = 42{,}6\ \text{N/mm}^2$, $\tau_w = 32{,}2\ \text{N/mm}^2$), breiterer Flachstahl erforderlich, z. B. Fl 120 × 12 bei $a = 8$ mm ($\sigma_{wv} = 66\ \text{N/mm}^2 < \sigma_{w\,zul}$).

L: **1.** Beim Winkel 45° ist $F_H = F_V = F_G/2 = m \cdot g/2$, **2.** A_w und I_w wie bei ME Bild 4.31b und ME Bild 4.32, **3.** Durch F_V entstehen Zugspannungen σ_{wz} (Gl. (4.1)), durch F_H Biegespannungen $\sigma_{wbz} = \sigma_{wbd}$ (Gl. (4.3) mit $e_w = l/2 = 50$ mm), σ_{wz} und σ_{wbz} sind zur resultierenden Spannung σ_{wr} zu addieren (Gl. (4.4)), für die Schubspannung τ_w (Gl. (4.2)) sind nur die Nähte an der Breitseite des Flachstahls einzusetzen mit $A_w = 2a \cdot l$, Vergleichsspannung σ_{wv} mit Gl. (4.5), **4.** Die Schubspannung im Bauteil ist bei Biegung in der Randfaser Null und wird nicht berechnet, **5.** $\sigma_{w\,zul}$ für Doppelflachkehlnaht, da die Nähte an der Längsseite des Flachstahls Doppelkehlnähte sind, **6.** Mit $a = 8$ mm Berechnung wie zu 2. und 3., danach ggf. Annahme eines breiteren Flachstahls und erneut mit $a = 8$ mm wie zu 2. und 3. bis σ_{wv} $\sigma_{w\,zul}$.

4.16 In Bild 4.16 ist der geschweißte Lagerbock für die Pendelstange nach Bild 4.4 dargestellt, Werkstoff S235JR. Die von der Stange zu übertragende Kraft $F = 8{,}5$ kN wirkt schwellend. Sind die Schweißnähte und der Bauteil-Anschlussquerschnitt hierfür ausreichend bemessen?

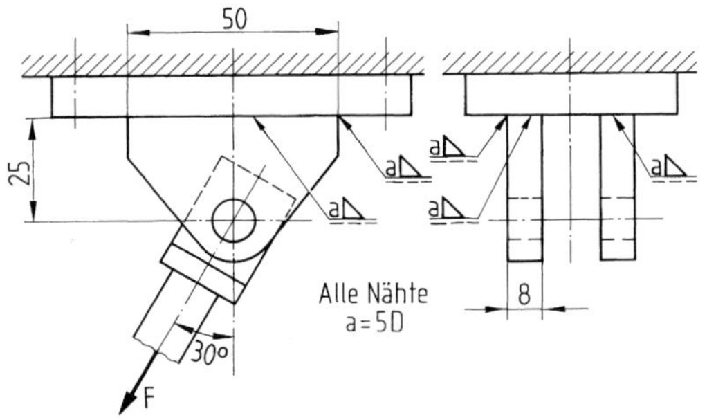

Bild 4.16 Geschweißter Lagerbock

E: Ja, $\sigma_{w\,zul} = 40\ \text{N/mm}^2 > \sigma_{wv} = 26{,}8\ \text{N/mm}^2$ ($F_x = 4{,}25$ kN, $F_y = 7{,}36$ kN, $A_w = 660\ \text{mm}^2$, $I_w = 204\,167\ \text{mm}^4$, $\sigma_{wz} = 11{,}2\ \text{N/mm}^2$, $\sigma_{wbz} = 13\ \text{N/mm}^2$, $\tau_w = 8{,}5\ \text{N/mm}^2$) und $\sigma_{b\,zul} = 110\ \text{N/mm}^2 > \sigma = 21{,}9\ \text{N/mm}^2$ ($W_b = 6667\ \text{mm}^3$, $\sigma_{bz} = 12{,}7\ \text{N/mm}^2$, $\sigma_z = 9{,}2\ \text{N/mm}^2$).

L: Die Stangenkraft F wird in die Komponenten F_x und F_y zerlegt (s. Bild L 4.16), durch F_x entstehen Biege-, durch F_y Zugspannungen, Lösung sinngemäß wie zu Aufg. 4.15.

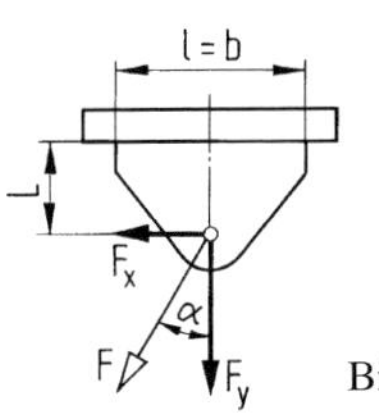

Bild L 4.16 Berechnungsskizze

4.17 Eine Schweißvorrichtung für Behältermäntel enthält vier gleichartig belastete geschweißte Rollenböcke aus S355JO. Die größte Belastung tritt bei der in Bild 4.17 dargestellten Anordnung und einem maximalen Behältergewicht von 40 t auf. Das Rollengewicht ist zu vernachlässigen, ebenfalls die Nähte an der Mittelrippe wegen ihres geringen Einflusses auf den Schweißanschluss. Genügen die Doppel-Flachkehlnähte und die Bauteil-Anschlussquerschnitte den Anforderungen einer schwellenden Beanspruchung? Wegen der Gefahr von harten Stößen beim Aufsetzen des Mantels auf die Rollen ist mit einem Anwendungsfaktor K_A =2,5 zu rechnen.

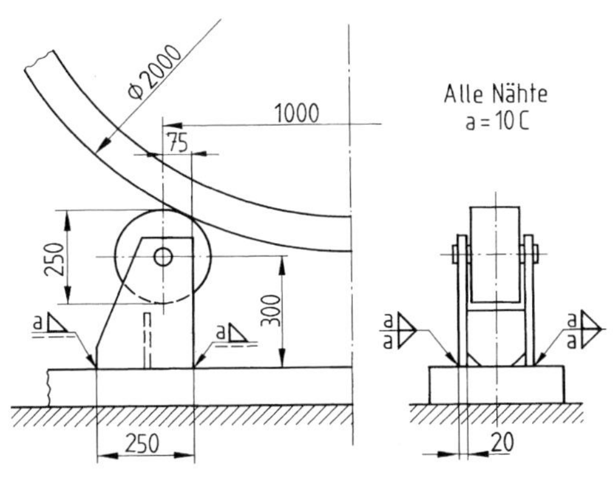

Bild 4.17 Geschweißter Rollenbock in einer Vorrichtung

4

E: Ja, für Doppelflachkehlnaht $\sigma_{w\,zul} = 95\ N/mm^2 > \sigma_{wv} = 71{,}6\ N/mm^2$ ($\alpha \approx 26{,}4°$, $F_y = 245{,}25$ kN, $F_x = 121{,}74$ kN, $M_{wb} \approx 24\,260$ Nm, $A_w = 108\ cm^2$, $I_w = 6\,458{,}3\ cm^2$, $\sigma_{wd} = 22{,}7\ N/mm^2$, $\sigma_{wbd} = 47\ N/mm^2$, $\tau_w = 12{,}2\ N/mm^2$) und $\sigma_{b\,zul} = 145\ N/mm^2 > \sigma = 79{,}8\ N/mm^2$ ($W_b = 416{,}7\ cm^3$, $\sigma_b = 55{,}3\ N/mm^2$).

L: Die Komponente $F_y = K_A \cdot m \cdot g/4$ erzeugt Druckspannungen, das Moment $M_{wb} = F_x \cdot L_x - F_y \cdot L_y$ Biegespannungen in der Schweißnaht (s. Bild L 4.17, vgl. auch ME Bilder 4.32b und c, hier Druck bei verringerter Biegung, $L_y = l/2 - L_r$), Lösung sinngemäß wie Aufgn. 4.15 und 4.16.

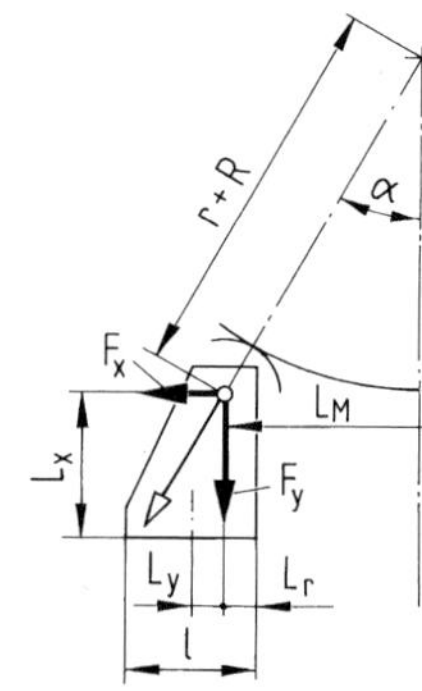

Bild L 4.17 Berechnungsskizze

4.18 Ein Ritzel aus C22 ist nach Bild 4.18 auf eine Welle aus S275JR geschweißt. Es ist ein einseitig und gleichbleibend wirkendes Drehmoment von 500 Nm zu übertragen. Im Wellenquerschnitt *S* wirkt außerdem ein Biegemoment von 600 Nm. Welche Nahtdicke *a* ist mindestens erforderlich, wenn die Bewertungsgruppe B infrage kommt? Es sind zu ermitteln:

1. Die Normalspannung σ_w in der Schweißnaht,

2. Die zulässige Schubspannung $\tau_{w\,zul}$ an der Nahtwurzel (mit der zulässigen Vergleichsspannung errechnet)

3. Die erforderliche Nahtdicke *a*, auf volle mm gerundet.

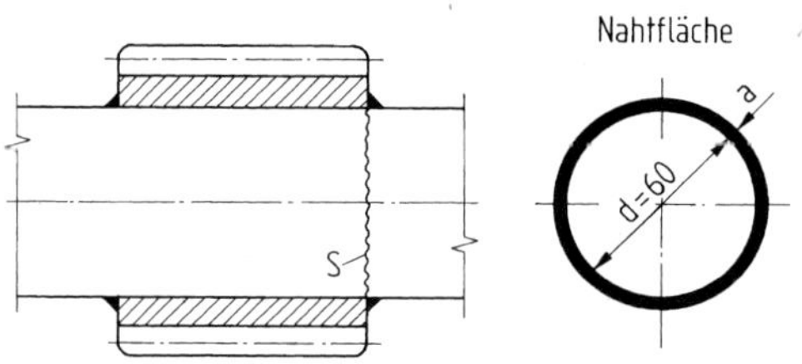

Bild 4.18 Aufgeschweißtes Ritzel

E: **1.** $\sigma_w = \sigma_b = 27{,}8\ N/mm^2$
2. $\tau_{w\,zul} = 32{,}8\ N/mm^2$ ($\sigma_{w\,zul} \approx 52\ N/mm^2$ interpoliert)
3. $a = 2$ mm ($a_{erf} = 1{,}32$ mm, $A_{w\,erf} = 508\ mm^2$)

L: **1.** Die Spannung σ_w an der Nahtwurzel ist gleich der Biegespannung σ_b in der Welle, **2.** $\tau_{w\,zul}$ aus Gl. (4.5) mit $\sigma_{wv} = \sigma_{w\,zul}$ nach Tab. 4.4 für Wechselbeanspruchung, da Biegung wechselnd (Wert für S275 interpolieren), **3.** *a* freistellen aus $A_{w\,erf} = F/\tau_{w\,zul} = 2a(d + a)\,\pi$ (Gleichung 2. Grades, negatives Ergebnis ohne praktische Bedeutung) oder aus $A_w = 2[(d + 2a)^2 - d^2]\,\pi/4$.

4.19 In der automatischen Zubringeeinrichtung einer Transferstraße (Fertigungsmaschinenstraße) sind zwei Flachstähle zur Aufnahme einer Schubstange angeschweißt, wie in Bild 4.19 skizziert. Die Stangenkraft von 15 kN wirkt wechselnd. Werkstoff der Bauteile: S235JR. Für die Flachkehlnähte und die Bauteil-Anschlussquerschnitte ist der Spannungsnachweis durchzuführen.

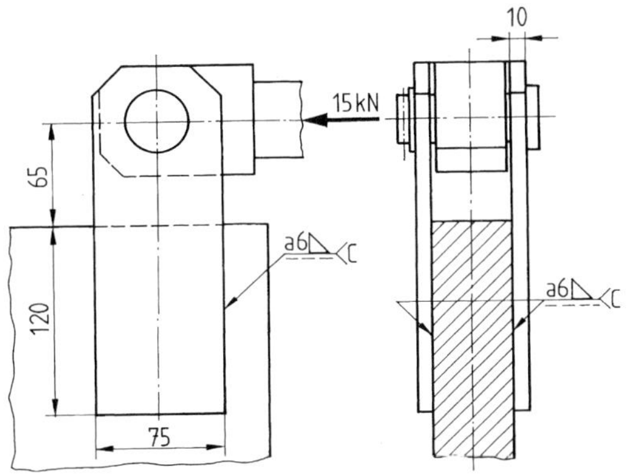

Bild 4.19 Flachstähle mit verdrehbeanspruchtem Kehlnahtanschluss

E: Ausreichend bemessen, $\tau_{w\,zul} = 25\ N/mm^2 > \tau_w = 22{,}9\ N/mm^2$ ($A_w = 1440\ mm^2$, $I_{wp} = 375{,}3\ cm^4$, $r \approx 70{,}8\ mm$, $R = 125\ mm$), $\sigma_{b\,zul} = 60\ N/mm^2 > \sigma_b = 52\ N/mm^2$ ($W_b = 18{,}75\ cm^3$).

L: Es handelt sich um zwei durch ein Drehmoment schubbeanspruchte Anschlüsse mit Flankenkehlnähten entsprechend ME Bild 4.34a, wobei $R = L - l/2$ und $r = \sqrt{b^2 + l^2}/2$ mit $L = 65$ mm; I_{wp} nach Gl. (4.6) und τ_w nach Gl. (4.8). Biegebeanspruchung durch das Biegemoment $M_b = F/2 \cdot L$ im Bauteil-Anschlussquerschnitt.

4.20

Der entsprechend Bild 4.20 mit zwei Flankenkehlnähten in der Bewertungsgruppe C angeschweißte Flachstahl aus S235JR hat eine unter dem Winkel $\beta = 45°$ angreifende wechselnd wirkende Kraft $F = 2{,}5$ kN zu übertragen. Sind die Schweißnähte mit der Dicke $a = 5$ mm und der Bauteil-Anschlussquerschnitt S ausreichend bemessen? Es sind zu ermitteln:

1. Die Komponenten F_x und F_y und das von der Schweißnaht aufzunehmende Drehmoment T_w,
2. Die Schubspannungen τ_{wt}, τ_{wq}, τ_{wl} und die resultierende Schubspannung τ_w in der Schweißnaht,
3. Die Zugspannung σ_z, die Biegespannung σ_b und die resultierende Normalspannung σ im Bauteil-Anschlussquerschnitt S.
4. Die Antwort auf die gestellte Frage.

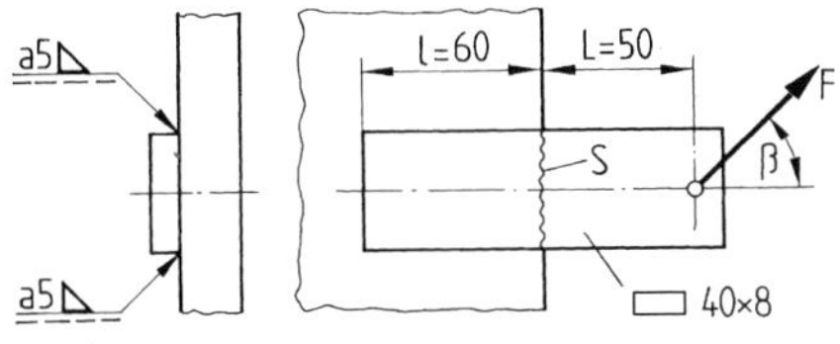

Bild 4.20 Flankenkehlnähte mit zusammengesetzter Schubbeanspruchung an einem Flachstahl

E: **1.** $F_x = F_y = 1768$ N, $T_w = 141{,}44$ Nm ($R = 80$ mm),
2. $\tau_{wt} = 12{,}1\ N/mm^2$ ($I_{wp} = 42\ cm^4$), $\tau_{wq} = \tau_{wl} = 2{,}9\ N/mm^2$ ($A_w = 600\ mm^2$), $\tau_w = 16{,}2\ N/mm^2$ ($\alpha = 33{,}7°$, $\tau_{wtx} = 6{,}7\ N/mm^2$, $\tau_{wty} = 10{,}1\ N/mm^2$),
3. $\sigma_z = 5{,}5\ N/mm^2$, $\sigma_b = 41{,}4\ N/mm^2$ ($W_b = 2113{,}3\ mm^3$), $\sigma = 46{,}9\ N/mm^2$,
4. Ja, $\tau_{w\,zul} = 25\ N/mm^2 > \tau_w$ und $\sigma_{b\,zul} = 60\ N/mm^2 > \sigma$.

L: **1.** Wegen $\beta = 45°$ ist $F_x = F_y$, singgemäß zu ME Bild 4.34a ist $T_w = F_y \cdot R$, **2.** Schweißanschluss wie ME Bild 4.34a (vgl. Aufg. 4.19), jedoch treten durch F_x zusätzlich Schubspannungen τ_{wl} auf, τ_{wt} ist in die Komponenten τ_{wtx} und τ_{wty} zu zerlegen (s. Bild L 4.20), für den höchstbeanspruchten Wurzelpunkt ist $\tau_w = \sqrt{(\tau_{wty} + \tau_{wq})^2 + (\tau_{wtx} + \tau_{wl})^2}$, **3.** Im Bauteilquerschnitt S Zugspannung durch F_x und Biegespannung durch $M_b = F_y \cdot L$, **4.** $\tau_{w\,zul}$ und $\sigma_{b\,zul}$ (Biegung vorherrschend) nach Tab. 4.4.

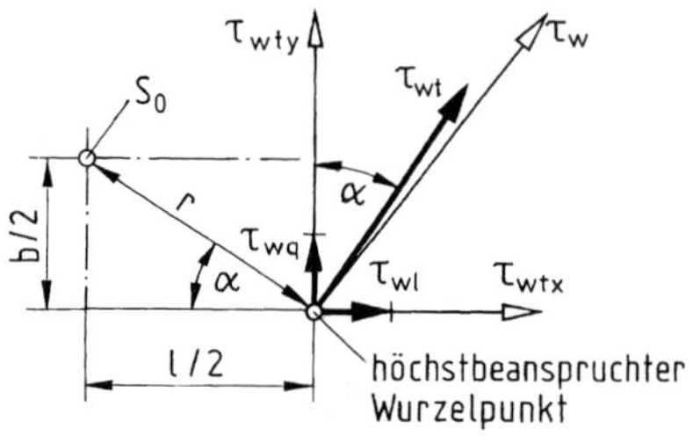

Bild L 4.20 Schubspannungen am höchstbeanspruchten Wurzelpunkt

4.21 Bild 4.21 zeigt die Anordnung zweier Seilrollen in einem medizinischen Gerät. Die Seilrollenachse ist in zwei Haltern aus S235JR gelagert, die an einem Gestell angeschweißt sind. In jedem Seilstrang wirkt eine schwellende Kraft $F = 800$ N. Auf einer Seite der Rollen schwankt mit dem Seil die Richtung der Kraft zwischen den Stellungen I und II, wie im Bild angedeutet. Für beide Stellungen ist zu prüfen, ob in den Schweißnähten und in den Bauteil-Anschlussquerschnitten die zulässigen Spannungen überschritten werden. Dafür sind zu ermitteln:

1. Die Schubspannung τ_w in den Schweißnähten und die Zugspannung σ_z in den Bauteil-Anschlussquerschnitten bei der Stellung I.
2. Die größte resultierende Schubspannung τ_w in den Schweißnähten bei der Seilstellung II,
3. Die größte resultierende Normalspannung σ in den Bauteil-Anschlussquerschnitten bei der Seilstellung II,
4. Werden die zulässigen Spannungen überschritten?

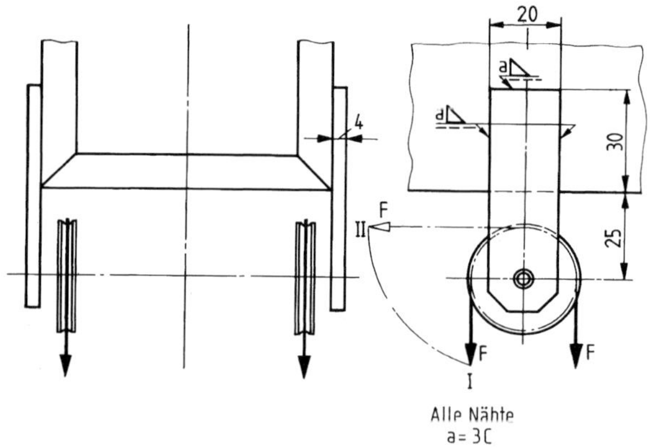

Bild 4.21 Anordnung zweier Seilrollen mit geschweißten Haltern

E: **1.** $\tau_w = 6{,}7$ N/mm^2 ($A_w = 240$ mm^2), $\sigma_z = 20$ N/mm^2 ($S = 80$ mm^2),
2. $\tau_w = 21{,}5$ N/mm^2 ($c \approx 11{,}2$ mm, $r = 21{,}3$ mm, $R = 43{,}8$ mm, $I_{wp} \approx 43\,900$ mm^4, $\alpha = 28°$, $\tau_{wtx} = 15$ N/mm^2, $\tau_{wty} = 8$ N/mm^2, $\tau_{wq} = \tau_{wl} = 3{,}3$ N/mm^2),
3. $\sigma = 85$ N/mm^2 ($\sigma_b \approx 75$ N/mm^2, $M_b = 200\,000$ Nm, $W_b = 267$ mm^3, $\sigma_z = 10$ N/mm^2, $S = 80$ mm^2)
4. Nein, da
$\tau_{w\,zul} = 50$ N/mm$^2 > \tau_w = 21{,}5$ N/mm^2,
$\sigma_{z\,zul} = 95$ N/mm$^2 > \sigma_z = 20$ N/mm^2,
$\sigma_{b\,zul} = 125$ N/mm$^2 > \sigma = 85$ N/mm^2.

L: Lösung für Stellung II sinngemäß wie Aufg. 4.19 mit $c = a \cdot l^2/A_w$, $R = L + (l - c)$, $r = \sqrt{(b/2)^2 + (l - c)^2}$ und I_{wp} nach Gl. (4.7), da Schweißanschluss entsprechend ME Bild 4.34b, Schubspannungen am höchstbeanspruchten Wurzelpunkt s. Bild L 4.21.

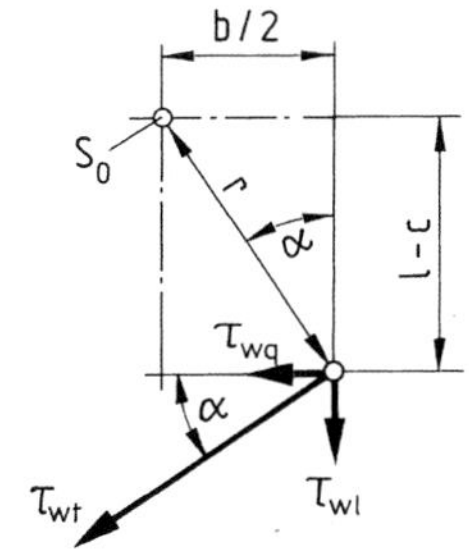

Bild L 4.21 Schubspannungen am höchstbeanspruchten Wurzelpunkt

4.22

Die in Bild 4.22 dargestellte geschweißte Konsole aus S355JO hat am Hebelarm $L = 220$ mm eine ruhend wirkende Kraft $F = 70$ kN zu übertragen. Für die Festigkeitskontrolle sind zu ermitteln:

1. Die Nahtfläche A_w der Anschlussschweißnähte, deren Schwerpunktabstand e_{wd} von der Stegunterkante und das Flächenmoment I_w zweiten Grades,
2. Die größte Biegespannung σ_{wbd}, die Schubspannung τ_w und Vergleichsspannung σ_{wv} für die Anschlussschweißnaht,
3. Die Schubspannung τ_w in der Längsnaht (Halsnaht) nahe am Schweißanschluss,
4. Die größte Biegespannung σ_{bd} im Bauteilquerschnitt an der Anschlussschweißnaht,
5. Sind die Spannungen in den Schweißnähten und im Bauteil-Anschlussquerschnitt zulässig?

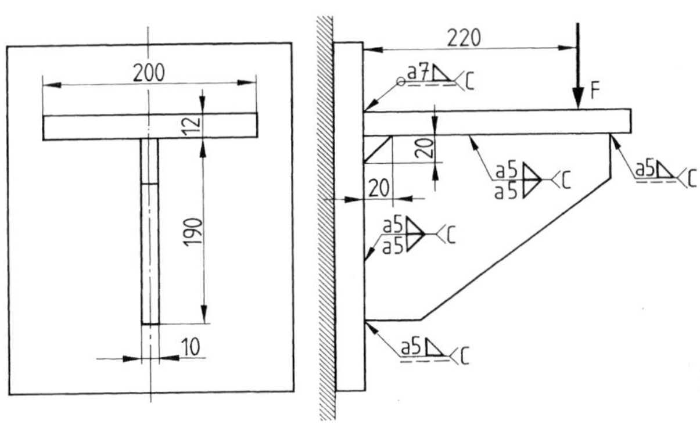

Bild 4.22 Geschweißte Konsole

E: **1.** $A_w = 4\,718$ mm² ($A_{w1} = 1\,700$ mm², $A_{w2} = A_{w3} = 1\,400$ mm², $A_{w4} = 168$ mm², $A_{w5} = 50$ mm²), $e_{wd} \approx 154$ mm, $I_w = 1\,860{,}5$ cm⁴ ($I_{wu1} = 1\,637{,}7$ cm⁴, $I_{wu2} = 5\,054$ cm⁴, $I_{wu3} = 5\,712{,}6$ cm⁴, $I_{wu4} = 645{,}4$ cm⁴),
2. $\sigma_{wdb} = 127{,}5$ N/mm² ($M_{wb} = 15{,}4$ kNm), $\tau_w = 41{,}2$ N/mm², $\sigma_{wv} = 139$ N/mm²,
3. $\tau_w = 44{,}4$ N/mm² ($I \approx 1\,702$ cm⁴, $e_d \approx 151$ mm, $H = 108$ cm³),
4. $\sigma_{bd} = 135{,}3$ N/mm² ($e_d = 150$ mm, $I = 1\,668{,}5$ cm⁴),
5. Ja, $\sigma_{wv\,zul} = \tau_{w\,zul} = 150$ N/mm² $> \sigma_{wv} > \tau_w$ und $\sigma_{b\,zul} = 220$ N/mm² $> \sigma_{bd}$.

L: Es handelt sich um einen biegesteifen Kehlnahtanschluss entspr. ME Bild 4.35, e_{wd} nach Gl. (4.9) und I_w nach Gl. (4.10) (s. a. ME Beisp. 4.3), τ_w zu 2. nach Gl. (4.2) mit A_{w1}, τ_w zu 3. nach Gl. (4.11), $\sigma_{wv\ zul}$ zu 2. und $\tau_{w\ zul}$ zu 3. für Doppelflachkehlnaht. Es ist $\sigma_{wv\,zul} = \tau_{w\,zul}$. σ_{bd} wie unter 2. in ME Beisp. 4.3 mit $L_s = L - a_1 = 215$ mm.

4.23 An einem geschweißten Hebel wirkt in der skizzierten Stellung (Bild 4.23) eine schwellende maximale Kraft $F = 1{,}6$ kN. Werden in den Kehlnähten 1 und 2 und in den Bauteil-Anschlussquerschnitten S_1 und S_2 die zulässigen Spannungen überschritten? Werkstoff der Bauteile: S355JO.

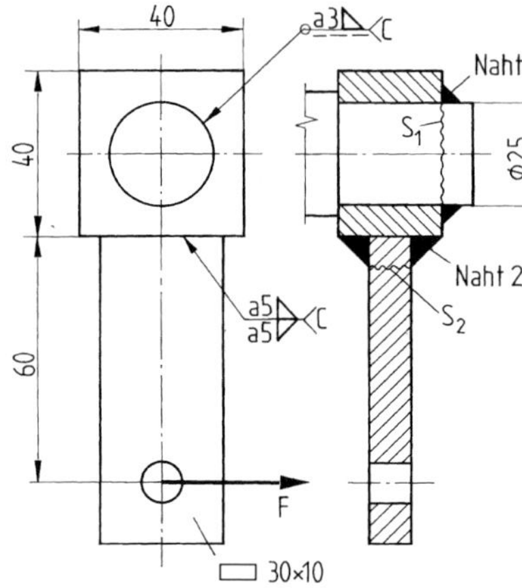

Bild 4.23 Geschweißter Hebel

E: Nein, Naht 1: $\tau_{\text{w zul}} = 95\ \text{N/mm}^2 > \tau_{\text{w1}} = 38{,}8\ \text{N/mm}^2$ ($A_{\text{w1}} = 263{,}9\ \text{mm}^2$), Querschnitt 1: $\tau_{\text{t zul}} = 80\ \text{N/mm}^2 > \tau_{\text{t}} = 41\ \text{N/mm}^2$, Naht 2: $\sigma_{\text{w zul}} = 95\ \text{N/mm}^2 > \sigma_{\text{wb2}} = 64\ \text{N/mm}^2$), Querschnitt 2: $\sigma_{\text{b zul}} = 145\ \text{N/mm}^2 > \sigma_{\text{b}} = 58{,}7\ \text{N/mm}^2$

L: Schubbeanspruchung durch $M = F \cdot R$ mit $R = 80$ mm in Naht 1, Torsionsbeanspruchung im Querschnitt S_1, Biegung durch $M_{\text{wb}} = F \cdot L$ in Naht 2 (Vergleichsspannung entfällt, s. ME Abschn. 4.5 unter 5.), Biegung im Querschnitt S_2.

4.24 In einer Steuereinrichtung ist ein Flachstahlhebel aus S355JO nach Bild 4.24 an eine Schaltwelle aus gleichem Werkstoff geschweißt und über einen Bolzen mit der geschweißten Gabel aus S235JR einer Schubstange verbunden. Die Welle hat in der gezeichneten Stellung ein wechselnd wirkendes Drehmoment von 1000 Nm zu übertragen, gleichzeitig tritt im Querschnitt S_1 der Welle ein Biegemoment von 120 Nm auf. Genügen die Schweißnähte der Verbindungen 1 und 2 und deren Bauteil-Anschlussquerschnitte S_1 und S_2 den Anforderungen im Maschinenbau? Biege- und Torsionsspannung im Querschnitt S_1 sind zur Vergleichsspannung $\sigma_v = \sqrt{\sigma_b^2 + 3\tau_t^2}$ zusammenzufassen.

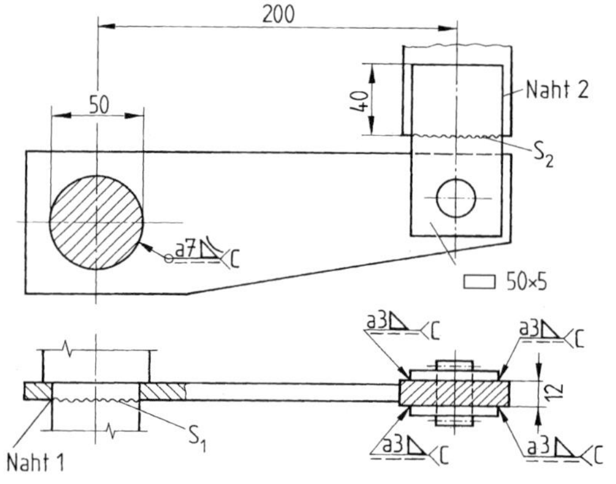

Bild 4.24 An Welle geschweißter Hebel mit geschweißtem Schubstangen-Gabelkopf

E: Ja, Naht und Querschnitt 1: $\sigma_{\text{wv zul}} = 45\,\text{N/mm}^2 > \sigma_{\text{wv}} = 43{,}9\,\text{N/mm}^2$, und $\sigma_{\text{v zul}} = 75\,\text{N/mm}^2 > \sigma_{\text{v}} = 69{,}9\,\text{N/mm}^2$ ($F_1 = 40\,\text{kN}$, $\tau_{\text{w1}} = 31{,}9\,\text{N/mm}^2$, $\sigma_{\text{wb}} = \sigma_{\text{b}} = 9{,}6\,\text{N/mm}^2$, $\tau_{\text{t}} = 40\,\text{N/mm}^2$), Naht und Querschnitt 2: $\tau_{\text{w zul}} = 40\,\text{N/mm}^2 > \tau_{\text{w2}} = 10{,}4\,\text{N/mm}^2$ und $\sigma_{\text{z zul}} = 50\,\text{N/mm}^2 > \sigma_{\text{z}} = 10\,\text{N/mm}^2$ ($F_2 = 5\,\text{kN}$).

L: Schub- und Biegebeanspruchung in Naht 1, Biegespannung $\sigma_{\text{wb}} = \sigma_{\text{b}}$ (s. 5. in ME Abschn. 4.5), Vergleichsspannung nach Gl. (4.5) bilden ($\sigma_{\text{wv zul}}$ für umlaufende Kehlnaht), Torsions- und Biegespannung im Querschnitt S_1 zur Vergleichsspannung σ_{v} zusammenfassen (s. auch ME Abschn. 15.5 Gl. (15.10)), durch $F_2 = M/R$ mit $R = 200$ mm Schub in den Nähten 2 und Zug im Querschnitt S_2, $\tau_{\text{w zul}}$ für Doppel-Flachkehlnaht ($s = 12\,\text{mm} < 5a = 15\,\text{mm}$, s. ME Abschn. 4.6).

4.25 An einem Transportgerät befinden sich vier Räder in der Anordnung nach Bild 4.25. Die sich aus der zulässigen Belastung ergebende Radkraft beträgt $F_{\text{r}} = 36\,\text{kN}$ je Rad, für den Fahrwiderstand F_{f} die Fahrwiderstandszahl $\mu_{\text{F}} = 0{,}02$. Die beim Anfahren und Anhalten möglichen Stöße sind mit einem Anwendungsfaktor $K_{\text{A}} = 2{,}5$ zu berücksichtigen. Genügen die Anschlussschweißnähte und die Bauteilquerschnitte am Schweißanschluss einer schwellenden Belastung? Für alle Nähte gilt die Bewertungsgruppe C, Werkstoff S235JR.

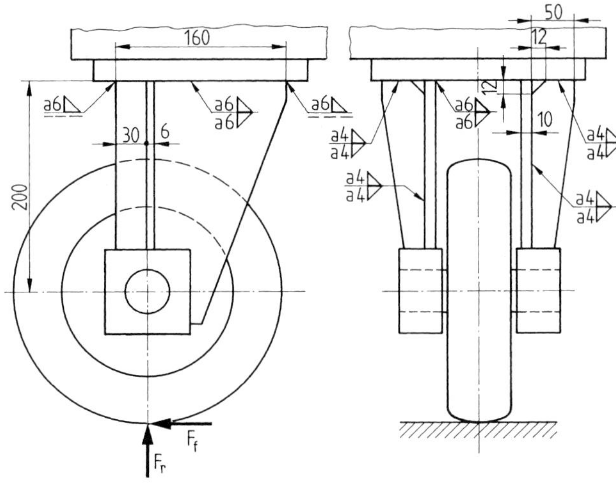

Bild 4.25 Geschweißter Radlagerbock

E: Ja, Anschlussnähte: $\sigma_{\text{w zul}} = 70\,\text{N/mm}^2 > \sigma_{\text{w}} = 48{,}4\,\text{N/mm}^2 \approx \sigma_{\text{wv}}$, da $\tau_{\text{w}} = 0{,}5\,\text{N/mm}^2$ sehr klein ($A_{\text{w}} = 46{,}88\,\text{cm}^2$), $e_{\text{wd}} = 73{,}9\,\text{mm}$, $I_{\text{w}} = 1\,090{,}6\,\text{cm}^4$, $F_{\text{y}} = 90\,\text{kN}$, $L_{\text{y}} = 43{,}9\,\text{mm}$, $F_{\text{x}} = 1{,}8\,\text{kN}$, $M_{\text{wb}} = 4311\,\text{Nm}$, $\sigma_{\text{wd}} = 19{,}2\,\text{N/mm}^2$, $\sigma_{\text{wbd}} = 29{,}2\,\text{N/mm}^2$), Bauteilquerschnitte: $\sigma_{\text{b zul}} = 125\,\text{N/mm}^2 > \sigma = 63{,}7\,\text{N/mm}^2$ ($\sigma_{\text{bd}} = 39{,}6\,\text{N/mm}^2$, $\sigma_{\text{d}} = 24{,}1\,\text{N/mm}^2$, $S = 3\,728\,\text{mm}^2$, $e_{\text{d}} = 73{,}3\,\text{mm}$, $I = 785{,}2\,\text{cm}^4$, $L_{\text{x}} = 194\,\text{mm}$, $L_{\text{y}} = 43{,}3\,\text{mm}$, $M_{\text{b}} = 4\,246{,}2\,\text{Nm}$).

L: Berechnung sinngemäß wie ME Beisp. 4.3, jedoch Druckbeanspruchung durch $F_{\text{y}} = K_{\text{A}} \cdot F_{\text{r}}$ und Biegebeanspruchung durch $F_{\text{y}} \cdot L_{\text{y}}$ und $F_{\text{x}} \cdot L_{\text{x}}$ ähnlich ME Bild 4.32c mit $F_{\text{x}} = K_{\text{A}} \cdot F_{\text{f}} = K_{\text{A}} \cdot \mu_{\text{F}} \cdot F_{\text{r}}$, $L_{\text{x}} = 200\,\text{mm}$ und $L_{\text{y}} = e_{\text{wd}} - 30\,\text{mm}$; da τ_{w} aus $F_{\text{q}} = F_{\text{x}}$ und $A_{\text{w1}} = 4 \cdot a_1 \cdot l_1$ sehr gering, kann auf Bildung der Vergleichsspannung nach Gl. (4.5) verzichtet werden; für Bauteilquerschnitte ist $\sigma_{\text{b zul}}$ maßgebend, da Biegung vorherrschend.

5 Pressschweißverbindungen

Punktschweißverbindungen

5

5.1 Bild 5.1 zeigt eine Punktschweißverbindung aus dem Stahlleichtbau.

1. Für welche maximale Kraft F (Lastfälle H und HZ) ist die Verbindung der Teile aus S235JR geeignet?
2. Mit welchen Abmessungen (übliche Mittelwerte) sind der Punktabstand e und das Vormaß v für $d = 6$ mm auszuführen?

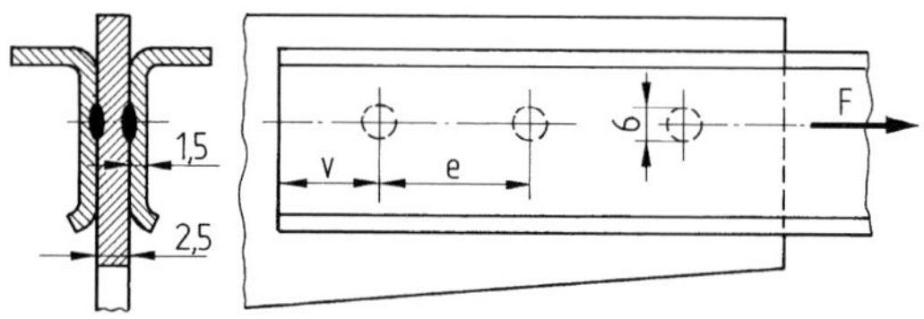

Bild 5.1 Punktschweißverbindung

E: **1.** Lastfall H: $F \approx 17{,}81$ kN ($n = 3$, $m = 2$, $A_w = 28{,}27$ mm^2, $\tau_{wa\,zul} = 105$ N/mm^2, $\sigma_{wl} \approx 396$ N/mm^2 $< \sigma_{wl\,zul} = 400$ N/mm^2), Lastfall HZ: $F \approx 19{,}5$ kN ($\tau_{wa\,zul} = 115$ N/mm^2, $\sigma_{wl} = 433$ N/mm^2 $< \sigma_{wl\,zul} = 450$ N/mm^2).
2. $e = 18 \ldots 36$ mm, $v = 12 \ldots 24$ mm, gewählt: $e = 27$ mm, $v = 18$ mm.

L: **1.** F aus der umgeformten Gl. (5.2) mit $\tau_{wa\,zul}$ aus Tab. 5.2, Kontrolle von σ_{wl} nach Gl. (5.3) mit $\sigma_{wl\,zul}$ aus Tab. 5.2. **2.** Nach Tab. 5.1.

5.2 Die Diagonalstäbe am Knoten einer punktgeschweißten Stahlleichtbaukonstruktion aus S235JR werden im Lastfall H mit den in der Skizze (Bild 5.2) angegebenen Kräften auf Druck beansprucht. Sind die Punktschweißverbindungen mit dem Punktdurchmesser $d = 10$ mm der Stabanschlüsse am Knotenblech richtig bemessen?

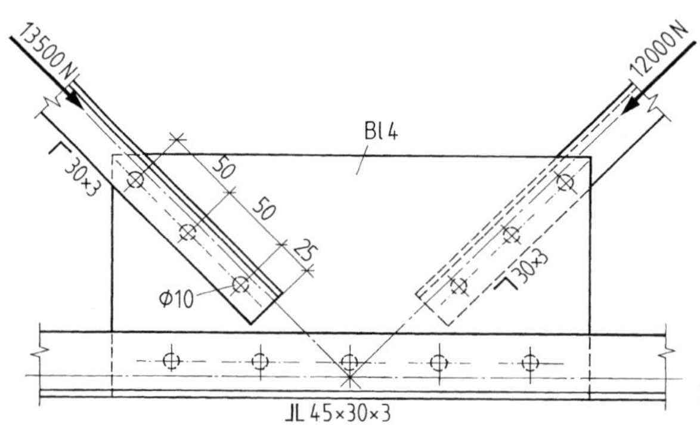

Bild 5.2 Punktgeschweißter Knoten

E: Ja, $e = 50$ mm und $v = 25$ mm entspr. den übl. Abmessungen für $d = 10$ mm bei $s = 4$ mm, $\tau_{wa\,max} = 76{,}4$ N/mm^2 $< \tau_{wa\,zul} = 90$ N/mm^2 ($n = 3$, $m = 1$, $A_w = 58{,}9$ mm^2), $\sigma_{wl\,max} = 173{,}2$ N/mm^2 $< \sigma_{wl\,zul} = 255$ N/mm^2.

L: Überprüfung der Abmessungen nach Tab. 5.1 für $d = 10$ mm, der Spannungen mit den Gln. (5.2) und (5.3) und den zulässigen in Tab. 5.2 (obere Reihe wegen Knickgefährdung der druckbeanspruchten Stäbe); da der ausgeführte Punktdurchmesser größer ist als d nach Gl. (5.1), ist mit letzterem zu rechnen. Die Spannungskontrolle ist nur für den höher beanspruchten Stabanschluss erforderlich, da beide Anschlüsse gleich ausgeführt sind.

5

5.3 In einer Leichtbaukonstruktion aus Stahlprofilen ist ein Winkel zur Aufnahme eines Trägers an eine Stütze mittels 4 Schweißpunkten mit $d = 8$ mm entsprechend Bild 5.3 befestigt. Ist die Verbindung für die Übertragung einer Kraft $F = 20$ kN im Lastfall HZ ausreichend bemessen? Werkstoff: S235JR, zulässige Spannungen unter Berücksichtigung der Kippgefahr.

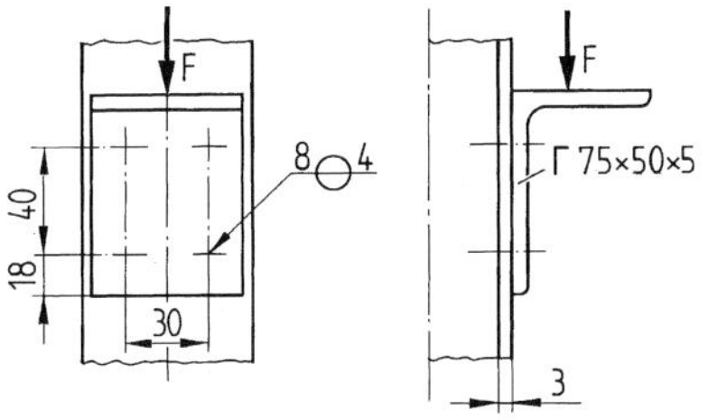

Bild 5.3 Punktgeschweißter Winkelstahl

E: Ja, $\tau_{wa} = 99{,}4\ \text{N/mm}^2 < \tau_{wa\,zul} = 100\ \text{N/mm}^2$ ($n = 4, m = 1, A_w = 50{,}3\ \text{mm}^2$), $\sigma_{wl} = 208{,}3\ \text{N/mm}^2 < \sigma_{wl\,zul} = 290\ \text{N/mm}^2$.

L: Vergleich der Spannungen nach den Gln. (5.2) und (5.3) mit den zulässigen in Tab. 5.2, obere Reihe des oberen Tabellenteils. Das durch F erzeugte Moment kann deshalb vernachlässigt werden.

5.4 Nach Bild 5.4 ist die Stahlscheibe aus E295 des Reibbelagträgers einer Zweiflächenkupplung durch Schweißpunkte mit der Nabe verbunden. Das zu übertragende wechselnde Drehmoment kann bis 120 Nm ansteigen. Genügt die Verbindung den Anforderungen, wenn zur Erhöhung der Sicherheit nur $^2/_3$ der Punkte als tragend gerechnet werden?

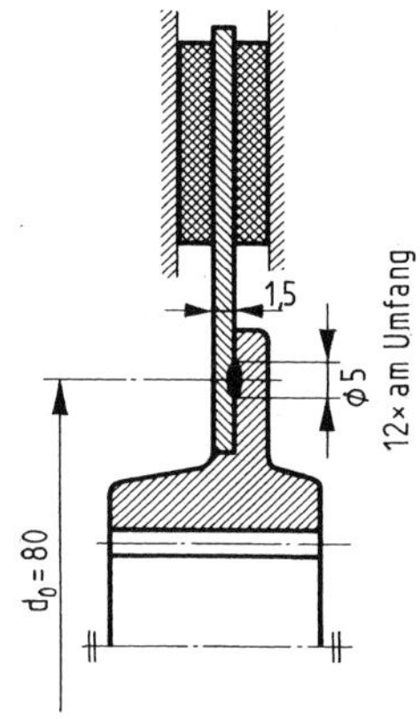

Bild 5.4 Punktgeschweißter Reibbelagträger einer Kupplung

E: Ja, $\tau_{wa} = 19{,}1\ \text{N/mm}^2 < \tau_{wa\,zul} = 39\ \text{N/mm}^2$ ($n = 8, m = 1, A_w = 19{,}6\ \text{mm}^2, F = 3\ \text{kN}$), $\sigma_{wl} = 50\ \text{N/mm}^2 < \sigma_{wl\,zul} = 108\ \text{N/mm}^2$.

L: Die Scherkraft F ist gleich der aus dem Drehmoment zu errechnenden Umfangskraft am Teilkreisdurchmesser der Punkte; sonst wie Aufg. 5.3, jedoch mit den zulässigen Spannungen des unteren Teils der Tab. 5.2 (für $R_m = 490\ \text{N/mm}^2$ nach Tab. 1.2).

5

5.5 An einen Winkel ist eine Blechöse zum Einhängen einer Zugfeder gemäß Bild 5.5 punktgeschweißt, Werkstoff der Bauteile: S235JRG2.

1. Sind die Schweißpunkte zur Übertragung der angegebenen, schwellend wirkenden Kraft ausreichend bemessen?

2. Haben sie annähernd die gleiche Bruchkraft wie der gefährdete Querschnitt *S* der Blechöse?

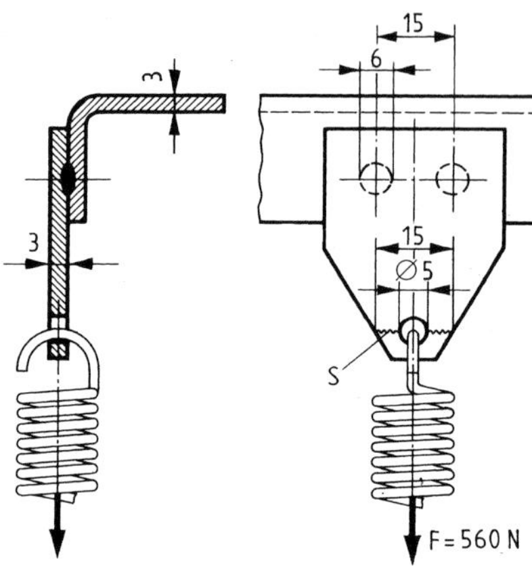

Bild 5.5 Durch Schweißpunkte befestigte Öse

E: **1.** Ja, $\tau_{wa} = 9{,}9\,N/mm^2 < \tau_{wa\,zul} \approx 54\,N/mm^2$ ($n = 2$, $m = 1$, $A_w = 28{,}3\,mm^2$), $\sigma_{wl} = 15{,}6\,N/mm^2 < \sigma_{wl\,zul} \approx 146\,N/mm^2$.
2. $F_{wB} = 12{,}508$ kN ist etwas größer als $F_B = 10{,}2$ kN ($R_m = 340\,N/mm^2$).

L: **1.** Für die Spannungskontrolle sind die zulässigen Werte der Tab. 5.2 näherungsweise zu interpolieren. **2.** F_{wB} und F_B nach Gl. (5.4) errechnen und vergleichen, Scherfestigkeit τ_{wB} nach Gl. (5.4 ff.) S. 129.

5.6 Bild 5.6 zeigt das Gelenk eines Steuergestänges. Der Gabelkopf ist durch ein Flachstahlstück gebildet, das an den gekröpften Flachstahlhebel punktgeschweißt ist, Werkstoff: S355J2G3. Die in die Gabel eingehängte Zugstange aus S235JR wird mit einer größten schwellenden Kraft $F_S = 6$ kN betätigt. Für die rechnerische Festigkeitskontrolle der Punktschweißverbindung sind zu ermitteln:

1. Die von einem Schweißpunkt aufzunehmende größte resultierende Kraft F_n,

2. Werden in den Schweißpunkten die zulässige Scherspannung $\tau_{wa\,zul}$ und die zulässige Leibungsspannung $\sigma_{wl\,zul}$ überschritten?

3. Die im gefährdeten Stangenquerschnitt *S* zum Bruch führende Kraft F_B und die dabei auf einen Schweißpunkt ausgeübte größte resultierende Kraft F_{Bn},

4. Würde die Kraft F_{Bn} den Schweißpunkt abscheren?

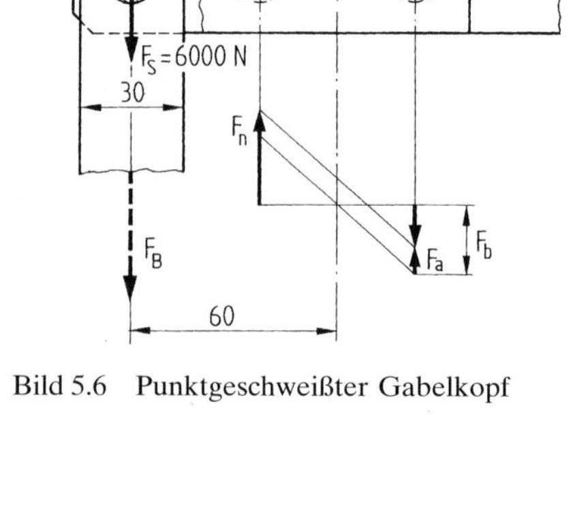

Bild 5.6 Punktgeschweißter Gabelkopf

E: **1.** $F_n = 5{,}5$ kN ($F_a = 1{,}5$ kN, $F_b = 4$ kN).
2. Nein, $\tau_{wa} = 70{,}1\ \text{N/mm}^2 < \tau_{wa\,zul} \approx 78\ \text{N/mm}^2$ ($A_w = 78{,}5\ \text{mm}^2$), $\sigma_{wl} = 137{,}5\ \text{N/mm}^2 < \sigma_{wl\,zul} \approx 211\ \text{N/mm}^2$.
3. $F_B = 20{,}4$ kN ($S = 60\ \text{mm}^2$), $F_{Bn} = 18{,}7$ kN ($F_{Ba} = 5{,}1$ kN, $F_{Bb} = 13{,}6$ kN).
4. Nein, $F_{Bn} < F_{wB} \approx 25$ kN ($\tau_{wB} \approx 318\ \text{N/mm}^2$).

L: **1.** Es handelt sich um einen Momentenanschluss. Der linke Schweißpunkt wird höher beansprucht als der rechte, und zwar mit $F_n = F_a + F_b$, F_a aus $\sum F_y = 0$ und F_b aus $\sum M = 0$, wobei zu beachten ist, dass nur $F_S/2$ auf das angeschweißte Flachstahlstück wirkt. **2.** Da F_n sich auf einen Schweißpunkt bezieht, ist in die Gln. (5.2) und (5.3) die Punktanzahl $n = 1$ zu setzen! Zulässige Spannungen des unteren Teils der Tab. 5.2 näherungsweise interpolieren für $R_m = 490\ \text{N/mm}^2$ (Tab. 1.2). **3.** F_B nach Gl. (5.4) mit $R_m = 340\ \text{N/mm}^2$ und F_{Bn} sinngemäß wie F_n unter 1. **4.** F_{wB} nach Gl. (5.4) vergleichen mit F_{Bn}.

5

5.7 Tritt in der Punktschweißverbindung nach Bild 5.7 eine Überschreitung der zulässigen Beanspruchung auf, wenn die Kraft $F = 560$ N schwellend wirkt und die Bauteile aus S235JR hergestellt sind?

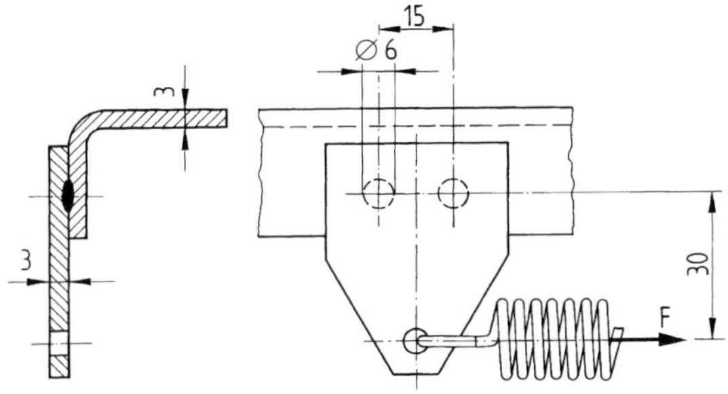

Bild 5.7 Punktgeschweißte Blechöse

E: Nein, $\tau_{wa} = 40{,}8\ \text{N/mm}^2 < \tau_{wa\,zul} \approx 54\ \text{N/mm}^2$ ($F_n \approx 1155$ N, $F_a = 280$ N, $F_b = 1120$ N, $A_w = 28{,}3\ \text{mm}^2$), $\sigma_{wl} = 64{,}2\ \text{N/mm}^2 < \sigma_{wl\,zul} \approx 146\ \text{N/mm}^2$.

L: Es handelt sich um einen Momentenanschluss ähnlich Aufg. 5.6, jedoch mit
$F_n = \sqrt{F_a^2 + F_b^2}$, F_a aus $\sum F_x = 0$ und F_b aus $\sum M = 0$.

5.8 In der Spannvorrichtung für ein Förderband sind zwei Seilrollen entsprechend Bild 5.8 in einem U-Profil aus S235 gem. Tab. 4.13 gelagert, das an ein Winkelprofil punktgeschweißt ist. An jeder Rolle beträgt die größte ruhend wirkende Seilkraft $F_S = 2$ kN. Die Punktschweißverbindung ist rechnerisch wie folgt auf Festigkeit zu überprüfen:
1. Die in einem Schweißpunkt auftretende größte Zugkraft F_1,
2. Die durch F_1 hervorgerufene Schubspannung τ_{ws},
3. Die Scherspannung τ_{wa} und die Leibungsspannung σ_{wl},
4. Werden die zulässigen Spannungen überschritten?

E: **1.** $F_1 = 16{,}322$ kN ($F_r = 7{,}25$ kN, $F_x = 6{,}571$ kN, $F_y = 3{,}064$ kN).
2. $\tau_{ws} = 92{,}8\ \text{N/mm}^2$ ($d = 11{,}2$ mm, $s = 5$ mm),
3. $\tau_{wa} = 15{,}6\ \text{N/mm}^2$ ($n = 2$, $m = 1$, $A_w = 98{,}5\ \text{mm}^2$), $\sigma_{wl} = 27{,}4\ \text{N/mm}^2$.
4. Nein, $\tau_{ws\,zul} \approx 102\ \text{N/mm}^2 > \tau_{ws}$, $\tau_{wa\,zul} \approx 87\ \text{N/mm}^2 > \tau_{wa}$, $\sigma_{wl\,zul} \approx 228\ \text{N/mm}^2 > \sigma_{wl}$.

5

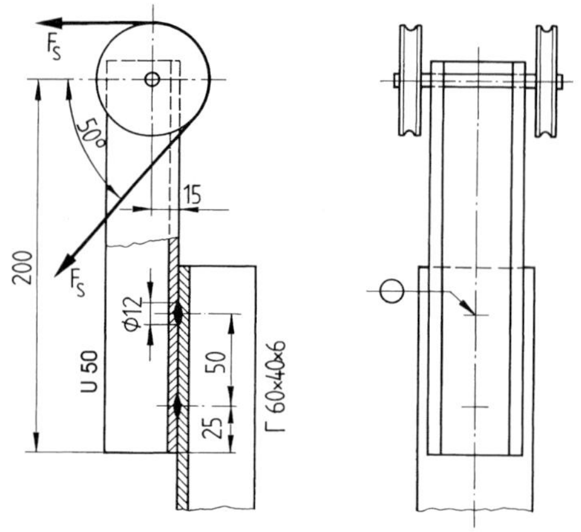

Bild 5.8 Punktschweißverbindung in einer Spannvorrichtung

L: **1.** Die 4 Seilkräfte F_S zur Resultierenden F_r zusammensetzen, diese in Komponenten F_x und F_y zerlegen (s. Bild L 5.8). Es ist davon auszugehen, dass sich das U-Profil um die Kante K drehen will. Dadurch werden die Schweißpunkte mit den verschieden großen Kräften F_1 und F_2 auf Zug beansprucht. Wegen des Gleichgewichtszustandes folgt F_1 aus $\sum M_{(K)} = 0$ mit $F_2/F_1 = l_2/l_1$. **2.** Nach Gl. (5.5) mit $n = 1$ und d aus Gl. (5.1), s aus Tab. 4.13. **3.** Nach Gln. (5.2) und (5.3) mit $F = F_y$. **4.** Vergleich mit den zul. Spannungen in Tab. 5.2 (interpoliert).

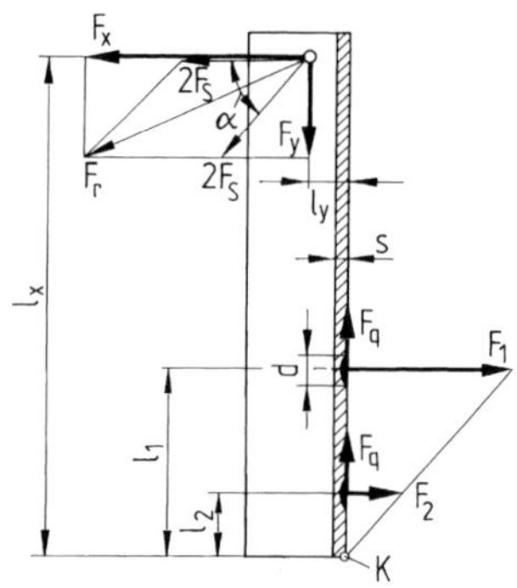

Bild L 5.8 Skizze zur Kräfteberechnung

Buckelschweißverbindungen

5.9 An ein Zahnrad ist der Aufnahmekörper für die Lamellen einer Kupplung entsprechend Bild 5.9 mit Rundbuckeln angeschweißt. Das Kupplungsteil ist aus 2,5 mm dickem Stahlblech DCO4 mit 270 N/mm^2 Zugfestigkeit hergestellt. Genügt die Verbindung den Anforderungen, wenn ein wechselndes Drehmoment von 100 Nm zu übertragen ist?

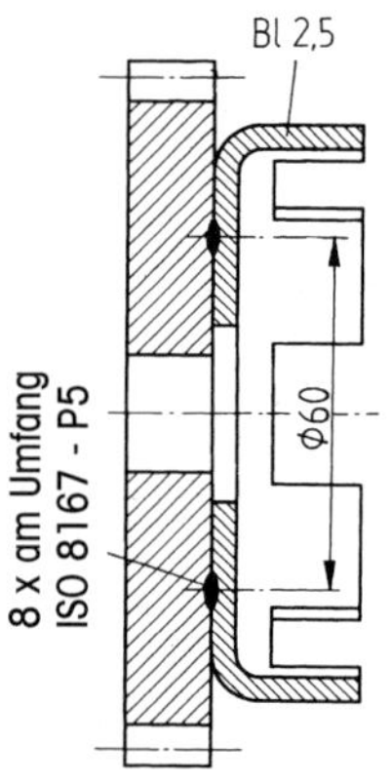

Bild 5.9 Zahnrad mit buckelgeschweißtem Lamellen-Aufnahmekörper

E: Ja, $\tau_{wa} = 21{,}3\,\text{N/mm}^2 < \tau_{wa\,zul} = 22\,\text{N/mm}^2$ ($F = 3333$ N, $A_w = 19{,}6\,\text{mm}^2$),
$\sigma_{wl} = 33{,}3\,\text{N/mm}^2 < \sigma_{wl\,zul} \approx 60\,\text{N/mm}^2$.

L: Sinngemäß wie Aufg. 5.4 (s. a. ME Beisp. 5.4).

5.10

An einer gepanzerten Stahltür mit einem Gewicht von 100 kg sind zwei Scharnierbänder durch Buckelschweißen mit Rundbuckeln befestigt. Bild 5.10 zeigt die Anordnung der Tür und das höher beanspruchte Band als Einzelheit mit den angreifenden Kräften. Es soll berechnet werden, ob in der Schweißverbindung eine mindestens dreifache Bruchsicherheit vorhanden ist, wenn für die Schweißbuckel eine Scherfestigkeit $\tau_{wB} \approx 300\,\text{N/mm}^2$ durch Versuch festgestellt wurde. Im Einzelnen sind zu ermitteln:

1. Die von den Scharnierbändern A und B aufzunehmenden Kräfte F_{Ax}, F_{Ay} und F_B,
2. Die von einem Schweißbuckel aufzunehmende größte resultierende Kraft F_n,
3. Ist im höchstbeanspruchten Schweißbuckel die verlangte Bruchsicherheit S_B gewährleistet?

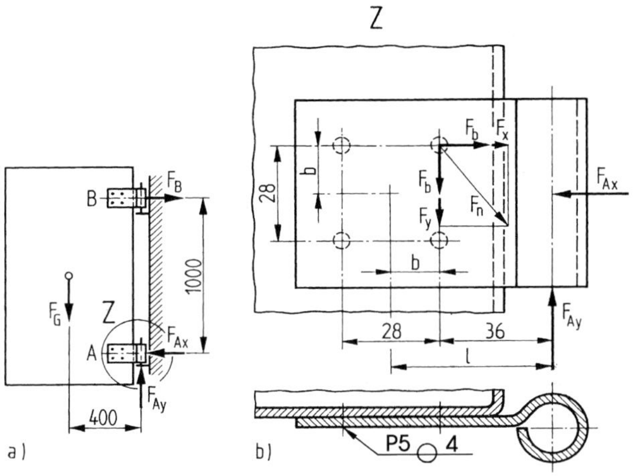

Bild 5.10 Stahltür mit buckelgeschweißten Scharnierbändern
a) Anordnung der Bänder,
b) das höher beanspruchte Scharnierband A

E: **1.** $F_{Ax} = F_B = 392$ N, $F_{Ay} = F_G = 981$ N.
2. $F_n \approx 868$ N ($F_b = 438$ N, $F_x \approx 98$ N, $F_y = 245$ N).
3. Ja, $S_D = 6{,}8 > 3$ ($\tau_{wa} = 44{,}3\,\text{N/mm}^2$, $A_w = 19{,}6\,\text{mm}^2$).

L: **1.** Aus den statischen Gleichgewichtsbedingungen: $\sum M_{(A)} = F_B \cdot 1\,\text{m} - F_G \cdot 0{,}4\,\text{m} = 0$, $\sum F_x = F_B - F_{Ax} = 0$ und $\sum F_y = F_{Ay} - F_G = 0$. **2.** Die Schweißbuckel beider Bänder sind gleich ausgeführt. Das untere Scharnierband A hat die Horizontalkraft F_{Ax} und die Vertikalkraft F_{Ay} aufzunehmen, ist also höher beansprucht. Die Berechnung wird somit nur für die Schweißverbindung des Bandes A durchgeführt. Jeder Schweißbuckel dieser Verbindung hat infolge des Moments $M = F_{Ay} \cdot l$ die Kraftkomponenten F_b, wegen der Horizontalkraft den Kraftanteil F_x und von der Vertikalkraft den Anteil F_y zu übertragen (s. Bild 5.10b). Die einzelnen Kräfte ergeben sich aus den auf den Mittelpunkt des Schweißanschlusses bezogenen statischen Gleichgewichtsbedingungen: $\sum M = 8F_b \cdot b - F_{Ay} \cdot l = 0$, $\sum F_x = 4F_x - F_{Ax} = 0$ und $\sum F_y = 4F_y - F_{Ay} = 0$. Die größte Kraft F_n hat der obere rechte Buckel aufzunehmen, wo sich die Komponenten F_b mit F_x und F_y addieren. **3.** Scherspannung τ_{wa} nach Gl. (5.2) mit $F = F_n$ und $n = 1$, Bruchsicherheit $S_B = \tau_{wB}/\tau_{wa} = F_{wB}/F_n$.

5

5.11

Bild 5.11 zeigt zwei Teile eines Geräteträgers, die durch Buckelschweißen verbunden werden sollen. Auf Grund von Versuchen mit ähnlichen Teilen ist für die verschweißten Langbuckel eine Scherfestigkeit von 240 N/mm² anzunehmen, wovon die zulässige Scherspannung 20 % betragen soll. Welche größte Kraft F kann die Schweißverbindung aufnehmen? Eine Berechnung auf Leibung ist nicht erforderlich.

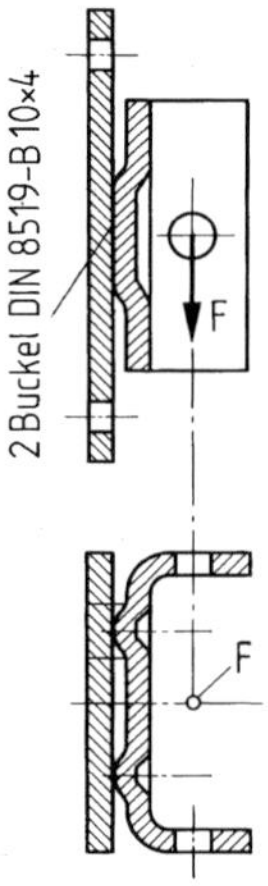

Bild 5.11 Zum Buckelschweißen vorbereitete Teile eines Geräteträgers

E: $F = 3{,}072$ kN ($A_w = 32$ mm², $n = 2$, $m = 1$, $\tau_{wa\,zul} = 48$ N/mm²).

L: F folgt aus Gl. (5.2) mit A_w für Langbuckel nach ME Abschn. 5.3 und $\tau_{wa\ zul} = 0{,}2\tau_{wB}$. Eine Berechnung auf Biegung ist nicht erforderlich, da der Hebelarm klein ist.

5.12

In einer automatischen Förderanlage sind an jedem Behälter vier nach Bild 5.12 geformte Aufhängungen mit Ringbuckeln angeschweißt. Das Gesamtgewicht eines Behälters beträgt 1,6 t und belastet die Aufhängungen gleichmäßig. Der angewendete Werkstoff EN AW-5754 (AlMg3) hat nach DIN EN 485-2 eine Zugfestigkeit von 265 N/mm² (siehe Tab. 8.7). Welche Bruchsicherheit ist in der Schweißverbindung vorhanden, und wieviel Ringbuckel wären je Aufhängung erforderlich, wenn die Bruchkraft einer Verbindung etwa so groß sein soll wie die des Bauteils?

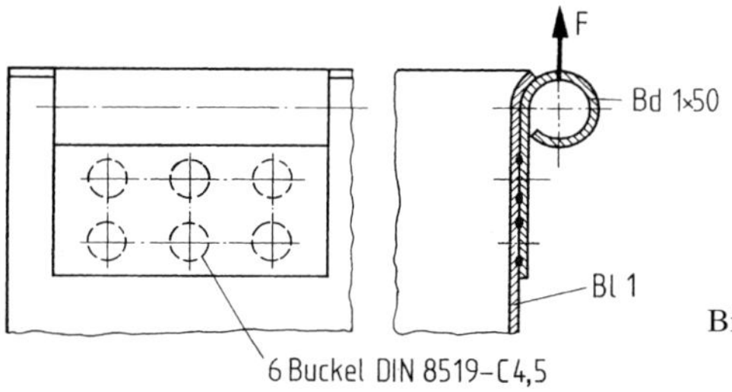

Bild 5.12 Buckelschweißverbindung mit Ringbuckeln

E: $S_B \approx 3{,}36$ ($F = 3924$ N, $A_w = 12{,}76$ mm², $n = 6$, $m = 1$, $\tau_{wa} = 51{,}3$ N/mm², $\tau_{wB} \approx 0{,}65R_m$ ≈ 172 N/mm², $n_{erf} = 6$.

L: Bruchsicherheit $S_B = \tau_{wB}/\tau_{wa}$ mit $\tau_{wB} \approx 0{,}65R_m$ und τ_{wa} nach Gl. (5.2), $F = m \cdot g/4$, A_w nach ME Abschn. 5.3. Berechnung auf Leibung und Biegung wie in Aufg. 5.11 nicht erforderlich. Ringbuckel-Anzahl n_{erf} aus Gl. (5.4) mit $S = s \cdot b$ ($s = 1$ mm, $b = 50$ mm).

6 Lötverbindungen

6.1 In einem Schalter ist ein Federteller nach Bild 6.1 mittels Kupferlot Cu101 an einen Rundstab mit dem Durchmesser $d = 6$ mm hart gelötet. Mit den Kleinstwerten der Tab. 6.2 ist die erforderliche Fugenlänge l zu ermitteln, und zwar,

1. wenn eine schwellend wirkende Kraft mit dem Größtwert $F = 2{,}8$ kN auftritt,

2. wenn die Lötverbindung etwa die gleiche Bruchkraft haben soll wie der Rundstab aus E295.

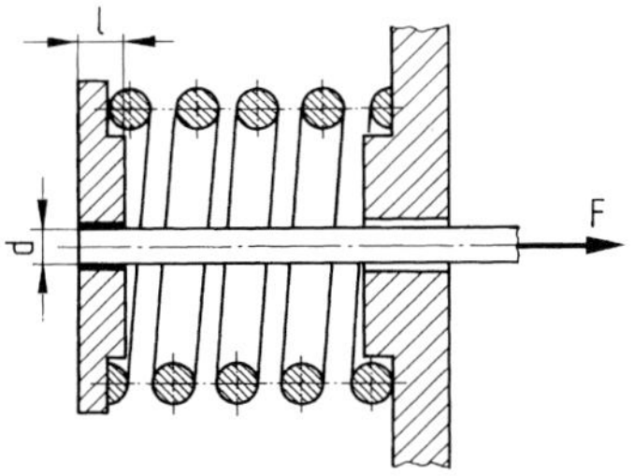

Bild 6.1 An Rundstab gelöteter Federteller

E: **1.** $l \approx 5$ mm ($\tau_{l\,zul} = 30\,\text{N/mm}^2$),
2. $l = 4{,}7$ mm ($F_B \approx 13\,290$ N, $\tau_{lB} = 150\,\text{N/mm}^2$)

L: **1.** Aus Gl. (6.2) mit $A_l = d \cdot \pi \cdot l$ und $\tau_{l\,zul}$ nach Tab. 6.2. **2.** Aus Gl. (6.1) mit A_l und τ_{lB} nach Tab. 6.2 sowie $S = d^2 \cdot \pi/4$ und $R_m = 470\,\text{N/mm}^2$ nach Tab. 1.2.

6.2 Auf die Welle aus S235JR eines Wählermotors ist das Antriebsritzel aus C10 nach Bild 6.2 mit Messinglot Cu302 hart aufgelötet. Die Verbindung hat ein Spitzendrehmoment von 80 Nmm zu übertragen.

1. Welche Bruchsicherheit $S_B = \tau_{lB}/\tau_l$ ist für die Lötfuge mindestens vorhanden, d. h. wenn für τ_{lB} mit dem Kleinstwert der Tab. 6.2 gerechnet wird?

2. Wie lang müsste die Lötfuge ausgeführt werden, wenn sie etwa das gleiche Bruchdrehmoment haben soll wie die Welle? Hierbei kann $\tau_{tB} \approx 0{,}7 R_m$ für den Wellenwerkstoff angenommen werden.

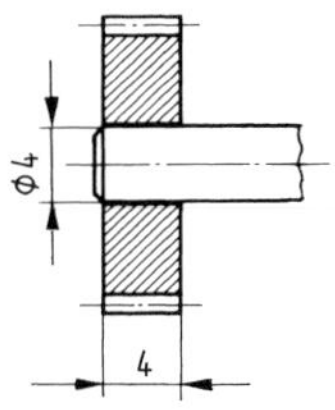

Bild 6.2 Aufgelötetes Ritzel

E: **1.** $S_B = 312$ ($F = 40$ N, $A_l = 50{,}3\,\text{mm}^2$, $\tau_l \approx 0{,}8\,\text{N/mm}^2$, $\tau_{lB} = 250\,\text{N/mm}^2$).
2. $l = 0{,}49$ mm ($M_B \approx 3046$ Nmm, $W_t \approx 12{,}8\,\text{mm}^3$).

L: **1.** τ_l nach Gl. (6.2), worin $F = M/r = M \cdot 2/d$ und $A_l = d \cdot \pi \cdot l$. **2.** Sinngemäß zu Gl. (6.1) gilt hier: Bruchdrehmoment der Lötfuge $M_{lB} = A_l \cdot \tau_{lB} \cdot d/2 = W_t \cdot \tau_{tB} = M_B$ Bruchdrehmoment der Welle ($W_t \approx 0{,}2 d^3$, s. Tab. 15.2).

6

6.3 Zur Montage einer Gelenkstange ist eine Blechöse entsprechend Bild 6.3 zwischen zwei Winkel hart eingelötet. Welche Breite b muss die Öse mindestens erhalten (unabhängig von der praktischen Ausführungsmöglichkeit), wenn die wechselnd wirkende Kraft $F = 2{,}7$ kN beträgt? Hierzu den Kleinstwert der Tab. 6.2 einsetzen.

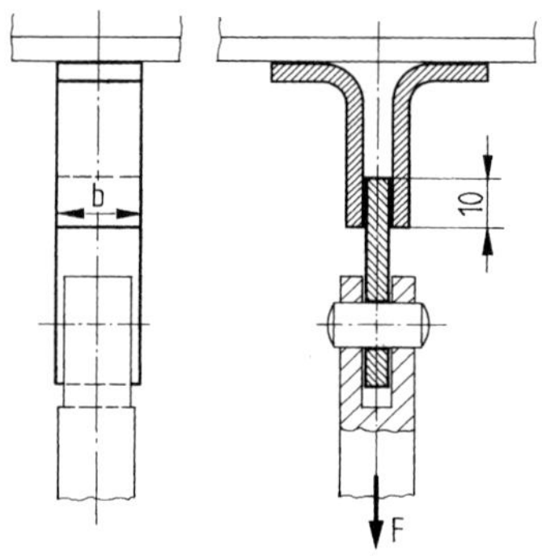

Bild 6.3 Eingelötete Blechöse

E: $b = 9$ mm ($\tau_{l\,zul} = 15$ N/mm^2).

L: Aus Gl. (6.2) mit $\tau_{l\,zul}$ nach Tab. 6.2 und $A_l = 2 \cdot l \cdot b$.

6.4 An einem Hebel (Bild 6.4) wirken zwei Kräfte F_1 und F_2 schwellend. Bei der skizzierten Hebelstellung erreicht die Kraft F_1 mit 2 kN ihren größten Betrag. Der U-förmige Lagerbock ist am Gehäuse mittels Kupferlot hart angelötet. Ist die Verbindung ausreichend bemessen, wenn mit $\sigma_{l\,zul} \approx 0{,}18\ \sigma_{lB}$ als Kleinstwert der Tab. 6.2 gerechnet wird?

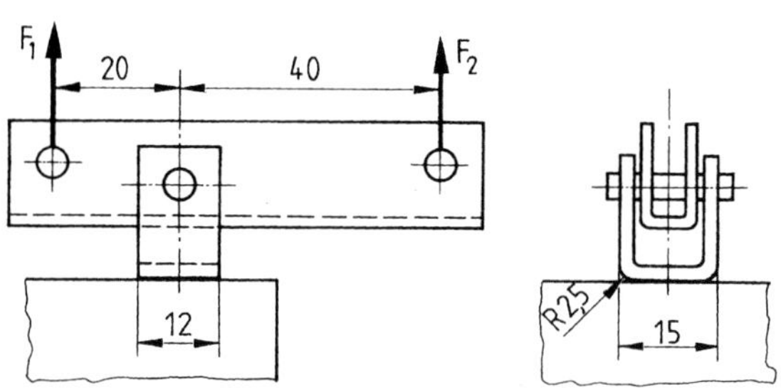

Bild 6.4 Angelöteter Lagerbock

E: Ja, $\sigma_l = 25$ N/mm^2 $< \sigma_{l\,zul} = 36$ N/mm^2 ($F = 3$ kN, $A_l = 120$ mm^2, $\sigma_{lB} = 200$ N/mm^2).

L: Nach Gl. (6.3) mit F aus $\sum M = F \cdot l_2 - F_1(l_1 + l_2) = 0$ und $A_l = b \cdot l$, worin $b = (15 - 2 \cdot 2{,}5)$ mm $= 10$ mm.

6.5 Zwei Blechstreifen aus Aluminium sollen durch Doppellaschen (Bild 6.5) mittels Weichlöten miteinander verbunden werden. Genügt die Verbindung zur Übertragung einer ruhend wirkenden Kraft $F = 5{,}2$ kN, wenn die Überlappungslänge l mit dem üblicherweise zweckmäßigen Mittelwert ausgeführt wird?

E: Ja, $\tau_l = 1{,}86$ N/mm^2 $< \tau_{l\,zul} = 2$ N/mm^2 ($l = 7$ mm, $A_l = 2\,800$ mm^2).

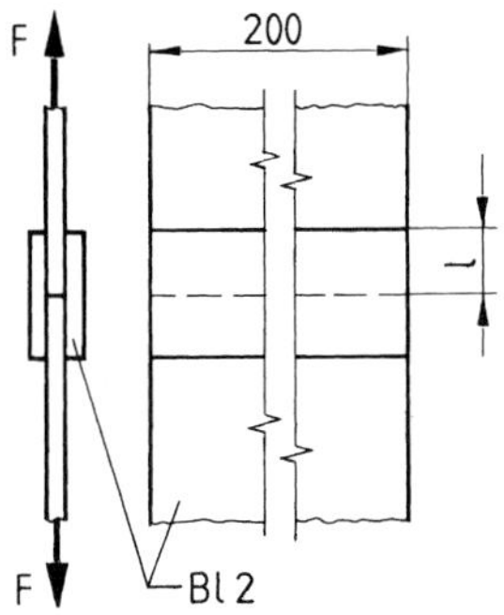

Bild 6.5 Weichgelötete Doppellaschenverbindung

L: Nach Gl. (6.2) mit $A_l = 2 \cdot b \cdot l$, zweckmäßige Werte für l s. unter 1. Bleche im ME Abschn. 6.2, $\tau_{l\,zul}$ s. nach Gl. (6.3) unter Weichlötverbindungen. Die Stoßfläche der Bleche wird vernachlässigt.

6.6 Der Rohrstutzen aus Stahl P235TR1 ($R_m = 350$ N/mm²) an einem Behälter soll durch eine mit Kupferlot hart aufgelötete Kappe verschlossen werden, wie in Bild 6.6 dargestellt. Im Betriebszustand wirkt ein gleichbleibender Druck von 6 bar = 0,6 N/mm². Mit dem Kleinstwert der Tab. 6.2 sind zu ermitteln:

1. Wird in der Lötfuge die zulässige Spannung überschritten?
2. Die Länge l der Fuge, wenn sie ebenso fest sein soll wie der Rohrquerschnitt?

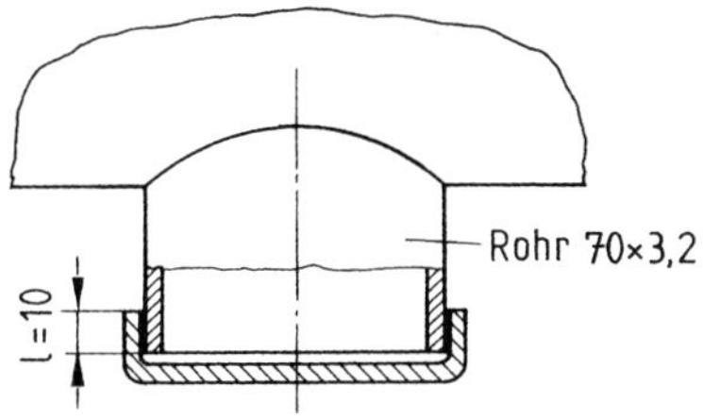

Bild 6.6 Aufgelötete Verschlusskappe

E: **1.** Nein, $\tau_l = 1{,}05$ N/mm² $< \tau_{l\,zul} = 50$ N/mm² ($F = 2\,309$ N, $A_l = 2\,199$ mm²).
2. $l = 7{,}13$ mm ($F_B = 235\,041$ N, $\tau_{lB} = 150$ N/mm²).

L: **1.** Nach Gl. (6.2) mit $F = p \cdot d_a^2 \cdot \pi/4$. **2.** Aus Gl. (6.1) mit $S = (d_a - s)\,\pi \cdot s$.

6.7 Durch eine weichgelötete Verbindung von zwei Rohren (Bild 6.7) aus Kupfer SF – Cu F22 ($R_m = 220$ N/mm²) strömt verdampftes Kältemittel mit einem Überdruck $p = 12$ bar = 1,2 N/mm². Das Weichlot hat eine Scherfestigkeit $\tau_{lB} = 20$ N/mm². Welche Fugenlänge l muss mindestens vorgesehen werden, wenn

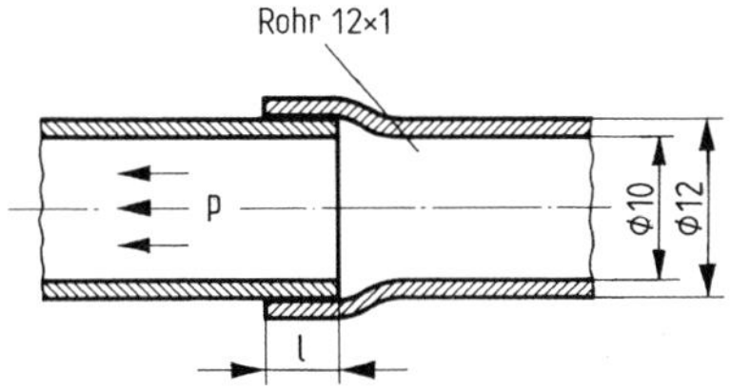

Bild 6.7 Weichgelötete Rohrverbindung

1. die zulässige Scherspannung $\tau_{l\,zul} = 3$ N/mm^2 beträgt?
2. die Lötfuge etwa die gleiche Bruchkraft haben soll wie das Rohr?
3. die Ausführung nach den AD-Merkblättern erfolgen soll?

E: **1.** $l = 1{,}2$ mm ($F = 135{,}7$ N).
2. $l \approx 10$ mm ($F_B = 7603$ N).
3. $l = 10$ mm ($s = 1$ mm < 6 mm, $D_i \cdot p = 12$ N/mm < 250 N/mm).

L: **1.** Aus Gl. (6.2) mit F wie in Aufg. 6.6. **2.** Aus Gl. (6.1) mit $S = (d_a^2 - d_i^2) \cdot \pi/4$. **3.** Nach ME Abschn. 6.3 letzter Absatz.

6

6.8

Die zwei Hälften eines Behälters aus Kupfer SF — Cu F30 ($R_m = 290$ N/mm^2) mit einem inneren Überdruck von 10 bar = 1 N/mm^2 sind durch Weichlöten miteinander verbunden, wie in Bild 6.8 gezeigt. Die Scherfestigkeit des verwendeten Lot beträgt 15 N/mm^2.
1. Wie groß ist die Bruchsicherheit in der Lötfuge?
2. Genügt die Ausführung den Vorschriften der AD-Merkblätter?

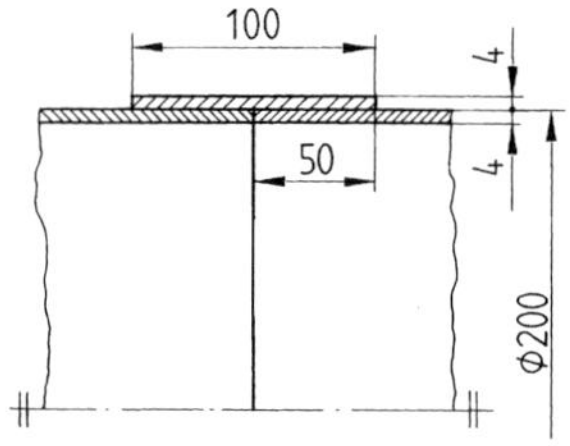

Bild 6.8 Weichlotverbindung an einem Kupferbehälter

E: **1.** $S_B = 16{,}3$ ($F = 28\,953$ N, $A_l = 31\,416$ mm^2, $\tau_l = 0{,}92$ N/mm^2).
2. Ja, $l = 50$ mm $> 10s = 40$ mm, $s = 4$ mm < 6 mm, $D_i \cdot p = 192$ N/mm < 250 N/mm.

L: **1.** Wie unter 1. in Aufg. 6.2 mit $F = p \cdot D_i^2 \cdot \pi/4$ und $D_i = 192$ mm. **2.** Wie unter 3. in Aufg. 6.7.

7 Klebverbindungen

7.1 An einem Fahrzeugrahmen sollen zwei Stahlrohre aus S275JR ($R_m = 350\,\text{N/mm}^2$) nach Bild 7.1 miteinander verklebt werden. Als Klebstoff ist Agomet M vorgesehen. Für eine mittlere Bindefestigkeit bis $\tau_{kB} = 10\,\text{N/mm}^2$ sind die Klebflächen geschmirgelt. Betriebstemperatur maximal 60 °C. Es sind zu ermitteln:

1. Die erforderliche Kleblänge l, wenn die Zugscherbruchkraft F_{kB} der Klebschicht etwa gleich der Zugbruchkraft F_B des inneren Rohres sein soll und mit $\tau_{kB} = 10\,\text{N/mm}^2$ gerechnet wird.
2. Die günstigste Kleblänge l.
3. Die erforderliche Mindestlänge l, wenn eine größte schwellende Betriebskraft $F = 6\,\text{kN}$ zu übertragen ist.

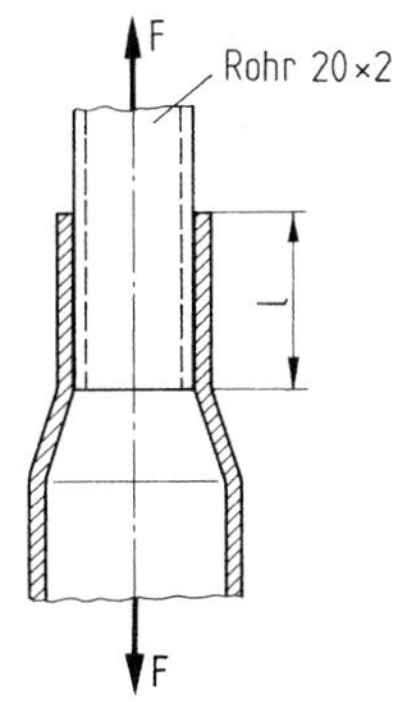

Bild 7.1 Klebverbindung zweier Stahlrohre

E: **1.** $l = 63\,\text{mm}$ ($S = 113{,}1\,\text{mm}^2$, $F_B = 39\,584\,\text{N}$).
2. $l = 20 \ldots 40\,\text{mm}$.
3. $l = 31{,}8\,\text{mm} \approx 32\,\text{mm}$ ($\tau_{k\,zul} = 3\,\text{N/mm}^2$).

L: **1.** Aus Gl. (7.1) mit $A_k = d \cdot \pi \cdot l$ und $S = (d - s)\,\pi \cdot s$, worin $d = 20\,\text{mm}$ und $s = 2\,\text{mm}$. Die Vorbehandlung der Klebflächen durch Schmiergeln ergibt eine mittlere Bindefestigkeit (s. ME Abschn. 7.2 u. Tab. 7.3), sodass bei einer Zugscherfestigkeit des Klebers von ca. $34\,\text{N/mm}^2$ (nach Tab. 7.2 bei 60 °C) mit $\tau_{kB} \approx 10\,\text{N/mm}^2$ gerechnet werden kann. **2.** Günstige Kleblängen l s. ME Abschn. 7.3. **3.** Aus Gl. (7.2) mit $\tau_{k\,zul} \approx 0{,}3\tau_{kb}$.

7.2 Eine Fliehkraftkupplung für ein maximales wechselndes Drehmoment $T_K = 2{,}5\,\text{kNm}$ enthält 4 der in Bild 7.2 dargestellten Graugussbacken mit aufgeklebten Reibbelägen, die eine Breite $B = 25\,\text{mm}$ und eine Länge $L = 120\,\text{mm}$ haben. Zum Einhängen der Rück-

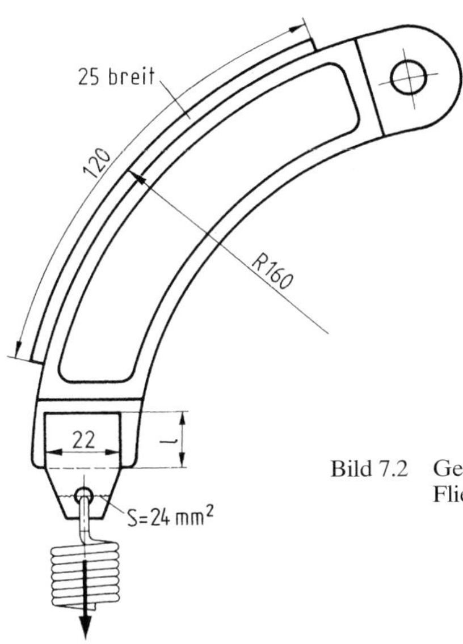

Bild 7.2 Geklebte Reibbeläge einer Fliehkraftkupplung

zugsfedern ist an jede Backe eine Blechöse aus S235JR geklebt. Alle Klebflächen sind entfettet und sandgestrahlt, verwendeter Klebstoff: Gupalon normal.

1. Welche Länge l muss die Klebfläche an jeder Blechöse erhalten, wenn die Klebschicht und der gefährdete Querschnitt S der Öse bei einer Betriebstemperatur von ca. 50 °C eine etwa gleich große Bruchkraft aufweisen sollen?

2. Sind die Klebflächen der Reibbeläge ausreichend bemessen, wenn hier mit einer Temperatur von 80 °C zu rechnen ist?

E: **1.** $l = 19{,}6\,\text{mm} \approx 20\,\text{mm}$ ($F_B = 8640\,\text{N}$, $\tau_{kB} = 20\,\text{N/mm}^2$).
2. Ja, $\tau_k = 1{,}3\,\text{N/mm}^2 < \tau_{k\,zul} = 2\,\text{N/mm}^2$ ($F = 3906\,\text{N}$, $\tau_{kB} = 10\,\text{N/mm}^2$).

7

L: **1.** Aus Gl. (7.1) mit $A_k = b \cdot l$ und τ_{kb} bei 55 °C nach Tab. 7.2, da Vorbehandlung für hohe Bindefestigkeit (s. ME Abschn. 7.2 u. Tab. 7.3). **2.** Nach Gl. (7.2) mit $A_k = B \cdot L$ und $F = F_u/4$, da die Klebflächen aller 4 Backen die Umfangskraft F_u am Innenradius $R = 160\,\text{mm}$ der Kupplung aus dem Drehmoment $T_K = F_u \cdot R$ übertragen müssen; $\tau_{k\,zul}$ nach ME Abschn. 7.4 mit τ_{kB} bei 80 °C aus Tab. 7.2.

7.3

Die im Bild 7.3 dargestellte Blechöse zur Montage einer Gelenkstange soll zwischen die Winkel geklebt werden. Es ist eine wechselnde Kraft $F = 2{,}7\,\text{kN}$ zu übertragen, die Betriebstemperatur beträgt 20 °C und die Klebflächen werden für eine hohe Bindefestigkeit vorbereitet. Genügt der Klebstoff Agomet P76 den Anforderungen?

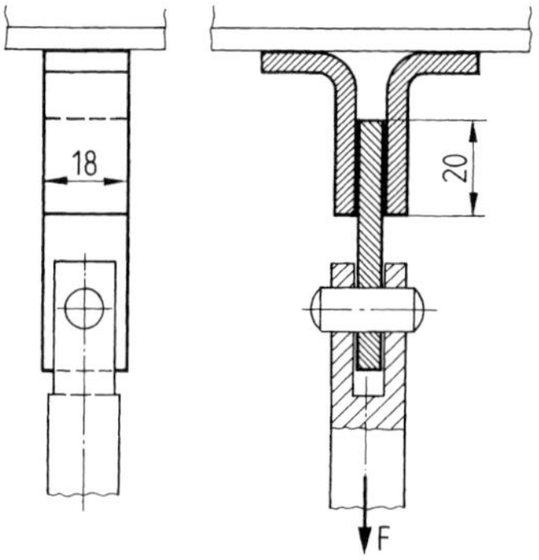

Bild 7.3 Eingeklebte Blechöse

E: Ja, $\tau_k = 3{,}75\,\text{N/mm}^2 < \tau_{k\,zul} = 4{,}2\,\text{N/mm}^2$ bzw. $\tau_{kB} = 21\,\text{N/mm}^2 > \tau_{kB\,erf} = 18{,}75\,\text{N/mm}^2$ ($A_k = 720\,\text{mm}^2$).

L: τ_k nach Gl. (7.2), $\tau_{k\,zul} = 0{,}2\tau_{kB}$, τ_{kB} nach Tab. 7.2.

7.4

Die in Bild 7.4 skizzierten Blechstreifen aus Aluminium sollen durch Doppellaschen miteinander verklebt werden. Als Klebstoff ist Pattex vorgesehen. Die Klebflächen werden nicht besonders vorbehandelt. Genügt die Verbindung zur Übertragung einer ruhend wirkenden Kraft $F = 5{,}2\,\text{kN}$ bei 20 °C, wenn die Überlappungslänge l mit dem üblichen Kleinstwert für die Kleblänge ausgeführt wird? Wegen der niedrigen Bindefestigkeit ist mit $\tau_{kB} \approx 4\,\text{N/mm}^2$ zu rechnen.

E: Ja, $\tau_{k\,zul} = 1{,}6\,\text{N/mm}^2 > \tau_k = 0{,}65\,\text{N/mm}^2$ ($l = 20\,\text{mm}$, $A_k = 8000\,\text{mm}^2$).

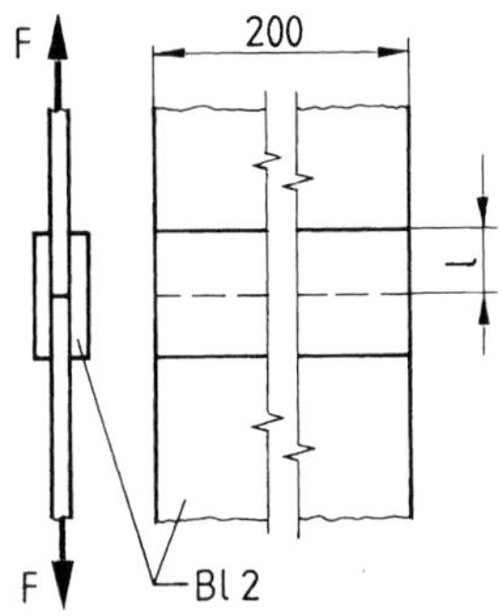

Bild 7.4 Geklebte Doppellaschenverbindung

L: Nach Gl. (7.2) mit $A_k = 2b \cdot l$ (günstige Klebelänge s. ME Abschn. 7.3) und $\tau_{k\,zul} = 0{,}4\tau_{kB}$ (s. ME Abschn. 7.4). Aus Tab. 7.3 folgt $\tau_{kB} = 7\ \text{N/mm}^2$ bei 20 °C, da nur niedrige Bindefestigkeit (ME Abschn. 7.2 und Tab. 7.3), kann $\tau_{kB} \approx 4\ \text{N/mm}^2$ angenommen werden.

7.5 Auf die in Bild 7.5 gezeigte Schaltmuffe aus Grauguss ($\tau_{tB} \approx 0{,}6R_m$) ist ein Stahlritzel mit dem Klebstoff Araldit AW 142 geklebt. Die Klebflächen sind geschmirgelt bzw. geschliffen (Bindefestigkeit $\tau_{kB} = 10\ \text{N/mm}^2$), Betriebstemperatur 25 °C.

1. Welches schwellend wirkende Drehmoment T kann die Verbindung übertragen, wenn die Klebung an der Stirnfläche zu vernachlässigen ist?

2. Welche Kleblänge l ist erforderlich, wenn die Klebschicht und der kleinste Muffenquerschnitt gleich große Bruchdrehmomente aufweisen sollen ($R_m = 250\ \text{N/mm}^2$)? Wäre diese Länge sinnvoll?

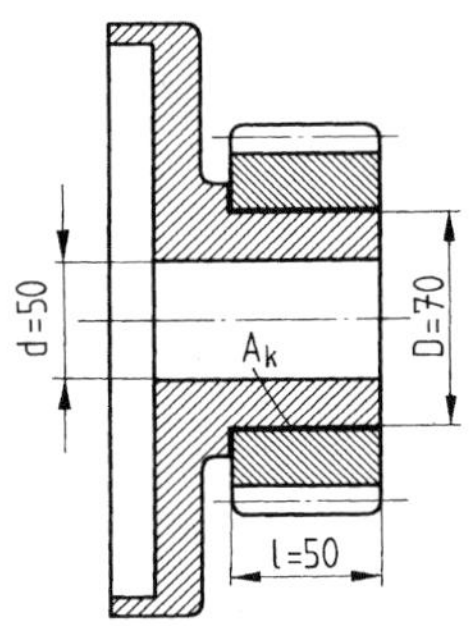

Bild 7.5 Auf eine Schaltmuffe geklebtes Ritzel

E: **1.** $T = 1155$ Nm ($A_k = 10\,996\ \text{mm}^2$, $F_{zul} \approx 33\,000$ N, $\tau_{k\,zul} = 3\ \text{N/mm}^2$).
2. $l = 99$ mm nicht sinnvoll ($W_t = 50\,743\ \text{mm}^3$, $M_B \approx 7610$ Nm).

L: **1.** $M = F_{zul} \cdot D/2$ mit $F_{zul} = A_k \cdot \tau_{k\,zul}$ aus Gl. (7.2) und $A_k = D \cdot \pi \cdot l$. Das Ergebnis veranschaulicht, dass mit einer Klebverbindung ein relativ hohes Drehmoment übertragen werden kann; es ist von einer Passfederverbindung nicht zu übertreffen, außerdem spart man das teure Fräsen und Stoßen der Nuten. **2.** Nach Gl. (7.1) und entspr. Aufg. 6.2 gilt sinngemäß: $M_{kB} = A_k \cdot \tau_{kB} \cdot D/2 = W_t \cdot \tau_{tB} = M_B$ mit $W_t \approx 0{,}2(D^4 - d^4)/D$ (s. Tab. 15.2).

7.6 Die mit Bild 7.5 gezeigte Schaltmuffe hat ein schwellendes Drehmoment $T = 500$ Nm zu übertragen. Als Klebstoff wurde Loctite Nr. 639 gewählt, Aushärtung bei

Raumtemperatur. Klebschichtdicke 0,07 mm, Rautiefen: Welle $R_z = 16$ µm, Nabenbohrung $R_z = 30$ µm, Betriebstemperatur 25 °C. Die Klebflächen sind geschmirgelt. Wie hoch ist die Sicherheit gegen Bruch? Hierbei ist die Klebung der Stirnfläche zu vernachlässigen.

E: $S_B \approx 7 > S_{B\,erf} = 2$ $(\tau_N = 24\,\text{N/mm}^2$, $f_1 = 0{,}6$, $f_2 = 0{,}9$, $f_3 = 1{,}2$, $f_4 = 1{,}2$, $f_5 = 0{,}7$, $f_6 = 0{,}7$, $f_7 = 1$, $f_8 = 1$, $\tau_{kB} = 9{,}1\,\text{N/mm}^2$, $\tau_k = 1{,}3\,\text{N/mm}^2$, $A_k = 110\,\text{cm}^2$, $F = 14\,286$ N).

L: τ_N aus Tab. 7.4, Faktoren $f_1 \ldots f_8$ aus Tab. 7.5, τ_{kB} nach Gl. (7.3), τ_k nach Gl. (7.2) mit $F = 2M/D$ und $A_k = D \cdot \pi \cdot l$, S_B nach Gl. (7.4).

7.7 Bild 7.7 zeigt eine duroplastischen Isolierkörper mit zwei aufgeklebten Messingschleifringen, die bei einer Umgebungstemperatur von 80 °C umlaufen. Es wurde mit dem Klebstoff Araldit AW 116 geklebt. Die Schleifringe sind geschliffen. Jede Kohlebürste übt eine Kontaktkraft $F_N = 10$ N auf die Kohlebürste aus, Gleitreibungszahl $\mu = 0{,}08$. Für die Klebflächen A_{k1} und A_{k2} sind die Bruchsicherheiten S_{B1} und S_{B2} in den Klebschichten zu errechnen. Würde es genügen, die Schleifringe nur stellenweise anzukleben?

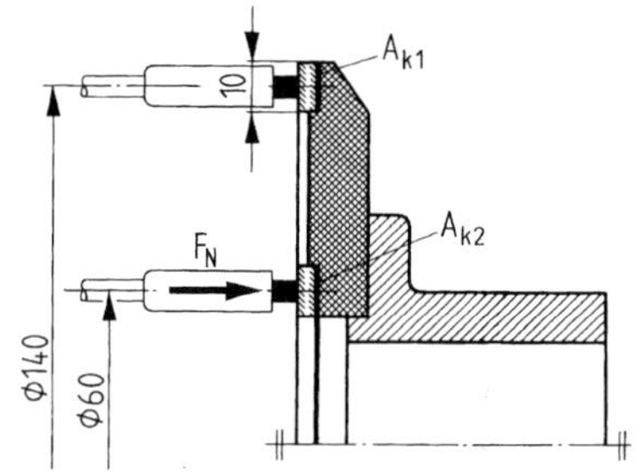

Bild 7.7 Auf Isolierkörper geklebte Schleifringe

E: $S_{B1} = 16\,493$, $S_{B2} = 7\,069$ ($F = 0{,}8$ N, $A_{k1} = 4\,398\,\text{mm}^2$, $A_{k2} = 1\,885\,\text{mm}^2$, $\tau_{kB} = 3\,\text{N/mm}^2$); ein stellenweises Ankleben würde genügen.

L: Bruchsicherheit nach Gl. (7.4) mit τ_{kB} aus Tab. 7.2 und τ_k nach Gl. (7.2). Die von der Klebschicht aufzunehmende Kraft F ist gleich der Reibkraft $F_R = \mu \cdot F_N$ an der Kontaktfläche; da die Klebflächen verhältnismäßig schmal sind, braucht nicht mit dem polaren Widerstandsmoment gerechnet zu werden, sondern nur mit $A_k = d \cdot \pi \cdot b$. Eigentlich würde die Kontrolle der Sicherheit für den inneren Ring mit der kleineren Klebfläche genügen. Bei sehr hoher Bruchsicherheit würde stellenweises Kleben ausreichen.

7.8 Bild 7.8 zeigt den Anschluss eines Bremsbandes. Die Verbindung des Bandes mit der Schlaufe für das Gelenk soll durch 3 Halbrundniete DIN 660 — 4 × 8 St ($R_m = 290\,\text{N/mm}^2$) und zusätzliches Kleben erfolgen. Welche Zugscherfestigkeit τ_{kB} muss die Klebschicht aufweisen, wenn die Gesamtbruchkraft F_{gB} der kombinierten Verbindung etwa so groß sein soll wie die Zugbruchkraft F_B des Bremsbandes aus Stahl S235JR?

E: $\tau_{kB} = 4{,}3\,\text{N/mm}^2$ ($F_B = 25\,596$ N, $F_{nB} = 15\,721$ N, $A_k = 2\,317\,\text{mm}^2$).

L: Aus $F_B = S \cdot R_m = F_{gB} = F_{nB} + F_{kB}$ folgt mit F_{nB} nach Gl. (7.5) (hier wegen der zweischnittigen Niete $2A_n$ anstelle A_n einsetzen) für $\tau_{kB} = F_{kB}/A_k$; es ist $S = (b - n \cdot d_1)\,s$ und $A_k = 2(b \cdot l - n \cdot A_n)$, da die Verringerung des Bandquerschnitts und der Klebfläche durch die Nietlöcher zu berücksichtigen ist ($A_n = A$ nach Tab. 8.1).

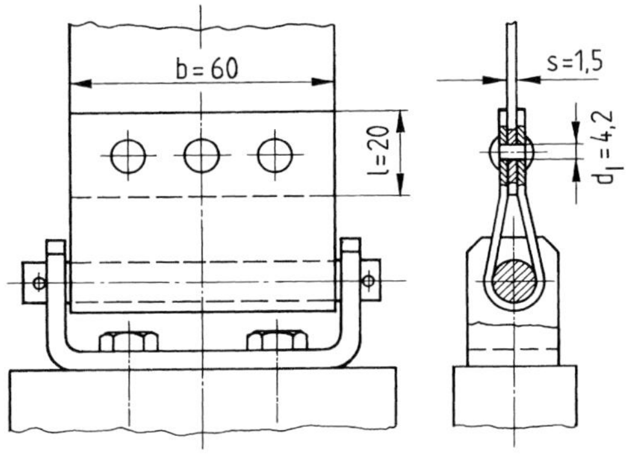

Bild 7.8 Genieteter und geklebter Anschluss eines Bremsbandes

7

7.9 Der in Bild 7.9 skizzierte Schalthebel aus S235JR ist durch Kleben und 3 Schweißpunkte mit einem Steuernocken aus C15 verbunden, der mittels Passfeder auf einem Wellenzapfen befestigt ist. Verwendet wurde der Klebstoff Metallon E 2602, die Klebflächen sind nach dem Entfetten nicht weiterbehandelt worden. Es ist die schwellend wirkende Kraft F zu errechnen, die bei der dargestellten kombinierten Klebverbindung und einer Umgebungstemperatur von ca. 50 °C am Hebelende im Abstand $L = 100$ mm übertragen werden kann. Wegen der starken Stöße beim Schalten ist ein Anwendungsfaktor $K_A = 1{,}8$ zu berücksichtigen.

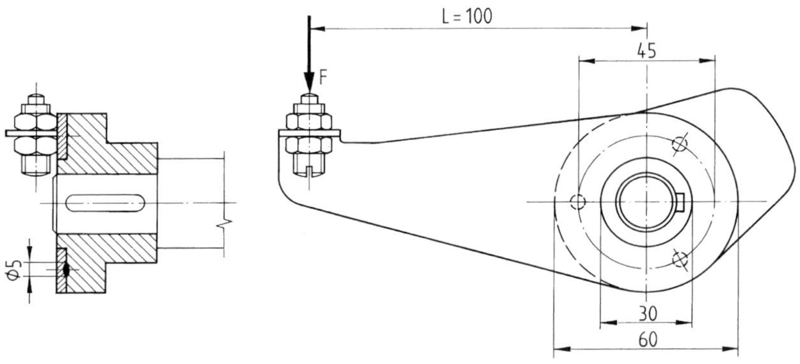

Bild 7.9 Mittels Kleben und Punktschweißen befestigter Schalthebel

E: $F \approx 876$ N ($A_w \approx 19{,}6$ mm², $F_{wB} \approx 12{,}99$ kN, $A_k \approx 2062$ mm², $F_{kB} = 10{,}3$ kN, $\tau_{k\,zul} = 1{,}5$ N/mm², $\tau_{kk\,zul} \approx 3{,}4$ N/mm²).

L: Mit $\tau_{kk\,zul}$ nach Gl. (7.7) folgt für die am mittleren Klebflächendurchmesser $d_m = 45$ mm zulässige Umfangskraft $F_u = A_k \cdot \tau_{kk\,zul}$ und damit F aus $\sum M = 0 = F \cdot L - F_u \cdot d_m/2$; es ist A_k wie in ME Beisp. 7.3 unter 2. zu ermitteln, F_{wB} nach Gl. (7.6), τ_{kB} aus Tab. 7.2, $F_{gB} = F_{kB} + F_{wB}$ (s. Legenden zu den Gln. (7.6) und (7.7)).

8 Nietverbindungen

Maschinen- und Gerätebau

8.1 Zur Einsparung von Werkstoff und Zerspanungsarbeit wurde ein Kettenrad gemäß Bild 8.1 aus einer Scheibe und einer Nabe mit Flansch zusammengesetzt und durch Halbrundniete DIN 660 — 8 × 40 — St miteinander verbunden, Werkstoffe: Kettenrad aus E335, Nabe aus S235JO. Es ist eine Leistung $P = 9$ kW bei der Drehzahl $n = 100\ \text{min}^{-1}$ zu übertragen. Für die Festigkeitskontrolle der Nietverbindung sind zu ermitteln:

1. Die von den Nieten zu übertragende Kraft F, wenn wegen der Stöße beim Anfahren und während des Betriebes mit einem Stoßfaktor $f_1 = 2{,}5$ (Betriebsfaktor nach Tab. 25.4) zu rechnen ist,
2. Die Scherspannung τ_a und der Leibungsdruck σ_l,
3. Genügt die Verbindung den Anforderungen einer schwellenden Belastung?

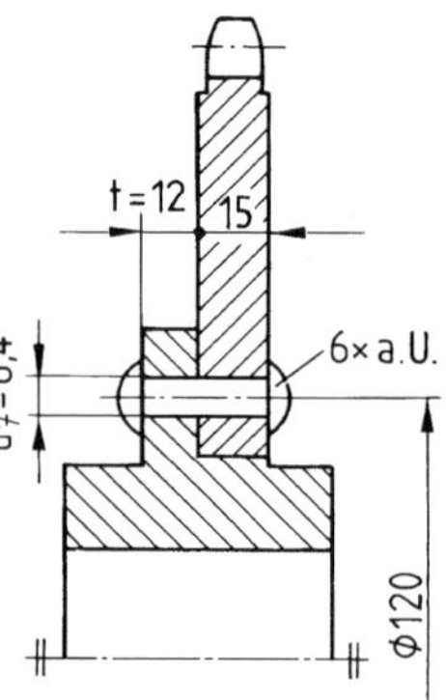

Bild 8.1 Genietetes Kettenrad

E: **1.** $F = 35{,}81$ kN ($M = 859{,}4$ Nm).
2. $\tau_a = 107{,}7\ \text{N/mm}^2$, $\sigma_l = 59{,}2\ \text{N/mm}^2$.
3. Nein $\tau_{a\,\text{zul}} = 100\ \text{N/mm}^2 < \tau_a$, jedoch $\sigma_{l\,\text{zul}} = 170\ \text{N/mm}^2 > \sigma_l$.

L: **1.** Die Kraft F ist gleich der aus dem Drehmoment $M = P/(2\pi \cdot n)$ errechneten Umfangskraft am Teilkreis der Niete, multipliziert mit dem Stoßfaktor f_1. **2.** Nach den Gln. (8.1) und (8.2) mit A aus Tab. 8.1, $n = 6$ und $m = 1$. **3.** Vergleich mit den zulässigen Spannungen der Tab. 8.2; für den Leibungsdruck ist der Wert des Bauteils (der Nabe) aus S235JO maßgebend.

8.2 Die in Bild 8.2 gezeigte, mit zwei Reibbelägen bestückte Bremsscheibe aus Stahl E295 wird mit einer Normalkraft $F_N = 7{,}7$ kN gepresst. Hierbei wird die Welle, die sich abwechselnd links- und rechtsherum dreht, aus der Drehbewegung heraus abgebremst. Die Reibzahl an den Belägen beträgt $\mu = 0{,}3$. Welcher Nietdurchmesser ist zur Befestigung der Scheibe an der Nabe aus S235JO mindestens erforderlich? Der Senkkopf ist nicht in Betracht zu ziehen, d. h., es wird wie bei Halbrundnieten gerechnet. Zu ermitteln sind:

1. Das aufzunehmende Bremsmoment T_b,
2. Die nach der zulässigen Scherspannung erforderlichen Nietdurchmesser d_1 und d_7,
3. Die Kontrolle des Leibungsdruckes σ_l.

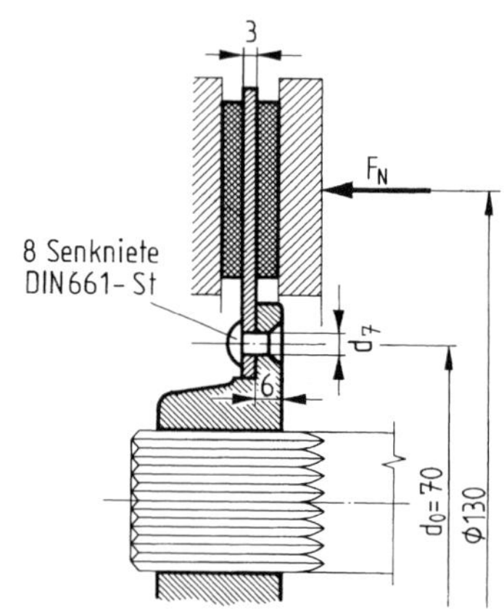

Bild 8.2 An einen Nabenflansch genietete Reibscheibe

E: **1.** $T_b = 300{,}3$ Nm.
2. $d_1 = 4$ mm, $d_7 = 4{,}2$ mm, $A = 13{,}9\ \text{mm}^2 > A_{erf} = 12{,}6\ \text{mm}^2$ ($F = 8580$ N, $\tau_{a\,zul} = 85\ \text{N/mm}^2$).
3. Scheibe: $\sigma_l = 85{,}1\ \text{N/mm}^2 < \sigma_{l\,zul} = 170\ \text{N/mm}^2$, Nabe: $\sigma_l = 42{,}6\ \text{N/mm}^2 < \sigma_{l\,zul} = 140\ \text{N/mm}^2$, Niete: $\sigma_{l\,zul} = 170\ \text{N/mm}^2 > \sigma_l$.

L: **1.** Da zwei Reibflächen vorhanden sind, ergibt sich eine Reibkraft $F_R = 2 \cdot \mu \cdot F_N$, die in Umfangsrichtung am angegebenen mittleren Reibflächendurchmesser $d_m = 130$ mm wirkt, sodass $T_b = F_R \cdot d_m/2$. **2.** Erforderlicher Nietquerschnitt A_{erf} aus Gl. (8.1) mit F als Umfangskraft am Teilkreisdurchmesser d_0 und $\tau_{a\ zul}$ nach Tab. 8.2, Wahl von d_1 und d_7 nach Tab. 8.1, sodass $A \geq A_{erf}$. **3.** Mit Gl. (8.2) für Scheibe und Nabe getrennt, Vergleich mit $\sigma_{l\ zul}$ der Tab. 8.2.

8

8.3

Für den Anschluss eines Bremsbandes sollen 5 Halbrundniete DIN 660 aus Stahl (St) in der Anordnung nach Bild 8.3 vorgesehen werden. Welche Nietdurchmesser d_1 und d_7 sind bei Schwellbelastung erforderlich? Welche Breite b muss das Band mindestens erhalten, wenn für den Werkstoff $\sigma_{zul} = 200\ \text{N/mm}^2$ beträgt?

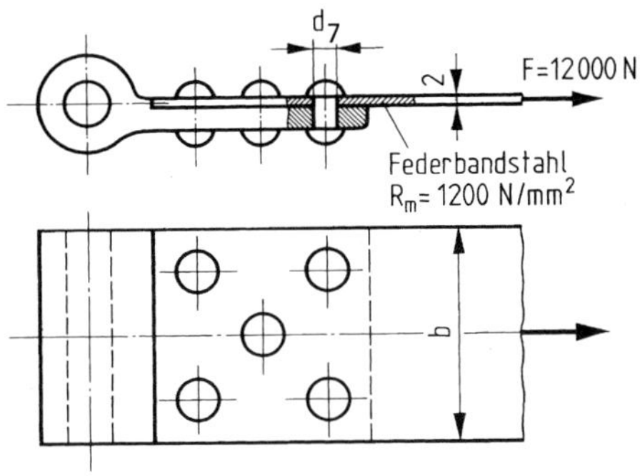

Bild 8.3 Genieteter Bremsbandanschluss

E: $d_1 = 6$ mm, $d_7 = 6{,}3$ mm, $A = 31{,}2\ \text{mm}^2 > A_{erf} = 24\ \text{mm}^2$ ($\tau_{a\,zul} = 100\ \text{N/mm}^2$), $\sigma_l = 190{,}5\ \text{N/mm}^2 < \sigma_{l\,zul} = 200\ \text{N/mm}^2$; $b = 42{,}6$ mm ($S_{n\,erf} = 60\ \text{mm}^2$).

L: Bestimmung der Nietdurchmesser sinngemäß wie in Aufg. 8.2 unter 2. und 3., der Breite b aus Gl. (8.4) mit $S_n = b \cdot t - 2d_L \cdot t$.

8.4

Ein Lüfterrad läuft mit einer Drehzahl bis $4000\ \text{min}^{-1}$. Seine Blechflügel wiegen je 300 g und sind an eine dickere Blechnabe genietet (Bild 8.4), Nabe und Flügel aus S275J2G3. Durch die Fliehkraft eines Flügels werden die 4 Stahlnieten auf Abscheren beansprucht. Da sich innerhalb des Drehzahlbereichs die Drehzahl des Lüfters oft ändert, ist schwellende Belastung vorauszusetzen. Genügt die Verbindung den Anforderungen, wenn wegen des von den Nieten noch mit zu übertragenden Drehmoments und wegen der Gefährlichkeit eines Bruches nur mit der Hälfte der üblichen zulässigen Spannungen zu rechnen ist? Welche Mindestbreiten b_1 und b_2 müssen die Lappen der Nabe und die Flügel in der gezeigten Schnittstelle haben, wenn aus den genannten Gründen die um 50 % gekürzten Anhaltswerte für die zulässigen Spannungen nochmals um 40 % verringert werden?

E: Ja, genügt: $\tau_{a\,zul} = 50\ \text{N/mm}^2 > \tau_a = 41{,}6\ \text{N/mm}^2$ ($F = 9212$ N, $A = 55{,}4\ \text{mm}^2$), $\sigma_{l\,zul} = 116{,}5\ \text{N/mm}^2 > \sigma_l = 91{,}4\ \text{N/mm}^2$; $b_1 \approx 44$ mm ($S_{n1\,erf} = 131{,}6\ \text{mm}^2$), $b_2 \approx 39$ mm, ($S_{n2\,erf} = 65{,}8\ \text{mm}^2$).

8

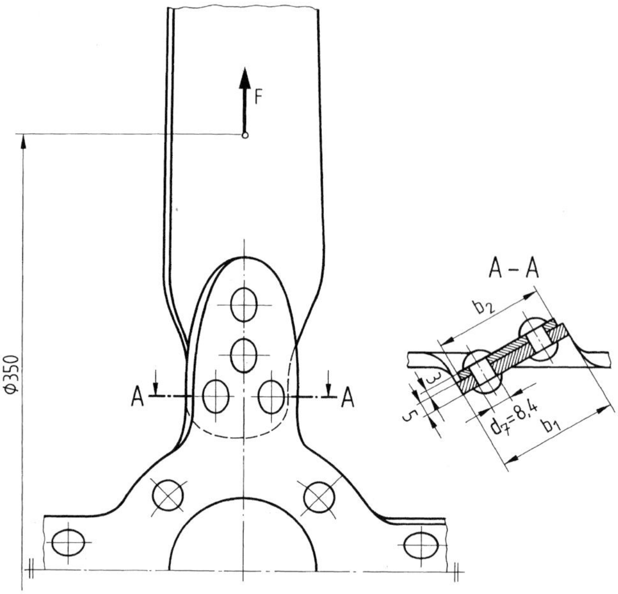

Bild 8.4 Ausschnitt eines genieteten Lüfterrades

L: Fliehkraft $F = m \cdot r(2\pi \cdot n)^2$ mit $m = 0{,}3$ kg, $r = 0{,}175$ m und $n = (4000/60)\ \mathrm{s}^{-1}$. Festigkeitskontrolle der Nietverbindung mit den Gln. (8.1) und (8.2) sowie 50 % der zulässigen Spannungen aus Tab. 8.2, σ_l nur für Flügel mit $t = 3$ mm. Da die Bauteilquerschnitte auf Zug durch die Fliehkraft F beansprucht werden, gilt Gl. (8.4) mit $S_n = b \cdot t - 2d_L \cdot t$. Die Querschnitte in der jeweils ersten Nietreihe haben die volle Kraft F aufzunehmen, die in den folgenden Nietreihen jeweils nur den der verbleibenden Nietanzahl entsprechenden Anteil (s. ME Bild 8.9). Hierbei ist zu beachten, dass die erste Nietreihe im Lappen der Nabe die letzte Nietreihe im Flügel ist und umgekehrt! Im vorliegenden Fall ist somit b_1 mit F und b_2 mit $F/2$ zu errechnen, und zwar mit 60 % der zulässigen Spannungen aus Tab. 8.2.

8.5 Zur Aufnahme eines Hydraulikzylinders sind zwei Winkel aus S235JR an einen Maschinenrahmen genietet, wie in Bild 8.5 dargestellt. Genügen die 4 Niete zur Übertragung der schwellend wirkenden Kolbenkraft, die den Größtwert $F = 2$ kN erreichen kann?

E: Ja, $\sigma_{z\,zul} = 50\ \mathrm{N/mm^2} > \sigma_z = 34{,}7\ \mathrm{N/mm^2}$ ($F_1 = 996$ N, $A = 13{,}9\ \mathrm{mm^2}$).

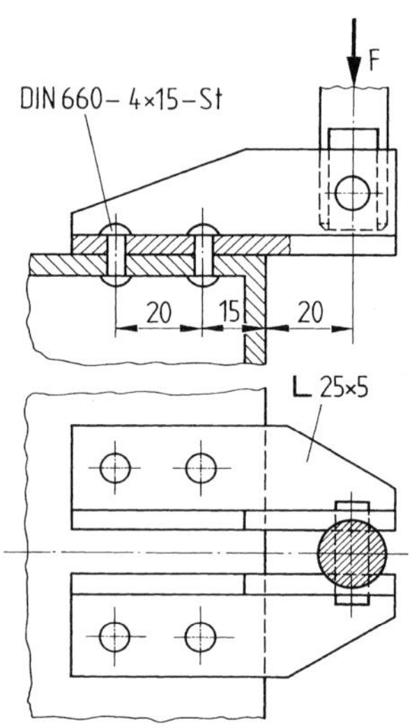

Bild 8.5 Verbindung mit zugbeanspruchten Nieten

L: Die Niete werden auf Zug beansprucht. Das von der Kante K weiter entfernte Nietpaar ist höher belastet (s. Bild L 8.5). Die Kraft F_1 folgt aus $\sum M_{(K)} = 0 = F_1 \cdot l_1 + F_2 \cdot l_2 - F \cdot l$ mit $F_2/F_1 = l_2/l_1$. Kontrolle der Zugspannung nach Gl. (8.3) mit $F_z = F_1/2$ und A aus Tab. 8.1 sowie $\sigma_{z\,zul}$ aus Tab. 8.2.

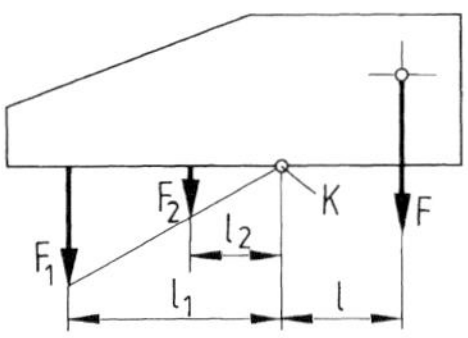

Bild L 8.5 Skizze zur Kräfteberechnung

8

8.6

Elektromagnetische Bremsen, die beim Einschalten des elektrischen Stromes durch Anzug des Ankers lüften und nach Abschalten des Stromes durch Federkraft bremsen, werden oft für den Fall des Stromausfalls mit einer Handlüfteinrichtung ausgestattet, um beispielsweise schwebende Lasten absenken zu können. Bei der in Bild 8.6 gezeigten Bremse wird das Handlüften über einen eingenieteten Bolzen aus S235JRG2 vorgenommen. Die auszuübende Kraft $F = 1{,}1$ kN muss die Federkraft überwinden, damit der Anker an den Magneten gezogen wird. Sind die Querschnitte 1 und 2 der Verbindung ausreichend bemessen, wenn wegen der seltenen Benutzung ruhende Belastung und wegen der ungünstigen Verhältnisse nur 30 % der üblichen zulässigen Scherspannung angenommen werden?

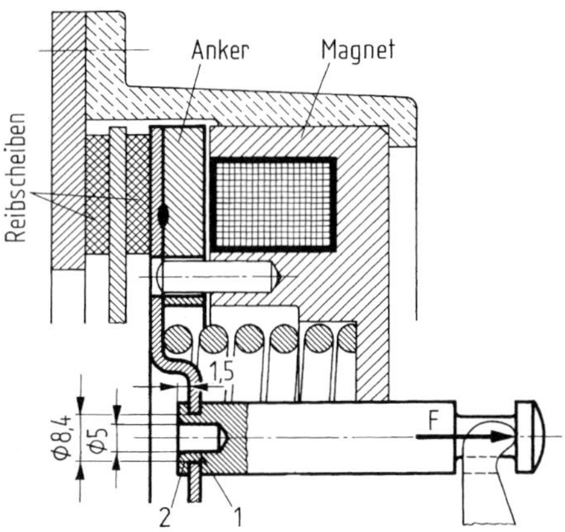

Bild 8.6 Nietbolzen an einem Ankerteller

E: Ja, Querschnitt 1: $\sigma_{z\,zul} = 70\ \text{N/mm}^2 > \sigma_z = 30{,}7\ \text{N/mm}^2$ ($A = 35{,}8\ \text{mm}^2$),
Querschnitt 2: $\tau_{a\,zul} = 42\ \text{N/mm}^2 > \tau_a = 27{,}8\ \text{N/mm}^2$.

L: Der Nietschaft wird durch die Kraft F im Querschnitt 1 auf Zug, der Kopf im Ringquerschnitt 2 auf Abscheren beansprucht. Es ist $\sigma_z = F/A$ mit $A = (d_L^2 - d_i^2)\,\pi/4$ und $\tau_a = F/(d_L \cdot \pi \cdot k)$, wobei $d_L = 8{,}4$ mm und $k = 1{,}5$ mm. Zulässige Spannungen nach Tab. 8.2; da im Ringquerschnitt 2 zusätzlich Biegebeanspruchung auftritt, ist wie in der Aufgabe angegeben eine Verringerung des Wertes für $\tau_{a\,zul}$ vorzunehmen.

8.7

Bild 8.7 zeigt zwei Flachstähle, die zur Aufnahme eines Spannhebels mit 4 Nieten an einer Vorrichtung befestigt sind, Bauteilwerkstoff E335. Die vom Hebel auf die Flachstähle ausgeübte größte Kraft $F = 5$ kN wirkt unter dem angegebenen Winkel von 30°. Für die Festigkeitskontrolle sind zu ermitteln:

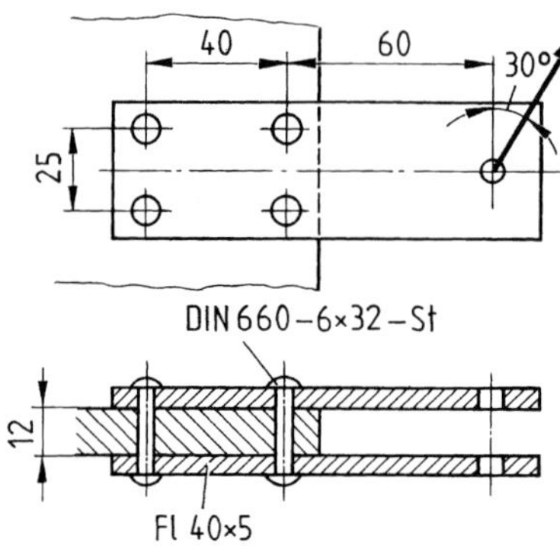

Bild 8.7 Außermittig beanspruchte Nietverbindung

8

1. Die von einem Niet aufzunehmende größte Kraft F_n,
2. Sind die Niete für schwellende Belastung ausreichend bemessen?
3. Ist die Beanspruchung der Flachstähle zulässig?

E: **1.** $F_n = 4922$ N ($F_x = 2500$ N, $F_y = 4330$ N, $F_a = 1946$ N, $F_b = 3114$ N, $F_l = 625$ N, $F_q = 1083$ N),
2. Ja, $\tau_{a\,zul} = 100$ N/mm² $> \tau_a = 78{,}9$ N/mm² ($m = 2$, $A = 31{,}2$ mm²), und $\sigma_{l\,zul} = 200$ N/mm² $> \sigma_l = 78{,}1$ N/mm² ($d_L = 6{,}3$ mm, $t = 10$ mm).
3. Ja, $\sigma_{b\,zul} = 175$ N/mm² $> \sigma_r = 165{,}2$ N/mm² ($S_n = 137$ mm², $I = 16615$ mm⁴, $W_b = 832{,}1$ mm³, $\sigma_b = 156{,}1$ N/mm², $\sigma_z = 9{,}1$ N/mm²).

L: **1.** Da die Wirkungslinie der Kraft F nicht durch den Schwerpunkt S_0 der Verbindung geht, sind die Niete unterschiedlich belastet. Siehe hierzu auch ME Bild 8.15. Die Kräfteverteilung an den Nieten ist in Bild L 8.7 für den Gleichgewichtszustand dargestellt. Rechnungsgang für F_n: Komponenten F_x und F_y von F, Komponenten F_a und F_b (sie verhalten sich zueinander wie die Abstände a und b) aus $\sum M = 0 = 4F_a \cdot a/2 + 4F_b \cdot b/2 - F_y \cdot L$, Längskraftkomponenten F_l aus $\sum F_x = 0 = 4F_l - F_x$, Querkraftkomponenten F_q aus $\sum F_y = 0 = 4F_q - F_y$, Zusammensetzen der Komponenten zur Resultierenden F_n am höchstbeanspruchten Niet (rechts unten). **2.** Mit den Gln. (8.1) und (8.2) sowie den zulässigen Spannungen der Tab. 8.2. **3.** Der gefährdete Querschnitt an der Nietverbindung wird beansprucht auf Biegung durch das Moment $M_b = F_y \cdot l$ und auf Zug durch F_x. Unter Berücksichtigung der Schwächung durch die Nietlöcher ist für einen Flachstahl $S_n = (B - 2d_L)t$ und $W_b = I/e$ mit $e = B/2 = 20$ mm und $I = t \cdot B^3/12 - 2(t \cdot d_L^3/12 + c^2 \cdot t \cdot d_L)$, worin $c = a/2$, damit wird $\sigma_r = \sigma_b + \sigma = M_b/2W_b + F_x/2S_n$.

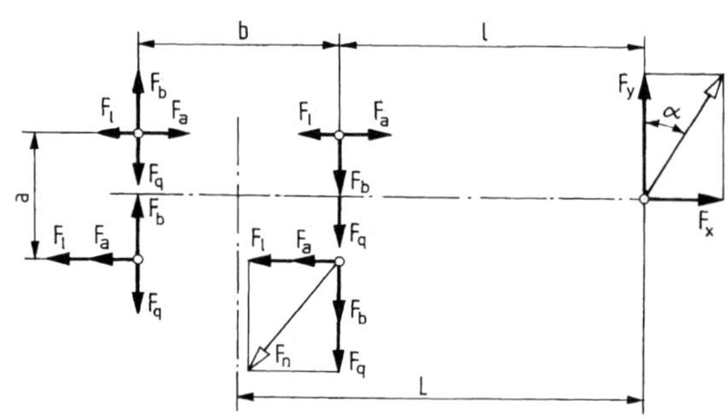

Bild L 8.7 Kräfte an den Nieten

8.8 Für einen Prüfstand soll an den Flansch einer bereits vorhandenen Nabe aus Temperguss EN1562 – GJMW – 400 – 5 ein Blechhebel aus S235JR entsprechend Bild 8.8 genietet werden. In der skizzierten ungünstigsten Stellung beträgt die größte schwellend wirkende Kraft $F = 2$ kN.

1. Welcher Nietdurchmesser d_1 nach DIN 661 ist erforderlich, wenn 6 Niete aus Stahl vorgesehen sind?

2. Würden 4 derartige, auf dem Achsenkreuz angeordnete Niete mit dem nächstgrößeren Durchmesser als unter 1. errechnet ebenfalls ausreichen?

3. Ergeben sich andere Nietdurchmesser, wenn vereinfacht nur mit der Beanspruchung durch das Drehmoment unter Vernachlässigung der Quer- und Längskraft in den beiden Fällen gerechnet wird?

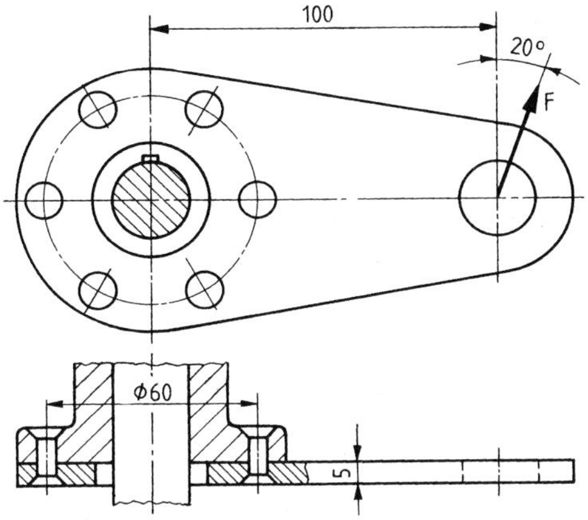

Bild 8.8 An einen Nabenflansch genieteter Hebel

E: **1.** $d_1 = 4$ mm mit $d_7 = 4{,}2$ mm und $A = 13{,}9\ \text{mm}^2 > A_{\text{erf}} = 13{,}6\ \text{mm}^2$ ($F_x = 684$ N, $F_y = 1879$ N, $F_l = 114$ N, $F_q = 313$ N, $F_b = 1044$ N, $F_n = 1362$ N, $\tau_{\text{a zul}} = 100\ \text{N/mm}^2$), $\sigma_l = 64{,}9\ \text{N/mm}^2 < \sigma_{\text{l zul}} = 170\ \text{N/mm}^2$.

2. Ja, $\tau_a = 96{,}4\ \text{N/mm}^2 < \tau_{\text{a zul}}$ und $\sigma_l = 78{,}6\ \text{N/mm}^2 < \sigma_{\text{l zul}}$ ($F_l = 171$ N, $F_q = 469{,}8$ N, $F_b = 1566$ N, $F_n = 2043$ N, $d_1 = 5$ mm, $d_7 = 5{,}2$ mm, $A = 21{,}2\ \text{mm}^2$).

3. Nein, bei $n = 6$ ist $A_{\text{erf}} = 10{,}44\ \text{mm}^2$ und $d_1 = 4$ mm wie unter 1. mit $A = 13{,}9\ \text{mm}^2$, bei $n = 4$ ist $A_{\text{erf}} = 15{,}67\ \text{mm}^2$ und $d_1 = 5$ mm wie unter 2. mit $A = 21{,}2\ \text{mm}^2$.

L: **1.** Beanspruchung der Niete und Berechnung der Kraft F_n sinngemäß wie in Aufg. 8.7 unter 1. (F_a entfällt. F_b aus $\sum M = 0 = 6F_b \cdot 30\ \text{mm} - F_y \cdot 100\ \text{mm}$, $F_q = F_y/n$ und $F_l = F_x/n$. Höchstbeansprucht ist der rechts auf der Hebelmittellinie liegende Niet, siehe Bild L 8.8), damit A_{erf} aus Gl. (8.1) mit $\tau_{\text{a zul}}$ nach Tab. 8.2 und Wahl der Nietgröße nach Tab. 8.1 sowie Kontrolle von σ_l mit Gl. (8.2) (die Senkköpfe bleiben unberücksichtigt,

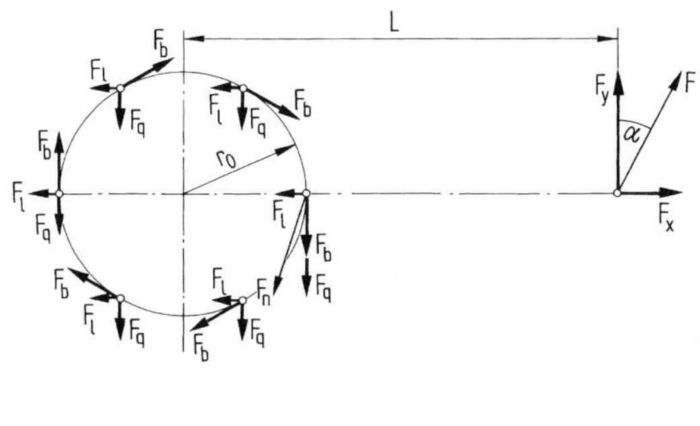

Bild L 8.8 Kräfte an den Nieten

s. auch Aufg. 8.2 unter 3.). **2.** Ermittlung von F_n sinngemäß wie unter 1., damit Überprüfung von τ_a und σ_l. **3.** Als Belastungskraft wird nur die Umfangskraft $F_u = F_y \cdot 100$ mm/30 mm $= F \cdot 100$ mm $\cdot$ 20°/30 mm am Teilkreis der Niete eingesetzt. Durch die vergleichenden Berechnungen soll gezeigt werden, dass für ein Problem oftmals mehrere Lösungen geeignet sein können und dass sinnvolle Berechnungsvereinfachungen keine Änderung der praktischen Ausführung bewirken.

Leichtmetallbau

8

8.9 Für den in Bild 8.9 dargestellten Stabanschluss eines Leichtmetall-Fachwerkes soll ermittelt werden, welche Kräfte in den Lastfällen H und HZ übertragen werden können. Das Sonderprofil aus EN AW 6082 (AlMgSi1F32) hat eine Querschnittsfläche von 5,15 cm². Es ist am Knotenblech aus dem gleichen Werkstoff mit zwei Alu-Halbrundnieten DIN 660 — 8 × 18 — AlMgSi1F21 befestigt. Zu errechnen sind:

1. Die zulässigen Zugkräfte für den Stab, wenn durch das Einfräsen des Schlitzes zur Aufnahme des Knotenbleches von der Stabquerschnittsfläche 0,4 cm² verloren gehen,

2. Die zulässigen Druckkräfte für den Stab, wenn dessen Schlankheitsgrad $\lambda = 115$ beträgt und ω nach Tab. 8.6 für den Werkstoff A gewählt wird.

3. Die zulässigen Zug- oder Druckkräfte für die Nietverbindung.

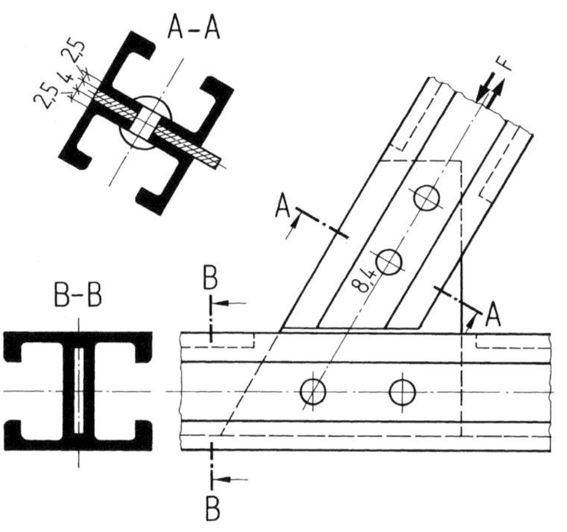

Bild 8.9 Stabanschluss eines Leichtmetall-Fachwerks

E: **1.** $F = 62\,785$ N (H) bzw. $71\,445$ N (HZ) ($\sigma_{zul} = 145$ N/mm² bzw. 165 N/mm²), $S_n = 4{,}33$ cm².
2. $F \approx 19\,000$ N (H) bzw. $21\,630$ N (HZ) ($\omega = 3{,}93$).
3. $F \approx 11\,080$ N (H) bzw. $12\,188$ N (HZ) (mit $\tau_{a\,zul} = 50$ N/mm² bzw. 55 N/mm²; mit $\sigma_{l\,zul} = 210$ N/mm² bzw. 240 N/mm² ergeben sich größere Kräfte).

L: **1.** Nach Gl. (8.4) mit $S_n = (5{,}15 - 0{,}4 - 2 \cdot 0{,}84 \cdot 0{,}25)$ cm² und σ_{zul} aus Tab. 8.5. **2.** Nach Gl. (8.5) mit $S = 5{,}15$ cm² (Abzug des Schlitzes nicht erforderlich, da der Stab in der Mitte ausknicken würde, in der die volle Querschnittsfläche vorhanden ist) und mit Gl. (4.17), hierfür σ_{zul} aus Tab. 8.5 und ω aus Tab. 8.6. **3.** Nach den Gln. (8.1) und (8.2) mit $n = 2$, $m = 2$, A und $d_7 = d_L$ aus Tab. 8.1, $t = 4$ mm und $\tau_{a\,zul}$ aus Tab. 8.3 sowie $\sigma_{l\,zul}$ aus Tab. 8.5, zulässig ist jeweils die kleinere Kraft.

8.10 In einer Leichtmetallbau-Konstruktion sind zwei Aluminiumprofile entsprechend Bild 8.10 durch beidseitig angenietete Knotenbleche miteinander verbunden. Verwendet wurden Alu-Halbrundniete DIN 660 — 8 × 18, Werkstoff der Profile: EN AW 6082 — AlMgSi1F32, der Knotenbleche: EN AW 5083 — AlMg4,5MnG31. Die Belastungskraft $F = 1{,}5$ kN tritt im Lastfall HZ auf. Das Flächenmoment zweiten Grades der unge-

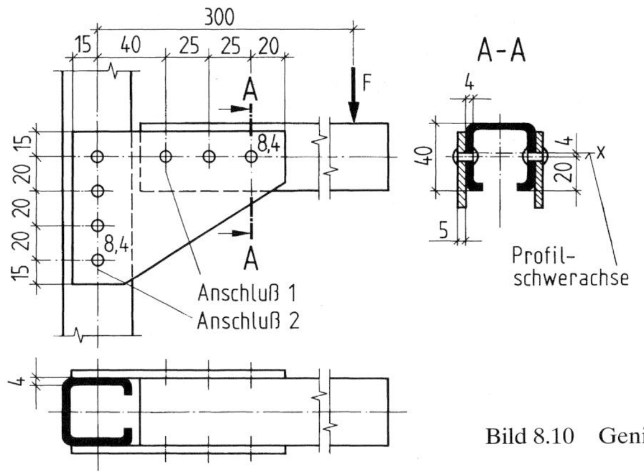

Bild 8.10 Genieteter Momentenanschluss aus Leichtmetall

8

schwächten Profilquerschnittsfläche beträgt $I_x = 5{,}98\ \text{cm}^4$. Sind die Nietverbindungen in den Anschlüssen 1 und 2 sowie der gefährdete Profilquerschnitt am Anschluss 1 und das Knotenblech am Anschluss 2 ausreichend bemessen?

E: Ja, Nietverbindung **Anschluss 1:** $\tau_a \approx 68\ \text{N/mm}^2 < \tau_{a\,zul} = 70\ \text{N/mm}^2$ und $\sigma_l = 112{,}4\ \text{N/mm}^2 < \sigma_{l\,zul} = 240\ \text{N/mm}^2$ ($M_1 = 352{,}5\ \text{Nm}$, $F_g = 7\,050\ \text{N}$, $F_a = 3\,525\ \text{N}$, $F_b = 250\ \text{N}$, $F_n = 3\,775\ \text{N}$), **Profil:** $\sigma = 123{,}2\ \text{N/mm}^2 < \sigma_{zul} = 165\ \text{N/mm}^2$ ($M_{b1} = 315\ \text{Nm}$, $c = 3\ \text{mm}$, $I = 58\,800\ \text{mm}^4$, $e_d = 23\ \text{mm}$), Nietverbindung **Anschluss 2:** Spannungsnachweis nicht erforderlich, da $F_n = 3\,380\ \text{N} < 3\,775\ \text{N}$ und somit τ_a und σ_l kleiner als im Anschluss 1 ($M_2 = 450\ \text{Nm}$, $F_g = 6750\ \text{N}$), **Knotenblech:** $\sigma = 46{,}3\ \text{N/mm}^2 < \sigma_{z\,zul} = 135\ \text{N/mm}^2$ ($M_{b2} = M_2$, $I \approx 218\,760\ \text{mm}^4$, $e_z = 45\ \text{mm}$).

L: Sinngemäß wie ME Beisp. 8.3.

9 Reibschlüssige Welle-Nabe-Verbindungen

9.1 Auf eine Getriebewelle aus Vergütungsstahl C30 ist ein Ritzel aus Einsatzstahl 17CrNiMo7 ($R_e = 600\ \text{N/mm}^2$) nach Bild 9.1 unter Ölschmierung kalt aufgepresst (Längspressverband). Es ist ein ruhend wirkendes Drehmoment $T = 500\ \text{Nm}$ zu übertragen. Für rein elastische Beanspruchung ist eine geeignete Übermaßpassung wie folgt zu ermitteln:
1. Erforderliche kleinste Fugenpressung p_F,
2. Erforderliches bezogenes wirksames Übermaß Z_w,
3. Erforderliches Mindestübermaß U_{min},
4. Zulässiges bezogenes wirksames Übermaß $Z_{w\,zul}$,
5. Zulässiges Höchstübermaß U_{max} und Passungswahl.

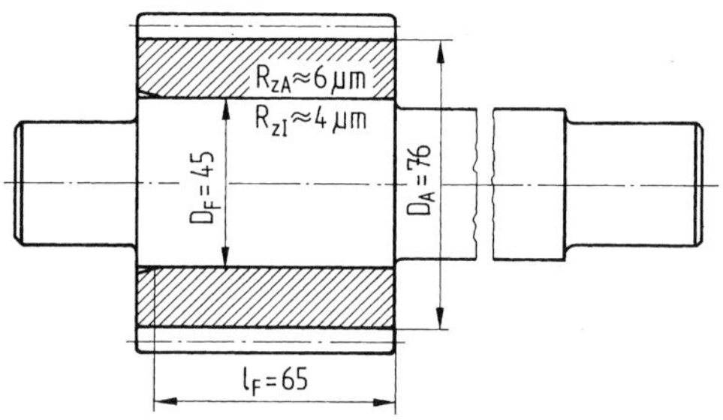

Bild 9.1 Längsaufgepresstes Ritzel

E: **1.** $p_F = 51{,}8\ \text{N/mm}^2$ ($F_u = 22\,222\ \text{N}$, $S_H = 1{,}5$, $\mu = 0{,}07$).
2. $Z_w = 0{,}757 \cdot 10^{-3}$ ($Q_A = 0{,}59$, $Q_I = 0$, $E = 210\,000\ \text{N/mm}^2$).
3. $U_{min} = 42{,}07\ \mu\text{m}$ ($U_w = 34{,}07\ \mu\text{m}$, $U_V = 8\ \mu\text{m}$),
4. $Z_{w\,zul} = Z_{wA\,zul} = 2{,}75 \cdot 10^{-3} < Z_{wI\,zul} = 4{,}2 \cdot 10^{-3}$ ($R_{el} = 300\ \text{N/mm}^2$).
5. $U_{max} = 131{,}75\ \mu\text{m}$ ($U_{w\,zul} = 123{,}75\ \mu\text{m}$), gew. H7/u6 mit $U_k = 45\ \mu\text{m} > U_{min}$ und $U_g = 86\ \mu\text{m} < U_{max}$.

L: **1.**, **2.** und **3.** nach ME Bild 9.9a sinngemäß wie 1. und 2. in ME Beisp. 9.1. **4.** und **5.** nach ME Bild 9.9b sinngemäß wie 3. in ME Beisp. 9.1.

9.2 Der Längspressverband nach Aufgabe 9.1 und Bild 9.1 soll mit der Passung H7/x6 ausgeführt werden. Welches kleinste wechselnd wirkende Drehmoment kann diese Verbindung übertragen, wenn beim Höchstübermaß nur rein elastische Beanspruchung auftreten darf?

E: $M \approx 639\ \text{Nm}$ ($U_k = 72\ \mu\text{m}$, $U_{wk} = 64\ \mu\text{m}$, $Z_{wk} = 1{,}42 \cdot 10^{-3}$, $p_{Fk} = 97{,}2\ \text{N/mm}^2$, $F_{Fk} = 62\,523\ \text{N}$, $S_H = 2{,}2$), $p_{I\,zul} = 288{,}7\ \text{N/mm}^2 > p_{A\,zul} = 188{,}2\ \text{N/mm}^2 > p_{Fg} = 159{,}5\ \text{N/mm}^2$ ($U_g = 113\ \mu\text{m}$, $U_{wg} = 105\ \mu\text{m}$, $Z_{wg} = 2{,}33 \cdot 10^{-3}$).

L: Sinngemäß wie ME Beisp. 9.2, jedoch p_{Fk} aus Gl. (9.12), da $E_A = E_I$ und $Q_I = 0$, F_{Fk} aus Gl. (9.2), $F_u = F$ aus Gl. (9.1), Überprüfung der Beanspruchung nach ME Bild 9.12b.

9.3 Im Antrieb eines Mähdreschers ist ein Zahnkranz aus C40E ($R_e = 330\ \text{N/mm}^2$) entsprechend Bild 9.3 auf eine Hohlwelle aus E335 ($R_e = 260\ \text{N/mm}^2$) zu schrumpfen (Schrumpfverband, Erwärmung des Außenteils im Elektroofen). Die Verbindung hat ein schwellend wirkendes Drehmoment von 25 kNm zu übertragen. Zur Bestimmung der erforderlichen Übermaßpassung sind zu ermitteln:

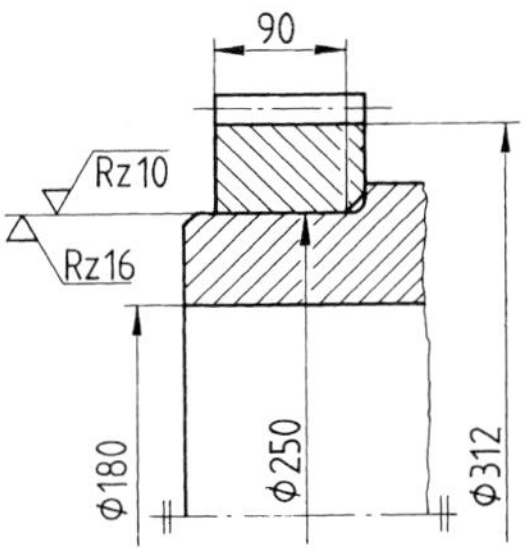

Bild 9.3 Aufgeschrumpfter Zahnkranz

1. Das erforderliche Mindestübermaß U_{min},
2. Eine geeignete Übermaßpassung des Systems Einheitsbohrung, Toleranzklasse H7, die eine elastisch-plastische Beanspruchung der Fügeteile beim Höchstübermaß U_{g} ausschließt,
3. Die erforderliche Erwärmungstemperatur t_{A} bei $t = 20\,°\text{C}$ mit $U_{\text{i}} = U_{\text{g}}$ als möglichem Istübermaß.

E: **1.** $U_{\text{min}} = 356\,\mu\text{m}$, ($Q_{\text{A}} = 0{,}8$, $Q_{\text{I}} = 0{,}72$, $\mu = 0{,}14$, $S_{\text{H}} = 1{,}8$, $p_{\text{F}} = 36{,}4\,\text{N/mm}^2$, $K = 7{,}71$, $Z_{\text{w}} = 1{,}34 \cdot 10^{-3}$, $U_{\text{w}} \approx 335\,\mu\text{m}$, $U_{\text{V}} = 21\,\mu\text{m}$).
2. H7/x6 mit $U_{\text{k}} = 379\,\mu\text{m} > U_{\text{min}}$ und $U_{\text{g}} = 454\,\mu\text{m} < U_{\text{max}} = 546\,\mu\text{m}$ ($Z_{\text{wI zul}} = 2{,}21 \cdot 10^{-3} > Z_{\text{wA zul}} = 2{,}1 \cdot 10^{-3} = Z_{\text{w zul}}$).
3. $t_{\text{A}} = 276\,°\text{C}$ ($S = 0{,}25$ mm, $\alpha_{\text{A}} = 11 \cdot 10^{-6}/\text{K}$).

L: **1.** und **2.** nach ME Bild 9.9 sinngemäß wie Aufg. 9.1, da $Q_{\text{I}} > 0$, jedoch K nach Gl. (9.10), Z_{w} nach Gl. (9.11), $Z_{\text{wA zul}}$ und $Z_{\text{wI zul}}$ nach den Gln. (9.14) und (9.15), Wahl eines festeren Außenteilwerkstoffs, falls für U_{max} keine geeignete Passung in Tab. 9.3 zu finden ist.
3. Nach Gl. (9.35).

9.4 An einer Getriebe-Hohlwelle aus C40 sollen durch Aufschrumpfen von Ringen aus E335 Bunde geschaffen werden, welche die Welle am Lager gegen Längsverschiebungen sichern, wie in Bild 9.4 dargestellt. Durch Längspendelungen der Welle kann an jedem Ring eine Längskraft von 10 % der radialen Lagerkraft F auftreten. Die Toleranzklasse mit dem Toleranzgrad 7 für die Bohrung der Ringe ist festzulegen (Haftbeiwert $\mu = 0{,}08$). Außerdem ist zu ermitteln, ob bei U_{g} rein elastische Beanspruchung zu erwarten und welche Erwärmungstemperatur bei $U_{\text{i}} = U_{\text{g}}$ für die Schrumpfringe erforderlich ist, die im Ölbad erwärmt werden sollen. Raumtemperatur $t = 20\,°\text{C}$.

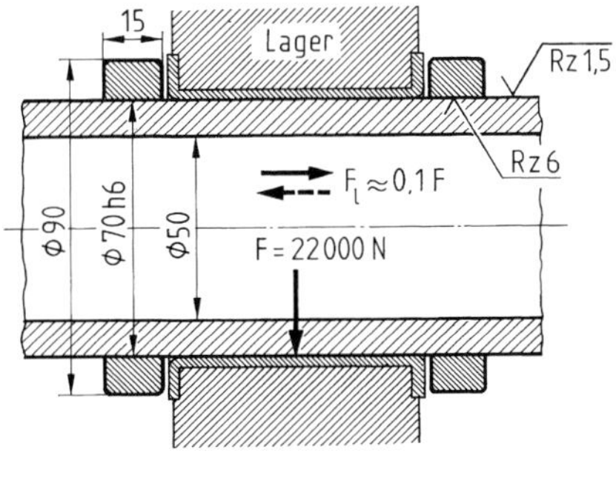

Bild 9.4 Aufgeschrumpfte Ringe als Wellenbunde

E: T7 mit $U_k = 45\,\mu m > U_{min} = 41{,}7\,\mu m$, $U_g = 94\,\mu m$, ($F_l = 2{,}2$ kN, $S_H = 1{,}8$, $p_F = 15\,N/mm^2$, $Q_A = 0{,}78$, $Q_I = 0{,}71$, $K = 7{,}14$, $Z_{wk} = 0{,}51 \cdot 10^{-3}$, $U_{wk} = 35{,}7\,\mu m$, $U_V = 6\,\mu m$), elastische Beanspruchung: $p_{A\,zul} = 55{,}6\,N/mm^2 > p_{Fg} = 37\,N/mm^2$ ($U_{wg} = 88\,\mu m$, $Z_{wg} = 1{,}257 \cdot 10^{-3}$, $R_{eA} = 295\,N/mm^2$), $p_{I\,zul} = 83{,}5\,N/mm^2 > p_{Fg}$, $t_A = 233\,°C$ ($S_e = 0{,}07$ mm, $\alpha_A = 11 \cdot 10^{-6}/K$).

L: Zweckmäßiger Rechnungsgang nach ME Bild 9.9a mit $F_l = 0{,}1F$ und F_F nach Gl. (9.1), Wahl einer Passung nach Tab. 9.3 mit $U_k > U_{min}$, weiter mit U_g nach ME Bild 9.12b, t_A nach Gl. (9.35).

9.5 Für die aufgeschrumpften Ringe nach Aufgabe 9.4 (Bild 9.4) wird eine Übermaßpassung 70 H8/t7 vorgesehen. Ist bei dem Höchstübermaß U_g nach ME Abschn. 2.5 noch eine rein elastische Beanspruchung zu erwarten? Es sind gegeben: $Q_A = 0{,}78$, $Q_I = 0{,}71$, $Q_v = 6\,\mu m$. Werkstoffe: Außenteil E335, Innenteil C40.

9

E: Ja, $p_{Fg} = 41{,}6\,N/mm^2 < p_{A\,zul} < p_{I\,zul}$ ($p_{A\,zul}$, $p_{I\,zul}$ und K wie Aufg. 9.4, $U_g = A_{oW} = 105\,\mu m$, $A_{uB} = 0$, $A_{uW} = 75\,\mu m$, $T_W = 30\,\mu m$, $Z_{wg} = 1{,}414 \cdot 10^{-3}$).

L: A_{uW} aus Tab. 2.5, T_w aus Tab. 2.2, $U_g = A_{oW} - A_{uB} = A_{uW} + T_w$, damit weiter nach ME Bild 9.12b wie in Aufg. 9.4 ohne t_A.

9.6 Bild 9.6 zeigt die als Querpressverband ausgeführte Verbindung einer Stahlwelle mit dem Grauguss-Nabenflansch einer Kupplung. Es soll das wechselnd wirkende Stoßdrehmoment errechnet werden, das die Verbindung sicher übertragen kann. Außerdem ist festzustellen, ob Überbeanspruchung des Außenteils ausgeschlossen und das Fügen allein durch Unterkühlen der Welle (als Dehnpressverband) möglich ist. Werkstoffe: Außenteil EN-GJL-250, Innenteil S275JR. Hierfür sind zu ermitteln:

1. Die durch das Mindestübermaß U_k bedingten kleinstmöglichen Fugenpressungen p_{Fk1} und p_{Fk2},
2. Die kleinste Haftkraft F_{Fk} bei einem Haftbeiwert $\mu = 0{,}1$ und das mit der erforderlichen Haftsicherheit bei wechselnder Drehrichtung übertragbare Drehmoment T,
3. Ist beim Höchstmaß U_g eine Überbeanspruchung der Nabe ausgeschlossen?
4. Ist bei einer Raumtemperatur $t = 20\,°C$ die erforderliche Unterkühlungstemperatur t_I erreichbar?

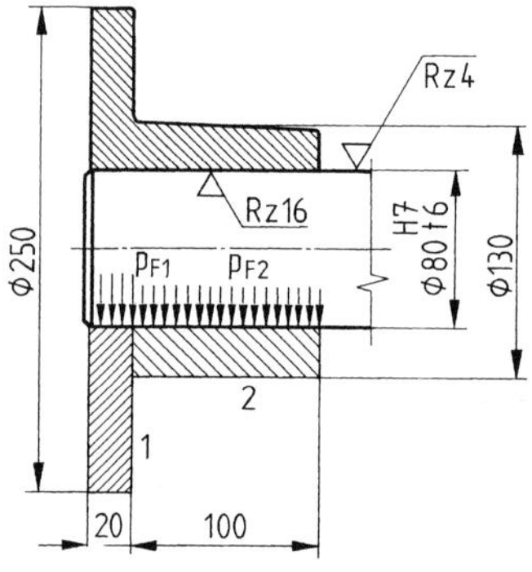

Bild 9.6 Aufgepresster Kupplungsflansch

E: **1.** Mit $U_k = 45\,\mu m$, $U_V = 16\,\mu m$ und $U_{wk} = 29\,\mu m$:
$p_{Fk1} = 24{,}7\,N/mm^2$ ($Q_1 = 0$, $Q_{A1} = 0{,}32$, $K_1 = 1{,}91$), $p_{Fk2} = 16{,}25\,N/mm^2$ ($Q_{A2} = 0{,}615$, $K_2 = 2{,}9$).

2. $F_F \approx 53{,}26$ kN, $M \approx 968$ Nm ($F_{F1} = 12416$ N, $F_{F2} = 40841$ N).
3. Nein, festerer Werkstoff (z. B. EN-GJL-300) erforderlich, da $p_{A1\,zul} \approx 54\,N/mm^2 < p_{Fg1} = 66{,}5\,N/mm^2$ ($U_g = 94\,\mu m$, $U_{wg} = 78\,\mu m$, $R_{eA} = R_m/2 = 125\,N/mm^2$), $p_{A2\,zul} = 37{,}4\,N/mm^2 < p_{Fg2} = 43{,}7\,N/mm^2$.
4. Nein, $t_1 = -236\,°C < -196\,°C$ ($S_e = 0{,}08$ mm, $\alpha_I = -8{,}5 \cdot 10^{-6}/K$).

L: **1.** Da das Außenteil einen Flansch und eine Nabe mit unterschiedlichen Außendurchmessern besitzt, wird es in zwei Teile (1 und 2, s. Bild 9.6) zerlegt gedacht und jedes für sich berechnet (s. a. ME Beisp. 9.3). Wegen der verschiedenen Durchmesser ergeben sich unterschiedliche Fugenpressungen. **2.** Die sich mit p_{Fk1} und p_{Fk2} ergebenden Haftkräfte F_{F1} und F_{F2} zur Gesamthaftkraft F_{Fk} addieren. **3.** Überprüfung der Beanspruchung für die gedachten Außenteile mit Gl. (9.25) wie unter 3. in ME Beisp. 9.3, Kontrolle des Innenteils nicht erforderlich. **4.** Unterkühlen ist technisch nur bis $t_I = -196\,°C$ möglich (s. ME Abschn. 9.1 unter 2.2).

9

9.7

Auf das Ende der Kurbelwelle aus C35 eines Verbrennungsmotors ist nach Bild 9.7 ein Schwungrad aus EN-GJL-250 gepresst (Dehnpressverband). Es ist ein maximales Betriebsdrehmoment von 500 Nm mit einer Haftsicherheit von 2,2 zu übertragen, Rautiefen: $R_{zA} \approx 10\,\mu m$, $R_{zI} \approx 4\,\mu m$.

1. Welches Mindestübermaß U_{min} ist erforderlich, wenn mit einem Haftbeiwert $\mu = 0{,}09$ zu rechnen ist?
2. Welches Höchstübermaß U_{max} darf nicht überschritten werden, wenn die Unterkühlungstemperatur für das Innenteil den mit flüssigem Stickstoff erreichbaren Tiefstwert bei einer Raumtemperatur von 20 °C nicht überschreiten soll? Ist bei diesem Übermaß eine Überbeanspruchung der Nabe zu befürchten?
3. Welche Toleranzklasse für die Bohrung ist zu empfehlen, wenn $U_g \approx U_{max}$ nach 2. angenommen wird?

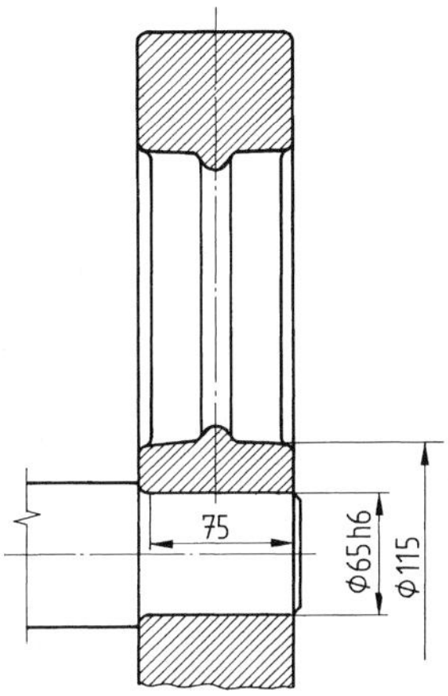

Bild 9.7 Aufgepresstes Schwungrad

E: **1.** $U_{min} = 37\,\mu m$ ($p_F = 24{,}6\,N/mm^2$, $Q_A = 0{,}565$, $K = 2{,}75$, $E_A = 169000\,N/mm^2$, $\nu_A = 0{,}25$, $Z_w = 0{,}4 \cdot 10^{-3}$, $U_V \approx 11\,\mu m$).
2. $U_{max} \approx 54\,\mu m$ ($S_e = 0{,}065$ mm, $t_I = -196\,°C$, $\alpha_I = -8{,}5 \cdot 10^{-6}/K$), keine Überbeanspruchung: $p_{A\,zul} = 40{,}9\,N/mm^2 < p_{Fg} = 40{,}6\,N/mm^2$ ($R_{eA} = R_m/2 = 125\,N/mm^2$, $U_{wg} = 43\,\mu m$, $Z_{wg} = 0{,}66 \cdot 10^{-3}$).
3. Keine, das Istübermaß U_i muss zwischen U_{min} und U_{max} liegen.

L: **1.** Die Arme zwischen Kranz und Nabe des Schwungrades behindern die Nabe an der Dehnung beim Pressvorgang. Zur Berücksichtigung dieser Behinderung ist der Elastizitätsmodul des Außenteilwerkstoffs (Tab. 9.2) um 30 % zu erhöhen (s. ME Abschn. 9.3). Rechnungsgang sinngemäß nach ME Bild 9.12a. **2.** U_{max} aus Gl. (9.36) mit der technisch möglichen Tiefsttemperatur $t_I = -196\,°C$ (s. ME Abschn. 9.1 unter 2.2) und α_I aus Tab. 9.2, Überprüfung der Beanspruchung für das Außenteil mit den Gl. (9.22) und (9.25). **3.** Passung aus Tab. 9.3; erforderlichenfalls sind der Fertigung ein kleinstzulässiges und/oder größtzulässiges Übermaß nach den unter 1. und 2. errechneten Ergebnissen vorzuschreiben.

9.8 Zur Einsparung von hochwertigem Stahlwerkstoff soll der Kranz eines Schrägzahnrades nach Bild 9.8 auf einen Grauguss-Radkörper geschrumpft werden. Die Verbindung hat ein Drehmoment von 7,9 kNm und eine Längskraft von 5,8 kN zu übertragen. Da es sich um das Rad eines Getriebes handelt, das im Dauerbetrieb läuft und bei dem nur geringe Stöße auftreten, genügt eine Haftsicherheit für ruhende Belastung. Hierfür ist eine Übermaßpassung nach dem System Einheitsbohrung im Toleranzgrad 7 festzulegen, bei der nur elastische Beanspruchung auftritt. Werkstoffe: Außenteil aus 20 MnCr 5 ($R_e = 450$ N/mm²), Innenteil aus EN-GJL-200. Zu ermitteln sind:

1. Das erforderliche Mindestübermaß U_{min}, wenn mit einem Haftbeiwert $\mu = 0{,}07$ gerechnet wird,
2. Das zulässige Höchstübermaß U_{max}, bei dem noch rein elastische Beanspruchung gewährleistet ist, und Wahl einer geeigneten Passung,
3. Die erforderliche Erwärmungstemperatur t_A für den Zahnkranz bei 20 °C Raumtemperatur und $U_i = U_g$.

9

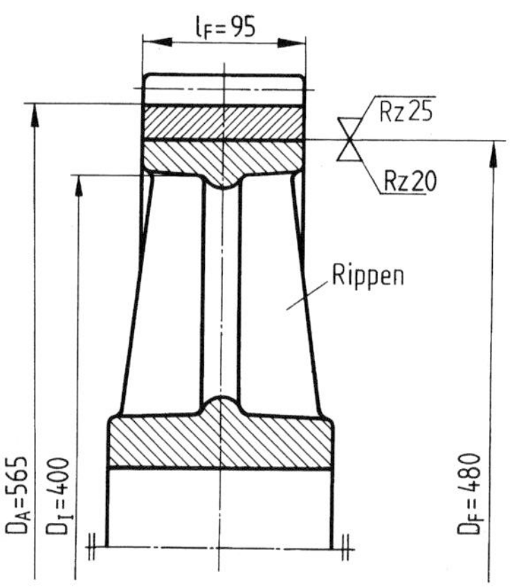

Bild 9.8 Auf Radkörper geschrumpfter Zahnkranz

E: **1.** $U_{min} = 203{,}5\ \mu m$ ($F_r = 33\,424$ N, $F_u = 32\,917$ N, $F_F = 50\,917$ N, $p_F = 5$ N/mm², $Q_A = 0{,}85$, $Q_I = 0{,}833$, $K = 14{,}64$, $E_A = 210\,000$ N/mm², $E_I = 1{,}3 \cdot 105\,000$ N/mm², $U_V = 36\ \mu m$, $Z_w = 0{,}349 \cdot 10^{-3}$, $U_w = 167{,}5\ \mu m$).

2. H7/t6 mit $U_k = 297\ \mu m > U_{min}$ und $U_g = 400\ \mu m < U_{max} = 1020\ \mu m$ ($Z_{wA\,zul} = 4{,}19 \cdot 10^{-3} > Z_{wI\,zul} = 2{,}05 \cdot 10^{-3}\ \mu m = Z_{w\,zul}$, $R_{eI} = R_m = 200$ N/mm², $U_{w\,zul} = 984\ \mu m$).

3. $t_A = 186{,}7$ °C ($S_e = 0{,}48$ mm, $\alpha_A = 11 \cdot 10^{-6}$/K).

L: **1.** Es ist eine resultierende Kraft zu übertragen. Der Graugusskörper ist als hohles Innenteil aufzufassen, das durch die Rippen in seiner Verformungsfähigkeit nach innen behindert wird, weshalb der Elastizitätsmodul (Tab. 9.2) um 30% zu erhöhen ist (s. Aufg. 9.7). Mit $F = F_r = \sqrt{F_u^2 + F_l^2}$ ist F_F und damit p_F zu errechnen, weiter nach ME Bild 9.9a. **2.** U_{max} nach ME Bild 9.9b mit $R_{eI} = R_m$ nach Tab. 1.5, Passung nach Tab. 9.3 festlegen mit $U_k \geq U_{min}$ und $U_g \leq U_{max}$. **3.** Nach Gl. (9.35) mit α_A aus Tab. 9.2.

9.9 Die Verbindung nach Aufgabe 9.8 soll mit der Übermaßpassung H8/u8 versehen werden. Es ist zu ermitteln, ob beim Höchstübermaß U_g noch eine elastische Beanspruchung gewährleistet ist. Gegeben sind: $Q_A = 0{,}85$, $U_v = 36\ \mu m$, $K = 14{,}64$.

E: Elastische Beanspruchung, da $p_{\text{A zul}} = 60{,}1\ \text{N/mm}^2 > p_{\text{I zul}} = 29{,}5\ \text{N/mm}^2 > p_{\text{Fg}} = 18\ \text{N/mm}^2$ ($U_\text{g} = A_\text{oW} = 637\ \mu\text{m}$, $A_\text{uB} = 0$, $U_\text{wg} = 601\ \mu\text{m}$, $Z_\text{wg} = 1{,}252 \cdot 10^{-3}$, $R_\text{eI} = R_\text{m} = 200\ \text{N/mm}^2$).

L: U_g nach Gl. (2.5) mit $A_\text{oW} = A_\text{uW} + T_\text{W}$ (Tabn. 2.5 und 2.2), U_wg nach Gl. (9.6), Z_wg nach Gl. (9.7) und p_Fg nach Gl. (9.22), $p_{\text{A zul}}$ nach Gl. (9.25) und $p_{\text{i zul}}$ nach Gl. (9.23).

9.10 Auf den in Bild 9.10 dargestellten Steuerhebel aus der Aluminium-Gusslegierung EN AC-AlSi9Mg ST6 ($R_{\text{p0,2}} = 190\ \text{N/mm}^2$ nach Tab. 1.6) wird eine größte schwellend wirkende Kraft $F = 112\ \text{N}$ ausgeübt. Der Hebel ist mit seiner Nabe auf das Ende einer Stahlwelle aus S235JRG2 ($R_\text{e} = 225\ \text{N/mm}^2$) kalt aufgepresst (Längspressverband).

1. Kann die Kraft F sicher übertragen werden, wenn das Fügen ohne Schmierung ($\mu = 0{,}06$) erfolgt?
2. Ist beim Höchstübermaß U_g elastische Beanspruchung zu erwarten? Falls nicht, welches Übermaß U_max darf bei der Fertigung nicht überschritten werden, damit rein elastische Beanspruchung gewährleistet ist?
3. Welche Einpresskraft F_e ist bei U_max erforderlich?

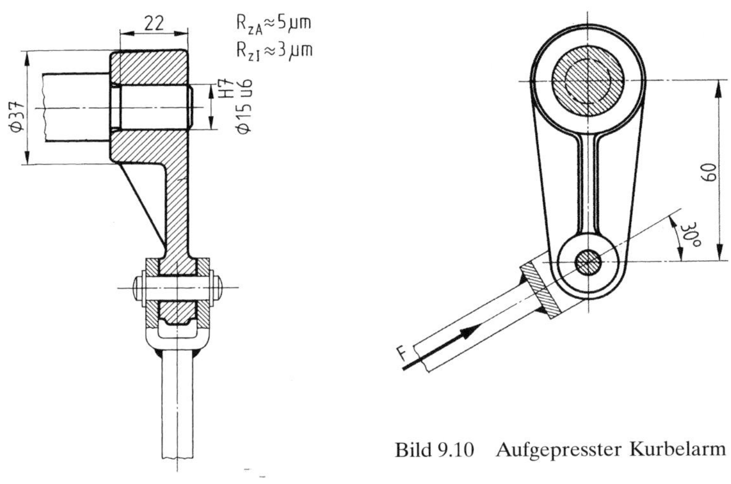

Bild 9.10 Aufgepresster Kurbelarm

E: **1.** Nein, $p_\text{F} = 22{,}5\ \text{N/mm}^2 > p_\text{Fk} = 20{,}63\ \text{N/mm}^2$ ($M = 5820\ \text{Nmm}$, $S_\text{H} = 1{,}8$, $F_\text{F} = 1398\ \text{N}$, $Q_\text{A} = 0{,}4$, $Q_\text{I} = 0$, $K = 1{,}944$, $U_\text{V} = 6{,}4\ \mu\text{m}$, $U_\text{k} = 15\ \mu\text{m}$, $Z_\text{wk} = 0{,}573 \cdot 10^{-3}$).
2. Keine rein elastische Beanspruchung des Außenteils:
$p_{\text{I zul}} = 216{,}5\ \text{N/mm}^2 > p_\text{Fg} = 90\ \text{N/mm}^2 > p_{\text{A zul}} = 76{,}8\ \text{N/mm}^2$ ($U_\text{g} = 44\ \mu\text{m}$, $Z_\text{wg} = 2{,}5 \cdot 10^{-3}$), $U_\text{max} = 38{,}4\ \mu\text{m}$ ($Z_{\text{wg zul}} = 2{,}13 \cdot 10^{-3}$, $U_{\text{wg zul}} = 32\ \mu\text{m}$).
3. $F_\text{e} \approx 6\ \text{kN}$ ($\mu = 0{,}075$).

L: **1.** Das Außenteil wird als Hohlzylinder angenommen, da der Hebelarm nur unwesentlich an der Erzeugung der Fugenpressung beteiligt ist. Es ist ein Drehmoment $M = F \cdot l \cdot \cos 30°$ zu übertragen. Daraus $F = M/r_\text{F}$ und F_F nach Gl. (9.1) mit $S_\text{H} = 1{,}8$. Weiter mit den Gln. (9.2) bis (9.7), U_k aus Tab. 9.3, K nach Gl. (9.9), E_A und ν_A aus Tab. 9.2, p_Fk nach Gl. (9.20). Es muss $p_\text{Fk} > p_\text{F}$ sein. **2.** $p_{\text{A zul}}$ nach Gl. (9.25) und $p_{\text{I zul}}$ nach Gl. (9.27) mit p_Fg nach Gl. (9.22) vergleichen, falls $p_\text{Fg} > p_{\text{A zul}}$ ist, U_max aus Gl. (9.6) mit $U_{\text{wg zul}}$ aus Gl. (9.7) und $Z_{\text{wg zul}}$ aus Gl. (9.22), worin $p_\text{Fg} = p_{\text{A zul}}$. **3.** Nach Gl. (9.34) mit $p_{\text{A zul}}$ und $\mu_\text{e} = 1{,}25\mu$.

9.11 Für den in Bild 9.11 gezeigten Querpressverband (normaler Schrumpfverband, Erwärmung des Außenteils im Elektroofen) des Kurbelarms einer Einzylinder-Kolbenmaschine mit Kurbelwelle ist die Passung Bohrung/Welle nach dem System Einheitsbohrung, Toleranzgrad 7 festzulegen. Das größte schwellend wirkende Drehmoment beträgt 5,46 kNm. Der Wellenzapfen ist mittelfein geschliffen mit der Rautiefe $R_{zI} = 6\,\mu m$, die Bohrung feingeschlichtet mit $R_{zA} = 10\,\mu m$. Elastisch-plastische Beanspruchung des Außenteils bei U_g ist zulässig. Außerdem ist die erforderliche Erwärmungstemperatur bei U_g und 20 °C Raumtemperatur zu ermitteln. Werkstoffe: Außenteil aus S275JR ($R_e = 235\,N/mm^2$), Innenteil aus E295 ($R_e = 235\,N/mm^2$).

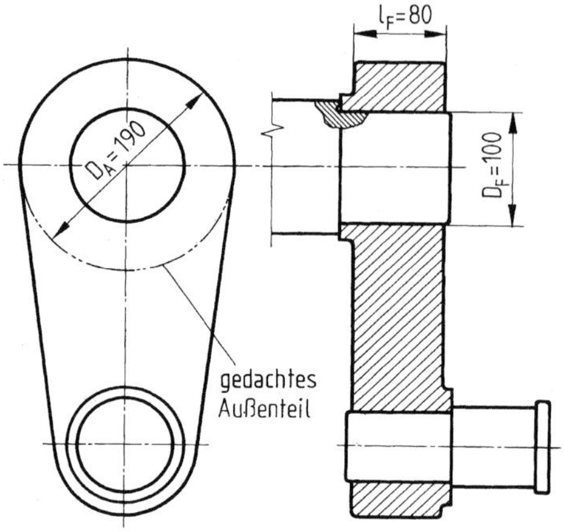

Bild 9.11 Steuerhebel

9

E: H7/u6 mit $U_k = 89\,\mu m > U_{min} = 86{,}4\,\mu m$ ($F_F = 196\,560$ N, $S_H = 1{,}8$, $p_F = 55{,}9\,N/mm^2$, $\mu = 0{,}14$, $Q_A = 0{,}526$, $Q_I = 0$, $Z_w = 0{,}736 \cdot 10^{-3}$, $U_V = 12{,}8\,\mu m$, $U_w = 73{,}6\,\mu m$), $U_g = 146\,\mu m$, $p_{I\,zul} = 226{,}1\,N/mm^2 > p_{A\,zul} = 81{,}8\,N/mm^2 < p_{Fg} = 101{,}2\,N/mm^2$ ($U_{wg} = 133{,}2\,\mu m$, $Z_{wg} = 1{,}332 \cdot 10^{-3}$), somit elastisch-plastische Beanspruchung des Außenteils: $p_{A\,zul} = 139{,}5\,N/mm^2 > p_{Fg} = 101{,}2\,N/mm^2$ ($p_{A\,zul} = 0{,}593$, $\zeta_{zul} \approx 1{,}23$, $Z_{w\,zul} = 1{,}955 \cdot 10^{-3} > Z_{wg}$, $\zeta_g = 1{,}016$), $q_g = 0{,}012 < 0{,}3$; $t_A \approx 244\,°C$ ($S_e = 0{,}1$ mm, $\alpha_A = 11 \cdot 10^{-6}/K$).

L: Das Außenteil wird als zylindrisch mit dem Außendurchmesser D_A angenommen, da der Kurbelarm nur unwesentlich an der Erzeugung der Fugenpressung beteiligt ist. Das am Wellenbund anliegende Auge des Kurbelarms wird ebenfalls vernachlässigt, da es wegen seiner geringen axialen Länge die Haftkraft kaum erhöht. Zweckmäßiger Rechnungsgang nach ME Bild 9.9a, Passungswahl nach Tab. 9.3, weiter mit U_g nach ME Bild 9.12b. Falls $p_{Fg} > p_{A\,zul}$ und $Z_{wg} > 2/\sqrt{3} \cdot R_{eA}/E$ (s. ME Abschn. 9.4), liegt elastisch-plastische Beanspruchung des Außenteils vor. Weiterrechnung mit Gl. (9.29) und ζ_{zul} aus Tab. 9.4 für $p_{A\,zul}/R_{eA}$, danach mit den Gln. (9.31) bis (9.33) und Gl. (9.30) sinngemäß wie unter 3. in ME Beisp. 9.4. t_A nach Gl. (9.35).

9.12 Ein normaler Schrumpfverband (Erwärmung des Außenteils im Elektroofen) soll ein Drehmoment von 2,16 kNm und eine Längskraft von 157 kN bei wechselnder Belastung übertragen, volles Innenteil aus 50CrMo4 mit 60 mm Durchmesser, Außendurchmesser des Außenteils 120 mm, Werkstoff C55 ($R_e = 410\,N/mm^2$), Fugenlänge 70 mm, Rautiefen $R_{zA} = 12\,\mu m$, $R_{zI} = 8\,\mu m$. Für eine elastisch-plastische Beanspruchung des Außenteils ist eine geeignete Übermaßpassung zu bestimmen.

E: H7/za6 mit $U_k = 196\,\mu m > U_{min} \approx 174\,\mu m$, $U_g = 245\,\mu m$, ($F_u = 72$ kN, $F_r = 172{,}72$ kN, $F_F = 380$ kN, $p_F = 205{,}7\,N/mm^2$, $Q_a = 0{,}5$, $Q_I = 0$, $p_{A\,zul} = 262{,}5\,N/mm^2 > p_F$, $p_{I\,zul} = 682{,}3\,N/mm^2 > p_F$, $\zeta \approx 1{,}08$, $q = 0{,}055 < 0{,}3$, $Z_{wk} = 2{,}63 \cdot 10^{-3}$, $U_V = 16\,\mu m$,

$U_{wk} \approx 158\,\mu m$, $U_{wg} = 229\,\mu m$, $Z_{wg} = 3{,}82 \cdot 10^{-3} < Z_{w\,zul} = 3{,}87 \cdot 10^{-3}$, $\zeta_{zul} \approx 1{,}31$, $\zeta_g \approx 1{,}3 < 2$, $p_{Fg} = 260{,}9\,N/mm^2 < p_{A\,zul}$, $q_g = 0{,}23 < 0{,}3$).

L: Mit $F = F_r = \sqrt{F_u^2 + F_l^2}$ Rechnungsgang wie in ME Beisp. 9.4.

Spannelementverbindungen

9.13 Die in Bild 9.13 gezeigten Zahnräder aus 25CrMo4 sind mit je zwei RINGFEDER-Spannelementen 60 × 68 auf der Welle aus E295 befestigt. Sie sind abwechselnd im Eingriff und haben ein maximales Drehmoment $T = 560$ Nm zu übertragen. Es sind 4 Zylinderschrauben DIN ISO 3762 der Festigkeitsklasse 8.8 vorgesehen, die mit einem Drehmomentenschlüssel angezogen werden.

1. Welches metrische Regelgewinde ist für die Schraube zu wählen?
2. Welches Anziehmoment $M_A = M_{A\,zul}$ ist vorzuschreiben?
3. Liegen die Beanspruchungen der Welle und der Zahnräder im elastischen Bereich, wenn die Vorspannkraft $F_V \approx 0{,}9 F_{M\,zul}$ beträgt?

9

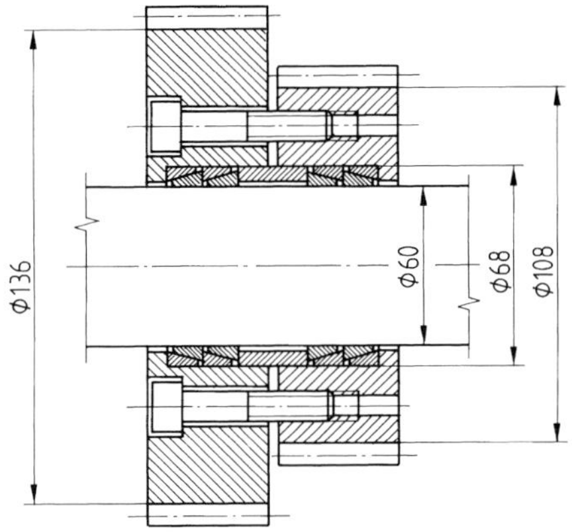

Bild 9.13 Spannelement-Verbindung zweier Zahnräder

E: **1.** M 12 mit $F_{M\,zul} = 40$ kN > 38 kN ($M_F = 1\,120$ Nm, $k = 1{,}55$, $p_l = 103\,N/mm^2$, $F_0 = 27{,}4$ kN, $c = 1\,060\,mm^2$, $F_V = 34\,145$ N, $i = 4$).
2. $M_A = 79$ Nm.
3. Ja, $p_{I\,zul} = 264{,}6\,N/mm^2 > p_I = 110\,N/mm^2$ ($F_V = 36$ kN, $R_{eI} = 275\,N/mm^2$), $p_{A\,zul} = 116\,N/mm^2 > p_A = 97\,N/mm^2$ ($R_{eA} = 400\,N/mm^2$, $Q_A \approx 0{,}63$).

L: **1.** Mit $M_F \approx 2M$ (s. ME Abschn. 9.6) folgen p_I aus Gl. (9.38) und F_V nach Gl. (9.37) (F_0 und c aus Tab. 9.5), Gewindewahl nach Tab. 10.8 für Festigkeitskl. 8.8 und $\mu_G \approx \mu_K \approx 0{,}12$, es muss sein $F_{M\,zul} \geq F_V/0{,}9$. **2.** Nach Tab. 10.8. **3.** Sinngemäß wie ME Beisp. 9.6 unter 3. (vgl. Hinweis zu 3. der Aufg. 12.22), Pressung an der Nabenbohrung des Außenteils $p_A = p_I \cdot d/D$ (s. ME Abschn. 9.6), p_I nach Gl. (9.37) mit $F_V = 0{,}9\,F_{M\,zul}$.

9.14 Das Kegelrad nach Bild 9.14 ist mit einem RINGFEDER-Spannelement 28 × 32 auf dem Wellenzapfen aus E335 befestigt. Die Mutter wird mit einem Drehmomentenschlüssel angezogen, sodass im Querschnitt am Gewindefreistich die Vergleichsspannung $\sigma_V = 90\,\%$ der Streckgrenze des Wellenwerkstoffs erreicht (Freistichdurchmesser = Schaftdurchmesser bei Taillenschrauben). Es sind zu ermitteln:

1. Das vorzuschreibende Anziehmoment M_A bei $r_m = 10{,}5$ mm,
2. Das zulässige übertragbare Drehmoment T, wobei $F_V \approx 0{,}9 F_M$ zu setzen ist,

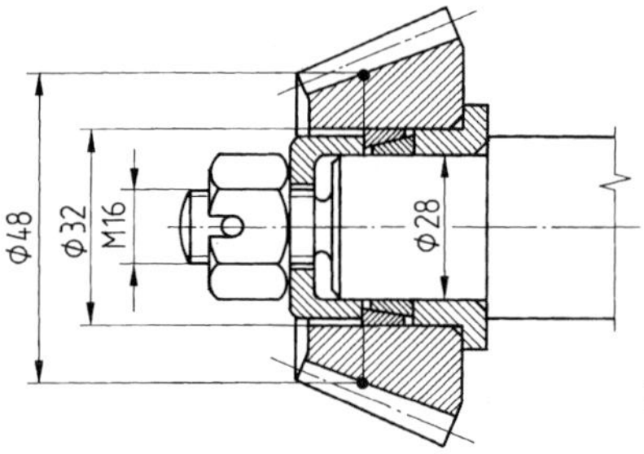

Bild 9.14 Mit RINGFEDER-Spannelement befestigtes Kegelrad

3. Ist die Beanspruchung der Welle rein elastisch?
4. Welche Mindeststreckgrenze R_{eA} ist für den Kegelradwerkstoff erforderlich, wenn nur elastische Beanspruchung auftreten soll.

9

E: **1.** $M_A \approx 70$ Nm ($\sigma_v = 301{,}5$ N/mm², $\sigma_M = 238{,}3$ N/mm²).
2. $T \approx 26{,}2$ Nm ($M_F \approx 52{,}3$ Nm, $F_V \approx 24{,}2$ kN, $p_I \approx 67$ N/mm²).
3. elastisch, da $p_{I\,zul} \approx 322$ N/mm² $> p_I$.
4. $R_{eA} = 219{,}4$ N/mm² ($Q_A = 0{,}667$, $p_A \approx 58{,}6$ N/mm²).

L: **1.** F_M nach Gl. (10.2) mit σ_M nach Gl. (10.1) ($\sigma_V = 0{,}9 R_{eI}$). M_A nach Gl. (10.3). **2.** p_I aus Gl. (9.37) mit $F_V = 0{,}9 F_M$, M_F nach Gl. (9.38), $M = M_F/2$. **3.** Elast. Beanspr. wenn $p_{I\,zul} \geq p_I$ ($p_{I\,zul}$ nach Gl. (9.27)). **4.** Mit $p_A = p_I \cdot d/D$ und Q_A nach Gl. (9.3) ist R_{eA} aus Gl. (9.25) zu errechnen.

9.15 Die in Bild 9.15 dargestellte Welle aus S275 ist über zwei RINGFEDER-Spannelemente mit der Nabe einer Riemenscheibe aus EN-GJL-350 verbunden. Zum Festspannen der Verbindung dienen 6 Sechskantschrauben ISO 4014 — M 10 × 40 — 8.8, die mit einem Drehmomentenschlüssel angezogen werden. Bei einer Drehzahl von 1000 min^{-1} ist eine Leistung von 75 kW zu übertragen. Es sind die Abmessungen D und L der Elemente anzugeben und festzustellen, ob die Verbindung für eine sichere Übertragung der Leistung ausreicht, sowie zu überprüfen, ob die Beanspruchungen der Welle und der Nabe zulässig (elastisch) sind.

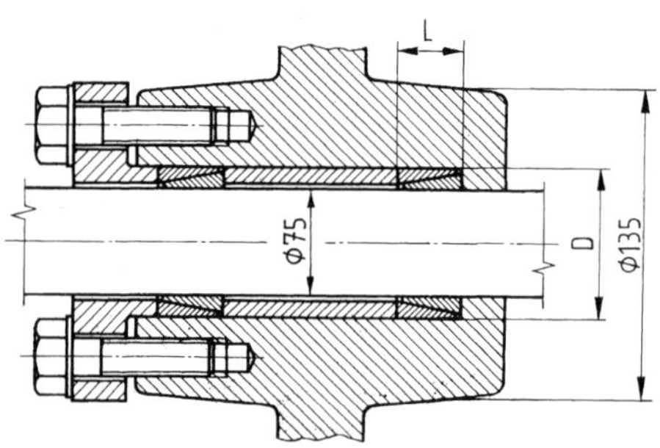

Bild 9.15 Mit RINGFEDER-Spannelementen befestigte Nabe einer Grauguss-Riemenscheibe

E: $D = 84$ mm, $L = 14$ mm, Verbindung ausreichend bei $M_A = 46$ Nm, da $M_F = 1470$ Nm $> 2M = 1432{,}4$ Nm ($i = 6$, $F_V = 24{,}75$ kN, $p_I = 73{,}5$ N/mm², $k = 1{,}55$), Beanspruchung des Innenteils zulässig, da $p_{I\,zul} \approx 226$ N/mm² $> p_I$ ($R_{eI} = 235$ N/mm²) des Außenteils unzulässig, da $p_{A\,zul} = 51{,}8$ N/mm² $< p_A = 65,$ N/mm² ($Q_A = 0{,}62$, $R_{eA} = R_m/2 = 175$ N/mm²), $D_{A\,erf} \approx 180$ mm.

L: D und L sowie F_0, c und m aus Tab. 9.5, Verbindung ausreichend, wenn $M_F \geq 2M = 2 \cdot P/(2\pi \cdot n)$ bei $M_A = M_{A\,zul}$, $F_M = F_{M\,zul}$ aus Tab. 10.8, p_I und M_F nach den Gln. (9.37) und (9.38); Überprüfung der Beanspruchungen mit den Gln. (9.27) und (9.25) (sinngemäß wie Aufg. 9.13 unter 3. mit $R_{eA} \approx R_m/2$). Falls $p_A > p_{A\,zul}$, aus den Gln. (9.25) und (9.3) mit p_A den Außendurchmesser $D_{A\,erf}$ errechnen.

9.16

Am Ende einer Welle soll durch Aufsetzen eines Ringes entsprechend Bild 9.16 ein Anschlag gebildet werden, der eine Längskraft $F_l = 45$ kN aufzunehmen hat. Die Verbindung des Wellenzapfens mit dem Ring erfolgt durch RINGFEDER-Spannelemente, die mit 3 Zylinderschraubenm DIN 912 — M 16 × 50 — 10.9 festgespannt werden, das Anziehen der Schrauben mit einem Drehmomentenschlüssel. Bauteile aus E335 ($R_{eA} = 265$ N/mm²). Es sind zu ermitteln:

1. Die erforderliche Anzahl a der Spannelemente, wenn die Vorspannkraft der Schrauben $F_V \approx 0{,}9 F_{M\,zul}$ beträgt.
2. Das vorzuschreibende Anziehmoment $M_A = M_{A\,zul}$ und die Beanspruchungskontrolle der Welle,
3. Der Zapfendurchmesser d und die Einbaulänge l_e der Elemente im ungespannten Zustand,
4. Ist im Außenteil elastisch-plastische Beanspruchung zu erwarten?

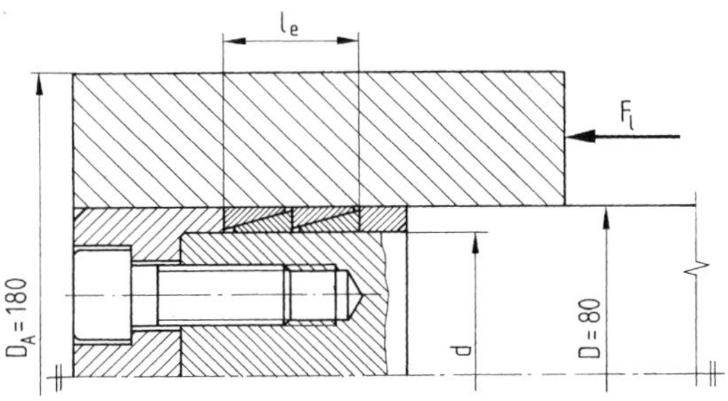

Bild 9.16 An einem Wellenende mit Spannelementen befestigter Ring

E: **1.** $a = 2$ mit $k = 1{,}55 > k_{erf} = 1{,}5$ ($F_V = 100$ kN, $p_I = 183$ N/mm², $F_F = 90$ kN).
2. $M_A = 280$ Nm, $p_{I\,zul} \approx 284$ N/mm² $> p_I$, d. h. elastische Beanspruchung ($R_{eI} = 295$ N/mm²).
3. $d = 71$ mm, $l_e = 28$ mm.
4. Ja, aber zulässig, da $p_{A\,zul} = 200{,}9$ N/mm² $> p_A = 162{,}4$ N/mm² ($Q_A = 0{,}44$), $q = 0{,}09 < 0{,}3$ ($p_A/R_{eA} \approx 0{,}6$, $\zeta \approx 1{,}17 < 1/Q_A = 2{,}27$).

L: **1.** Bestimmung von a nach k aus Gl. (9.39) mit $F_F = 2F_I$ und p_I nach Gl. (9.37). **2.** M_A nach Tab. 10.8, Kontrolle der Beanspruchung mit Gl. (9.27). **3.** d und L aus Tab. 9.5, $l_e = a \cdot L$. **4.** Mit $p_A = p_I \cdot d/D$ Beanspruchungskontrolle nach den Gln. (9.29) und (9.30), wenn $R_{eA}(1 - Q_A^2)/2 < R_{eI}$ und $R_{eA}(1 - Q_A^2)/\sqrt{3} < p_A$ (s. ME Abschn. 9.4).

9.17

Ein Kettenrad aus Stahlguss GS-60 soll nach Bild 9.17 auf einer Welle aus E335 mit RINGSPANN-Sternscheiben befestigt werden. Zum Spannen der Verbindung sind 4 Sechskantschrauben ISO 4014 — M 12 × 50 — 8.8 vorgesehen, die mit einem Drehmomentenschlüssel angezogen werden sollen. Für die Übertragung eines Betriebsdrehmoments von 1 kNm sind zu ermitteln:

9

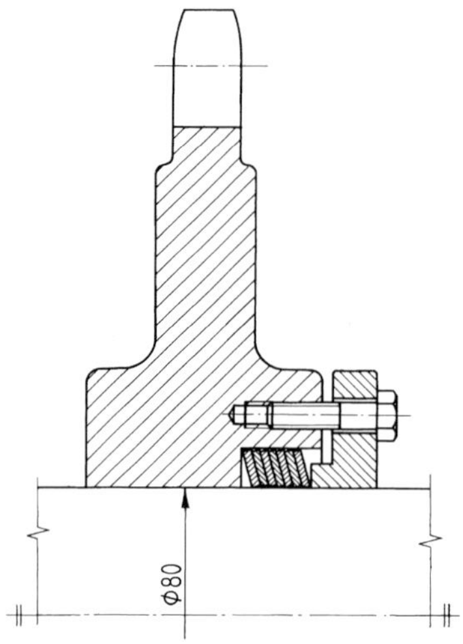

Bild 9.17 RINGSPANN-Sternscheiben-Verbindung eines Kettenrades

1. Die Durchmesser d und D der Sternscheiben sowie die Spannkraft F_1 und das Haftmoment M_1 je Sternscheibe,
2. Die erforderliche Anzahl a der Sternscheiben,
3. Das für die Schrauben vorzuschreibende Anziehmoment M_A.

E: **1.** $d = 80$ mm, $D = 100$ mm, $F_1 = 9{,}3$ kN, $M_1 = 205$ Nm.
2. $a = 10 > 9{,}76$ ($M_F = 2\,000$ Nm).
3. $M_A = 51$ Nm ($F_{M\,zul} = 40$ kN), $M_{A\,zul} = 79$ Nm, $F_V = 23{,}25$ kN).

L: **1.** Aus Tab. 9.6. **2.** Nach Gl. (9.41) mit $M_F \approx 2M$. **3.** Da die zulässige Spannkraft der Schrauben nicht voll benötigt wird, ist $M_A = M_{A\,zul} \cdot F_V/0{,}9F_{M\,zul}$ mit F_V nach Gl. (9.40) und $M_{A\,zul}$ sowie $F_{M\,zul}$ aus Tab. 10.8.

9.18 Das in Bild 9.18 gezeigte Kegelrad hat ein Drehmoment von 125 Nm zu übertragen. Es ist mit RINGSPANN-Sternscheiben an einem Wellenende befestigt. Die Spannschraube wird mit einem Drehmomentenschlüssel angezogen. Wieviel Sternscheiben sind vorzusehen, welches metrische Regelgewinde der Reihe 1 ist für die Schraube der Festigkeitsklasse 8.8 erforderlich, und wie groß ist das vorzuschreibende Anziehmoment?

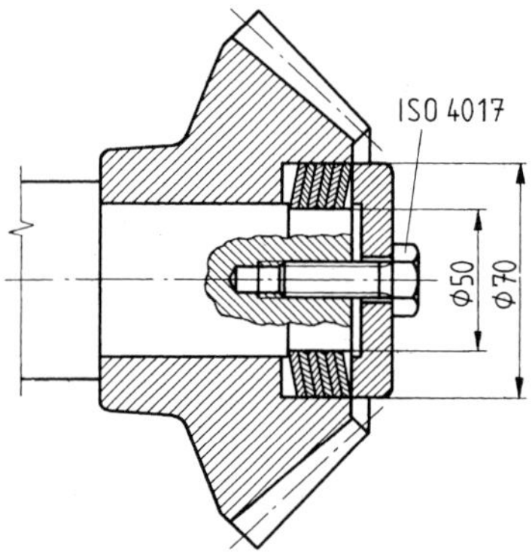

Bild 9.18 Mit RINGSPANN-Sternscheiben befestigtes Kegelrad

E: $a = 4 > 3{,}33$ ($M_F = 250$ Nm, $M_1 = 75$ Nm), M 10 mit $F_{M\,zul} = 27{,}5$ kN $> F_V/0{,}9 = 24{,}4$ kN ($F_1 = 5{,}5$ kN, $F_V = 22$ kN, $M_A \approx 40{,}8$ Nm ($M_{A\,zul} = 46$ Nm).

L: Anzahl a nach Gl. (9.41) mit $M_F = 2M$, F_V mit Gl. (9.40), Gewinde nach Tab. 10.8 mit $F_{M\,zul} \geq F_V/0{,}9$ und M_A wie unter 3. in Aufg. 9.17.

9.19 Der Exzenter für eine Spannvorrichtung wird mit einem Handrad eingestellt und in der eingestellten Länge durch Drehen einer Rändelmutter festgesetzt (Bild 9.19). Die kraftschlüssige Verbindung zum Halten entsteht durch vier RINGSPANN-Sternscheiben und die beim Anziehen der Rändelmutter über die Handradnabe ausgeübte axiale Spannkraft.

1. Welche tangentiale Handkraft F_H wäre am Umfang der Rändelmutter aufzubringen, wenn das mögliche Haftmoment M_F der Sternscheiben erreicht werden soll, der mittlere Radius an der Berührungsfläche mit der Handradnabe $r_m \approx 12$ mm beträgt und mit $\mu_G \approx \mu_K \approx 0{,}12$ zu rechnen ist?
2. Ist diese Kraft zumutbar, wenn als zulässiger oberer Grenzwert $F_{H\,zul} = 250$ N gilt?

9

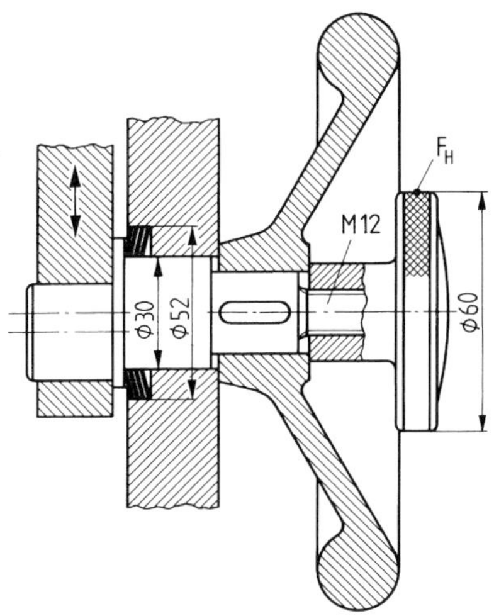

Bild 9.19 Exzentereinstellung in einer Spannvorrichtung

E: 1. $F_{H\,erf} \approx 1\,065$ N ($M_F = 100$ Nm, $F_V = 11{,}6$ kN, $F_M \approx 12{,}9$ kN, $P = 1{,}75$ mm, $d_2 = 10{,}863$ mm, $M_A = 31{,}94$ Nm).
2. Nein, $F_H \gg F_{H\,zul}$.

L: Es ist $F_H = M_A/r_H$ mit $r_H = 30$ mm und M_A nach Gl. (10.3), darin $F_M = F_V/0{,}9$ mit F_V, Gl. (9.40), für M_F, Gl. (9.41), P und d_2 aus Tab. 10.1.

Klemmverbindungen

9.20 Ein geschweißter Hebel wird aus Montagegründen mit geteilter Nabe ausgeführt und mit zwei Schrauben auf die Welle geklemmt (Bild 9.20). Für die Übertragung der am Hebelende angreifenden Kraft $F = 800$ N durch die Klemmverbindung soll eine Haftsicherheit $S_H = 1{,}5$ gewährleistet sein. Als Haftbeiwert ist $\mu \approx 0{,}14$ anzunehmen. Es sind zu ermitteln:

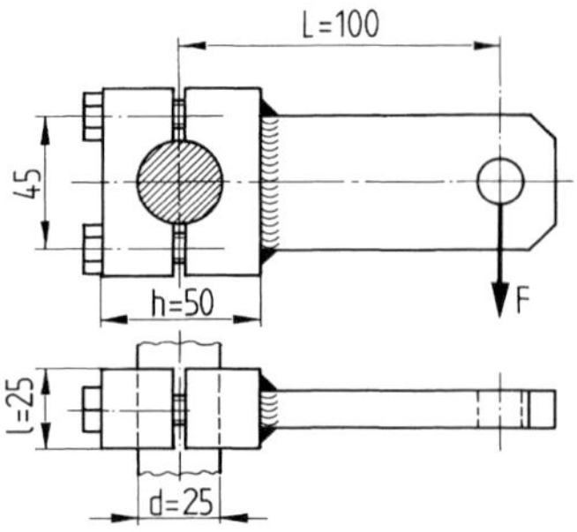

Bild 9.20 Klemmverbindung eines geschweißten Hebels

1. Die erforderliche Fugenpressung p_F,
2. Die bei gefühlsmäßigem Anziehen der Schrauben vorzusehende Schraubengröße (metrisches Regelgewinde),
3. Ist die Biegespannung σ_b in der Nabe aus S235 zulässig?

9

E: **1.** $p_F = 34{,}9\,\text{N/mm}^2$ ($F_u = 6{,}4\,\text{kN}$, $F_F = 9{,}6\,\text{kN}$).
2. M 8 mit $F_V \approx 10{,}25\,\text{kN} > 9{,}09\,\text{kN}$ ($A_{S\,\text{erf}} \approx 32{,}5\,\text{mm}^2$, $K_F = 1{,}2$).
3. Ja, $\sigma_b \approx 70{,}9\,\text{N/mm}^2 < \sigma_{b\,\text{zul}} = 150\,\text{N/mm}^2$ ($a = 12{,}5\,\text{mm}$, $W_b = 651\,\text{mm}^3$).

L: **1.** Nach den Gln. (9.1) und (9.2) mit $F_u = F \cdot L/r$. **2.** Nach Gl. (9.42) sinngemäß wie in ME Beisp. 9.8 mit $i = 2$, $K_F \approx 1{,}2$ und σ_V nach Tab. 10.13. **3.** Mit Gl. (9.43), worin $K_N \approx 0{,}2$, $m = 1$, $l_S = (45/2)$ mm, Nabendicke $a = 0{,}5(h - d)$, $\sigma_{b\,\text{zul}}$ s. ME am Ende von Abschn. 9.7.

9.21 Auf eine Transmissionswelle aus E295 wird nach Bild 9.21 eine geteilte Riemenscheibe aus EN-GJL-250 geklemmt. Es ist ein Drehmoment von 450 Nm zu übertragen. Wegen der Fliehkräfte, die die Scheibenhälften voneinander trennen wollen, soll die Haftsicherheit mindestens $S_H = 1{,}8$ betragen bei einem Haftbeiwert $\mu \approx 0{,}12$.

1. Ist mit 4 gefühlsmäßig angezogenen Sechskantschrauben ISO 4014 – M 12 × 110 – 6.8 die verlangte Haftsicherheit gewährleistet?
2. Falls die Schrauben nach 1. ausreichen: Ist die damit in der Nabe auftretende Biegespannung zulässig?
3. Würden M 10-Schrauben in der Festigkeitsklasse 8.8 genügen, wenn sie mit einem Drehmomentenschlüssel bis zur zulässigen Vorspannkraft $F_V \approx 0{,}9\,F_{M\,\text{zul}}$ angezogen werden? Ist die Biegespannung in der Nabe dann noch zulässig? Welches Anziehmoment M_A ist in diesem Falle vorzuschreiben?

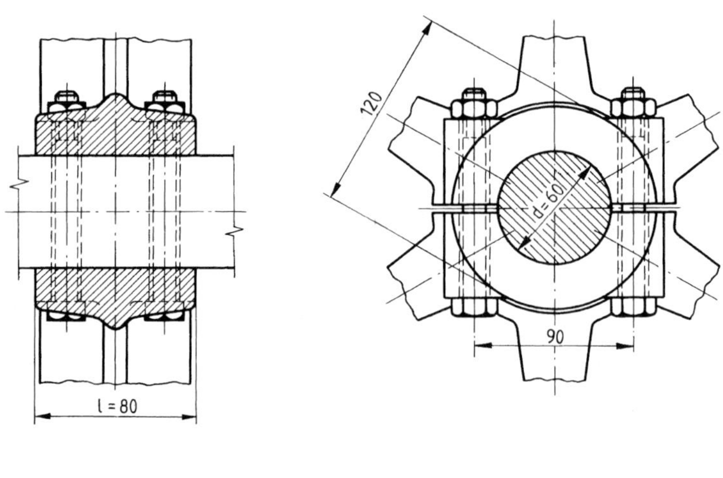

Bild 9.21 Auf eine Welle geklemmte Nabe einer Riemenscheibe

E: **1.** Ja, $S_H = 2{,}85 > 1{,}8$ ($F_V \approx 23{,}6$ kN, $p_F \approx 23{,}6$ N/mm², $F_F \approx 42{,}7$ kN, $F_u = 15$ kN, $r = 30$ mm).
2. Ja, $\sigma_b = 35{,}4$ N/mm² $< \sigma_{b\,zul} \approx 125$ N/mm² ($m = 2$, $a = 30$ mm, $W_b = 12$ cm³).
3. Ja, $S_H \approx 3 > 1{,}8$ ($F_V \approx 24{,}8$ kN $> 23{,}6$ kN, $F_{M\,zul} = 27{,}5$ kN), $\sigma_b = 37{,}2$ N/mm² $< \sigma_{b\,zul}$, $M_A = 46$ Nm.

L: **1.** Mit den Gln. (9.42), (9.2) und (9.1), F_V mit σ_V nach Tab. 10.13, $F_u = M/r$ mit $r = r_F = d/2$. **2.** Spannungskontrolle mit Gl. (9.43), $K_N \approx 0{,}2$, $l_S = (90/2)$ mm, $a = 0{,}5(D - d)$ mit $D = 120$ mm, $\sigma_{b\,zul}$ nach ME am Ende von Abschn. 9.7. Wegen der Nabenversteifung durch die Speichen wird die tatsächliche Spannung weit niedriger sein als die errechnete. **3.** $F_M = F_{M\,zul}$ und $M_A = M_{A\,zul}$ aus Tab. 10.8 für $\mu_G = \mu_K = 0{,}12$.

9.22 Ein zweiarmiger Grauguss-Hebel betätigt unter Pendelbewegungen abwechselnd mit seinen Enden Ventilfedern, sodass in den Endstellungen bei leichter Schräglage die Kräfte $F_1 = 520$ N und $F_2 = 140$ N wirken (Bild 9.22). Der Hebel besteht aus zwei Hälften, die mit 4 Sechskantschrauben ISO 4014 — M 6 × 60 — 8.8 auf die Welle geklemmt werden. Die Haftsicherheit soll mindestens 1,8 betragen bei einem angenommenen Haftbeiwert von 0,1. Das Anziehen der Schrauben erfolgt mit einem Drehmomentenschlüssel bis zur zulässigen Vorspannkraft $F_V \approx 0{,}9\,F_{M\,zul}$. Genügt die Klemmverbindung den Anforderungen, und welches Anziehmoment M_A ist vorzuschreiben? Die Biegespannung braucht nicht nachgerechnet zu werden.

9

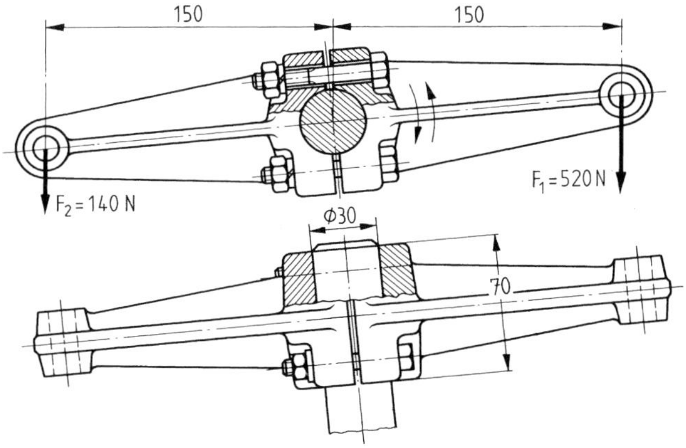

Bild 9.22 Aufgeklemmter zweiarmiger Hebel

E: Ja, $S_H \approx 3{,}35 > 1{,}8$ ($F_u = 3{,}8$ kN, $F_V = 8{,}46$ kN, $p_F \approx 19{,}3$ N/mm², $F_F \approx 12{,}73$ kN), $M_A = 9{,}5$ Nm.

L: Mit den Gln. (9.42), (9.2) und (9.1), M_A und F_M nach Tab. 10.8 für $\mu_G = \mu_K = 0{,}12$, $F_u = (F_1 - F_2)\,L/r$ mit $L = 150$ mm und $r = r_F = 15$ mm.

9.23 Der in Bild 9.23 gezeigte Steuerhebel aus S235 wird mit einer Schraube auf die Welle geklemmt. Die Verbindung hat ein maximales Drehmoment $T = 30$ Nm aufzunehmen, wobei die Haftsicherheit mindestens $S_H = 1{,}8$ erreichen soll. Der Haftbeiwert ist mit $\mu = 0{,}14$ anzunehmen. Welche Schraubengröße (metrisches Regelgewinde) ist erforderlich, wenn gefühlsmäßiges Anziehen von Hand vorgesehen ist und keine Überbeanspruchung der Nabe auftreten darf?

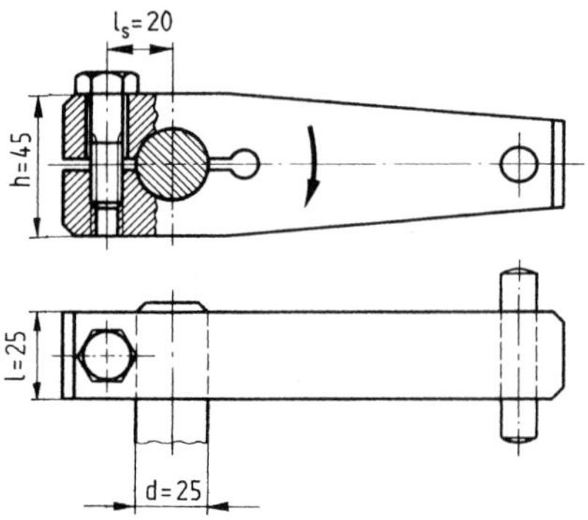

Bild 9.23 Aufgeklemmter einarmiger Hebel

9

E: M 6 mit $F_V \approx 7$ kN > 6,54 kN ($F_u = 2{,}4$ kN, $F_F = 4{,}32$ kN, $p_F = 15{,}7$ N/mm^2, $\sigma_V = 350$ N/mm^2, $A_{S\,erf} \approx 18{,}7$ mm^2), $\sigma_b \approx 101$ N/mm^2 < $\sigma_{b\,zul} = 150$ N/mm ($a = 10$ mm, $W_b = 416{,}7$ mm^3, $R_e = 215$ N/mm^2).

L: Sinngemäß wie ME Beisp. 9.8, $a = (h - d)/2$.

9.24 Zum Bewegen der Schaltwelle eines Hochspannungs-Leistungsschalters, die von einer Druckluft-Hubvorrichtung über eine Zugstange betätigt wird, dient der in Bild 9.24 dargestellte Klemmhebel aus Stahlguss GS-52. An dem Hebel greift in der Endstellung eine größte Kraft $F = 830$ N an. Zur Erzeugung der erforderlichen Klemmkraft dienen 2 Sechskantschrauben ISO 4014 — M 8 × 75 — 5.8, die gefühlsmäßig von Hand angezogen werden. Es ist zu ermitteln, ob die Klemmverbindung ausreicht, wenn eine Haftsicherheit von mindestens 1,8 verlangt wird und mit einem Haftbeiwert von 0,14 gerechnet werden kann. Ferner ist die Biegebeanspruchung der Nabe auf Zulässigkeit zu überprüfen.

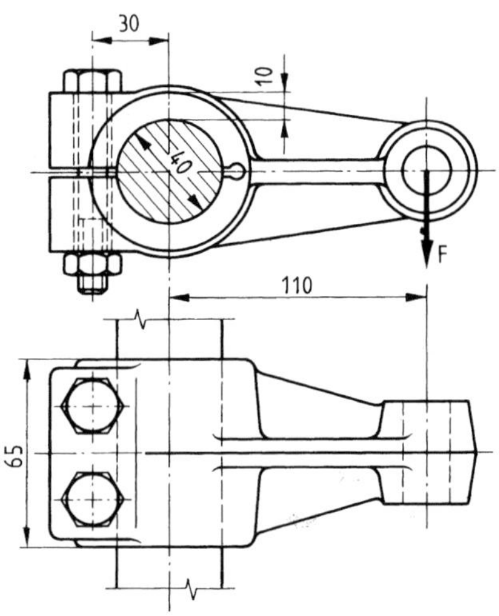

Bild 9.24 Klemmhebel aus Stahlguss

E: Ausreichend, da $S_H \approx 2{,}95 > 1{,}8$ ($F_V \approx 10{,}25$ kN, $p_F \approx 11{,}8$ N/mm^2, $F_F \approx 13{,}5$ kN, $F_u \approx 4{,}57$ kN), $\sigma_b = 170{,}4$ N/mm^2 < $\sigma_{b\,zul} = 182$ N/mm^2 ($W_b = 1083$ mm^3, $R_e = 260$ N/mm^2).

L: Zweckmäßiger Rechnungsgang: $F_V \approx A_S \cdot \sigma_V$ (s. ME Abschn. 10.16, σ_V nach Tab. 10.13), p_F (Gl. (9.42), $K_F \approx 1{,}5$, $i = 2$), F_F nach Gl. (9.2), $F_u = F \cdot L/r$ ($L = 110$ mm), S_H nach Gl. (9.1), σ_b (Gl. (9.43), $K_N \approx 0{,}3$, $a = 0{,}5$ (60 — 40) mm = 10 mm), $\sigma_{b\,zul}$ s. ME am Ende von Abschn. 9.7 mit R_e nach Tab. 1.5.

10 Befestigungsschrauben

Längsbeanspruchte Befestigungsschrauben

10.1 Eine Zylinderschraube mit Innensechskant ISO 4762 — M 16 × 1,5 — 8.8, Gewinde gewalzt, schwarzvergütet, geölt, wird in ein Bauteil aus Stahl (blank) mittels Drehschrauber mit Abschaltkupplung eingeschraubt. Die Gegenlage (das Bauteil) ist geschliffen, der Schraubenkopf gepresst, schwarz und geölt. Durchgangsloch nach DIN EN 20273 mittel. Wie groß sind:

1. Die maximale Montagevorspannkraft $F_{M\,max}$?
2. Das zulässige Schraubenanziehmoment $M_{A\,zul}$?
3. Die minimale Vorspannkraft $F_{M\,min}$ bei einem mittleren Anziehfaktor α_A?

E: **1.** $F_{M\,max} \approx 85$ kN ($\sigma_v = 576$ N/mm^2, $d_2 = 15{,}03$ mm, $d_S = 14{,}59$ mm, $\mu_G = 0{,}1$, $A_S = 167$ mm^2, $\sigma_M = 509{,}4$ N/mm^2).
2. $M_{A\,zul} \approx 236$ Nm ($\mu_K = 0{,}16$, $r_m = 10{,}38$ mm).
3. $F_{M\,min} \approx 40{,}5$ kN ($\alpha_A = 2{,}1$).

L: Wie ME Beisp. 10.2.

10

10.2 Auf welche maximale Vorspannkraft muss eine mit MoS_2 geschmierte Sechskantschraube ISO 4014 — M 36 × 120 — 5.6 ($P = 4$ mm, $D_K = 51{,}5$ mm, Durchgangsloch $D_I = 39$ mm) angezogen werden, wenn die Vergleichsspannung 90 % der Streckgrenze betragen soll, und welches Schraubenanziehmoment $M_A = M_{A\,max}$ ist hierfür erforderlich?

E: $F_{M\,max} = 199{,}6$ kN ($d_2 = 33{,}402$ mm, $d_3 = 31{,}093$ mm, $d_S = 32{,}248$ mm, $A_S = 817$ mm^2, $\sigma_v = 270$ N/mm^2, $\sigma_M = 244{,}3$ N/mm^2, $\mu_G = 0{,}08$). $M_A = M_{A\,max} = 798{,}4$ Nm ($\mu_K = 0{,}08$, $r_m = 22{,}625$ mm).

L: Gewindeabmessungen d_2, d_3, d_S und A_S nach Unterschrift zu ME Bild 10.1 und 10.2, μ_G und μ_K nach Tab. 10.7, sonst sinngemäß wie in ME Beisp. 10.2.

10.3 Die in Bild 10.3 dargestellte galvanisch verzinkte Taillenschraube (Dehnschraube) der Festigkeitsklasse 12.9 soll auf eine Spannung im Taillenquerschnitt von 80 % der 0,2 %-Dehngrenze trocken angezogen werden. Die Vorspannung wird durch Verlängerungsmessung kontrolliert. Gegenlage Stahl blank. Es sind zu ermitteln:

1. Die Montagevorspannkraft F_M,
2. Das Schraubenanziehmoment M_A,
3. Die Verlängerung f_{SM} der Schraube.

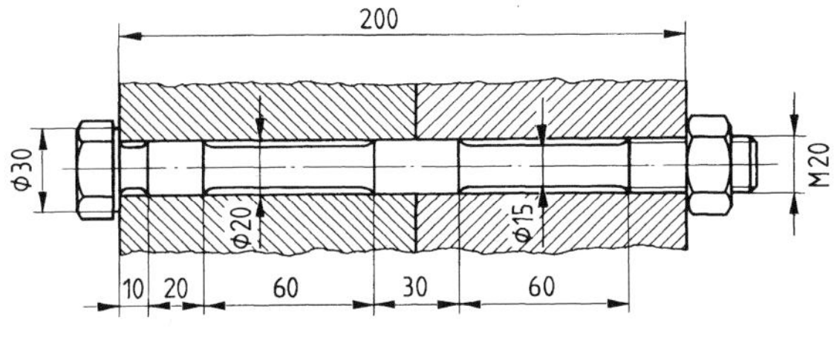

Bild 10.3 Taillenschraube (Dehnschraube)

E: **1.** $F_M \approx 123{,}1$ kN ($\sigma_v = 880\,N/mm^2$, $\mu_G = 0{,}12$, $d_2 = 18{,}376$ mm, $d_T = 15$ mm, $A_T = 177\,mm^2$).
2. $M_A \approx 360$ Nm ($P = 2{,}5$ mm, $\mu_K = 0{,}10$, $r_m = 12{,}5$ mm).
3. $f_{SM} \approx 0{,}63$ mm ($l_1 = 58$ mm, $l_2 = 130$ mm, $l_3 = 30$ mm, $l_M = 8$ mm, $A_1 = A = 314\,mm^2$, $A_2 = A_T$, $A_3 = A_K = 225\,mm^2$, $\delta_S = 5{,}13 \cdot 10^{-6}$ mm/N).

L: **1.** F_M nach Gl. (10.3), μ_G aus Tab. 10.7. **2.** Mit Gl. (10.4), $D_K = 30$ mm, $D_I = 20$ mm (s. Bild 10.3), μ_K aus Tab. 10.7. **3.** δ_S mit Gl. (10.6), Längen gleichen Durchmessers werden zweckmäßig zusammengefasst: $l_1 = (20 + 30 + 0{,}4 \cdot 20)$ mm, $l_2 = (2 \cdot 60 + 10)$ mm, $l_3 = (20 + 0{,}5 \cdot 20)$ mm, $l_M = 0{,}4 \cdot d$, $A_1 = A$, $A_2 = A_T$, $A_3 = A_K$; $f_{SM} = F_M \cdot \delta_S$ (s. ME Abschn. 10.12).

10.4 Eine Schraubenverbindung mit Dehnschaft nach DIN 2510 ist entsprechend Bild 10.4 ausgeführt und enthält einen Schraubenbolzen DIN 2510 — LM 48 × 300 — 8.8 sowie zwei Sechskantmuttern DIN 2510 — NF M 48 — 8, Abmessungen nach DIN 2510: $P = 5$ mm, $d_2 = 44{,}487$ mm, $d_3 = 40{,}991$ mm, $d_T = 37{,}5$ mm, $D_K = 73{,}5$ mm; Durchgangsloch nach DIN EN 20273 mittel. Das Anziehen der Verbindung erfolgt von Hand mit Streckgrenzenkontrolle, Reibzahl $\mu_G \approx \mu_K \approx 0{,}14$, $R_Z = 5$ µm. Zu ermitteln sind:

1. Die Montagevorspannkraft F_M und das Anziehmoment M_A, wenn im Dehnschaft 90 % der 0,2 %-Dehngrenze $R_{p0,2}$ erreicht werden, wobei zu beachten ist, dass beim Anziehen dieser Schraubenart kein Drehmoment auf den Schraubenschaft ausgeübt wird,
2. Die Nachgiebigkeit δ_S der Schraube,
3. Die Nachgiebigkeit δ_B der Bauteile aus Stahl E295 bei einem Außendurchmesser $D_A = 250$ mm,
4. Das Kraftverhältnis Φ_K,
5. Die Vorspannkraft F_V.

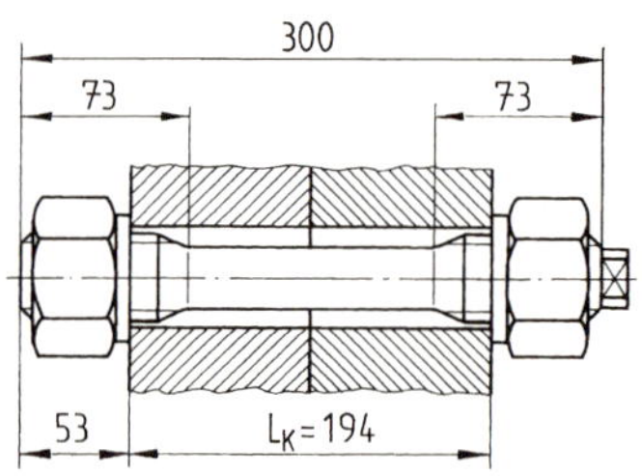

Bild 10.4 Schraubenverbindung mit Dehnschaft

E: **1.** $F_M \approx 656{,}1$ kN ($\sigma_M = 594\,N/mm^2$, $A_T = 1104{,}5\,mm^2$), $M_A = 5779$ Nm ($r_m = 31{,}4$ mm, $D_I = 52$ mm).
2. $\delta_S \approx 1{,}083 \cdot 10^{-3}$ mm/kN ($l_1 = 88$ mm, $A_1 = A_K = 1319{,}7\,mm^2$, $l_2 = 154$ mm, $l_M = 38{,}4$ mm, $A_2 = A_T$, $A = 1809{,}6\,mm^2$).
3. $\delta_B \approx 0{,}0902 \cdot 10^{-3}$ mm/kN ($A_B = 10246{,}4\,mm^2$).
4. $\Phi_K = 0{,}077$.
5. $F_V \approx 645$ kN ($f_Z = 12{,}5$ µm, $F_Z = 10{,}7$ kN).

L: **1.** $\sigma_M = 0{,}9 R_{p0,2}$ nach Tab. 10.2, $A_0 = A_T$ in Gl. (10.3). **2.** Mit Gl. (10.6), worin $l_1 = l_3 \approx 20\,mm + 0{,}5d$ und $A_1 = A_3 = A_K = d_K^2 \cdot \pi/4$, $l_2 = L_K - 2 \cdot 20$ mm und $A_2 = A_T$. **3.** Mit Gl. (10.10), worin A_B nach Gl. (10.8), da $D_A < D_K + L_K$, $E_B = 210\,kN/mm^2$ (Tab. 9.5), $L_1 = L_K$. **4.** Mit Gl. (10.11). **5.** Mit Gl. (10.13) und F_Z nach Gl. (10.12), 2 Muttern, 2 Gewinde, 1 Trennfuge → $f_z = (2 \cdot 3 + 2 \cdot 2{,}5 + 1{,}5)$ µm $= 12{,}5$ µm nach Tab 10.10.

10.5 Mit einer Sechskantschraube DIN 931 — M 80 × 6 × 400 — 5.6 (Schraubenlänge $l = 400$ mm, Gewindelänge $b = 185$ mm) soll bei einer Klemmlänge $L_K = 320$ mm eine Vorspannkraft $F_V = 1{,}2$ MN erzeugt werden. Dazu wird die Schraube erwärmt, im erwärmten Zustand in das Durchgangsloch der zu verbindenden Bauteile eingeführt und eine Sechskantmutter DIN 934 — M 80 × 6 — 5 (s. Hinweis zur Lösung dieser Aufgabe) bis zur Anlage aufgeschraubt. Beim Erkalten zieht sich die Schraube zusammen und erzeugt so die Vorspannkraft. $R_Z = 5$ µm. Es ist eine Trennfuge vorhanden.

1. Um welche Verlängerung f_{SM} muss die Schraubenlänge durch die Erwärmung zunehmen, wenn die Nachgiebigkeit δ_B der Bauteile ca. 30 % der Nachgiebigkeit δ_S der Schraube beträgt?

2. Auf welche Temperatur t_S muss die Schraube erwärmt werden, damit bei einer Umgebungstemperatur $t = 20$ °C die verlangte Vorspannkraft erreicht wird?

E: **1.** $f_{SM} \approx 0{,}524$ mm ($l_1 = 247$ mm, $A_1 = A = 5026$ mm, $l_2 = 145$ mm, $l_M = 32$ mm, $d_3 = d_K = 72{,}64$ mm, $A_K = 4144$ mm^2, $\delta_S = 0{,}431 \cdot 10^{-6}$ mm/N, $\delta_B = 0{,}129 \cdot 10^{-6}$ mm/N, $\Phi_K \approx 0{,}23$, $F_Z \approx 16{,}9$ kN, $f_z = 9{,}5$ µm, $F_M \approx 1217$ kN), $R_z = 5$ µm, 1 Trennfuge.
2. $t_S \approx 130$ °C ($\alpha_A = 11 \cdot 10^{-6}$/K, $l = 424$ mm).

L: **1.** Zweckmäßiger Rechnungsgang: $l_1 = l - b + 0{,}4d$, $A_1 = A = d^2 \cdot \pi/4$, $l_2 = L_K - (l - b) + 0{,}5d$, $d_3 = d_K$ nach ME Abschn. 10.1 und $A_2 = A_K$, δ_S mit Gl. (10.6), $\delta_B \approx 0{,}3\delta_S$ (s. Aufg.), Φ_K mit Gl. (10.11), F_z mit Gl. (10.12), F_M nach Gl. (10.13), $f_{SM} = F_M \cdot \delta_S$. **2.** Sinngemäß nach Gl. (9.12): $t_S = t + f_{SM}/(\alpha_A \cdot l)$ mit α_A als Wärmedehnungsbeiwert nach Tab. 9.2 und $l = L_K + (2 \cdot 0{,}4 + 0{,}5)\,d$. Die Bezeichnung der Mutter erfolgte entspr. der zurückgezogenen DIN 934, da 6kt.-Muttern > M 60 in DIN EN 24032 nicht vorgesehen sind. Für 6kt.-Schrauben. M 42 bis M 100 × 6 ist DIN 931-2 weiterhin gültig.

10.6 Zur Befestigung eines Maschinenteils (Bild 10.6) aus Temperguss EN-GJMB-650-2 an einer Stahlplatte werden gepresste Zylinderschrauben mit Innensechskant ISO 4762 — M 12 × 60 — 8.8 verwendet, die schwarzvergütet und geölt sind, die Bauteile blank (spanend bearbeitet). Das Anziehen soll von Hand mittels Drehmomentenschlüssel erfolgen. Es ist eine ruhende Betriebskraft $F_A = 25$ kN zu übertragen, $R_Z = 5$ µm. Zu ermitteln sind:

1. Die Nachgiebigkeit δ_S der Schraube und δ_B des Bauteils und das Kraftverhältnis Φ_K,

2. Die maximale Vorspannkraft $F_{V\,max}$ und die minimale $F_{V\,min}$ sowie das vorzuschreibende Anziehmoment M_A, wobei $F_{V\,min}$ mit dem Kleinstwert von α_A in Tab. 10.6 zu ermitteln ist.

3. Die Spannungsdifferenz σ_{sa} und ihr zulässiger Wert,

4. Die Größtkraft F_S in der Schraube und die verbleibende Mindestklemmkraft F_K der Bauteile,

5. Die Kontrolle der Flächenpressung p_B an der Schraubenkopf-Auflagefläche unter Berücksichtigung einer Lochfase von 0,5 × 45°.

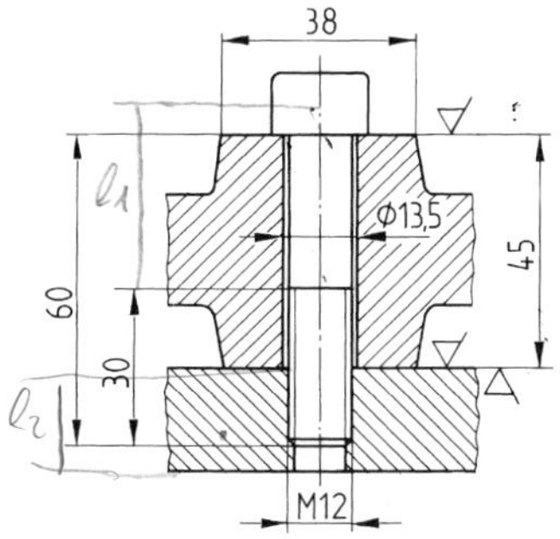

Bild 10.6 Schraubenverbindung mit Innensechskant-Zylinderschraube

E: **1.** $\delta_S = 3{,}0 \cdot 10^{-6}$ mm/N ($l_1 \approx 35$ mm, $l_2 = 21$ mm, $l_M \approx 5$ mm, $A_1 = A = 113$ mm^2, $A_2 = A_K = 76{,}3$ mm^2), $\delta_B \approx 1{,}075 \cdot 10^{-6}$ mm/N ($A_B = 440{,}8$ mm^2, $L_1 = L_K = 45$ mm), $\Phi_K \approx 0{,}264$.
2. $F_{V\,max} \approx 39{,}8$ kN ($F_{M\,max} = 41{,}5$ kN, $\mu_G = 0{,}1$, $F_Z \approx 1{,}7$ kN, $f_Z \approx 7$ µm, $\sigma_M = 492$ N/mm^2), $F_{V\,min} \approx 24{,}3$ kN ($F_{M\,min} \approx 26$ kN, $\alpha = 1{,}6$), $M_A = 83{,}5$ Nm ($\mu_K = 0{,}14$).
3. $\sigma_{sa} = 39{,}1$ N/mm^2 < 64 N/mm^2 ($F_{SA} = 3{,}3$ kN, $n = 0{,}5$).
4. $F_S = F_{S\,max} = 43{,}1$ kN, $F_K = 2{,}6$ kN ($F_{S\,min} = 27{,}6$ kN).
5. $p_B = 482{,}6$ N/mm^2 $< p_{B\,zul} = 516$ N/mm^2 ($A_P = 89{,}3$ mm^2, $R_{p0,2} = 430$ N/mm^2).

L: **1.** Mit den Gln. (10.6), (10.11) und (10.18), A_B mit Gl. (10.8), D_K aus Tab. 10.4, $A_1 = A$ und $A_2 = A_K$ aus Tab. 10.1, $E_B = 95$ kN/mm^2 (Tab. 9.2). **2.** Mit Gl. (10.13), u. z. $F_{V\,max}$ mit F_M aus Tab. 10.8 für $\mu_K = 0{,}1$ (s. Tab. 10.7) und $F_{V\,min}$ mit $F_{M\,min}$ nach Gl. (10.5), worin $\alpha_A = 1{,}6$ (Tab. 10.6), F_Z mit Gl. (10.12), f_Z aus Tab. 10.10, M_A nach Tab. 10.8. **3.** Nach den Gln. (10.22) und (10.15) mit $R_{p0,2}$ aus Tab. 10.2 und $n = 0{,}5$ (Regelfall). **4.** $F_S = F_{S\,max}$ mit Gl. (10.17) und $F_V = F_{V\,max}$, $F_K = F_{K\,min}$ mit Gl. (10.18) und $F_{S\,min} = F_{V\,min} + F_{SA}$. **5.** Mit Gl. (10.24) und $F_S = F_{S\,max}$, $A_P = (D_K^2 - D_{IK}^2)\,\pi/4$ mit $D_{IK} = 14{,}5$ mm ($D_I + 1$ mm für Fase), $p_{B\,zul} \approx 1{,}2 R_e$ mit R_e aus Tab. 1.5.

10.7

Anstelle der in Bild 10.6 gezeigten Zylinderschraube ISO 4762 (Schaftschraube) soll eine Taillenschraube (Dehnschraube) eingesetzt werden, die aus einer Sechskantschraube ISO 4014 — M 12 × 60 — 8.8 gefertigt wird (Bild 10.7) $R_Z = 12$ µm.

1. Welche Werte ergeben sich unter sonst gleichen Bedingungen für die in Aufgabe 10.6 errechneten Größen?
2. Welche Größen ändern sich gegenüber 1., wenn für die Taillenschraube die Festigkeitsklasse 10.9 gewählt wird?

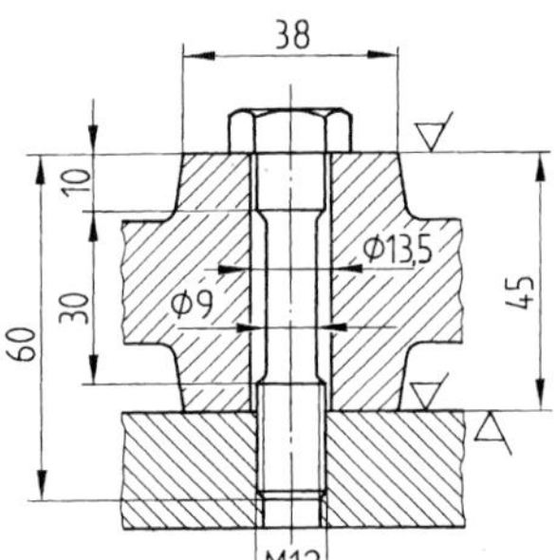

Bild 10.7 Schraubenverbindung mit Taillenschraube (Dehnschraube)

E: **1.** $\delta_S \approx 3{,}78 \cdot 10^{-6}$ mm/N ($l_1 \approx 15$ mm, $l_2 = 30$ mm, $l_3 = 11$ mm), $\Phi_K = 0{,}221$, $F_{V\,max} \approx 27$ kN ($\delta_B = 1{,}072 \cdot 10^{-6}$ mm/N, $F_Z = 1{,}65$ kN, $F_{M\,max} = 29$ kN), $F_{V\,min} = 16{,}5$ kN, $M_A = 60$ Nm, $\sigma_{sa} = 43{,}4$ N/mm^2 ($F_{SA} = 2{,}76$ kN), $F_{S\,max} \approx 30{,}1$ kN, $F_K = -5{,}7$ kN unzulässig, Bauteil würde abheben, Kontrolle von p_B entfällt somit, $F_{S\,min} \approx 19{,}3$ kN).
2. $F_{V\,max} \approx 40{,}9$ kN ($F_{M\,max} = 42{,}5$ kN), $M_A = 88$ Nm, $\sigma_{sa\,zul} = 94$ N/mm^2, $F_{S\,max} \approx 43{,}7$ kN, $F_K = 2{,}7$ kN ($F_{S\,min} \approx 27{,}7$ kN), $p_B = 851{,}9$ N/mm^2 > 516 N/mm^2 ($A_P = 51{,}3$ mm^2).

L: **1.** Sinngemäß wie Aufg. 10.6 unter 1. bis 5., jedoch $A_2 = A_T$ und $A_3 = A_K$ bei δ_S, Gl. (10.6), $A_i = A_T$ bei Gl. (10.22), F_M und M_A aus Tab. 10.9 für Taillenschrauben. **2.** Wie unter 1. mit den Werten für die Festigkeitsklasse 10.9 aus den Tabn. 10.2 und 10.9 (δ_S,

δ_B, Φ_K, F_Z und σ_{sa} ändern sich nicht). Die Ergebnisse zeigen, dass Taillenschrauben bei gleichem Gewinde und gleicher Festigkeitsklasse wegen des dünneren Schaftes weniger hoch belastbar sind als Schaftschrauben. Ihr Vorteil der größeren Nachgiebigkeit kommt nur bei schwingender Belastung zur Geltung, indem die geringere Differenzkraft F_{SA} eine größere Sicherheit gegen Dauerbruch bewirkt. Die große Streuung der Vorspannkraft zwischen $F_{V\,max}$ und $F_{V\,min}$ kann durch ein genaues Anziehverfahren verringert und damit ein mögliches Absinken der Mindestklemmkraft F_K auf den Wert null verhindert werden. Das in der Berechnung auftretende negative Ergebnis für F_K bedeutet praktisch $F_K = 0$, d. h. ein Abheben des Bauteils!

10.8 Die Hälften einer großen geteilten Riemenscheibe aus Grauguss EN-GJL-250 sind durch vier Schraubenbolzen der Festigkeitsklasse 8.8 miteinander verbunden. In Bild 10.8 ist die Kranzverbindung als Einzelheit herausgezeichnet, Unterlegscheiben nach DIN 125 — 200HV (Härte etwa wie Stahl S355). Bei der Drehbewegung entsteht je Scheibenhälfte eine Fliehkraft $F = 240$ kN. Diese will die Hälften voneinander abheben, was die Schrauben verhindern müssen. Es ist mit gleichbleibender Drehzahl zu rechnen. Das Anziehen soll mittels Drehmomentschlüssel (drehmomentgesteuert) erfolgen. Die Schrauben sind schwarzvergütet und mit MoS_2 geschmiert. Für die Bestimmung des Gewindes und des Anziehmomentes sind zu ermitteln:

10

1. Die Betriebslängskraft F_A je Schraube und Wahl eines geeigneten metrischen Regelgewindes der Reihe 1, wenn zunächst $F_{M\,max} = F_{M\,zul} \geq 2{,}5F_A$ angenommen wird,
2. Der Anziehfaktor a_A (Mittelwert) und die kleinste Montagevorspannkraft $F_{M\,min}$,
3. Das Kraftverhältnis Φ_K bei einer Klemmlänge $L_K = 85$ mm, einer Schraubenlänge $l = L_K + 2{,}5d$ und einer Gewindelänge $b = 1{,}5d$, wenn ein Nachgiebigkeitsverhältnis $\delta_B/\delta_S \approx 0{,}7$ angenommen wird,
4. Der Vorspannkraftverlust F_Z, $R_Z = 12$ µm,
5. Die Differenzkraft F_{SA} in der Schraube, wenn der Krafteinleitungsfaktor $n \approx 0{,}7$ geschätzt wird,
6. Die Restklemmkraft F_K der Bauteile,

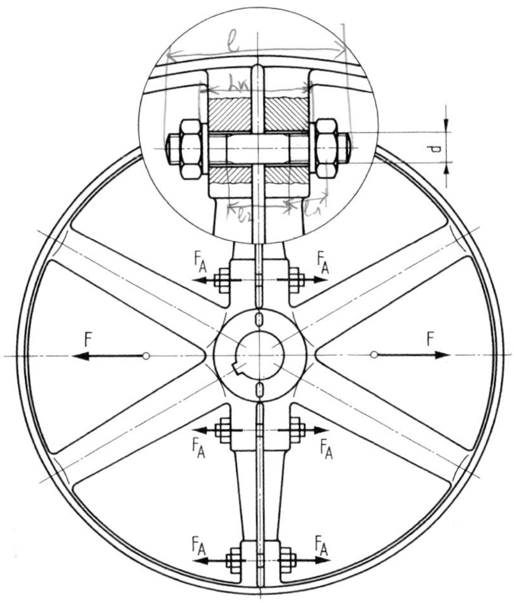

Bild 10.8 Mit Schraubenbolzen verbundene Riemenscheibenhälften

7. Die Spannungsdifferenz σ_{sa} und die Flächenpressung p_B,
8. Ist das unter 1. gewählte Gewinde geeignet, und welches Anziehmoment M_A ist bei $\mu_K = 0{,}1$ vorzuschreiben?

E: **1.** $F_A = 60$ kN, M 24 ($F_{M\,max} = F_{M\,zul} = 188$ kN bei $\mu_G = 0{,}08$).
2. $\alpha_A = 1{,}5$, $F_{M\,min} = 125{,}3$ kN.
3. $\Phi_K \approx 0{,}41$ ($l = 145$ mm, $b = 36$ mm, $l_1 = 73$ mm, $l_2 = 36$ mm, $l_M \approx 19$ mm), $\delta_S \approx 1{,}5 \cdot 10^{-6}$ mm/N, $\delta_B = 1{,}05 \cdot 10^{-6}$ mm/N.
4. $F_Z = 5{,}47$ kN ($f_Z \approx 14$ µm).
5. $F_{SA} = 17{,}22$ kN.
6. $F_K = 77{,}1$ kN ($F_{V\,min} = 119{,}9$ kN, $F_{S\,min} \approx 137{,}1$ kN).
7. $\sigma_{sa} = 48{,}9$ N/mm², $p_B = 504{,}8$ N/mm² ($F_{S\,max} = 199{,}8$ kN, $A_p = 395{,}8$ mm²).
8. Ja, $F_K \gg 0$, d. h. Abheben der Bauteile ist ausgeschlossen, $\sigma_{sa} < 0{,}1 R_{p0,2} = 66$ N/mm², $p_B < p_{B\,zul} = 600$ N/mm², $M_A = M_{A\,zul} = 600$ Nm.

10

L: **1.** Es ist eine gleichmäßige Verteilung der Fliehkraft auf alle 4 Schrauben anzunehmen, sodass $F_A = F/4$. Gewindewahl nach Tab. 10.8 mit $F_{M\,max} = F_{M\,zul} \geq 2{,}5 F_A$ oder etwas kleiner für $\mu_G = 0{,}08$ (Tab. 10.6) entspr. ME Abschn. 10.16, 1. Schritt. **2.** α_A aus Tab. 10.6 und $F_{M\,min}$ aus Gl. (10.5) mit $F_{M\,max} = F_{M\,zul}$. **3.** Φ_K mit Gl. (10.11), dafür: $l_1 = l - 2b$, $A_1 = A$, $l_2 = L_K - l_1 + 2 \cdot 0{,}5d$, $A_2 = A_K$, δ_S mit Gl. (10.6) und $\delta_B \approx 0{,}7\delta_S$ (nach Aufg.). **4.** Mit Gl. (10.12). **5.** Mit Gl. (10.15). **6.** Mit Gl. (10.18), worin $F_S = F_{S\,min}$ nach Gl. (10.17) sowie $F_{V\,min}$ nach Gl. (10.13) mit $F_{M\,min}$. **7.** Mit den Gln. (10.22) und (10.24), $A_i = A_S$, $F_S = F_{S\,max}$ (sinngemäß wie unter 6.), $A_P = (D_K^2 - D_i^2)\,\pi/4$ mit D_i aus Tab. 10.3. σ_a wird nicht errechnet, da wegen gleichbleibender Drehzahl F_A ruhend wirkt. **8.** Vergleich von σ_{sa} mit $0{,}1 R_{p0,2}$ aus Tab. 10.2 und p_B mit $p_{B\,zul}$ nach Tab. 10.12 für S355; M_A nach Tab. 10.8.

10.9

In Bild 10.9 ist der Ausschnitt einer Deckelverschraubung dargestellt. Es sind 8 gepresste, phosphatierte und mit Klebstoff beschichtete Zylinderschrauben ISO 4762 der Festigkeitsklasse 8.8 vorgesehen, die mittels Präzisionsdrehschrauber angezogen werden sollen, Durchgangsloch DIN EN 20273 fein. Auf den Deckel aus E295 wirkt der Überdruck im Zylinder (Werkstoff GS-52), der zwischen null und $p_{max} = 200$ bar schwanken kann. Beim Höchstdruck soll an der Deckel-Auflagefläche noch eine Mindestpressung $p_D = 2$ N/mm² vorhanden sein. Wegen der großen Steifigkeit des Deckels braucht der exzentrische Kraftangriff nicht berücksichtigt zu werden. Für die Bemessung der Schraubenverbindung sind zu ermitteln:

1. Die Betriebslängskraft F_A je Schraube und Wahl eines geeigneten metrischen Regelgewindes der Reihe 1 mit $F_{M\,max} \approx 3\,F_A$ oder etwas kleiner,
2. Der Anziehfaktor α_A (Tabellenkleinstwert),
3. Die erforderliche Mindestklemmkraft F_K je Schraube,
4. Das Kraftverhältnis Φ_K,
5. Der Vorspannkraftverlust F_Z, $R_Z = 12$ µm,
6. Die nach der erforderlichen Mindestklemmkraft notwendige Montagevorspannkraft $F_{M\,max}$, wenn $n \approx 0{,}5$ geschätzt wird,
7. Das für $F_{M\,max}$ mit $\mu_K = 0{,}12$ vorzuschreibende Anziehmoment M_A und Vergleich mit dem zulässigen nach Tab. 10.8,
8. Sind die Spannungsdifferenz σ_{sa}, der Spannungsausschlag σ_a und die Flächenpressung p_B, zulässig?
9. Sind nach den unter 8. ermittelten Ergebnissen Änderungen notwendig?
10. Wird die Mindesteinschraubtiefe m eingehalten? GS-52 ≈ E295.

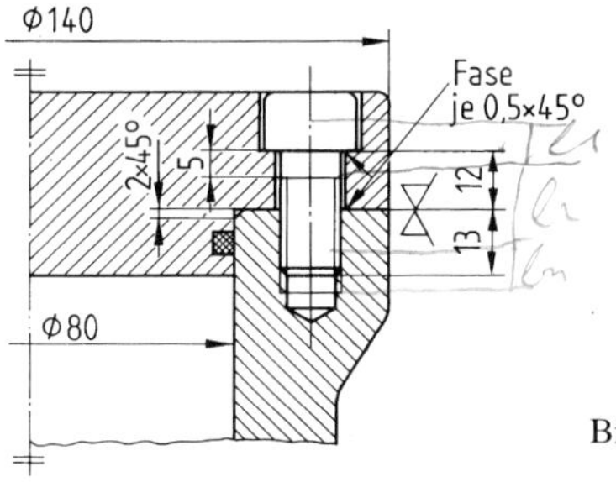

Bild 10.9 Deckelverschraubung

10

E:
1. $F_A \approx 12{,}57$ kN, M 12 ($F_{M\,zul} = 36{,}5$ kN $< 37{,}7$ kN, $\mu_G = 0{,}16$).
2. $\alpha_A = 1{,}6$.
3. $F_K \approx 2{,}16$ kN ($A_D = 8\,620$ mm^2).
4. $\Phi_K = 0{,}133$ ($l_1 \approx 10$ mm, $l_2 = 13$ mm, $l_M \approx 5$ mm, $\delta_S = 1{,}44 \cdot 10^{-6}$ mm/N, $A_B = 260$ mm^2, $\delta_B = 0{,}22 \cdot 10^{-6}$ mm/N).
5. $F_Z \approx 4{,}8$ kN ($f_Z = 8$ µm).
6. $F_{M\,max} \approx 29{,}9$ kN $< F_{M\,zul}$ ($F_{BA} \approx 11{,}73$ kN).
7. $M_A \approx 66{,}3$ Nm (bei $\mu_G = 0{,}16$) $< M_{A\,zul} = 79$ Nm (bei $\mu_G = 0{,}12$ und $\mu_K = 0{,}12$).
8. $\sigma_{sa} = 9{,}9$ N/mm^2 $< \sigma_{sa\,zul} = 64$ N/mm^2 ($F_{SA} = 836$ N), $\sigma_a = 4{,}96$ N/mm^2 $< \sigma_{a\,zul} = 45$ N/mm^2 ($F_a = 418$ N, $\sigma_A \approx 50$ N/mm^2, $A_S = 84{,}3$ mm^2), $p_B = 258$ N/mm^2 $< p_{B\,zul} = 500$ N/mm^2 ($F_{S\,max} \approx 25{,}9$ kN, $A_p = 100{,}5$ mm^2).
9. Nein.
10. Ja, $m = 13$ mm $> 0{,}9d = 10{,}8$ mm ($d/P = 6{,}86 < 9$).

L: Es handelt sich um eine Verbindung mit schwellend wirkender Betriebslängskraft und vorgeschriebener Mindestklemmkraft. Der Rechnungsgang zu 1. bis 8. kann sinngemäß nach den in ME Abschn. 10.16 angegebenen Schritten durchgeführt werden, Deckel-Auflagefläche $A_D = (140^2 - 84^2 - 8 \cdot 14^2)$ mm$^2 \cdot \pi/4$, Mindesteinschraubtiefe zu 10. nach Tab. 10.5 für E295 (auch für Stahlguss GS-52 geeignet). A_B nach Gl. (10.8) mit $D_A = 30$ mm und $D_I = 13$ mm, M_A mit $F_{M\,max}$ nach Gl. (10.4) und $\mu_K = 0{,}12$.

10.10

Bild 10.10 zeigt die Deckelverschraubung eines Schubstangenkopfes mit zwei Taillenschrauben der Festigkeitsklasse 10.9, Bauteilwerkstoff: C 45 mit

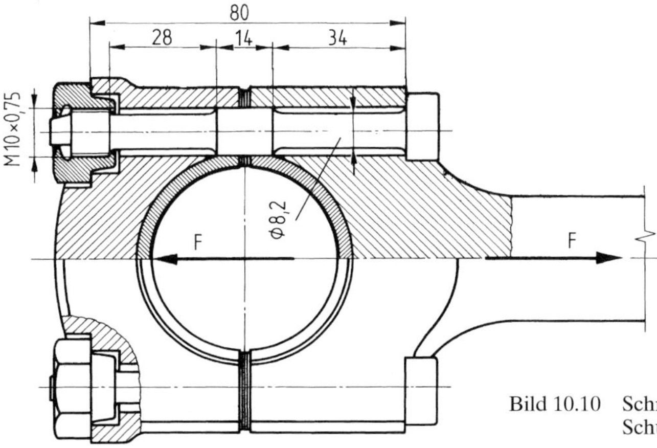

Bild 10.10 Schraubenverbindung eines Schubstangenkopfes

$p_{B\,zul} = 600\ \text{N/mm}^2$, Ausgleichscheiben aus gehärtetem Stahl. Der Schraubenkopf wird durch eine Anflächung gegen Drehung gesichert (Kopfauflagefläche $A_P \approx 150\ \text{mm}^2$), die Zugmutter (mittlerer Auflageradius $r_m \approx 10$ mm) durch Anblockung an eine Anflächung des Zapfenendes der Schraube. Die schwellend wirkende Stangenkraft $F = 28$ kN (Zugkraft) ist von beiden Schrauben aufzunehmen. Das Anziehen soll mit einem Drehmomentschlüssel erfolgen (Reibzahl $\mu_G \approx \mu_K \approx 0{,}12$, $\alpha_A = 1{,}4$). Wegen des exzentrischen Kraftangriffs, der bei der Berechnung außer Betracht bleibt, sollen beim Anziehen 80 % und bei der Größtkraft in der Schraube 90 % der Streckgrenze nicht überschritten werden. Unter Annahme des Ersatzquerschnittes $A_B \approx 200\ \text{mm}^2$ für die Bauteile und des Krafteinleitungsfaktors $n \approx 0{,}3$ und $R_Z = 50\ \mu\text{m}$ sind zu ermitteln:

1. Die Montagevorspannkraft $F_{M\,max}$ und das vorzuschreibende Anziehmoment M_A,
2. Wird durch die Restklemmkraft F_K ein Abheben der Bauteile verhindert?
3. Sind die auftretenden Spannungen zulässig?

10

E: **1.** $F_{M\,max} \approx 33{,}13$ kN ($\sigma_M = 627{,}4\ \text{N/mm}^2$), $M_A \approx 65{,}7$ Nm.
2. Ja, $F_K = 9{,}78\ \text{kN} > 0$ ($l_1 = 14$ mm, $l_2 = 62$ mm, $l_G = 5$ mm, $l_K = l_M = 4$ mm, $\delta_S = 7{,}3 \cdot 10^{-6}$ mm/N, $\delta_B = 1{,}9 \cdot 10^{-6}$ mm/N, $\Phi_K \approx 0{,}21$, $F_Z = 1{,}55$ kN, $f_Z = 14\ \mu$m, $F_A = 14$ kN, $F_{SA} = 0{,}88$ kN, $F_{M\,min} = 23{,}66$ kN, $F_{V\,min} \approx 22{,}11$ kN, $F_{S\,min} = 22{,}99$ kN).
3. Ja, $\sigma_{sa} \approx 16{,}7\ \text{N/mm}^2 < \sigma_{sa\,zul} = 94\ \text{N/mm}^2$ ($R_{p0,2} = 940\ \text{N/mm}^2$), $\sigma_a = 6{,}48\ \text{N/mm}^2 < \sigma_{a\,zul} = 45\ \text{N/mm}^2$ ($F_a = 0{,}44$ kN, $A_S = 67{,}9\ \text{mm}^2$), $p_B = 216\ \text{N/mm}^2 < p_{B\,zul} = 600\ \text{N/mm}^2$ ($F_{S\,max} \approx 32{,}46$ kN, $F_{V\,max} = 31{,}58$ kN).

L: **1.** Mit den Gln. (10.2) bis (10.4), $d_0 = d_T$ und $A_0 = A_T$ nach Tab. 10.1, $\sigma_v = 0{,}8R_{p0,2}$. **2.** Mit Gln. (10.6), in deren Klammer die Quotienten: $l_1/A + l_2/A_T + l_K/A + l_G/A_K + l_M/A$, ferner mit den Gln. (10.10) bis (10.12), (10.5), (10.13) ($F_M = F_{M\,min}$), (10.15), (10.17) ($F_V = F_{V\,min}$) und (10.18) ($F_S = F_{S\,min}$). **3.** Mit den Gln. (10.20) bis (10.24), $F_{Au} = 0$ (schwellende Betriebskraft), $F_S = F_{S\,max}$ mit $F_{M\,max}$, Wert für σ_A aus Tab. 10.11 mit 1,15 (Zugmutter) und 0,85 (Feingewinde) multiplizieren (s. ME Abschn. 10.15). Eine ausführliche Berücksichtigung der exzentrischen Belastung bedingt einen wesentlich umfangreicheren Berechnungsaufwand (s. Richtlinie VDI 2230).

10.11 Zur Verschraubung des Deckels aus EN-GJL-250 für das Festlager der Schneckenwelle eines Schneckengetriebes sind entsprechend Bild 10.11 sechs Zylinderschrauben DIN 7984 — M 5 × 10 — 8.8 vorgesehen (Kopfdurchmesser D_K wie DIN EN ISO 4762, Durchgangsloch DIN EN 20273 mittel, Lochfase 0,5 × 45°). Die Schrauben werden von Hand mit einem Schraubendreher (Stiftschlüssel) DIN 911 angezogen, wobei eine größte Montagevorspannung $\sigma_M = 0{,}7R_{p0,2}$ erreicht werden kann (lt. DIN 7984), hierbei Anziehfaktor $\alpha_A \approx 4$. Wegen der Gefahr einer zusätzlichen Biegebeanspruchung infolge der Nachgiebigkeit des Deckelflansches sollen bei der Größtkraft 80 % der Streckgrenze in den Schrauben nicht überschritten werden. Die vom Lager zu übertragende ruhende Axialkraft $F_{as} = 4{,}2$ kN muss von den Schrauben aufgenommen werden. Sie sind hierfür ausreichend bemessen, wenn schätzungsweise ein Krafteinleitungsfaktor $n \approx 1$, ein Kraftverhältnis $\Phi_K \approx 0{,}4$ und ein Vorspannkraftverlust $F_Z \approx 600$ N angenommen werden?

E: Ja, $F_K = 0{,}58\ \text{kN} > 0$ ($F_{M\,max} = 6{,}36$ kN, $F_{M\,min} \approx 1{,}6$ kN, $F_{V\,min} = 1$ kN, $F_A = 0{,}7$ kN, $F_{SA} = 0{,}28$ kN), $\sigma_{sa} = 19{,}7\ \text{N/mm}^2 < \sigma_{sa\,zul} = 64\ \text{N/mm}^2 = 0{,}1R_{p0,2}$, $p_B \approx 256\ \text{N/mm}^2 < p_{B\,zul} = 850\ \text{N/mm}^2$ ($F_{S\,max} = 6{,}04\ \text{kN} < 0{,}8R_{p0,2} \cdot A_S = 7{,}27$ kN, $F_{V\,max} = 5{,}76$ kN, $A_p = 23{,}56\ \text{mm}^2$).

L: Die von Hand festgezogenen Schrauben werden durch eine ruhende Längskraft $F_A = F_{as}/6$ belastet. Sie sind ausreichend bemessen, wenn $F_K > 0$, $\sigma_{sa} \leq 0{,}1R_{p0,2}$ und $p_{B\,zul}$ nicht überschritten werden, Gln. (10.18), (10.22) u. (10.24), $F_{M\,max}$ nach Gl. (10.3) mit

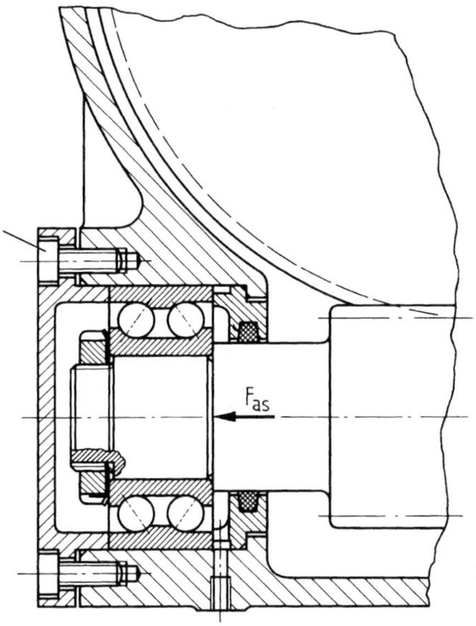

Bild 10.11 Lagerdeckel-Verschraubung an einem Schneckengetriebe

10

$\sigma_M = 0{,}7 R_{p0,2}$, $F_{M\,min}$ aus Gl. (10.5) mit $\alpha_A = 4$ (Tab. 10.7). Außerdem muss $\sigma_S = F_{S\,max}/A_S \leq 0{,}8 R_{p0,2}$ sein.

10.12 Der Lasthaken nach Bild 10.12 aus alterungsbeständigem Stahl ASt41 ($R_e = 240$ N/mm²) ist für eine Nennlast von 10 t vorgesehen. Die Hakenmutter wird ohne Vorspannung aufgeschraubt. Da der Haken häufig be- und entlastet wird, liegt schwellende Belastung vor. Ist im Gewinde ein Dauerbruch zu befürchten, wenn die Ausschlagsfestigkeit σ_A mit ca. 60 % des Wertes für Schrauben über M 20 und Festigkeitsklasse 8.8 angenommen wird?

E: Nein, $\sigma_{a\,zul} \approx 21$ N/mm² $> \sigma_a \approx 18$ N/mm² ($F_A = F_{SA} \approx 98{,}1$ kN, $F_a = 49{,}05$ kN, $d_3 = 59{,}1$ mm, $A_K = 2743$ mm²).

L: Es handelt sich um eine nicht vorgespannte, schwellend belastete Verbindung, bei der die Betriebslängskraft F_A = Differenzkraft F_{SA} = Gewichtskraft der Last $F_G = m \cdot g$ und der Kraftausschlag $F_a = F_A/2$; Kernquerschnitt A_K nach ME Abschn. 10.1, Ausschlagsfestigkeit σ_A für M 30 nach Tab. 10.11 Festigkeitsklasse 4.6.

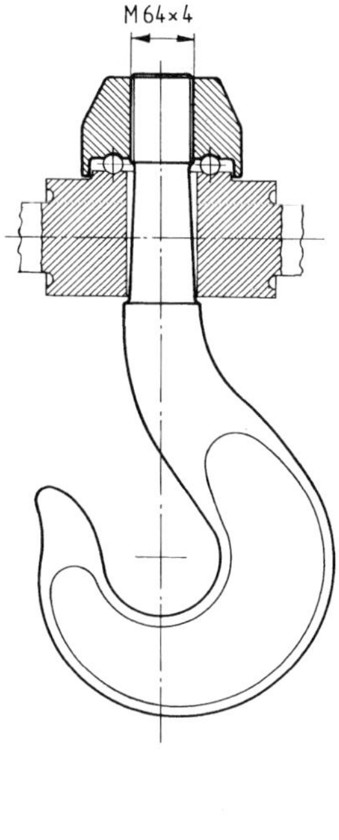

Bild 10.12 Lasthakenverschraubung

10.13 Die in Bild 10.13 gezeigte Schalenkupplung aus EN-GJL-300 wird mit 8 Sechskantschrauben nach DIN EN 24014 der Festigkeitsklasse 5.6 und Sechskantmuttern nach DIN EN 24032 auf die beiden zu verbindenden Wellenenden geklemmt ($\mu_G \approx \mu_K \approx 0{,}12$, Durchgangsloch mittel). Um das Drehmoment durch den erzeugten Kraftschluss (Reibschluss) übertragen zu können, muss auf jedes Wellenende eine Normalkraft $F_N = 120$ kN ausgeübt werden.

1. Welches Regelgewinde (Reihe 1) ist vorzusehen, wenn ein gleichmäßiges Anziehen der Schrauben mit messendem Drehmomentschlüssel vorgeschrieben wird (Mittelwert von α_A), wobei eine Beanspruchung bis 90 % der Streckgrenze zugelassen werden darf und ein Vorspannkraftverlust $F_Z \approx 3$ kN anzunehmen ist?

2. Welches Anziehmoment M_A ist vorzuschreiben?

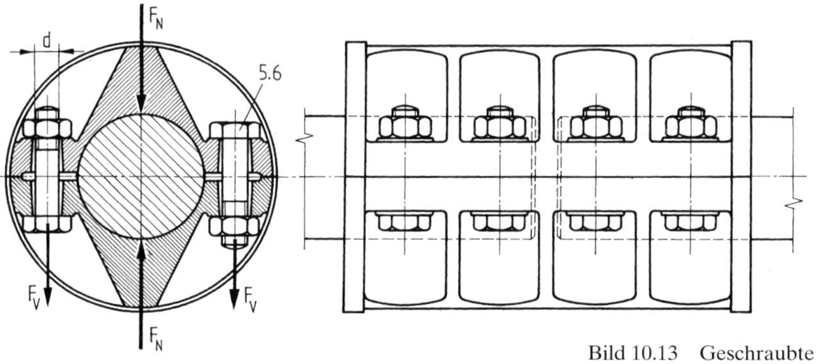

Bild 10.13 Geschraubte Schalenkupplung

10

E: **1.** M 20 mit $F_{M(8.8)} = 120$ kN ($F_K = F_{V\,min} = 30$ kN, $F_{M\,min} = 33$ kN, $F_{M\,max} = 56{,}1$ kN, $\alpha_A = 1{,}7$).
2. $M_A \approx 179$ Nm ($r_m = 12{,}6$ mm).

L: **1.** Eine Betriebslängskraft, die die Spannung in den Schrauben über die Vorspannung hinaus erhöht, ist nicht vorhanden. Je Wellenende ist F_N von 4 Schrauben aufzubringen, somit die Mindestklemmkraft $F_K = F_{V\,min} = F_N/4$. $F_{M\,max}$ nach Gl. (10.5) und $F_{M\,min} = F_K + F_Z$ nach Gl. (10.13), mit dem Streckgrenzenverhältnis $R_{p0,2(8.8)}/R_{e(5.6)}$ ist Gewindewahl nach Tab. 10.8 möglich, u. z. bei 8.8 erforderliche Montagevorspannkraft $F_{M(8.8)} = F_{M\,max} \cdot 640/300$ für $\mu_G = \mu_K = 0{,}12$. **2.** Nach Gl. (10.4) mit $F_{M\,max}$.

Überschlagsberechnungen

10.14 Eine Sechskantschraube nach DIN EN 24014, Festigkeitsklasse 5.6, soll eine ruhend wirkende Längskraft $F_A = 3$ kN übertragen. Durch eine Überschlagsrechnung ist das erforderliche metrische Regelgewinde Reihe 1 zu bestimmen und ggf. eine geeignete Festigkeitsklasse zu wählen.

E: M 8 mit $A_S = 36{,}6$ mm² $>$ $A_{S\,erf} \approx 33{,}3$ mm², erforderlich 5.8 mit $R_e = 420$ N/mm² ($\sigma_V = 280$ N/mm²).

L: Mit Gl. (10.1) und den Erfahrungswerten für σ_{zul} nach Tab. 10.13, Festigkeitsklasse nach $R_e = 1{,}5\sigma_V$ (s. ME Abschn. 10.8, σ_V nach Tab. 10.13).

10.15 Ein Spannschloss (Bild 10.15), das zum Ein- und Nachstellen einer Bandbremse dient, wird schwellend mit der Zugkraft $F_A = 7$ kN belastet. Das Schloss besitzt an dem einen Ende Rechts-, am anderen Ende Linksgewinde, um durch Drehen des Schlosses je nach Drehrichtung spannen oder entspannen zu können. Durch eine Überschlagsrechnung ist festzustellen, ob das vorgesehene Feingewinde M 14 × 1,5 bei der Festigkeitsklasse 4.8 ausreicht.

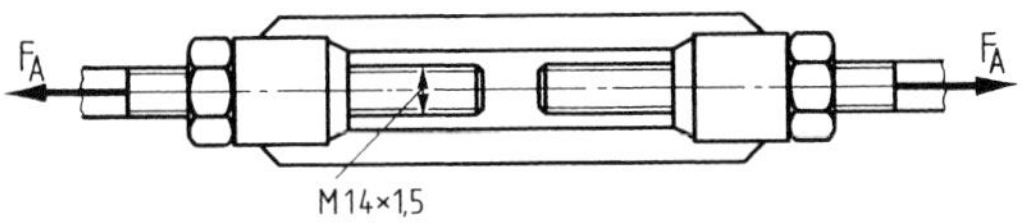

Bild 10.15 Spannschloss

E: Ausreichend, $\sigma = 56\,\text{N/mm}^2 < \sigma_{zul} = 74{,}8\,\text{N/mm}^2$, $R_e = 340\,\text{N/mm}^2 > 270\,\text{N/mm}^2$ ($\sigma_V = 180\,\text{N/mm}^2$).

L: Sinngemäß wie Aufg. 10.14.

10.16 Der Verschlussdeckel eines Pumpengehäuses soll nach Bild 10.16 mit 6 Stiftschrauben DIN 939 befestigt werden, Festigkeitsklasse 6.8. Vom Deckel ist ein schwellend wirkender Überdruck $p = 40$ bar aufzunehmen. Die Kronenmuttern DIN 935 werden gefühlsmäßig von Hand angezogen. Das erforderliche Regelgewinde (Reihe 1) soll wie folgt bestimmt werden, wobei eine Differenzkraft $F_{SA} \approx 0{,}4\,F_A$ anzunehmen ist:

1. Die Betriebslängskraft F_A je Schraube und Wahl eines geeigneten Gewindes,
2. Die zu erwartende durchschnittliche Vorspannkraft F_V,
3. Die Größtkraft F_S in einer Schraube und die Klemmkraft F_K der Bauteile durch eine Schraube,
4. Sind die Schrauben ausreichend bemessen?

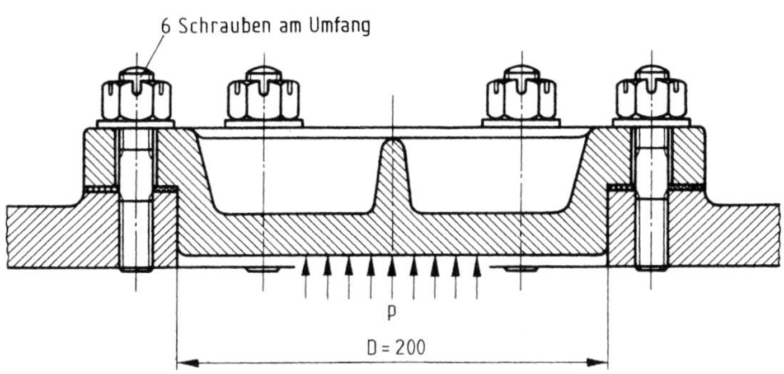

Bild 10.16 Angeschraubter Verschlussdeckel

E: **1.** $F_A = 21$ kN, gewählt M 20 mit $A_S = 245\,\text{mm}^2 > A_{S\,erf} \approx 168\,\text{mm}^2$.
2. $F_V \approx 44{,}1$ kN ($\sigma_V = 180\,\text{N/mm}^2$).
3. $F_S \approx 52{,}5$ kN ($F_{SA} \approx 8{,}4$ kN), $F_K \approx 31{,}5$ kN.
4. Ja, $R_e = 480\,\text{N/mm}^2 > 270\,\text{N/mm}^2$.

L: **1.** Die gefühlsmäßig vorgespannten Schrauben werden durch $F_A = p(D^2 \cdot \pi/4)/6$ schwellend längsbeansprucht. Gewindewahl nach Tab. 10.1 mit $A_{S\,erf}$ nach Gl. 10.1 (σ_{zul} nach Tab. 10.13). **2.** F_V nach ME Abschn. 10.8 mit σ_V nach Tab. 10.13 und A_S nach Tab. 10.1. **3.** Nach den Gln. (10.17) und (10.18), F_{SA} s. Aufg. **4.** Vergleich $R_e \geq 1{,}5\sigma_V$.
Bei der Festlegung der Vorspannkraft derartiger Schraubenverbindungen ist auch die zulässige Pressung und die für die Dichtwirkung erforderliche Mindestpressung des Dichtungswerkstoffs zu berücksichtigen (vgl. Aufg. 10.17), worauf in dieser Ausgabe verzichtet wird.

10.17 Die in Bild 10.17 dargestellte Flanschverschraubung einer Druckluft-Rohrleitung enthält 8 Sechskantschrauben M 16 nach DIN EN 24014, die gefühlsmäßig von Hand angezogen werden sollen. Für einen Überdruck $p = 16$ bar soll die Verbindung durch eine Überschlagsrechnung überprüft werden. Unter der Voraussetzung ungünstigster Verhältnisse sind zu ermitteln:

1. Die Betriebslängskraft F_A je Schraube, wenn mit einem zeitweiligen Ansteigen des Überdrucks auf $1{,}3p$ (den Probedruck) gerechnet wird und dieser bis zum mittleren Dichtungsdurchmesser wirksam ist,

2. ist bei der Klemmkraft F_K die für die Dichtwirkung mindestens erforderliche Pressung der Dichtung $p_D = 10\,\text{N/mm}^2$ vorhanden, wenn die Differenzkraft F_{BA} der Bauteile schätzungsweise 75 % von F_A beträgt?

3. Welche Festigkeitsklasse ist für die Schrauben mindestens erforderlich, wenn bei der Größtkraft F_S wegen der exzentrischen Belastung und der zusätzlichen Biegebeanspruchung durch die Nachgiebigkeit der Flansche 50 % der Streckgrenze im Spannungsquerschnitt des Gewindes nicht überschritten werden sollen?

10

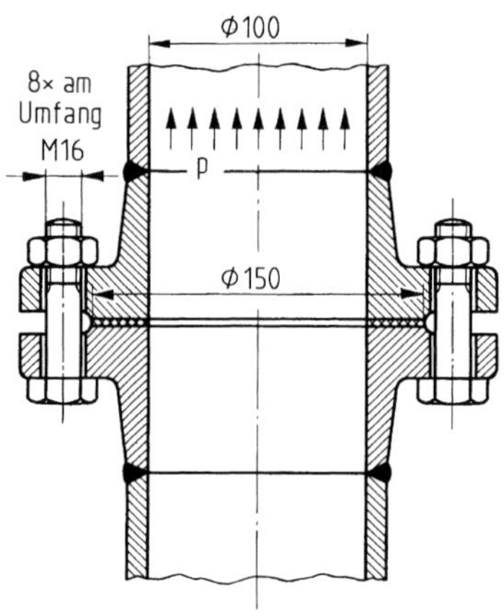

Bild 10.17 Flanschverschraubung einer Rohrleitung

E: **1.** $F_A \approx 3{,}2\,\text{kN}$ ($d_m = 125\,\text{mm}$).
2. Ja, $F_K = 25{,}9\,\text{kN}$ ($F_V = 28{,}3\,\text{kN}$, $F_{BA} = 2{,}4\,\text{kN}$), $p_D \approx 21{,}1\,\text{N/mm}^2 > 10\,\text{N/mm}^2$ ($A_D = 9817\,\text{mm}^2$).
3. 5.8 mit $R_e = 420\,\text{N/mm}^2 > R_{e\,erf} = 371\,\text{N/mm}^2$ ($F_{SA} = 0{,}8\,\text{kN}$, $F_S = 29{,}1\,\text{kN}$).

L: **1.** Sinngemäß zur Aufg. 10.16 unter 1. ist $F_A = 1{,}3p(d_m^2 \cdot \pi/4)/8$. **2.** Mit F_V (s. ME Abschn. 10.8) wird $F_K = F_V - F_{BA}$ und damit die vorhandene Pressung der Dichtung $p_D = 8 \cdot F_K/A_D$. **3.** Mit F_S nach Gl. (10.17) folgt aus $\sigma = F_S/A_S \leq 0{,}5R_e$ für die erforderliche Streckgrenze $R_{e\,erf} = F_S/0{,}5A_S$. Bei derartigen Schraubenverbindungen sind hohe Vorspannkräfte erforderlich, um eine sichere Dichtwirkung zu erzielen. Wegen der großen Streuung ist das gefühlsmäßige Anziehen von Hand hierbei ungünstig, und es sollte ein Drehmomentenschlüssel vorgeschrieben werden. Eine genaue Berechnung von Flanschverbindungen ist mit DIN 2505 genormt, in der alle wichtigen Einflüsse wie Dichtungswerkstoff, Verformung der Flansche und hohe Betriebstemperaturen berücksichtigt sind. Außerdem ist das AD-Merkblatt B 7 zu beachten.

10.18 Die in Bild 10.18 gezeigte Stopfbuchse soll auf die Packung eine Kraft $F = 23\,\text{kN}$ ausüben. Diese wird durch Anziehen der Muttern auf den beiden Stiftschrauben DIN 939 — M 12 — 5.6 aufgebracht. Da die Schrauben durch elastisches Verbiegen des Bril-

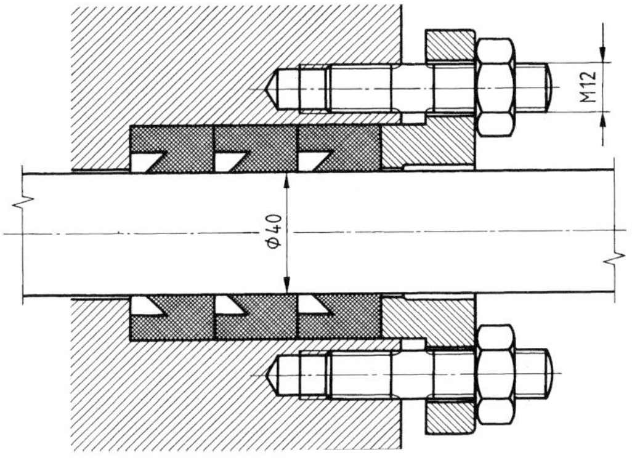

Bild 10.18 Stopfbuchsverschraubung

10

lenflansches zusätzlich biegebeansprucht werden, soll beim gefühlsmäßigen Anziehen die Vorspannung σ_V im Spannungsquerschnitt die 0,6fache Streckgrenze, beim Anziehen mit Drehmomentenschlüssel die Vergleichsspannung σ_V die 0,7fache Streckgrenze nicht überschreiten.

1. Ist durch gefühlsmäßiges Anziehen der Schraubenverbindung die erforderliche Vorspannkraft $F_{V\,erf}$ erreichbar?
2. Wird dabei die zulässige Vorspannung $\sigma_{V\,zul}$ überschritten?
3. Welche Festigkeitsklasse wäre ggf. für die Schrauben bei gefühlsmäßigem Anziehen mindestens zu wählen?
4. Welches Anziehmoment M_A ist beim Anziehen mit einem Drehmomentenschlüssel einzustellen, wenn für $F_M = F_{V\mathrm{erf}}$ gesetzt wird und mit einer Reibzahl $\mu_G \approx \mu_K \approx 0{,}14$ zu rechnen ist (der Setzbetrag wird hier nicht berücksichtigt, Durchgangsloch mittel)?
5. Wird in diesem Falle die zulässige Vergleichsspannung $\sigma_{v\,zul}$ für die Festigkeitsklasse 5.6 überschritten?

E: **1.** Ja, $F_{V\,erf} = 11{,}5\,\mathrm{kN} < F_V = 23{,}6\,\mathrm{kN}$.
2. Ja, $\sigma_V = 280\,\mathrm{N/mm^2} > \sigma_{V\,zul} = 180\,\mathrm{N/mm^2}$.
3. 6.8 mit $R_e = 480\,\mathrm{N/mm^2} > R_{e\,erf} = 467\,\mathrm{N/mm^2}$.
4. $M_A = 25{,}5\,\mathrm{Nm}$ ($r_m = 7{,}525\,\mathrm{mm}$).
5. Nein, $\sigma_V \approx 173\,\mathrm{N/mm^2} < \sigma_{v\,zul} = 210\,\mathrm{N/mm^2}$ ($\sigma_M = 136{,}4\,\mathrm{N/mm^2}$).

L: **1.** Für die nur durch die Vorspannkraft belasteten Schrauben ist F_V (s. ME Abschn. 10.8, σ_V nach Tab. 10.13) mit $F_{V\mathrm{erf}} = F/2$ zu vergleichen. **2.** Vergleich von σ_V mit $\sigma_{V\,zul} = 0{,}6R_e$. **3.** Wahl einer Festigkeitsklasse nach Tab. 10.2 mit $R_e \geq R_{e\,erf} = \sigma/0{,}6$. **4.** Nach Gl. (10.4) mit $F_M = F_{V\mathrm{erf}}$ (D_K und D_1 nach Tabn. 10.4 u. 10.3). **5.** σ_v nach Gl. 10.2 mit $\sigma_M = F_M/A_S$ entspr. Gl. (10.3), $\sigma_{V\,zul} = 0{,}7R_e$.

Querbeanspruchte Befestigungsschrauben

10.19 Die in Bild 10.19 dargestellte Scheibenkupplung DIN 116 — A 120 aus EN-GJL-200 enthält zur Verbindung der beiden Hälften 10 Passschrauben DIN 609 — M 16 × 85 — 5.6 und ist für ein übertragbares wechselndes Drehmoment $M = 12{,}5\,\mathrm{kNm}$ geeignet. Für die Festigkeitskontrolle der Schrauben sind zu ermitteln:

1. Die Betriebsquerkraft F_Q je Schraube,
2. Die Scherspannung τ_a und die Leibungsspannung σ_l,
3. Sind die Schrauben ausreichend bemessen?

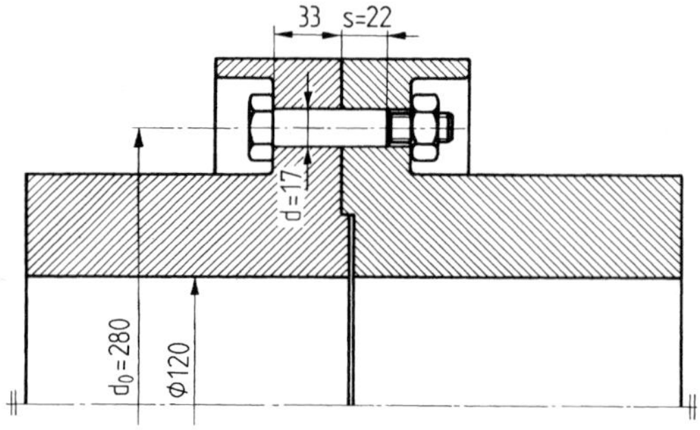

Bild 10.19 Scheibenkupplung mit Passschrauben

10

E: **1.** $F_Q \approx 8{,}93$ kN.
2. $\tau_a = 39{,}3\,\text{N/mm}^2$ ($A = 227\,\text{mm}^2$, $m = 1$), $\sigma_l = 23{,}9\,\text{N/mm}^2$.
3. Ja, $\tau_{a\,zul} = 120\,\text{N/mm}^2 > \tau_a$ und $\sigma_{l\,zul} = 2 \cdot 0{,}6 \cdot 200\,\text{N/mm}^2 = 240\,\text{N/mm}^2 > \sigma_l$.

L: **1.** Jede der $i = 10$ Passschrauben hat eine Querkraft $F_Q = F_u/i$ zu übertragen, die Umfangskraft am Teilkreisradius $r_0 = d_0/2$ ist $F_u = M/r_0$. **2.** Mit den Gln. (10.25) und (10.26). **3.** Vergleich mit den Erfahrungswerten für $\tau_{a\,zul}$ und $\sigma_{l\,zul}$ (s. Tab. 10.14).

10.20 Die Seiltrommel aus S235JR eines Kranhubwerks ist an das Antriebszahnrad aus GS-38 angeflanscht (Bild 10.20). Zur Übertragung des Drehmoments dienen 8 Passschrauben DIN 609 – M 12 × 50 – 5.6. Am Seil wirkt eine Zugkraft $F_Z = 25$ kN. Genügen die Schrauben den Anforderungen, wenn wegen der Be- und Entlastungen schwellende Beanspruchung vorliegt und die beim Anheben der Last auftretenden Stöße mit einem Betriebsfaktor (Anwendungsfaktor) $K_A = 1{,}3$ berücksichtigt werden?

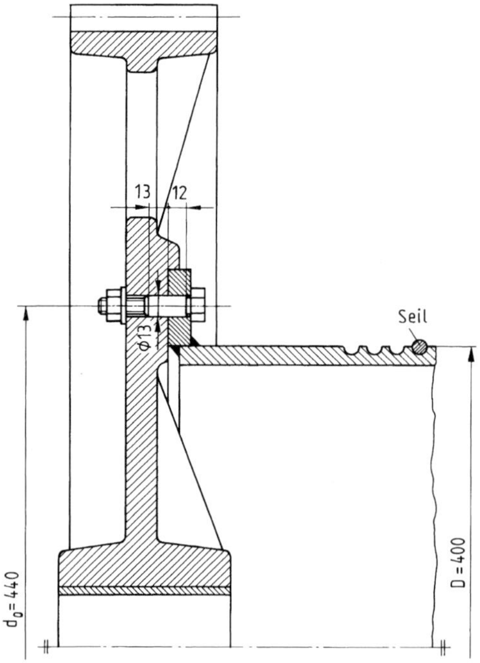

Bild 10.20 Mit Passschrauben an einer Seiltrommel befestigtes Zahnrad

E: Ja, $\tau_{a\,zul} = 150\,N/mm^2 > \tau_a = 27{,}9\,N/mm^2$ ($F_Q \approx 3{,}7$ kN, $A = 132{,}7\,mm^2$) und für S235JR mit $R_m = 340\,N/mm^2$ ist $\sigma_{l\,zul} \approx 204\,N/mm^2 > \sigma_l = 23{,}7\,N/mm^2$ ($s = 12$ mm).

L: Wie Aufg. 10.19 mit $F_u = K_A \cdot F_z \cdot D/d_0$.

10.21

Das in Bild 10.21 dargestellte Schneckenrad hat ein schwellendes Drehmoment $T = 3850$ Nm zu übertragen. Die Verbindung des Schneckenradkranzes aus GS-CuSn12Ni2-C mit der Radfelge aus EN-GJL-200 soll mit 6 Spannstiften (Spannhülsen) ISO 13337 — 13 × 50 (Wanddicke $w = 1{,}25$ mm) und Sechskantschrauben ISO 4014 — M 10 × 70 — 5.6 mit Sechskantmuttern ISO 4032 — M 10 — 5 sowie Scheiben DIN 125 — 10,5 — 140 HV ausgeführt werden.

1. Genügt die Verbindung den Anforderungen?
2. Würden 6 Passschrauben DIN 609 — M 8 × 65 — 5.6 mit einem Schaftdurchmesser von 9 mm und einer tragenden Länge von 19 mm im Schneckenradkranz ebenfalls ausreichen?

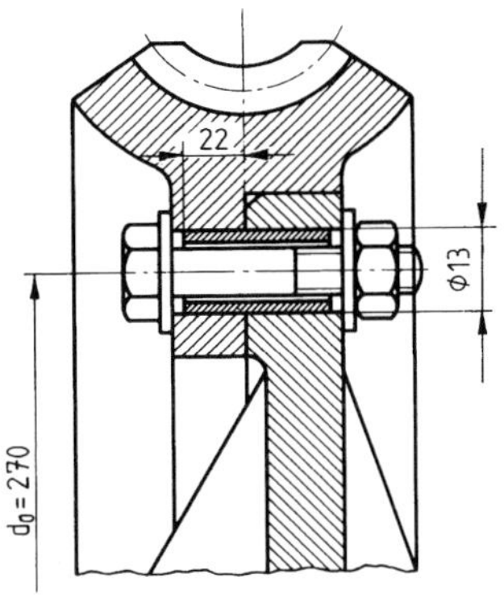

Bild 10.21 Schraubenverbindung mit Spannstiften an einem Schneckenradkranz

E: **1.** Ja, $\tau_{a\,zul} = 300\,N/mm^2 > \tau_a = 103{,}1\,N/mm^2$ ($F_Q = 4753$ N, $A = 46{,}1\,mm^2$) und für G-CuSn14Ni mit $R_e = 160\,N/mm^2$ ist $\sigma_{l\,zul} = 144\,N/mm^2 > \sigma_l = 16{,}6\,N/mm^2$.
2. Ja, $\tau_{a\,zul} = 150\,N/mm^2 > \tau_a = 74{,}7\,N/mm^2$ ($A = 63{,}6\,mm^2$) und $\sigma_{l\,zul} = 144\,N/mm^2 > \sigma_l = 27{,}8\,N/mm^2$.

L: **1.** Die Querkraft wird nur von den Spannstiften (Spannhülsen) übertragen, Querschnittsfläche $A = (d - w)\,\pi \cdot w$; die Schraubenverbindung dient lediglich dem Zusammenhalt der Teile. Berechnung sinngemäß wie Aufg. 10.19. **2.** Wie Aufg. 10.19 unter 2. und 3.

10.22

Das in Bild 10.22 gezeigte Kranlaufrad wird von einem Zahnrad aus GS-38 angetrieben. Beide sind mit 6 Scherbuchsen aus E295 und Sechskantschrauben M 12 nach DIN EN 24014 verbunden. Bei der Höchstlast ist an der Lauffläche des Radkranzes ein Fahrwiderstand (Reibwiderstand) von 9,5 kN zu überwinden. Ist die Verbindung unter Berücksichtigung des Drehrichtungswechsels und der Stöße beim Anfahren und Bremsen durch einen Betriebsfaktor (Anwendungsfaktor) $K_A = 1{,}3$ ausreichend bemessen?

E: Ja, $\tau_{a\,zul} = 0{,}4 \cdot 275\,N/mm^2 = 110\,N/mm^2 > \tau_a = 7{,}4\,N/mm^2$ ($F_Q = 2504$ N, $A \approx 337\,mm^2$) und $\sigma_{l\,zul} = 0{,}9 \cdot 200\,N/mm^2 = 180\,N/mm^2 > \sigma_l = 8{,}4\,N/mm^2$.

L: Wie Aufg. 10.21 unter 1. mit $F_u = K_A \cdot F \cdot D/d_0$ und Scherbuchsen-Querschnittsfläche $A = (d^2 - d_i^2)\,\pi/4$.

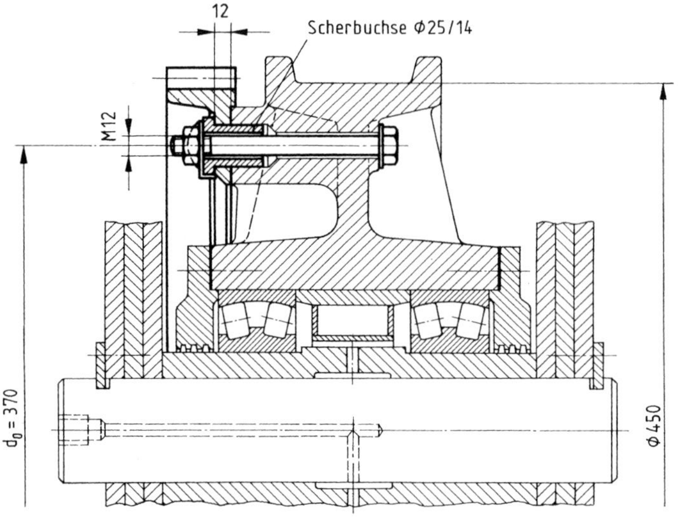

Bild 10.22 Schraubenverbindung mit Scherbuchsen am Zahnkranz eines Kranlaufrades

10

10.23 Der Zahnkranz eines Schneckenrades aus der Aluminiumlegierung EN AC-AlCu4MgTi soll nach Bild 10.23 am Radkörper aus Stahl S275JR mit 12 Zylinderschrauben nach DIN EN ISO 4762 gleitsicher befestigt werden. Das Anziehen der Schrauben ist von Hand mit Drehmomentschlüssel vorgesehen ($\alpha_A = 1{,}6$). Es ist ein schwellendes Drehmoment von 12,5 kNm zu übertragen. Das erforderliche Regelgewinde (Reihe 1) der schwarzvergüteten und geölten Schrauben sowie das vorzuschreibende Anziehmoment sind wie folgt zu ermitteln:

1. Die Querkraft F_Q je Schraube,
2. Die erforderliche Vorspannkraft $F_{V\,min}$ bei einer Haftreibzahl $\mu \approx 0{,}18$.
3. Wahl der Schraubengröße in der Festigkeitsklasse 8.8, wenn ein Vorspannkraftverlust $F_Z \approx 12$ kN und $\mu_G \approx \mu_K \approx 0{,}1$ angenommen werden,
4. Das vorzuschreibende Anziehmoment M_A (Durchgangsloch mittel, Lochfase $0{,}5 \times 45°$),
5. Ist die Flächenpressung p_B am Schraubenkopf zulässig?

E: **1.** $F_Q = 6944$ N.
2. $F_{V\,min} = 57\,870$ N ($S_H = 1{,}5$, $m = 1$).
3. DIN 912 – M 20 × 100-8.8 mit $F_{M\,zul} = 126$ kN > $F_{M\,max} = 112$ kN ($F_{M\,min} \approx 70$ kN, $\mu_G = 0{,}1$).

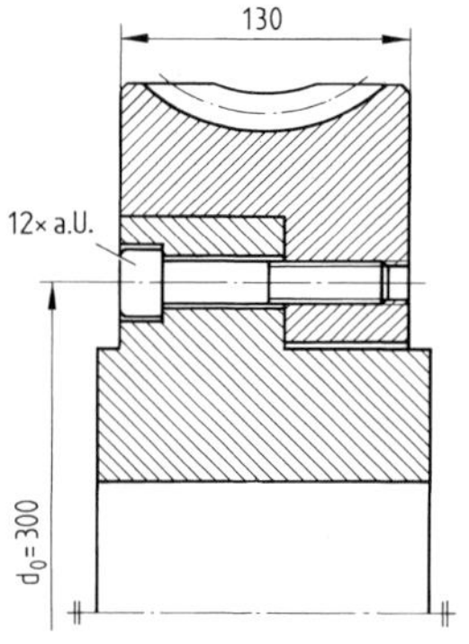

Bild 10.23 Schraubenverbindung eines Schneckenradkranzes

4. $M_A = 312{,}6$ Nm ($\mu_k = 0{,}1$, $r_m = 13{,}25$ mm).
5. Ja, $p_B \approx 343\ \text{N/mm}^2 < p_{B\,zul} \approx 400\ \text{N/mm}^2$ geschätzt für S275 ($A_P = 291{,}4\ \text{mm}^2$, $D_K = 30$ mm, $D_l = 23$ mm, $F_S = 100$ kN).

L: Wie ME Beisp. 10.11, $F_{M\,zul} \geq F_{M\,max}$ nach Tab. 10.8, M_A nach Gl. (10.4) mit $F_{M\,max}$.

10.24 Die in Bild 10.24 skizzierte Bremse mit einem Gehäuse aus EN-GJL-200 soll mit Sechskantschrauben ISO 4014 — M 8 × 20 — 5.6 an ein Maschinengehäuse aus Stahlguss GS-38 angeflanscht werden. Das von der Schraubenverbindung gleitsicher durch Reibhemmung zu übertragende schwellend wirkende Bremsmoment beträgt $M = 280$ Nm. Als Haftreibzahl an den Klemmflächen kann $\mu \approx 0{,}2$ angenommen werden. Die Schrauben sind galvanisch verzinkt. Der Vorspannkraftverlust wird auf $F_Z \approx 2$ kN geschätzt, die Reibzahl $\mu_G = 0{,}12$. Wie viel der angegebenen Schrauben sind erforderlich, wenn sie mittels Präzisionsdrehschrauber ($\alpha_A = 1{,}6$) bis zur zulässigen Grenze angezogen werden, und welches Anziehmoment ist mindestens vorzuschreiben?

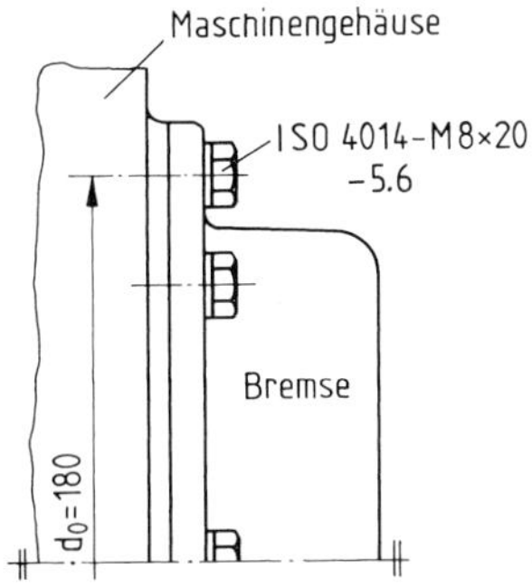

Bild 10.24 Angeschraubte Bremse

E: $i = 8 > i_{erf} \approx 7{,}7$ ($F_M = 8{,}06$ kN bei 5.6 und $\mu_G = 0{,}12$, $F_{V\,max} = 6{,}06$ kN, $F_{V\,min} = 3{,}04$ kN, $F_Q = 405$ N), $M_A \approx 9{,}13$ Nm ($\mu_K = 0{,}08$, $r_m = 5{,}4$ mm).

L: Zweckmäßiger Rechnungsgang: Zulässige Montagevorspannkraft F_M der 5.6-Schrauben mit Streckgrenzenverhältnis aus Werten für 8.8-Schrauben nach Tab. 10.8, $F_{V\,max} = F_M - F_Z$ nach Gl. (10.12), $F_{M\,min}$ nach Gl. (10.5), $F_{V\,min}$ nach Gl. (10.13), übertragbare Querkraft F_Q nach Gl. (10.27), erforderliche Schraubenanzahl $i_{erf} = F_u/F_Q$, M_A nach Gl. (10.4), μ_K nach Tab. 10.7.

10.25 Die in Bild 10.25 gezeigte Reibscheibe einer elektromagnetischen Einflächenkupplung hat ein schwellendes Drehmoment $T = 500$ Nm zu übertragen. Um den Luftspalt zwischen Reibscheibe und Reibbelag nachstellen zu können, sind zwischen dem Spulenkörperflansch aus Stahlguss und der Reibscheibe aus Grauguss geschlitzte, nach außen herausziehbare Hartpapierscheiben beigelegt. Es sind 8 Sechskantschrauben M 12 nach DIN EN 24014 vorgesehen, die gefühlsmäßig von Hand angezogen werden.

1. Genügt der erzielte Kraftschluss zur gleitsicheren Drehmomentübertragung, wenn für Stahlguss/Hartpapier die Haftreibzahl $\mu \approx 0{,}08$ beträgt und eine Haftsicherheit $S_H \geq 1{,}8$ verlangt wird?
2. Welche Festigkeitsklasse ist für die Schrauben erforderlich?

E: **1.** Ja, $S_H \approx 4{,}83 > 1{,}8$ ($\sigma_V = 280\ \text{N/mm}^2$, $F_V \approx 23{,}6$ kN, $F_Q \approx 391$ N).
2. 6.8 mit $R_e = 480\ \text{N/mm}^2 > R_{e\,erf} = 420\ \text{N/mm}^2$.

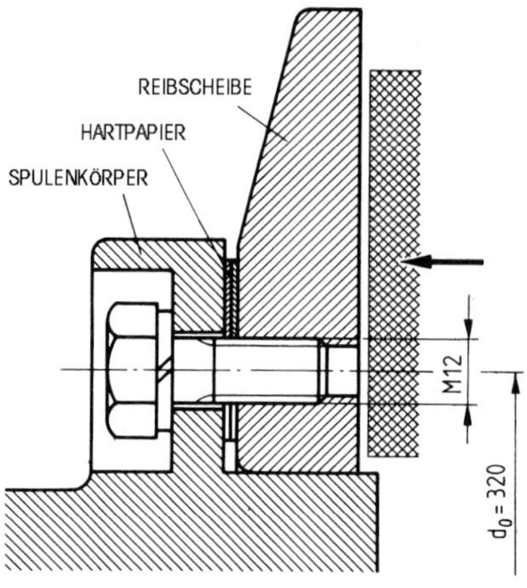

Bild 10.25 Angeschraubte Reibscheibe

L: **1.** Gl. (10.27) mit $F_V \approx A_S \cdot \sigma_V$ (s. ME Abschn. 10.8, σ_V nach Tab. 10.13) und $F_Q = M/(i \cdot r_0)$. **2.** Aus Tab. 10.2 nach der erforderlichen Streckgrenze $R_{e\,erf} = 1{,}5\sigma_V$.
2. 6.8 mit $R_e = 480\,\text{N/mm}^2 > R_{e\,erf} = 420\,\text{N/mm}^2$.

10.26

In Bild 10.26 sind drei 120 mm breite Flachstähle aus E295 skizziert, die von drei Durchsteckschrauben zusammengehalten werden. Es ist die ruhend wirkende Kraft F zu bestimmen, die von der Verbindung gleitsicher durch Reibhemmung übertragen werden kann, wenn die Schrauben mit Drehmomentschlüssel von Hand ($\alpha_A = 1{,}6$) bis zur zulässigen Grenze angezogen und mittels Klebstoff gesichert werden sollen. Im einzelnen sind zu ermitteln:

1. Das Kraftverhältnis Φ_K,
2. Der Vorspannkraftverlust F_Z, $R_Z = 50\,\mu\text{m}$,
3. Die erreichbare Mindestvorspannkraft $F_{V\,min}$,
4. Die übertragbare Kraft F bei einer Haftreibzahl $\mu \approx 0{,}15$ an den Klemmflächen,
5. Das vorzuschreibende Anziehmoment M_A bei $\mu_K \approx 0{,}1$.

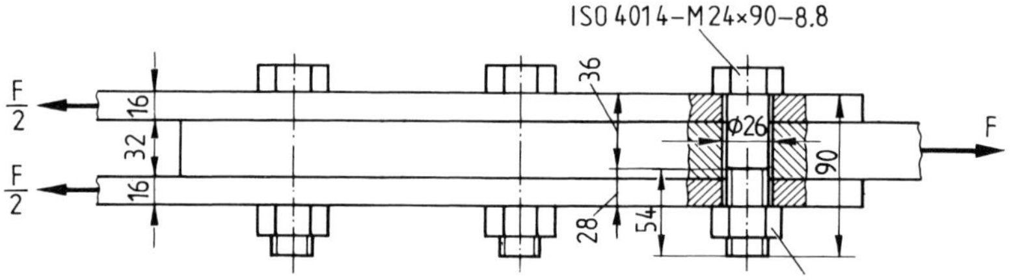

Bild 10.26 Schraubenverbindung von Flachstählen

E: **1.** $\Phi_K = 0{,}133$ ($l_1 = 45{,}6$ mm, $l_2 = 40$ mm, $l_M = 9{,}6$ mm, $\delta_S = 1{,}17 \cdot 10^{-6}$ mm/N, $A_B \approx 1697\,\text{mm}^2$, $\delta_B = 0{,}18 \cdot 10^{-6}$ mm/N).
2. $F_Z \approx 16{,}99$ kN ($f_Z \approx 23\,\mu\text{m}$).
3. $F_{V\,min} \approx 83{,}64$ kN ($F_{M\,min} = 100{,}63$ kN, $\mu_G = 0{,}16$).
4. $F \approx 57{,}9$ kN ($S_H = 1{,}3$, $F_Q \approx 19{,}3$ kN).
5. $M_A \approx 650{,}6$ Nm ($r_m = 15{,}15$ mm).

L: **1.** Mit Gl. (10.11), für A_B zur Berechnung von δ_B gilt Gl. (10.9), da $D_A = 120$ mm > $D_K + L_K = (33{,}6 + 64)$ mm $= 97{,}6$ mm, D_I nach DIN EN 20273 mittel (Regelfall). **2.** Mit Gl. (10.12). **3.** Nach Gl. (10.13) mit $F_{M\,min}$ nach Gl. (10.5), F_M nach Tab. 10.8. **4.** $F = i \cdot F_Q$ mit F_Q nach Gl. (10.27). **5.** Nach Gl. (10.4).

10.27 Für die in Bild 10.27 dargestellte Spannvorrichtung soll aus Montagegründen anstelle der Punktschweißverbindung (siehe Bild 5.8) eine Schraubenverbindung vorgesehen werden, und zwar zwei Sechskantschrauben ISO 4017 ($\mu_G \approx \mu_K = 0{,}12$, Durchgangsloch mittel, Lochfase $0{,}5 \times 45°$) mit Sechskantmuttern ISO 4032, die mit einem Drehmomentschlüssel von Hand angezogen werden ($\alpha_A = 1.6$). Aus Aufgabe 5.8 sind bekannt: ruhend wirkende Längskraft $F_A = 16{,}3$ kN der höher belasteten Schraube, Querkraft $F_Q = 1{,}53$ kN je Schraube, Bauteilwerkstoff: S235JR. Das erforderliche Regelgewinde (Reihe 1) ist wie folgt zu bestimmen:

1. Überschlägliche Wahl des Gewindes mit $F_{M\,max} = 3\,F_A$ in der Festigkeitsklasse 10.9 mit F_{Mzul} etwas größer als $F_{M\,max}$,
2. Errechnung des Kraftverhältnisses Φ_K und des Vorspannkraftverlustes F_Z, wenn die Klemmlänge $L_K = 11$ mm beträgt und das Schraubengewinde annähernd bis an den Kopf reicht. $R_Z = 50$ µm.
3. Ist die Montagevorspannkraft $F_{M\,max}$ ausreichend für die Mindestklemmkraft F_K (Haftreibzahl $\mu \approx 0{,}15$), wenn $n = 0{,}5$ angenommen wird?
4. Ist die Spannungsdifferenz σ_{sa} in der höher belasteten Schraube zulässig?
5. Wird bei $F_{M\,max}$ die zulässige Flächenpressung $p_{B\,zul}$ an den Kopf- und Mutternauflageflächen überschritten?
6. Welches Anziehmoment M_A ist vorzuschreiben?

10

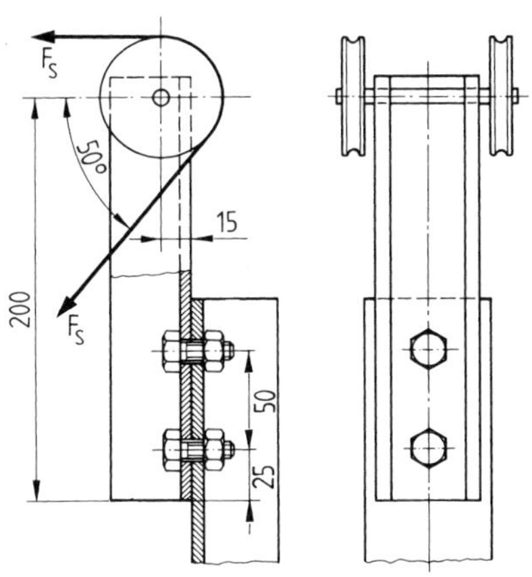

Bild 10.27 Schraubenverbindung in einer Spannvorrichtung

E: **1.** M 12 mit $F_{M\,zul} = 59$ kN > $F_{M\,max} = 48{,}9$ kN.
2. $\Phi_K \approx 0{,}157$ ($l_1 = l_M = 5$ mm, $l_2 = 17$ mm, $A_1 = 113$ mm^2, $A_2 = A_K = 76{,}3$ mm^2, $\delta_S = 1{,}48 \cdot 10^{-6}$ mm/N, $\delta_B = 0{,}276 \cdot 10^{-6}$ mm/N, $A_B = 190$ mm^2), $F_Z = 11{,}09$ kN, $f_z = 19{,}5$ µm.
3. Nein, $F_K \approx 4{,}49$ kN < $F_{K\,erf} = 13{,}3$ kN ($F_{M\,min} = 30{,}6$ kN, $F_{BA} = 15{,}02$ kN, $S_H = 1{,}3$, $m = 1$).
4. Ja, $\sigma_{sa} = 15{,}2$ N/mm^2 < $0{,}1 R_{p0,2} = 94$ N/mm^2 ($F_{SA} = 1{,}28$ kN).
5. Ja, $p_{B\,zul} = 300$ N/mm^2 < $p_B = 437{,}5$ N/mm^2 ($F_{S\,max} \approx 39{,}09$ kN, $F_{V\,max} = 37{,}81$ kN, $A_p = 51{,}29$ mm^2, $D_{IK} = 14{,}5$ mm), Scheiben unterlegen.
6. $M_A \approx 96{,}4$ Nm ($r_m = 7{,}8$ mm).

L: **1.** Jede Schraube hat eine Querkraft F_Q und eine Längskraft F_A zu übertragen. Für die höher belastete Schraube sind aus Aufg. 5.8 gegeben: $F_Q = F_q = F_y/2$ und $F_A = F_1$ (vgl. Bild L 5.8). Gewinde entspr. Festigkeitsklasse nach Tab. 10.8 bei $\mu_G = \mu_K = 0{,}12$. **2.** Mit den Gln. (10.15), (10.10) und (10.11), $L_K = 11$ mm und $D_A = 50$ mm aus Bild 5.8, ISO 4017 wie ISO 4014 mit Gewinde bis Kopf. **3.** Da die obere Schraube axial wesentlich höher belastet wird, ist für diese sicherheitshalber $F_K \geq F_{K\,erf}$ anzunehmen, wobei $F_{K\,erf} = F_Q \cdot S_H/\mu$ zu setzen ist. **4.** Spannungskontrolle mit Gl. (10.21), da F_A ruhend wirkt, entfällt zusätzliche Überprüfung von σ_a mit Gl. (10.22). **5.** Mit Gl. (10.23) und Tab. 10.12, F_S mit Gl. (10.16) und $F_V = F_{V\,max}$ nach Gl. (10.12). **6.** Nach Gl. (10.3).

10.28 Das in Bild 10.28 dargestellte Augenlager DIN 504 — A 60 aus EN-GJL-200 hat unter dem Winkel $\alpha = 60°$ eine schwellend wirkende Lagerkraft $F = 22$ kN zu übertragen. Es ist mit zwei Sechskantschrauben ISO 4014 — M 20 × 65 — 10.9 befestigt, die galvanisch verzinkt und geölt sind und mit einem Drehschrauber ($\alpha_A = 2{,}5$) angezogen werden. Die Schraubenverbindung ist rechnerisch zu überprüfen, und zwar auf Übertragungsfähigkeit, d. h. gleitsichere Übertragung der Querkraft bei $\mu = 0{,}18$, sowie auf Haltbarkeit. Außerdem ist das vorzuschreibende Anziehmoment anzugeben. Folgende Werte sind der Berechnung zugrunde zu legen: Krafteinleitungsfaktor $n \approx 0{,}6$, Kraftverhältnis $\Phi_K \approx 0{,}4$, Nachgiebigkeit des Bauteils $\delta_B \approx 0{,}6 \cdot 10^{-3}$ mm/kN, Setzbetrag $f_Z \approx 4$ µm, zulässige Flächenpressung des Bauteils an der Schraubenauflagefläche $p_{B\,zul} \approx 750$ N/mm² (Durchgangsloch mittel, Lochfase 0,5 × 45°).

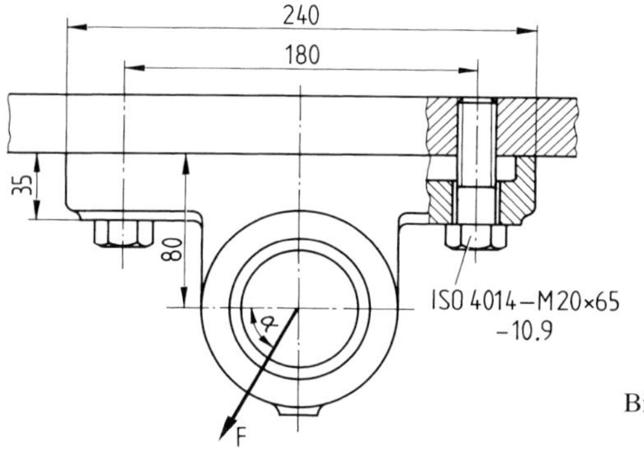

Bild 10.28 Angeschraubtes Augenlager

E: Verbindung ausreichend, da erforderlich $F_{M\,max} \approx 147{,}2$ kN $< F_{M\,zul} = 186$ kN ($\mu_G = \mu_K = 0{,}08$, $F_Q = 5{,}5$ kN, $S_H = 1{,}5$, $F_{k\,erf} = 45{,}83$ kN, $F_L = 9{,}53$ kN, $F_2 = 4{,}1$ kN, $F_A = 13{,}6$ kN, $F_{SA} = 3{,}26$ kN, $F_{BA} = 10{,}34$ kN, $F_Z \approx 2{,}7$ kN), $\sigma_{sa} = 13{,}3\ \mathrm{N/mm^2} < 0{,}1 R_{p0,2} = 94\ \mathrm{N/mm^2}$, $\sigma_a = 7{,}3\ \mathrm{N/mm^2} < \sigma_{a\,zul} = 36\ \mathrm{N/mm^2}$ ($F_a \approx 1{,}632$ kN, $F_{V\,max} = 144{,}5$ kN, $F_{S\,max} = 147{,}8$ kN), $p_B = 706{,}8\ \mathrm{N/mm^2} < p_{B\,zul}$ ($A_p = 209{,}1$ mm²), $M_A \approx 335$ Nm ($r_m = 12{,}8$ mm).

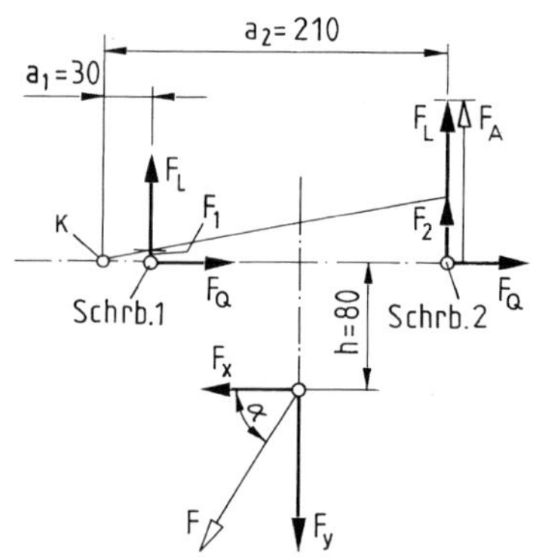

Bild L 10.28 Lagerkraftkomponenten und Schraubenkräfte (mit Drehpunkt K)

L: Die Schrauben haben eine Querkraft F_Q durch Reibhemmung und eine Längskraft F_A zu übertragen (s. Bild L 10.28), die beide schwellend wirken. F ist in die Komponenten F_x und F_y zu zerlegen, aus den statischen Gleichgewichtsbedingungen $\sum F_x = 0$, $\sum F_y = 0$ und $\sum M_{(K)} = 0$ folgen: $F_Q = F_x/2$, $F_L = F_y/2$ und für die höher belastete Schraube 2 die Kraft $F_2 = F_x \cdot h/(a_1^2/a_2 + a_2)$ sowie $F_A = F_2 + F_L$. Die Übertragungsfähigkeit ist gewährleistet, wenn $F_{M\,max}$ nach Gl. (10.19) $< F_{M\,zul}$ (Tab. 10.8), die Haltbarkeit, wenn σ_{sa} nach Gl. (10.22), σ_a nach Gl. (10.23) und p_B nach Gl. (10.24) die zulässigen Werte nicht überschreiten (erforderlichenfalls Unterlegscheiben vorsehen). M_A nach Gl. (10.4) mit $F_{M\,max}$.

11 Bewegungsschrauben

11.1 Die in Bild 11.1 im ausgefahrenen Zustand dargestellte Schraubenwinde ist zum Heben einer Last von maximal 3 t vorgesehen. Es sind der Wirkungsgrad und die erforderlichen Handkräfte am Knebel für den Arbeits- und den Rückhub zu bestimmen. Außerdem ist eine Berechnung auf Haltbarkeit und Stabilität durchzuführen, Spindelwerkstoff S235JR, Mutter aus Zinnbronze. Wegen mangelhafter Schmierung ist im Gewinde und auch zwischen Stützklaue und Spindelbund mit einer Reibzahl $\mu_G \approx \mu_L \approx 0{,}1$ zu rechnen. Im Einzelnen sind zu ermitteln:

1. Die Wirkungsgrade η_A beim Arbeitshub und η_R beim Rückhub sowie der Gesamtwirkungsgrad η,
2. Ist die erforderliche Selbsthemmung gegeben?
3. Die erforderlichen Handkräfte F_{hA} beim Arbeitshub und F_{hR} beim Rückhub,
4. Wird in der Spindel die zulässige Vergleichsspannung $\sigma_{v\,zul}$ überschritten?
5. Ist die Stabilität der Spindel gewährleistet, wenn die Knicksicherheit $S_K \geq 3$ nach Euler bzw. ≥ 2 nach Tetmajer betragen soll?
6. Ist die Mutterhöhe m ausreichend, wobei von seltener Betätigung ausgegangen werden kann?

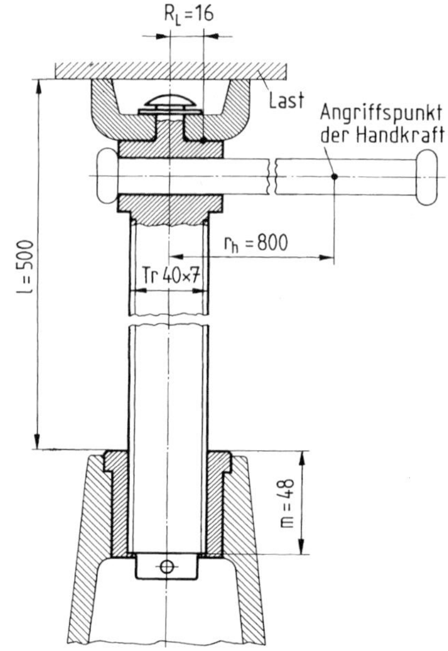

Bild 11.1 Schraubenwinde

E: **1.** $\eta_A = 0{,}368$, $\eta_R = -0{,}693$, $\eta = 0{,}241$ ($P_h = P = 7$ mm, $d_2 = 36{,}5$ mm, $\alpha = 3{,}49°$, $\beta_N = 14{,}97°$, $\varrho_G = 5{,}91°$).
2. Ja, da $\varrho_G > \alpha$, deshalb η_R negativ.
3. $F_{hA} \approx 170$ N, $F_{hR} = 87{,}2$ N ($F_A = 29{,}43$ kN, $M_A = 136$ Nm, $M_R = 69{,}8$ Nm).
4. Nein, $\sigma_{v\,zul} = 68\,\text{N/mm}^2 > \sigma_v = 43{,}5\,\text{N/mm}^2$ ($d_3 = 32$ mm, $A_K = 804\,\text{mm}^2$, $\sigma = 36{,}6\,\text{N/mm}^2$, $T = M_{GA} = 88{,}92$ Nm, $\tau_t = 13{,}6\,\text{N/mm}^2$).
5. Ja, $S_K = 3{,}62 > 3$ ($\lambda = 125 > 90$).
6. Ja, $p = 14{,}3\,\text{N/mm}^2 < p_{zul} \approx 20\,\text{N/mm}^2$.

L: **1.** Die Spindel hat eingängiges Trapezgewinde, sodass $n = 1$ und $P_h = P$ in Gl. (11.1). Lösung mit den Gln. (11.5), (11.6) und (11.9), die dafür benötigten Winkel α, β_N und ϱ_G mit den Gln. (11.2), (11.3) und (11.4), Flankenwinkel $\beta = 15°$. **2.** Selbsthemmung ist vorhanden, wenn $\varrho_G \geq \alpha$ (s. ME Abschn. 11.3). **3.** Aus $M_A = F_{hA} \cdot r_h$ und $M_R = F_{hR} \cdot r_h$, M_A und M_R mit den Gln. (11.7) und (11.8); Belastungskraft F_A der Spindel ist die Gewichtskraft $F_G = m \cdot g$ der Last. **4.** Mit den Gln. (11.10), (11.11) und (11.12), in Gl. (11.11) ist $T = M_{GA}$ einzusetzen, da das Reibmoment M_L nicht vom Spindelkern übertragen wird; wegen der Be- und Entlastungen gilt $\sigma_{v\,zul}$ für schwellende Beanspruchung (s. Tab. 11.2). **5.** Es liegt Knickfall 1 vor (vgl. ME Bild 11.5). Da sich $\lambda > 90$ ergibt, ist nach Euler mit Gl. (11.13) zu rechnen. **6.** Vergleich von p (Gl. (11.15)) mit $p_{zul} \approx 20\,\text{N/mm}^2$ (Bronzemutter bei seltener Betätigung nach Tab. 11.2).

11.2 Das in Bild 11.2 gezeigte Absperrventil enthält eine Spindel mit Trapezgewinde Tr 28 × 3 nach DIN 103 zum Schließen und Öffnen des Keilschiebers. Am Handrad greift eine Handkraft von maximal 500 N an. Das Gewinde ist sorgfältig bearbeitet, jedoch weniger gut geschmiert, sodass eine Reibzahl $\mu_G \approx 0{,}08$ angenommen werden kann. Am Spindelbund im Ventiloberteil beträgt die Reibzahl $\mu_L \approx 0{,}1$. Der Spindelwerkstoff C 35 hat eine Zugfestigkeit $R_m = 520\ \text{N/mm}^2$. Die Spindelmutter besteht aus CuSn12-C (Zinnbronze). Wegen der seltenen Betätigung genügt eine Knicksicherheit $S_K = 2{,}6$ nach Euler bzw. 1,7 nach Tetmajer. Zu ermitteln sind:

1. Die mögliche Spindellängskraft F_A,
2. Ist die Spindel selbsthemmend und ausreichend bemessen?
3. Welche Mutterhöhe m ist mindestens erforderlich?
4. Wie groß ist die erforderliche Lösekraft F_{hR} am Handrad?

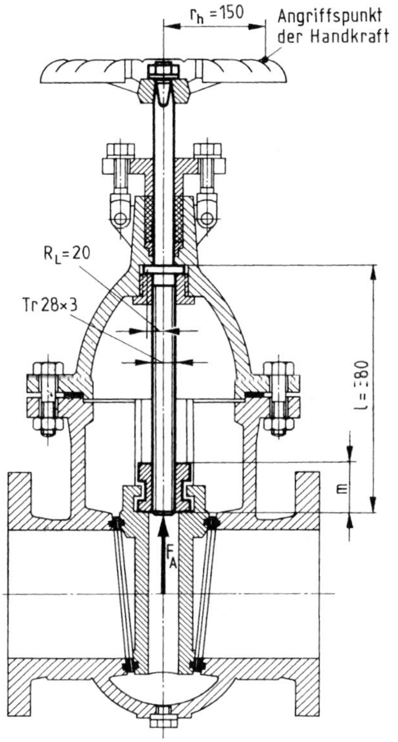

Bild 11.2 Schraubenspindel zur Keilbetätigung in einem Absperrschieber

E: **1.** $F_A \approx 20{,}96$ kN ($M_A = 75$ Nm, $d_2 = 26{,}5$ mm, $\alpha = 2{,}06°$, $\beta_N = 14{,}99°$, $\varrho_G = 4{,}73°$).
2. Ja, da $\varrho_G > \alpha$ und $\sigma_v = 48{,}5\ \text{N/mm}^2 < \sigma_{v\,zul} = 104\ \text{N/mm}^2$ ($d_3 = 24{,}5$ mm, $A_K = 471\ \text{mm}^2$, $\sigma = 44{,}4\ \text{N/mm}^2$, $M_{GA} = T = 33067$ Nmm, $\tau_t = 11{,}2\ \text{N/mm}^2$) sowie $S_K \approx 7 > 1{,}7$ ($\lambda = 62 < 90$).
3. $m \approx 33{,}5$ mm ($d_2 = 26{,}5$ mm, $p_{zul} = 20\ \text{N/mm}^2$).
4. $F_{hR} \approx 366$ N ($M_R = 54{,}88$ Nm).

L: **1.** Aus Gl. (11.7) mit $M_A = F_{hA} \cdot r_h$, Handkraft $F_{hA} = 500$ N, Winkel am Gewinde sinngemäß wie in Aufg. 11.1 unter 1. **2.** Sinngemäß wie Aufg. 11.1 unter 2., 4. und 5., jedoch Knickfall 2 und S_K nach Tetmajer entspr. Gl. (11.14), da $\lambda < 90$. **3.** Nach Gl. (11.15). **4.** Aus $M_R = F_{hR} \cdot r_h$ mit M_R nach Gl. (11.8), s. auch Aufg. 11.1 (unter 3.).

11.3 Für den Vorschubantrieb des Tisches einer Universal-Fräsmaschine soll eine Gewindespindel entworfen werden, die entsprechend Bild 11.3 wälzgelagert ist. Bei einer Spindeldrehzahl von 63 min^{-1} wird eine Vorschubgeschwindigkeit von 0,63 m/min verlangt. Die $l = 0{,}8$ m lange Spindel aus E335 hat eine wechselnd wirkende größte Längskraft $F_A = 32$ kN zu übertragen. Die Entwurfsberechnung ist wie folgt durchzuführen:

1. Überschlägliche Wahl eines eingängigen Trapezgewindes nach DIN 103 mit $\sigma_{zul} \approx 0{,}1\ R_m$ unter Vernachlässigung der Torsionsbeanspruchung,
2. Überprüfung auf Haltbarkeit und Stabilität unter Zugrundelegung einer Gewinde-Reibzahl $\mu_G \approx 0{,}06$,

11

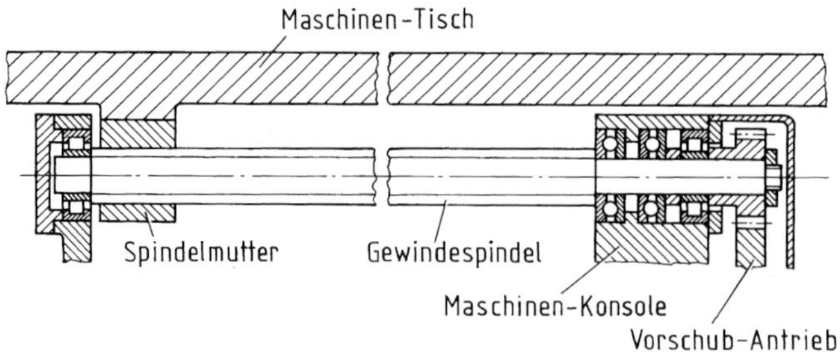

Bild 11.3 Gewindespindel im Vorschubantrieb einer Universal-Fräsmaschine

3. Erforderliche Höhe m der Bronzemutter mit dem üblichen Wert für p_{zul} bei Aussetzbetrieb,
4. Gesamtwirkungsgrad η der Spindel bei einem mittleren Lagerdurchmesser $D_L = d + 2$ mm,
5. Erforderliche Motorleistung P_{Mot} bei einem Wirkungsgrad $\eta_V \approx 0{,}75$ des Vorschubgetriebes.

11

E: **1.** Tr 40 × 10 ($d = 40$ mm $> d_{erf} = 37{,}7$ mm, $P_h = P = 10$ mm).
2. $\sigma_v = 57{,}3\ \text{N/mm}^2 < \sigma_{v\,zul} = 74{,}1\ \text{N/mm}^2$ ($d_3 = 29$ mm, $\sigma = 48{,}4\ \text{N/mm}^2$, $d_2 = 35$ mm, $\alpha = 5{,}2°$, $\beta_N = 14{,}94°$, $\varrho_G = 3{,}55°$, $T = M_{GA} = 86{,}2$ Nm, $\tau_t = 17{,}7\ \text{N/mm}^2$), $S_K = 3{,}5 > 2{,}6$ ($\lambda = 110{,}3 > 90$, Euler), Spindel ausreichend bemessen.
3. $m \approx 52$ mm ($p_{zul} = 15\ \text{N/mm}^2$).
4. $\eta \approx 0{,}48$ ($\mu_L \approx 0{,}03$, $D_L = 42$ mm).
5. $P_{Mot} = 936\ \text{W} \approx 1\ \text{kW}$ ($M_A = 106{,}4$ Nm).

L: **1.** Erforderlicher Kerndurchmesser d_3 aus $A_{K\,erf} \geq F_A/\sigma_{zul}$. Mit der Vorschubgeschwindigkeit v und der Spindeldrehzahl n ergibt sich die Steigung $P_h = P = v/n$. Aus $d_3 = d - 2h_3$ (Tab. 11.1) folgt der erforderliche Gewindedurchmesser d_{erf}. Danach Wahl eines Gewindes mit $d \geq d_{erf}$. **2.** Sinngemäß wie Aufg. 11.1 unter 4. und 5., Knickfall 2. **3.** Nach Gl. (11.15). **4.** Mit Gl. (11.9), μ_L für Wälzlagerung (s. Tab. 11.2). **5.** Es ist $P_{Mot} = M_A \cdot \omega/\eta_V = (M_{GA} + M_L) \cdot 2\pi \cdot n/\eta_V$.

11.4

Die $l = 80$ mm lange Druckspindel aus E295 einer kleinen Handspindelpresse hat Sägengewinde S 20 × 16 P 4 und ist in einer $m = 25$ mm hohen Bronzemutter geführt. Am Spindelkopf befindet sich ein $r_h = 0{,}25$ m langer Handhebel, an dessen Ende mit einer maximalen Handkraft $F_h = 100$ N zu rechnen ist. An der Druckfläche am Spindelende beträgt das Reibmoment M_L etwa 20 % des Antriebsmoments M_A. Sind Spindel und Spindelmutter bei Aussetzbetrieb ausreichend bemessen, wenn gute Schmierung ($\mu_G \approx 0{,}08$) vorausgesetzt wird? Es liegt Knickfall 1 vor.

E: Ja, $\sigma_v \approx 107\ \text{N/mm}^2 < \sigma_{v\,zul} = 117{,}5\ \text{N/mm}^2$, $p \approx 8\ \text{N/mm}^2 < p_{zul} = 15\ \text{N/mm}^2$ ($d_2 = 17$ mm, $d_3 = 13{,}06$ mm, $\alpha = 16{,}68°$, $\beta_N = 2{,}87°$, $\varrho_G = 4{,}58°$, $M_A = 25$ Nm, $F_A \approx 6{,}05$ kN, $\sigma \approx 45{,}1\ \text{N/mm}^2$, $\tau_t = 56{,}1\ \text{N/mm}^2$), $\lambda \approx 49 < 50$, d. h. Kontrolle von S_K nicht erforderlich.

L: Es ist $M_A = F_h \cdot r_h$, $M_L = 0{,}2 M_A$; zweckmäßiger Rechnungsgang: d_2 und d_3 nach Tab. 11.1, α, β_N und ϱ_G mit den Gln. (11.2) bis (11.4) ($\beta = 3°$), F_A nach Gl. (11.7), σ, τ_t und σ_v mit den Gln. (11.10) bis (11.12) ($T = M_A$), Kontrolle von S_K mit Gl. (11.14) überflüssig, wenn $\lambda < 50$ (s. ME Abschn. 11.4), p mit Gl. (11.15).

11.5 Die Spindel einer Schraubenzwinge aus Grauguss (Bild 11.5) hat ein metrisches Feingewinde M 20 × 1,5, Spindelwerkstoff: Stahl der Festigkeitsklasse 5.6, Mit einem Schraubenschlüssel wird ein Anziehmoment von ca. 40 Nm ausgeübt. Es sind zu ermitteln:

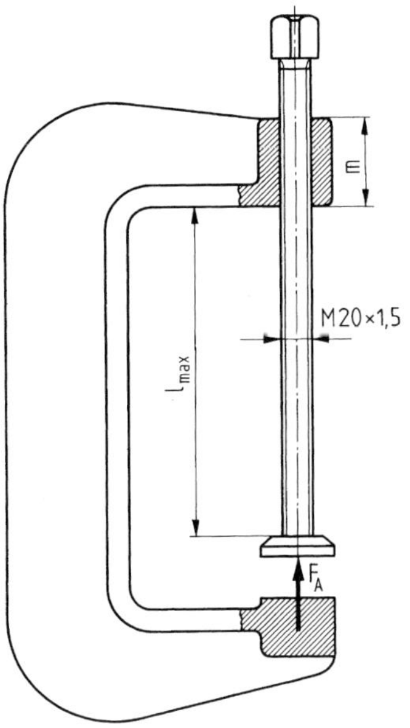

1. Welche Spannkraft F_A wird erzeugt, wenn etwa 40 % des Anziehmoments durch Reibung am Stützfuß verloren gehen und im Gewinde eine Reibzahl $\mu_G \approx 0{,}12$ anzunehmen ist?
2. Wird bei dieser Kraft die zulässige Vergleichsspannung $\sigma_{v\,zul}$ im Spindelkern überschritten?
3. Welche maximale Länge l_{max} darf die Spindel höchstens erhalten, wenn die Mindestknicksicherheit nach Euler gewährleistet sein soll?
4. Welche Mutternhöhe m ist erforderlich bei einer zulässigen Flankenpressung $p_{zul} = 15$ N/mm²?

Bild 11.5 Spindel in einer Schraubenzwinge

E: **1.** $F_A = 15{,}36$ kN ($M_{GA} = 24$ Nm, $d_2 = 19{,}03$ mm, $P_h = P = 1{,}5$ mm, $\alpha_1 = 1{,}44°$, $\beta_N \approx 30°$, $\varrho_G \approx 7{,}89°$).
2. Nein, $\sigma_v = 82{,}84\,\text{N/mm}^2 < \sigma_{v\,zul} = 100\,\text{N/mm}^2$ ($\sigma = 59{,}29\,\text{N/mm}^2$, $\tau_t = 33{,}40\,\text{N/mm}^2$).
3. $l_{max} \approx 250$ mm, $\lambda \approx 114 > 90$ (d. h. nach Euler).
4. $m \approx 42{,}3$ mm.

L: **1.** Nach Gl. (11.7) mit $M_{GA} = 0{,}6M_A$, da $M_L = 0{,}4M_A$; d_2 aus Tab. 10.1 ($\beta = 30°$ nach DIN 13). **2.** Mit den Gln. (11.10) bis (11.12), $d_3 = d_K$ und A_K aus Tab. 10.1, $T = M_A$, $\sigma_{v\,zul}$ wie Trapezgewinde (Tab. 11.2), R_m aus Tab. 10.2. **3.** In Gl. (11.13) ist $\lambda = 8 \cdot l_{max}/d_3$ einzusetzen (Knickfall 1) und nach l_{max} aufzulösen ($S_K = 2{,}6$ nach Gl. (11.13)), danach Überprüfung, ob $\lambda > 90$. **4.** Nach Gl. (11.15), Gewindetragtiefe $H_1 \approx 0{,}5413P$ nach DIN 13 (s. ME Bild 10.1).

12 Formschlüssige Welle-Nabe-Verbindungen

Längskeilverbindungen

12.1 Ein Steuerhebel aus Temperguss EN-GJMW-400-5 ist entsprechend Bild 12.1 auf der Welle aus Stahl E295 mit einem Einlegekeil befestigt. Am Hebelende ist mit einer wechselnd wirkenden größten Kraft $F_h = 250$ N zu rechnen. Es treten leichte Stöße auf. Zu ermitteln sind:

1. Das ausgeübte Drehmoment T und die Umfangskraft F_u an der Welle,
2. Die Flankenpressung p,
3. Wird die zulässige Flankenpressung p_{zul} überschritten?

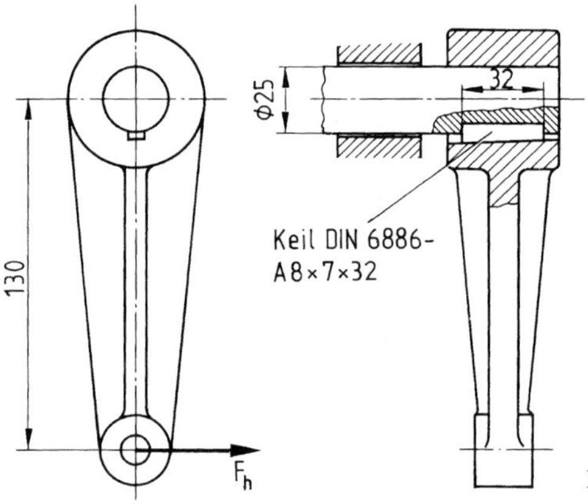

Bild 12.1 Mit Einlegekeil befestigter Hebel

E: **1.** $T = 32{,}5$ Nm, $F_u = 2{,}6$ kN.
2. $p = 45{,}1\ \text{N/mm}^2$ ($t_2 = 2{,}4$ mm, $l_t = 24$ mm).
3. Nein, $p_{zul} = 66\ \text{N/mm}^2 > p$.

L: **1.** $T = F_h \cdot L$ mit Hebellänge $L = 130$ mm, $F_u = T/r$ mit Wellenradius $r = d/2$, $d = 25$ mm.
2. Mit Gl. (12.1), t_2 aus Tab. 12.2 für $b \times h = 8\ \text{mm} \times 7\ \text{mm}$, $l_t = l - b$, $l = 32$ mm, $i = 1$.
3. p_{zul} aus Tab. 12.1, Beanspruchung: wechselnd, leichte Stöße.

12.2 In einer Transmission ist eine Grauguss-Riemenscheibe durch einen Treibkeil mit der Welle aus Stahl verbunden (Bild 12.2). Bei stark stoßhaftem Betrieb ist eine maximale Leistung $P = 25$ kW zu übertragen. Die Drehzahl beträgt $n = 400\ \text{min}^{-1}$ bei gleichbleibender Drehrichtung. Es sind die Keilabmessungen $b \times h$ und die mindestens erforderliche tragende Länge l_t des Keils zu ermitteln.

E: $b \times h = 25\ \text{mm} \times 14\ \text{mm}$, $l_t = 44{,}7\ \text{mm} \approx 45$ mm ($T = 597$ Nm, $F_u = 13\,267$ N, $t_2 = 4{,}4$ mm, $p_{zul} = 67{,}5\ \text{N/mm}^2$).

L: Abmessungen $b \times h$ aus Tab. 12.2 für $d = 90$ mm, l_t nach Gl. (12.1) mit p_{zul} aus Tab. 12.1, Beanspruchung: einseitig, starke Stöße, Drehmoment $T = P/(2\pi \cdot n)$.

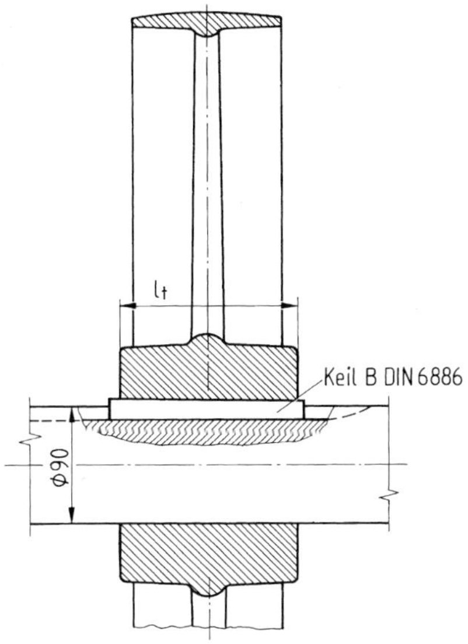

Bild 12.2 Mit Treibkeil befestigte Riemenscheibe

12

12.3 Eine in Umfangsrichtung verstellbare Kurvenscheibe ist mit einem Hohlkeil DIN 6881 – 8 × 3,5 × 25 nach Bild 12.3 auf der Welle befestigt. An der Scheibe aus Stahl läuft eine Rolle, die in der ungünstigsten Stellung mit einer Normalkraft $F_N = 550$ N gegen die Scheibe drückt. Die Scheibe dreht sich nur in einer Richtung, Stöße treten nicht auf. Genügt der Keil zur Kraftübertragung, wenn $p_{zul} = 15$ N/mm² beträgt?

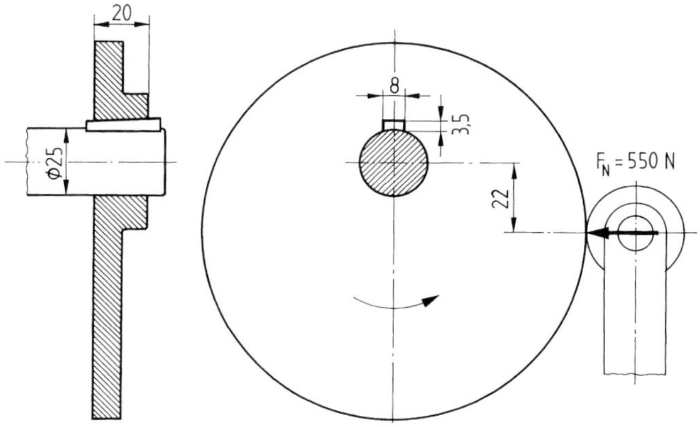

Bild 12.3 Mit Hohlkeil befestigte Steuerscheibe

E: Ja, $p = 13{,}8\ \text{N/mm}^2 < p_{zul} = 15\ \text{N/mm}^2$ ($F_u = 968$ N).

L: Mit Gl. (12.1); Drehmoment $T = F_N \cdot R$ mit $R = 22$ mm, Reibung vernachlässigen.

12.4 Zum Antrieb der Hilfsaggregate einer Baumaschine ist eine Keilriemenscheibe aus Grauguss nach Bild 12.4 mit einem Scheibenkeil (Scheibenfeder DIN 6888 – 8 × 11) auf der Welle befestigt.

1. Welches einseitige Drehmoment T kann bei leichten Stößen übertragen werden?
2. Kann die Verbindung bei $n = 1\,400\ \text{min}^{-1}$ eine Leistung $P = 3{,}7$ kW sicher übertragen?

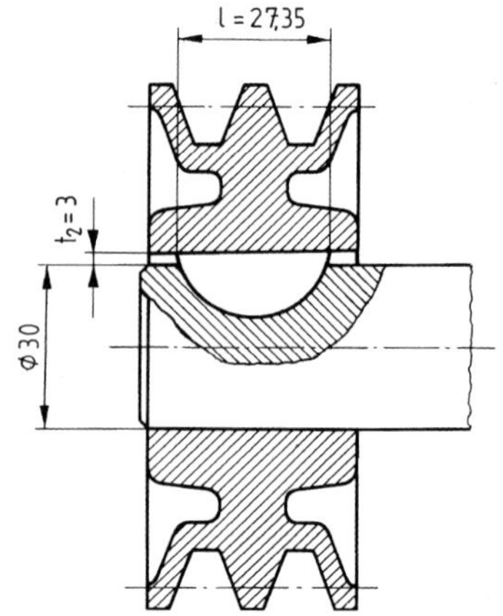

Bild 12.4 Mit Scheibenkeil befestigte Keilriemenscheibe

E: **1.** $T = 110{,}8$ Nm ($p_{zul} = 90\ \text{N/mm}^2$, $F_u = 7385$ N)
2. Ja, $T = 25{,}2\ \text{Nm} < 110{,}8$ Nm.

L: **1.** $T = F_u \cdot d/2$ mit F_u nach Gl. (12.1) und p_{zul} aus Tab. 12.1. **2.** $T = P/(2\pi \cdot n)$ vergleichen mit dem unter 1. errechneten Wert.

12

Passfederverbindungen

12.5 Das Schaufelrad einer Kreiselpumpe besteht aus Stahlguss und ist nach Bild 12.5 mit einer Passfeder A DIN 6885 (hohe Form) auf der Welle befestigt. Es ist ein Drehmoment $T = 1350$ Nm bei leichten Stößen zu übertragen. Es sind zu ermitteln:
1. Die Abmessungen $b \times h$ und die tragende Länge l_t der Passfeder,
2. Wird die zulässige Flankenpressung p_{zul} überschritten?
3. Welche Länge l ist ggf. für die Passfeder zu wählen?

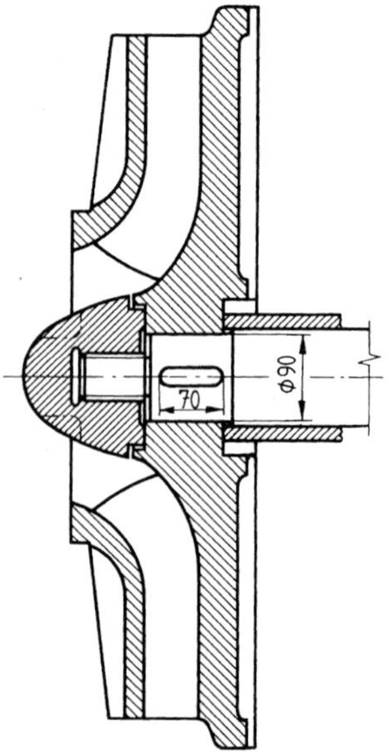

Bild 12.5 Mit Passfeder befestigtes Schaufelrad

E: **1.** $b \times h = 25\ \text{mm} \times 14$ mm, $l_t = 45$ mm.
2. Ja, $p_{zul} = 105\ \text{N/mm}^2 < p = 133{,}3\ \text{N/mm}^2$ ($F_u = 30$ kN, $t_1 = 9$ mm).
3. $l = 85$ mm ($l_{erf} = 82$ mm, $l_{t\,erf} \approx 57$ mm).

L: **1.** $b \times h$ aus Tab. 12.4 für hohe Form und $d = 90$ mm, $l_t = l - b$ mit $l = 70$ mm. **2.** p mit Gl. (12.2), t_1 aus Tab. 12.4, $i = 1$, $k = 1$, p_{zul} aus Tab. 12.1, Beanspruchung: einseitig, leichte Stöße. **3.** Wenn $p > p_{zul}$, ist $l_{t\,erf}$ zu ermitteln und $l \geq l_{erf} = l_{t\,erf} + b$ zu wählen.

12.6 Die Grauguss-Nabe einer Kreissäge ist über eine Passfeder A DIN 6885 (niedrige Form) mit der Welle verbunden (Bild 12.6). Der Spalt zwischen den Nabenhälften ist 3 mm breit. Es ist ein Drehmoment von 100 Nm mit leichten Stößen zu übertragen. Wird die zulässige Flankenpressung überschritten?

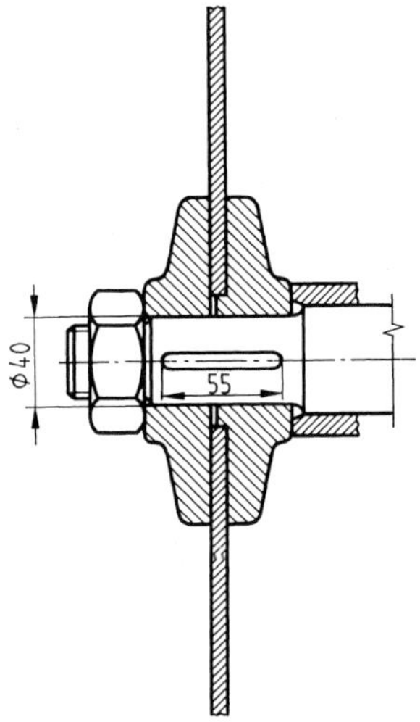

Bild 12.6 Passfederverbindung der Nabe einer Kreissäge

E: Nein, $p_{zul} = 63\,\text{N/mm}^2 > p = 59{,}5\,\text{N/mm}^2$ ($b \times h = 12\,\text{mm} \times 6\,\text{mm}$, $t_1 = 3{,}9\,\text{mm}$, $l_t = 40\,\text{mm}$, $F_u = 5\,\text{kN}$).

L: Sinngemäß wie Aufg. 12.5 unter 1. und 2., Passfeder jedoch nach Tab. 12.3.

12.7 Die nach Bild 12.7 mit einer Passfeder A DIN 6885 (hohe Form) auf einer Welle befestigte Riemenscheibe aus Grauguss dient zum Antrieb einer Werkzeugmaschine. Bei starken Stößen hat sie ein einseitiges Drehmoment von 200 Nm zu übertragen. Ist die auftretende Flankenpressung zulässig?

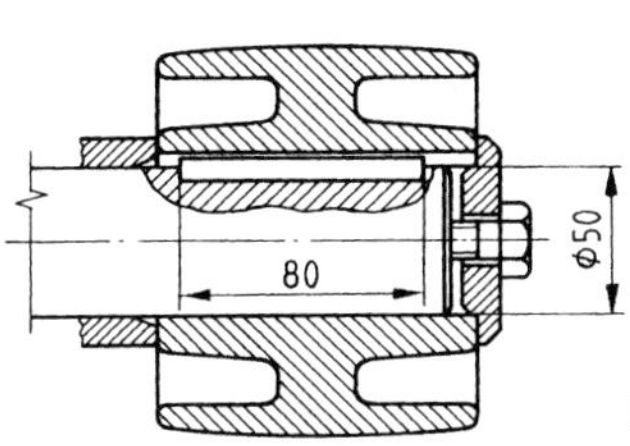

Bild 12.7 Passfederverbindung mit einer Riemenscheibe

E: Ja, $p_{zul} = 54\,\text{N/mm}^2 > p = 48{,}5\,\text{N/mm}^2$ ($b \times h = 14\,\text{mm} \times 9\,\text{mm}$, $t_1 = 6{,}5\,\text{mm}$, $l_t = 66\,\text{mm}$, $F_u = 8\,\text{kN}$).

L: Sinngemäß wie Aufg. 12.6.

12.8 Eine Holzfräse wird über eine Riemenrolle aus Grauguss angetrieben, die mit einer Passfeder auf der Welle befestigt ist (Bild 12.8). Unter leichten Stößen ist ein einseitiges Drehmoment von maximal 60 Nm zu übertragen.

1. Welche Länge l muss eine Passfeder A DIN 6885 (hohe Form) mindestens erhalten?
2. Würde auch eine Scheibenfeder DIN 6888 — 10×11 (Reihe A) genügen)?

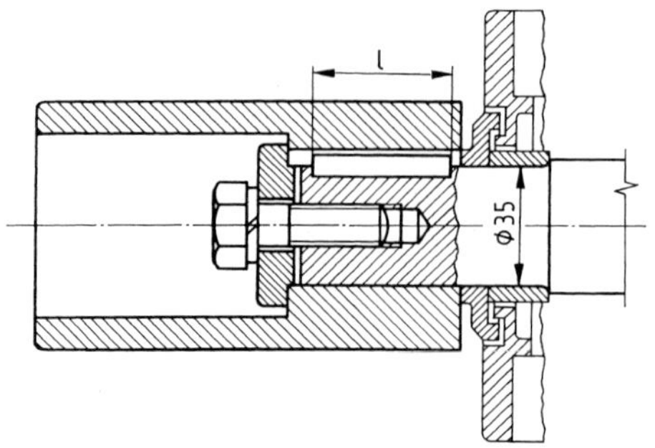

Bild 12.8 Passfederverbindung mit einer Riemenrolle

E: **1.** $l = 28$ mm ($p_{zul} = 63\ N/mm^2$, $F_u = 3429$ N, $b \times h = 10\ mm \times 8\ mm$, $t_1 = 5$ mm, $l_{1\,erf} = 18$ mm).
2. Ja, $p = 39{,}2\ N/mm^2 < p_{zul}$ ($h = 11$ mm, $t_1 = 7{,}8$ mm, $l_t = 27{,}35$ mm).

L: **1.** Mit l_t nach Gl. (12.2) und p_{zul} aus Tab. 12.1 wird $l = l_t + b$, Normlängen in mm: 20, 25, 28, 32, 36, 40. **2.** Vergleich von p mit p_{zul}, t_2 und $l_t = l$ aus Tab. 12.5.

12

Keilwellenverbindungen

12.9 In einem Pkw-Schaltgetriebe besitzt die Abtriebswelle aus Vergütungsstahl 34Cr4 entsprechend Bild 12.9 ein Keilwellenprofil DIN 5464 — $10 \times 23 \times 29$ mit Flankenzentrierung. Die Nabe aus Stahlguss GS-52 mit dem Flansch zur Befestigung der Kardanwelle hat eine tragende Profillänge $l_t = 20$ mm. Es ist ein größtes Drehmoment $T = 175$ Nm zu übertragen. Genügt die Verbindung den Anforderungen, wenn wechselnde Beanspruchung und starke Stöße anzunehmen sind?

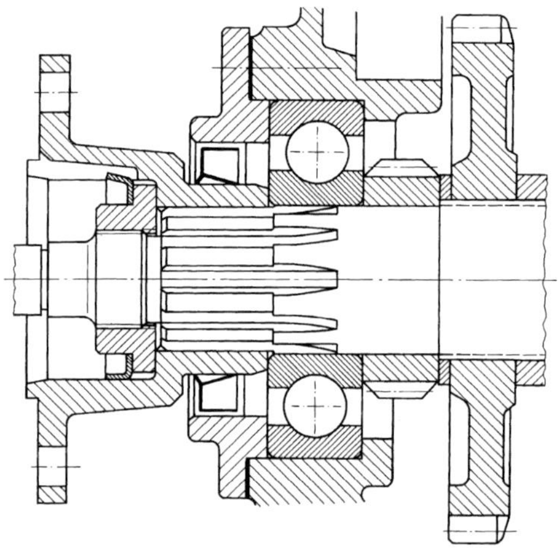

Bild 12.9 Keilwelle in einem Pkw-Schaltgetriebe

E: Ja, $p \approx 25\ N/mm^2 < p_{zul} = 37{,}5\ N/mm^2$ ($r_m = 13$ mm, $h = 3$ mm, $k = 0{,}9$, $F_u = 13\,462$ N).

L: Vergleich von p, Gl. (12.3), mit p_{zul} (Tab. 12.1, Spalte Keilwellen), aus dem Kurzzeichen folgen $i = 10$, $d_1 = 23$ mm und $d_2 = 29$ mm.

12.10 In einem Werkzeugmaschinengetriebe ist die Stahlnabe eines Zahnrades mit Keilnabenprofil auf der Hauptspindel mit Keilwellenprofil drehsicher befestigt (Bild 12.10). Es ist ein einseitiges Spitzendrehmoment von 160 Nm zu übertragen, wobei mit starken Stößen gerechnet werden muss. Genügt die tragende Länge von 40 mm?

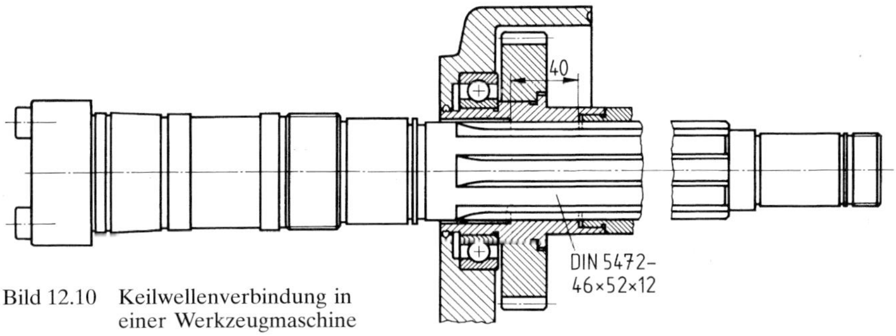

Bild 12.10 Keilwellenverbindung in einer Werkzeugmaschine

E: Ja, $p = 12{,}1\ \mathrm{N/mm^2} < p_{zul} = 90\ \mathrm{N/mm^2}$ ($r_m = 24{,}5$ mm, $h = 3$ mm, $F_u = 6531$ N).

L: Sinngemäß wie Aufg. 12.9 mit $i = 6$ (s. Tab. 12.6), $d_1 = 46$ mm, $d_2 = 52$ mm, $k = 0{,}75$ (Innenzentrierung).

12

12.11 Auf der Keilwelle eines Schleppertriebwerks sitzen nach Bild 12.11 drei verschiebbare Zahnradpaare aus Stahl, die je nach Gangschaltung in Eingriff gebracht werden. An den Zahnrädern sind die jeweils zu übertragenden Drehmomente in Nm angegeben (Zahlen über den einzelnen Rädern). Die Drehmomente wirken stark stoßhaft bei gleichbleibender Drehrichtung. Wegen des besonders rauen Betriebes sind für die zulässige Flankenpressung nur 50 % des üblichen Erfahrungswertes anzunehmen. Welche tragenden Längen l_{t1}, l_{t2} und l_{t3} müssen die Naben bei Innenzentrierung mindestens erhalten?

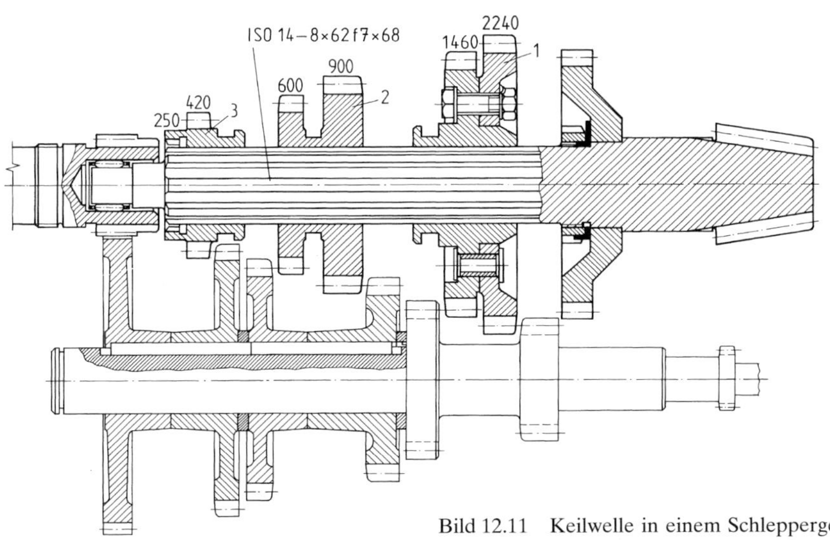

Bild 12.11 Keilwelle in einem Schleppergetriebe

E: $l_{t1} = 85{,}1$ mm ($F_{u1} = 68\,923$ N, $r_m = 32{,}5$ mm, $i = 8$, $h = 3$ mm, $k = 0{,}75$, $p_{zul} = 45$ N/mm^2), $l_{t2} = 34{,}2$ mm ($F_{u2} = 27\,692$ N), $l_{t3} = 16$ mm ($F_{u3} = 12\,923$ N).

L: Nach Gl. (12.3) mit dem halben Wert für p_{zul} aus Tab. 12.1; die Umfangskraft braucht für jedes Radpaar nur mit dem jeweils angegebenen größeren Drehmoment berechnet zu werden. Zum einwandfreien Verschieben der Naben müssen diese so lang sein, dass sie nicht durch Selbsthemmung festklemmen können. Die mit der zulässigen Flankenpressung errechneten Mindestlängen berücksichtigen diese Verhältnisse natürlich nicht. Wie im vorliegenden Fall ist es oftmals praktisch nicht möglich, eine Konstruktion so auszuführen, dass die zulässigen Beanspruchungen erreicht werden.

Zahnwellenverbindungen

12

12.12 In einer Lamellenbremse sind die Innenlamellen aus Stahlblech durch eine Zahnwellen-Verbindung DIN 5480 — 100 × 3 mit der Nabe drehsicher und axialbeweglich verbunden (Bild 12.12). Nabenwerkstoff: E335. Die Bremse ist für ein Bremsmoment $M = 800$ Nm ausgelegt. Es ist mit wechselnder Drehrichtung und starken Stößen zu rechnen. Wird die zulässige Flankenpressung p_{zul} überschritten?

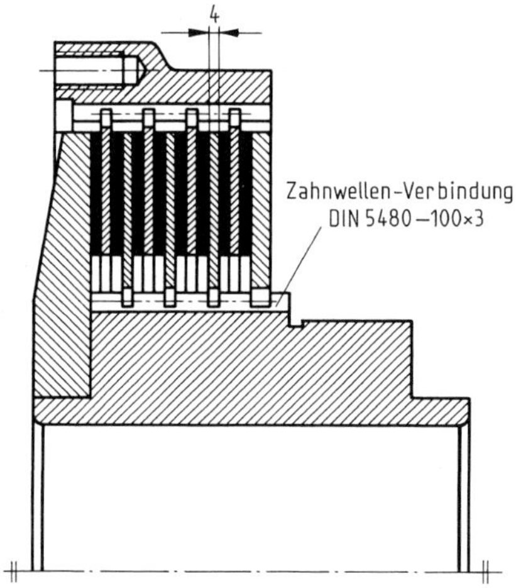

Bild 12.12 Zahnwellenverbindung in einer Lamellenbremse

E: Nein, $p_{zul} = 37{,}5$ N/mm$^2 > p = 16$ N/mm^2 ($z = 32$, $d_2 = 94$ mm, $d_3 = 99{,}4$ mm, $r_m = 48{,}35$ mm, $h = 2{,}7$ mm, $F_u \approx 4137$ N).

L: Mit Gl. (12.4) sinngemäß wie ME Beisp. 12.4.

12.13 Anstelle des Evolventen-Zahnprofils zur Aufnahme der Innenlamellen in einer Lamellenbremse entsprechend Aufgabe 12.12 wird eine Kerbverzahnung DIN 5481 — 95 × 100 angewendet. Ist die Flankenpressung zulässig?

E: Ja, $p = 12{,}6$ N/mm$^2 < p_{zul} = 37{,}5$ N/mm^2 ($z = 65$, $d_2 = 95$ mm, $d_3 = 100$ mm, $r_m = 48{,}75$ mm, $h = 2{,}5$ mm, $F_u \approx 4103$ N).

L: Wie Aufg. 12.12, jedoch mit z, d_2 und d_3 nach Tab. 12.8 sowie $k = 0{,}5$.

12.14 Die Nabe des Leichtmetall-Lüfters, Werkstoff: EN AC-AlSi10Mg(b) eines Omnibus-Motors ist mit der Lüfterwelle durch eine Zahnwellen-Verbindung DIN 5480 — $22 \times 1{,}25$ verbunden. Das maximal zu übertragende Drehmoment von 50 Nm wirkt einseitig mit starken Stößen. Die erforderliche Mindesttraglänge l_t ist zu errechnen.

E: $l_t = 8{,}6$ mm ($z = 16$, $d_2 = 19{,}5$ mm, $d_3 = 21{,}75$ mm, $r_m \approx 10{,}3$ mm, $h = 1{,}125$ mm, $k = 0{,}75$, $F_u = 4854$ N, $p_{zul} = 42$ N/mm^2).

L: Nach Gl. (12.4) mit p_{zul} aus Tab. 12.1 (Spalte Zahnwellen, p_0 für AlSiMg-Gussleg.); z, d_2 und d_3 nach Tab. 12.9.

12.15 Anstelle der genieteten Reibscheibe einer Zweiflächen-Bremse (siehe Aufgabe 8.2) soll eine Leichtmetallausführung aus EN AC-AlMg5(Si)T6 eingesetzt werden. Die Nabe sitzt drehsicher und axialbeweglich auf einer Kerbzahnwelle DIN 5481 — 26×30. Sie hat ein wechselndes Bremsmoment von 300 Nm mit starken Stößen zu übertragen. Zu ermitteln sind:

1. Welche tragende Profillänge l_t ist mindestens vorzusehen?

2. Ist diese Profillänge auch für eine Zahnwelle DIN 5480 — $30 \times 1{,}25$ ausreichend?

E: **1.** $l_t = 31$ mm ($z = 35$, $d_2 = 26{,}5$ mm, $d_3 = 30$ mm, $r_m = 14{,}125$ mm, $h = 1{,}75$ mm, $F_u \approx 21\,240$ N, $k = 0{,}5$, $p_{zul} = 22{,}5$ N/mm^2).

2. Nein, $p = 36{,}5$ N/mm$^2 > p_{zul}$ ($z = 22$, $d_2 = 27{,}5$ mm, $d_3 = 29{,}75$ mm, $r_m \approx 14{,}3$ mm, $h = 1{,}125$ mm, $F_u = 20\,980$ N).

L: **1.** Nach Gl. (12.4) und den Tabn. 12.1 (p_0 für ausgehärtet) und 12.8, $k = 0{,}5$. **2.** Mit $k = 0{,}75$ und Tab. 12.9.

12

12.16 Die Nabe eines 60 mm langen Hebels aus EN AC-AlSi12(b) nach Bild 12.16 soll zwecks Einstellbarkeit auf eine Kerbzahnwelle DIN 5481 — 15×17 gesetzt werden. Aus Fertigungsgründen ist nur eine tragende Profillänge von 10 mm möglich. Welche unter 60° zur Hebellängsachse wechselnd wirkende Kraft F kann am Hebelende bei leichten Stößen übertragen werden?

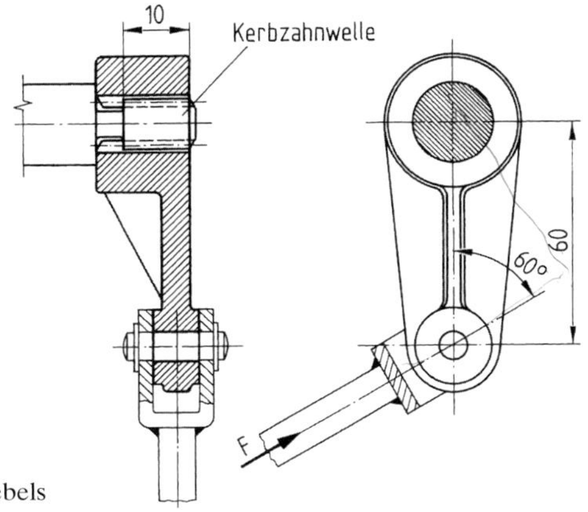

Bild 12.16 Kerbzahnwellen-Verbindung eines Steuerhebels

E: $F = 892$ N ($z = 32$, $d_2 = 14{,}9$ mm, $d_3 = 17{,}2$ mm, $r_m \approx 8$ mm, $h = 1{,}15$ mm, $k = 0{,}5$, $p_{zul} = 31{,}5$ N/mm^2, $F_u = 5796$ N, $T \approx 46{,}4$ Nm).

L: Zulässige Umfangskraft F_u nach Gl. (12.4). Damit $T = F_u \cdot r_m$ und $F = T/(L \cdot \sin 60°)$, worin Hebellänge $L = 60$ mm.

Polygonwellenverbindungen

12.17 Bei einer Konstruktionsänderung soll die Keilwellenverbindung in einem Werkzeugmaschinengetriebe (Aufgabe 12.10) nach Bild 12.17 durch eine Polygonwellenverbindung mit dem Profil DIN 32711 – P 3 G 50 ersetzt werden. Die tragende Länge der Stahlnabe des Zahnrades wird dabei auf 25 mm gekürzt. Es ist ein einseitiges Drehmoment von 160 Nm mit starken Stößen zu übertragen. Genügt die vorgesehene Traglänge des Polygonprofils?

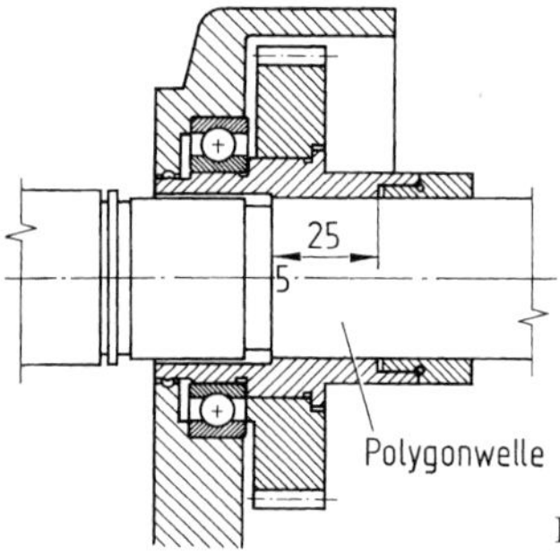

Bild 12.17 Polygonwellenverbindung in einer Werkzeugmaschine

E: Ja, $p = 19\ \mathrm{N/mm^2} < p_{\mathrm{zul}} = 112{,}5\ \mathrm{N/mm^2}$ ($d_1 = 50$ mm, $e_1 = 1{,}8$ mm).

L: Vergleich von p nach Gl. (12.5) mit p_{zul} nach Tab. 12.1, Abmessungen nach Tab. 12.10.

12.18 In einem Schaltgetriebe ist ein Schiebe-Zahnrad aus Einsatzstahl C 15 auf einer Polygonprofilwelle drehsicher und axialbeweglich angeordnet, wie in Bild 12.18 dargestellt.

1. Kann damit ein wechselndes Drehmoment von 320 Nm sicher übertragen werden, wenn leichte Stöße auftreten?
2. Welche tragende Nabenlänge l_t ist mindestens erforderlich bei starken Stößen?

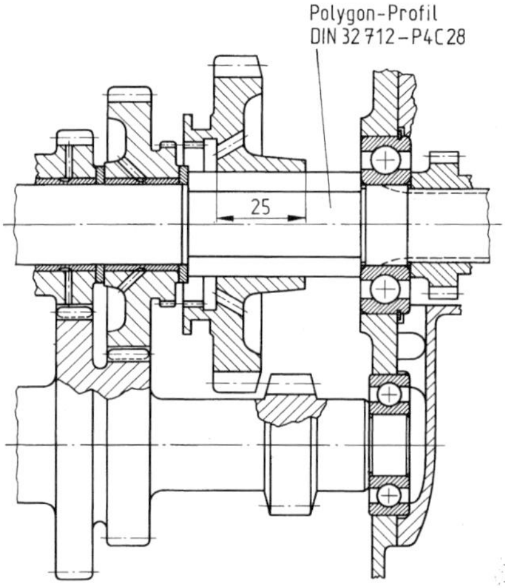

Bild 12.18 Polygonwellenverbindung in einem Schaltgetriebe

E: **1.** Ja, $p = 77{,}8\,\text{N/mm}^2 < p_{\text{zul}} = 90\,\text{N/mm}^2$ ($d_\text{r} = 34$ mm, $e = 5$ mm, $e_\text{r} = 1$ mm, $l_\text{t} = 25$ mm).
2. $l_\text{t} \approx 29$ mm ($p_{\text{zul}} = 67{,}5\,\text{N/mm}^2$).

L: **1.** Sinngemäß wie Aufg. 12.17, jedoch mit Abmessungen (Tab. 12.10) und Gl. (12.6) für Profil P4C 28. **2.** Nach Gl. (12.6) mit p_{zul} für wechselnd starke Stöße (Tab. 12.1).

12.19 Der Antrieb einer Revolverdrehmaschine erfolgt entsprechend Bild 12.19 über eine Keilriemenscheibe aus Grauguss EN-GJL-250, deren Nabe auf einem Wellenende mit Polygonprofil DIN 32711-P3G40 befestigt ist. Bei $n = 900\,\text{min}^{-1} = 15\,\text{s}^{-1}$ ist eine Leistung $P = 15$ kW zu übertragen. Für gleichbleibende Drehrichtung und starke Stöße ist zu ermitteln, ob die Nabenlänge von 40 mm als tragende Profillänge ausreicht.

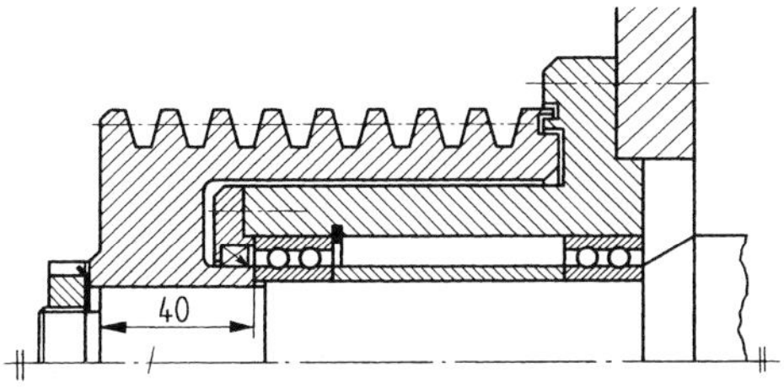

Bild 12.19 Befestigung einer Keilriemenscheibe mit einem Polygonprofil

12

E: Ausreichend $l_\text{t} = 40\,\text{mm} > l_{\text{t erf}} = 11{,}1$ mm ($d_1 = 40$ mm, $e_1 = 1{,}4$ mm, $p_{\text{zul}} = 67{,}5\,\text{N/mm}^2$, $T \approx 159{,}2$ Nm).

L: Nach Gl. (12.5) mit p_{zul} nach Tab. 12.1 und $T = P/(2\pi \cdot n)$.

Kegelverbindungen

12.20 Die nach Bild 12.20 auf einem kegligen Wellenende aus E295 sitzende Keilriemenscheibe aus S275JR dient zum Antrieb einer Schmierpumpe. Die Mutter soll gefühlsmäßig angezogen werden. Es sind zu ermitteln:

1. Die Fugenpressung p_F, wenn mit einem Haftbeiwert $\mu \approx 0{,}08$ gerechnet wird (Fugenfläche leicht geölt, Winkel auf ein Zehntel Grad runden),

2. Das Drehmoment T, das die Kegelverbindung mit einer Haftsicherheit $S_\text{H} = 1{,}8$ übertragen kann,

3. Liegen die Beanspruchungen des Außen- und des Innenteils im elastischen Bereich?

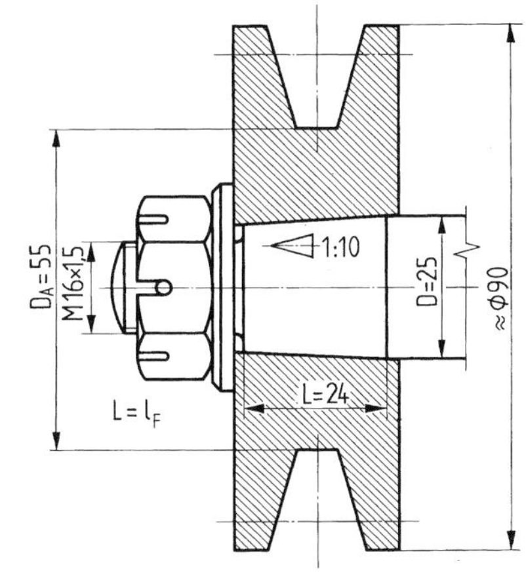

Bild 12.20 Kegelverbindung einer Keilriemenscheibe

E: **1.** $p_F \approx 127\,N/mm^2$ ($F_V \approx 30{,}06$ kN, $D_F = 23{,}8$ mm, $\varrho \approx 4{,}6°$).
2. $T = 120{,}5$ Nm ($F_F \approx 18{,}23$ kN, $F_u = 10{,}13$ kN).
3. Innenteil ja: $p_{I\,zul} = 274{,}2\,N/mm^2 > p_F$ ($R_{eI} = 285\,N/mm^2$), Außenteil nein: elastisch-plastische Beanspruchung, jedoch zulässig, da $p_{A\,zul} = 197{,}2\,N/mm^2 > p_F$ ($Q_A = 0{,}433$, $R_{eA} = 255\,N/mm^2$) und $q \approx 0{,}014 < 0{,}3$ ($p_F/R_{eA} = 0{,}50$, $\zeta = 1{,}04$ geschätzt nach Tab. 9.4).

L: **1.** Mit Gl. (12.7), darin Vorspannkraft $F_V \approx A_S \cdot \sigma_V$ (mittlere Vorspannung $\sigma_V \approx 180\,N/mm^2$ bei gefühlsmäßigem Anziehen nach Tab. 10.13), Reibungswinkel ϱ aus $\tan \varrho = \mu$. **2.** $T = F_u \cdot r_F = F_u \cdot D_F/2$ mit $F_u = F_F/S_H$, Haftkraft F_F nach Gl. (9.2). Das Ergebnis zeigt, dass mit Kegelverbindungen beachtliche Drehmomente übertragen werden können, die u. U. größer sind als das vom Wellenquerschnitt übertragbare Drehmoment. **3.** Überprüfung mit den Gln. (9.27) (Innenteil) und (9.25) (Außenteil), falls $p_{A\,zul} < p_F$ und $R_{eA}(1 - Q_A^2)/\sqrt{3} < p_F$ (s. ME Abschn. 9.4), liegt elastisch-plastische Beanspruchung des Außenteils vor, sodass $p_{A\,zul}$ mit Gl. (9.28) oder Gl. (9.29) zu errechnen und q nach Gl. (9.30) zu überprüfen ist. Ferner muss $R_{eA}(1 - Q_A^2)/2 \leq R_{eI}$ sein, damit keine plastische Beanspruchung des Innenteils auftritt (s. ME Abschn. 9.4).

12

12.21

Die in Bild 12.21 gezeigte Kegelverbindung mit dem Flansch einer elastischen Kupplung hat ein größtes Drehmoment $T = 6$ kNm zu übertragen, wobei eine Haftsicherheit von mindestens 1,5 vorhanden sein soll, Wellenende DIN 1448 — 100 × 165, Wellenwerkstoff: E295, Nabenwerkstoff: GS-45. Für das Anziehen der Mutter mittels Drehmomentschlüssel ist ein Anziehmoment $M_A = 6700$ Nm vorgeschrieben (mittlerer Radius an der Mutterauflagefläche $r_m \approx 46$ mm, Reibzahl $\mu_K \approx \mu_G \approx 0{,}12$, Anziehfaktor $\alpha_A = 1{,}6$). Zu ermitteln sind:

1. Die Fugenpressung p_F bei einem Reibwinkel $\varrho \approx 6°$ und der Annahme, dass der Vorspannkraftverlust F_Z etwa 3 % der Montage-Vorspannkraft $F_{M\,min}$ beträgt,
2. Genügt die vorhandene Haftsicherheit S_H?
3. Ist bei der errechneten Fugenpressung elastische Beanspruchung des Außen- und des Innenteils gegeben?
4. Ist bei der maximalen Montagevorspannkraft plastische Beanspruchung zu erwarten?

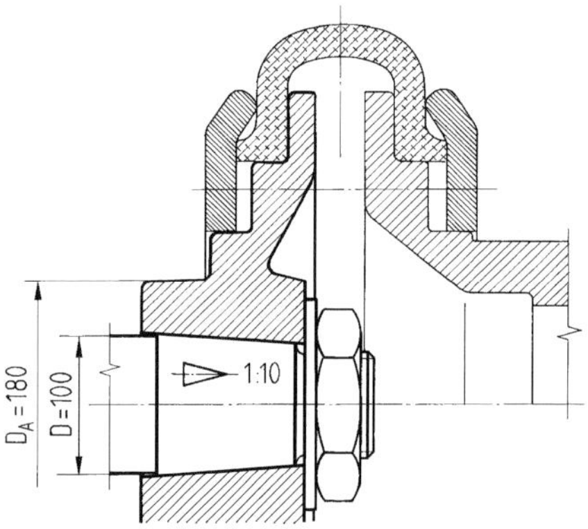

Bild 12.21 Kegelverbindung in einer elastischen Kupplung

E: **1.** $p_F = 66{,}7\,N/mm^2$ ($d_2 = 69{,}4$ mm, $F_{M\,max} \approx 610$ kN, $F_{M\,min} \approx 381$ kN, $F_{V\,min} \approx 370$ kN, $F_Z \approx 11{,}4$ kN, $D_F = 94$ mm).
2. Ja, $S_H = 1{,}95 > 1{,}5$ ($F_F \approx 248{,}4$ kN, $F_u = 127{,}7$ kN).
3. Ja, $p_{A\,zul} = 80{,}7\,N/mm^2 > p_F$ ($Q_A = 0{,}52$, $R_{eA} = 230\,N/mm^2$),
$p_{I\,zul} = 235{,}8\,N/mm^2 > p_F$ ($Q_I = 0$, $R_{eI} = 245\,N/mm^2$).

4. Nein, Außenteil jedoch zulässige elastisch-plastische Beanspruchung: $p_{A\,zul} = 138{,}9\ \mathrm{N/mm^2} > p_{F\,max} = 107{,}8\ \mathrm{N/mm^2}$ ($F_{V\,max} \approx 599$ kN) und $q = 0{,}06 < 0{,}3$ ($p_{F\,max}/R_{eA} \approx 0{,}47$, $\zeta \approx 1{,}08$ geschätzt nach Tab. 9.4).

L: **1.** Mit Gl. (12.7) und $F_V = F_{V\,min} = F_{M\,min} - F_Z$ nach Gl. (10.12) und $F_Z = 0{,}03 F_{M\,min}$ angenommen, $F_{M\,min}$ nach Gl. (10.4) mit $F_{M\,max}$ nach Gl. (10.3), $d_2 = d - 0{,}64953\,P$ (s. Unterschrift zu ME Bild 10.1). **2.** Nach Gl. (9.1) mit $F = F_u = T/r_F$ und F_F nach Gl. (9.2). **3.** Sinngemäß wie unter 3. in Aufg. 12.20. **4.** Wie unter 3., jedoch mit $p_{F\,max} = p_F \cdot F_{V\,max}/F_{V\,min}$ und $F_{V\,max} = F_{M\,max} - F_Z$ (s. auch unter 3. in ME Beisp. 9.6).

12.22

Die mit Bild 12.22 dargestellte Kegelverbindung im Hauptgetriebe einer Werkzeugmaschine hat unter Belastung ein Drehmoment von 400 Nm zu übertragen. Die Mutter (mittlerer Radius an der Auflagefläche $r_m \approx 28$ mm) soll mittels Drehmomentschlüssel angezogen werden ($\alpha_A = 1{,}6$). Es ist das vorzuschreibende Anziehmoment M_A für eine Mindesthaftsicherheit von 1,8 zu ermitteln und zu prüfen, ob bei der maximalen Montagevorspannkraft die Beanspruchungen der Bauteile noch im elastischen Bereich liegen. Der Vorspannkraftverlust ist mit 10 % der Montage-Vorspannkraft $F_{M\,min}$ anzunehmen, Reibwinkel und Reibzahlen: $\varrho \approx 6°$, $\mu_G \approx \mu_K \approx 0{,}1$, Zahnrad aus C45 ($R_e = 350\ \mathrm{N/mm^2}$), Welle aus E295.

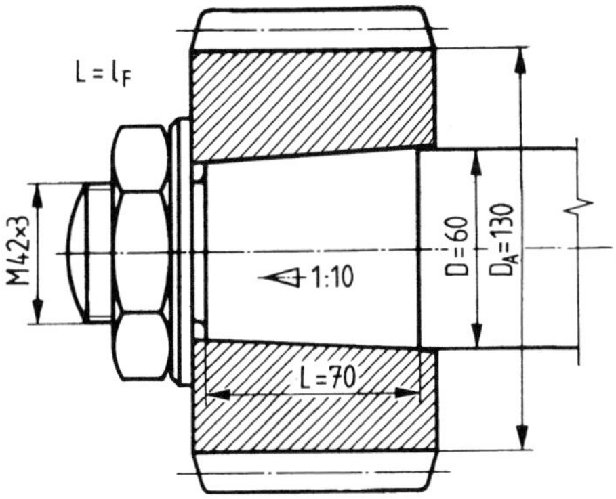

Bild 12.22 Kegelverbindung eines Ritzels in einer Werkzeugmaschine

E: $M_A \approx 397$ Nm ($D_F = 56{,}5$ mm, $F_u = 14\,160$ N, $F_F = 25\,488$ N, $p_F \approx 20{,}5\ \mathrm{N/mm^2}$, $F_V \approx 39{,}9$ kN.
$F_{M\,min} = 44{,}3$ kN, $F_{M\,max} = 70{,}9$ kN, $d_2 = 40{,}05$ mm, elastische Beanspruchung:
$p_{A\,zul} = 137{,}3\ \mathrm{N/mm^2} > p_{F\,max} \approx 34{,}2\ \mathrm{N/mm^2}$ ($F_{V\,max} = 66{,}5$ kN, $Q_A \approx 0{,}43$),
$R_{eI} = 275\ \mathrm{N/mm^2}$, $p_{I\,zul} = 264{,}6\ \mathrm{N/mm^2} > p_{F\,max} = 34{,}2\ \mathrm{N/mm^2}$.

L: Zweckmäßiger Rechnungsausgang: $F_u = T/r_F$, F_F nach Gl. (9.1), p_F nach Gl. (9.2), F_V nach Gl. (12.7), $F_{M\,max}$ nach Gl. (10.4) mit $F_{M\,min} = F_V/0{,}9$, M_A nach Gl. (10.3), d_2 s. ME Bild 10.1, Kontrolle der Bauteil-Beanspruchungen mit $p_{F\,max}$ wie unter 3. in Aufg. 12.20 und Aufg. 12.21.

12.23

Auf ein Wellenende aus S275 mit Kegel 1 : 4 ist nach Bild 12.23 eine Leichtmetall-Riemenscheibe aus EN AC-AlSi12 (Cu) aufgesetzt. Bei $n = 2800\ \mathrm{min^{-1}}$ hat die Kegelverbindung eine Leistung $P = 4$ kW zu übertragen. Die Zylinderschraube mit Innensechskant wird mit einem Stiftschlüssel gefühlsmäßig von Hand angezogen. Es ist festzustellen, ob bei der erfahrungsgemäß mittleren Vorspannkraft F_V eine Haftsicherheit $S_H = 1,8$ gewährleistet und bei einer größtmöglichen Fugenpressung $p_{F\,max} = 1,5 p_F$ plastische Beanspruchung des Außenteils ausgeschlossen ist. Als Haftbeiwert ist $\mu \approx 0,05$ anzunehmen.

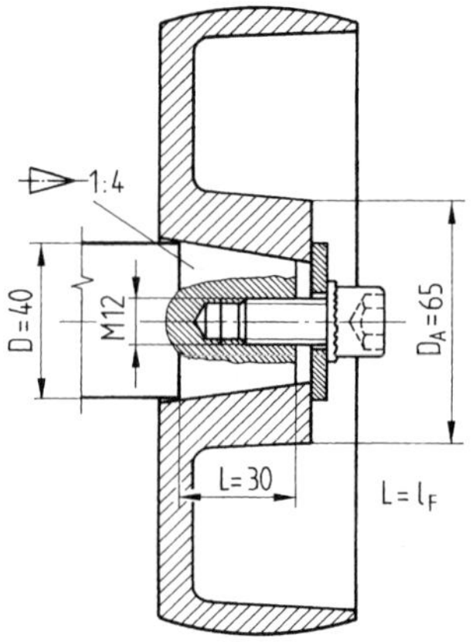

Bild 12.23 Kegelverbindung mit einer Leichtmetall-Riemenscheibe

E: Bei $F_V = 7,1$ kN ist $S_H \approx 2,7 > 1,8$ ($0,3\sigma_V \approx 84\,\text{N/mm}^2$, $D_F \approx 36,3$ mm, $\alpha/2 + \varrho \approx 10°$, $p_F = 11,8\,\text{N/mm}^2$, $F_F = 2019$ N, $T = 13,64$ Nm, $F_u = 752$ N), elastische Beanspruchung: $p_{A\,zul} = 26,4\,\text{N/mm}^2 > p_{F\,max} \approx 17,7\,\text{N/mm}^2$ ($Q_A \approx 0,56$).

12

L: Nach ME Abschn. 10.16 kann bei gefühlsmäßigem Anziehen mittels Stiftschlüssel angenommen werden $F_V \approx 0,3 \cdot A_S \cdot \sigma_V$ mit σ_V nach Tab. 10.13, damit p_F nach Gl. (12.7), weiter mit $p_{F\,max} \approx 1,5 p_F$ nach den Gln. (9.2) und (9.1) sowie Gl. (9.25) entspr. Aufg. 12.21 unter 3.

Stirnzahnverbindungen

12.24 Eine nach Bild 12.24 als Zahnkupplung ausgebildete Elektromagnet-Kupplung soll ein maximales Drehmoment $T = 200$ Nm bei wechselnder Drehrichtung und starken Stößen sicher übertragen. Die Zugkraft des Magneten auf den Anker, beide aus S235, bringt die Zähne in Eingriff, wobei zusätzlich eine Federkraft $F = 300$ N zu überwinden ist. Die nicht eingezeichneten Federn drücken den Anker nach Abschalten des elektrischen Stromes vom Magneten ab und bringen die Zähne außer Eingriff. Es sind zu ermitteln:

1. Welche Längsspannkraft F_A muss der Magnet mindestens aufbringen?
2. Ist die Flankenpressung p zulässig?

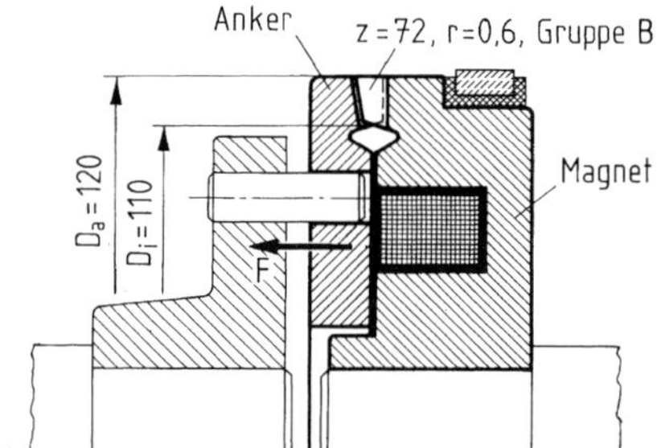

Bild 12.24 Stirnverzahnung in einer Elektromagnet-Kupplung

E: **1.** $F_A = 1692\,\text{N} \approx 1,7$ kN ($r_m = 57,5$ mm, $F_u \approx 3,48$ kN).
2. Ja, $p \approx 8,7\,\text{N/mm}^2 < p_{zul} = 37,5\,\text{N/mm}^2$ ($b = 5$ mm, $H = 4,54$ mm, $S = 0,6$ mm).

L: **1.** $F_A \geq 0,4 F_u + F$ mit $F_u = T/r_m$ (s. ME Abschn. 12.7 und Legende zur Gl. (12.8)). **2.** Mit Gl. (12.8) und p_{zul} nach Tab. 12.1 (Spalte Zahnwellen).

12.25 Ein Kegelrad aus E360 ist entsprechend Bild 12.25 durch eine Stirnverzahnung mit dem Wellenende aus E335 verbunden. Die Längsspannkraft wird durch eine Zylinderschraube DIN 912 — M 8 × 40 — 8.8 erzeugt, die mit einem Drehmomentenschlüssel bis zur zulässigen Montagevorspannkraft $F_{M\ zul}$ angezogen werden soll. Für diese Verbindung sind zu ermitteln:

1. Welches gleichbleibende Drehmoment T könnte bei der möglichen Längsspannkraft F_A von der Stirnverzahnung übertragen werden, ohne dass die zulässige Flankenpressung überschritten wird?
2. Welches wechselnde Drehmoment mit leichten Stößen kann übertragen werden?
3. Welches Schraubenanziehmoment M_A ist für die Montagevorspannkraft $F_{M\,zul}$ vorzuschreiben?

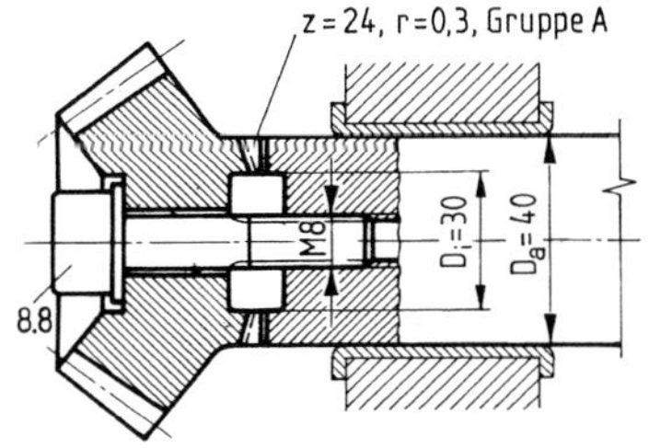

Bild 12.25 Mittels Stirnverzahnung befestigtes Kegelrad

12

E: **1.** $T \approx 270$ Nm ($F_u \approx 15{,}5$ kN, $r_m = 17{,}5$ mm), $p \approx 78$ N/mm^2 $< p_{zul} = 120$ N/mm^2 ($b = 5$ mm, $H \approx 4{,}53$ mm, $S = 0{,}4$ mm).
2. $T \approx 235$ Nm ($p_{zul} = 67{,}5$ N/mm^2).
3. $M_A \approx 23$ Nm.

L: **1.** $T = F_u \cdot r_m$ mit $F_u = F_A = F_V = 0{,}9 F_{M\ zul}$ ($F_{M\ zul}$ nach Tab. 10.8 für $\mu_G = \mu_K = 0{,}12$), Kontrolle von p mit Gl. (12.8) und p_{zul} nach Tab. 12.1 (Spalte Zahnwellen, Zeile: einseitig, ruhend). **2.** Ermittlung von T aus Proportion mit p_{zul} (Zeile: wechselnd, leichte Stöße) und p nach 1. **3.** M_A nach Tab. 10.8.

12.26 In einem Hochleistungsgetriebe sind zwei Zahnräder aus 15CrNi6 nach Bild 12.26 durch Stirnverzahnung miteinander verbunden. Die Verbindung hat ein einseitiges Drehmoment von 170 Nm zu übertragen. Es ist festzustellen, ob die erforderliche Längsspannkraft durch gefühlsmäßiges Anziehen der Schraube erreicht werden kann und ob die Flankenpressung zulässig ist, wenn starke Stöße auftreten.

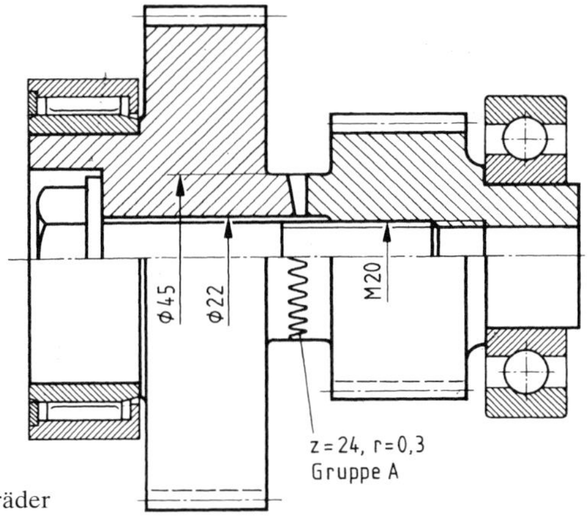

Bild 12.26 Durch Stirnverzahnung verbundene Zahnräder

E: F_A ausreichend, da $F_V \approx 44$ kN $> F_u = 10{,}15$ kN ($A_S = 245$ mm^2, $\sigma_V = 180$ N/mm^2, $r_m = 16{,}75$ mm), $p_{zul} = 90$ N/mm^2 $> p = 21{,}2$ N/mm^2 ($b = 11{,}5$ mm, $H \approx 5{,}1$ mm, $S = 0{,}4$ mm).

L: Ausreichend, wenn $F_A = F_V = A_S \cdot \sigma_V \geq F_u = T/r_m$ (σ_V nach Tab. 10.13), p nach Gl. (12.8), p_{zul} nach Tab. 12.1.

13 Stift- und Bolzenverbindungen

Gelenkstifte und Bolzen

13.1 Das Schaltgestänge aus S235 für eine mechanisch betätigte Kupplung enthält ein Gelenk (Bild 13.1), das eine schwellend wirkende Kraft von 400 N zu übertragen hat. Ist die Verbindung mit einem Knebelkerbstift von $d = 5$ mm Durchmesser ausreichend bemessen?

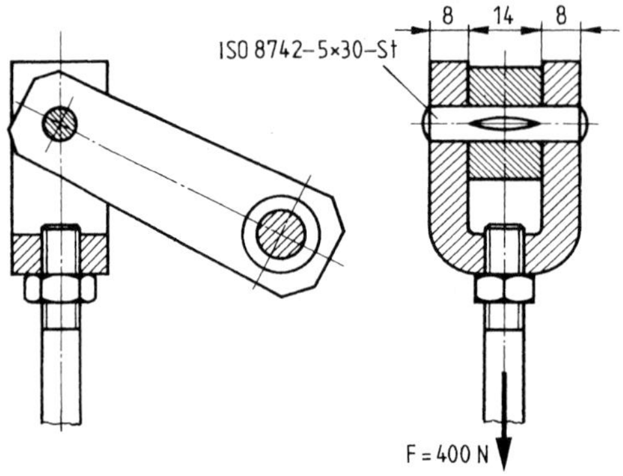

Bild 13.1 Gelenk eines Schaltgestänges

13

E: Ja, $p_a = 5\,\text{N/mm}^2 < p_{a\,zul} = 24\,\text{N/mm}^2$, $p_i = 5{,}7\,\text{N/mm}^2 < p_{i\,zul} = 52\,\text{N/mm}^2$, $\tau_a = 10{,}2\,\text{N/mm}^2 < \tau_{a\,zul} = 50\,\text{N/mm}^2$, $\sigma_b = 120\,\text{N/mm}^2 = \sigma_{b\,zul} = 120\,\text{N/mm}^2$ ($W_b = 12{,}5\,\text{mm}^3$).

L: Sinngemäß wie ME Beisp. 13.1.

13.2 Das Bild 13.2 zeigt ein Gelenk aus dem Gestänge einer Doppelbackenbremse. Es ist eine schwellend wirkende Kraft $F = 15{,}5$ kN zu übertragen. Für einen Bolzen nach DIN EN 22340 aus Stahl ist der Durchmesser wie folgt zu bestimmen:

1. Der erforderliche genormte Bolzendurchmesser d nach der zulässigen Flächenpressung für den Bauteilwerkstoff S235,
2. Werden bei dem gewählten Bolzen die zulässige Scherspannung $\tau_{a\,zul}$ und die zulässige Biegespannung $\sigma_{b\,zul}$ überschritten?

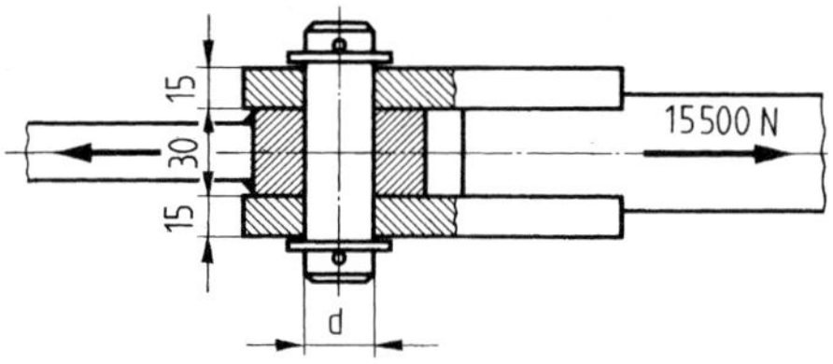

Bild 13.2 Gelenk eines Bremsgestänges

E: **1.** $d = 22\,\text{mm} > d_{erf} = 21{,}5\,\text{mm}$ ($p_{zul} = 24\,\text{N/mm}^2$).
2. Nein, $\tau_{a\,zul} = 60\,\text{N/mm}^2 > \tau_a = 20{,}4\,\text{N/mm}^2$, $\sigma_{b\,zul} = 140\,\text{N/mm}^2 > \sigma_b = 109{,}2\,\text{N/mm}^2$ ($W_b = 1065\,\text{mm}^3$).

L: **1.** Erforderlicher Bolzendurchmesser d_{erf} nach Gl. 13.2 mit p_{zul} aus Tab. 13.1 (S235, schwellend, Gleitsitz glatter Bolzen), Wahl eines genormten Durchmessers $d \geq d_{erf}$ nach

Tab. 13.3; da $b = 30$ mm $= 2a$ ist, wird $p_i = p_a$. **2.** Mit den Gln. (13.3) und (13.4) sowie Tab. 13.1.

13.3 Die in Bild 13.3 gezeigte einfache Backenbremse wird durch eine Handkraft $F_H = 200$ N am Handgriff des Hebels betätigt. Die Reibzahl an der Bremsbacke beträgt $\mu \approx 0{,}3$. Für die rechnerische Festigkeitskontrolle der Bolzenverbindung, Bauteilwerkstoff S235, sind zu ermitteln:

1. Die den Bolzen schwellend beanspruchende Kraft F,
2. Sind die größte Flächenpressung p, die Scherspannung τ_a und die Biegespannung σ_b zulässig?
3. Dürfte ein dünnerer Bolzen verwendet werden? Falls ja, welchen Durchmesser d müsste er dann haben?

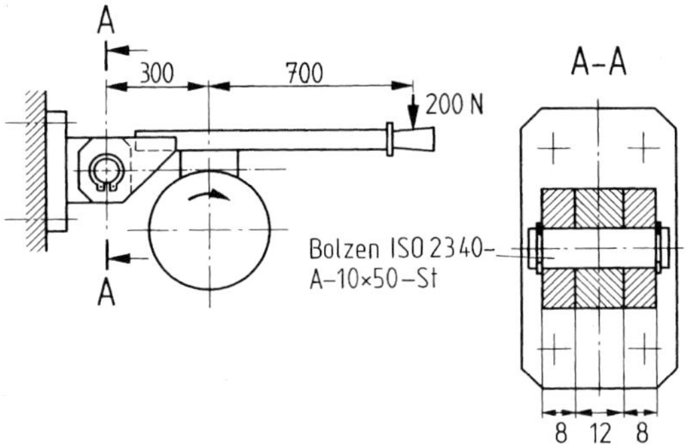

Bild 13.3 Backenbremse

E: **1.** $F = 508$ N ($F_N = 667$ N, $F_x = 200$ N, $F_y = 467$ N).
2. Ja, $p = p_i \approx 4{,}2\,\text{N/mm}^2 < p_{zul} = 24\,\text{N/mm}^2$ ($d = 10$ mm, $p_a < p_i$, da $2a = 2 \cdot 8$ mm $> b = 12$ mm), $T_a \approx 3{,}2\,\text{N/mm}^2 < \tau_{a\,zul} = 60\,\text{N/mm}^2$, $\sigma_b \approx 17{,}8\,\text{N/mm}^2 < \sigma_{b\,zul} = 140\,\text{N/mm}^2$.
3. Ja, $d = 5$ mm $= d_{erf} \approx 5$ mm, $p \approx 8{,}5\,\text{N/mm}^2 < p_{zul}$, $\tau_a \approx 13\,\text{N/mm}^2 < \tau_{a\,zul}$.

L: **1.** Normalkraft $F_N = F_H(l_1 + l_2)/l_1$ folgt aus $\sum M = 0$ (s. Bild L 13.3), $F_x = \mu \cdot F_N$ aus $\sum F_x = 0$ und $F_y = F_N - F_H$ aus $\sum F_y = 0$, damit wird $F = \sqrt{F_x^2 + F_y^2}$. **2.** Mit den Gln. (13.1) bis (13.4) und Tab. 13.1 (S235, schwellend, Gleitsitz glatter Bolzen); da $b = 12$ mm $< 2a = 2 \cdot 8$ mm ist, braucht p_a nicht kontrolliert werden, weil $p_a < p_i$ und $p_{a\,zul} = p_{i\,zul}$. **3.** Falls die Beanspruchungen unter 2. weit unter den zulässigen liegen, Ermittlung von d_{erf} nach Gl. (13.4) mit $\sigma_{b\,zul}$ und Wahl von d nach Tab. 13.3 sowie Kontrolle von p_i mit Gl. (13.2) und τ_a mit Gl. (13.3).

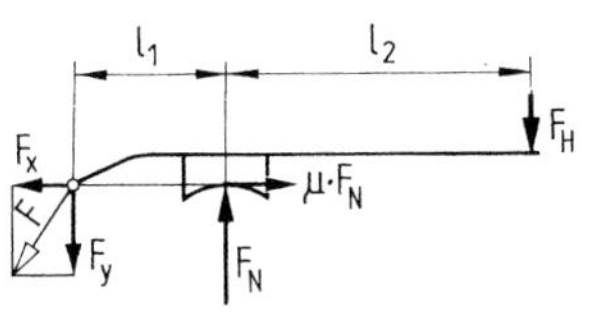

Bild L 13.3 Berechnungsskizze für Bolzenkraft

13.4 Der skizzierte Fußhebel aus E295 zur Betätigung einer Presse ist bei A mit einem Bolzen drehbar gelagert und bei B durch einen weiteren Bolzen mit der Gabel einer Zugstange verbunden (Bild 13.4). Bei C ist in der gezeigten Stellung mit einer schwellend wirkenden maximalen Kraft $F_C = 500$ N zu rechnen. Beide Bolzen sollen gleich ausgeführt werden. Die Bauteildicken bei A und B sind gleich, Werkstoff S235. Welcher genormte Bolzendurchmesser d ist zu wählen?

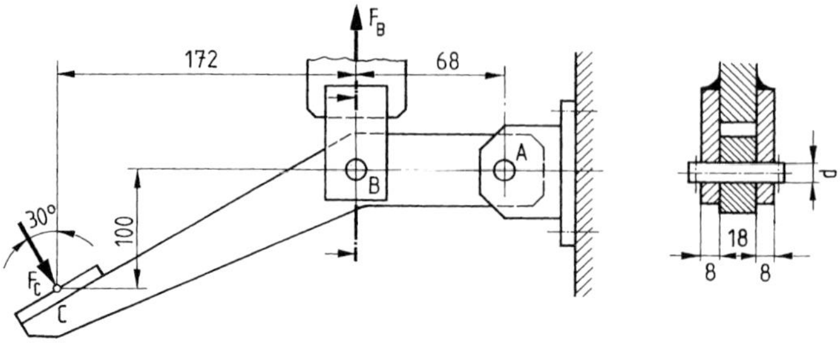

Bild 13.4 Fußhebel

E: $d = 10$ mm $> d_{erf} = 8{,}3$ mm ($F_{Cx} = 250$ N, $F_{Cy} = 433$ N, $F = F_B = 1\,896$ N $\approx 1{,}9$ kN $> F_A = 1\,484$ N, $\sigma_{b\,zul} = 140\ \mathrm{N/mm^2}$), $\tau_a \approx 12{,}1\ \mathrm{N/mm^2} < \tau_{a\,zul} = 60\ \mathrm{N/mm^2}$, $p_a \approx 11{,}9\ \mathrm{N/mm^2} < p_{a\,zul} = p_{i\,zul} = 24\ \mathrm{N/mm^2} > p_i \approx 10{,}5\ \mathrm{N/mm^2}$.

L: Kraft F_C in Komponenten F_{Cx} und F_{Cy} zerlegen, Berechnung von F_B und F_A mit den Gleichgewichtsbedingungen $\sum M_{(A)} = 0$, $\sum F_x = 0$ und $\sum F_y = 0$; d_{erf} nach Gl. (13.4) mit $F = F_B > F_A$ und $\sigma_{b\,zul}$ (Tab. 13.1), Kontrolle von d (Tab. 13.3) mit den Gln. (13.1) bis (13.3).

13.5 Zum Verschließen eines Deckels an einem Gehäuse aus Stahlguss sind mehrere Augenschrauben DIN 444 — A M 8 × 45 — 5.6 mit Flügelmuttern DIN 315 — M 8 — 5 entsprechend Bild 13.5 angeordnet. Die gelenkige Verbindung erfolgt durch einen Doppelkerbstift S 11, Festigkeitsklasse 6.8. Welche Vorspannkraft F_V darf in jeder Schraube höchstens erzeugt werden, ohne dass die Stiftverbindung überbeansprucht wird, wobei seltene Betätigung anzunehmen ist?

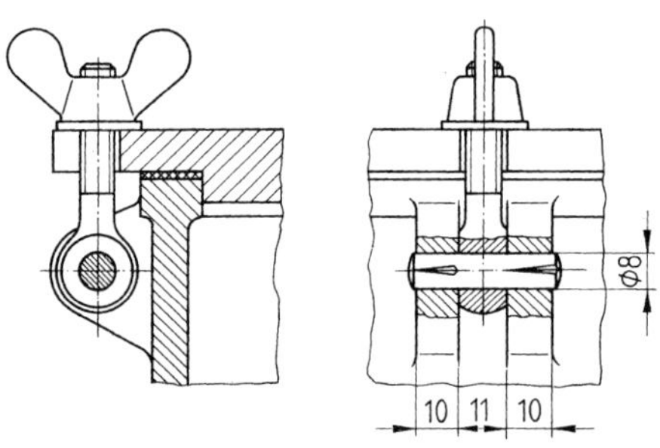

Bild 13.5 Deckelverschluss

E: $F_V = F_{(\sigma_b)} \approx 2{,}64$ kN ($F_{(\tau_a)} \approx 6{,}535$ kN, $F_{(p_i)} \approx 9{,}15$ kN, $F_{(p_a)} = 9{,}28$ kN, $\sigma_{b\,zul} = 200\ \mathrm{N/mm^2}$, $\tau_{a\,zul} = 65\ \mathrm{N/mm^2}$, $p_{i\,zul} = 104\ \mathrm{N/mm^2}$, $p_{a\,zul} = 58\ \mathrm{N/mm^2}$).

L: Ermittlung der zulässigen Kräfte nach den Gln. (13.1) bis (13.4) und mit den zulässigen Beanspruchungen aus Tab. 13.1, u. z. $p_{a\,zul}$ und $\tau_{a\,zul}$ für Sitz mit gekerbtem Teil und $\sigma_{b\,zul}$ für Gleitsitz glatter Bolzen, $p_{i\,zul}$ für Presssitz glatter Stifte, da F_V nicht während der Bewegung der Schraube auftritt. Bei seltener Betätigung gilt Lastfall ruhend.
Die kleinste zulässige Kraft ist F_V.

13.6 In einer Vorrichtung mit einer Grundplatte aus Grauguss erfolgt das Spannen des Werkstücks mit einem Winkelhebel nach Bild 13.6. Durch Anziehen der Spannschraube am Sterngriff wird eine Spannkraft $F_{Sp} \approx 3{,}6$ kN erzeugt. Als Gelenkstift ist ein Zylinderstift ISO 2338 — 12h8 × 45 — St vorgesehen, der im Hebel aus E295 festsitzt und in den Lageraugen Spiel hat. Es ist festzustellen, ob der Stift bei schwellender Belastung ausreichend bemessen ist. Ferner sind geeignete Passungen für die Bohrungen der Lageraugen und die Bohrung im Hebel anzugeben.

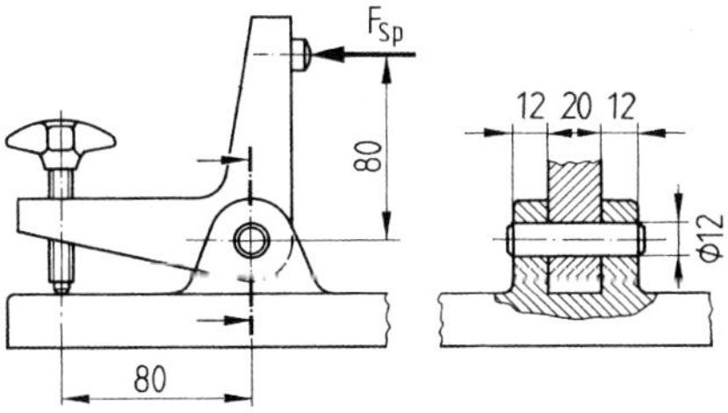

Bild 13.6 Winkelhebel in einer Vorrichtung

E: Nicht ausreichend bemessen: $\sigma_b \approx 162{,}3\,\text{N/mm}^2 > \sigma_{b\,zul} = 145\,\text{N/mm}^2$ ($F \approx 5{,}1$ kN, $W_b = 172{,}8\,\text{mm}^3$), $p_a \approx 17{,}7\,\text{N/mm}^2 < p_{a\,zul} = 32\,\text{N/mm}^2$, $p_i \approx 21{,}3\,\text{N/mm}^2 < p_{i\,zul} = 76\,\text{N/mm}^2$, $\tau_a \approx 22{,}5\,\text{N/mm}^2 < \tau_{a\,zul} = 60\,\text{N/mm}^2$, Lageraugen: H 9, Hebelbohrung: R 7.

13

L: Kontrolle der Beanspruchungen mit den Gln. (13.1) bis (13.4) und Tab. 13.1 ($p_{a\,zul}$ für Grauguss und Gleitsitz glatter Bolzen, $p_{i\,zul}$ für E295 und Presssitz glatter Stifte, $\tau_{a\,zul}$ und $\sigma_{b\,zul}$ für Presssitz glatter Stifte), Gelenkkraft $F = F_{Sp} \cdot \sqrt{2}$ (wegen gleicher Wirksabstände ist $F_x = F_y = F_{Sp}$), Bohrungspassungen mithilfe der Tabn. 2.8 und 2.9 auswählen.

Steckstifte unter Biegekraft

13.7 Für die Laufrollen eines Transporttisches sind Steckkerbstifte mit Hals S7 (Festigkeitsklasse 6.8) als Achsstifte nach Bild 13.7 angeordnet. Die von einer Rolle aus Grauguss aufzunehmende Kraft F wirkt schwellend, da häufiges Be- und Entladen stattfindet. Sind die Flächenpressung p im Bauteil aus Grauguss und die Biegespannung σ_b im Stift zulässig?

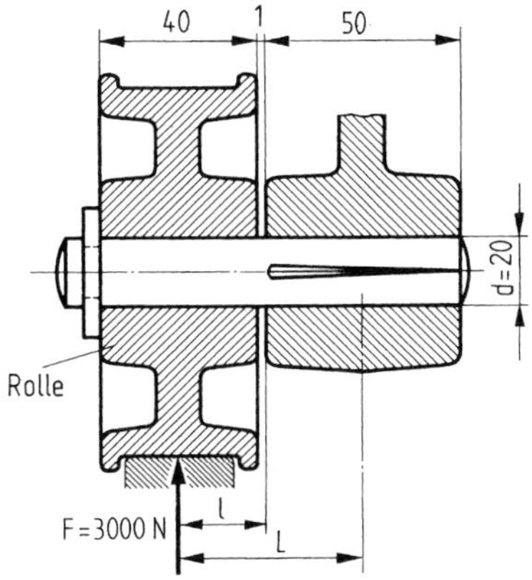

Bild 13.7 Achsstift einer Laufrolle

E: Ja, $p \approx 19{,}6\,\text{N/mm}^2 < p_{\text{zul}} = 36\,\text{N/mm}^2$ ($s = 50$ mm, $L = 46$ mm),
$\sigma_b \approx 78{,}8\,\text{N/mm}^2 < \sigma_{b\,\text{zul}} = 0{,}7 \cdot 120\,\text{N/mm}^2 \approx 85\,\text{N/mm}^2$ ($l = 21$ mm)

L: Sinngemäß wie ME Beisp. 13.2. Auf eine Kontrolle der Scherspannung $\tau_a = F/S$ im Stift darf verzichtet werden, da sie unerheblich ist.

13.8

Für die Rückführung eines hin- und hergehenden Schiebers dienen zwei Zugfedern, die in Passkerbstifte mit Hals und gerundeter Nut nach DIN 1469 eingehängt sind (Bild 13.8). Der Schieber aus S275 spannt die Federn mit einer größten Längskraft $F_l = 920$ N.

1. Sind die Stifte ausreichend bemessen?
2. Falls nicht, genügen Stifte mit einem Durchmesser $d = 10$ mm?

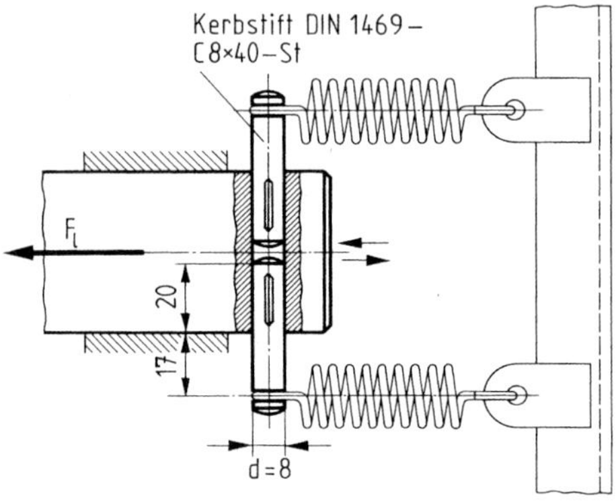

Bild 13.8 Passkerbstifte mit Hals an einem Schieber

13

E: **1.** Nein, $p \approx 26{,}2\,\text{N/mm}^2 < p_{\text{zul}} \approx 53\,\text{N/mm}^2$ ($L = 27$ mm), $\sigma_b = 152{,}7\,\text{N/mm}^2 > \sigma_{b\,\text{zul}} = 0{,}7 \cdot 120\,\text{N/mm}^2 \approx 85\,\text{N/mm}^2$.
2. Ja, $\sigma_b = 78{,}2\,\text{N/mm}^2 < \sigma_{b\,\text{zul}}$.

L: **1.** Mit den Gln. (13.5) und (13.6) sowie Tab. 13.1 (schwellend, Sitz mit gekerbtem Teil, $p_{\text{zul}} \approx 53$ N/mm² für S275) und $F = F_l/2$, $s = 20$ mm, $l = 17$ mm. **2.** Mit Gl. (13.6).

13.9

In einer elastischen Kupplung sind zur Aufnahme von Gummiringen gemäß Bild 13.9 acht Passkerbstifte nach DIN 1469 angeordnet, die eine Nut für Sicherungsscheiben DIN 6799 besitzen. Die Kupplung muß bei Drehrichtungswechsel ein Stoßmoment von 600 Nm übertragen. Zu ermitteln sind:

1. Die einen Stift biegende Kraft F,
2. Die Flächenpressung p im Kupplungsflansch aus Grauguss und die Biegespannung σ_b im Stift,
3. Sind diese Beanspruchungen zulässig?

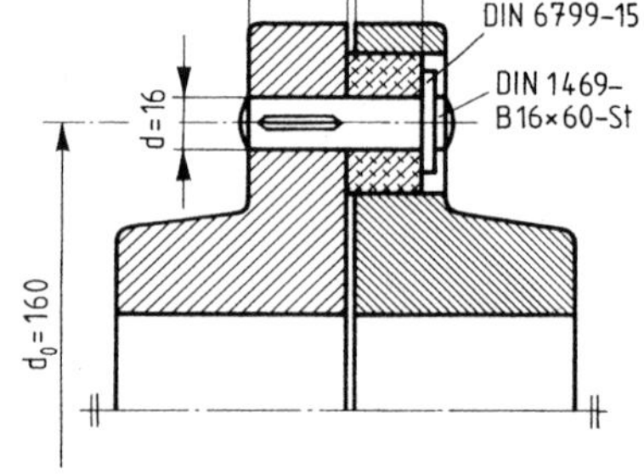

Bild 13.9 Passkerbstifte in einer Elastikkupplung

E: **1.** $F \approx 938$ N.
2. $p \approx 13\,\text{N/mm}^2$ ($L \approx 28{,}3$ mm), $\sigma_b \approx 30{,}5\,\text{N/mm}^2$.
3. Ja, $p_{zul} = 18\,\text{N/mm}^2 > p$, $\sigma_{b\,zul} = 0{,}7 \cdot 60\,\text{N/mm}^2 = 42\,\text{N/mm}^2 > \sigma_b$.

L: **1.** $F = F_u/i$ mit der Umfangskraft F_u aus dem Drehmoment M am Teilkreisradius $r_0 = d_0/2$ und $i = 8$ Stiften. **2.** Mit den Gln. (13.5) und (13.6), wegen der großen Elastizität der Gummiringe ist mit $l = (2 + 22{,}5/2)$ mm $\approx 13{,}3$ mm zu rechnen. Auf eine Kontrolle der Scherspannung darf verzichtet werden. **3.** Vergleich mit p_{zul} und $\sigma_{b\,zul}$ (Tab. 13.1, wechselnd, Sitz mit gekerbtem Teil, 0,7-facher Tabellenwert für $\sigma_{b\,zul}$).

13.10 In einem Automaten enthält ein Kurbeltrieb als Kurbelzapfen einen Passkerbstift mit Hals DIN 1469 und Nut für Sicherungsringe DIN 471 (Bild 13.10). In der gezeigten Stellung höchster Belastung übt die Kraft F auf den Hebel aus GS-38 ein Drehmoment von 70 Nm aus. Genügt der gewählte Stiftdurchmesser $d = 12$ mm für schwellende Beanspruchung?

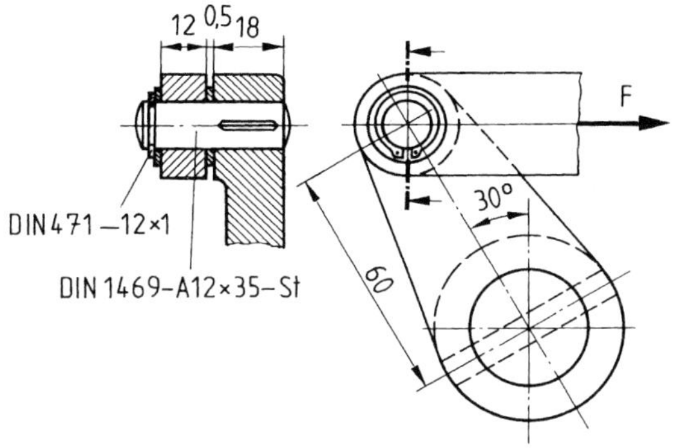

Bild 13.10 Passkerbstift als Kurbelzapfen

E: Ja, $p \approx 38{,}5\,\text{N/mm}^2 < p_{zul} = 43\,\text{N/mm}^2$ ($F = 1347$ N, $s = 18$ mm, $L = 15{,}5$ mm), $\sigma_b = 50{,}7\,\text{N/mm}^2 < \sigma_{b\,zul} = 0{,}7 \cdot 120\,\text{N/mm}^2 \approx 85\,\text{N/mm}^2$ ($l = 6{,}5$ mm).

L: Mit den Gln. (13.5) und (13.6) sowie Tab. 13.1 (Sitz mit gekerbtem Teil), die Scherspannung im Stift ist unerheblich, Belastungskraft $F = M/(R \cdot \cos 30°)$.

13.11 Der Anker aus S235 der in Bild 13.11 gezeigten elektromagnetischen Zahnkupplung wird auf Zylinderstiften geführt, die in den Nabenflansch aus Grauguss der abtriebsseitigen Kupplungshälfte fest eingepresst sind, Flanschdicke $s = 15$ mm, Abstand $l = 10$ mm. Wieviel Zylinderstifte ISO 2338 – 10h8 × 30 – St müssen am Teilkreis mit dem Durchmesser $d_0 = 86$ mm angeordnet werden, wenn die Kupplung ein wechselnd wirkendes Drehmoment von 200 Nm zu übertragen hat? Wegen der Teilungstoleranzen ist davon auszugehen, dass nur ca. 80 % der Stifte tragen.

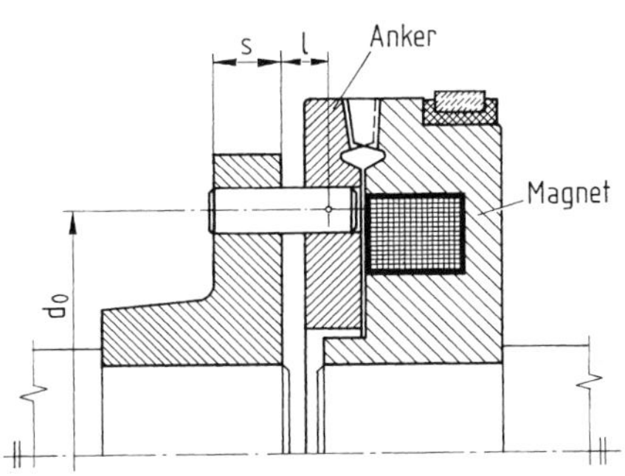

Bild 13.11 Zylinderstifte zur Führung des Ankers einer Elektromagnet-Zahnkupplung

13

E: $i = 12 > i_{erf} \approx 11{,}9$ ($F_u = 4651$ N, $F = F_{(p)} = 487{,}5$ N, $F_{(\sigma_b)} = 520$ N, $\sigma_{b\,zul} = 0{,}7 \cdot 75$ N/mm² ≈ 52 N/mm², $p_{zul} = 26$ N/mm², $d = 10$ mm, $L = 17{,}5$ mm)

L: Erforderliche Stiftanzahl $i = F_u/0{,}8F$ mit $F_u = M/r_0$ und der zulässigen Belastungskraft F je Stift als der kleineren Kraft nach den Gln. (13.5) und (13.6) ($\sigma_{b\,zul}$ als 0,7-facher Tabellenwert und p_{zul} aus Tab. 13.1, Presssitz glatter Stifte).

Querstifte unter Drehmoment

13.12 Die Nabe des in Bild 13.10 gezeigten Kurbelarms aus Stahlguss ist auf der Welle aus E295 mit einem Zylinderkerbstift befestigt, Nabendurchmesser $D_a = 50$ mm, Wellendurchmesser $D_i = 32$ mm. Verwendet wurde ein Kerbstift ISO 8739 — 8 × 50 — St. Ist die Verbindung für die Übertragung des schwellend wirkenden Drehmoments $T = 70$ Nm ausreichend bemessen?

E: Ja, $p_a = 23{,}7$ N/mm² $< p_{a\,zul} = 43$ N/mm² ($d = 8$ mm),
$p_i = 51{,}3$ N/mm² $< p_{i\,zul} = 55$ N/mm²,
$\tau_a = 43{,}5$ N/mm² $< \tau_{a\,zul} = 50$ N/mm².

13

L: Sinngemäß wie ME Beisp. 13.3 mit den Gln. (13.7) bis (13.9) und Tab. 13.1 (schwellend, Sitz mit gekerbtem Teil).

13.13 Würde für die in Aufgabe 13.12 beschriebene Querstiftverbindung auch ein Spannstift ISO 8752 — 6 × 50 — St genügen? Dieser Stift (Spannhülse) hat eine Wanddicke $s = 1{,}2$ mm.

E: Ja, $p_a = 31{,}6$ N/mm² $< p_{a\,zul} = 62$ N/mm² ($d = 6$ mm),
$p_i = 68{,}4$ N/mm² $< p_{i\,zul} = 76$ N/mm²,
$\tau_a = 120{,}85$ N/mm² $\approx \tau_{a\,zul} = 120$ N/mm² ($S \approx 18{,}1$ mm²).

L: Wie Aufg. 13.12, jedoch Presssitz glatter Stifte und für $\tau_{a\,zul}$ die zweifachen Tabellenwerte (s. ME am Ende von Abschn. 13.3, Stiftquerschnitt = Kreisringfläche).

13.14 Ein Kettenrad aus C45E ist nach Bild 13.14 mit einem unter 70° schräg zur Wellenmitte sitzenden ungehärteten Zylinderstift auf der Welle aus S275 befestigt. Das Kettenrad hat ein wechselnd wirkendes Drehmoment von 50 Nm zu übertragen. Welchen Durchmesser d muß der Stift aus S550GD erhalten, und wie lautet die vollständige Normbezeichnung des gewählten Stiftes?

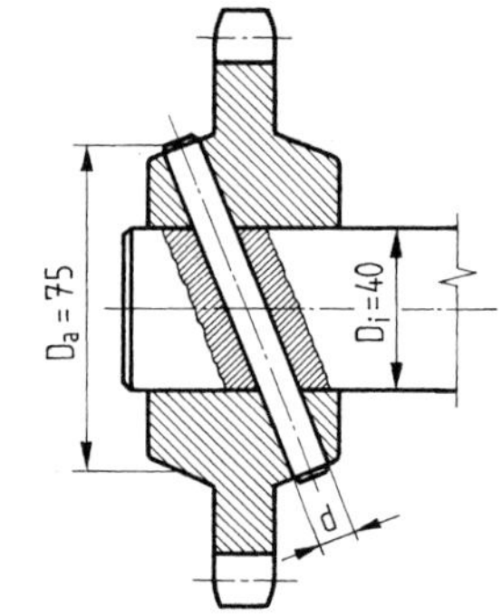

Bild 13.14 Mit einem Querstift befestigtes Kettenrad

E: $d = 8$ mm $> d_{erf} = 7{,}3$ mm ($\tau_{a\,zul} = 30\ \text{N/mm}^2$), $p_a = 6{,}2\ \text{N/mm}^2 < p_{a\,zul} \approx 38\ \text{N/mm}^2$, $p_i \approx 23{,}4\ \text{N/mm}^2 < p_{i\,zul} \approx 36\ \text{N/mm}^2$, Zylinderstift ISO 2338 – 8 h8 × 80 – St.

L: Auf die Berücksichtigung der Schräglage des Stiftes und der damit verbundenen Vergrößerung der beanspruchten Flächen kann bei der Festigkeitsberechnung verzichtet werden. Der Einfachheit halber ist wie bei einem senkrechten Stift zu rechnen, u. z.: Erforderlicher Stiftdurchmesser d_{erf} mit $\tau_{a\,zul}$ (Tab. 13.1) nach Gl. (13.9), Durchmesserwahl nach Tab. 13.3 so, dass $d \geq d_{erf}$, Kontrolle von p_a und p_i mit dem gewählten d und den Gln. (13.7) und (13.8) sowie Tab. 13.1 (Presssitz glatter Stifte, Wert für C45E wie E295, für S275 ungefähr wie S235), Stiftlänge $l = D_a/\sin 70°$, Normbezeichnung sinngemäß wie im Text der Aufg. 13.6. h8 siehe ME Bild 13.5b.

13.15

Zur Befestigung eines Spindelkopfes aus S235 wird ein Knebelkerbstift verwendet (Bild 13.15), und zwar ein Kerbstift ISO 8742 — 10 × 70 — St, Spindelwerkstoff E295. Für eine maximale Handkraft $F_H = 250$ N sind zu ermitteln:

1. Genügt der Stift den Anforderungen, wenn wegen seltener Betätigung mit ruhender Beanspruchung gerechnet werden kann?
2. Auf welchen Durchmesser könnte der Stift ggf. geändert werden?

13

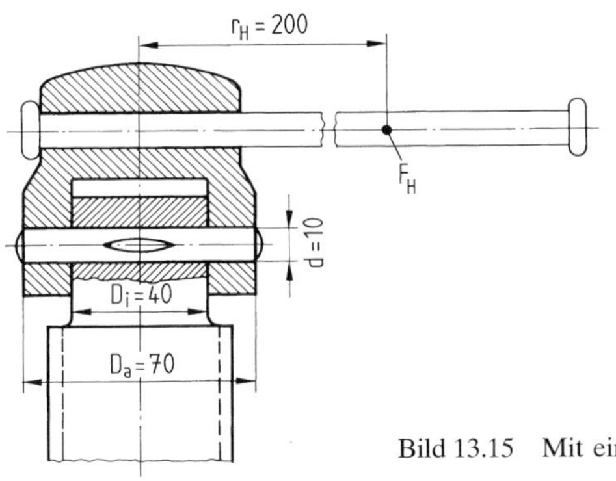

Bild 13.15 Mit einem Knebelstift befestigter Spindelkopf

E: **1.** Ja, $p_a \approx 6{,}1\ \text{N/mm}^2 < p_{a\,zul} = 98\ \text{N/mm}^2$ ($T = 50$ Nm),
$p_i \approx 18{,}8\ \text{N/mm}^2 < p_{i\,zul} = 73\ \text{N/mm}^2$,
$\tau_a \approx 15{,}9\ \text{N/mm}^2 < \tau_{a\,zul} = 80\ \text{N/mm}^2$.
2. $d = 5$ mm $> d_{erf} \approx 4{,}5$ mm, $p_a \approx 12{,}2\ \text{N/mm}^2 < p_{a\,zul}$, $p_i \approx 37{,}6\ \text{N/mm}^2 < p_{i\,zul}$.

L: **1.** Mit den Gln. (13.7) bis (13.9) und $M = F_H \cdot r_H$ sowie Tab. 13.1, $p_{a\,zul}$ für Presssitz glatter Stifte, $p_{i\,zul}$ für Sitz mit gekerbtem Teil, $\tau_{a\,zul}$ ebenfalls für Presssitz (da die Kerbe nur $l/3 \approx 23{,}3$ mm lang ist, hat sie auf die scherbeanspruchten Flächen keinen Einfluss). **2.** Sinngemäß wie Aufg. 13.14, wenn unter 1. die vorhandenen Beanspruchungen weit unter den zulässigen liegen.

13.16

Auf einer Getriebewelle aus S235 sitzt entsprechend Bild 13.16 das mit einem Knebelkerbstift befestigte Kegelrad aus E295. Es hat ein gleichbleibendes Drehmoment von 28 Nm zu übertragen. Die vom Kegelrad erzeugte Längskraft F_l wird vom Wellenbund aufgenommen und beansprucht den Stift nicht zusätzlich. Genügt die Verbindung mit einem Kerbstift ISO 8742 — 6 × 35 — St den Anforderungen?

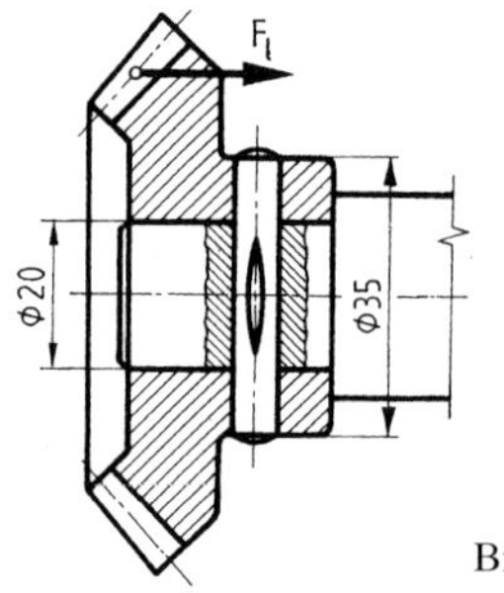

Bild 13.16 Mit einem Knebelstift befestigtes Kegelrad

E: Ja, $p_a \approx 22{,}6\ \text{N/mm}^2 < p_{a\,zul} = 104\ \text{N/mm}^2$ ($d = 6$ mm, $D_a = 35$ mm, $D_i = 20$ mm), $p_i = 70\ \text{N/mm}^2 \approx p_{i\,zul} = 69\ \text{N/mm}^2$ ($\tau_a = 49{,}5\ \text{N/mm}^2 < \tau_{a\,zul} = 80\ \text{N/mm}^2$).

L: Sinngemäß wie unter 1. in Aufg. 13.15.

13.17 Anstelle des Knebelkerbstiftes im Bild 13.16 zur Befestigung des Kegelrades nach 13.16 soll ein Spiralspannstift verwendet werden. Außerdem entfällt der Wellenbund, sodass vom Stift auch die Längskraft $F_l = 300$ N übertragen werden muss. Diese Kraft und das Drehmoment $T = 28$ Nm wirken ruhend. Würde ein Spannstift ISO 8750 — 6 × 36 für die Verbindung ausreichen? Er hat ca. 2,25 Windungen mit einer Blechdicke $s = 0{,}5$ mm, Scherfläche $A \approx (d - 2s)\,2s \cdot \pi$.

13

E: Ja, $p_a \approx 22{,}8\ \text{N/mm}^2 < p_{a\,zul} = 104\ \text{N/mm}^2$ ($p_{aM} = 22{,}6\ \text{N/mm}^2$, $p_{al} = 3{,}3\ \text{N/mm}^2$), $p_i \approx 70\ \text{N/mm}^2 < p_{i\,zul} = 98\ \text{N/mm}^2$ ($p_{iM} = 70\ \text{N/mm}^2$, $p_{il} = 2{,}5\ \text{N/mm}^2$), $\tau_a \approx 89{,}7\ \text{N/mm}^2 < \tau_{a\,zul} = 160\ \text{N/mm}^2$ ($A \approx 15{,}7\ \text{mm}^2$, $\tau_{aM} = 89{,}2\ \text{N/mm}^2$, $\tau_{al} = 9{,}6\ \text{N/mm}^2$).

L: Beanspruchungen p_{aM}, p_{iM} und τ_{aM} durch das Drehmoment M nach den Gln. (13.7) bis (13.9) wie in Aufg. 13.16, p_{al}, p_{il} und τ_{al} durch die Längskraft F_l nach den Gln. (13.1) bis (13.3) sinngemäß wie bei Gelenkstift mit $2a = D_a - D_i$ und $b = D_i$, resultierende Beanspruchungen $p_a = \sqrt{p_{aM}^2 + p_{al}^2}$, $p_i = \sqrt{p_{iM}^2 + p_{il}^2}$ und $\tau_a = \sqrt{\tau_{aM}^2 + \tau_{al}^2}$ vergleichen mit zulässigen Beanspruchungen nach Tab. 13.1 für Presssitz (zweifacher Tabellenwert für $\tau_{a\,zul}$, s. ME am Ende von Abschn. 13.3).

Längsstifte unter Drehmoment

13.18 Die in Bild 13.18 dargestellte Rundkeilverbindung mit einem Kegelstift hat ein ruhend wirkendes Drehmoment von 35 Nm aufzunehmen, Welle aus C22, Keilriemenscheibe aus Grauguss. Genügt die Verbindung den Anforderungen?

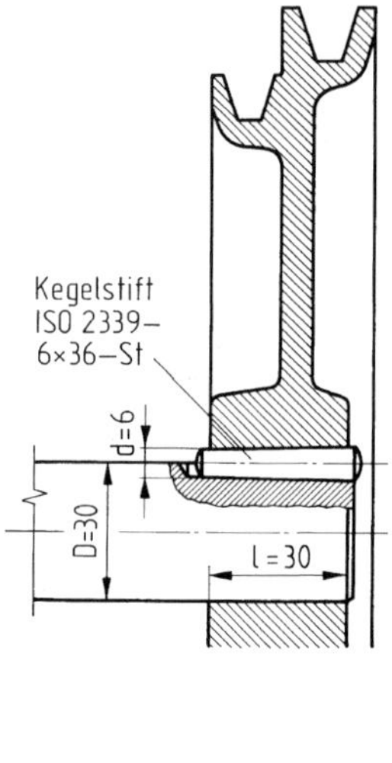

Bild 13.18 Rundkeilverbindung

E: Ja, $p \approx 25{,}9\,\text{N/mm}^2 < p_{\text{zul}} = 34\,\text{N/mm}^2$, $\tau_a \approx 13\,\text{N/mm}^2 < \tau_{\text{a zul}} = 40\,\text{N/mm}^2$.

L: Sinngemäß wie ME Beisp. 13.4 mit den Gln. (13.10) und (13.11) sowie Tab. 13.1 (ruhend, Presssitz glatter Stifte).

13.19 Würden zur Befestigung der in Bild 13.18 dargestellten Grauguss-Keilriemenscheibe auf der Welle aus C22 drei Zylinderkerbstifte mit $d = 5$ mm Durchmesser (Normbezeichnung: Kerbstift ISO 8739 — 5×30 — St) ausreichen, wenn ein schwellendes Drehmoment von 60 Nm zu übertragen ist?

E: Ja, $p \approx 17{,}8\,\text{N/mm}^2 < p_{\text{zul}} = 18\,\text{N/mm}^2$, $\tau_a \approx 8{,}9\,\text{N/mm}^2 < p_{\text{a zul}} = 25\,\text{N/mm}^2$.

L: Sinngemäß wie Aufg. 13.18 mit $M = (60/3)$ Nm $= 20$ Nm je Stift (schwellend, Sitz mit gekerbtem Teil).

13.20 Ein geschweißter Steuerhebel ist nach Bild 13.20 mit einem Zylinderstift als Längsstift auf der Welle aus S275 befestigt, Nabenwerkstoff S235. Welche größte wechselnde Kraft F kann von der Verbindung ohne Schaden ertragen werden?

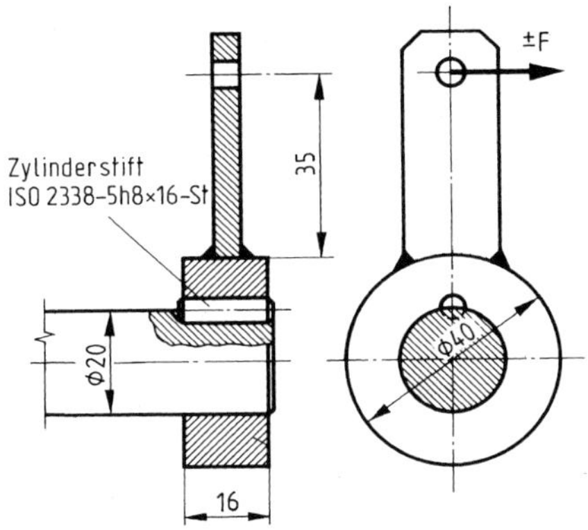

Bild 13.20 Zylinderstift als Längsstift

E: $F \approx 131$ N ($T = T_{(p)} = 7{,}2$ Nm $< T_{(a)} = 12$ Nm, $p_{\text{zul}} = 18\,\text{N/mm}^2$, $\tau_{\text{a zul}} = 15\,\text{N/mm}^2$, $L = 55$ mm).

L: Mit $p_{\text{a zul}}$ und $\tau_{\text{a zul}}$ aus Tab. 13.1 (halbe Werte, s. ME Abschn. 13.3 unter 4.) Berechnung der zulässigen Drehmomente nach den Gln. (13.10) und (13.11); das kleinere von beiden ist übertragbar, damit wird $F = M/L$ mit L = Abstand der Kraft F von der Wellenmitte.

14 Federn

Zylindrische Schraubendruck- und -zugfedern

14.1 Für eine zylindrische Schraubendruckfeder $6 \times 50 \times 200$ (Drahtdurchmesser $d = 6$ mm, mittlerer Windungsdurchmesser $D = 50$ mm, ungespannte Länge $L_0 = 200$ mm) mit einer Gesamtwindungszahl $n_t = 12{,}5$ und zwei angelegten plangeschliffenen Endwindungen, kaltgeformt als Federstahldraht DIN EN 10270-1, Drahtsorte DH, Gütegrad 2, sind zu ermitteln:

1. Die Blocklänge L_c und die kleinste zulässige Länge L_n,
2. Die Vergrößerung ΔD_e des äußeren Windungsdurchmessers bei der Länge L_c,
3. Die Federsteifigkeit c,
4. Die größtzulässige Federkraft F_n und deren zulässige Abweichung A_{Fn},
5. Ist die Schubspannung τ_c bei der Blocklänge L_c zulässig?
6. Besteht für die Feder Knickgefahr im Lagerungsfall 5 bei der Länge L_n?
7. Wie groß ist die Gesamtfedersteifigkeit c_{ges}, wenn drei dieser Federn in Hintereinanderschaltung eingebaut werden?

E: **1.** $L_c = 75{,}5$ mm, $L_n = 88{,}4$ mm ($d_{max} = 6{,}040$ mm, $n = 10{,}5$, $S_a \approx 12{,}9$ mm).
2. $\Delta D_e = 0{,}49$ mm ($m = 18{,}5$ mm).
3. $c = 10{,}06$ N/mm ($G = 81\,500$ N/mm^2).
4. $F_n \approx 1\,123$ N ($s_n = 111{,}6$ mm), $A_{Fn} = \pm 55{,}8$ N ($a_F = 41$ N, $k_i = 0{,}95$, $Q = 1$).
5. Ja, $\tau_c \approx 738$ N/mm^2 $< \tau_{c\,zul} = 890$ N/mm^2 ($F_c = 1\,252{,}5$ N, $R_m = 1\,590$ N/mm^2).
6. Nein, $s_n/L_0 = 0{,}558$ und $\nu \cdot L_0/D = 2$ liegen im Knicksicherungsbereich ($\nu = 0{,}5$).
7. $c_{ges} = 3{,}35$ N/mm.

14

L: **1.** Mit den Gln. (14.12) ($k_n = n_t$), Tab. 14.13 und Gl. (14.13) sowie (14.10). **2.** Nach Gl. (14.14). **3.** Mit Gl. (14.22), G nach Tab. 14.9. **4.** F_n aus Gl. (14.23) mit $s_n = L_0 - L_n$, A_{Fn} mit Gl. (14.18), $Q = 1$ (Gütegrad 2 gilt auch stets, wenn kein Gütegrad angegeben ist). **5.** τ_c mit F_c nach Gl. (14.20) und (14.21), zulässige Spannung nach Tab. 14.11. **6.** Es besteht Knickgefahr, wenn bei $\nu \cdot L_0/D$ die Federung s_n/L_0 den Grenzwert nach Tab. 14.14 überschreitet, d. h. im Bereich der Knickgefahr liegt. **7.** Nach Gl. (14.8) mit $c_1 = c_2 = c_3 = c$.

14.2 Es ist eine kaltgeformte zylindrische Schraubendruckfeder aus Federstahldraht DIN EN 10270-1, Drahtsorte FDSiCr kugelgestrahlt, Gütegrad I, zu entwerfen. Bei einem Hub $s_h = s_2 - s_1 = 12$ mm soll die größte Federkraft $F_2 = 645$ N betragen, Vorspann- = Einbaukraft $F_1 \approx 310$ N. Die Feder wird schwingend belastet. Nach den Einbauverhältnissen wird ein mittlerer Windungsdurchmesser $D = 30$ mm angenommen und aufgrund von Erfahrungen ein Drahtdurchmesser $d = 4{,}5$ mm geschätzt. Zu ermitteln sind:

1. Die Anzahl n der federnden Windungen, die Gesamtwindungszahl n_t, die Federsteifigkeit c und die daraus folgende Kraft F_1,
2. Die Blocklänge L_c, die Federlängen $L_2 = L_n$ und L_1, die ungespannte Länge L_0.
3. Die Spannungen τ_c, τ_{k2} und τ_{kh} sowie Vergleich mit den zulässigen Werten, dabei kann näherungsweise der Festigkeitswert τ_{kh} aus dem Dauerfestigkeitsschaubild für kaltgeformte Federn aus patentiert-gezogenem Federstahldraht der Sorte TD nach DIN EN 10270-1, kugelgestrahlt (Diagr. 14.5) entnommen werden,
4. Sind Abmessungsänderungen erforderlich?
5. Wie groß sind die zulässigen Abweichungen A_{F1} und A_{F2} für die Federkräfte F_1 und F_2?

E: **1.** $n = 5{,}5$ ($c_{erf} = 27{,}9$ N/mm, $G = 81\,500$ N/mm^2, $n_{erf} = 5{,}5$), $n_t = 7{,}5$, $c = 28{,}1$ N/mm, $F_1 \approx 308$ N.
2. $L_c = 34{,}0$ mm ($k_n = n_t$, $d_{max} = 4{,}535$ mm), $L_2 = L_n = 40{,}2$ mm ($S_a = 1{,}5 \cdot 4{,}1$ mm $= 6{,}2$ mm), $L_1 = 52{,}2$ mm, $L_0 = 63{,}2$ mm ($s_n = 23{,}5$).
3. $\tau_c = 688$ N/mm^2 $< \tau_{c\,zul} = 1\,036$ N/mm^2 ($F_c \approx 821$ N), $\tau_{k2} = 655$ N/mm^2 $< \tau_{k2\,zul} \approx 963$ N/mm^2 ($k = 1{,}21$), $\tau_{kh} = 342$ N/mm^2 $< \tau_{kH} = 380$ N/mm^2 ($\tau_{kU} = \tau_{k1} \approx 313$ N/mm^2).
4. Nein.
5. $A_{F1} = \pm 27{,}4$ N ($a_F = 36$ N, $k_f = 1{,}08$, $Q = 0{,}63$), $A_{F2} = \pm 30{,}6$ N.

L: **1.** Mit der erforderlichen Federsteifigkeit aus Gl. (14.25) die erforderliche Anzahl n der federnden Windungen aus Gl. (14.22) bestimmen und auf 0,5 endend runden, $n_t = n + 2$, vorhandene Federsteifigkeit c mit Gl. (14.22) (bzw. aus $c/c_{erf} = n/n_{erf}$) und damit aus Gl. (14.25) $F_1 = F_2 - s_h \cdot c$. **2.** L_c mit Gl. (14.12), L_n mit Gl. (14.13), hierzu S_a nach Gl. (14.10), $L_1 = L_2 + s_h$, $L_0 = L_n + s_n$ (siehe ME Bild 14.7) mit $s_n = F_n/c$, Gl. (14.23). **3.** Mit den Gln. (14.20) ($F_c = s_c \cdot c = (L_0 - L_c)\, c$), (14.21), (14.26) und (14.27) sowie den Angaben für $\tau_{c\,zul}$ (Tab. 14.10) und $\tau_{k2\,zul}$ (Tab. 14.13). Ermittlung von Spannungen auch aus Proportionen möglich, z. B. aus $\tau_{k1}/\tau_{k2} = F_1/F_2$. **4.** Abmessungsänderungen sind erforderlich, wenn eine der zulässigen Spannungen oder die Hubfestigkeit überschritten werden oder die vorhandenen Spannungen weit unter den zulässigen liegen. **5.** Mit Gl. (14.18).

14

14.3 Für eine Federkraft $F = 1{,}82$ kN bei einer Federlänge $L \approx 105$ mm soll eine genormte Druckfeder nach DIN 2098 ausgewählt werden. An die Feder werden keine besonderen Anforderungen gestellt. Es liegt überwiegend ruhende Belastung vor. Der zur Verfügung stehende Einbauraum hat einen Innendurchmesser $D_h \leq 50$ mm. Anzugeben sind die Normbezeichnungen einer geeigneten Feder und deren Länge L bei der Kraft F. Ferner ist zu prüfen, ob beim Lagerungsfall 5 Knickgefahr besteht.

E: Druckfeder DIN 2098 – $6{,}3 \times 40 \times 195$ ($d \times D \times L_0$) mit $F_n = 1854$ N $> F$, $D_h = 47{,}5$ mm < 50 mm, $c = 20{,}1$ N/mm, $L = 104{,}5$ mm ($s = 90{,}5$ mm), keine Knickgefahr: $s/L_0 = 0{,}464$ bei $\nu \cdot L_0/D \approx 2{,}44$.

L: Auswählen der Feder nach Tab. 14.12 und den Kriterien $F_n \geq F$ sowie $D_h \leq 50$ mm. Mit c und L_0 der gewählten Feder ergibt sich $L = L_0 - s = L_0 - F/c$. Kontrolle auf Knicken mit $\nu \cdot L_0/D$ und s/L_0 nach Tab. 14.14.

14.4 Eine Druckfeder DIN 2098 — $8 \times 63 \times 205$ wird durch die Kräfte $F_1 = 600$ N und $F_2 = 1{,}6$ kN schwingend beansprucht. Es handelt sich um eine kaltgeformte Feder aus patentiert-gezogenem Federstahldraht der Sorte DH nach EN 10270-1. Der Gütegrad ist 2.
1. Ist diese Normfeder in kugelgestrahlter Ausführung für eine Beanspruchung bis $N = 10^6$ Schwingspiele geeignet?
2. Wie groß sind die zulässigen Abweichungen A_{F1} für die Kraft F_1 und A_{F2} für die Kraft F_2?

E: **1.** Ja, $\tau_{k2} \approx 592$ N/mm^2 $< \tau_{k2\,zul} \approx 682$ N/mm^2 ($w = 7{,}88$, $k \approx 1{,}18$), $\tau_{kh} = 370$ N/mm^2 $< \tau_{kH} \approx 460$ N/mm^2 ($\tau_{kF} = 530$ N/mm^2, $\tau_{kU} = \tau_{k1} = 222$ N/mm^2).
2. $A_{F1} = \pm 80{,}3$ N ($a_F \approx 72$ N, $k_f = 0{,}99$, $Q = 1$), $A_{F2} = \pm 95{,}3$ N.

L: **1.** Die für überwiegend ruhende Belastung vorgesehenen genormten Druckfedern sind in kugelgestrahlter Ausführung auch für schwingende Belastung geeignet. Es sind τ_{k1}

und τ_{k2} zu errechnen mit den Gln. (14.20) und (14.21), τ_{k2} auf Zulässigkeit zu überprüfen und eine Hubspannungskontrolle durchzuführen mit den Gln. (14.26) und (14.27). **2.** Nach Gl. (14.18).

14.5 Die Taste eines Schalters für seltene Betätigung wird nach Bild 14.5 durch eine zylindrische, kugelgestrahlte Schraubendruckfeder zurückgeführt, die aus kaltgeformtem Federstahldraht DIN EN 10270-1 Drahtsorte DH, gewickelt ist. Im gezeichneten Zustand soll sie bei der Länge $L_1 = 20$ mm eine Kraft $F_1 = 1{,}2$ N aufbringen und im zusammengedrückten Zustand nach einem Hub $s_h = 6$ mm eine Kraft $F_2 \approx 1{,}7$ N. Vorgesehen sind ein Drahtdurchmesser $d = 0{,}5$ mm und ein mittlerer Windungsdurchmesser $D = 8$ mm. Es sind zu ermitteln:

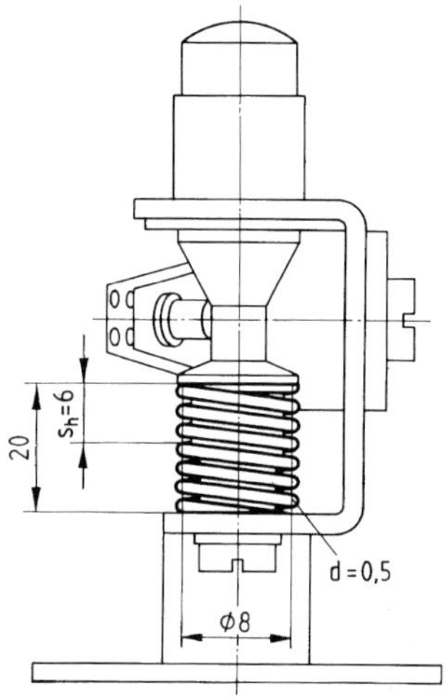

1. Die erforderlichen Windungszahlen n und n_t, beide einer auf 0,5 endenden Zahl angepasst, und die damit vorhandene Federsteifigkeit c.
2. Die ungespannte Federlänge L_0 und die Federkraft F_2,
3. Ist bei der Blocklänge L_c unter der Kraft F_c die Schubspannung τ_c zulässig?
4. Ist die kleinstzulässige Federlänge $L_n \leq L_2$?
5. Ist die Feder für diesen Schalter auch geeignet, wenn mit häufiger Betätigung zu rechnen ist?
6. Besteht bei der Federlänge L_2 beim Lagerungsfall 5 Knickgefahr?
7. Wie groß sind die zulässigen Abweichungen A_{F1} und A_{F2} für die Kräfte F_1 und F_2 beim Gütegrad 2?

Bild 14.5 Druckfeder in einem Drucktastenschalter

14

E: **1.** $n = 14{,}5$ ($c_{erf} = 0{,}0833$ N/mm, $n_{erf} = 14{,}9$), $n_t = 16{,}5$, $c = 0{,}0858$ N/mm.
2. $L_0 = 34$ mm ($s_1 = 14$ mm), $F_2 = 1{,}72$ N ($s_2 = 20$ mm).
3. Ja, $\tau_{c\,zul} = 1389$ N/mm$^2 > \tau_c = 347$ N/mm^2, $L_c = 9{,}1$ mm, $F_c = 2{,}13$ N ($R_m = 2480$ N/mm^2, $k_n = n_t + 1{,}5$, $s_c = 24{,}8$ mm).
4. Ja, $L_n = 12{,}7$ mm $< L_2 = 14$ mm ($S_a = 3{,}5$ mm).
5. Ja, $\tau_{k2\,zul} = 1240$ N/mm$^2 > \tau_{k2} = 303$ N/mm^2 ($k = 1{,}08$), $\tau_{kh} = 92$ N/mm$^2 < \tau_{kH} = 725$ N/mm^2 ($\tau_{kU} = \tau_{k1} = 211$ N/mm^2, jedoch $L_{2\,zul} = 14{,}45$ mm $> L_2$ ($S_{a\,erf} = 1{,}5 S_a = 5{,}25$ mm).
6. Nein, $s_2/L_0 \approx 0{,}59$ und $\nu \cdot L_0/D = 2{,}12$ ($\nu = 0{,}5$).
7. $A_{F1} = \pm 0{,}4$ N ($a_F = 0{,}41$ N, $k_f = 0{,}91$, $Q = 1$), $A_{F2} = \pm 0{,}4$ N.

L: **1.** Sinngemäß wie Aufg. 14.2 unter 1. **2.** Es ist $L_0 = L_1 + s_1$, ferner $s_2 = s_1 + s_h$. s_1 und F_2 aus Gl. (14.23). **3.** L_c mit Gl. (14.12), F_c aus Gl. (14.23) mit $s_c = L_0 - L_c$, Vergleich von τ_c nach Gl. (14.20) mit $\tau_{c\,zul}$ (s. Tab. 14.10). **4.** Nach den Gln. (14.10) und (14.13). **5.** Überprüfung der Spannungen τ_{k2} und τ_{kh} mit den Gln. (14.20), (14.21) und (14.26) auf Zulässigkeit, Diagr. 14.13 und Gl. (14.27), Kontrolle von L_2 auf Zulässigkeit wegen Vergrößerung von S_a bei dynamischer Belastung. **6.** Nach Tab. 14.14. **7.** Mit Gl. (14.18).

14.6 Für eine elastische Kupplung sind $i = 6$ Druckfedern entspr. Bild 14.6 vorgesehen, die bei unbelasteter Kupplung auf eine Länge von 120 mm vorgespannt sind. Unter der größtzulässigen Betriebskraft F_n soll der Federweg höchstens 40 mm betragen. Die Federn sind mit einem mittleren Windungsdurchmesser von 50 mm auf eine ungespannte Länge von 130 mm kalt gewickelt aus Draht DIN EN 10270-1, Drahtsorte DH mit geschliffenen Federenden.

1. Wieviel federnde und wieviel Gesamtwindungen (auf 0,5 endend) muss jede Feder erhalten, wenn bei der kleinstzulässigen Länge L_n die Schubspannung $\tau_n = 0{,}5\ R_m$ nicht überschritten werden soll und bei der Blocklänge L_c keine Überbeanspruchung auftritt?

2. Bei welchem Drehmoment M_{t1} beginnen die Federn zu arbeiten, und welches größte Drehmoment $M_{t\,max}$ nimmt die Kupplung auf, wenn die Federn auf die kleinstzulässige Länge L_n zusammengedrückt sind?

3. Welches größte wechselnd wirkende Drehmoment M_{tW} kann die Kupplung mit den Federn in nicht kugelgestrahlter Ausführung dauernd übertragen, ohne dass die Hubfestigkeit überschritten wird?

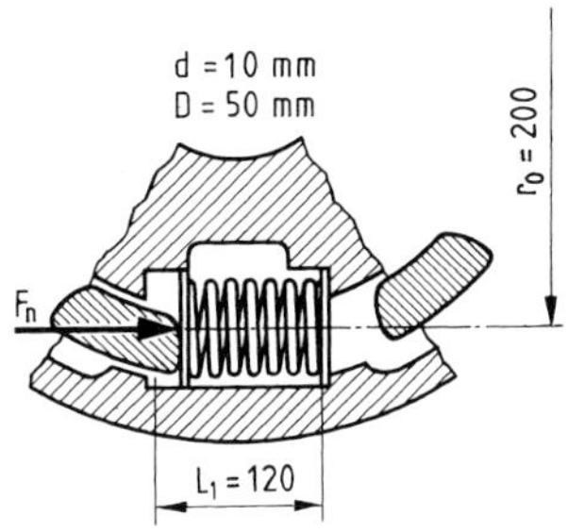

Bild 14.6 Druckfedern in einer elastischen Kupplung

14

E: **1.** $n = 6{,}5$, $n_t = 8{,}5$ ($n_{erf} = 5{,}9$, $\tau_{n\,zul} = 705\ \text{N/mm}^2$, $F_{n\,zul} = 5537$ N, $c_{erf} = 138{,}4$ N/mm, $c = 125{,}4$ N/mm), $\tau_c = 714\ \text{N/mm}^2 < \tau_{c\,zul} = 0{,}56 \cdot R_m = 790\ \text{N/mm}^2$ ($L_c = 85{,}3$ mm, $S_a = 8{,}9$ mm, $L_n = 94{,}2$ mm, $F_c = 5605$ N), $\tau_n = 572\ \text{N/mm}^2 < \tau_{n\,zul}$ ($s_n = 35{,}8$ mm, $F_n = 4489$ N).

2. $M_{t1} \approx 1505$ Nm ($F_1 = 1254$ N, $s_1 = 10$ mm), $M_{t\,max} \approx 5387$ Nm.

3. $M_{tW} \approx 3478$ Nm ($\tau_1 = 159{,}7\ \text{N/mm}^2$, $\tau_{k1} = 206\ \text{N/mm}^2$, $k \approx 1{,}29$, $\tau_{kH} = \tau_{kh} = 270\ \text{N/mm}^2$, $F_{kh} = 1644$ N, $F_W = 2898$ N).

L: **1.** τ_{nzul} mit R_m aus Tab. 14.4, $F_{n\ zul}$ aus Gl. (14.20), $c_{erf} = F_{n\,zul}/s_n$, Gl. (14.32) mit $s_n = 40$ mm, n_{erf} aus Gl. (14.22), nach Wahl von $n \geq n_{erf}$ Federsteifigkeit c nach Gl. (14.22), L_c nach Gl. (14.12), S_a nach Gl. (14.10), L_n nach Gl. (14.13), $s_n = L_0 - L_n$, $F_n = c \cdot s_n$, σ_n nach Gl. (14.20) und Kontrolle, ob $\tau_n \leq 0{,}5 R_m$. $s_c = L_0 - L_c$, $F_c = c \cdot s_c$, τ_c nach Gl. (14.20) und Kontrolle mit $\tau_{c\,zul}$. **2.** $s_1 = L_0 - L_1$, $F_1 = R \cdot s_1$, $M_{t1} = i \cdot F_1 \cdot r_0$. **3.** τ_1 nach Gl. (14.20), τ_{k1} aus Gl. (14.21), τ_{kH} nach Diagr. 14.6, dann mit $\tau_{kh} = \tau_{kH}$ die Hubkraft F_{kh} aus der Proportion $F_{kh}/\tau_{kh} = F_1/\tau_{k1}$. $M_{tW} = i \cdot F_W \cdot r_0$ mit $F_W = F_1 + F_{kh}$.

14.7

In die elastische Kupplung nach Bild 14.6 sollen 6 genormte zylindrische Schraubenfedern unter Vorspannung mit der Länge $L_1 = 120$ mm eingebaut werden, und zwar: Druckfedern DIN 2098 – $8 \times 50 \times 160$. Für die Bestimmung der Hubfestigkeit kann näherungsweise das Zeitfestigkeitsschaubild für kaltgeformte Federn aus patentiert-gezogenem Federstahldraht der Sorte DH nach EN 10270-1, die kugelgestrahlt sind, verwendet werden (Diagr. 14.3).

1. Welches gleichbleibende größte Drehmoment kann die Kupplung mit diesen Federn übertragen?

2. Für welches wechselnde Drehmoment wären die Federn in kugelgestrahlter Ausführung geeignet?

E: **1.** $M_{max} = 3\,390$ Nm ($F_n = 2\,825$).
2. $M_W = 2\,952$ Nm ($F_1 = 1\,570$ N, $c = 39{,}24$ N/mm, $s_1 = 40$ mm, $\tau_1 = 390{,}4$ N/mm^2, $w = 6{,}25$, $k = 1{,}23$, $\tau_{k1} = \tau_{kU} = 480$ N/mm^2, $\tau_{kh} = 275$ N/mm^2, $\tau_{kH} = 275$ N/mm$^2 = \tau_{kh}$, $F_h = 890$ N, $F_W = F_1 + F_h = 2\,460$ N).

L: **1.** F_n aus Tab. 14.12, $M_{max} = i \cdot F_n \cdot r_0$. **2.** $F_1 = c \cdot s_1$ (c aus Tab. 14.12), $s_1 = L_0 - L_1$, τ_1 nach Gl. (14.20), τ_{k1} nach Gl. (14.21), $\tau_{kh} = \tau_{k2} - \tau_{k1}$, τ_{kH} nach Gl. (14.27); es muss $\tau_{kh} \leq \tau_{kH}$ sein, dann M_W wie unter 3. in Aufg. 14.6.

14

14.8 In einer elektromagnetisch lüftbaren Lamellenbremse nach Bild 14.8 drücken 12 Schraubenfedern den Anker gegen die Reibscheiben (Lamellen) und erzeugen den zum Bremsen erforderlichen Druck. Da die Federkraft durch Abnutzung der Reibbeläge nachlässt (Entspannen durch Größerwerden des Luftspaltes a), ist eine kleine Federsteife anzustreben, um den Kraftunterschied zwischen den Grenzbeträgen des Luftspaltes möglichst niedrig zu halten (anzustreben ist eine Federsteifigkeit $c \approx 10$ N/mm). Wenn der Anker angezogen, der Luftspalt a also null ist, müssen die Federn noch den erforderlichen Mindestabstand zwischen den Windungen aufweisen. Im Magneten steht eine Einbaulänge von maximal 33 mm zur Verfügung. Der Lochdurchmesser darf nicht größer als 14 mm sein. Wenn der Luftspalt vom Nennbetrag $a = 1$ mm durch Abnutzung der Reibbeläge um $\Delta a = 1$ mm auf 2 mm größer geworden ist, müssen die Federn zur Gewährleistung des Bremsmoments zusammen noch eine Kraft $F_{1\,ges} = 1\,500 \pm 150$ N aufbringen. Die Federabmessungen sind festzulegen, wenn Federstahldraht DIN EN 10270-1 Drahtsorte DH verwendet wird und der Gütegrad I vorgesehen ist. Im Einzelnen sind zu ermitteln:

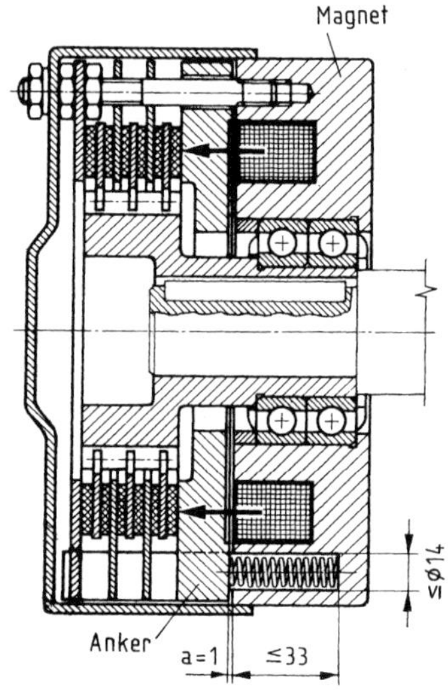

Bild 14.8 Druckfedern in einer Lamellenbremse

1. Die erforderliche Anzahl n der federnden Windungen und n_t der Gesamtwindungen (auf 0,5 endend), wenn überschläglich $D = 11$ mm, $d = 2$ mm und $c = 10$ N/mm angenommen werden, sowie die bei der gewählten Windungszahl vorhandene Federsteifigkeit c,
2. Die Blocklänge L_c, die kleinste Federlänge $L_n = L_3 =$ Lochlänge (überprüft auf Ausführbarkeit), die Federlängen L_2 und L_1 und die ungespannte Länge L_0,
3. Überprüfung auf Zulässigkeit der Schubspannung τ_c bei der Blockkraft F_c und der größten im Betrieb bei der Kraft F_3 auftretenden Schubspannung τ_{k3}, wenn in diesem Fall $\tau_{k\,zul} = 0{,}35 R_m$ sein soll und wegen des geringen Hubes von 1 bis 2 mm auf eine Kontrolle der Hubspannung τ_{kh} verzichtet werden kann,
4. Sind Abmessungsänderungen für die Federn erforderlich oder zweckmäßig, um eine kleinere Federrate zu erreichen?
5. Die prozentuale Abnahme der Federkraft F_2 auf F_1 durch Vergrößerung des Luftspaltes $a = 1$ mm auf 2 mm infolge Abnutzung der Reibbeläge,
6. Die zulässige Abweichung A_{F2} für die Kraft F_2,
7. Ist die Bedingung $F_{1\,ges} = 1\,500$ N $\pm$ 150 N eingehalten?

E: **1.** $n_{erf} = 12{,}25$, gewählt $n = 12{,}5$, $n_t = 14{,}5$, $c \approx 9{,}8$ N/mm.
2. $L_c = 29{,}3$ mm ($k_n = n_t$, $d_{max} = 2{,}02$ mm), $L_3 = L_n = 32{,}9$ mm < 33 mm ($w = 5{,}5$, $S_a = 3{,}6$ mm), $L_2 = 33{,}9$ mm, $L_1 = 34{,}9$ mm, $L_0 = 47{,}7$ mm ($F_1 = 125$ N, $s_1 = 12{,}8$ mm).

3. $F_c = 180{,}3\,\text{N}$ ($s_c = 18{,}4\,\text{mm}$), $\tau_c = 631{,}3\,\text{N/mm}^2 < \tau_{c\,zul} = 1\,109\,\text{N/mm}^2$ ($R_m = 1\,980\,\text{N/mm}^2$), $F_3 = 145\,\text{N}$, $\tau_{k3} = 641{,}2\,\text{N/mm}^2 < \tau_{k\,zul} = 693\,\text{N/mm}^2$ ($k = 1{,}263$), die Spannungen sind zulässig.
4. Nein, $L_3 = 32{,}9\,\text{mm} < 33\,\text{mm}$, $\tau_{k3} < \tau_{k\,zul}$.
5. $\Delta F_2 = 10\,\text{N} \mathrel{\hat{=}} 7{,}4\,\%$ ($F_2 \approx 135\,\text{N}$).
6. $A_{F2} = \pm 9{,}0\,\text{N}$ ($a_F = 13{,}21\,\text{N}$, $k_f = 0{,}93$, $Q = 0{,}63$).
7. Ja, $A_{F1\,ges} = \pm 106{,}8\,\text{N}$ $A_{F1} = \pm 8{,}9\,\text{N}$).

L: **1.** Um eine Federberechnung beginnen zu können, müssen einige Daten der Feder bekannt sein oder angenommen werden, z. B. wie in der Aufgabe D, d und c; damit n aus Gl. (14.22) und mit dem auf 0,5 gerundeten Wert die vorhandene Federsteifigkeit c nach derselben Gl. **2.** Der besseren Übersicht wegen empfiehlt es sich, ein Federdiagramm mit den Federwegen, -kräften und -längen zu skizzieren (Bild L 14.8). Daraus folgen $L_3 = L_n = L_c + S_a \leq 33\,\text{mm}$, L_c mit Gl. (14.12), S_a mit Gl. (14.10), $L_2 = L_3 + a$, $L_1 = L_2 + \Delta a$ und $L_0 = L_1 + s_1$ mit $s_1 = F_1/c$, wobei $F_1 = 1500\,\text{N}/12$. **3.** Mit den Gln. (14.20) und (14.21), F_c und F_3 aus Gl. (14.23), $\tau_{c\,zul}$ nach Tab. 14.10. **4.** Abmessungsänderungen sind erforderlich, wenn eine der zulässigen Spannungen überschritten wird. Eine kleinere Federsteifigkeit (weichere Feder) ist durch einen kleinen Drahtdurchmesser d, einen größeren Windungsdurchmesser D und eine größere Windungszahl n erreichbar. **5.** Prozentsatz für $\Delta F = F_2 - F_1$ ermitteln ($F_2 \mathrel{\hat{=}} 100\,\%$). **6.** Mit Gl. (14.18).

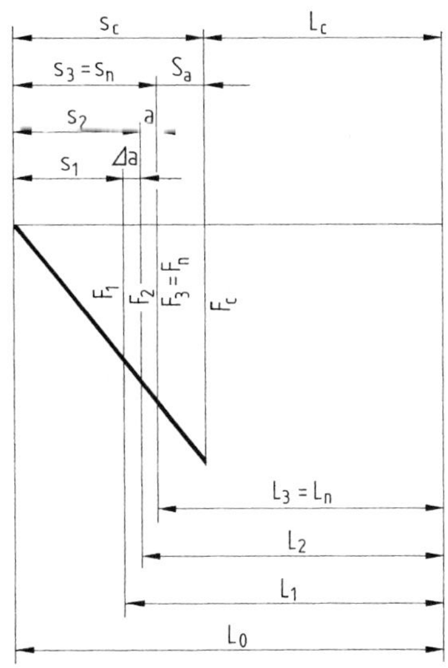

Bild L 14.8 Federdiagramm

14

14.9

Das Ventil einer Kolbenpumpe nach Bild 14.9 wird von einer kaltgewickelten Druckfeder, Gütegrad 1, aus Draht EN 12166 – CuBe2 – R580 – RND5,0 betätigt. Dieser Federdraht hat nach DIN EN 12166 den Drahtdurchmesser $d = 5$ mm und eine Zugfestigkeit $R_m = 580\,\text{N/mm}^2$. Die Feder hat angelegte, geschliffene Endwindungen und eine ungespannte Länge $L_0 = 52$ mm. Bei geschlossenem Ventil beträgt die Federlänge $L_1 = 42$ mm, im geöffneten Zustand die Federkraft $F_2 = 68$ N. Diese Kraft bestimmt den Ventilhub. Die Feder ist rechnerisch auf Festigkeit zu überprüfen. Folgende zulässige Spannungen sollen nicht überschritten werden: Die Schubspannung $\tau_{c\,zul} = 0{,}45 R_m$ bei der Blocklänge L_c, die zulässige größte Schubspannung $\tau_{k2\,zul} = 0{,}2 R_m$ und die zulässige Hubspannung

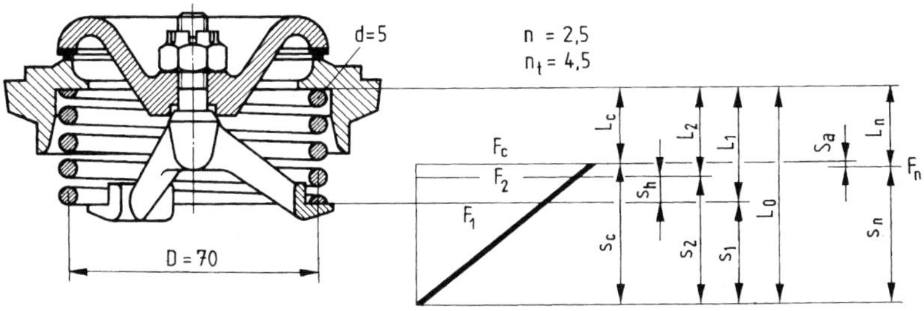

Bild 14.9 Druckfeder in einem Kolbenpumpenventil

$\tau_{\text{kh zul}} = 0{,}1 R_m$. Ferner sind die Federlänge L_2 bei der Kraft F_2 und der Ventilhub s_h zu ermitteln sowie die kleinstzulässige Länge L_n, die dazugehörige Federkraft F_n als Prüfkraft und deren zulässige Abweichung A_{Fn}.

E: $c = 4{,}3\,\text{N/mm}$, $L_c = 22{,}7\,\text{mm}$ ($k_n = n_t$, $d_{max} = 5{,}035\,\text{mm}$, $G = 47\,000\,\text{N/mm}^2$), $F_c = 125{,}4\,\text{N}$ ($s_c = 29{,}3\,\text{mm}$), $\tau_c = 159{,}3\,\text{N/mm}^2 < \tau_{\text{c zul}} = 261\,\text{N/mm}^2$, $\tau_{k2} = 105{,}7\,\text{N/mm}^2 < \tau_{\text{k zul}} = 116\,\text{N/mm}^2$ ($w = 14$, $k = 1{,}09$), $\tau_{k1} = 67\,\text{N/mm}^2$ ($s_1 = 10\,\text{mm}$, $F_1 = 43\,\text{N}$), $\tau_{kh} = 38{,}7\,\text{N/mm}^2 < \tau_{\text{kh zul}} = 58\,\text{N/mm}^2$, die Spannungen sind zulässig; $L_2 = 36{,}1\,\text{mm}$ ($s_2 = 15{,}9\,\text{mm}$), $s_h = 5{,}9\,\text{mm}$, $L_n = 30\,\text{mm} < L_2$ ($S_a = 1{,}5 \cdot 4{,}9\,\text{mm} \approx 7{,}4\,\text{mm}$), $F_n = 94{,}2\,\text{N}$ ($s_n = 22\,\text{mm}$), $A_{Fn} = \pm 20\,\text{N}$ ($a_F = 21{,}4\,\text{N}$, $k_f \approx 1{,}4$, $Q = 0{,}63$).

L: Zweckmäßiger Rechnungsgang: c mit Gl. (14.22), L_c mit Gl. (14.12), F_c aus Gl. (14.23), τ_c mit Gl. (14.20), τ_{k2} mit Gl. (14.21) und $\tau_2 = \tau_c \cdot F_2/F_c$, τ_{k1} sinngemäß mit F_1 aus Gl. (14.23), τ_{kh} mit Gl. (14.26), Vergleich mit der jeweiligen zulässigen Spannung, s_2 aus Gl. (14.23), $L_2 = L_0 - s_2$, $s_h = L_1 - L_2 = s_2 - s_1$, S_a mit Gl. (14.10) (auf eine Stelle nach dem Komma gerundet), L_n mit Gl. (14.13) (prüfen, ob $L_n = L_2$), $s_n = L_0 - L_n$, F_n aus Gl. (14.23), A_{Fn} mit Gl. (14.18).

14

14.10 Eine warmgeformte zylindrische Schraubendruckfeder mit planbearbeiteten Federenden aus warmgewalztem Federstahl, Werkstoff: Qualitätsstahl 61SiCr7 nach DIN EN 10089, mit einem mittleren Windungsdurchmesser von 125 mm soll bei einem Federweg von ca. 100 mm eine überwiegend ruhend wirkende größte Federkraft von 25 kN aufbringen. Die wichtigsten Daten für die Federzeichnung sind wie folgt zu bestimmen:

1. Der erforderliche Drahtdurchmesser d, wenn überschläglich eine zulässige Schubspannung $\tau_{\text{c zul}} \approx 700\,\text{N/mm}^2$ und eine Blockkraft $F_c = 1{,}2 \cdot F_n = 30\,\text{kN}$ angenommen werden,
2. Die Anzahl n der federnden Windungen und n_t der Gesamtwindungen und die damit vorhandene Federsteifigkeit c sowie der Federweg s_n bei der angegebenen größten Federkraft F_n,
3. Die Blocklänge L_c, die Federlänge L_n unter der Kraft $F_n = 25\,\text{kN}$ und die Länge L_0 der unbelasteten Feder, als zulässige Abweichung kann ein Wert von $\pm 0{,}25\,\text{mm}$ angenommen werden,
4. Die Schubspannung τ_c bei der Kraft F_c verglichen mit der für den gewählten Stabdurchmesser zulässigen,
5. Die zulässige Abweichung A_{Fn} für die Kraft F_n,
6. Ist die Feder beim Lagerungsfall 2 knicksicher?

E:
1. $d = 24\,\text{mm}$ ($d_{\text{erf}} = 23{,}9\,\text{mm}$).
2. $n_{\text{erf}} = 6{,}7$, gewählt $n = 7$, $n_t = 8{,}5$ ($G = 78\,500\,\text{N/mm}^2$), $c = 238{,}1\,\text{N/mm}$, $s_n = 105\,\text{mm}$.
3. $L_c = 199\,\text{mm}$, $L_n = 220\,\text{mm}$ ($d_{max} = 24{,}25\,\text{mm}$, $S_a \approx 21\,\text{mm}$), $L_0 \approx 325\,\text{mm}$.
4. $F_c \approx 30\,000\,\text{N}$ ($s_c \approx 126\,\text{mm}$), $\tau_c = 691\,\text{N/mm}^2 < \tau_{\text{c zul}} = 868\,\text{N/mm}^2$, somit zulässig.
5. $A_{Fn} = \pm 1960\,\text{N}$ ($f = 0{,}015$, $s_p = 105\,\text{mm}$).
6. Ja, $s_n/L_0 = 0{,}323$ und $\nu \cdot L_0/D = 2{,}6$ im Knicksicherheitsbereich ($\nu = 1$).

L: **1.** Aus Gl. (14.20) mit den angenommenen Werten für $\tau_{\text{c zul}}$ und F_c errechnen und aufrunden. **2.** n aus Gl. (14.22) mit $F_n = 25\,\text{kN}$ und $s_n = 100\,\text{mm}$ (G aus Tab. 14.9), Ergebnis auf ganze Zahl runden, $n_t = n + 1{,}5$, vorhandene Federsteifigkeit c mit Gl. (14.22), damit s_n aus Gl. (14.23). **3.** L_c mit Gl. (14.12) ($k_n = n_t - 0{,}3$), L_n mit Gl. (14.13), worin S_a nach Gl. (14.11), $L_0 = L_n + s_n$. **4.** F_c aus Gl. (14.23) mit $s_c = L_0 - L_c$, τ_c mit Gl. (14.20), $\tau_{\text{c zul}}$ nach Tab. 14.11. **5.** Mit Gl. (14.9). **6.** Nach Tab. 14.14.

14.11 Die Federung einer Diesellokomotive enthält warmgeformte zylindrische Schraubendruckfedern mit folgenden Daten: $D = 120$ mm, $n = 6$, $n_t = 7{,}5$, $d = 22$ mm, geschliffener Stabstahl, Werkstoff: 51CrV4 nach DIN EN 10089. Jede Feder hat eine größte statische Kraft $F = 16$ kN aufzunehmen. Wegen der Schwingungen während der Fahrt werden die Federn schwellend beansprucht, jedoch mit relativ geringem Hub. Sie sind ausreichend bemessen, wenn unter der angegebenen Kraft F die Schubspannung τ_k ca. 70 % der zulässigen Spannung $\tau_{c\,zul}$ und bei der Blocklänge L_c die zulässige Schubspannung $\tau_{c\,zul}$ nicht überschritten werden.

1. Wird bei der Kraft F die angegebene zulässige Spannung überschritten?
2. Wie groß sind die Blocklänge L_c und die Länge L_0 der ungespannten Feder, ausgelegt nach $\tau_{c\,zul}$? (Hinweis: Als zulässige Abweichung kann ein Wert von $\pm 0{,}1$ mm angenommen werden.)
3. Wie groß ist die unter der Kraft F vorhandene Summe S_{aF} der Abstände zwischen den Windungen, die wegen der Schwingungen doppelt so groß sein sollen wie die Mindestsumme S_a?
4. Wie groß sind die Prüflänge L_n und die Prüfkraft F_n sowie deren zulässige Abweichung A_{Fn}?

E:
1. Nein, $\tau_k \approx 581\ \text{N/mm}^2 = \tau_{k\,zul} = 581\ \text{N/mm}^2$ ($\tau = 459{,}2\ \text{N/mm}^2$, $w = 5{,}455$, $k = 1{,}266$, $\tau_{c\,zul} = 0{,}7 \cdot 830\ \text{N/mm}^2 = 581\ \text{N/mm}^2$).
2. $L_c = 159{,}1$ mm ($k_n = 7{,}2$, $d_{max} = 22{,}1$ mm), $L_0 = 289{,}6\ \text{mm} \approx 290$ mm ($F_c = 28\,922$ N, $s_c = 130{,}5$ mm, $G = 78\,500\ \text{N/mm}^2$).
3. $S_{aF} = 58{,}7\ \text{mm} > 2S_a = 2 \cdot 17\ \text{mm} = 34$ mm ($c = 221{,}7$ N/mm, $s = 72{,}2$ mm, $L = 217{,}8$ mm).
4. $L_n = 193{,}1$ mm, $F_n = 21\,483$ N ($s_n = 96{,}9$ mm), $A_{Fn} = \pm 1\,372$ N ($f = 0{,}012$).

14

L: **1.** Vergleich von τ_k (Gln. (14.20) und (14.21)) mit $\tau_{k\,zul} = 0{,}7\tau_{c\,zul}$ (s. Tab. 14.11). **2.** L_c mit Gl. (14.12) ($k_n = n_t - 0{,}3$), $L_0 = L_c + s_c$ (aus Gl. (14.22) s_c freistellen mit F_c aus Gl. (14.20) und $\tau_{c\,zul}$ nach Tab. 14.11). **3.** S_a mit Gl. (14.11), $S_{aF} = L - L_c \geq 2S_a$ ($L = L_0 - s$, s aus Gl. (14.23), c mit Gl. (14.22)). **4.** $L_n = L_c + 2S_a$, F_n aus Gl. (14.23), A_F mit Gl. (14.19).

14.12 Eine kugelgestrahlte warmgeformte zylindrische Schraubendruckfeder aus geschliffenem Stabstahl, Werkstoff: 52CrMoV4 nach DIN EN 10089, wird schwingend mit einer größten Kraft von 52 kN belastet. Sie soll mit einer Vorspannkraft von 32 kN eingebaut werden. Vorgesehen sind ein Hub von ca. 100 mm und ein Stabdurchmesser von 40 mm bei einem mittleren Windungsdurchmesser von 250 mm. Folgende Daten der Feder sind zu ermitteln: Die Windungszahlen n und n_t, die Federsteifigkeit c, der Federhub s_h, die Blocklänge L_c, die kleinste Federlänge $L_2 = L_n$, die ungespannte Länge L_0, die Einbaulänge L_1, die Spannungen τ_c, τ_{k2} und τ_{kh} sowie Vergleich mit den zulässigen Werten, und zwar τ_{kH} bei $2 \cdot 10^6$ Schwingspielen, die zulässigen Kraftabweichungen A_{F1} und A_{F2}, die Überprüfung auf Knicksicherheit beim Lagerungsfall 4.

E: $n = 8$, $n_t = 9{,}5$, $c = 201$ N/mm, $L_c = 369{,}1$ mm, $L_n = L_2 = 461{,}9$ mm ($S_{an} = 2 \cdot S_a = 92{,}8$ mm), $L_0 \approx 720$ mm ($s_n = 258{,}7$ mm),
$\tau_c = 702\ \text{N/mm}^2 < \tau_{c\,zul} = 760\ \text{N/mm}^2$ ($s_c = 350{,}9$ mm, $F_c = 70\,531$ N),
$\tau_{k2} = 635\ \text{N/mm}^2 < \tau_{k2\,zul} = 725\ \text{N/mm}^2$ ($k = 1{,}227$), $\tau_{kh} = 244\ \text{N/mm}^2 < \tau_{kH} = 275\ \text{N/mm}^2$ ($\tau_{k1} = 391\ \text{N/mm}^2$), $A_{F1} = \pm 2650$ N, $A_{F2} = \pm 2952$ N,
bei $s_n/L_0 = 0{,}36$ und $\nu \cdot L_0/D = 2$ ist die Feder knicksicher ($\nu = 0{,}7$).

L: Zweckmäßiger Rechnungsgang: n aus Gl. (14.22) mit $c = \Delta F/s_h \approx 200$ N/mm, genauer Wert für c mit gerundetem (gewähltem) Wert für n, $n_t = n + 1{,}5$, s_h mit Gl. (14.25), L_c mit Gl. (14.12), S_a mit Gl. (14.11), $L_2 = L_n$ mit Gl. (14.13), $L_1 = L_2 + s_h$, $L_0 = L_n + s_n$, τ_c

mit Gl. (14.20), τ_{k2} mit Gl. (14.21), τ_{kh} mit Gl. (14.26), zul. Spannungen nach Tab. 14.11 und Diagr. 14.2, A_{F1} und A_{F2} mit Gl. (14.19), Knicksicherheit nach Tab. 14.14.

14.13 Die in Bild 14.13 dargestellte, ohne innere Vorspannkraft mit aneinanderliegenden Windungen gewickelte zylindrische Schraubenzugfeder mit Hakenösen ($k_H = 1$) dient zur Rückführung einer unter Drehpendelung arbeitenden Schaltwelle. Der Feder ist ein Hub $s_h = 12$ mm aufgezwungen. Während dieses Hubes soll ihre Zugkraft von $F_1 \approx 25$ N auf $F_2 \approx 34$ N steigen. Es liegt schwingende Belastung vor. Gewählt wird ein mittlerer Windungsdurchmesser $D = 10$ mm und Draht DIN EN 10218-2 — 1,2 (Drahtdurchmesser $d = 1{,}2$ mm, Federstahldraht DIN EN 10270-1, Drahtsorte DH). Zu ermitteln sind:

1. Die erforderliche Anzahl der Windungen $n = n_t$, auf 0,25 oder 0,75 endend, und die vorhandene Federsteifigkeit c,

2. Die Länge L_0 der ungespannten Feder, auf volle mm aufgerundet, und die Federlängen L_1 und L_2,

3. Die Schubspannungen τ_{k1} und τ_{k2} bei den Federkräften F_1 und F_2 sowie die Hubspannung τ_{kh}, verglichen mit den zulässigen Werten, wenn wegen der Kerbwirkungen an der Abbiegung vom Federkörper zum Haken mit $\tau_{kh\,zul} \approx 0{,}6\,\tau_{kH}$ gerechnet wird,

4. Die Prüfkraft F_n, deren zulässige Abweichung A_{Fn} (Gütegrad 2) und die Prüflänge L_n.

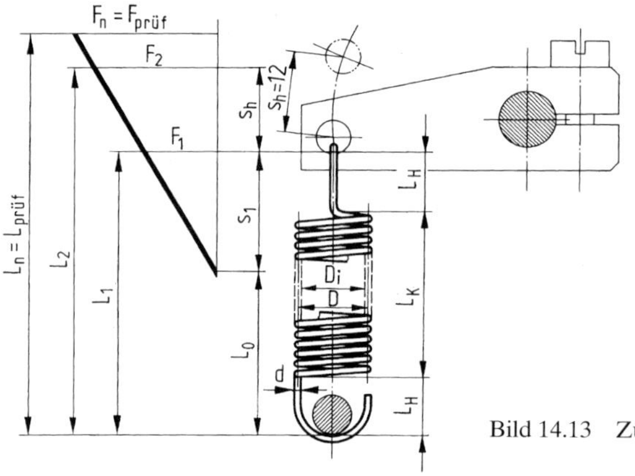

Bild 14.13 Zugfeder zur Rückführung einer Schaltwelle

E: **1.** $n = n_t = 28{,}25$ ($c_{erf} = 0{,}75$ N/mm, $n_{erf} = 28{,}17$), $c = 0{,}748$ N/mm.
2. $L_0 \approx 53$ mm ($L_K = 35{,}69$ mm, $d_{max} = 1{,}220$ mm, $L_H = 8{,}8$ mm), $L_1 \approx 87{,}4$ mm ($s_1 = 33{,}4$ mm), $L_2 \approx 98{,}6$ mm ($s_2 \approx 45{,}3$ mm).
3. $\tau_{k1} = 427{,}4$ N/mm^2 ($\tau_1 = 368{,}4$ N/mm^2, $k = 1{,}165$), $\tau_{k2} = 583{,}7$ N/mm$^2 < \tau_{k2\,zul} = 976$ N/mm^2 ($\tau_2 = 501$ N/mm^2), $\tau_{kh} = 154{,}5$ N/mm$^2 < \tau_{kh\,zul} \approx 556$ N/mm^2 ($\tau_{kH} = 334$ N/mm^2).
4. $F_n \approx 66$ N ($\tau_{n\,zul} = \tau_{k2\,zul} = 976$ N/mm^2, $R_m = 2170$ N/mm^2), $A_{Fn} \approx \pm 3{,}3$ N. ($a_F \approx 2{,}65$ N, $k_f \approx 0{,}86$, $Q = 1$), $L_n = 141{,}2$ mm ($s_n = 88{,}2$) mm.

L: **1.** n_{erf} aus Gl. (14.22) mit c_{erf} aus Gl. (14.25), Ergebnis für $n = n_t$ auf 0,25 endend runden (wegen Stellung der Ösen, s. Bild 14.13) und genauen Wert von c aus Verhältnis $c/c_{erf} = n_{erf}/n$ bestimmen. **2.** L_K mit Gl. (14.16), L_H mit Gl. (14.15) ($k_H = 1$ für Hakenöse nach ME Bild 14.10), L_0 mit Gl. (14.17), s_1 mit Gl. (14.23), $L_1 = L_0 + s_1$, $s_2 = s_1 + s_h$, $L_2 = L_0 + s_2$. **3.** τ_{k1} mit den Gln. (14.20) und (14.21), $\tau_{k2} = \tau_{k1} \cdot s_2/s_1$, $\tau_{k2\,zul} = \tau_{zul} = 0{,}45 R_m$ (s. Tab. 14.11), τ_{kh} und τ_{kH} mit den Gln. (14.26) und (14.27). **4.** F_n aus Gl. (14.20) mit $\tau_{n\,zul} = \tau_{k2\,zul}$, A_{Fn} mit Gl. (14.18), s_n mit Gl. (14.23), $L_n = L_0 + s_n$.

14.14 Würde für die Zugfeder nach Bild 14.13 auch ein Drahtdurchmesser $d = 1{,}1$ mm ausreichen, wenn sonst gleiche Verhältnisse vorliegen wie nach Aufgabe 14.13?

E: Ja, $n = 19{,}75$, $c = 0{,}755$ N/mm, $L_0 \approx 41$ mm ($L_K = 23{,}1$ mm, $L_H = 8{,}9$ mm), $L_1 = 74{,}1$ mm, $L_2 = 86{,}1$ mm, ($s_1 = 33{,}1$ mm, $s_2 = 45{,}1$ mm), $\tau_{k1} = 550\ \mathrm{N/mm^2}$, $\tau_{k2} = 748\ \mathrm{N/mm^2}$ ($\tau_1 = 478{,}3\ \mathrm{N/mm^2}$, $\tau_2 = 650{,}5\ \mathrm{N/mm^2}$, $k = 1{,}15$), $\tau_{k2} < \tau_{k2\,zul} = 990\ \mathrm{N/mm^2}$ ($R_m = 2200\ \mathrm{N/mm^2}$), $\tau_{kh} = 198\ \mathrm{N/mm^2} < \tau_{kh\,zul} \approx 318\ \mathrm{N/mm^2}$ ($\tau_{kH} = 530\ \mathrm{N/mm^2}$).

L: Wie Aufg. 14.13 unter 1. bis 3.

14.15 Zur Rückführung einer selten betätigten Klappe in einer Förderanlage ist eine Zugfeder vorgesehen, die eine Federkraft $F_1 = 350$ N aufbringen soll. Nach einem Hub $s_h = 40$ mm soll die Federkraft $F_2 \leq 700$ N sein. Der zur Verfügung stehende Einbauraum gestattet einen Außendurchmesser $D_e \leq 50$ mm. Die Feder ist mit um 180° versetzten englischen Ösen und innerer Vorspannung aus Federstahldraht SM nach DIN EN 10270-1 auf einer Wickelbank zu wickeln, Gütegrad 3. Es sind die wichtigsten Federdaten wie folgt zu bestimmen:

1. Der Drahtdurchmesser d, der Außendurchmesser D_e und der Innendurchmesser D_i, wenn ein mittlerer Windungsdurchmesser $D = 42$ mm und eine zulässige Schubspannung $\tau_{2\,zul} \approx 600\ \mathrm{N/mm^2}$ angenommen werden.
2. Die Federsteifigkeit c mit $F_2 = 700$ N und die Anzahl n_t der Windungen, aufgerundet auf 0,5 endend,
3. Die Länge L_K des Federkörpers und die Länge L_0 der ungespannten Feder,
4. Die Vorspannkraft F_0 mit $\tau_{0\,lim}$ und die Federlängen L_1 und L_2,
5. Die größte Federkraft F_2 und die zulässigen Abweichungen A_{F1} und A_{F2} der Federkräfte.

E:
1. $d = 5$ mm ($d_{erf} = 4{,}99$ mm), $D_e = 47$ mm < 50 mm, $D_i = 37$ mm.
2. $c = 8{,}185$ N/mm, $n_t = 10{,}5$ ($c_{erf} = 8{,}75$ N/mm, $n_{t\,erf} = 9{,}82$).
3. $L_K \approx 58$ mm, $L_0 = 139{,}4$ mm ($L_H = 40{,}7$ mm).
4. $F_0 = 140$ N ($\tau_{0\,lim} \approx 120\ \mathrm{N/mm^2}$, $w = 8{,}4$, $R_m = 1460\ \mathrm{N/mm^2}$), $L_1 \approx 165$ mm, $L_2 \approx 205$ mm.
5. $F_2 \approx 677$ N, $A_{F1} \approx \pm 33$ N, $A_{F2} \approx \pm 38$ N ($a_F = 29{,}7$ N, $k_f = 0{,}95$, $Q = 1{,}6$).

L: **1.** d aus Gl. (14.20) auf volle mm gerundet, $D_e \leq D + d = 50$ mm, $D_i = D - d$. **2.** c_{erf} aus Gl. (14.25), daraus $n_{t\,erf}$ aus Gl. (14.22), nach Aufrundung auf 0,5 endend endgültige Federsteife c aus Proportion $c/n_{t\,erf} = c_{erf}/n_t$. **3.** L_K nach Gl. (14.16), L_0 nach Gl. (14.17). **4.** τ_0 nach Gl. (14.28), F_0 mit τ_0 nach Gl. (14.20), s_1 nach Gl. (14.24), $L_1 = L_0 + s_1$ und $L_2 = L_1 + s_h$. **5.** $F_2 = F_1 + s_h \cdot R$, A_{F1} und A_{F2} nach Gl. (14.18).

14.16 Die Backen einer Fliehkraftkupplung werden durch eine Zugfeder auf die Nabe gedrückt, wie in Bild 14.16 dargestellt. Erst wenn die Drehzahl der Kupplung $n_1 = 200\ \mathrm{min^{-1}}$ erreicht, soll die Bewegung der Backen um ihren Drehpunkt beginnen, bis sie bei $n_2 \approx 250\ \mathrm{min^{-1}}$ mit ihrem Reibbelag kraftlos die Trommel berühren. Bei weiterer Steigerung der Drehzahl erfolgt dann ein Anpressen und die Drehmomentübertragung durch Kraftschluss. Bis zur Berührung mit der Trommel führt die Feder einen Gesamthub von 3 mm aus (1,5 mm nach jeder Seite). Die Feder soll aus Federstahldraht DM nach DIN EN 10270-1 mit innerer Vorspannkraft auf einem Federwindeautomaten gewickelt und mit ganzer deutscher Öse im Gütegrad 2 ausgeführt werden. Für den Entwurf der Feder sind zu ermitteln:

1. Die Federkräfte F_1 und F_2 und die erforderliche Federrate c_{erf},
2. Die Windungszahl $n = n_t$, auf 0,5 endend, wenn $d = 2$ mm und $D = 12$ mm angenommen werden,

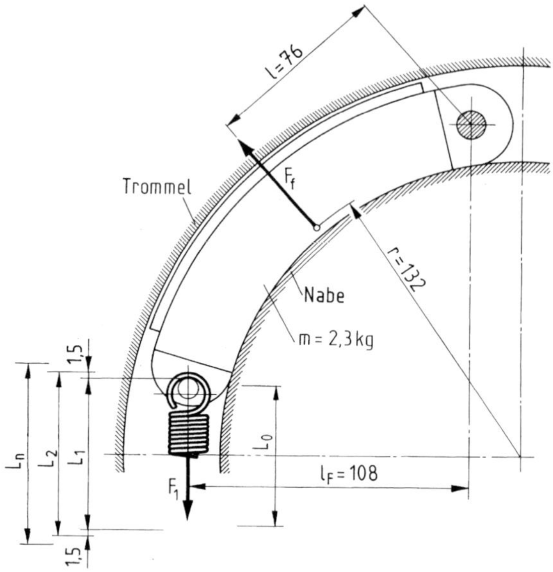

Bild 14.16 Zugfeder in einer Fliehkraftkupplung

14

3. Die Länge L_0 der ungespannten Feder mit $k_H \approx 1$, auf volle 5 mm gerundet, und die vorhandene Federsteifigkeit c,
4. Die innere Vorspannkraft F_0 nach der erreichbaren inneren Vorspannung $\tau_{0\,\mathrm{lim}}$ sowie die damit vorzuschreibende Federlänge L_1 und die sich daraus ergebende Federlänge L_2,
5. Die Prüfkraft F_n bei $\tau_{n\,\mathrm{zul}}$ und deren zulässige Abweichung A_{Fn} sowie die Prüflänge L_n.

E: **1.** $F_1 = 93{,}7$ N ($F_{f1} = 133{,}1$ N), $F_2 = 146{,}4$ N ($F_{f2} = 208{,}1$ N), $c_{erf} \approx 17{,}6$ N/mm.
2. $n = 5{,}5$ ($n_{erf} = 5{,}36$)
3. $L_{0\,erf} = 33{,}1$ mm, gewählt $L_0 = 35$ mm ($L_k = 13{,}1$ mm, $D_i = 10$ mm), $c = 17{,}1$ N/mm.
4. $F_0 = 27$ N ($\tau_{0\,\mathrm{lim}} = 103$ N/mm^2), $L_1 = 38{,}9$ mm ($s_1 = 3{,}9$ mm), $L_2 = 41{,}9$ mm ($L_2 = L_1 + 3$ mm).
5. $F_n \approx 233$ N ($\tau_{zul} = 0{,}45 R_m = 891$ N/mm^2), $A_{Fn} = \pm 12{,}3$ N ($a_F = 11{,}1$ N, $k_f = 1{,}08$, $Q = 1$), $L_n = 47$ mm ($s_n = 12$ mm).

L: **1.** Fliehkraft der Backen $F_f = m \cdot r(2\pi \cdot n)^2$, Federkraft $F = F_f \cdot l/l_F$ aus $\sum M = 0$ (jeweils für n_1 und n_2), c aus Gl. (14.25). **2.** n aus Gl. (14.22) auf 0,5 gerundet. **3.** L_K mit Gl. (14.16), L_0 mit Gl. (14.17), genauen Wert von c nach Gl. (14.22). **4.** τ_0 mit Gl. (14.28), damit F_0 aus Gl (14.20), s_1 mit Gl. (14.24), $L_1 = L_0 + s_1$, $L_2 = L_1 + s_h$. **5.** $F_n = F_0 \cdot \tau_{zul}/\tau_0$ mit τ_{zul} nach Tab. 14.10 oder F_n mit τ_{zul} nach Gl. (14.20), A_{Fn} mit Gl. (14.18), $L_n = L_0 + s_n$ mit s_n nach Gl. (14.24).

Tellerfedern

14.17 Eine Tellerfeder DIN 2093 — C 25 soll mit einer Kraft $F = 300$ N dauernd belastet und selten mit der größtmöglichen Kraft F_n bis auf die kleinstzulässige Höhe zusammengedrückt werden.
1. Wie groß ist der Federweg s bei der Kraft F?
2. Wie groß sind der Federweg s_n (auf 0,01 mm genau) bei der Kraft F_n, die Federsteifigkeit c_n, die Federarbeit W_n und die Druck- bzw. Zugspannungen σ_{nI}, σ_{nII}, σ_{nIII} an den Stellen I, II, III des Federtellers?

E: **1.** $s = 0{,}20$ mm.
2. $s_n = 0{,}68$ mm, $c_n = 227$ N/mm, $W_n = 268$ Nmm $\approx 0{,}27$ J, $\sigma_{nI} = -2333$ N/mm^2, $\sigma_{nII} = 403$ N/mm^2, $\sigma_{nIII} = 1265$ N/mm^2.

L: Sinngemäß wie ME Beisp. 14.10.

14.18

Der in Bild 14.18 gezeigte Tellerfedersatz dient zum Anpressen von Walzen. Die Säule wird maximal um $S = 6$ mm durchgefedert. Es sind $i = 12$ Tellerfedern DIN 2093 — B 40 eingesetzt. Zu ermitteln sind:

1. Die Länge L_0 der unbelasteten Säule und die Säulenlänge L im gespannten Zustand,
2. Die Säulenkraft F_S und die Säulensteife c_S,
3. Ist die Beanspruchung der Teller unter der statisch wirkenden Kraft F_S zulässig?

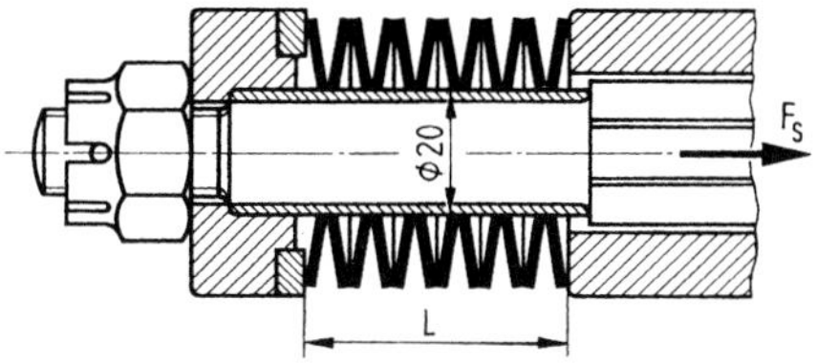

Bild 14.18 Tellerfedersatz zum Anpressen von Walzen

E: **1.** $L_0 = 31{,}8$ mm ($l_0 = 2{,}65$ mm), $L = 25{,}8$ mm.
2. $F_s = F = 1754$ N ($t = 1{,}5$ mm, $h_0 = 1{,}15$ mm, $s = 0{,}5$ mm), $c_S \approx 229$ N/mm ($c = 2750$ N/mm).
3. Ja, $F < F_n = 2{,}62$ kN.

L: **1.** L_0 nach Tab. 14.21, Schichtung T, $L = L_0 - S$. **2.** $F_S = F$ nach Gl. (14.29) mit $s = S/i$ (s. Tab. 14.21), Tellerabmessungen nach Tab. 14.16, R_S ebenfalls nach Tab. 14.21. **3.** Beanspruchung zulässig, wenn $F \leq F_n$ (Tab. 14.16), Spannungsberechnung dann bei statischer Belastung nicht erforderlich (s. ME Abschn. 14.6 unter 1.).

14.19

Bild 14.19 zeigt eine Sicherheits-Rutschkupplung mit einem Kettenrad auf dem Wellenende eines Elektromotors. Die Kupplung enthält zwei Tellerfedern DIN 2093 — B 100 zur Erzeugung der Anpresskraft an den Reibbelägen. Um die Arbeitsmaschine vor Überlastung zu schützen, soll das Kettenrad bei Überschreitung des Drehmoments $M = 600$ Nm durchrutschen und an den Reibflächen gleiten. Die Reibzahl beträgt $\mu = 0{,}3$. Zur Einstellung der Kupplung auf das angegebene Drehmoment durch Spannen der Tellerfedern mittels einer Nutmutter sind zu ermitteln:

1. Die Umfangskraft F_u am mittleren Reibflächenradius r_m, die Normalkraft F_N und die auf einen Teller entfallende theoretische Kraft F ohne Berücksichtigung der Reibung zwischen den Tellern,

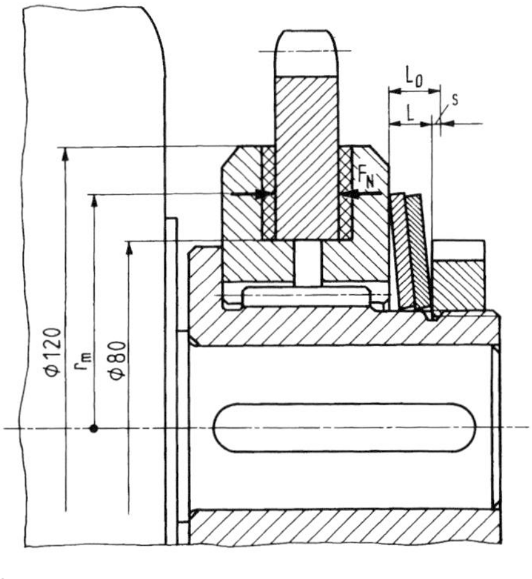

Bild 14.19 Tellerfedern in einer Sicherheits-Rutschkupplung

14

2. Die Länge L_0 der unbelasteten Säule, der Federweg s der Säule und deren Länge L im gespannten Zustand,
3. Mit welcher Kraft F_{SB} wird die Säule belastet, um auch die Reibung zwischen den Tellern zu überwinden?
4. Werden die Teller überbeansprucht?

E: **1.** $F_u = 12$ kN ($r_m = 50$ mm), $F_N = 20$ kN, $F = 10$ kN.
2. $L_0 = l_P = 9{,}8$ mm ($t = 3{,}5$ mm, $h_0 = 2{,}8$ mm), $s = 1{,}44$ mm, $L = 8{,}36$ mm.
3. $F_{SB} = 20{,}2$ kN ($F_R = 200$ N, $\nu = 0{,}02$).
4. Nein, $F < F_n = 13{,}1$ kN.

L: **1.** F_u aus $M = F_u \cdot r_m$, wegen der zwei Reibflächen ist $F_u = 2F_R = 2F_N \cdot \mu$ (Reibungsgesetz), F nach Tab. 14.21 (Schichtung P) mit $n = 2$ Tellern im Paket und $F_S = F_N$. **2.** L_0 nach Tab. 14.21 mit Tellerabmessungen aus Tab. 14.16, $s = S$, s kann angenommen und mit Gl. (14.29) überprüft werden, ggf. mehrere Annahmen erforderlich, $L = L_0 - S$. **3.** $F_{SB} = F_S + F_{SR}$ mit $F_{SR} = F_R$, diese nach Gl. (14.38). **4.** Da statische Belastung vorliegt, wie unter 3. im Hinweis zu Aufg. 14.18.

14.20

14

Die in Bild 14.20 dargestellte Tellerfedersäule besteht aus einem Federpaket (4) mit 2 Tellerfedern DIN 2093 – A 80, zwei Paketen (3 und 2) mit je 3 Tellerfedern DIN 2093 – B 80 und einem Paket (1) mit 3 Tellerfedern DIN 2093 – C 80. Die Säule soll statisch so belastet werden, dass für die Teller des Paketes 1 die zulässige Belastungskraft F_n erreicht wird. Wie groß sind:
1. Die Säulenkraft F_S unter Vernachlässigung der Reibung zwischen den Tellern,
2. Die Belastungskräfte F_{SB} und F_{SE} beim Be- und Entlasten der Säule unter Berücksichtigung der Reibung in den Federpaketen,
3. Die Länge L_0 der unbelasteten Säule,
4. Der Federweg S zum Spannen und die Länge L der belasteten Säule?

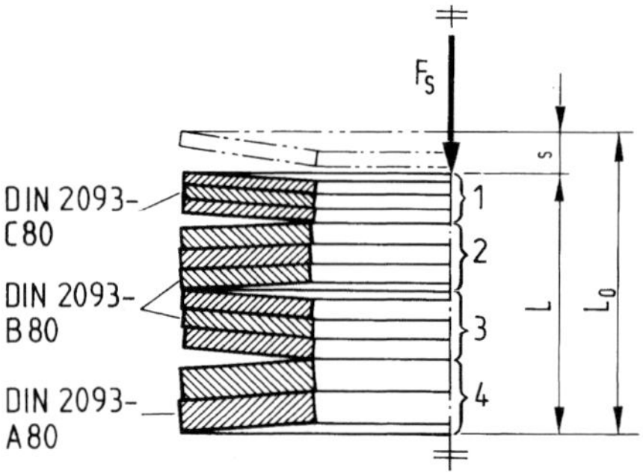

Bild 14.20 Tellerfedersäule

E: **1.** $F_S = 19{,}83$ kN ($F_n = F_1 = F_2 = F_3 = 6{,}61$ kN).
2. $F_{SB} \approx 20{,}49$ kN ($F_{R1} = F_{R2} = F_{R3} = 661$ N), $F_{SE} \approx 19{,}17$ kN.
3. $L_0 = 44$ mm ($l_{P1} = 9{,}7$ mm, $l_{P2} = l_{P3} = 11{,}3$ mm, $l_{P4} = 11{,}7$ mm).
4. $S = 4{,}41$ mm ($s_1 = 2{,}21$ mm, $s_2 = s_3 \approx 0{,}92$ mm, $s_4 \approx 0{,}36$ mm), $L = 39{,}59$ mm.

L: **1.** Säulenschichtung VP entspr. Tab. 14.21 mit $n_1 = n_2 = n_3 = 3$, $n_4 = 2$, $i_1 = i_2 = i_3 = i_4 = 1$ Abschn. 14.6 unter 1., somit $F_S = n_1 \cdot F_1$ mit $F_1 = F_n$ aus Tab. 14.16 für Reihe C. **2.** Mit F_R nach Gl. (14.38), worin $F = F_1$. Maßgebend ist die Reibkraft im Federpaket der Reihe C, d. h. $F_{SB} = F_S + F_{R1}$ und $F_{SE} = F_S - F_{R1}$ (da $n_1 = n_2 = n_3$, ist $F_{R1} = F_{R2} = F_{R3}$). **3.** Sinngemäß nach Tab. 14.21 **4.** S nach Tab. 14.21 mit $s_1 = 0{,}75h_{01}$; s_2, s_3 und s_4 können angenommen und mit Gl. (14.29) überprüft werden, ggf. mehrere Annahmen erforderlich., $L = L_0 - S$. Für das Paket 4 der Reihe A ist $F_4 = (n_1 \cdot F_1 + F_{R1} - F_{R4})/n_4$, u. z. wegen der geringeren Reibung in diesem Paket ($n_4 = 2$), sodass es durch eine Kraft $F_4 > F_1$ belastet wird.

14.21 Zur elastischen Abstützung einer Stahlkonstruktion sollen Federsäulen aus Tellerfedern DIN 2093 — A 160 eingesetzt werden. Jede Säule hat eine maximale Last von 20 t aufzunehmen, wobei der Säulenfederweg $s \leq 3$ mm betragen darf. Welche Schichtung ist zu wählen, und welche Länge haben die unbelasteten und die belasteten Säulen? Unter Vernachlässigung der Reibung zwischen den Tellern sind zu ermitteln:

1. Die Anzahl n der Tellerfedern, die gleichsinnig zu einem Paket zu schichten sind, und die Belastungskraft F eines Federtellers,
2. Die Anzahl i der Federpakete, die wechselseitig zu einer Säule aneinanderzureihen sind, und der Federweg s einer Säule,
3. Die erforderliche Telleranzahl z je Säule, die Länge L_0 der unbelasteten und die Länge L der belasteten Säule,
4. Wie groß wird die Länge L, wenn die Reibung in den Federpaketen berücksichtigt wird?

E: **1.** Schichtung GP, $n = 2$, $F = 98{,}1$ kN ($F_S = 196{,}2$ kN, $F_n = 139$ kN).
2. $i = 5$, $s = 7{,}70$ mm < 8 mm ($s \approx 1{,}54$ mm).
3. $z = 10$, $L_0 = 117{,}5$ mm, $L \approx 109{,}8$ mm.
4. $L = 109{,}9$ mm ($F = 97\,119$ N, $s = 1{,}52$ mm).

L: **1.** Da $F_S = m \cdot g > F_n$ (aus Tab. 14.16), kommt Schichtung GP (Tab. 14.21) infrage, es ist $n \geq n_{erf} = F_S/F_n$ ganzzahlig zu wählen. **2.** Wie unter 4. in Aufgabe 14.20 und mit $S_{zul} = 8$ mm ganzzahliger Wert für $i \leq S_{zul}/s$, damit S nach Tab. 14.21. **3.** $z = n \cdot i$, L_0 nach Tab. 14.21, $L = L_0 - S$. **4.** Die Belastungskraft F eines Tellers ergibt sich durch Abzug von F_R nach Gl. (14.38), d. h. $F = (F_S - F_R)/n$, es folgt s wie unter 2.

14

14.22 Eine Tellerfeder DIN 2093 — A 100 soll mit einem Vorspannweg $s_1 = 0{,}2h_0$ in einen Automaten eingebaut und während des Betriebes bei einem Hub $s_h = 0{,}6$ mm dauernd schwingend belastet werden.

1. Wie groß sind die Vorspannkraft F_1 und die größte Federkraft F_2?
2. Sind die auftretenden Spannungen zulässig?

E: **1.** $F_1 = 13{,}76$ kN ($s_1 = 0{,}44$ mm, $h_0 = 2{,}2$ mm, $t = 6$ mm), $F_2 = 31{,}25$ kN ($s_2 = 1{,}04$ mm),
2. Ja, $\sigma_2 = 842{,}9\,\text{N/mm}^2 < \sigma_{O\,max} = 1\,250\,\text{N/mm}^2$ ($h_0/t \approx 0{,}37 < 0{,}5$),
$\sigma_h = 507{,}4\,\text{N/mm}^2 < \sigma_H \approx 542{,}3\,\text{N/mm}^2$ ($\sigma_1 = 335{,}5\,\text{N/mm}^2 = \sigma_U$, $\sigma_F = 710\,\text{N/mm}^2$).

L: **1.** Mit Gl. (14.30), für F_2 ist $s_2 = s_1 + s_h$. **2.** Mit δ und h_0/t nach ME Abschn. 14.6 unter 2. prüfen, ob die größte Zugspannung am Punkt II oder III auftritt, hier am Pkt. II, somit sind σ_1 und σ_2 mit Gl. (14.34) zu errechnen, σ_2 ist mit $\sigma_{O\,max}$ (s. Tab. 14.20) zu vergleichen, außerdem ist σ_h nach Gl. (14.39) mit σ_H nach Gl. (14.40) zu vergleichen.

14.23 Ein Überdruckventil nach Bild 14.23 soll durch Tellerfedern mit einer Kraft $F_{S1} \approx 800$ N geschlossen gehalten werden. Im geöffneten Zustand (bei Überdruck) ist mit einer maximalen Säulenkraft $F_{S2} \approx 1{,}6$ kN zu rechnen. Hierbei soll die Ventilkugel um den Hub $H \approx 4$ mm gehoben worden sein. Der Führungsbolzen hat einen Durchmesser von 12 mm. Es sind Tellerfedern der Reihe A nach DIN 2093 vorgesehen. Obwohl die Federn in dem Überdruckventil überwiegend ruhend und nur selten schwingend belastet werden, soll hier aus Sicherheitsgründen mit schwingender Belastung gerechnet werden. Zu ermitteln sind:

1. Die Normbezeichnung einer für die Säule geeigneten Tellerfeder und ihre Abmessungen D_e, D_i, t, h_0 und l_0,
2. Die Federwege s_1 und s_2 eines Federtellers und die Überprüfung, ob der Vorspannfederweg dem üblichen Erfahrungswert entspricht,
3. Die erforderliche Anzahl i der Tellerfedern und der endgültige Säulenhub H,
4. Werden die Obergrenze $\sigma_{O\,max}$ der Dauerfestigkeit und die Hubfestigkeit σ_H überschritten?
5. Die Länge L_0 der unbelasteten Säule und die Längen L_1 sowie L_2 der vorgespannten bzw. der belasteten Säule.

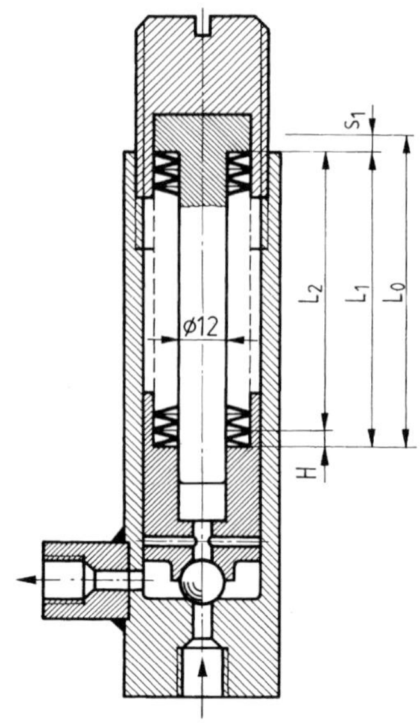

Bild 14.23 Überdruckventil mit Tellerfedern

14

E: **1.** Tellerfeder DIN 2093 – A 25, $D_e = 25$ mm, $D_i = 12{,}2$ mm, $t = 1{,}5$ mm, $h_0 = 0{,}55$ mm, $l_0 = 2{,}05$ mm, $F_n = 2{,}91$ kN $> F_2 = 1{,}6$ kN.
2. $s_1 = 0{,}105$ mm, $s_1/h_0 = 0{,}191 > 0{,}15$, $s_2 = 0{,}216$ mm.
3. $i = 36$ ($h = 0{,}111$ mm), $H = 3{,}996$ mm.
4. Nein, $\sigma_{O\,max} = 1250\,\text{N/mm}^2 > \sigma_2 = 690\,\text{N/mm}^2$ ($h_0/t = 0{,}367 < 0{,}5$), $\sigma_H \approx 550\,\text{N/mm}^2 > \sigma_h = 370\,\text{N/mm}^2$ ($\sigma_1 \approx 320\,\text{N/mm}^2$, $\sigma_F = 710\,\text{N/mm}^2$).
5. $L_0 = 73{,}8$ mm, $L_1 = 70{,}02$ mm ($S_1 = 3{,}78$ mm), $L_2 = 66{,}02$ mm.

L: **1.** Nach Tab. 14.16, D_i muss dem Führungsbolzendurchmesser entsprechen, ferner $F_n \geq F_2 = F_{S2}$ (Schichtung T nach Tab. 14.21). **2.** s_1 sowie s_2 können angenommen und mit Gl. (14.29) überprüft werden, ggf. mehrere Annahmen erforderlich; üblicher Vorspannfederweg s. ME Abschn. 14.6 unter 2. **3.** i mit Tellerhub $s_h = s_2 - s_1$ bestimmen, damit wird $H = i \cdot s_h$. **4.** Wie unter 2. in Aufg. 14.22. **5.** L_0 nach Tab. 14.21, ebenfalls S_1, damit $L_1 = L_0 - S_1$ und $L_2 = L_1 - H$.

14.24

In einer Vorrichtung werden zwei Tellerfedersäulen schwingend belastet, und zwar jede mit $F_1 = 2{,}4$ kN und $F_2 = 3{,}2$ kN. Eine Säule besteht jeweils aus $i = 12$ Tellerfedern DIN 2093 – C 63, die wechselsinnig aneinandergereiht sind.
1. Werden die zulässigen Spannungen überschritten, wenn wegen ungleichmäßiger Schwingungen und $i > 6$ sicherheitshalber mit $\sigma_{2\,zul} \approx 0{,}8\,\sigma_{O\,max}$ und $\sigma_{h\,zul} \approx 0{,}7\,\sigma_H$ zu rechnen ist?
2. Welche Längen L_0, L_1 und L_2 haben die Säulen?

E: **1.** Nein, $\sigma_{2\,zul} = 1000\,\text{N/mm}^2 > \sigma_2 = 801\,\text{N/mm}^2$ ($s_2 = 0{,}92$ mm, $h_0/t = 1{,}3 > 0{,}67$, $\delta \approx 2$), $\sigma_{h\,zul} = 306\,\text{N/mm}^2 > \sigma_h \approx 254\,\text{N/mm}^2$ ($\sigma_H = 437\,\text{N/mm}^2$, $s_1 = 0{,}60$ mm, $\sigma_1 = 547\,\text{N/mm}^2$).
2. $L_0 = 49{,}8$ mm, $L_1 = 42{,}6$ ($S_1 = 7{,}20$ mm), $L_2 = 38{,}8$ mm ($S_2 = 11{,}04$ mm).

L: **1.** Wechselsinnig einandergereihte Einzeltellerfedern ergeben die Schichtung T nach Tab. 14.21. Bei $i > 6$ müssen die Dauerfestigkeitswerte herabgesetzt werden (s. ME Abschn. 14.6 unter 2.), was in den angegebenen zulässigen Spannungen berücksichtigt ist. Berechnung der auftretenden Spannungen wie in ME Beisp. 14.14. **2.** Nach Tab. 14.21.

14.25 In einem Schnittwerkzeug sollen entsprechend Bild 14.25 zwei Tellerfedersäulen zur Betätigung des Abstreifers eingesetzt werden. Es sind ein Vorspannweg $s_1 = 0{,}2h_0$ je Feder und ein Durchmesser $d = 16$ mm für die Führungsbolzen (Zylinderschrauben) vorgesehen. Der Säulenhub während des Betriebes beträgt $H \approx 2{,}0$ mm, wobei im durchgefederten Zustand beide Säulen zusammen eine Kraft von ca. 4,8 kN aufbringen sollen. Es sind geeignete Tellerfedern nach DIN 2093 und die Abmessungen der Federsäulen im ungespannten, vorgespannten und durchgefederten Zustand zu ermitteln. Außerdem ist der Spannungsnachweis durchzuführen. Wegen des stark stoßhaften Betriebes und bei einer Federanzahl $i > 6$ sind die zulässigen Spannungen aus Sicherheitsgründen mit 90 % der Dauerfestigkeitswerte anzusetzen.

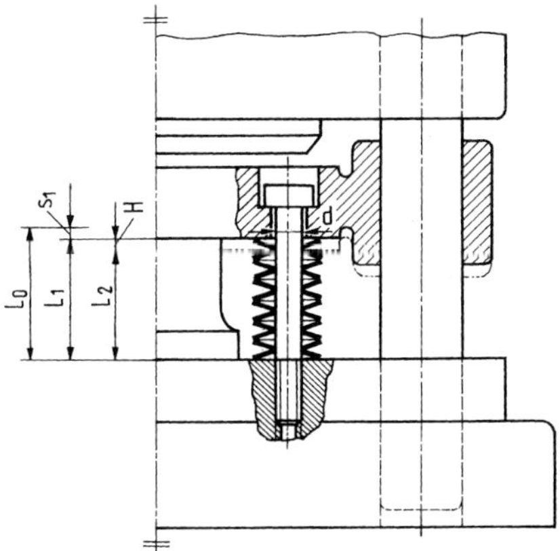

Bild 14.25 Tellerfedersäulen in einem Schnittwerkzeug

E: DIN 2093 – A 31,5 ($F_n = 3{,}9$ kN $> F_2 = F_{s2} = 2{,}4$ kN), $i = 12$, $H = 2{,}06$ mm, $S_1 = 1{,}68$ mm ($s_1 = 0{,}14$ mm, $F_1 = F_{S1} \approx 1{,}12$ kN, $s_2 \approx 0{,}31$ mm, $h = 0{,}17$ mm), $L_0 = 29{,}4$ mm, $L_1 = 27{,}7$ mm, $L_2 = 25{,}7$ mm, Spannungen sind zulässig: $\sigma_2 = 716\,\text{N/mm}^2 < \sigma_{2\,\text{zul}} = 1125\,\text{N/mm}^2$, $\sigma_h = 414\,\text{N/mm}^2 < \sigma_{h\,\text{zul}} \approx 503\,\text{N/mm}^2$ ($h_0/t = 0{,}4 < 0{,}5$, $\sigma_1 \approx 302\,\text{N/mm}^2$, $\sigma_{O\,\max} = 1250\,\text{N/mm}^2$, $\sigma_H \approx 559\,\text{N/mm}^2$).

L: Federauswahl, Ermittlung der Federwege bzw. -kräfte, der Federanzahl i, des Säulenhubes H, der Säulenlängen L_0, L_1 und L_2 sowie der Spannungen sinngemäß wie in Aufg. 14.23, hier ist jedoch σ_2 mit $\sigma_{2\,\text{zul}} = 0{,}9\sigma_{O\,\max}$ und σ_h mit $\sigma_{h\,\text{zul}} = 0{,}9\sigma_H$ zu vergleichen.

14.26 Eine stoßhaft arbeitende Maschine ist zur Schwingungsdämpfung auf Tellerfedersäulen abgestützt. Jede Säule besteht aus 6 Tellerfedern DIN 2093 — B 80, die nach Bild 14.26 geschichtet sind. Die statische Belastungskraft einer Säule durch das Gewicht der Maschine beträgt $F_S = 15{,}45$ kN. Damit das Federsystem nicht mit der Maschine, die bei einer Drehzahl von 1420 min^{-1} arbeitet, in Resonanzschwingungen gerät, soll die Eigenfrequenz 20 Hz nicht übersteigen. Es sind die vorhandene Eigenfrequenz f_e zu errechnen und zu prüfen, ob die genannte Bedingung erfüllt ist.

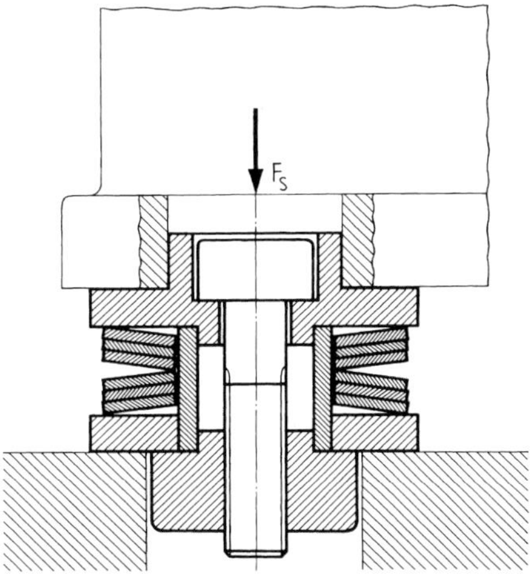

Bild 14.26 Tellerfedersatz zur Dämpfung von Maschinenschwingungen

14

E: $f_e = 13{,}52$ Hz < 20 Hz ($i = 2$, $n = 3$, $F = 5{,}15$ kN, $s = 0{,}68$ mm, $S = 1{,}36$ mm).

L: Es liegt Schichtung GP nach Tab. 14.21 vor, sodass $F = F_S/n$; f_e mit Gl. (14.5), $f_e = 1/(2\pi) \cdot \sqrt{c/m} = 1/(2\pi) \cdot \sqrt{g/s}$, g Fallbeschleunigung.

Gewundene Schenkelfedern

14.27 Eine gewundene Schenkelfeder nach Bild 14.27 mit zwei gleich langen tangentialen Schenkeln wird als Drehfeder zum Spannen einer Klemmvorrichtung durch eine Kraft $F \approx 40$ N am Radius $R = 24$ mm im Wickelsinn überwiegend ruhend belastet. Sie hat einen mittleren Windungsdurchmesser $D = 30$ mm und wird hergestellt aus Federstahldraht der Sorte SM nach DIN EN 10270-1 mit einem Drahtdurchmesser $d = 2{,}5$ mm. Der Drehwinkel beträgt $\alpha = 120°$. Im ungespannten Zustand stehen die Schenkel um $\delta_0 = 270°$ zueinander, sodass die Windungszahl n auf 0,75 enden muss. Folgende Daten sind für diese Feder zu ermitteln:

1. Die erforderliche Anzahl n der federnden Windungen, wenn diese ohne Spannung aneinanderliegen, und die Länge L_K des unbelasteten Federkörpers,
2. Die endgültige Federkraft F, die sich bei $\alpha = 120°$ einstellt,
3. Der Innendurchmesser $D_{i\alpha}$ der gespannten Feder und der Dorndurchmesser D_d, auf einen ganzzahligen Wert gerundet, sodass ein Durchmesserspiel von mindestens 2 mm verbleibt,
4. Die Biegespannung σ, verglichen mit der zulässigen Spannung σ_{zul}.

14

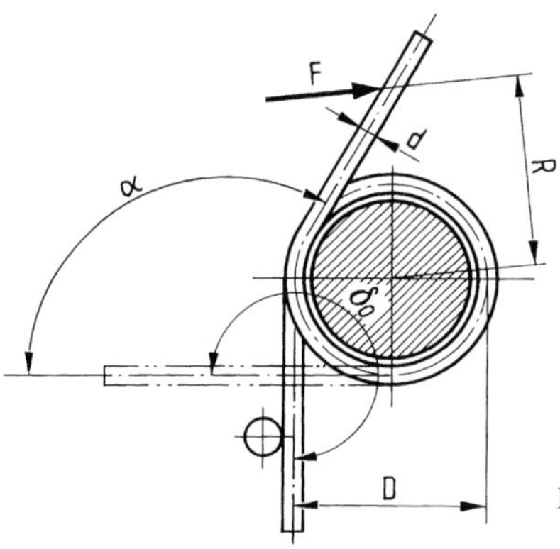

Bild 14.27 Gewundene Schenkelfeder

E: **1.** $n = 8{,}75$ ($n_{erf} = 9{,}14$, $R/d = 9{,}16 < 10$, $\alpha = 2{,}0944$ rad),
$L_K \leq 26$ mm ($d_{max} = 2{,}535$ mm).
2. $F = 41{,}8$ N ($l = 824{,}7$ mm).
3. $D_{i\alpha} \approx 26{,}4$ mm, $D_d = 24$ mm (üblich $D_d = 22 \dots 24{,}75$ mm).
4. $\sigma = 654$ N/mm$^2 < \sigma_{zul} = 1183$ N/mm^2 ($R_m = 1690$ N/mm^2).

L: **1.** Prüfen, ob Winkel β berücksichtigt werden muss; da hier $R/d < 10$, kann β vernachlässigt werden. n aus Gl. (14.45) mit l aus Gl. (14.43) oder Gl. (14.44) in Gl. (14.43) eingesetzt und nach n aufgelöst, L_K mit Gl. (14.46). **2.** Nach Gl. (14.43) mit l nach Gl. (14.43) mit l nach Gl. (14.45) und gewählter Windungszahl n. **3.** $D_{i\alpha}$ mit Gl. (14.50), übliche Werte für D_d s. ME Abschn. 14.7. **4.** σ mit Gl. (14.41), σ_{zul} nach Tab. 14.22 für ruhende Belastung mit R_m aus Tab. 14.4.

14.28 Der in Bild 14.28 dargestellte Deckel mit einem Gewicht von 5 kg wird durch Magnetverschlüsse (nicht eingezeichnet) geschlossen gehalten. Damit er sich nach Abschalten der Magnete selbsttätig öffnet und in vertikaler Lage stehen bleibt, sind zwei Schenkelfedern aus Federstahldraht der Drahtsorte DM nach DIN EN 10270-1 vorgesehen. Folgende Abmessungen sind gegeben: Durchmesser der Scharnierachse $D_d = 18$ mm, Abstand $l_2 = 200$ mm. Um das Öffnen zu gewährleisten, muss das Federdrehmoment M_{t2} bei geschlossenem Deckel etwa 30 % größer sein als das Moment M_{tG} der Gewichtskraft F_G. Zum Festhalten des Deckels in geöffneter Stellung sollen die Federn mit dem Drehwinkel $\alpha_1 \approx 10°$ vorgespannt werden, sodass die Schenkel im ungespannten Zustand der Feder unter dem Winkel $\delta_0 = 170°$ zueinander stehen. Da nur selten geöffnet wird, liegt ruhende Belastung vor. Für den Entwurf der Federn mit spannungsfrei aneinanderliegenden Windungen sind unter Vernachlässigung der Reibung zu ermitteln:

1. Der Drahtdurchmesser d, ausgehend von einer geschätzten zulässigen Spannung $\sigma_{zul} \approx 1\,000$ N/mm^2, sowie die Durchmesser D_i, D und D_e nach dem Verhältnis $D_d/D_i = 0{,}9$,
2. Die Überprüfung der größten Biegespannung σ_d, wenn an den Schenkeln der Abbiegeradius $r = 10$ mm beträgt,
3. Die Anzahl n der federnden Windungen und die Länge L_K des Federkörpers,
4. Der Innendurchmesser $D_{i\alpha}$ der im Windungssinn gespannten Federn,
5. Das größte Federdrehmoment M_{t2} bei geschlossenem Deckel und das Verhältnis M_{t2}/M_{tG}.

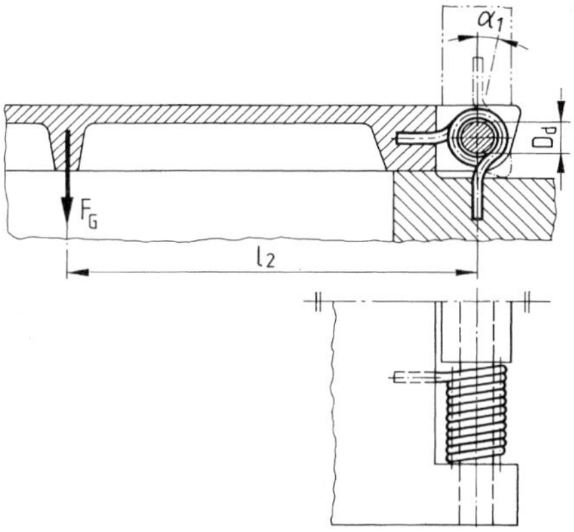

Bild 14.28 Schenkelfedern zum selbsttätigen Öffnen eines Deckels

E: **1.** $d = 4$ mm ($M_{t2} = 6\,377$ Nmm, $M_{tG} = 4\,905$ Nmm), $D_i = 20$ mm, $D = 24$ mm, $D_e = 28$ mm.
2. $\sigma_q \approx 1\,177$ N/mm^2 $< \sigma_{zul} \approx 1\,218$ N/mm^2 ($r/d = 2{,}5$, $q = 1{,}16$, $R_m = 1\,740$ N/mm^2), Beanspruchung ist zulässig.
3. $n = 9{,}47$ ($n_{erf} = 9{,}4$, $\alpha_2 = 100° = 1{,}745$ rad), $L_K \leq 44{,}2$ mm ($d_{max} = 4{,}03$ mm).
4. $D_{i\alpha} \approx 19{,}3$ mm $> D_d$.
5. $M_{t2} \approx 6\,328$ Nmm ($c_t \approx 3\,626$ Nmm/rad, $l = 714$ mm), $M_{t2}/M_{tG} = 1{,}29 \mathrel{\hat{=}} 29\%$.

L: **1.** d nach Gl. (14.41) mit $\sigma = \sigma_{zul}$ und $M_t = M_{t2} = 1{,}3 M_{tG}$, wobei $M_{tG} = 0{,}5 \cdot m \cdot g \cdot l_2$, Normwert aus Tab. 14.4. **2.** Beiwert q muss hier berücksichtigt werden wegen der Biegezugspannungen am Innenradius r an der Abbiegung der radialen Schenkel, σ_q nach Gl. (14.42) vergleichen mit σ_{zul} nach Tab. 14.22 für ruhende Belastung (R_m aus Tab. 14.4). **3.** Gl. (14.45) in Gl. (14.44) einsetzen und nach n auflösen mit $M_t = M_{t2}$ und $\alpha = \alpha_2 = \alpha_1 + \Delta\alpha$ (nach Bild 14.28 ist $\Delta\alpha = 90°$), wegen der vorgegebenen Schenkelstellung bei $\alpha_1 = 10° \mathrel{\hat{=}} 10/360 = 0{,}0278 \approx 0{,}03$ Windungen muss n auf 0,47 endend festgelegt werden; L_K mit Gl. (14.46). **4.** Nach Gl. (14.50). **5.** $M_{t2} = R_t \cdot \alpha_2$ mit c_t nach Gl. (14.44).

14.29 In einer Kurvensteuerung soll mittels einer gewundenen Schenkelfeder ein Steuerhebel mit einer Rolle gegen eine Kurvenscheibe gedrückt werden. Dabei wird die Feder zwischen den Winkeln $\alpha_{1\,\text{ges}} = 20°$ und $\alpha_{2\,\text{ges}} = 75°$ schwingend belastet. Sie ist in kugelgestrahlter Ausführung hergestellt aus Federstahldraht DH nach DIN EN 10270-1 mit dem Drahtdurchmesser $d = 2{,}5$ mm, einem mittleren Windungsdurchmesser $D = 25$ mm, einem Abstand $a = 4$ mm zwischen den Windungen, $n = 3{,}75$ federnden Windungen und hat tangentiale Schenkel mit dem Radius $R = 60$ mm. Die Feder wird im Windungssinn betätigt.

1. Ist die Beanspruchung zulässig?
2. Welche Länge L_{K0} hat der unbelastete Federkörper?
3. Auf welchen Durchmesser $D_{i\alpha}$ nimmt der Innendurchmesser D_i der Feder beim größten Betätigungswinkel ab?

E: **1.** Ja, $\sigma_{q2} = 1104\ \text{N/mm}^2 < \sigma_{q2\,\text{zul}} = 1311\ \text{N/mm}^2$ ($l = 294{,}5$ mm, $R/d = 24 > 10$, $F_2 = 25{,}9$ N), $\sigma_{qh} = 810\ \text{N/mm}^2 < \sigma_{qh\,\text{zul}} \approx 835\ \text{N/mm}^2$ ($F_1 \approx 6{,}9$ N, $w = 10$, $q = 1{,}09$, $\sigma_{q1} \approx 294\ \text{N/mm}^2$, $\sigma_{q0} = 900\ \text{N/mm}^2$).
2. $L_{K0} \leq 27$ mm ($d_{max} = 2{,}525$ mm).
3. $D_i = 22{,}5$ mm, $D_{i\alpha} = 21{,}33$ mm ($\alpha_2 \approx 1{,}159$ rad).

L: **1.** Wie unter 1. in ME Beisp. 14.15, jedoch mit $\alpha_{2\,\text{ges}} = \alpha_2 + 2\beta$, l nach Gl. (14.45) und σ_{q0} für kugelgestahlte Federn. **2.** Mit Gl. (14.47). **3.** Nach Gl. (14.50) mit α_2 nach Gl. (14.43).

14

14.30 Die Schenkelfeder nach Bild 14.30 dient zum Andrücken einer Sperrklinke. Im ungespannten Zustand hat sie einen mittleren Windungsdurchmesser $D = 18$ mm, eine federnde Windungszahl $n = 4{,}5$ und einen lichten Abstand $a = 0{,}5$ mm zwischen den Windungen. Der Drahtdurchmesser beträgt $d = 2$ mm, Werkstoff: Federstahldraht DH nach DIN EN 10270-1. Im gezeichneten Zustand soll die Klinke durch die Feder mit einer Kraft $F_1 = 20$ N gegen das Klinkenrad gedrückt werden.

1. Um welchen Winkel α_1 muss die Feder dafür vorgespannt werden?
2. Ist eine Überbeanspruchung zu befürchten, wenn bei Drehung des Klinkenrades ein weiteres Spannen der Feder um 5° erfolgt und wegen häufiger Betätigung mit schwingender Belastung zu rechnen ist?
3. Welche Länge L_{K0} hat der ungespannte Federkörper?
4. Ist sein Festklemmen der Feder auf der Achse möglich?

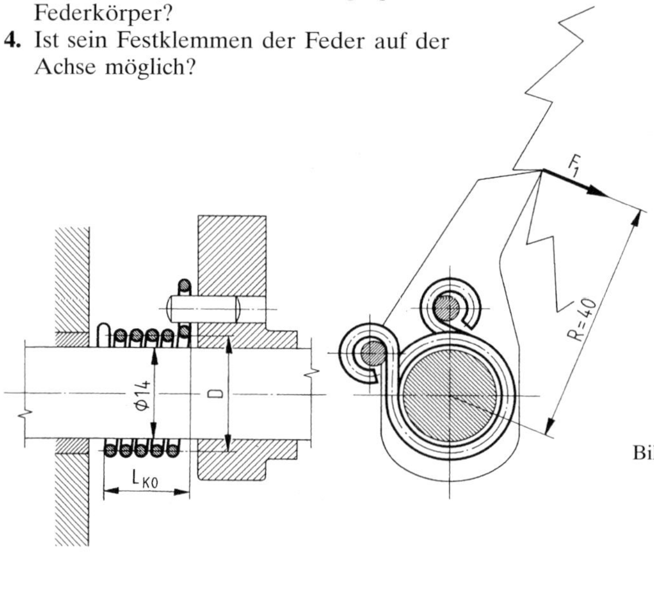

Bild 14.30 Schenkelfeder zum Andrücken einer Klinke

E: **1.** $\alpha_1 = 1{,}2584$ rad $= 72{,}1°$ ($l = 254{,}5$ mm).
2. Nein, $\sigma_{q2} \approx 1204$ N/mm² $< \sigma_{q2\,zul} \approx 1406$ N/mm² ($\Delta\alpha = 5°$, $\alpha_2 = 77{,}1° = 1{,}34565$ rad, $F_2 \approx 21{,}4$ N, $w = 9$, $q = 1{,}105$), $\sigma_{qh} = 78$ N/mm² $< \sigma_{qh\,zul} \approx 422$ N/mm² ($\sigma_{q1} \approx 1126$ N/mm², $\sigma_{q0} = 670$ N/mm²).
3. $L_{K0} \approx 13{,}4$ mm ($d_{max} = 2{,}025$ mm).
4. Nein, $D_{i\alpha} \approx 15{,}2$ mm $> D_d = 14$ mm.

L: **1.** Nach Gl. (14.43) mit l nach Gl. (14.45); da die Schenkel relativ kurz sind, kann der Winkel β vernachlässigt werden. **2.** Vergleich von σ_{q2} (Gln. (14.41) u. (14.42) mit $F = F_2 = F_1 \cdot \alpha_2/\alpha_1$, $\alpha_2 = \alpha_1 + \Delta\alpha$) mit $\sigma_{q2\,zul}$ (s. Tab. 14.22) und σ_{qh} (Gl. (14.52) mit $\sigma_{q1} = \sigma_{q2} \cdot F_1/F_2$) mit $\sigma_{qh\,zul}$ nach Gl. (14.53). **3.** Nach Gl. (14.47). **4.** Nach Gl. (14.50).

14.31

Die Schenkelfeder nach Bild 14.31 hat die Aufgabe, eine Schaltwelle, die von einem Hebel um 45° gedreht wird, in ihre Ausgangslage zurückzuführen. In der Ausgangslage, also im vorgespannten Zustand, muss die Feder mit einem Moment $M_{t1} \approx 1{,}2$ Nm gespannt sein. In der Endlage soll sie ein Moment $M_{t2} \approx 2$ Nm aufbringen. Die Abmessungen der Feder aus Federstahldraht DH nach DIN EN 10270-1 sind für schwingende Belastung wie folgt festzulegen:

1. Der Drahtdurchmesser d, wenn die Feder im Wickelsinn gespannt wird und zunächst $\sigma_{2\,zul} \approx 1200$ N/mm² angenommen wird,
2. Die erforderliche Federsteifigkeit c_t und die Drehwinkel φ_1 und φ_2 bei den Federdrehmomenten M_{t1} und M_{t2},
3. Die erforderliche gestreckte Länge l der federnden Windungen ohne Endschenkel, die erforderliche Anzahl n der federnden Windungen (nach Bild 14.31 eine ganze Zahl) und die Länge L_{K0} des unbelasteten Federkörpers mit einem Abstand $a = 0{,}25\,d$ zwischen den Windungen,
4. Der kleinste Innendurchmesser $D_{i\varphi}$ der gespannten Feder und der auf volle mm gerundete Wellendurchmesser $d_w = D_d$, wenn im gespannten Zustand ein Durchmesserunterschied von mindestens 1 mm vorhanden sein soll.

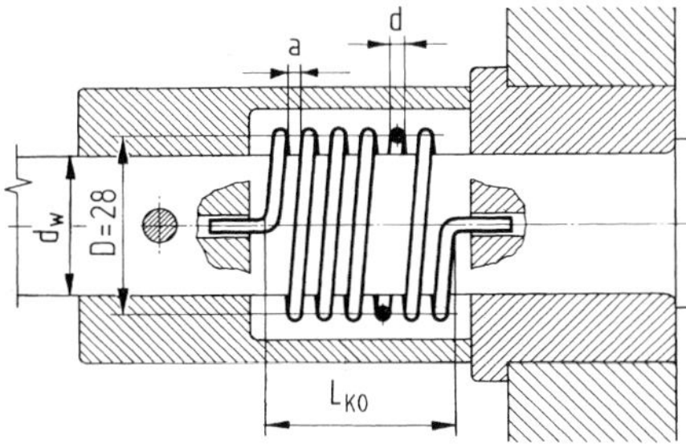

Bild 14.31 Schenkelfeder zur Rückführung einer Schaltwelle

E: **1.** $d = 2{,}6$ mm, $\sigma_{q2} = 1252$ N/mm² $< \sigma_{q2\,zul} = 1304$ µm ($R_m = 1890$ N/mm²), $\sigma_{qh} = 501$ N/mm² $< \sigma_{qh\,zul} \approx 505$ N/mm² ($\sigma_{q1} = 751$ N/mm²).
2. $c_t = 1018{,}6$ Nmm/rad, $\varphi_1 = 1{,}178$ rad $= 67{,}5°$, $\varphi_2 = 112{,}5° = 1{,}9635$ rad.
3. $l = 453{,}7$ mm, $n = 5$ ($n_{erf} = 5{,}16$, $a = 0{,}65$ mm), $L_{K0} \leq 19$ mm.
4. $D_{i\varphi} \approx 23{,}8$ mm, $d_w = D_d = 22$ mm $< 22{,}8$ mm.

L: **1.** Es ist d nach Tab. 14.4 anzunehmen oder mit einem geschätzten Wert für $\sigma_{2\,zul}$ (z. B. wie angegeben $\sigma_{2\,zul} \approx 1200$ N/mm²) nach Gl. (14.41) zu ermitteln; wird $\sigma_{q2} > \sigma_{q2\,zul}$ und/oder $\sigma_{qh} > \sigma_{qh\,zul}$, erneute Annahme bis mit dem gewählten d die Spannungen $\sigma_{q2} \leq \sigma_{q2\,zul}$ und $\sigma_{qh} \leq \sigma_{qh\,zul}$ (s. a. unter 2. in Aufg. 14.30). **2.** R_t nach Gl. (14.44) mit $M_t = \Delta M_t = M_{t2} - M_{t1}$ und $\varphi = \Delta\varphi = 45° = \pi/4$ rad, damit $\varphi_1 = M_1/R_t$ und $\varphi_2 = \varphi_1 + \Delta\varphi$. **3.** l nach Gl. (14.43), n nach Gl. (14.45) und L_{K0} nach Gl. (14.47). **4.** $D_{i\varphi}$ nach Gl. (14.50) mit $\alpha = \alpha_2$, $D_d \leq D_{i\varphi} - 1$ mm.

14.32 Auf welchen Drehwinkel φ darf eine Schenkelfeder aus Federstahldraht SL DIN EN 10270-1 mit einem Drahtdurchmesser $d = 2{,}5$ mm, einem mittleren Windungsdurchmesser $D = 25$ mm, einem lichten Abstand $a = 0{,}5$ mm zwischen den Windungen und einer federnden Windungszahl $n = 6{,}5$ gegen ihren Wickelsinn gespannt werden, ohne dass die zulässige Spannung bei ruhender Belastung überschritten wird, und welchen Außendurchmesser $D_{e\varphi}$ hat die so gespannte Feder?

E: $\varphi = 1{,}753$ rad $\approx 100{,}4°$ ($l = 510{,}5$ mm, $w = 10$, $q = 1{,}09$, $\sigma_{q\,zul} = 1\,022\ \text{N/mm}^2$, $\sigma_{zul} = 937{,}6\ \text{N/mm}^2$, $M \approx 1\,438$ Nmm), $D_{e\varphi} = 28{,}7$ mm.

L: Drehwinkel φ nach Gl. (14.43) mit l nach Gl. (14.45) und $M = \sigma_{zul} \cdot \pi \cdot d^3/32q$ (nach den Gln. (14.41) und (14.42), σ_{zul} s. Tab. 14.22 für ruhende Belastung), $D_{e\varphi}$ nach Gl. (14.51).

Drehstabfeder

14.33 In einem Ackerschlepper mit Raupenfahrwerk soll die Federung der an Schwinghebeln befestigten Laufrollen mittels vorgesetzten Drehstabfedern erfolgen. Vorgesehen ist je Rolle eine Feder aus Federstahl 52 CrMoV4 mit $d = 20$ mm Schaftdurchmesser und $L_f = 250$ mm Schaftlänge: Zu ermitteln sind:

1. Die Federsteifigkeit c_t,
2. Das zulässige Federdrehmoment T bei schwellender Belastung $\tau_1 = 0$, $\tau_2 = \tau_h = \tau$ und $N > 2 \cdot 10^6$ Schwingspielen, Staboberfläche verdichtet,
3. Der zulässige Federwinkel φ.

E: **1.** $c_t \approx 4\,932$ Nm/rad ($G = 78\,500\ \text{N/mm}^2$).
2. $T \approx 1\,194$ Nm ($\tau_{zul} = 760\ \text{N/mm}^2$).
3. $\varphi = 0{,}242$ rad $\approx 13{,}9°$.

L: Wie ME Beisp. 14.16 mit $\tau_{zul} = \tau_{h\,zul} = \tau_F$ nach Tab. 14.23.

14.34 In Bild 14.34 ist die Drehstabfederung eines Kraftfahrzeugs im Prinzip dargestellt. Um eine Überbeanspruchung der Feder zu vermeiden, ist für den Schwinghebel mit der Länge $R = 350$ mm ein Anschlag vorgesehen. Im Leerzustand wirkt in Folge des Fahrzeuggewichts an einem Rad die Radkraft $F_1 = 2$ kN. Bis zum Anschlag beträgt die vertikale Durchfederung $\Delta s' = 50$ mm. Die Einspannenden der runden Drehstabfeder aus Federstahl 51 CrV4 haben Kerbverzahnung. Es sind zu ermitteln:

1. Die Federsteifigkeit c_t,
2. Die Federwinkel φ_1 und φ_2 und die dazugehörigen Federwege s_1 und s_2 am Radius R (mit genügender Genauigkeit können $\Delta s' = \Delta s$ und $R_1 = R$ gesetzt werden),
3. Die von der Feder aufzunehmende größte Kraft F_2,
4. Die Federarbeit W beim Rückstellen um den Federweg Δs,
5. Ist die schwingende Beanspruchung der vorgesetzten Feder mit verdichteter Oberfläche bei $N > 2 \cdot 10^6$ Schwingspielen zulässig?

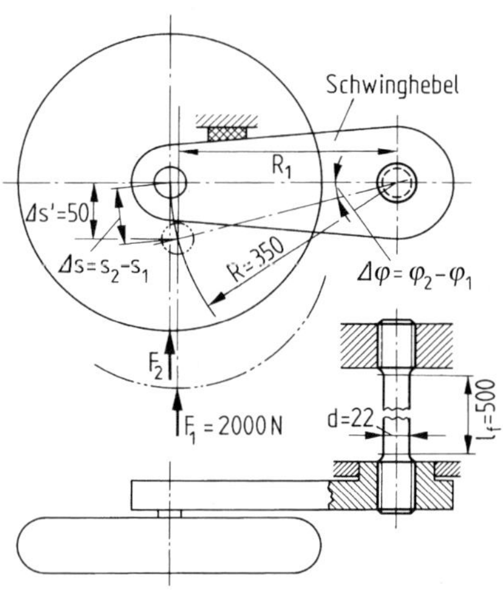

Bild 14.34 Drehstabfeder in einem Kraftfahrzeug

E: **1.** $c_t \approx 3611$ Nm/rad.
2. $\varphi_1 = 11{,}1°$ ($\Delta\varphi = \Delta s/R = 50/350 \approx 0{,}143$ rad $\approx 8{,}2°$, $T_1 \approx 700$ Nm), $\varphi_2 = 19{,}3°$, $s_1 = 67{,}9$ mm, $s_2 = 118$ mm ($\Delta s = 50$ mm).
3. $F_2 \approx 2477$ N ($T_2 = 1217$ Nm).
4. $W = 137$ J.
5. Ja, $\tau_2 \approx 582$ N/mm² $< \tau_{2\,\text{zul}} = 1020$ N/mm², $\tau_h = 247$ N/mm² $< \tau_H = 647$ N/mm² ($\tau_1 = 335$ N/mm², $\tau_F = 748$ N/mm²)

L: **1.** Nach Gl. (14.56). **2.** Nach Bild 14.34 ist $\Delta\varphi \approx \Delta s'/R$, φ_1 aus Gl. (14.56) mit $T_1 = F_1 \cdot R_1$, $\varphi_2 = \varphi_1 + \varphi$, Federweg $s = \varphi \cdot c$. **3.** $F_2 = T_2/R$ mit T_2 nach Gl. (14.52). **4.** Es ist $W = W_2 - W_1 = \Delta\varphi \cdot (T_1 + T_2)/2$ ($\hat{=}$ Inhalt der Trapezfläche im Federdiagramm). **5.** Vergleich von τ_2 (Gl. (14.54) mit $T = T_2$) mit $\tau_{2\,\text{zul}}$ nach Tab. 14.23 und $\tau_{\text{h zul}} = \tau_H$ nach Gl. (14.58) (s. ME Beisp. 14.17).

14.35 Zur Kraftmessung soll eine runde Drehstabfeder nach Bild 14.35 in einem Drehmomentschlüssel bis zu einem maximalen Anziehdrehmoment $M_{an} = T = 100$ Nm benutzt werden. Um eine ausreichende Ablesegenauigkeit an der Skala zu erhalten, soll der Federwinkel $\varphi = 30°$ betragen. Welchen Durchmesser d und welche federnde Schaftlänge l_f muss die Feder aus Federstahl 51 CrV4 erhalten, wenn die zulässige Schubspannung $\tau_{zul} = 700$ N/mm² beträgt?

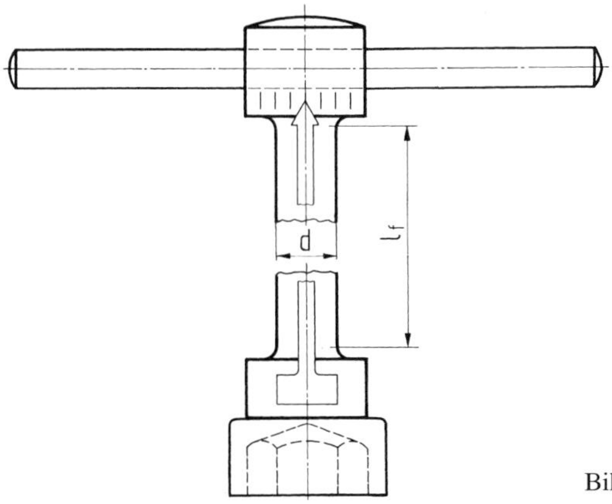

Bild 14.35 Drehstabfeder als Drehmomentenschlüssel

E: $d = 9$ mm, $l_f = 265$ mm ($\alpha = 0{,}5236$ rad).

L: d nach Gl. (14.54) mit τ_{zul} und l_f nach Gl. (14.55) mit φ in rad.

Spiralfedern

14.36 Eine Spiralfeder nach Bild 14.36 mit $n = 40$ Windungen soll mit 10 Umdrehungen $= 3600°$ aufgezogen werden. Abmessungen: $r_i = 10$ mm, $r_e = 50$ mm, Flachband $10 \times 0{,}3$ — 51 CrV4.
1. Wie hoch wird das Biegemoment M_b?
2. Ist die Biegespannung σ bei quasistatischer Beanspruchung zulässig?
3. Wie groß ist der Windungsabstand a nach dem Aufziehen?

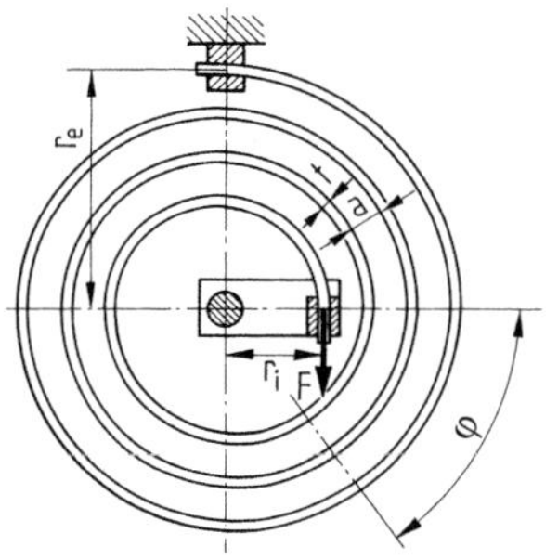

Bild 14.36 Spiralfeder

E: **1.** $M_b = 38{,}62$ Nmm ($l = 7\,540$ mm, $\varphi = 62{,}8272$ rad, $E = 206\,000$ N/mm^2, $I = 0{,}0225$ mm^4).
2. $\sigma = 257{,}5$ N/mm$^2 < \sigma_{zul} = 854$ N/mm^2 ($R_m = 1\,220$ N/mm^2).
3. $a = 0{,}5$ mm.

L: **1.** l mit Gl. (14.62), M_b aus Gl. (14.61) mit E nach Tab. 14.9. **2.** Nach Gl. (14.60), σ_{zul} nach ME Abschn. 14.9 (R_m aus Tab. 14.2). **3.** $n + \Delta n = 40 + 10$, a aus Gl. (14.63), wobei für n zu setzen ist $n + \Delta n$. **4.** r_e aus Gl. (14.63) mit $n = 50$ und $a = 0$. l nach Gl. (14.62), M nach Gl. (14.61), σ nach Gl. (14.60) vergleichen mit σ_{zul}.

14

14.37 Eine Spiralfeder aus Runddraht entspr. Bild 14.36 besitzt 12,5 Windungen aus 2 mm Stahldraht Sorte DH nach DIN EN 10270-1, innerer Radius $r_i = 25$ mm, Abstand der Windungen im ungespannten Zustand $a = 1$ mm. Die Feder wird ständig zwischen den Kräften $F_1 = 8$ N und $F_2 = 20$ N bewegt. Sind die auftretenden Spannungen zulässig, und wie groß sind die Drehwinkel φ_1 und φ_2?

E: Ja, $\sigma_2 = 637$ N/mm$^2 < \sigma_{2\,zul} = 1\,386$ N/mm^2, $\sigma_h = 382$ N/mm$^2 < \sigma_{h\,zul} \approx 614$ N/mm^2 ($M_1 = 200$ Nmm, $M_2 = 500$ Nmm, $\sigma_1 \approx 225$ N/mm^2, $\sigma_0 = 700$ N/mm^2, $W_b = 0{,}7854$ mm^3), $\varphi_1 = 4{,}247$ rad $= 243{,}34°$, $\varphi_2 = 10{,}618$ rad $\approx 608{,}4°$ ($r_e = 62{,}5$ mm, $l = 3\,436$ mm, $I = 0{,}7854$ mm^4, $E = 206\,000$ N/mm^2).

L: M_1 und M_2 mit Gl. (14.59), σ_1 und σ_2 nach Gl. (14.60), $\sigma_{2\,zul}$ nach ME Abschn. 14.9 (R_m nach Tab. 14.4), σ_h und $\sigma_{h\,zul}$ nach den Gln. (14.52) und (14.53) ohne Index q, r_e nach Gl. (14.63), l nach Gl. (14.62), φ_1 und φ_2 nach Gl. (14.61).

Blattfedern

14.38 Eine einfache Blattfeder aus Qualitätsstahl C 60S nach DIN EN 10132-4 wird im Abstand $l = 400$ mm von der Einspannstelle mit einer Kraft $F = 100$ N wechselnd belastet.

1. Wie groß ist der Federweg s der Kraft F und wird dabei die zulässige Biegespannung $\sigma_{b\,zul}$ überschritten, wenn die Feder als Rechteckfeder mit der Breite $B = 80$ mm und der Dicke $t = 4$ mm ausgeführt wird?
2. Wie groß wird s bei einer Trapezfeder mit den Abmessungen $B = 80$ mm, $b = 40$ mm und $t = 4$ mm?

E: **1.** $s = 24{,}3$ mm, $\sigma_b = 187{,}5$ N/mm$^2 < \sigma_{b\,zul} \approx 345$ N/mm^2, wird nicht überschritten ($R_m = 1\,150$ N/mm^2).
2. $s = 28{,}4$ mm ($b/B = 0{,}5$, $k_1 = 1{,}17$).

L: **1.** s nach Gl. (14.67) mit $k_1 = 1$ (Rechteckfeder mit $b/B = 1$, da $b = B$, s. Tab. 14.24) und $k_2 = 1$ (einfache Blattfeder), σ_b nach Gl. (14.66), $\sigma_{b\,zul}$ nach Tab. 14.24 mit R_m nach Tab. 14.2. **2.** Wie unter 1., jedoch mit k_1 nach Tab. 14.24 (Trapezfeder); die Biegespannung hat denselben Betrag wie bei der Rechteckfeder, da die Einspannquerschnitte gleich sind!

14.39 Zur Rückführung der Klinke eines Schrittschaltwerks nach Bild 14.39 dient die Blattfeder *a* (Rechteckfeder), deren Vorspannung durch die Schraube *b* verändert werden kann. Beim Einschalten des Magneten *c* zieht dieser den Anker *d* an, der sich um die Achse *e* dreht und dadurch die mit ihm verbundene Klinke *f* nach oben drückt, also das Klinkenrad *g* um eine Teilung weiterdreht. Sobald der Elektromagnet abgeschaltet wird, bewirkt die Feder *a* den Rückhub. Wenn der Anker angezogen ist, bringt der Magnet eine Kraft $F_m = 22$ N auf. Dabei beträgt der Federweg $s_2 = 2{,}4$ mm. Im vorgespannten Zustand ist $s_1 = 0{,}9$ mm unter der Federkraft F_1. Die aus Stahl 54SiCrV6 hergestellte Blattfeder hat die Breite $B = 7$ mm und die Dicke $t = 0{,}4$ mm. Unter Vernachlässigung von Reibkräften sind zu ermitteln:

1. Die Vorspannkraft F_1 und die größte Federkraft F_2,
2. Wird die zulässige Biegespannung $\sigma_{b\,zul}$ für schwellende Belastung überschritten?
3. Die höchstzulässige Klinkenkraft F_{kl} am Ende des Ankeranzugs,
4. Die Rückstellarbeit W der Feder.

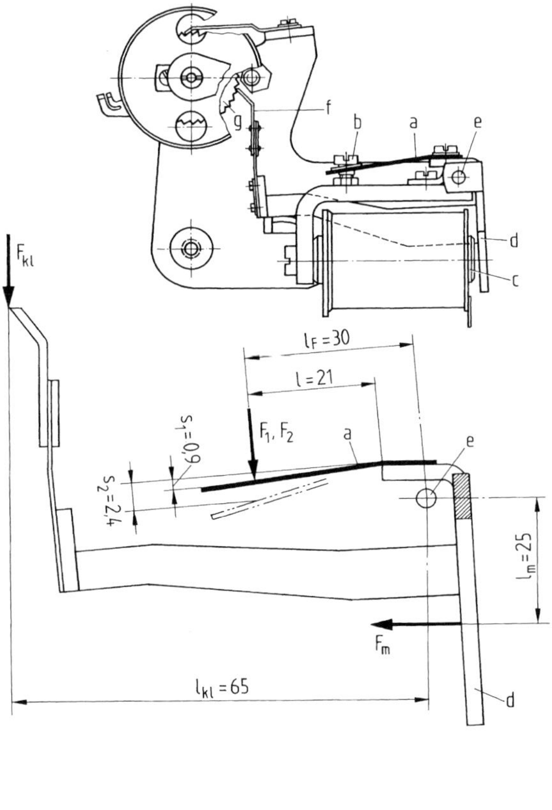

Bild 14.39 Blattfeder zur Rückführung einer Klinke

E: **1.** $F_1 \approx 2{,}24$ N ($I_b = 0{,}0373$ mm^4), $F_2 = 5{,}97$ N.
2. Nein, $\sigma_b \approx 671$ N/mm^2 < $\sigma_{b\,zul} = 825$ N/mm^2 ($W_b = 0{,}1867$ mm^3, $R_m = 1650$ N/mm^2).
3. $F_{kl} \approx 5{,}7$ N.
4. $W = 6{,}16$ Nmm $\approx 0{,}062$ J.

L: **1.** F_1 nach Gl. (14.68) mit $s = s_1$ und $k_1 = k_2 = 1$ (s. unter 1. in Aufg. 14.38), $F_2 = F_1 \cdot s_2/s_1$. **2.** Vergleich von σ_b (Gl. (14.66), $F = F_2$) mit $\sigma_{b\,zul}$ (s. Tab. 14.24 für schwellende Belastung, R_m nach Tab. 14.1). **3.** Bei angezogenem Anker wirkt am Hebelarm l_r die Magnetkraft F_m, am Radius l_{kl} die Klinkenkraft F_{kl} und am Radius l_F die Federkraft F_2. Somit gilt $F_2 \cdot l_F + F_{kl} \cdot l_{kl} - F_m \cdot l_m = 0$. **4.** Sinngemäß wie unter 4. in Aufg. 14.34. Hier nimmt die Federkraft bei der Rückstellung auf dem Weg $\Delta s = s_2 - s_1$ von F_2 auf F_1 ab. Der Flächeninhalt unter der Federkennlinie entspricht der Federarbeit $W = W_2 - W_1$; da diese Fläche ein Trapez ist, gilt auch $W = (F_1 + F_2) \cdot \Delta s/2$.

14.40 Die in Bild 14.40 in vereinfachter Darstellung gezeigte Vorrichtung hat die Aufgabe, beim Ankommen von Rohrpostbüchsen durch Betätigen eines elektrischen Kontaktes Steuer- und Regelvorgänge einzuleiten. Der Schalthebel wird durch die Büchse aus dem Rohr herausgedrückt und bewegt dadurch die Achse, die über ein Schaltstück den Kontakt schließt. Die Blattfeder, eine Rechteckfeder aus Stahl 51CrV4 mit der Breite $B = 20$ mm und der Dicke $t = 1{,}6$ mm, bewirkt die Rückstellung. Im gezeichneten Zustand ist die Feder um $s_1 = 2$ mm vorgespannt, im eingerückten Zustand des Hebels ist $s_2 = 5$ mm. Diese Schaltvorrichtung bremst die mit $v_1 = 7$ m/s ankommende, 300 g schwere Büchse etwas ab. Zwischen Büchse und Hebel bzw. Fahrrohr beträgt die Reibzahl $\mu \approx 0{,}15$. Zu ermitteln sind:

14

1. Die Vorspannkraft F_1 und die größte Betriebskraft F_2 der Blattfeder,
2. Die größte Biegespannung σ_b, verglichen mit der zulässigen $\sigma_{b\,zul}$,
3. Die auf die Büchse ausgeübte Normalkraft F_N und die Bremskraft F_B,

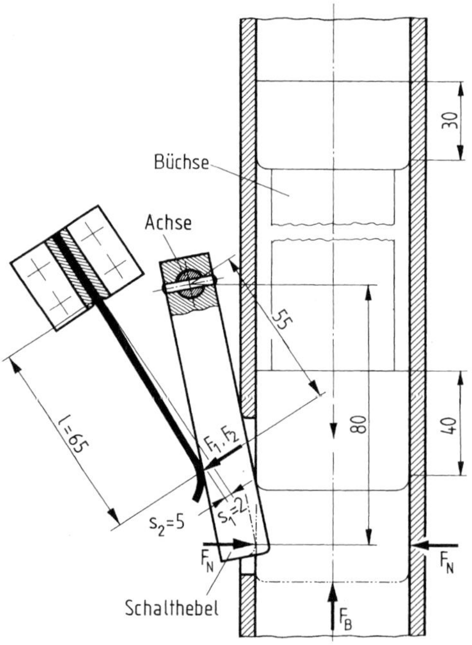

Bild 14.40 Kontaktgebende Blattfeder in einem Fahrrohr für Rohrpostbüchsen

4. Die Federarbeit W während eines Schaltvorgangs,
5. Die gesamte Bremsarbeit $W_{B\ ges}$ während des Durchlaufs der Büchse durch die Schaltvorrichtung,
6. Die Geschwindigkeit v_2 der Büchse beim Verlassen der Schaltvorrichtung.

E: 1. $F_1 \approx 30{,}7$ N ($I_b = 6{,}827$ mm^4), $F_2 = 76{,}8$ N.
2. $\sigma_b = 585$ N/mm^2 $< \sigma_{b\,zul} \approx 600$ N/mm^2 ($W_b = 8{,}533$ mm^3, $R_m = 1200$ N/mm^2), Beanspruchung ist zulässig.
3. $F_N = 52{,}8$ N, $F_b = 15{,}8$ N.
4. $W = 161{,}3$ Nmm $\approx 0{,}16$ J.
5. $W_{B\,ges} \approx 1{,}42$ J ($W_B = 1106$ Nmm $\approx 1{,}1$ J).
6. $v_2 \approx 6{,}3$ m/s ($E_{k1} = 7{,}35$ J, $E_{k2} = 5{,}93$ J).

L: **1.** Wie unter 1. in Aufg. 14.39. **2.** Wie unter 2. in Aufg. 14.39. **3.** F_N aus der Momentengleichung $F_N \cdot 80\ \text{mm} = F_2 \cdot 55\ \text{mm}$; da F_N am Hebel und am Fahrrohr auftritt, gilt nach dem Reibungsgesetz für $F_B = 2 \cdot \mu \cdot F_N$. **4.** Wie unter 4. in Aufg. 14.39. **5.** Die Bremskraft F_B wirkt beim Durchlauf der Büchse auf einer Länge $l_B = 70$ mm (40 mm am Kopf und 30 mm am Ende), somit $W_B = F_B \cdot l_B$; zu dieser Bremsarbeit muss die jeweilige Federarbeit W hinzugerechnet werden, sodass $W_{B\ ges} = 2W + W_B$. **6.** Aus der kinetischen Energie $E_{k2} = m \cdot v_2^2/2 = E_{k1} - W_{B\,ges}$.

14.41

Die Federung eines zweiachsigen Anhängers für eine Nutzlast von 2,5 t und mit einer Eigenmasse von 350 kg besteht aus 4 gleichbelasteten geschichteten Blattfedern mit Bügelhalterung und Augen an beiden Enden (entsprechend der Darstellung in Bild 14.42). Jede Feder hat $i = 8$ Federblätter aus Federstahl — 50 × 7 — 80CrV2. Es betragen die Halblänge $l = 375$ mm, die Krümmungshöhe $h_0 = 80$ mm und die gestreckte Länge des Hauptblattes ohne die eingerollten Ösen $L = 780$ mm. Zu ermitteln sind:

14

1. Die gestreckten Längen L_1 bis L_8 der Federblätter mit $a = 40$ mm (Länge L_8 auf volle 10 mm gerundet),
2. Ist die größte Biegespannung σ_b zulässig?
3. Um welchen Federweg s wird jede Feder durch das voll beladene Fahrzeug statisch durchgebogen, und wie groß ist das Verhältnis s/h_0?
4. Welche Federsteifigkeit c haben die Federn?
5. Wie groß ist die Eigenfrequenz f_e bei voll beladenem Fahrzeug?

E: 1. $L_1 = L_2 = 780$ mm, $L_3 = 675$ mm, $L_4 = 570$ mm, $L_5 = 465$ mm, $L_6 = 360$ mm, $L_7 = 255$ mm, $L_8 = 150$ mm ($\Delta L = 105$ mm).
2. Ja, $\sigma_b = 401{,}2$ N/mm^2 $< \sigma_{b\,zul} = 600$ N/mm^2 ($B = 400$ mm, $W_b \approx 3267$ mm^3, $F = 3495$ N, $R_m - 1200$ N/mm^2).
3. $s = 27$ mm ($b/B = 0{,}125$, $k_1 = 1{,}38$, $k_2 = 0{,}75$, $I_b = 11\,433$ mm^4), $s/h_0 \approx 0{,}34$.
4. $c = 129{,}4$ N/mm.
5. $f_e \approx 3$ Hz ($m = 356{,}3$ kg).

L: Gl. 14.64 ff.

14.42

Die geschichtete Blattfeder der Hinterachse eines Kraftwagens hat nach Bild 14.42 sieben Blätter von 50 mm Breite und 7 mm Dicke aus Kaltbandstahl 51CrV4. Das zweite Federblatt ist so lang wie das Hauptblatt. Die Feder wird bei leerem Fahrzeug mit dem anteiligen Gewicht von 320 kg belastet, bei voll beladenem Fahrzeug mit 480 kg. Es ist zu überprüfen, ob die Beanspruchung der Feder erfahrungsgemäß zulässig ist. Ferner ist festzustellen, wie weit sie unter beiden Belastungen durchfedert und welche Eigenfrequenzen sich in beiden Fällen einstellen.

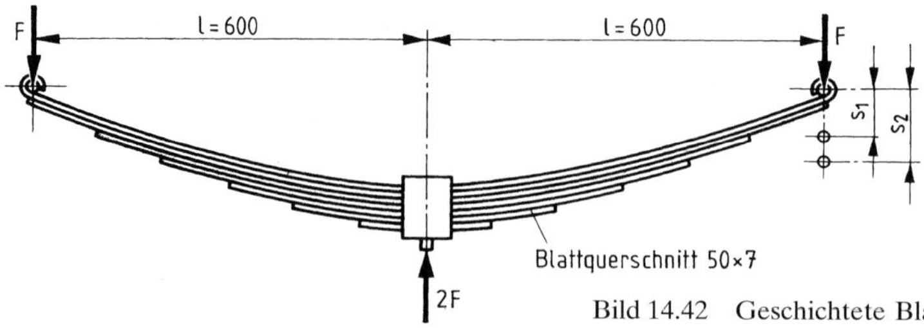

Bild 14.42 Geschichtete Blattfeder für ein Kraftfahrzeug

E: $\sigma_b \approx 494\ \text{N/mm}^2 < \sigma_{b\,zul} \approx 600\ \text{N/mm}^2$ ($B = 350$ mm, $W_b = 2858\ \text{mm}^3$, $F \approx 2354$ N, $R_m = 1200\ \text{N/mm}^2$), Beanspruchung zulässig. $s_1 \approx 56{,}2$ mm, $s_2 \approx 84{,}4$ mm ($b/B = 0{,}143$, $k_1 = 1{,}366$, $I_b \approx 10000\ \text{mm}^4$, $c = 27{,}9$ N/mm, $F_1 = 1570$ N). $F_{e1} \approx 2{,}1$ Hz, $f_{e2} \approx 1{,}7$ Hz.

L: Zweckmäßiger Rechnungsgang: $F_2 = F_{G2}/2 = m_2 \cdot g/2$ mit $m_2 = 480$ kg, W_b mit $B = i \cdot b$, s. Leg. zur Gl. (14.66), σ_b nach Gl. (14.66) (mit $F = F_2$) vergleichen mit $\sigma_{b\,zul}$ (s. Tab. 14.24, R_m nach Tab. 14.2); R sowie s_1 und s_2 nach Gl. (14.68) k_1 interpoliert nach Tab. 14.24, $k_2 = 0{,}75$ nach der Leg. zu den Gln. (14.67) u. (14.68); f_{e1} und f_{e2} nach Gl. (14.5) mit $m = m_2/2$ bzw. $m_2/2$, da jedes Federende nur mit der jeweils halben Masse belastet ist.

14.43 Die geschichtete Blattfeder für eine Lokomotive besitzt acht Blätter aus Federstahl 56 SiCr7 mit den Querschnittsmaßen $b = 100$ mm und $t = 12$ mm (Bild 14.43).

14

1. Welche größte Masse m kann mit dieser Feder abgefedert werden?
2. Wie groß ist dabei die Durchfederung s?
3. Welchen Betrag hat die bei dieser Belastung auftretende Eigenfrequenz f_e?

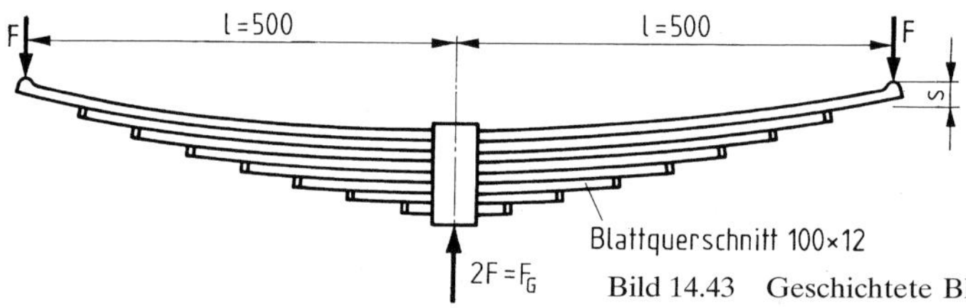

Bild 14.43 Geschichtete Blattfeder für ein Schienenfahrzeug

E: **1.** $m \approx 5{,}68$ t ($R_m = 1500\ \text{N/mm}^2$, $\sigma_{b\,zul} = 825\ \text{N/mm}^2$, $W_b = 19200\ \text{mm}^3$, $F_G = 55757$ N).
2. $s = 55$ mm ($I_b = 115200\ \text{mm}^4$, $k_1 = 1{,}5$, $k_2 = 0{,}75$).
3. $f_e \approx 2{,}1$ Hz.

L: **1.** $m = F_G/g$ mit $F_G = 2F = 2 \cdot \sigma_{b\,zul} \cdot W_b/l$ (Gl. (14.66) mit $\sigma_{b\,zul}$ für Schienenfahrzeuge, s. am Ende von ME Abschn. 14.10, R_m nach Tab. 14.1). **2.** s nach Gl. (14.67) mit $F = F_G/2$ (k_1 nach Tab. 14.24 für $b = 0$, da es sich um eine Dreieckfeder handelt, denn das zweite Blatt ist kürzer als das Hauptblatt). **3.** Nach Gl. (14.5) mit $s_G = s$.

Gummifedern

14.44 Eine runde Druckfeder (Form RD nach Tab. 14.25) mit dem Durchmesser $d = 60$ mm und der Höhe $h = 40$ mm aus Gummi mit einer Härte von ca. 60 Shore A wird bei zeitweisen Stößen statisch mit der Kraft $F = 3{,}2$ kN belastet. Wie groß ist dabei die Federsteife c, und sind der Federweg s sowie die Druckspannung σ zulässig?

E: $c \approx 424\,\text{N/mm}$, $s = 7{,}55\,\text{mm} < 0{,}2h = 8\,\text{mm}$, $\sigma = 1{,}13\,\text{N/mm}^2 < \sigma_{\text{zul}} = 4\,\text{N/mm}^2$ ($k = 0{,}375$, $E \approx 6\,\text{N/mm}^2$), s und σ sind zulässig.

L: Mit den Gln. nach Tab. 14.25, E nach Diagr. 14.2 und σ_{zul} nach Tab. 14.26.

14.45

Ein Gummipuffer nach Bild 14.45 mit dem Durchmesser $d = 30$ mm und der Höhe $h = 30$ mm hat ein Maschinenteil mit einer Masse von 25 kg abzufangen, das mit einer Geschwindigkeit von 0,158 m/s auftrifft. Es liegt schwingende Dauerbelastung vor. Die Härte des Gummis beträgt ca. 72 Shore A. Zu errechnen sind:

1. Die Verformungsarbeit W des Puffers während des Abbremsens der Masse als die kinetische Energie E_k und die potentielle Energie E_p (zunächst ist E_p mit ca. 1,5 E_k anzunehmen, sodass $W \approx 2{,}5\,E_k$),
2. Die Durchfederung s (die Gleichungen für runde Druckfedern der Form RD nach Tab. 14.25 sind näherungsweise anwendbar),
3. Kontrolle der Verformungsarbeit W (ggf. neue Annahme),
4. Die Druckspannung σ und ihr zulässiger Betrag.

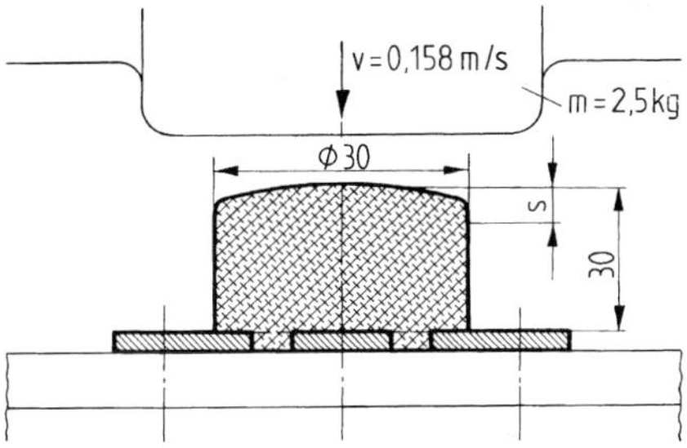

Bild 14.45 Gummipuffer

E: **1.** $W \approx 0{,}78\,\text{J}$ ($E_k = 0{,}312\,\text{J}$).
2. $s \approx 1{,}94\,\text{mm}$ ($k = 0{,}25$, $E \approx 8\,\text{N/mm}^2$, $c = 188{,}5\,\text{N/mm}$, $c_{\text{dyn}} \approx 415\,\text{N/mm}$).
3. $W = 788\,\text{Nmm} \approx 0{,}79\,\text{J}$ etwa wie angenommen ($E_p = 0{,}476\,\text{J}$).
4. $\sigma = 1{,}14\,\text{N/mm}^2 < \sigma_{\text{zul}} = 1{,}5\,\text{N/mm}^2$ ($F \approx 805\,\text{N}$).

L: **1.** Nach Aufgabenstellung mit $E_k = m \cdot v_2^2/2$. **2.** Nach Tab. 14.25 ist $c = F/s = d^2 \cdot \pi \cdot 8/(4h)$, mit c_{dyn} nach Gl. (14.74) folgt s aus der umgeformten Gl. (14.3). **3.** Es ist $W = E_k + E_p$ mit $E_p = F_G \cdot s = m \cdot g \cdot s$. Ist W größer als angenommen, so muss ein neuer Wert angenommen und nochmals gerechnet werden. **4.** σ nach Tab. 14.25 und σ_{zul} nach Tab. 14.26.

14.46

Eine Kolbenkraftmaschine soll auf Schubhülsenfedern nach Bild 14.46 abgestützt werden (Form SH nach Tab. 14.25). Die Federn bestehen aus Gummi mit einer Härte von 40 Shore A.

1. Welche statische Kraft F kann von einem Federelement übertragen werden, wenn eine maximale Durchfederung $s = 3$ mm auftreten darf?
2. Wie groß ist bei dieser Kraft die Schubspannung τ?
3. Wie groß sind beim Federweg $s = 3$ mm die Kraft F bei schwingender Belastung und die dabei auftretende Schubspannung τ?

E: **1.** $F \approx 292\,\text{N}$ ($G \approx 0{,}43\,\text{N/mm}^2$).
2. $\tau \approx 0{,}074\,\text{N/mm}^2$.
3. $F \approx 336\,\text{N}$ ($c_{\text{dyn}} \approx 112\,\text{N/mm}$), $\tau \approx 0{,}084\,\text{N/mm}^2$.

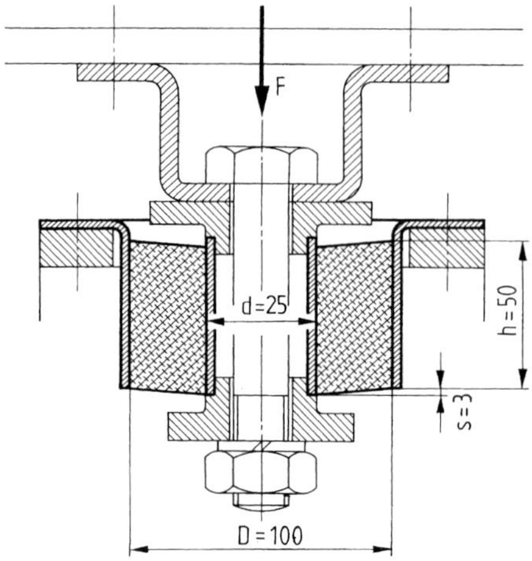

Bild 14.46 Schubhülsenfeder zur Lagerung einer Maschine

L: **1.** Gl. für s (Tab. 14.25) nach F auflösen, G nach Diagr. 14.2. **2.** Nach Tab. 14.25. **3.** Mit c_{dyn} nach Gl. (14.67) ergeben sich die φfachen Werte gegenüber 1. und 2.

14

14.47 Ein Schaltgerätekasten ist in einem Mobilkran an Schubscheibenfedern (Form SS nach Tab. 14.25) befestigt. Jede Feder hat eine Länge $l = 25$ mm, eine Höhe $h = 60$ mm und eine Breite $b = 40$ mm und wird mit einer Kraft $F = 240$ N schwingend belastet. Die Härte des Gummis beträgt 50 Shore A. Sind die Beanspruchung und der Federweg zulässig? Wie groß ist die Federsteife bei dieser Belastung?

E: Ja, $\tau = 0{,}16\ \text{N/mm}^2 < \tau_{zul} = 0{,}5\ \text{N/mm}^2$, $s = 9{,}68$ mm $< 0{,}2h = 12$ mm ($\gamma = 0{,}242$ rad, $G \approx 0{,}66\ \text{N/mm}^2$), $c_{dyn} = 32{,}2$ N/mm.

L: Nach den Gln. der Tab. 14.25, τ_{zul} nach Tab. 14.26, G nach Diagr. 14.2, wegen schwingender Belastung c_{dyn} nach Gl. (14.67).

14.48 Bild 14.48 zeigt eine Drehschub-Scheibenfeder (Form DSS nach Tab. 14.25) als elastische Kupplung. Der Gummi hat eine Härte von 60 Shore A. Die Kupplung soll ein Drehmoment bei schwingender Dauerbelastung übertragen.

1. Für welches größte Drehmoment M ist die Kupplung geeignet?
2. Ist der bei diesem Drehmoment auftretende Drehwinkel φ zulässig?
3. Welche dynamische Federsteife $c_{t\,dyn}$ hat die Feder bei dieser Belastung?

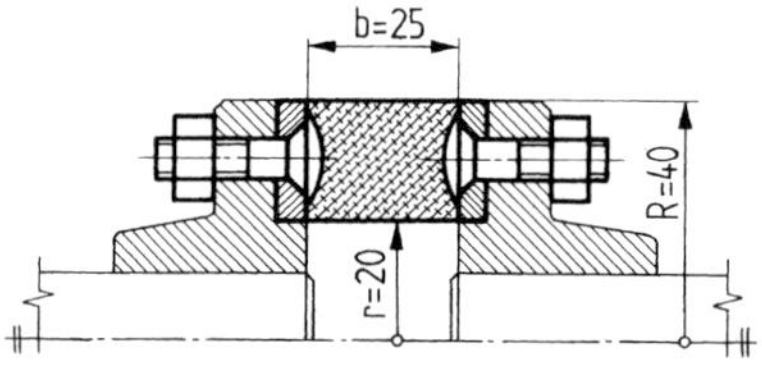

Bild 14.48 Drehschub-Scheibenfeder als elastische Kupplung

E: **1.** $M \approx 94{,}25$ Nm ($\tau_{zul} = 1\ \text{N/mm}^2$).
2. Nein, $\varphi = 0{,}638$ rad $\approx 36{,}6° > 20°$ ($G \approx 0{,}98\ \text{N/mm}^2$).
3. $c_{dyn} \approx 237$ Nm/rad ($c \approx 148$ Nm/rad).

L: **1.** M mit τ_{zul} (Tab. 14.26) nach Gl. für τ (Tab. 14.25). **2.** Nach Tab. 14.25 mit G nach Diagr. 14.2. **3.** Nach Gl. (14.74) mit c_t nach Tab. 14.25.

14.49 Der in Bild 14.49 dargestellte Riemenspanner mit einem ROSTA-Gummifederelement soll bei einem Spannweg $s \approx 35$ mm die Spannkraft $F \approx 160$ N aufbringen. Der Hebel, an dem die Spannrolle befestigt ist, hat die Länge $H = 100$ mm. Die Baulänge des Federelements darf 60 mm nicht überschreiten: Es ist ein geeignetes Federelement auszuwählen und das Kurzzeichen anzugeben (Tab. 14.27).

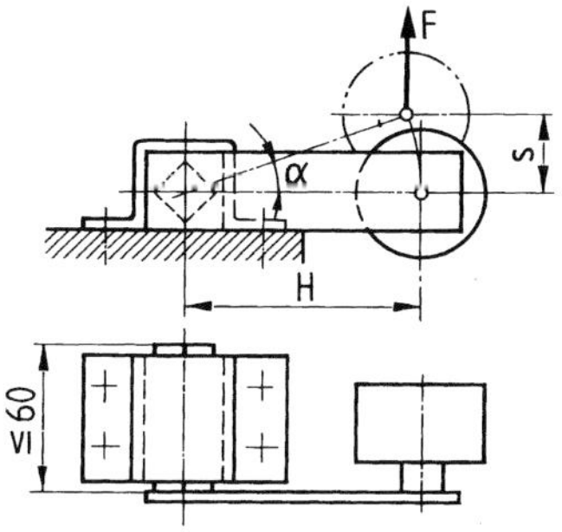

Bild 14.49 Riemenspanner mit ROSTA-Gummifederelement

E: Typ DR-S 18 × 50 mit $L_1 = 55$ mm < 60 mm und $M = 15$ Nm bei $\alpha = 20°$ ($\alpha = 20{,}5° \approx 20°$, $M \approx 15$ Nm).

L: Nach α aus $\alpha = s/H$ und $M = F \cdot H \cdot \alpha$ Element aus Tab. 14.27 auswählen mit $L_1 \leq 60$ mm.

15 Achsen und Wellen

Kräfte-, Momenten- und Überschlagsberechnung

15.1 Für die in Bild 15.1 dargestellte Achse aus E295 sind die Lagerstützkräfte und die Biegemomente in den gefährdeten Querschnitten 1 bis 4 zu errechnen. Außerdem ist eine überschlägliche Kontrolle auf Biegefestigkeit durchzuführen: Es betragen die Belastungskraft $F = 50$ kN, die Längenmaße: $L = 600$ mm, $L_F = 420$ mm, $l_1 = l_4 = 50$ mm, $l_2 = 180$ mm, $l_3 = 290$ mm, die Durchmesser der gefährdeten Querschnitte: $d_1 = d_4 = 70$ mm, $d_2 = 125$ mm, $d_3 = 100$ mm. Im Einzelnen sind zu ermitteln:

1. Die Stützkräfte F_A und F_B,
2. Die Biegemomente M_{b1} bis M_{b4} und der Biegemomentenverlauf,
3. Die Biegespannungen σ_{b1} bis σ_{b4},
4. Wird die zulässige Biegespannung $\sigma_{b\,zul}$ überschritten, und bei welchen Durchmessern sind ggf. Änderungen notwendig bzw. zweckmäßig?

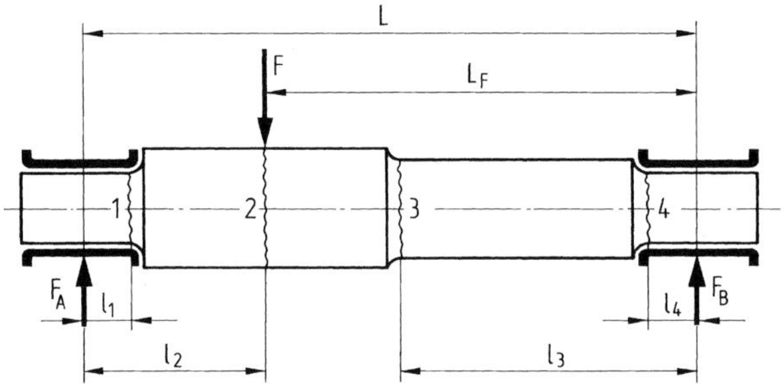

Bild 15.1 Mit einer Kraft belastete Achse

E: **1.** $F_A = 35$ kN, $F_B = 15$ kN.
2. $M_{b1} = 1750$ Nm, $M_{b2} = 6300$ Nm, $M_{b3} = 4350$ Nm, $M_{b4} = 750$ Nm, M_b-Verlauf s. Bild E 15.1.
3. $\delta_{b1} \approx 51\ \text{N/mm}^2$, $\sigma_{b2} \approx 32\ \text{N/mm}^2$, $\sigma_{b3} = 43{,}5\ \text{N/mm}^2$, $\sigma_{b4} \approx 22\ \text{N/mm}^2$.
4. Nein, $\sigma_{b1} < \sigma_{b\,zul} = 52\ \text{N/mm}^2$, d_4 kann kleiner sein, z. B. $d_4 = 60$ mm ($\sigma_{b4} \approx 35\ \text{N/mm}^2$).

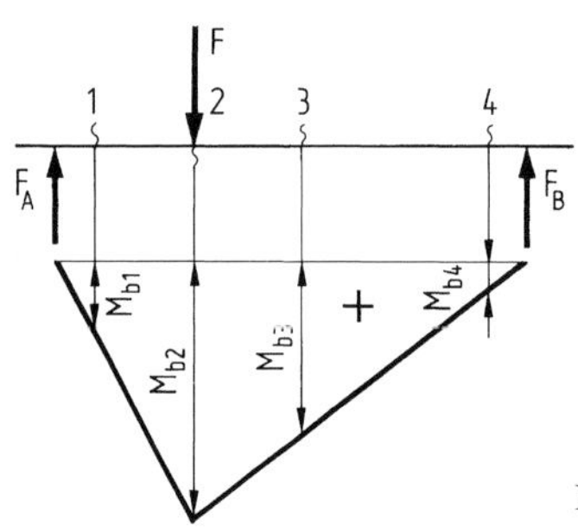

Bild E 15.1 Biegemomentenverlauf

L: **1.** Nach den statischen Gleichgewichtsbedingungen ist $F_A = F \cdot L_F/L$, $F_B = F - F_A$. **2.** $M_{bi} = F_A \cdot l_i$ bzw. Biegemomentenlinie. **3.** Nach Gl. (15.2) mit $W_b \approx 0{,}1 d^3$ (Tab. 15.2). **4.** $\sigma_{b\,zul}$ nach Tab. 15.1, Durchmesservergrößerung notwendig, wenn $\sigma_b > \sigma_{b\,zul}$, -verkleinerung zweckmäßig, wenn $\sigma_b \ll \sigma_{b\,zul}$.

15.2 Eine Getriebewelle aus E335 nach Bild 15.2 wird durch zwei in einer Ebene wirkende Kräfte $F_1 = 46$ kN und $F_2 = 42$ kN auf Biegung beansprucht. Sie hat bei einer Drehzahl $n = 600\ \text{min}^{-1}$ eine Leistung $P = 180$ kW zu übertragen. Das Drehmoment wird am linken Zapfen mit dem Querschnitt 1 eingeleitet und am rechten Zapfen mit dem Querschnitt 5 ausgeleitet. Folgende Abmessungen sind gegeben: Durchmesser $d_1 = d_5 = 80$ mm, $d_2 = d_3 = d_4 = 100$ mm, Abstände: $L = 380$ mm, $L_1 = 510$ mm, $L_2 = 110$ mm, $l_1 = 50$ mm, $l_2 = 130$ mm, $l_3 = 190$ mm, $l_4 = L_2$, $l_5 = 30$ mm, $l_A = 60$ mm. Es sind zu ermitteln:

1. Die Lagerstützkräfte F_A und F_B,
2. Die Biegemomente M_{b1} bis M_{b5} in den Querschnitten 1 bis 5,
3. Das Torsionsmoment T,
4. Der Biegemomenten- und der Torsionsmomentenverlauf,
5. Sind die Durchmesser d_1 und d_5 für die Übertragung des Torsionsmomentes ausreichend bemessen?
6. Sind die Biegespannungen σ_{b1} bis σ_{b5} zulässig?

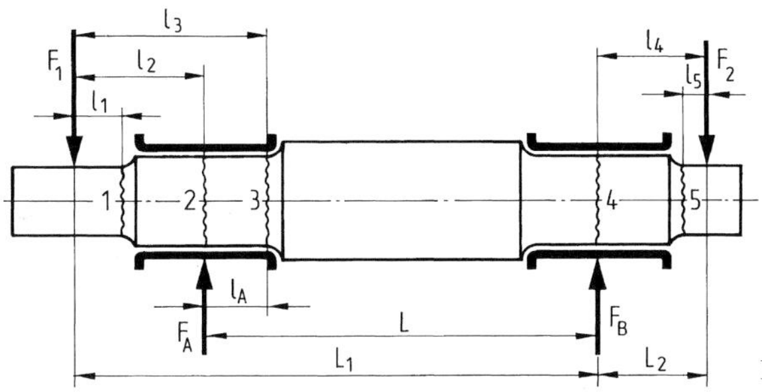

Bild 15.2 Mit zwei Kräften belastete Welle

E:
1. $F_A = 49{,}58$ kN, $F_B = 38{,}42$ kN.
2. $M_{b1} = -2\,300$ Nm, $M_{b2} = -5\,980$ Nm, $M_{b3} \approx -5\,765$ Nm, $M_{b4} = -4\,620$ Nm, $M_{b5} = -1\,260$ Nm.
3. $T \approx 2\,865$ Nm.
4. Bild E 15.2.
5. Ja, $\tau_t \approx 28\ \text{N/mm}^2 < \tau_{t\,zul} = 32\ \text{N/mm}^2$.
6. Ja, $\sigma_{b\,zul} = 63\ \text{N/mm}^2 > \sigma_{b1} \approx 45\ \text{N/mm}^2$, $\sigma_{b2} = 59{,}8\ \text{N/mm}^2$, $\sigma_{b3} \approx 57{,}7\ \text{N/mm}^2$ $\sigma_{b4} = 46{,}2\ \text{N/mm}^2$, $\sigma_{b5} = 24{,}6\ \text{N/mm}^2$.

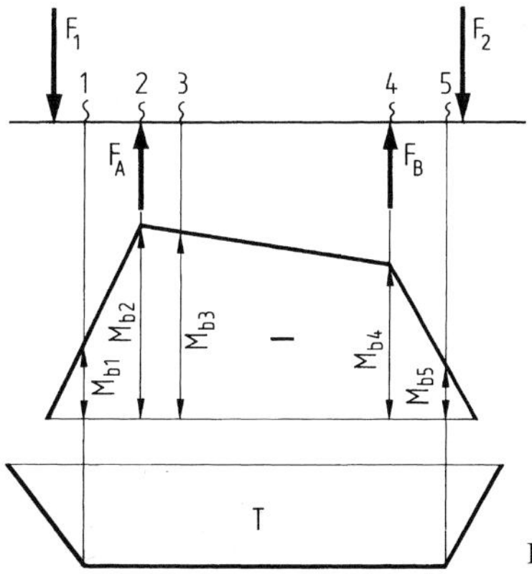

Bild E 15.2 Biegemomenten- und Drehmomentenverlauf

L: **1.** Nach den statischen Gleichgewichtsbedingungen ist $F_A = (F_1 \cdot L_1 - F_2 \cdot L_2)/L$, $F_B = F_1 + F_2 - F_A$. **2.** $M_{b1} = -F_1 \cdot l_1$, $M_{b2} = -F_1 \cdot l_2$, $M_{b3} = -F_1 \cdot l_3 + F_A \cdot l_A$, $M_{b4} = -F_2 \cdot l_4$, $M_{b5} = -F_2 \cdot l_5$. **3.** T folgt aus $P = T \cdot \omega = P \cdot 2\pi \cdot n$. **4.** Darstellung des M_b- und T-Verlaufs über dem Abstand $L_1 + L_2$ der Belastungskräfte F_1 und F_2 voneinander. **5.** Nach der Bedingung für Gl. (15.1) mit $\tau_{t\,zul}$ aus Tab. 15.1. **6.** Gl. (15.2) mit W_b nach Tab. 15.2, Vergleich mit $\sigma_{b\,zul}$ nach Tab. 15.1.

15.3

Ein Zwischenrad im Vorschubgetriebe eines Bohrwerks ist entsprechend Bild 15.3a gelagert. Für die gefährdeten Querschnitte ist eine Überschlagsberechnung auf Biegung vorzunehmen. Die aus den Zahnkräften der beiden Räder, die in das Zwischenrad eingreifen, resultierende Kraft beträgt 1 500 N. Die Achse ist aus S275JR gefertigt. Nach der Berechnungsskizze (Bild 15.3b) sind die Biegemomente M_{b1} bis M_{b5} und die Biegespannungen σ_{b1} bis σ_{b5} in den gefährdeten Querschnitten 1 bis 5 zu ermitteln und aus den Ergebnissen Schlussfolgerungen in Bezug auf evtl. Abmessungsänderungen der Durchmesser anzugeben.

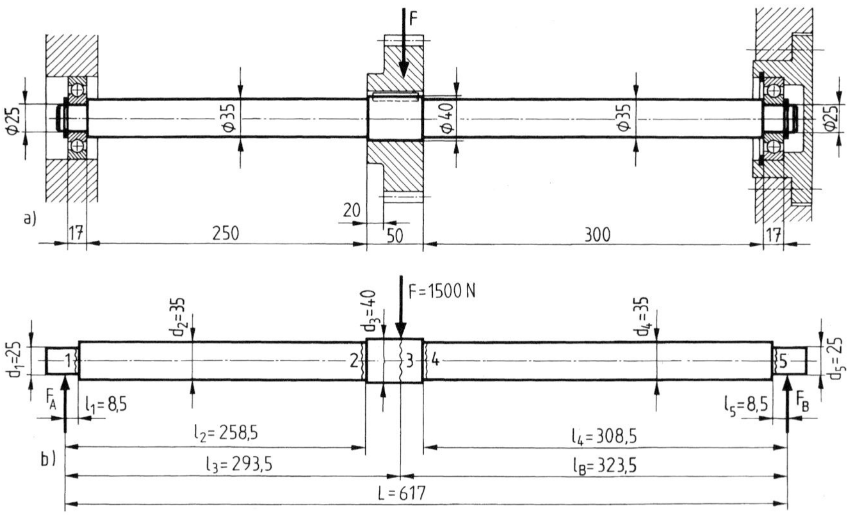

Bild 15.3 Zwischenradachse in einem Vorschubgetriebe
a) Darstellung, b) Berechnungsskizze

E: $M_{b1} = 6\,685$ Nmm, $M_{b2} = 203\,310$ Nmm, $M_{b3} = 230\,838$ Nmm ($F_A = 786{,}5$ N), $M_{b4} = 220\,115$ Nmm, $M_{b5} = 6\,065$ Nmm ($F_B = 713{,}5$ N), $\sigma_{b1} = 4{,}3\ \text{N/mm}^2 < \sigma_{b\,zul} = 45\ \text{N/mm}^2$, $\sigma_{b2} = 47{,}4\ \text{N/mm}^2 > \sigma_{b\,zul}$, $\sigma_{b3} = 36\ \text{N/mm}^2 < \sigma_{b\,zul}$, $\sigma_{b4} = 51{,}3\ \text{N/mm}^2 > \sigma_{b\,zul}$, $\sigma_{b5} = 3{,}9\ \text{N/mm}^2 < \sigma_{b\,zul}$, d_2 und d_4 müssten vergrößert werden, z. B. $d_2 = d_4 = 38$ mm, damit $\sigma_{b2} = 37\ \text{N/mm}^2$ und $\sigma_{b4} = 40\ \text{N/mm}^2$.

L: Sinngemäß wie Aufg. 15.1, jedoch ohne Darstellung des M_b-Verlaufs.

15.4

Für den Entwurf der in Bild 15.4 skizzierten Getriebewelle aus E335 ist der Durchmesser des Antriebszapfens, der die Riemenscheibe trägt, überschlägig zu errechnen. Gegeben sind: Leistung und Drehzahl des Antriebsmotors $P = 50$ kW und $n_a = 1\,500\ \text{min}^{-1}$, Übersetzung des Flachriementriebes $i = 2$. Zu ermitteln sind:

1. Das zu übertragende Torsionsmoment T,
2. Der erforderliche Mindestdurchmesser d_{min},
3. Ein für den Antriebszapfen geeignetes Polygonwellen-Profil P4C nach DIN 31712.

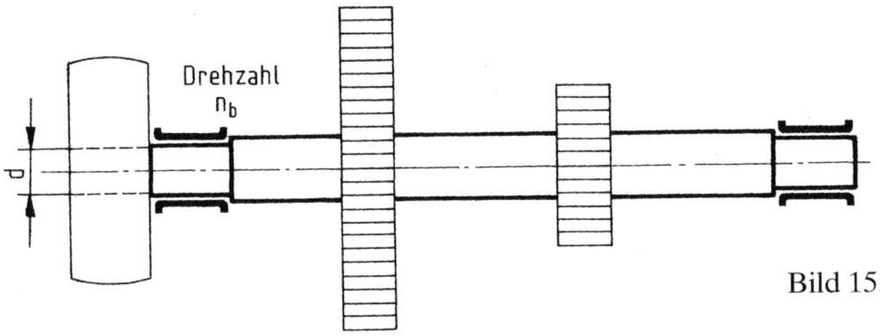

Bild 15.4 Entwurfsskizze einer Getriebewelle mit Riemenscheibe und Zahnrädern

E: **1.** $T \approx 637$ Nm ($n_b = 12{,}5\ s^{-1}$).
2. $d_{min} = 46{,}3$ mm ($\tau_{t\,zul} = 32\ N/mm^2$)
3. Profil DIN 31712 – AP4C55 mit $d_2 = 48$ mm $> d_{min}$.

L: **1.** T aus $P = T \cdot 2\pi \cdot n_b$ mit $n_b = n_a/i$. **2.** Nach Gl. (15.1) mit $\tau_{t\,zul}$ aus Tab. 15.1. **3.** Nach Tab. 12.10, es muss sein $d_2 \geq d_{min}$ (s. W_t für P4C in Tab. 15.2).

15.5 Die Verbindung eines Verdichterlaufrades mit der Antriebswelle aus E295 soll mittels Polygon-Profil P3G nach DIN 32711 erfolgen. Es ist ein Drehmoment von 1500 Nm zu übertragen. Welches Profil ist zu wählen, wenn überschläglich der erforderliche Mindestdurchmesser $d_{min} = d_{3\,min}$ (siehe ME Bild 12.15) gesetzt wird?

E: Profil DIN 31711 – AP3G75 mit $d_3 = 68{,}7$ mm $> d_{min}$ $= 66$ mm ($\tau_{t\,zul} = 26\ N/mm^2$).

L: Nach Gl. (15.1) und Tab. 12.10, es muss sein $d_3 \geq d_{min}$.

15.6 Bild 15.6a zeigt eine Unterflasche (Seilrolle mit Lasthaken) für eine Tragfähigkeit von 5 t. Für die gefährdeten Querschnitte 1 und 2 der Seilrollenachse (Bild 15.6b) aus S235JRG sind die erforderlichen Mindestdurchmesser durch Überschlagsberechnung zu bestimmen und auf Volle 10 mm zu runden. Es handelt sich um eine feststehende Achse (deshalb ist mit einer um ca. 50 % höheren zulässigen Biegespannung zu rechnen, als in Tab. 15.1 angegeben).

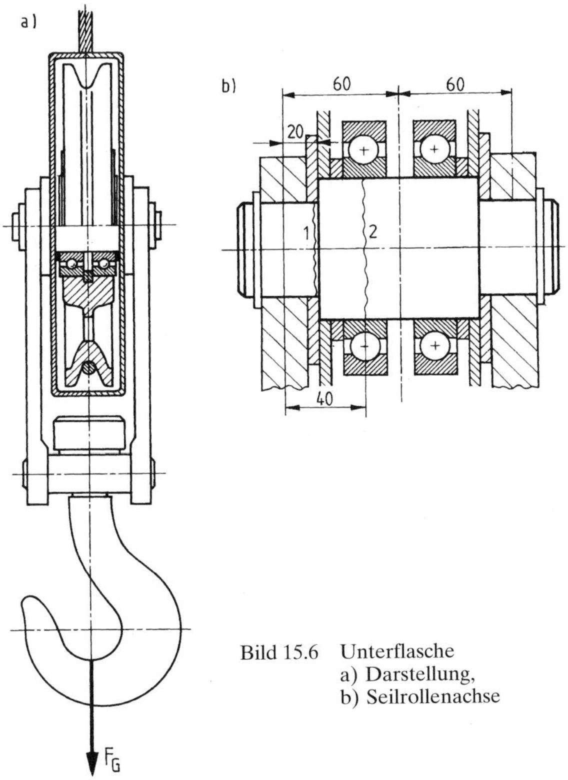

Bild 15.6 Unterflasche
a) Darstellung,
b) Seilrollenachse

15

E: $d_1 = 50\,\text{mm} > d_{1\,\text{min}} = 44{,}4\,\text{mm}$ ($F_G = 49{,}05\,\text{kN}$, $M_{b1} = 490{,}5\,\text{Nm}$, $\sigma_{b\,\text{zul}} \approx 56\,\text{N/mm}^2$), $d_2 = 60\,\text{mm} > d_{2\,\text{min}} = 56\,\text{mm}$ ($M_{b2} = 981\,\text{Nm}$).

L: Wegen der Symmetrie wird jeder Zapfen mit $F_G/2 = m \cdot g/2$ belastet (s. Bild L 15.6); d_{min} folgt aus Gl. (15.2) mit W_b nach Tab. 15.2 und $\sigma_{b\,\text{zul}}$ nach Tab. 15.1 (Tabellenwert für S235JRG2 mit 1,5 multiplizieren, s. Aufgabentext), sinngemäß wie Gl. (15.1) gilt bei biegebeanspruchten Kreisquerschnitten für den erforderlichen Mindestdurchmesser $d_{\text{min}} \approx \sqrt[3]{M_b/(0{,}1\sigma_{b\,\text{zul}})}$.

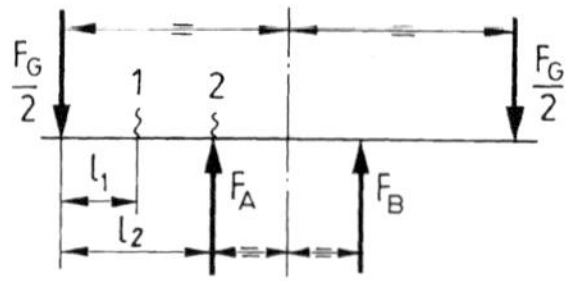

Bild L 15.6 Berechnungsskizze

15.7

Für die Zwischenwelle eines Krangetriebes liegt der Entwurf nach Bild 15.7 vor. Die Radien der Rundungen an den Querschnittsübergängen betragen $r_1 = r_5 = 4$ mm und $r_3 = 5$ mm. Die Welle soll aus Vergütungsstahl 25CrMO4 hergestellt werden und ein maximales Drehmoment von 1 400 Nm übertragen. Der Zahneingriff erfolgt unter dem Winkel $\alpha = 20°$. Vor einer Berechnung auf Gestaltfestigkeit (siehe Aufgabe 15.20) ist eine Überschlagsberechnung auf Biegung und Torsion durchzuführen. Dafür sind im Einzelnen zu ermitteln:

1. Die äußeren Belastungskräfte F_{t2}, F_{r2}, F_{t3} und F_{r3} durch die Zahnkräfte F_{N2} und F_{N3} sowie die Horizontal- und Vertikalkomponenten F_{Ax}, F_{Bx}, F_{Ay} und F_{By} der Auflagerkräfte F_A und F_B, jeweils auf volle 10 N gerundet,

2. Die Biegemomente M_{x1} bis M_{x5} in der Horizontalebene, M_{y1} bis M_{y5} in der Vertikalebene und die resultierenden Biegemomente M_{b1} bis M_{b5}, sowie eine grafische Darstellung des Verlaufs der Biegemomente und des Torsionsmoments T,

3. Die Biegespannungen σ_{b1} bis σ_{b5} in den Querschnitten 1 bis 5,

4. Wird die zulässige Biegespannung $\sigma_{b\,\text{zul}}$ überschritten?

5. Ist der auf Torsion am höchsten beanspruchte Querschnitt 3 für das Torsionsmoment T ausreichend bemessen?

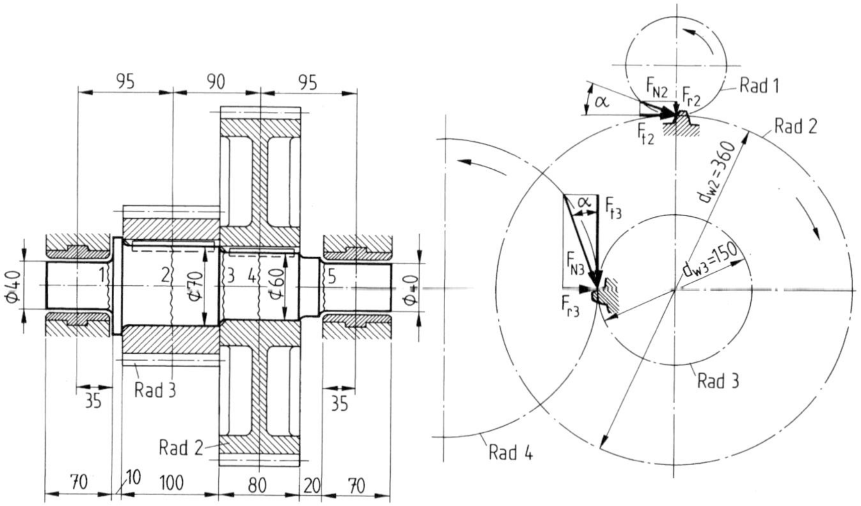

Bild 15.7 Zwischenwelle eines Krangetriebes mit Geradzahnrädern

E: **1.** $F_{t2} \approx 7780$ N, $F_{r2} \approx 2830$ N, $F_{t3} \approx 18670$ N, $F_{r3} \approx 6800$ N, $F_{Ax} \approx 7130$ N, $F_{Bx} = 7450$ N, $F_{Ay} \approx 13300$ N, $F_{By} = 8200$ N.

2. $M_{x1} = 221$ Nm, $M_{x2} \approx 677{,}4$ Nm, $M_{x3} \approx 696$ Nm, $M_{x4} \approx 707{,}8$ Nm, $M_{x5} \approx 231$ Nm, $M_{y1} = 412{,}3$ Nm, $M_{y2} = 1263{,}5$ Nm, $M_{y3} \approx 967$ Nm, $M_{y4} = 779$ Nm, $M_{y5} = 254{,}2$ Nm, $M_{b1} = 467{,}8$ Nm, $M_{b2} = 1434$ Nm, $M_{b3} = 1192$ Nm, $M_{b4} = 1053$ Nm, $M_{b5} = 343{,}5$ Nm, grafische Darstellung des Momentenverlaufs s. Bild E 15.7

3. $\sigma_{b1} = 73{,}1\ \text{N/mm}^2$, $\sigma_{b2} = 41{,}8\ \text{N/mm}^2$, $\sigma_{b3} = 55{,}2\ \text{N/mm}^2$, $\sigma_{b4} \approx 48{,}8\ \text{N/mm}^2$, $\sigma_{b5} \approx 53{,}7\ \text{N/mm}^2$

4. Nein, $\sigma_{b\,zul} = 77\ \text{N/mm}^2$.

5. Ja, $d_3 = 60\ \text{mm} > d_{3\,min} \approx 56{,}4\ \text{mm}$ ($\tau_{t\,zul} = 39\ \text{N/mm}^2 > \tau_t = 32{,}4\ \text{N/mm}^2$).

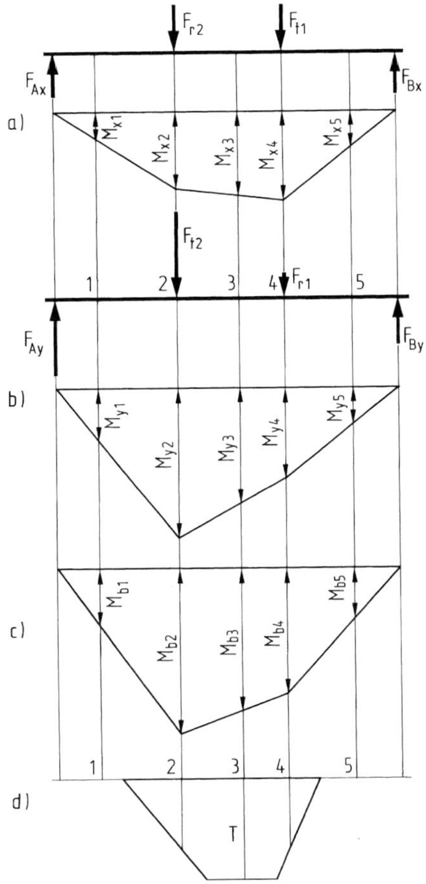

Bild E 15.7 Momentenverlauf
a) horizontale (in der x-Ebene)
b) vertikale (in der y-Ebene)
c) resultierende Biegemomente, unmaßstäblich angenähert dargestellt,
d) Torsionsmomente

L: **1.** Mit dem Drehmoment = Torsionsmoment T folgt für $F_t = T/r_W = T/0{,}5d_W$ und damit wird $F_r = F_t \cdot \tan\alpha$; da die Kräfte nicht in einer Ebene wirken, sind die Lagerkraftkomponenten mit den statischen Gleichgewichtsbedingungen für die Horizontal- und die Vertikalebene zu errechnen (Kraftangriff und Abstände s. Bild L 15.7a). **2.** Vereinfachte Perspektivdarstellung der Momente in den Querschnitten 1 bis 5 s. Bild L 15.7b (in den Abständen zu den Querschnitten 1, 3 u. 5 sind die Übergangsradien berücksichtigt), grafische Darstellung des Verlaufs der Momente über dem Lagerabstand L sinngemäß wie in den Aufgn. 15.1 u. 15.2, resultierende Biegemomente wie in ME Beisp. 15.2. **3.** Nach Gl. (15.2) mit W_b nach Tab. 15.2. **4.** Vergleich von σ_b mit $\sigma_{b\,zul}$ nach Tab. 15.1. **5.** Vergleich von $d_{3\,min}$ nach Gl. (15.1) mit d_3.

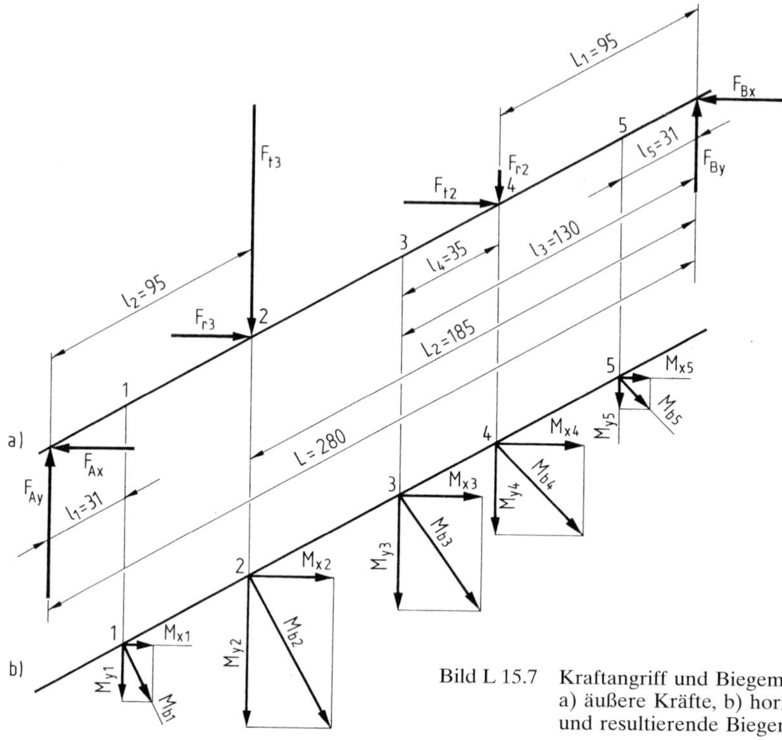

Bild L 15.7 Kraftangriff und Biegemomente
a) äußere Kräfte, b) horizontale, vertikale und resultierende Biegemomente

15.8 Die Antriebswelle eines Pendelbecherwerks soll als glatte Welle ausgeführt werden mit zwei aufgekeilten Kettenrädern und einem Zahnrad in der Anordnung entsprechend Bild 15.8. An jedem Kettenrad mit dem Teilkreisdurchmesser $d_K = 710$ mm wirkt eine horizontale Kettenzugkraft $F_H = 5$ kN und eine vertikale $F_V = 500$ N. Der Eingriffswinkel der Zahnkraft F_N am Zahnrad mit dem Teilkreisdurchmesser $d_w = 800$ mm beträgt $\alpha = 20°$. Für den Entwurf der Welle aus S275JR ist durch eine Überschlagsberechnung der erforderliche Mindestdurchmesser zu bestimmen. Dafür sind im Einzelnen zu ermitteln:

1. Die Tangentialkraft F_t und die Radialkraft F_r am Zahnrad,
2. Die Vertikal- und die Horizontalkomponenten F_{Ay}, F_{By}, F_{Ax} und F_{Bx} der Lagerkräfte F_A und F_B,
3. In den gekennzeichneten Querschnitten 1, 2 und 3 die Biegemomente M_{y1}, M_{y2}, M_{y3} in der Vertikalebene und M_{x1}, M_{x2}, M_{x3} in der Horizontalebene sowie eine Darstellung des Verlaufs der Momente in beiden Ebenen,
4. Die resultierenden Biegemomente M_{b1}, M_{b2} und M_{b3},
5. Der auf volle mm gerundete erforderliche Mindestdurchmesser d_{min} mit dem am Zahnrad eingeleiteten Torsionsmoment T,
6. Genügt der unter 5. errechnete Durchmesser auch für das größte Biegemoment?

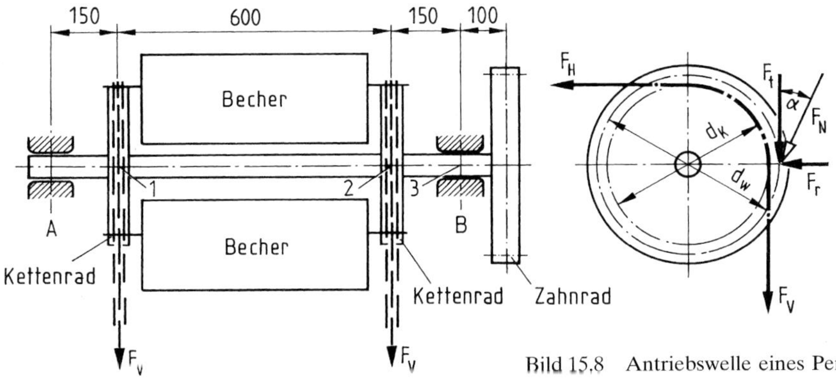

Bild 15.8 Antriebswelle eines Pendelbecherwerks

E: **1.** $F_t = 7{,}988$ kN ≈ 8 kN, $F_r = 2{,}91$ kN ($F_u = 4{,}5$ kN).
2. $F_{Ay} = -0.39$ kN, $F_{By} = 9{,}39$ kN, $F_{Ax} = 4{,}68$ kN, $F_{Bx} = 8{,}23$ kN.
3. $M_{y1} = -58{,}5$ Nm, $M_{y2} = -592{,}5$ Nm, $M_{y3} = -800$ Nm, $M_{x1} = 702$ Nm, $M_{x2} = 510$ Nm, $M_{x3} = -291$ Nm, Darstellung des Momentenverlaufs s. Bild E 15.8.
4. $M_{b1} = 704{,}4$ Nm, $M_{b2} = 781{,}8$ Nm, $M_{b3} = 851{,}3$ Nm.
5. $d_{min} = 90$ mm ($T \approx 3200$ N, $\tau_{t\,zul} = 22$ N/mm^2).
6. Ja, $\sigma_b \approx 12$ N/mm$^2 < \sigma_{b\,zul} = 45$ N/mm^2.

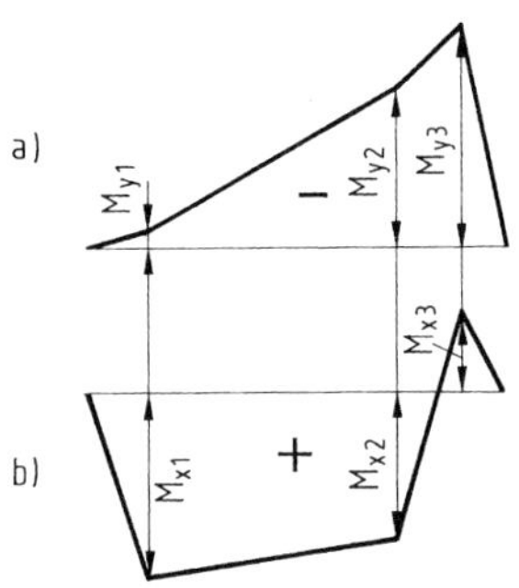

Bild E 15.8 Biegemomentenverlauf
a) in der y-Ebene
b) in der x-Ebene

15

L: **1.** Am Teilkreis jedes Kettenrades wirkt eine Umfangskraft $F_u = F_H - F_V$, damit $F_t = 2F_u \cdot r_K/r_w$ und $F_r = F_t \cdot \tan\alpha$. **2.** Kraftangriff in beiden Ebenen s. Bild L 15.8. **3.** Sinngemäß wie unter 2. in Aufg. 15.7. **4.** Wie ME Beisp. 15.2. **5.** Nach Gl. (15.1) mit $T = F_t \cdot d_w/2$. **6.** Vergleich von σ_b nach Gl. (15.2) mit $\sigma_{b\,zul}$ nach Tab. 15.1.

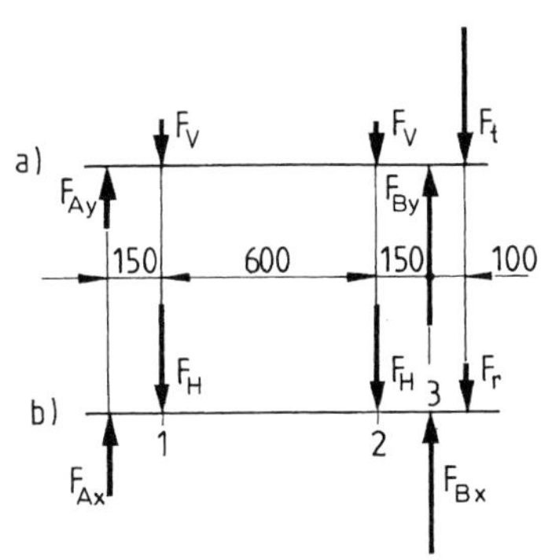

Bild L 15.8 Auf die Antriebswelle wirkende Kräfte
a) in der y-Ebene, b) in der x-Ebene

15.9 Bild 15.9 zeigt die feststehende Achse der Seiltrommel einer Winde. Am Seil wirkt eine Zugkraft $F_S = 30$ kN senkrecht nach unten. Es betragen der mittlere Seiltrommeldurchmesser $D = 400$ mm (auf Seilmitte bezogener Windungsdurchmesser), der Teilkreisdurchmesser des Zahnrades $d_w = 750$ mm, der Eingriffswinkel der Geradverzahnung $\alpha = 20°$. Für eine Überschlagsberechnung des Achsendurchmessers $d = 70$ mm sind zu ermitteln:

1. Die Umfangskraft F_t aus dem durch die Seilzugskraft F_s hervorgerufenen Drehmoment T und die Zahnkraft F_N sowie deren Horizontalkomponente F_x und die Vertikalkomponente F_y,
2. Die nur durch die Seilkraft F_s bei den Seilstellungen I und II in den Lagern C und D der Seiltrommel auftretenden Lagerkräfte F_C und F_D,
3. Die sich aus der vertikalen Zahnkraftkomponente F_y und den Lagerkräften F_C und F_D in der vertikalen Ebene bei den Seilstellungen I und II in den Achsstützen ergebenden Stützkraftkomponenten F_{Ay} und F_{By} und die durch die horizontale Zahnkraftkomponente F_x hervorgerufenen horizontalen Komponenten F_{Ax} und F_{Bx},
4. Die resultierenden Biegemomente M_{bC} und M_{bD} in den Achsquerschnitten der Lagerstellen C und D bei den Seilstellungen I und II,
5. Ist die in der Achse aus E295 auftretende größte Biegespannung σ_b zulässig? Da es sich um eine feststehende Achse handelt, ist mit einer um 50 % höheren zulässigen Biegespannung zu rechnen, als in Tab. 15.1 angegeben.

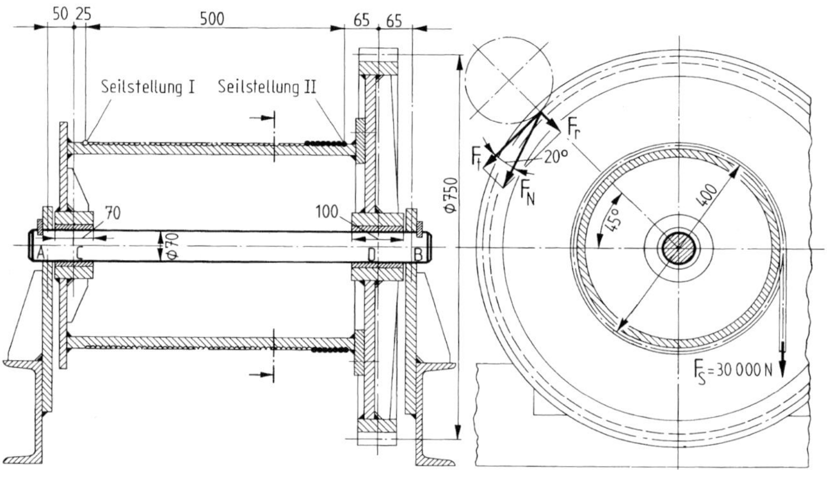

Bild 15.9 Achse mit Seiltrommel und Zahnrad

E: 1. $F_t = 16$ kN ($M = 6$ kNm), $F_N \approx 17{,}03$ kN, $F_x \approx 7{,}2$ kN, $F_y \approx 15{,}43$ kN.
2. $F_{CI} = 28{,}73$ kN, $F_{DI} = 1{,}27$ kN, $F_{CII} = 3{,}3$ kN, $F_{DII} = 26{,}7$ kN.
3. $F_{AyI} = 28{,}23$ kN, $F_{ByI} = 17{,}2$ kN, $F_{AyII} = 6{,}95$ kN, $F_{ByII} = 38{,}48$ kN, $F_{Ax} \approx 0{,}66$ kN, $F_{Bx} = 6{,}54$ kN.
4. $M_{bCI} \approx 1412$ Nm, $M_{bDI} \approx 1196$ Nm ($M_{xC} = 33{,}2$ Nm, $M_{xD} \approx 425$ Nm, $M_{yCI} \approx 1412$ Nm, $M_{yDI} \approx 1118$ Nm), $M_{bCII} \approx 349$ Nm, $M_{bDII} \approx 2537$ Nm ($M_{yCII} = 347{,}5$ Nm, $M_{yDII} \approx 2501$ Nm).
5. Ja, $\sigma_b = 74\ \text{N/mm}^2 < \sigma_{b\,zul} = 78\ \text{N/mm}^2$ ($M_b = M_{bDII}$).

L: **1.** Da weder die Zahnkraft F_N noch eine ihrer Komponenten F_t oder F_r in einer Ebene mit der Seilkraft F_S wirken, ist F_N in die zu F_S parallele Vertikalkomponente $F_y = F_N \cdot \cos(45 - 20)°$ und in die dazu senkrechte Horizontalkomponente $F_x = F_N \cdot \sin 25°$ zu zerlegen; aus $M = F_S \cdot D/2$ folgt $F_t = M/r_w$, damit wird $F_N = F_t/\cos\alpha$. **2.** Beim Heben und Senken der Last können die Seilstellungen I und II erreicht werden; sie rufen in den Seiltrommellagern C und D verschieden große Lagerkräfte hervor, u. z. F_{CI} und F_{DI} bzw. F_{CII} (s. Bild L 15.9a). **3.** Außer F_S wirkt auf das Lager D die Zahnkraft F_N mit ihren Komponenten F_y und F_x; Darstellung der Kräfte an der Seiltrommelachse und deren Abstände s. Bild L 15.9b für die Vertikalebene und Bild L 15.9c für die Horizontalebene. **4.** Wegen der möglichen Seilstellungen I und II sind folgende Momente in der Vertikalebene zu errechnen: M_{yCI}, M_{yDI}, M_{yCII}, M_{yDII}; in der Horizontalebene wirken: M_{xC} und M_{xD}. Diese Momente sind zu den resultierenden Biegemomenten zusammenzusetzen: $M_{bCI} = \sqrt{M_{xC}^2 + M_{yCI}^2}$, $M_{bDI} = \sqrt{M_{xD}^2 + M_{yDI}^2}$, sinngemäß M_{bCII} und M_{bDII}. **5.** Nach Gl. (15.2) mit dem größten unter 4. errechneten Biegemoment.

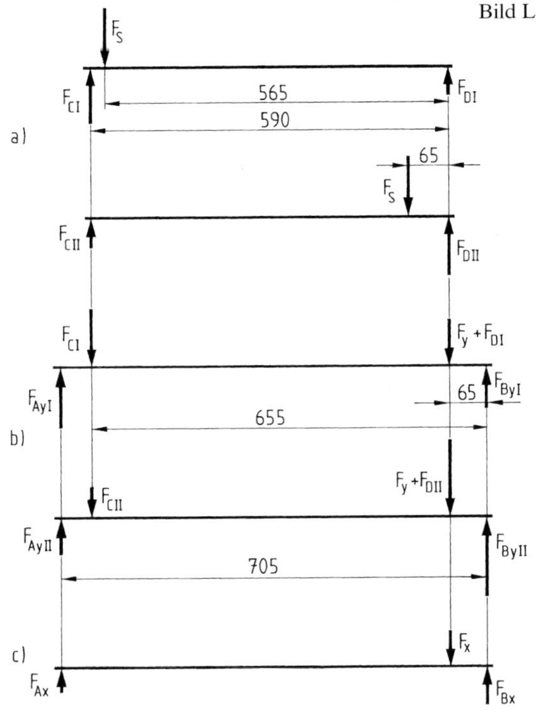

Bild L 15.9 Kräfte an der Seiltrommelachse
a) Lagerkräfte durch die Seilzugkraft,
b) Vertikalkomponenten der Auflagerkräfte,
c) Horizontalkomponenten der Auflagerkräfte

15

15.10 Für den Entwurf der Abtriebswelle eines Kegelradgetriebes entsprechend Bild 15.10 liegen folgende Längenmaße vor: Lagerabstände $l_A = 140$ mm, $l_B = 85$ mm, Nabenlänge $l_N = 50$ mm, Zapfenlänge $l_Z = 60$ mm sowie $l_1 = 55$ mm und $l_2 = 25$ mm. Am mittleren Durchmesser $d_m = 160$ mm des Kegelrades wirken die Tangentialkraft $F_t = 1{,}82$ kN (senkrecht zur Zeichnungsebene), die Radialkraft $F_r = 250$ N und die Axialkraft $F_a = 615$ N. Das Torsionsmoment wird am Abtriebszapfen über eine Kupplung ausgeleitet. Zur Ausarbeitung des Entwurfs dieser Welle aus S275JR ist der Mindestdurchmesser wie folgt zu ermitteln:

1. Der für das Torsionsmoment T erforderliche Mindestdurchmesser d_{min} und der danach auf volle 5 oder 10 mm gerundete Durchmesser d,
2. Die Lagerkraftkomponenten F_{Ay} und F_{By} in der Vertikalebene (Zeichnungsebene) sowie F_{Ax} und F_{Bx} in der dazu senkrechten Horizontalebene,

3. Die größten Biegemomente M_y in der Vertikal- und M_x in der Horizontalebene und eine grafische Darstellung des Momentenverlaufs in beiden Ebenen sowie des Torsionsmomentenverlaufs,

4. Genügt der unter 1. ermittelte Durchmesser d auch für das größte resultierende Biegemoment M_b?

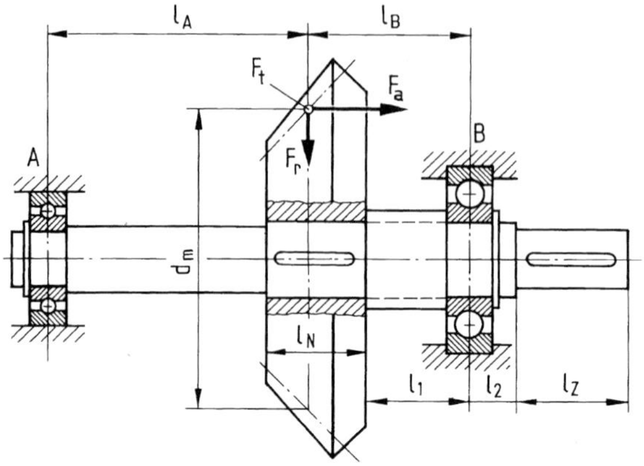

Bild 15.10 Abtriebswelle eines Kegelradgetriebes

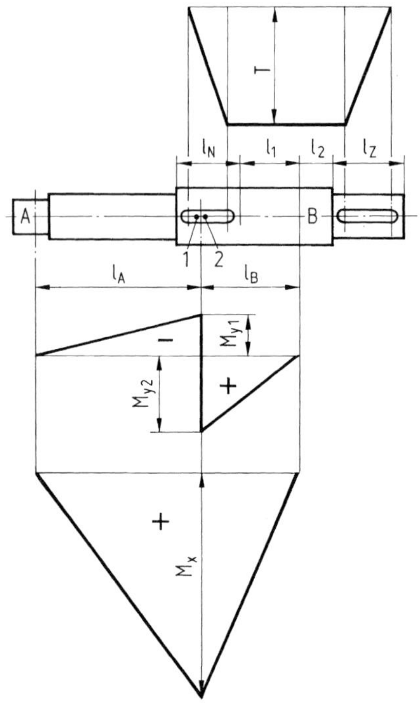

Bild E 15.10 Drehmomenten- und Biegemomentenverlauf

E: **1.** $T = 145{,}6$ Nm, $d_{min} = 32{,}1$ mm, ($\tau_{t\,zul} = 22\ \text{N/mm}^2$), $d = 35$ mm.
2. $F_{Ay} \approx -124{,}2$ N, $F_{By} \approx 374{,}2$ N, $F_{Ax} \approx 687{,}6$ N, $F_{Bx} \approx 1132{,}4$ N.
3. $M_{y1} \approx -17\,390$ Nmm, $M_{y2} \approx 31\,810$ Nmm, $M_x \approx 96\,260$ Nmm, Darstellung des Momentenverlaufs s. Bild E 15.10.
4. Ja, $\sigma_b = 23{,}6\ \text{N/mm}^2 < \sigma_{b\,zul} = 45\ \text{N/mm}^2$ ($M_b = 101\,380$ Nmm).

L: **1.** Nach Gl. (15.1) mit $T = F_t \cdot r_m = F_t \cdot d_m/2$. **2.** Kräfteangriff an der Welle in beiden Ebenen s. Bild L 15.10. Die Berechnung der Lagerkräfte in zwei Ebenen ist notwendig, da die Kräfte am Kegelrad nicht in einer Ebene wirken. Durch die Kupplung am Abtriebszapfen wird keine Biegekraft hervorgerufen. Die Längskraft F_{lB} ist für diese Aufgabe ohne Bedeutung. **3.** Berechnung und Darstellung der Momente sinngemäß wie in ME Beisp. 15.1. Am Angriffspunkt der Radialkraft F_r an der Welle ist das Moment M_y unmittelbar links neben diesem Punkt (M_{y1}) und unmittelbar rechts daneben (M_{y2}) unter Einbeziehung des Momentes $F_a \cdot r_m$ zu errechnen. **4.** Nach Gl. (15.2) mit $M_b = \sqrt{M_x^2 + M_y^2}$ (für M_y ist einzusetzen M_{y1} oder M_{y2}, u. z. der größere Wert von beiden).

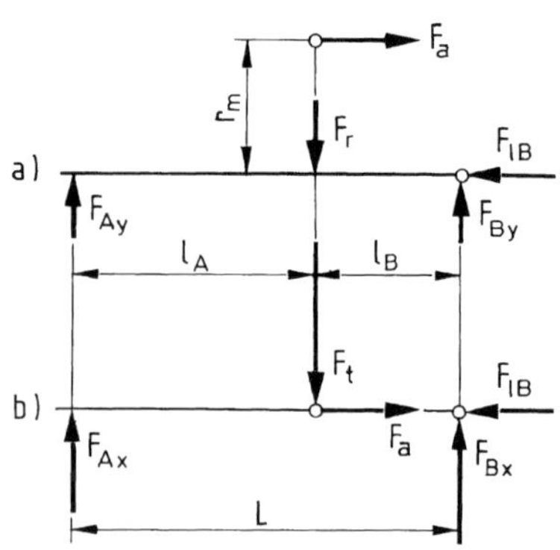

Bild L 15.10 Kräfteangriff an der Kegelradwelle
a) y-Ebene, b) x-Ebene

15.11 Die in Bild 15.11 gezeigte Zwischenwelle eines zweistufigen Stirnradgetriebes mit Schrägzahnrädern hat ein Drehmoment = Torsionsmoment $T = 1$ kNm zu übertragen. Die Eingriffswinkel der Schrägverzahnungen betragen $\alpha_{w2} = 21{,}2°$ beim Rad 2 und $\alpha_{w3} = 20{,}6°$ beim Rad 3, die Schrägungswinkel $\beta_2 = 20°$ und $\beta_3 = 15°$. Das zu übertragende Drehmoment bewirkt an den Zahnrädern die Tangentialkräfte F_t, die Radialkräfte $F_r = F_t \cdot \tan \alpha_w$ und die Axialkräfte $F_a = F_t \cdot \tan \beta$. Die Wälzkreisradien der Räder betragen: $r_{w2} = 335$ mm, $r_{w3} = 115$ mm, die Längen: $L = 680$ mm, $l_A = 200$ mm, $l_B = 130$ mm, $l_2 = 60$ mm, $l_3 = 120$ mm. Das Rad 2 wird auf die Welle aufgesetzt, das Rad 3 mit der Welle aus einem Stück gefertigt (Schmiedeteil), Werkstoff: E295. Es ist eine Überschlagsberechnung der Welle durchzuführen. Dafür sind zu ermitteln:

1. Die Tangential-, Radial- und Axialkräfte an den Rädern 2 und 3,
2. Die Komponenten der Lagerkräfte in der y- und in der x-Ebene und die Längskraft im Festlager B,
3. Die Biegemomente in der Mitte der Zahnräder für beide Ebenen und eine grafische Darstellung des Biegemomentenverlaufs über dem Lagerabstand L sowie des Torsionsmomenten- und des Längskraftverlaufs,
4. Den erforderlichen Mindestdurchmesser für den auf Torsion beanspruchten Wellenstrang, auf volle 10 mm gerundet,
5. Welcher Querschnitt der Welle an den inneren Nabenstirnflächen der Zahnräder wird auf Biegung am höchsten beansprucht? Ist dieser Querschnitt mit einem um 10 mm größeren Durchmesser, als unter 4. ermittelt, für das resultierende Biegemoment ausreichend bemessen?

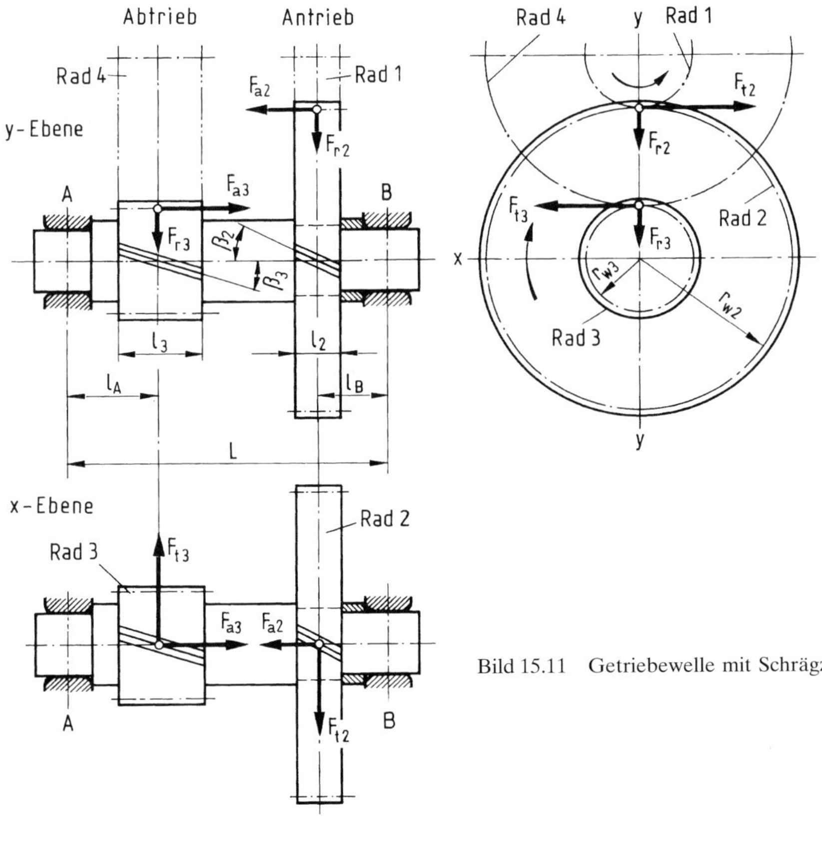

Bild 15.11 Getriebewelle mit Schrägzahnrädern

E: **1.** $F_{t2} = 2985$ N, $F_{t3} \approx 8696$ N, $F_{r2} \approx 1158$ N, $F_{r3} \approx 3269$ N, $F_{a2} \approx 1086$ N, $F_{a3} = 2330$ N.
2. $F_{Ay} \approx 2670$ N, $F_{By} = 1757$ N, $F_{Ax} \approx -5568$ N, $F_{Bx} = -143$ N, $F_{lB} = -1244$ N.
3. $M_{y3.1} \approx 534$ Nm, $M_{y3.2} \approx 802$ Nm, $M_{y2.1} = 228{,}4$ Nm, $M_{y2.2} \approx 592{,}2$ Nm, $M_{x3} = -1113{,}6$ Nm, $M_{x2} = -18{,}6$ Nm, Darstellung des Momenten- und Längskraftverlaufs s. Bild E 15.11
4. An der linken Seite von Rad 2 (Punkt C in Bild E 15.11), $d_{min} = 57{,}7$ mm, $d_C = 60$ mm ($\tau_{t\,zul} = 26\ \text{N/mm}^2$).
5. An der rechten Seite von Rad 3 (Punkt D in Bild E 15.11), $d_D = 70$ mm, $\sigma_b = 35\ \text{N/mm}^2 < \sigma_{b\,zul} = 52\ \text{N/mm}^2$, somit ausreichend bemessen ($M_{yD} \approx 766$ Nm, $M_{xD} \approx -926$ Nm, $M_b = M_{bD} \approx 1202$ Nm).

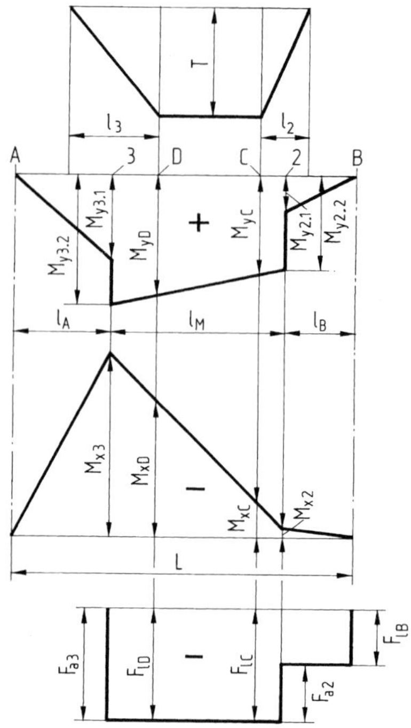

Bild E 15.11 Drehmomenten-, Biegemomenten- und Längskraftverlauf

L: **1.** Sinngemäß wie in ME Beisp. 15.1 unter 1. bis 3. **2.** Mit den Gleichgewichtsbedingungen $\sum M_y = 0$, $\sum F_y = 0$, $\sum M_x = 0$, $\sum F_x = 0$ sinngemäß wie in ME Beisp. 15.1 unter 4. und 5., die Längskraft F_{lB} im Festlager folgt aus $\sum F_l = 0 = F_{a3} - F_{a2} + F_{lB}$; Kräfteangriff an der Welle einschließlich der Lagerkraftkomponenten s. Bild L 15.11, Abstand $l_M = L - l_A - l_B$. **3.** Sinngemäß wie ME Beisp. 15.1 unter 6. und 7. (ausgenommen Punkt C), in der y-Ebene sind die Biegemomente jeweils unmittelbar rechts und links neben der Radmitte zu errechnen, d. h. für die Punkte 3.1, 3.2 und 2.2, 2.1 in Bild L 15.11. Grafische Darstellung des Momenten- und Längskraftverlaufs sinngemäß wie in ME Bild 15.6. **4.** Auf Torsion höchst beanspruchte Stelle ist aus T-Verlauf erkennbar, d_{min} nach Gl. (15.1). **5.** Auf Biegung höchst beanspruchte Stelle folgt aus dem M_y- und M_x-Verlauf, für diese Stelle sind M_x und M_y zu errechnen und nach Gl. (15.2) mit dem resultierenden Biegemoment M_b eine Spannungsüberprüfung durchzuführen (Vergleich mit $\sigma_{b\,zul}$ nach Tab. 15.1).

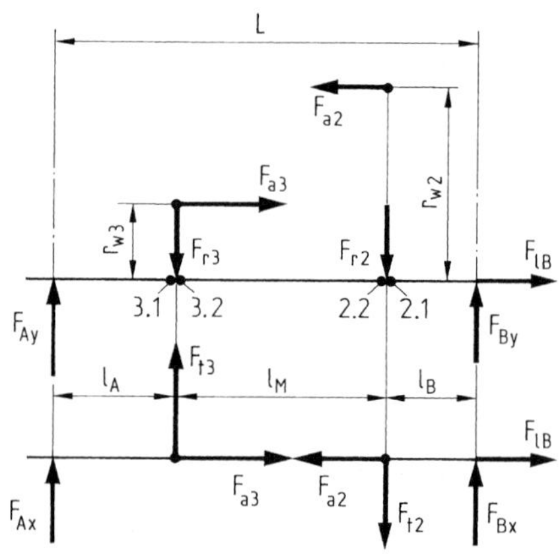

Bild L 15.11 Kraftangriff an der Getriebewelle in y- und x-Ebene

15.12 Bild 15.12 zeigt die Skizze einer Getriebewelle mit zwei Schrägzahnrädern. Die Welle aus Vergütungsstahl 34CrNiMo6 hat eine Leistung $P = 1{,}25$ kW bei $n = 150\ \text{min}^{-1}$ zu übertragen. Es ist mit Rechts- und Linkslauf zu rechnen. Die Schrägungswinkel der Schrägverzahnungen betragen $\beta_2 = 25°$ beim Rad 2 und $\beta_3 = 20°$ beim Rad 3, die Eingriffswinkel $\alpha_{w2} = 21{,}9°$ und $\alpha_{w3} = 21{,}2°$. Die Wellenmittellinien liegen in einer Ebene. Der für das Drehmoment erforderliche Mindestdurchmesser d_{min} ist durch eine Überschlagsberechnung zu ermitteln. Ferner ist zu überprüfen, ob dieser Durchmesser auch für das größte Biegemoment ausreicht, ggf. ist der dafür erforderliche Durchmesser d_{erf} ebenfalls überschläglich zu errechnen. Zur besseren Übersicht sind der Torsionsmoment-, der Biegemomenten- und der Längskraftverlauf für beide Drehrichtungen darzustellen. Sind die errechneten Durchmesser ausführbar?

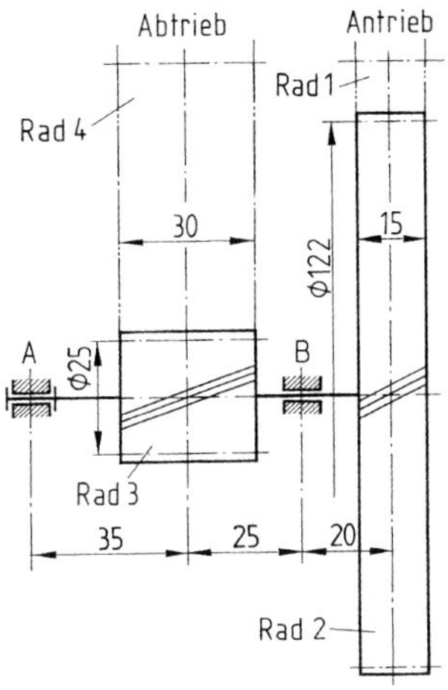

Bild 15.12 Skizze einer Getriebewelle mit Schrägzahnrädern

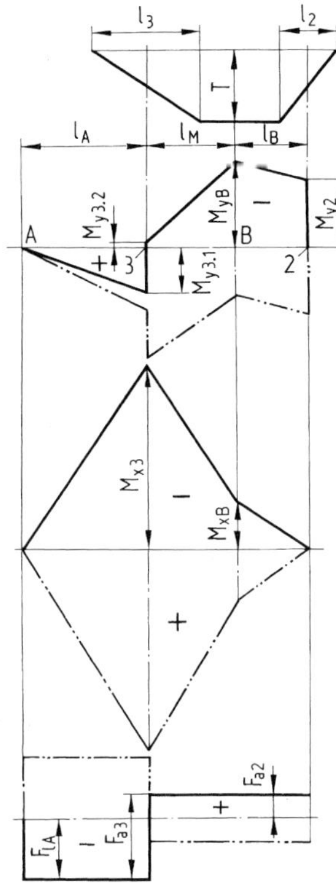

Bild E 15.12 Drehmomenten-, Biegemomenten- und Längskraftverlauf für beide Drehrichtungen

E: $d_{min} = 19{,}3$ mm ≈ 20 mm ($T = 79{,}6$ Nm, $\tau_{t\,zul} = 55$ N/mm^2), $\sigma_b = 156{,}8$ N/mm$^2 > \sigma_{b\,zul} = 110$ N/mm^2, somit $d_{erf} = 22{,}5$ mm ($F_{t2} = 1305$ N, $F_{r2} \approx 525$ N, $F_{a2} \approx 609$ N, $F_{t3} = 6368$ N, $F_{r3} = 2470$ N, $F_{a3} \approx 2318$ N, Rechtslauf: $F_{Ay} \approx 718$ N, $F_{By} = 2278$ N, $F_{Ax} \approx -3088$ N, $F_{BX} = -1975$ N, $F_{lA} = -1709$ N, $M_{y3.1} = 25{,}13$ Nm, $M_{y3.2} \approx -3{,}85$ Nm, $M_{yB} = -47{,}65$ Nm, $M_{y2} = -37{,}15$ Nm, $M_{x3} = -108{,}08$ Nm, $M_{xB} = -26{,}1$ Nm, Linkslauf: $F_{Ay} = 990$ N, $F_{By} = 2005$ N, $F_{Ax} \approx 3088$ N, $F_{Bx} = 1975$ N, $F_{lA} = 1709$ N, $M_{y3.1} = 34{,}65$ Nm, $M_{y3.2} \approx 63{,}63$ Nm, $M_{yB} = 26{,}65$ Nm, $M_{y2} = 37{,}15$ Nm, $M_{x3} = 108{,}08$ Nm, $M_{xB} = 26{,}1$ Nm, $M_b = M_{b3} = 125{,}4$ Nm bei Linkslauf), Momenten- und Längslaufkraftverlauf s. Bild E 15.12 (für Linkslauf mit Strichpunktlinie dargestellt). Nicht ausführbar, da d_{min} und d_{erf} zu groß für $d_{w3} = 25$ mm.

L: Durchführung der Berechnung sinngemäß wie die ME Beisp. 15.1 und 15.2 sowie Aufg. 15.11. Da die Zahnkräfte nicht in einer Ebene wirken, sind auch hier die senkrecht aufeinander stehenden Komponenten F_t, F_r und F_a und damit die Lagerkraftkomponenten in der y- und der x-Ebene zu ermitteln. Richtungen der Zahnkraftkomponenten entspr. Bild 15.11 und ME Bild 15.5 bestimmen, s. Bild L 15.12. Bei Drehrichtungswechsel ändern sich die Richtungen von F_t und F_a (Kräfte bei Linkslauf mit Strichpunktlinie dargestellt), die Richtungen von F_r bleiben unverändert. Die Lagerkraftkomponenten- und die Biegemomentenberechnung ist für beide Ebenen sowohl für Rechts- als auch für

Linkslauf durchzuführen. Aus den maximalen Momenten bei einer Drehrichtung ist das größte resultierende Biegemoment zu bestimmen.

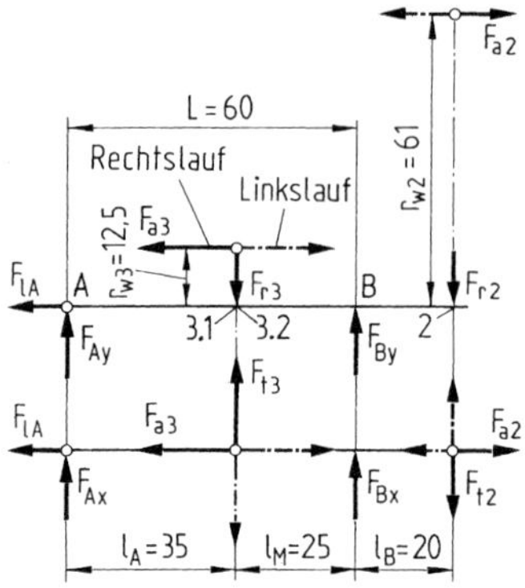

Bild L 15.12 Kräfte an der Getriebewelle in y- und x-Ebene

Achsen und Wellen gleicher Biegebeanspruchung

15.13 Für die in Bild 15.13 skizzierte Achse mit aufgesetzter Seilrolle sind zur Anfertigung einer Entwurfszeichnung die erforderlichen Durchmesser der Querschnitte 1 bis 5 überschläglich zu bestimmen. Es betragen die Seilkraft $F_s = 60$ kN, die Gewichtskraft der Seilrolle $F_G = 12$ kN. Als Achsenwerkstoff ist E295 vorgesehen. Zu ermitteln sind:

15

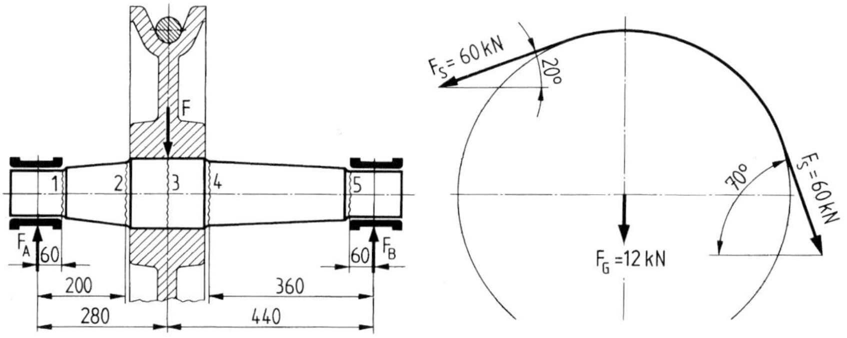

Bild 15.13 Achse mit Seilscheibe

1. Die resultierende Belastungskraft F,
2. Die Lagerstützkräfte F_A und F_B und die Biegemomente M_{b1} bis M_{b5},
3. Die erforderlichen Durchmesser d_1 bis d_5 auf volle 10 mm gerundet.

E: 1. $F = 96$ kN zeichnerisch ermittelt nach Bild E 15.13.
2. $F_A \approx 58{,}7$ kN, $F_B = 37{,}3$ kN, $M_{b1} = 3522$ Nm, $M_{b2} = 11740$ Nm, $M_{b3} = 16436$ Nm, $M_{b4} = 13428$ Nm, $M_{b5} = 2238$ Nm.
3. $d_1 = 90$ mm $> d_{1\,min} \approx 88$ mm, $d_2 = 140$ mm $> d_{2\,min} \approx 131$ mm, $d_3 = 150$ mm $> d_{3\,min} \approx 147$ mm, $d_4 = 140$ mm $> d_{4\,min} \approx 137$ mm, $d_5 = 80$ mm $> d_{5\,min} \approx 76$ mm ($\sigma_{b\,zul} = 52$ N/mm^2).

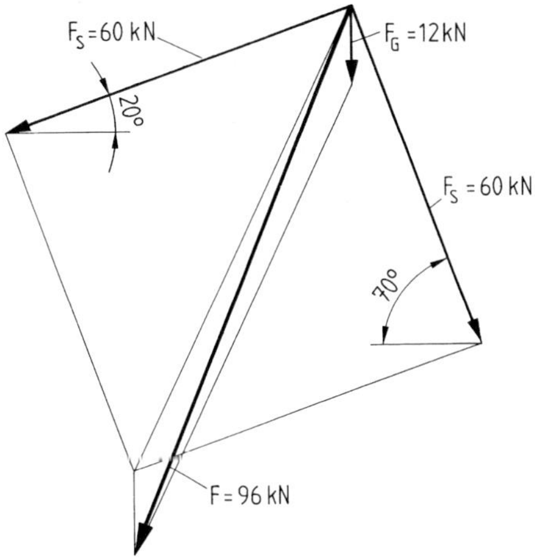

Bild E 15.13 Zeichnerische Ermittlung der Kraft F

L: **1.** Rechnerische Ermittlung von F mittels Komponentenzerlegung, es genügt auch eine zeichnerische Lösung. **2.** und **3.** Wie in ME Beisp. 15.3.

15.14

Für den Entwurf der in Bild 15.14 dargestellten Kettenradwelle aus E335 sind die erforderlichen Durchmesser der Querschnitte 1 bis 4 durch eine Überschlagsberechnung zu ermitteln und auf volle 10 mm zu runden. Die Zahnkraft $F_1 = 20$ kN und die Belastungskraft $F_2 = 57{,}5$ kN am Teilkreisradius $r_0 = d_0/2 = 125$ mm des Kettenrades wirken in gleicher Richtung.

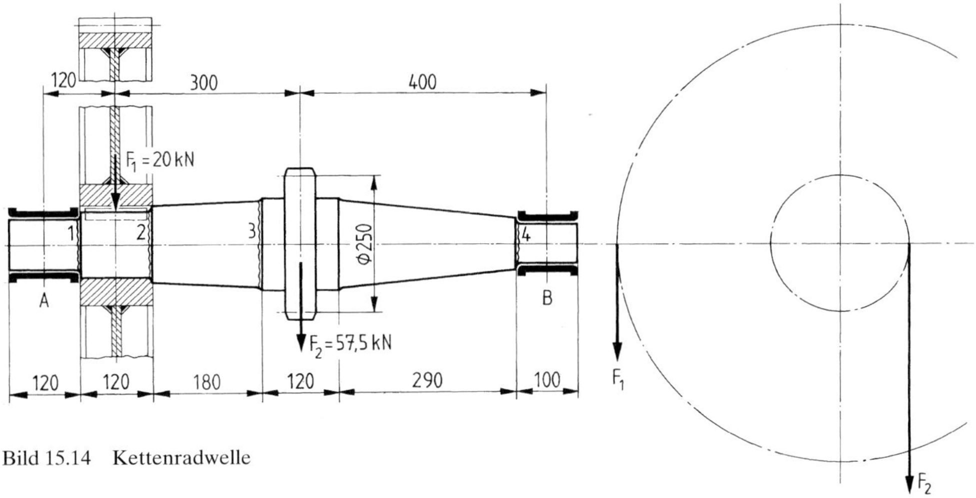

Bild 15.14 Kettenradwelle

E: $d_1 = 80$ mm ($d_{1\,min} \approx 75$ mm, $F_A = 45{,}1$ kN, $F_B = 32{,}4$ kN, $M_{b1} = 2706$ Nm, $\sigma_{b\,zul} = 63\ \text{N/mm}^2$), $d_2 = 110$ mm, ($d_{2\,min} \approx 103$ mm bzw. ≈ 104 mm mit $\tau_{t\,zul} = 32\ \text{N/mm}^2$, $M_{b2} = 6918$ Nm, $T \approx 7188$ Nm), $d_3 = 130$ mm, ($d_{3\,min} \approx 122$ mm, $M_{b3} = 11\,436$ Nm), $d_4 = 70$ mm ($d_{4\,min} \approx 64$ mm, $M_{b4} = 1\,620$ Nm).

L: Zweckmäßiger Rechnungsgang: Stützkräfte F_A und F_B, Biegemomente $M_{b1} = +F_A \cdot 60$ mm, $M_{b2} = +F_A \cdot 180$ mm $- F_1 \cdot 60$ mm, $M_{b3} = +F_A \cdot 360$ mm $- F_1 \cdot 240$ mm, $M_{b4} = +F_B \cdot 50$ mm, Torsionsmoment $T = F_2 \cdot r_0$, $d_{1\,min}$ bis $d_{4\,min}$ wie in ME Beisp. 15.3 mit $\sigma_{b\,zul}$, für den kleinsten auf Torsion beanspruchten Querschnitt 2 ist $d_{2\,min}$ auch nach Gl. (15.1) mit $\tau_{t\,zul}$ zu errechnen.

Berechnung auf Gestaltfestigkeit

15.15 Der Querschnitt einer Keilwelle DIN 5464 — 10 × 32 × 40 nach Tab. 12.6 aus Vergütungsstahl C60E (normalgeglüht, Werkstoffdaten gemäß Tab. 1.8) hat ein Biegemoment $M_b = 125$ Nm und ein wechselnd wirkendes Torsionsmoment $T = 100$ Nm zu übertragen. Für die Oberflächen ist eine Rautiefe $R_t = 16$ µm vorgesehen. Zu ermitteln sind:

1. Die Vergleichsausschlagspannung σ_{va},

2. Sind die Sicherheiten S_D gegen Dauerbruch ausreichend?

E: **1.** $\sigma_{Va} = 50$ N/mm² ($W_b = 4479$ mm³, $\sigma_b = 27{,}9$ N/mm², $W_t = 8958$ mm³, $\tau_t = 11{,}2$ N/mm², $\alpha_{kb} = 4{,}2$; $\alpha_{kt} = 3{,}6$; $n_\chi \approx 1{,}4$).

2. Ja, mit $S = 3$ (Sicherheiten gegen Dauerbruch 2...3, vgl. S. 348 im Lehrbuch) ist σ_{Va} nicht zu groß. ($b_1 = 0{,}8$; $b_2 = 0{,}85$; $\sigma_A = 250$ N/mm², $\sigma_{Vm} = 117$ N/mm²)

L: **1.** Mit den Gln. (15.5), (15.7) und (15.6), W_b und W_t nach Tab. 15.2 mit $D = 40$ mm und $d = 32$ mm (s. Tab. 12.6), $\sigma_{z,d} = 0$ (keine Längskraft), $\tau_s = 0$ (keine Schubspannung). α_{KT} nach Tab. 15.3.

2. b_1 und b_2 nach Bild 15.14 und Bild 15.15 bzw. Diagr. 15.2 und Diagr. 15.3 im Tabellenbuch, σ_A aus Smith-Diagramm.

15.16 Die feststehende glatte Achse aus E295 mit dem Durchmesser $d = 70$ mm für eine Seiltrommel nach Bild 15.9 hat eine Oberfläche mit dem Rauheitswert $R_a = 1{,}6$ µm ($R_z = 16$ µm) nach DIN ISO 1302. In Aufgabe 15.9 wurde eine größte Biegespannung $\sigma_b \approx 74$ N/mm² errechnet, die schwellend wirkt. Die Achse ist auf Gestaltfestigkeit nachzurechnen. Könnte sie dünner ausgeführt werden und ggf. mit welchem Durchmesser?

E: Ja, da $S_D = 3{,}76$ ($\sigma_{Va} = \sigma_b/2$, $\beta_{kb} = 1$, $b_1 = 0{,}86$; $b_2 = 0{,}77$; $\sigma_{Vm} = \sigma_b/2 = 37$ N/mm², $\sigma_A = 210$ N/mm² aus Smith-Diagramm) könnte sie dünner ausgeführt werden. Möglicher Durchmesser $d_{neu} = \sqrt[3]{\dfrac{3}{3{,}76}}\, d_{alt} \approx 65$ mm.

L: σ_b ist die einzig wirkende Belastung, sie wirkt schwellend, daher $\sigma_{Va} = \sigma_b/2$, σ_{Va} und σ_{Vm} mit Gl. (15.16), S_D mit Gl. (15.19).

15.17 Bild 15.17 zeigt einen Ausschnitt der Getriebewelle nach Bild 15.2. Die Welle aus E335 (Werkstoffdaten gemäß Tab. 1.8) hat ein ruhendes Torsionsmoment $T = 2865$ Nm zu übertragen. In Aufgabe 15.2 wurden für die Querschnitte 1, 2 und 3 folgende Biegespannungen errechnet: $\sigma_{b1} = 45$ N/mm², $\sigma_{b2} \approx 60$ N/mm², $\sigma_{b3} \approx 58$ N/mm². Die drei Querschnitte sind auf Gestaltfestigkeit nachzurechnen. Dafür sind zu ermitteln:

1. Die Vergleichs-Ausschlagspannungen σ_{va1}, σ_{va2} und σ_{va3},

2. Die Sicherheiten gegen Dauerbruch S_{D1}, S_{D2} und S_{D3}

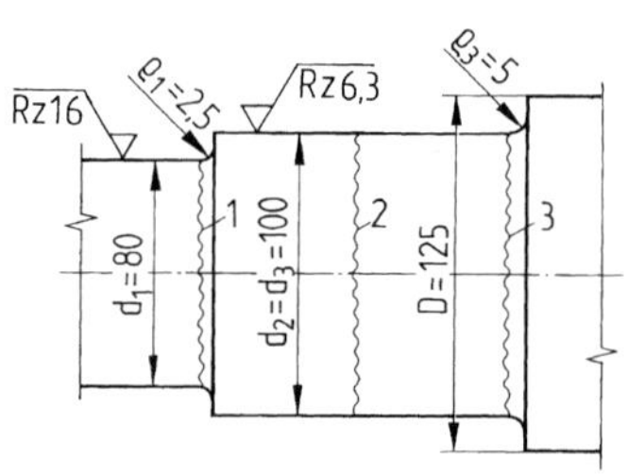

Bild 15.17 Ausschnitt einer Getriebewelle

E: **1.** $\sigma_{va1} = 99{,}8\ \text{N/mm}^2$ ($\tau_{t1} = 28{,}5\ \text{N/mm}^2$), $\sigma_{va2} = 60\ \text{N/mm}^2$ ($\tau_{t2} = \tau_{t3} = 14{,}6\ \text{N/mm}^2$), $\sigma_{va3} = 117\ \text{N/mm}^2$
2. $S_{D1} = 1{,}6$ ($b_1 = 0{,}83$; $b_2 = 0{,}75$; $\sigma_{A1} = 265\ \text{N/mm}^2$), $S_{D2} = 2{,}7$ ($b_1 = 0{,}89$; $b_2 = 0{,}74$; $\sigma_{A2} = 255\ \text{N/mm}^2$), $S_{D3} = 1{,}4$ ($b_1 = 0{,}89$; $b_2 = 0{,}72$; $\sigma_{A3} = 255\ \text{N/mm}^2$)

L: **1.** σ_{Va} nach Gl. (15.16); nach Tabn. 15.4 und 15.6 $\alpha_{kb1} = 2{,}55$, $\alpha_{kt1} = 1{,}75$, $\alpha_{kb2} = 1 = \alpha_{kt2}$, $\alpha_{kb3} = 2{,}2$, $\alpha_{kt3} = 1{,}5$, $\chi_1 = 0{,}82\ \text{mm}^{-1}$, $n_{\chi 1} = 1{,}15$, $\chi_3 = 0{,}42\ \text{mm}^{-1}$, $n_{\chi 3} = 1{,}09$.
2. S_D nach Gl. (15.19).

15.18

In Bild 15.18 ist die Zwischenwelle eines Krangetriebes dargestellt (vgl. Bild 15.7), für die in Aufgabe 15.7 eine Überschlagsberechnung durchgeführt wurde. Die gefährdeten Querschnitte 1, 3 und 5 sollen auf Gestaltfestigkeit nachgerechnet werden. Die Welle aus Vergütungsstahl 25 CrMo4 (Werkstoffdaten gemäß Tab. 15.1) hat ein Torsionsmoment $T = 1{,}4$ kNm zu übertragen, das nur im Querschnitt 3 auftritt. Es ergaben sich folgende Biegespannungen: $\sigma_{b1} = 73{,}1\ \text{N/mm}^2$, $\sigma_{b3} = 55{,}2\ \text{N/mm}^2$, $\sigma_{b5} = 53{,}7\ \text{N/mm}^2$. Sind Durchmesseränderungen angebracht, wobei davon auszugehen ist, dass die Lagerzapfendurchmesser d_1 und d_5 gleich bleiben sollen?

E: $\sigma_{va1} = 130{,}8\ \text{N/mm}^2$ ($\tau_{t1} = 0\ \text{N/mm}^2$), $\sigma_{va3} = 90{,}5\ \text{N/mm}^2$ ($\tau_{t3} = 33\ \text{N/mm}^2$), $\sigma_{va5} = 90{,}8\ \text{N/mm}^2$ ($\tau_{t5} = 0\ \text{N/mm}^2$),
$S_{D1} = 1{,}8$ ($b_1 = 0{,}91$; $b_2 = 0{,}85$; $\sigma_{A1} = 315\ \text{N/mm}^2$), $S_{D3} = 2{,}2$ ($b_1 = 0{,}8$; $b_2 = 0{,}8$; $\sigma_{A3} = 315\ \text{N/mm}^2$, $\sigma_{Vm3} = 11{,}7\ \text{N/mm}^2$), $S_{D5} = 2{,}6$ ($b_1 = 0{,}91$; $b_2 = 0{,}85$; $\sigma_{A5} = 315\ \text{N/mm}^2$)

L: σ_{Va} nach Gl. (15.16); nach Tabn. 15.4 und 15.6 α_{kb}, α_{kt}, χ, n_χ.

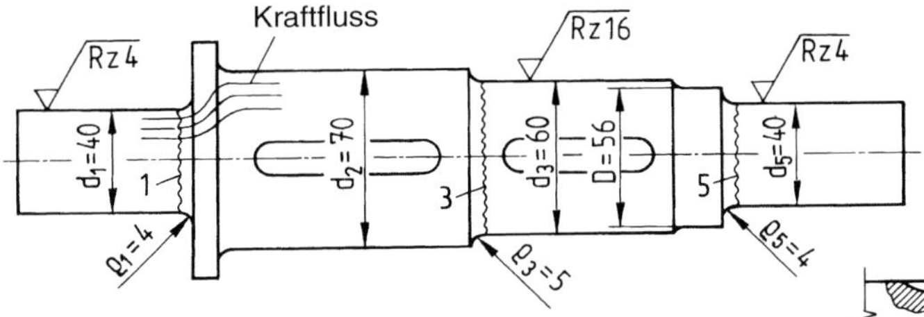

Bild 15.18 Zwischenwelle eines Krangetriebes

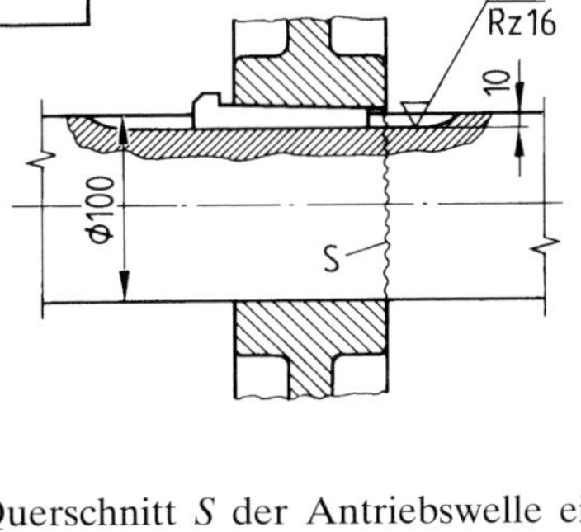

Bild 15.19 Ausschnitt der Antriebswelle eines Pendelbecherwerks nach Bild 15.8

15.19

Der in Bild 15.19 dargestellte gefährdete Querschnitt *S* der Antriebswelle eines Pendelbecherwerks nach Bild 15.8 soll auf Sicherheit gegen Dauerbruch nachgerechnet werden. Er hat ein Biegemoment von 782 Nm und ein schwellendes Torsionsmoment von 3,2 kNm zu übertragen. Werkstoff: S275JR (Werkstoffdaten gemäß Tab. 15.1).

E: $\sigma_{Va} = 95{,}1\ \text{N/mm}^2$, $\sigma_{Vm} = 49{,}3\ \text{N/mm}^2$ ($W_B = 100\,000\ \text{mm}^3$, $\sigma_b = 7{,}8\ \text{N/mm}^2$, $W_t = 145\,800\ \text{mm}^3$, $\tau_t = 21{,}9\ \text{N/mm}^2$, $\tau_{tm} = \tau_{ta} = 10{,}95\ \text{N/mm}^2$); $S_D = 1{,}16$ ($\sigma_A = 170\ \text{N/mm}^2$ aus Smith-Diagramm)

L: W_B und W_T aus Tab. 15.2 genutete Welle mit Keil oder Passfeder; σ_b, τ_t nach Gln. (15.5) und (15.7); nach Tab. 15.3 Fall 6 und Bild 15.12: $\alpha_{kb} = 3{,}8$, $\alpha_{kT} = 2{,}6$, $\varrho = 0{,}15$, $\chi = 6{,}6\ \text{mm}^{-1}$, $n_\chi \approx 1{,}53$, $\beta_{kb} = 2{,}48$, $\beta_{kt} = 4{,}91$, $b_1 = 0{,}88$, $b_2 = 0{,}74$.

15.20 Eine Getriebewelle aus E335 (Werkstoffdaten gemäß Tab. 1.8) mit aufgesetztem Zahnrad (Bild 15.20) wird durch eine Zahnkraft von 10 kN beansprucht und hat ein schwellendes Drehmoment von 625 Nm zu übertragen, das am Antriebszapfen über eine Kupplung eingeleitet wird. Die Querschnitte 1 bis 3 sind auf Gestaltfestigkeit nachzurechnen. Die größtzulässige Rautiefe an allen Querschnitten beträgt $R_z = 16\ \mu$m. Es sind zu ermitteln:

1. Die Lagerkräfte F_A und F_B und die Biegemomente M_{b1} bis M_{b3},
2. Die Vergleichs-Ausschlagsspannungen σ_{va1} bis σ_{va3},
3. Sind die Sicherheiten gegen Dauerbruch S_{D1}, S_{D2} und S_{D3} groß genug?

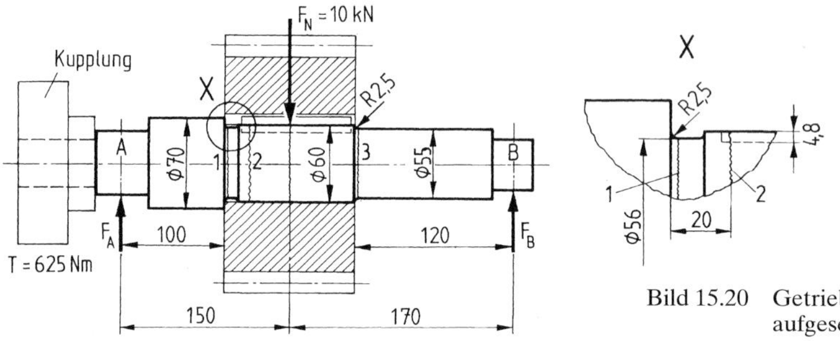

Bild 15.20 Getriebewelle mit Kupplung und aufgesetztem Zahnrad

E: **1.** $F_A = 5{,}31$ kN und $F_B = 4{,}69$ kN; $M_{b1} = 544{,}3$ Nm, $M_{b2} = 637{,}2$ Nm und $M_{b3} = 550{,}3$ Nm

2. $\sigma_{va1} = 65$ N/mm² ($\sigma_{b1a} = \sigma_{b1} = 31{,}6$ N/mm², $\tau_{t1m} = \tau_{t1a} = \tau_{t1}/2$, $\tau_{t1} = 18{,}1$ N/mm², $\alpha_{kb1} \approx 2{,}25$; $\alpha_{kt1} \approx 1{,}6$; $\chi_{b1} = 0{,}83$ mm^{-1}, $\eta_{\chi b1} \approx 1{,}17$, $\chi_{t1} = 0{,}43$ mm^{-1}, $\eta_{\chi t1} \approx 1{,}08$; $\beta_{kb1} = 1{,}92, \beta_{kt1} = 1{,}48$; $\sigma_{Vm1} = 25{,}1$ N/mm²); $\sigma_{va2} = 93{,}5$ N/mm² ($\sigma_{b2a} = \sigma_{b2} = 29{,}5$ N/mm², $\tau_{t2a} = \tau_{t2m} = \tau_{t2}/2 = 9{,}3$ N/mm², $\alpha_{kb2} = 4{,}0$; $\alpha_{kt2} = 2{,}6$; $\chi_{b2} = 4{,}03$ mm^{-1}, $\eta_{\chi b2} = 1{,}35$, $\beta_{kb2} = 2{,}96$; $\chi_{t2} = 6{,}7$ mm^{-1}, $\eta_{\chi t2} = 1{,}35$; $\beta_{kt2} = 2{,}07$; $\sigma_{Vm2} = 45{,}1$ N/mm²); $\sigma_{va3} = 52{,}2$ N/mm² ($\sigma_{ba3} = \sigma_{b3} = 33{,}7$ N/mm², $\tau_{t3} = 0$ N/mm², $\alpha_{kb3} \approx 1{,}8$; $\chi_{b3} = 0{,}83$ mm^{-1}, $\eta_{\chi b3} = 1{,}16$, $\beta_{kb3} = 1{,}55$; $\sigma_{Vm3} = 0$ N/mm²)

3. $S_{D1} = 2{,}6$ ($b_1 = 0{,}83$; $b_2 = 0{,}77$; $\sigma_{A1} = 265$ N/mm²); $S_{D2} = 1{,}8$ ($b_1 = 0{,}83$; $b_2 = 0{,}79$; $\sigma_{A2} = 256$ N/mm²); $S_{D3} = 3{,}4$ ($b_1 = 0{,}83$; $b_2 = 0{,}81$; $\sigma_{A3} = 265$ N/mm²)

L: **1.** Sinngemäß wie Aufg. 15.1 unter 1. und 2.; bei der Biegemomentenberechnung sind die Abstände der Lagerkräfte zu den Querschnitten 1 und 3 unter Berücksichtigung der Übergangsradien zu bestimmen, d. h. $l_1 = 102{,}5$ mm und $l_3 = 117{,}5$ mm.

2. W_b und W_t nach Tab. 15.2 glatte Welle bzw. genutete mit Passfeder, σ_b nach Gl. (15.5), τ_t nach Gl. (15.7), σ_{Va} und σ_{Vm} nach Gl. (15.16), χ nach Tab. 15.6, n_χ nach Diagr. 15.1, α_{kb}, α_{kt} nach Tabn. 15.3 und 15.4, β_k nach Gl. (15.14).

3. S_D nach Gl. (15.19) mit σ_A aus Smith-Diagramm.

15.21 Für die Getriebewelle aus E335 (Werkstoffdaten gemäß Tab. 1.8) nach Bild 15.20 ist die Ausführung des Antriebszapfens und der Lagerzapfen A und B in Bild 15.21

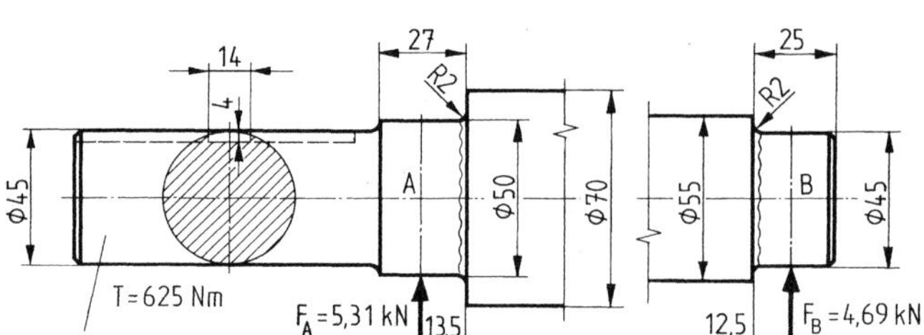

Bild 15.21 Zapfen der Getriebewelle nach Bild 15.20

dargestellt. Für alle Zapfen ist die größtzulässige Rautiefe $R_z = 16\ \mu m$. Das angegebene Torsionsmoment wirkt schwellend und wird über eine Kupplung eingeleitet. Es sind zu ermitteln:

1. Die Sicherheit gegen Dauerbruch im Antriebszapfen,
2. Die Sicherheit gegen Dauerbruch im gefährdeten Querschnitt des Lagerzapfens A,
3. Die Sicherheit gegen Dauerbruch im gefährdeten Querschnitt des Lagerzapfens B,
4. Sind die Zapfen ausreichend bemessen?

E: **1.** $S_{DAZ} = 1{,}78$ ($\sigma_{vaAZ} = 81{,}4$ N/mm², $\tau_{tAZ} = 45{,}3$ N/mm², $\tau_{tAZa} = \tau_{tAZm} = \tau_{tAZ}/2 = 22{,}7$ N/mm²; $\alpha_{ktAZ} = 2{,}8$; $\chi_{tAZ} = 4{,}04\ mm^{-1}$, $n_{\chi AZ} \approx 1{,}35$; $\sigma_{VmAZ} = 110{,}1$ N/mm², $b_1 = 0{,}83$; $b_2 = 0{,}83$; $\sigma_A = 211$ N/mm²)
2. $S_{DA} = 4{,}86$ ($\sigma_{vaA} = 35{,}7$ N/mm², $\tau_{tA} = 25{,}5$ N/mm², $\tau_{tAa} = \tau_{tAm} = \tau_{tA}/2 = 12{,}75$ N/mm², $\sigma_{ba} = \sigma_{bAa} = 4{,}98$ N/mm², $\sigma_{bAm} = 0$; $\alpha_{ktA} = 1{,}7$; $\alpha_{kbA} = 2{,}4$; $\chi_{bA} = 1{,}03\ mm^{-1}$, $\chi_{tA} = 0{,}53\ mm^{-1}$, $\eta_{\chi bA} = 1{,}18$, $\eta_{\chi tA} = 1{,}1$; $\sigma_{VmA} = 37{,}5$ N/mm², $b_1 = 0{,}83$; $b_2 = 0{,}82$; $\sigma_A = 255$ N/mm²)
3. $S_{DD} = 2{,}07$ ($\sigma_{vaD} = 10{,}6$ N/mm², $\sigma_{bD} = \sigma_{bDA} = 5{,}5$ N/mm², $\sigma_{bDm} = 0$, $\alpha_{kbD} = 2{,}25$; $\eta_{\chi bB} = 1{,}17$, $\sigma_{VmB} = 0$ N/mm², $b_1 = 0{,}83$; $b_2 = 0{,}83$; $\sigma_A = 265$ N/mm²)
4. Der Antriebszapfen müsste anders ausgeführt werden. ($S_{DAZ} < 2$)

L: Sinngemäß wie Aufg. 15.20.

15.22

Der in Bild 15.21 gezeigte Antriebszapfen einer Getriebewelle aus E335 (Werkstoffdaten gemäß Tab. 1.8) soll als Zahnwelle DIN 5480 — W 42 × 2 ($D = d_1 = 42$ mm, $d = d_2 = 38$ mm, siehe Tab. 12.9) mit Oberflächen nach Rauheitswert $R_a = 1{,}6\ \mu m$ ($R_z = 16\ \mu m$) ausgeführt werden. Es ist ein schwellendes Drehmoment von 625 Nm zu übertragen, Biegebeanspruchung tritt nicht auf. Ist die Sicherheit gegen Dauerbruch ausreichend?

E: $S_D = 2{,}5$ ($\sigma_{va} = 64{,}8$ N/mm², $\tau_t = 50{,}9$ N/mm², $\tau_{ta} = \tau_{tm} = \tau_t/2 = 25{,}45$ N/mm², $\alpha_{kt} = 2$, $\chi = 4{,}05\ mm^{-1}$, $n_\chi \approx 1{,}36$, $\sigma_{Vm} = 88{,}2$ N/mm², $b_1 = 0{,}83$; $b_2 = 0{,}85$; $\sigma_A = 233$ N/mm²)

L: Sinngemäß wie Aufg. 15.21.

15

15.23

Die nach den in Aufgabe 15.13 errechneten Durchmessern entworfene Seilrollenachse ist in Bild 15.23 dargestellt. Die Durchmesser $d_1 = 90$ mm, $D_1 = 110$ mm, $d_2 = d_4 = 138$ mm (zeichnerisch ermittelt), $D_2 = D_4 = d_3 = 160$ mm, $d_5 = 80$ mm, $D_5 = 100$ mm, die Radien $\varrho_1 = \varrho_5 = 6$ mm, $\varrho_2 = \varrho_4 = 10$ mm an den Querschnittsübergängen und die Oberflächenangaben gehen aus der Zeichnung hervor, Werkstoff E295. Für die Nachrechnung der Querschnitte 1, 2, 4 und 5 auf Gestaltfestigkeit sind zu ermitteln:

1. Die Biegespannungen (mit den Biegemomenten aus Aufgabe 15.13: $M_{b1} = 3522$ Nm, $M_{b2} = 11\,740$ Nm, $M_{b4} = 13\,428$ Nm, $M_{b5} = 2238$ Nm),
2. Die Vergleichs-Ausschlagsspannungen,
3. Sind die Sicherheiten gegen Dauerbruch ausreichend?

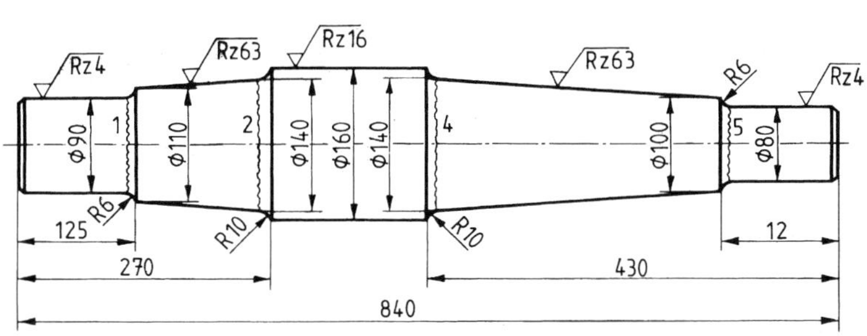

Bild 15.23 Seilrollenachse als Achse gleicher Biegebeanspruchung

E: **1.** $\sigma_{b1} = 48{,}3\ \text{N/mm}^2$, $\sigma_{b2} = 44{,}7\ \text{N/mm}^2$, $\sigma_{b4} = 51{,}1\ \text{N/mm}^2$, $\sigma_{b5} = 43{,}7\ \text{N/mm}^2$
2. $\sigma_{va1} = 81{,}1\ \text{N/mm}^2$ ($\alpha_{kb1} \approx 1{,}8$; $\chi = 0{,}35\ \text{mm}^{-1}$, $n_\chi \approx 1{,}07$; $\sigma_{Vm1} = 0\ \text{N/mm}^2$);
$\sigma_{va2} = 76\ \text{N/mm}^2$ ($\alpha_{kb2} = 1{,}8$; $\chi = 0{,}21\text{mm}^{-1}$, $n_\chi \approx 1{,}06$; $\sigma_{Vm2} = 0\ \text{N/mm}^2$);
$\sigma_{va4} = 86{,}87\ \text{N/mm}^2$ ($\alpha_{kb4} = 1{,}8$; $\chi = 0{,}21\ \text{mm}^{-1}$, $n_\chi \approx 1{,}07$; $\sigma_{Vm4} = 0\ \text{N/mm}^2$);
$\sigma_{va5} = 77{,}35\ \text{N/mm}^2$ ($\alpha_{kb5} = 1{,}9$; $\chi = 0{,}35\ \text{mm}^{-1}$, $n_\chi \approx 1{,}07$; $\sigma_{Vm5} = 0\ \text{N/mm}^2$)
3. $S_{D1} = 1{,}7$ ($b_1 = 0{,}94$; $b_{21} = 0{,}74$; $\sigma_A = 210\ \text{N/mm}^2$); $S_{D2} = 1{,}5$ ($b_1 = 0{,}78$; $b_{22} = 0{,}71$);
$S_{D4} = 1{,}3$ ($b_1 = 0{,}78$; $b_{24} = 0{,}71$); $S_{D5} = 1{,}9$ ($b_1 = 0{,}94$; $b_{25} = 0{,}75$)

L: **1.** $\sigma_b = M_b/W_b$.
2. Querschnitte 2 und 4 besitzen nur unterschiedliche Biegemomente, sonst sind alle Werte gleich.

15.24

Die in Bild 15.24 dargestellte Laufradachse eines Schienenfahrzeugs ist auf Festigkeit nachzurechnen. Die größte Radkraft beträgt $F = 82$ kN. Werkstoff der Achse: E295. Die Räder sind aufgepresst, die Nabensitze fein geschlichtet (Rautiefe $R_z = 16\ \mu\text{m}$), die Lagerzapfen fein geschliffen ($R_z = 4\ \mu\text{m}$), Übergangsradien $\varrho = 10$ mm. Es sind zu ermitteln:
1. Die Biegespannungen σ_{b1} und σ_{b2} in den Querschnitten 1 und 2,
2. Werden die Erfahrungswerte für die zulässige Biegespannung $\sigma_{b\,zul}$ bei Überschlagsberechnungen überschritten?
3. Genügen die Sicherheiten S_{D1} und S_{D2} gegen Dauerbruch?

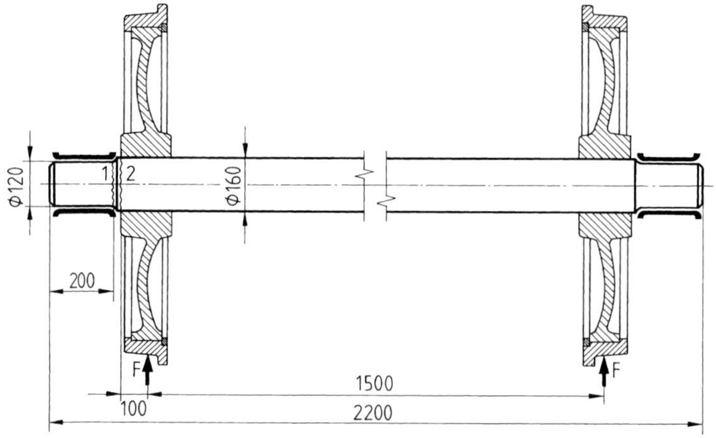

Bild 15.24 Laufradachse eines Schienenfahrzeugs

E: **1.** $\sigma_{b1} = 47{,}5\ \text{N/mm}^2$, $\sigma_{b2} = 30\ \text{N/mm}^2$
2. Nein, $\sigma_{b,zul} = 52\ \text{N/mm}^2$ ist größer als σ_{b1} und σ_{b2}
3. $S_{D1} = 1{,}71$ ($\sigma_{va1} = 83{,}1\ \text{N/mm}^2$, $\alpha_{kb1} \approx 1{,}85$; $\chi = 0{,}21\ \text{mm}^{-1}$, $n_\chi \approx 1{,}06$;
$\sigma_{Vm1} = 0\ \text{N/mm}^2$, $b_1 = 0{,}94$; $b_{21} = 0{,}72$; $\sigma_A = 210\ \text{N/mm}^2$); $S_{D2} = 2{,}1$ ($\sigma_{va2} = 63\ \text{N/mm}^2$,
$\alpha_{kb1} = 3{,}3$; $\chi = 8\ \text{mm}^{-1}$, $n_\chi = 1{,}57$; $\sigma_{Vm2} = 0\ \text{N/mm}^2$, $b_1 = 0{,}86$; $b_{21} = 0{,}72$;
$\sigma_A = 210\ \text{N/mm}^2$

L: **1.** $d_1 = 120$ mm, $l_1 = 100$ mm, $d_2 = 160$ mm, $l_2 = 150$ mm.
2. $\sigma_{b,zul}$ siehe Tab. 15.1.
3. sinngemäß Aufg. 15.23, α_{kb1} aus Tab. 15.2 Fall 1.

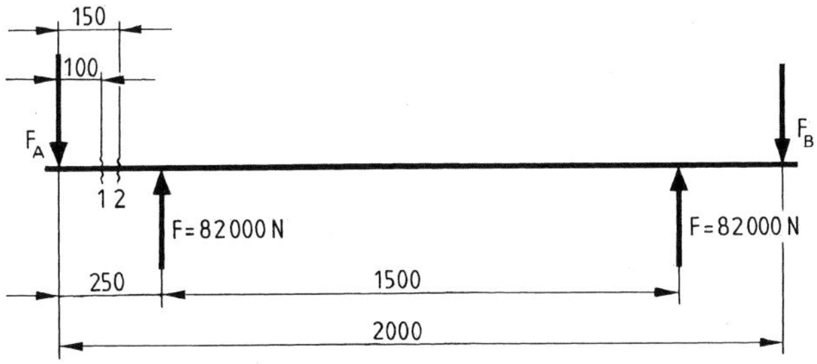

Bild L 15.24 Berechnungsskizze zur Laufradachse

15.25 Die in Bild 15.25 gezeigte Welle aus dem Antrieb einer Drehmaschine wird durch die Zahnkräfte $F_{N1} = 700$ N und $F_{N3} = 1{,}3$ kN sowie die resultierende Kettenkraft $F_{W2} = 850$ N auf Biegung beansprucht. Die drei Kräfte wirken in einer Ebene. Durch das rechte Zahnrad wird mit der Kraft F_{N3} ein schwellendes Drehmoment von 70 Nm eingeleitet, von dem über das Kettenrad 70 % ausgeleitet werden. Die Welle wird aus E295 gefertigt. Die Querschnitte 1 bis 3 sind auf Gestaltfestigkeit nachzurechnen. Es ist festzustellen, ob ausreichende Sicherheiten gegen Dauerbruch vorhanden sind. Zur besseren Übersicht ist der Momentenverlauf über der Wellenlänge grafisch darzustellen.

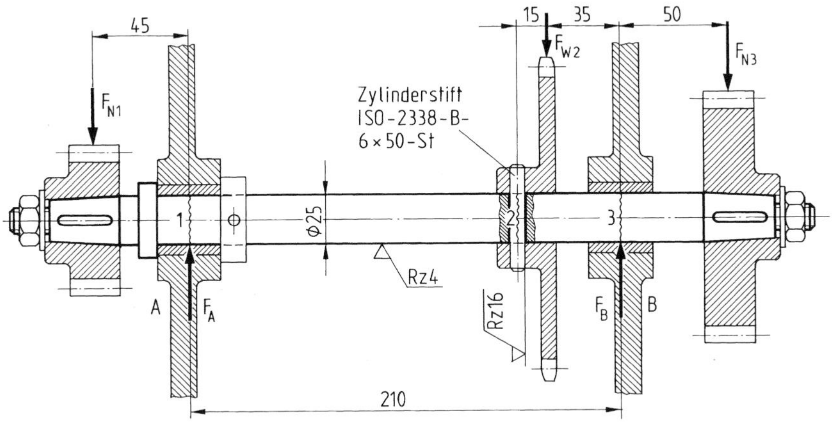

Bild 15.25 Getriebewelle einer Drehmaschine

15

E: $S_{D1} = 8{,}6$ ($F_A = 683$ N, $F_B = 2\,167$ N, $M_{b1} = 31{,}5$ Nm, $\sigma_{b1} = 20{,}2$ N/mm^2, $\tau_{t1} = 6{,}7$ N/mm^2, $\alpha_{kb1} = 1$, $n_\chi = 1$, $\sigma_{Vm1} = 5{,}9$ N/mm^2, $b_1 = 0{,}94$; $b_2 = 0{,}91$; $\sigma_{A1} = 208$ N/mm^2, $\sigma_{va1} = 20{,}98$ N/mm^2); $S_{D2} = 0{,}9$ ($M_{b2} = 34{,}38$ Nm, $\sigma_{b2} = 37{,}17$ N/mm^2, $\tau_{t2} = 37{,}8$ N/mm^2, $\alpha_{kb2} = 1{,}9$; $\alpha_{kt2} = 2{,}8$; $\chi_b = 1{,}4$ mm^{-1}, $\chi_t = 1{,}1$ mm^{-1}, $n_{\chi b} = 1{,}23$; $n_{\chi t} = 1{,}2$; $\sigma_{Vm2} = 91{,}6$ N/mm^2, $b_1 = 0{,}94$; $b_2 = 0{,}91$; $\sigma_{A2} = 160$ N/mm^2, $\sigma_{va2} = 96{,}4$ N/mm^2); $S_{D3} = 3{,}7$ ($M_{b3} = 65$ Nm, $\sigma_{b3} = 41{,}6$ N/mm^2, $\tau_{t3} = 22{,}4$ N/mm^2, $\alpha_{kb3} = 1$, $\sigma_{Vm3} = 19{,}4$ N/mm^2, $b_1 = 0{,}94$; $b_2 = 0{,}91$; $\sigma_{A3} = 200$ N/mm^2, $\sigma_{va3} = 45{,}9$ N/mm^2); Momentenverlauf siehe Bild E 15.25

L: Zweckmäßiger Rechnungsgang: F_A und F_B berechnen; $M_{b1} = -F_{N1} \cdot l_1$; $M_{b2} = -F_{N1}(l_1 + l_2) + F_A \cdot l_2$; $M_{b3} = F_{N3} \cdot l_3$ (Abstände siehe Bild E 15.25); sonst sinngemäß Aufg. 15.24.

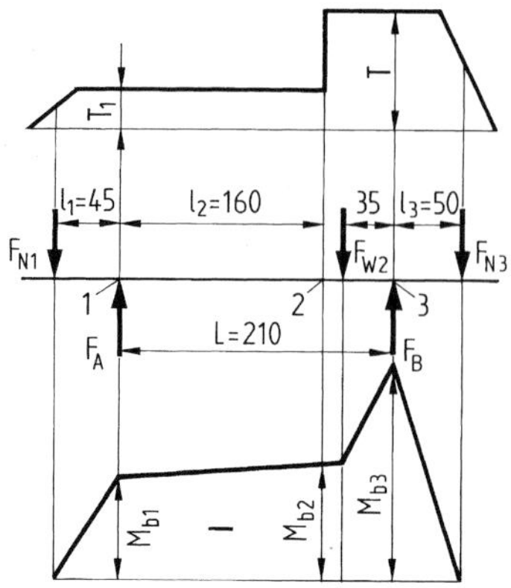

Bild E 15.25 Drehmomenten- und Biegemomentenverlauf

15.26 Über das in Bild 15.26 gezeigte Kegelrad wird ein Drehmoment = Torsionsmoment $T = 61$ Nm in die Welle aus C35E geleitet. Außerdem ist die am Kegelrad wirkende Axialkraft $F_a = 800$ N zu übertragen. Die Biegemomente, in denen die am Kegelrad ebenfalls wirkende Radialkraft und die Tangentialkraft berücksichtigt sind, betragen $M_{b1} = 118$ Nm im Querschnitt 1 und $M_{b2} = 85$ Nm im Querschnitt 2. Das Drehmoment und die Axialkraft wirken ruhend. Beide Querschnitte sind auf Gestaltfestigkeit nachzurechnen. Falls $S_D < 1{,}7$ wird, ist anzugeben, wie eine ausreichende Sicherheit gegen Dauerbruch erreicht werden kann.

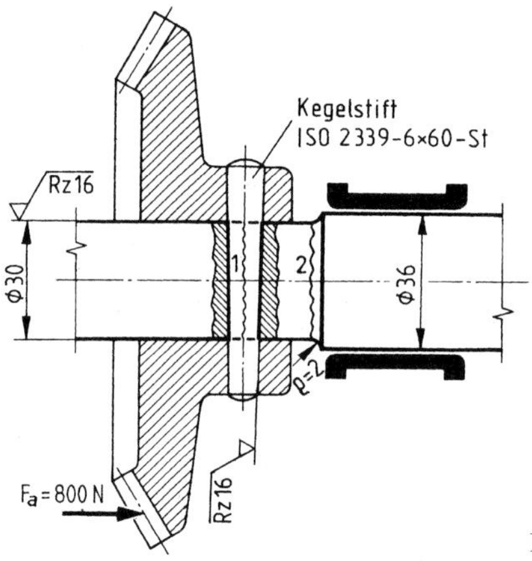

Bild 15.26 Welle mit Kegelrad

E: $S_{D1} = 1{,}26$ ($\sigma_{b1} = 66{,}2$ N/mm^2, $\tau_{t1} = 17{,}1$ N/mm^2, $\alpha_{kb1} = 2$, $\chi_{1b} = 1{,}4$ mm^{-1}, $n_{\chi b} = 1{,}22$; $\alpha_{kt1} = 3$, $\chi_{1t} = 1{,}06$ mm^{-1}, $n_{\chi t} = 1{,}19$; $\sigma_{Vm1} = 88{,}9$ N/mm^2, $b_1 = 0{,}85$; $b_2 = 0{,}89$; $\sigma_{A1} = 180$ N/mm^2, $\sigma_{va1} = 107{,}94$ N/mm^2); $S_{D2} = 3$ ($\sigma_{a2} = 1{,}13$ N/mm^2, $\sigma_{b2} = 31{,}5$ N/mm^2, $\tau_{t2} = 11{,}3$ N/mm^2, $\alpha_{kb2} = 1{,}9$; $\chi_{2b} = 1{,}06$ mm^{-1}, $n_{\chi b} = 1{,}19$; $\alpha_{kt1} = 1{,}4$; $\sigma_{Vm2} = 27{,}5$ N/mm^2, $b_1 = 0{,}85$; $b_2 = 0{,}89$; $\sigma_{A2} = 200$ N/mm^2, $\sigma_{va2} = 50{,}37$ N/mm^2); $S_{D1} < 1{,}7$; Abhilfe: Kegelrad aufpressen, also ohne Kegelstift

L: Querschnitt 1 (durchbohrte Welle, rechnerischer Bohrungsdurchmesser $d = 6$ mm durch Kegelstiftmaße gegeben) wird auf Biegung und Torsion beansprucht, Berechnen sinngemäß wie Querschnitt 2 in Aufg. 15.25; im Querschnitt 2 wirkt F_a als Längskraft und erzeugt zusätzlich Druckbeanspruchung.

15.27 Die in Bild 15.27 dargestellte Schneckenwelle hat ein gleichbleibendes Drehmoment von 900 Nm zu übertragen, das über eine elastische Kupplung am Antriebszapfen auf der Loslagerseite eingeleitet wird. Am Mittenkreisdurchmesser $d_m = 130$ mm der Schnecke greifen folgende Kräfte an: Tangentialkraft $F_t = 13{,}85$ kN, Axialkraft $F_a = 60$ kN, Radialkraft $F_r = 21{,}85$ kN. Die Welle besteht aus Vergütungsstahl C45E. In den gefährdeten Querschnitten 1 und 2 sind die Sicherheiten gegen Dauerbruch rechnerisch zu überprüfen. Dafür sind zu ermitteln:

1. Die resultierenden Biegemomente M_{b1} und M_{b2},
2. Die Vergleichs-Ausschlagsspannungen σ_{va1} und σ_{va2},
3. Sind die Sicherheiten S_{D1} und S_{D2} gegen Dauerbruch ausreichend?

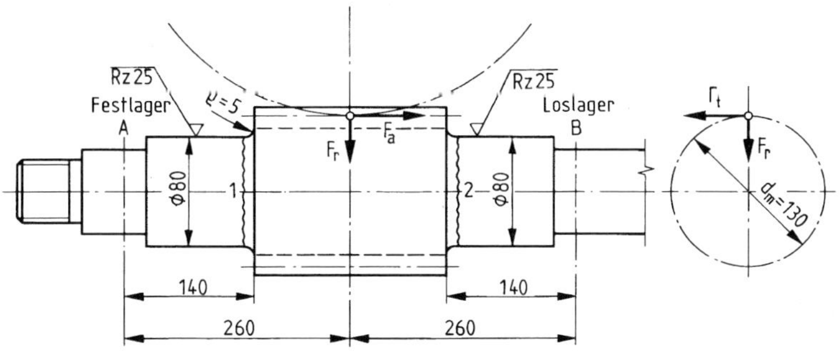

Bild 15.27 Schneckenwelle

E: **1.** $M_{b1} = 1\,043$ Nm ($F_{Ay} = 6{,}925$ kN $= F_{By}$, $F_{Az} = 3{,}425$ kN, $F_{Bz} = 18{,}425$ kN, $M_{1y} = 462{,}4$ Nm, $M_{1z} = 934{,}9$ Nm); $M_{b2} = 2\,657{,}3$ Nm ($M_{2y} = 2\,487{,}4$ Nm, $M_{2z} = 934{,}9$ Nm)

2. $\sigma_{va1} = 41{,}15$ N/mm² ($\sigma_{b1} = 20{,}4$ N/mm², $\alpha_{kd1} \approx 2{,}2$, $\alpha_{kb1} \approx 2{,}2$; $\chi = 0{,}42$ mm^{-1}, $n_\chi \approx 1{,}08$; $\beta_{kb1} = 2{,}02$); $\sigma_{va2} = 114{,}2$ N/mm² ($\sigma_{b2} = 51{,}9$ N/mm², $\tau_{t2} = 8{,}8$ N/mm², $\alpha_{kb2} = 2{,}4$; $\alpha_{kt2} = 1{,}47$; $\beta_{kb2} = 2{,}2$)

3. $S_{D1} = 4$ ($b_1 = 0{,}8$; $b_2 = 0{,}76$; $\sigma_{A1} = 280$ N/mm², $\sigma_{Vm1} = 23{,}8$ N/mm²); $S_{D2} = 1{,}5$ ($b_1 = 0{,}8$; $b_2 = 0{,}76$; $\sigma_{Vm2} = 21{,}8$ N/mm², $\sigma_{A2} = 280$ N/mm²)

L: **1.** Da ein räumliches Kräftesystem vorliegt, sind Stützkraftkomponenten und Biegemomente in zwei Ebenen zu errechnen (s. Bild L 15.27) und zu den resultierenden Biegemomenten zusammenzusetzen, sinngemäß wie in Aufg. 15.10.

2. Querschnitt 1 wird auf Biegung und Zug beansprucht, Querschnitt 2 auf Biegung und Torsion.

3. Beide Querschnitte sind gleich ausgeführt, aber verschieden beansprucht, Berechnung sinngemäß wie in Aufg. 15.17; zur Ermittlung von α_{kb} nach Tab. 15.4a ist $D = d_m$ zu setzen.

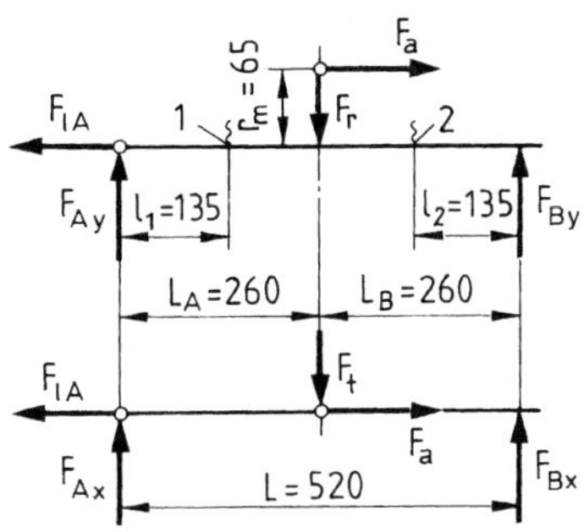

Bild L 15.27 Berechnungsskizze zur Schneckenwelle

Durchbiegung

15.28 Für die in Bild 15.3 dargestellte Zwischenradachse eines Vorschubgetriebes sind die Neigungswinkel der Lagerzapfen und die Durchbiegung zu errechnen und mit den zulässigen Beträgen zu vergleichen. Sämtliche für die Berechnung erforderlichen Abmessungen und die Stelle, an der wegen möglicher Funktionsstörungen die Durchbiegung zu errechnen ist, sind im Bild 15.28 angegeben. Die Auflagerkräfte betragen $F_A = 786$ N und $F_B = 714$ N, Drehzahl der Achse $n = 630\ \text{min}^{-1}$. Im Einzelnen sind zu ermitteln:

1. Der Neigungswinkel β_A und die Durchbiegung f_A an der Lagerstelle A,
2. Der Neigungswinkel β_B und die Durchbiegung f_B an der Lagerstelle B,
3. Die Neigungswinkel β_{LA} und β_{LB} der Lagerzapfen A und B und Durchbiegung f unter der Kraft F,
4. Werden die Erfahrungswerte für $\beta_{LA\,zul}$ und $\beta_{LB\,zul}$ sowie für f_{zul} überschritten?
5. Sind Abmessungsänderungen notwendig?
6. Rechnen Sie die Aufgabe mit dem Programm XBALKEN (siehe DVD zum Lehrbuch).

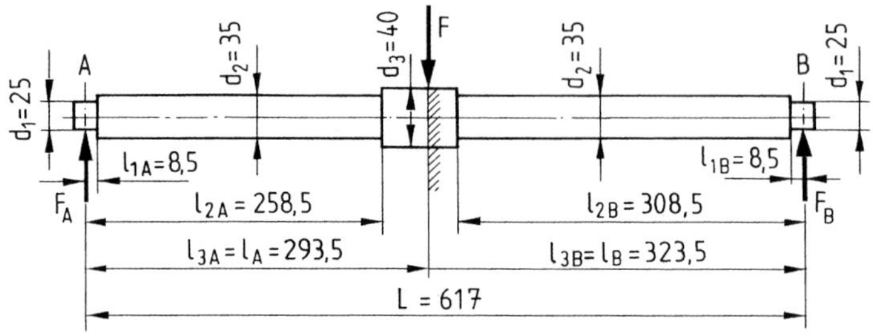

Bild 15.28 Berechnungsskizze zur Durchbiegung der Zwischenradachse nach Bild 15.3

E: **1.** $\beta_A = 1{,}99 \cdot 10^{-3}$ rad ($I_{b1} = 1{,}95\ \text{cm}^4$, $I_{b2} = 7{,}5\ \text{cm}^4$, $I_{b3} = 12{,}8\ \text{cm}^4$), $f_A = 0{,}037$ cm.
2. $\beta_B = 2{,}33 \cdot 10^{-3}$ rad, $f_B = 0{,}0493$ cm.
3. $\beta_{LA} = 1{,}81 \cdot 10^{-3}$ rad ($\alpha = -0{,}1955 \cdot 10^{-3}$ rad), $\beta_{LB} = 2{,}135 \cdot 10^{-3}$ rad, $f = 0{,}39$ mm.
4. Nein, $\beta_{LA,zul} = 2 \cdot 10^{-3}\ \text{rad} > \beta_{LA}$; Ja, $\beta_{LB,zul} = 2 \cdot 10^{-3}\ \text{rad} < \beta_{LB}$, $f_{zul} \approx 0{,}3\ \text{mm} < f$.
5. Ja, Durchmesser müssen vergrößert werden.
6. $F = 1{,}5$ kN.

15

L: **1.** Nach den Gln. (15.27) und (15.28) im ME Bild 15.21, $I_{bi} \approx 0{,}05 d_i^4$ nach Tab. 15.2 (Index i = 1, 2 und 3); da außer F_A keine weitere Kraft biegt, ist $\beta_A = \beta_{AA}$ und $f_A = f_{AA}$. **2.** Sinngemäß wie unter 1. **3.** Nach den Gln. (15.39), (15.40) und (15.41) mit α nach Gl. (15.38). **4.** Erfahrungswerte für zulässige Beträge. **5.** Bei Überschreitung der zulässigen Werte ist Durchmesservergrößerung erforderlich.

15.29 Die Neigungswinkel der Lagerzapfen und die Durchbiegung der Zwischenradachse aus einem Vorschubgetriebe nach Aufgabe 15.28 haben sich als zu groß herausgestellt. Deshalb werden die Durchmesser sämtlicher Querschnitte vergrößert, und zwar auf $d_1 = 30$ mm, $d_2 = 40$ mm und $d_3 = 45$ mm. Die Längen nach Bild 15.30 bleiben unverändert, desgleichen die Auflagerkräfte $F_A = 786$ N und $F_B = 714$ N und die Drehzahl $n = 630\ \text{min}^{-1}$. Werden mit den geänderten Durchmessern die Erfahrungswerte für die zulässigen Neigungswinkel $\beta_{LA\,zul}$ und $\beta_{LB\,zul}$ und für die zulässige Durchbiegung f_{zul} nunmehr unterschritten?

E: Ja, $\beta_{LA} = 1{,}29 \cdot 10^{-3}\ \text{rad} < \beta_{LA\,zul} = 2 \cdot 10^{-3}$ rad ($I_{b1} = 4{,}05\ \text{cm}^4$, $I_{b2} = 12{,}8\ \text{cm}^4$, $I_{b3} = 20{,}5\ \text{cm}^4$, $\beta_A = 1{,}178 \cdot 10^{-3}$ rad, $f_A = 0{,}0221$ cm, $\beta_B = 1{,}37 \cdot 10^{-3}$ rad, $f_B = 0{,}0285$ cm, $\alpha = -0{,}11 \cdot 10^{-3}$ rad), $\beta_{LB} = 1{,}258 \cdot 10^{-3}\ \text{rad} < \beta_{LB\,zul} = \beta_{LA\,zul}$, $f = 0{,}025\ \text{cm} = 0{,}25\ \text{mm} < f_{zul} \approx 0{,}3$ mm.

L: Mit den vergrößerten Durchmessern Rechnungsgang wie in Aufg. 15.28.

15.30 Bild 15.30 zeigt die Getriebewelle nach den Aufgaben 15.20 und 15.21 in vereinfachter Form unter Vernachlässigung der Übergangsrundungen, der Passfedernuten und der Ringrille am Nabensitz. Die Kräfte betragen: $F_N = 10$ kN, $F_A = 5{,}31$ kN, $F_B = 4{,}69$ kN. Die Welle läuft mit der Drehzahl $n = 1000\ \text{min}^{-1}$. Es sind die Neigungswinkel der Lagerzapfen und die Durchbiegung am Ende des Nabensitzes (Stufe vom ∅ 60 zum ∅ 70) zu errechnen und auf Zulässigkeit zu prüfen. Zu ermitteln sind:

1. Der Neigungswinkel β_A und die Durchbiegung f_A,
2. Der Neigungswinkel β_B und die Durchbiegung f_B,
3. Werden die zulässigen Neigungswinkel $\beta_{LA\,zul}$ und $\beta_{LB\,zul}$ überschritten?
4. Wird die zulässige Durchbiegung f_{zul} überschritten?
5. Rechnen Sie die Welle mit dem Programm XBALKEN (siehe DVD zum Lehrbuch) nach.

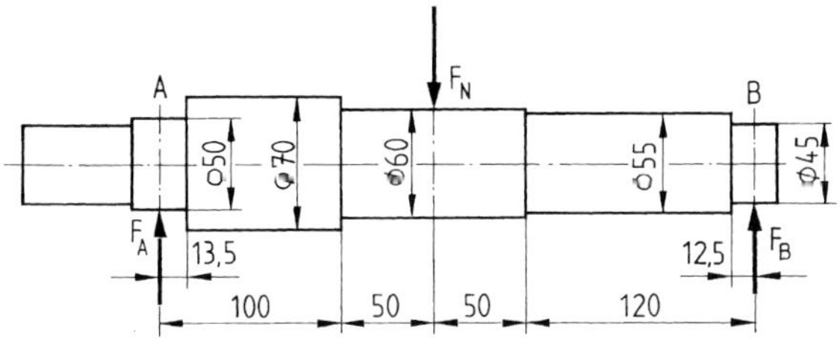

Bild 15.30 Berechnungsskizze zur Durchbiegung der Getriebewelle nach Bild 15.20

E: **1.** $\beta_A = 0{,}1129 \cdot 10^{-3}$ rad, $f_A = 0{,}721 \cdot 10^{-3}$ cm,
2. $\beta_B = 0{,}866 \cdot 10^{-3}$ rad ($\beta_{BB} = 0{,}96 \cdot 10^{-3}$ rad, $\beta_{BN} = -0{,}0936 \cdot 10^{-3}$ rad), $f_B = 11{,}42 \cdot 10^{-3}$ cm ($f_{BB} = 13{,}32 \cdot 10^{-3}$ cm, $f_{BN} = -1{,}9 \cdot 10^{-3}$ cm).
3. Nein, $\beta_{LA} = 0{,}447 \cdot 10^{-3}$ rad $< \beta_{LA\,zul} = 2 \cdot 10^{-3}$ rad ($\alpha = -0{,}334 \cdot 10^{-3}$ rad), $\beta_{LB} = 0{,}532 \cdot 10^{-3}$ rad $< \beta_{LB\,zul} = \beta_{LA\,zul}$.
4. Nein, $f = 4{,}061 \cdot 10^{-3}$ cm $\approx 0{,}004$ cm $< f_{zul} = 0{,}16$ mm.

L: **1.** Bild L 15.30 zeigt eine Skizze der Welle mit den für die Berechnung benötigten Längenmaßen und den axialen Flächenmomenten $I_b \approx 0{,}05d^4$; es ist $\beta_A = \beta_{AA}$ (Gl. (15.27) im ME Bild 15.21) und $f_A = f_{AA}$ nach Gl. (15.28). **2.** Da rechts von der in Bild L 15.30 schraffierten Stelle (zum Lager B hin) die Kräfte F_B und F_N wirken, sind zu errechnen: β_{BB} und f_{BB} mit F_B nach den Gln. (15.27) und (15.28), β_{BN} und f_{BN} mit F_N (mit negativem Vorzeichen einsetzen!) nach den Gln. (15.29) und (15.30), damit $\beta_B = \beta_{BB} + \beta_{BN}$ und $f_B = f_{BB} + f_{BN}$ (s. ME Abschn. 15.6). **3.** β_{LA} und β_{LB} nach den Gln. (15.39) und (15.40) mit α nach Gl. (15.38). **4.** f nach Gl. (15.41) vergleichen mit f_{zul}.

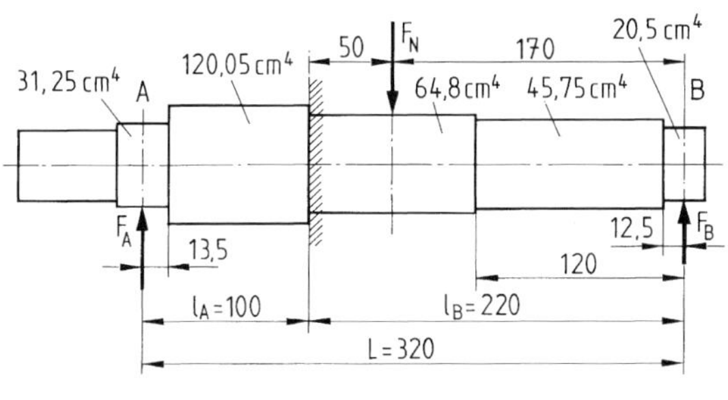

Bild L 15.30 Berechnungsskizze der Getriebewelle

15.31

Die in Bild; 15.31 gezeigte Berechnungsskizze zur Überprüfung der Durchbiegung der Abtriebswelle eines Kegelradgetriebes ist nach den Ergebnissen der Überschlagsberechnung entsprechend Aufgabe 15.10 angefertigt. Die Skizze enthält alle erforderlichen Längenangaben und die axialen Flächenmomente der Wellenquerschnitte. Die Kräfte betragen: $F_{Ay} = 124{,}2$ N $F_{By} = 374{,}2$ N, $F_{Ax} = 687{,}6$ N, $F_{Bx} = 1{,}132$ kN, $F_1 = F_r = 250$ N, $F_2 = F_a = 615$ N, $F_3 = F_t = 1{,}82$ kN, die Drehzahl: $n = 1800\ \text{min}^{-1}$. Die Stelle der kritischen Durchbiegung (rechts von der Kegelradnabe) ist durch Schraffur markiert. Es sind zu ermitteln:

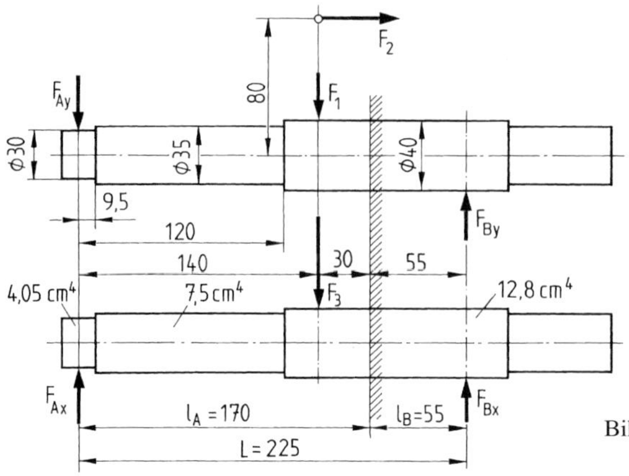

Bild 15.31 Berechnungsskizze zur Durchbiegung der Kegelradwelle nach Bild 15.10

1. Der Neigungswinkel β_{Ay} und die Durchbiegung f_{Ay} in der y-Ebene,
2. Der Neigungswinkel β_{By} und die Durchbiegung f_{By} in der y-Ebene,
3. Die Neigungswinkel β_{LAy} und β_{LBy} und die Durchbiegung f_y in der y-Ebene,
4. Der Neigungswinkel β_{Ax} und die Durchbiegung f_{Ax} in der x-Ebene,
5. Der Neigungswinkel β_{Bx} und die Durchbiegung f_{Bx} in der x-Ebene,
6. Die Neigungswinkel β_{LAx} und β_{LBx} die Durchbiegung f_x in der x-Ebene,
7. Sind die Gesamtneigungswinkel β_{LA} und β_{LB} zulässig?
8. Ist die Gesamtdurchbiegung f zulässig?
9. Rechnen Sie die Kegelradwelle mit XBALKEN für beide Ebenen oder mit dem FEA-Programm Z88 (siehe DVD zum Lehrbuch) nach.

15

E:
1. $\beta_{Ay} = -0{,}0397 \cdot 10^{-3}$ rad, $f_{Ay} = -0{,}159 \cdot 10^{-3}$ cm ($\beta_{AAy} = -0{,}0904 \cdot 10^{-3}$ rad, $\beta_{A1y} = -0{,}0042 \cdot 10^{-3}$ rad, $\beta_{A2y} = 0{,}0549 \cdot 10^{-3}$ rad, $f_{AAy} = -0{,}943 \cdot 10^{-3}$ cm, $f_{A1y} = -0{,}067 \cdot 10^{-3}$ cm, $f_{A2y} = 0{,}851 \cdot 10^{-3}$ cm).
2. $\beta_{By} = 0{,}021 \cdot 10^{-3}$ rad, $f_{By} = 0{,}077 \cdot 10^{-3}$ cm.
3. $\beta_{LAy} = -0{,}0292 \cdot 10^{-3}$ rad, $\beta_{LBy} = 0{,}0105 \cdot 10^{-3}$ rad, $f_y = 0{,}0195 \cdot 10^{-3}$ cm ($\alpha_y = -0{,}0105 \cdot 10^{-3}$ rad),
4. $\beta_{Ax} = 0{,}471 \cdot 10^{-3}$ rad, $f_{Ax} = 4{,}744 \cdot 10^{-3}$ cm ($\beta_{AAx} = 0{,}5016 \cdot 10^{-3}$ rad, $f_{AAx} = 5{,}232 \cdot 10^{-3}$ cm, $\beta_{A3x} = -0{,}0306 \cdot 10^{-3}$ rad, $f_{A3x} = -0{,}488 \cdot 10^{-3}$ cm).
5. $\beta_{Bx} = 0{,}0636 \cdot 10^{-3}$ rad, $f_{Bx} = 0{,}233 \cdot 10^{-3}$ cm.
6. $\beta_{LAx} = 0{,}271 \cdot 10^{-3}$ rad, $\beta_{LBx} = 0{,}264 \cdot 10^{-3}$ rad, $f_x = 1{,}344 \cdot 10^{-3}$ cm ($\alpha_x = 0{,}2 \cdot 10^{-3}$ rad).
7. Ja, $\beta_{LA} = 0{,}273 \cdot 10^{-3}$ rad $< \beta_{LA\,zul} = 1 \cdot 10^{-3}$ rad, $\beta_{LB} = 0{,}264 \cdot 10^{-3}$ rad $< \beta_{LB\,zul} = \beta_{LA\,zul}$.
8. Ja, $f \approx 1{,}344 \cdot 10^{-3}$ cm $\approx 0{,}0134$ mm $< f_{zul} \approx 0{,}068$ mm.

L: Rechnungsgang in allen Punkten sinngemäß wie ME Beisp. 15.6, F_{Ay}, F_1 und F_3 sind mit negativem Vorzeichen in die Gln. einzusetzen. Da rechts von der schraffierten Stelle nur die Stützkraft F_B wirkt, ist $\beta_{By} = \beta_{Bby}$ und $f_{By} = f_{Bby}$. Da $n > 1500\,\text{min}^{-1}$, ist mit den zulässigen Kleinstwerten zu rechnen.

15.32 Die Zwischenwelle eines zweistufigen Stirnradgetriebes mit Schrägzahnrädern nach Bild 15.11 soll auf Durchbiegung rechnerisch überprüft werden. Dafür ist die in Bild 15.32 gezeigte Berechnungsskizze nach den Ergebnissen der Überschlagsberechnung (Aufgabe 15.11) angefertigt worden. Sie enthält außer den Längenangaben auch die axialen

Flächenmomente der Wellenquerschnitte und die durch Schraffur gekennzeichnete Stelle der maßgebenden Durchbiegung. Bei dem mit der Welle aus einem Stück gefertigten Zahnrad wurde das axiale Flächenmoment mit dem Teilkreisdurchmesser errechnet. Die Kräfte betragen: $F_{Ay} = 2{,}67$ kN, $F_{By} = 1{,}757$ kN, $F_{Ax} = 5{,}568$ kN, $F_{Bx} = 143$ N, $F_1 = F_{r3} = 3{,}269$ kN, $F_2 = F_{a3} = 2{,}33$ kN, $F_3 = F_{r2} = 1{,}158$ kN, $F_4 = F_{a2} = 1{,}086$ kN, $F_5 = F_{t3} = 8{,}696$ kN, $F_6 = F_{t2} = 2{,}985$ kN. Es ist festzustellen, ob die Gesamtneigungswinkel β_{LA} und β_{LB} und die Gesamtdurchbiegung f zulässig sind, wenn folgende Werte nicht überschritten werden sollen: $\beta_{LA\,zul} = \beta_{LB\,zul} = 0{,}0015$ rad, $f_{zul} = 0{,}0004L$.

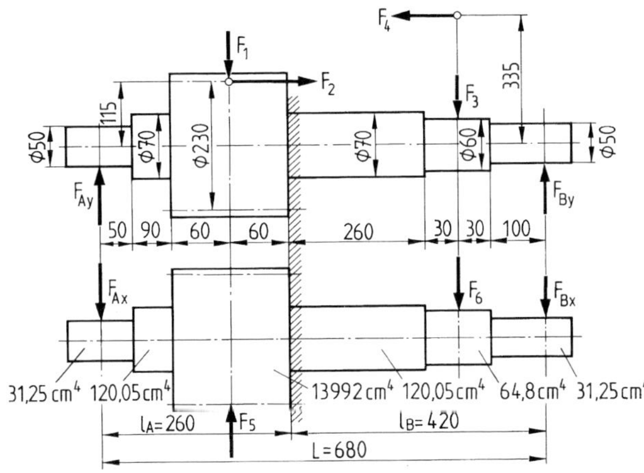

Bild 15.32 Berechnungsskizze zur Durchbiegung der Getriebewelle nach Bild 15.11

E: Gesamtneigungswinkel und Gesamtdurchbiegung sind zulässig: $\beta_{LA} = 0{,}713 \cdot 10^{-3}$ rad $< \beta_{LA\,zul} = 1{,}5 \cdot 10^{-3}$ rad $= 0{,}0015$ rad, $\beta_{LB} = 0{,}7605 \cdot 10^{-3}$ rad $< \beta_{LB\,zul} = \beta_{LA\,zul}$, $f = 12{,}93 \cdot 10^{-3}$ cm $\approx 0{,}129$ mm $< f_{zul} = 0{,}272$ mm ($\beta_{AAy} = 0{,}1436 \cdot 10^{-3}$ rad, $f_{AAy} = 1{,}139 \cdot 10^{-3}$ cm, $\beta_{A1y} = -0{,}0002 \cdot 10^{-3}$ rad, $f_{A1y} = -0{,}0048 \cdot 10^{-3}$ cm, $\beta_{A2y} = 0{,}00055 \cdot 10^{-3}$ rad, $f_{A2y} = 0{,}0126 \cdot 10^{-3}$ cm, $\beta_{Ay} = 0{,}1440 \cdot 10^{-3}$ rad, $f_{Ay} = 1{,}1468 \cdot 10^{-3}$ cm, $\beta_{BBy} = 0{,}7601 \cdot 10^{-3}$ rad, $f_{BBy} = 18{,}4848 \cdot 10^{-3}$ cm, $\beta_{B3y} = -0{,}1949 \cdot 10^{-3}$ rad, $f_{B3y} = -6{,}2714 \cdot 10^{-3}$ cm, $\beta_{B4y} = 0{,}4554 \cdot 10^{-3}$ rad, $f_{B4y} = 12{,}0438 \cdot 10^{-3}$ cm, $\beta_{By} = 1{,}0206 \cdot 10^{-3}$ rad, $f_{By} = 24{,}2572 \cdot 10^{-3}$ cm, $\alpha_y = -0{,}3399 \cdot 10^{-3}$ rad, $\beta_{LAy} = 0{,}4839 \cdot 10^{-3}$ rad, $\beta_{LBy} = 0{,}6807 \cdot 10^{-3}$ rad, $f_y = 9{,}9842 \cdot 10^{-3}$ cm, $\beta_{AAx} = -0{,}2995 \cdot 10^{-3}$ rad, $f_{AAx} = -2{,}3753 \cdot 10^{-3}$ cm, $\beta_{A5x} = 0{,}00053 \cdot 10^{-3}$ rad, $f_{A5x} = 0{,}0128 \cdot 10^{-3}$ cm, $\beta_{Ax} = -0{,}2990 \cdot 10^{-3}$ rad, $f_{Ax} = -2{,}3625 \cdot 10^{-3}$ cm, $\beta_{BBx} = -0{,}0619 \cdot 10^{-3}$ rad, $f_{BBx} = -1{,}5045 \cdot 10^{-3}$ cm, $\beta_{B6x} = -0{,}5024 \cdot 10^{-3}$ rad, $f_{B6x} = -16{,}1659 \cdot 10^{-3}$ cm, $\beta_{Bx} = -0{,}5643 \cdot 10^{-3}$ rad, $f_{Bx} = -17{,}6704 \cdot 10^{-3}$ cm, $\alpha_x = 0{,}2251 \cdot 10^{-3}$ rad, $\beta_{LAx} = -0{,}5241 \cdot 10^{-3}$ rad, $\beta_{LBx} = -0{,}3392 \cdot 10^{-3}$ rad, $f_x = -8{,}2151 \cdot 10^{-3}$ cm).

L: Sinngemäß wie ME Beisp. 15.6 und Aufg. 15.31. Die in der Aufgabenstellung angegebenen zulässigen Beträge sind die mittleren Erfahrungswerte.

15

Verdrehwinkel

15.33 Die in Bild 15.33 schematisch dargestellte glatte Triebwerkswelle aus S275JR mit zwei aufgekeilten Riemenscheiben soll eine Leistung $P = 10{,}7$ kW bei der Drehzahl $n = 125$ min^{-1} übertragen. Die Abstände betragen $l = 650$ mm und $L_T = 800$ mm. Für den Entwurf dieser Welle sind zu ermitteln:

1. Der für das zu übertragende Torsionsmoment T erforderliche Durchmesser d, auf volle 10 mm gerundet (Überschlagsberechnung),
2. Ist der Verdrehwinkel α zulässig, wenn die Welle mit dem unter 1. errechneten Durchmesser d ausgeführt wird?

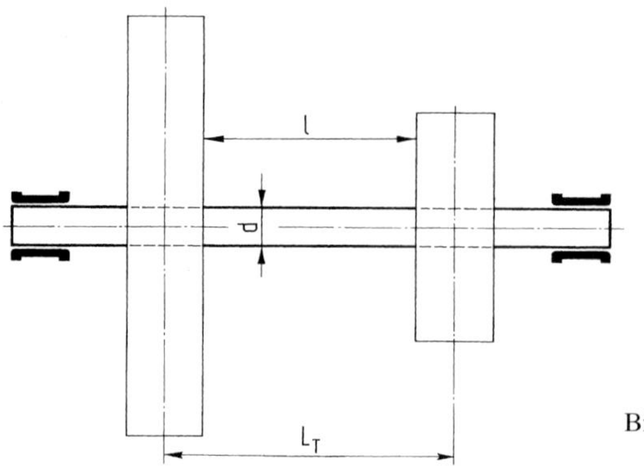

Bild 15.33 Glatte Triebwerkswelle mit Riemenscheiben

E: **1.** $d = 60$ mm, ($T = 817{,}4$ Nm, $\tau_{t\,zul} = 22\,\text{N/mm}^2$, $d_{min} = 57$ mm).
2. Ja, $\alpha \approx 5{,}0 \cdot 10^{-3}$ rad $< \alpha_{zul} = 7{,}2 \cdot 10^{-3}$ rad ($I_t \approx 129{,}6\,\text{cm}^4$).

L: **1.** Nach Gl. (15.1) mit $T = P/(2\pi \cdot n)$ und $\tau_{t\,zul}$ nach Tab. 15.1. **2.** Nach Gl. (15.56) (wie in ME Beisp. 15.9), α_{zul} wie für Getriebewellen.

15.34

Die Fahrwerkswelle einer Kranlaufkatze nach Bild 15.34 hat unter Volllast ein maximales Drehmoment von 210 Nm zu übertragen. Es ist zu überprüfen, ob der Verdrehwinkel in zulässigen Grenzen bleibt.

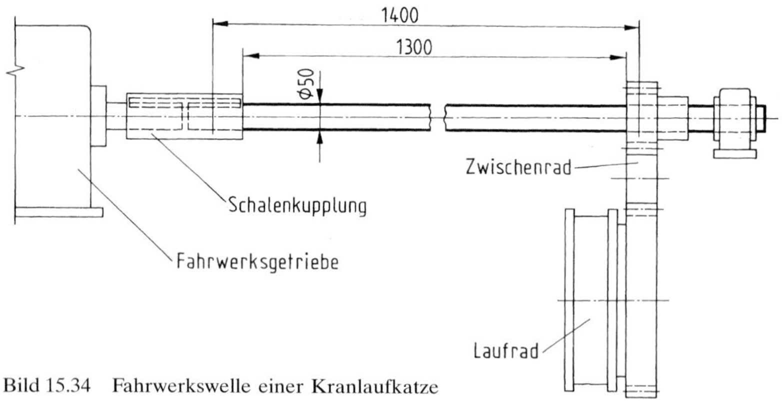

Bild 15.34 Fahrwerkswelle einer Kranlaufkatze

E: $\alpha_{zul} = (5{,}6 \ldots 12{,}6) \cdot 10^{-3}$ rad $> \alpha = 5{,}26 \cdot 10^{-3}$ rad, somit zulässig ($I_t \approx 62{,}5\,\text{cm}^4$).

L: Wie unter 2. in Aufg. 15.33.

15.35

Für die nach den Aufgaben 15.20 und 15.21 auf Gestaltfestigkeit und nach Aufgabe 15.30 auf Durchbiegung berechnete Getriebewelle ist eine Kontrolle auf Zulässigkeit des Verdrehwinkels vorzunehmen. Das zu übertragende Drehmoment beträgt 625 Nm. Die Welle ist mit den für die Berechnung des Verdrehwinkels erforderlichen Abmessungen und dem Verlauf des Torsionsmomentes in Bild 15.35 dargestellt. Wird der zulässige Verdrehwinkel überschritten?

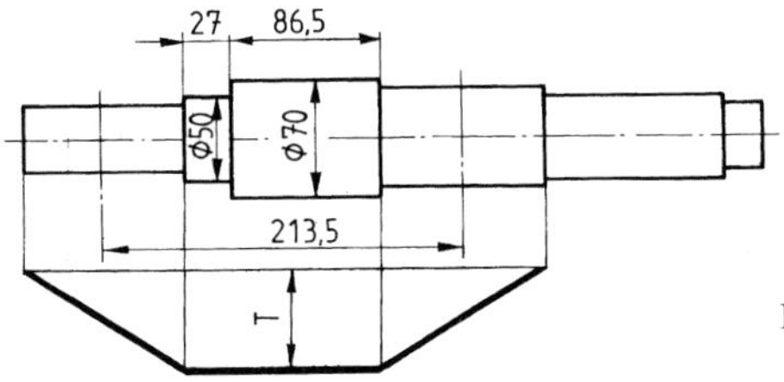

Bild 15.35 Berechnungsskizze zum Verdrehwinkel der Getriebewelle nach Bild 15.20

E: Nein, $\alpha \approx 0{,}6 \cdot 10^{-3}$ rad $< \alpha_{zul} \approx 1{,}9 \cdot 10^{-3}$ rad ($I_{t1} \approx 62{,}5\ \text{cm}^4$, $I_{t2} \approx 240{,}1\ \text{cm}^4$).

L: Sinngemäß wie ME Beisp. 15.9.

15.36 Die nach Aufgabe 15.2 überschläglich berechnete Getriebewelle hat ein Drehmoment von 2,865 kNm zu übertragen. Bild 15.36 zeigt diese Welle mit den für die Berechnung des Verdrehwinkels erforderliche Abmessungen. Ist der Verdrehwinkel zulässig, wenn in diesem Falle ein Wert von 0,006 rad/m nicht überschritten werden soll?

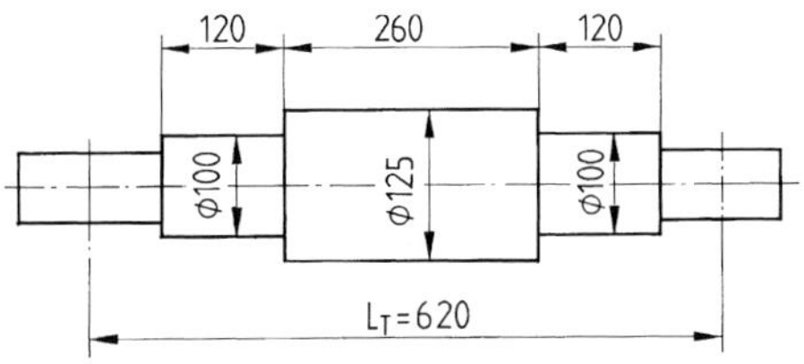

Bild 15.36 Berechnungsskizze zum Verdrehwinkel der Getriebewelle nach Bild 15.2

E: Ja, $\alpha \approx 1{,}2 \cdot 10^{-3}$ rad $< \alpha_{zul} = 3{,}72 \cdot 10^{-3}$ rad ($I_{t1} = I_{t3} \approx 1\,000\ \text{cm}^4$, $I_{t2} \approx 2\,441{,}4\ \text{cm}^4$).

L: Nach Gl. (15.56).

15

Kritische Drehzahlen

15.37 Die nach Aufgabe 15.33 berechnete glatte Triebwerkswelle mit zwei aufgekeilten Riemenscheiben ist in Bild 15.37 dargestellt mit den Abmessungen für die Berechnung der biegekritischen Drehzahl. Es betragen: $d = 60$ mm, $L = 1\,460$ mm, $l_{A1} = l_{B2} = 330$ mm, $l_{A2} = l_{B1} = 1\,130$ mm. Die Riemenscheiben wiegen: $m_1 = 160$ kg, $m_2 = 80$ kg. Es sind zu ermitteln:

1. Die Durchbiegung F_{G1} durch die Gewichtskraft F_{G1} der Masse m_1 im Schwerpunkt S_1,
2. Die Durchbiegung F_{G2} durch die Gewichtskraft F_{G2} der Masse m_2 im Schwerpunkt S_2,
3. Die biegekritischen Drehzahlen n_{K1} und n_{K2} durch die jeweiligen Massen m_1 und m_2,
4. Besteht die Gefahr, dass die biegekritische Drehzahl n_K des Gesamtsystems in der Nähe der Betriebsdrehzahl $n = 125\ \text{min}^{-1}$ liegt?

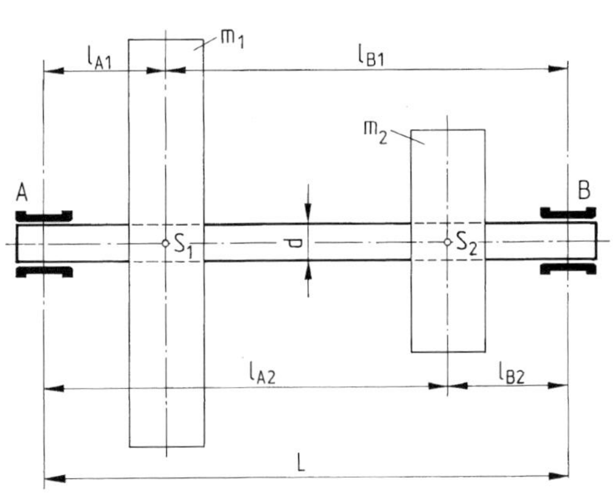

Bild 15.37 Berechnungsskizze zur biegekritischen Drehzahl der Triebwerkswelle nach Bild 15.33

E: **1.** $f_{G1} = 36{,}65 \cdot 10^{-3}$ cm ($F_{G1} = 1{,}57$ kN, $F_{G2} = 0{,}785$ kN, $F_{A1} = 1{,}215$ kN, $F_{B1} = 0{,}355$ kN, $I_b \approx 64{,}8\ \text{cm}^4$, $f_{A1} = 10{,}7 \cdot 10^{-3}$ cm, $f_{B1} = 125{,}5 \cdot 10^{-3}$ cm, $\alpha_1 = -0{,}7863 \cdot 10^{-3}$ rad).
2. $f_{G2} = 18{,}341 \cdot 10^{-3}$ cm ($F_{A2} = F_{B1}/2$, $F_{B2} = F_{A1}/2$, $f_{A2} = 62{,}75 \cdot 10^{-3}$ cm, $f_{B2} = 5{,}35 \cdot 10^{-3}$ cm, $\alpha_2 = 0{,}393 \cdot 10^{-3}$ rad).
3. $n_{K1} \approx 26\ \text{s}^{-1}$, $n_{K2} \approx 36{,}81\ \text{s}^{-1}$ ($K = 1$).
4. Nein, $n_K = 21{,}24\ \text{s}^{-1} \approx 1274\ \text{min}^{-1} \gg n = 125\ \text{min}^{-1}$.

L: Sinngemäß wie ME Beisp. 15.10. Da hier $F_{G2} = F_{G1}/2$ und $l_{B2} = l_{A1}$ sowie $l_{B1} = l_{A2}$, gilt zu 2.: $F_{A2} = F_{B1}/2$, $F_{B2} = F_{A1}/2$ und $f_{A2} = f_{B1}/2$, $f_{B2} = f_{A1}/2$.

15.38 Bild 15.38 zeigt die Welle des Hubmotors eines Elektroseilzuges. Die Motordrehzahl beträgt $n = 1450\ \text{min}^{-1}$, das Gewicht des Läuferblechpaketes $m = 20{,}3$ kg. Es ist die biegekritische Drehzahl unter Vernachlässigung des Eigengewichts der Welle zu errechnen. Die für diese Berechnung erforderlichen Abmessungen sind der Berechnungsskizze (Bild 15.38b) zu entnehmen. Im Einzelnen sind zu ermitteln:
1. Die Auflagerkräfte F_A und F_B durch die Gewichtskraft F_G,
2. Die Durchbiegungen f_A und f_B an den Lagerstellen A und B,
3. Die Durchbiegung f_G unter der Gewichtskraft F_G,
4. Ist die biegekritische Drehzahl n_K genügend weit von der Betriebsdrehzahl n entfernt?

15

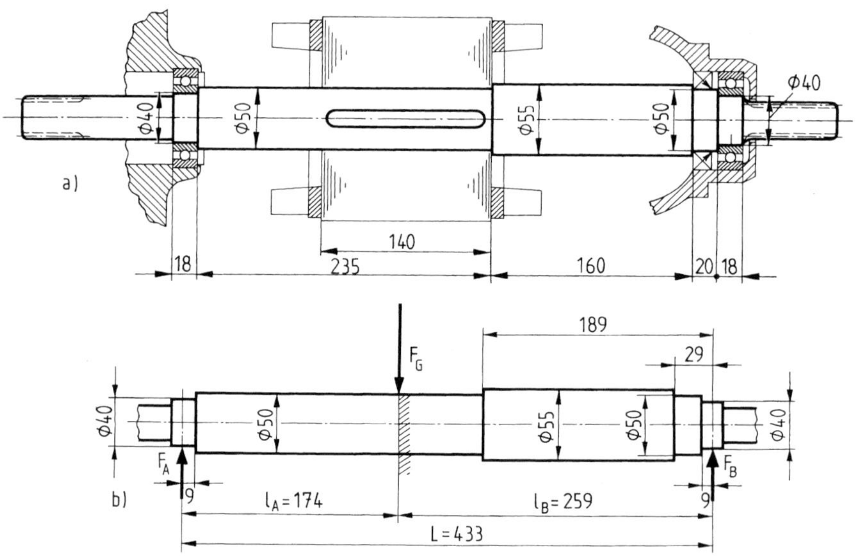

Bild 15.38 Hubmotorwelle eines Elektroseilzuges a) Darstellung, b) Berechnungsskizze

E: **1.** $F_A \approx 120$ N, $F_B = 80$ N ($F_G \approx 200$ N).
2. $f_A = 0{,}32 \cdot 10^{-3}$ cm ($I_{b1} \approx 12{,}8\ \text{cm}^4$, $I_{b2} \approx 31{,}25\ \text{cm}^4$), $f_B \approx 0{,}62 \cdot 10^{-3}$ cm ($I_{b3} \approx 45{,}75\ \text{cm}^4$, $I_{b4} = I_{b2}$).
3. $f_G = 0{,}4406 \cdot 10^{-3}$ cm ($\alpha = -0{,}00693 \cdot 10^{-3}$ rad).
4. Ja, $n_K \approx 237{,}5\ \text{s}^{-1} = 14250\ \text{min}^{-1} \gg n = 1450\ \text{min}^{-1}$.

L: **1.** Nach den statischen Gleichgewichtsbedingungen mit $F_G = m \cdot g$. **2.** $f_A = f_{AA}$ nach Gl. (15.28) (s. ME Bild 15.21), sinngemäß $f_B = f_{BB}$. **3.** Nach Gl. (15.41) mit α nach Gl. (15.38). **4.** Nach Gl. (15.57) mit $K = 1$.

15.39 In Bild 15.39 ist die Welle eines Elektromotors dargestellt. Die Gewichtskraft des Läuferblechpaketes beträgt $F_G = 3{,}2$ kN. Es ist die biegekritische Drehzahl n_K zu errechnen. Das Eigengewicht der Welle und das Gewicht der auf den Antriebszapfen aufzusetzenden Kupplungshälfte, Riemenscheibe oder dgl. sind zu vernachlässigen. Ferner ist der Drehzahlbereich angegeben, der vermieden werden muss, wenn der Motor aus Sicherheitsgründen mindestens 30 % unter oder über der errechneten kritischen Drehzahl laufen soll.

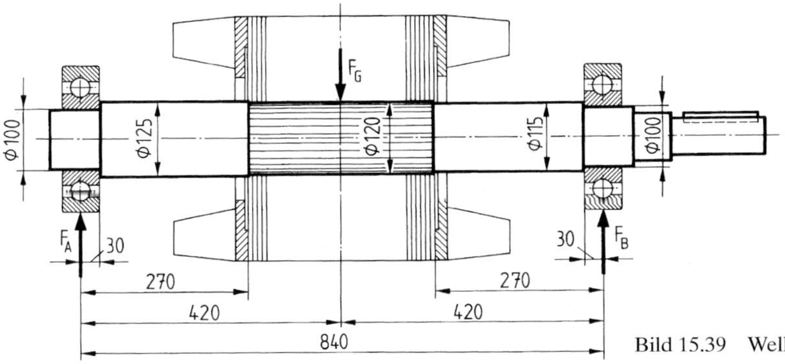

Bild 15.39 Welle eines Elektromotors

E: $n_K = 116{,}7\ \text{s}^{-1} \approx 7000\ \text{min}^{-1}$ ($F_A = F_B = 1{,}6$ kN, $I_{b1} \approx 500\ \text{cm}^4$, $I_{b2} \approx 1220{,}7\ \text{cm}^4$ bzw. $\approx 874{,}5\ \text{cm}^4$, $I_{b3} \approx 1036{,}8\ \text{cm}^4$, $f_A = 1{,}743 \cdot 10^{-3}$ cm, $f_B = 1{,}905 \cdot 10^{-3}$ cm, $\alpha = -0{,}00193 \cdot 10^{-3}$ rad, $f_G = 1{,}824 \cdot 10^{-3}$ cm), es muss sein $n \neq 4900 \ldots 9100\ \text{min}^{-1}$.

L: Sinngemäß wie Aufg. 15.38 mit $F_A = F_B = F_G/2$. Es muss sein $n = (0{,}7 \ldots 1{,}3)\ n_K$.

15

15.40 Im Antriebsstrang eines Autos mit Allradantrieb ist zur Verbindung von Mittendifferential und Kardanwelle ein Wellenstummel eingebaut (Bild 15.40a). An diesem befinden sich mehrere kerbkritische Absätze und Nuten.
Vergütungsstahl 36CrNiMo4. Werkstoffkennwerte nach DIN 743-3 bei $d_B \leq 16$ mm: $\sigma_B = (R_m =)\ 1100\ \text{N/mm}^2$, $\sigma_S = (R_e =)\ 900\ \text{N/mm}^2$, $\sigma_{zdW} = 440\ \text{N/mm}^2$, $\sigma_{bW} = 550\ \text{N/mm}^2$, $\tau_{tW} = 330\ \text{N/mm}^2$. Die Rautiefe beträgt $R_Z = 3{,}2\ \mu\text{m}$, die Oberfläche wurde durch Nitrieren verfestigt. Daher beträgt der Einflussfaktor der Oberflächenverfestigung $K_v = 1{,}2$. Es existiert keine harte Randschicht.
Bild 15.40b zeigt schematisch den Wellenabsatz A des Wellenstummels. Eine vorausgegangene Rechnung hat ergeben, dass im Bereich dieses Wellenabsatzes folgende Lasten wirken: Normalkraft $F_{zdm} = 400$ N, Biegemoment $M_{bm} = 20$ Nm, Biegemoment $M_{ba} = 70$ Nm, Torsionsmoment: $T_a = 130$ Nm

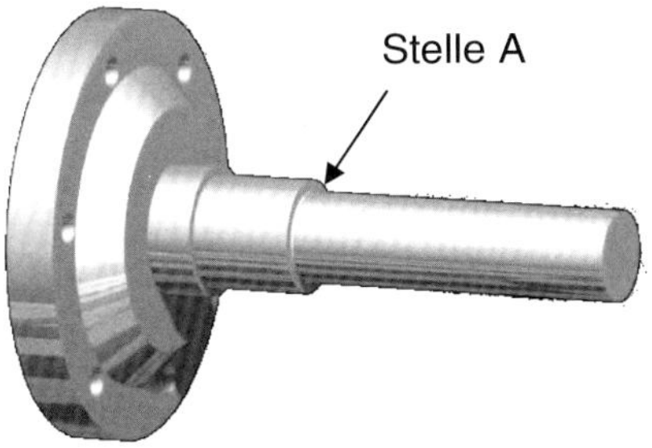

Bild 15.40a Wellenstummel zum Verbinden von Differential und Kardanwelle

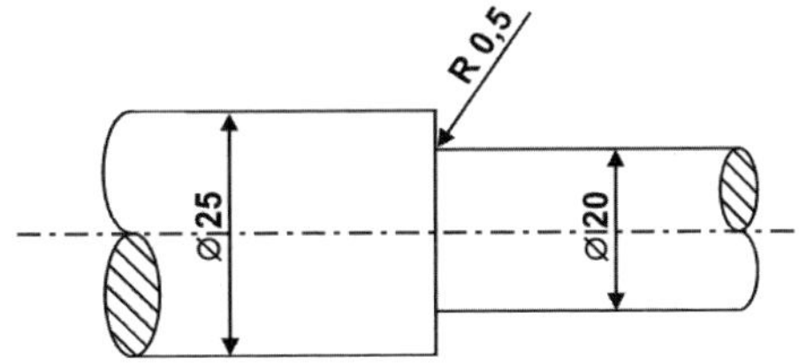

Bild 15.40b Wellenabsatz A

1. Berechnen Sie aus den gegebenen Lasten die Nennspannungen σ_{zdm}, σ_{bm}, σ_{ba} und τ_{ta}, die an der Stelle A auftreten.
2. An der Stelle A tritt durch den Wellenabsatz Kerbwirkung auf. Bestimmen Sie die Gesamteinflussfaktoren für Zug/Druck, Biegung und Torsion.
3. Bestimmen Sie die vorhandene Sicherheitszahl und geben Sie an, ob der Wellenstummel den Belastungen bei Gültigkeit der minimalen Sicherheitszahl standhält.

E: **1.** $\sigma_{zdm} = 1{,}27\ \text{N/mm}^2$, $\sigma_{bm} = 25{,}46\ \text{N/mm}^2$, $\sigma_{ba} = 89{,}13\ \text{N/mm}^2$, $\tau_{ta} = 82{,}76\ \text{N/mm}^2$
2. **Zug:** $K_\sigma = 2{,}242$ ($\alpha_\sigma = 2{,}776$; $G' = 5{,}020$; $n = 1{,}066$; $\beta_\sigma = 2{,}604$; $K_2 = 1$; $K_{F\sigma} = 0{,}920$)
Biegung: $K_\sigma = 2{,}162$ ($\alpha_\sigma = 2{,}499$; $G' = 5{,}020$; $n = 1{,}066$; $\beta_\sigma = 2{,}344$; $K_2 = 0{,}935$; $K_{F\sigma} = 0{,}920$)
Torsion: $K_\tau = 1{,}537$ ($\alpha_\tau = 1{,}753$; $G' = 2{,}3$; $n = 1{,}044$; $\beta_\tau = 1{,}679$; $K_2 = 0{,}935$; $K_{F\tau} = 0{,}954$)
3. Vergleichsspannungen: $\sigma_{mv} = 26{,}73\ \text{N/mm}^2$; $\tau_{mv} = 15{,}43\ \text{N/mm}^2$
Bauteilwechselfestigkeiten: $\sigma_{zdWK} = 186{,}33\ \text{N/mm}^2$; $\sigma_{bWK} = 241{,}51\ \text{N/mm}^2$; $\tau_{tWK} = 203{,}87\ \text{N/mm}^2$
Einflussfaktoren der Mittelspannungsempfindlichkeit: $\psi_{zd\sigma K} = 0{,}098$; $\psi_{b\sigma K} = 0{,}131$; $\psi_{\tau K} = 0{,}108$
Bauteilfließgrenzen: $\sigma_{zdFK} = 940{,}11\ \text{N/mm}^2$; $\sigma_{bFK} = 1128{,}13\ \text{N/mm}^2$; $\tau_{tFK} = 592{,}12\ \text{N/mm}^2$ ($K_{Fz} = 1$; $K_{Fb} = 1{,}2$; $K_{Ft} = 1{,}2$; $\gamma_{Fz} = 1{,}1$; $\gamma_{Fb} = 1{,}1$; $\gamma_{Ft} = 1{,}0$)
Spannungsamplituden der Bauteilfestigkeit: Bedingungen Zug, Biegung und Torsion erfüllt; $\sigma_{zdADK} = 183{,}71\ \text{N/mm}^2$; $\sigma_{bADK} = 238{,}01\ \text{N/mm}^2$; $\tau_{tADK} = 202{,}20\ \text{N/mm}^2$;
Sicherheitszahl: $S = 1{,}80 > 1{,}2$; Wellenstummel hält den Belastungen stand.

15

L: **1.** Gl. (15.60) Querschnittsfläche $A = 314{,}16\ \text{mm}^2$ am Durchmesser $d = 20$ mm, $W_b = 785{,}4\ \text{mm}^3$, $W_t = 1570{,}8\ \text{mm}^3$.
2. K_σ, K_τ nach Gl. (15.64); α_σ nach Gl. (15.66); G' nach Gl. (15.67); n nach Gl. (15.68a); β_σ und β_τ nach Gl. (15.65).
3. σ_{mv}, τ_{mv} nach Gl. (15.70); σ_{zdWK}, σ_{bWK}, τ_{tWK} nach Gl. (15.63); $\psi_{zd\sigma K}$, $\psi_{b\sigma K}$, $\psi_{\tau K}$ nach Gl. (15.69); σ_{zdFK}, σ_{bFK}, τ_{tFK} nach Gl. (15.62) ($K_1(d_{eff})$ nach Tab. 15.11; K_{2F} nach Tab. 15.12; γ_F nach Tab. 15.13); σ_{zdADK}, σ_{bADK}, τ_{tADK} nach Gl. (15.61); S nach Gl. 15.59.

17 Gleitlager

Berechnung von Radiallagern

17.1 Ein fettgeschmiertes Radiallager, ausgeführt als Augenlager DIN 504 – B 100 entsprechend Bild 17.1 aus Grauguss EN-GJL-200 ohne Buchse, hat einen Lagerdurchmesser $D = 100$ mm und eine Lagerbreite $B = 120$ mm. Es wird bei einer Drehzahl $n = 180\ \text{min}^{-1}$ mit der Kraft $F = 4$ kN belastet. Die Reibzahl beträgt erfahrungsgemäß $\mu \approx 0{,}08$.

1. Werden die zulässigen Werte für die spezifische Lagerbelastung $\bar{p}$ und die Gleitgeschwindigkeit u überschritten?

2. Welche ISO-Spielpassung im System Einheitsbohrung ist für einen leichten Laufsitz zu wählen, und welches mittlere relative Lagerspiel ψ_m ist zu erwarten?

3. Wie groß ist die Reibleistung P_f?

4. Ist die sich einstellende Lagertemperatur t_B zulässig, wenn mit einer Umgebungstemperatur $t_a \approx 25$ °C zu rechnen ist, die wärmeabgebende Oberfläche $A \approx 0{,}35\ \text{m}^2$ beträgt und die Wärmeübergangszahl $k \approx 20\ \text{W/(m}^2 \cdot \text{K)}$?

5. Welches Schmierfett ist geeignet?

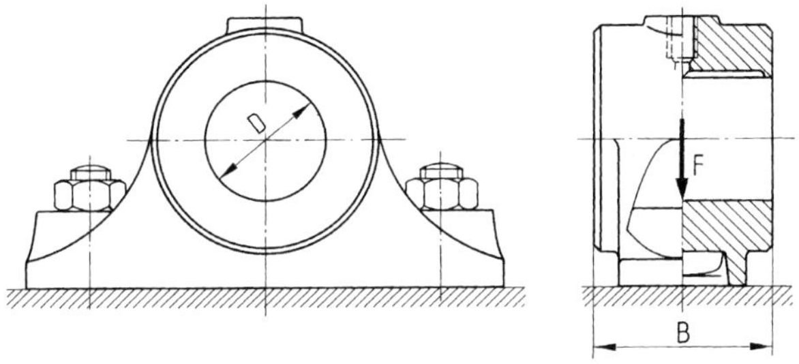

Bild 17.1 Augenlager

E: **1.** Nein, $\bar{p} = 0{,}33\ \text{N/mm}^2 < \bar{p}_{zul} = 0{,}4\ \text{N/mm}^2$, $u = 0{,}94$ m/s $< u_{zul} = 1$ m/s.
2. H8/f7 ($100^{+0{,}054}_{0}$ und $100^{-0{,}036}_{-0{,}071}$ mm, somit $S_k = 36\ \mu\text{m}$, $S_g = 125\ \mu\text{m}$, $S_m \approx 80\ \mu\text{m}$), $\psi_m = 0{,}8 \cdot 10^{-3}$.
3. $P_f \approx 301$ W.
4. Ja, $t_B \approx 68\ °\text{C} < t_{B\,zul} = 70 \ldots 100\ °\text{C}$.
5. Schmierfett KPG oder KPH bis 100 °C.

L: **1.** $\bar{p}$ nach Gl. (17.1), u nach Gl. (17.2), $\bar{p}_{zul}$ und u_{zul} nach Tab. 17.11. **2.** Nach Tab. 2.9 in Verbindung mit den Tabn. 2.3 und 2.4, S_k und S_g nach den Gln. (2.3) und (2.4), $S_m = (S_k + S_g)/2$ und $\psi_m = S_m/D$. **3.** Nach Gl. (17.4). **4.** Aus Gl. (17.5) mit $P_A = P_f$. **5.** Nach ME Abschn. 16.4 unter Schmierfette K.

17.2 In die Nabenbohrung des in Bild 17.2 dargestellten Kranlaufrades sind zwei Lagerbuchsen eingepresst, und zwar Buchsen ISO 4379 – C 110 × 125 × 120 – GZ-CuSn11P62-C ($d_1 \times d_2 \times b_1$, siehe ME Bild 17.42 und Tab. 17.9, Form C). Als Schmiermittel dient Fett ($\mu \approx 0{,}08$), das über Staufferbuchsen durch die Achse hindurch zugeführt wird. Das Rad hat einen Laufflächendurchmesser $D_r = 710$ mm und ist für das Fahrwerk eines 20 t-Kranes bestimmt, der mit einer Geschwindigkeit $v_F = 80$ m/min gefahren wird. Die größte Radkraft beträgt $F_r = 86$ kN. Es sind zu ermitteln:

1. Die spezifische Lagerbelastung $\bar{p}$ und die Gleitgeschwindigkeit u.
2. Die ISO-Passung für einen weiten Laufsitz (Einheitswelle).
3. Die Reibleistung P_f.
4. Die Lagertemperatur t_B, wenn wegen des Aussetzbetriebes (Zeit zum Abkühlen) und der Luftbewegung während des Kranfahrens mit einer Wärmeübergangszahl $k \approx 25\,W/(m^2 \cdot K)$ gerechnet werden kann. Die wärmeabgebende Oberfläche des Lagers kann wegen der besonderen Größe als doppelter Höchstwert wie im Maschinenverband angenommen werden.

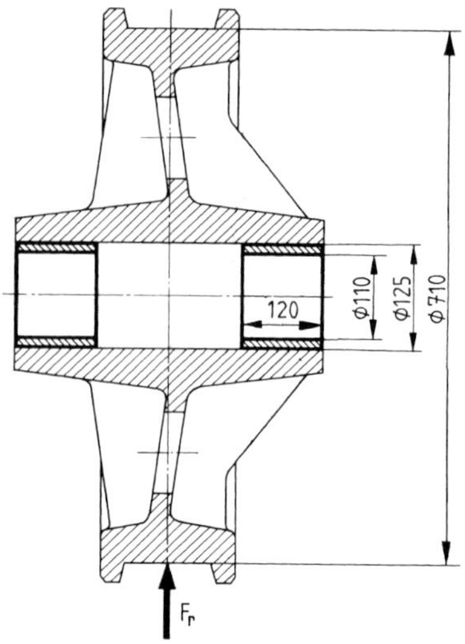

Bild 17.2 Kranlaufrad mit Gleitlagerbuchsen

E: 1. $\bar{p} = 3{,}26\,N/mm^2$, $u = 0{,}207\,m/s$.
2. E9/h9.
3. $P_f = 712\,W$.
4. $t_B \approx 37{,}7\,°C$ ($A \approx 0{,}53\,m^2$).

L: **1.** $\bar{p}$ nach Gl. (17.1) mit $F = F_r/2$, da sich die Radkraft auf zwei Lagerbuchsen verteilt. Die sich ergebende spezifische Lagerbelastung liegt weit über dem in Tab. 17.11 für Kupferlegierungen (Bronze) angegebenen Anhaltswert, was bei geringer Gleitgeschwindigkeit durchaus üblich ist, wenn die Lagertemperatur in den normalen Grenzen bleibt. Die Gleitgeschwindigkeit $u = v_F \cdot D/D_r$ ist wesentlich kleiner als die Fahrgeschwindigkeit = Umfangsgeschwindigkeit der Räder. **2.** Nach Tab. 2.9. **3.** Nach Gl. (17.4). **4.** Aus Gl. (17.5) mit $A \approx 40D \cdot B$ gemäß Gl. (17.9).

17

17.3 Die Bronze-Lagerbuchsen der Seiltrommel (Bild 17.3) nach Aufgabe 15.9 sollen auf Belastung und Erwärmung kontrolliert werden. Es ist Fettschmierung vorgesehen, für die erfahrungsgemäß mit einer Reibzahl $\mu \approx 0{,}08$ gerechnet werden kann (siehe auch Tab. 17.13). Die Trommel dreht sich mit $n = 50\,min^{-1}$. Beide Lager haben einen Durchmesser $D = 70$ mm. Das Lager C hat eine Breite $B_C = 70$ mm und wird mit $F_C = 28{,}73$ kN belastet, beim Lager D sind $B_D = 100$ mm und $F_D = 42{,}74$ kN. Für die Lager C und D sind jeweils zu ermitteln:
1. Die spezifischen Lagerbelastungen $\bar{p}_C$ und $\bar{p}_D$ sowie die Gleitgeschwindigkeit u.
2. Das mittlere relative Lagerspiel ψ_m bei der ISO-Passung E9/h9.

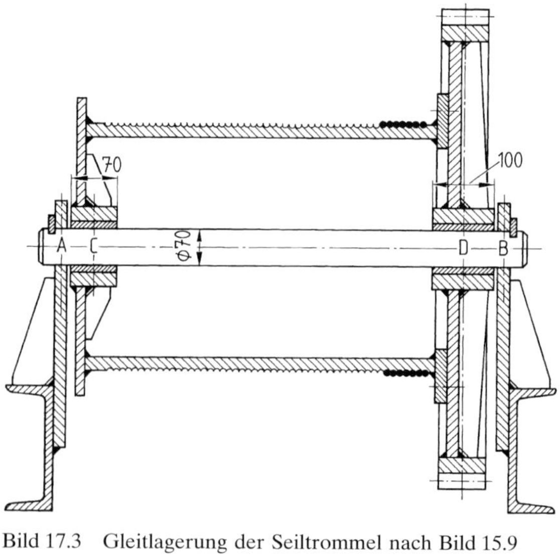

Bild 17.3 Gleitlagerung der Seiltrommel nach Bild 15.9

3. Die Reibleistungen P_{fC} und P_{fD}.
4. Die Betriebstemperatur an beiden Lagern, wenn als wärmeabgebende Oberflächen $A_C \approx 0{,}32\ m^2$ und $A_D \approx 0{,}46\ m^2$ anzunehmen sind. Wärmeübergangszahl $k \approx 25\ W/(m^2 \cdot K)$, Umgebungstemperatur $t_a \approx 25\ °C$.

E: **1.** $\bar{p}_C = 5{,}86\ N/mm^2$, $\bar{p}_D = 6{,}1\ N/mm^2$, $u = 0{,}184\ m/s$.
2. $\psi_m = 1{,}9 \cdot 10^{-3}$ ($S_k = 60\ \mu m$, $S_g = 208\ \mu m$, $S_m = 134\ \mu m = 0{,}134\ mm$).
3. $P_{fC} = 423\ W$, $P_{fD} = 629\ W$.
4. $t_{BC} = 78\ °C$, $t_{BD} = 79{,}7\ °C$.

L: Sinngemäß wie die Aufgaben 17.1 und 17.2.

17.4

Für die Zwischenwelle eines Krangetriebes (Bild 17.4) nach den Aufgaben 15.7 und 15.20 sind die Gleitlager zu berechnen. Beide Lager sind gleich ausgeführt mit $D = 40\ mm$ und $B = 70\ mm$. Sie enthalten Buchsen aus CuSn10Pb10-C und werden mit Fett aus Staufferbuchsen geschmiert ($\mu \approx 0{,}07$). Die Drehzahl der Welle beträgt $n = 65\ min^{-1}$. Es ergaben sich folgende Auflagerkraftkomponenten: $F_{Ax} = 7{,}13\ kN$, $F_{Ay} = 13{,}3\ kN$, $F_{Bx} = 7{,}45\ kN$, $F_{By} = 8{,}2\ kN$. Zu ermitteln sind:

1. Die größte Lagerkraft F,
2. Die spezifische Lagerbelastung $\bar{p}$ des höher belasteten Lagers und die Gleitgeschwindigkeit u.
3. Die Reibleistung P_f des höher belasteten Lagers.
4. Die erforderliche Passung im System Einheitsbohrung bei leichtem Laufsitz und das mittlere relative Lagerspiel ψ_m.
5. Die sich am höher belasteten Lager einstellende Betriebstemperatur t_B und deren Zulässigkeit, wenn die wärmeabgebende Oberfläche A wegen des Aussetzbetriebes mit dem doppelten Höchstwert für Lager im Maschinenverband angenommen wird und die Wärmeübergangszahl $k \approx 20\ W/(m^2 \cdot K)$ beträgt.

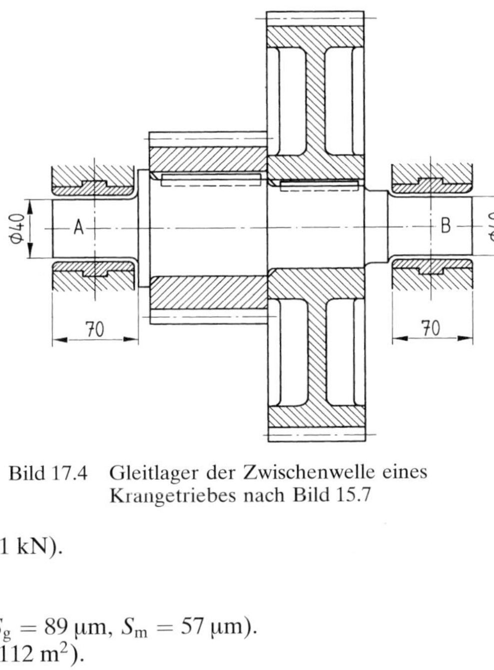

Bild 17.4 Gleitlager der Zwischenwelle eines Krangetriebes nach Bild 15.7

E: **1.** $F = 15{,}1\ kN$ ($F_A = 15{,}1\ kN$, $F_B = 11{,}1\ kN$).
2. $\bar{p} = 5{,}4\ N/mm^2$, $u = 0{,}136\ m/s$.
3. $P_f = 143{,}8\ W$.
4. H8/f7, $\psi_m = 1{,}4 \cdot 10^{-3}$ ($S_k = 25\ \mu m$, $S_g = 89\ \mu m$, $S_m = 57\ \mu m$).
5. $t_B = 84{,}2\ °C < t_{B\,zul} = 100\ °C$ ($A = 0{,}112\ m^2$).

L: **1.** F ist die größere der beiden resultierenden Lagerkräfte F_A und F_B. **2.** Nach den Gln. (17.1) und (17.2). **3.** Nach Gl. (17.4). **4.** Wie 2. in Aufg. 17.1. **5.** Aus Gl. (17.5) mit $P_A = P_f$.

17.5

Die Gleitlager einer Pumpenwelle sollen mit Lagermetall PbSb14Sn9CuAs DIN ISO 4381 ausgeführt werden. Es ist reichlich Tropfölschmierung vorgesehen. Jedes Lager wird mit einer Kraft von 600 N bei einer Drehzahl von $960\ min^{-1}$ belastet. Die Lagerzapfen haben 50 mm Durchmesser, relative Lagerbreite $B/D = 1$. Es ist festzustellen, ob die

Lagerbelastung und die Lagertemperatur zulässig sind, wenn mit einer Reibzahl $\mu \approx 0{,}008$ zu rechnen ist und die Umgebungstemperatur ca. 35 °C beträgt, $k \approx 17\ \mathrm{W/(m^2 \cdot K)}$. Ferner ist eine geeignete Passung für Laufsitz (Einheitsbohrung) anzugeben mit dem dazugehörigen mittleren relativen Lagerspiel. Die Lager befinden sich in zylindrischen Gehäusen mit dem Durchmesser $D_H = 150$ mm und der Breite $B_H = 80$ mm.

E: $\bar{p} = 0{,}24\ \mathrm{N/mm^2} < \bar{p}_{zul} = 0{,}3\ \mathrm{N/mm^2}$, $u = 2{,}5\ \mathrm{m/s} < u_{zul} = 3\ \mathrm{m/s}$, $t_B \approx 45\ °\mathrm{C} = t_{B\,zul} = 70 \ldots 100\ °\mathrm{C}$ ($P_f = 12$ W, $A \approx 0{,}07\ \mathrm{m^2}$), 50 H7/f7 mit $\psi_m = 1 \cdot 10^{-3}$ ($S_k = 25\ \mu$m, $S_g = 75\ \mu$m, $S_m = 50\ \mu$m).

L: $\bar{p}$ nach Gl. (17.1), u nach Gl. (17.2), zul. Werte nach Tab. 17.11 bei Tropfölschmierung. t_B aus Gl. (17.5) mit k als Mittelwert, A nach Gl. (17.7). Passung siehe unter 2. in Aufg. 17.1.

17.6 Die Wellen im Getriebe einer Haushaltsmaschine sollen in Lagerbuchsen aus ölgetränktem Sintermetall laufen (Abmessungen nach DIN 1850-3, Form J, siehe ME Bild 17.42, Abmessungen Tab. 17.9 wie Form C). Unter der einmaligen Schmierung (Öltränkung) stellt sich erfahrungsgemäß eine Reibzahl $\mu \approx 0{,}01$ ein. Die Welle läuft mit $1\,200\ \mathrm{min^{-1}}$ um. An der Lagerstelle A ist ein Zapfendurchmesser von 15 mm, an der Lagerstelle B von 10 mm vorgesehen, beide $B/D = 1$. Die Lagerkräfte betragen 220 N bei A und 100 N bei B. Die Gehäuseoberflächen sind für Lager im Maschinenverband mit den Mittelwerten zu errechnen. Die Lagerbelastung und die Lagertemperatur sind auf Zulässigkeit zu überprüfen. Die Betriebstemperatur der Lager soll 60 °C nicht überschreiten ($k = 17{,}5\ \mathrm{W/(m^2 \cdot K)}$, Umgebungstemperatur ≈ 25 °C).

E: $\bar{p}_A = 0{,}98\ \mathrm{N/mm^2}$, $\bar{p}_B = 1\ \mathrm{N/mm^2} = \bar{p}_{zul} = 1\ \mathrm{N/mm^2}$, $u_A = 0{,}94\ \mathrm{m/s} < u_{zul} = 1\ \mathrm{m/s} > u_B = 0{,}63\ \mathrm{m/s}$, $t_{BA} = 55\ °\mathrm{C} < t_{B\,zul} = 60\ °\mathrm{C} > t_{BB} = 46\ °\mathrm{C}$ ($P_{fA} = 2{,}1$ W, $P_{fB} = 0{,}63$ W, $A_A = 0{,}004\ \mathrm{m^2}$, $A_B = 0{,}00175\ \mathrm{m^2}$).

17

L: $\bar{p}_A$, $\bar{p}_B$ nach Gl. (17.1), u_A, u_B nach Gl. (17.2), beide vergleichen mit den zul. Werten der Tab. 17.11. P_{fA}, P_{fB} nach Gl. (17.4), t_{BA}, t_{BB} aus Gl. (17.5) mit $k = 17{,}5\ \mathrm{W/(m^2 \cdot K)}$ und jeweils $A = 17{,}5 D \cdot B$ entspr. Gl. (17.9).

17.7 Ein Gleitlager mit Festring-Ölschmierung und wassergekühltem Schmieröl nach Bild 17.7 für einen Lagerdurchmesser $D = 60$ mm und mit einer Lagerbreite $B = 60$ mm soll bei einer Drehzahl $n = 1\,000\ \mathrm{min^{-1}}$ eine Kraft $F = 40$ kN übertragen. Die Lagerschalen sind mit Lagermetall (Weißmetall) ausgegossen. Durch den mit dem Lagerzapfen umlaufenden Schmierring ist eine einwandfreie Schmierstoffversorgung der Gleitflächen und somit Flüssigkeitsreibung gewährleistet, sodass mit einer Reibzahl $\mu \approx 0{,}003$ gerechnet wer-

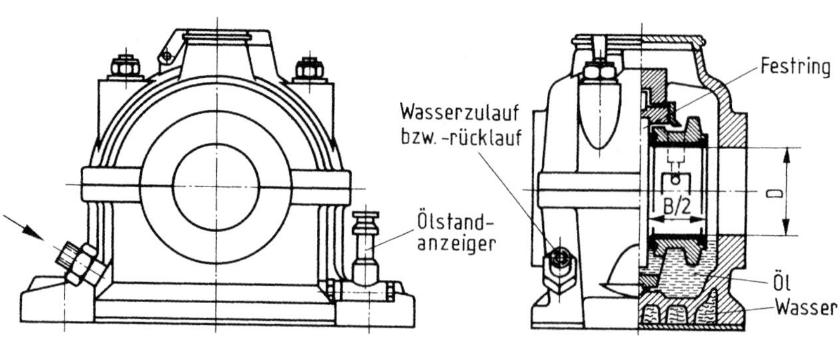

Bild 17.7 Ringschmierlager mit festem Schmierring und wassergekühltem Ölbad

den kann (s. Tab. 17.13). Welcher Kühlwasserdurchsatz in l/min ist erforderlich, wenn die Lagertemperatur t_B nicht größer als 80 °C werden soll und die Umgebungstemperatur $t_a = 25$ °C beträgt, wenn

1. damit gerechnet wird, dass das Kühlwasser die Wärme allein abführt, die Konvektion also unberücksichtigt bleibt,

2. die Konvektion mit berücksichtigt wird? Wärmeübergangszahl $k = 15$ W/(m² · K), Stehlagerhöhe $H = 200$ mm, Gehäusebreite $B_H = 140$ mm.

E: **1.** $Q = 4{,}5 \cdot 10^{-3}\ \text{dm}^3/\text{s} = 0{,}27\ \text{l/min}$, ($u = 3{,}15$ m/s, $P_Q = P_f = 378$ W, $t_2 - t_1 = 20$ K).
2. $Q \approx 3 \cdot 10^{-3}\ \text{dm}^3/\text{s} = 0{,}181\ \text{l/min}$ ($P_Q = 254$ W, $P_A = 124$ W, $A = 0{,}15\ \text{m}^2$).

L: u mit Gl. (17.2), P_f mit Gl. (17.4). **1.** Q aus Gl. (17.10) mit $P_Q = P_f$. **2.** P_A nach Gl. (17.5), worin A nach Gl. (17.8). Q aus Gl. (17.10) mit $P_Q = P_f - P_A$.

17.8 Ein Steh-Gleitlager mit Festring-Ölschmierung und gleichen Abmessungen sowie gleicher Ausführung wie Bild 17.7, jedoch ohne Wasserkühlung, soll wie nach Aufgabe 17.7 belastet werden. Damit bei der Raumtemperatur von 25 °C eine Lagertemperatur von 80 °C nicht überschritten wird, ist Luftkühlung mit einem Gebläse vorgesehen. Welche Geschwindigkeit w_a muss die Kühlluft haben, wenn die wärmeabgebende Oberfläche $A = 0{,}15\ \text{m}^2$ und der Wärmestrom $P_A = P_f = 378$ W betragen?

E: $w_a \approx 10{,}5$ m/s ($k = 45{,}8$ W/(m²· K)).

L: k aus Gl. (17.5), w_a aus Gl. (17.6).

17.9 Einem hydrodynamischen Radiallager mit einem Lagerdurchmesser von 120 mm und einer Lagerbreite von 80 mm wird in einem Getriebe mittels Umlauf-Spülschmierung ein Ölvolumenstrom von 2,8 l/min zugeführt, der ständig durch das Lager fließt und dabei auch Reibwärme abführt. Es wirkt eine Belastungskraft von 16 kN bei einer Drehzahl von $3000\ \text{min}^{-1} = 50\ \text{s}^{-1}$. Als Reibzahl wurde 0,005 ermittelt. Genügt der Schmieröldurchsatz allein zur Kühlung der Gleitflächen?

E: Ja, $Q_{erf} = 41{,}89 \cdot 10^{-3}\ \text{dm}^3/\text{s} = 2{,}5\ \text{l/min} < Q_{vorh} = 2{,}8\ \text{l/min}$ ($u = 18{,}85$ m/s, $P_Q = P_f = 1508$ W).

L: u mit Gl. (17.2), P_f mit Gl. (17.4), Q_{erf} aus Gl. (17.10) mit $P_Q = P_f$ und $t_2 - t_1 = 20$ K.

17

Berechnung hydrodynamischer Radiallager

17.10 Ein vollumschlossenes Turbinengleitlager mit $D = 200$ mm und $B = 140$ mm soll mit $F = 120$ kN belastet werden, Drehzahl $n = 2000\ \text{min}^{-1}$. Lagerwerkstoff: SnSb12Cu6Pb nach DIN ISO 4381, wärmeabgebende Oberfläche $A \approx 0{,}8\ \text{m}^2$, Wärmedehnungsbeiwerte: Welle $\alpha_S = 11 \cdot 10^{-6}\ \text{K}^{-1}$, Lagerschale $\alpha_B = 9 \cdot 10^{-6}\ \text{K}^{-1}$ für Temperguss mit eingegossener Lagermetallauflage unter Berücksichtigung der Dehnungsbehinderung durch das Gehäuse. Die Ölversorgung erfolgt über zwei Bohrungen von je 8 mm Durchmesser entspr. Fall 3 nach Tab. 17.19.

Zunächst soll untersucht werden, ob das im Maschinenverbund befindliche Lager ohne Druckumlaufschmierung auskommt, also mit druckloser Ölumlaufschmierung, d. h. mit Wärmeabführung durch Konvektion. Die Umgebungstemperatur beträgt $t_a = 25$ °C, die höchstzulässige Lagertemperatur $t_{B\,lim} = 100$ °C. Falls $t_{B\,lim}$ überschritten wird, ist Druckschmierung mit externer Ölrückführung vorzusehen. Hierbei ist anzunehmen, dass das Schmieröl mit einem

Überdruck $p_E = 5$ bar und einer Temperatur $t_1 = 50\,°C$ zugeführt wird. Vorausgesetzt wird ein Schmieröl ISO VG 100. Es sind zu berechnen:

1. Die Gleitgeschwindigkeit u und die Winkelgeschwindigkeit ω.

2. Das empfohlene mittlere relative Lagerspiel ψ_m und Wahl der nächstliegenden, ggf. größeren Passung nach Tab. 17.10 und das sich durch die Erwärmung verändernde effektive relative Lagerspiel ψ_{eff} (Annahme $t_{B.0} = 45\,°C$) und absolute Lagerspiel $S \approx \psi_{eff} \cdot D$.

3. Die spezifische Belastung $\bar{p}$ und deren Zulässigkeit.

4. Die Reynolds-Zahl Re und deren Zulässigkeit.

5. Die Wärmeabfuhr durch Konvektion (mit $k = 20\,W/(m^2 \cdot K)$).
1. Rechenschritt: Die Sommerfeld-Zahl So, die relative Exzentrizität ε, die kleinste Schmierfilmdicke h_0 und deren Zulässigkeit, das Verhältnis μ/ψ_{eff} und damit die Reibzahl μ den Wärmestrom $P_A = P_f$, die Lagertemperatur $t_{B.1}$. Falls $t_{B.1} \neq t_{B.0}$ wird, so muss mit neuer Lagertemperatur t_{eff} als Mittelwert aus den beiden der 2. Rechenschritt erfolgen. Wenn sich jedoch für den 2. Schritt $t_{eff} = t_{B.0} > 160\,°C$ ergibt (Größtwert in Diagr. 16.1), so ist die Berechnung als undurchführbar abzubrechen.

6. Die Wärmeabfuhr durch das Schmieröl
1. Rechenschritt: Zuführtemperatur $t_1 = 50\,°C$, damit $t_{2.0} = t_1 + 20\,°C$, somit effektive Lagertemperatur $t_{eff} = t_{B.0} = 60\,°C$, die dynamische Viskosität η bei t_{eff}, das effektive relative Lagerspiel ψ_{eff}, die Sommerfeld-Zahl So, die relative Exzentrizität ε, die kleinste Schmierfilmdicke h_0 und deren Zulässigkeit, das Verhältnis μ/ψ_{eff} und die Reibzahl μ, den Wärmestrom $P_Q = P_f$, den Schmieröldurchsatz Q, die Austrittstemperatur $t_{2.1}$. Wenn $t_{2.1} \neq t_{2.0}$, so muss sinngemäß der nächste Rechenschritt erfolgen.

E: **1.** $u = 20{,}9\,m/s$, $\omega = 209{,}2\,rad/s$.

2. $\psi_m = 1{,}7 \cdot 10^{-3}$, gewählt $\psi_m = 1{,}9 \cdot 10^{-3}$, $\psi_{eff} = 1{,}85 \cdot 10^{-3}$ ($\Delta\psi = -0{,}05 \cdot 10^{-3}$, $t_{B.0} = 45\,°C$), $S = 370\,\mu m$.

3. $\bar{p} = 4{,}3\,N/mm^2 < \bar{p}_{zul} = 5\,N/mm^2$.

4. $Re = 49{,}7 < 960{,}2$, d. h. laminar ($\eta = 70\,mPa \cdot s$ bei $45\,°C$).

5. 1. Rechenschritt:
$So \approx 1$, $\varepsilon = 0{,}6345$ (interpoliert), $h_0 \approx 68\,\mu m > h_{0\,lim} = 11\,\mu m$, $\mu/\psi_{eff} = 5{,}4766$ (interpoliert), $\mu \approx 0{,}0101$, $P_A = P_f = 25\,331\,W$, $t_{B.1} = 1608\,°C$.
2. Rechenschritt:
$t_{B.0} = 0{,}5\,(45 + 1608)\,°C = 826{,}5\,°C > 160\,°C$, Kühlung durch Konvektion nicht möglich.

17

6. 1. Rechenschritt:
$t_{2.0} = 70\,°C$, $t_{B.0} = 60\,°C$ ($t_1 = 50\,°C$), $\eta = 35\,mPa \cdot s$, $\psi_{eff} = 1{,}82 \cdot 10^{-3}$ ($\Delta\psi = -0{,}08 \cdot 10^{-3}$), $So \approx 2$, $\varepsilon = 0{,}759$ (interpoliert), $h_0 \approx 44\,\mu m > h_{0\,lim} = 11\,\mu m$, $\mu/\psi_{eff} = 3{,}256$ (interpoliert), $\mu \approx 0{,}0059$, $P_Q = P_f = 14\,797\,W$, $Q_1 = 0{,}36 \cdot 10^{-3}\,m^3/s$ ($q_1 = 0{,}118$), $Q_2 = 0{,}0265 \cdot 10^{-3}\,m^3/s$ ($q_2 = 0{,}0374$, $q_H = 1{,}222$), $Q = 0{,}3865 \cdot 10^{-3}\,m^3/s \approx 23{,}2\,l/min$, $t_{2.1} = 71\,°C$.
2. Rechenschritt:
$t_{2.0} = 0{,}5\,(70 + 71)\,°C = 70{,}5\,°C$, sodass ein 2. Rechenschritt mit $t_{B.0} = 60{,}5\,°$ gegenüber $60\,°C$ des 1. Rechenschrittes nicht erforderlich ist.

L: Wie ME Beispiel 17.2.

17.11

Bei dem Turbinenlager nach Aufg. 17.10 ergab sich eine recht große Schmierfilmdicke h_0. Deshalb soll untersucht werden, ob das Lager auch mit einem Schmieröl ISO VG 68 laufen kann. Alle übrigen Daten bleiben dieselben, eine Wärmeabführung durch Konvektion ist nicht in Betracht zu ziehen. Gegeben sind außerdem: $u = 20{,}9\,m/s$, $\omega = 209{,}2\,s^{-1}$, $\psi_m = 1{,}9 \cdot 10^{-3}$, $\bar{p} = 4{,}3\,N/mm^2$. Es ist von $t_{B.0} = 60\,°C$, $t_{1.0} = 50\,°C$, $t_{2.0} = 70\,°C$, $\eta = 26\,mPa \cdot s$ und $\psi_{eff} = 1{,}82 \cdot 10^{-3}$ auszugehen.

E: 1. Rechenschritt:
$t_{B.0} = 60\,°C$, $\eta = 26\,mPa \cdot s$, $\psi_{eff} = 1{,}82 \cdot 10^{-3}$ ($\Delta\psi = -0{,}08 \cdot 10^{-3}$), $So = 2{,}6$, $\varepsilon = 0{,}8034$, $h_0 \approx 36\,\mu m > h_{0\,lim} = 11\,\mu m$, $\mu = 0{,}0047$ ($\mu/\psi_{eff} = 2{,}587$), $P_Q = 11788$ W, $Q \approx 0{,}4147 \cdot 10^{-3}\,m^3/s \approx 24{,}9\,l/min$ ($Q_1 = 0{,}3794 \cdot 10^{-3}\,m^3/s$, $q_1 = 0{,}1252$, $q_H = 1{,}222$, $Q_2 = 0{,}0347 \cdot 10^{-3}\,m^3/s$, $q_2 = 0{,}0374$), $t_{2.1} = 65{,}8\,°C$.
2. Rechenschritt:
$t_{2.0} = 0{,}5\,(70 + 65{,}8)\,°C \approx 68\,°C$, $t_{B.0} = 0{,}5\,(48 + 68)\,°C = 58\,°C$. $\eta = 28\,mPa \cdot s$, $\psi_{eff} = 1{,}824 \cdot 10^{-3}$ ($\Delta\psi = -0{,}076 \cdot 10^{-3}$), $So = 2{,}44$, $\varepsilon = 0{,}7976$, $h_0 \approx 40\,\mu m > h_{0\,lim} = 11\,\mu m$, $\mu = 0{,}00485$ ($\mu/\psi_{eff} = 2{,}66$), $P_Q = 12164$ W, $Q = 0{,}4147 \cdot 10^{-3}\,m^3/s = 24{,}91\,l/min$ ($Q_1 \approx 0{,}38 \cdot 10^{-3}\,m^3/s$, $q_1 = 0{,}1252$, $q_H = 1{,}222$, $Q_2 = 0{,}0347 \cdot 10^{-3}\,m^3/s$, $q_2 = 0{,}0374$), $t_{2.1} \approx 65{,}8\,°C$.
Schlussbemerkung:
Es wurde ausgegangen von $t_2 = 70\,°C$ ($t_B = 60\,°C$), beim 1. Rechenschritt ergab sich $t_2 \approx 66\,°C$ ($t_B \approx 56\,°C$). Beim 2. Rechenschritt wurde ausgegangen von $t_2 \approx 68\,°C$ ($t_B = 58\,°C$), es ergab sich $t_2 = 65{,}8\,°C$ ($t_B = 55{,}8\,°C$). Es lohnt sich nicht, die Berechnung fortzusetzen. Das Lager kann ohne Weiteres mit dem Schmieröl ISO VG 68 geschmiert werden.

L: Wie unter 6. in Aufg. 17.10.

17.12

Für das hydrodynamische Radial-Gleitlager nach Aufg. 17.11 wurden errechnet bzw. sind bekannt: Lagernenndurchmesser $D = 200$ mm, relative Lagerbreite $B/D = 0{,}7$, spezifische Lagerbelastung $\overline{p} = 4{,}3\,N/mm^2$, Winkelgeschwindigkeit $\omega = 209{,}2\,s^{-1}$, Betriebsdrehzahl $n = 2000\,min^{-1}$, Schmieröl ISO VG 68, mittleres relatives Lagerspiel $\psi_m = 1{,}9 \cdot 10^{-3}$, Grenzschmierfilmdicke $h_{0\,lim} = 11\,\mu m$ nach Tab. 17.20, Wärmedehnungsbeiwerte: Welle $\alpha_S = 11 \cdot 10^{-6}\,K^{-1}$, Lagerschale $\alpha_B = 9 \cdot 10^{-6}\,K^{-1}$. Während des stationären Betriebes beträgt die Schmieröleintrittstemperatur $t_1 \approx 48\,°C$, die Austrittstemperatur $t_2 \approx 68\,°C$.
Wie hoch ist die Übergangsdrehzahl $n_ü$, wenn die Welle **1.** bei $t_a = 25\,°C$ unter Last anläuft und **2.** wenn sie unter Last aus dem betriebswarmen Zustand unter Last ausläuft und durch Aufrechterhaltung der Kühlung kein Wärmestau entsteht.

E: **1.** $n_ü \approx 66\,mm^{-1}$ ($\varepsilon_ü = 0{,}942$, $\psi_{eff} = 1{,}89 \cdot 10^{-3}$, $\eta = 160\,mPa \cdot s$, $So = 13{,}9$, $\omega_ü = 6{,}9\,s^{-1}$).
2. $n_ü \approx 357\,mm^{-1}$ ($\varepsilon_ü = 0{,}9396$, $\psi_{eff} = 1{,}82 \cdot 10^{-3}$, $\eta = 28\,mPa \cdot s$, $So = 13{,}61$, $\omega_ü = 37{,}38\,s^{-1}$).

L: Wie in ME Beispiel 17.3.

17.13

Bild 17.13 zeigt ein Ringschmierlager mit Kugelgelenk-Lagerschalen und losem Schmierring, das mit 12 kN belastet werden soll. Die Lagerzapfen müssen einen Durchmesser $D = 50$ mm erhalten. Da das Lager durch die Schmierringöffnung unterbrochen ist, ist näherungsweise so zu rechnen, als handele es sich um zwei Einzellager mit je $B = 50$ mm Breite ($B/D = 1$). Es wird vorausgesetzt, dass der Schmierring genügend Öl für eine hydrodynamische Schmierung liefert. Die Wärmeabführung ist nur durch Konvektion möglich. Wärmeabgebende Oberfläche einer Lagerhälfte $A \approx 0{,}15\,m^2$. Das Lager wird mit $n = 1440\,min^{-1}$ betrieben. Umgebungstemperatur $t_a = 20\,°C$, mittleres relatives Lagerspiel $\psi_m = 1{,}12 \cdot 10^{-3}$. Die Wärmedehnungsbeiwerte von Welle und Lagerschale sind nahezu gleich, sodass sich das Lagerspiel durch Wärmeeinwirkung nicht verändert. Es betragen: $t_{B\,lim} = 100\,°C$ und $\overline{p}_{zul} = 5\,N/mm^2$ für das Lagermetall PbSb15SnAs nach DIN ISO 4381. Schmieröl: ISO VG 46. Es sind zu ermitteln:

1. Die spezifische Lagerbelastung $\overline{p}$ und deren Zulässigkeit, die Gleitgeschwindigkeit u und die Winkelgeschwindigkeit ω.

2. Die Reynolds-Zahl *Re* bei $t_B = 40\,°C$ und deren Zulässigkeit.
3. Die kleinste Schmierfilmdicke h_0 und deren Zulässigkeit.
4. Die Lagertemperatur beim Wärmegleichgewicht mittels Iteration mit dem 1. Rechenschritt bei $t_{B.0} = 40\,°C$, d. h. $t_B - t_a = 20$ K, und $k = 20\ W/(m^2 \cdot K)$.

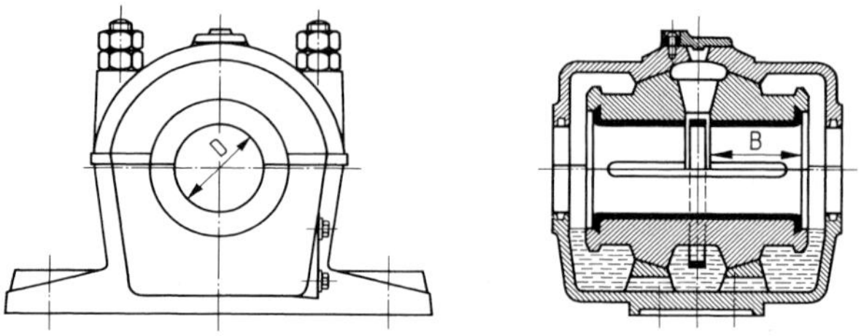

Bild 17.13 Ringschmierlager mit losem Schmierring

E: **1.** $\bar{p} = 2{,}4\ N/mm^2 < \bar{p}_{zul} = 5\ N/mm^2$, $u = 3{,}77$ m/s, $\omega = 150{,}8$ rad/s.
2. $Re = 2{,}07 < 1234$ ($\eta = 46$ mPa · s, $S = 56\ \mu m$), laminar, d. h. zulässig.
3. $h_0 \approx 19\ \mu m > h_{0\,lim} = 5\ \mu m$ ($So = 0{,}434$, $\varepsilon = 0{,}312$).
4. 1. Rechenschritt: $t_{B.1} = 86{,}7\,°C$ ($t_{B.0} = 40\,°C$, $\mu/\psi_{eff} = 7{,}9$, $P_A = 200$ W).
2. Rechenschritt: $t_{B.1} = 51{,}7\,°C$ ($t_{B.0} = 63\,°C$, $So = 1{,}11$, $\eta = 18$ mPa · s, $\varepsilon = 0{,}552$, $h_0 = 12{,}5\ \mu m$, $\mu = 0{,}0042$, $P_A = 95$ W).
3. Rechenschritt: $t_{B.0} = 57{,}4\,°C \approx 57\,°C$, $t_{B.1} \approx 62\,°C$ ($So = 0{,}768$, $\eta = 26$ mPa · s, $\varepsilon = 0{,}456$ (interpoliert), $h_0 \approx 15\ \mu m$, $\mu = 0{,}00554$, $P_A \approx 125$ W).
4. Rechenschritt: $t_{B.0} \approx 60\,°C$ (Berechnung abgebrochen).

L: **1.** $\bar{p}$ nach Gl. (17.1), u nach Gl. (17.2), ω nach Gl. (17.3). **2.** Nach Gl. (17.15). **3.** *So* nach Gl. (17.17), ε aus Tab. 17.15 (interpolieren), h_0 nach Gl. (17.22). **4.** 1. Rechenschritt: μ/ψ_{eff} aus Tab. 17.17 (interpolieren), daraus μ, $P_A = P_f$ nach Gl. (17.4), $t_{B.1}$ nach Gl. (17.5), 2. Rechenschritt $t_{eff} = 0{,}5(t_{B.0} + t_{B.1})$ und weiter wie im 1. Rechenschritt usw. bis t_B beim Wärmegleichgewicht nahezu errechnet.

17

17.14

Für die Lagerung einer beheizten Walze in einer Maschine zur Verarbeitung von Kunststoffen sollen Gleitlager mit wassergekühlten Lagerschalen und losem Schmierring eingesetzt werden (Bild 17.14). Die Lagerschalen sind mit GS-CuSn5Pb20-C nach DIN EN 1982 ausgegossen. Lagerdurchmesser $D = 80$ mm, Lagerbreite zweimal $B = 40$ mm ($B/D = 0{,}5$). Auf ein Lager wirkt eine Kraft von 38,4 kN (auf jede Hälfte $F = 19{,}2$ kN). Die Welle dreht sich mit $n = 600\ min^{-1}$. Mittleres relatives Lagerspiel $\psi_m = 1 \cdot 10^{-3}$, das temperaturunabhängig konstant bleibt. Das Lager wird mit Öl ISO VG 220 geschmiert.
Es soll der Wasserstrom errechnet werden, der die Lagertemperatur $t_B = 80\,°C$ konstant hält, und zwar unter Berücksichtigung der Konvektion bei einer wärmeabgebenden Oberfläche $A \approx 0{,}3\ m^3$ des gesamten Lagers. Durch die Beheizung der Walzen beträgt die Umgebungstemperatur $t_a \approx 40\,°C$, außerdem werden über die Welle $P_w \approx 500$ W zugeführt, die vom Lager mit abzuführen sind. Beim Durchfließen erwärmt sich das Kühlwasser um 10 K. Es sind zu errechnen:
1. die spezifische Lagerbelastung $\bar{p}$ und deren Zulässigkeit,
2. die Gleitgeschwindigkeit u und die Winkelgeschwindigkeit ω,
3. die Sommerfeld-Zahl *So*,
4. die kleinste Schmierfilmdicke h_0 und deren Zulässigkeit,
5. die Reibleistung P_f,
6. der Wärmestrom P_A durch die Konvektion mit $k \approx 15\ W/(m^2 \cdot K)$,
7. der Wärmestrom P_Q über das Kühlmittel (Wasser),
8. der Wasserdurchsatz Q mit $t_2 - t_1 = 10$ K.

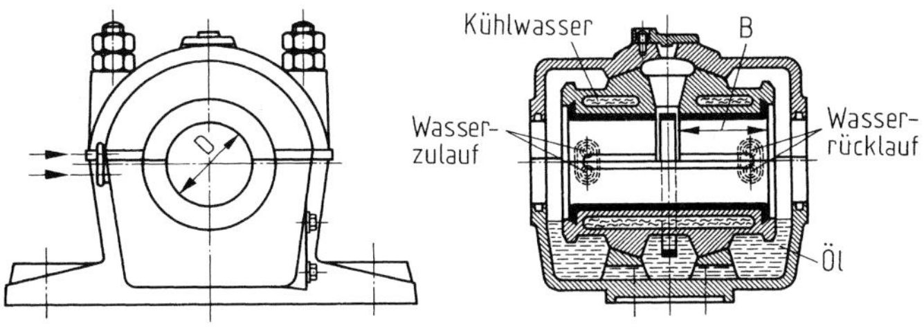

Bild 17.14 Ringschmierlager mit losem Schmierring und wassergekühlten Lagerschalen

E: **1.** $\bar{p} = 6\,\text{N/mm}^2 < \bar{p}_{\text{zul}} = 7\,\text{N/mm}^2$.
2. $u = 2{,}5\,\text{m/s}$, $\omega = 62{,}8\,\text{s}^{-1}$.
3. $So = 3{,}54$ ($\eta = 27\,\text{mPa}\cdot\text{s}$).
4. $h_0 = 5{,}84\,\mu\text{m} > h_{0\,\text{lim}} = 5\,\mu\text{m}$ ($\varepsilon = 0{,}854$).
5. $P_\text{f} = 226\,\text{W}$ ($\mu = 0{,}00235$).
6. $P_\text{A} = 180\,\text{W}$.
7. $P_\text{Q} = 546\,\text{W}$.
8. $Q = 13 \cdot 10^{-6}\,\text{m}^3/\text{s} = 0{,}78\,\text{l/min}$.

L: **1.** $\bar{p}$ nach Gl. (17.1), $\bar{p}_{\text{zul}}$ nach Tab. 17.12. **2.** u nach Gl. (17.2), ω nach Gl. (17.3). **3.** So nach Gl. (17.17) mit η bei 80 °C. **4.** h_0 nach Gl. (17.22), wofür ε aus Tab. 17.15 zu ermitteln (interpolieren) ist, $h_{0\,\text{lim}}$ nach Tab. 17.20. **5.** P_f nach Gl. (17.4), hierin μ aus μ/ψ_{eff} nach Tab. 17.17 (interpoliert). **6.** P_A nach Gl. (17.5). **7.** $P_\text{Q} = P_\text{f} + P_\text{W} - P_\text{A}$. **8.** Q aus Gl. (17.10).

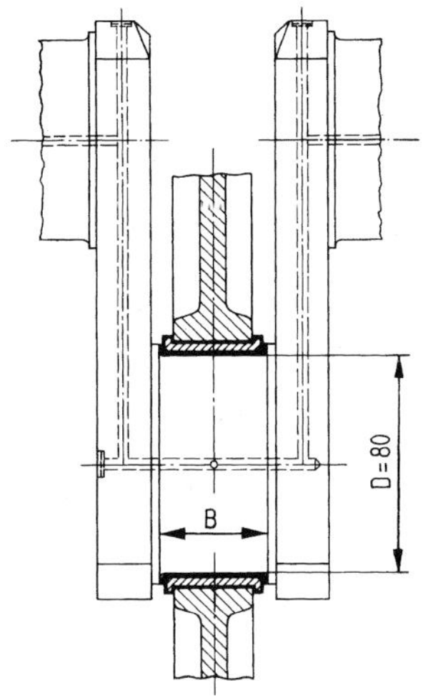

Bild 17.15 Kurbelwellengleitlager

17.15

Für einen Dieselmotor ist das in Bild 17.15 dargestellte Kurbelwellenlager zu berechnen. Lagernenndurchmesser $D = 80$ mm, Lagerbreite $B = 40$ mm, Lagerkraft $F = 22{,}5$ kN. Die Lagerschalen sind mit CuPb24Sn4 nach DIN ISO 4383 ausgefüttert. Drehzahl $n = 2000\,\text{min}^{-1}$. Zu ermitteln sind:

1. Die spezifische Lagerbelastung $\bar{p}$, die Umfangsgeschwindigkeit u und die Winkelgeschwindigkeit ω.
2. Ein geeignetes mittleres relatives Lagerspiel (das höhere nach Tab. 17.10). Es kann angenommen werden, dass sich das Spiel durch die Erwärmung nicht verändert.
3. Die Reynolds-Zahl Re und deren Zulässigkeit. Als dynamische Viskosität η ist die des Öls ISO VG 220 bei 80 °C einzusetzen.
4. Der Schmieröldurchsatz Q, wenn die Ölzufuhr nach Fall 8 der Tab. 17.19 erfolgt, die Breite der Zuführungsnut $b_\text{P} = 20$ mm und der Zuführungsdruck $p_\text{E} = 5$ bar beträgt.
5. Die kleinste Schmierfilmdicke h_0 und deren Zulässigkeit.
6. Die Lagertemperatur soll $t_\text{B} \approx 80$ °C betragen, und zwar so, dass das Öl mit $t_1 \approx 70$ °C zufließt und mit $t_2 \approx 90$ °C abfließt. Sind diese Temperaturgrenzen möglich, wenn die Wärmeabführung durch Konvektion nicht in Betracht gezogen wird?
7. Nehmen Sie an: Ölzuführung über Ringnut mit $b_\text{G} = 8$ mm und $\psi_\text{m} = 0{,}001$ als realistischere Werte, ferner $t_1 = 70$ °C und $t_2 = 100$ °C und $h_{\text{o}\,\text{lim}} = 0{,}05$ mm. Rechnen Sie mit dem Programm XGLEIT (siehe DVD zum Lehrbuch). Ist das Lager in Ordnung?

E: **1.** $\bar{p} = 7\,\text{N/mm}^2$, $u = 8{,}38\,\text{m/s}$, $\omega = 209{,}4\,\text{rad/s}$.
2. $\psi_\text{m} = 1{,}6 \cdot 10^{-3}$ ($\psi_{\text{m}\,\text{erf}} = 1{,}36 \cdot 10^{-3}$).

3. $Re = 17{,}9 < 1033$, zulässig, da laminar ($S = 128\,\mu m$, $\eta = 27$ mPa · s).
4. $Q = 0{,}02066 \cdot 10^{-3}\,m^3/s = 1{,}24\,l/min$ ($Q_1 = 0{,}01706 \cdot 10^{-3}\,m^3/s$, $q_1 = 0{,}0995$, $So = 3{,}169$, $\varepsilon = 0{,}8428$, $Q_2 = 0{,}0036 \cdot 10^{-3}\,m^3/s$, $q_2 = 0{,}093$, $q_P = 2{,}03$).
5. $h_0 \approx 10\,\mu m > h_{0\,lim} = 7\,\mu m$.
6. Ja, noch möglich, da $t_2 - t_1 = 20{,}6$ K ≈ 20 K ($\mu/\psi_{eff} = 2{,}535$, $\mu = 0{,}00406$, $P_Q = P_f \approx 766$ W).
7. Ja, passt alles.

L: **1.** $\bar{p}$ nach Gl. (17.1), u nach Gl. (17.2), ω nach Gl. (17.3). **2.** ψ_m nach Gl. (17.11), Wahl des nächstgrößeren nach Tab. 17.10. **3.** Re nach Gl. (17.15). **4.** $Q = Q_1 + Q_2$, Q_1 nach Gl. (17.13), So nach Gl. (17.17), ε nach Tab. 17.15 (interpoliert). **5.** h_0 nach Gl. (17.22), $h_{0\,lim}$ nach Tab. 17.20. **6.** μ/ψ_{eff} nach Tab. 17.17 (interpoliert), daraus μ. $P_Q = P_f$ nach Gl. (17.4), dann $t_2 - t_1$ aus Gl. (17.10). Es muss $t_2 - t_1 \leq 20$ K sein.
Zu der Berechnung sei bemerkt, dass die Ergebnisse nur als Anhaltswerte aufgefasst werden dürfen. Eine genaue Berechnung der Kurbelwellenlager von Verbrennungsmotoren ist sehr schwierig. Durch die sich ständig ändernden Kräfte im Kurbeltrieb und die bei vielen Motorarten häufige Drehzahländerung ergeben sich laufend andere Verhältnisse in den Lagern, die die wichtigsten Berechnungsgrößen stark beeinflussen. Eine endgültige Festlegung derartiger Lager ist nur auf Grund von Dauerversuchen möglich.

Berechnung von Axiallagern

17

17.16 Das Ringspurlager einer stehend angeordneten Welle ist nach Bild 17.16 ausgeführt. Die von der Spurplatte aus Grauguss mit dem Außendurchmesser $d_a = 160$ mm und dem Innendurchmesser $d_i = 60$ mm aufzunehmende Axialkraft beträgt $F = 8{,}5$ kN, Wellendrehzahl $n = 200\,min^{-1}$. Als wärmeabgebende Lageroberfläche wurde $A \approx 0{,}5\,m^2$ errechnet.
1. Sind die spezifische Lagerbelastung $\bar{p}$, die mittlere Gleitgeschwindigkeit u und die Pressungsgeschwindigkeit $\bar{p} \cdot u$ zulässig (zulässige Werte nach Tab. 17.11, reichliche Tropfölschmierung?
2. Überschreitet die Lagertemperatur t_B den normalerweise zulässigen Betrag (Reibzahl $\mu \approx 0{,}03$)?

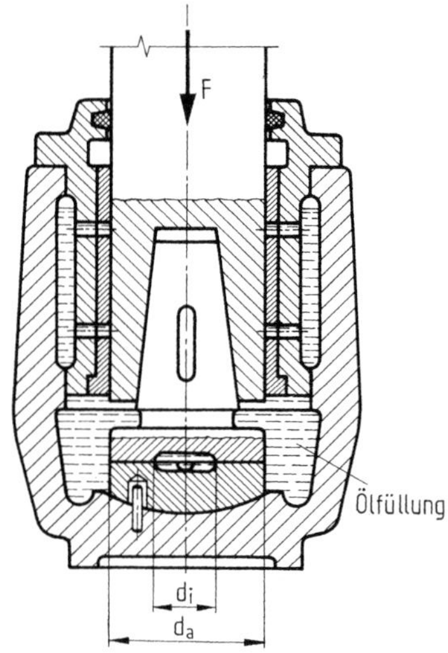

Bild 17.16 Ringspur-Stützlager

E: 1. Ja, $\bar{p} \approx 0{,}49\,N/mm^2 < 0{,}8\,N/mm^2$ ($A_L \approx 17280\,mm^2$), $u = 1{,}15\,m/s < 3\,m/s$ ($d_m = 0{,}11$ m).
2. Nein, $t_B = 49{,}3\,°C < 70\,°C$ ($P_f \approx 293$ W).

L: **1.** $\bar{p}$ nach Gl. (17.32) und u nach Gl. (17.2) mit $d = d_m$. **2.** Nach Gl. (17.5) mit P_f nach Gl. (17.4), μ entspr. Tab. 17.13 für Ringspurlager bei Ölschmierung und Mischreibung, $k = 20\,W/(K \cdot m^2)$ und $t_a = 20\,°C$ (Normalfall).

17.17 An einer Förderschnecke für Schüttgut, die mit der Drehzahl $n = 30\ \text{min}^{-1}$ angetrieben wird, tritt eine Axialkraft $F = 2{,}75$ kN auf. Als Axiallager ist ein fettgeschmiertes Ringspurlager mit einer Spurplatte aus GS-CuSn7Zn4Pb7-c nach DIN EN 1982 (Rotguss) vorgesehen (Reibzahl $\mu \approx 0{,}1$ nach Tab. 17.13), Abmessungen der Gleitfläche: Außendurchmesser $d_a = 100$ mm, Innendurchmesser $d_i = 50$ mm, Lageroberfläche $A \approx 0{,}1\ \text{m}^2$. Ist das Lager bei einer Umgebungstemperatur $t_a = 25\ °\text{C}$ für diese Betriebsverhältnisse geeignet?

E: Ja, $\bar{p} \approx 0{,}47\ \text{N/mm}^2 < 0{,}6\ \text{N/mm}^2$ ($A_L \approx 5890\ \text{mm}^2$), $u \approx 0{,}12$ m/s < 2 m/s ($d_m = 0{,}075$ m), $\bar{p} \cdot u = 0{,}056\ \text{W/mm}^2 < 3\ \text{W/mm}^2$, $t_B \approx 42\ °\text{C} < 70\ °\text{C}$ ($P_f \approx 33$ W).

L: Sinngemäß wie Aufg. 17.16, zul. Werte nach Tab. 17.11.

17.18 Das Drucklager zur Abstützung der Kransäule eines Borddrehkranes auf einem Hochseeschiff soll seewasserfest und wartungsfrei ausgeführt werden. Gewählt wird ein Ringspurlager mit einer Spurplatte aus einem Lagermetall mit $\bar{p}_{zul} = 40\ \text{N/mm}^2$. Die Gleitfläche hat einen Außendurchmesser $d_a = 80$ mm und den Innendurchmesser $d_i = 40$ mm, Lageroberfläche $A \approx 0{,}06\ \text{m}^2$. Aus dem Eigengewicht und der Tragfähigkeit des Kranes ergibt sich für das Lager eine Axialkraft $F = 96$ kN. Der Ausleger kann mit einer Winkelgeschwindigkeit bis $\omega = 0{,}4$ rad/s um die Kransäule gedreht werden. Unter Annahme ungünstigster Verhältnisse (Dauerbetrieb, obwohl normalerweise Aussetzbetrieb vorliegt; Reibzahl $\mu \approx 0{,}15$, Umgebungstemperatur $t_a = 40\ °\text{C}$) ist zu prüfen, ob das Lager für diese Betriebsverhältnisse geeignet ist. Es sind zu ermitteln:

1. Die spezifische Lagerbelastung $\bar{p}$ (wegen des Festschmierstoffs sinngemäß wie bei Radiallagern mit $A_L \approx 0{,}65\ d_m \cdot \pi \cdot b$),
2. Die Pressungsgeschwindigkeit $\bar{p} \cdot u$,
3. Die Lagertemperatur t_B, die 200 °C nicht überschreiten soll.

E: **1.** $\bar{p} \approx 39{,}2\ \text{N/mm}^2 < \bar{p}_{zul} = 40\ \text{N/mm}^2$ ($A_L \approx 2450\ \text{mm}^2$).
2. $\bar{p} \cdot u \approx 0{,}47\ \text{W/mm}^2 < (\bar{p} \cdot u)_{zul} = 1{,}2\ \text{W/mm}^2$ ($u = 0{,}012$ m/s).
3. $t_B \approx 184\ °\text{C} < t_{B\,zul} = 200\ °\text{C}$ ($P_f \approx 173$ W), das Lager ist somit geeignet.

L: **1.** Nach Gl. (17.29) (Lagerfläche bei Festschmierstoff, $\bar{p}_{zul} = 40\ \text{N/mm}^2$. **2.** Mit $u = \omega \cdot d_m/2$ die zulässige Pressungsgeschwindigkeit $(\bar{p} \cdot u)_{zul} = 1{,}2\ \text{W/mm}^2$. **3.** Nach Gl. (17.5) mit P_f nach Gl. (17.4).

17.19 In einer Zentrifuge hat das Drucklager für die vertikal angeordnete Welle eine Axialkraft $F = 50$ kN aufzunehmen. Es besteht aus einem oberflächengehärteten Stahl-Laufring und einem Tragring mit Festsegmenten aus Zinnbronze mit $\bar{p}_{zul} = 35\ \text{N/mm}^2$. Der Bronzering hat einen mittleren Durchmesser $d_m = 200$ mm und eine Breite $b = 50$ mm. Er ist in $z = 8$ Segmente unterteilt mit der Keilspaltlänge $l = 60$ mm und der Keilhöhe $H = 35\ \mu\text{m}$. Das Lagergehäuse hat die Oberfläche $A \approx 0{,}25\ \text{m}^2$. Die Drehzahl beträgt $n = 480\ \text{min}^{-1}$. Es sind zu ermitteln:

1. Die spezifische Lagerbelastung $\bar{p}$ und die mittlere Gleitgeschwindigkeit u,
2. Die ISO-Viskositätsklasse und die dynamische Viskosität η eines geeigneten Schmieröls bei der Betriebstemperatur $t_B = 60\ °\text{C}$, ausgehend von einer relativen Schmierfilmdicke $\delta = 0{,}8$,
3. Die Übergangsdrehzahl $n_ü$ und die Mindestdrehzahl n_{min},
4. Der zur Aufrechterhaltung der Flüssigkeitsreibung erforderliche Schmieröldurchsatz $Q1$,
5. Die Reibleistung P_f,
6. Der erforderliche Kühlöldurchsatz Q mit $t_a = 20\ °\text{C}$, $t_2 - t_B = 10$ K und $k = 20\ \text{W/(m}^2 \cdot \text{K)}$.

17

E: **1.** $\bar{p} \approx 2{,}08\,\mathrm{N/mm^2}$ ($A_L = 24\,000\,\mathrm{mm^2}$), $u \approx 5\,\mathrm{m/s}$.
2. ISO VG 320 mit $\eta_{60} = 0{,}1\,\mathrm{Pa \cdot s}$ (erf. $\eta = 0{,}097\,\mathrm{Pa \cdot s}$, $h_{0\,\mathrm{erf}} = 28\,\mathrm{\mu m}$, $l/b = 1{,}2$, $So_{\mathrm{ax}} = 0{,}067$, $h_0 = 27\,\mathrm{\mu m}$).
3. $n_ü = 0{,}297\,\mathrm{s^{-1}} \approx 18\,\mathrm{min^{-1}}$ ($h_ü = 5{,}2\,\mathrm{\mu m}$), $n_{\mathrm{min}} = 2{,}15\,\mathrm{s^{-1}} = 129\,\mathrm{min^{-1}}$ ($h_{0\,\mathrm{lim}} = 14\,\mathrm{\mu m}$).
4. $Q_1 \approx 0{,}0378\,\mathrm{dm^3/s} = 2{,}3\,\mathrm{l/min}$.
5. $P_f = 1\,450\,\mathrm{W}$ ($\mu \approx 0{,}0058$, $K \approx 2{,}78$).
6. $Q = 0{,}0347 \cdot 10^{-3}\,\mathrm{m^3/s} = 2\,\mathrm{l/min}$, sodass Q_1 auch zur Kühlung ausreicht.

L: **1.** Nach den Gln. (17.29) und (17.2) mit $d = d_m$ (zu den Lagerabmessungen s. die ME-Bilder 17.67, 17.68a und 17.72b). **2.** η nach Gl. (17.30) mit $h_0 = \delta \cdot H$ und So_{ax} nach Tab. 17.26, daraus Viskositätsklasse nach Diagr. 16.1 für $t = 60\,°\mathrm{C}$. Mit gewähltem η aus Gl. (17.30) endgültiges h_0. **3.** Nach den Gln. (17.32) und (17.33) ($h_ü$ und $h_{0\,\mathrm{lim}}$ nach Tab. 17.27). **4.** Nach Gl. (17.34). **5.** Nach Gl. (17.4) mit μ nach Gl. (17.31). **6.** Nach Gl. (17.35) mit $t_a = 20\,°\mathrm{C}$ und $t_2 - t_1 = 15\,\mathrm{K}$.

17.20

Das Stützlager für eine vertikal angeordnete Welle, die mit wechselnder Drehrichtung angetrieben wird, hat bei einer Drehzahl von $2850\,\mathrm{min^{-1}} = 47{,}5\,\mathrm{s^{-1}}$ eine Axialkraft von 106 kN aufzunehmen. Vorgesehen ist ein Segment-Spurlager mit eingearbeiteten Keilflächen für beide Drehrichtungen und den Abmessungen: Außendurchmesser $d_a = 160\,\mathrm{mm}$, Innendurchmesser $d_i = 100\,\mathrm{mm}$, Keilspaltlänge $l = 35\,\mathrm{mm}$, Keillänge $K = 27\,\mathrm{mm}$, Nutbreite $N = 6\,\mathrm{mm}$. Die Gleitfläche besteht aus dem Lagerwerkstoff mit $\bar{p}_{\mathrm{zul}} = 18{,}6\,\mathrm{N/mm^2}$ und wird mit einem Schmieröl der Viskositätsklasse ISO VG 680 geschmiert sowie gekühlt.

1. Sind die spezifische Lagerbelastung $\bar{p}$, die mittlere Gleitgeschwindigkeit u und die Pressungsgeschwindigkeit $\bar{p} \cdot u$ für den Gleitwerkstoff zulässig, wenn nach Firmenangaben $\bar{p}_{\mathrm{zul}} = 18{,}6\,\mathrm{N/mm^2}$, $u_{\mathrm{zul}} = 20\,\mathrm{m/s}$ und $(\bar{p} \cdot u)_{\mathrm{zul}} = 372\,\mathrm{W/mm^2}$ betragen?
2. Wie lang ist die Raststrecke R, und mit welchem Maß muss die Keilhöhe H bei einer relativen Schmierfilmdicke $\delta = 0{,}8$ ausgeführt werden ($t_B = 70\,°\mathrm{C}$)?
3. Wie groß ist die Reibleistung P_f?
4. Welcher Kühlöldurchsatz Q ist bei $t_2 - t_1 = 15\,\mathrm{K}$ erforderlich, wenn davon ausgegangen wird, dass die gesamte Reibwärme vom Öl abgeführt werden soll?
5. Ist der Kühlöldurchsatz ausreichend als Schmieröldurchsatz Q_1 zur Aufrechterhaltung der Flüssigkeitsreibung?
6. Wie hoch ist die Übergangsdrehzahl $n_ü$ und die Mindestdrehzahl n_{min}?

17

E: **1.** Ja, $\bar{p} \approx 16{,}8\,\mathrm{N/mm^2} < \bar{p}_{\mathrm{zul}} = 18{,}6\,\mathrm{N/mm^2}$ ($d_m = 130\,\mathrm{mm}$, $b = 30\,\mathrm{mm}$, $z = 6$, $A_L = 6300\,\mathrm{mm^2}$), $u = 19{,}4\,\mathrm{m/s} < u_{\mathrm{zul}} = 20\,\mathrm{m/s}$, $\bar{p} \cdot u = 326\,\mathrm{W/mm^2} < (\bar{p} \cdot u)_{\mathrm{zul}} = 372\,\mathrm{N/mm^2}$.
2. $R = 8\,\mathrm{mm}$, $H = 18{,}1\,\mathrm{\mu m} \approx 0{,}019\,\mathrm{mm}$ ($l/b = 1{,}17$, $So_{\mathrm{ax}} = 0{,}0673$, $\eta_{70} = 0{,}09\,\mathrm{Pa \cdot s}$, $h_0 = 14{,}5\,\mathrm{\mu m}$).
3. $P_f = 10\,652\,\mathrm{W}$ ($\mu \approx 0{,}00518$, $K \approx 2{,}78$).
4. $Q \approx 0{,}3945\,\mathrm{dm^3/s} = 23{,}7\,\mathrm{l/min}$.
5. Ja, $Q_1 \approx 0{,}03544\,\mathrm{m^3/s} = 2{,}13\,\mathrm{l/min} < Q$.
6. $n_ü = 5{,}65\,\mathrm{s^{-1}} = 339\,\mathrm{min^{-1}}$ ($h_ü \approx 5\,\mathrm{\mu m}$), $n_{\mathrm{min}} = 38{,}2\,\mathrm{s^{-1}} = 2\,291\,\mathrm{min^{-1}}$ ($h_{0\,\mathrm{lim}} \approx 13\,\mathrm{\mu m}$).

L: **1.** Nach den Gln. (17.29) und (17.2) mit $d = d_m$ sowie den zulässigen Werten nach Aufgabe (wegen der Gleitflächenmaße s. die ME-Bilder 17.64, 17.65b und 17.69c); es ist $z = d_m \cdot \pi/(l + K + N)$. **2.** $R = l - K$ (s. die ME-Bilder 17.65b und 17.69c), $H = h_0/\delta$ mit h_0 nach Gl. (17.29) (η_{70} nach Diagr. 16.1). **3.** Nach Gl. (17.4) mit μ nach Gl. (17.31). **4.** Nach Gl. (17.35) mit $k \cdot A(t_B - t_a) = 0$ und $t_2 - t_1 = 15\,\mathrm{K}$. **5.** Nach Gl. (17.34). **6.** Wie Aufg. 17.19 unter 3. mit $h_ü$ und $h_{0\,\mathrm{lim}}$ interpoliert.

17.21 Das Stützlager der senkrechten Welle einer Wasserturbine soll als Kippsegment-Spurlager entsprechend Bild 17.21 ausgeführt werden. Die aufzunehmende Axialkraft beträgt $F = 2$ MN, die Wellendrehzahl $n = 320\ \text{min}^{-1}$. Im Entwurf des Lagers sind 12 kippbewegliche Segmente mit einer Gleitauflage aus Lagermetall SnSb8Cu4Cd nach DIN ISO 4381 und den Abmessungen $l = 210$ mm, $b = 300$ mm vorgesehen, die auf einem mittleren Durchmesser $d_m = 1000$ mm angeordnet sind. Die Schmierung soll als Umlauf-Spülschmierung erfolgen mit einem Schmieröl der Viskositätsklasse ISO VG 68, das gleichzeitig als Kühlmittel wirkt. Durch das Öl soll die entstehende Reibwärme so weit abgeführt werden, dass bei einer Umgebungstemperatur $t_a = 20\ °\text{C}$ die Betriebstemperatur $t_B = 60\ °\text{C}$ nicht überschritten wird. Das Lagergehäuse hat eine wärmeabgebende Oberfläche $A \approx 5{,}1\ \text{m}^2$. Es sind die erforderlichen Berechnungen für das Lager wie folgt durchzuführen:

1. Spezifische Lagerbelastung $\bar{p}$ und mittlere Gleitgeschwindigkeit u,
2. Reibleistung P_f,
3. Schmieröldurchsatz Q_1 und Kühlöldurchsatz Q mit $t_2 - t_B = 7{,}5$ K,
4. Abstand x des Unterstützungspunktes von der ablaufenden Kante eines Segments,
5. Die Übergangsdrehzahl $n_ü$ und die Mindestdrehzahl n_{min}.

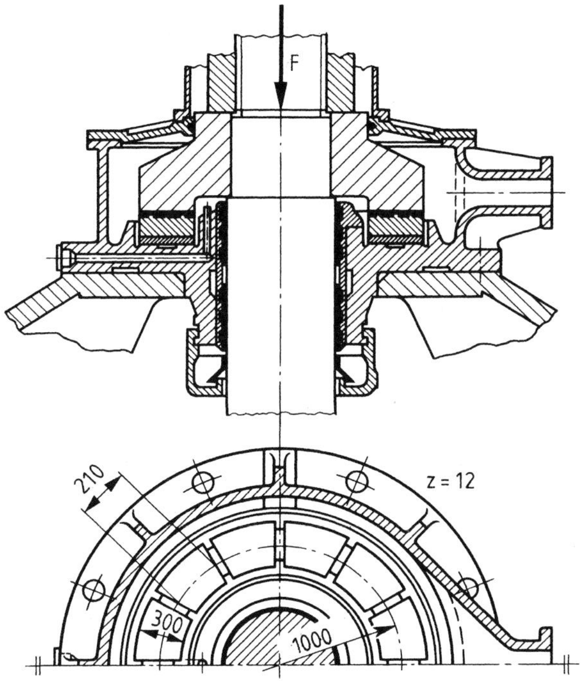

Bild 17.21 Kippsegment-Spurlager als Stützlager einer Wasserturbine

E: 1. $\bar{p} = 2{,}65\ \text{N/mm}^2$ ($A_L = 756\,000\ \text{mm}^2$), $u = 16{,}74$ m/s.
2. $P_f = 71\,312$ W ($\eta_{60} = 0{,}026$ Pa · s, $\delta = 0{,}8$, $l/b = 0{,}7$, $So_{ax} = 0{,}063$, $h_0 \approx 55{,}7\ \mu$m, $\mu \approx 0{,}00213$, $K = 2{,}88$).
3. $Q_1 = 2{,}3497 \cdot 10^{-3}\ \text{m}^3/\text{s} \approx 141$ l/min, $Q = 2{,}528\ \text{dm}^3/\text{s} = 151{,}7$ l/min $> Q_1$.
4. $x = 92$ mm, ($d_a = 1\,300$ mm, $d_i = 700$ mm, $d_s = 1\,044$ mm).
5. $n_ü = 0{,}062\ \text{s}^{-1} \approx 3{,}7\ \text{min}^{-1}$ ($h_ü = 6\ \mu$m), $n_{min} = 0{,}44\ \text{s}^{-1} \approx 26{,}4\ \text{min}^{-1}$ ($h_{0\,lim} = 16\ \mu$m).

L: Sinngemäß wie ME Beisp. 17.4, jedoch mit $t_2 - t_1 = 15$ K.

17

17.22 Die Berechnungen für das Kippsegment-Spurlager der Welle einer Wasserturbine nach Aufgabe 17.21 ergaben, dass die Übergangsdrehzahl $n_{ü}$ und die Mindestdrehzahl n_{min} sehr niedrig sind. Es könnte also ein Schmieröl mit geringerer Viskosität verwendet werden. Ausgehend von einer Schmierfilmdicke $h_0 \approx 1{,}5\, h_{0\,lim} = 24\,\mu m$ sind die ISO-Viskositätsklasse und die dynamische Viskosität bei $t_B = 60\,°C$ zu bestimmen sowie die genannten Drehzahlen neu zu errechnen. Ferner sind der erforderliche Schmieröldurchsatz und der Kühlöldurchsatz zu ermitteln, wobei davon auszugehen ist, dass die gesamte Reibwärme vom Öl abgeführt werden soll. Nach Aufgabe 17.21 sind gegeben: $So_{ax} = 0{,}063$, $\overline{p} = 2{,}65\, N/mm^2$, $u = 16{,}74\, m/s$, $b = 300\, mm$, $n = 320\, min^{-1}$, $z = 12$, $F = 2\, MN$.

E: ISO VG 10 mit $\eta_{60} = 0{,}005\, Pa \cdot s$ (erf. $\eta = 0{,}00482\, Pa \cdot s = 4{,}82\, mPa \cdot s$), $h_0 = 24{,}4\,\mu m$, $n_{ü} = 0{,}322\, s^{-1} \approx 19{,}3\, min^{-1}$, $n_{min} = 2{,}29\, s^{-1} \approx 137\, min^{-1}$, $Q_1 = 61{,}6\, l/min < Q = 69\, l/min$ ($\mu \approx 0{,}00093$, $P_f = 31\,062\, W$), somit Drehzahlen $n_{ü}$ und n_{min} günstiger und Ölmenge geringer als nach Aufg. 17.21.

L: $\gamma_{60\,erf}$ aus Gl. (17.30), Wahl der Viskositätsklasse nach Diagr. 16.1, danach endgültiges h_0 aus Gl. (17.30) mit gewähltem η_{60}; $n_{ü}$ und n_{min} nach den Gln. (17.32) und (17.33), Q_1 nach Gl. (17.34), μ nach Gl. (17.31), P_f nach Gl. (17.4) und Q nach Gl. (17.35).

18 Wälzlager

Rillenkugellager

18.1 Für die Eingangswelle eines Werkzeugmaschinengetriebes ist als Festlager ein Rillenkugellager DIN 625 — 6305 vorgesehen (Bild 18.1). Durch Riemenzug und Zahnkräfte hat das Lager eine radiale Belastungskraft $F_r = 1{,}8$ kN aufzunehmen, Wellendrehzahl $n = 450\ \text{min}^{-1}$. Während des Stillstands beträgt die radiale Belastungskraft $F_{r0} = 1{,}3$ kN. Eine Axialkraft tritt nicht auf.

1. Liegt die für dieses Lager zu erwartende nominelle Lebensdauer L_{10h} über der üblichen Vollastlebensdauer von Werkzeugmaschinen-Getriebelagern?

2. Genügt die statische Kennzahl f_s für hohe Ansprüche an Laufruhe und Reibverhalten?

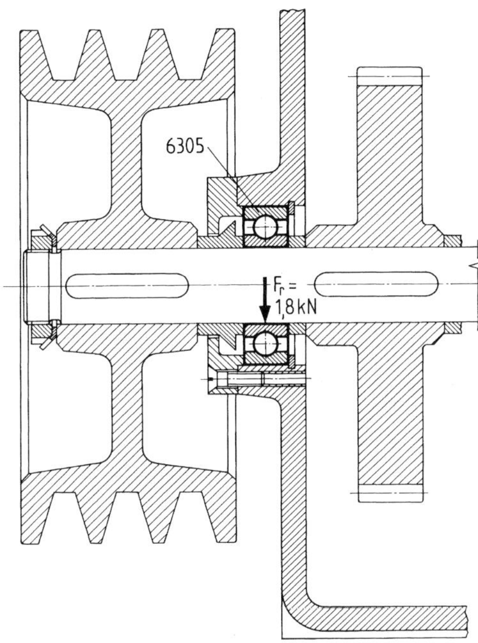

Bild 18.1 Rillenkugellager als Festlager in einem Werkzeugmaschinengetriebe mit Keilriemenantrieb

E: **1.** Ja, sie liegt weit darüber: $L_{10h} = 71\,378$ h $> 20\,000$ h ($C = 22{,}4$ kN, $L_{10} = 1\,927{,}2 \cdot 10^6$).
2. Ja, $f_s = 8{,}77 > 2{,}5$ ($C_0 = 11{,}4$ kN).

L: **1.** L_{10h} nach Gl. (18.4) mit L_{10} nach Gl. (18.2); da $F_a = 0$, wird $P = F_r$ (Gl. (18.1) mit $X = 1$), C nach Tab. 18.3. Ergebnis mit Wert nach Tab. 18.12 vergleichen.
2. Nach Gl. (18.6) mit $P_0 = F_{r0}$ und C_0 nach Tab. 18.3, übliche Werte s. ME Abschn. 18.4.

18.2 Die Lagerung eines Laufrades nach Bild 18.2 für eine Seilbahn besteht aus zwei Rillenkugellagern DIN 625 — 6208. Auf das Laufrad wirkt eine radiale Radkraft $F_R = 5$ kN. Die geringe Axialkraft infolge Seitenanlaufs kann vernachlässigt werden. Der Laufraddurchmesser beträgt $D_R = 250$ mm, die Fahrgeschwindigkeit $v = 3$ m/s. Ist die Lagerung für diese Belastung geeignet, wenn eine Lebensdauer von 50000 h erwartet wird, und werden bei gleich hoher statischer Belastung noch normale Ansprüche an die Geräuscharmut erfüllt? Im Einzelnen sind zu ermitteln:

1. Die Drehzahl n der Lager,
2. Ist die nominelle Lebensdauer L_{10h} ausreichend?
3. Genügt die statische Kennzahl f_s?

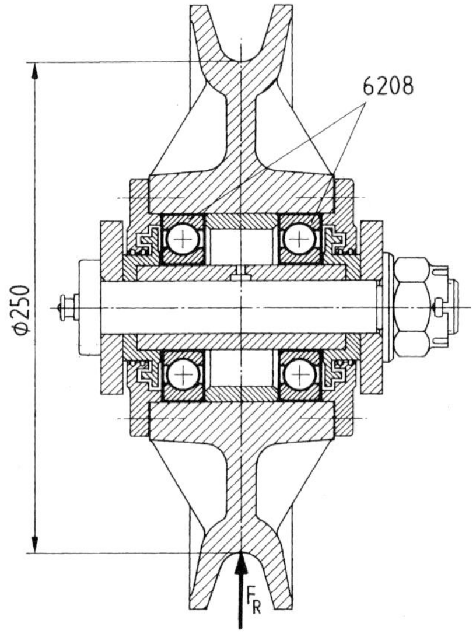

Bild 18.2 Laufradlagerung für eine Seilbahn

E: **1.** $n = 3{,}82\ s^{-1} = 229{,}2\ min^{-1} = 13752\ h^{-1}$.
2. Ja, $L_{10h} = 113511\ h > 50000\ h$ ($P = F_r = 2{,}5\ kN$, $C = 29\ kN$, $L_{10} = 1561 \cdot 10^6$),
3. Ja, $f_s = 7{,}2 > 1{,}5$ ($C_0 = 18\ kN$).

18

L: **1.** Aus $v = D_R \cdot \pi \cdot n$ (Fahrgeschwindigkeit = Umfangsgeschwindigkeit der Rolle).
2. Sinngemäß wie unter 1. in Aufg. 18.1 mit $F_r = F_R/2$.
3. Sinngemäß wie unter 2. in Aufg. 18.1 mit $P_0 = P = F_r$.

18.3

Eine Förderbandtragrolle (Bild 18.3) mit zwei Rillenkugellagern DIN 625 – 6205 wird durch das Eigengewicht des Fördergurtes und das Gewicht des Fördergutes sowohl während des Betriebes als auch beim Stillstand mit der Kraft $F = 3{,}2\ kN$ belastet. Durch seitliches Verlaufen des Gurtes kann während des Betriebes auf eines der beiden La-

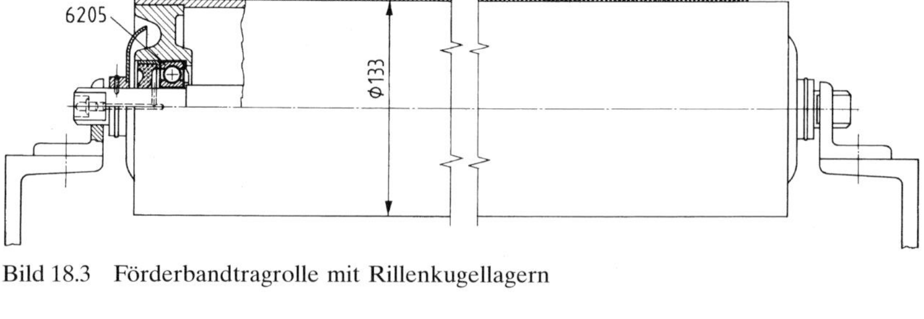

Bild 18.3 Förderbandtragrolle mit Rillenkugellagern

ger eine Axialkraft bis ca. $0{,}1F$ wirken. Der Tragrollendurchmesser beträgt $D_R = 133$ mm, die Geschwindigkeit des Förderbandes $v = 2{,}1$ m/s. Es ist die Lebensdauer der Lager zu errechnen und zu prüfen, ob noch normale Ansprüche an die Laufruhe erfüllt werden. Zu ermitteln sind:

1. Die dynamisch äquivalente Belastung P für ein Lager,
2. Die nominelle Lebensdauer L_{10h},
3. Ist die statische Kennzahl f_s ausreichend?

E: **1.** $P = F_r = 1{,}6$ kN, ($F_a = 0{,}32$ kN, $C_0 = 8$, $f_0 \approx 13{,}18$, $f_0 \cdot F_a/C_0 = 0{,}54$, $e \approx 0{,}244 > F_a/F_r = 0{,}2$, $X = 1$, $Y = 0$).
2. $L_{10h} \approx 39\,450$ h ($C = 14{,}3$ kN, $L_{10} \approx 713{,}9 \cdot 10^6$, $n = 5{,}03\ \mathrm{s}^{-1} \approx 302\ \mathrm{min}^{-1}$).
3. Ja, $f_s = 4{,}875 > 1{,}5$.

L: **1.** Nach Gl. (18.1) mit $F_r = F/2$ und $F_a = 0{,}1F$. Für das Bestimmen von X und Y nach Tab. 18.3 die Verhältnisse $f_0 \cdot F_a/C_0$ und F_a/F_r bilden und e interpolieren.
2. Nach Gl. (18.4) mit L_{10} nach Gl. (18.2) und $n = v/(D_R \cdot \pi)$.
3. Sinngemäß wie unter 2. in Aufg. 18.1 mit $P_0 = F_{r0} = F_r$, da $F_{a0} = 0$.

18.4

Die Getriebewelle nach Bild 18.4 für ein Universalgetriebe soll in Rillenkugellagern DIN 625 aufgenommen werden. Der Lagerzapfen an der Stelle A hat einen Durchmesser $d = 50$ mm, an der Lagerstelle B ist $d = 45$ mm. Die Lagerkräfte betragen unter Berücksichtigung betriebsbedingter Stöße: $F_{rA} = 7{,}45$ kN, $F_{rB} = 6{,}55$ kN, Wellendrehzahl $n = 1000\ \mathrm{min}^{-1}$. Während des Stillstands treten keine nennenswerten Kräfte auf. Vorgesehen sind Lager der Reihe 63. Für die Lagerstellen A und B sind zu ermitteln:

1. Die Kurzzeichen, die Abmessungen D und B und die dynamischen Tragzahlen C beider Lager,
2. Die nominellen Lebensdauern L_{10h},
3. Genügen die Lebensdauern L_{10h} den üblichen Volllastlebensdauern für Universalgetriebe?

18

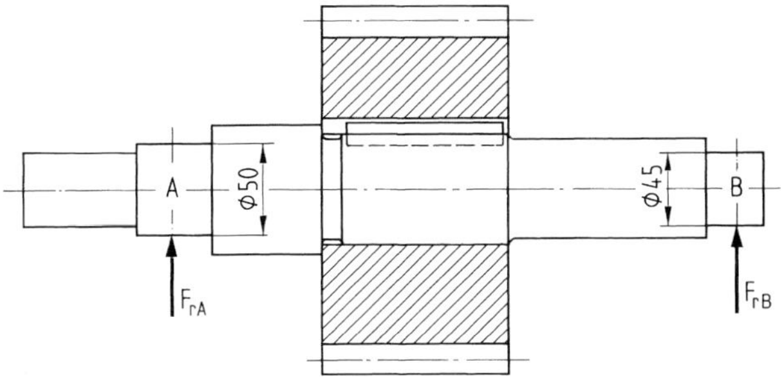

Bild 18.4 Getriebewelle

E: **1.** A: 6310, $D = 110$ mm, $B = 27$ mm, $C = 62$ kN, B: 6309, $D = 100$ mm, $B = 25$ mm, $C = 53$ kN.
2. A: $L_{10h} = 9600$ h ($L_{10} = 576{,}38 \cdot 10^6$), B: $L_{10h} = 8830$ h ($L_{10} = 529{,}79 \cdot 10^6$).
3. Ja, $L_{10h\,erf} \approx 8000\ \mathrm{h} < L_{10h}$.

L: **1.** Nach ME Abschn. 18.1, ME Bild 18.6a und Tab. 18.3.
2. Nach Gl. (18.4) mit L_{10} nach Gl. (18.2), da $F_a = 0$ (keine Axialkraft), ist $P = F_{rA}$ bzw. F_{rB}.
3. Übliche Volllastlebensdauer s. Tab. 18.12.

18.5 Die Radachsen eines Förderwagens sind nach Bild 18.5 in Rillenkugellagern aufgenommen. Für die Achsbelastungskraft $F = 27$ kN soll die Lagergröße bestimmt werden, wobei von einer für derartige Achslager üblichen Lebensdauer auszugehen ist. Als Zapfendurchmesser ist $d = 55$ mm vorgesehen. Die Raddrehzahl beträgt $n = 140\ \text{min}^{-1}$. Wegen des seitlichen Anlaufens der Radspurkränze am Schienenkopf hat das Festlager eine Axialkraft aufzunehmen, die erfahrungsgemäß mit 10 % der radialen Radkraft angenommen wird. Beide Lager sollen in gleicher Größe ausgeführt werden. Da die Belastung auch im Stillstand auftritt, ist zu prüfen, ob normale Ansprüche an die Laufruhe erfüllt werden. Welche Lagergröße muss gewählt werden?

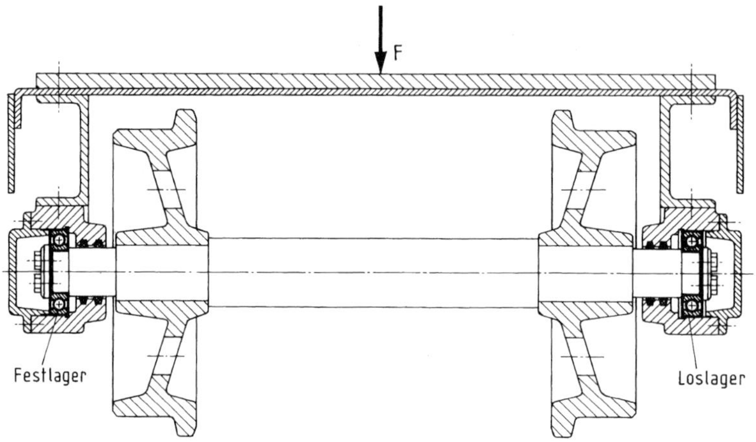

Bild 18.5 Lagerung einer Förderwagenachse

E: Rillenkugellager DIN 625-6311 mit $C = 76{,}5$ kN $> C_{\text{erf}} = 46{,}93$ kN ($L_{10\text{h erf}} = 5000$ h, $F_r = 13{,}5$ kN, $F_a = 1{,}35$ kN, $C_0 = 47{,}5$ kN, $f_0 \approx 13$, $f_0 \cdot F_a / C_0 = 0{,}369$, $F_a/F_r = 0{,}1 < e = 0{,}227$, $X = 1$, $Y = 0$, $P = F_r$), $f_s = 3{,}52 > 1{,}5$, somit ausreichend.

18

L: Da zwei gleiche Lager vorgesehen sind, beschränkt sich die Berechnung auf das Festlager mit $F_r = F/2$ und $F_a = 0{,}1 F_r$. Zur Ermittlung von X und Y zwecks Berechnung von P nach Gl. (18.1) muss vorerst eine Lagergröße nach Tab. 18.3 angenommen werden. Die Auswahl wird erleichtert mit C_{erf} nach Gl. (18.2), worin $P = F_r$ zu setzen ist ($F_a = 0$ angenommen), L_{10} nach Gl. (18.4) mit $L_{10\text{h}}$ nach Tab. 18.12. Es ist dann $C_{\text{erf}} = F_r \cdot \sqrt[3]{L_{10\text{h}} \cdot n / 10^6}$. f_s nach Gl. (18.6) mit $P_0 = F_{r0} = F_r$, da im Stillstand keine Axialkraft.

18.6 Als Loslager für die Welle des Abgasturboladers eines Dieselmotors soll ein Rillenkugellager mit dem Bohrungsdurchmesser $d = 40$ mm eingesetzt werden, das bei einer Betriebstemperatur $t \approx 200\ °\text{C}$ eine größte Belastungskraft von 2,6 kN aufzunehmen hat. Das Lager wird mit hochtemperaturbeständigem Silikonöl geschmiert. Die Wellendrehzahl beträgt $n = 18000\ \text{min}^{-1}$. Es ist die erforderliche Lagergröße für eine Lebensdauer $L_{10\text{h}} = 5000$ h zu ermitteln (Nachsetzzeichen S1 für Wärmebeständigkeit bis 200 °C). Ferner ist zu prüfen, ob ein Lager mit erhöhter Laufgenauigkeit verwendet werden muss und eine zusätzliche Kühlung erforderlich ist.

E: Rillenkugellager DIN 625-6408 S1 mit $D = 110$ mm, $B = 27$ mm, $C = 62$ kN $> C_{\text{erf}} = 50{,}68$ kN ($P = 2{,}5$ kN, $f_T = 0{,}9$). Da $n > n_g = 6250\ \text{min}^{-1}$

($F_r = 2{,}5$ kN $< 0{,}1C = 6{,}2$ kN, $Z_S = 1{,}25$, $Z_K = 1$, $K = 500\,000$ min^{-1}), sind ein Lager mit erhöhter Laufgenauigkeit und weitere Maßnahmen zur Verminderung der Reibung sowie gute Wärmeabführung erforderlich.

L: Da bei Loslagern $F_a = 0$ ist, wird $P = F_r$ (Gl. (18.1) mit $X = 1$ und $Y = 0$). Wegen erhöhter Temperatur muss C mit f_T multipliziert werden (s. Tab. 18.11), Lagerauswahl nach Tab. 18.3 sinngemäß wie in Aufg. 18.5 für $C_{erf} = (P/f_T) \cdot \sqrt[3]{L_{10} \cdot n/10^6}$ nach den Gln. (18.2) und (18.4). n_g nach Gl. (18.10); falls $n > n_g$, s. ME Abschn. 18.7, $F_r \leq 0{,}1C$ überprüfen.

18.7 Ein Rillenkugellager DIN 625 — 6214 S2 wird bei der Drehzahl $n = 2400$ min^{-1} axial mit einer Kraft $F_a = 1{,}2$ kN belastet. Das Lager arbeitet bei einer Betriebstemperatur $t = 250$ °C und soll eine Lebensdauer $L_{10h} = 10\,000$ h haben. Es sind zu ermitteln:
1. Die dynamisch äquivalente Belastung P, die das Lager bei der genannten nominellen Lebensdauer vertragen kann,
2. Die größte radiale Belastungskraft F_r, die das Lager außer der Axialkraft F_a aufnehmen kann,
3. Liegt die Drehzahl unter der Grenzdrehzahl n_g des Lagers mit normaler Laufgenauigkeit bei kombinierter Belastung mit $F_a/F_r = 0{,}8$ und bei Ölschmierung?

E: 1. $P = 4{,}118$ kN ($L_{10} = 1440 \cdot 10^6$, $f_T = 0{,}75$, $C = 62$ kN).
2. $F_r = 3{,}25$ kN, ($C_0 = 44$ kN), $f_0 \approx 14{,}1$, $f_0 \cdot F_a/C_0 = 0{,}385$, $e = 0{,}229$, $X = 0{,}56$, $Y = 1{,}915$, $F_a/F_r = 0{,}369 > e$, wie angenommen).
3. Ja, $n = 2400$ min^{-1} $< n_g = 5163$ min^{-1} ($F_r < 0{,}1C = 6{,}2$ kN, $Z_S = 1{,}25$, $K_K = 0{,}95$, $K = 500\,000$ min^{-1}, $D = 125$ mm).

L: 1. Wegen der hohen Temperatur muss C wie in Aufg. 18.6 mit f_T multipliziert werden (Tab. 18.11, Nachsetzzeichen S2 im Lagerkurzzeichen s. ME Abschn. 18.1). Nach Gl. (18.2) ist somit $P = f_T \cdot C/\sqrt[3]{L_{10}/10^6}$ mit L_{10} nach Gl. (18.4).
2. Aus Gl. (18.1) folgt $F_r = (P - Y \cdot F_a)/X$ mit X und Y nach Tab. 18.3 für $f_0 \cdot F_a/F_r > e$ (vorerst angenommen, e und Y interpoliert für $f_0 \cdot F_a/C_0$).
3. Nach Gl. (18.10), $F_r \leq 0{,}1C$ überprüfen.

18.8 Ein Winkelhebel in der Steuereinrichtung einer Presse führt mit geringer Geschwindigkeit eine Schwenkbewegung von ca. 45° aus. Das Hebellager wird radial mit 28 kN beansprucht. Die Auslegung des Lagers erfolgt ausschließlich nach der statischen Belastung mit der statischen Kennzahl f_s für normale Ansprüche an die Laufruhe. Vorgesehen ist ein Rillenkugellager mit Fettschmierung und Dichtscheibe an beiden Seiten. Für den ersten Entwurf der Lagerung ist festzustellen, welche Lagergrößen im Bereich $d = 30 \ldots 40$ mm für den Einbau geeignet wären. Hierfür sind zu ermitteln:
1. Die erforderliche statische Tragzahl C_0,
2. Die Kurzzeichen geeigneter Rillenkugellager, deren Abmessungen d, D und B sowie die statischen Tragzahlen C_0.

E: 1. $C_0 = 28 \ldots 42$ kN ($f_s = 1{,}0 \ldots 1{,}5$, $P_0 = 28$ kN).
2.

Kurzzeichen	d mm	D mm	B mm	C_0 kN
6407-2 RS	35	100	25	31,5
6408-2 RS	40	110	27	36,5

L: 1. Nach Gl. (18.6) mit f_s nach ME Abschn. 18.4 und $P_0 = F_{r0}$ (Gl. (18.5) mit $X_0 = 1$, da $F_{a0} = 0$, keine Axialbelastung).
2. Nach Tab. 18.3, Nachsetzzeichen für Dichtscheiben s. ME Abschn. 18.1 und ME Bild 18.7.

18.9 Bild 18.9 zeigt ein fettgeschmiertes Rillenkugellager der Lagerreihe 60 mit zwei Deckscheiben aus der Lagerung einer Hebelwelle in einer Straßenbaumaschine. Der Hebel führt eine Schwenkbewegung von 20° aus, wobei das Lager mit einer Radialkraft von 18,5 kN und einer Axialkraft von 4,2 kN belastet wird. Es ist die genormte Bezeichnung des Lagers anzugeben und zu prüfen, ob dieses Lager geringen Ansprüchen an die Laufruhe genügt.

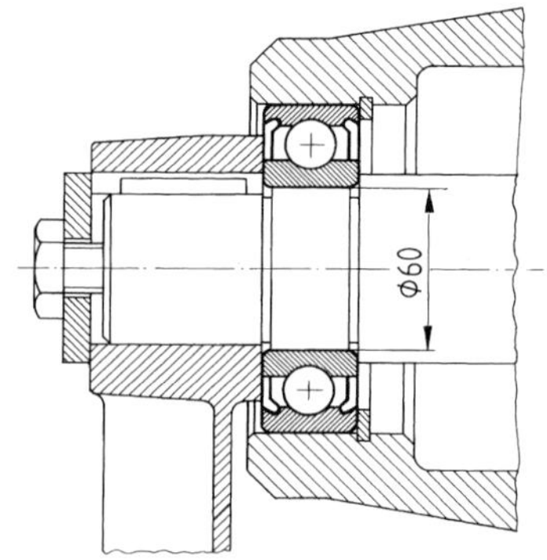

Bild 18.9 Rillenkugellager mit Deckscheiben

E: Rillenkugellager DIN 625-6012-2Z, $f_s = 1{,}254 > 0{,}7$, genügt geringen Ansprüchen ($C_0 = 23{,}2$ kN, $P_0 = F_{r0} = 18{,}5$ kN, da $F_{a0}/F_{r0} = 0{,}227 < 0{,}8$).

L: Nachsetzzeichen für Deckscheiben s. ME Abschn. 18.1 und ME Bild 18.7, Berechnung bei Schwenkbewegung wie in Aufg. 18.8 auf statische Belastung mit f_s nach Gl. (18.6), darin C_0 nach Tab. 18.3 und P_0 nach Gl. (18.5) mit X_0 und Y_0 nach Tab. 18.3, falls $F_{a0}/F_{r0} \leq 0{,}8$, ist $P_0 = F_{r0}$ zu setzen.

18.10 Für die Abtriebswelle eines Kegelradgetriebes nach Bild 18.10 sind die Rillenkugellager zu bestimmen sowie deren Außendurchmesser und Breiten anzugeben. Die Zapfendurchmesser betragen $d_A = 30$ mm beim Loslager A und $d_B = 40$ mm beim Festlager B, das die Axialkraft $F_a = 615$ N aufzunehmen hat. Als Komponenten der radialen Lagerkräfte wurden errechnet: $F_{Ax} = 687{,}6$ N, $F_{Ay} = 124{,}2$ N, $F_{Bx} = 1\,132{,}4$ N, $F_{By} = 374{,}2$ N. Die Wellendrehzahl beträgt $n = 1\,000$ min^{-1}. Welche Lagergrößen sind erforderlich, wenn eine Lebensdauer von mindestens 70 000 h verlangt wird?

18

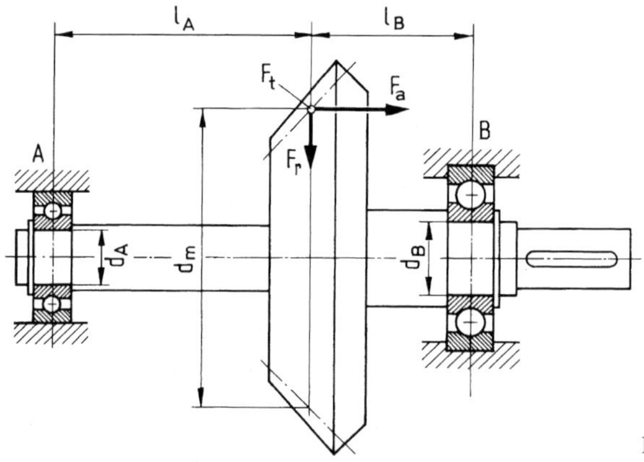

Bild 18.10 Lagerung einer Kegelradwelle

E: Loslager A: 6006 mit $D = 55$ mm, $B = 13$ mm, $C = 12{,}7$ kN $> C_{erf} = 11{,}29$ kN ($P = F_{rA} = 698{,}7$ N $\approx 0{,}7$ kN), Festlager B: 6208 mit $D = 80$ mm, $B = 18$ mm, $C = 29$ kN, $C_0 = 18$ kN, $L_{10h} \approx 70\,870$ h $> 70\,000$ h ($F_{rB} = 1192{,}6$ N $\approx 1{,}2$ kN, $F_{aB} \approx 0{,}615$ kN, $f_0 \approx 14$, $f_0 \cdot F_a/C_0 = 0{,}48$, $F_{aB}/F_{rB} = 0{,}51 > e = 0{,}238$, $X = 0{,}56$, $Y = 1{,}82$, $P \approx 1{,}79$ kN).

L: Berechnung der radialen Lagerkräfte aus den Komponenten, z. B. $F_{rA} = \sqrt{F_{Ax}^2 + F_{Ay}^2}$. Auswahl der Lager nach Tab. 18.3 mit C_{erf} sinngemäß wie in Aufg. 18.6 für Loslager A ($F_{aA} = 0$) und wie in Aufg. 18.5 für Festlager B ($F_{aB} = F_a$).

Axial-Rillenkugellager

18.11 Bei der in Bild 18.11 dargestellten schleifringlosen Elektromagnet-Lamellenkupplung wird die in axialer Richtung wirkende Zugkraft des Magneten von einem Axial-Rillenkugellager DIN 711 – 51110 aufgenommen. Die Kupplung ist für eine maximale Drehzahl $n = 2200\ \text{min}^{-1}$ ausgelegt. Beim kleinsten zulässigen Luftspalt zieht der Magnet auch bei Stillstand der Welle mit der Kraft $F = 1{,}2$ kN. Es sind zu ermitteln:

1. Die nominelle Lebensdauer L_{10h} des Lagers unter ungünstigsten Bedingungen, d. h. bei maximaler Drehzahl und größter Magnetkraft,
2. Genügt die statische Kennzahl f_s hohen Ansprüchen an die Laufruhe?
3. Ist die Drehzahl bei Fettschmierung zulässig?

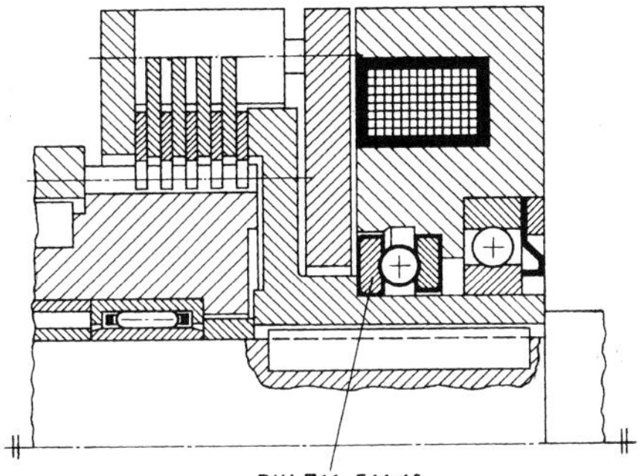

Bild 18.11 Axialrillenkugellager in der Spulenkörperlagerung einer schleifringlosen Elektromagnet-Lamellenkupplung

E: **1.** $L_{10h} \approx 106\,924$ h ($C = 29$ kN, $L_{10} \approx 14\,114 \cdot 10^6$).
2. Ja, $f_s = 62{,}5 > 2{,}5$ ($C_0 = 75$ kN).
3. Ja, $n < n_g = 2\,333\ \text{min}^{-1}$ ($F_a = 1{,}2\ \text{kN} < 0{,}1C = 2{,}9$ kN, $Z_S = Z_K = 1$, $K = 140\,000\ \text{min}^{-1}$, $D_g = 70$ mm, $K_D = 60$).

L: **1.** Nach Gl. (18.4) mit L_{10} nach Gl. (18.2), C nach Tab. 18.10, $P = F_a = F$ (s. ME Abschn. 18.4).
2. Nach Gl. (18.6) mit C_0 nach Tab. 18.9 und $P_0 = P$.
3. Nach Gl. (18.10), $F_a \leq 0{,}1C$ überprüfen.

18.12 Die Lagerung der senkrechten Welle einer Zentrifuge soll zur Aufnahme einer während des Betriebes wirkenden Axialkraft $F_a = 5$ kN ein fettgeschmiertes Axial-Rillenkugellager erhalten. Für die Wellenscheibe des Lagers ist ein Innendurchmesser $d_w = 70$ mm vorgesehen, Wellendrehzahl $n = 1450\ \text{min}^{-1}$. Welches Lager darf eingebaut werden, wenn bei einer täglichen Laufzeit von 2,5 h eine Lebensdauer von 15 Jahren bei 365 Tagen/Jahr verlangt wird und die Drehzahl unter der Grenzdrehzahl für Normallager liegen soll?

E: Axial-Rillenkugellager DIN 711 – 51214 mit $C = 65{,}5\ \text{kN} > C_{erf} \approx 53$ kN ($L_{10h\,erf} \approx 13\,700$ h, $L_{10\,erf} = 1\,191 \cdot 10^6$), $n < n_g = 1\,474\ \text{min}^{-1}$ ($F_a < 0{,}1C$, $Z_S = Z_K = 1$, $K = 140\,000\ \text{min}^{-1}$, $D_g = 105$ mm, $K_D = 95$).

L: $L_{10\text{h erf}}$ in h ist gleich dem Produkt der angegebenen Zahlenwerte für Stunden, Tage und Jahre; damit $L_{10\,\text{erf}}$ nach Gl. (18.4) und $C_{\text{erf}} = P \cdot \sqrt[3]{L_{10\,\text{erf}}/10^6}$ nach Gl. (18.2), Lagerwahl nach Tab. 18.10a so, dass $C \geq C_{\text{erf}}$ ($P = F_a$), n_g wie unter 3. in Aufg. 18.11.

18.13

Der Lasthaken in der Unterflasche eines Elektroseilzuges für eine Tragkraft von 50 kN ist nach Bild 18.13 mit einem Axial-Rillenkugellager DIN 711 — 51205 drehbar gelagert. Die Höchstlast tritt selten auf, und der Haken wird selten gedreht; es handelt sich dann um eine geringfügige Schwenkbewegung ohne Last zum Einhängen des Hakens in eine Öse oder Schlaufe oder mit Last zum Ausrichten derselben. Somit liegt statische Belastung vor. Genügt die statische Kennzahl f_s geringen Ansprüchen?

E: Ja, $f_s = 1{,}0 = f_{s\,\text{erf}} = 1{,}0$ ($C_0 = 50$ kN).

L: Nach Gl. (18.6) mit C_0 nach Tab. 18.10a und $P_0 = F_{a0} = 50$ kN.

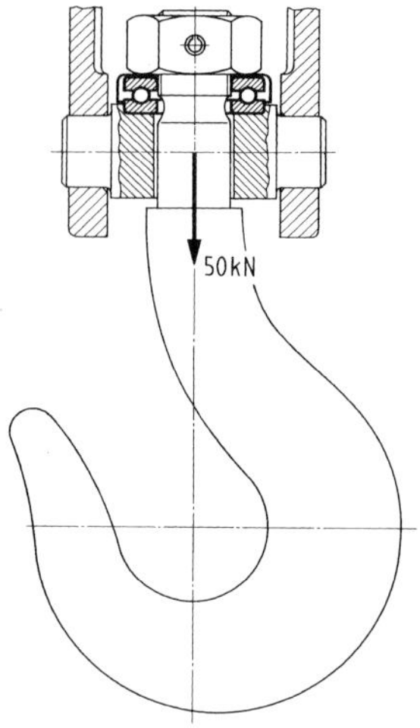

Bild 18.13 Lasthakenlagerung in einer Unterflasche

18.14

Die in einer drehbaren Kransäule auftretende Axialkraft $F_{a0} = 475$ kN soll von einem Axial-Rillenkugellager mit balliger (kugeliger) Gehäusescheibe und Unterlagscheibe nach DIN 711 entsprechend Bild 18.14 aufgenommen werden. Für den Entwurf des Säulenfußes ist festzustellen, welche Lagergröße infrage kommt, wenn von dem Mittelwert der statischen Kennzahl f_s für normale Ansprüche an die Laufruhe ausgegangen und das Lager mit dem kleinsten Volumen $V = D_g^2 \cdot \pi/4 \cdot H$ (D_g und H nach Tab. 18.10a) gewählt werden soll. Wie lautet die vollständige Normbezeichnung des betreffenden Lagers? Hierfür ist die Benutzung eines Wälzlagerkataloges zweckmäßig (siehe auch Lösungshinweis zu dieser Aufgabe).

18

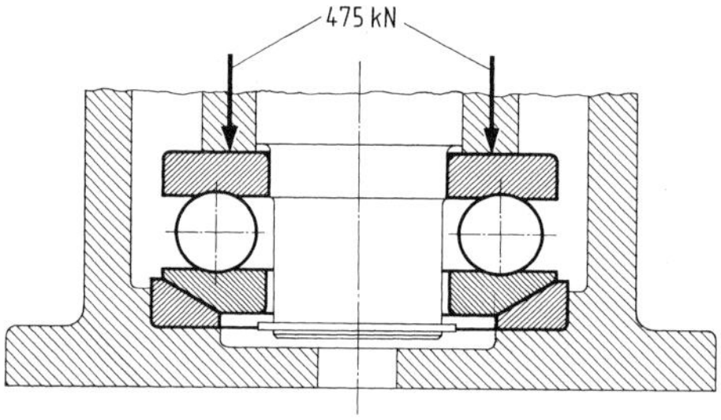

Bild 18.14 Axial-Rillenkugellager mit kugeligen Gehäusescheibe und Unterlagscheibe im Fuß einer drehbaren Kransäule

E: Axial-Rillenkugellager DIN 711 — 53322 U mit $C_0 = 750$ kN $> C_{0\,\text{erf}} = 594$ kN ($V \approx 1{,}786$ dm^3 für 51322).

L: Die Zeichen für die Lagerreihen der einseitig wirkenden Axial-Rillenkugellager mit balliger Gehäusescheibe nach DIN 711 lauten: 532, 533. Sie haben bei gleichem Durchmesser d_W dieselben Tragzahlen wie die Lager der Reihen 512 und 513 (Tab. 18.10a). Die Lager mit Unterlegscheibe werden durch das Nachsetzzeichen U angegeben. Lagerwahl so, dass $C_0 \geq C_{0\,\text{erf}}$ nach Gl. (18.6) mit $f_s = 1{,}25$ (Mittelwert aus 1,0…1,5, s. ME Abschn. 18.4) und $P_0 = F_{a0}$.

18.15 In Bild 18.15 ist die Lagerung der Schneckenwelle eines Schneckengetriebes für wechselnde Drehrichtung dargestellt. Die Welle wird mit einer Drehzahl $n = 1\,000\ \text{min}^{-1}$ angetrieben. Das zweiseitig wirkende Axial-Rillenkugellager DIN 715 hat die Axialkraft $F_a = 16{,}3$ kN aufzunehmen, die mit dem Drehrichtungswechsel ihre Richtung ändert. Für den Lagerzapfen ist ein Durchmesser $d_A = 60$ mm vorgesehen. Die mindestens erforderliche Lebensdauer beträgt $L_{10h} = 12\,000$ h. Es ist die Bezeichnung des infrage kommenden Lagers anzugeben und die Drehzahl auf Zulässigkeit für Fettschmierung zu überprüfen. Die Berechnung der Zylinderrollenlager erfolgt in Aufgabe 18.16.

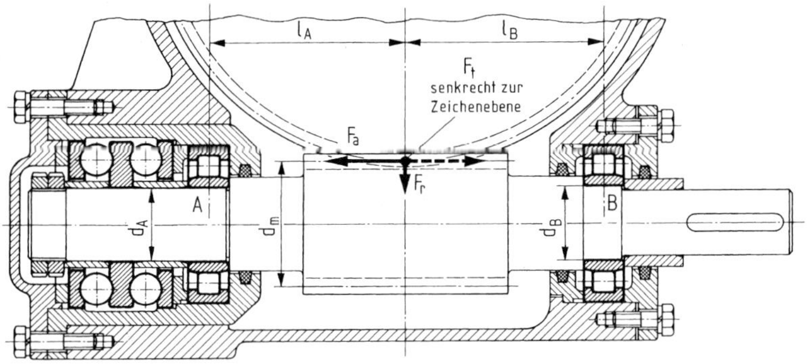

Bild 18.15 Lagerung einer Schneckenwelle

E: Axial-Rillenkugellager DIN 715-52315 mit $C = 163$ kN $> C_{\text{erf}} = 146{,}1$ kN ($L_{10} = 720 \cdot 10^6$), $n < n_g = 1\,120\ \text{min}^{-1}$ ($F_a < 0{,}1C = 16{,}3$ kN, $Z_S = Z_K = 1$, $K = 140\,000\ \text{min}^{-1}$, $D_g = 135$ mm, $K_D = 125$).

L: Lagerwahl nach Tab. 18.10b (s. auch ME Beisp. 18.2) so, dass $C \geq C_{\text{erf}}$ nach Gl. (18.2) mit L_{10} nach Gl. (18.4) und $P = F_a$; n_g nach Gl. (18.10) ($F_a \leq 0{,}1C$ überprüfen).

18

Zylinderrollen- und Nadellager

18.16 Für die Lagerung der Schneckenwelle nach Bild 18.15 sind die Zylinderrollenlager zur Aufnahme der radialen Lagerkräfte zu bestimmen. Die Durchmesser der Lagerzapfen betragen $d_A = d_B = 60$ mm, die Lagerabstände $l_A = l_B = 170$ mm, Drehzahl der Welle $n = 1\,000\ \text{min}^{-1}$. Aus der Getriebeberechnung ergaben sich am Mittenkreisdurchmesser der Schnecke $d_m = 105$ mm die Tangentialkraft $F_t = 4{,}5$ kN (senkrecht zur Bildebene), die Radialkraft $F_r = 6{,}2$ kN und die Axialkraft $F_a = 16{,}3$ kN, die bei Drehrichtungswechsel ihre Richtung ändert, entweder zum Festlager A (Darstellung mit Volllinie) oder zum Loslager B (Darstellung mit Strichlinie). Verlangt wird mindestens eine Volllastlebensdauer $L_{10h} = 12\,000$ h. Es sind zu ermitteln:

1. Die radialen Lagerkräfte F_{rA} und F_{rB} sowie die dynamisch äquivalente Belastung P des höher beanspruchten Lagers,
2. Die Normbezeichnung der geeigneten Lagergröße,
3. Mit welcher Lebensdauer ist zu rechnen, wenn das Getriebe zu 50 % rechtsherum und zu 50 % linksherum läuft?
4. Liegt die Drehzahl n unter der Grenzdrehzahl n_g bei Fettschmierung?

E: **1.** $F_{rA} = 6{,}05$ kN, $F_{rB} = 2{,}32$ kN ($F_{Ax} = 5{,}62$ kN, $F_{Bx} = 0{,}58$ kN, $F_{Ay} = F_{By} = 2{,}25$ kN), $P = F_{rA}$.

2. Zylinderrollenlager DIN 5412 — NU 1012 mit $C = 52$ kN $> C_{\text{erf}} = 43{,}55$ kN.

3. $L_{10h} \approx 44\,072$ h ($L_{10} \approx 2644 \cdot 10^6$, $P = 4{,}89$ kN).
4. Ja, $n < n_g = 5\,882\ \text{min}^{-1}$ ($Z_S = Z_K = 1$, $K = 500\,000\ \text{min}^{-1}$, $D = 110$ mm, $K_D = 100$), da aber $F_r = 6{,}05$ kN $> 0{,}1C = 5{,}2$ kN, Katalogeinsicht oder Rückfrage beim Hersteller erforderlich.

L: **1.** Wie unter 1. in ME Beisp. 18.2, P ist gleich der größeren radialen Lagerkraft, da sie je nach Drehrichtung abwechselnd bei A oder B auftritt.
2. Lagerwahl nach Tab. 18.6 bzw. 18.7 so, dass $C \geq C_{erf}$ nach Gl. (18.3).
3. P nach Gl. (18.8), damit L_{10h} nach Gl. (18.4).
4. Nach Gl. (18.10) ($F_r \leq 0{,}1C$ überprüfen).

18.17 Bild 18.17 zeigt die Lagerung einer Kreiselpumpenwelle mit einem Zylinderrollenlager als Loslager A und zwei Schrägkugellagern als Festlager B. Die Pumpenwelle läuft mit einer Drehzahl von $1\,440\ \text{min}^{-1}$. Das angegebene Zylinderrollenlager hat eine radiale Belastungskraft von 12 kN aufzunehmen. Es sind die nominelle Lebensdauer L_{10h} dieses Lagers zu errechnen und die Grenzdrehzahl n_g zu überprüfen (Ölschmierung). Die Berechnung der Schrägkugellager erfolgt in Aufgabe 18.23.

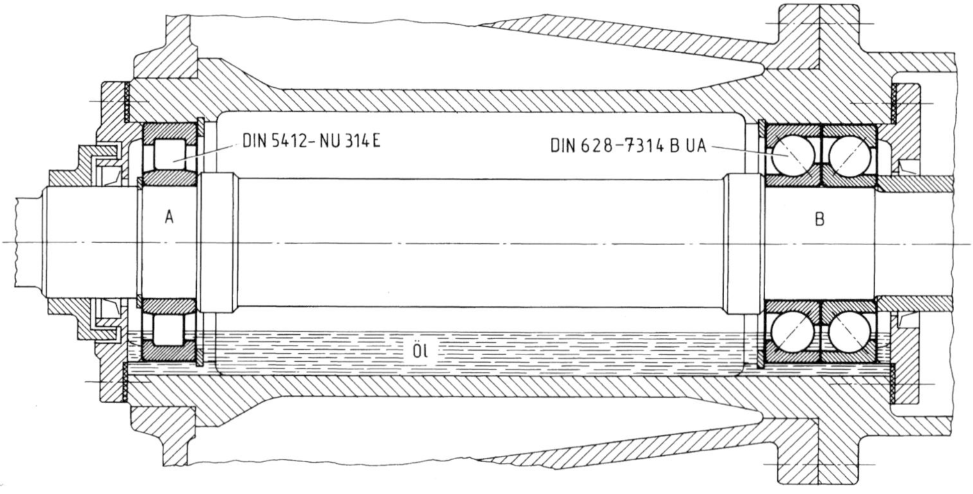

Bild 18.17 Lagerung einer Kreiselpumpenwelle

E: $L_{10h} \approx 258\,385$ h ($P = F_r = 12$ kN, $C = 242$ kN, $L_{10} = 22\,324 \cdot 10^6$),
$n = 1\,440\ \text{min}^{-1} < n_g = 4\,464\ \text{min}^{-1}$ ($F_r < 0{,}1C = 24{,}2$ kN, $Z_S = 1{,}25$, $Z_K = 1$,
$D = 150$ mm, $K = 500\,000\ \text{min}^{-1}$, $K_D = 140$), somit zulässig.

L: L_{10h} nach Gl. (18.4) mit L_{10} nach Gl. (18.3) ($P = F_r$, C nach Tab. 18.7), n_g nach Gl. (18.10) ($F_r \leq 0{,}1C$ überprüfen, Z_S für Ölschmierung).

18.18 Die Hauptspindellagerung einer Drehmaschine enthält als Loslager ein ölgeschmiertes Zylinderrollenlager DIN 5412 — NN 3020 K entsprechend Bild 18.18 mit einer dynamischen Tragzahl $C = 146$ kN und dem Außendurchmesser $D = 150$ mm. Aus der maximalen Schnittkraft ergibt sich eine radiale Belastungskraft von 10 kN. Der Drehzahlbereich liegt zwischen 25 und $3000\ \text{min}^{-1}$. Da Drehmaschinen nicht ständig mit der höchsten

Drehzahl und der größten Schnittkraft laufen, sind bei der Lebensdauerberechnung 20 % der Überrollungen mit 10 kN, 60 % der Überrollungen mit 7 kN und 20 % der Überrollungen mit 3 kN bei 80 % der maximalen Drehzahl einzusetzen.

1. Wie groß ist die nominelle Lebensdauer L_{10h} des Lagers?

2. Liegt die Grenzdrehzahl n_g über der höchsten Drehzahl?

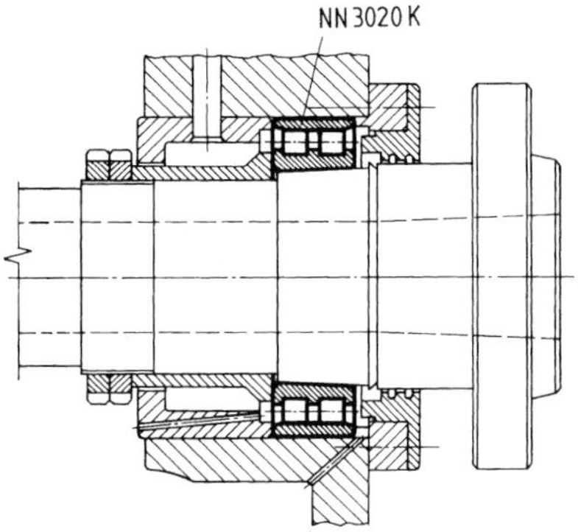

Bild 18.18 Hauptspindellager einer Drehmaschine

E: **1.** $L_{10h} \approx 140\,915$ h ($P = 7{,}45$ kN, $L_{10} = 20\,292 \cdot 10^6$, $n = 2\,400$ min^{-1}).
2. Ja, $n_g = 4\,464$ min^{-1} $> 3\,000$ min^{-1} ($F_r < 0{,}1C = 14{,}6$ kN, $Z_S = 1{,}25$, $Z_K = 1$, $K = 500\,000$ min^{-1}, $K_D = 140$).

L: **1.** L_{10} nach Gl. (18.3) mit P nach Gl. (18.9).
2. Sinngemäß wie in Aufg. 18.17.

18.19

Die Laufräder eines großen Hallentores sollen auf je zwei Zylinderrollenlagern gelagert werden (Bild 18.19). Für ein Rad beträgt die maximale Radkraft $F_R = 60$ kN. Da das Tor nicht ständig bewegt wird und bei einer Bewegung nur wenige Umdrehungen der Räder stattfinden, liegt statische Beanspruchung vor. Welche Lagergröße kommt infrage, wenn normale bis geringe Ansprüche an die Laufruhe genügen? Es sind die Normbezeichnung und für den Entwurf die Abmessungen D und B anzugeben.

E: Zylinderrollenlager DIN 5412-NU 1010 mit
$C_0 = 41{,}5$ kN $> C_{0\,erf} = 30$ kN ($P_0 = 30$ kN),
$D = 80$ mm, $B = 16$ mm.

L: Mit $C_{0\,erf}$ aus Gl. (18.6) Lagerwahl nach Tab. 18.6
($P_0 = F_{r0} = F_R/2$, $f_s = 1{,}0$).

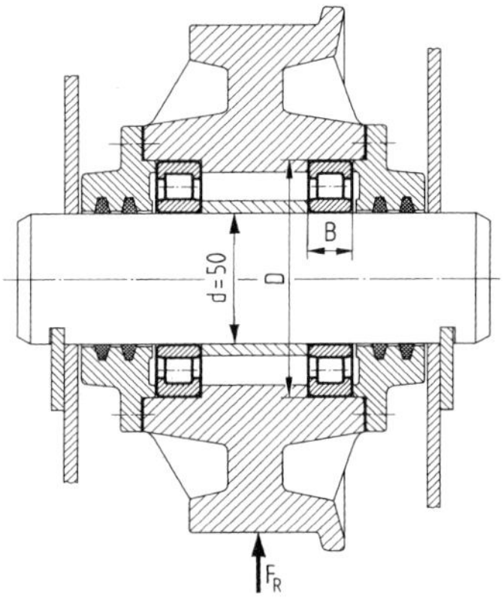

Bild 18.19 Laufradlagerung für ein Hallentor

18

18.20

In die Kegelradwelle nach der schematischen Darstellung Bild 18.20 wird über eine elastische Kupplung eine durchschnittliche Leistung von 11 kW bei einer Drehzahl $n = 800$ min^{-1} eingeleitet. Die am mittleren Durchmesser $d_m = 52{,}6$ mm des Kegelrades unter Berücksichtigung betriebsbedingter Stöße wirkenden Kräfte betragen: Tangentialkraft $F_t = 6{,}1$ kN, Radialkraft $F_r = 2{,}1$ kN, Axialkraft $F_a = 0{,}75$ kN. Von den Lagern wird die für Universalgetriebe übliche Mindest-Volllastlebensdauer erwartet. Für die Festlegung der Lagergrößen sind die radialen Lagerkräfte zu errechnen. Zwecks leichter Montage soll als Loslager an der Lagerstelle A mit dem Wellendurchmesser $d = 40$ mm ein Zylinderrollenlager mit Innenborden (Bauform N) eingesetzt werden. Es sind zu ermitteln:

1. Die radialen Lagerkräfte F_{rA} und F_{rB},

2. Die Bezeichnung des infrage kommenden Loslagers A.

Die Berechnung des Festlagers B erfolgt in Aufgabe 18.24.

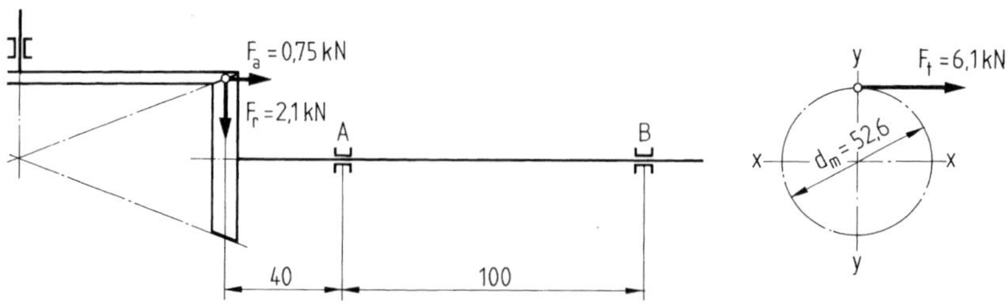

Bild 18.20 Schema einer Kegelradwelle

E: **1.** $F_{rA} = 8{,}97$ kN ($F_{Ax} = 8{,}54$ kN, $F_{Ay} = 2{,}74$ kN), $F_{rB} = 2{,}52$ kN ($F_{Bx} = 2{,}44$ kN, $F_{By} = 0{,}64$ kN).

2. Zylinderrollenlager DIN 5412 — N 308 E mit $C = 95$ kN $> C_{erf} \approx 53{,}5$ kN ($L_{10h} \approx 54\,350$ h).

L: **1.** x- und y-Komponenten der Lagerkräfte mit den statischen Gleichgewichtsbedingungen $\sum M = 0$, $\sum F_x = 0$ und $\sum F_y = 0$ (aus $\sum F_x = 0$ folgt die Axialkraft $F_{aB} = F_a$ des Festlagers B), radiale Lagerkräfte nach Lehrsatz des Pythagoras (wie unter 1. in Aufg. 18.16), Kräfteangriff und Berechnungsskizze s. Bild L 18.20, Anordnung der Lager s. Bild 18.24.

2. Lagerwahl nach Tab. 18.6 bzw. 18.7 so, dass $C \geq C_{erf}$ nach Gl. (18.3) mit $P = F_{rA}$ und $L_{10h\,erf} = 8\,000$ h.

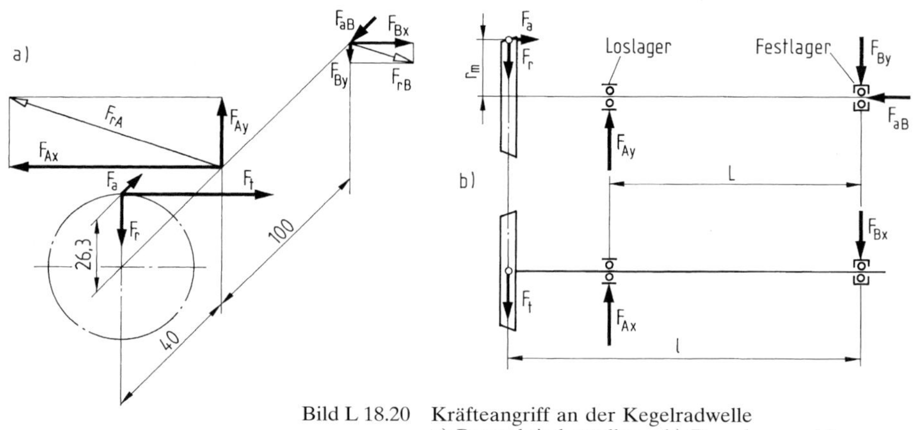

Bild L 18.20 Kräfteangriff an der Kegelradwelle
a) Perspektivdarstellung, b) Berechnungsskizze

18

18.21

In einer Handschleifmaschine mit Druckluftantrieb ist die Schleifspindel entsprechend Bild 18.21 im vorderen Gehäuseteil mit einem Nadellager DIN 617 — NA 4900 abgestützt. Das Lager ist fettgeschmiert und hat eine größte radiale Belastungskraft von 500 N aufzunehmen. Die Wellendrehzahl beträgt 16000 min^{-1}.

1. Welche nominelle Lebensdauer in h hat dieses Lager?

2. Ist die Drehzahl für ein Lager in normaler Ausführung zulässig?

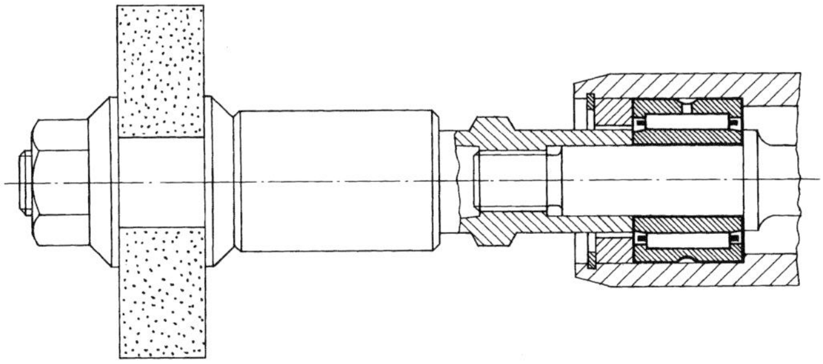

Bild 18.21 Nadellager in der Spindellagerung einer Handschleifmaschine

E: **1.** $L_{10h} \approx 19742$ h ($P = 0{,}5$ kN, $C = 9{,}6$ kN, $L_{10} \approx 18953 \cdot 10^6$).
2. Ja, $n = 16000\ \text{min}^{-1} < n_g = 17300\ \text{min}^{-1}$ ($F_r = 0{,}5$ kN $< 0{,}1C$, $Z_S = 3$, $Z_K = 1$, $K = 300000\ \text{min}^{-1}$, $D = 22$ mm, $K_D = 52$).

L: **1.** L_{10h} nach Gl. (18.4) mit L_{10} nach Gl. (18.3) ($P = F_r$, C nach Tab. 18.5).
2. Nach Gl. (18.10) ($F_r \leq 0{,}1C$ überprüfen).

18.22

Bild 18.22 zeigt die Seilrollenlagerung mittels Nadellagern DIN 617 in einer zweirolligen Unterflasche. Die Seilrolle übt auf beide Lager eine maximale Achskraft $F_A = 20$ kN aus. Es betragen der Achsdurchmesser $d = 45$ mm, der Seilrollendurchmesser $D_R = 300$ mm und die Umfangsgeschwindigkeit $v = 18$ m/min am Rillengrund. Von den Nadellagern, die nur geringen Ansprüchen an die Laufruhe genügen müssen, wird eine nominelle Lebensdauer von 10000 h verlangt. Welche Lagergröße ist vorzusehen?

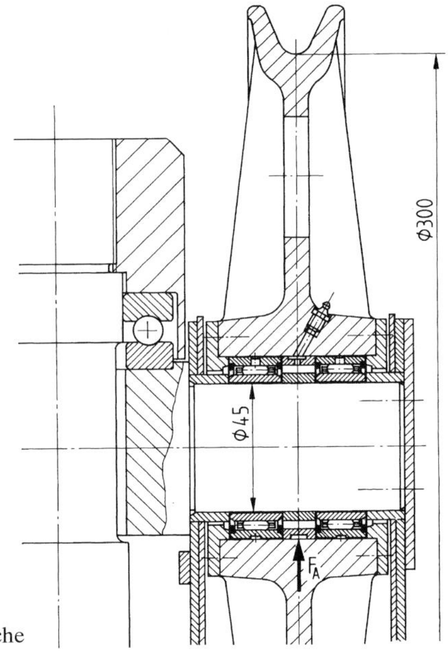

Bild 18.22 Seilrollenlagerung in einer zweirolligen Unterflasche

E: Nadellager DIN 617-NA 4909 mit $C = 51$ kN $> C_{erf} = 20{,}8$ kN ($P = 10$ kN, $n = 19{,}1\ \text{min}^{-1}$, $L_{10\,erf} = 11{,}46 \cdot 10^6$), $f_s = 7{,}3 > 1{,}0$ ($C_0 = 73$ kN).

L: Lagerwahl nach Tab. 18.5 so, dass $C \geq C_{erf}$ aus Gl. (18.3) mit L_{10} nach Gl. (18.4), $n = v/(D_R \cdot \pi)$ und $P = F_r = F_A/2 = P_0$, Kontrolle von f_s nach Gl. (18.6).

18

Schrägkugellager und Kegelrollenlager

18.23 Für die Lagerung einer Kreiselpumpenwelle nach Bild 18.23 sind zwei Universal-Schrägkugellager in X-Anordnung als Festlager vorgesehen. Die Lagerstelle hat eine Radialkraft $F_r = 6$ kN und eine Axialkraft $F_a = 8$ kN zu übertragen, Wellendrehzahl $n = 1440 \text{ min}^{-1}$.

1. Welche nominelle Lebensdauer L_{10h} hat das Lagerpaar?
2. Wird die Grenzdrehzahl n_g überschritten?

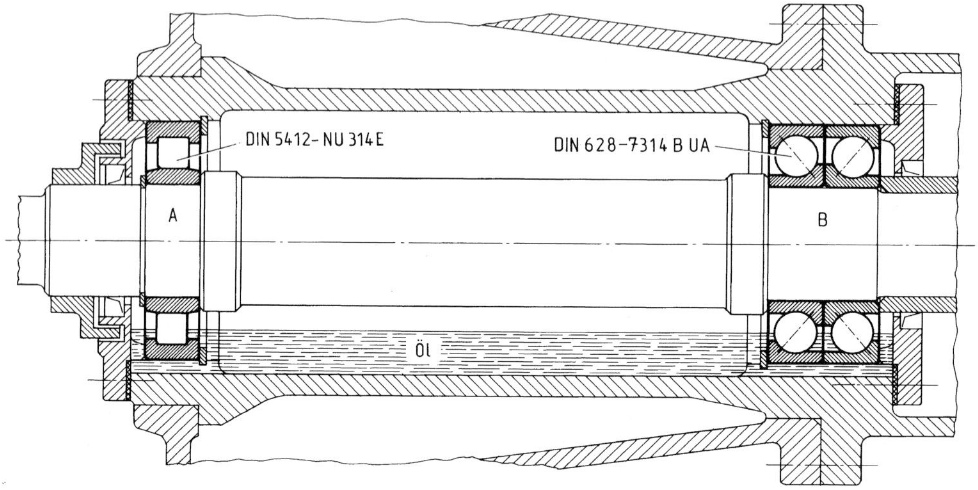

Bild 18.23 Lagerung einer Kreiselpumpenwelle

18

E: **1.** $L_{10h} = 77569$ h ($F_a/F_r = 1{,}33 > e = 1{,}14$, $X = 0{,}57$, $Y = 0{,}93$, $P = 10{,}86$ kN, $C = 1{,}625 \cdot 126$ kN $= 204{,}75$ kN, $L_{10} = 6702 \cdot 10^6$).
2. Nein, $n < n_g = 3536 \text{ min}^{-1}$ ($F_r = 6 \text{ kN} < 0{,}1 \cdot 1{,}625C \approx 20$ kN, $Z_S = 1{,}25$, $Z_K \approx 0{,}99$, $K = 400000 \text{ min}^{-1}$, $D = 150$ mm, $K_D = 140$).

L: **1.** Mit den im Aufgabentext gemachten Angaben Durchführung der üblichen Lebensdauerberechnung nach den Gln. (18.1), (18.2) und (18.4).
2. Nach Gl. (18.10).

18.24 Für die Kegelradwelle nach der schematischen Darstellung in Bild 18.20 soll als Festlager B ein zweireihiges Schrägkugellager DIN 628 eingesetzt werden (Bild 18.24). Wie an der Lagerstelle A beträgt der Wellendurchmesser $d = 40$ mm, Wellen-

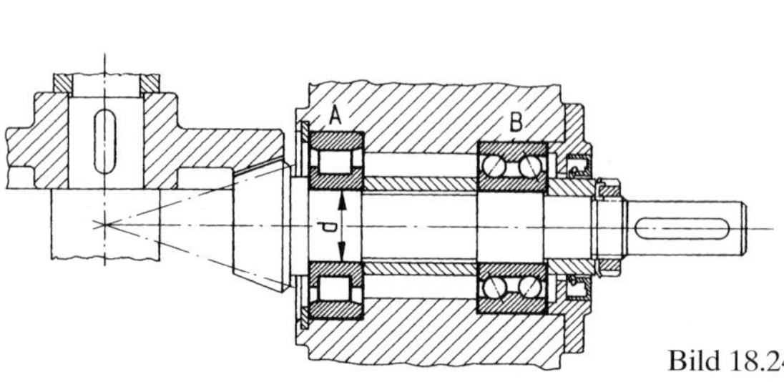

Bild 18.24 Lagerung der Kegelradwelle nach Bild 18.20

drehzahl $n = 800\,\text{min}^{-1}$. Aus Aufgabe 18.20 ist bekannt: Radialkraft $F_{\text{rB}} = 2{,}52$ kN. Aus Bild 18.20 ist abzulesen: Axialkraft $F_{\text{aB}} = 750$ N. Welche Lagergröße ist zu wählen, wenn die für Universalgetriebe übliche Mindest-Volllastlebensdauer verlangt wird?

E: Schrägkugellager DIN 628-3208 B mit $C = 48\text{ kN} > C_{\text{erf}} = 23{,}3\text{ kN}$ $(F_a/F_r = 0{,}3 < e = 0{,}68,\ X = 1,\ Y = 0{,}92,\ P = 3{,}21\text{ kN},\ L_{10\text{h}} \approx 69\,658\text{ h})$.

L: Lagerwahl nach Tab. 18.4 für C_{erf} nach Gl. (18.2) mit P nach Gl. (18.1) (X und Y ebenfalls nach Tab. 18.4) und L_{10} nach Gl. (18.4) wie Aufg. 18.20.
Zweireihige Schrägkugellager haben sich als Festlager für Kegelradwellen gut bewährt. Sie können relativ hohe radiale und axiale Kräfte aufnehmen und geben der Welle eine starre axiale Führung, wie sie für Kegelräder erforderlich ist.

18.25 Bild 18.25 zeigt die Lagerung der Welle einer Axialkolbenpumpe mit zwei Schrägkugellagern DIN 628 — 2 × 7309 B UA in Universalausführung und Tandem-Anordnung als Festlager A und einem Rillenkugellager DIN 625 — 6208 als Loslager B. Zur Erreichung eines spielfreien Laufs sind zwei Tellerfedern eingebaut. Die von der Welle auf die Lager ausgeübten Kräfte betragen: $F_{\text{aA}} = 17$ kN, $F_{\text{rA}} = 9$ kN, $F_{\text{rB}} = 4$ kN, Drehzahl $n = 2000\,\text{min}^{-1}$. Jedes Lager soll eine nominelle Lebensdauer von mindestens 1 500 h aufweisen. Wird diese Lebensdauer erreicht?

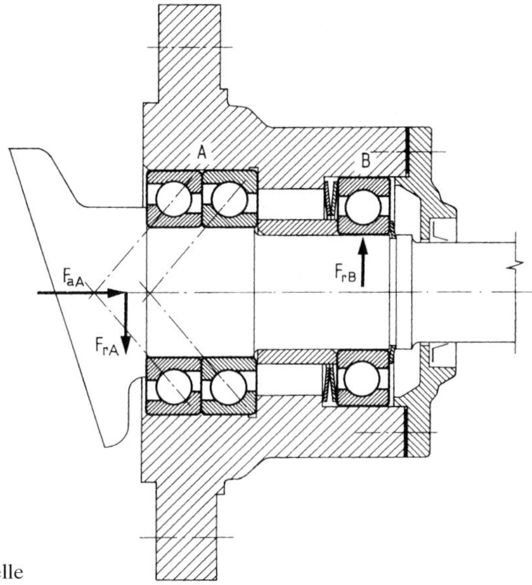

Bild 18.25 Lagerung einer Axialkolbenpumpenwelle

E: Ja, A: $L_{10\text{h}} \approx 4636\text{ h} > 1500\text{ h}$ $(F_a/F_r = 1{,}89 > e = 1{,}14,\ X = 0{,}35,\ Y = 0{,}57,$ $P = 12{,}84\text{ kN},\ C = 1{,}625 \cdot 65\text{ kN} = 105{,}6\text{ kN},\ L_{10} \approx 556{,}3 \cdot 10^6)$, B: $L_{10} \approx 3176\text{ h} > 1500\text{ h}$ $(P = F_{\text{rB}},\ C = 29\text{ kN},\ L_{10} \approx 381{,}08 \cdot 10^6)$.

L: Festlager A: Bei Tandem-Anordnung von Schrägkugellagern Lebensdauerberechnung wie für Einzellager (s. ME Abschn. 18.5) nach den Gln. (18.1), (18.2) und (18.4) mit C, e, X und Y nach Tab. 18.4. Loslager B: Sinngemäß wie unter 1. in Aufg. 18.1.

18.26 Eine Welle ist nach Bild 18.26 in zwei Schrägkugellagern DIN 628 — 7208 B (Lager A) und — 7211 B (Lager B) aufgenommen. Es betragen die radialen Belastungskräfte $F_{\text{rA}} = 7$ kN, $F_{\text{rB}} = 6$ kN, die axiale Belastungskraft $F_{\text{aW}} = 4$ kN, die Wellendrehzahl $n = 500\,\text{min}^{-1}$. Zu ermitteln sind:

1. Die Axialbelastungen F_{aA} und F_{aB} der Lager A und B,
2. Die nominelle Lebensdauer $L_{10\text{h}}$ des Lagers A,
3. Die nominelle Lebensdauer $L_{10\text{h}}$ des Lagers B.

18

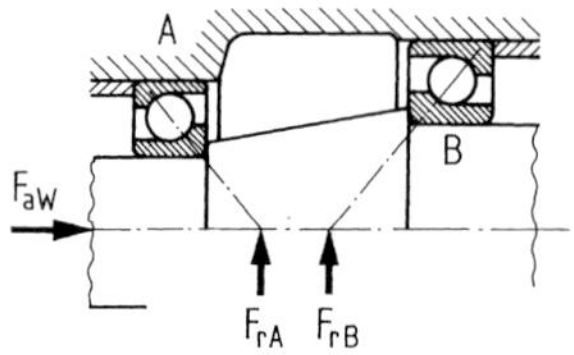

Bild 18.26 Wellenlagerung mit Schrägkugellagern

E: **1.** $F_{aA} = 0$ ($F_{aW} + F_{rA}/2Y_A = 10{,}14$ kN $> F_{rB}/2Y_B = 5{,}26$ kN, $Y_A = Y_B = 0{,}57$), $F_{aB} = 10{,}14$ kN.

2. $L_{10h} \approx 3820$ h ($C = 34$ kN, $P_A = F_{rA} = 7$ kN, $L_{10} \approx 114{,}6 \cdot 10^6$).

3. $L_{10h} \approx 8015$ h ($F_{aB}/F_{rB} = 1{,}69 > e = 1{,}14$, $X = 0{,}35$, $Y = 0{,}57$, $P = 7{,}9$ kN, $C = 49$ kN, $L_{10} \approx 240{,}4 \cdot 10^6$).

L: **1.** Es handelt sich um einen Fall nach ME Bild 18.31c, F_{aA} und F_{aB} nach Tab. 18.13, hierbei $Y_A = Y_B = Y = 0{,}57$ nach Tab. 18.4.

2. Nach Gl. (18.4) mit L_{10} nach Gl. (18.2), $P = F_{rA}$, da $F_{aA} = 0$ (unter 1. ermittelt).

3. Wie unter 2., jedoch P nach Gl. (18.1), C, e, X und Y nach Tab. 18.4.

18.27 Die in Bild 18.27 gezeigte Eingangswelle eines zweistufigen Schrägstirnräder-Getriebes ist in zwei Kegelrollenlagern DIN 720 – 32224 A aufgenommen. Am Antriebszapfen wird über eine Kupplung eine maximale Leistung $P = 1000$ kW bei $n = 1500\ \text{min}^{-1}$ eingeleitet. Die Verzahnung des Ritzels hat einen Wälzkreisdurchmesser $d_w = 210$ mm, den Eingriffswinkel $\alpha_w = 21{,}2°$ und einen Schrägungswinkel $\beta = 20°$ Abstände von Zahnradmitte zu den Lageraußenkanten: $L_A = 160$ mm, $L_B = 130$ mm. Es handelt sich um ein Universalgetriebe für Links- und Rechtslauf. Die Lebensdauer der Lager ist wie folgt zu ermitteln:

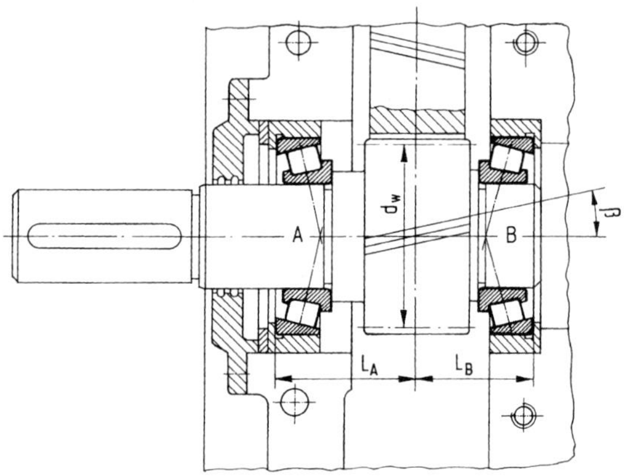

Bild 18.27 Lagerung einer Getriebewelle mit Schrägstirnrad

18

1. Die in der Mitte der Verzahnung am Wälzkreisdurchmesser d_w des Ritzels angreifenden Kräfte, und zwar die Tangentialkraft F_t, die Radialkraft F_r und die Axialkraft F_a,
2. Die bei Rechts- und bei Linkslauf im Schnittpunkt der Drucklinien der Lager A und B auftretenden radialen Lagerkraftkomponenten F_{Ax} und F_{Ay} sowie F_{Bx} und F_{By} (die Axialkraft F_a wirkt bei Rechtslauf in Richtung auf A, bei Linkslauf in Richtung auf B),
3. Die radialen Lagerkräfte F_{rA} und F_{rB} bei Rechts- und bei Linkslauf und die Axialkraft F_{aW},
4. Die nominellen Lebensdauern L_{10hA} und L_{10hB} der Lager A und B, wenn die Welle ständig im Rechtslauf betrieben wird,
5. Die nominellen Lebensdauern L_{10hA} und L_{10hB} bei ständigem Linkslauf der Welle.

E: **1.** $F_t \approx 60{,}6$ kN, $F_r \approx 23{,}5$ kN, $F_a \approx 22$ kN.

2. Rechtslauf: $F_{Ax} \approx 25{,}4$ kN, $F_{Ay} \approx 22{,}3$ kN, $F_{Bx} \approx 35{,}2$ kN, $F_{By} \approx -1{,}2$ kN ($L = 186$ mm, $l_A = 109$ mm, $l_B = 79$ mm, $a = 51$ mm, $r_w = 105$ mm),
Linkslauf: F_{Ax} und F_{Bx} wie beim Rechtslauf, jedoch in entgegengesetzter Richtung, $F_{Ay} = -2{,}6$ kN, $F_{By} \approx 26{,}1$ kN.

3. $F_{aW} \approx 22$ kN, Rechtslauf: $F_{rA} \approx 33{,}8$ kN, $F_{rB} \approx 35{,}2$ kN, Linkslauf: $F_{rA} \approx 25{,}6$ kN, $F_{rB} \approx 43{,}8$ kN.
4. $L_{10hA} \approx 10\,960$ h ($F_{aA} = F_{aW} + F_{rB}/2Y_B \approx 34{,}74$ kN $> F_{rA}/2Y_A \approx 12{,}25$ kN, $Y_A = Y_B = 1{,}38$, $F_{aA}/F_{rA} = 1{,}02 > e = 0{,}44$, $X = 0{,}4$, $C = 485$ kN, $P_A = 61{,}31$ kN, $L_{10A} = 986{,}36 \cdot 10^6$), $L_{10hB} \approx 69\,875$ h ($F_{aB} = 0$, $P = F_{rB}$, $L_{10} = 6\,288{,}75 \cdot 10^6$).
5. $L_{10hA} \approx 201\,155$ h ($F_{aA} = 0$, $P = F_{rA}$, $L_{10A} = 18\,104 \cdot 10^6$, $L_{10hB} \approx 11\,025$ h ($F_{aB} = F_{aW} + F_{rA}/2Y_A = 31{,}2$ kN $> F_{rB}/2Y_B = 15{,}6$ kN, $F_{aB}/F_{rB} = 0{,}71 > e$, $P \approx 61{,}2$ kN, $L_{10B} = 992{,}28 \cdot 10^6$).

L:
1. Sinngemäß wie in ME Beisp. 15.1 unter 1. bis 3., und zwar $F_t = P/v = P/(d_w \cdot \pi \cdot n)$, $F_r = F_t \cdot \tan \alpha_w$, $F_a = F_t \cdot \tan \beta$, s. auch Berechnungsskizze Bild L 18.27.
2. Sinngemäß wie in ME Beisp. 15.1 unter 4. u. 5., in Aufg. 15.11 unter 2. und in Aufg. 15.12 mit den statischen Gleichgewichtsbedingungen $\sum M = 0$ und $\sum F_y = 0$, s. auch Bild L 18.27, $l_A = L_A - a$ und $l_B = L_B - a$ (Abstand a nach Tab. 18.8, s. auch ME Bild 18.31).
3. Sinngemäß wie unter 1. in Aufg. 18.20, Axialkraft in der Welle $F_{aW} = F_a$.
4. Ermittlung von F_{aA} und F_{aB} nach Tab. 18.13 für Fall nach ME Bild 18.31 mit F_{rA} und F_{rB} für Rechtslauf, $Y_A = Y_B = Y$ nach Tab. 18.8, danach P nach Gl. (18.1) und L_{10h} nach Gl. (18.4) mit L_{10} nach Gl. (18.3) (C, X und e nach Tab. 18.8).
5. Sinngemäß wie unter 4. für Fall nach ME Bild 18.31c mit F_{rA} und F_{rB} für Linkslauf.

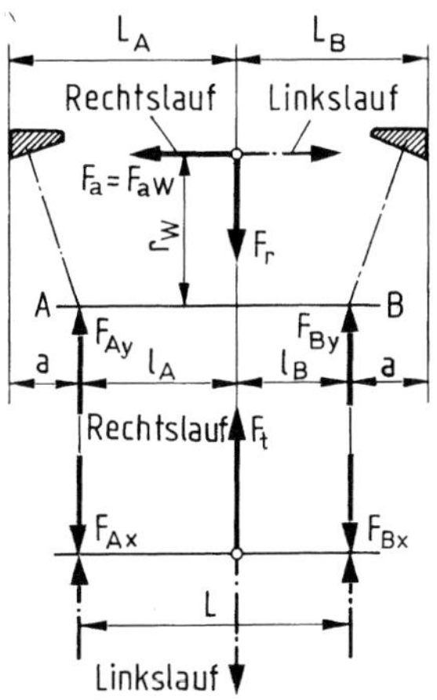

Bild L 18.27 Skizze zur Berechnung der Lagerkräfte

18.28

Bild 18.15 zeigt die Lagerung der Schneckenwelle eines Schneckengetriebes für wechselnde Drehrichtung mit einem zweiseitig wirkenden Axial-Rillenkugellager (Berechnung nach Aufgabe 18.15) und zwei Zylinderrollenlagern (Aufgabe 18.16). Für diese Schneckenwelle, deren Drehzahl $n = 1\,000$ min^{-1} beträgt, sollen weitere Lagerungsmöglichkeiten untersucht werden. Es wird eine nominelle Lebensdauer von mindestens 12 000 h verlangt. Von den Lagern sind aufzunehmen die radialen Belastungskräfte $F_{rA} = 6{,}05$ kN, $F_{rB} = 2{,}32$ kN und die Axialkraft $F_a = F_{aW} = 16{,}3$ kN. Bei Drehrichtungswechsel ändert F_{aW} seine Richtung und es werden $F_{rA} = 2{,}32$ kN, $F_{rB} = 6{,}05$ kN. Beide Lagerzapfen haben gleiche Durchmesser $d_A = d_B = 60$ mm.

1. Welche Lagergrößen sind mindestens erforderlich, wenn als Festlager A ein zweireihiges Schrägkugellager DIN 628 eingesetzt werden soll, und als Loslager B ein Rillenkugellager DIN 625 (Lageranordnung siehe Bild 24.15)?
2. Würden zwei Kegelrollenlager DIN 720 — 32312 A ausreichen (Anordnung entsprechend Bild 18.27)?

18

E: **1.** Festlager A: Kein zweireihiges Schrägkugellager DIN 628 geeignet, da für $d = 60$ mm alle $C < C_{\text{erf}} = 242$ kN ($F_a/F_r \approx 2{,}7 > e = 0{,}68$, $X = 1{,}67$, $Y = 1{,}41$, $P \approx 27$ kN, $L_{10} = 720 \cdot 10^6$), Loslager B: Rillenkugellager DIN 625-6312 mit $C = 81{,}5$ kN $> C_{\text{erf}} \approx 54{,}2$ kN.
2. Ja, $L_{10\text{h}} \approx 14\,223$ h $> 12\,000$ h ($F_{\text{aA}} = F_{\text{aW}} + F_{\text{rB}}/2Y_{\text{B}} = 16{,}97$ kN $> F_{\text{rA}}/2Y_{\text{A}} = 1{,}74$ kN, $F_{\text{aB}} = 0$, $X_{\text{A}} = X_{\text{B}} = 0{,}4$, $Y_{\text{A}} = Y_{\text{B}} = 1{,}74$, $F_{\text{aA}}/F_{\text{rA}} = 2{,}8 > e = 0{,}35$, $P = 31{,}95$ kN, $C = 242$ kN, $L_{10} = 853{,}39 \cdot 10^6$).

L: **1.** Je nach Drehrichtung hat das Festlager A im ungünstigsten Fall die größere Radialkraft F_{rA} und die Axialkraft F_a aufzunehmen. Lagerwahl nach Tab. 18.4 für C_{erf} nach Gl. (18.2) mit L_{10} nach Gl. (18.4) (wie in Aufg. 18.15) und P nach Gl. (18.1) (e, X u. Y nach Tab. 18.4 für Lagerreihe 32 und 33). Im ungünstigsten Fall hat das Loslager B ebenfalls die größere Radialkraft zu übertragen; es ist dann $P = F_r = F_{\text{rA}}$ und $F_{\text{aB}} = 0$, Lagerwahl nach Tab. 18.3 sinngemäß wie für Lager A. **2.** Je nach Drehrichtung hat eines der beiden Lager die größere Radialkraft, das andere die kleinere Radialkraft aufzunehmen. Eines der beiden Lager wird dabei auch noch durch die Axialkraft F_{aW} belastet. Da beide Lager gleich sind, ist nur eines zu berechnen, u. z. sinngemäß wie unter 4. in Aufg. 18.27.

Pendelkugellager und Pendelrollenlager

Zur Lösung der folgenden Aufgaben ist die Benutzung eines Wälzlagerkatalogs erforderlich. Die Ergebnisse basieren auf den Angaben im Katalog der Fa. FAG Kugelfischer, Schweinfurt.

18

18.29 Im Antrieb eines Lastenaufzuges soll eine Welle mit zwei Pendelkugellagern DIN 630 in Stehlagergehäusen entsprechend Bild 18.29 gelagert werden. Der Aufzug ist durchschnittlich 4 h täglich in Betrieb. Auf jedes Lager wirkt einschließlich möglicher Stöße eine radiale Belastungskraft $F_r = 8{,}5$ kN, axiale Kräfte treten nicht auf. Die Wellendrehzahl beträgt $n = 200\ \text{min}^{-1}$. Welche Lagergröße ist zu wählen, wenn eine Lebensdauer von 8 Jahren bei jährlich 300 Betriebstagen gefordert wird? Es ist die genormte Lagerbezeichnung anzugeben und zu kontrollieren, ob bei der statischen Belastungskraft $F_{r0} = 7{,}5$ kN noch hohe Ansprüche an die Laufruhe gewährleistet sind.

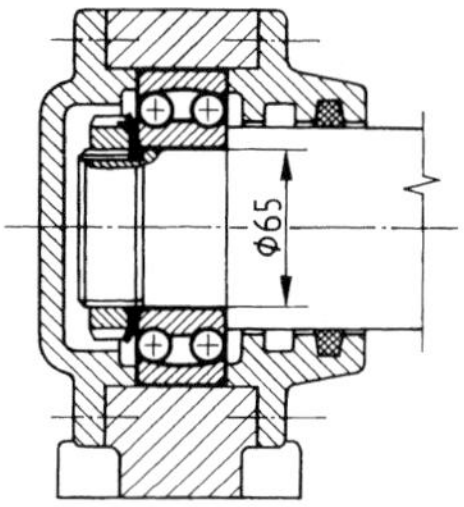

Bild 18.29
Pendelkugellager in einem Stehlagergehäuse

E: Pendelkugellager DIN 630 — 2213 mit $C = 58$ kN $> C_{\text{erf}} \approx 41{,}3$ kN ($L_{10\text{h erf}} = 9\,600$ h, $L_{10\,\text{erf}} = 115 \cdot 10^6$), $f_s = 2{,}24$, $f_{s\,\text{erf}} = 1{,}5 \ldots 2{,}5$ bei hohen Ausprüchen an Laufruhe, somit akzeptabel ($C_0 = 19$ kN).

L: $L_{10\text{h erf}}$ und C_{erf} sinngemäß wie in Aufg. 18.12, da $F_a = 0$, ist $P = F_r$; f_s nach Gl. (18.6) mit $P_0 = F_{r0}$.

18.30 Zur Lagerung der Welle eines Grubenventilators soll ein Pendelrollenlager DIN 635 — 22218 EK mit Spannhülse DIN 5415 — H 318 in ein Stehlagergehäuse DIN 736 — SN 518 als Festlager eingebaut werden (Bild 18.30). Das Lager hat radial 5 kN und axial 2,5 kN zu übertragen, Wellendrehzahl $n = 1\,700\ \text{min}^{-1}$.
1. Erreicht das Lager eine nominelle Lebensdauer $L_{10\text{h}} = 50\,000$ h?
2. Wird die Grenzdrehzahl n_g für ein fettgeschmiertes Normallager überschritten?

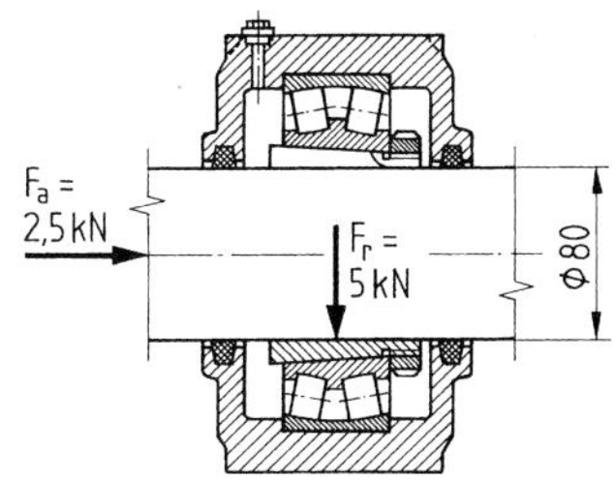

Bild 18.30 Pendelrollenlager mit Spannhülse als Festlager in einem Stehlagergehäuse

E: **1.** Ja, $L_{10h} \approx 413\,990$ h ($C = 345$ kN, $F_a/F_r = 0{,}5 > e = 0{,}23$, somit $P = 0{,}67 \cdot F_r + 4{,}31 \cdot F_a = 14{,}13$ kN, $L_{10} = 42\,227 \cdot 10^6$).
2. Nein, $n_g = 1\,984$ min^{-1} $> n$ ($Z_S = 1$, $Z_K = 0{,}93$, $K = 320\,000$ min^{-1}, $D = 160$ mm, $K_D = 150$).

L: **1.** Bei Lagern mit Spannhülse hat der Innenring eine keglige Bohrung (Nachsetzzeichen K, s. ME Abschn. 18.1). Die Bohrungskennziffern im Basiszeichen beziehen sich auf den kleinsten Durchmesser der Lagerbohrung, der Hülseninnendurchmesser ist entsprechend kleiner. Nach FAG-Katalog werden diese Lager in verstärkter Konstruktion ohne Mittelbund am Innenring mit dem Nachsetzzeichen E geliefert. Mit C, e, X und Y nach Katalog folgt L_{10h} nach Gl. (18.4) mit L_{10} nach Gl. (18.3) und P nach Gl. (18.1).
2. Nach Gl. (18.10).

18.31 Eine Förderbandtrommel mit $D = 630$ mm Durchmesser soll auf Pendelrollenlagern DIN 635 umlaufen, die auf einer feststehenden glatten Achse mit dem Durchmesser $d_1 = 110$ mm mittels Spannhülsen DIN 5415 befestigt sind. Das Förderband hat eine Geschwindigkeit $v = 3$ m/s. Auf jedes Lager wirkt eine maximale Radialkraft $F_r = 45$ kN. Die Axialkraft durch seitliches Verlaufen des Bandes ist mit $F_a = 0{,}2\,F_r$ anzunehmen. Die Lebensdauer soll $L_{10h} = 30\,000$ h betragen. Es sind zu ermitteln:

1. Wahl einer Lagergröße, ausgehend von reiner Radialbelastung durch F_r, und Angabe der Normbezeichnung,
2. Die dynamisch äquivalente Belastung P,
3. Erreicht das unter 1. gewählte Lager die verlangte Lebensdauer, oder muss eine andere Lagerreihe gewählt werden, ggf. welche?

E: **1.** Pendelrollenlager DIN 635-23024 E1A-K-M mit Spannhülse DIN 5415-H 3024, $C = 430$ kN $> C_{erf} \approx 208$ kN ($P = 45$ kN, $n \approx 91$ min^{-1}).
2. $P = F_r + Y_1 \cdot F_a = 72{,}36$ kN ($Y_1 = 3{,}04$ für $F_a/F_r = 0{,}2 < e = 0{,}22$).
3. Ja, $L_{10h} \approx 66\,000$ h $> 30\,000$ h ($L_{10} \approx 380 \cdot 10^6$).

L: **1.** Lagerwahl nach Wälzlagerkatalog so, dass $C \geq C_{erf} \approx F_r(L_{10h} \cdot n/10^6)^{0{,}3}$ nach den Gln. (18.3) u. (18.4) mit $n = v/(D \cdot \pi)$. Beim Wellendurchmesser $d_1 = 110$ mm ist der kleinste Durchmesser der kegeligen Lagerbohrung $d = 120$ mm (Bohrungskennziffer 24, s. auch Hinweis zur Aufg. 18.30).
2. Nach Gl. (18.1) mit X und Y für die gewählte Lagergröße nach Katalog.
3. L_{10h} nach Gl. (18.4) mit L_{10} nach Gl. (18.3); falls der errechnete Wert für $L_{10h} < 30\,000$ h, andere Lagerreihe mit größerem C wählen und Berechnung von P und L_{10h} wiederholen.

18.32 Bild 18.32 zeigt ein Axial-Pendelrollenlager DIN 728 — 29448 E mit C_{0a} = 9500 kN als oberes Stütz- und Halslager eines Greiferdrehkranes. Das Kranoberteil wird mit geringer Geschwindigkeit um eine feststehende Säule gedreht bzw. geschwenkt, sodass mit statischer Belastung zu rechnen ist. Aus der größten Last, den Eigengewichten und dem Winddruck ergeben sich die im Bild eingetragenen Belastungskräfte des Lagers. Genügt das Lager normalen Ansprüchen an die Laufruhe?

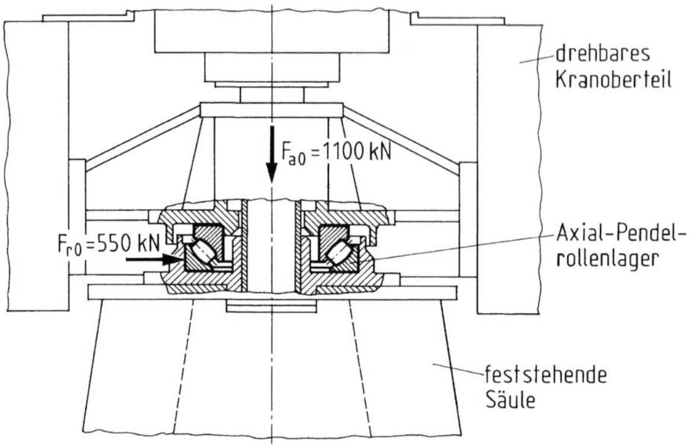

Bild 18.32 Oberes Stütz- und Halslager eines Greiferdrehkrans

E: Ja, $f_s = 3{,}675 > 1{,}5$ ($F_{r0}/F_{a0} = 0{,}5 < 0{,}55$, $P_0 = 2585$ kN).

L: Es ist $P_0 = F_{a0} + 2{,}7 F_{r0}$ mit der Bedingung: $F_{r0}/F_{a0} \leq 0{,}55$ (s. ME Abschn. 18.4), f_s nach Gl. (18.6).

20 Wellenkupplungen und -bremsen

20.1 Eine Kupplung soll zwei lange Wellen in einer Produktionsmaschine miteinander verbinden und gleichzeitig zentrieren. Da nur geringe Belastungsschwankungen auftreten, wird eine Scheibenkupplung nach Bild 20.1 gewählt. Bei $n = 200\ \text{min}^{-1}$ ist eine Nennleistung $P_{LN} = 4$ kW zu übertragen. Welche Kupplungsgröße kommt in Betracht (Kupplungsbeiwert $K = 1{,}1$)? Folgende Kupplungsgrößen stehen zur Auswahl:

Größe	A	B	C	D	E
$T_{K\,max} =$	90	140	220	320	450 Nm
$d_{max} =$	40	45	50	55	60 mm
$D =$	110	120	130	150	150 mm

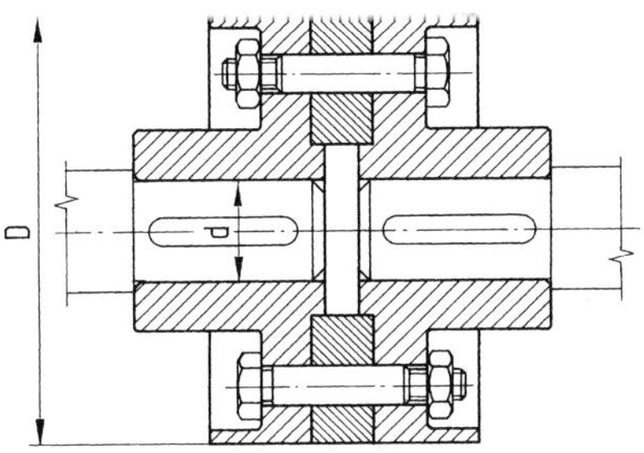

Bild 20.1 Scheibenkupplung B DIN 116

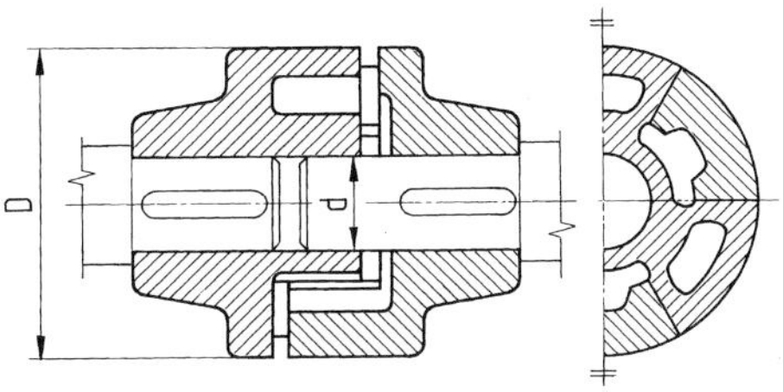

Bild 20.2 Klauenkupplung

E: Größe C mit $T_{K\,max} = 220\ \text{Nm} > 210\ \text{Nm}$ ($\omega = 20{,}92$ rad/s, $T_{LN} = 191{,}2$ Nm).

L: Nenndrehmoment T_{LN} mit Gl. (20.1), danach Wahl der Kupplungsgröße mit den in der Aufgabe angegebenen Daten. Kupplungsbeiwert K ist zu berücksichtigen.

20.2 Als starre Kupplung, die Längsdehnungen und Längentoleranzen der Wellen ausgleichen soll, wurde eine Klauenkupplung nach Bild 20.2 mit einem zulässigen Maximaldrehmoment $T_{K\,max} = 1\,000$ Nm gewählt. Bei $n = 700\ \text{min}^{-1}$ sollen $P_{LN} = 60$ kW übertragen werden. Ist die gewählte Kupplungsgröße bei $K = 1{,}1$ ausreichend?

E: Ja, $T_{K\,max} = 1\,000\ \text{Nm} > 900\ \text{Nm}$ ($\omega = 73{,}3$ rad/s).

L: Sinngemäß wie Aufg. 20.1.

20.3 Der Antrieb eines Steinbrechers (Hartzerkleinerungsmaschine) soll zur Stoßmilderung über eine Bibby-Kupplung (Bild 20.3) von einem Elektromotor erfolgen. Die Nennleistung beträgt 75 kW, Motordrehzahl $1\,500\ \text{min}^{-1}$, Anfahrhäufigkeit ≈ 10 pro Stunde. Welche Kupplungsgröße kommt in Betracht, wenn mit $T_{AS} = 0{,}7 \cdot T_{LN}$, $T_{LS} = 2 \cdot T_{LN}$, $m = 0{,}1$ gerechnet wird? Es stehen folgende Kupplungen zur Auswahl:

Größe	A	B	C	D	E	F
$T_{K\,max} =$	573	825	1075	1790	2685	3580 Nm
$d_{max} =$	75	80	90	90	100	110 mm
$D =$	195	230	265	265	300	330 mm
$n_{zul} =$	2500	2200	1900	1850	1700	$1500\ \text{min}^{-1}$

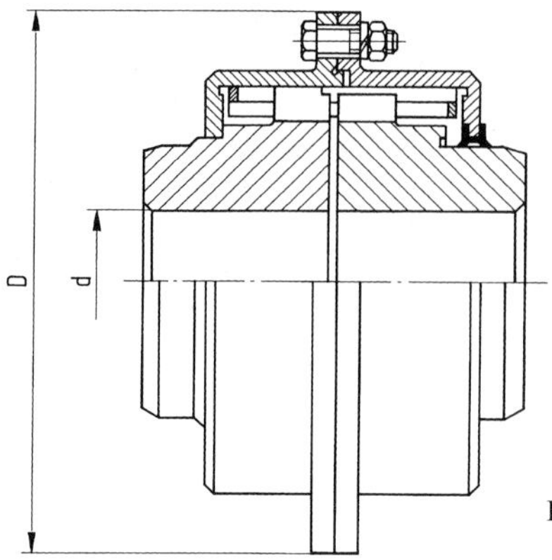

Bild 20.3 Bibby-Kupplung Bauart BK (Malmedie u. Co., Düsseldorf)

E: Größe D mit $T_{K\,max} = 1790$ Nm > 1267 Nm ($\omega = 157$ rad/s, $T_{LN} = 478$ Nm, $S_Z = 1$, $S_\vartheta = 1$, $S_L = 2{,}6$).

L: T_{LN} mit Gl. (20.1), $T_{K\,max}$ mit Gl. (20.13), hierbei S_ϑ, S_L und S_Z aus Tab. 20.3.

20.4 Zwischen dem Elektromotor und dem Schneckengetriebe für den Antrieb eines Krandrehwerkes soll eine elastische Cardeflex-Kupplung (Bild 20.4) eingebaut werden. Nennleistung 10 kW bei 780 min^{-1}. Welche Kupplungsgröße ist zu wählen, wenn mit einem dreifachen Anlaufmoment ($m = 0{,}01$) zu rechnen ist? Die Schalthäufigkeit ist kleiner als 100 je Stunde $T_{AS} = T_{LS} = 2 \cdot T_{LN}$. Es stehen folgende Kupplungen zur Auswahl:

Größe	A	B	C	D	E	F	G
$T_{K\,max} =$	135	180	260	375	550	790	1090 Nm
$d_{max} =$	35	40	45	50	55	65	75 mm
$D =$	140	160	180	200	225	250	280 mm
$n_{zul} =$	3200	2900	2600	2300	2100	1950	1800 min^{-1}

20

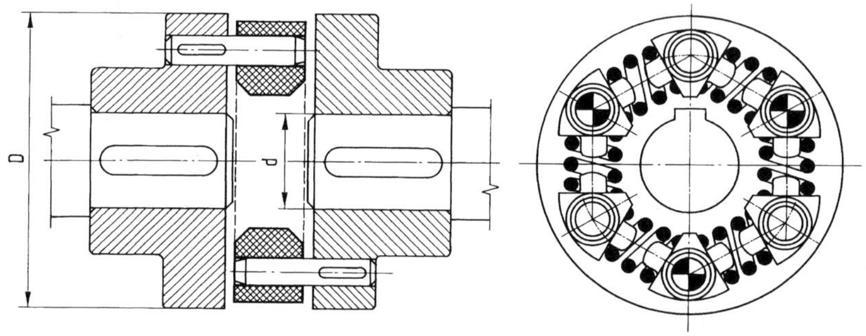

Bild 20.4 Cardeflex-Kupplung (Hochreuter & Baum, Ansbach)

E: Größe F mit $T_{K\,max} = 790$ Nm > 559 Nm ($\omega = 81$ rad/s, $T_{LN} = 122{,}4$ Nm, $S_Z = 1$, $S_\vartheta = 1$).

L: Wie Aufg. 20.3.

20.5 Der Fahrmotor und das Fahrwerksgetriebe eines Laufkranes ($T_{AS} = 0{,}7 \cdot T_{LN}$) sind nach Bild 20.5 durch eine elastische Periflex-Kupplung mit angebauter Bremsscheibe zu verbinden. Bei $n = 750\,\text{min}^{-1}$ ist eine Nennleistung $P_{LN} = 15\,\text{kW}$ erforderlich ($T_{LS} = 1{,}2 \cdot T_{LN}$). Welche Kupplungsgröße kommt in Betracht, wenn der Gummireifen aus PUR besteht, die Umgebungstemperatur bis +40 °C betragen kann und nicht mehr als 20 Anläufe in der Stunde erfolgen ($m = 0{,}01$)? Zur Auswahl stehen folgende Kupplungen:

Größe	A	B	C	D	E
$T_{KN} =$	30	70	150	300	600 Nm
$T_{K\,max} =$	80	200	450	900	1750 Nm
$d_{max} =$	32	38	50	60	80 mm
$D =$	136	178	210	263	310 mm
$n_{zul} =$	3000	3000	2500	2000	2000 min^{-1}

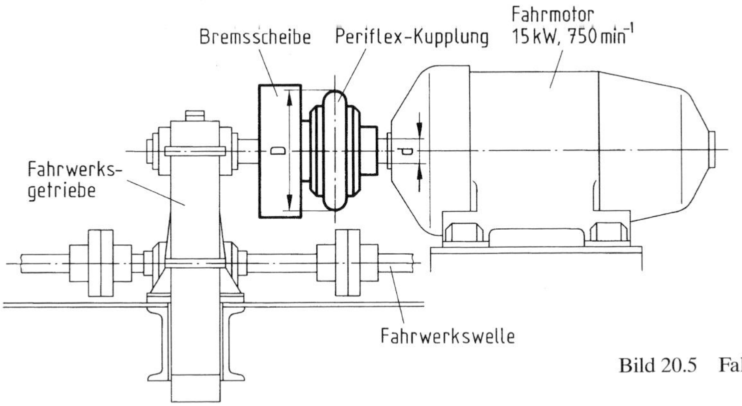

Bild 20.5 Fahrantrieb eines Laufkranes

E: Größe D mit $T_{KN} = 300\,\text{Nm} > 229\,\text{Nm}$ und $T_{K\,max} = 900\,\text{Nm} > 515\,\text{Nm}$ ($\omega = 78{,}5\,\text{rad/s}$, $S_\vartheta = 1{,}2$, $T_{LN} = 191\,\text{Nm}$, $S_Z = 1$).

L: $T_{LN} \cdot S$ mit Gl. (20.12) und Wahl der Kupplungsgröße nach $T_{KN} \geq T_{LN} \cdot S$ gemäß den in der Aufgabe angegebenen Daten, $T_{K\,max}$ mit Gl. (20.13) und Vergleich, ob die gewählte Kupplungsgröße ausreicht.

20

20.6 In Bild 20.6 ist der Hubwerksantrieb für die Laufkatze eines 10-t-Werkstattkranes schematisch dargestellt. Auf die Seiltrommel mit dem Durchmesser $D_T = 400\,\text{mm}$ laufen zwei Seilstränge mit einer Zugkraft von je 25,5 kN auf. Das Trommelvorgelege (Übersetzung $i_I = -6{,}25$) und das Hubwerksgetriebe (Übersetzung $i_{II} = -6$) haben zusammen einen Wirkungsgrad $\eta_{ges} = 0{,}8$. Es soll die vorgesehene Größe der elastischen Gummiring-Kupplung mit $T_{KN} = 400\,\text{Nm}$ und $T_{K\,max} = 1{,}1\,\text{kNm}$ wie folgt überprüft werden:

1. Die Gesamtübersetzung i_{ges},
2. Das Nenndrehmoment T_{LN} der Lastseite der Kupplung unter Berücksichtigung des Gesamtwirkungsgrades,
3. Das erforderliche Nenndrehmoment T_{KN} der Kupplung, wenn es sich um Bindeglieder aus Perbunan handelt und die Umgebungstemperatur 30 °C nicht überschreitet,
4. Das erforderliche Stoßdrehmoment $T_{K\,max}$ der Kupplung, wenn $m = 0{,}2$, $T_{AS} = 0{,}7 \cdot T_{LN}$, $T_{LS} = 1{,}2 \cdot T_{LN}$ ist und weniger als 40 Anläufe je Stunde erfolgen. Danach Kontrolle, ob die gewählte Kupplung ausreicht.

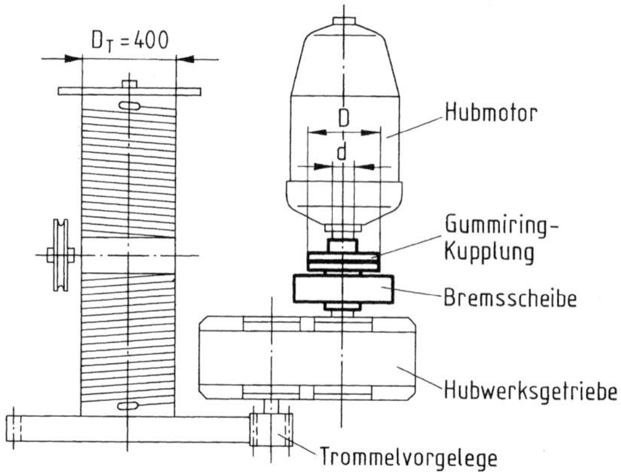

Bild 20.6 Hubwerk eines Werkstattkranes

E: **1.** $i_{ges} = 37{,}5$.
2. $T_{LN} = 340$ Nm ($T_{Tr} = 10\,200$ Nm).
3. $T_{KN} = 340$ Nm < 400 Nm ($S_\vartheta = 1$).
4. $T_{K\,max} = 697$ Nm $< 1\,100$ Nm ($S_A = S_L = 1{,}8$, $S_Z = 1$), Kupplung reicht aus.

L: **1.** Nach Gl. (23.19).
2. Das Trommeldrehmoment beträgt $T_{Tr} = F_t \cdot R_T$ mit $F_t = 2 \cdot 25{,}5$ kN und $R_T = D_T/2 = 0{,}2$ m, T_{LN} aus Gl. (23.21) mit $M_a = T_{LN}$ und $M_b = T_{Tr}$.
3. T_{KN} mit Gl. (20.12) und Vergleich mit dem in der Aufgabe genannten Wert.
4. Nach Gl. (20.13), der errechnete Betrag muss dann gleich oder kleiner sein als $T_{K\,max}$ der Kupplung.

20.7 In den Antrieb einer Schere soll zwischen dem Elektromotor und dem Getriebe eine Elektromagnet-Zweiflächenkupplung in Verbindung mit einer hochelastischen BoWex-ELASTIC-Kupplung ähnlich Bild 20.7 eingebaut werden. Bei $n = 480\ \text{min}^{-1}$ sind

20

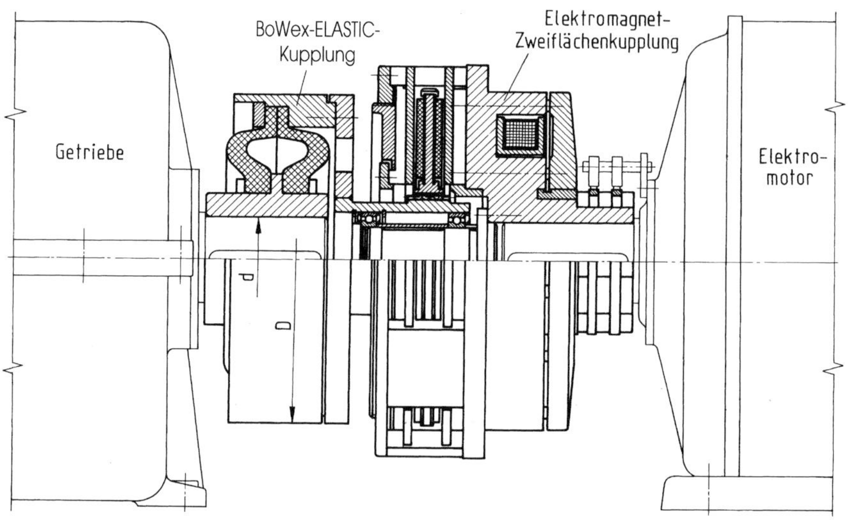

Bild 20.7 Elektromagnet-Zweiflächenkupplung in Verbindung mit einer hochelastischen Kupplung

$P_{LN} = 78$ kW zu übertragen. Die Elektromagnet-Zweiflächenkupplung dient dazu, die Arbeitsgänge bei durchlaufendem Motor ein- und auszuschalten. Welche Größe der elastischen Kupplung nach Tab. 20.2 ist zu wählen, wenn ihre Bindeglieder aus Polyurethan bestehen, die Umgebungstemperatur bis 30 °C betragen kann und mit 200 Schaltungen je Stunde zu rechnen ist? $m = 0{,}5$, $T_{AS} = 0{,}7 \cdot T_{LN}$, $T_{LS} = 0{,}1 \cdot T_{LN}$.

E: Größe G80HE mit $T_{KN} = 1\,600$ Nm $> 1\,551$ Nm und $T_{K\max} = 4\,800$ Nm $> 3\,116$ Nm ($\omega = 50{,}3$ rad/s, $T_{LN} = 1\,551$ Nm, $S_\vartheta = 1$, $S_Z = 1{,}2$).

L: Sinngemäß wie Aufg. 20.5.

20.8

Zur Verbindung eines Vierzylinder-Ottomotors, Drehzahl $n = 3\,000\ \text{min}^{-1}$, mit einem Drehstromgenerator in einem Notstromaggregat für $P_{LN} = 100$ kW soll nach Bild 20.8 eine BoWex-ELASTIC-Kupplung mit dem Nenndrehmoment $T_{KN} = 500$ Nm (Daten siehe Tab. 20.2) eingebaut werden, Massenträgheitsmoment der Lastseite $J_L \approx 1{,}2\ \text{kgm}^2$ (einschl. J_{KL} der Kupplung), der Antriebsseite $J_A \approx 2{,}3\ \text{kgm}^2$ (einschl. J_{KA} der Kupplung). Die Ordnungszahl beträgt $i = 2$. Das Wechseldrehmoment kann mit $T_W \approx 400$ Nm angenommen werden. Die Bindeglieder bestehen aus Perbunan, die Umgebungstemperatur ist kleiner als 30 °C. Es sind zu ermitteln:

1. Ob Nenndrehmoment T_{KN} und Stoßdrehmoment $T_{K\max}$ der gewählten Kupplung ausreichen, wenn die Anfahrhäufigkeit gering ist (lastfreier Anlauf), dabei sei T_{AS1} beim Anlaufen und T_{AS2} beim Betrieb durch Zündaussetzer 600 Nm bzw. 400 Nm sowie $T_{LS} = 3 \cdot T_{LN}$ durch Generator-Kurzschluss,
2. Ob das Stoßmoment $T_{K\max}$ der Kupplung beim Durchfahren der Resonanzdrehzahl n_R groß genug ist,
3. Ob das Dauerwechseldrehmoment T_{KW} der Kupplung ausreicht.

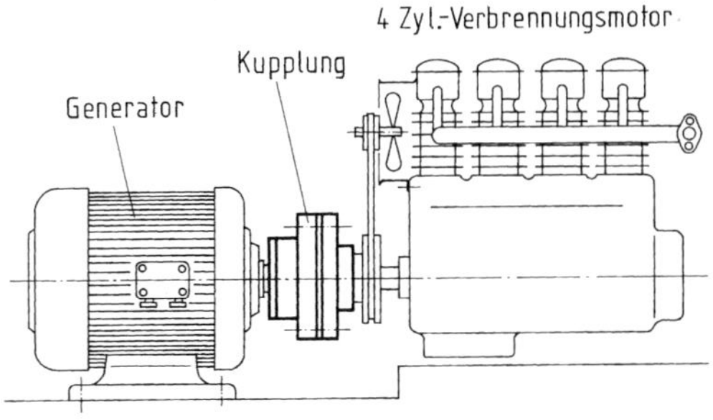

Bild 20.8 Hochelastische Kupplung zwischen Ottomotor und Generator

E:
1. Ja, $T_{KN} = 500$ Nm > 318 Nm
2. Ja, $n_R = 416\ \text{min}^{-1}$, $f_e = 13{,}88\ \text{s}^{-1}$, $T_{S\max} = 1\,077$ Nm $< T_{K\max} = 1\,500$ Nm
3. Ja, $T_{Wi\max} = 8{,}7$ Nm $< T_{KW} = 150$ Nm ($V_{fi} = 0{,}02$)
   Hinweis: Beim Generator-Kurzschluss tritt ein Stoßmoment $T_{SL\max} = 1634$ Nm $> T_{K\max} = 1500$ Nm auf, das man aber – da dieser Zustand selten auftritt – wahrscheinlich hinnehmen könnte.

L:
1. Kontrolle mit Gl. (20.12), ob T_{KN} und mit Gl. (20.13) ob $T_{K\max}$ der Kupplung ausreichen (S_A bzw. S_L, S_Z und S_ϑ nach Tab. 20.3).
2. $c_{t\,dyn}$ nach Tab. 20.2 und f_e errechnen, dann n_R, Massenfaktor $M = J_L/J$, da die Stöße von der Antriebsseite ausgehen, V_R, hierzu ψ aus Tab. 20.2, mit Gl. (20.13) Kontrolle, ob $T_{K\max}$ gemäß Tab. 20.2 ausreicht.
3. V nach Gl. (20.15) bzw. (20.17), S_f nach Tab. 20.3 errechnen, dann mit Gl. (20.16) Kontrolle, ob T_{KW} ausreicht (T_{KW} aus Tab. 20.2).

20.9 Bild 20.9 zeigt einen Schiffspropellerantrieb mit zwei Dieselmotoren. Jeder Motor besitzt zwei Reihen mit je 7 Zylindern (Ordnungszahl $i = 7$). Bei $n = 1\,000\ \text{min}^{-1}$ kann jeder Motor 1 000 kW leisten. Zwischen jedem Motor und dem Untersetzungsgetriebe (Übersetzung ins Langsame) soll eine ROTEX-Kupplung (92 Shore A) mit $T_{KN} = 12{,}8$ kNm eingebaut werden (Daten der Kupplung siehe Tab. 20.1, Drehfedersteifigkeit bei $1{,}0 \cdot T_{KN}$). Es betragen das Massenträgheitsmoment jeder Lastseite $J_L = 38\ \text{kgm}^2$ (das sind die auf eine Motorwelle reduzierten anteiligen Massenträgheitsmomente der Getrieberäder und des Propellers) und das Massenträgheitsmoment jeder Antriebsseite $J_A = 165\ \text{kgm}^2$. J_L und J_A gelten jeweils unter Einschluss der Kupplungsteile. Das Wechseldrehmoment beträgt $T_W \approx 4{,}8$ kNm. Die Bindeglieder bestehen aus PUR, die Umgebungstemperatur kann bis 50 °C betragen, die Anfahrhäufigkeit ist gering. Antriebsseitig kann mit Stößen $T_{AS} = 5$ kNm gerechnet werden. Auf der Lastseite wird $T_{LS} = 20$ kNm angenommen, das durch ein Fischernetz, welches in eine Schraube geraten ist, verursacht wird. Rechnen Sie mit $\psi = 0{,}8$.
Es ist zu ermitteln, ob die gewählten Kupplungen ausreichen.

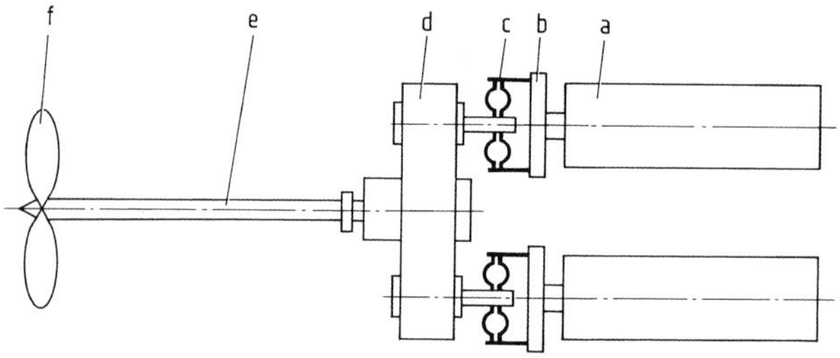

Bild 20.9 Propellerantrieb mit hochelastischen ROTEX-Kupplungen
a Dieselmotor,
b Schwungrad,
c Kupplung,
d Untersetzungsgetriebe,
e Propellerwelle,
f Propeller

E: **1.** $T_{KN} = 12\,800\ \text{Nm} < 13\,369\ \text{Nm}$, $T_{K\,max} = 25\,600\ \text{Nm} > T_{max} = 23\,250\ \text{Nm}$ (Resonanz), also von der Seite her ist die Kupplung falsch gewählt.
2. Der Laststoß $T_{SL\,max} = 54\,000\ \text{Nm} > T_{K\,max} = 25\,600\ \text{Nm}$ ist zu groß. Entweder größere Kupplung wählen oder mit Überlastkupplung kombinieren.
3. Wechselfestigkeit in Ordnung, denn $f_e = 27{,}0\ \text{s}^{-1}$, $n_R = 231\ \text{min}^{-1}$, $V_{fi} = 0{,}057$; $S_f = 3{,}42$; $T_{Wi\,max} = 245\ \text{Nm} < T_{KW} = 3\,328\ \text{Nm}$

L: Wie Aufg. 20.8.

20

20.10 Eine Wasserturbine soll mit einem Generator gekuppelt werden. Zur Verbindung beider Wellenenden ist eine der elastischen Elco-Kupplung (Bild 20.10) entsprechende Kupplung vorgesehen, die den Anfahrstoß dämpft. Aus Sicherheitsgründen soll die Eigenfrequenz n_e des Zweimassen-Schwingsystems um mindestens 30 % von der Betriebsdrehzahl n entfernt liegen, damit nicht womöglich Resonanz auftritt, wenn durch ungleichmäßige Belastung des Generators während des Betriebes Stöße in Drehzahlfolge wirksam werden, d. h., wenn mit einer Ordnungszahl $i = 1$ zu rechnen ist. Bei $n = 1500\ \text{min}^{-1}$ ist eine Nennleistung $P_{LN} = 300$ kW zu übertragen, Massenträgheitsmoment der Antriebsseite $J_{WA} = 57{,}5\ \text{kgm}^2$, der Lastseite $J_{WL} = 11\ \text{kgm}^2$, $T_{LS} = 800$ Nm, $\psi = 0{,}5$.

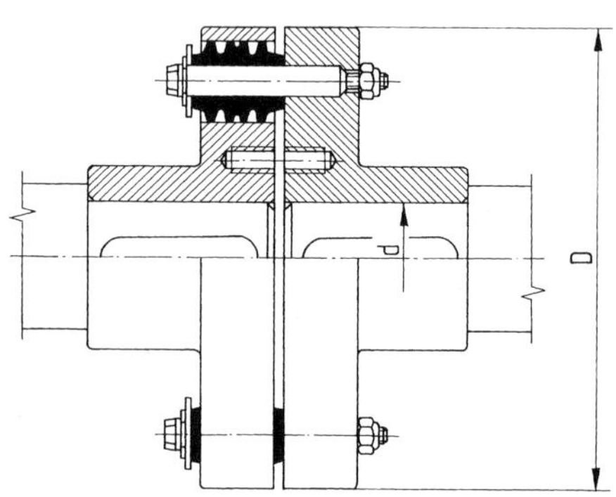

Bild 20.10 Elco-Kupplung (RENK, Hannover)

Es stehen Kupplungen mit folgenden Daten zur Auswahl:

Größe	A	B	C	D	E	F	G
$T_{K\,max} =$	1400	2100	3150	4700	7000	10500	15500 Nm
$D =$	225	270	300	340	380	440	500 mm
$d_{max} =$	90	100	110	120	145	165	170 mm
$c_{t\,dyn}$ bei $T_{LN} =$							
0,25 $T_{K\,max}$	2,3	3,5	5,7	7,6	13	22	$36 \cdot 10^4$ Nm/rad
0,50 $T_{K\,max}$	3,2	4,9	8,1	11	18	30	$50 \cdot 10^4$ Nm/rad
0,75 $T_{K\,max}$	4	6,1	10	14	23	38	$63 \cdot 10^4$ Nm/rad
1,00 $T_{K\,max}$	6,4	9,9	16	22	35	60	$100 \cdot 10^4$ Nm/rad
$J_{KA} =$	0,052	0,133	0,2	0,41	0,63	1,38	2,3 kgm^2
$J_{KL} =$	0,095	0,22	0,36	0,70	1,08	2,23	2,8 kgm^2

Zu ermitteln sind:

1. Das Nenndrehmoment T_{LN} der Lastseite,

2. Das erforderliche Maximaldrehmoment $T_{K\,max}$ der Kupplung mit den Faktoren $S_Z = 1$ und $S_\vartheta = 1$, danach Wahl einer geeigneten Größe ($T_{AS} = 0{,}1 \cdot T_{LN}$),

3. Die Eigenfrequenz f_e des Schwingsystems und Kontrolle, ob die Drehzahl n um mindestens 30 % über oder unter der Eigenfrequenz liegt.

Bemerkungen zu den kraftschlüssigen Schaltkupplungen:

Die Reibarbeit der kraftschlüssigen Schaltkupplungen setzt sich in Wärme um, die abgeführt werden muss. Die abführbare Wärmemenge hängt von vielen Einflüssen ab, wie Bauart und Größe der Kupplung, deren Umfangsgeschwindigkeit (damit Geschwindigkeit der Kühlluft, ggf. des Öldurchlaufs) und ihrem Einbau (offen oder gekapselt). Es ist deshalb nicht möglich, allgemein gültige zulässige Reibleistungen anzugeben, zumal auch die Hersteller mit derartigen Angaben zurückhalten. Die folgenden Aufgaben können deshalb nur grobe Überschlagslösungen liefern. Die Kupplungshersteller fügen ihren Prospekten Fragebogen bei, nach denen sie die geeignete Kupplung errechnen. Man sollte sich deshalb stets von den Herstellern beraten lassen.

Die Schaltzeit t_s als Zeit vom Betätigen des Schalters bis zum Erreichen des schaltbaren Drehmoments T_s wird von den Kupplungsherstellern meistens nicht angegeben. Deshalb konnte diese Schaltzeit in einigen Aufgaben nicht berücksichtigt werden, sodass nur mit der Beschleunigungszeit $t_b \approx t - t_s$ zu rechnen ist. Falls die Schaltzeit t_s wichtig oder ausschlaggebend sein sollte, sind ebenfalls die Kupplungshersteller zu Rate zu ziehen, insbesondere bei elektromagnetischen Kupplungen oder Bremsen, deren Schaltzeiten sich durch besondere Schaltungen verändern lassen.

E: $T_{LN} = 1910$ Nm, $T_{LN} \cdot S_S = 1910\ \text{Nm} \cdot 2{,}1 = 4011$ Nm, daher gewählt Größe D mit $T_{K\,max} = 4700$ Nm.
$J_A = 57{,}5\ \text{kgm}^2 + 0{,}41\ \text{kgm}^2 = 57{,}91\ \text{kgm}^2$, $J_L = 11\ \text{kgm}^2 + 0{,}7\ \text{kgm}^2 = 11{,}7\ \text{kgm}^2$,
$T_{LN}/T_{K\,max} = 0{,}41$, daher ist interpoliert $c_{t\,dyn} \approx 98$ kNm/r. Mit $T_{AS} = 0$, $T_{LS} = 800$ Nm, $T_{Ai} = 0$, $T_{Li} = 0$ wird $T_{SLmax} = 3107$ Nm und $n_R = 953\ \text{min}^{-1}$. Dies ist weit genug von $1500\ \text{min}^{-1}$entfernt.

L: **1.** Mit Gl. (20.1).

2. $T_{K\,max}$ mit Gl. (20.22) und Wahl der Kupplungsgröße nach den in der Aufgabe angegebenen Daten.

3. $c_{t\,dyn}$ (interpoliert mit dem Verhältnis $T_{LN}/T_{K\,max}$) sowie J_{KA} und J_{KL} aus den in der Aufgabe angegebenen Daten, f_e und Kontrolle, ob $n_e \leq 0{,}7n$ oder $f_e \geq 1{,}3n$ ist.

20.11 Für den Antrieb einer Kniehebelpresse ist eine pneumatisch schaltbare Lamellenkupplung nach Bild 20.11 einzubauen. Die Antriebsseite läuft ununterbrochen, während die Lastseite mit der Pressenwelle jeweils zugeschaltet wird. Die Drehmassen

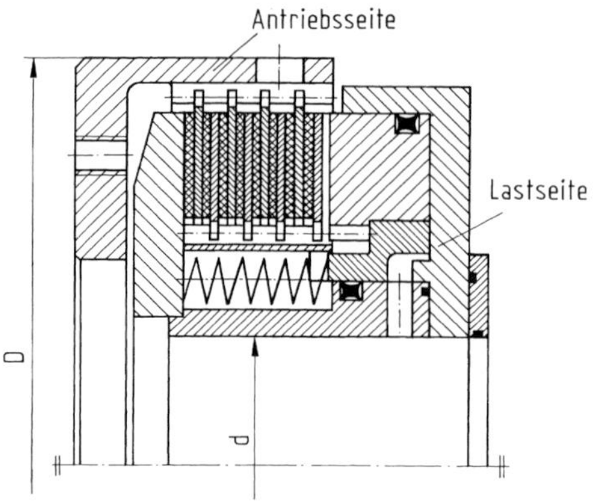

Bild 20.11 Druckluftgeschaltete Lamellenkupplung (Stromag, Unna/Westf.)

sind $J_A = 76\,\text{kgm}^2$ und $J_L = 80\,\text{kgm}^2$, vom E-Motor mit Getriebe wirkt ein Anzugsmoment von 13 kNm, das Reibmoment in den Lagern und an den Zahnrädern $T_R = 320$ Nm. Die Massen sollen nach dem Anpressen der Lamellen in $t_b \leq 0{,}5$ s aus dem Stillstand hochgefahren werden. Welche Kupplungsgröße kommt in Betracht, wenn bei $n_A = 350\,\text{min}^{-1}$ ein Nenndrehmoment $T_{LN} = 7000$ Nm übertragen und mit einem Stoßfaktor $S_A = S_L \approx 2{,}2$ gerechnet werden muss? Beim Schalten der Kupplung sind $n_L = 0$ und $T_L = T_R$. Ist die Reibleistung der Kupplung zulässig, wenn $Z = 150$ Schaltungen je Stunde erfolgen?
Zur Auswahl stehen folgende Kupplungen:

Größe	A	B	C	D	E	F
$T_s =$	3750	5600	8800	16000	27000	46000 Nm
$D =$	315	370	485	570	680	775 mm
$d_{max} =$	100	115	150	170	200	240 mm
$n_{zul} =$	2500	2000	1500	1200	1000	800 min^{-1}
$J_{KL} =$	0,35	0,85	1,85	4,5	5,5	11,8 kgm^2
$P_{R\,zul} =$	3000	4200	7000	10000	14000	18000 kJ/h

E: Gewählt Größe D mit 16000 Nm, weil $7000\text{ Nm} \cdot 2{,}2 = 15400\text{ Nm} < 16000$ Nm. Die Beschleunigungszeit = Rutschzeit ist nach Gl. (20.30)

$$t_B = \frac{2\pi \cdot 350/60}{\dfrac{16000 - 320}{80} - \dfrac{13000 - 16000}{76}} = 0{,}15\text{ s}$$

$$\text{Reibarbeit } W_R = \frac{1}{2}\,16000 \cdot 2\pi \cdot \frac{350}{60} \cdot 0{,}15 = 44000\text{ J}$$

Verlustleistung $P_V = W_R \cdot Z = 44000\text{ J} \cdot 150\text{ h}^{-1} = 6600\text{ kJ/h} < 10000$ kJ/h

L: Lösungsgang: T_L mit Gl. (20.22), damit Wahl der Kupplungsgröße nach den in der Aufgabe angegebenen Daten, t_b mit $J_L = J_{WL} + J_{KL}$ (J_{KL} nach der Tab. in der Aufgabe), n_A und $T_L = T_R$ wegen des Anfahrens im Leerlauf. Falls $t_b > 0{,}5$ s ist, muss eine größere Kupplung gewählt werden.

20.12 In einer Portionierungsmaschine soll die elektromagnetische Zweiflächenkupplung mit der Schalthäufigkeit $Z = 2000\,\text{h}^{-1}$ betrieben werden (Ausführung entspr. Bild 20.13 in der nachfolgenden Aufgabe). $J_A = 0{,}072\,\text{kgm}^2$ (E-Motor 11 kW, $1000\,\text{min}^{-1}$ + Kupplungshälfte), $J_L = 0{,}1\,\text{kgm}^2$ einschl. Kupplungshälfte, $T_A = 3{,}1 \cdot M_N$, $S_A = S_L = 1$, das Reibmoment in den Lagern, an den Zahnrädern usw. zu $T_R = 12$ Nm. Die

Kupplung läuft mit $n_A = 1000 \text{ min}^{-1}$ und beschleunigt aus dem Stillstand heraus im Leerlauf. Die Beschleunigungszeit darf $t_b = 0{,}2$ s nicht überschreiten.
Die Daten der Kupplung sind: $T_s = 400$ Nm, $n_{zul} = 2200 \text{ min}^{-1}$, $D = 175$ mm, $d_{max} = 45$ mm, $P_{R\,zul} = 4600$ kJ/h.

1. Genügt das schaltbare Drehmoment der Kupplung?
2. Wie groß wird die Beschleunigungszeit tatsächlich?
3. Ist die Reibleistung zulässig, wenn wegen des gekapselten Einbaus mit $0{,}5\,P_{R\,zul}$ zu rechnen ist?
4. Wie groß sind Hochlaufzeit und Synchrondrehzahl?

E: Ja, denn 326 Nm < 400 Nm

$$t_B = \frac{2\pi \cdot 1000/60}{\dfrac{400-12}{0{,}1} - \dfrac{326-400}{0{,}072}} = 0{,}022 \text{ s}, \quad W_R = \frac{1}{2}\, 400 \cdot 2\pi \cdot \frac{1000}{60} \cdot 0{,}022 = 446 \text{ J},$$

$P_V = W_R \cdot Z = 893$ kJ/h $< 4600/2$ kJ/h $= 2300$ kJ/h, die Hochlaufzeit ist $t_C - t_0 = 0{,}032$ s, die Synchrondrehzahl $n_{12} = 790 \text{ min}^{-1}$.

L: **1.** Erforderliches schaltbares Drehmoment T_s mit Gl. (20.22) und Vergleich mit T_s der Kupplung.
2. t_b.
3. W_V und P_V und Kontrolle, ob $P_R \leq 0{,}5\,P_{R\,zul}$.
4. t_C.

20.13

Für einen Scherenantrieb ist die Größe der Elektromagnet-Zweiflächenkupplung nach Bild 20.13 zu ermitteln. Sie steht in Verbindung mit einer hochelastischen Vulkan-Kupplung, die in Aufgabe 20.7 berechnet wurde. Bei $n_A = 750 \text{ min}^{-1}$ sind $P_{LN} = 70$ kW zu übertragen, Stoßfaktor $S_S = 2$. $J_A = 2{,}7 \text{ kgm}^2$, $J_L = 31 \text{ kgm}^2$, $T_A = 2{,}2 \cdot M_N = 2{,}2 \cdot 971$ Nm $= 2{,}136$ kNm, $S_A = S_L = 1$. Das Lager-Reibmoment beträgt $T_R = 30$ Nm. Es sollen $Z = 200$ Schaltungen je Stunde ausgeführt werden. Die Beschleunigungszeit soll $t_b = 1$ s nicht überschreiten.

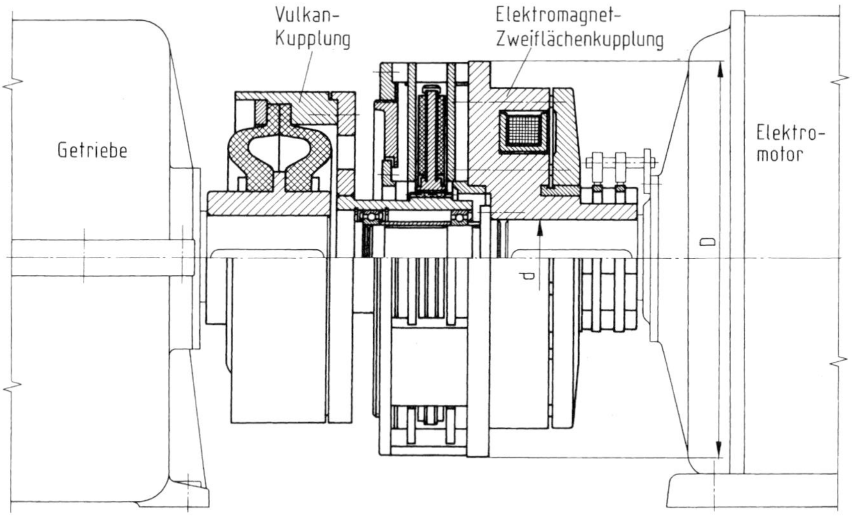

Bild 20.13 Elektromagnet-Zweiflächenkupplung mit einer elastischen Vulkan-Kupplung

20

Folgende Kupplungen stehen zur Auswahl:

Größe	A	B	C	D	E
$T_s =$	1000	1600	2500	4000	6300 Nm
$n_{zul} =$	1500	1500	1500	1500	1500 min^{-1}
$D =$	313	372	445	511	540 mm
$d_{max} =$	75	95	110	125	140 mm
$W_{R\ zul} =$	240	300	370	450	550 kJ
$P_{R\ zul} =$	6000	8000	10400	14000	24000 kJ/h

E: $T_L = \dfrac{70\,000 \cdot 60}{2\pi \cdot 750}$ Nm $= 891$ Nm, $J_A = 2{,}7$ kgm^2 $(= J_{Motor} + J_{Kupplung})$, gewählt Größe C mit $T_K = 2500$ Nm und $P_{Vzul} = 10400$ kJ/h. Damit wird $t_B = 0{,}42$ s, $W_R = 41233$ J und $P_V = 8246$ kJ/h. Diese Kupplung passt also.

L: Lösungsgang: T_L mit Gl. (20.22) und Wahl der Kupplung nach den in der Aufgabe angegebenen Daten und Kontrolle, ob $t_b \leq 1$ s, W_V und P_V und Kontrolle, ob beide gleich oder kleiner als die zulässigen Werte sind ($W_{V\,zul}$ und $P_{V\,zul}$ nach der Tabelle in der Aufgabe; falls nicht zulässig, Wahl einer größeren Kupplung).

20.14 In ein Wendegetriebe sollen nach Bild 20.14 zwei Elektromagnet-Einflächenkupplungen eingebaut werden. Für die Arbeitsperioden wird die rechte Kupplung mit $n_A = 750$ min^{-1}, für die Leerlaufperioden die linke in entgegengesetzter Richtung mit $n_L = 1500$ min^{-1} angetrieben. Die Arbeitsperiode erfordert eine Leistung $P_{LN} = 4{,}0$ kW. Die mit der Kupplungswelle verbundenen Massen werden ohne Betriebslast (im Leerlauf) reversiert. Hierbei werden die Kupplungen wechselweise ein- und ausgeschaltet. Der polumschaltbare Drehstrommotor liefert bei 750 min^{-1} ein Kippmoment $M_K = 2{,}6 \cdot M_N = 2{,}6 \cdot 53$ Nm $= 138$ Nm und bei 1500 min^{-1} ein Kippmoment $M_K = 3 \cdot M_N = 3 \cdot 27$ Nm $= 81$ Nm; die Drehmassenträgheitsmomente sind $J_A = 0{,}05$ kgm^2 und $J_L = 0{,}5$ kgm^2 insgesamt. Verlangt wird eine Umsteuerzeit (Beschleunigungszeit) $t_b \leq 0{,}2$ s. Die Reibung in den Lagern und an den Zahnrädern wirkt sich auf die Kupplungswelle mit einem Reibmoment $T_R = 13$ Nm aus.
Welche der folgenden Kupplungsgrößen kommt in Betracht, wenn wegen des Reversierbetriebes mit einem Stoßfaktor $S_A = S_L = 2$ zu rechnen ist und $Z = 100$ Schaltungen je Stunde erfolgen sollen? Da sich die Kupplungen in einem geschlossenen Getriebekasten befinden, sind als zulässige Reibarbeit und -leistung nur 50 % der nachfolgend angegebenen anzunehmen.

20

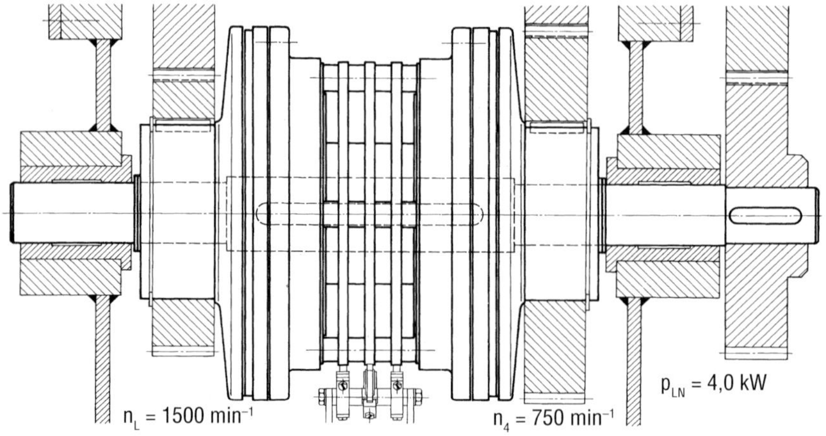

Bild 20.14 Elektromagnet-Einflächenkupplungen in einem Wendegetriebe mit Stirnrädern

Größe	A	B	C	D	E	F
$T_s =$	100	160	250	400	630	1 000 Nm
$n_{zul} =$	3 400	3 300	3 300	3 300	3 000	3 000 min^{-1}
$D =$	205	255	285	315	365	420 mm
$d_{max} =$	45	50	55	60	70	80 mm
$J_{KL} =$	0,028	0,05	0,063	0,125	0,25	0,5 kgm^2
$W_{R\,zul} =$	55	60	70	80	100	115 kJ
$P_{R\,zul} =$	1 100	1 400	2 400	3 200	4 800	6 800 kJ/h

E: Arbeit: $T_L = \frac{4\,000 \cdot 60}{2\pi \cdot 750}$ Nm = 51 Nm, $M_K = T_A = 138$ Nm, gewählt Größe B mit $T_K = 160$ Nm, $J_{KL} = 0{,}028$ kgm^2. Angegeben war $J_A = 0{,}05$ kgm^2 ($= J_{Motor} + J_{KL}/2 = 0{,}036 + 0{,}014$). Durch den Reversierbetrieb ist $n = n_{rechts} - n_{links} = 750 - (-1\,500)$ min^{-1} $= n_{links} - n_{rechts} = 1\,500 - (-750)$ $min^{-1} = 2\,250$ min^{-1}, denn eine Drehzahl muss ja negativ eingesetzt werden wegen des umgekehrten Drehsinns, vgl. Bild 20.76 im Lehrbuch. Damit wird $t_B = 0{,}42$ s, $W_R = 6785$ J, $P_V = 678{,}5$ kJ/h < 1400/2 kJ/h = 700 kJ/h, aber die Hochlaufzeit ist $t_C - t_0 = 1{,}35$ s. Damit muss der ganze Antrieb überarbeitet werden.

L: Wie Aufg. 20.13.

20.15

Eine Langhobelmaschine soll über eine elektromagnetische Reversierkupplung nach Bild 20.15 betrieben werden. Sie dient zum Umkehren der Drehrichtung der Welle und besteht aus zwei sich ständig gegenläufig drehenden Magneten a_1 und a_2, die von Zahnrädern oder Riemenscheiben getrieben werden können. Am Außenumfang sind Reibscheiben b angeordnet. Der auf die Welle geschrumpfte Anker c trägt die Reibbeläge d. Beide Magnete sind axialverschiebbar gelagert. Wird der Magnet a_1 eingeschaltet, so zieht er sich an den Anker c und presst Reibbelag d_1 und Reibscheibe b_1 gegeneinander. Durch den Kraftschluss wird die Welle in Drehrichtung I mitgenommen. Federn drücken den Magneten nach Stromabschaltung vom Anker ab. Nach Einschalten des Magneten a_2 wird die Welle in Drehrichtung II mitgenommen, also reversiert. Bei jedem Umschalten von der einen in die andere Drehrichtung muss die Kupplung die Wellen- und Ankermasse sowie die von der Welle angetriebenen Massen aus der Rotation verzögern und anschließend gegenläufig beschleunigen.

Die Daten der Kupplung sind: $T_s = 2{,}5$ kNm, $P_{Rzul} = 12\,000$ kJ/h, $D = 545$ mm, $d_{max} = 100$ mm, $n_{zul} = 2\,500$ min^{-1}.

20

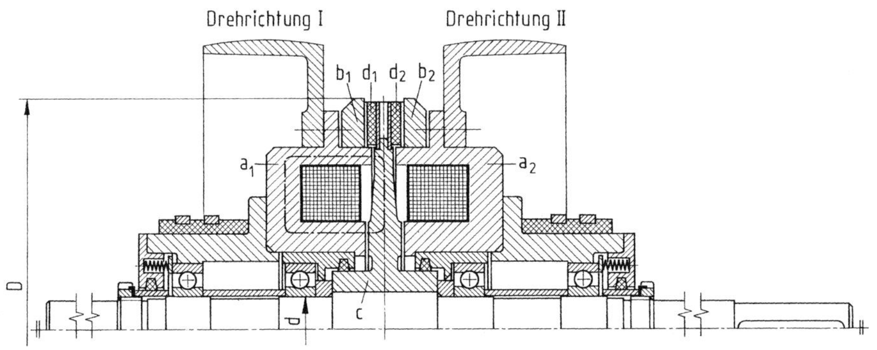

Bild 20.15 Elektromagnetische Reversierkupplung

In Drehrichtung I beträgt die größte Drehzahl $n_I = 150\,\text{min}^{-1}$ und in Drehrichtung II $n_{II} = 225\,\text{min}^{-1}$. $J_A = 4\,\text{kgm}^2$, $J_L = 15\,\text{kgm}^2$, $T_A = 2\,\text{kNm}$ und $T_L = 1{,}5\,\text{kNm}$. Es sind zu ermitteln:

1. Die mit der Kupplung erreichbare Reversierzeit t_u (Umsteuerzeit), wenn wegen der Verzögerung beim Umschalten der Magneten diese Zeit als 1,3faches der Hochlaufzeit $t_C - t_0$ angenommen wird,

2. Die mögliche Anzahl Z der Schaltungen je Stunde.

E: Durch den Reversierbetrieb ist $n_I = n_{10} = 150\,\text{min}^{-1}$, $n_{II} = n_{20} - 225\,\text{min}^{-1}$. Damit wird $t_B = 0{,}2$ s, $t_C - t_0 = 1{,}18$ s, $t_u = 1{,}53$ s, $W_R = 10\,057$ J, $Z = 1\,192\,\text{h}^{-1}$.

L: **1.** $t_u = 1{,}3 t_b$ mit t_b, ansonsten wie Aufg. 20.14.

20.16

Für die Umsteuerung der Tischbewegung einer Hobelmaschine sind zwei Elektromagnet-Lamellenkupplungen mit Bremse entspr. Bild 20.16 vorgesehen. Die Nennleistung während des Arbeitshubes beträgt $P_{LN} = 4{,}7$ kW. Die kleinste Drehzahl der Kupplungswelle (in der ersten Geschwindigkeitsstufe der Maschine) beträgt $n = 60\,\text{min}^{-1}$. Bei den maximalen Drehzahlen in der letzten, höchsten Geschwindigkeitsstufe von $n_I = 200\,\text{min}^{-1}$ im Vorlauf und $n_{II} = 300\,\text{min}^{-1}$ im Rücklauf werden eine Umsteuerzeit $t_u \leq 0{,}1$ s und $Z = 900$ Schaltungen je Stunde verlangt. Das Massenträgheitsmoment von Tisch, Werkstück und Getrieberäder, jedoch ohne Kupplungs- und Bremsanteil $(J_{KL} + J_{BL})$, beträgt $J_{WL} = 11\,\text{kgm}^2$. Reibmoment in den Lagerungen und an den Zahnrädern $T_R = 105$ Nm. Das Umsteuern erfolgt im Leerlauf. Die Drehmasse des E-Motors, mit der Übersetzung 1 : 5 (300/1 500) hochgerechnet, beträgt $J_A = 0{,}45\,\text{kgm}^2$.
Im Massenträgheitsmoment J_{KL} sind die lastseitigen Massen beider Kupplungen und des mittleren Trägers erfasst.

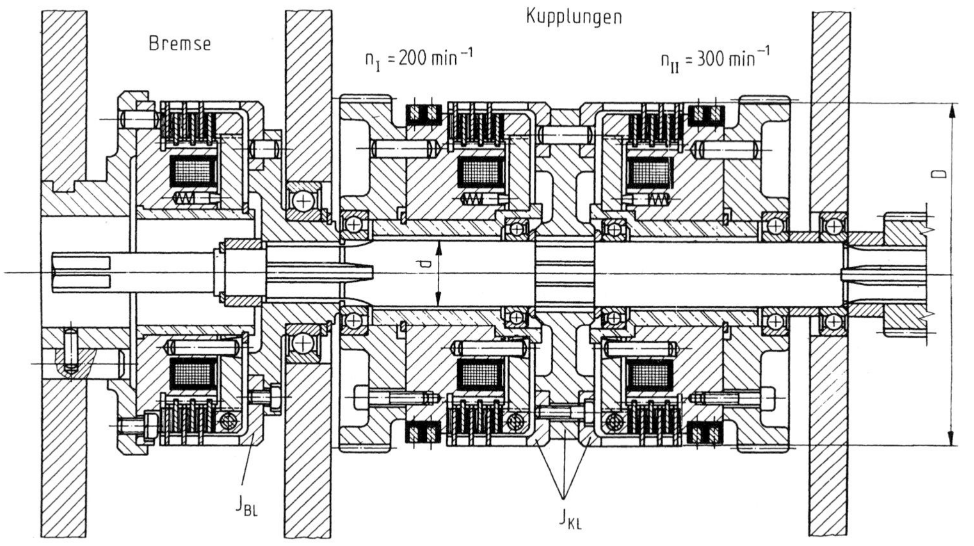

Bild 20.16 Ausschnitt eines Hobelmaschinen-Getriebes mit zwei Elektromagnet-Lamellenkupplungen zum Umsteuern der Tischbewegung in Verbindung mit einer Bremse

Zu ermitteln sind:

1. Das erforderliche schaltbare Drehmoment T_s und Wahl der Kupplungsgröße, wenn mit einem Stoßfaktor $S_S = 3$ gerechnet wird,

2. Die Umsteuerzeit t_u, wenn diese wegen der Verzögerung beim Umschalten der Magneten $1{,}3\ t_b$ gesetzt wird, und Kontrolle, ob $t_u \leq 0{,}1$ s,

3. Die Reibleistung P_R und Kontrolle, ob wegen des gekapselten Einbaus $P_V \leq 0{,}5\ P_{V\ zul.}$

Es stehen folgende Kupplungsgrößen zur Auswahl:

Größe	A	B	C	D	E
$T_s =$	630	1000	1600	2500	4000 Nm
$D =$	235	270	310	360	420 mm
$d_{max} =$	70	80	90	110	120 mm
$n_{zul} =$	1750	1600	1350	1200	1000 min^{-1}
$J_{KL} =$	0,128	0,255	0,54	1,125	2,55 kgm^2
$J_{BL} =$	0,076	0,153	0,324	0,675	1,53 kgm^2
$P_{V\ zul} =$	4000	6000	7000	9000	15000 kJ/h

E: Arbeit: $T_{L\,\text{langsam}} = \dfrac{4700 \cdot 60}{2\pi \cdot 60}$ Nm $= 748$ Nm, $T_{L\,\text{schnell, Vorlauf}} = \dfrac{4700 \cdot 60}{2\pi \cdot 200}$ Nm $= 224$ Nm,

$T_{L\,\text{schnell, Rücklauf}} = \dfrac{4700 \cdot 60}{2\pi \cdot 300}$ Nm $= 150$ Nm, daher wird das größte Moment

$748 \cdot 3$ Nm $= 2244$ Nm, also Größe D.

$J_L = J_{WL} + J_{KL} + J_{BL} = (11 + 1{,}125 + 0{,}675)$ kgm$^2 = 12{,}8$ kgm^2. Durch den Reversierbetrieb ist $n_{10} = n_{\text{schnell, Vorlauf}} = 200$ min^{-1}, $n_{20} = n_{\text{schnell, Rücklauf}} = -300$ min^{-1}, denn eine Drehzahl muss ja negativ eingesetzt werden wegen des umgekehrten Drehsinns, vgl. Bild 20.76 im Lehrbuch. Damit wird $t_B \approx 0{,}01$ s bei $T_A = 150$ Nm. Die Wärmeaufnahme ist zwar prinzipiell in Ordnung, aber die Hochlaufzeit ist $t_C - t_0 \approx 15$ s! Der Motor ist also viel zu schwach für die geforderte Umsteuerzeit von 0,1 s.

L: **1.** T_L nach Gl. (20.22) mit $\omega = 2\pi \cdot n$ und Wahl der Kupplungsgröße nach den in der Aufgabe angegebenen Daten mit $T_s > T_L$.

2. t_b mit $J_L = J_{WL} + J_{KL} + J_{BL}$, Kontrolle, ob $t_u = 1{,}3 t_b \leq 0{,}1$ s ist.

3. W_V und P_V sowie Kontrolle, ob $P_V \leq 0{,}5\ P_{V\,zul}$ ist.

20.17 In das Hobelmaschinengetriebe nach Aufgabe 20.16 ist eine Elektromagnet-Lamellenbremse einzubauen, die zur Arbeitsunterbrechung die bewegten Massen nach Einschalten des Stromes in $t \approx 0{,}65$ s abbremsen soll. Die vorgesehene Bremse hat folgende Daten: $T_s = 2500$ Nm, $D = 360$ mm, $t_s = 0{,}6$ s, $W_{R\ zul} = 400$ kJ, $P_{R\ zul} = 9000$ kJ/h. Das Reibmoment in den Lagerungen und an den Zahnrädern beträgt $T_R = 105$ Nm. Die auf die Bremswelle reduzierten Massen haben ein Trägheitsmoment $J_L = 2{,}9$ kgm^2 (einschl. der Kupplungen und der Bremse). Es ist mit maximal $Z = 15$ Bremsungen je Stunde zu rechnen, und zwar aus $n = 300$ min^{-1}. Genügt die Bremse den Anforderungen, wenn wegen des gekapselten Einbaus $W_V \leq 0{,}5\ W_{V\ zul}$ und $P_V \leq 0{,}5\ P_{V\ zul}$ sein sollen?

E: Bei der Gl. (20.30) muss entweder der zweite Term im Nenner ganz weggelassen werden, da man nichts über T_A und $J_1 = J_A$ weiß oder man setzt für J_A eine sehr große Zahl ein, z. B. $J_A = 1 \cdot 10^9$ kgm^2. Damit wird der Antrieb nicht einbrechen. T_L ist negativ einzusetzen, weil es bremsen hilft. Wenn man mit dem Hilfsprogramm XCLU (siehe DVD zum Lehrbuch) arbeiten will, dann:

$T_A = 0$, $T_L = -105$, $T_K = 2500$, $J_A = 1E9$, $J_L = 2{,}9$, $n_{10} = 0$, $n_{20} = -300$, $n_L = 0$, $Z = 1$. Es wird: $t_B = 0{,}035$ s, damit ist die gesamte Bremszeit $0{,}6\ \text{s} + 0{,}035\ \text{s} = 0{,}635\ \text{s} < 0{,}65$ s, $W_R = 1431$ J.

L: Bei Gl. (20.30) den zweiten Term im Nenner weglassen und T_L und ω_{20} negativ einsetzen.

20.18 Eine Elektromagnetbremse besitzt ein schaltbares Drehmoment $T_s = 20$ Nm. Die Massen mit dem Trägheitsmoment $J_L = 0{,}00802$ kgm^2 (einschl. Bremsscheibe und mitabzubremsende Kupplungsteile) sollen aus $n_L = 950$ min^{-1} nach Ausschalten der Kupplung (Motor läuft weiter) bis zum Stillstand abgebremst werden. Das Reibmoment in den Lagern beträgt $T_R = 70$ Ncm. Nach welcher Zeit kommen die Massen vom Einschalten des elektrischen Stromes der Bremse zum Stillstand, wenn die Schaltzeit $t_s = 0{,}12$ s beträgt? Da nur selten gebremst wird, braucht eine Wärmeberechnung nicht vorgenommen zu werden.

E: Sinngemäß wie in Aufgabe 20.17: $t_B = 0{,}041$ s, damit ist die gesamte Bremszeit $0{,}12\ \text{s} + 0{,}041\ \text{s} = 0{,}16$ s.

L: Wie in Aufg. 20.17.

20.19 Bild 20.19 zeigt die Klemmrollen-Rücklaufsperre (Freilaufkupplung) am Getriebe eines Mischers. Bei $n = 570$ min^{-1} sind $P = 9{,}6$ kW zu übertragen, Stoßfaktor $S_A = S_L = 2{,}3$. Welche Kupplungsgröße kommt von den folgenden in Betracht?

Größe	A	B	C	D	E
$T_K =$	210	350	400	920	1 000 Nm
$D =$	55	68	75	90	95 mm
$d =$	20	25	28	35	40 mm
$n_{zul} =$	2 400	1 700	1 350	1 100	900 min^{-1}

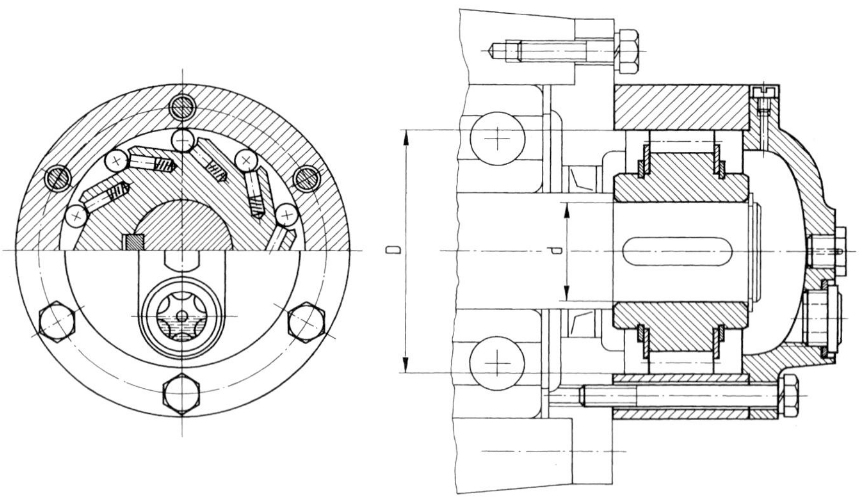

Bild 20.19 Klemmrollen-Rücklaufsperre an einem Getriebe (Rexnord Antriebstechnik, Dortmund)

E: Größe C mit $T_K = 400$ Nm > 370 Nm ($\omega = 59{,}7$ rad/s, $T_n = 160{,}8$ Nm, $S_A = S_L = 2{,}3$).

L: Erforderliches Drehmoment der Kupplung T_K mit $T_N = P/\omega$, wobei $\omega = 2\pi \cdot n$, und Wahl der Kupplungsgröße nach den in der Aufgabe angegebenen Daten.

20

21 Grundlagen für Zahnräder und Getriebe

Evolventenverzahnung

21.1 Ein Evolventenzahn hat bei dem Eingriffswinkel $\alpha = 20°$ am Wälzkreis = Teilkreis mit dem Durchmesser $d_w = d = 156$ mm eine Dicke $s = 4{,}71$ mm.

1. Welche Dicke $s_y = s_{an}$ (siehe ME Bild 22.12) besitzt er am Durchmesser d_y = Kopfkreisdurchmesser $d_a = 159$ mm?

2. Welche Dicke s_y besitzt er am Durchmesser d_y = Grundkreisdurchmessser $d_b = 146{,}59$ mm, an dem $\alpha_y = 0$ ist?

E: **1.** $s_y = s_{an} = 3{,}61$ mm ($\alpha_y = 22{,}7853°$, $\operatorname{inv}\alpha = 0{,}014904$, $\operatorname{inv}\alpha_y = 0{,}02238$).
2. $s_y = 6{,}61$ mm

L: Wie ME Beisp. 21.1 mit Gl. (21.5).

21.2 Welche Dicke hat ein Evolventenzahn am Durchmesser von 142 mm, wenn bei einem Eingriffswinkel von 25° am Wälzkreisdurchmesser von 132 mm seine Dicke 17,28 mm beträgt?

E: $s_y = 12{,}83$ mm ($\alpha = 25° = 0{,}4363$ rad, $\operatorname{inv}\alpha = 0{,}03$, $\alpha_y = 32{,}597° = 0{,}5689$ rad, $\operatorname{inv}\alpha_y = 0{,}07053$).

L: Wie Aufg. 21.1.

21.3 Wie groß ist das spezifische Gleiten ζ_1 und ζ_2 für die Berührpunkte eines Evolventen-Radpaares mit dem Eingriffswinkel $\alpha = 20°$, den Zähnezahlen $z_1 = 18$, $z_2 = 103$ und dem Wälzkreisradius $r_{w1} = r_1 = 13{,}5$ mm des Kleinrades, wenn sich der Berührpunkt B im Abstand $b = 3$ mm vom Wälzpunkt C auf der Eingriffsstrecke befindet?

E: $\zeta_1 = -2{,}18$, $\zeta_2 = +0{,}685$ ($u = 5{,}722$, $r_{w2} = r_2 = 77{,}25$ mm, $\varrho_2 = 29{,}42$ mm, $\varrho_1 = 1{,}617$ mm).

L: Wie ME Beisp. 21.2 mit den Gln. (21.4), (21.6) u. (21.7).

21.4 Der Berührpunkt eines Evolventen-Radpaares mit einem Eingriffswinkel von 25° liegt auf der Eingriffsstrecke um $b = -2$ mm vom Wälzpunkt entfernt (nach ME Bild 21.17 also um 2 mm rechts vom Wälzpunkt C). Das Ritzel hat 12 Zähne und einen Wälzkreisradius von 66 mm, Zähnezahlverhältnis $u = 3$. Wie groß ist das spezifische Gleiten für die Berührpunkte beider Räder?

E: $\zeta_1 = +0{,}089$, $\zeta_2 = -0{,}098$ ($r_{w2} = r_2 = 198$ mm, $\varrho_1 = 29{,}89$ mm, $\varrho_2 = 81{,}68$ mm).

L: Wie Aufg. 21.3.

22 Abmessungen und Geometrie der Stirn- und Kegelräder

Stirnradpaare

22.1 Für die Nullräder eines Außenradpaares mit dem Norm-Eingriffswinkel $\alpha = 20°$, dem Modul $m = 10$ mm, den Zähnezahlen $z_1 = 19$ und $z_2 = 77$ sind zu ermitteln:

1. Die Teilkreisdurchmesser d_1 und d_2,
2. Die Kopfkreisdurchmesser d_{a1}, d_{a2} und die Fußkreisdurchmesser d_{f1}, d_{f2} mit dem ISO-Standardwert für das Kopfspiel c,
3. Die Grundkreisdurchmesser d_{b1} und d_{b2},
4. Die Teilung p und die Eingriffsteilung p_e,
5. Der Null-Achsabstand a_d,
6. Das Zähnezahlverhältnis u,
7. Die Profilüberdeckung ε_α.

E: **1.** $d_1 = 190$ mm, $d_2 = 770$ mm.
2. $d_{a1} = 210$ mm ($h_a = 10$ mm), $d_{a2} = 790$ mm, $d_{f1} = 165$ mm ($c = 2{,}5$ mm, $h_f = 12{,}5$ mm), $d_{f2} = 745$ mm.
3. $d_{b1} = 178{,}54$ mm, $d_{b2} = 723{,}56$ mm.
4. $p = 31{,}416$ mm, $p_e = 29{,}52$ mm.
5. $a_d = 480$ mm.
6. $u = 4{,}053$.
7. $\varepsilon_\alpha = 1{,}68$.

L: Wie ME Beisp. 22.1 mit den Gln. (22.1) bis (22.7) u. Gl. (21.2), Profilüberdeckung zu 7. nach Gl. (22.34) mit $\alpha_{wt} = \alpha$ und $p_{et} = p_e$.

22.2 Das Laufradvorgelege im Fahrantrieb eines Kranes (Bild 22.2) ist ein Gestirnradpaar mit Nullrädern und der Übersetzung $|i| = 5{,}067$. Die Räder haben 20°-Norm-

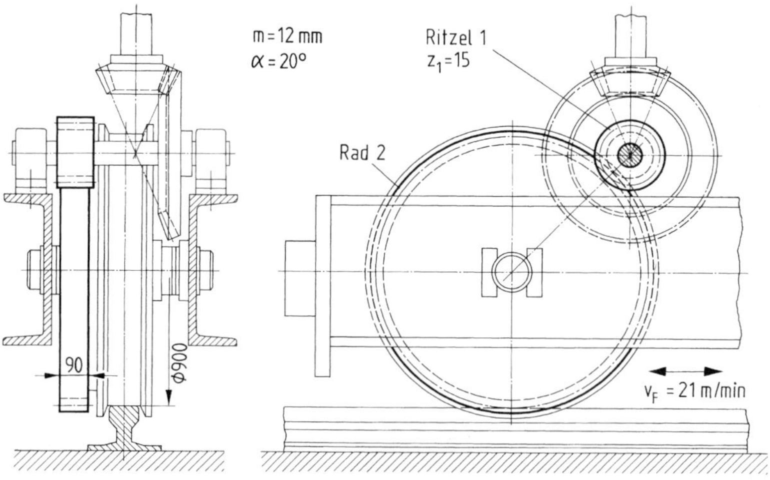

Bild 22.2 Laufradvorgelege im Fahrantrieb eines Kranes

verzahnung mit dem Modul $m = 12$ mm. Das Ritzel hat $z_1 = 15$ Zähne. Es sind die wichtigsten Abmessungen der Räder und die Profilüberdeckung zu errechnen, und zwar:
1. Die Zähnezahl z_2 des Rades,
2. Die Teilkreisdurchmesser d_1 und d_2,
3. Die Kopfkreisdurchmesser d_{a1}, d_{a2} und die Fußkreisdurchmesser d_{f1}, d_{f2},
4. Die Grundkreisdurchmesser d_{b1} und d_{b2},
5. Der Achsabstand a als Null-Achsabstand a_d,
6. Die Profilüberdeckung ε_α.

E: **1.** $z_2 = 76$.
2. $d_1 = 180$ mm, $d_2 = 912$ mm.
3. $d_{a1} = 204$ mm ($h_a = 12$ mm), $d_{a2} = 936$ mm, $d_{f1} = 150$ mm ($h_f = 15$ mm), $d_{f2} = 882$ mm.
4. $d_{b1} = 169{,}14$ mm, $d_{b2} = 857$ mm.
5. $a = a_d = 546$ mm.
6. $\varepsilon_\alpha = 1{,}65$ ($p_e = 35{,}4$ mm).

L: Nach den Gln. (21.4), (22.1) bis (22.7) und (22.34) (wie Aufg. 22.1).

22.3 Die in Bild 22.3 dargestellte Bockwinde hat Gusszahnräder mit unbearbeiteten Flanken und einen Eingriffswinkel $\alpha = 25°$ sowie einem Modul $m = 11$ mm. Die erste Stufe hat ein Zähnezahlverhältnis $u_1 = 3$, Zähnezahl des Ritzels $z_1 = 12$. Es sind zu ermitteln:
1. Die Zähnezahl z_2 des Rades 2,
2. Die Teilkreisdurchmesser d_1 und d_2,
3. Die Kopf- und Fußkreisdurchmesser d_{a1}, d_{a2} und d_{f1}, d_{f2} mit einem Kopfspiel $c = 0{,}3\,m$,
4. Der Null-Achsabstand a_d,
5. Genügt die Profilüberdeckung ε_α?

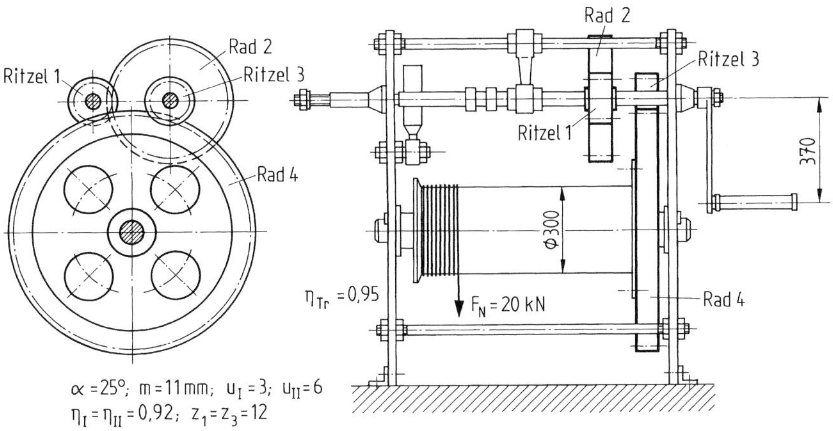

Bild 22.3 Bockwinde mit gegossenen Zahnrädern

E: **1.** $z_2 = 36$.
2. $d_1 = 132$ mm, $d_2 = 396$ mm.
3. $d_{a1} = 154$ mm, ($h_a = 11$ mm), $d_{a2} = 418$ mm, $d_{f1} = 103{,}4$ mm ($c = 3{,}3$ mm, $h_f = 14{,}3$ mm), $d_{f2} = 367{,}4$ mm.
4. $a_d = 264$ mm.
5. Ja, $\varepsilon_\alpha \approx 1{,}41 > 1{,}1$ ($d_{b1} = 119{,}6$ mm, $d_{b2} = 358{,}9$ mm, $p_e = 31{,}3$ mm).

L: Wie Aufg. 22.2, jedoch mit $\alpha = 25°$ und $c = 0{,}3m$; Profilüberdeckung genügt, wenn $\varepsilon_\alpha \geq 1{,}1$.

22.4 Für die zweite Stufe der Bockwinde nach Bild 22.3 mit gegossenen Nullrädern sind die Hauptabmessungen des Rades 4 mit der Zähnezahl $z_4 = 72$ und die Eingriffsverhältnisse zu berechnen. Das Ritzel 3 erhält die gleichen Abmessungen wie das Ritzel 1 der ersten Stufe (Aufgabe 22.3). Somit sind gegeben: Zähnezahl $z_3 = 12$, Teilkreisdurchmesser $d_3 = 132$ mm, Kopfkreisdurchmesser $d_{a3} = 154$ mm, Grundkreisdurchmesser $d_{b3} = 119{,}6$ mm, Modul $m = 11$ mm, Eingriffswinkel $\alpha = 25°$, Eingriffsteilung $p_e = 31{,}3$ mm, Kopfspiel $c = 3{,}3$ mm. Zu ermitteln sind:

1. Der Teilkreisdurchmesser d_4, der Kopfkreisdurchmesser d_{a4} und der Fußkreisdurchmesser d_{f4},
2. Der Null-Achsabstand a_d,
3. Genügt die Profilüberdeckung ε_α?

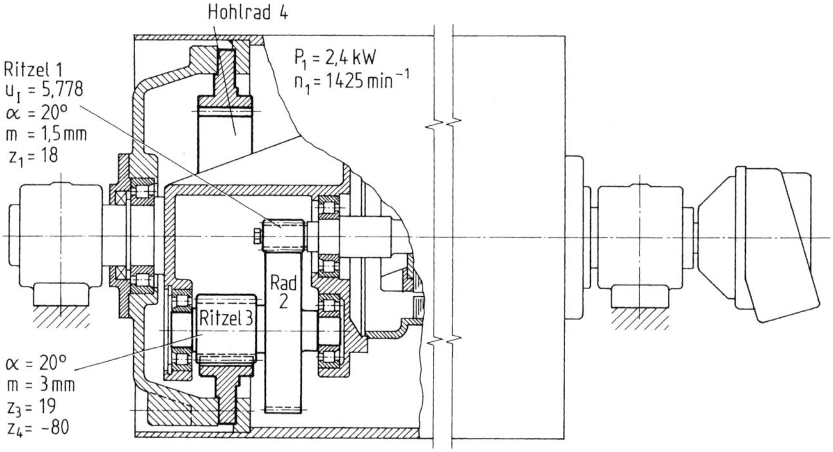

Bild 22.5 Elektro-Trommelmotor mit zweistufigem Geradstirnrad-Nullgetriebe

E: 1. $d_4 = 792$ mm, $d_{a4} = 814$ mm, $d_{f4} = 763{,}4$ mm.
2. $a_d = 462$ mm.
3. Ja, $\varepsilon_\alpha = 1{,}44 > 1{,}1$ ($d_{b4} = 717{,}8$ mm).

L: 1. Nach den Gln. (22.1) bis (22.3).
2. Nach Gl. (22.7).
3. Nach Gl. (22.34) mit d_{b4} nach Gl. (22.3).

22

22.5 Der in Bild 22.5 dargestellte Elektro-Trommelmotor für den Antrieb von Gurtförderern enthält ein zweistufiges Geradstirnräder-Nullgetriebe. Die erste Stufe ist ein Außenradpaar mit dem Zähnezahlverhältnis $u_1 = 5{,}778$ und genormter Evolventenverzahnung mit dem Modul $m = 1{,}5$ mm. Das Ritzel 1 hat 18 Zähne. Es sind die Hauptabmessungen des Ritzels 1 und des Rades 2 sowie der Null-Achsabstand zu berechnen und die Profilüberdeckung zu kontrollieren.

E: $z_2 = 104$, $d_1 = 27$ mm, $d_2 = 156$ mm, $d_{a1} = 30$ mm ($h_a = 1{,}5$ mm), $d_{a2} = 159$ mm, $d_{f1} = 23{,}25$ mm ($h_f = 1{,}875$ mm), $d_{f2} = 152{,}25$ mm, $a_d = 91{,}5$ mm, $\varepsilon_\alpha = 1{,}69 > 1{,}1$ ($d_{b1} = 25{,}37$ mm, $d_{b2} = 146{,}59$ mm, $p_e = 4{,}43$ mm), somit ausreichend.

L: Wie Aufg. 22.2 bzw. 22.3.

22.6 Bei der zweiten Stufe des Elektro-Trommelmotorgetriebes nach Bild 22.5 handelt es sich um ein evolventenverzahntes Null-Innenradpaar mit dem genormten Eingriffswinkel $\alpha = 20°$, Modul $m = 3$ mm, Zähnezahl des Ritzels $z_3 = 19$, des Hohlrades $z_4 = -80$. Es sind zu ermitteln:

1. Das Zähnezahlverhältnis u_{II};
2. Die Teilkreisdurchmesser d_3 und d_4,
3. Die Kopf- und Fußkreisdurchmesser d_{a3}, d_{a4} und d_{f3}, d_{f4} mit einem Kopfspiel $c = 0{,}25m$,
4. Nach Bild 22.5 müssen die Achsabstände beider Getriebestufen gleich sein; ist diese Bedingung erfüllt?
5. Ist beim Hohlrad eine Kopfkürzung erforderlich? Falls ja, wie groß muss d_{a4} ausgeführt werden?
6. Ist die Profilüberdeckung ε_α ausreichend?

E:
1. $u_{II} = -4{,}21$.
2. $d_3 = 57$ mm, $d_4 = -240$ mm.
3. $d_{a3} = 63$ mm ($h_a = 3$ mm), $d_{a4} = -234$ mm, $d_{f3} = 49{,}5$ mm ($h_f = 3{,}75$ mm), $d_{f4} = -247{,}5$ mm.
4. Ja, $a_d = -91{,}5$ mm.
5. Ja, da $k \cdot m = +0{,}025$ mm, obwohl Bedingung $|d_{b4}| = 225{,}53$ mm $< |d_{a4}| = 234$ mm erfüllt, somit $d_{a4} = d_{k4} = -234{,}05$ mm.
6. Ja, $\varepsilon_\alpha = 1{,}883 > 1{,}1$ ($d_{b3} = 53{,}56$ mm, $d_{b4} = -225{,}53$ mm, $p_e \approx 8{,}86$ mm).

L:
1. Nach Gl. (21.2) (u negativ, da Innenradpaar, s. ME Beisp. 22.2).
2. Nach Gl. (22.1) (d_4 negativ).
3. Nach den Gln. (22.2) u. (22.3) mit $h_a = m$ und $h_f = 1{,}25m$ (d_{a4} und d_{f4} negativ).
4. Nach Gl. (22.7) (a_d negativ, Zahlenwert wie in Aufg. 22.5).
5. Kopfkürzung nicht erforderlich, wenn $|d_{b4}| \leq |d_{a4}|$ oder $k \cdot m$ nach Gl. (22.33) negativ, ggf. $d_{a4} = d_{k4}$ ($d_{k4} = d_{k2}$).
6. Nach Gl. (22.36) (Index 3 für 1 und 4 für 2) mit d_{b3} u. d_{b4} (negativ) nach Gl. (22.4), $a = a_d$ (mit negativem Betrag einsetzen), $\alpha_{wt} = \alpha$ und $p_{et} = p_e$ nach Gl. (22.6), $\varepsilon_\alpha \geq 1{,}1$ ist ausreichend.

22.7 Der Tisch einer Langhobelmaschine wird über ein Zahnstangen-Nullradpaar (Bild 22.7) in eine hin- und hergehende Bewegung versetzt. Die Geradverzahnung hat den genormten Eingriffswinkel $\alpha = 20°$ und einen Modul $m = 4$ mm. Bei einer Drehzahl $n_1 = 15\ \text{min}^{-1}$ des treibenden Zahnrades soll sich der Tisch mit einer Geschwindigkeit

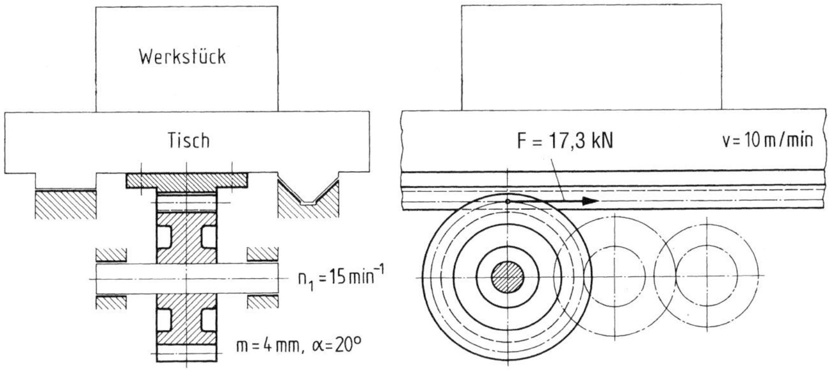

Bild 22.7 Zahnstangen-Nullradpaar für den Tischantrieb einer Langhobelmaschine

$v = 10$ m/min bewegen. Die Hauptabmessungen des Zahnrades und die Profilüberdeckung sind zu errechnen. Das Kopfspiel soll als ISO-Standardwert ausgeführt werden.

E: $d_1 = 212$ mm, $z_1 = 53$, $d_{a1} = 220$ mm ($h_a = 4$ mm), $d_{f1} = 202$ mm ($h_f = 5$ mm mit $c = 1$ mm), $\varepsilon_\alpha \approx 1{,}87$ ($d_{b1} = 199{,}2$ mm, $p_e = 11{,}8$ mm).

L: Da $v = v_w$ ist, folgt $d_1 = d_{w1}$ aus Gl. (21.3); ferner sind zu errechnen: z_1 nach Gl. (22.1), d_{a1} nach Gl. (22.2), d_{f1} nach Gl. (22.3) (ISO-Standardwert für c s. ME Abschn. 22.1) und ε_α nach Gl. (22.35) mit d_{b1} nach Gl. (22.4), $x_1 = 0$ (keine Profilverschiebung), $\alpha_t = \alpha$ und $p_{et} = p_e$ nach Gl. (22.6).

22.8 In Bild 22.8 ist das dreistufige Hubwerksgetriebe eines Elektroseilzuges schematisch dargestellt. Es enthält Geradzahnräder mit genormter Evolventenverzahnung. Die erste Stufe ist ein V_{plus}-Radpaar mit dem Modul $m = 1{,}5$ mm, einem Achsabstand $a = 70{,}75$ mm, den Profilverschiebungsfaktoren $x_1 = +0{,}667$ und $x_2 = 0$ und den Zähnezahlen $z_1 = 16$, $z_2 = 77$. Für diese Stufe sind zu ermitteln:

1. Das Zähnezahlverhältnis u_1 und die Übersetzung i_I,
2. Die Teilkreisdurchmesser d_1 des Ritzels 1 und d_2 des Rades 2,
3. Die V-Kreis-Durchmesser d_{v1} und d_{v2},
4. Die Kopf- und Fußkreisdurchmesser d_{a1}, d_{a2} und d_{f1}, d_{f2},
5. Wie wird der Achsabstand a ausgeführt, als V-Achsabstand a_v mit zusätzlichem Flankenspiel oder als W-Achsabstand a_w ohne zusätzliches Flankenspiel?
6. Wie groß ist der Betriebs-Eingriffswinkel α_w beim gegebenen Achsabstand a?
7. Welche Durchmesser d_{w1} und d_{w2} haben die Betriebswälzkreise?
8. Ist die Profilüberdeckung ε_α ausreichend?
9. Berechnen Sie die Stirnradstufe mit dem Programm XGEAR (siehe DVD zum Lehrbuch). Geben Sie dabei die Profilverschiebung vor und eine Breite von z. B. 15 mm. Nach Eingabe der Werte bei F1 und F2 können Sie direkt mit F7 rechnen.

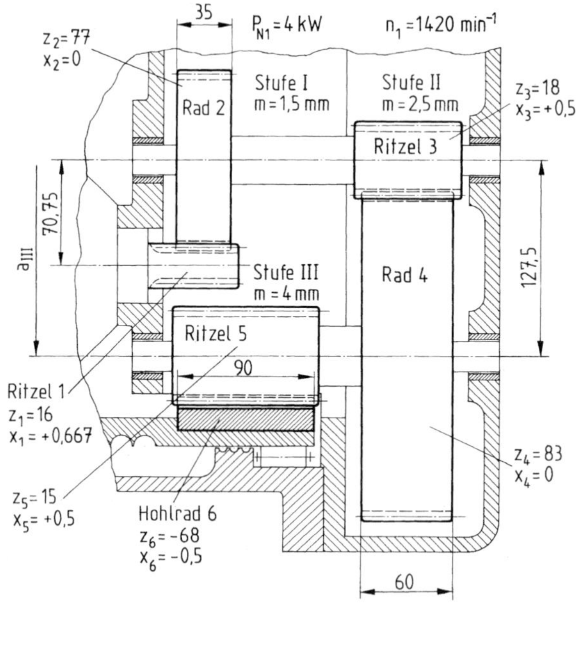

Bild 22.8 Dreistufiges Hubwerksgetriebe eines Elektroseilzuges

E: **1.** $u_I = 4{,}813$, $i_I = -4{,}813$.
2. $d_1 = 24$ mm, $d_2 = 115{,}5$ mm.
3. $d_{v1} = 26$ mm, $d_{v2} = d_2 = 115{,}5$ mm.
4. $d_{a1} = 29$ mm ($h_a = 1{,}5$ mm), $d_{a2} = 118{,}5$ mm, $d_{f1} = 22{,}25$ mm ($h_f = 1{,}875$ mm), $d_{f2} = 111{,}75$ mm.
5. $a = a_v = 70{,}75$ mm ($a_d = 69{,}75$ mm).
6. $\alpha_w = 22{,}12°$.
7. $d_{w1} = 24{,}34$ mm, $d_{w2} = 117{,}16$ mm.
8. Ja, $\varepsilon_\alpha \approx 1{,}4 > 1{,}1$ ($d_{b1} = 22{,}55$ mm, $d_{b2} = 108{,}53$ mm, $p_e = 4{,}43$ mm).

L: **1.** u_I nach Gl. (21.2), es ist $|i_I| = u_I$ nach Gl. (21.4), i_I jedoch negativ.
2. Nach Gl. (22.6).
3. Nach Gl. (22.21) ($d_{v2} = d_2$, da $x_2 = 0$).
4. Nach den Gln. (22.22) u. (22.23).
5. a_v nach Gl. (22.24) mit a_d nach Gl. (22.7), a_w nach Gl. (22.27) mit $\alpha_{wt} = \alpha_w$ nach Gl. (22.26).
6. Nach Gl. (22.25).
7. Nach den Gln. (22.30) u. (22.31).
8. Nach Gl. (22.34) mit d_{b1} u. d_{b2} nach Gl. (22.4) und $p_{et} = p_e$ nach Gl. (22.6).

22.9

Die zweite Stufe des in Bild 22.8 gezeigten Hubwerksgetriebes eines Elektroseilzuges ist wie die erste ein V_{plus}-Radpaar mit Geradstirnrädern und genormter Evolventenverzahnung. Gegeben sind: Modul $m = 2{,}5$ mm, Zähnezahlen $z_3 = 18$ und $z_4 = 83$, Profilverschiebungsfaktoren $x_3 = +0{,}5$ und $x_4 = 0$, Achsabstand $a = 127{,}5$ mm. Es sind die gleichen Berechnungen wie für die erste Getriebestufe durchzuführen (siehe Aufgabe 22.8).

E: $u_{II} = 4{,}611$, $i_{II} = -4{,}611$, $d_3 = 45$ mm, $d_4 = 207{,}5$ mm, $d_{v3} = 47{,}5$ mm, $d_{v4} = d_4$, $d_{a3} = 52{,}5$ mm ($h_a = 2{,}5$ mm), $d_{a4} = 212{,}5$ mm, $d_{f3} = 41{,}25$ mm ($h_f = 3{,}125$ mm), $d_{f4} = 201{,}25$ mm, $a = a_v = 127{,}5$ mm ($a_d = 126{,}25$ mm), $\alpha_w = 21{,}49°$, $d_{w3} = 45{,}45$ mm, $d_{w4} = 209{,}55$ mm; $\varepsilon_\alpha = 1{,}5 > 1{,}1$ ($d_{b3} = 42{,}29$ mm, $d_{b4} = 194{,}99$ mm, $p_e = 7{,}38$ mm), somit ausreichend.

L: Wie Aufg. 22.8, jedoch mit Index II bzw. 3 und 4.

22.10

Die dritte Stufe des in Bild 22.8 schematisch dargestellten Hubwerksgetriebes eines Elektroseilzuges ist ein geradverzahntes V_{null}-Innenradpaar mit dem Modul $m = 4$ mm, den Profilverschiebungsfaktoren $x_5 = +0{,}5$ und $x_6 = -0{,}5$ sowie den Zähnezahlen $z_5 = 15$ beim Ritzel 5 und $z_6 = -68$ beim Hohlrad 6. Es sind zu ermitteln:

1. Das Zähnezahlverhältnis u_{III} und die Übersetzung i_{III},
2. Die Teil- und die V-Kreis-Durchmesser d_5, d_6 und d_{v5}, d_{v6},
3. Die Kopf- und Fußkreisdurchmesser d_{a5}, d_{a6} und d_{f5}, d_{f6},
4. Die Grundkreisdurchmesser d_{b5} und d_{b6},
5. Der Betriebs-Eingriffswinkel α_w, der Achsabstand $a = a_w$ und die Betriebs-Wälzkreisdurchmesser d_{w5} und d_{w6},
6. Hat die Zahndicke am Kopfkreis des Ritzels 5 mindestens den üblichen Kleinstwert $s_a = 0{,}2m$?
7. Ist beim Hohlrad 6 die Zahnlücke am Fußkreis mindestens $e_f = 0{,}2m$, wird die Bedingung $|d_b| \leq |d_a|$ erfüllt und ist eine Kopfkürzung erforderlich?
8. Genügt die Profilüberdeckung ε_α?
9. Nutzen Sie XGEAR analog zu Aufgabe 22.8.

E: **1.** $u_{\text{III}} = -4{,}533$, $i_{\text{III}} = 4{,}533$.
2. $d_5 = 60$ mm, $d_6 = -272$ mm, $d_{v5} = 64$ mm, $d_{v6} = -276$ mm.
3. $d_{a5} = 72$ mm ($h_a = 4$ mm), $d_{a6} = -268$ mm, $d_{f5} = 54$ mm ($h_f = 5$ mm), $d_{f6} = -286$ mm.
4. $d_{b5} = 56{,}38$ mm, $d_{b6} = -255{,}6$ mm.
5. $\alpha_w = \alpha = 20°$, $a = a_w = a_d = a_v = -106$ mm, $d_{w5} = d_5 = 60$ mm, $d_{w6} = d_6 = -272$ mm.
6. Ja, $s_a > 0{,}3m$.
7. Ja, $e_f > 0{,}3m$, $|d_{b6}| = 255{,}6 \text{ mm} < |d_{a6}| = 268$ mm, $k \cdot m = -1{,}159$ mm, d. h. keine Kopfkürzung erforderlich.
8. Ja, $\varepsilon_\alpha = 1{,}55 > 1{,}1$ ($p_e = 11{,}81$ mm).

L: **1.** Nach den Gln. (21.2) u. (21.4) (s. a. unter 1. bei den Aufg. 22.6 u. 22.8).
2. Nach den Gln. (22.1) u. (22.21) (Durchmesser des Hohlrades negativ!).
3. Nach den Gln. (22.22) u. (22.23).
4. Nach Gl. (22.4).
5. Nach den Gln. (22.7), (22.26) u. (22.27) sowie (22.30) u. (22.31) (jeweils mit den Indizes 5 u. 6 anstelle 1 u. 2). Da $x_5 = -x_6$ ist, wird $\alpha_{wt} = \alpha_t = \alpha = 20°$, somit $a_w = a_d$, auch $a_v = a_d$, Gl. (22.24) und $d_{w5} = d_5$, $d_{w6} = d_6$.
6. Überprüfung nach Diagr. 22.1 mit $z_n = z_5$.
7. Nach Diagr. 22.1 und Gl. (22.33) sowie den Angaben im ME Abschn. 22.6 (s. a. ME Beisp. 22.8).
8. Nach Gl. (22.36) mit $p_{et} = p_e$ nach Gl. (22.6).

22.11 Das in Bild 22.11 gezeigte zweistufige Universal-Getriebe hat als erste Stufe ein schrägverzahntes Null-Außenradpaar (Bild 22.11b) mit genormter Evolventenverzahnung und dem Schrägungswinkel $\beta = 20°$. Die Übersetzung dieser Stufe soll nicht mehr als $|i_I| \approx 6$ betragen. Das Ritzel 1 ist mit $z_1 = 16$ Zähnen und einem Bohrungsdurchmesser $d_B = 40$ mm auszuführen. Es sind folgende Verzahnungsangaben für das Ritzel 1 und das Rad 2 zu ermitteln:

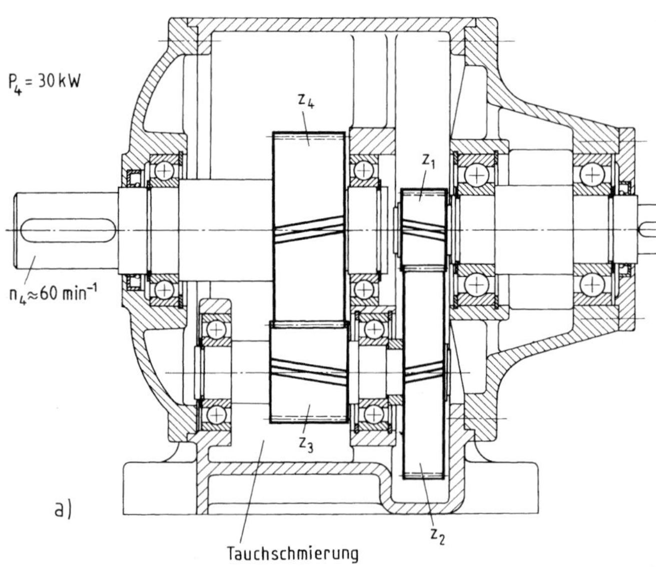

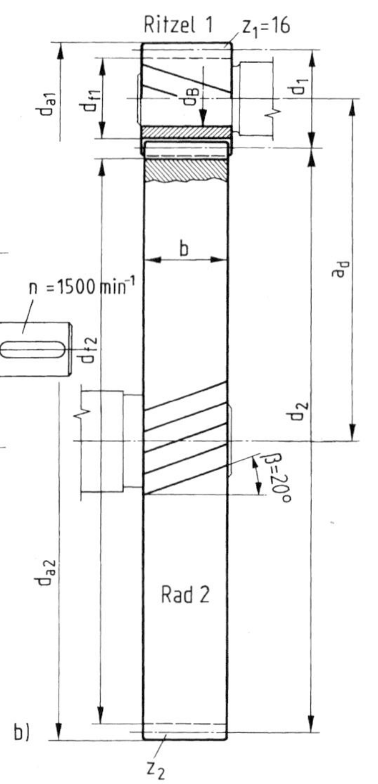

Bild 22.11 Zweistufiges Universal-Getriebe mit Schrägzahnrädern
a) Schnittdarstellung, b) Radpaar der ersten Stufe

1. Die Zähnezahl z_2 als ungerade Zahl, das sich damit ergebende Zähnezahlverhältnis u_{I} und die tatsächliche Übersetzung i_{I},
2. Der genormte Normalmodul m_n (nach Tab. 22.1), wenn das Ritzel wegen der vorgegebenen Bohrung schätzungsweise einen Teilkreisdurchmesser von mindestens 75 mm erhalten muss,
3. Der Stirneingriffswinkel α_t,
4. Die Teilkreisdurchmesser d_1 und d_2,
5. Die Kopf- und Fußkreisdurchmesser d_{a1}, d_{a2} und d_{f1}, d_{f2},
6. Die Grundkreisdurchmesser d_{b1} und d_{b2},
7. Die Normalteilung p_n und die Normaleingriffsteilung p_{en},
8. Die Stirnteilung p_t und die Stirneingriffsteilung p_{et},
9. Die Ersatzzähnezahlen z_{n1} und z_{n2},
10. Der Null-Achsabstand a_d.

E:
1. $z_2 = 95$ (err. $z_2 \approx 96$), $u_{\mathrm{I}} = 5{,}938$, $i_{\mathrm{I}} = -5{,}938$.
2. $m_n = 4{,}5$ mm ($m_{n\,\mathrm{erf}} \approx 4{,}4$ mm).
3. $\alpha_t = 21{,}17°$.
4. $d_1 = 76{,}62$ mm, $d_2 = 454{,}94$ mm.
5. $d_{a1} = 85{,}62$ mm ($h_a = 4{,}5$ mm), $d_{a2} = 463{,}94$ mm, $d_{f1} = 65{,}37$ mm ($h_f = 5{,}625$ mm), $d_{f2} = 443{,}69$ mm.
6. $d_{b1} = 71{,}45$ mm, $d_{b2} = 424{,}24$ mm.
7. $p_n = 14{,}14$ mm, $p_{en} = 13{,}28$ mm.
8. $p_t = 15{,}044$ mm, $p_{et} = 14{,}03$ mm.
9. $z_{n1} = 18{,}99$ ($\beta_b = 18{,}75°$), $z_{n2} = 112{,}75$.
10. $a_d = 265{,}78$ mm.

L: Lösung zu 1. nach Gl. (21.4), zu 2. mit $d_1 \approx 75$ mm nach Gl. (22.9), $m_{n\,\mathrm{erf}}$ errechnen und Normwert nach Tab. 22.1 wählen, zu 3. bis 10. wie ME Beisp. 22.3 nach den Gln. (22.8) bis (22.18).

22.12

Für das schrägverzahnte Null-Außenradpaar nach Bild 22.11b mit dem Normalmodul $m_n = 4{,}5$ mm und dem Schrägungswinkel $\beta = 20°$ sind die Eingriffsverhältnisse zu überprüfen. Nach Aufgabe 22.11 wurden errechnet: $d_{a1} = 85{,}62$ mm, $d_{b1} = 71{,}45$ mm, $d_{a2} = 463{,}94$ mm, $d_{b2} = 424{,}24$ mm, $a = a_d = 265{,}78$ mm, $\alpha_{wt} = \alpha_t = 21{,}17°$ $p_{et} = 14{,}03$ mm.
1. Ist die Profilüberdeckung ε_α ausreichend?
2. Welche Sprungüberdeckung ε_β ergibt sich bei einer Zahnbreite $b = 10 m_n$?
3. Wie groß ist die Gesamtüberdeckung ε_γ?

E:
1. Ja, $\varepsilon_\alpha = 1{,}53 > 1{,}1$.
2. $\varepsilon_\beta = 1{,}09$, $b = 45$ mm.
3. $\varepsilon_\gamma = 2{,}62$.

L: Nach den Gln. (22.34), (22.37) u. (22.38) wie ME Beisp. 22.9.

22.13

Die zweite Stufe des in Bild 22.11 gezeigten Universal-Getriebes ist in ihren Abmessungen festzulegen unter der Voraussetzung, dass der Achsabstand mit dem der ersten Stufe übereinstimmt. Um diesen Achsabstand zu erreichen, ist das Ritzel 3 mit der Zähnezahl $z_3 = 14$ im Profil positiv zu verschieben. Somit handelt es sich um ein schrägverzahntes V_{plus}-Radpaar (Bild 22.13), das mit einem Schrägungswinkel $\beta = 15°$, einer Übersetzung $|i_{\mathrm{II}}| \approx 4{,}2$ und dem W-Achsabstand $a_w = 265{,}78$ mm ausgeführt werden soll. Im Einzelnen sind zu ermitteln:

1. Die Zähnezahl z_4 des Rades 4 als ungerade Zahl, das Zähnezahlverhältnis u_{II} und die Übersetzung i_{II},
2. Die Betriebs-Wälzkreisdurchmesser d_{w3} und d_{w4},
3. Der Normalmodul m_n, ausgehend von der angenommenen Näherung $d_3 = d_{w3}$,
4. Die Teilkreisdurchmesser d_3 und d_4 und der Null-Achsabstand a_d,
5. Der Stirneingriffswinkel α_t und der Betriebs-Eingriffswinkel α_{wt},
6. Der Profilverschiebungsfaktor x_3 bei $x_4 = 0$,
7. Die Kopf- und Fußkreisdurchmesser d_{a3}, d_{a4} und d_{f3}, d_{f4},
8. Die Ersatzzähnezahlen z_{n3} und z_{n4}.

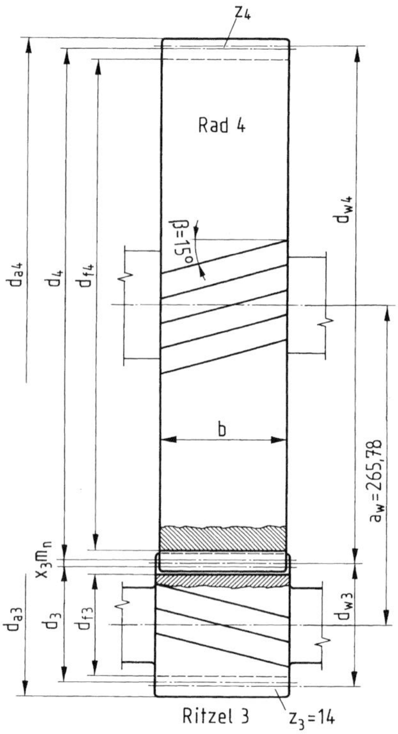

Bild 22.13 Radpaar der zweiten Stufe des Universal-Getriebes nach Bild 22.11

E: **1.** $z_4 = 59$ (err. $z_4 \approx 58{,}8$), $u_{II} = 4{,}214$, $i_{II} = -4{,}214$.
2. $d_{w3} = 101{,}95$ mm, $d_{w4} = 429{,}61$ mm.
3. $m_n = 7$ mm (err. $m_n \approx 7{,}04$ mm).
4. $d_3 = 101{,}46$ mm, $d_4 = 427{,}57$ mm, $a_d = 264{,}51$ mm.
5. $\alpha_t = 20{,}65°$, $\alpha_{wt} = 21{,}36°$.
6. $x_3 = +0{,}183$, $x_4 = 0$.
7. $d_{a3} = 118{,}02$ mm ($h_a = 7$ mm, $d_{v3} = 104{,}022$ mm), $d_{a4} = 441{,}57$ mm ($d_{v4} = d_4$), $d_{f3} = 86{,}52$ mm ($h_f = 8{,}75$ mm), $d_{f4} = 410{,}07$ mm.
8. $z_{n3} = 15{,}4$ ($\beta_b = 14{,}08°$), $z_{n4} = 64{,}9$.

22

L: **1.** Nach Gl. (21.4).
2. Nach den Gln. (22.30) u. (22.31).
3. Wie unter 2. in Aufg. 22.11.
4. Nach den Gln. (22.9) u. (22.18).
5. Nach den Gln. (22.8) u. (22.28).
6. Nach Gl. (22.29) mit $x_4 = 0$.
7. Nach den Gln. (22.22) u. (22.23) mit d_v nach Gl. (22.21).
8. Nach Gl. (22.17) (auch möglich: $z_{n4} = z_{n3} \cdot z_4/z_3$).

22.14 Für das schrägverzahnte V_{plus}-Radpaar nach Bild 22.13 mit dem Normalmodul $m_n = 7$ mm und dem Schrägungswinkel $\beta = 15°$ sowie dem Achsabstand $a = a_w = 265{,}78$ mm sind die Eingriffsverhältnisse zu berechnen. Nach Aufgabe 22.13 wurden bereits errechnet: $d_3 = 101{,}46$ mm, $d_4 = 427{,}57$ mm, $d_{a3} = 118{,}02$ mm, $d_{a4} = 441{,}57$ mm, $a_d = 264{,}51$ mm, $\alpha_t = 20{,}65°$, $\alpha_{wt} = 21{,}36°$. Die Zahnbreite soll mit $b = 15 m_n$ ausgeführt werden. Es sind zu ermitteln:

1. Die Grundkreisdurchmesser d_{b3} und d_{b4},
2. Die Teilungen p_n, p_{en}, p_t und p_{et},
3. Die Profilüberdeckung ε_α, die Sprungüberdeckung ε_β und die Gesamtüberdeckung ε_γ.
4. Rechnen Sie dies mit XGEAR nach. Nach Eingabe bei F1 und F2 können Sie gleich mit F7 rechnen.

E: **1.** $d_{b3} = 94{,}94$ mm, $d_{b4} = 400{,}1$ mm.
2. $p_n = 21{,}99$ mm, $p_{en} = 20{,}66$ mm, $p_t = 22{,}77$ mm, $p_{et} = 21{,}203$ mm.
3. $\varepsilon_\alpha = 1{,}493$, $\varepsilon_\beta = 1{,}236$ ($b = 105$ mm), $\varepsilon_\gamma = 2{,}729$.

L: **1.** Nach Gl. (22.12).
2. Nach den Gln. (22.13) bis (22.16).
3. Nach den Gln. (22.34), (22.37) u. (22.38).

Kegelradpaare

22.15 In Bild 22.15 ist ein geradverzahntes Kegelradpaar mit dem Achsenwinkel $\Sigma = 90°$ aus dem Fahrantrieb eines Kranes dargestellt. Es handelt sich um ein Null-Radpaar mit genormten Bezugsprofil, dem Modul $m = m_e = 10$ mm, einer Zahnbreite $b = 80$ mm und den Zähnezahlen $z_1 = 23$, $z_2 = 55$. Für die Herstellung der Räder sind folgende Daten und Abmessungen zu ermitteln:
1. Das Zähnezahlverhältnis u und die Übersetzung i,
2. Die Teilkegelwinkel δ_1 und δ_2,
3. Die äußeren Teilkreisdurchmesser d_{e1} und d_{e2},
4. Die äußeren Kopf- und Fußkreisdurchmesser d_{ae1}, d_{ae2} und d_{fe1}, d_{fe2} bei normaler Kopf- und Fußhöhe h_{ae} und h_{fe},
5. Die äußere Teilung p_e und die äußere Teilkegellänge R_e = Planradius R_P,
6. Der mittlere und der innere Modul m_m und m_i,
7. Die mittleren und die inneren Teilkreisdurchmesser d_{m1}, d_{m2} und d_{i1}, d_{i2},
8. Der Kopf- und der Fußwinkel ϑ_a und ϑ_f,
9. Die Kopf- und die Fußkegelwinkel δ_{a1}, δ_{a2} und δ_{f1} und δ_{f2},
10. Ist die Zahnbreite b zulässig?

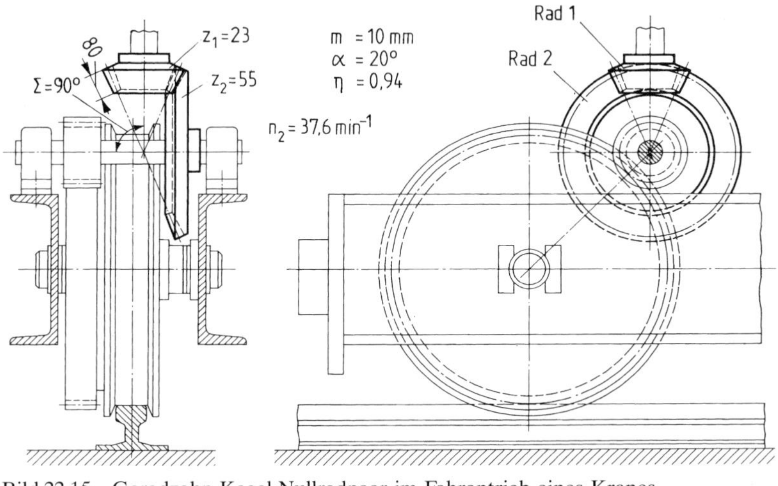

Bild 22.15 Geradzahn-Kegel-Nullradpaar im Fahrantrieb eines Kranes

E: **1.** $u = 2{,}391$, $i = -2{,}391$.
2. $\delta_1 = 22{,}69°$, $\delta_2 = 67{,}31°$.
3. $d_{e1} = 230$ mm, $d_{e2} = 550$ mm.
4. $d_{ae1} = 248{,}45$ mm ($h_{ae} = 10$ mm), $d_{ae2} = 557{,}71$ mm, $d_{fe1} = 206{,}93$ mm ($h_{fe} = 12{,}5$ mm), $d_{fe2} = 540{,}36$ mm.
5. $p_e = 31{,}416$ mm, $R_e = 298{,}12$ mm.
6. $m_m = 8{,}658$ mm, $m_i = 7{,}317$ mm.
7. $d_{m1} = 199{,}13$ mm, $d_{m2} = 476{,}19$ mm, $d_{i1} = 168{,}29$ mm, $d_{i2} = 402{,}44$ mm.
8. $\vartheta_a = 1{,}92°$, $\vartheta_f = 2{,}4°$.
9. $\vartheta_{a1} = 24{,}61°$, $\vartheta_{a2} = 69{,}23°$, $\delta_{f1} = 20{,}29°$, $\delta_{f2} = 64{,}91°$.
10. Ja, $b = 80$ mm $< R_e/3 = 99{,}4$ mm $< 10m_e = 100$ mm.

L: Wie ME Beisp. 22.11.

22.16

Für das in Bild 22.15 gezeigte geradverzahnte Kegel-Nullradpaar mit den Zähnezahlen $z_1 = 23$, $z_2 = 55$ sind die virtuellen Zähnezahlen z_{v1}, z_{v2} und die Profilüberdeckung ε_α (zweckmäßig mit dem Modul $m = 1$ für die Ergänzungsstirnräder) zu errechnen. Nach Aufgabe 22.15 betragen die Teilkegelwinkel $\delta_1 = 22{,}69°$ und $\delta_2 = 67{,}31°$.

E: $z_{v1} = 24{,}93 \approx 25$, $z_{v2} = 142{,}58 \approx 143$, $\varepsilon_\alpha = 1{,}75$ ($d_{a1} = 27$, $d_{a2} = 145$, $d_{b1} = 23{,}49$, $d_{b2} = 134{,}38$, $a = 84$, $p_e = 2{,}95$).

L: Wie ME Beisp. 22.12.

22.17

Es ist ein Geradzahn-Kegel-Nullradpaar entsprechend Bild 22.17 mit einem Achsenwinkel $\Sigma = 100°$ und einem Zähnezahlverhältnis $u = 2$ zu entwerfen. Der Teilkreisdurchmesser des Ritzels 1 soll $d_{e1} = 100 \ldots 110$ mm betragen. Zu ermitteln sind:

1. Die Teilkegelwinkel δ_1 und δ_2,
2. Die Zähnezahlen z_1 und z_2, wobei von einer virtuellen Grenzzähnezahl $z_{v\,min} = 14$ auszugehen ist,
3. Der erforderliche genormte Modul $m = m_e$ nach DIN 780.

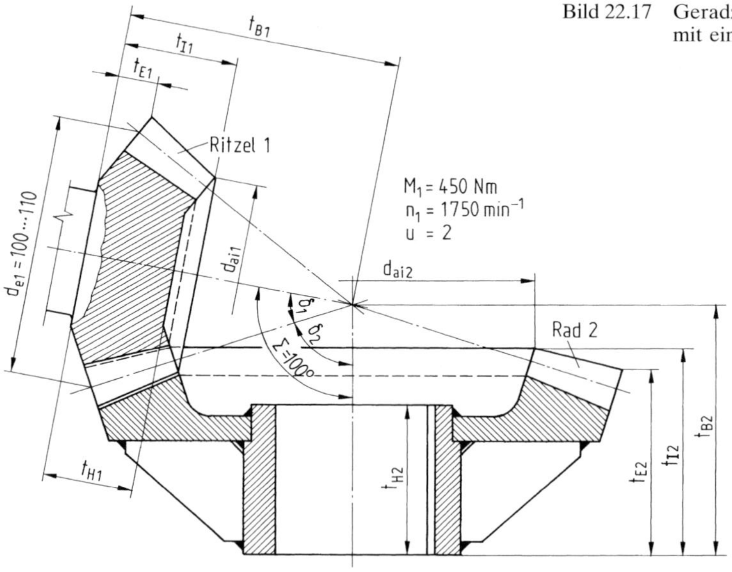

Bild 22.17 Geradzahn-Kegel-Nullradpaar mit einem Achsenwinkel von 100°

22

E: **1.** $\delta_1 = 28{,}33°$, $\delta_2 = 71{,}67°$.
2. $z_1 = 13$ ($z_{1\,min} = 12{,}3$), $z_2 = 26$.
3. $m_e = 8$ mm ($m_{e\,erf} = 7{,}7 \ldots 8{,}46$ mm).

L: **1.** Nach den Gln. (22.39) u. (22.40).
2. $z_{1\,min}$ nach Gl. (22.53) mit $z_{v\,min}$ (s. ME Abschn. 20.6), z_2 nach Gl. (21.2).
3. Nach Gl. (22.42) und Tab. 22.1.

22.18 Für das entsprechend Bild 22.17 zu entwerfende Geradzahn-Kegel-Nullradpaar sind die Abmessungen der Räder zu errechnen. Gegeben sind: Modul $m_e = 8$ mm, Zähnezahlen $z_1 = 13$, $z_2 = 26$, Teilkegelwinkel $\delta_1 = 28{,}33°$, $\delta_2 = 71{,}67°$ (siehe Aufgabe 22.17). Es sind zu ermitteln:

1. Die äußeren Teilkreisdurchmesser d_{e1} und d_{e2},
2. Die äußeren Kopf- und Fußkreisdurchmesser d_{ae1}, d_{ae2} und d_{fe1}, d_{fe2} mit $h_{ae} = m_e$ und $h_{fe} = 1{,}25 m_e$,
3. Die äußere Teilung p_e und die Teilkegellänge R_e,
4. Die Zahnbreite b (zulässige Breite auf 5 mm genau nach unten gerundet),
5. Der innere Modul m_i, die inneren Teilkreisdurchmesser d_{i1}, d_{i2} und die inneren Kopfkreisdurchmesser d_{ai1}, d_{ai2} mit $h_{ai} = m_i$,
6. Der Kopf- und der Fußwinkel ϑ_a und ϑ_f,
7. Die Kopf- und die Fußkegelwinkel δ_{a1}, δ_{a2} und δ_{f1}, δ_{f2},
8. Die inneren und die äußeren Kopfkreisabstände t_{I1}, t_{I2} und t_{E1}, t_{E2}, wenn die Einbaumaße $t_{B1} = 110$ mm und $t_{B2} = 100$ mm eingehalten werden sollen.

E: **1.** $d_{e1} = 104$ mm, $d_{e2} = 208$ mm.
2. $d_{ae1} = 118{,}08$ mm, $d_{ae2} = 213{,}03$ mm, $d_{fe1} = 86{,}4$ mm, $d_{fe2} = 201{,}71$ mm.
3. $p_e = 25{,}133$ mm, $R_e = 109{,}58$ mm.
4. $b = 35$ mm ($b_{zul} = 80$ mm bzw. $\approx 36{,}5$ mm).
5. $m_i = 5{,}445$ mm, $d_{i1} = 70{,}79$ mm, $d_{i2} = 141{,}57$ mm, $d_{ai1} = 80{,}37$ mm, $d_{ai2} = 144{,}99$ mm.
6. $\vartheta_a = 4{,}18°$, $\vartheta_f = 5{,}21°$.
7. $\delta_{a1} = 32{,}51°$, $\delta_{a2} = 75{,}85°$, $\delta_{f1} = 23{,}12°$, $\delta_{f2} = 66{,}46°$.
8. $t_{I1} = 46{,}95$ mm ($t_{i1} = 63{,}05$ mm), $t_{I2} = 81{,}74$ mm ($t_{i2} = 18{,}26$ mm), $t_{E1} = 17{,}36$ mm ($t_{a1} = 92{,}64$ mm), $t_{E2} = 73{,}15$ mm ($t_{a2} = 26{,}85$ mm).

L: **1.** Nach Gl. (22.42).
2. Nach den Gln. (22.43) u. (22.44).
3. Nach den Gln. (22.45) u. (22.46).
4. Nach den Angaben im ME Abschn. 20.8 kleinsten Wert für b_{zul} ermitteln und entspr. Aufgabenstellung abrunden.
5. Nach Gl. (22.48) und entspr. den Gln. (22.42) u. (22.43) (d_i und d_{ai} s. Bild L 22.18).
6. Nach den Gln. (22.49) u. (22.50).
7. Nach den Gln. (22.51) u. (22.52).

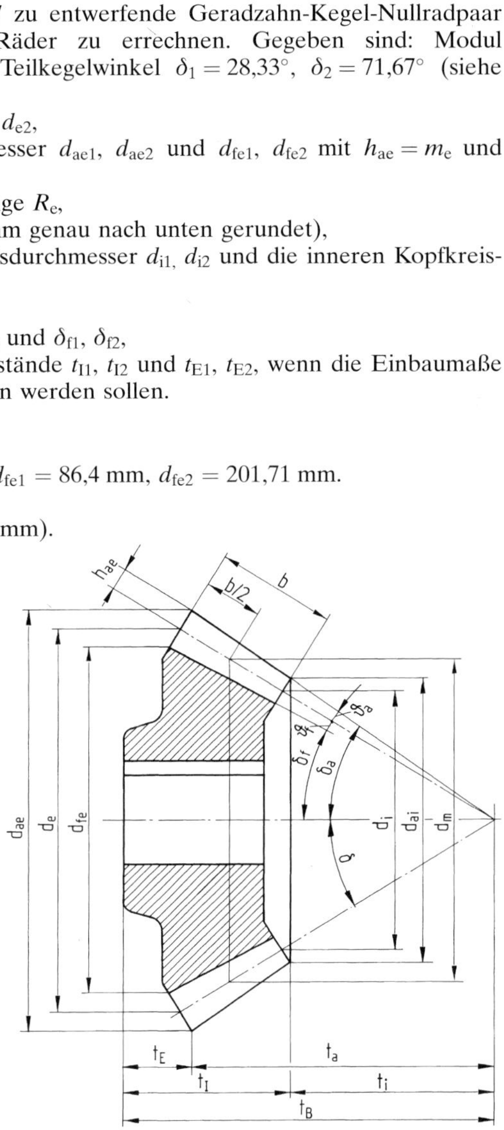

Bild L 22.18 Maßskizze eines Kegelrades

22

8. Aus Bild L 22.18 folgen: $t_I = t_B - t_i$ und $t_E = t_B - t_a$ mit der Innenkegelhöhe $t_i = d_{ai}/(2 \tan \delta_a)$ und der Außenkegelhöhe $t_a = d_{ae}/(2 \tan \delta_a)$, die sich beide aus den geometrischen Beziehungen nach Bild L 22.18 ergeben.

22.19

Für das entsprechend Bild 22.17 zu entwerfende Kegelradpaar mit geradverzahnten Nullrädern und genormtem Bezugsprofil sind gegeben oder bereits nach den Aufgaben 22.17 und 22.18 errechnet: Modul $m_e = 8$ mm, Zahnbreite $b = 35$ mm, Teilkegellänge $R_e = 109{,}58$ mm, Zähnezahlen $z_1 = 13$, $z_2 = 26$, Teilkegelwinkel $\delta_1 = 28{,}33°$ $\delta_2 = 71{,}67°$. Zu ermitteln sind:

1. Der mittlere Modul m_m und die mittleren Teilkreisdurchmesser d_{m1}, d_{m2},
2. Die virtuellen Zähnezahlen z_{v1} und z_{v2},
3. Die Profilüberdeckung ε_α (zweckmäßig mit dem Modul $m = 1$ für die Ergänzungsstirnräder).

E: **1.** $m_m = 6{,}722$ mm, $d_{m1} = 87{,}39$ mm, $d_{m2} = 174{,}77$ mm.
2. $z_{v1} = 14{,}77 \approx 15$, $z_{v2} = 82{,}67 \approx 83$.
3. $\varepsilon_\alpha \approx 1{,}65$ ($d_{a1} = 17$, $d_{a2} = 85$, $d_{b1} = 14{,}1$, $d_{b2} = 78$, $a = 49$, $p_e = 2{,}95$).

L: **1.** Nach den Gln. (22.47) u. (22.42).
2. u. **3.** Nach den Gln. (22.53) u. (22.34) wie ME Beisp. 22.12 und Aufg. 22.16.

22.20

Ein schrägverzahntes Kegelradpaar dient entsprechend Bild 22.20a zum Antrieb der Vorgelegewelle eines Mehrspindel-Bohrkopfes. Es handelt sich um Nullräder mit genormtem Bezugsprofil, einem mittleren Schrägungswinkel $\beta_m = 30°$, einem mittleren Normalmodul $m_{nm} = 3$ mm, der Zahnbreite $b = 20$ mm und den Zähnezahlen $z_1 = 22$, $z_2 = 31$. Der Achsenwinkel beträgt $\Sigma = 90°$. Als Einbaumaße sind $t_{B1} = 75$ mm und $t_{B2} = 60$ mm vorgesehen. Die in Bild 22.20b angegebenen Abmessungen beider Kegelräder sind wie folgt zu berechnen:

1. Das Zähnezahlverhältnis u und die Teilkegelwinkel δ_1 und δ_2,
2. Der mittlere Stirnmodul m_{tm} und die mittlere Stirnteilung p_{tm},
3. Die mittleren Teilkreisdurchmesser d_{m1}, d_{m2} sowie die mittleren Kopf- und Fußkreisdurchmesser d_{am1}, d_{am2} und d_{fm1}, d_{fm2} mit normaler mittlerer Kopf- und Fußhöhe h_{am} und h_{fm},

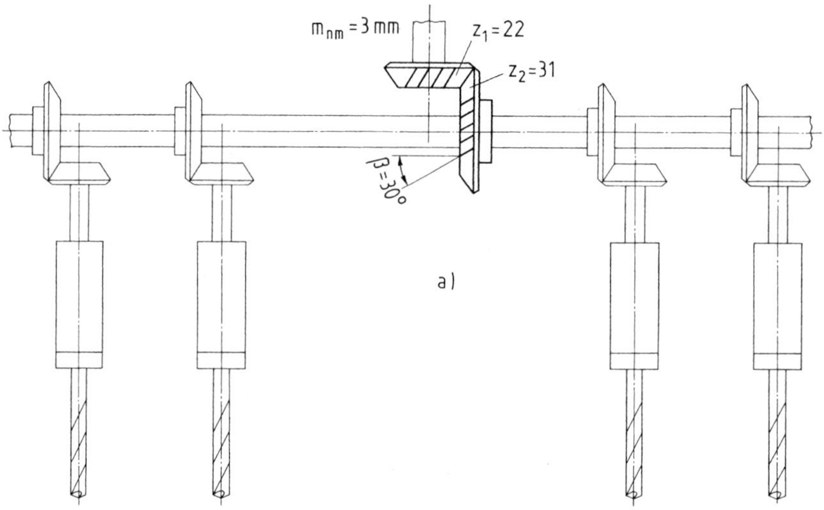

Bild 22.20a Schrägzahn-Kegelradpaar zum Antrieb eines Mehrspindel-Bohrkopfes, Übersicht

22

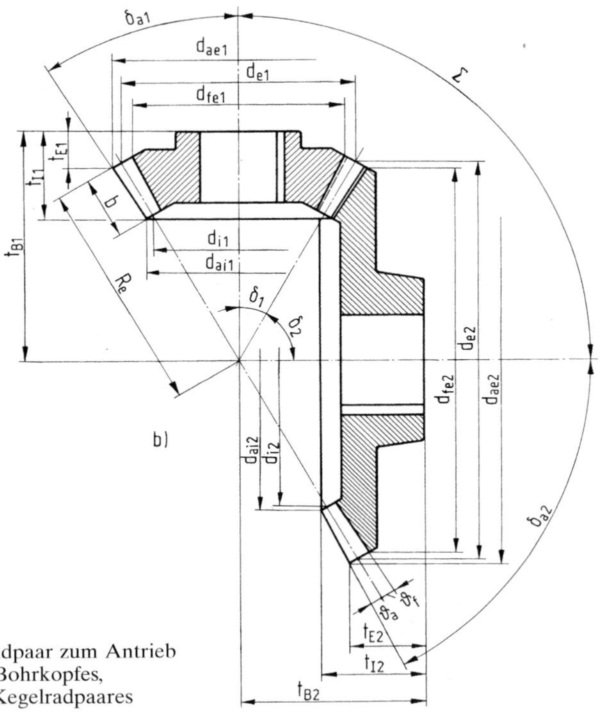

Bild 22.20b Schrägzahn-Kegelradpaar zum Antrieb eines Mehrspindel-Bohrkopfes, Abmessungen des Kegelradpaares

4. Die mittlere, die äußere und die innere Teilkegellänge R_m, R_e und R_i,
5. Die äußeren Teilkreisdurchmesser d_{e1}, d_{e2} und der äußere Stirnmodul m_{te},
6. Die äußeren Kopf- und Fußkreisdurchmesser d_{ae1}, d_{ae2} und d_{fe1}, d_{fe2},
7. Die inneren Teilkreisdurchmesser d_{i1}, d_{i2} und die inneren Kopfkreisdurchmesser d_{ai1}, d_{ai2},
8. Der Kopf- und der Fußwinkel ϑ_a und ϑ_f sowie die Kopf- und die Fußkegelwinkel δ_{a1}, δ_{a2} und δ_{f1}, δ_{f2},
9. Der äußere Sprungwinkel φ_e und der äußere Schrägungswinkel β_e,
10. Ist die Zahnbreite b zulässig, und wie groß sind die inneren Kopfkreisabstände t_{I1}, t_{I2} und die äußeren Kopfkreisabstände t_{E1}, t_{E2} auszuführen?

E: **1.** $u = 1{,}409$, $\delta_1 = 35{,}36°$, $\delta = 54{,}64°$.
2. $m_{tm} = 3{,}464$ mm, $p_{tm} = 10{,}883$ mm.
3. $d_{m1} = 76{,}21$ mm, $d_{m2} = 107{,}39$ mm, $d_{am1} = 81{,}1$ mm ($h_{am} = 3$ mm), $d_{am2} = 110{,}86$ mm, $d_{fm1} = 70{,}09$ mm ($h_{fm} = 3{,}75$ mm), $d_{fm2} = 103{,}05$ mm.
4. $R_m = 65{,}84$ mm, $R_e = 75{,}84$ mm, $R_i = 55{,}84$ mm.
5. $d_{e1} = 87{,}785$ mm, $d_{e2} = 123{,}7$ mm, $m_{te} = 3{,}99$ mm.
6. $d_{ae1} = 93{,}42$ mm, $d_{ae2} = 127{,}7$ mm, $d_{fe1} = 80{,}74$ mm, $d_{fe2} = 118{,}7$ mm.
7. $d_{i1} = 64{,}63$ mm, $d_{i2} = 91{,}08$ mm, $d_{ai1} = 68{,}78$ mm, $d_{ai2} = 94{,}02$ mm.
8. $\vartheta_a = 2{,}61°$, $\vartheta_f = 3{,}26°$, $\delta_{a1} = 37{,}97°$, $\delta_{a2} = 57{,}25°$, $\delta_{f1} = 32{,}1°$, $\delta_{f2} = 51{,}38°$.
9. $\varphi_e = 4{,}27°$ ($f_m = 1{,}333$), $\beta_e = 25{,}73°$.
10. Ja, $b = 20$ mm $< R_e/3{,}5 = 21{,}7$ mm $< 10 m_{nm} = 30$ mm, $t_{I1} = 30{,}94$ mm ($t_{i1} = 44{,}06$ mm), $t_{I2} = 29{,}76$ mm ($t_{i2} = 30{,}24$ mm), $t_{E1} = 15{,}15$ mm ($t_{a1} = 59{,}85$ mm), $t_{E2} = 18{,}93$ mm ($t_{a2} = 41{,}07$ mm).

L: Wie ME Beisp. 22.13, wegen $\sum = 90°$ mit Gl. (22.41) für $\tan\delta_1$ (zu 1.), $d_{ai} = d_{am} \cdot R_i/R_m$ entspr. Gl. (22.69) (zu 7., Maß d_{ai} s. Bild L 22.18), den Gln. (22.71) u. (22.72), t_I und t_E wie unter 8. in Aufg. 22.18 (zu 10.).

22

22.21 Für das in Bild 22.20b gezeigte Schrägzahn-Kegel-Nullradpaar ist die Profilüberdeckung zu ermitteln. Nach Aufgabe 22.20 sind bekannt: Zähnezahlen $z_1 = 22$, $z_2 = 31$, Teilkegelwinkel $\delta_1 = 35{,}36°$, $\delta_2 = 54{,}64°$, Eingriffswinkel $\alpha = 20°$, mittlerer Schrägungswinkel $\beta_m = 30°$, mittlerer Normalmodul $m_{nm} = 3$ mm. Zu errechnen sind:
1. Die virtuellen Zähnezahlen z_{v1} und z_{v2},
2. Die Profilüberdeckung ε_α,
3. Die Sprungüberdeckung ε_β und die Gesamtüberdeckung ε_γ.

E: **1.** $z_{v1} = 27$, $z_{v2} = 53{,}6$.
2. $\varepsilon_\alpha \approx 1{,}39$ ($\alpha_t \approx 22{,}8°$, $d_1 = 31{,}2$, $d_2 = 61{,}9$, $d_{a1} = 33{,}2$, $d_{a2} = 63{,}9$, $d_{b1} = 28{,}76$, $d_{b2} = 57{,}06$, $a = 46{,}5$, $p_{et} = 3{,}344$).
3. $\varepsilon_\beta = 1{,}06$, $\varepsilon_\gamma = 2{,}45$.

L: **1.** Nach Gl. (22.53).
2. Nach Gl. (22.34), dazu werden zweckmäßigerweise die einzusetzenden Größen der Ersatz-Stirnräder mit $m_n = h_a = 1$ errechnet nach den Gln. (22.8), (22.9), (22.10), (22.12), (22.16) u. (22.18).
3. Nach den Gln. (22.37) u. (22.38).

23 Gestaltung und Tragfähigkeit der Stirn- und Kegelräder

Zahnkräfte, Wirkungsgrad, Übersetzungen

Stirnräder

23.1 Für das in Bild 23.1 gezeigte Laufradvorgelege der Aufgabe 22.2 sind die zur Auslegung der Lager und Wellen maßgebenden Zahnkräfte zu errechnen. Infolge des Fahrwiderstandes hat das Rad 2 mit $d_{w2} = d_2 = 912$ mm ein Nenndrehmoment $T_{N2} = 6150$ Nm zu übertragen. Die Fahrgeschwindigkeit beträgt $v_F = 21$ m/min, der Laufraddurchmesser $D = 900$ mm. Das Null-Radpaar mit Geradverzahnung und dem Eingriffswinkel $\alpha = 20°$ hat eine Übersetzung $|i| = 5{,}067$ und einen Wirkungsgrad $\eta = 0{,}94$. Es sind zu ermitteln:

1. Die Leistungsspitze P_b bei einem Anwendungsfaktor $K_A = 1{,}3$,

2. Die Tangentialkräfte F_{t1} und F_{t2} und die Radialkräfte F_{r1} und F_{r2},

3. Wie groß sind die erforderliche Antriebsleistungsspitze P_a und das Nenndrehmoment T_{N1} am Ritzel 1?

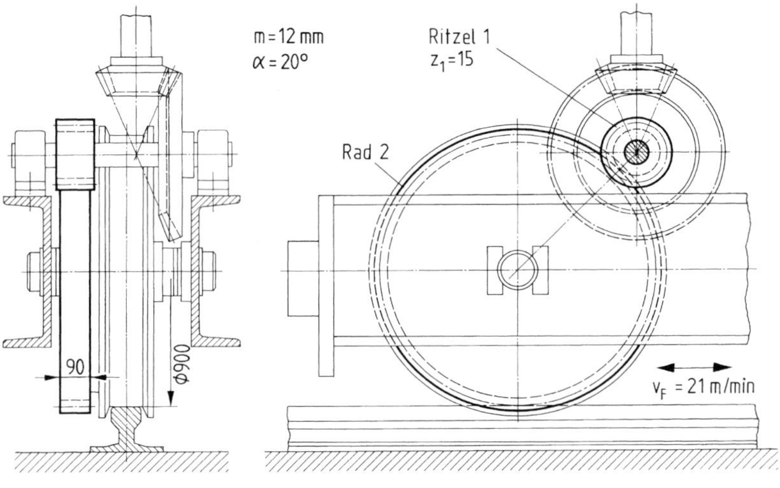

Bild 23.1 Laufradvorgelege eines Kranes

E: **1.** $P_b \approx 6{,}22$ kW ($\omega_2 = 0{,}778$ rad/s, $P_{Nb} \approx 4785$ W).

2. $F_{t1} = F_{t2} \approx 17520$ N ($v_w = 0{,}355$ m/s), $F_{r1} = F_{r2} = 6377$ N.

3. $P_a \approx 6{,}62$ kW, $T_{N1} = 1291$ Nm.

L: **1.** Nach Gl. (23.1) mit $P_{Nb} = T_{N2} \cdot \omega_2$, worin $\omega_2 = v_F/r = v_F \cdot 2/d$.

2. Nach den Gln. (23.2) u. (23.3) mit $v_w = v_F \cdot d_2/d = \omega_2 \cdot r_2$ und $\alpha_{wt} = \alpha$ sowie nach den Angaben im ME Abschn. 23.1.

3. Nach den Gln. (23.18) u. (23.21) mit $T_a = T_1$ und $T_b = T_2$.

23.2 Für die erste Stufe der in Bild 23.2 dargestellten Bockwinde mit Gusszahnrädern, die unbearbeitete Flanken und einen Eingriffswinkel $\alpha = 25°$ haben (Aufgabe 22.3), sind die Drehmomente und die Zahnkräfte zu errechnen. Gegeben sind: Zähnezahl-

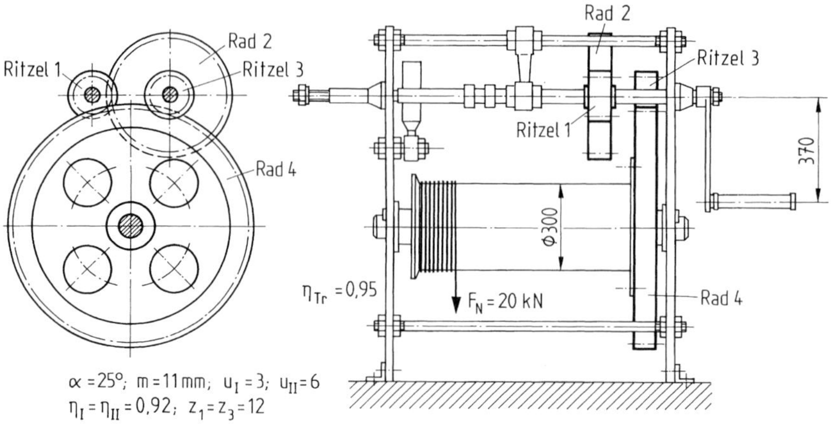

Bild 23.2 Bockwinde mit Gusszahnrädern

verhältnis $u_I = 3$, $u_{II} = 6$, Wälzkreisdurchmesser $d_{w2} = d_2 = 396$ mm, Wirkungsgrad der Radpaare $\eta_I = \eta_{II} = 0{,}92$, der Seiltrommel $\eta_{Tr} = 0{,}95$, Seiltrommelradius $R = 300$ mm/2 = 150 mm, Handkurbelradius $r = 370$ mm. Am Seil wirkt eine Nennbelastungskraft $F_N = 20$ kN. Wegen des Handbetriebes ist mit $K_A = 1$ zu rechnen. Zu ermitteln sind:

1. Der Gesamtwirkungsgrad η_{ges} einschl. Seiltrommel und die Gesamtübersetzung $|i_{ges}|$,
2. Das Abtriebsmoment T_b als Nutzdrehmoment an der Trommel und das Antriebsmoment T_a an der Kurbel,
3. Die erforderliche Kurbelkraft F,
4. Das Drehmoment T_2 des Rades 2,
5. Die Tangential- und die Radialkräfte F_{t1}, F_{t2} und F_{r1}, F_{r2}.

E: **1.** $\eta_{ges} = 0{,}8$, $|i_{ges}| = 18$.
2. $T_b = 3000$ Nm, $T_a = 208{,}3$ Nm.
3. $F = 563$ N.
4. $T_2 \approx 575$ Nm.
5. $F_{t1} = F_{t2} = 2904$ N, $F_{r1} = F_{r2} = 1354$ N.

L: **1.** Entspr. Gl. (23.17) (unter Berücksichtigung von η_{Tr} ist $\eta_{ges} = \eta_{Tr} \cdot \eta_I \cdot \eta_{II}$) und nach Gl. (23.20).
2. Da $K_A = 1$, wird $T_b = T_{Nb} = T_{Tr} = F_N \cdot R$, T_a nach Gl. (23.21).
3. Aus $T_a = F \cdot r$.
4. Aus Gl. (23.21) folgt $T_2 = T_1 \cdot |i_I| \cdot \eta_I$. **5.** Entspr. den Angaben im ME Abschn. 23.1 ist $F_{t1} = F_{t2} = T_2/r_2$, $F_{r1} = F_{r2}$ nach Gl. (23.3) mit $\alpha_{wt} = \alpha$.

23

23.3 Wie groß sind die Tangential- und die Radialkräfte F_{t3}, F_{t4} und F_{r3}, F_{r4} der zweiten Stufe der in Bild 23.2 dargestellten Bockwinde? Gegeben sind: Drehmoment $T_2 \approx 575$ Nm des Rades 2, Wälzkreisdurchmesser $d_{w4} = d_4 = 792$ mm, Eingriffswinkel $\alpha = 25°$, Übersetzung $|i_{II}| = 6$, Wirkungsgrad $\eta_{II} = 0{,}92$ (siehe auch Aufgabe 23.2).

E: $F_{t3} = F_{t4} = 8015$ N ($T_4 = 3174$ Nm), $F_{r3} = F_{r4} = 3737$ N.

L: Wie unter 4. u. 5. in Aufg. 23.2 mit $T_2 = T_3$.

23.4 Der in Bild 22.5 dargestellte Elektro-Trommelmotor dient zum Antrieb von Gurtförderern. Er enthält ein zweistufiges Geradstirnräder-Nullgetriebe mit genormter Evolventenverzahnung und feinbearbeiteten Flanken unter Flüssigkeitsreibung. Die Antriebsleistung beträgt $P_a = P_1 = 2{,}4$ kW bei $n_a = n_1 = 1425$ min^{-1} ($K_A = 1$). Aus den Aufgaben 22.5 und 22.6 sind bekannt: Zähnezahlverhältnis $u_I = 5{,}778$, $u_{II} = -4{,}21$, Wälzkreisdurchmesser $d_{w1} = d_1 = 27$ mm, $d_{w2} = d_2 = 156$ mm, $d_{w3} = d_3 = 57$ mm, $d_{w4} = d_4 = -240$ mm. Zur Auslegung der Lager und Wellen des Getriebes sind folgende Größen zu errechnen:

1. Die Drehzahlen n_2, n_3 und $n_4 = n_b$,
2. Die Umfangsgeschwindigkeiten $|v_{wI}|$ und $|v_{wII}|$ der Wälzkreise beider Stufen,
3. Die Leistungen P_2, P_3 und die Abtriebsleistung $P_b = P_4$,
4. Die Zahnkräfte F_{t1} bis F_{t4} und F_{r1} bis F_{r4},
5. Die Drehmomente T_1 bis T_4.

E: **1.** $n_2 = n_3 = 246{,}7$ min^{-1} $= 4{,}11$ s^{-1}, $n_4 = n_b = 58{,}6$ min^{-1} $= 0{,}98$ s^{-1} ($|i_{ges}| = 24{,}321$)
2. $|v_{wI}| = 2{,}02$ m/s, $|v_{wII}| = 0{,}736$ m/s.
3. $P_2 = P_3 \approx 2{,}3$ kW ($\eta_I = \eta_{II} = 0{,}96$), $P_b \approx 2{,}21$ kW ($\eta_{ges} \approx 0{,}92$).
4. $F_{t1} = F_{t2} = 1139$ N, $F_{r1} = F_{r2} \approx 415$ N, $F_{t3} = F_{t4} = 3003$ N, $F_{r3} = F_{r4} = 1093$ N.
5. $T_1 = 15{,}38$ Nm, $T_2 = T_3 = 85{,}59$ Nm, $T_4 = 360{,}36$ Nm.

L: **1.** Nach den Gln. (21.4) u. (23.19).
2. Nach Gl. (21.3).
3. Nach den Gln. (23.18) u. (23.1) mit η_{ges} nach Gl. (23.17), $\eta_I = \eta_{II}$ nach ME Abschn. 23.3.
4. Nach den Gln. (23.2) u. (23.3) und ME Abschn. 23.1 ($F_{t1} = F_{t2} = P_2/v_{wI}$, $F_{t3} = F_{t4} = P_b/v_{wII}$).
5. Nach ME Abschn. 23.1 mit $r_w = r = d/2$, bei T_4 mit $|r_4|$.

23.5 Das in Bild 22.7 gezeigte Zahnstangen-Nullradpaar hat Geradverzahnung mit dem Eingriffswinkel $\alpha = 20°$ und einen Wälzkreisdurchmesser $d_{w1} = d_1 = 212$ mm. Die Nenndurchzugskraft für die Tischbewegung beträgt $F_N = F = 17{,}3$ kN, Tischgeschwindigkeit $v = 10$ m/min, Anwendungsfaktor $K_A = 1{,}25$, Wirkungsgrad $\eta = 0{,}96$. Wie groß sind die Leistungsspitze P_b, die erforderliche Antriebsleistungsspitze P_a am Rad 1, die Zahnkräfte F_{t1} und F_{r1} und das Drehmoment T_1?

E: $P_b = 3604$ W ($P_{Nb} = 2883{,}3$ W), $P_a = 3754$ W, $F_{t1} \approx 21\,600$ N ($v_w = 0{,}167$ m/s, $F_{r1} \approx 7860$ N, $T_1 \approx 2290$ Nm).

L: Nach den Gln. (23.1) mit $P_{Nb} = F \cdot v$, (23.3) mit $v_w = v$, (23.2) mit $\alpha_{wt} = \alpha$ und nach ME Abschn. 23.1.

23.6 Das in Bild 22.8 schematisch dargestellte dreistufige Hubwerksgetriebe eines Elektroseilzuges enthält Geradzahnräder mit geschlichteten Flanken. Aus den Aufgaben 22.8 bis 22.10 sind bekannt: Übersetzungen $i_I = -4{,}813$, $i_{II} = -4{,}611$, $i_{III} = -4{,}533$, Betriebs-Eingriffswinkel $\alpha_{wI} = 22{,}12°$, $\alpha_{wII} = 21{,}49°$, $\alpha_{wIII} = 20°$, Wälzkreisdurchmesser der Ritzel $d_{w1} = 24{,}34$ mm, $d_{w3} = 45{,}45$ mm, $d_{w5} = 60$ mm. Der Antriebsmotor hat eine Nennleistung $P_{Na} = P_{N1} = 4$ kW, Motordrehzahl $n_a = n_1 = 1420$ min^{-1}, Anwendungsfaktor $K_A = 1{,}3$, Wirkungsgrad $\eta_I = \eta_{II} = \eta_{III} = 0{,}94$. Zur Auslegung der Wellen und Lager dieses Getriebes sind die Tangential- und Radialkräfte sowie die Drehmomentspitzen und Drehzahlen aller Räder der drei Stufen zu errechnen. Außerdem sind die Gesamtübersetzung, der Gesamtwirkungsgrad und die Nenn-Abtriebsleistung zu ermitteln.

E: $F_{t1} = F_{t2} \approx 2700$ N ($P_a = 5{,}2$ kW, $P_2 = 4{,}89$ kW, $v_{wI} = 1{,}81$ m/s), $F_{r1} = F_{r2} = 1097$ N, $T_1 = 32{,}86$ Nm, $n_2 = n_3 = 295\ \text{min}^{-1} = 4{,}92\ \text{s}^{-1}$, $F_{t3} = F_{t4} \approx 6570$ N ($P_4 \approx 4{,}6$ kW, $v_{wII} = 0{,}7$ m/s), $F_{r3} = F_{r4} = 2587$ N, $T_2 = T_3 = 140{,}3$ Nm, $n_4 = n_5 \approx 64\ \text{min}^{-1} = 1{,}07\ \text{s}^{-1}$, $F_{t5} = F_{t6} = 21600$ N ($P_6 = P_b \approx 4{,}32$ kW, $v_{wIII} \approx 0{,}2$ m/s), $F_{r5} = F_{r6} = 7862$ N, $T_4 = T_5 = 648$ Nm, $T_6 \approx 2760$ Nm, $n_6 = 14{,}1\ \text{min}^{-1} = 0{,}235\ \text{s}^{-1}$, $i_{ges} = 100{,}6$, $\eta_{ges} = 0{,}83$, $P_{Nb} = 3{,}32$ kW.

L: Wie Aufg. 23.4 und ME Beisp. 23.4. Es sind zu errechnen für die **Stufe I:** $P_a = P_1$, P_2, $v_{wI} = v_{w1} = v_{w2}$, $F_{t1} = F_{t2}$, $F_{r1} = F_{r2}$, T_1, $n_2 = n_3$, **Stufe II:** P_4, $v_{wII} = v_{w3} = v_{w4}$, $F_{t3} = F_{t4}$, $F_{r3} = F_{r4}$, $T_2 = T_3$, $n_4 = n_5$, **Stufe III:** $P_6 = P_b$, $v_{wIII} = v_{w5} = v_{w6}$, $F_{t5} = F_{t6}$, $F_{r5} = F_{r6}$, $T_4 = T_5$, T_6, n_6, außerdem i_{ges}, η_{ges} und P_{Nb}.

23.7

Für das in Bild 22.11 dargestellte zweistufige Universal-Getriebe mit Schrägzahnrädern (Aufgaben 22.11 bis 22.14) sind die zur Auslegung der Wälzlager und der Wellen maßgebenden Drehzahlen, Zahnkräfte und Drehmomente zu errechnen. Gegeben sind: Nennleistung der Abtriebsseite $P_{Nb} = P_4 = 30$ kW, Anwendungsfaktor $K_A = 1$, Wirkungsgrad $\eta_I = \eta_{II} = 0{,}94$, Antriebsdrehzahl $n_a = n_1 = 1500\ \text{min}^{-1}$, Zähnezahlverhältnis $u_I = 5{,}938$, $u_{II} = 4{,}214$. Es sind zu ermitteln:

1. Die Antriebsleistung P_a und die Drehzahlen $n_2 = n_3$, $n_4 = n_b$,
2. Die tangentialen, die radialen und die axialen Zahnkräfte F_{t1}, F_{t2}, F_{r1}, F_{r2} , F_{a1}, F_{a2} der Stufe I, einem schrägverzahnten Null-Außenradpaar mit dem Schrägungswinkel $\beta_w \approx \beta = 20°$, einem Betriebs-Eingriffswinkel $\alpha_{wt} = \alpha_t = 21{,}17°$ und dem Wälzkreisdurchmesser $d_{w1} = 76{,}62$ mm des Ritzels 1,
3. Die Zahnkräfte F_{t3}, F_{t4}, F_{r3}, F_{r4}, F_{a3}, F_{a4} der Stufe II, einem schrägverzahnten V_{plus}-Radpaar mit dem Schrägungswinkel $\beta_w \approx \beta = 15°$, einem Betriebs-Eingriffswinkel $\alpha_{wt} = 21{,}36°$ und dem Wälzkreisdurchmesser $d_{w3} = 101{,}95$ mm des Ritzels 3,
4. Die Drehmomente $T_1 = T_a$, $T_2 = T_3$ und $T_4 = T_b$,
5. Mithilfe einer Darstellung der Axialkräfte an den Rädern ist festzustellen, ob die in den Bildern 22.11 und 22.13 gezeigten Schrägungsrichtungen der Zähne sinnvoll sind (Ritzel 1 und Ritzel 3 jeweils rechtsteigend).

E:
1. $P_a \approx 34$ kW ($P_b = P_4 = 30$ kW, $\eta_{ges} \approx 0{,}884$), $n_2 = n_3 = 252{,}6\ \text{min}^{-1} = 4{,}21\ \text{s}^{-1}$, $n_4 = n_b \approx 59{,}9\ \text{min}^{-1} \approx 1\ \text{s}^{-1}$ ($|i_{ges}| = 25{,}023$).
2. $F_{t1} = F_{t2} \approx 5320$ N ($P_2 \approx 31{,}9$ kW, $v_{wI} \approx 6$ m/s), $F_{r1} = F_{r2} \approx 2060$ N, $F_{a1} = F_{a2} \approx 1940$ N.
3. $F_{t3} = F_{t4} \approx 22220$ N ($v_{wII} \approx 1{,}35$ m/s), $F_{r3} = F_{r4} = 8690$ N, $F_{a3} = F_{a4} \approx 5950$ N.
4. $T_1 = T_a \approx 217$ Nm ($\omega_a = 157$ rad/s), $T_2 = T_3 \approx 1210$ Nm, $T_4 = T_6 \approx 4780$ Nm.
5. Darstellung der Axialkräfte in Bild E 23.7. Die Schrägungsrichtungen sind ungünstig, da die Lager der Zwischenwelle 2 eine Axialkraft $F_{a2} + F_{a3} = 7{,}89$ kN aufnehmen müssen. Zweckmäßiger ist es, bei einem Radpaar die Schrägungsrichtungen umzukehren, sodass von den Lagern der Welle 2 nur $F_{a3} - F_{a2} = 4{,}01$ kN axial zu übertragen sind.

23

L:
1. Nach Gl. (23.18) mit P_b nach Gl. (23.1) und η_{ges} nach Gl. (23.17) sowie nach Gl. (21.4) mit i_{ges} nach Gl. (23.20).
2. Nach den Gln. (23.2) bis (23.4) mit $P_2 = P_a \cdot \eta_I$ und v_{w2} nach Gl. (21.3), Kräftedarstellung s. Bild L 23.7a.
3. Sinngemäß wie unter 2., s. Bild L 23.7b.
4. Nach Gl. (23.21) mit $T_2 = T_3 = T_1 \cdot |i_I| \cdot \eta_I$.
5. Darstellung der Axialkräfte s. Bild E 23.7. Das treibende Ritzel 1 wirkt mit F_{n2} in Drehrichtung auf einen Zahn des getriebenen Rades 2, sodass dieser mit der Axialkraft F_{a2} nach links gedrückt wird (s. hierzu auch ME Bild 23.2). Das Rad 2 wirkt aber entgegen der Drehrichtung mit F_{n1} auf einen Zahn des Ritzels 1, sodass dieses

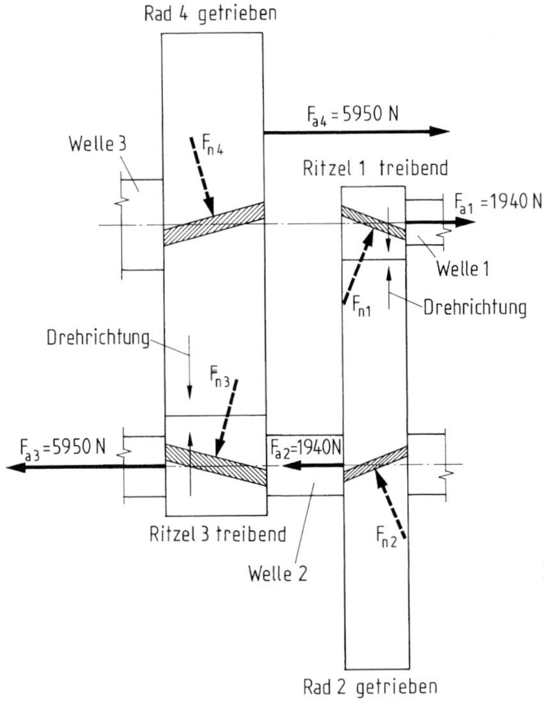

Bild E 23.7 Darstellung der Axialkräfte und Steigungsrichtungen

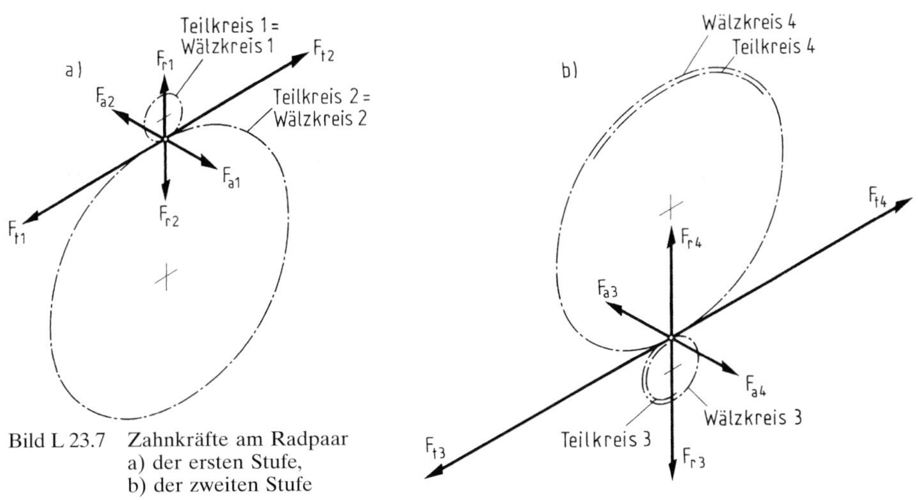

Bild L 23.7 Zahnkräfte am Radpaar
a) der ersten Stufe,
b) der zweiten Stufe

mit der Axialkraft F_{a1} nach rechts gedrückt wird. Sinngemäß ist die Wirkung der Axialkräfte am Rad 4 und am Ritzel 3. Bei Drehrichtungswechsel kehren sich die Kraftrichtungen um. Aus der Darstellung geht hervor, dass die Lager der Welle 1 die Axialkraft F_{a1} und die der Welle 3 die Axialkraft F_{a4}, die Lager der Welle 2 aber $F_{a3} + F_{a2}$ aufnehmen müssen. Würde man die Schrägungsrichtungen in einer Stufe umkehren (z. B. Ritzel 3 links- statt rechtssteigend u. Rad 4 rechts- statt linkssteigend), hätten die Lager der Welle 2 nur $F_{a3} - F_{a2}$ axial aufzunehmen, was günstiger wäre.

Kegelräder

23.8 Für das in Bild 22.15 dargestellte geradverzahnte Kegelradpaar, ein Null-Radpaar mit dem Eingriffswinkel $\alpha = 20°$, aus einem Kranfahrantrieb sind die Antriebsleistung und die -drehzahl sowie die Zahnkräfte zu errechnen. Das Rad 2 hat ein Nenndrehmoment $T_{N2} = 1293$ Nm zu übertragen bei der Drehzahl $n_2 = 37{,}6\ \text{min}^{-1}$. Aus Aufgabe 22.15 folgen: Übersetzung $|i| = 2{,}391$, Teilkegelwinkel $\delta_1 = 22{,}69°$, $\delta_2 = 67{,}31°$, mittlerer Teilkreisdurchmesser $d_{m2} \approx 476{,}2$ mm. Mit einem Anwendungsfaktor $K_A = 1{,}3$ und dem Wirkungsgrad $\eta = 0{,}94$ sind zu ermitteln:
1. Die Antriebsleistung P_a und die Antriebsdrehzahl n_a,
2. Die Tangentialkräfte F_{t1} und F_{t2},
3. Die Axialkräfte F_{a1} und F_{a2},
4. Die Radialkräfte F_{r1} und F_{r2}.

E: **1.** $P_a \approx 7{,}1$ kW, ($\omega_2 = 3{,}94$ rad/s, $P_{Nb} \approx 5{,}1$ kW, $P_b = 6{,}63$ kW), $n_a = n_1 = 89{,}9\ \text{min}^{-1} \approx 1{,}5\ \text{s}^{-1}$.
2. $F_{t1} = F_{t2} \approx 7070$ N ($v_m = 0{,}938$ m/s).
3. $F_{a1} = 993$ N, $F_{a2} = 2374$ N.
4. $F_{r1} = 2374\ \text{N} = F_{a2}$, $F_{r2} = 993\ \text{N} = F_{a1}$.

L: **1.** P_a nach Gl. (23.18) mit $\eta_{ges} = \eta$ und P_b nach Gl. (23.1) ($P_{Nb} = T_{N2} \cdot \omega_2$), $n_a = n_1$ nach Gl. (21.4).
2. Nach den Gln. (23.5) u. (23.8).
3. Nach den Gln. (23.6) u. (23.9).
4. Nach den Gln. (23.7) u. (23.10).

23.9 In das Geradzahn-Kegel-Null-Radpaar nach Bild 22.17 der Aufgaben 22.17 bis 22.19 wird über das Ritzel 1 ein Drehmoment $T_1 = 450$ Nm bei der Drehzahl $n_1 = 1750\ \text{min}^{-1}$ eingeleitet, Anwendungsfaktor $K_A = 1$. Die Zahnflanken sind geschliffen und arbeiten unter Flüssigkeitsreibung. Nach Aufgabe 22.18 betragen: Eingriffswinkel $\alpha = 20°$, Teilkegelwinkel $\delta_1 = 28{,}33°$, $\delta_2 = 71{,}67°$, mittlerer Teilkreisdurchmesser $d_{m1} \approx 87{,}4$ mm. Folgende Zahnkräfte sind zu errechnen:
1. Die Tangentialkräfte F_{t1} und F_{t2},
2. Die Axialkräfte F_{a1} und F_{a2},
3. Die Radialkräfte F_{r1} und F_{r2}.

E: **1.** $F_{t1} = F_{t2} \approx 9900$ N ($\eta = 0{,}96$).
2. $F_{a1} \approx 1710$ N, $F_{a2} \approx 3420$ N.
3. $F_{r1} \approx 3170$ N, $F_{r2} \approx 1130$ N.

23

L: Nach den Gln. (23.6) bis (23.10) mit $F_{t1} = T_1 \cdot \eta / r_{m1} = T_1 \cdot \eta \cdot 2/d_{m1}$.

23.10 Für das in Bild 23.10 aus Aufgabe 22.20 gezeigte Schrägzahn-Kegelradpaar aus dem Antrieb eines Mehrspindel-Bohrkopfes (Werkzeugmaschinen-Hauptantrieb mit Elektromotor) sind die zur Auslegung der Lager und Wellen maßgebenden Zahnkräfte, Drehmomente und Drehzahlen zu errechnen. Es handelt sich um Nullräder mit dem Normaleingriffswinkel $\alpha_n = 20°$ und einem mittleren Schrägungswinkel $\beta_m = 30°$, Rad 1 linkssteigend, Zahnflanken geschlichtet. Aus Aufgabe 22.20 sind bekannt: Zähnezahlverhältnis $u = 1{,}409$, Teilkegelwinkel $\delta_1 = 35{,}36°$, $\delta_2 = 54{,}64°$, mittlerer Teilkreisdurchmesser $d_{m1} \approx 76{,}2$ mm. Es ist eine Nennleistung $P_{Nb} = 11{,}3$ kW zu übertragen (Anwendungsfaktor K_A nach Tab. 23.1), Drehzahl $n_1 = 900\ \text{min}^{-1}$. Zu ermitteln sind:

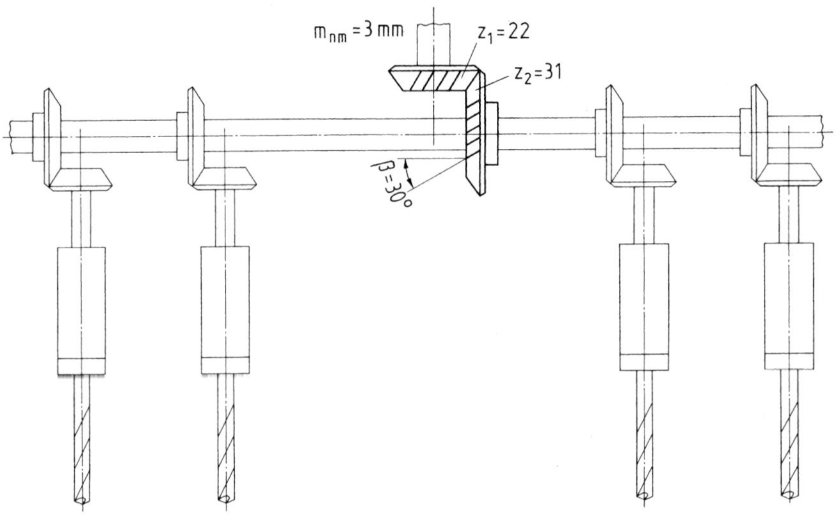

Bild 23.10 Schrägzahn-Kegelradpaar zum Antrieb eines Mehrspindel-Bohrkopfes

1. Die Tangentialkräfte F_{t1} und F_{t2},
2. Die Axialkräfte F_{a1} und F_{a2},
3. Die Radialkräfte F_{r1} und F_{r2},
4. Die Antriebsleistung P_a, die Drehmomente T_a und T_b und die Drehzahl $n_b = n_2$.

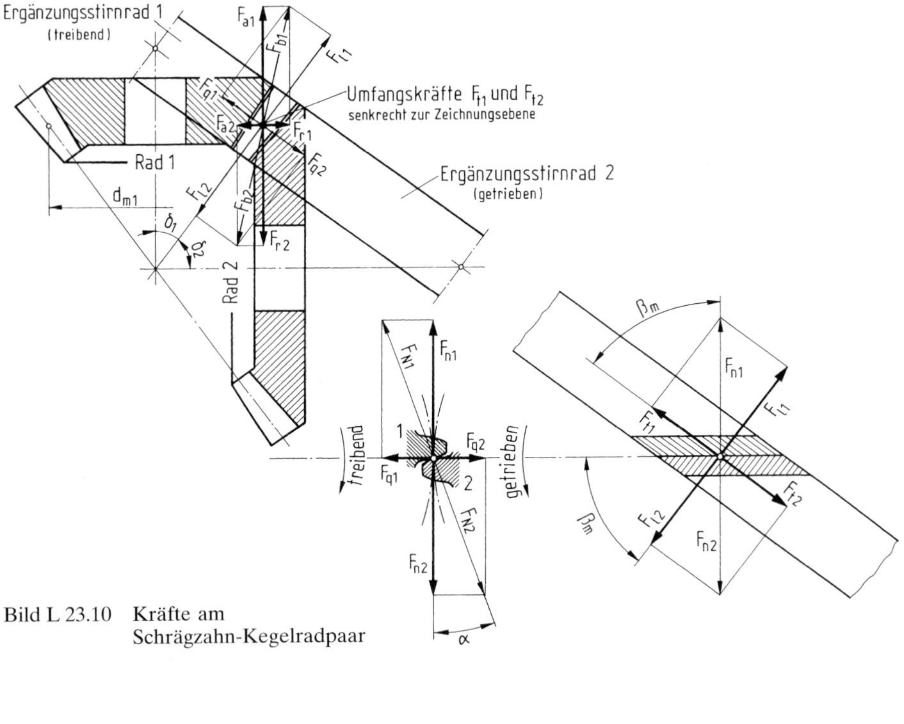

Bild L 23.10 Kräfte am Schrägzahn-Kegelradpaar

E: **1.** $F_{t1} = F_{t2} = 3\,935$ N ($K_A = 1{,}25$, $P_b = 14\,125$ W, $v_m = 3{,}59$ m/s).
2. $F_{a1} \approx 2\,810$ N, $F_{a2} = 34$ N.
3. $F_{r1} = 34$ N $= F_{a2}$, $F_{r2} \approx 2\,810$ N $= F_{a1}$.
4. $P_a \approx 15$ kW ($\eta = 0{,}94$), $T_a = 159{,}5$ Nm ($\omega_a = 94{,}25$ rad/s), $T_b \approx 211$ Nm, $n_b \approx 639\ \text{min}^{-1} = 10{,}65\ \text{s}^{-1}$.

L: Wie ME Beisp. 23.3 nach den Gln. (23.1), (23.11) bis (23.16) (jeweils mit den oberen Vorzeichen, erläuternde Darstellung der Zahnkräfte s. Bild L 23.10, vgl. auch ME Bild 23.4) sowie Gl. (23.18) (mit $\eta_{ges} = \eta$), Gl. (23.21) und (21.4).

Gestaltung von Zahnrädern aus Stahl und aus Gusseisen

23.11 Die Arm-, Naben- und Kranzabmessungen eines ungeteilten Zahnrades aus Grauguss EN-GJL-250 mit $R_{p0,1} = 165$ N/mm² (anstelle von R_e einsetzen) sind festzulegen. Es hat eine Tangentialkraft $F_t = 12$ kN zu übertragen, einen Teilkreisdurchmesser $d = 1680$ mm, einen Modul $m = 16$ mm, eine Zahnbreite $b = 160$ mm und einen Bohrungsdurchmesser $d_B = 180$ mm. Der Armquerschnitt ist mit einer Hauptrippe ausgeführt. Zu ermitteln sind unter Annahme der kleinsten üblichen Erfahrungswerte:
1. Die Anzahl Z der Arme,
2. Die Höhen H und h der Haupt- und Nebenrippen sowie deren Dicken S und s,
3. Die Teilnabenlänge l, die Nabenlänge L und die Nabenwanddicke w, jeweils auf volle 10 mm gerundet,
4. Die auf volle 5 mm gerundete Kranzdicke K und der Außendurchmesser d_a,
5. Ist die Biegespannung σ_b im gefährdeten Armquerschnitt zulässig? Falls die zulässige Biegespannung $\sigma_{b\,zul}$ überschritten wird, wie groß ist die erforderliche Höhe H_{erf} der Hauptrippe?

E: **1.** $Z = 6$ ($Z_{erf} \approx 5{,}94$).
2. $H = 128$ mm, $S = 24$ mm, $h = 96$ mm, $s = 16{,}8$ mm ≈ 17 mm.
3. $l = 90$ mm, $L = 220$ mm $> 1{,}2 d_B = 216$ mm (err. $L = 202$ mm), $w = 82$ mm ≈ 80 mm.
4. $K = 64$ mm ≈ 65 mm, $d_a = 1712$ mm.
5. Ja, $\sigma_b \approx 81{,}8$ N/mm² $< \sigma_{b\,zul} \approx 100$ N/mm²($y = 670$ mm, $W_b = 65{,}54$ cm³).

L: Wie ME Beisp. 23.5, jedoch mit $i_H = 1$, w für Grauguss und zusätzlich unter 4. Berechnung des Außendurchmessers d_a = Kopfdurchmesser nach Gl. (22.2) mit $h_a = m$.

23

23.12 Ein großes Zahnrad aus Grauguss EN-GJL-200 mit $R_{p\,0,1} = 130$ N/mm² (anstelle von R_e einsetzen) mit aufgepresstem Zahnkranz für den elektrischen Antrieb eines schweren Aufzuges ist zu entwerfen. Folgende Abmessungen sind einzuhalten: Teilkreisdurchmesser $d = 2\,000$ mm, Modul $m = 20$ mm, Zahnbreite $b = 200$ mm, Bohrungsdurchmesser $d_B = 200$ mm. Es ist ein Nenndrehmoment von 12,5 kNm zu übertragen (Anwendungsfaktor K_A nach Tab. 23.1). Die Abmessungen der Rippen mit je einer Hauptrippe, der Nabe und des Kranzes sind mit den üblichen mittleren Erfahrungswerten zu errechnen und auf volle 5 bzw. 1 mm zu runden. Im Einzelnen sind zu ermitteln:
1. Die Armzahl Z (auf eine gerade Zahl abgerundet),
2. Die Höhen H und h und die Dicken S und s der Haupt- und Nebenrippen der Arme,
3. Die Nabenlänge L und die Nabenwanddicke w,
4. Die Zahnkranzdicke K, die Felgenkranzdicke k und der Außendurchmesser d_a,
5. Die Biegespannung σ_b im gefährdeten Armquerschnitt verglichen mit dem zulässigen Wert,
6. Eine Entwurfszeichnung des Rades mit den errechneten Maßen.

E: **1.** $Z = 6$ ($Z_{erf} \approx 6{,}48$).
2. $H = 180$ mm, $h = 140$ mm, $S = 35$ mm, $s = 25$ mm.
3. $L = 250$ mm $> 1{,}2 d_B = 240$ mm, $w = 90$ mm.
4. $K = 85$ mm ($K_{erf} \approx 88{,}5$ mm), $k = 45$ mm ($k_{erf} \approx 47{,}3$ mm), $d_a = 2040$ mm.
5. $\sigma_b = 44{,}6\,\text{N/mm}^2 < \sigma_{b\,zul} = 78\,\text{N/mm}^2$ ($K_A = 1{,}25$, $y = 810$ mm, $W_b = 189\,\text{cm}^3$, $F_t = 15\,625$ N).
6. Bild E 23.12.

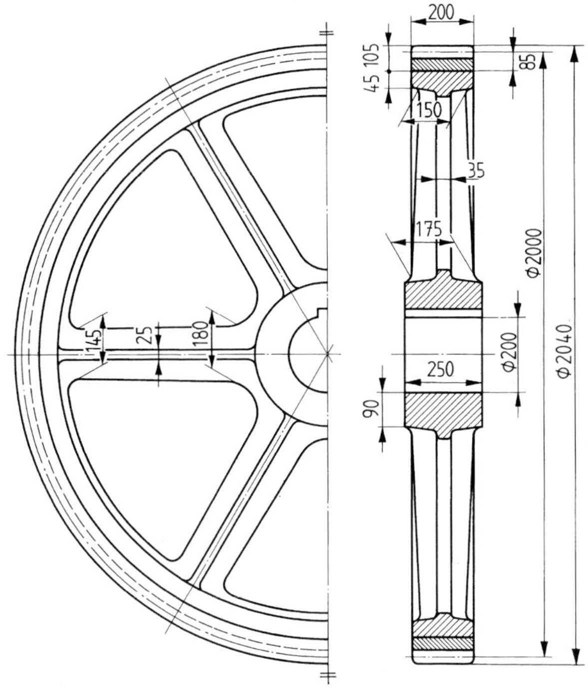

Bild E 23.12 Grauguss-Zahnrad mit aufgepresstem Zahnkranz

L: **1.** Nach Gl. (23.22) mit f für ungeteilte Räder.
2. Nach den Angaben im ME Abschn. 23.4.
3. Nach ME Abschn. 23.4 mit w für Grauguss.
4. Nach ME Abschn. 23.4 und Gl. (22.2) mit $h_a = m$.
5. Nach Gl. (23.23) mit $F_t = T_N \cdot K_A / r = T_N \cdot K_A \cdot 2/d$, $y = (d - d_B - 2w)/2$ und
6. Höhe der Hauptrippen am Kranz nach ME Bild 23.9d ca. $0{,}8H$, für die Nebenrippen folgt das Maß an der Nabe aus $h + S$, am Kranz etwa 70 % davon (entspr. den Hauptrippen).

23

23.13 Ein großes geteiltes Zahnrad aus Stahlguss GS-60 für den Antrieb einer Zementmühle liegt im Entwurf nach Bild 23.13 vor. Zu übertragen ist ein Nenndrehmoment von 225 kNm. Gegeben sind folgende Abmessungen: Teilkreisdurchmesser $d = 4500$ mm, Höhe der Hauptrippen $H = 280$ mm, Dicke der Hauptrippen $S = 50$ mm, Abstand der Umfangskraft vom gefährdeten Armquerschnitt $y \approx 1750$ mm. Es sind zu ermitteln:
1. Die erforderliche Armzahl Z,
2. Die Umfangskraft F_t am Teilkreis unter Berücksichtigung eines Anwendungsfaktors $K_A = 1{,}5$,
3. Ist die Biegespannung σ_b im gefährdeten Armquerschnitt zulässig?

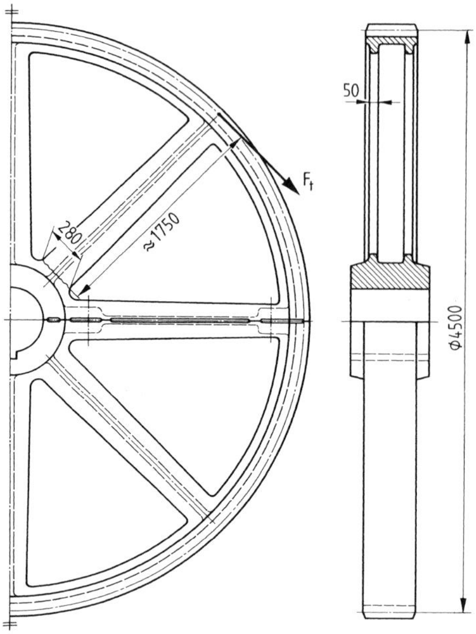

Bild 23.13 Geteiltes Stahlguss-Zahnrad

E: **1.** $Z = 8$ ($Z_{erf} \approx 8{,}4$).
2. $F_t = 150$ kN.
3. Ja, $\sigma_b = 100{,}4\ N/mm^2 < \sigma_{b\,zul} = 180\ N/mm^2$ ($W_b = 1306{,}7\ cm^3$, $R_e = 300\ N/mm^2$).

L: **1.** Nach Gl. (23.22) mit f für geteilte Räder.
2. Wie unter 5. in Aufg. 23.12.
3. Nach Gl. (23.22), $\sigma_{b\,zul}$ mit R_e nach Tab. 1.5.

23.14 Zum Anfertigen der Werkstattzeichnung eines geschweißten Zahnrades entsprechend Bild 23.14 sind die wichtigsten Abmessungen nach Erfahrungswerten fest-

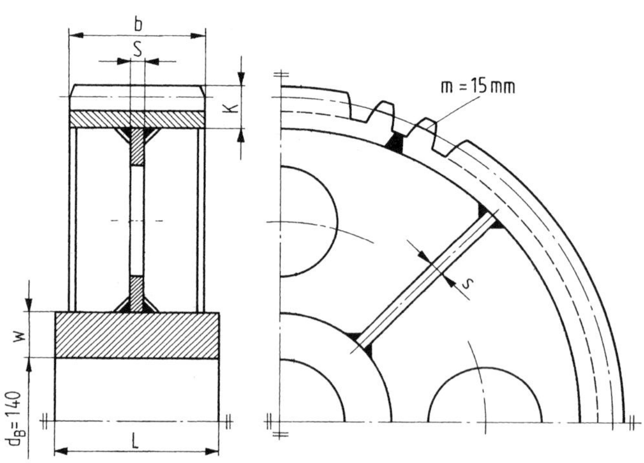

Bild 23.14 Geschweißtes Zahnrad

zulegen. Gegeben sind: Modul $m = 15$ mm, Bohrungsdurchmesser $d_B = 140$ mm. Unter Zugrundelegung der üblichen Mittelwerte sind zu errechnen:

1. Die Scheibendicke S und die Rippendicke s, beide auf volle mm gerundet,
2. Die Nabenlänge L und die Nabenwanddicke w,
3. Die Kranzdicke K, auf volle 10 mm gerundet, und die Kranzbreite = Zahnbreite $b = 8m$.

E: **1.** $S = 14$ mm, ($S_{erf} = 13{,}5$ mm), $s = 10$ mm.
2. $L = 140$ mm, $w = 36$ mm.
3. $K = 50$ mm ($K_{erf} = 48{,}75$ mm), $b = 120$ mm.

L: Nach den Angaben im ME Abschn. 23.4.

23.15 Das Großrad des Außenradpaares nach Aufgabe 22.1 mit dem Modul $m = 10$ mm soll als Schweißkonstruktion ausgeführt werden. Vorgesehen ist ein Bohrungsdurchmesser $d_B = 120$ mm. Unter Verwendung der üblichen größten Erfahrungswerte sind zu ermitteln: Die Scheibendicke S, die Rippendicke s, die Nabenlänge L, die Nabenwanddicke w, die Kranzdicke K, die Kranzbreite = Zahnbreite $b = 10m$, außerdem der Nabendurchmesser d_N und der Kranzinnendurchmesser d_K (Kopfkreisdurchmesser $d_{a2} = 790$ mm nach Aufgabe 22.1).

E: $S = 10$ mm, $s = 7$ mm, $L = 120$ mm, $w = 32$ mm, $K = 35$ mm, $b = 100$ mm, $d_N = 184$ mm, $d_K = 720$ mm.

L: Wie Aufg. 23.14, jedoch zusätzlich $d_N = d_B + 2w$ und $d_K = d_a - 2K$.

Schmierung, Schmierstoffe

23.16 Für ein schrägverzahntes V_{plus}-Stirnradpaar eines Hochleistungsgetriebes mit gehärteten Zahnflanken und einer Umgebungstemperatur von 40 °C sind die Schmierungsart und das erforderliche Schmieröl zu bestimmen. Folgende Daten sind gegeben: Zähnezahlen $z_1 = 19$, $z_2 = 75$, Profilverschiebungsfaktoren $x_1 = 0{,}5$, $x_2 = 0$, Teilkreisdurchmesser $d_1 = 98{,}35$ mm, $d_2 = 388{,}23$ mm, Kopfkreisdurchmesser $d_{a1} = 113{,}35$ mm, $d_{a2} = 398{,}23$ mm, Grundkreisdurchmesser $d_{b1} = 92{,}03$ mm, $d_{b2} = 363{,}29$ mm, Zahnbreite $b = 80$ mm, Betriebs-Stirneingriffswinkel $\alpha_{wt} = 22{,}14°$, Schrägungswinkel $\beta = 15°$, Normalmodul $m_n = 5$ mm. Am Teilkreis der Räder ist eine Umfangskraft $F_t = 25$ kN zu übertragen, Ritzeldrehzahl $n_1 = 3000\ \text{min}^{-1}$. Es sind die Schmierungsart, die nach dem Schmierungskennwert k_S/v erforderliche kinematische Viskosität ν und eine dafür geeignete ISO-Viskositätsklasse zu ermitteln. Außerdem ist anzugeben, ob ein Schmieröl mit verschleißverringernden Wirkstoffen verwendet werden sollte.

E: Öl-Spritzschmierung, da $v = 15{,}45$ m/s > 15 m/s, $\nu \approx 200\ \text{mm}^2/\text{s}$ ($u = 3{,}947$, $k_S = 11{,}95$ MPa, $k_S/v = 0{,}77$ MPa · s/m, $\nu \approx 173\ \text{mm}^2/\text{s}$ ohne Zuschlag), Viskositätsklasse ISO VG 220, verschleißverringernde Wirkstoffe zweckmäßig, da $v_g/v = 0{,}364 > 0{,}3$ und $k_S > 7{,}5$ MPa ($g_f = 7{,}65$ mm, $g_a = 14{,}36$ mm $= g_i$, $\omega_1 = 314{,}15$ rad/s, $v_g \approx 5{,}65$ m/s).

L: Wie ME Beisp. 23.6.

23.17 Für das in Bild 22.5 gezeigte zweistufige Geradstirnräder-Nullgetriebe ist Öl-Tauchschmierung vorgesehen. Die Zahnflanken sind ungehärtet, Umgebungstemperatur ca. 50 °C. Es soll ein für beide Stufen geeignetes Schmieröl bestimmt werden. Die nachfolgend angegebenen Daten betreffen die Radpaare der Aufgaben 22.5, 22.6 und 23.4. Es sind zu ermitteln:

23

1. Die kinematische Viskosität ν nach der Stufe II mit $v = 0{,}736$ m/s, $u = -4{,}21$, $m = 3$ mm, $d_3 = 57$ mm, $b = 55$ mm, $F_t \approx 3$ kN, Ritzel 3 aus Stahl E360, Hohlrad 4 aus Stahlguss GS-52,
2. Welche ISO-Viskositätsklasse ist für beide Stufen geeignet?
3. Ist ein Schmieröl mit verschleißverringernden Wirkstoffen zweckmäßig?

E: **1.** $\nu \approx 412\ \text{mm}^2/\text{s}$ ($k_S = 2{,}19$ MPa, $k_S/v \approx 2{,}98\ \text{MPa} \cdot \text{s/m}$).
2. Viskositätsklasse ISO VG 460.
3. Nein, da Zahnflanken ungehärtet.

L: **1.** Mit k_S nach Gl. (23.24) k_S/v der Endstufe errechnen und damit ν nach Tab. 23.8 ermitteln (ggf. interpolieren), Wert um 25 % erhöhen.
2. Wie unter 1.
3. Nach Diagr. 16.1 für $t = 40$ °C.

23.18

Für das in Bild 22.8 dargestellte dreistufige Hubwerksgetriebe eines Elektroseilzuges soll die ISO-Viskositätsklasse eines geeigneten Schmieröls bestimmt werden. Es ist Öl-Tauchschmierung vorgesehen. Alle Räder haben ungehärtete Zahnflanken. Die Umgebungstemperatur beträgt ca. 25 °C. Es sind gegeben bzw. nach den Aufgaben 22.8 bis 22.10 und 23.6 bereits errechnet: Antriebs-Nennleistung $P_{Na} = 4$ kW, Gesamtwirkungsgrad $\eta_{ges} = 0{,}83$,
Stufe I: Zähnezahlverhältnis $u = 4{,}813$, Teilkreisdurchmesser $d_1 = 24$ mm, Modul $m = 1{,}5$ mm, Zahnbreite $b = 35$ mm, Ritzeldrehzahl $n_1 = 23{,}67\ \text{s}^{-1}$, Umfangskraft $F_1 \approx 2{,}7$ kN, Ritzel 1 aus 34Cr4, Rad 2 aus E360,
Stufe II: $u = 4{,}611$, $d_3 = 45$ mm, $m = 2{,}5$ mm, $b = 60$ mm, $n_3 = 4{,}92\ \text{s}^{-1}$, $F_1 \approx 6{,}57$ kN, Ritzel 3 aus E360, Rad 4 aus E335,
Stufe III: $u = -4{,}533$, $d_5 = 60$ mm, $m = 4$ mm, $b = 90$ mm, $n_5 = 1{,}07\ \text{s}^{-1}$, $F_1 \approx 21{,}6$ kN, Ritzel 5 aus E335, Hohlrad 6 aus E295.
Außer der Schmierölviskosität sind die Zahnbreiten mit den üblichen Richtwerten (Tab. 23.2) zu vergleichen. Für die Gestaltung des Getriebegehäuses ist anzugeben, welche minimale und maximale Ölmenge $V_{öl}$ erforderlich ist.

E: **Stufe I:** $b = 35\ \text{mm} < b_{zul} = 37{,}5$ mm,
Stufe II: $\nu \approx 830\ \text{mm}^2/\text{s}$ ($k_S = 8{,}88$ MPa, $v \approx 0{,}7$ m/s, $k_S/v \approx 12{,}7\ \text{MPa} \cdot \text{s/m}$, $\nu \approx 616\ \text{mm}^2/\text{s}$ ohne Zuschlag), $b = 60\ \text{mm} < b_{zul} = 62{,}5$ mm,
Stufe III: $\nu \approx 1\,000\ \text{mm}^2/\text{s}$ ($k_S = 9{,}35$ MPa, $v \approx 0{,}2$ m/s, $k_S/v \approx 47\ \text{MPa} \cdot \text{s/m}$, $\nu \approx 740\ \text{mm}^2/\text{s}$ ohne Zuschlag), $b = 90\ \text{mm} < b_{zul} = 100$ mm,
gewählt: Viskositätsklasse ISO VG 1000, $V_{öl} = 2{,}1 \ldots 4{,}21$ ($P_f \approx 0{,}7$ kW).

23

L: Lösungsgang wie Aufg. 23.17, jedoch als Mittelwert für die zweite und dritte Stufe (s. ME Abschn. 23.7), ohne Zuschlag für höhere Umgebungstemperatur als 25 °C. Da die Zähne der Räder in den Stufen II und III aus gleichartigen Werkstoffen bestehen (Baustahl), ist der ermittelte Wert um 35 % zu erhöhen entsprechend den Angaben im ME Abschn. 23.7. Errechnung der minimal und maximal erforderlichen Ölmenge $V_{öl} = P_f(3 \ldots 6)$ l/kW.

23.19

Das in Bild 22.11a dargestellte zweistufige Universalgetriebe enthält schrägverzahnte Stirnräder mit gehärteten Zahnflanken. Die Umgebungstemperatur beträgt 25 °C, die eingeleitete Antriebsleistung ca. 34 kW, der Gesamtwirkungsgrad ca. 88 %. Es ist ein geeignetes Schmieröl, die Schmierungsart und die erforderliche minimale und maximale Schmierölmenge zu ermitteln. Nach den Berechnungen der Aufgaben 22.11 bis 22.14 und 23.7 betragen für die

Stufe I, ein Schrägzahn-Null-Außenradpaar: $u = 5{,}938$, $d_1 \approx 76{,}6$ mm, $b = 45$ mm, $n_1 = 25\ \mathrm{s}^{-1}$, $F_t \approx 5{,}32$ kN, $d_{a1} = 85{,}62$ mm, $d_{a2} = 463{,}94$ mm, $d_{b1} = 71{,}45$ mm, $d_{b2} = 424{,}24$ mm, $\alpha_{wt} = \alpha_t = 21{,}17°$, $\omega_1 = 157$ rad/s,
Stufe II, ein Schrägzahn-V$_{plus}$-Radpaar: $u = 4{,}214$, $d_3 \approx 101{,}5$ mm, $b = 105$ mm, $n_3 = 4{,}21\ \mathrm{s}^{-1}$, $F_t \approx 22{,}22$ kN, $x_3 = +0{,}183$, $x_4 = 0$, $d_{a3} = 128{,}02$ mm, $d_{a4} = 441{,}57$ mm, $d_{b3} = 94{,}94$ mm, $d_{b4} = 400{,}1$ mm, $\alpha_{wt} = 21{,}36°$.

E: **Stufe II:** $\nu \approx 460\ \mathrm{mm^2/s}$, ($k_S = 7{,}74$ MPa, $v \approx 1{,}34$ m/s, $k_S/v \approx 5{,}8\ \mathrm{MPa \cdot s/m} < 7{,}5\ \mathrm{MPa \cdot s/m}$), $v_g/v \approx 0{,}59 > 0{,}3$ ($g_f = 15{,}18\ \mathrm{mm} < g_a = 24{,}38\ \mathrm{mm} = g_i$, $\omega_3 = 26{,}45$ rad/s, $v_g = 0{,}798$ m/s), gewählt: Schmieröl mit verschleißverringernden Wirkstoffen, da $v_g/v > 0{,}3$, z. B. Schmieröl CLP der Viskositätsklasse ISO VG 460, Öl-Tauchschmierung, da in Stufe I $v > 4$ m/s, aber < 15 m/s, $V_{öl} \approx 12 \ldots 24$ l ($P_f \approx 4$ kW).

L: Rechnungsgang für die maßgebende zweite Stufe wie Aufg. 23.16 bzw. ME Beisp. 23.6. Errechnung von $V_{öl}$ wie in Aufg. 23.18.

23.20

Das in Bild 22.17 dargestellte Kegelradpaar, ein Null-Radpaar mit dem Eingriffswinkel $\alpha = 20°$, soll mit gehärteten Zahnflanken ausgeführt werden und bei einer Umgebungstemperatur von 25 °C arbeiten. Es sind das erforderliche Schmieröl und die Schmierungsart zu bestimmen. Nach den Aufgaben 22.18, 22.19 und 23.9 wurden bereits errechnet: Virtuelle Zähnezahlen $z_{v1} \approx 15$, $z_{v2} \approx 83$, mittlerer Teilkreisdurchmesser $d_{m1} \approx 87{,}4$ mm, mittlerer Modul $m_m = 6{,}722$ mm, Zahnbreite $b = 35$ mm, mittlere Umfangsgeschwindigkeit $v_m = 8$ m/s, Umfangskraft $F_1 = 9{,}9$ kN. Zu ermitteln sind:

1. Das virtuelle Zähnezahlverhältnis u_v,
2. Die erforderliche kinematische Viskosität ν des Schmieröls und die dafür infrage kommende nächstliegende ISO-Viskositätsklasse,
3. Die Kopf- und die Grundkreisdurchmesser d_{vma1}, d_{vma2} und d_{vmb1}, d_{vmb2} der mittleren virtuellen Stirnräder,
4. Die größte Gleitgeschwindigkeit v_g der Flanken,
5. Ist ein Schmieröl mit verschleißverringernden Wirkstoffen zweckmäßig? Wenn ein derartiges Öl nicht eingesetzt werden kann, welche ISO-Viskositätsklasse käme dann infrage?
6. Welche Schmierungsart ist zweckmäßig?

E:
1. $u_v = 5{,}533$.
2. $\nu \approx 227\ \mathrm{mm^2/s}$ ($k_S = 11{,}46$ MPa, $k_S/v_m = 1{,}43\ \mathrm{MPa \cdot s/m}$), ISO VG 220.
3. $d_{vma1} = 114{,}27$ mm ($d_{vm1} = 100{,}83$ mm), $d_{vma2} = 571{,}37$ mm ($d_{vm2} = 557{,}92$ mm), $d_{vmb1} = 94{,}75$ mm, $d_{vmb2} = 524{,}28$ mm.
4. $v_g \approx 3{,}93$ m/s ($\omega_1 \approx 183{,}1$ rad/s, $g_i = g_f = 18{,}16\ \mathrm{mm} > g_a = 14{,}69$ mm).
5. Ja, da $v_g/v_m = 0{,}49 > 0{,}3$, oder Schmieröl der Viskositätsklasse ISO VG 320 ohne verschleißverringernde Wirkstoffe ($\nu_{erf} \approx 306\ \mathrm{mm^2/s}$).
6. Öl-Tauchschmierung, da $v_m = 8\ \mathrm{m/s} > 4$ m/s, aber < 15 m/s.

L:
1. Nach Gl. (22.56).
2. Nach Tab. 23.8 mit k_S/v_m und nach Diagr. 16.1, k_S nach Gl. (23.24) mit u_v und d_{m1}.
3. Nach den Gln. (22.2) u. (22.4) mit $d_{vm} = d_m/\cos\delta = z_v \cdot m_m$ gemäß Gl. (22.1) anstelle d und $h_a = m_m$.
4. Nach Gl. (23.27) mit $\omega_1 = v_m/r_{m1} = v_m \cdot 2/d_{m1}$, $u = u_v$ und $g_i = g_f$ oder g_a nach den Gl. (23.25/26).
5. Erforderlich, wenn $v_g/v_m < 0{,}3$, oder den unter 2. ermittelten Wert für ν um 35 % erhöhen und neue Viskositätsklasse nach Diagr. 16.1 wählen.
6. Nach ME Abschn. 23.7 abhängig von $v = v_m$.

23.21 Für das in Bild 22.20 gezeigte schrägverzahnte Kegelradpaar ist Öl-Tauchschmierung vorgesehen, Umgebungstemperatur ca. 25 °C. Welche ISO-Viskositätsklasse ist zu wählen, wenn beide Räder aus Vergütungsstahl 42CrMo4 hergestellt und badnitriert sind? Gegeben (Aufgaben 22.20, 22.21 und 23.10): Virtuelle Zähnezahlen $z_{v1} = 27$, $z_{v2} = 53{,}6$, mittlerer Teilkreisdurchmesser $d_{m1} \approx 76{,}2$ mm, Zahnbreite $b = 20$ mm, mittlere Umfangsgeschwindigkeit $v \approx 3{,}6$ m/s, Umfangskraft $F_t \approx 3{,}94$ kN.

E: Viskositätsklasse ISO VG 320 ($u_v = 1{,}985$, $k_S = 11{,}66$ MPa, $k_S/v_m \approx 3{,}24$ MPa · s/m, $\nu \approx 342\ \text{mm}^2/\text{s}$).

L: Wie unter 1. und 2. in Aufg. 23.20.

Berechnung auf Zahnfuß- und Grübchentragfähigkeit

Stirnräder

23.22 Die Zähne des in Bild 22.2 dargestellten Laufradvorgeleges, eines geradverzahnten Null-Radpaares mit Normverzahnung, sind auf Zahnfußtragfähigkeit nachzurechnen. Wegen des Drehrichtungswechsels wirkt die Zahnkraft abwechselnd auf die Links- und Rechtsflanken jedes Rades. Das Ritzel 1 aus Stahl E295 und das Rad 2 aus Stahlguss GS-52 haben an den Zahnfußrundungen eine Rautiefe $R_z = 40$ µm, Verzahnungsqualität 11. Nach den Aufgaben 22.2 und 23.1 sind bekannt. Zähnezahlen $z_1 = 15$, $z_2 = 76$, Modul $m = 12$ mm, Zahnbreite $b = 90$ mm, Teilkreisdurchmesser $d_2 = 912$ mm, Profilüberdeckung $\varepsilon_\alpha = 1{,}65$, Umfangsgeschwindigkeit $v = 0{,}355$ m/s, Nennleistung $P_N = P_{Nb} = 4785$ W, Anwendungsfaktor $K_A = 1{,}3$. Es sind zu ermitteln:

1. Die Linienbelastung w,
2. Der Dynamikfaktor K_v und die Linienbelastung w_t,
3. Der Breitenfaktor $K_{F\beta}$,
4. Der Stirnfaktor $K_{F\alpha}$,
5. Die Zahnfußspannungen σ_{F1} und σ_{F2}. Für $z_1 = 15$ (leicht unterschnitten) ist $Y_{FS} \approx 5$ zu setzen,
6. Sind die Sicherheiten gegen Zahn-Dauerbruch S_{F1} und S_{F2} für ein Dauergetriebe ausreichend?

E:
1. $w \approx 195$ N/mm ($F_{Nt} = 13\,479$ N).
2. $K_v \approx 1{,}02$, $w_t \approx 198$ N/mm.
3. $K_{F\beta} = 3{,}14$
4. $K_{F\alpha} \approx 1{,}28 < 2{,}843$ ($Y_\varepsilon = 0{,}705$).
5. $\sigma_{F1} = 234\ \text{N/mm}^2$, $\sigma_{F2} = 200\ \text{N/mm}^2$
6. Nein, $S_{F1} = 0{,}87 < S_{F\,erf} = 1{,}1$ ($\sigma_{FE1} = 0{,}7 \cdot 320\ \text{N/mm}^2$, $Y_R \approx 0{,}944$, $Y_X \approx 0{,}96$), $S_{F2} = 0{,}89 < 1{,}1$ ($\sigma_{FE2} = 0{,}7 \cdot 280\ \text{N/mm}^2$).

23

L:
1. w Text unter Gl. (23.29) mit $F_{Nt} = P_{Nb}/v$.
2. K_v nach Gl. (23.29), w_t Text unter Gl. (23.29).
3. $K_{F\beta}$ nach Gl. (23.33).
4. $K_{F\alpha}$ nach Gl. (23.34), ggf. Grenzbedingung nach Gl. (23.35) mit Y_ε nach Gl. (23.37).
5. σ_{F1} und σ_{F2} nach Gl. (23.42).
6. S_{F1} und S_{F2} nach Gl. (23.43), dazu 0,7-facher Wert für σ_{FE} aus Tab. 23.15, $Y_{NT} = 1$, $Y_\delta = 1$, Y_R nach der Legende zur Gl. (23.43), Y_X nach Tab. 23.16. $S_{F\,erf} = 1{,}1$.

23.23 Für die geradverzahnten Null-Zahnräder des Laufradvorgeleges nach Bild 22.2 mit dem Ritzel 1 aus E295 und dem Rad 2 aus GS-52 ist die Berechnung auf

Grübchentragfähigkeit durchzuführen. Gegeben sind (Aufgaben 22.2, 23.1 und 23.22): Nennumfangskraft $F_{Nt} = 13{,}479$ kN, Dynamikfaktor $K_v = 1{,}02$, Zähnezahlen $z_1 = 15$, $z_2 = 76$, Zahnbreite $b = 90$ mm, Teilkreisdurchmesser $d_1 = 180$ mm, Modul $m = 12$ mm, Zähnezahlverhältnis $u = 5{,}067$, Profilüberdeckung $\varepsilon_\alpha = 1{,}65$, Umfangsgeschwindigkeit $v = 0{,}355$ m/s, Anwendungsfaktor $K_A = 1{,}3$, Breitenfaktor $K_{F\beta} = 3{,}14$, Nennviskosität des Schmiermittels $\nu_{40} > 500$ mm²/s. Zu ermitteln sind:

1. Der Breitenfaktor $K_{H\beta}$ und der Stirnfaktor $K_{H\alpha}$ nach der Grenzbedingung,
2. Die Flankenpressung σ_H,
3. Sind die Sicherheiten gegen Grübchenschäden S_{H1} und S_{H2} für ein Dauergetriebe ausreichend? Wegen der geringen Umfangsgeschwindigkeit kann der Faktor $Z_R = 1$ gesetzt werden.
4. Falls $S_H < 1$ ist, wie groß sind dann bei $S_H = 0{,}7$ für ein Zeitgetriebe die Lastwechselzahlen N_{L1} und N_{L2}, wenn eine gewisse Grübchenbildung zugelassen werden kann?

E:
1. $K_{H\beta} = 4{,}91$, $K_{H\alpha} \approx 1{,}28$ $(Z_\varepsilon^2 = 0{,}783)$.
2. $\sigma_{H1} = 1\,388{,}3\ \text{N/mm}^2$, $\sigma_{H2} = 1\,196{,}6\ \text{N/mm}^2$ $(\sigma_{H0} = 415{,}5\ \text{N/mm}^2$, $Z_H = 2{,}49$, $Z_E = 188{,}9\sqrt{\text{N/mm}^2}$, $Z_\varepsilon = 0{,}885$, $Z_\beta = 1$.
3. Nein, $S_{H1} = 0{,}276 < 1$, $S_{H2} = 0{,}277 < 1$ $(\sigma_{H\,lim1} = 370\ \text{N/mm}^2$, $\sigma_{H\,lim2} = 320\ \text{N/mm}^2$, $Z_L = 1{,}15$, $Z_v = 0{,}9$, $Z_W = Z_X = 1)$.
4. $Z_{NT1} = 2{,}538 > 1{,}6$ und $Z_{NT2} = 2{,}529 > 1{,}6 \Rightarrow$ keine Zeitfestigkeit.

L:
1. $K_{H\beta}$ nach Gl. (23.33), $K_{H\alpha}$ nach Gl. (23.36) mit Z_ε^2 nach Gl. (23.38).
2. σ_H nach Gl. (23.47), dazu σ_{H0} nach Gl. (23.44) mit Z_H nach Gl. (23.45).
3. S_{H1} und S_{H2} nach Gl. (23.48) mit $Z_{NT} = 1$ für Dauergetriebe.
4. Z_{NT} aus Gl. (23.48) mit $S_H = 0{,}7$, N_L nach Tab. 23.17.

23.24 Für die gegossenen Zahnräder mit unbearbeitet bleibenden Zähnen der ersten Vorgelegestufe der Bockwinde nach Bild 22.3 ist der Werkstoff, und zwar Gusseisen mit Lamellengraphit nach DIN EN 1561 (Grauguss), nach der Zahnfußbeanspruchung zu bestimmen. Es handelt sich um geradverzahntes Null-Radpaar mit dem Eingriffswinkel $\alpha = 25°$, Verzahnungsqualität 12. Gegeben sind (Aufgaben 22.3 und 23.2): Modul $m = 11$ mm, Teilkreisdurchmesser $d_2 = 396$ mm, Zahnbreite $b = 75$ mm, Profilüberdeckung $\varepsilon_\alpha = 1{,}41$, Nennumfangskraft $F_{Nt} = 2{,}9$ kN, Anwendungsfaktor $K_A = 1$. Es sind zu ermitteln, wenn wegen des Handbetriebes mit dem Dynamikfaktor $K_v = 1$ und wegen der gegossenen Zähne mit dem Stirnfaktor $K_{F\alpha} = 1/Y_\varepsilon$ gerechnet werden kann:

1. Die Zahnfußspannungen σ_{F1} und σ_{F2} mit den Zahnformfaktoren $Y_{Fa1} = 3{,}4$ und $Y_{Fa2} = 2{,}3$ (nach DIN 3990 errechnet) und mit $Y_{Sa} = 1{,}6$ sowie erfahrungsgemäß mit $K_{F\beta} \approx 1{,}5$.
2. Die Normbezeichnung für das erforderliche Gusseisen, wenn die Mindestsicherheit gegen Zahndauerbruch $S_F \approx 1{,}3$ betragen soll. Rautiefe im Zahngrund $R_z \approx 40$ µm.
3. Entspricht die gewählte Zahnbreite b den Richtwerten? Auf welche Mindestbreite b_{min} könnte sie ggf. auf Grund des gewählten Werkstoffs verringert werden?

23

E:
1. $\sigma_{F1} = 28{,}8\ \text{N/mm}^2$, $\sigma_{F2} = 19{,}5\ \text{N/mm}^2$ $(\sigma_{F01} = 15\ \text{N/mm}^2$, $\sigma_{F02} = 10{,}1\ \text{N/mm}^2$, $Y_\varepsilon = 0{,}782$, $K_{F\alpha} = 1{,}28)$.
2. EN-GJL-200 mit $\sigma_{FE} = 80\ \text{N/mm}^2 > \sigma_{FE\,erf} = 42\ \text{N/mm}^2$ $(Y_R = 0{,}98$, $Y_X = 0{,}91)$.
3. Ja, $b < 10m = 10 \cdot 11$ mm $= 110$ mm. $b_{min} = 40$ mm möglich.

L:
1. σ_{F1} und σ_{F2} nach Gl. (23.42) mit σ_{F01} und σ_{F02} nach Gl. (23.40), darin Y_ε nach Gl. (23.37) und $K_{F\alpha}$ nach Gl. (23.35).
2. $\sigma_{FE\,erf}$ aus Gl. (23.43), $Y_{NT} = 1$, $Y_\delta = 1$, Y_R nach der Legende zur Gl. (23.43) für $R_z = 40$ µm, Y_X aus Tab. 23.16.
3. Nach Tab. 23.2, $b_{min} = b \cdot \sigma_{FE\,erf}/\sigma_{FE}$.

23.25 Für die zweite Stufe der Bockwinde nach Bild 22.3 mit Zahnrädern aus EN-GJL-200, deren Zähne unbearbeitet bleiben, ist die Nachrechnung auf Zahnfußtragfähigkeit durchzuführen. Nach den Aufgaben 22.4, 23.3 und 23.24 sind bekannt: Modul $m = 11$ mm, Teilkreisdurchmesser $d_4 = 792$ mm, Zahnbreite $b = 75$ mm, Profilüberdeckung $\varepsilon_\alpha = 1{,}44$, Nennumfangskraft $F_{Nt} \approx 8{,}015$ kN, Anwendungsfaktor $K_A = 1$, Dynamikfaktor $K_v = 1$, Zahnformfaktor $Y_{Fa3} = Y_{Fa4} = 3{,}4$, Verzahnungsqualität 12. Es ist zu prüfen, ob die Sicherheit gegen Zahndauerbruch für ein Dauergetriebe ausreicht. Es genügt, die Sicherheit S_{F3} des Rades 3 zu berechnen ($S_F \geq 1{,}3$). Alle fehlenden Angaben siehe Aufgabe 23.24.

E: Nicht ausreichend, da $S_{F3} = 0{,}9 < S_{F\,erf} = 1{,}3$: Zahnbreite vergrößern und/oder höherwertigen Werkstoff ($\sigma_{F3} = 79{,}4\,\text{N/mm}^2$, $\sigma_{FE} = 80\,\text{N/mm}^2$, $\sigma_{F03} = 40{,}7\,\text{N/mm}^2$, $Y_\varepsilon = 0{,}771$, $K_{F\alpha} = 1{,}3$, $Y_R = 0{,}98$, $Y_X = 0{,}91$).

L: σ_{F03} nach Gl. (23.40), σ_{F3} nach Gl. (23.42), S_{F3} mit Gl. (23.43), Y_{NT} und $Y_\delta = 1$, Y_R nach der Legende zur Gl. (23.43), Y_X aus Tab. 23.16.

23.26 Die erste Stufe des Geradstirnrad-Nullgetriebes eines Elektro-Trommelmotors nach Bild 23.26 und den Aufgaben 22.5, 23.4 und 23.17 ist auf Zahnfußtragfähigkeit nachzurechnen. Gegeben sind: Modul $m = 1{,}5$ mm, Zähnezahlen $z_1 = 18$, $z_2 = 104$, Teilkreisdurchmesser $d_2 = 156$ mm, Zahnbreite $b = 35$ mm, Profilüberdeckung $\varepsilon_\alpha = 1{,}69$, Nennumfangskraft $F_{Nt} = 1{,}14$ kN, Anwendungsfaktor $K_A = 1$, Umfangsgeschwindigkeit $v \approx 2$ m/s, Ritzel 1 aus 42CrMo4 vergütet, Rad 2 aus E360, beide Räder ungehärtet. Es sind zu ermitteln:

1. Die Verzahnungsqualität und der Dynamikfaktor K_v,
2. Der Breitenfaktor $K_{F\beta}$,
3. Der Stirnfaktor $K_{F\alpha}$,
4. Die Zahnfußspannungen σ_{F1} und σ_{F2} sowie die Sicherheiten S_{F1} und S_{F2} gegen Zahndauerbruch bei einer Rautiefe im Zahngrund $R_z \approx 30$ µm.

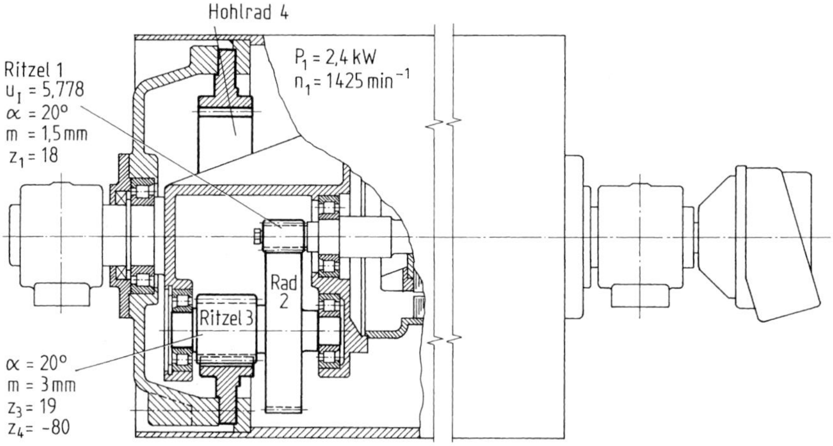

Bild 23.26 Zweistufiges Geradstirnrad-Nullgetriebe in einem Elektro-Trommelmotor

E: 1. Verzahnungsqualität 9, $K_v = 1{,}365$.
2. $K_{F\beta} = 5{,}722$, angenommen wurde $s = 45$ mm, $l = 250$ mm, $d_{Sh} = 22$ mm.
3. $K_{F\alpha} = 1{,}109 < 1{,}441$.

4. $S_{F1} = 0{,}876 < S_{F\,erf} = 1{,}3$, $S_{F2} = 0{,}68 < 1{,}3$ ($\sigma_{FE1} = 570\,N/mm^2$, $\sigma_{FE2} = 410\,N/mm^2$, $\sigma_{F1} = 622{,}4\,N/mm^2$, $\sigma_{F2} = 559{,}8\,N/mm^2$, $\sigma_{F01} = 71{,}9\,N/mm^2$, $Y_{FS1} = 4{,}77$, $\sigma_{F02} = 64{,}7\,N/mm^2$, $Y_{FS2} \approx 4{,}29$, $Y_{NT} = 1$, $Y_\delta = 1$, $Y_{R1} = 0{,}93$, $Y_{R2} = 0{,}96$, $Y_X = 1$). Die Sicherheiten sind nicht ausreichend!

L: **1.** Verzahnungsqualität nach Tab. 23.3, K_v nach Gl. (23.29).
2. $K_{F\beta}$ nach Gl. (23.33).
3. $K_{F\alpha}$ nach Gl. (23.34), mit Y_ε nach Gl. (23.37).
4. σ_{F01} und σ_{F02} nach Gl. (23.40), σ_{F1} und σ_{F2} nach Gl. (23.42), S_{F1} und S_{F2} nach Gl. (23.43).

23.27

Die nach Aufgabe 23.26 auf Zahnfußtragfähigkeit nachgerechneten Räder der ersten Stufe eines Elektro-Trommelmotor-Getriebes (Bild 23.26) sind auf Grübchentragfähigkeit zu berechnen. Es handelt sich um ein geradverzahntes Null-Radpaar mit Normverzahnung aus Stahl und ungehärteten Flanken. Gegeben sind: $z_1 = 18$, $z_2 = 104$, $d_1 = 27$ mm, $b = 35$ mm, $u = 5{,}778$, $\varepsilon_\alpha = 1{,}69$, $F_{Nt} = 1{,}14$ kN, $K_A = 1$, $K_v = 1{,}364$, $K_{F\beta} = 5{,}722$, $v = 2$ m/s. Zu ermitteln sind:

1. Die maßgebende Flankenpressung σ_H,
2. Die Sicherheiten S_{H1} und S_{H2} für ein Dauergetriebe. Viskosität des Schmieröls $\nu_{40} > 500$ mPa · s, Flankenrauheit $R_z = 14$ µm. Ein Dauergetriebe liegt vor, wenn bei $Z_{NT} = 1$ der Sicherheitsfaktor $S_H \geq 1$ ist.
3. Falls es sich um ein Zeitgetriebe handelt, würde es $N_L = 0{,}5 \cdot 10^6$ Lastspiele erreichen, wenn eine Grübchenbildung zugelassen wird und $S_H \geq 1$ sein soll?

E: **1.** $\sigma_{H1} = 1\,774{,}4\,N/mm^2$, $\sigma_{H2} = 1\,592{,}2\,N/mm^2$ ($\sigma_{H0} = 494\,N/mm^2$, $Z_H = 2{,}49$, $Z_\varepsilon = 0{,}88$, $K_{H\alpha} = 1{,}3$, $K_{H\beta} = 1{,}44$, $Z_E = 189{,}8\,\sqrt{N/mm^2}$).
2. $S_{H1} = 0{,}29$, $S_{H2} = 0{,}25$ (Zeitgetriebe) ($\sigma_{H\,lim1} = 600\,N/mm^2$, $Z_L = 1{,}15$, $Z_v = 0{,}92$, $Z_W = 1$, $Z_R = 0{,}8$, $Z_X = 1$, $\sigma_{H\,lim2} = 460\,N/mm^2$).
3. Bei $N_L = 0{,}5 \cdot 10^6$ für Rad 1 nein: $S_{H1} = 0{,}46$ ($Z_{NT} = 1{,}6$), für Rad 2 nein: $S_{H2} = 0{,}39$.

L: **1.** σ_{H0} nach Gl. (23.43) mit Z_H nach Gl. (23.45), Z_ε nach Gl. (23.38), $Z_\beta = 1$, σ_H nach Gl. (23.47) mit $K_{H\beta}$ nach Gl. (23.32) und $K_{H\alpha}$ nach Gl. (23.36).
2. S_{H1} und S_{H2} nach Gl. (23.48) mit $Z_{NT} = 1$, $\sigma_{H\,lim}$ aus Tab. 23.15.
3. Wie 2., jedoch mit Z_{NT} aus Tab. 23.17.

23.28

Die zweite Stufe des Elektro-Trommelmotor-Getriebes nach Bild 23.26 und den Aufgaben 22.6, 23.4 und 23.17 ist auf Zahnfußtragfähigkeit nachzurechnen. Es handelt sich um ein geradverzahntes Null-Innenradpaar mit Normprofil und ungehärteten Flanken. Gegeben sind: Modul $m = 3$ mm, Zähnezahlen $z_3 = 19$, $z_4 = -80$, Teilkreisdurchmesser $d_4 = -240$ mm, Zahnbreite $b = 55$ mm, Profilüberdeckung $\varepsilon_\alpha = 1{,}88$, Nennumfangskraft $F_{Nt} = 3{,}0$ kN, Anwendungsfaktor $K_A = 1$, Umfangsgeschwindigkeit $v = 0{,}736$ m/s, Ritzel 3 aus E360, Hohlrad 4 aus GS-52, Verzahnungsqualität 9 (wie in der ersten Stufe). Zu ermitteln ist, ob die Sicherheit S_{F3} gegen Zahn-Dauerbruch für ein Dauergetriebe ausreicht. Rauheit am Zahngrund $R_z = 30$ µm. Die Sicherheit für das Innenrad braucht nicht berechnet zu werden.

23

E: $S_{F3} = 1{,}48 > S_{F\,erf} = 1{,}3$ ($K_v \approx 1{,}08$, $K_{F\beta} = 2{,}88$ (angenommen wurde $K' = 0{,}48$, $l = 130$ mm, $s = 20$ mm, $d_{Sh} = d_f = 49{,}5$ mm), $K_{F\alpha} = 1{,}52 < 1{,}54$, $Y_\varepsilon = 0{,}649$, $\sigma_{F03} = 55{,}6\,N/mm^2$, $\sigma_{F3} = 264{,}6\,N/mm^2$, $Y_{NT} = 1$, $Y_R = 0{,}96$).

L: K_v nach Gl. (23.29), $K_{F\beta}$ nach Gl. (23.33), $K_{F\alpha}$ nach Gl. (23.34), mit Y_ε nach Gl. (23.37), σ_{F03} nach Gl. (23.40), σ_{F3} nach Gl. (23.42), S_{F3} nach Gl. (23.43).

23.29 Die nach Aufgabe 23.28 auf Zahnfußtragfähigkeit nachgerechneten Räder der zweiten Stufe (Geradzahn-Null-Innenradpaar) eines Elektro-Trommelmotor-Getriebes (Bild 23.26) sind auf Grübchentragfähigkeit zu berechnen. Gegeben sind: Zähnezahl $z_3 = 19$, Teilkreisdurchmesser $d_3 = 57$ mm, Zähnezahlverhältnis $u = -4{,}21$, Profilüberdeckung $\varepsilon_\alpha = 1{,}88$, Nennumfangskraft $F_{Nt} = 3{,}0$ kN, Anwendungsfaktor $K_A = 1$, Dynamikfaktor $K_v = 1{,}09$, Breitenfaktor $K_{F\beta} = 2{,}88$ und $K_{H\beta} = 3{,}332$, Stirnfaktor $K_{F\alpha} = K_{H\alpha} = 1{,}519$, Modul $m = 3$ mm, Umfangsgeschwindigkeit $v = 0{,}736$ m/s, Zahnbreite $b = 55$ mm. Das Rad 3 besteht aus E360, Rad 4 aus GS-52, beide Räder ungehärtet. Es ist festzustellen, ob die Sicherheiten S_{H3} und S_{H4} gegen Grübchenschäden für ein Dauergetriebe ausreichen. Falls es sich um ein Zeitgetriebe handelt, ist zu errechnen, ob es für eine Schwingspielzahl (Lastspielzahl) $N_L = 0{,}5 \cdot 10^6$ ausreicht (hierbei $S_{H\,erf} \geq 1$, leichte Grübchenbildung zulässig). Rauheit der Flanken $R_z = 14$ µm, Viskosität des Schmieröls $\nu_{40} > 500$ mm²/s.

E: Dauergetriebe nein, $S_{H3} = 0{,}43$, $S_{H4} = 0{,}35$. Zeitgetriebe mit $N_L = 0{,}5 \cdot 10^6$: $S_{H3} = 0{,}69 < S_{erf} = 1$ (nein), $S_{H4} = 0{,}55 < 1$ (nein) ($\sigma_{H2} = 765{,}2\,\text{N/mm}^2$, $\sigma_{H0} = 337{,}5\,\text{N/mm}^2$, $K_{H\beta} = 3{,}332$, $Z_\varepsilon = 0{,}84$, $K_{H\alpha} = 1{,}41$, $Z_H = 2{,}49$, $Z_{NT} = 1{,}6$, $Z_L = 1{,}15$, $Z_v = 0{,}9$, $Z_R = 0{,}8$).

L: Wie Aufgabe 23.27.

23.30 Bei der Berechnung auf Grübchentragfähigkeit des zweistufigen Getriebes eines Elektro-Trommelmotors (Bild 23.26) wurde festgestellt, dass es sich in beiden Stufen um ein Zeitgetriebe handelt (Aufgaben 23.27 und 23.29). Dieses Getriebe soll nunmehr als Dauergetriebe ausgelegt werden, ohne die Abmessungen zu ändern. Genügt der Werkstoff 16MnCr5 mit einsatzgehärteten Flanken für die Räder der ersten Stufe und C45 mit nitrocarburierten Flanken für die zweite Stufe, wenn die Sicherheit gegen Grübchenschäden $S_H \geq 1$ sein soll? Es sind gegeben:
1. Für die 1. Stufe: $\sigma_H = 718$ N/mm², $Z_L = 1{,}15$, $Z_v = 0{,}92$, $Z_R = 0{,}8$, $Z_W = 1$, $Z_X = 1$.
2. Für die 2. Stufe: $\sigma_H = 502$ N/mm², $Z_v = 0{,}9$, übrige Z-Werte wie bei der 1. Stufe.

E: **1.** Nein, $S_{H1} = 0{,}57 < 1$, $S_{H2} = 0{,}64 < 1$ ($\sigma_{H\,lim} = 1470\,\text{N/mm}^2$).
2. Nein, $S_{H3} = 0{,}69 < 1$, $S_{H4} = 0{,}80 < 1$ ($\sigma_{H\,lim} = 710\,\text{N/mm}^2$).

L: **1.** und **2.** S_H nach Gl. (23.48).

23.31 Für das geradverzahnte Zahnstangen-Nullradpaar im Antrieb einer Langhobelmaschine (Bild 23.31) sind geeignete Stahlwerkstoffe nach der Zahnfußbean-

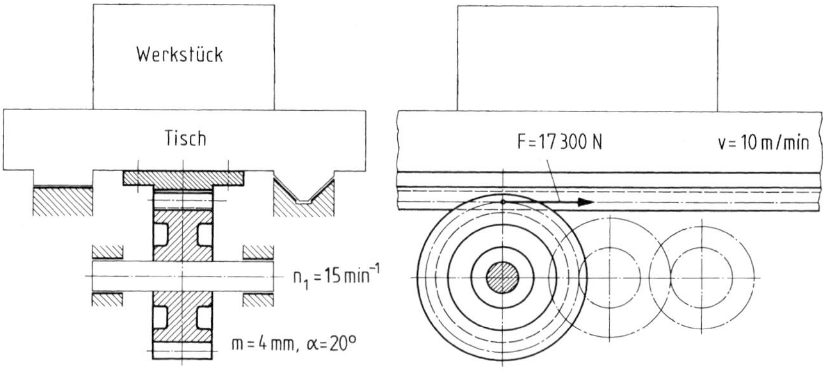

Bild 23.31 Zahnstangen-Nullradpaar für den Antrieb einer Langhobelmaschine

spruchung festzulegen und die Zähne auf Flankentragfähigkeit nachzurechnen. Aus den Aufgaben 22.7 und 23.5 sind bekannt: Modul $m = 4$ mm, Zähnezahl $z_1 = 53$, Teilkreisdurchmesser $d_1 = 212$ mm, Profilüberdeckung $\varepsilon_\alpha = 1{,}87$, Nennumfangskraft $F_{Nt} = F = 17{,}3$ kN, Anwendungsfaktor $K_A = 1{,}25$, Umfangsgeschwindigkeit $v = 0{,}167$ m/s. Die Verzahnung soll ausgeführt werden mit der Zahnbreite $b = 115$ mm, Verzahnungsqualität 6. Wegen der geringen Umfangsgeschwindigkeit ist der Dynamikfaktor $K_v = 1$ zu setzen. Es sind zu ermitteln:

1. Die Breitenfaktoren $K_{F\beta}$ und $K_{H\beta}$,
2. Die Stirnfaktoren $K_{F\alpha}$ und $K_{H\alpha}$,
3. Die Zahnfußspannungen σ_{F1} und σ_{F2},
4. Die erforderlichen Schwell-Dauerfestigkeiten σ_{FE1} und σ_{FE2}, wenn wegen der Umkehrbewegung wechselnde Beanspruchung vorliegt. Das Getriebe soll als Dauergetriebe ausgelegt werden mit $S_F \geq 1{,}1$. Welche Baustähle sind hierfür geeignet, wenn die Schwellfestigkeit σ_{FE1} mindestens um 50 N/mm² größer sein soll als σ_{FE2}. Die Rautiefe im Zahngrund beträgt $R_z = 20$ µm.
5. Die maßgebende Flankenpressung σ_H,
6. Sind die Sicherheiten S_{H1} und S_{H2} gegen Grübchenschäden bei den unter 4. gewählten Werkstoffen für ein Dauergetriebe ausreichend, wenn $S_H \geq 1$ sein soll? Viskosität des Schmieröls $\nu_{40} > 500$ mm²/s, Flankenrauheit $R_z = 3$ µm.

E:

1. $K_{F\beta} = 1{,}173$ (angenommen wurde $K' = 0{,}48$, $l = 200$ mm, $s = 0$ mm, $d_{Sh} = 40$ mm)
2. $K_{F\alpha} = K_{H\alpha} \approx 1{,}055 < K_{F\alpha\,grenz} = 1{,}54$ bzw. $K_{H\alpha\,grenz} = 1{,}41$ ($Y_\varepsilon = 0{,}651$, $Z_\varepsilon = 0{,}843$).
3. $\sigma_{F1} = 166{,}9\ \text{N/mm}^2$, $\sigma_{F2} = 181\ \text{N/mm}^2$ ($\sigma_{F01} = 104{,}5\ \text{N/mm}^2$, $\sigma_{F02} = 113{,}4\ \text{N/mm}^2$, $Y_{FS1} = 4{,}27$, $Y_{FS2} = 4{,}63$).
4. Zahnstange 2 aus E 335 mit $\sigma_{FE2} = 350\ \text{N/mm}^2 > \sigma_{FE2\,erf} \approx 204{,}6\ \text{N/mm}^2$ ($Y_R = 0{,}97$, $S_F = 1{,}1$), Rad 1 aus E 360 mit $\sigma_{FE1} = 410\ \text{N/mm}^2 > \sigma_{FE1\,erf} = (350 + 50)\ \text{N/mm}^2 = 400\ \text{N/mm}^2$.
5. $\sigma_{H1} = 435{,}2\ \text{N/mm}^2$ ($\sigma_{H0} = 335{,}6\ \text{N/mm}^2$, $Z_H = 2{,}49$, $Z_E = 189{,}8\ \sqrt{\text{N/mm}^2}$).
6. Rad 1 ja: $S_{H1} \approx 1$ ($Z_L = 1{,}15$, $Z_v = 0{,}9$, $Z_R = Z_W = Z_X = 1$), Zahnstange 2 ja: $S_{H2} \approx 1$.

L:

1. $K_{F\beta}$ nach Gl. (23.33), $K_{H\beta}$ nach Gl. (23.30).
2. $K_{F\alpha}$ nach Gl. (23.34), Grenzbedingung nach Gl. (23.35) beachten mit Y_ε nach Gl. (23.37) $f_{pez} = 11$ µm, $d \to 560$ mm ... 1 000 mm da Zahnstange, Tab. 23.6
3. σ_{F01} und σ_{F02} nach Gl. (23.40), σ_{F1} und σ_{F2} nach Gl. (23.42).
4. $\sigma_{FE2\,erf}$ aus Gl. (23.43). Beachten, dass die Wechselfestigkeit nur 0,7-facher Tabellenwert ist (Tab. 23.15). Wahl so, dass $\sigma_{FE2} \geq \sigma_{FE2\,erf}/0{,}7$, $\sigma_{FE1} \geq \sigma_{FE2} + 50$ N/mm².
5. σ_{H0} aus Gl. (23.44), σ_H aus Gl. (23.47).
6. S_{H1} und S_{H2} nach Gl. (23.48).

23

23.32 Bei der Nachrechnung auf Grübchentragfähigkeit des Geradzahn-Zahnstangen-Nullradpaares einer Langhobelmaschine nach Aufgabe 23.31 zeigte sich, dass die gewählten Werkstoffe für ein Dauergetriebe nicht geeignet sind. Rad und Zahnstange sollen nun aus Vergütungsstahl 42CrMo4 mit gasnitrierten und geschliffenen Zahnflanken ausgeführt werden.

1. Welche Zahnbreite b_{min} muss bei $S_H = 1$ ausgeführt werden (Dauergetriebe)? Die Zahnbreite ist auf volle 5 mm aufzurunden. Nach Aufgabe 23.31 sind bekannt $S_{H2} = 1{,}04$ bei $b = 115$ mm und E335 mit $\sigma_{H\,lim} = 430$ N/mm².
2. Ist bei dem gewählten Werkstoff eine ausreichende Sicherheit $S_{F2} \geq 1{,}3$ gegen Zahndauerbruch vorhanden, wenn die unter 1. errechnete Zahnbreite b_{min} ausgeführt wird? Es betragen: $K_A = 1{,}25$, $K_v = 1$, $F_{Nt} = 17{,}3$ kN, $m = 4$ mm, $R_z = 20$ µm, $\varepsilon_\alpha = 1{,}87$, $Y_\varepsilon = 0{,}651$, $Y_{FSZ} = 4{,}63$, Y_{NT}, Y_σ und $Y_X = 1$.

E: **1.** $b_{min} = 19{,}2$ mm, zunächst gewählt $b = 20$ mm ($\sigma_{H\,lim} = 1070\,N/mm^2$).
2. Nein, $S_{F2} = 0{,}75 < 1{,}3$ ($\sigma_{F2} = 848{,}5\,N/mm^2$, $\sigma_{F02} = 521{,}4\,N/mm^2$, $\sigma_{FE2} = 0{,}7 \cdot 770 = 540\,N/mm^2$, $Y_R = 0{,}99$). $b = 55$ mm wählen, damit $S_{F2} = 1{,}48 > 1{,}3$ ($\sigma_{F2} \approx 359\,N/mm^2$, $\sigma_{F02} \approx 261\,N/mm^2$, $Y_R = 0{,}99$).

L: **1.** Es genügt die Proportion $b_{min} = b\left(\frac{\sigma_{H\,lim\,E\,335}}{\sigma_{H\,lim\,42CrMo4}} \cdot \frac{S_{H\,erf}}{S_{H2}}\right)^2$.
2. σ_{F02} nach Gl. (23.40), σ_{F2} nach Gl. (23.42), S_{F2} nach Gl. (23.43).

23.33 Die erste Stufe des Hubgetriebes eines Elektroseilzuges nach Bild 23.33 ist auf Zahnfußtragfähigkeit nachzurechnen. Es handelt sich um ein geradverzahntes V_{plus}-Radpaar mit genormter Evolventenverzahnung und gehärteten Zahnflanken, von dem nach den Aufgaben 22.8, 23.6 und 23.18 bekannt sind: Modul $m = 1{,}5$ mm, Teilkreisdurchmesser $d_2 = 115{,}5$ mm, Zähnezahlen $z_1 = 16$, $z_2 = 77$, Zahnbreite $b = 35$ mm, Profilverschiebungsfaktoren $x_1 = 0{,}667$, $x_2 = 0$, Profilüberdeckung $\varepsilon_\alpha \approx 1{,}4$, Nennleistung $P_N = P_{N2} = 3{,}76$ kW, Umfangsgeschwindigkeit $v \approx 1{,}8$ m/s, Anwendungsfaktor $K_A = 1{,}3$, Ritzel 1 aus Vergütungsstahl 42CrMo4, Rad 2 aus E360, Rautiefe im Zahngrund $R_z = 30\,\mu m$. Das Getriebe soll als Zeitgetriebe ausgeführt werden. Zu ermitteln sind:

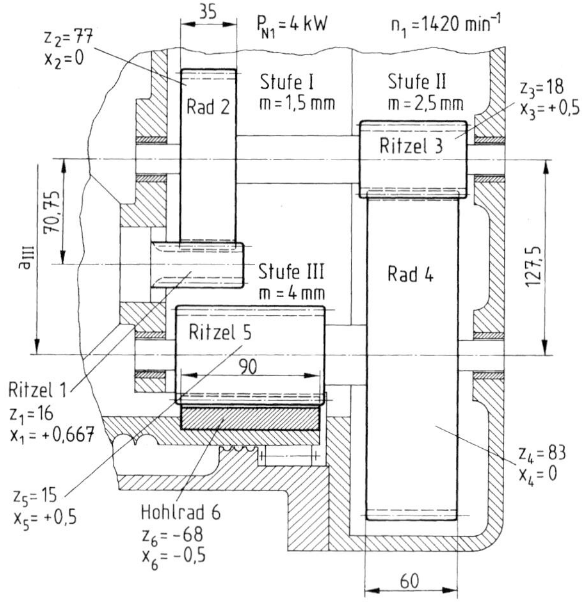

Bild 23.33 Dreistufiges Hubwerksgetriebe eines Elektroseilzuges

1. Die Verzahnungsqualität,
2. Die Nennumfangskraft F_{Nt} und der Dynamikfaktor K_v,
3. Die Zahnfußspannungen σ_{F1} und σ_{F2} sowie die Sicherheiten S_{F1} und S_{F2} gegen Zahn-Dauerbruch bei $N_L = 10^5$.

23

E: **1.** Verzahnungsqualität 9.
2. $F_{Nt} \approx 2089$ N, $K_v = 1{,}1$
3. $\sigma_{F1} = 706{,}8\,N/mm^2$, $\sigma_{F2} = 713{,}5\,N/mm^2$ ($\sigma_{F01} = 132{,}4\,N/mm^2$, $\sigma_{F02} = 133{,}6\,N/mm^2$, $Y_{FS1} = 4{,}23$, $Y_{FS2} = 4{,}27$, $Y_\varepsilon = 0{,}786$, $K_{F\beta} = 3{,}73$ (angenommen wurde $K' = 1{,}33$, $l = 90$ mm, $s = 30$ mm, $d_{Sh} = d_f = 20{,}25$ mm), $K_{F\alpha} = 0{,}846 < 1 \rightarrow K_{F\alpha} = 1$), $S_{F1} = 1{,}31 > S_{F\,erf} = 1{,}1$, $S_{F2} = 0{,}96 < 1{,}1$ ($\sigma_{FE1} = 570\,N/mm^2$, $\sigma_{FE2} = 410\,N/mm^2$, $Y_{NT} = 1{,}75$, $Y_\delta = 1$, $Y_{R1} = 0{,}93$, $Y_{R2} = 0{,}96$, $Y_X = 1$).

L: **1.** Verzahnungsqualität aus Tab. 23.3.
2. F_{Nt} nach Gl. (23.2), K_v nach Gl. (23.29).
3. $K_{F\beta}$ nach Gl. (23.33), $K_{F\alpha}$ nach Gl. (23.34), mit Y_ε nach Gl. (23.37), σ_{F01} und σ_{F02} nach Gl. (23.40), σ_{F1} und σ_{F2} nach Gl. (23.42), S_{F1} und S_{F2} nach Gl. (23.43).

23.34 Für die nach Aufgabe 23.33 auf Zahnfußtragfähigkeit nachgerechnete erste Stufe des Hubgetriebes nach Bild 23.33 ist die Berechnung auf Grübchentragfähigkeit durchzuführen und festzustellen, ob bei den gewählten Werkstoffen Vergütungsstahl 42CrMo4 (Ritzel 1) und E360 (Rad 2) eine nominelle Lebensdauer $N_L = 10^5$ Volllastspiele erreicht wird. Gegeben sind: Nennumfangskraft $F_{Nt} = 2089$ N, Anwendungsfaktor $K_A = 1{,}3$, Dynamikfaktor $K_v = 1{,}1$, Breitenfaktor $K_{F\beta} = 3{,}73$, Profilüberdeckung $\varepsilon_\alpha = 1{,}4$, Eingriffswinkel $\alpha_t = \alpha = 20°$, Betriebseingriffswinkel $\alpha_{wt} = \alpha_w = 22{,}12°$, Zähnezahl $z_1 = 16$, Zahnbreite $b = 35$ mm, Zähnezahlverhältnis $u = 4{,}81$, Teilkreisdurchmesser $d_1 = 24$ mm, Umfangsgeschwindigkeit $v = 1{,}8$ m/s, Viskosität des Schmieröls $\nu_{40} = 1\,000$ mm²/s, Rautiefe der Flanken $R_z = 14$ µm.
Sind die Sicherheiten gegen Grübchenschäden ausreichend, wenn eine gewisse Grübchenbildung zugelassen werden kann? Es soll $S_H \geq 1$ sein.

E: Nein, $S_{H1} = 0{,}45 < S_{H\,erf} = 1$, $S_{H2} = 0{,}35 < 1$ ($K_{H\beta} = 4{,}28$, $\sigma_{H0} = 722{,}2\ \text{N/mm}^2$, $Z_H = 2{,}36$, $Z_E = 189{,}8\ \sqrt{\text{N/mm}^2}$, $Z_\varepsilon = 0{,}931$, $\sigma_H = 1791\ \text{N/mm}^2$, $\sigma_{H\,lim\,1} = 600\ \text{N/mm}^2$, $\sigma_{H\,lim\,2} = 460\ \text{N/mm}^2$, $Z_{NT} = 1{,}6$, $Z_L = 1{,}15$, $Z_v = 0{,}92$, $Z_R = 0{,}8$, $Z_W = 1$, $Z_X = 1$).

L: $K_{H\beta}$ nach Gl. (23.30), σ_{H0} nach Gl. (23.44) mit Z_H nach Gl. (23.45), Z_ε nach Gl. (23.38), σ_H nach Gl. (23.47), S_{H1} und S_{H2} nach Gl. (23.48).

23.35 Die zweite Stufe des in Bild 23.33 schematisch dargestellten Hubgetriebes eines Elektroseilzuges ist wie die erste (Aufgabe 23.33) ein geradverzahntes V_{plus}-Radpaar mit genormter Evolventenverzahnung und ungehärteten Zahnflanken, Verzahnungsqualität 9. Nach den Aufgaben 22.9, 23.6 und 23.18 sind gegeben: Modul $m = 2{,}5$ mm, Teilkreisdurchmesser $d_4 = 207{,}5$ mm, Zähnezahlen $z_3 = 18$, $z_4 = 83$, Zahnbreite $b = 60$ mm, Profilverschiebungsfaktoren $x_3 = 0{,}5$, $x_4 = 0$, Profilüberdeckung $\varepsilon_\alpha = 1{,}5$, Nennleistung $P_N = P_{N4} \approx 3{,}54$ kW, Anwendungsfaktor $K_A = 1{,}3$, Umfangsgeschwindigkeit $v \approx 0{,}7$ m/s, Ritzel 3 aus E 360, Rad 4 aus E 335. Es ist die Nachrechnung auf Zahnfuß-Tragfähigkeit für ein Zeitgetriebe mit $N_L = 10^5$ Lastspielen durchzuführen. Rautiefe am Zahngrund $R_z = 30$ µm.

E: $S_{F3} = 2{,}27 > S_{F\,erf} = 1{,}1$, $S_{F4} = 1{,}96 > 1{,}1$ ($F_{Nt} = 5\,057$ N, $K_v = 1{,}031$, $K_{F\beta} = 2{,}0$, $K_{F\alpha} = 1{,}03 < 1{,}33$, $Y_\varepsilon = 0{,}75$, $\sigma_{F03} = 108{,}7\ \text{N/mm}^2$, $Y_{FS3} = 4{,}3$, $\sigma_{F04} = 108\ \text{N/mm}^2$, $Y_{FS4} = 4{,}27$, $\sigma_{F3} = 301{,}6\ \text{N/mm}^2$, $\sigma_{F4} = 299{,}6\ \text{N/mm}^2$, $Y_R = 0{,}956$)
(angenommen $K' = -0{,}36$, $d_{Sh} = d_f = 38{,}75$ mm, $l = 210$ mm, $s = 60$ mm)

L: Wie Aufgabe 23.33.

23.36 Für die nach Aufgabe 23.35 auf Zahnfußtragfähigkeit nachgerechnete zweite Stufe des Hubgetriebes nach Bild 23.33 ist die Berechnung auf Grübchentragfähigkeit durchzuführen und zu prüfen, ob die verlangte Lebensdauer von $N_L = 10^5$ Volllastspielen gewährleistet ist. Gegeben sind: Nennumfangskraft $F_{Nt} = 5\,057$ N, Anwendungsfaktor $K_A = 1{,}3$, Dynamikfaktor $K_v = 1{,}031$, Breitenfaktor $K_{F\beta} = 2{,}007$, Profilüberdeckung $\varepsilon_\alpha = 1{,}5$, Eingriffswinkel $\alpha_t = \alpha = 20°$ Betriebseingriffswinkel $\alpha_{wt} = \alpha_w = 21{,}49°$ Zähnezahl $z_3 = 18$, Teilkreisdurchmesser $d_3 = 45$ mm, Zahnbreite $b = 60$ mm, Zähnezahlverhältnis $u = 4{,}61$. Viskosität des Schmieröls $\nu_{40} = 1\,000$ mm²/s, Rautiefe der Flanken $R_z = 14$ µm. Werkstoffe: Ritzel 3 aus E360, Rad 4 aus E335.

23

E: Nicht ausreichend: $S_{H3} = 0{,}56 < S_{H\,erf} = 1$, $S_{H4} = 0{,}53 < 1$ ($\sigma_{H0} = 627{,}9\ \text{N/mm}^2$, $Z_H = 2{,}4$, $Z_E = 189{,}8\ \sqrt{\text{N/mm}^2}$, $Z_\varepsilon = 0{,}913$, $\sigma_{H1} = 1\,090{,}3\ \text{N/mm}^2$, $K_{H\beta} = 2{,}16$, $K_{H\alpha} = 1{,}03$, $Z_{NT} = 1{,}6$, $Z_L = 1{,}15$, $Z_v = 0{,}9$, $Z_R = 0{,}8$).

L: Wie Aufgabe 23.34.

23.37 Die dritte Stufe des in Bild 23.33 gezeigten Hubgetriebes eines Elektroseilzuges ist ein geradverzahntes V-Null-Innenradpaar mit dem Modul $m = 4$ mm und den Profilverschiebungsfaktoren $x_5 = +0{,}5$, $x_6 = -0{,}5$. Nach den Aufgaben 22.10, 23.6 und 23.18 sind ferner bekannt. Zähnezahlen $z_5 = 15$, $z_6 = -68$, Zähnezahlverhältnis $u = -4{,}533$, Teilkreisdurchmesser $d_5 = 60$ mm, $d_6 = -272$ mm, Zahnbreite $b = 90$ mm, Profilüberdeckung $\varepsilon_\alpha = 1{,}55$, Verzahnungsqualität 9, Rautiefe der Flanken $R_z = 14$ µm. Betriebseingriffswinkel $\alpha_w = \alpha = 20°$, Nennleistung $P_N = P_{Nb} = P_{N6} = 3{,}32$ kW, Anwendungsfaktor $K_A = 1{,}3$, Dynamikfaktor $K_v \approx 1$ wegen der geringen Umfangsgeschwindigkeit $v \approx 0{,}2$ m/s, Werkstoffe: Ritzel 5 aus E360, Hohlrad 6 aus E335, Zahnflanken beider Räder ungehärtet, Rautiefe am Zahngrund $R_z = 30$ µm, Viskosität des Schmieröls $\nu_{40} = 1000$ mm²/s. Es sind die Berechnungen auf Zahnfuß- und auf Grübchentragfähigkeit für dieses Zeitgetriebe mit einer erforderlichen Volllastspielzahl $N_L = 10^5$ wie folgt durchzuführen:

1. Die Breitenfaktoren $K_{F\beta}$ und $K_{H\beta}$ sowie die Stirnfaktoren $K_{F\alpha}$ und $K_{H\alpha}$,
2. Die Zahnfußspannung σ_{F5} und die Sicherheit S_{F5} gegen Zahndauerbruch,
3. Die Flankenpressung σ_H und die Sicherheiten S_{H5} und S_{H6} gegen Grübchenschäden.
4. Berechnen Sie die Stirnradstufe mit dem Programm XGEAR (siehe DVD zum Lehrbuch). Stellen Sie mit der Taste t auf Berechnung nach Decker um. Die Profilverschiebung ist vorgegeben. Die Drehzahl beträgt $n_s = 63{,}7\ \text{min}^{-1}$. Um die Zeitstandsicherheiten zu ermitteln, müssen die Sicherheiten S_F und S_H aus XGEAR mit $Y_{NT} = 1{,}75$ bzw. $Z_{NT} = 1{,}6$ multipliziert werden.

E: **1.** $K_{F\beta} = 2{,}48$, $K_{H\beta} = 2{,}74$ ($F_{Nt} = 16\,600$ N), $K_{F\alpha} = 1{,}0 < 1{,}36$, $K_{H\alpha} = 1{,}0 < 1{,}22$ (angenommen wurde $K' = 0{,}6$, $l = 210$ mm, $s = 30$ mm, $d_{Sh} = 35$ mm).
2. $\sigma_{F5} = 472{,}9\ \text{N/mm}^2$ ($\sigma_{F05} = 146{,}6\ \text{N/mm}^2$, $Y_{FS5} = 4{,}33$), $S_{F5} = 1{,}26 < S_{F\,erf} = 1{,}3$ ($\sigma_{FE5} = 410\ \text{N/mm}^2$, $Y_{NT} = 1{,}75$, $X_\delta = 1$, $Y_R = 0{,}96$, $Y_X = 1$).
3. $\sigma_{H2} = 1\,248{,}6\ \text{N/mm}^2$ ($\sigma_{H0} = 658{,}4\ \text{N/mm}^2$, $Z_H = 2{,}49$, $Z_E = 189{,}8\ \sqrt{\text{N/mm}^2}$, $Z_\varepsilon = 0{,}9$), $S_{H5} = 0{,}48 < S_{H\,erf} = 1$, $S_{H6} = 0{,}46 < 1$ ($\sigma_{H\,lim5} = 460\ \text{N/mm}^2$, $\sigma_{H\,lim6} = 430\ \text{N/mm}^2$, $Z_{NT} = 1{,}6$, $Z_L = 1{,}15$, $Z_v = 0{,}9$, $Z_R = 0{,}8$, $Z_W = Z_X = 1$).

L: Wie Aufgaben 23.33 und 23.34.

23.38 Für die Räder der ersten Stufe des in Bild 22.11 dargestellten zweistufigen Universalgetriebes sind nach der Grübchentragfähigkeit geeignete Stahlwerkstoffe festzulegen und eine Nachrechnung auf Zahnfußtragfähigkeit durchzuführen. Es handelt sich um ein schrägverzahntes Null-Außenradpaar mit dem Schrägungswinkel $\beta = 20°$, für das nach den Aufgaben 22.11, 22.12, 23.7 und 23.19 bekannt sind: Normalmodul $m_n = 4{,}5$ mm, Zähnezahlen $z_1 = 16$, $z_2 = 95$, Zähnezahlverhältnis $u = 5{,}938$, Ersatzzähnezahlen $z_{n1} \approx 19$, $z_{n2} \approx 113$, Teilkreisdurchmesser $d_1 \approx 76{,}6$ mm, $d_2 \approx 455$ mm, Zahnbreite $b = 45$ mm, Betriebs-Eingriffswinkel $\alpha_{wt} = \alpha_t = 21{,}17°$, Schrägungswinkel am Grundzylinder $\beta_b = 18{,}75°$, Profilüberdeckung $\varepsilon_\alpha = 1{,}53$, Sprungüberdeckung $\varepsilon_\beta = 1{,}09$, Nennumfangskraft $F_{Nt} = 5{,}32$ kN, Anwendungsfaktor $K_A = 1$, Umfangsgeschwindigkeit $v \approx 6$ m/s, Rautiefe an den Flanken $R_z = 3$ m, am Zahngrund $R_z = 18$ µm, Viskosität des Schmieröls ISO VG 460. Das Getriebe soll als Dauergetriebe ausgeführt werden. Zu ermitteln sind:

23

1. Die Verzahnungsqualität und der Dynamikfaktor K_v,
2. Die Breitenfaktoren $K_{F\beta}$ und $K_{H\beta}$ sowie die Stirnfaktoren $K_{F\alpha}$ und $K_{H\alpha}$,
3. Die erforderlichen Dauerwälzfestigkeiten $\sigma_{H1\,erf}$ und $\sigma_{H2\,erf}$ und dafür geeignete Stahlwerkstoffe, wenn die Differenz der Dauerfestigkeiten $\sigma_{FE1} - \sigma_{FE2} \geq 50\ \text{N/mm}^2$ betragen soll,
4. Sind die Sicherheiten S_{F1} und S_{F2} gegen Zahndauerbruch bei den unter 3. gewählten Werkstoffen ausreichend?

E: **1.** Verzahnungsqualität 7, $K_v = 1{,}11$.
2. $K_{F\beta} = 2{,}43$, $K_{H\beta} = 3{,}1$, $K_{F\alpha} = 1{,}17 < 1{,}35$, $K_{H\alpha} = 1{,}17 < 1{,}57$ ($\varepsilon_\gamma = 2{,}62$).

3. Rad 1: 31CrMoV9 (gasnitriert), $\sigma_{\text{H lim1}} = 1230\,\text{N/mm}^2$, $\sigma_{\text{FE}} = 840\,\text{N/mm}^2$,
Rad 2: 42CrMo4 (gasnitriert), $\sigma_{\text{H lim2}} = 1070\,\text{N/mm}^2$ und $\sigma_{\text{FE}} = 770\,\text{N/mm}^2$
($\sigma_{\text{H lim2 erf}} = 883{,}5\,\text{N/mm}^2$, $\sigma_{\text{H0}} = 467{,}8\,\text{N/mm}^2$, $\sigma_{\text{H}} = 942{,}7\,\text{N/mm}^2$, $Z_{\text{H}} = 2{,}37$, $Z_\beta = 0{,}97$, $Z_{\text{L}} = 1{,}14$, $Z_{\text{v}} = 0{,}97$, $Z_{\text{R}} = Z_{\text{W}} = Z_{\text{X}} = 1$).
4. Ja, $S_{\text{F1}} = 3{,}75 > S_{\text{F erf}} = 1{,}3$, $S_{\text{F2}} = 3{,}75 > 1{,}3$ ($\sigma_{\text{F01}} = 69{,}8\,\text{N/mm}^2$, $\sigma_{\text{F02}} = 63{,}9\,\text{N/mm}^2$, $\sigma_{\text{F1}} = 222{,}0\,\text{N/mm}^2$, $\sigma_{\text{F2}} = 203{,}1\,\text{N/mm}^2$, $Y_{\text{FS1}} = 4{,}71$, $Y_{\text{FS2}} = 4{,}31$, $Y_\beta = 0{,}833$, $Y_{\text{NT}} = 1$, $Y_\delta = 1$, $Y_{\text{R}} = 0{,}99$, $Y_{\text{X}} = 1$).

L: **1.** Verzahnungsqualität aus Tab. 23.3, K_{v} nach Gl. (23.29).
2. $K_{\text{F}\beta}$ nach Gl. (23.33), $K_{\text{H}\beta}$ nach Gl. (23.30), $K_{\text{F}\alpha}$ oder $K_{\text{H}\alpha}$ nach Gl. (23.34), mit Y_ε nach Gl. (23.37) bzw. $K_{\text{H}\alpha}$ nach Gl. (23.36) mit Z_ε nach Gl. (23.38).
3. σ_{H0} nach Gl. (23.43) mit Z_{H} nach Gl. (23.45), σ_{H} nach Gl. (23.47), $\sigma_{\text{H lim2 erf}}$ aus Gl. (23.48), zur Bestimmung der Beiwerte ist $\sigma_{\text{H lim}} \approx \sigma_{\text{H}}$ anzunehmen. Wahl der Werkstoffe mit nächstliegenden Dauerfestigkeiten der Flankenpressungen $\sigma_{\text{H lim}}$ nach Tab. 23.15.
4. σ_{F01} und σ_{F02} nach Gl. (23.40) mit Y_β nach Gl. (23.41), σ_{F1} und σ_{F2} nach Gl. (23.42), S_{F1} und S_{F2} nach Gl. (23.43). Es soll $S_{\text{F}} \geq 1{,}3$ sein.

23.39 Die zweite Stufe des in Bild 22.11 gezeigten Universalgetriebes ist ein Schrägzahn-V_{plus}-Radpaar mit dem Schrägungswinkel $\beta = 15°$ und den Profilverschiebungsfaktoren $x_3 = +0{,}183$, $x_4 = 0$. Die Räder sollen wie die der ersten Stufe (Aufg. 23.38) aus 42CrMo4 (Ritzel 3) und C45 (Rad 4) hergestellt und nitrocarburiert werden, Verzahnungsqualität 7, Ausführung als Dauergetriebe. Für die Berechnung auf Zahnfuß- und Grübchentragfähigkeit sind nach den Aufgaben 22.13, 22.14 und 23.19 bekannt: Normalmodul $m_{\text{n}} = 7$ mm, Zähnezahlen $z_3 = 14$, $z_4 = 59$, Zähnezahlverhältnis $u = 4{,}214$, Ersatzzähnezahlen $z_{\text{n3}} = 15{,}4$, $z_{\text{n4}} \approx 65$, Teilkreisdurchmesser $d_3 = 101{,}5$ mm, $d_4 \approx 427{,}6$ mm, Zahnbreite $b = 105$ mm, Stirneingriffswinkel $\alpha_{\text{t}} = 20{,}65°$, Betriebs-Eingriffswinkel $\alpha_{\text{wt}} = 21{,}36°$ Schrägungswinkel am Grundzylinder $\beta_{\text{b}} \approx 14{,}08°$ Profilüberdeckung $\varepsilon_\alpha = 1{,}48$, Sprungüberdeckung $\varepsilon_\beta = 1{,}24$, Nennumfangskraft $F_{\text{Nt}} \approx 22{,}22$ kN, Anwendungsfaktor $K_{\text{A}} = 1$, Umfangsgeschwindigkeit $v \approx 1{,}35$ m/s, Rauhtiefe an den Flanken $R_{\text{z}} = 3$ µm, am Zahngrund $R_{\text{z}} = 18$ µmm, Viskosität des Schmieröls ISO VG 460.
1. Sind die Sicherheiten S_{F3} und S_{F4} gegen Zahndauerbruch ausreichend?
2. Sind die Sicherheiten S_{H3} und S_{H4} gegen Grübchenschäden ausreichend?
3. Auf welches Maß muss ggf. die Zahnbreite verändert werden?

E: **1.** $S_{\text{F3}} = 3{,}2 > S_{\text{F erf}} = 1{,}3$, $S_{\text{F4}} = 3{,}2 > 1{,}3$ ($w = 211{,}6\,\text{N/mm}$, $K_{\text{v}} = 1{,}014$, $K_{\text{F}\beta} = 1{,}23$, $K_{\text{F}\alpha} = 1{,}166 < 2{,}53$, $Y_\varepsilon = 0{,}727$, $\sigma_{\text{F3}} = 210{,}9\,\text{N/mm}^2$, $\sigma_{\text{F4}} = 193{,}2\,\text{N/mm}^2$, $Y_{\text{FS3}} = 4{,}65$, $Y_{\text{FS4}} = 4{,}26$, $\sigma_{\text{F04}} = 85{,}3\,\text{N/mm}^2$, $Y_\beta = 0{,}875$, $Y_{\text{R}} = 0{,}99$, $Y_{\text{X}} = 0{,}99$).
2. $S_{\text{H3}} = 0{,}84 < 1 = S_{\text{H erf}} = 1$, $S_{\text{H4}} = 0{,}71 < 1$ ($\sigma_{\text{H0}} = 586{,}2\,\text{N/mm}^2$, $Z_{\text{H}} = 2{,}38$, $Z_{\text{E}} = 189{,}8\,\sqrt{\text{N/mm}^2}$, $Z_\varepsilon = 0{,}82$, $Z_\beta = 0{,}983$, $\sigma_{\text{H}} = 975{,}6\,\text{N/mm}^2$, $K_{\text{H}\beta} = 1{,}33$, $K_{\text{H}\alpha} = 1{,}48$, $Z_{\text{X}} = 0{,}99$, $\sigma_{\text{H lim3}} = 830\,\text{N/mm}^2$, $\sigma_{\text{H lim4}} = 710\,\text{N/mm}^2$).
3. Das Ändern der Breite reicht nicht. Man sollte auch den Werkstoff ändern.

23

L: **1.** Wie Aufg. 23.33.
2. Wie Aufg. 23.34.
3. $b = b_{\text{vorh}}\,(S_{\text{H erf}}/S_{\text{H4}})^2$.

Kegelräder

23.40 Die Geradzahn-Kegelräder des in Bild 23.40 dargestellten Null-Radpaares im Fahrantrieb eines Kranes sind auf Zahnfußtragfähigkeit für $N = 10^5$ Volllastspiele zu berechnen. Nach den Aufgaben 22.15, 22.16 und 23.8 sind bekannt: Nennumfangskraft $F_{\text{Nt}} \approx 5440$ N, Anwendungsfaktor $K_{\text{A}} = 1{,}3$, mittlere Umfangsgeschwindigkeit $v \approx 0{,}94$ m/s, mittlerer Modul $m_m \approx 8{,}66$ mm, mittlerer Teilkreisdurchmesser $d_{m2} \approx 476{,}2$ mm, Zahnbreite $b = 80$ mm, Zähnezahlen $z_1 = 23$, $z_2 = 55$, Profilüberdeckung $\varepsilon_\alpha = 1{,}75$, virtuelle Zähnezahlen $z_{v1} \approx 25$, $z_{v2} \approx 143$. Als Werkstoffe sind vorgesehen: Ritzel 1 aus E335, Rad 2 aus E295, Verzahnungsqualität 9. Zu ermitteln sind:

1. Die Linienbelastung w,
2. Der Dynamikfaktor K_v,
3. Der Stirnfaktor $K_{F\alpha}$ und der Breitenfaktor $K_{F\beta}$,
4. Die Zahnfußspannungen σ_{F1} und σ_{F2},
5. Die Sicherheiten S_{F1} und S_{F2} gegen Zahndauerbruch.

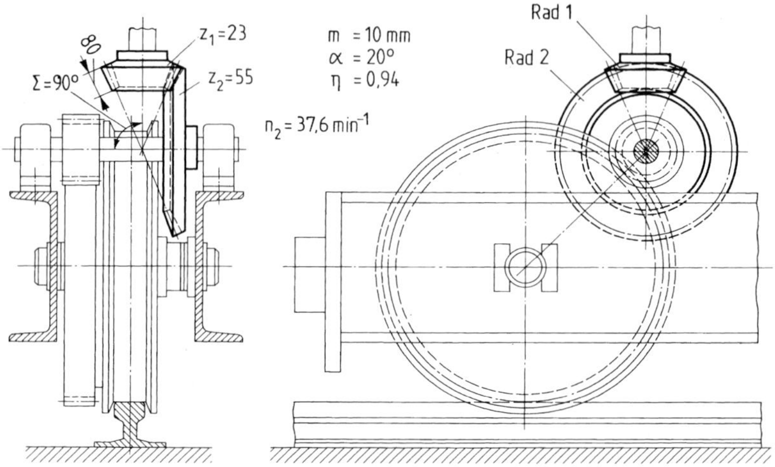

Bild 23.40 Geradzahn-Kegel-Null-Radpaar im Fahrantrieb eines Kranes

E: **1.** $w = 104$ N/mm.
2. $K_v = 1{,}123$.
3. $K_{F\alpha} = 1{,}2$, $K_{F\beta} = 1{,}88$ (Ritzel fliegend gelagert).
4. $\sigma_{F1} = 78{,}0$ N/mm², $\sigma_{F2} = 76{,}2$ N/mm² ($\sigma_{F01} = 23{,}7$ N/mm², $Y_\varepsilon = 0{,}57$, $\sigma_{F02} = 23{,}1$ N/mm²).
5. $S_{F1} = 7{,}69 > S_{F\,erf} = 1{,}3$, $S_{F2} = 7{,}20 > 1{,}3$ ($Y_{NT} = 1{,}75$, $Y_X = 0{,}98$).

L: **1.** w nach Gl. (23.49) mit F_{Nt} gemäß der Legende zu dieser Gl.
2. K_v nach Gl. (23.50).
3. $K_{F\alpha}$ nach Tab. 23.27 und $K_{F\beta}$ nach Tab. 23.14.
4. σ_{F01} und σ_{F02} nach Gl. (23.51), σ_{F1} und σ_{F2} nach Gl. (23.52). **5.** S_{F1} und S_{F2} nach Gl. (23.53) mit Y_{NT} nach Tab. 23.17 für $N_L = 10^5$.

23

23.41 Das nach Aufgabe 23.40 auf Zahnfußtragfähigkeit berechnete geradverzahnte Kegel-Null-Radpaar (Bild 23.40) ist auf Grübchentragfähigkeit nachzurechnen. Gegeben sind: Nennumfangskraft $F_{Nt} = 5{,}44$ kN, mittlerer Teilkreisdurchmesser $d_{m1} = 199{,}13$ mm, Zahnbreite $b = 80$ mm, virtuelle Zähnezahl $z_{v1} = 25$, virtuelles Zähnezahlverhältnis $u_v = 5{,}72$, Profilüberdeckung $\varepsilon_\alpha = 1{,}75$, mittlerer Modul $m_m = 8{,}66$ m, Anwendungsfaktor $K_A = 1{,}3$, Dynamikfaktor $K_v = 1{,}123$, Stirn-Breitenfaktor $K_{\alpha\beta} = 2{,}2$, Werkstoffe: Ritzel 1 aus E335, Rad 2 aus E295. Es sind zu ermitteln:

1. Die maßgebende Flankenpressung σ_H,
2. Die Sicherheiten S_{H1} und S_{H2} gegen Grübchenschäden bei einer Volllastspielzahl $N_L = 10^5$.

E: **1.** $\sigma_{H1} = 584{,}5\ \mathrm{N/mm^2}$, $\sigma_{H2} = 550{,}8\ \mathrm{N/mm^2}$ ($Z_H = 2{,}495$, $Z_E = 189{,}8\ \sqrt{\mathrm{N/mm^2}}$, $Z_\varepsilon = 0{,}866$, $d_{vm1} = 216{,}5$ mm, $b_H = 68$ mm, $\sigma_{H0} = 270{,}2\ \mathrm{N/mm^2}$).
2. $S_{H1} = 1{,}18 > S_{H\,erf} = 1$, $S_{H2} = 1{,}08 > 1$ ($\sigma_{H\,lim1} = 430\ \mathrm{N/mm^2}$, $\sigma_{H\,lim2} = 370\ \mathrm{N/mm^2}$, $Z_{NT} = 1{,}6$, $Z_X = 1$).

L: **1.** σ_{H0} nach Gl. (23.54) mit Z_H Legende zu Gl. (23.54), σ_H nach Gl. (23.56).
2. S_{H1} und S_{H2} nach Gl. (23.57) mit Z_{NT} aus Tab. 23.17. $S_{H\,erf} = 1$.

23.42 Die Geradzahn-Kegelräder des in Bild 22.17 dargestellten Null-Radpaares sind als Dauergetriebe auf Zahnfußtragfähigkeit zu berechnen. Nach den Aufgaben 22.17 bis 22.19 sowie 23.9 und 23.20 sind bekannt: Nennumfangskraft $F_{Nt} = 9{,}9$ kN, Anwendungsfaktor $K_A = 1$, mittlere Umfangsgeschwindigkeit $v_m = 8$ m/s, mittlerer Modul $m_m = 6{,}722$ mm, mittlerer Teilkreisdurchmesser $d_{m2} \approx 174{,}8$ mm, Zahnbreite $b = 35$ mm, Zähnezahlen $z_1 = 13$, $z_2 = 26$, virtuelle Zahnezahlen $z_{v1} \approx 15$, $z_{v2} \approx 83$, Profilüberdeckung $\varepsilon_\alpha = 1{,}65$, beide Räder aus 16MnCr5 einsatzgehärtet. Zu ermitteln sind:
1. Die Verzahnungsqualität,
2. Die Linienbelastung w,
3. Der Dynamikfaktor K_v,
4. Die Zahnfußspannungen σ_{F1} und σ_{F2} mit dem Stirn-Breitenfaktor $K_{\alpha\beta} = 2{,}2$,
5. Die Sicherheiten S_{F1} und S_{F2} gegen Zahndauerbruch.

E: **1.** Verzahnungsqualität 7.
2. $w = 282{,}9\ \mathrm{N/mm}$.
3. $K_v = 1{,}076$.
4. $\sigma_{F1} = 634{,}6\ \mathrm{N/mm^2}$, $\sigma_{F2} = 602{,}4\ \mathrm{N/mm^2}$ ($\sigma_{F01} = 126{,}2\ \mathrm{N/mm^2}$, $Y_{Fa1} = 2{,}68$, $Y_{Sa1} = 1{,}67$, $Y_{Fa2} = 2{,}36$, $Y_{Sa2} = 1{,}80$, $\sigma_{Fo1} = 238{,}4\ \mathrm{N/mm^2}$, $\sigma_{Fo2} = 226{,}3\ \mathrm{N/mm^2}$, $Y_{FS2} = 4{,}27$, $Y_\varepsilon = 0{,}591$).
5. $S_{F1} = 1{,}36 > S_{F\,erf} = 1{,}3$, $S_{F2} \approx 1{,}42 > 1{,}3$ ($\sigma_{FE1} = \sigma_{FE2} = 860\ \mathrm{N/mm^2}$, $Y_{NT} = 1$, $Y_X = 1$).

L: Wie Aufgabe 23.40, jedoch Y_{FS1} nach Tab. 23.14 extrapoliert.

23.43 Das in Bild 22.17 gezeigte Geradzahn-Kegel-Nullradpaar soll als Dauergetriebe arbeiten. Es sind bekannt: Nennumfangskraft $F_{Nt} = 9{,}9$ kN, Anwendungsfaktor $K_A = 1$, mittlerer Teilkreisdurchmesser $d_{m1} \approx 87{,}4$ mm, Zahnbreite $b = 35$ mm, virtuelles Zähnezahlverhältnis $u_v = 5{,}533$, Dynamikfaktor $K_v = 1{,}076$, Stirn-Breitenfaktor $K_{F\alpha} = 1{,}1$, $K_{F\beta} = 2{,}25$, mittlerer Modul $m_m = 6{,}722$ mm, Profilüberdeckung $\varepsilon_\alpha = 1{,}65$, virtuelle Zähnezahl $z_{v1} = 15$. Werkstoff beider Räder 16MnCr5 einsatzgehärtet. Es sind zu ermitteln:
1. Die maßgebende Flankenpressung σ_H,
2. Der Sicherheitsfaktor S_H, der ≥ 1 sein soll.

23

E: **1.** $\sigma_{H1} = 1881\ \mathrm{N/mm^2}$, $\sigma_{H2} = 1819\ \mathrm{N/mm^2}$ ($\sigma_{H0} = 826{,}7\ \mathrm{N/mm^2}$, $Z_H = 2{,}495$, $Z_E = 189{,}8\ \sqrt{\mathrm{N/mm^2}}$, $Z_\varepsilon = 0{,}877$, $b_H = 29{,}8$ mm, $d_{vm1} = 108{,}9$ mm).
2. $S_{H1} = 0{,}78$, $S_{H2} = 0{,}81 < S_{H\,erf} = 1$ ($\sigma_{H\,lim} = 1470\ \mathrm{N/mm^2}$, $Z_{NT} = 1$, $Z_X = 1$).

L: Wie Aufgabe 23.41.

23.44 Die Schrägzahn-Kegelräder des in Bild 22.20 dargestellten Null-Radpaares sollen aus Vergütungsstahl 42CrMo4 hergestellt und gasnitriert werden. Es ist festzustellen, ob bei diesem Werkstoff eine ausreichende Grübchentragfähigkeit für ein Dauergetriebe gewährleistet ist. Nach den Aufgaben 22.20, 22.21, 23.10 und 23.21 sind bekannt:

Nennleistung $P_{Nb} = 11{,}3$ kW, Anwendungsfaktor $K_A = 1{,}25$, mittlere Umfangsgeschwindigkeit $v_m = 3{,}59$ m/s, mittlerer Schrägungswinkel $\beta_m = 30°$, mittlerer Normalmodul $m_{nm} = 3$ mm, Zahnbreite $b = 20$ mm, Stirneingriffswinkel $\alpha_1 = \alpha_{wt} = 22{,}8°$, Profilüberdeckung $\varepsilon_\alpha = 1{,}39$, Sprungüberdeckung $\varepsilon_\beta = 1{,}06$, Zähnezahlen $z_1 = 22$, $z_2 = 31$, virtuelle Zähnezahlen $z_{v1} = 27$, $z_{v2} = 53{,}6$, virtuelles Zähnezahlverhältnis $u_v = 1{,}985$. Im Einzelnen sind zu ermitteln:

1. Die Verzahnungsqualität,
2. Die Nennumfangskraft F_{Nt} und der Dynamikfaktor K_v,
3. Die maßgebende Flankenpressung σ_H mit dem Stirn-Breitenfaktor $K_{\alpha\beta} = 2{,}2$,
4. Ist die Sicherheit S_H gegen Grübchenschäden ausreichend, wenn $S_H \geq 1$ sein soll?

E: **1.** Verzahnungsqualität 8.
2. $F_{Nt} = 3\,148$ N, $K_v = 1{,}082$.
3. $\sigma_{H1} = 1\,246{,}5$ N/mm², $\sigma_{H2} = 1\,239{,}5$ N/mm² ($\sigma_{H0} = 574{,}2$ N/mm², $Z_H = 2{,}223$, $\beta_b = 281°$, $Z_\varepsilon = 0{,}848$, $d_{vm1} = 93{,}5$ mm, $b_H = 17$ mm, $Z_\beta = 0{,}93$).
4. $S_{H1} = 0{,}86$, $S_{H2} = 0{,}86 < S_{H\,erf} = 1$ ($\sigma_{H\,lim} = 1\,070$ N/mm², $Z_{NT} = 1$, $Z_X = 1$).

L: Wie ME Beisp. 23.11 mit $F_{Nt} = P_{Nb}/v_m$ und w nach Gl. (23.49).

23.45 Das Schrägzahn-Kegel-Null-Radpaar nach Bild 22.20, dessen Grübchentragfähigkeit nach Aufgabe 23.44 überprüft wurde, ist auf Zahnfußtragfähigkeit nachzurechnen. Alle dazu erforderlichen Daten sind der Aufgabe 23.44 zu entnehmen. Bereits errechnet wurden: $K_v = 1{,}082$, $F_{Nt} = 3\,148$ N. Zu ermitteln sind:

1. Die Zahnfußspannungen σ_{F1} und σ_{F2},
2. Genügen die Sicherheiten S_{F1} und S_{F2} gegen Zahndauerbruch für ein Dauergetriebe? Es soll $S_F \geq 1{,}3$ sein.

E: **1.** $\sigma_{F1} = 497{,}9$ N/mm², $\sigma_{F2} = 500{,}9$ N/mm² ($\sigma_{F01} = 125{,}9$ N/mm², $\sigma_{F02} = 120{,}8$ N/mm², $Y_{Fa1} = 2{,}45$, $Y_{Sa1} = 1{,}75$, $Y_{Fa2} = 2{,}27$, $Y_{Sa2} = 1{,}90$, $Y_\beta = 0{,}735$).
2. $S_{F1} = 1{,}55 > S_{F\,erf} = 1{,}3$, $S_{F2} = 1{,}54 > 1{,}3$ ($\sigma_{FE1} = \sigma_{FE2} = 770$ N/mm², $Y_{NT} = 1$, $Y_X = 1$).

L: Wie ME Beisp. 23.10.

Vollständige Berechnung von Radpaaren aus Stahl

Stirnradpaare

23

23.46 In Bild 23.46 ist ein Drehstrom-Getriebemotor mit einem einstufigen Stirnradgetriebe dargestellt. Dabei handelt es sich um ein geradverzahntes Null-Radpaar mit 20°-Normverzahnung, einem Modul $m = 2{,}5$ mm und einer Zahnbreite $b = 50$ mm. Das Ritzel ist auf der Motorwelle befestigt mittels Passfeder DIN 6885, niedrige Form, Bohrungsdurchmesser $d_B = 28$ mm. Für das Ritzel 1 ist Vergütungsstahl 16MnCr5 vorgesehen und 42CrMo4 für das Rad 2, Zahnflanken gasnitriert. Ferner sind gegeben: Motordrehzahl $n_1 = 2850$ min^{-1}, Abtriebsdrehzahl $n_2 \approx 675$ min^{-1}, Abtriebs-Nennleistung $P_{N2} = 22$ kW, Anwendungsfaktor $K_A = 1{,}75$, Wirkungsgrad $\eta = 0{,}96$. Das Getriebe soll bei einer Umgebungstemperatur von 25 °C als Dauergetriebe geeignet sein. Es sind zu ermitteln:

1. Die nach dem Bohrungsdurchmesser d_B kleinstmögliche Zähnezahl z_1 (ohne Unterschnitt) des Ritzels 1, die Zähnezahl z_2 des Rades 2, das Zähnezahlverhältnis u und der Null-Achsabstand a_d,
2. Die Teilkreisdurchmesser d_1 und d_2, die Kopfkreisdurchmesser d_{a1} und d_{a2}, die Fußkreisdurchmesser d_{f1} und d_{f2},
3. Die Profilüberdeckung ε_α,

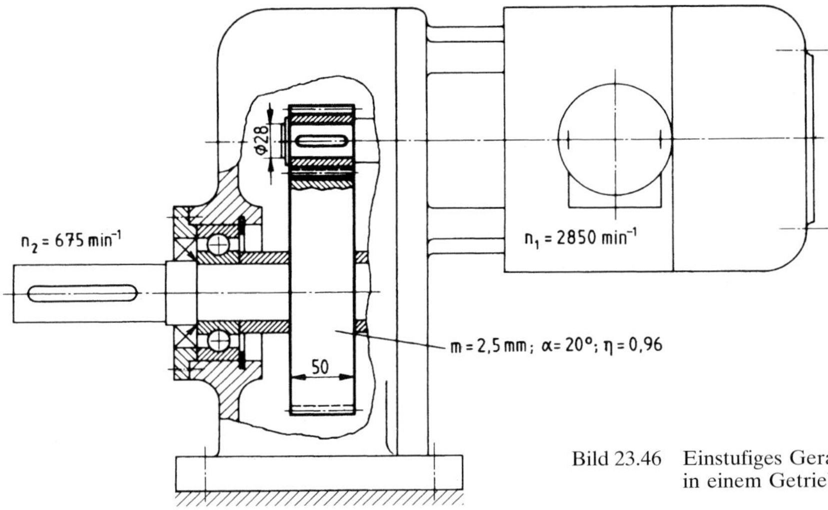

Bild 23.46 Einstufiges Geradstirnradgetriebe in einem Getriebemotor

4. Die erforderliche Antriebs-Nennleistung P_{Na} sowie die zur Auslegung der Lager und Wellen benötigten Tangentialkräfte F_{t1} und F_{t2}, Radialkräfte F_{r1} und F_{r2} und Drehmomentenspitzen M_a der Antriebswelle und M_b der Abtriebswelle,

5. Die Schmierungsart und bei Ölschmierung eine geeignete ISO-Viskositätsklasse,

6. Die Verzahnungsqualität und ein Vergleich der Zahnbreite mit dem üblichen zulässigen Wert,

7. Die Nachrechnung auf Zahnfußtragfähigkeit, wobei festzustellen ist, ob die Sicherheiten S_{F1} und S_{F2} gegen Zahndauerbruch ausreichen. Für die Rauheit der Flanken ist der Wert nach Tab. 23.3 anzunehmen, für den Zahngrund etwa der fünffache.

8. Die Nachrechnung auf Grübchentragfähigkeit.

E: **1.** $z_1 = 19 > z_{\min} = 17$ ($t_2 = 2$ mm, $d_{1\,\text{erf}} = 47$ mm, $z_{1\,\text{erf}} = 18{,}8$), $z_2 = 80$ ($|i| \approx 4{,}222$, $z_{2\,\text{erf}} = 80{,}2$), $u = 4{,}21$, $a_d = 123{,}75$ mm.

2. $d_1 = 47{,}5$ mm, $d_2 = 200$ mm, $d_{a1} = 52{,}5$ ($h_a = m$), $d_{a2} = 205$ mm, $d_{f1} = 41{,}25$ mm ($h_f = 1{,}25m$), $d_{f2} = 193{,}75$ mm.

3. $\varepsilon_\alpha = 1{,}684$ ($d_{b1} = 44{,}64$ mm, $d_{b2} = 187{,}94$ mm, $p_e = 7{,}38$ mm).

4. $P_{Na} = 22{,}9$ kW, $F_{t1} = F_{t2} = 5{,}43$ kN ($P_b = 38{,}5$ kW, $v_w = v = 7{,}09$ m/s), $F_{r1} = F_{r2} \approx 1{,}98$ kN, $T_a = 134{,}3$ Nm ($\omega_a = 298{,}5$ rad/s), $T_b = 543$ Nm.

5. Öl-Tauchschmierung, Viskositätsklasse ISO VG 320 ($k_S \approx 8{,}5$ MPa, $k_S/v \approx 1{,}2$ MPa · s/m, $\nu_{erf} \approx 283$ mm²/s).

6. Verzahnungsqualität 7, $b = 50$ mm $< b_{zul} = 62{,}5$ mm.

7. $S_{F1} = 1{,}30 = S_{F\,erf} = 1{,}3$, $S_{F2} = 1{,}35 > 1{,}3$ ($F_{Nt} = 3\,103$ N, $K_v = 1{,}13$, $K_{F\beta} = 3{,}86$ (angenommen wurde $K' = 1{,}33$, $l = 75$ mm, $s = 40$ mm, $d_{Sh} = 28$ mm), $K_{F\alpha} = 1{,}0 < 1{,}439$, $Y_\varepsilon = 0{,}695$, $\sigma_{F01} = 81{,}3\,\text{N/mm}^2$, $\sigma_{F02} = 73{,}7\,\text{N/mm}^2$, $\sigma_{F1} = 621{,}6\,\text{N/mm}^2$, $\sigma_{F2} = 563{,}5\,\text{N/mm}^2$, $Y_{NT} = 1$, $Y_\delta = 1$, $Y_R = 0{,}99$, $Y_X = 1$).

8. $S_{H1} = 0{,}64 < S_{H\,erf} = 1$, $S_{H2} = 0{,}69 < 1$ ($\sigma_{H0} = 528{,}2\,\text{N/mm}^2$, $\sigma_{H1} = 1\,742{,}1\,\text{N/mm}^2$, $\sigma_{H2} = 1\,588{,}7\,\text{N/mm}^2$, $Z_H = 2{,}49$, $Z_E = 189{,}8\,\sqrt{\text{N/mm}^2}$, $Z_\varepsilon = 0{,}879$, $K_{H\beta} = 1{,}29$, $K_{H\alpha} = 1{,}294$, $\sigma_{H\,lim1} = 1\,100\,\text{N/mm}^2$, $\sigma_{H\,lim2} = 1\,070\,\text{N/mm}^2$, $Z_L = 1{,}04$, $Z_v = 0{,}98$, $Z_R = 1$, $Z_W = 1$, $Z_X = 1$).

L: **1.** Bei Ermittlung von z_1 ist zu beachten, dass der Abstand vom Nutgrund bis zum Kopfkreis mindestens $4m$ betragen soll. Nach Bild L 23.46 gilt die Beziehung $d_{a1}/2 - (d_B/2 + t_2) \geq 4m$, Nuttiefe t_2 nach Tab. 12.3. Mit $d_{a1} = d_1 + 2h_a$ (Gl. (22.2), $h_a = m$) er-

23

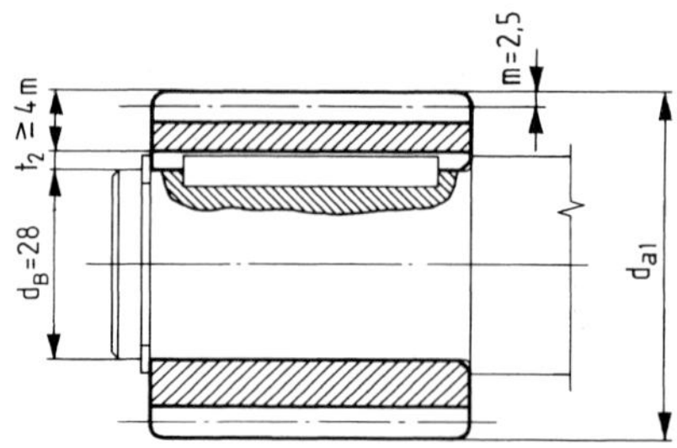

Bild L 23.46 Ritzel für Getriebemotor

gibt sich daraus eine Gl. für d_1, damit z_1 nach Gl. (22.1), z_2 und u nach Gl. (21.4) und a_d nach Gl. (22.7).

2. Nach den Gln. (22.1) bis (22.3) mit $h_f = h_a + c = 1{,}25m$.

3. Nach Gl. (22.34) mit d_b nach Gl. (22.4), $p_{et} = p_e$ nach Gl. (22.6) und $\alpha_{wt} = \alpha = 20°$.

4. Nach den Gln. (23.18) (P_b nach Gl. (23.1), $P_{Nb} = P_2$), (23.2), (23.3) und (23.21), $\omega_a = 2\pi \cdot n_1$. Da Getriebemotoren für vielseitige Antriebszwecke eingesetzt werden, wurde der größte Wert für K_A bei Elektromotoren (Tab. 23.1) angenommen.

5. Nach den Angaben im ME Abschn. 23.7, Gl. (23.24), Tab. 23.8 (Tabellenwert für ν um 35 % erhöhen, da beide Räder aus gleichartigen Stählen) und Diagr. 16.1.

6. Verzahnungsqualität nach Tab. 23.3, b_{zul} nach Tab. 23.2.

7. Wie Aufg. 23.26.

8. Wie Aufg. 23.27 ohne 3.

23.47 Bild 23.47 zeigt ein einstufiges Geradzahn-Stirnradgetriebe für ein Abtriebs-Nenndrehmoment $T_{Nb} = T_{N2} = 77$ kNm im Antrieb einer Kolbenpumpe mit zwei Zylindern. Der antreibende Elektromotor hat eine Drehzahl $n_1 = 950\ \text{min}^{-1}$. Die Räder des normverzahnten Null-Radpaares haben einen Modul $m = 10$ mm und Teilkreisdurchmesser $d_1 = 210$ mm (Ritzel 1) und $d_2 = 900$ mm (Rad 2). Das Getriebe soll als Dauergetriebe ausgeführt werden mit einer Zahnbreite $b = 300$ mm, gehärteten und geschliffenen Zahnflanken, die unter Flüssigkeitsreibung arbeiten. Es sind zu ermitteln:

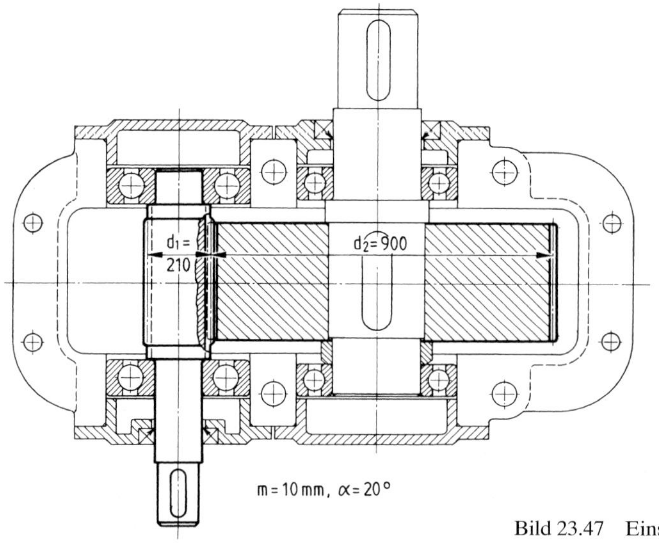

Bild 23.47 Einstufiges Geradzahn-Stirnradgetriebe

23

1. Die Abmessungen der Räder, und zwar die Zähnezahlen, die Kopf- und Fußkreisdurchmesser, die Übersetzung, das Zähnezahlverhältnis, der Achsabstand und die Profilüberdeckung,
2. Die zur Berechnung der Lager und Wellen benötigten Tangential- und Radialkräfte sowie die Abtriebsdrehzahl, die Abtriebs- und die Antriebsdrehmomentspitze und die zugehörigen Nennleistungen,
3. Die Verzahnungsqualität, die Schmierungsart, eine geeignete ISO-Viskositätsklasse für das Schmieröl mit oder ohne verschleißverringernde Wirkstoffe und die erforderliche Schmierölmenge (Mittelwert mit $P_f = P_{Na} - P_{Nb}$),
4. Geeignete Stahlwerkstoffe, die eine ausreichende Sicherheit gegen Grübchenschäden ($S_{H\,erf} = 1$) und gegen Zahndauerbruch ($S_{F\,erf} = 1{,}3$) gewährleisten. Außerdem soll die Differenz der Dauerfestigkeiten $\sigma_{FE1} - \sigma_{FE2} \geq 50\ \text{N/mm}^2$ betragen. Flankenrauheit R_z nach Tab. 23.3, Rauheit des Zahngrundes $R_z = 10\ \mu\text{m}$.

E: **1.** $z_1 = 21$, $z_2 = 90$, $d_{a1} = 230$ mm, $d_{a2} = 920$ mm ($h_a = 10$ mm), $d_{f1} = 185$ mm, $d_{f2} = 875$ mm ($h_f = 12{,}5$ mm), $b = 300$ mm, $|i| = u = 4{,}286$, $a_d = 555$ mm, $\varepsilon_\alpha = 1{,}7$ ($d_{b1} = 197{,}3$ mm, $d_{b2} = 845{,}7$ mm, $p_e = 29{,}5$ mm).
2. $F_{t1} = F_{t2} = 213{,}9$ kN ($K_A = 1{,}25$), $F_{Nt} = 171$ kN, $F_{r1} = F_{r2} \approx 77{,}8$ kN, $n_2 = 222\ \text{min}^{-1} \approx 3{,}7\ \text{s}^{-1}$, $T_b = 96{,}25$ kNm, $T_a \approx 23{,}4$ kNm ($\eta = 0{,}96$), $P_{Nb} \approx 1786$ kW, $P_{Na} \approx 1860$ kW.
3. Verzahnungsqualität 6 ($v = 10{,}44$ m/s), Öl-Tauchschmierung, Schmieröl mit verschleißverringernden Wirkstoffen, Viskositätsklasse ISO VG 220 ($k_S \approx 12{,}56$ MPa $> 7{,}5$ MPa, $k_S/v \approx 1{,}2$ MPa · s/m, $\nu_{erf} \approx 210\ \text{mm}^2/\text{s}$, $g_i = g_f = 27{,}2$ mm $> g_a = 23{,}2$ mm, $v_g = 3{,}34$ m/s, $v_g/v \approx 0{,}32 > 0{,}3$), oder ISO VG 320 ohne Wirkstoffe ($\nu_{erf} \approx 284\ \text{mm}^2/\text{s}$), $V_{öl} \approx 335$ l ($P_f \approx 74$ kW, i. M. erf. ca. 4,5 l/kW).
4. Rad 2: 16MnCr5 (einsatzgehärtet), $\sigma_{H\,lim2} = 1470\ \text{N/mm}^2$, $\sigma_{FE2} = 860\ \text{N/mm}^2$
Rad 1: 15CrNi6 (einsatzgehärtet), $\sigma_{H\,lim1} = 1490\ \text{N/mm}^2$, $\sigma_{FE1} = 920\ \text{N/mm}^2$.
$\sigma_{H0} = 757{,}5\ \text{N/mm}^2$, $\sigma_{H1} = 1282\ \text{N/mm}^2$, $\sigma_{H2} = 1346{,}3\ \text{N/mm}^2$, $Z_H = 2{,}49$, $Z_E = 189{,}8\sqrt{\text{N/mm}^2}$, $Z_\varepsilon = 0{,}876$, $K_v = 1{,}064$, $K_{H\beta} = 1{,}69$, $K_{F\beta} = 1{,}63$ (angenommen wurde $K' = 0{,}8$, $l = 500$ mm, $s = 0$ mm, $d_{Sh} = d_f = 185$ mm), $K_{H\alpha} = K_{F\alpha} = 1$, $Z_{NT} = 1$, $Z_L = 1$ ($\nu_{40} = 220\ \text{mm}^2/\text{s}$), $Z_v = 1$, $Z_R = 1{,}03$ ($R_z = 2\ \mu$m), $Z_W = 1$, $Z_X = 0{,}98$.
$S_{F1} = 2{,}22 > S_{F\,erf} = 1{,}3$, $S_{F2} = 2{,}24 > 1{,}3$ ($\sigma_{F01} \approx 182\ \text{N/mm}^2$, $\sigma_{F02} \approx 169\ \text{N/mm}^2$, $Y_{FS1} = 4{,}62$, $Y_{FS2} = 4{,}28$, $Y_\varepsilon = 0{,}691$, $\sigma_{F1} \approx 393\ \text{N/mm}^2$, $\sigma_{F2} \approx 364\ \text{N/mm}^2$, $Y_X = 0{,}95$, $Y_R = 1$).

L: **1.** Nach den Gln. (21.4), (22.1) bis (22.7) und (22.34) wie unter 1. bis 3. in Aufg. 23.46; Angabe für Zahnbreite entspricht Tab. 23.2.
2. Wie unter 4. in Aufg. 23.46 mit K_A nach Tab. 23.1 und η nach ME Abschn. 23.3, n_2 nach Gl. (21.4).
3. Nach den Tabn. 23.3 u. 23.8, Diagr. 16.1 sowie die Angaben im ME Abschn. 23.3 und den Gln. (23.24) bis (23.27). Für die Reibleistung ist die Antriebs-Nennleistung maßgebend.
4. Vergütungsstähle nach Tab. 23.15 (gasnitriert) so auszuwählen, dass $\sigma_{H\,lim} \geq \sigma_{H\,lim\,erf}$ nach Gl. (23.48) mit $S_{H\,erf} = 1$ u. σ_H nach Gl. (23.47) sowie S_{F1} u. S_{F2} nach Gl. (23.43), $S_{F\,erf} = 1{,}3$ für Dauergetriebe, σ_{F1} u. σ_{F2} nach Gl. (23.42). σ_{FE} des Ritzelwerkstoffs soll höher sein als des Radwerkstoffs.

23.48 Die in Bild 23.48 dargestellte Zahnstangen-Handwinde enthält ein Zahnstangen-Null-Radpaar mit 20°-Normverzahnung einem Modul $m = 5$ mm und einem Wirkungsgrad $\eta \approx 0{,}94$ sowie einen Schneckenradsatz mit der Übersetzung $i_S = 10$ und einem Wirkungsgrad $\eta_S \approx 0{,}42$, Handkurbelradius $R = 300$ mm. Das Geradzahn-Stirnrad soll aus

E335 hergestellt werden mit der bei geringem Unterschnitt noch ausführbaren Mindestzähnezahl z_{min}. Werkstoff der Zahnstange: E295, Zahnbreite $b = 50$ mm, Verzahnungsqualität 10. Die größte Nennbelastungskraft beträgt $F = 10$ kN. Wegen des Handbetriebes sind der Anwendungsfaktor $K_A = 1$, der Dynamikfaktor $K_v = 1$ und der Stirnfaktor $K_{F\alpha} = 1/Y_\varepsilon$ zu setzen. Zu ermitteln sind:

1. Die Hauptabmessungen des Ritzels 1, und zwar: Zähnezahl z_1, Teilkreisdurchmesser d_1, Kopfkreisdurchmesser d_{a1}, Fußkreisdurchmesser d_{f1} und die Profilüberdeckung ε_α,
2. Folgende Kräfte und Drehmomente: Tangentialkraft F_t, Radialkraft F_r, Drehmoment T_1, Handkurbelmoment T_K, Kurbelkraft F_K, und der Hub H je Kurbelumdrehung,
3. Sind die Sicherheiten S_{F1} und S_{F2} gegen Zahnfuß-Dauerbruch für ein Zeitgetriebe mit $N_L = 10^5$ ausreichend? Es sind $Y_{FS1} = 5$ und $Y_R = 0{,}95$ anzunehmen.

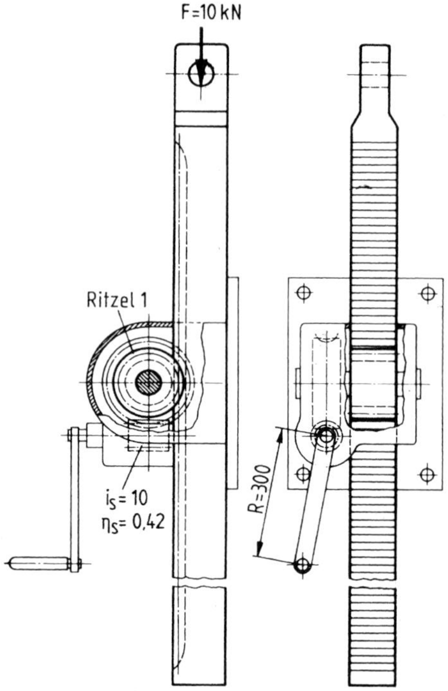

Bild 23.48 Zahnstangen-Handwinde

E: **1.** $z_1 = 14$, $d_1 = 70$ mm, $d_{a1} = 80$ mm, $d_{f1} = 57{,}5$ mm, $\varepsilon_\alpha = 1{,}72$ ($d_{b1} = 65{,}78$ mm, $p_e = 14{,}76$ mm).
2. $F_t = 10$ kN, $F_r \approx 3\,640$ N, $T_1 = 372{,}3$ Nm, $T_K \approx 88{,}7$ Nm, $F_K \approx 296$ N, $H = 22$ mm.
3. Ja, $S_{F1} = 1{,}36 > S_{F\,erf} = 1{,}3$, $S_{F2} = 1{,}34 > 1{,}3$ ($K_{F\alpha} = 1{,}46$, $Y_\varepsilon = 0{,}686$, $K_{F\beta} = 2{,}125$ (angenommen wurde $K' = -0{,}6$, $l = 120$ mm, $s = 30$ mm, $d_{Sh} = 30$ mm, $d_1/d_{Sh} = 70\,\text{mm}/30\,\text{mm} \geq 1{,}15$), $\sigma_{F01} = 137{,}2\,\text{N/mm}^2$, $\sigma_{F02} = 127\,\text{N/mm}^2$, $Y_{FS2} = 4{,}63$, $\sigma_{F1} = 425{,}0\,\text{N/mm}^2$, $\sigma_{F2} = 393{,}6\,\text{N/mm}^2$, $Y_{NT} = 1{,}75$, $Y_X = 1$).

L: **1.** Nach den Gln. (22.1) bis (22.6) und (22.35) ($z_1 = z_{min}$ nach ME Abschn. 22.6, $h_a = m$, $h_f = 1{,}25m$).
2. Da $K_A = 1$ ist, wird $F_t = F$, F_r nach Gl. (23.3), $T_1 = F_t \cdot r_1/\eta$, $T_K = T_1/(i_S \cdot \eta_S)$, $F_K = T_K/R$, $H = d_1 \cdot \pi/i_S$.
3. Nach den Gln. (23.32), (23.33), (23.35), (23.40) bis (23.43), $S_{F\,erf} = 1{,}3$. Auf eine Berechnung der Flankentragfähigkeit kann bei Handbetrieb verzichtet werden.

23

23.49 Das Vorgelege im Seiltrommelantrieb einer Greiferwinde ist ein geradverzahntes V_{plus}-Außenradpaar mit einem Ritzel aus 15CrNi6 (einsatzgehärtet) und einem gegossenen Großrad aus EN-GJS-600, das $Z = 6$ Arme mit I-förmigem Querschnitt aufweist, Bohrungsdurchmesser $d_B = 125$ mm. Die Übersetzung soll $|i| \approx 8{,}1$ betragen. Vorgesehen sind der Modul $m = 8$ mm, die Ritzelzähnezahl $z_1 = 13$, die Profilverschiebungsfaktoren $x_1 = x_2 = +0{,}5$ (0,5-Verzahnung) und eine Zahnbreite $b = 100$ mm, Achsabstand $a = a_v$, Wirkungsgrad $\eta = 0{,}94$. Die Seilnennkraft am Seiltrommeldurchmesser $D = 625$ mm beträgt $F_S = 40$ kN, Trommelwirkungsgrad $\eta_{Tr} = 0{,}96$, Anwendungsfaktor $K_A = 1{,}6$, Seilgeschwindigkeit am Trommelumfang $v_S = 40$ m/min. Das Radpaar soll als Zeitgetriebe arbeiten mit einer Volllast-Lebensdauer von etwa 500 h. Das erfordert eine Lastspielzeit von $N_{L1} = 5 \cdot 10^6$ und $N_{L2} = 0{,}6 \cdot 10^6$, nämlich $N_{L1} = n_1 \cdot 500\,\text{h} \cdot 60\,\text{min/h}$ bzw. $N_{L2} = n_2 \cdot 500\,\text{h} \cdot 60\,\text{min/h}$ (n in min^{-1}).

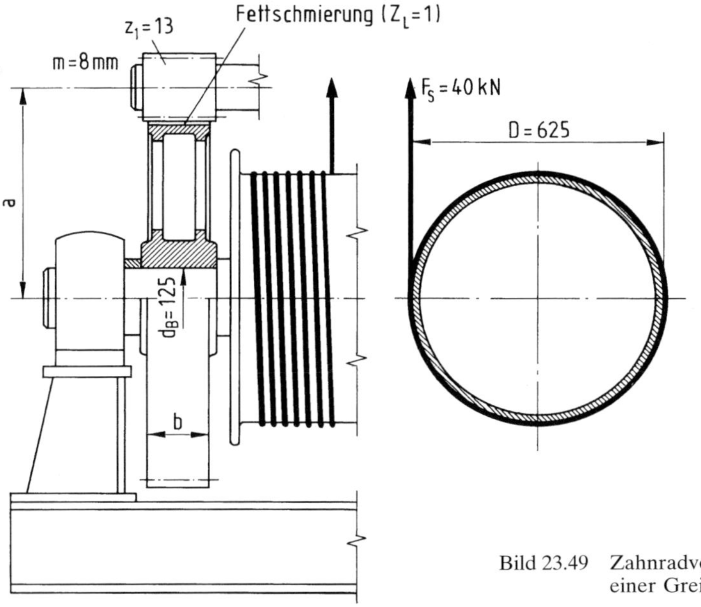

Bild 23.49 Zahnradvorgelege im Seiltrommelantrieb einer Greiferwinde

Für die Auslegung der Verzahnung, Bemessung der Wellen und Lager, Gestaltung des Großrades und Nachrechnung auf Zahnfuß- und Flankentragfähigkeit sind zu ermitteln:

1. Die Abmessungen der Verzahnung, und zwar die Zähnezahl z_2, die Teilkreisdurchmesser d_1, d_2, die Kopfkreisdurchmesser d_{a1}, d_{a2}, die Fußkreisdurchmesser d_{f1}, d_{f2}, ferner der Achsabstand als V-Achsabstand a_v, das Zähnezahlverhältnis u, die Betriebs-Wälzkreisdurchmesser d_{w1}, d_{w2}, der Betriebseingriffswinkel α_w und die Profilüberdeckung ε_α,

2. Die Nenndrehmomente T_{Nb} und T_{Na}, die Drehzahlen n_2 und n_1, die Tangentialkräfte F_{t1} und F_{t2} und die Radialkräfte F_{r1} und F_{r2},

3. Die wichtigsten Abmessungen des Großrades, und zwar die Höhe H und die Dicke S der Hauptrippen sowie h und s der Nebenrippen, die Nabenlänge L, die Nabenwanddicke w und die Kranzdicke K (jeweils die üblichen Größtwerte), ferner eine Überprüfung der Biegespannung σ_b im gefährdeten Armquerschnitt und die Wahl der Verzahnungsqualität,

4. Sind die Sicherheiten S_{F1} und S_{F2} ausreichend? $S_{F\,erf} = 1{,}1$, Zahngrund $R_z = 30\,\mu$m.

5. Sind die Sicherheiten S_{H1} und S_{H2} bei $Z_L = 1$ ausreichend? $S_{H\,erf} = 0{,}7$, Flankenrautiefe nach Tab. 23.3.

E: **1.** $z_2 = 105$ ($z_{2\,erf} \approx 105{,}3$), $d_1 = 104$ mm, $d_2 = 840$ mm, $d_{a1} = 128$ mm ($d_{v1} = 112$ mm), $d_{a2} = 864$ mm, ($d_{v2} = 848$ mm), $d_{f1} = 92$ mm, $d_{f2} = 828$ mm, $a = a_v = 480$ mm ($a_d = 472$ mm), $d_{w1} = 105{,}76$ mm, $d_{w2} = 854{,}24$ mm, $u = 8{,}077$, $\alpha_w = 22{,}48°$, $\varepsilon_\alpha \approx 1{,}42$ ($d_{b1} = 97{,}73$ mm, $d_{b2} = 789{,}34$ mm, $p_e = 23{,}62$ mm).

2. $T_{Nb} = 12$ kNm, $T_{Na} = 1712$ Nm, $n_2 = 20{,}37\ \text{mm}^{-1} = 0{,}34\ \text{s}^{-1}$, $n_1 = 164{,}5\ \text{min}^{-1} = 2{,}74\ \text{s}^{-1}$, $F_{t1} = F_{t2} \approx 48{,}7$ kN, $F_{r1} = F_{r2} \approx 20{,}15$ kN.

3. $H = 80$ mm, $S = 16$ mm, $h = 64$ mm, $s \approx 11$ mm, $L = 150$ mm, $w = 60$ mm, $k = 32$ mm, $\sigma_b = 283\ \text{N/mm}^2 > \sigma_{b\,zul} \approx 230\ \text{N/mm}^2$, somit nicht zulässig ($y \approx 298$ mm, $i_H = 2$, $W_b = 34\,133\ \text{mm}^3$, $R_e = 380\ \text{N/mm}^2$), d. h. Rippen vergrößern auf $W_b \approx 42\,000\ \text{mm}^3$, z. B. auf $H = 90$ mm, Verzahnungsqualität 9 ($v \approx 0{,}9$ m/s).

4. Ja, $S_{F1} = 1{,}61 > S_{F\,erf} = 1{,}1$, $S_{F2} = 1{,}05 < 1{,}1$ ($F_{Nt} = 30\,950$ N, $K_v = 1{,}01$, $K_{F\beta} = 2{,}47$ (angenommen wurde $K' = 1{,}33$, $l = 500$ mm, $s = 100$ mm, $d_{Sh} = d_f = 92$ mm), $K_{F\alpha} = K_{H\alpha} = 1{,}0$, $c_\gamma \approx 19\ \text{N/mm} \cdot \mu\text{m}$), $Y_\varepsilon = 0{,}778$, $\sigma_{F01} = 129{,}4\ \text{N/mm}^2$,

$\sigma_{F02} = 132{,}1\ \mathrm{N/mm^2}$, $\sigma_{F1} = 515{,}6\ \mathrm{N/mm^2}$, $\sigma_{F2} = 526{,}2\ \mathrm{N/mm^2}$, $Y_{NT} = 1$, $Y_{NT2} = 1{,}3$, $Y_{R1} = 0{,}93$, $Y_{R2} = 0{,}98$, $Y_{X1} = 0{,}97$, $Y_{X2} = 0{,}96$).

5. Rad 1 ja: $S_{H1} = 1{,}34 > S_{H\,erf} = 0{,}7$, Rad 2 nein: $S_{H2} = 0{,}4 < 0{,}7$ ($\sigma_{H0} = 715{,}0\ \mathrm{N/mm^2}$, $Z_E = 181{,}4\ \sqrt{\mathrm{N/mm^2}}$, $Z_\varepsilon = 0{,}93$, $Z_H = 2{,}34$, $\sigma_{H1} = 1665{,}1\ \mathrm{N/mm^2}$, $\sigma_{H2} = 1570{,}6\ \mathrm{N/mm^2}$, $K_{H\alpha} = 1{,}0$, $K_{H\beta} = 2{,}99$, $Z_{NT1} = 1{,}37$, $Z_{v1} = 0{,}95$, $R_z = 14\ \mu\mathrm{m}$, $Z_{R1} = 0{,}89$, $Z_W = 1{,}11$, $Z_{X1} = 1$, $Z_{NT2} = 1{,}6$, $Z_{v2} = 0{,}9$, $Z_{R2} = 0{,}8$, $Z_{X2} = 1$).

L:
1. Nach den Gln. (21.4), (22.1), (22.7), (22.21) bis (22.25), (22.30), (22.31), (22.4), (22.6) und (22.34). In der Praxis können die Verzahnungsabmessungen, Achsabstände, Prüfmaße usw. für die 0,5-Verzahnung den Normen DIN 3964 und 3965 entnommen werden.
2. $T_{Nb} = F_S \cdot 0{,}5D/\eta_{Tr}$, T_{Na} nach Gl. (23.21), $n_2 = v_S/(D \cdot \pi)$, n_1 nach Gl. (21.4), $F_{t1} = F_{t2} = T_{Nb} \cdot K_A/r_{w2}$ und $F_{r1} = F_{r2}$ nach Gl. (23.3). Im Hebezeugbau übliche Einzelübersetzungen s. ME Abschn. 23.3.
3. Nach den Angaben im ME Abschn. 23.4 und Gl. (23.23), Ausführung des Rades entspr. ME Bild 23.9c, Abstand y wie in ME Beisp. 23.5, vorgegebene Zahnbreite entspr. Tab. 23.2 (Zahnräder mit geschnittenen Zähnen auf Stahlkonstruktionen), R_e nach Tab. 1.5, Verzahnungsqualität nach Tab. 23.3 für $v = d_1 \cdot \pi \cdot n_1$, Zahnflanken schlichtgefräst.
4. Wie 7. der Aufg. 23.46.
5. Wie 8. der Aufg. 23.46.

23.50

In Bild 23.50 ist ein einstufiges Schrägzahn-Stirnradgetriebe mit einem Null-Radpaar dargestellt, das als Dauergetriebe arbeiten soll mit einer Abtriebs-Nennleistung $P_{Nb} = P_{N2} = 150\ \mathrm{kW}$ bei einer Antriebsdrehzahl $n_1 = 3000\ \mathrm{min^{-1}}$, Anwendungsfaktor $K_A = 1$, Umgebungstemperatur ca. 25 °C. Gegeben sind ferner: Zähnezahlen $z_1 = 21$, $z_2 = 60$, Normalmodul $m_n = 4\ \mathrm{mm}$, Zahnbreite $b = 60\ \mathrm{mm}$, Schrägungswinkel $\beta = 18°$, Ritzel 1 aus 34Cr4, Rad 2 aus 16MnCr5, Zahnflanken gehärtet (carbonitriert bzw. gasnitriert) und geschliffen, Flüssigkeitsreibung. Für die Auslegung des Getriebes sind folgende Berechnungen durchzuführen bzw. Daten zu ermitteln:

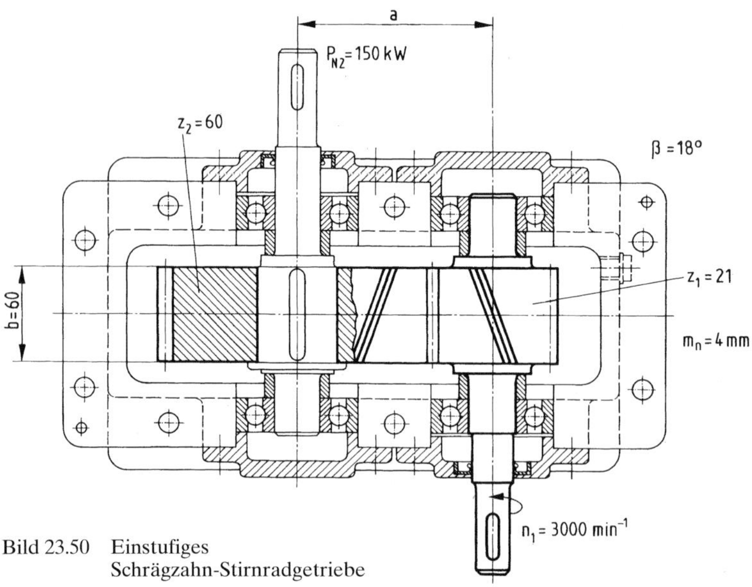

Bild 23.50 Einstufiges Schrägzahn-Stirnradgetriebe

1. Berechnung der Verzahnungsdaten, und zwar Stirneingriffswinkel α_t, Teilkreisdurchmesser d_1, d_2, Kopfkreisdurchmesser d_{a1}, d_{a2}, Fußkreisdurchmesser d_{f1}, d_{f2}, Grundkreisdurchmesser d_{b1}, d_{b2}, Normalteilung p_n, Normaleingriffsteilung p_{en}, Stirnteilung p_t, Stirneingriffsteilung p_{et}, Ersatzzähnezahlen z_{n1}, z_{n2}, Achsabstand a als Null-Achsabstand a_d, Profilüberdeckung ε_α, Sprungüberdeckung ε_β und Gesamtüberdeckung ε_γ,

2. Berechnung der für Lager- und Wellenauslegung erforderlichen Größen, wie Abtriebsdrehzahl n_2, Tangentialkräfte F_{t1}, F_{t2}, Radialkräfte F_{r1}, F_{r2}, Axialkräfte F_{a1}, F_{a2}, Abtriebsmoment T_b, Antriebsmoment T_a, Antriebsleistung P_a,

3. Ermittlung der Verzahnungsqualität, der Schmierungsart, der ISO-Viskositätsklasse des Schmieröls (erforderlichenfalls mit verschleißverringernden Wirkstoffen) und der Schmierölmenge,

4. Ermittlung folgender Einflussfaktoren: Dynamikfaktor K_v, Breitenfaktoren $K_{F\beta}$ und $K_{H\beta}$, Stirnfaktoren $K_{F\alpha}$ und $K_{H\alpha}$, Überdeckungsfaktoren Y_ε und Z_ε,

5. Berechnung der Zahnfußtragfähigkeit im Einzelnen: Zahnfußspannungen σ_{F01} und σ_{F02}, Zahnfußspannungen σ_{F1} und σ_{F2}, Sicherheitsfaktoren S_{F1} und S_{F2}, wobei $S_{F\,erf} = 1{,}3$ ist. Rauheit des Zahnfußes $R_z = 10\ \mu m$.

6. Berechnung der Grübchentragfähigkeit, im einzelnen: nominelle Flankenpressung σ_{H0}, maßgebende Flankenpressung σ_H, Sicherheitsfaktoren S_{H1} und S_{H2}, wobei $S_{H\,erf} = 1$ ist. Rauheit der Flanken nach Tab. 23.3.

E: **1.** $\alpha_t = 20{,}94°$, $d_1 = 88{,}32$ mm, $d_2 = 252{,}35$ mm, $d_{a1} = 96{,}32$ mm, $d_{a2} = 260{,}35$ mm, $d_{f1} = 78{,}32$ mm, $d_{f2} = 242{,}35$ mm, $d_{b1} = 82{,}49$ mm, $d_{b2} = 235{,}68$ mm, $p_n = 12{,}57$ mm, $p_{en} = 11{,}81$ mm, $p_t = 13{,}21$ mm, $p_{et} = 12{,}34$ mm, $z_{n1} = 24{,}1$, $z_{n2} = 68{,}9$ ($\beta_b = 16{,}88°$), $a_d = 170{,}34$ mm, $\varepsilon_\alpha \approx 1{,}56$, $\varepsilon_\beta = 1{,}48$, $\varepsilon_\gamma = 3{,}04$.

2. $n_2 = 1\,050\ \text{min}^{-1} = 17{,}5\ \text{s}^{-1}$ ($u = 2{,}857$, $F_{t1} = F_{t2} \approx 10{,}8$ kN ($P_b = 150$ kW, $v_w = v \approx 13{,}9$ m/s), $F_{r1} = F_{r2} \approx 4{,}13$ kN, $F_{a1} = F_{a2} \approx 3{,}51$ kN, $T_b \approx 1\,363$ Nm, $T_a \approx 497$ Nm ($\eta = 0{,}96$), $P_a = 156{,}3$ kW.

3. Verzahnungsqualität 5, Öl-Tauchschmierung, Viskositätsklasse ISO VG 150 ($k_S \approx 8{,}25$ MPa $> 7{,}5$ MPa, $k_S/v \approx 0{,}6$ MPa · s/m, $\nu_{erf} = 160\ \text{mm}^2/\text{s}$), Öl mit verschleißverringernden Wirkstoffen zweckmäßig, da $v_g/v = 0{,}312 > 0{,}3$ ($g_i = g_f = 10{,}22 > g_a = 9{,}08$ mm, $\omega_1 = 314{,}2$ rad/s). $V_{öl} \approx 19 \ldots 38$ l ($P_f = 6{,}25$ kW).

4. $K_v = 1{,}102$, $K_{F\beta} = 1{,}35$ (angenommen wurde $K' = 0{,}8$, $l = 200$ mm, $s = 0$ mm, $d_{Sh} = d_f = 78{,}32$ mm), $K_{H\beta} = 1{,}42$, $K_{F\alpha} = K_{H\alpha} = 1{,}065$, $Y_\varepsilon = 0{,}689$, $Z_\varepsilon = 0{,}747$).

5. $\sigma_{F01} = 109{,}3\ \text{N/mm}^2$, $\sigma_{F02} = 103{,}0\ \text{N/mm}^2$ ($Y_{FS1} = 4{,}52$, $Y_{FS2} = 4{,}26$, $Y_\beta = 0{,}78$), $\sigma_{F1} = 180{,}9\ \text{N/mm}^2$, $\sigma_{F2} = 170{,}5\ \text{N/mm}^2$, $S_{F1} = 4{,}97 > S_{F\,erf} = 1{,}3$, $S_{F2} = 4{,}79 > 1{,}3$ ($\sigma_{FE1} = 900\ \text{N/mm}^2$, $\sigma_{FE2} = 810\ \text{N/mm}^2$, $Y_{NT} = 1$, $Y_R = 1$, $Y_X = 1$).

6. $\sigma_{H0} = 549\ \text{N/mm}^2$ ($Z_H = 2{,}39$, $Z_E = 189{,}8\ \sqrt{\text{N/mm}^2}$, $Z_\beta = 0{,}975$), $\sigma_H = 725\ \text{N/mm}^2$, $S_{H1} = 2{,}03 > S_{H\,erf} = 1$, $S_{H2} = 1{,}69 > 1$ ($Z_{NT} = 1$, $Z_L = 1$, $Z_v \approx 1{,}01$, $Z_{R1} = 1{,}08$, $Z_{R2} = 1{,}1$, $Z_W = 1$, $Z_X = 1$).

L: **1.** Nach den Gln. (22.8) bis (22.18) (wie ME Beisp. 22.3), (22.34) (mit $\alpha_{wt} = \alpha_t$), (22.37), (22.38).

2. Nach den Gln. (21.4), (23.2) ($P_b = P_{N2}$, da $K_A = 1$, $v_w = v$ nach Gl. (21.3)), (23.3), (23.4), (23.21) ($T_b = F_{t2} \cdot d_2/2$) und (23.18).

3. Verzahnungsqualität nach Tab. 23.3, Schmierungsart und Ölviskosität nach ME Abschn. 23.7, Gl. (23.24), Tab. 23.8 und Diagr. 16.1, Überprüfung der Notwendigkeit verschleissverringernder Wirkstoffe, Gln. (23.25) bis (23.27), und Schmierölmenge wie ME Beisp. 23.6 und Aufg. 23.16, $V_{öl}$ wie Aufg. 23.18 und 3. in Aufg. 23.47.

4. K_v nach Gl. (23.29), $K_{H\beta}$ nach Gl. (23.30), $K_{F\beta}$ nach Gl. (23.33), $K_{F\alpha}$ und $K_{H\alpha}$ nach Gl. (23.34), Y_ε nach Gl. (23.37), Z_ε nach Gl. (23.38).

5. σ_{F0} nach Gl. (23.40), σ_F nach Gl. (23.42), S_F nach Gl. (23.43).

6. σ_{H0} nach Gl. (23.44), σ_H nach Gl (23.47), S_H nach Gl. (23.48).

7. Ggf. $b_{erf} = b_{vorh}\ (S_{H\,erf}/S_{H\,vorh})^2$.

23.51 Das in Bild 23.50 gezeigte einstufige Schrägzahn-Stirnradgetriebe ist durch eine positive Profilverschiebung beider Räder mit dem Achsabstand $a = a_v = 175$ mm auszuführen. Es hat als Dauergetriebe eine Nennleistung $P_{Nb} = P_{N2} = 150$ kW abzugeben bei einer Antriebsdrehzahl $n_1 = 3000\ \text{min}^{-1}$, Anwendungsfaktor $K_A = 1{,}75$, Umgebungstemperatur ca. 40 °C. Ferner sind gegeben und nach Aufgabe 23.50 bekannt: Normalmodul $m_n = 4$ mm, Schrägungswinkel $\beta = 18°$, Zähnezahlen $z_1 = 21$, $z_2 = 60$, Zahnbreite $b = 60$ mm, Zähnezahlverhältnis $u = 2{,}857$, Teilkreisdurchmesser $d_1 = 88{,}32$ mm, $d_2 = 252{,}35$ mm, Grundkreisdurchmesser $d_{b1} = 82{,}49$ mm, $d_{b2} = 235{,}68$ mm, Stirneingriffsteilung $p_{et} = 12{,}34$ mm, Stirneingriffswinkel $\alpha_t = 20{,}94°$, Schrägungswinkel am Grundzylinder $\beta_b = 16{,}88°$, Ersatzzähnezahlen $z_{n1} = 24{,}1$, $z_{n2} = 68{,}9$, Null-Achsabstand $a_d = 170{,}34$ mm, Sprungüberdeckung $\varepsilon_\beta = 1{,}48$, Wirkungsgrad $\eta = 0{,}96$, Umfangsgeschwindigkeit der Teilkreise $v \approx 13{,}9$ m/s, Abtriebsdrehzahl $n_2 = 1050\ \text{min}^{-1}$, Verzahnungsqualität 5, Öl-Tauchschmierung, Nennumfangskraft $F_{Nt} \approx 10{,}8$ kN, Werkstoffe: 34Cr4 (Ritzel 1), 16MnCr5 (Rad 2), Zahnflanken gehärtet (carbonitriert bzw. gasnitriert) und geschliffen. Es sind zu ermitteln:

1. Der für das Ritzel 1 erforderliche Profilverschiebungsfaktor x_1, wenn $x_2 = +0{,}5$ für das Rad 2 gewählt wird, die Kopf- und Fußkreisdurchmesser d_{a1}, d_{a2} und d_{f1}, d_{f2}, die Betriebs-Wälzkreisdurchmesser d_{w1}, d_{w2}, der Betriebseingriffswinkel α_{wt} sowie die Profilüberdeckung ε_α und die Gesamtüberdeckung ε_γ,
2. Die Zahnkräfte F_t, F_r und F_a an beiden Rädern, die Drehmomentspitzen T_b und T_a, die erforderliche Antriebs-Nennleistung P_{Na}, eine geeignete ISO-Viskositätsklasse für das Schmieröl (erforderlichenfalls mit verschleißverringernden Wirkstoffen) und die Schmierölmenge $V_{öl}$,
3. Sind die Sicherheiten S_{F1} und S_{F2} gegen Zahndauerbruch sowie S_{H1} und S_{H2} gegen Grübchenschäden ausreichend? Rautiefen R_z und Sicherheiten $S_{F\,erf}$ und $S_{H\,erf}$ wie bei Aufg. 23.50.

E:
1. $x_1 = +0{,}665$, $d_{a1} = 101{,}64$ mm ($d_{v1} = 93{,}64$ mm), $d_{a2} = 264{,}35$ mm, ($d_{v2} = 256{,}35$ mm), $d_{f1} = 83{,}64$ mm, $d_{f2} = 246{,}35$ mm, $d_{w1} = 90{,}74$ mm, $d_{w2} = 259{,}26$ mm, $\varepsilon_\alpha \approx 1{,}39$ ($\alpha_{wt} = 24{,}62°$, $p_{et} = 12{,}01$ mm), $\varepsilon_\gamma = 2{,}87$.
2. $F_{t1} = F_{t2} \approx 18{,}4$ kN ($v_w \approx 14{,}3$ m/s, $P_b = 262{,}5$ kW), $F_{r1} = F_{r2} \approx 8{,}43$ kN, $F_{a1} = F_{a2} \approx 6$ kN, $T_b \approx 2385$ Nm, $T_a \approx 870$ Nm, $P_{Na} \approx 156$ kW, ISO VG 220 ($k_S = 14{,}06$ MPa $> 7{,}5$ MPa, $k_S/v \approx 1$ MPa · s/m, $\nu_{erf} \approx 224\ \text{mm}^2/\text{s}$ einschl. Zuschlag). Schmieröl mit verschleißverringernden Wirkstoffen zweckmäßig, da $v_g/v \approx 0{,}33 > 0{,}3$ ($g_i = g_a \approx 10{,}8$ mm $> g_f \approx 5{,}9$ mm, $v_g = 4{,}85$ m/s). $V_{öl} \approx 18 \ldots 36$ l ($P_f \approx 6$ kW).
3. Ja, $S_{F1} = 3{,}37 > S_{F\,erf} = 1{,}3$, $S_{F2} = 2{,}95 > 1{,}3$, $S_{H1} = 1{,}74 > S_{H\,erf} = 1$, $S_{H2} = 1{,}43 > 1$ ($K_v = 1{,}05$, $K_{F\beta} = 1{,}25$, $K_{H\beta} = 1{,}3$, $K_{F\alpha} = K_{H\alpha} = 1{,}014$, $Y_\varepsilon = 0{,}806$, $Z_\varepsilon = 0{,}83$, $\sigma_{F01} = 110{,}8\ \text{N/mm}^2$, $\sigma_{F02} = 113{,}9\ \text{N/mm}^2$, $Y_{FS1} = 4{,}28$, $Y_{FS2} = 4{,}4$, $Y_\beta = 0{,}78$, $Y_R = 1$, $\sigma_{F1} = 266{,}5\ \text{N/mm}^2$, $\sigma_{FE1} = 900\ \text{N/mm}^2$, $\sigma_{FE2} = 810\ \text{N/mm}^2$, $\sigma_{H0} = 544{,}9\ \text{N/mm}^2$, $Z_H = 2{,}19$, $Z_E = 189{,}8\ \sqrt{\text{N/mm}^2}$, $Z_\varepsilon = 0{,}86$, $Z_\beta = 0{,}975$, $\sigma_H = 872{,}7\ \text{N/mm}^2$, $\sigma_{H\,lim1} = 1350\ \text{N/mm}^2$, $\sigma_{H\,lim2} = 1100\ \text{N/mm}^2$, $Z_{NT} = 1$, $Z_v = 1{,}01$, $Z_L = 1{,}03$, $Z_{R1} = 1{,}08$, $Z_{R2} = 1{,}1$, $Z_W = 1$, $Z_X = 1$).

23

L:
1. x_1 nach Gl. (22.24), weiter nach den Gln. (22.21) bis (22.23), (22.25), (22.30) u. (22.31), (22.32), (22.34), (22.37) u. (22.38).
2. Wie unter 2. und 3. in Aufg. 23.50, jedoch mit $v_w = d_{w1} \cdot \pi \cdot n_1$ nach Gl. (21.3), $K_A = 1{,}75$ und Zuschlag von 15% zum Wert nach Tab. 23.8 für ν wegen Umgebungstemperatur 40 °C (15 K über 25 °C), $V_{öl}$ mit $P_f = P_{Na} - P_{Nb}$.
3. Wie unter 5. und 6. in Aufg. 23.50.

23.52 Das einstufige Schrägzahn-Stirnradgetriebe nach Bild 23.50 soll unter gleichen Bedingungen eingesetzt werden, wie in Aufgabe 23.51 angegeben, jedoch für wechselnde Drehrichtung. Aus diesem Grunde ist zur Vermeidung des beim V-Achsabstand

a_v gegebenen Flankenspiels der Achsabstand $a = a_w = 175$ mm auszuführen. Gegeben sind die in Aufgabe 23.51 genannten Daten, außerdem der Betriebs-Eingriffswinkel $\alpha_{wt} = 24{,}62°$. Zu ermitteln sind:

1. Der für das Ritzel 1 erforderliche Profilverschiebungsfaktor x_1 bei $x_2 = +0{,}5$, eine Überprüfung, ob damit Spitzenbildung an den Zähnen auftritt, ferner der Kopfkreisdurchmesser d_{a1}, der Fußkreisdurchmesser d_{f1} und die Profilüberdeckung ε_α,

2. Sind die Sicherheiten gegen Zahndauerbruch und gegen Grübchenbildung noch ausreichend? Bei $\sigma_{FE1} = 900$ N/mm² und $\sigma_{FE2} = 810$ N/mm² wurden die Sicherheiten $S_{F1} = 3{,}38$ und $S_{F2} = 2{,}96$ errechnet ($S_{F\,erf} = 1{,}3$).

E: **1.** $x_1 = +0{,}76$ ($\text{inv}\,\alpha_{wt} = 0{,}028588$, $\text{inv}\,\alpha_t = 0{,}017191$), Spitzenbildung ausgeschlossen, $s_{an} > 0{,}3m_n = 1{,}2$ mm, $d_{a1} = 102{,}4$ mm ($d_{v1} = 94{,}4$ mm), $d_{f1} = 84{,}4$ mm, $\varepsilon_\alpha = 1{,}44$.
2. Ja, $S_{F1} = 2{,}43 > 1{,}3$, $S_{F2} = 2{,}12 > 1{,}3$, $S_{H1} = 1{,}79 > 1$, $S_{H2} = 1{,}49 > 1$.

L: **1.** x_1 nach Gl. (22.29) mit Evolventenfunktion $\text{inv}\,\alpha = \tan\alpha - \alpha$ (s. ME Abschn. 21.4, α in rad), sonst wie unter 1. in Aufg. 23.51, jedoch ohne Abmessungen des Rades 2, da diese unverändert bleiben. Überprüfung auf Spitzenbildung nach ME Abschn. 22.6 und Diagr. 22.1.
2. Wie unter 3. in Aufg. 21.77. Die Änderungen der Einflussfaktoren sind unwesentlich und können vernachlässigt werden, sodass sich die Berechnung auf die Überprüfung von S_{F1} und S_{F2} beschränkt mit den 0,7-fachen Tabellenwerten für σ_{FE} wegen des Drehrichtungswechsel, s. Legende zur Gl. (23.43). Somit $S_{F\,wechselnd} = 0{,}7 S_{F\,schwellend}$.

23.53

Das dreistufige anflanschbare Hubwerksgetriebe eines Elektroseilzuges (Bild 23.53a und b) enthält in der ersten und zweiten Stufe schrägverzahnte Stirnräder, in der dritten Stufe ein geradverzahntes Innenradpaar. Es handelt sich um ein Zeitgetriebe mit einer Antriebsdrehzahl $n_a = n_1 = 1420\ \text{min}^{-1}$ und einem Abtriebs-Nennmoment $T_{Nb} = T_{N6} = 2500$ Nm bei Volllast, Anwendungsfaktor $K_A = 1{,}3$, Wirkungsgrad $\eta = 0{,}94$ in jeder Stufe, Zähnezahlen $z_1 = 18$, $z_2 = 73$, $z_3 = 14$, $z_4 = 71$, $z_5 = 16$, $z_6 = -68$. Die erste Stufe (Bild 23.53c), ein schrägverzahntes V_{plus}-Radpaar mit dem Normalmodul $m_n = 1{,}5$ mm, den Profilverschiebungsfaktoren $x_1 = +0{,}5$, $x_2 = +0{,}25$, dem Schrägungswinkel $\beta = 15°$ und der Zahnbreite $b = 30$ mm, ist zu berechnen. Gegeben sind ferner: Ritzel 1 aus Vergütungsstahl 34CrNiMo6, Rad 2 aus 42CrMo4, Zahnflanken ungehärtet, Verzahnungsqualität 9. Zu ermitteln sind:

1. Die Abmessungen beider Zahnräder der ersten Stufe (Durchmesser, Teilungen, Winkel), die Ersatzzähnezahlen, der Achsabstand $a = a_w$, die Profilüberdeckung ε_α, die Sprungüberdeckung ε_β und die Gesamtüberdeckung ε_γ,

2. Die erforderliche Antriebs-Nennleistung P_{Na}, die Abtriebsdrehzahl $n_b = n_6$, die Drehzahl n_2 des Rades 2, die Abtriebsdrehmomentspitze T_b, die Antriebsdrehmomentspitze T_a, die Drehmomentspitze T_2 und die Zahnkräfte F_t, F_r, F_a der ersten Stufe.

3. Sind die Sicherheiten S_{F1} und S_{F2} gegen Zahndauerbruch ausreichend, und wird die übliche Volllast-Lebensdauer für Elektrozüge von mindestens 10 h erreicht? Siehe hierzu den Hinweis in der Aufgabe 23.49 zur Lastspielzahl. Rautiefe an den Flanken $R_z = 10\ \mu$m, am Zahngrund $R_z = 20\ \mu$m, Viskosität des Schmieröls $\nu_{40} > 500$ mm²/s, $S_{F\,erf} = 1{,}1 > S_{H\,erf} = 0{,}7$.

E: **1.** $\alpha_t = 20{,}65°$, $d_1 = 27{,}95$ mm, $d_2 = 113{,}36$ mm, $d_{v1} = 29{,}45$ mm, $d_{v2} = 114{,}11$ mm, $d_{a1} = 32{,}45$ mm, $d_{a2} = 117{,}11$ mm, $d_{f1} = 25{,}7$ mm, $d_{f2} = 110{,}0$ mm, $d_{b1} = 26{,}15$ mm, $d_{b2} = 106{,}08$ mm, $p_n = 4{,}71$ mm, $p_{en} = 4{,}43$ mm, $p_t = 4{,}88$ mm, $z_{n1} = 19{,}8$ ($\beta_b = 14{,}08°$), $z_{n2} = 80{,}3$, $\alpha_{wt} = 22{,}81°$ ($\text{inv}\,\alpha_{wt} = 0{,}0224605$), $p_{et} = 4{,}497$ mm, $a = a_w = 71{,}725$ mm ($a_d = 70{,}655$ mm), $d_{w1} = 28{,}37$ mm ($u = 4{,}056$), $d_{w2} = 115{,}08$ mm, $\varepsilon_\alpha \approx 1{,}47$, $\varepsilon_\beta \approx 1{,}65$, $\varepsilon_\gamma = 3{,}12$.

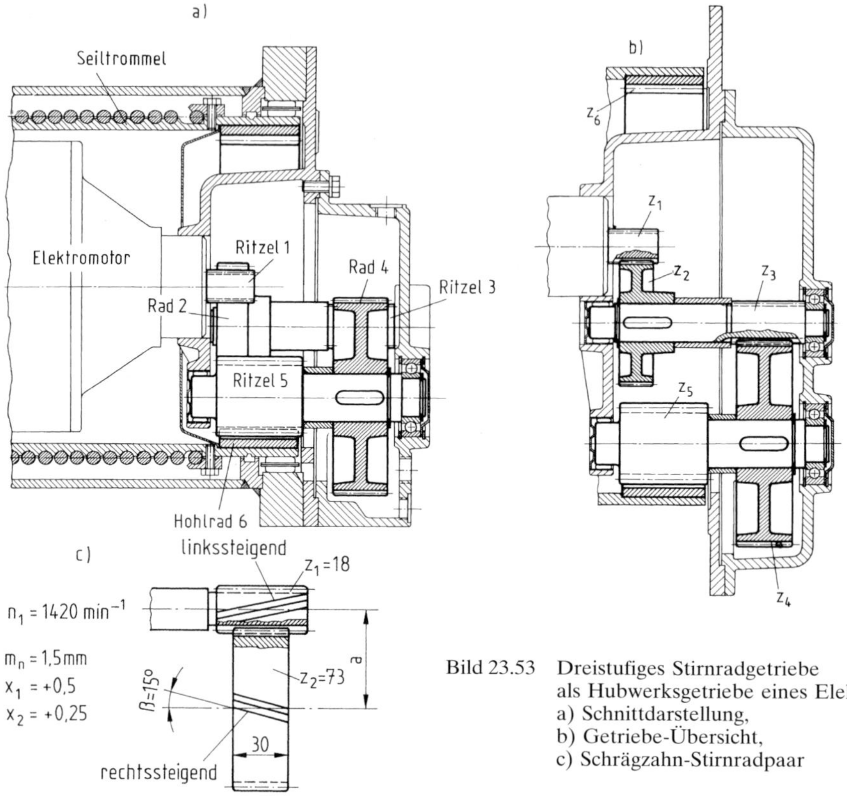

Bild 23.53 Dreistufiges Stirnradgetriebe als Hubwerksgetriebe eines Elektroseilzuges
a) Schnittdarstellung,
b) Getriebe-Übersicht,
c) Schrägzahn-Stirnradpaar

2. $n_b = n_6 = 16{,}25\ min^{-1} = 0{,}27\ s^{-1}$ ($|i_{ges}| \approx 87{,}4$), $n_2 = 350\ min^{-1} = 5{,}83\ s^{-1}$, $T_b = 3250$ Nm, $T_a \approx 44{,}8$ Nm ($\eta_{ges} = 0{,}83$), $P_{Na} \approx 5{,}1$ kW, $T_2 \approx 171$ Nm, $F_{t1} = F_{t2} \approx 3$ kN, $F_{r1} = F_{r2} \approx 1{,}26$ kN, $F_{a1} = F_{a2} \approx 800$ kN.

3. Ja, $S_{F1} = 1{,}02 > S_{F\,erf} = 1{,}1$, $S_{F2} = 1{,}17 > 1{,}1$, $S_{H1} = 0{,}57 < S_{H\,erf} = 0{,}7$, $S_{H2} = 0{,}56 < 0{,}7$ ($F_{Nt} = 2\,320$ N, $K_v = 1{,}09$, $K_{F\beta} = 3{,}01$, $K_{F\alpha} = 1{,}27 < 1{,}35$, $\sigma_{F01} = 130\ N/mm^2$, $\sigma_{F02} = 131{,}5\ N/mm^2$, $Y_{FS1} = 4{,}3$, $Y_{FS2} = 4{,}35$, $Y_\beta = 0{,}794$, $\sigma_{F1} = 706{,}8\ N/mm^2$, $\sigma_{F2} \approx 715\ N/mm^2$, $N_{L1} = 0{,}85 \cdot 10^6$, $N_{L2} = 0{,}21 \cdot 10^6$, $Y_{NT1} = 1{,}24$, $Y_{NT2} = 1{,}54$, $Y_R = 0{,}96$, $\sigma_{H0} = 609{,}4\ N/mm^2$, $Z_H = 2{,}3$, $Z_\beta = 0{,}983$, $\sigma_H = 1\,522\ N/mm^2$, $K_{H\alpha} = 1{,}27$, $K_{H\beta} = 3{,}46$, $\sigma_{H\,lim1} = 630\ N/mm^2$, $\sigma_{H\,lim2} = 600\ N/mm^2$, $Z_{NT1} = 1{,}55$, $Z_{NT2} = 1{,}6$, $Z_L = 1{,}15$, $Z_v = 0{,}92$, $Z_R = 0{,}84$, $Z_W = 1$, $Z_X = 1$).

23

L: **1.** Wie ME Beispiele 22.4 (jedoch ohne a_v, α_{wt}, d_{w1} und d_{w2}), 22.5 und 22.9.

2. Nach den Gln. (21.4), (23.17) bis (23.21), (23.2) bis (23.4), $T_b = T_{Nb} \cdot K_A$, $F_{t1} = F_{t2} = T_2/r_{w2}$.

3. Wie ME Beispiele 23.7 (mit $F_{Nt} = T_{N2}/r_2 = T_2/K_A \cdot 2/d_2$), 23.8 und 23.9. Da Hebezeuge nicht ständig unter Volllast arbeiten, genügt eine relativ geringe rechnerische Volllastlebensdauer. Die tatsächliche Lebensdauer ist wesentlich höher.

23.54 Die zweite Stufe des in Bild 23.53 gezeigten Hubwerksgetriebes eines Elektroseilzuges ist ein schrägverzahntes Null-Radpaar (Bild 23.54) mit dem Normalmodul $m_n = 2{,}5$ mm, dem Schrägungswinkel $\beta = 15°$ den Zähnezahlen $z_3 = 14$, $z_4 = 71$ und der

Zahnbreite $b = 50$ mm, Werkstoffe: 34CrNiMo6 (Ritzel 3), C45 (Rad 4), Zahnflanken ungehärtet, Verzahnungsqualität 9. Aus der Berechnung der ersten Stufe nach Aufgabe 23.53 sind ferner bekannt. Drehzahl $n_3 = n_2 \approx 350\ \text{min}^{-1}$, Drehmomentspitze $T_3 = T_2 \approx 171$ Nm, Anwendungsfaktor $K_A = 1{,}3$, Wirkungsgrad $\eta = 0{,}94$. Es ist die Berechnung der zweiten Getriebestufe durchzuführen. Zu ermitteln sind:

1. Die Abmessungen der Räder, der Achsabstand, die Ersatzzähnezahlen und die Gesamtüberdeckung,

2. Die Drehzahl n_4, die Drehmomentspitze T_4 und die Zahnkräfte zur Auslegung der Wellen und Lager,

3. Sind die Sicherheiten gegen Zahn-Dauerbruch ausreichend, und wird eine Volllast-Lebensdauer auch der Grübchentragfähigkeit von mindestens 10 h erreicht? $S_{F\,erf} = 1{,}1$, $S_{H\,erf} = 0{,}7$. Rautiefen und Schmieröl wie in Aufg. 23.53.

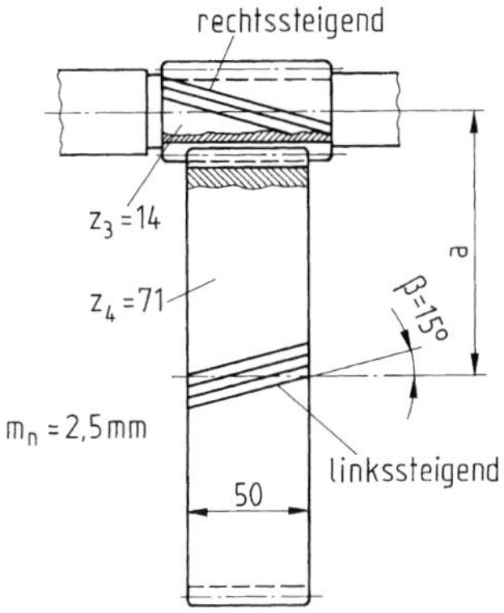

Bild 23.54 Schrägzahn-Stirnradpaar der zweiten Stufe des Hubwerksgetriebes nach Bild 23.53

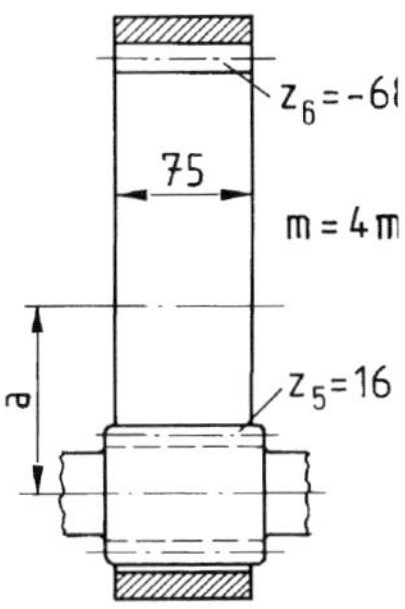

Bild 23.55 Geradzahn-Innenradpaar der dritten Stufe des Hubwerksgetriebes nach Bild 23.53

E: **1.** $\alpha_t = \alpha_{wt} = 20{,}65°$, $d_3 = 36{,}23$ mm, $d_4 = 183{,}76$ mm, $d_{a3} = 41{,}23$ mm, $d_{a4} = 188{,}76$ mm, $d_{f3} = 29{,}98$ mm, $d_{f4} = 177{,}51$ mm, $d_{b3} = 33{,}9$ mm, $d_{b4} = 171{,}95$ mm, $p_n = 7{,}85$ mm, $p_{en} = 7{,}38$ mm, $p_t = 8{,}13$ mm, $p_{et} = 7{,}61$ mm, $a = a_d = 110$ mm, $z_{n3} = 15{,}4$, $z_{n4} = 78{,}1$, $\varepsilon_\gamma = 3{,}21$ ($\varepsilon_\alpha = 1{,}56$, $\varepsilon_\beta = 1{,}65$).

2. $n_4 = 69\ \text{min}^{-1} = 1{,}15\ \text{s}^{-1}$ ($u = 5{,}071$), $T_4 \approx 815$ Nm, $F_{t3} = F_{t4} = 8{,}87$ kN, $F_{r3} = F_{r4} \approx 3{,}34$ kN, $F_{a3} = F_{a4} \approx 2{,}38$ kN.

3. Bezgl. Zahndauerbruch ja: $S_{F3} = 1{,}46 > S_{F\,erf} = 1{,}1$, $S_{F4} = 1{,}46 > 1{,}1$ ($F_{Nt} = 6823$ N, $K_v = 1{,}018$, $K_{F\beta} = 2{,}65$ (angenommen wurde $K' = 0{,}6$, $l = 180$ mm, $s = 40$ mm, $d_{Sh} = d_f = 29{,}98$ mm, $d_1/d_{Sh} = 36{,}235/29{,}985 = 1{,}21 > 1{,}15$), $\sigma_{F03} = 149{,}7\ \text{N/mm}^2$, $Y_{FS3} = 4{,}92$ (extrapoliert), $\sigma_{F04} = 130{,}0\ \text{N/mm}^2$, $\sigma_{F3} = 618{,}3\ \text{N/mm}^2$, $\sigma_{F4} = 536{,}6\ \text{N/mm}^2$, $N_{L3} = 0{,}21 \cdot 10^6$, $N_{L4} = 0{,}41 \cdot 10^5$, $Y_{NT3} = 1{,}55$, $Y_{NT4} = 2$, $Y_R \approx 0{,}96$, $Y_X = 1$). Bzgl. Volllast-Lebensdauer (Grübchentragfähigkeit) nein: $S_{H3} = 0{,}58 < S_{H\,erf} = 0{,}7$, $S_{H4} = 0{,}49 < 0{,}7$ ($\sigma_{H0} = 698{,}5\ \text{N/mm}^2$, $Z_H = 2{,}42$, $Z_\beta = 0{,}983$, $\sigma_H = 1505\ \text{N/mm}^2$, $K_{H\alpha} = 1{,}18$, $K_{H\beta} = 2{,}99$, $\sigma_{H\,lim3} = 630\ \text{N/mm}^2$, $\sigma_{H\,lim4} = 530\ \text{N/mm}^2$, $Z_{NT3} = 1{,}6$, $Z_{NT4} = 1{,}6$, $Z_L = 1{,}15$, $Z_v = 0{,}9$, $Z_R = 0{,}84$, $Z_W = 1$, $Z_X = 1$).

L: **1.** Wie ME Beisp. 22.3 u. unter 1. in Aufg. 23.50.

2. Nach den Gln. (21.4), (23.3) u. (23.4), $T_4 = T_3 \cdot |i| \cdot \eta$, $F_{t3} = F_{t4} = T_4/r_4$. **3.** Wie unter 3. in Aufg. 23.53.

23.55 Die dritte Stufe des in Bild 23.53 gezeigten dreistufigen Hubwerksgetriebes eines Elektroseilzuges ist ein Geradzahn-Innenradpaar mit dem Modul $m = 4$ mm, der Zahnbreite $b = 75$ mm und den Zähnezahlen $z_5 = 16$, $z_6 = -68$ (Bild 23.55). Es soll als $\mathrm{V_{plus}}$-Radpaar ausgeführt werden mit dem Achsabstand $a = a_\mathrm{w} = -102$ mm, Verzahnungsqualität 9, Profilverschiebungsfaktor $x_6 = 0$. Gegeben sind ferner: Zeitgetriebe mit einer Volllast-Lebensdauer von mindestens 10 h, Anwendungsfaktor $K_\mathrm{A} = 1{,}3$, Abtriebsdrehmomentspitze $T_\mathrm{b} = T_6 = 3250$ Nm, Ritzeldrehzahl $n_3 = n_4 = 69\ \mathrm{min}^{-1}$, Abtriebsdrehzahl $n_\mathrm{b} = n_6 = 16{,}25\ \mathrm{min}^{-1}$. Wegen der geringen Umfangsgeschwindigkeit ist der Dynamikfaktor $K_\mathrm{v} \approx 1$. Werkstoffe: 34CrNiMo6 (Ritzel 5), C45 (Rad 6), Zahnflanken ungehärtet. Zu ermitteln sind:

1. Die Verzahnungs-Abmessungen des Ritzels 5 (einschließlich des erforderlichen Profilverschiebungsfaktors x_5) und des Hohlrades 6 (mit der Angabe, ob eine Kopfkürzung notwendig ist), die Profilüberdeckung und die Zahnkräfte,

2. Eine für alle drei Getriebestufen zu verwendende ISO-Viskositätsklasse des Schmieröls bei einer Umgebungstemperatur von ca. 25 °C und Öl-Tauchschmierung sowie die im Getriebegehäuse erforderliche Ölmenge. Aus den Berechnungen nach den Aufgaben 23.53 und 23.54 können entnommen werden für die zweite Stufe: $F_\mathrm{t3} = 8{,}87$ kN, $d_3 \approx 36$ mm, $b = 50$ mm, $u = 5{,}071$, $v = 0{,}664$ m/s, Werkstoffe wie III. Stufe, außerdem die Antriebs-Nennleistung $P_\mathrm{Na} \approx 5{,}1$ kW und der Gesamtwirkungsgrad $\eta_\mathrm{ges} \approx 0{,}83$. Alle Zahnflanken sind ungehärtet. Es ist nach den errechneten kinematischen Viskositäten der Stufen II und III eine mittlere ISO-Viskositätsklasse auszuwählen (für $k_\mathrm{S}/v > 20$ MPa · s/m gilt ν bei $k_\mathrm{S}/v = 20$ MPa · s/m).

3. Sind die Sicherheiten gegen Zahndauerbruch und gegen Grübchenschäden ausreichend? $S_\mathrm{F\,erf}$, $S_\mathrm{H\,erf}$ und Rautiefen wie in Aufg. 23.53.

E: **1.** $u = -4{,}25$, $d_5 = 64$ mm, $d_6 = -272$ mm, $\alpha_\mathrm{w} = 16{,}64°$, ($a_\mathrm{d} = -104$ mm), $x_5 = +0{,}46$ (inv $\alpha_\mathrm{w} = 0{,}008405$), $d_\mathrm{w5} = 62{,}77$ mm, $d_\mathrm{w6} = -266{,}77$ mm, $d_\mathrm{a5} = 75{,}712$ mm ($h_\mathrm{a} = 4$ mm), $d_\mathrm{a6} = -264$ mm, $d_\mathrm{f5} = 57{,}71$ mm ($h_\mathrm{f} = 5$ mm), $d_\mathrm{f6} = -282$ mm ($d_\mathrm{v5} = 67{,}712$ mm, $d_\mathrm{v6} = d_6$), $d_\mathrm{b5} = 60{,}14$ mm, $d_\mathrm{b6} = -255{,}6$ mm, keine Kopfkürzung erforderlich, da $|d_\mathrm{b6}| < |d_\mathrm{a6}|$ und $k \cdot m = -0{,}9$ mm, $p = 12{,}566$ mm, $p_\mathrm{e} = 11{,}81$ mm, $\varepsilon_\alpha = 1{,}62$, $F_\mathrm{t5} = F_\mathrm{t6} \approx 24{,}36$ kN, $F_\mathrm{r5} = F_\mathrm{r6} \approx 7{,}28$ kN.

2. Viskositätsklasse ISO VG 1000 (**Stufe II:** $k_\mathrm{S} \approx 17{,}7$ MPa, $k_\mathrm{S}/v \approx 26{,}7$ MPa · s/m, $\nu_\mathrm{erf} \approx 1\,000\ \mathrm{mm}^2/\mathrm{s}$, **Stufe III:** $k_\mathrm{S} \approx 11{,}6$ MPa, $v \approx 0{,}23$ m/s, $k_\mathrm{S}/v \approx 50$ MPa · s/m, $\nu_\mathrm{erf} \approx 1\,000\ \mathrm{mm}^2/\mathrm{s}$, **gesamt:** $\nu_\mathrm{erf} \approx 1\,000\ \mathrm{mm}^2/\mathrm{s}$), $V_\mathrm{öl} \approx 2{,}6 \ldots 5{,}21$ ($P_\mathrm{f} \approx 0{,}87$ kW).

3. Bzgl. Zahndauerbruch ja: $S_\mathrm{F5} = 3{,}11 > S_\mathrm{F\,erf} = 1{,}1$, S_F6 entfällt, da Hohlrad ($F_\mathrm{Nt} = 18380$ N, $K_\mathrm{F\beta} = 1{,}40$ (angenommen wurde $K' = -1$, $l = 180$ mm, $s = 30$ mm, $d_\mathrm{Sh} = d_\mathrm{f} = 57{,}687$ mm, $d_1/d_\mathrm{Sh} = 1{,}11 < 1{,}15$), $K_\mathrm{F\alpha} = 1 < 1{,}4$, $\sigma_\mathrm{F05} = 194{,}1\ \mathrm{N/mm}^2$, $\sigma_\mathrm{F5} = 375{,}4\ \mathrm{N/mm}^2$, $Y_\mathrm{NT5} = 2$, $\sigma_\mathrm{FE5} = 610\ \mathrm{N/mm}^2$, $N_\mathrm{L5} = 0{,}414 \cdot 10^5$, $Y_\mathrm{R} = 0{,}96$, $Y_\mathrm{X} = 1$). Grübchentragfähigkeit Ritzel 5 ja: $S_\mathrm{H5} = 0{,}76 > S_\mathrm{H\,erf} = 0{,}7$, Rad 6 nein: $S_\mathrm{H6} = 0{,}55 < 0{,}7$ ($K_\mathrm{H\beta} = 1{,}56$, $K_\mathrm{H\alpha} = 1$, $N_\mathrm{L6} \approx 0{,}1 \cdot 10^5$, $\sigma_\mathrm{H0} = 804\ \mathrm{N/mm}^2$, $Z_\mathrm{H} = 2{,}75$, $Z_\mathrm{E} = 189{,}8\ \sqrt{\mathrm{N/mm}^2}$, $\sigma_\mathrm{H} = 1149\ \mathrm{N/mm}^2$, $\sigma_\mathrm{H\,lim5} = 630\ \mathrm{N/mm}^2$, $\sigma_\mathrm{H\,lim6} = 530\ \mathrm{N/mm}^2$, $Z_\mathrm{NT} = 1{,}6$, $Z_\mathrm{L} = 1{,}15$, $Z_\mathrm{v} = 0{,}9$, $Z_\mathrm{R} = 0{,}84$, $Z_\mathrm{W} = 1$, $Z_\mathrm{X} = 1$).

L: **1.** Verzahnungsabmessungen nach den Gln. (21.2), (22.1), (22.7), (22.28) bis (22.31), (22.21) bis (22.23), (22.4) bis (22.6) (das Zähnezahlverhältnis, der Achsabstand und alle Durchmesser des Hohlrades haben negative Vorzeichen!), ε_α nach Gl. (22.36), Kontrolle nach Gl. (22.33), ob Kopfkürzung erforderlich, $F_\mathrm{t5} = F_\mathrm{t6} = T_6/|r_\mathrm{w6}|$, $F_\mathrm{r5} = F_\mathrm{r6}$ nach Gl. (23.3).

2. Wie Aufg. 23.18, Zuschlag von 35 % zu ν nach Tab. 23.8 für beide Stufen erforderlich, da jeweils Werkstoffe aus ähnlich zusammengesetzten Stählen, ν_erf als Mittelwert aus den zwei letzten Stufen.

3. Wie unter 3. in den Aufgaben 23.53 und 23.54.

Kegelradpaare

23.56 Bild 23.56 zeigt einen Ausschnitt aus einem mehrstufigen Getriebe, dessen erste Stufe ein geradverzahntes Kegelradpaar mit dem Achsenwinkel $\Sigma = 90°$ ist, und zwar ein Null-Radpaar mit der Ritzel-Zähnezahl $z_1 = 16$ und der Rad-Zähnezahl $z_2 = 40$. Das Getriebe wird von einem Einzylinder-Verbrennungsmotor mit der Nennleistung $P_{N1} = 2{,}5$ kW bei $n_1 = 1500\ \text{min}^{-1}$ angetrieben und ist für den Antrieb eines Gurtförderers vorgesehen. Es handelt sich um ein Dauergetriebe mit Öl-Tauchschmierung, Schmieröl ohne verschleißverringernde Wirkstoffe, Wirkungsgrad der ersten Stufe $\eta \approx 0{,}94$, Ritzel 1 aus Vergütungsstahl 34Cr4 carbonitriert, Rad 2 aus 16MnCr5 gasnitriert. Für das Kegelradpaar sind zu ermitteln:

1. Verzahnungsdaten: Teilkegelwinkel δ_1 und δ_2, äußerer Modul m_e als Normmodul, ausgehend von einem Teilkreisdurchmesser $d_{e1} \approx 45 \ldots 50$ mm (geschätzt nach dem an das Ritzel anschließenden Lagerzapfendurchmesser von 25 mm), äußere Teilkreisdurchmesser d_{e1}, d_{e2}, äußere Kopf- und Fußkreisdurchmesser d_{ae1}, d_{ae2} und d_{fe1}, d_{fe2}, äußere Teilung p_e, äußere Teilkegellänge R_e = Planrad-Radius R_P, Zahnbreite b (der kleinere Wert für b_{zul} um 3,5 mm vermindert und auf volle mm abgerundet), mittlerer Modul m_m, mittlere Teilkreisdurchmesser d_{m1}, d_{m2}, innerer Modul m_i, innere Teilkreisdurchmesser d_{i1}, d_{i2}, innere Kopfkreisdurchmesser d_{ai1}, d_{ai2}, Kopf- und Fußwinkel ϑ_a und ϑ_f, Kopf- und Fußkegelwinkel δ_a und δ_f, virtuelle Zähnezahlen z_{v1}, z_{v2}, virtuelles Zähnezahlverhältnis u_v, Profilüberdeckung ε_α,
2. Für die Auslegung der Lager und Wellen: Raddrehzahl n_2, Antriebsleistungsspitze P_a, Abtriebsleistungsspitze $P_b = P_2$, Antriebs- und Abtriebsdrehmomentspitzen T_a und $T_b = T_2$, Tangentialkräfte F_{t1}, F_{t2}, Axialkräfte F_{a1}, F_{a2}, Radialkräfte F_{r1}, F_{r2}, außerdem die Verzahnungsqualität und eine geeignete ISO-Viskositätsklasse für das Schmieröl,
3. Sind die Sicherheiten S_{F1} und S_{F2} gegen Zahn-Dauerbruch sowie S_{H1} und S_{H2} gegen Grübchenschäden ausreichend?

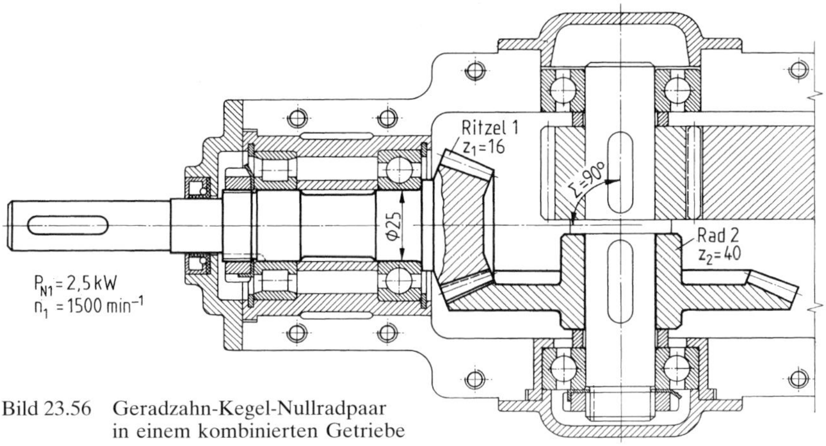

Bild 23.56 Geradzahn-Kegel-Nullradpaar in einem kombinierten Getriebe

E: 1. $\delta_1 = 21{,}8°$ ($u = 2{,}5$), $\delta_2 = 68{,}2°$ $m_e = 3$ mm (erf. $m_e \approx 2{,}8 \ldots 3{,}13$ mm), $d_{e1} = 48$ mm, $d_{e2} = 120$ mm, $d_{ae1} = 53{,}57$ mm ($h_{ae} = 3$ mm), $d_{ae2} = 122{,}23$ mm, $d_{fe1} = 41{,}04$ mm ($h_{fe} = 3{,}75$ mm), $d_{fe2} = 117{,}21$ mm, $p_e = 9{,}425$ mm, $R_e = R_p = 64{,}63$ mm, $b = 18$ mm ($b_{zul} \approx 21{,}5$ mm), $m_m = 2{,}582$ mm, $d_{m1} = 41{,}31$ mm, $d_{m2} = 103{,}28$ mm, $m_i = 2{,}164$ mm $= h_{ai}$, $d_{i1} = 34{,}62$ mm, $d_{i2} = 86{,}56$ mm, $d_{ai1} = 38{,}64$ mm, $d_{ai2} = 88{,}17$ mm, $\vartheta_a = 2{,}66°$, $\vartheta_f = 3{,}32°$, $\delta_{a1} = 24{,}46°$, $\delta_{a2} = 70{,}86°$, $\delta_{f1} = 18{,}48°$, $\delta_{f2} = 64{,}88°$, $z_{v1} = 17{,}23 > z_{min} = 17$, $z_{v2} = 107{,}7$, $u_v = 6{,}25$, $\varepsilon_\alpha = 1{,}69$ ($d_{a1} = 19{,}23$, $d_{a2} = 109{,}7$, $d_{b1} = 16{,}19$, $d_{b2} = 101{,}2$, $p_e = 2{,}95$, $a = 62{,}47$).

2. $n_2 = 600\,\text{min}^{-1} = 10\,\text{s}^{-1}$, $P_a = 3{,}75\,\text{kW}$ ($K_A = 1{,}5$), $P_b = P_2 = 3525\,\text{W}$ ($P_{Nb} = 2{,}35\,\text{kW}$), $T_a \approx 23{,}9\,\text{Nm}$, $T_b = T_2 \approx 56{,}2\,\text{Nm}$, $F_{t1} = F_{t2} = 1\,088\,\text{N}$ ($v_m \approx 3{,}24\,\text{m/s}$), $F_{a1} = F_{r2} = 147\,\text{N}$, $F_{r1} = F_{a2} \approx 368\,\text{N}$, Verzahnungsqualität 8, Viskositätsklasse ISO VG 320 ($k_S \approx 5{,}1\,\text{MPa}$, $k_S/v_m \approx 1{,}57\,\text{MPa}\cdot\text{s/m}$, $\nu_{erf} \approx 321\,\text{mm}^2/\text{s}$ einschl. Zuschlag).

3. Ja, $S_{F1} = 4{,}22 > S_{F\,erf} = 1{,}3$, $S_{F2} = 4{,}27 > 1{,}3$ ($F_{Nt} = 725\,\text{N}$, $K_v = 1{,}205$, $\sigma_{F01} = 52{,}3\,\text{N/mm}^2$, $\sigma_{F02} = 46{,}6\,\text{N/mm}^2$, $\sigma_{F1} = 213{,}2\,\text{N/mm}^2$, $\sigma_{F2} = 189{,}7\,\text{N/mm}^2$, $\sigma_{FE1} = 900\,\text{N/mm}^2$, $\sigma_{FE2} = 810\,\text{N/mm}^2$, $Y_{NT} = 1$, $Y_X = 1$). $S_{H1} = 1{,}12 > S_{H\,erf} = 1$, $S_{H2} = 1{,}03 > 1$ ($\sigma_{H0} = 461{,}6\,\text{N/mm}^2$, $Z_H = 2{,}495$, $Z_E = 189{,}8\,\sqrt{\text{N/mm}^2}$, $d_{vm1} = 44{,}49\,\text{mm}$, $b_H = 15{,}3\,\text{mm}$, $\sigma_{H1} = 1207{,}8\,\text{N/mm}^2$, $\sigma_{H2} = 1\,072{,}5\,\text{N/mm}^2$, $\sigma_{H\,lim1} = 1\,350\,\text{N/mm}^2$, $\sigma_{H\,lim2} = 1\,100\,\text{N/mm}^2$, $Z_{NT} = 1$, $Z_X = 1$).

L: **1.** Wie die ME Beisp. 22.11 u. 22.12 und wie die Aufgn. 22.15 (ohne 10.) bis 22.17 sowie unter 4. in 22.18.

2. Wie die Aufg. 23.8 und unter 2. in Aufg. 23.20, jedoch Zuschlag von 35 %, da Schmieröl ohne verschleißverringernde Wirkstoffe bei gehärteten Zahnflanken.

3. Mit den Gln. (23.49) bis (23.57) wie Aufg. 23.40 und 23.41, erforderliche Sicherheiten: $S_F = 1{,}3$, $S_H = 1$.

23.57

Das in Bild 23.57 dargestellte zweistufige kombinierte Universalgetriebe soll als Dauergetriebe für eine Antriebsleistungsspitze $P_a = 150\,\text{kW}$ ausgelegt werden, Anwendungsfaktor $K_A = 1$. Die erste Stufe ist ein schrägverzahntes Kegel-Null-Radpaar mit dem Achsenwinkel $\Sigma = 90°$, dem mittleren Schrägungswinkel $\beta_m = 20°$, einem mittleren Normalmodul $m_{nm} = 8\,\text{mm}$ und der Zahnbreite $b = 60\,\text{mm}$. Die Zahnflanken sind nitrocarburiert und feinbearbeitet, sie laufen unter Flüssigkeitsreibung, Umgebungstemperatur ca. 35 °. Das Ritzel 1 ist linkssteigend, hat $z_1 = 20$ Zähne und die Drehzahl $n_1 = 1\,420\,\text{min}^{-1}$, Raddrehzahl $n_2 \approx 675\,\text{min}^{-1}$. Als Einbaumaße sind $t_{B1} = 220\,\text{mm}$ und $t_{B2} = 120\,\text{mm}$ vorgesehen. Für das Kegelradpaar sind zu ermitteln:

1. Die für die Herstellung der Räder erforderlichen Abmessungen (Durchmesser, Winkel usw., wie in Bild 22.20b eingetragen) und eine Überprüfung der Zahnbreite b auf Zulässigkeit, außerdem der äußere Schrägungswinkel β_e und die Gesamtüberdeckung ε_γ,

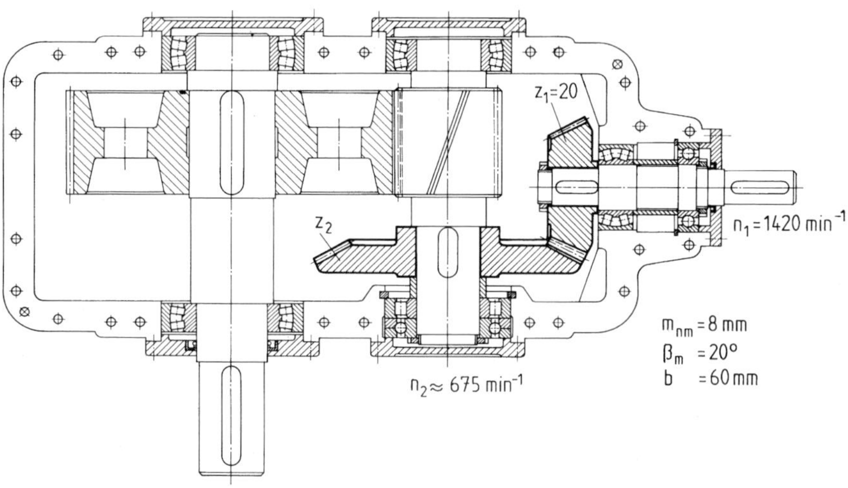

Bild 23.57 Schrägverzahntes Kegel-Null-Radpaar in einem kombinierten Getriebe

23

2. Die tangentialen, radialen und axialen Zahnkräfte (Drehrichtung wie ME Bild 23.4) sowie die Drehmomente T_a der Ritzelwelle und T_b der Radwelle,
3. Geeignete Stahlwerkstoffe für Ritzel 1 und für Rad 2, gewählt nach der erforderlichen Dauerflankenpressung so, dass die Differenz der Schwellfestigkeiten $\sigma_{FE1} - \sigma_{FE2}$ mindestens 50 N/mm² beträgt und die für Dauergetriebe übliche Sicherheit gegen Zahndauerbruch $S_F = 1{,}3$ nicht unterschritten wird.
4. Die Schmierungsart und eine geeignete ISO-Viskositätsklasse für das Schmieröl mit oder ohne verschleißverringernde Wirkstoffe.

E: **1.** $z_2 = 42$ ($u = 2{,}1$), $\delta_1 = 25{,}463°$, $\delta_2 = 64{,}537°$, $m_{tm} = 8{,}513$ mm, $p_{tm} = 26{,}746$ mm, $d_{m1} = 170{,}27$ mm, $d_{m2} = 357{,}56$ mm, $d_{am1} = 184{,}72$ mm ($h_{am} = 8$ mm), $d_{am2} = 364{,}44$ mm, $d_{fm1} = 152{,}21$ mm, ($H_{fm} = 10$ mm), $d_{fm2} = 348{,}96$ mm, $R_m = 198{,}02$ mm, $R_e = 228{,}02$ mm, $R_i = 168{,}02$ mm, $d_{e1} = 196{,}07$ mm, $d_{e2} = 411{,}74$ mm, $m_{te} = 9{,}804$ mm, $d_{ae1} = 212{,}71$ mm, $d_{ae2} = 419{,}66$ mm, $d_{fe1} = 175{,}27$ mm, $d_{fe2} = 401{,}83$ mm, $d_{i1} = 144{,}47$ mm, $d_{i2} = 303{,}38$ mm, $d_{ai1} = 156{,}73$ mm, $d_{ai2} = 309{,}22$ mm, $\vartheta_a = 2{,}313°$, $\vartheta_f = 2{,}891°$, $\delta_{a1} = 27{,}78°$, $\delta_{a2} = 66{,}85°$, $\delta_{f1} = 22{,}57°$, $\delta_{f2} = 61{,}65°$, $t_{I1} = 71{,}24$ mm, ($t_{i1} = 148{,}76$ mm), $t_{E1} = 18{,}11$ mm ($t_{a1} = 201{,}92$ mm), $t_{I2} = 53{,}89$ mm ($t_{i2} = 66{,}11$ mm), $t_{E2} = 30{,}29$ mm ($t_{a2} = 89{,}71$ mm), $b_{zul} = 80$ mm bzw. 65 mm $> b = 60$ mm, $\beta_e = 17{,}28°$, ($f_m = 1{,}1325$, $\varphi_e = 2{,}72°$), $\varepsilon_\gamma = 2{,}39$ ($z_{v1} = 22{,}2$, $z_{v2} = 97{,}7$ $\alpha_t = 21{,}17°$, $\varepsilon_\beta = 0{,}82$, $\varepsilon_\alpha = 1{,}57$ errechnet mit $m_n = h_a = 1$: $d_1 = 23{,}57$, $d_2 = 103{,}97$, $d_{a1} = 25{,}57$, $d_{a2} = 105{,}97$, $d_{b1} = 21{,}98$, $d_{b2} = 96{,}95$, $a = 63{,}77$, $p_{et} = 3{,}12$).
2. $F_{t1} = F_{t2} = 11\,374$ N ($P_b = P_{Nb} = 144$ kW, $\eta \approx 0{,}96$, $v_m = 12{,}66$ m/s), $F_{a1} = F_{r2} \approx 5632$ N, $F_{r1} = F_{a2} \approx 2198$ N, $T_a \approx 1\,009$ Nm ($\omega_a = 148{,}7$ rad/s), $T_b \approx 2034$ Nm.
3. Rad 1: 42CrMo4 (gasnitriert), $\sigma_{H\,lim1} = 1\,070$ N/mm², $\sigma_{FE1} = 770$ N/mm², Rad 2: 16MnCr5 (nitrocarboniert), $\sigma_{H\,lim2} = 770$ N/mm², $\sigma_{FE2} = 650$ N/mm² ($\sigma_{H\,lim\,erf2} = 711{,}622$ N/mm², $F_{Nt} = 11\,374$ N, $K_v = 1{,}079$, Verzahnungsqualität 5, $f_F = 1{,}55$, $K = 25{,}3$ s/m, $\sigma_{H0} = 429{,}9$ N/mm², $Z_H = 2{,}37$, $Z_E = 189{,}8\sqrt{\text{N/mm}^2}$, $d_{vm1} = 189$ mm, $b_H = 51$ mm, $\sigma_{H1} = 724{,}3$ N/mm², $\sigma_{H2} = 704{,}5$ N/mm², $Z_{NT} = 1$, $Z_X = 0{,}99$), $S_{F1} \approx 5{,}3 > 1{,}3$ ($Y_X = 0{,}96$, $\sigma_{F1} = 139{,}6$ N/mm², $z_{vn1} = 26{,}8$, $Y_\beta = 0{,}863$), $S_{F2} \approx 4{,}6 > 1{,}3$ ($\sigma_{F2} = 134{,}8$ N/mm², $z_{vn2} = 115{,}9$).
4. Öl-Tauchschmierung, Viskositätsklasse ISO VG 150 ($k_S \approx 4{,}1$ MPa $< 7{,}5$ MPa, $k_S/v_m = 0{,}324$ MPa · s/m, $\nu_{erf} \approx 138$ mm²/s einschl. Zuschlag), verschleißverringernde Wirkstoffe nicht erforderlich, da $v_g/v_m = 0{,}3$ ($d_{vm1} \approx 189$ mm, $d_{vm2} = 831{,}7$ mm, $d_{vma1} = 205$ mm, $d_{vma2} = 847{,}7$ mm, $d_{vmb1} = 176{,}2$ mm, $d_{vmb2} = 775{,}6$ mm, $g_i = g_f = 20{,}85$ mm $> g_a = 18{,}27$ mm, $v_g = 3{,}8$ m/s).

L: **1.** Wie Aufgn. 22.20 u. 22.21.
2. Wie Aufg. 23.10.
3. Berechnung von σ_{F1}, σ_{F2} und σ_H wie unter 1. bis 4. in Aufg. 23.44 und 1. bis 2. in Aufg. 23.45, damit $\sigma_{H\,lim\,erf}$ nach Gl. (23.57) mit $S_{H\ erf} = 1$, Werkstoffwahl nach Tab. 23.15 und Kontrolle von S_{F1} und S_{F2} mit Gl. (23.53).
4. Wie Aufg. 23.20 (Zuschlag von 10 % zum Tabellenwert für ν wegen Umgebungstemperatur von 35 °C).

Zahnräder aus thermoplastischen Kunststoffen

23.58 In einem Werkzeugmaschinengetriebe soll zwecks Geräuschdämpfung ein geradverzahntes Stirnrad aus Kunststoff mit einem Ritzel aus Stahl als Null-Radpaar eingesetzt werden und als Dauergetriebe unter Ölnebelschmierung arbeiten. Es betragen der Modul $m = 6$ mm, die Zahnbreite $b = 80$ mm und die Ritzel-Zähnezahl $z_1 = 25$. Das Kunststoffrad mit $z_2 = 80$ Zähnen hat bei der Drehzahl $n_2 = 240\ \text{min}^{-1}$ eine Nennleistung $P_N = 25$ kW zu übertragen. Ein geeigneter thermoplastischer Kunststoff ist wie folgt zu ermitteln:

1. Nennumfangskraft F_{Nt},
2. Belastungskennwert c,
3. Welcher thermoplastische Kunststoff ist für das Rad 2 geeignet?

E: **1.** $F_{Nt} = 4167$ N ($d_2 = 480$ mm, $v = 6$ m/s).
2. $c = 2{,}76\ \text{N/mm}^2$ ($p = p_t = 18{,}85$ mm).
3. PA 12 (Guss) mit $c_{zul} = 2{,}8\ \text{N/mm}^2 > c$.

L: Wie ME Beisp. 23.12 mit d_2 nach Gl. (22.1) und $p_t = p$ nach Gl. (22.5). Zulässiger Wert c_{zul} nach Tab. 23.21 für Ölschmierung, $v = 10$ m/s, $N = 10^8$. Da $v < 10$ m/s ist, wird $N_L > 10^8$.

23.59

Für das geradverzahnte Nullrad in einem Werkzeugmaschinengetriebe mit geschlossenem Gehäuse ist nach Aufgabe 23.58 als Werkstoff Polyamid PA 12 (Guss) ermittelt worden. Dieses in einem Dauergetriebe als Rad 2 unter Ölnebelschmierung laufende Kunststoffzahnrad ist auf Zahnfußtragfähigkeit nachzurechnen. Gegeben sind: Modul $m = 6$ mm, Zahnbreite $b = 80$ mm, Zähnezahlen $z_1 = 25$, $z_2 = 80$, Teilkreisdurchmesser $d_2 = 480$ mm, Umfangsgeschwindigkeit $v = 6$ m/s, Nennumfangskraft $F_{Nt} = 4\,167$ N, Nennleistung $P_N = 25$ kW, Anwendungsfaktor $K_A = 1{,}25$, Umgebungstemperatur $t_0 \approx 25\ °\text{C}$, wärmeabführende Oberfläche des Getriebegehäuses $A \approx 0{,}85\ \text{m}^2$. Zu ermitteln sind:

1. Das Zähnezahlverhältnis u und der Überdeckungsgrad ε_α,
2. Die Zahntemperatur t_F,
3. Ist die Sicherheit S_F gegen Zahn-Dauerbruch ausreichend?

E: **1.** $u = 3{,}2$, $d_1 = 150$ mm, $\varepsilon_\alpha \approx 1{,}7$ ($h_a = m = 6$ mm, $d_{a1} = 162$ mm, $d_{a2} = 492$ mm, $d_{b1} = 141$ mm, $d_{b2} = 451$ mm, $p_e = 117{,}7$ mm, $a = 315$ mm).
2. $t_F \approx 42\ °\text{C}$ ($\mu = 0{,}07$, $K_{F1} = 1$, $K_{F2} = 0{,}17$, $\kappa = 0{,}75$).
3. Nicht ganz, $S_F \approx 1{,}93 < 2$ ($Y_{Fa} \approx 2{,}28$, $Y_\varepsilon \approx 0{,}588$, $\sigma_F = 14{,}5\ \text{N/mm}^2$, $w = 65{,}1$ N/mm, $\sigma_{FN} \approx 28\ \text{N/mm}^2$).

L: **1.** Nach den Gln. (21.2), (22.1), (22.2), (22.4), (22.6) u. (22.34).
2. Wie unter 1. in ME Beisp. 23.13.
3. Wie unter 2. und 3. in ME Beisp. 23.13.

23.60

Das geradverzahnte Nullrad aus Polyamid PA 12 nach den Aufgaben 23.58 und 23.59, in einem Dauergetriebe als Rad 2 mit einem Stahlgegenrad unter Ölnebelschmierung arbeitend, ist auf Flankentragfähigkeit nachzurechnen. Gegeben sind: Modul $m = 6$ mm, Zahnbreite $b = 80$ mm, Teilkreisdurchmesser $d_1 = 150$ mm, Zähnezahl $z = z_2 = 80$, Zähnezahlverhältnis $u = 3{,}2$, Profilüberdeckung $\varepsilon_\alpha \approx 1{,}7$, Nennleistung $P_N = 2{,}5$ kW, Anwendungsfaktor $K_A = 1{,}25$, Linienbelastung $w = 65{,}1$ N/mm, Umfangsgeschwindigkeit $v = 6$ m/s, Umgebungstemperatur $t_0 \approx 25\ °\text{C}$, Gehäuseoberfläche $A \approx 0{,}85\ \text{m}^2$ (geschlossenes Getriebegehäuse), Reibzahl $\mu = 0{,}07$. Es sind zu ermitteln:

23

1. Die Flankentemperatur t_H,
2. Ist die Sicherheit S_H gegen Flankenschäden ausreichend?

E: **1.** $t_H \approx 61\ °\text{C}$ ($K_{H1} = 10$, $K_{H2} = 0{,}17$, $\kappa = 0{,}75$).
2. Ja, $S_H \approx 1{,}86 > 1{,}5$ ($Z_H = 2{,}49$, $Z_E \approx 15{,}7\ \sqrt{\text{N/mm}^2}$, $Z_\varepsilon = 0{,}876$, $\sigma_H = 25{,}8\ \text{N/mm}^2$, $\sigma_{HN} \approx 48\ \text{N/mm}^2$).

L: Wie ME Beisp. 23.14, Z_E nach Tab. 23.24 interpoliert und σ_{HN} nach Tab. 23.25 für Ölschmierung bei $N_L = 10^8$.

23.61 Für das nach den Aufgaben 23.58 bis 23.60 berechnete geradverzahnte Nullrad aus Polyamid PA 12 ist die Zahnverformung rechnerisch zu überprüfen. Bekannt sind: Gegenrad aus Stahl, Modul $m = 6$ mm, Zahnbreite $b = 80$ mm, Zähnezahlen $z_1 = 25$, $z_2 = 80$, Zähnezahlverhältnis $u = 3{,}2$, Nennumfangskraft $F_{Nt} = 4\,167$ N, Elastizitätsfaktor $Z_E \approx 15{,}7\ \sqrt{N/mm^2}$. Wird der erfahrungsgemäß zulässige Wert für die Verformung λ überschritten?

E: Ja, $\lambda_{zul} = 0{,}6$ mm $< \lambda \approx 0{,}77$ mm ($w_N = 52$ N/mm, $\varphi \approx 7$, $\psi_1 = 0$, $\psi_2 = 1$, $E_2 \approx 335\ N/mm^2$).

L: Wie ME Beisp. 23.15.

23.62 In einem geradverzahnten V_{plus}-Radpaar mit genormter 0,5-Verzahnung ($x_1 = x_2 = +0{,}5$) besteht das Großrad mit $z_2 = 78$ Zähnen aus Polyamid PA 66. Das Stahlritzel hat $z_1 = 17$ Zähne, Modul $m = 3$ mm. Bei der Ritzeldrehzahl $n_1 = 940\ min^{-1}$ ist eine Nennleistung $P_{N1} = 1{,}7$ kW zu übertragen. Es handelt sich um ein Zeitgetriebe mit einer erforderlichen Mindest-Volllast-Lebensdauer $L_h = 80$ h. Wird bei Ölschmierung und einer tragenden Zahnbreite $b = 30$ mm der zulässige Belastungskennwert c_{zul} überschritten?

E: Nein, $c_{zul} = 5{,}4\ N/mm^2 > c = 2{,}12\ N/mm^2$ ($\eta = 0{,}88$, $P_{N2} = P_N = 1{,}5$ kW, $d_2 = 234$ mm, $u = 4{,}588$, $n_2 \approx 204{,}9\ min^{-1} \approx 3{,}4\ s^{-1}$, $v \approx 2{,}5$ m/s, $F_{Nt} = 600$ N, $p \approx 9{,}42$ mm, $N_L = 983\,500 \approx 10^6$).

L: Berechnung von F_{Nt} und c sinngemäß wie unter 1. u. 2. in Aufg. 23.58 mit $P_N = P_{N1} \cdot \eta$ (η nach ME Abschn. 23.3), c_{zul} nach Tab. 23.21 für $N_L = L_h \cdot n_2$.

23.63 Das geradverzahnte V_{plus}-Rad aus Polyamid PA 66 nach Aufgabe 23.62 ist auf Zahnfuß-Tragfähigkeit nachzurechnen. Gegeben sind: Ritzel 1 aus Stahl, Modul $m = 3$ mm, Zähnezahl $z_2 = 78$, Zahnbreite $b = 30$ mm, Profilverschiebungsfaktor $x_2 = +0{,}5$, Profilüberdeckung $\varepsilon_\alpha = 1{,}46$, Umfangsgeschwindigkeit $v \approx 2{,}5$ m/s, Nennumfangskraft $F_{Nt} = 600$ N, Umgebungstemperatur $t_0 \approx 20\ °C$, Lastspielzahl $N = 10^6$, Anwendungsfaktor $K_A = 1{,}5$. Ist die Sicherheit S_F gegen Zahn-Dauerbruch ausreichend?

E: Ja, $S_F = 3{,}5 > 1{,}25$ ($Y_{Fa} \approx 2{,}09$, $Y_\varepsilon = 0{,}685$, $Y_\beta = 1$, $\sigma_F = 14{,}3\ N/mm^2$, $w = 30$ N/mm, $\sigma_{FN} = 50\ N/mm^2$).

L: Nach den Gln. (23.61) u. (23.62). Da $v < 5$ m/s ist, entfällt eine Berechnung von t_F und es wird $t_0 = t_F = t_H$ gesetzt (s. ME Abschn. 23.14).

23

23.64 Für das geradverzahnte V_{plus}-Rad aus PA 66 nach den Aufgaben 23.62 und 23.63 ist die Berechnung auf Flankentragfähigkeit durchzuführen. Es soll als Rad 2 mit $z_2 = 78$ und $x_2 = +0{,}5$ in einem Zeitgetriebe mit Ölschmierung laufen. Bekannt sind ferner: Stahlritzel mit $z_1 = 17$ Zähnen, Modul $m = 3$ mm, Zähnezahlverhältnis $u = 4{,}588$, Betriebseingriffswinkel $\alpha_w \approx 23°$, Profilüberdeckung $\varepsilon_\alpha = 1{,}46$, Umfangsgeschwindigkeit $v \approx 2{,}5$ m/s, Lastspielzahl $N_L = 10^6$, Flankentemperatur t_H = Umgebungstemperatur $t_0 \approx 20\ °C$, Linienbelastung $w = 30$ N/mm. Genügt die Sicherheit S_H gegen Flankenschäden?

E: Ja, $S_H \approx 1{,}43$ ($d_1 = 51$ mm, $Z_E = 37\ \sqrt{N/mm^2}$, $Z_H \approx 2{,}3$, $Z_\varepsilon = 0{,}92$, $\sigma_H \approx 66{,}3\ N/mm^2$, $\sigma_{HN} \approx 95\ N/mm^2$).

L: Nach den Gln. (23.63) u. (23.64) mit d_1 nach Gl. (22.1). Da $v < 5$ m/s, ist $t_0 = t_H$.

23.65 Das nach den Aufgaben 23.62 bis 23.64 berechnete Geradzahn-V_{plus}-Rad aus PA 66 mit genormter 0,5-Verzahnung ist auf Zahnverformung zu überprüfen. Gegeben sind: Stahlritzel, Zähnezahlen $z_1 = 17$, $z_2 = 78$, Zahnbreite $b = 30$ mm, Zähnezahlverhältnis $u = 4{,}588$, Modul $m = 3$ mm, Profilverschiebungsfaktor $x_2 = +0{,}5$, Nennumfangskraft $F_{Nt} = 600$ N, Elastizitätsfaktor $Z_E = 37\ \sqrt{N/mm^2}$. Ist die Verformung λ zulässig?

E: Ja. $\lambda_{zul} = 0{,}3$ mm $> \lambda = 0{,}05$ mm ($w_N = 20$ N/mm, $\varphi \approx 7{,}2$, $\psi_1 = 0$, $\psi_2 \approx 0{,}9$, $E_2 \approx 1\,860$ N/mm²).

L: Wie ME Beisp. 23.15 und Aufg. 23.61.

23.66 Das nach den Aufgaben 23.62 bis 23.65 auf Tragfähigkeit und Verformung berechnete Geradzahn-V_{plus}-Rad aus PA 66 mit dem Modul $m = 3$ mm und $x_2 = +0{,}5$ soll als Scheibenrad ausgeführt werden (Bild 23.66). Es hat bei der Drehzahl $n_2 \approx 205\ \text{min}^{-1} \approx 3{,}4\ \text{s}^{-1}$ eine Nennleistung $P_{N2} = 1{,}5$ kW zu übertragen, Anwendungsfaktor $K_A = 1{,}5$, Ritzeldrehzahl $n_1 = 940\ \text{min}^{-1} = 15{,}7\ \text{s}^{-1}$, Achsabstand $a = 145{,}5$ mm, Zähnezahlverhältnis $u = 4{,}588$, Betriebseingriffswinkel $\alpha_w \approx 23°$, Teilkreisdurchmesser $d_2 = 234$ mm. Für die Wellen- und Lagerberechnung sowie für die Gestaltung des Rades mit einem Bohrungsdurchmesser $d_B = 40$ mm sind zu ermitteln:

1. Die Zahnkräfte F_{t2} und F_{r2},
2. Die Zahnkranzdicke K, die Nabenwanddicke w und die Stegdicke S (jeweils auf volle 5 oder 10 mm gerundet),
3. Der Außendurchmesser = Kopfkreisdurchmesser d_a, der Kranzinnendurchmesser d_K und der Nabenaußendurchmesser d_N,
4. Würde eine rundstirnige Passfeder nach DIN 6885 (hohe Form) von der Länge $l = 45$ mm zur Verbindung des Rades mit der Welle ausreichen?

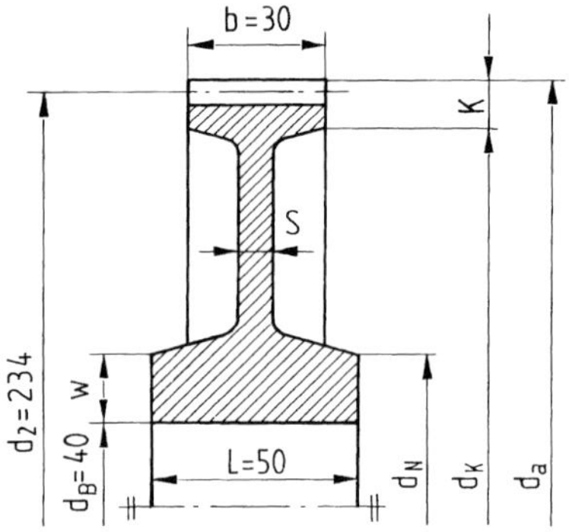

Bild 23.66 Geradzahn-V_{plus}-Rad aus PA 66 als Scheibenrad

23

E:
1. $F_{t2} \approx 880$ N ($P_b \approx 2{,}25$ kW, $d_{w1} = 52$ mm, $v_w = 2{,}56$ m/s), $F_{r2} \approx 374$ N.
2. $K = 15$ mm ($\approx 12{,}6 \ldots 14{,}1$ mm), $w = 15$ mm ($\approx 12 \ldots 16$ mm), $S = 10$ mm (≈ 9 mm $< w$).
3. $d_a = 246$ mm ($d_v = 240$ mm), $d_K = 216$ mm, $d_N = 70$ mm.
4. Nein, $p \approx 53$ N/mm² $> p_{zul} = 20$ N/mm² ($b \times h = 12$ mm $\times$ 8 mm, $t_1 = 5$ mm, $l_t = 33$ mm, $F_u \approx 5\,260$ N).

L:
1. Nach den Gln. (23.2) u. (23.3), d_{w1} nach Gl. (22.30).
2. Nach den Angaben im ME Abschn. 23.5 zu ME Bild 23.13b.
3. d_a nach Gl. (22.22) mit d_v nach Gl. (22.21), $d_K = d_a - 2K$, $d_N = d_B + 2w$ (s. Bild 23.66).
4. Nach Gl. (12.2) mit $l_t = l - b$, Passfedermaße $b \times h$ und Nuttiefe t_1 nach Tab. 12.4, p_{zul} nach ME Abschn. 23.5.

23.67 Zwecks Geräuschminderung soll in das Getriebe einer Küchenmaschine ein Geradzahn-Null-Stirnradpaar eingebaut werden, bei dem beide Räder aus Polyamid PA 66 hergestellt sind. Es handelt sich um ein Zeitgetriebe mit Fettschmierung für eine Mindest-Volllastlebensdauer $L_h = 100$ h, Ritzeldrehzahl $n_1 = 1\,400\ \text{min}^{-1}$, Abtriebs-Nenndrehmoment $M_{N2} = 2{,}7$ Nm, Anwendungsfaktor $K_A = 1$, Flankentemperatur t_H = Umgebungstemperatur $t_0 = 60\ °C$. Ferner betragen die Zähnezahlen $z_1 = 28$, $z_2 = 59$, der Modul $m = 1$ mm und die Zahnbreite $b = 10$ mm.

1. Ist der Belastungskennwert c zulässig, wenn c_{zul} für PA 66 bei Ölschmierung angenommen wird?
2. Ist die Sicherheit S_{F1} gegen Zahn-Dauerbruch ausreichend?
3. Genügt die Sicherheit S_{H1} gegen Flankenschäden?
4. Wird die zulässige Verformung λ_{zul} überschritten?

E:
1. Ja, $c \approx 2{,}9\ \text{N/mm}^2$ ($d_1 = 28$ mm, $d_2 = 59$ mm, $v = 2{,}05$ m/s, $F_{Nt} = 91{,}5$ N, $p = 3{,}14$ mm), $c_{1\,zul} \approx 4{,}5\ \text{N/mm}^2 > c$ ($N_1 = 8{,}4 \cdot 10^6$).
2. Ja, $S_{F1} \approx 1{,}64 > 1{,}25$ ($d_{a1} = 30$ mm, $d_{a2} = 61$ mm, $d_{b1} = 26{,}31$ mm, $d_{b2} = 55{,}44$ mm, $a = 43{,}5$ mm, $p_e = 2{,}95$ mm, $\varepsilon_\alpha = 1{,}73$, $Y_\varepsilon = 0{,}578$, $Y_\beta = 1$, $Y_{Fa1} \approx 2{,}65$, $\sigma_{F1} \approx 14\ \text{N/mm}^2$, $w = 9{,}15$ N/mm, $\sigma_{FN1} \approx 23\ \text{N/mm}^2$).
3. Ja, $S_{H1} \approx 1{,}5 > 1{,}1$ ($Z_H = 2{,}49$, $Z_E = 22{,}4\ \sqrt{\text{N/mm}^2}$, $Z_\varepsilon = 0{,}87$, $\sigma_H \approx 33{,}7\ \text{N/mm}^2$, $\sigma_{HN1} \approx 50\ \text{N/mm}^2$).
4. Nein, $\lambda = 0{,}065\ \text{mm} < \lambda_{zul} = 0{,}1$ mm ($\varphi \approx 7$, $\psi_1 = \psi_2 = 1$, $E_1 = E_2 \approx 1\,400\ \text{N/mm}^2$).

L:
1. Zweckmäßiger Rechnungsgang: d_1 und d_2 nach Gl. (22.1), v nach Gl. (21.3) mit $d_{w1} = d_1$ (da $v < 5$ m/s, ist Berechnung von t_F und t_H nach den Gln. (23.59) u. (23.60) nicht erforderlich), $F_{Nt} = T_{N2}/r_2$, c nach Gl. (23.58), N_1 nach L_h und n_1, $c_{1\,zul}$ interpolieren nach Tab. 23.21 (PA 66 Ölschmierung).
2. Nach den Gln. (23.61) u. (23.62) (ε_α nach Gl. (22.34)), σ_{FN1} interpolieren nach Tab. 23.23 für N_1 bei $t_F = t_0 = 60\ °C$.
3. Nach den Gln. (23.63) u. (23.64) (für Z_E den 0,7-fachen Wert der Tab. 23.24 einsetzen, da beide Räder aus gleichem Kunststoff), σ_{HN1} nach Tab. 23.25 für Fettschmierung bei $t_H = t_0$.
4. Nach Gl. (23.65); falls $\lambda > \lambda_{zul} = 0{,}1m$, größere Zahnbreite wählen.

23.68 Der Nockenwellenantrieb eines Viertaktmotors ist in Bild 23.68 schematisch dargestellt. Für diesen ist bei der Kurbelwellendrehzahl $n_1 = 4000\ \text{min}^{-1}$ eine Nennleistung $P_{N2} = 1{,}9$ kW aufzubringen, Anwendungsfaktor $K_A = 1{,}5$, Übersetzung $i = -2$. Das mit dem Kurbelwellenrad aus Stahl unter Ölumlaufschmierung arbeitende Nockenwellenrad aus glasfaserverstärktem Polyamid GF-PA 12 ist schrägverzahnt mit dem Schrägungswinkel $\beta = 15°$ hat $z_2 = 46$ Zähne mit dem Normalmodul $m_n = 2{,}5$ mm und eine Breite $b = 25$ mm. Die Umgebungstemperatur ist mit $t_0 \approx 80\ °C$ anzunehmen. Es sind der Belastungskennwert c, die Sicherheit S_F gegen Zahn-Dauerbruch und die Sicherheit S_H gegen Flankenschäden zu ermitteln und festzustellen, ob sie für ein Dauergetriebe ausreichen. Außerdem ist die Zahnverformung λ auf Zuverlässigkeit zu überprüfen.

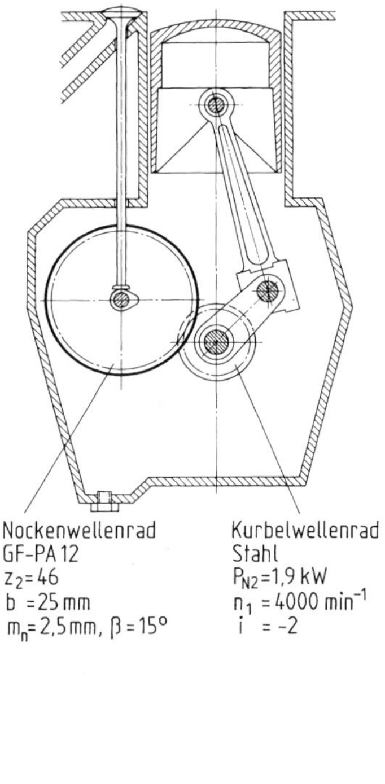

Bild 23.68 Schema des Nockenwellenantriebs eines Viertaktmotors

23

E: $c \approx 0{,}75\ \mathrm{N/mm^2} < c_{zul} \approx 5{,}6\ \mathrm{N/mm^2}$ für Dauergetriebe ($z_1 = 23$, $\alpha_t = 20{,}65°$, $d_1 = 59{,}53$ mm, $d_2 = 119{,}06$ mm, $n_2 = 2000\ \mathrm{min^{-1}} = 33{,}3\ \mathrm{s^{-1}}$, $v = 12{,}5$ m/s, $F_{Nt} \approx 152$ N, $p_t = 8{,}13$ mm), $S_F \approx 10{,}4 > 2$ für Dauergetriebe ausreichend ($\mu = 0{,}04$, $t_F \approx 81$ °C, $\varepsilon_\alpha = 1{,}59$, $\beta_b = 14{,}08°$, $\varepsilon_\beta = 0{,}82$, $z_{n2} = 50{,}6$, $Y_{Fa} \approx 2{,}35$, $Y_\varepsilon \approx 0{,}63$, $Y_\beta \approx 0{,}98$, $\sigma_F \approx 5{,}3\ \mathrm{N/mm^2}$, $w \approx 9{,}12$ N/mm, $\sigma_{FN} \approx 55\ \mathrm{N/mm^2}$), $S_H \approx 2{,}26 > 1{,}5$ für Dauergetriebe ausreichend ($t_H \approx 87$ °C, $Z_H = 1{,}42$, $Z_E \approx 18{,}8\sqrt{\mathrm{N/mm^2}}$, $Z_\varepsilon = 0{,}81$, $S_H \approx 17{,}7\ \mathrm{N/mm^2}$, $\sigma_{HN} \approx 40\ \mathrm{N/mm^2}$), $\lambda \approx 0{,}07$ mm $< \lambda_{zul} = 0{,}25$ mm ($\varphi \approx 7{,}2$, $\psi_1 = 0$, $\psi_2 = 1$, $E_2 \approx 440\ \mathrm{N/mm^2}$), somit zulässig.

L: Wie die Aufgn. 23.58 bis 23.61, jedoch statt Werkstoffwahl (Aufg. 23.58) Überprüfung von c mit c_{zul} nach Tab. 23.21 (bei Ölschmierung und $v = 10$ m/s). Eine Angabe von A zur Errechnung von t_F und t_H nach den Gln. (23.59) u. (23.60) ist nicht erforderlich, da bei Ölumlaufschmierung $K_{F2} = K_{H2} = 0$ nach Tab. 23.22. σ_{HN} ist ersatzweise aus Tab. 23.25 zu entnehmen.

23.69 Bei einem einstufigen Getriebe, dessen Großrad zwecks Raumeinsparung mit Innenverzahnung ausgeführt wird, soll das Hohlrad zur Geräuschminderung einen Zahnkranz aus Polyamid PA 66 entsprechend Bild 23.69 erhalten. Es handelt sich um ölgeschmierte Geradzahn-Nullräder mit dem Modul $m = 3$ mm, Zähnezahl des Stahlritzels $z_1 = 19$, Zähnezahl des Hohlrades $z_2 = -62$, Zahnbreite $b = 30$ mm. Die Umgebungstemperatur beträgt 20 °C. Verlangt wird eine Volllast-Lebensdauer von 40 h. Welche Abtriebs-Nennleistung $P_{Nb} = P_{N2}$ kann mit diesem Zeitgetriebe bei einer Antriebsdrehzahl von 1440 $\mathrm{min^{-1}}$ übertragen werden, wenn mit einem Anwendungsfaktor $K_A = 1{,}25$ zu rechnen ist und weder die Sicherheit $S_F = 1{,}25$ noch $S_H = 1{,}4$ unterschritten werden dürfen? Bei Hohlrädern ist $Y_{Fa} \approx 2$.

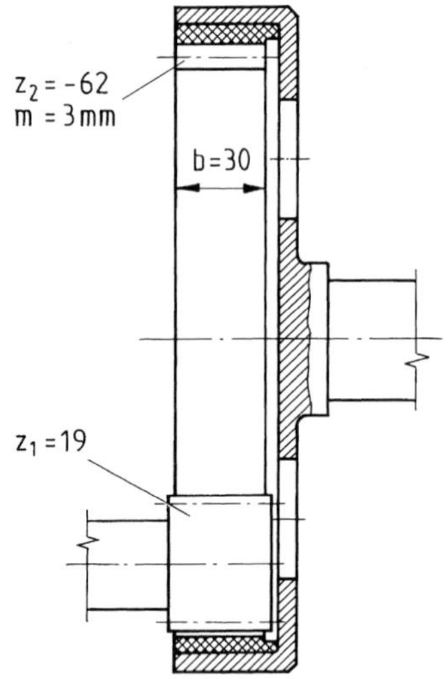

Bild 23.69 Hohlrad mit Zahnkranz aus PA 66 in einem Innenradpaar

E: $P_{N2} = 6{,}69$ kW ($d_1 = 57$ mm, $v \approx 4{,}3$ m/s, $u = -3{,}263$, $n_2 = 441{,}3\ \mathrm{min^{-1}} = 7{,}355\ \mathrm{s^{-1}}$ $N = 1{,}059 \cdot 10^6 \approx 10^6$, $\sigma_{FN} = 50\ \mathrm{N/mm^2}$, $\sigma_{F\,zul} = 40\ \mathrm{N/mm^2}$, $\varepsilon_\alpha = 1{,}94$, $Y_\varepsilon \approx 0{,}52$, $Y_\beta = 0$, $w_{F\,zul} = 115{,}4$ N/mm, $\sigma_{HN} \approx 95\ \mathrm{N/mm^2}$, $\sigma_{H\,zul} = 67{,}9\ \mathrm{N/mm^2}$, $Z_\varepsilon = 0{,}83$, $Z_E = 37\sqrt{\mathrm{N/mm^2}}$, $Z_H = 2{,}49$, $w_{H\,zul} = 64{,}8$ N/mm $= w_{zul}$, $F_{Nt\,zul} = 1555{,}2$ N).

23

L: Es ist $P_{N2} = F_{Nt\,zul} \cdot v$ mit $F_{Nt\,zul} = w_{zul} \cdot b/K_A$ und v nach Gl. (21.3) mit $d_{w1} = d_1$, zulässige Linienbelastung w_{zul} als der kleinere Wert von $w_{F\,zul}$ nach Gl. (23.61) mit $\sigma_{F\,zul} = \sigma_{FN}/S_F$ ($Y_{Fa} \approx 2$ bei Hohlrädern) und $w_{H\,zul}$ nach Gl. (23.63) mit $\sigma_{H\,zul} = \sigma_{HN}/S_H$ (u bei Hohlrädern negativ), $t_F = t_H = t_0$ (da $v < 5$ m/s), ε_α nach Gl. (22.36) (wie ME Beisp. 22.10).

23.70 Ein Kegelradpaar im Antrieb eines Kopierautomaten soll aus Polyoxymethylen POM gefertigt werden und bei einer Abtriebszahl $n_2 = 270\ \mathrm{min^{-1}}$ eine Nennleistung $P_{N2} = 15$ W übertragen. Vorgesehen ist ein geradverzahntes Null-Radpaar mit dem Achsenwinkel $\Sigma = 90°$, dem genormten äußeren Modul $m_e = 1{,}25$ mm, der Ritzelzähnezahl $z_1 = 17$, der Radzähnezahl $z_2 = 51$ und der Zahnbreite $b = 7$ mm. Für dieses unter Trockenlauf arbeitende Dauergetriebe sind zu ermitteln:

1. Die Teilkegelwinkel δ_1, δ_2 und der mittlere Modul m_m,
2. Wird der zulässige Belastungskennwert überschritten, wenn dieser schätzungsweise mit $c_{zul} \approx 2$ N/mm² angenommen wird (nach Tab. 23.21 etwas kleiner als für POM mod. bei $N_L = 10^8$)?

E: **1.** $\delta_1 = 18{,}435°$ ($u = 3$), $\delta_2 = 71{,}565°$, $m_m = 1{,}12$ mm ($d_{e1} = 21{,}25$ mm, $R_e = 33{,}6$ mm).
2. Nein, $c \approx 0{,}75$ N/mm² $< c_{zul} \approx 2$ N/mm² ($p_m \approx 3{,}52$ mm, $d_{m2} = 57{,}12$ mm, $v_m \approx 0{,}81$ m/s, $F_{Nt} = 18{,}5$ N).

L: **1.** Nach den Gln. (22.41) u. (22.40) mit u nach Gl. (21.2) sowie Gl. (22.47) mit R_e nach Gl. (22.46) und d_{e1} nach Gl. (22.42).
2. Wie in ME Beisp. 23.12, jedoch F_{Nt} mit v_m wie bei Kegelrädern üblich, d_{m2} mit m_m nach Gl. (22.42), c nach Gl. (23.58) mit $p_t = p_m$.

23.71

Das geradverzahnte Null-Kegelradpaar nach Aufgabe 23.70, dessen Ritzel 1 und Rad 2 aus POM hergestellt werden sollen, ist auf Zahnfußtragfähigkeit zu berechnen. Die Zähnezahlen betragen $z_1 = 17$ und $z_2 = 51$, die Zahnbreite $b = 7$ mm. Es wurden bereits ermittelt: Teilkegelwinkel $\delta_1 = 18{,}435°$ $\delta_2 = 71{,}565°$, mittlerer Modul $m_m = 1{,}12$ mm, Umfangsgeschwindkeit $v_m \approx 0{,}81$ m/s, Nennumfangskraft $F_{Nt} = 18{,}5$ N. Ist die Sicherheit S_{F1} gegen Zahn-Dauerbruch bei Trockenlauf und einer Flankentemperatur t_H = Umgebungstemperatur $t_0 = 40$ °C für ein Dauergetriebe ausreichend, wenn mit einem Anwendungsfaktor $K_A = 1$ gerechnet wird?

E: Ja, $S_{F1} \approx 4{,}35 > 2$ ($z_{v1} \approx 18$, $Y_{Fa1} \approx 3{,}02$, $Y_\varepsilon = Y_\beta = 1$, $\sigma_{F1} = 7{,}12$ N/mm², $w = 2{,}64$ N/mm, $\sigma_{FN} = 31$ N/mm²).

L: Nach den Gln. (23.61) u. (23.62) mit $m_n = m_m$, Y_{Fa1} für z_{v1} nach Gl. (22.53), $Y_\varepsilon = 1$ (bei Kegelrädern) und σ_{FN} für $t_F = t_H = t_0 = 40$ °C. Da $v_m < 5$ m/s ist, entfällt eine Berechnung von t_F.

23.72

Für das geradverzahnte Null-Kegelradpaar im Antrieb eines Kopierautomaten nach den Aufgaben 23.70 und 23.71 ist die Berechnung auf Flankentragfähigkeit durchzuführen. Als Zeitwälzfestigkeit kann für beide Räder aus POM bei Trockenlauf und der Flankentemperatur t_H = Umgebungstemperatur $t_0 = 40$ °C mit $\sigma_{HN} \approx 40$ N/mm² gerechnet werden. Gegeben sind ferner: Ritzelzähnezahl $z_1 = 17$, virtuelle Zähnezahlen $z_{v1} \approx 18$, $z_{v2} \approx 161$, mittlerer Modul $m_m = 1{,}12$ mm, Teilkegelwinkel $\sigma_1 = 18{,}435°$, Linienbelastung $w \approx 2{,}64$ N/mm, Anwendungsfaktor $K_A = 1$. Ist die Sicherheit S_H gegen Flankenschäden für ein Dauergetriebe ausreichend, wenn näherungsweise $Z_\varepsilon = 1$ gesetzt wird?

23

E: Ja, $S_H \approx 1{,}7 > 1{,}5$ ($u_v \approx 8{,}94$, $d_{vm1} \approx 20$ mm, $Z_H = 2{,}49$, $Z_E = 24{,}5$ N/mm², $\sigma_H = 23{,}4$ N/mm²).

L: Nach den Gln. (23.63) u. (23.64) mit $d_{vm1} = d_{m1}/\cos\delta_1$, u_v nach Gl. (22.56), Z_H nach Gl. (23.55) ($\beta_b = 0$, $\alpha_t = \alpha_{wt} = \alpha = 20°$) und Z_E als 0,7-fachen Wert (Paarung gleicher Kunststoffe) nach Tab. 23.24 bei $t_H = t_0 = 40$ °C ($v_m < 5$ m/s). Der für σ_{HN} angegebene Wert wurde geschätzt nach Tab. 23.25 (etwa dreifacher Betrag bei $N = 10^8$). In der Richtlinie VDI 2545 sind genauere und durch Versuche abgesicherte Werte besonders für Kegelradpaare noch nicht angegeben, obwohl derartige Getriebe in vielfacher Form aus Kunststoffen hergestellt werden. Die Berechnungen (Aufgn. 23.68 bis 23.71) können somit nur als Näherungsrechnungen aufgefasst werden.

23.73 Das nach den Aufgaben 23.70 bis 23.72 berechnete Geradzahn-Null-Kegelradpaar, bei dem Ritzel 1 und Rad 2 aus POM gefertigt werden sollen, ist auf Zahnverformung nachzurechnen. Gegeben sind: Zähnezahlen $z_1 = 17$, $z_2 = 51$, Zähnezahlverhältnis $u = 3$, mittlerer Modul $m_m = 1{,}12$ mm, Linienbelastung $w \approx 2{,}64$ N/mm, Elastizitätsfaktor $Z_E = 24{,}5\ \sqrt{N/mm^2}$. Ist die Verformung λ zulässig?

E: Ja, $\lambda \approx 0{,}017\ \text{mm} < \lambda_{zul} = 0{,}112\ \text{mm}$ ($\varphi \approx 7{,}4$, $\psi_1 = \psi_2 = 1$, $E_1 = E_2 \approx 1{,}36 \cdot 35^2\ \text{N/mm}^2 \approx 1670\ \text{N/mm}^2$).

L: Nach Gl. (23.65) mit $\alpha_t = \alpha = 20\ °C$, $\varkappa_{zul} = 0{,}1 m_m$ (entspr. ME Abschn. 23.14 unter 3.).

24 Zahnradpaare mit sich kreuzenden Achsen

Schraub-Stirnradpaare

24.1 Für den Antrieb eines Drehtisches in einem Flaschenfüllautomaten wird ein Getriebe benötigt, dessen Wellen in parallelen Ebenen liegen und sich unter einem Achsenwinkel $\Sigma = 35°$ kreuzen müssen. Vorgesehen wird ein Schraub-Stirnradpaar (Bild 24.1) mit den Zähnezahlen $z_1 = 19$ und $z_2 = 38$, dem Normalmodul $m_n = 1$ mm und dem Normal-Eingriffswinkel $\alpha_n = 20°$. Da gute Schmierung gewährleistet ist, kann mit einem wirksamen Reibwinkel $\varrho = 5°$ gerechnet werden. Es ist eine Abtriebs-Nennleistung $P_{N2} = 220$ W zu übertragen, Anwendungsfaktor $K_A = 1$, Antriebsdrehzahl $n_1 = 1440\ \text{min}^{-1}$. Für dieses Radpaar sind zu ermitteln:

1. Die Schrägungswinkel β_1 und β_2, bei denen der größtmögliche Wirkungsgrad erzielt wird,
2. Die Teilkreisdurchmesser d_1 und d_2 der beiden Schrägstirnräder,
3. Die Profilüberdeckung ε_α,
4. Die Zahnbreiten b_1 und b_2,
5. Die erforderliche Antriebsnennleistung P_{N1},
6. Die für die Wellen-, Lager- und Tragfähigkeitsberechnung benötigten Zahnkräfte F_{t2}, F_{a2} und F_{r2} am Abtriebsrad sowie F_{t1}, F_{a1} und F_{r1} am Antriebsrad.

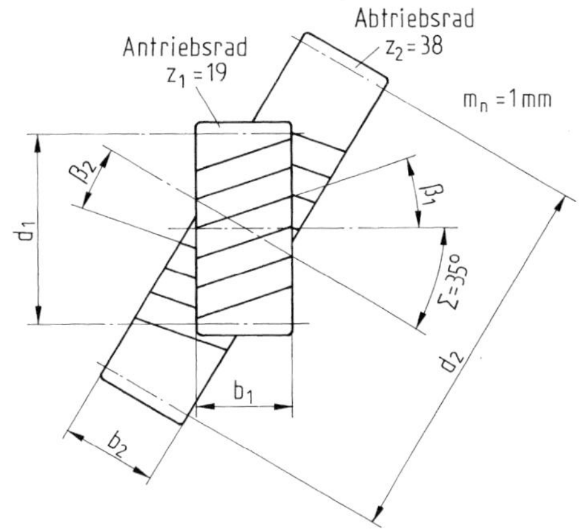

Bild 24.1 Schraub-Stirnradpaar

E: **1.** $\beta_1 = 20°$, $\beta_2 = 15°$.
2. $d_1 = 20{,}22$ mm, $d_2 = 39{,}34$ mm.
3. $\varepsilon_\alpha = 1{,}66$ ($\beta_{b1} = 18{,}75°$, $\beta_{b2} = 14{,}08°$, $z_{n1} = 22{,}55$, $z_{n2} = 41{,}8$, $d_{na1} = 24{,}55$ mm, $d_{na2} = 43{,}8$ mm, $d_{nb1} = 21{,}19$ mm, $d_{nb2} = 39{,}28$ mm, $a_n = 32{,}18$ mm, $p_e = 2{,}95$ mm).
4. $b_1 = 10\ \text{mm} > b_{e1} = 1{,}78$ mm, $b_2 = 10\ \text{mm} > b_{e2} = 1{,}35$ mm.
5. $P_{N1} \approx 240$ W ($\eta_S = 0{,}946$, $\eta_{ges} \approx 0{,}92$).
6. $F_{t2} \approx 149$ N ($v_2 = 1{,}48$ m/s), $F_{a2} = 54{,}2$ N, $F_{r2} = 57{,}5\ \text{N} = F_{r1}$, $F_{t1} = 153$ N, $F_{a1} = 41$ N.

L: **1.** Wie unter 1. in ME Beisp. 24.1. **2.** Nach Gl. (22.9). **3.** Nach Gl. (22.34) wie für ein Geradstirnradpaar mit den Zähnezahlen z_{n1} und z_{n2} nach Gl. (22.17). **4.** Wie unter 4. in ME Beisp. 24.1. **5.** Wie unter 2. in ME Beisp. 24.1. **6.** Nach den Gln. (24.6) bis (24.11) wie unter 3. in ME Beisp. 24.1.

24.2 Beide Räder des Schraub-Stirnradpaares nach Aufgabe 24.1 sollen aus Stahl hergestellt werden und gehärtete Zahnflanken erhalten. Es ist eine Nachrechnung auf Tragfähigkeit durchzuführen und die Schmierungsart festzulegen. Gegeben und bereits errechnet sind: Achsenwinkel $\Sigma = 35°$, Schrägungswinkel $\beta_2 = 15°$ Normalmodul $m_n = 1$ mm, Teilkreisdurchmesser $d_1 = 20{,}22$ mm, Zahnbreite $b_1 = 10$ mm, Zähnezahlverhältnis $u = 2$, Tangentialkraft $F_{t1} = 153$ N, Antriebsdrehzahl $n_1 = 1440\ \text{min}^{-1} = 24\ \text{s}^{-1}$, Reibleistung $P_f = P_{N1} - P_{N2} = 20$ W, Umgebungstemperatur ca. 25 °C. Im Einzelnen sind zu ermitteln:

1. Ist der Belastungskennwert C zulässig?
2. Ist die Sicherheit S gegen Flankenschäden ausreichend?

3. Welche Schmierungsart ist zu wählen, und welche Ölviskosität kommt ggf. infrage? Sie soll die für allgemeine Stirnradpaare bei der hier vorliegenden Belastung erforderliche Viskosität nicht unterschreiten, und es ist zu prüfen, ob ein Schmieröl mit verschleißverringernden Wirkstoffen zweckmäßig ist, wenn hierbei als Gleitgeschwindigkeit nur mit der des Längsgleitens gerechnet wird.

E: **1.** Ja, $C = 4{,}87\,\text{N/mm}^2 < C_{\text{zul}} \approx 5\,\text{N/mm}^2$ ($p_\text{n} = 3{,}14$ mm, $v_1 \approx 1{,}52$ m/s, $v_\text{g} = 0{,}9$ m/s).
2. Ja, $S = 3{,}74 > 1{,}2$ ($q = 2{,}7\,\text{mm}^2/\text{W}$).
3. Öl-Tauchschmierung, da $v_\text{g} < 2$ m/s und $v_1 < 4$ m/s, Viskositätsklasse ISO VG 320 ($k_\text{S} = 3{,}4$ MPa, $k_\text{S}/v_1 = 2{,}24$ MPa · m/s, $\nu_\text{erf} \approx 285\,\text{mm}^2/\text{s}$), verschleißverringernde Wirkstoffe sind zweckmäßig, da $v_\text{g}/v_1 = 0{,}59 > 0{,}3$.

L: **1.** Wie unter 1. in ME Beisp. 24.2 mit C_zul nach Tab. 24.1 für Werkstoffpaarung Stahl gehärtet/Stahl gehärtet. bei $v_\text{g} = 1$ m/s. **2.** Nach Gl. (24.13). **3.** Nach den Angaben im ME Abschn. 24.3. Die Ölviskosität ist ggf. nach Tab. 23.8 und Diagr. 16.1 festzulegen für k_S/v_1 (k_S nach Gl. (24.24) mit F_t1). Ferner ist nach dem Verhältnis v_g/v_1 zu prüfen, ob verschleißverringernde Wirkstoffe erforderlich sind (s. ME Abschn. 23.7).

24.3

Der Achsenwinkel des Schraub-Stirnradpaares nach Bild 24.1 soll auf $\Sigma = 70°$ verdoppelt und das Antriebsrad als Geradzahn-Stirnrad ausgeführt werden. Es ist festzustellen, auf welchen Wert sich der Gesamtwirkungsgrad η_ges dadurch verringert und um wie viel Prozent er schlechter wird. In Aufgabe 24.1 wurde er zu ca. 0,92 errechnet mit dem wirksamen Reibwinkel $\varrho = 5°$.

E: $\eta_\text{ges} = 0{,}737$ ($\eta_\text{S} \approx 0{,}76$), $\Delta\eta \approx 20\,\%$.

L: Nach ME Abschn. 24.2 mit η_S nach Gl. (24.4), $\Delta\eta = 100\% \cdot (0{,}918 - \eta_\text{ges})/0{,}918$.

24.4

Zum Antrieb einer Zusatzeinrichtung an einer Holzbearbeitungsmaschine ist ein unter dem Achsenwinkel $\Sigma = 76°$ arbeitendes Schraub-Stirnradpaar mit der Übersetzung $i = 3{,}75$, dem Normal-Eingriffswinkel $\alpha_\text{n} = 20°$ und dem Normalmodul $m_\text{n} = 4$ mm vorgesehen (Bezeichnungen wie in Bild 24.1). Die Zähnezahl des Antriebsrades beträgt $z_1 = 16$, seine Drehzahl $n_1 = 375\,\text{min}^{-1}$. Es ist eine Abtriebsnennleistung $P_\text{N2} = 675$ W zu übertragen, Anwendungsfaktor $K_\text{A} = 1{,}25$. Zu ermitteln sind:

1. Die Schrägungswinkel β_1 und β_2, die einen größtmöglichen Wirkungsgrad ergeben bei einem wirksamen Reibwinkel $\varrho = 6°$,
2. Die Zähnezahl z_2 des Abtriebsrades, die Teilkreisdurchmesser d_1 und d_2, die Zahnbreiten b_1 und b_2,
3. Die Antriebsnennleistung P_N1,
4. Die Zahnkräfte am Abtriebs- und am Antriebsrad.

24

E: **1.** $\beta_1 = 41°$, $\beta_2 = 35°$.
2. $z_2 = 60$, $d_1 = 84{,}8$ mm, $d_2 = 293$ mm, $b_1 = 40\,\text{mm} > b_\text{e1} = 14{,}6$ mm, $b_2 = 40\,\text{mm} > b_\text{e2} = 12{,}8$ mm ($\beta_\text{b1} = 38°$, $\beta_\text{b2} = 32{,}6°$, $z_\text{n1} = 34{,}1$, $z_\text{n2} = 103{,}2$, mit $m_\text{n} = 1$ mm: $d_\text{na1} = 36{,}1$ mm, $d_\text{na2} = 105{,}2$ mm, $d_\text{nb1} = 32$ mm, $d_\text{nb2} = 97$ mm, $a_\text{n} = 68{,}7$ mm, $p_\text{e} = 2{,}95$ mm, $\varepsilon_\alpha = 1{,}77$).
3. $P_\text{N1} \approx 823$ W ($\eta_\text{S} = 0{,}85$, $\eta_\text{ges} \approx 0{,}82$).
4. $F_\text{t2} = 551{,}5$ N ($n_2 = 100\,\text{min}^{-1} = 1{,}67\,\text{s}^{-1}$, $v_2 = 1{,}53$ m/s), $F_\text{a2} = 479{,}4$ N, $F_\text{r2} = 264{,}5\,\text{N} = F_\text{r1}$, $F_\text{zt1} \approx 600$ N, $F_\text{a1} \approx 420$ N.

L: Wie ME Beisp. 24.1, jedoch zusätzlich Berechnung der Profilüberdeckung ε_α für die Ersatz-Geradstirnräder mit den Ersatz-Zähnezahlen z_n1 und z_n2 (wie unter 3. in Aufg. 24.1, zweckmäßig mit dem Normalmodul $m_\text{n} = 1$).

24.5 Für das Schraub-Stirnradpaar nach Aufgabe 24.4 ist die Nachrechnung auf Tragfähigkeit durchzuführen. Außerdem sind die Schmierungsart und die Viskosität des Schmieröls zu bestimmen, falls Ölschmierung infrage kommt. Gegeben sind: Achsenwinkel $\Sigma = 76°$, Schrägungswinkel $\beta_2 = 35°$, Teilkreisdurchmesser $d_1 = 84{,}8$ mm, Zahnbreite $b_1 = 40$ mm, Normalmodul $m_n = 4$ mm, Tangentialkraft $F_{t1} \approx 600$ N, Antriebsdrehzahl $n_1 = 375\ \text{min}^{-1}$, Antriebsnennleistung $P_{N1} = 823$ W, Abtriebsnennleistung $P_{N2} = 675$ W. Das Antriebsrad 1 besteht aus ungehärtetem Stahl, das Abtriebsrad 2 aus Gusseisen (Grauguss). Ist der Belastungskennwert C zulässig und die Sicherheit S gegen Flankenschäden ausreichend? Welche Schmierungsart ist zu wählen, und welche Ölviskosität kommt ggf. in Betracht?

E: $C \approx 1{,}2\ \text{N/mm}^2 < C_{zul} = 1{,}4\ \text{N/mm}^2$ ($p_n = 12{,}57$ mm, $v_1 = 1{,}67$ m/s, $v_g \approx 2$ m/s), $S = 2{,}4 > 1{,}2$ ($q = 9{,}5\ \text{mm}^2/\text{W}$, $P_f = 148$ W), somit zulässig, Tauchschmierung mit Öl der Viskositätsklasse ISO VG 100.

L: Wie ME Beisp. 24.2.

24.6 Im Tischantrieb einer Werkzeugmaschine befindet sich ein Schraub-Stirnradpaar, dessen Wellen sich entsprechend Bild 24.6 unter dem Achsenwinkel $\Sigma = 90°$ kreuzen. Folgende Werte sind bekannt: Antriebsrad 1 aus ungehärtetem Stahl E295 hat $z_1 = 24$ Zähne, Zähnezahl des Abtriebsrades 2 aus Zinnbronze GZ-CuSn 12-C $z_2 = 17$, Normal-Eingriffswinkel $\alpha_n = 20°$, Normalmodul $m_n = 2$ mm, Profilüberdeckung $\varepsilon_\alpha = 1{,}76$, wirksamer Reibwinkel $\varrho = 6°$, Radbreite $b_1 = b_2 = 20$ mm. Bei $n_2 = 480\ \text{min}^{-1}$ beträgt die Abtriebsnennleistung $P_{N2} = 340$ W, Anwendungsfaktor $K_A = 1$. Es sind die Schrägungswinkel β_1 und β_2, die Teilkreisdurchmesser d_1 und d_2, die Antriebsnennleistung P_{N1}, das Zähnezahlverhältnis u und die Antriebsdrehzahl n_1 zu errechnen und zu ermitteln, ob die Zahnbreiten b_1 und b_2 und der Belastungskennwert C zulässig sind, wenn das Radpaar während des Betriebs der Maschine nur zeitweilig im Einsatz ist. Ferner ist festzustellen, ob die Sicherheit S gegen Flankenschäden ausreicht.

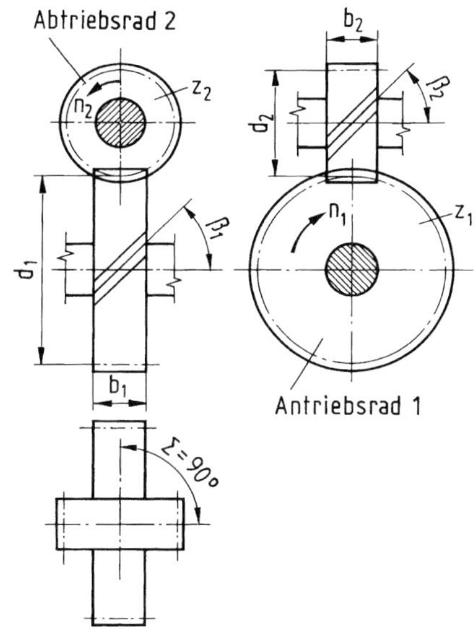

Bild 24.6 Schraub-Stirnradpaar mit einem Achsenwinkel von 90°

E: $\beta_1 = 48°$, $\beta_2 = 42°$, $d_1 = 71{,}73$ mm, $d_2 = 45{,}75$ mm, $P_{N1} \approx 433$ W ($\eta_S = 0{,}81$, $\eta_{ges} = 0{,}786$), $u = 1{,}412$, $n_1 \approx 340\ \text{min}^{-1} = 5{,}66\ \text{s}^{-1}$, $b_{e1} = 8{,}2\ \text{mm} < b_1 = 20$ mm, $b_{e2} = 7{,}4\ \text{mm} < b_2 = 20$ mm, Zahnbreiten sind zulässig, $C = 2{,}62\ \text{N/mm}^2 < C_{zul} \approx 2{,}8\ \text{N/mm}^2$ ($v_2 \approx 1{,}15$ m/s, $F_{t2} = 296$ N, $F_{t1} = 329$ N, $p_n = 6{,}28$ mm, $v_g \approx 1{,}7$ m/s), somit zulässig, $S = 2{,}86 > 1{,}2$ ($P_f = 93$ W, $q = 5{,}4\ \text{mm}^2/\text{W}$), also ausreichend.

L: Zweckmäßiger Rechnungsgang: β_1 u. β_2 wie unter 1. in ME Beisp. 24.1, d_1 u. d_2 nach Gl. (22.9), η_S nach Gl. (24.4), P_1 nach Gl. (24.5), u nach Gl. (21.2), n_1 nach Gl. (21.4), b_{e1} u. b_{e2} nach Gl. (24.3) vergleichen mit b_1 u. b_2, F_{t2} u. F_{t1} nach den Gln. (24.6) u. (24.9), C nach Gl. (24.12) vergleichen mit C_{zul} nach Tab. 24.1 für v_g nach Gl. (24.2) (Tabellenwert interpolieren und mit 1,5 malnehmen, da Radpaar nur zeitweise im Einsatz), S nach Gl. (24.13).

24

Schneckenradsätze

24.7 Bild 24.7 zeigt ein Schneckengetriebe und den eingebauten Schneckenradsatz mit der Übersetzung $i = u = 45$ im Drehwerksantrieb eines Kranes. Die zylindrische Evolventenschnecke mit der Flankenform I hat einen Modul $m = 12{,}5$ mm, einen Mittenkreisdurchmesser $d_{m1} = 140$ mm, Rechtssteigung, die Zähnezahl $z_1 = 1$ und den Erzeugungswinkel $\alpha_0 = 20°$, Normbezeichnung: Schnecke DIN 3976 — ZI 12,5 × 140 R1. Für den Schneckenradsatz sind folgende Abmessungen zu errechnen: Axialteilung p, Formzahl q der Schnecke, Zähnezahl z_2 und Teilkreisdurchmesser d_2 des Rades, Achsabstand a, Kopfkreisdurchmesser d_{a1} und d_{a2}, Fußkreisdurchmesser d_{f1} und d_{f2} (mit den Vorzugswerten für Kopf- und Fußhöhe), Mittensteigungswinkel γ_m, Normalteilung p_n, Eingriffswinkel α im Axialschnitt, Grundsteigungswinkel γ_b und Grundkreisdurchmesser d_{b1} der Schnecke.

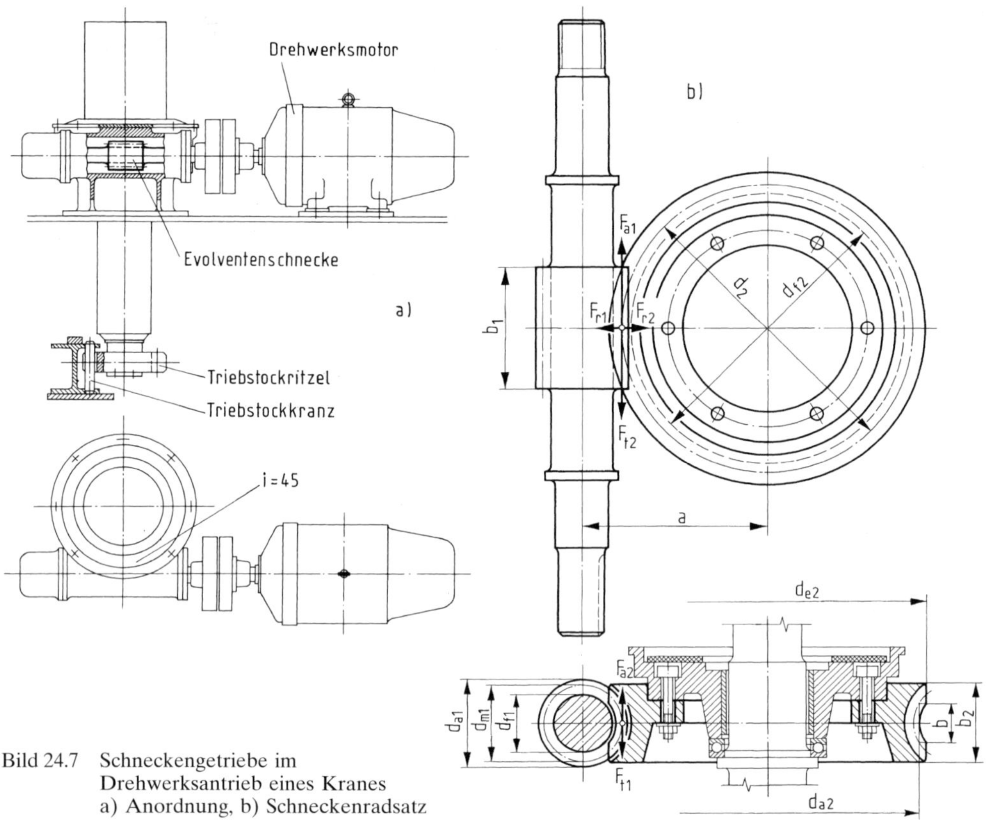

Bild 24.7 Schneckengetriebe im Drehwerksantrieb eines Kranes
a) Anordnung, b) Schneckenradsatz

24

E: $p = 39{,}27$ mm, $q = 11{,}2$, $z_2 = 45$, $d_2 = 562{,}5$ mm, $a = 351{,}25$ mm, $d_{a1} = 165$ mm, $d_{a2} = 587{,}5$ mm ($h_{a1} = h_{a2} = 12{,}5$ mm), $d_{f1} = 110$ mm, $d_{f2} = 532{,}5$ mm ($h_{f1} = h_{f2} = 15$ mm), $\gamma_m = 5{,}102°$, $p_n = 39{,}114$ mm, $\alpha = 20{,}073°$, $\gamma_b = 20{,}615°$, $d_{b1} = 33{,}23$ mm.

L: Wie ME Beisp. 24.3, jedoch ohne Profilverschiebung und zusätzlich γ_b und d_{b1} nach ME Abschn. 24.5 bei Flankenform I, $\alpha_n = \alpha_0$ wie bei ZN-Schnecke (die im Bild 24.7 enthaltene Triebstockverzahnung ist im ME Abschn. 21.3 erläutert, sie ist für die Berechnung des Schneckenradsatzes ohne Bedeutung).

24.8 Für den Schneckenradsatz nach Aufgabe 24.7 (Bild 24.7b) mit dem Modul $m = 12{,}5$ mm, dem Mittenkreisdurchmesser $d_{m1} = 140$ mm, dem Teilkreisdurchmesser $d_2 = 562{,}5$ mm, dem Kopfkreisdurchmesser $d_{a2} = 587{,}5$ mm, der Axialteilung $p = 39{,}27$ mm, dem Mittensteigungswinkel $\gamma_m = 5{,}102°$ und dem Eingriffswinkel $\alpha = 20{,}073°$ im Axialschnitt sind die Profilüberdeckung ε_α und die Gleitgeschwindigkeit v_g zu errechnen, wenn die Antriebsdrehzahl der Schneckenwelle $n_1 = 945\ \text{min}^{-1}$ beträgt.

E: $\varepsilon_\alpha = 1{,}85$ ($d_{b2} = 528{,}33$ mm, $p_e = 36{,}88$ mm), $v_g \approx 7$ m/s.

L: Nach den Gln. (24.26) u. (24.27).

24.9 Der Schneckenradsatz im Drehwerksantrieb eines Kranes nach den Aufgaben 24.7 und 24.8 hat eine Nennleistung $P_{N2} = 4{,}4$ kW bei $n_1 = 945\ \text{min}^{-1}$ zu übertragen, Anwendungsfaktor $K_A = 1{,}3$. Gegeben sind ferner: Übersetzung $i = 45$, Teilkreisdurchmesser $d_2 = 562{,}5$ mm, Mittenkreisdurchmesser $d_{m1} = 140$ mm, Eingriffswinkel $\alpha_n = 20°$, Mittensteigungswinkel $\gamma_m = 5{,}102°$, Gleitgeschwindigkeit $v_g \approx 7$ m/s. Die Schnecke ist gedreht und vergütet. Für diesen Schneckenradsatz sind die Antriebsleistung, die Zahnkräfte und die Drehmomente wie folgt zu ermitteln:

1. Erforderliche Antriebsnennleistung P_{N1} und Kontrolle auf Selbsthemmung,
2. Zahnkräfte F_{t2}, F_{a2}, F_{r2} am Schneckenrad und F_{t1}, F_{a1}, F_{r1} an der Schnecke,
3. Drehmoment T_1 an der Schnecke und T_2 am Rad.

E: **1.** $P_{N1} \approx 7{,}33$ kW ($\varrho = 3{,}2°$, $\eta_S = 0{,}612$, $\eta_{ges} \approx 0{,}6$), im Stillstand $\varrho \approx 6° > \gamma_m \approx 5{,}1°$, d. h. Selbsthemmung.
2. $F_{t2} = 9{,}23\ \text{kN} = F_{a1}$ ($n_2 = 21\ \text{min}^{-1} = 0{,}35\ \text{s}^{-1}$, $v_2 \approx 0{,}62$ m/s), $F_{a2} = 1{,}35\ \text{kN} = F_{t1}$, $F_{r2} = 3{,}39\ \text{kN} = F_{r1}$.
3. $T_1 = 94{,}5$ Nm, $T_2 \approx 2\,600$ Nm.

L: Wie ME Beisp. 24.4, jedoch Kontrolle auf Selbsthemmung mit ϱ für Stillstand (ϱ im Stillstand etwa wie bei $v_g \leq 0{,}5$ m/s).

24.10 Welche Schneckenbreite b_1 und welche Radbreite b_2 ist für den Schneckenradsatz nach den Aufgaben 24.7 bis 24.9 mit dem Modul $m = 12{,}5$ mm, dem Mittenkreisdurchmesser $d_{m1} = 140$ mm, dem Teilkreisdurchmesser $d_2 = 562{,}5$ mm und den Kopfkreisdurchmessern $d_{a1} = 165$ mm, $d_{a2} = 587{,}5$ mm auszuführen?

E: $b_1 \approx 170$ mm, $b_2 \approx 112$ mm ($b = 87{,}3$ mm).

L: Wie ME Beisp. 24.5.

24.11 Für den Schneckenradsatz im Drehwerksantrieb eines Kranes nach den Aufgaben 24.7 bis 24.10 sind die Schmierungsart, die Ölviskosität und die Verzahnungsqualität zu bestimmen und eine Berechnung auf Tragfähigkeit durchzuführen. Der Zahnkranz des Schneckenrades ist aus Sandguss-Bronze GS-CuSn12-C hergestellt, die Schnecke aus C45 ist vergütet, die Zahnflanken sind nicht geschliffen. Die Schnecke taucht in den Schmierstoff ein. Außerdem sind gegeben: Mittenkreisdurchmesser $d_{m1} = 140$ mm, Schneckendrehzahl $n_1 = 945\ \text{min}^{-1}$, Drehmoment $T_2 \approx 2\,600$ Nm, Achsabstand $a = 351{,}25$ mm, Teilkreisdradius $r_2 = 281{,}2$ mm, Tangentialkraft $F_{t2} = 9{,}23$ kN.

1. Welche Schmierungsart und welche ISO-Viskositätsklasse des Schmieröls sind geeignet?
2. Welche Verzahnungsqualität ist zu wählen?
3. Genügt der Radsatz den Tragfähigkeitsanforderungen?

E: **1.** Öl-Tauchschmierung, da $v_1 = 6{,}93\,\mathrm{m/s} < 10\,\mathrm{m/s}$, Viskositätsklasse ISO VG 320 ($K_S \approx 3{,}8 \cdot 10^3\,\mathrm{Pa \cdot s}$, $\nu \approx 260\,\mathrm{mm^2/s}$).
2. Verzahnungsqualität 7.
3. Ja, $S_H = 2 > 1{,}6$, somit Dauergetriebe ($\sigma_H \approx 100\,\mathrm{N/mm^2}$, $Z_E = 147\,\sqrt{\mathrm{N/mm^2}}$, $Z_\varrho = 2{,}75$, $d_{m1}/a \approx 0{,}4$, $\sigma_{H\,lim} = 0{,}75 \cdot 265\,\mathrm{N/mm^2} \approx 200\,\mathrm{N/mm^2}$).

L: Wie ME Beisp. 24.6, jedoch mit eintauchender Schnecke.

24.12

In Bild 24.12 ist der Schneckenradsatz für ein Hochleistungsgetriebe dargestellt, das anstelle eines mehrstufigen Stirnradgetriebes für einen Getriebemotor eingesetzt werden soll. Für die verwendete Normschnecke als rechtsgängige zylindrische Spiralschnecke mit der Flankenform A gehen aus DIN 3976 beim genormten Achsabstand $a = 315$ mm hervor: Modul $m = 16$ mm, Mittenkreisdurchmesser $d_{m1} = 140$ mm, Zähnezahl $z_1 = 2$, Axialteilung $p = 50{,}265$ mm, Formzahl $q = 8{,}75$, Kopfkreisdurchmesser $d_{a1} = 172$ mm, Fußkreisdurchmesser $d_{f1} = 101{,}6$ mm, Mittensteigungswinkel $\gamma_m = 12{,}875°$, Erzeugungswinkel $\alpha_0 = 20°$, Übersetzung $i = 15$, Radzähnezahl $z_2 = 30$, Profilverschiebungsfaktor $x = +0{,}3125$ am Schneckenrad, keine Selbsthemmung. Folgende Abmessungen und die Profilüberdeckung ε_α sind zu ermitteln: Teilkreisdurchmesser d_2, Kopf- und Fußkreisdurchmesser d_{a2} und d_{f2} des Rades (mit normaler Kopf- und Fußhöhe), Normalteilung p_n, Normaleingriffswinkel α_n, Schneckenbreite b_1 und Radbreite b_2.

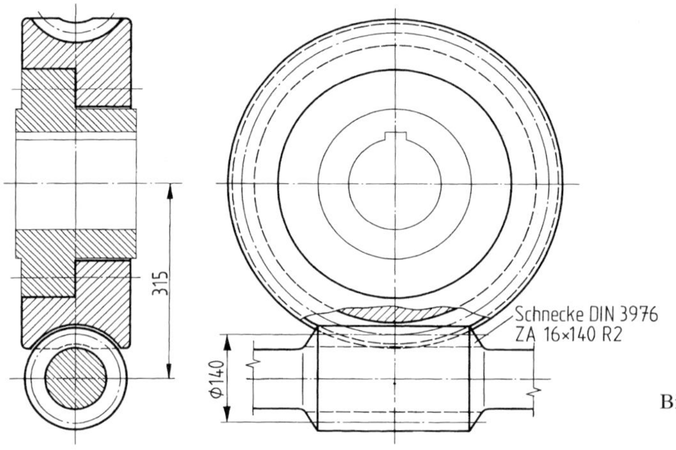

Bild 24.12 Schneckenradsatz eines Hochleistungsgetriebes

E: $d_2 = 480$ mm, $d_{a2} = 522$ mm ($h_{a2} = 21$ mm), $d_{f2} = 451{,}6$ mm ($h_{f2} = 14{,}2$ mm), $p_n = 49$ mm, $\alpha_n = 19{,}536°$, $b_1 \approx 205$ mm, $b_2 \approx 132$ mm ($b = 99{,}9$ mm), $\varepsilon_\alpha = 1{,}725$ ($d_{b2} = 451{,}05$ mm, $p_e = 47{,}23$ mm).

24

L: Nach den Gln. (24.21) u. (24.22), (24.24) u. (24.25) ($\alpha = \alpha_0$ bei Flankenform A), (24.36) u. (24.37) sowie (24.26).

24.13

Für den Schneckenradsatz eines Hochleistungsgetriebes nach Bild 24.12 ist die zulässige Abtriebsnennleistung für ein Dauergetriebe zu ermitteln. Nach Aufgabe 24.12 sind bekannt: Axial-Eingriffswinkel $\alpha = \alpha_0 = 20°$ Mittensteigungswinkel $\gamma_m = 12{,}875°$ Mittenkreisdurchmesser $d_{m1} = 140$ mm, Teilkreisdurchmesser $d_2 = 480$ mm, Achsabstand $a = 315$ mm, Übersetzung $i = 15$. Die Schnecke aus Einsatzstahl 16MnCr5 hat einsatzgehärtete, geschliffene und geläppte Flanken, Werkstoff des Rades GZ-CuAl10Fe5Ni5-C. Welche maximale Leistung $P_{N2} = P_{Nb}$ kann am Schneckenrad abgenommen werden bei einer Antriebsdrehzahl $n_1 = 1400\ \text{min}^{-1}$ der Schneckenradwelle und einem Anwendungsfaktor $K_A = 1{,}3$?

E: $P_{N2\,zul} \approx 200$ kW ($F_{t2\,zul} \approx 113$ kN, $v_2 = 2{,}345$ m/s, $\sigma_{H\,zul} = 412{,}5\ \text{N/mm}^2$, $\sigma_{H\,lim} = 660\ \text{N/mm}^2$, $Z_E = 164\ \sqrt{\text{N/mm}^2}$, $Z_\varrho = 2{,}7$).

L: $\sigma_{H\,zul}$ aus Gl. (24.40) mit $\sigma_{H\,lim}$ aus Tab. 24.6 und $S_H = 1{,}6$, $F_{t2\,zul}$ aus Gl. (24.39) mit Z_E aus Tab. 24.6 und Z_ϱ aus Tab. 24.5, $P_{N2} = P_{Nb}$ aus Gl. (24.30).

24.14

Der Schneckenradsatz für ein Hochleistungsgetriebe nach den Aufgaben 24.12 und 24.13 ist für eine Abtriebsnennleistung $P_{N2} \approx 200$ kW bei einer Antriebsdrehzahl $n_1 = 1400\ \text{min}^{-1}$ bestimmt. Er hat den Achsabstand $a = 315$ mm, Teilkreisdurchmesser des Schneckenrades $d_2 = 480$ mm, Tangentialkraft am Schneckenrad $F_{t2} = 113$ kN, Mittensteigungswinkel $\gamma_m = 12{,}875°$, Mittenkreisdurchmesser $d_{m1} = 140$ mm. Die Flanken der Schnecke sind gehärtet und geschliffen. Zu ermitteln sind:

1. Die erforderliche Antriebsnennleistung P_{N1} an der Schneckenwelle,
2. Die erforderliche kinematische Viskosität ν des Schmieröls und eine geeignete ISO-Viskositätsklasse,
3. Die mindestens erforderliche Schmier- und Kühlölmenge $Q_{\text{Öl}}$ in l/min.

E: **1.** $P_1 = 225{,}5$ kW ($v_g = 10{,}53$ m/s, $\varrho = 1{,}3°$, $\eta_S = 0{,}905$, $\eta_{ges} = 0{,}887$).
2. $\nu \approx 380\ \text{mm}^2/\text{s}$ ($T_2 \approx 27\,120$ Nm, $K_S \approx 37{,}2 \cdot 10^3$ Pa · s), Viskositätsklasse ISO VG 460.
3. $Q_{\text{öl}} = 76{,}5$ l/min, ($P_f = 25{,}5$ kW).

L: **1.** Wie unter 1. in ME Beisp. 24.4 mit ϱ nach Tab. 24.3 für Ausf. B, v_g nach Gl. (24.27). **2.** Wie ME Beisp. 24.6. **3.** Mit 3 l/min je kW Reibleistung (s. ME Abschn. 23.7).

24.15

Ein Schneckengetriebe in normaler Ausführung nach Bild 24.15 ist für eine Antriebsdrehzahl der Schneckenwelle $n_1 = 950\ \text{min}^{-1}$ und eine Abtriebsdrehzahl $n_2 \approx 33\ \text{min}^{-1}$ mit einem genormten Achsabstand $a = 125$ mm zu entwerfen. Die Antriebsnennleistung soll $P_{N1} = 2{,}6$ kW betragen, Anwendungsfaktor $K_A = 1$. Es sind die wichtigsten Rad- und Schneckenabmessungen für eine zylindrische Spiralschnecke mit der Flankenform N, dem Erzeugungswinkel $\alpha_0 = 20°$, der Zähnezahl $z_1 = 1$ und einem genormten Modul nach DIN 3976 zu ermitteln, und zwar:

1. Die Übersetzung i, das Zähnezahlverhältnis u, die Radzähnezahl z_2 und die sich damit ergebende Raddrehzahl n_2,
2. Der Schneckenschaftdurchmesser d_S (auf volle 5 mm gerundet), die vorläufigen Durchmesser $d_{m1} \approx 2d_S$ des Mittenkreises und d_2 des Rad-Teilkreises ohne Profilverschiebung,
3. Ein passender Norm-Modul m und die genormte Formzahl q der Schnecke, die sich daraus ergebenden Mittenkreisdurchmesser d_{m1} und Teilkreisdurchmesser d_2 sowie der erforderliche Profilverschiebungsfaktor x,
4. Die Kopf- und Fußkreisdurchmesser d_{a1} und d_{f1} der Schnecke sowie d_{a2} und d_{f2} des Rades, die Schneckenbreite b_1 und die Radbreite b_2,
5. Der Mittensteigungswinkel γ_m, die Axialteilung p, die Normalteilung p_n und der Axial-Eingriffswinkel α,
6. Die Profilüberdeckung ε_α.

E: **1.** $i = u = 29$, $z_2 = 29$ ($z_{2\,erf} \approx 28{,}79$), $n_2 = 32{,}76\ \text{min}^{-1} = 0{,}546\ \text{s}^{-1}$.
2. $d_S = 25$ mm ($d_{S\,erf} = 22{,}2$ mm, $T_1 = 26{,}14$ Nm), $d_{m1} = 50$ mm, $d_2 = 200$ mm.
3. $m = 6{,}3$ mm, $q = 10$ ($m_{erf} \approx 6{,}9$ mm), $d_{m1} = 63$ mm, $d_2 = 182{,}7$ mm, $x = +0{,}3413$.

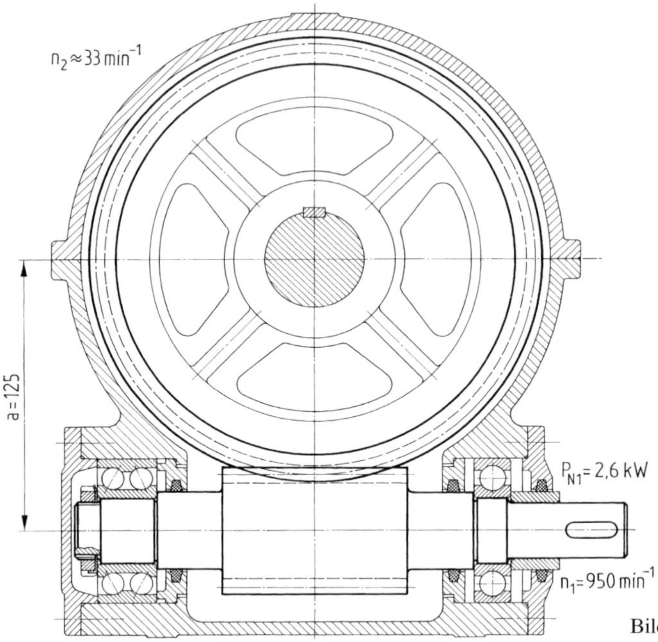

Bild 24.15 Normal-Schneckengetriebe

4. $d_{a1} = 75{,}6$ mm, $d_{f1} = 47{,}9$ mm, $d_{a2} = 199{,}6$ mm ($h_{a2} = 8{,}45$ mm), $d_{f2} = 171{,}9$ mm ($h_{f2} = 5{,}4$ mm), $b_1 \approx 80$ mm, $b_2 \approx 55$ mm ($b = 41{,}8$ mm).
5. $\gamma_m \approx 5{,}71°$, $p = 19{,}792$ mm, $p_n = 19{,}694$ mm, $\alpha = 20{,}092°$.
6. $\varepsilon_\alpha = 1{,}7$ ($d_{b2} = 171{,}58$ mm, $p_e = 18{,}59$ mm).

L: **1.** Nach Gl. (24.14) und $u = i = n_1/n_2$. **2.** $d_{S\,erf} = d_{min}$ nach Gl. (15.1) mit $T = T_1 = P_{N1}/(2\pi \cdot n_1)$, d_2 aus Gl. (24.18) mit $x = 0$. **3.** m_{erf} nach Gl. (24.17), Normwert für m und q nach Tab. 24.2, danach d_{m1}, d_2 und x nach den Gln. (24.16) bis (24.18) (x wie in ME Beisp. 24.3). **4.** Nach den Gln. (24.19) bis (24.22) (mit $c = 0{,}2m$), (24.36) u. (24.37). **5.** Nach den Gln. (24.15), (24.23) bis (24.25) ($\alpha_n = \alpha_0$ bei ZN-Schnecken, s. ME Abschn. 24.5). **6.** Nach Gl. (24.26).

24

24.16 Das in Bild 25.15 dargestellte normale Schneckengetriebe nach Aufgabe 24.15 soll bei der Antriebsdrehzahl $n_1 = 950\,min^{-1}$ eine Antriebsnennleistung $P_{N1} = 2{,}6$ kW übertragen, Anwendungsfaktor $K_A = 1$. Die Schnecke aus C45 ist gefräst oder gedreht und vergütet, die Flanken sind nicht geschliffen; Werkstoff des Radkranzes: GZ-CuSn12Ni2-C. Gegeben sind: Mittensteigungswinkel $\gamma_m \approx 5{,}71°$, Normaleingriffswinkel $\alpha_n = 20°$, Mittenkreisdurchmesser $d_{m1} = 63$ mm, Achsteilung $p = 19{,}8$ mm, Teilkreisdurchmesser $d_2 = 182{,}7$ mm, Achsabstand $a = 125$ mm. Für diesen Schneckenradsatz sind zu ermitteln:
1. Die Abtriebsnennleistung und eine Kontrolle auf Selbsthemmung,
2. Die Tangential-, Axial- und Radialkräfte an Rad und Schnecke,
3. Eine geeignete ISO-Viskositätsklasse für das Schmieröl bei Öl-Tauchschmierung mit eintauchender Schnecke und einer Kontrolle, ob Tauchschmierung in Getriebefett ebenfalls genügen würde,
4. Ist der Schneckenradsatz für Dauerbetrieb ausreichend bemessen?

E: **1.** $P_{N2} \approx 1{,}5$ kW ($v_g \approx 3{,}15$ m/s < 8 m/s, $\varrho \approx 4°$, $\eta_S = 0{,}584$, $\eta_{ges} \approx 0{,}57$), im Stillstand $\varrho \approx 6° > \gamma_m \approx 5{,}71°$, d. h. Selbsthemmung.

2. $F_{t2} = 4792\ \text{N} = F_{a1}$ ($v_2 = 0{,}313\ \text{m/s}$), $F_{a2} = 820\ \text{N} = F_{t1}$, $F_{r2} = 1765\ \text{N} = F_{r1}$.
3. Viskositätsklasse ISO VG 320 ($T_2 = 437{,}7$ Nm, $K_S = 14{,}16 \cdot 10^3$ Pa · s, $\nu \approx 310\ \text{mm}^2/\text{s}$), Fett-Tauchschmierung würde ebenfalls genügen, da $v_1 = 3{,}13\ \text{m/s} < 4\ \text{m/s}$.
4. Ja, $S_H = 2{,}04 > 1{,}6$ ($\sigma_H = 191\ \text{N/mm}^2$, $Z_E = 152{,}2\ \sqrt{\text{N/mm}^2}$, $Z_\varrho = 2{,}65$, $\sigma_{H\,lim} = 0{,}75 \cdot 520\ \text{N/mm}^2 = 390\ \text{N/mm}^2$).

L: **1.** Nach den Gln. (24.27) bis (24.29) und Tab. 24.3, Kontrolle auf Selbsthemmung mit ϱ für Stillstand etwa wie bei $v_g \leq 0{,}5$ m/s. **2.** Nach den Gln. (24.30) bis (24.35) (v_2 s. ME Abschn. 24.6). **3.** und **4.** Wie ME Beisp. 24.6, 24.7 und Aufg. 24.11 (M_2 s. ME Abschn. 24.6).

24.17 In Bild 24.17 ist ein Hochleistungs-Schneckengetriebe dargestellt mit einem Schneckenradsatz der Vorzugsreihe nach DIN 3976. Es enthält eine Schnecke DIN 3976 – ZN 6,3 × 63 R1 (zylindrische Spiralschnecke mit der Flankenform N und Rechtssteigung). Nach dem Normblatt sind gegeben: Modul $m = 6{,}3$ mm, Mittenkreisdurchmesser $d_{m1} = 63$ mm, Mittensteigungswinkel $\gamma_m = 5{,}7106°$ Zähnezahl $z_1 = 1$, Formzahl $q = 10$, Axialteilung $p = 19{,}792$ mm, Kopfkreisdurchmesser $d_{a1} = 75{,}6$ mm, Fußkreisdurchmesser $d_{f1} = 47{,}9$ mm, Erzeugungswinkel $\alpha_0 = 20°$, Achsabstand $a = 160$ mm, Übersetzung i = Zähnezahlverhältnis $u = 40$, Radzähnezahl $z_2 = 40$, Profilverschiebungsfaktor $x = +0{,}3968$. Die Schnecke ist aus 16MnCr5 hergestellt und hat einsatzgehärtete, geschliffene und geläppte Flanken, Werkstoff des Radkranzes: GZ-CuAl10Fe5Ni5-C. Ist dieser Schneckenradsatz als Dauergetriebe für die Übertragung einer Abtriebs-Nennleistung $P_{N2} = 30$ kW am Schneckenrad bei einem Anwendungsfaktor $K_A = 1{,}5$ und einer Antriebsdrehzahl $n_1 = 3500\ \text{min}^{-1} = 58{,}33\ \text{s}^{-1}$ der Schnecke geeignet, und welche ISO-Viskositätsklasse kommt für das Schmieröl infrage? Falls $S_H < 1{,}6$, welche Lebensdauer L_h besitzt dann das Getriebe?

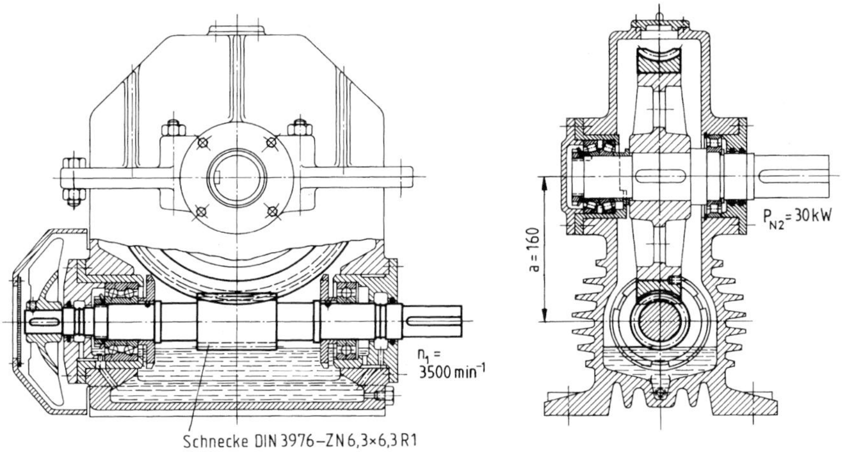

Bild 24.17 Hochleistungs-Schneckengetriebe

E: Nein, $S_H \approx 1{,}34 < 1{,}6$, $L_h \approx 142\,000$ h ($\sigma_H = 494\ \text{N/mm}^2$, $\sigma_{H\,lim} = 660\ \text{N/mm}^2$, $F_{t2} = 39$ kN, $v_1 = 1{,}154$ m/s, $Z_E = 164\ \sqrt{\text{N/mm}^2}$, $Z_\varrho = 2{,}75$). Viskositätsklasse ISO VG 460, evtl. noch ISO VG 320 ($T_2 \approx 4914$ Nm, $K_S \approx 20{,}6 \cdot 10^3$ Pa · s, $\nu \approx 335\ \text{mm}^2/\text{s}$).

L: Zweckmäßiger Rechnungsgang: d_2 nach Gl. (24.17), F_{t2} nach Gl. (24.30), v_2 (ME Abschn. 24.6), σ_H nach Gl. (24.39), S_H nach Gl. (24.40), ggf. L_h nach Gl. (24.41), M_2 (ME Abschn. 24.6), K_S nach Gl. (24.38), ν u. ISO VG (Tab. 22.4 u. Diagr. 16.1).

24.18 In Bild 24.18 ist ein Schneckengetriebe mit einem vorgeschalteten einstufigen Stirnradgetriebe zum Anheben und Absenken eines klappbaren Förderbandes dargestellt. Damit die Eigengewichtskraft des Förderbandes das Schneckengetriebe nicht am Schneckenrad rückwärts antreibt (Gefahr des selbsttätigen Herunterklappens), muss der Schneckenradsatz selbsthemmend ausgeführt werden. Die Drehzahl des Antriebsmotors beträgt $n = 1450\,\text{min}^{-1}$, die Übersetzung des Stirnradpaares $i_\text{I} = 4{,}1$. Das Schneckenrad soll sich mit $n_2 \approx 7\,\text{min}^{-1}$ drehen und muss dabei zum Anheben des Bandes mittels Seiltrommel und Zugseil ein maximales Drehmoment $M_2 = 100\,\text{Nm}$ aufbringen, sodass mit $K_\text{A} = 1$ zu rechnen ist. Die Schnecke aus E360 ist als zylindrische Evolventenschnecke (ZI-Schnecke) auszuführen, das Schneckenrad aus EN-GJL-250. Geeignet ist eine Schnecke DIN 3976 — ZI 3,15 × 53 R1, für die gegeben sind: Modul $m = 3{,}15\,\text{mm}$, Mittenkreisdurchmesser $d_\text{m1} = 53\,\text{mm}$, Zähnezahl $z_1 = 1$, Formfaktor $q = 16{,}825$, Mittensteigungswinkel $\gamma_\text{m} = 3{,}4011°$, Axialteilung $p = 9{,}896\,\text{mm}$, Kopfkreisdurchmesser $d_\text{a1} = 59{,}3\,\text{mm}$, Fußkreisdurchmesser $d_\text{f1} = 45{,}4\,\text{mm}$. Für den Schneckenradsatz sind zu ermitteln:

1. Der Nachweis der Selbsthemmung und der Gesamtwirkungsgrad η_ges,
2. Die Radzähnezahl z_2, die Radabmessungen d_2, d_a2, d_f2 und b_2, die Schneckenbreite b_1, der Achsabstand a und die Profilüberdeckung ε_α,
3. Welche Antriebsleistung P_1 ist an der Schnecke erforderlich?
4. Würde Tauchschmierung in Getriebefett bei eintauchendem Schneckenrad genügen?
5. Ist die Sicherheit für eine nominelle Lebensdauer von $L_\text{h} = 10000\,\text{h}$ ausreichend?

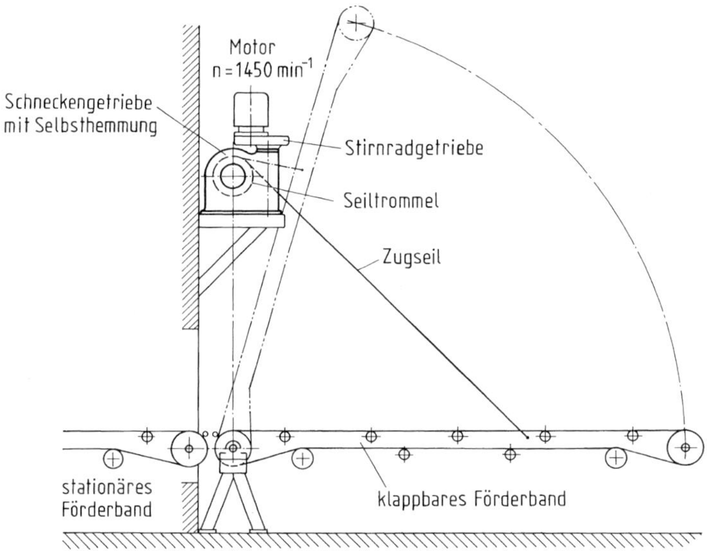

Bild 24.18 Selbsthemmendes Schneckengetriebe zum Heben und Senken eines Förderbandes

24

E: **1.** Im Stillstand $\varrho \approx 6° > \gamma_\text{m} \approx 3{,}4°$, d. h. Selbsthemmung ($n_1 \approx 354\,\text{min}^{-1} = 5{,}9\,\text{s}^{-1}$, $v_1 \approx 0{,}98\,\text{m/s}$, $v_\text{g} = 0{,}983\,\text{m/s} < 8\,\text{m/s}$), $\eta_\text{ges} \approx 0{,}37$ ($\varrho \approx 5{,}5°$, $\eta_\text{S} \approx 0{,}38$).

2. $z_2 = 51$ ($u = z_{2\,\text{erf}} \approx 50{,}57$), $d_2 = 160{,}65\,\text{mm}$, $d_\text{a2} = 167\,\text{mm}$, $d_\text{f2} = 153{,}1\,\text{mm}$, $b_2 \approx 33\,\text{mm}$, $b_1 \approx 46\,\text{mm}$, $a = 106{,}83\,\text{mm}$, $\varepsilon_\alpha \approx 1{,}9$ ($\alpha \approx 20{,}032°$, $d_\text{b2} = 150{,}65\,\text{mm}$, $p_\text{e} = 9{,}3\,\text{mm}$).

3. $P_1 = P_\text{N1} \cdot K_\text{A} = 197\,\text{W}$ ($n_2 = 0{,}116\,\text{s}^{-1}$, $P_\text{N2} = 73\,\text{W}$).

4. Ja, da $v_1 < 1\,\text{m/s}$.

5. Ja, $S_\text{H} = 1{,}8 > S_\text{H\,erf} = 0{,}86$ ($\sigma_\text{H} \approx 116\,\text{N/mm}^2$, $F_\text{t2} = 1245\,\text{N}$, $Z_\text{E} = 152{,}3\,\sqrt{\text{N/mm}^2}$, $Z_\varrho = 2{,}65$, $\sigma_\text{H\,lim} = 0{,}6 \cdot 350\,\text{N/mm}^2 = 210\,\text{N/mm}^2$).

L: **1.** ϱ nach Tab. 24.3 (Ausf. A, bei $v_g \leq 0{,}5$ m/s gilt ϱ auch für Stillstand) vergleichen mit γ_m (s. ME Abschn. 24.6), v_g nach Gl. (24.27), $n_1 = n/i_1$ nach Gl. (24.28), η_{ges} nach ME Abschn. 24.6. **2.** Nach den Gln. (24.14), (24.17), (24.21), (24.22), (24.37), (24.36), (24.18) ($x = 0$), (24.6) mit α nach Gl. (24.25). **3.** Nach Gl. (24.29) mit $P_{N2} = T_{N2} \cdot 2 \cdot \pi \cdot n_2$ oder $P_{N2} = F_{Nt2} \cdot v_2$ mit $v_2 = d_2 \cdot \pi \cdot n_2$ (s. ME Abschn. 24.6), worin $n_2 = n_1/i$. **4.** Nach ME Abschn. 24.8. **5.** Nach den Gln. (24.39) bis (24.41).

25 Kettentriebe

25.1 Eine Holzbearbeitungsmaschine soll von einem Elektromotor mittels eines Kettentriebes angetrieben werden. Es ist eine Nennleistung $P = 6$ kW bei einer Motordrehzahl $n_1 = 1\,450$ min^{-1} und einer Übersetzung $i \approx 1{,}6$ zu übertragen. Vorgesehen sind eine Dreifach-Rollenkette nach DIN 8187, eine Zähnezahl $z_1 = 19$ für das kleine antreibende Kettenrad auf der Motorwelle und ein Achsabstand $a_0 \approx 400$ mm (f_1 sei 1). Der Kettentrieb ist wie folgt zu berechnen:

1. Wahl einer geeigneten Kettengröße, Kettengeschwindigkeit v, Zähnezahl z_2 des getriebenen großen Kettenrades,
2. Gliederzahl X der Kette (geradzahlig), endgültiger Achsabstand a und Normbezeichnung der gewählten Kette,
3. Kontrolle der Bruchsicherheiten S_B und S_D sowie der Lebensdauer L_h,
4. Teilkreisdurchmesser d_1 und d_2, Fußkreisdurchmesser d_{f1} und d_{f2}, Kopfkreisdurchmesser d_{a1} und d_{a2}, Freidrehungsdurchmesser d_{s1} und d_{s_2} der Räder,
5. Achskraft F_w,
6. Welche Schmierungsart kommt infrage?

E:
1. Nr. 06 B mit $p = 9{,}525$ mm ($f_1 = 1$, $f_2 = 1$, $P_C = 6$ kW), $v = 4{,}37$ m/s, $z_2 = 30$ ($z_{2\,\text{erf}} = 30{,}4$).
2. $X = 108$ ($X_0 = 108{,}56$, $f_3 = 3{,}065$), $a = 397{,}3$ mm ($f_ü = 8{,}091$, $f_4 = 0{,}24978$), Rollenkette DIN 8187 – 06 B – 3 × 108.
3. $S_B = 18{,}1 > 7$ und $S_D = 17{,}8 > 5$, beide ausreichend ($F = 1373$ N $= F_d$, $F_f = 22{,}5$ N, $q = 1{,}18$ kg/cm, $F_g = 1396$ N, $F_B = 24{,}9$ kN), $L_h \approx 11\,000$ h, da $p_{zul}/p_g = 0{,}96 < 1$ ($A = 0{,}84$ cm^2, $p_g = 1662$ N/cm^2, $p_0 \approx 2\,130$ N/cm^2, $c = 0{,}85$, $\lambda = 0{,}88$, $p_{zul} \approx 1\,593$ N/cm^2.
4. $d_1 = 57{,}87$ mm ($\tau_1/2 = 9{,}474°$), $d_2 = 91{,}12$ mm ($\tau_2/2 = 6°$), $d_{f1} = 51{,}52$ mm ($d_R = 6{,}35$ mm), $d_{f2} = 84{,}77$ mm, $d_{a1} = 61{,}85 \ldots 63{,}43$ mm, $d_{a2} = 94{,}80 \ldots 96{,}68$ mm, $d_{s1} = 45{,}4 \ldots 47$ mm ($g = 8{,}26$ mm, $r_4 = 0{,}2 \ldots 1$ mm), $d_{s2} = 78{,}95 \ldots 80{,}55$ mm.
5. $F_W \approx 1{,}4$ kN.
6. Ölbad oder Schleuderscheibe.

L: Sinngemäß wie ME Beisp. 25.2 u. 25.3, Normbezeichnung der Kette s. Fußnote zur Tab. 25.2. Die Raddurchmesser unter 4. nach ME Beisp. 25.1.

25.2 Der Antrieb eines Gurtförderers für Stückgut mit ungleichmäßiger Beschickung ist als Kettentrieb mit einem Achsabstand $a_0 \approx 530$ mm geplant (Bild 25.2). Die erforderliche Antriebs-Nennleistung $P = 0{,}15$ kW wird von einem Getriebemotor aufgebracht, Antriebszahl $n_1 = 36$ min^{-1}, Zähnezahl des treibenden kleinen Kettenrades $z_1 = 17$ (f_1 sei 1,5). Der Fördergurt läuft mit der Geschwindigkeit $v_G \approx 0{,}12$ m/s bei einem Antriebstrommeldurchmesser $D = 200$ mm. Zu ermitteln sind:

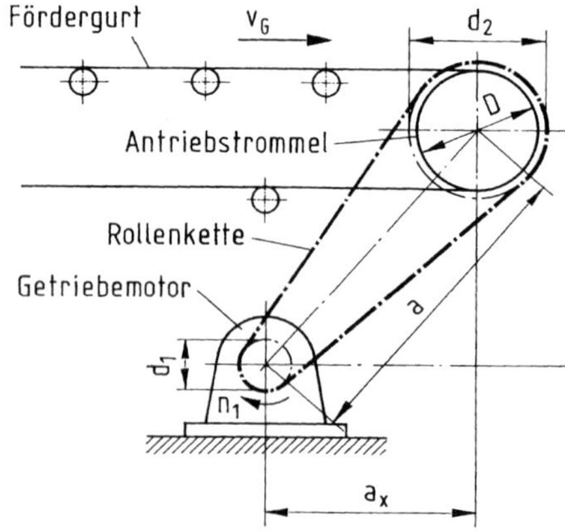

Bild 25.2 Kettentrieb zum Antrieb eines Gurtförderers

1. Vorwahl einer Kettengröße (Einfach-Rollenkette nach DIN 8187),
2. Die erforderliche Zähnezahl z_2, die Gliederzahl X als gerade Zahl, der endgültige Achsabstand a und dessen horizontale Komponente a_x bei $a_y = 400$ mm,
3. Eine Kontrolle der Bruchsicherheiten S_B und S_D und der Lebensdauer, die mindestens $L_h = 15000$ h betragen soll,
4. Die Schmierungsart und die Achskraft F_w,
5. Die Teilkreisdurchmesser d_1 und d_2 der Kettenräder.

E: **1.** Nr. 08 B mit $p = 12{,}7$ mm ($f_1 = 1{,}5$, $f_2 = 1{,}13$, $P_C \approx 0{,}25$ kW).
2. $z_2 = 53$ ($z_{2\,\text{erf}} = 53{,}4$, $n_2 = 0{,}191\ \text{s}^{-2} \approx 11{,}46\ \text{min}^{-1}$, $i = 3{,}14$), $X = 120$ ($f_3 = 32{,}828$, $X_0 = 119{,}25$), $a = 534{,}8$ mm ($f_ü = 2{,}86$, $f_4 = 0{,}24770$), $a_x = 355$ mm.
3. $S_B \approx 15{,}6 > 7$ und $S_D = 10{,}4 > 5$, beide ausreichend ($v = 0{,}13$ m/s, $F = 1154$ N, $F_d = 1731$ N, $F_f = 0{,}012\ \text{N} \approx 0$, $q = 0{,}7$ kg/m, $F_g \approx F_d$, $F_B = 18$ kN), $L_h \approx 13000\ \text{h} < 15000$ h, da $p_{zul}/p_g \approx 0{,}98 < 1$ ($A = 0{,}5\ \text{cm}^2$, $p_g = 3462\ \text{N/cm}^2$, $p_0 \approx 3220\ \text{N/cm}^2$, $c = 1$, $\lambda \approx 1{,}05$, $p_{zul} \approx 3380\ \text{N/cm}^2$.
4. Handschmierung, $F_W \approx 1{,}73$ kN.
5. $d_1 = 69{,}12$ mm ($\tau_1/2 = 10{,}588°$), $d_2 = 214{,}4$ mm ($\tau_2/2 = 3{,}396°$).

L: **1.** Nach Diagr. 25.1 mit P_D nach Gl. (25.14).
2. $z_2 = z_b$ nach Gl. (25.13) mit $n_b = n_2$ aus $v_G = D \cdot \pi \cdot n_2$, X_0 nach Gl. (25.17) mit f_3 nach Gl. (25.16), a nach Gl. (25.19) mit $f_ü$ nach Gl. (25.18), f_4 aus Tab. 25.8, $a_x = \sqrt{a^2 - a_y^2}$.
3. Nach den Gln. (25.20) bis (25.26) mit v nach Gl. (25.15) (da v sehr gering ist, wird F_f unbedeutend, somit $F_g \approx F_d$), p_{zul} nach Tab. 25.9.
4. Nach Diagr. 25.3 und ME Abschn. 25.5.
5. Nach Gl. (25.1).

25.3

Für den Antrieb eines Stückgutförderers wurde nach Aufgabe 25.2 eine Rollenkette DIN 8187 — 08 B — 1 × 120 gewählt, die bei einer Zähnezahl $z_1 = 17$ eine zu geringe Lebensdauer ergab. Der Antrieb soll deshalb mit einer Rollenkette DIN 8187 — 08 B — 1 × 124 und der Zähnezahl $z_1 = 19$ ausgeführt werden. Geben sind: Nennleistung $P = 0{,}15$ kW, Betriebsfaktor $f_1 = 1{,}5$, Antriebsdrehzahl $n_1 = 36\ \text{min}^{-1}$, Übersetzung $i = 3{,}14$.
1. Ist für die neu gewählte Kette eine Lebensdauer von mindestens 15000 h zu erwarten?
2. Welche Zähnezahl z_2 und welcher Achsabstand a sind erforderlich?

E: **1.** Ja, $L_h > 15000$ h, da $p_{zul}/p_g \approx 1{,}12 > 1$ ($v = 0{,}145$ m/s, $F = 1034$ N, $F_g \approx F_d = 1551$ N, $p_0 \approx 3265\ \text{N/cm}^2$, $\lambda \approx 1{,}06$, $p_{zul} = 3461\ \text{N/cm}^2$, $p_g = 3102\ \text{N/cm}^2$.
2. $z_2 = 60$ ($z_{2\,\text{erf}} = 59{,}66$), $a = 530{,}1$ mm $f_ü = 2{,}56$, $f_4 = 0{,}24696$).

L: **1.** Sinngemäß wie unter 3. in Aufg. 25.2 ohne Kontrolle von S_B und S_D, da F und F_g kleiner sind. **2.** Nach den Gln. (25.13) und (25.19) mit $f_ü$ nach Gl. (25.18), f_4 aus Tab. 25.8.

25.4

In Bild 25.4 ist ein Elektromagnet-Bandscheidegerät zur Entfernung von Eisenteilen aus einem Förderstrom dargestellt. Das mit einer Geschwindigkeit von ca. 0,45 m/s umlaufende Gummiband, auf dem zum Austragen der Eisenteile Querleisten aufvulkanisiert sind, wird von einem Getriebemotor über einen Kettentrieb angetrieben. Da die Eisenstücke vom Magneten schlagartig angezogen werden, liegt stoßweiser Betrieb vor (f_1 sei 1,9). Eine Einfach-Rollenkette nach DIN 8187 soll die vom Getriebemotor abgegebene Nennleistung $P = 1$ kW bei $n_1 = 50\ \text{min}^{-1}$ auf die Antriebstrommel übertragen, die einen Durchmesser von 250 mm hat. Wegen der geringen Kettengeschwindigkeit wird für das kleine Kettenrad eine Zähnezahl $z_1 = 13$ gewählt, vorgesehener Achsabstand $a_0 \approx 500$ mm. Für diesen Kettentrieb sind zu ermitteln:

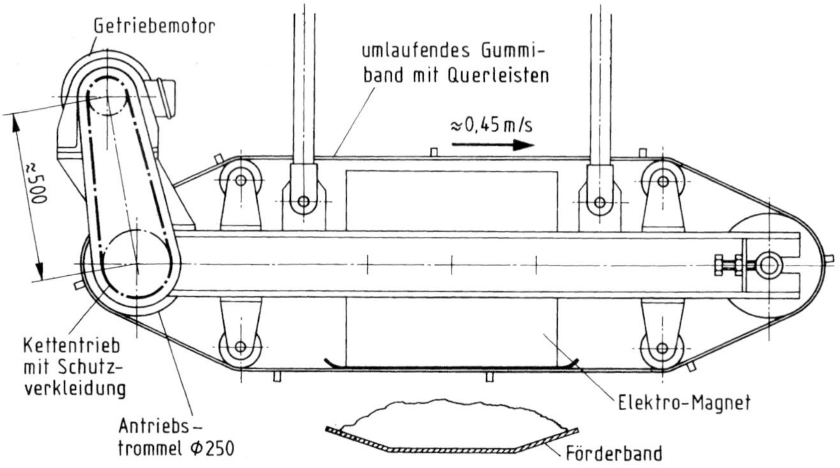

Bild 25.4 Kettentrieb an einem Elektromagnet-Bandscheidegerät

1. Wahl der Kettengröße,
2. Die Zähnezahl z_2, die Kettengeschwindigkeit v und die Schmierungsart,
3. Die Gliederzahl X, der Achsabstand a und die Normbezeichnung der gewählten Kette,
4. Die Achskraft F_W und eine Überprüfung der Bruchsicherheiten S_B und S_D sowie der Lebensdauer, die mindestens 15000 h betragen soll,
5. Falls die verlangte Lebensdauer nicht erreicht wird, würde die gewählte Kettengröße als Zweifach-Rollenkette genügen?
6. Die Teilkreis- und Fußkreisdurchmesser der Kettenräder.

E: **1.** Nr. 16 B mit $p = 25{,}4$ mm ($f_1 = 1{,}9$, $f_2 = 1{,}5$, $P_C = 2{,}85$ kW).
2. $z_2 = 19$ ($n_2 = 0{,}573\ \text{s}^{-1} \approx 34{,}4\ \text{min}^{-1}$, $i = 1{,}453$, $z_{2\,\text{erf}} = 18{,}9$), $v = 0{,}275$ m/s, Handschmierung.
3. $X = 56$ ($f_3 = 0{,}912$, $X_0 = 55{,}4$), $a = 507{,}4$ mm ($f_ü = 7{,}16$, $f_4 = 0{,}24971$), Rollenkette DIN 8187 – 16 B – 1 × 56.
4. $F_W \approx 6{,}5$ kN ($F \approx 3{,}636$ kN), $S_B \approx 16{,}5 > 7$ und $S_D \approx 9{,}2 > 5$, beide ausreichend ($F_d = 6{,}55$ kN, $q = 2{,}7$ kg/m, $F_t = 0{,}2$ N, $F_g \approx F_d$, $F_B = 60$ kN), $L_h < 2000$ h, da $p_{zul}/p_g \approx 0{,}68 < 0{,}8$ ($A = 2{,}1\ \text{cm}^2$, $p_g = 3119\ \text{N/cm}^2$, $p_0 \approx 2840\ \text{N/cm}^2$, $c = 1$, $\lambda \approx 0{,}75$, $p_{zul} = 2130\ \text{N/cm}^2$).
5. Ja, $L_h > 15000$ h, da $p_{zul}/p_g \approx 1{,}23 > 1$ ($A = 4{,}21\ \text{cm}^2$, $p_g = 1554\ \text{N/cm}^2$, $c = 0{,}9$, $p_{zul} \approx 1917\ \text{N/cm}^2$).
6. $d_1 = 106{,}14$ mm ($\tau_1/2 = 13{,}847°$), $d_2 = 154{,}31$ mm, ($\tau_2/2 = 9{,}474°$), $d_{f1} = 90{,}26$ mm ($d_R = 15{,}88$ mm), $d_{f2} = 138{,}43$ mm.

L: Sinngemäß wie Aufg. 25.2, Normbezeichnung der Kette und Durchmesser der Räder wie Aufg. 25.1.

25

25.5 Bild 25.5 zeigt eine Traverse mit drehbar angeordneten Elektro-Lasthebemagneten zum Wenden von Stahlprofilträgern. Die Übertragung der Drehbewegung vom Getriebemotor auf die Magnete soll mittels einer Dreifach-Rollenkette nach DIN 8187 erfolgen. Das treibende Kettenrad hat $z_1 = 19$ Zähne, die Übersetzung beträgt $i \approx 1{,}9$, der vorgesehene Achsabstand $a_0 \approx 1200$ mm. An der Antriebswelle der Magnete ist ein Nenn-Drehmoment $M_2 = 1300$ Nm aufzuwenden, Betriebsfaktor $f_1 = 1{,}5$. Wegen der sehr geringen Kettengeschwindigkeit ist die Fliehzugkraft zu vernachlässigen. Für den Kettenantrieb sind zu ermitteln:

1. Die infrage kommende Kettengröße und deren Teilung p,
2. Die Zähnezahl z_2 des großen Kettenrades, die Gliederzahl X, der Achsabstand a, die Teilkreisdurchmesser d_1 und d_2,
3. Die Achskraft F_W, die Kontrolle der Bruchsicherheiten S_B und S_D und der Lebensdauer L_h der Kette, die nicht unter 15000 h liegen soll,
4. Falls die Lebensdauer weit über 15000 h liegt, würde auch eine Kette gleicher Teilung als Zweifach-Rollenkette genügen?

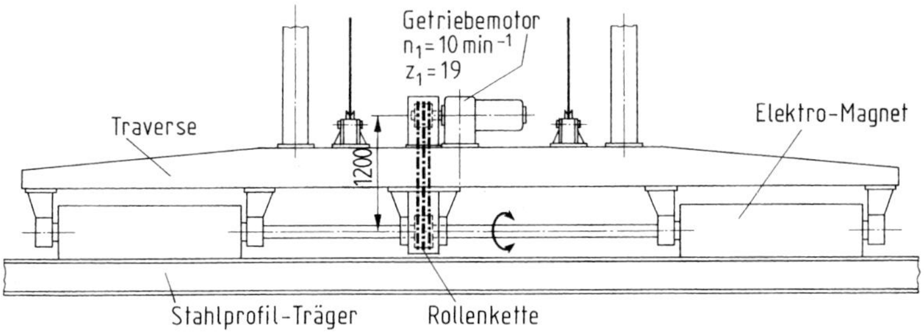

Bild 25.5 Rollenkette zum Drehen von Elektro-Lasthebemagneten für das Wenden von Stahlprofil-Trägern

E: 1. Nr. 16 B mit $p = 25{,}4$ mm ($n_2 = 5{,}26\ \text{min}^{-1} = 0{,}088\ \text{s}^{-1}$, $P \approx 719$ W, $f_2 = 1$, $P_C \approx 1{,}08$ kW).
2. $z_2 = 36$ ($z_{2\,\text{erf}} = 36{,}1$), $X = 122$ ($f_3 = 7{,}32$, $X_0 = 122{,}1$), $a = 1198{,}2$ mm ($f_ü = 6{,}058$, $f_4 = 0{,}24958$), $d_1 = 154{,}3$ mm ($\tau_1/2 = 9{,}474°$), $d_2 = 291{,}4$ mm ($\tau_2/2 = 5°$).
3. $F_W \approx 13{,}5$ kN ($v = 0{,}08$ m/s, $F \approx 9000$ N), $S_B = 17{,}8 > 7$ und $S_D = 11{,}9 > 5$, beide ausreichend ($F_g \approx F_d = 13{,}5$ kN, $F_B = 160$ kN), $L_h > 50000$ h, da $p_{zul}/p_g \approx 1{,}3 > 1{,}2$ ($A = 6{,}31\ \text{cm}^2$, $p_g = 2139\ \text{N/cm}^2$, $p_0 \approx 3400\ \text{N/cm}^2$, $c = 0{,}85$, $\lambda \approx 0{,}97$, $p_{zul} \approx 2800\ \text{N/cm}^2$).
4. Nein, $L_h < 15000$ h, da $p_{zul}/p_g \approx 0{,}92 < 1$ ($A = 4{,}21\ \text{cm}^2$, $p_g = 3207\ \text{N/cm}^2$, $p_{zul} = 2968\ \text{N/cm}^2$, $c = 0{,}9$, $F_B = 106$ kN, $S_B = 11{,}8 > 7$, $S_D \approx 7{,}85 > 5$, d. h. die Bruchsicherheiten wären ausreichend.

L: Sinngemäß wie Aufg. 25.2 mit $P = M_2 \cdot 2\pi \cdot n_2$ und $n_2 = n_b$ nach Gl. (25.13).

25.6 Im Antrieb eines Autobaggers soll von einem Kettentrieb eine Nennleistung $P = 10$ kW bei einer Antriebsdrehzahl $n_1 = 1800\ \text{min}^{-1}$ übertragen werden, Übersetzung $i \approx 1{,}8$. Gewählt wurde eine Rollenkette DIN 8188 — 10 A — 2 × 120 und die Zähnezahl $z_1 = 23$ für das kleine treibende Kettenrad (f_1 sei 1,9).
1. Wurde die Kettengröße entsprechend den Empfehlungen nach DIN 8188 richtig gewählt?
2. Welche Zähnezahl muss das große Kettenrad erhalten, welcher Achsabstand und welche Schmierungsart sind erforderlich?
3. Sind die Bruchsicherheiten ausreichend, und welche Lebensdauer ist zu erwarten?

25

E: 1. Ja, $P_C = 15{,}5$ kW ($f_1 = 1{,}9$, $f_2 \approx 0{,}82$).
2. $z_2 = 41$ ($z_{2\,\text{erf}} = 41{,}4$), $a = 697$ mm ($X = 120$, $p = 15{,}875$ mm, $f_3 = 8{,}207$, $f_ü = 5{,}39$, $f_4 = 0{,}24945$), Druckumlaufschmierung ($v = 10{,}95$ m/s).
3. Ja, $S_B = 48{,}6 > 7$, $S_D = 22{,}6 > 5$ ($F = 913$ N, $F_d = 1734$ N, $q = 1{,}9$ kg/m, $F_f = 230$ N, $F_g = 1964$ N, $F_B = 44{,}4$ kN), $L_h \approx 8800$ h, da $p_{zul}/p_g \approx 0{,}938$ ($A = 1{,}4\ \text{cm}^2$, $p_g = 1406\ \text{N/cm}^2$, $p_0 \approx 1560\ \text{N/cm}^2$, $c = 0{,}9$, $\lambda \approx 0{,}94$, $p_{zul} \approx 1320\ \text{N/cm}^2$).

L: 1. Nach Diagr. 25.2 mit P_C nach Gl. (25.14), Bedeutung der Kettenbezeichnung s. Fußnote zur Tab. 25.2.

2. $z_2 = z_b$ nach Gl. (25.13), a nach Gl. (25.19) mit $f_ü$ nach Gl. (25.18), f_4 aus Tab. 25.8, Schmierungsart nach Diagr. 25.3 mit v nach Gl. (25.15).

3. Nach den Gln. (25.20) bis (25.26) und Tab. 25.9.

25.7 Für den Hauptantrieb einer Waagerecht-Fräsmaschine nach Bild 25.7 ist ein Kettentrieb vorgesehen, der eine Nennleistung $P = 7{,}5$ kW bei einer Antriebsdrehzahl $n_1 = 1450\ \text{min}^{-1}$ zu übertragen hat, Drehzahl des großen Kettenrades $n_2 = 500\ \text{min}^{-1}$, Betriebsfaktor $f_1 = 1{,}5$. Es wurde eine Rollenkette DIN 8187 — 08 B — 3 × 116 gewählt und eine Zähnezahl $z_1 = 19$ für das kleine treibende Kettenrad auf der Motorwelle. Entspricht die gewählte Kette den Empfehlungen nach DIN 8187? Ferner sind die Zähnezahl des großen Rades, die Teilkreisdurchmesser beider Räder, der Achsabstand, die Schmierungsart, die Bruchsicherheiten und die zu erwartende Lebensdauer zu ermitteln.

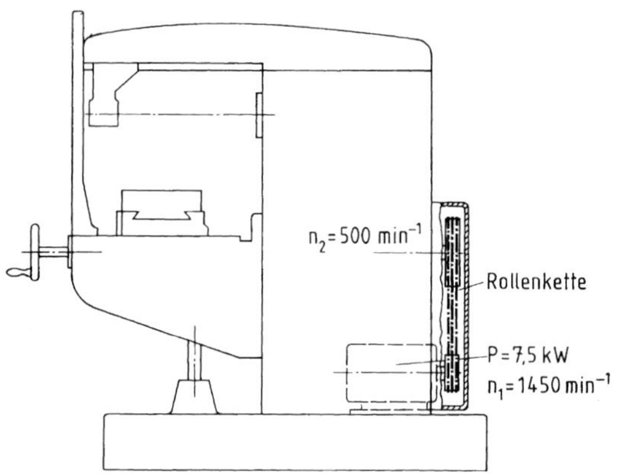

Bild 25.7 Rollenkette im Hauptantrieb einer Waagerecht-Fräsmaschine

E: Ja, Kette richtig gewählt, $P_C = 11{,}25$ kW ($f_2 = 1$), $z_2 = 55$ ($i = 2{,}9$, $z_{2\,\text{erf}} = 55{,}1$), $d_1 = 77{,}16$ mm ($\tau_1/2 = 9{,}474°$), $d_2 = 222{,}44$ mm ($\tau_2/2 = 3{,}273°$), $a = 496{,}3$ mm ($X = 116$, $p = 12{,}7$ mm, $f_3 = 32{,}828$, $f_ü = 2{,}694$, $f_4 = 0{,}24732$), Tauchschmierung ($v = 5{,}83$ m/s), $S_B \approx 36{,}8 > 7$, $S_D = 23{,}8 > 5$ ($F = 1{,}29$ kN, $F_d = 1{,}93$ kN, $q = 2$ kg/m, $F_f = 68$ N, $F_g \approx 2$ kN, $F_B = 47{,}5$ kN), $L_h > 50\,000$ h, da $p_{zul}/p_g = 1{,}29 > 1{,}2$ ($A \approx 1{,}51\ \text{cm}^2$, $p_g = 1\,325\ \text{N/cm}^2$, $p_0 \approx 1\,970\ \text{N/cm}^2$, $c = 0{,}85$, $\lambda \approx 1{,}02$, $p_{zul} \approx 1\,708\ \text{N/cm}^2$).

L: Sinngemäß wie Aufg. 25.6, d_1 und d_2 nach Gl. (25.1).

25.8 Der in Bild 25.8 gezeigte Kettentrieb für den Nockenwellen- und Ölpumpenantrieb in einem Viertakt-Ottomotor enthält eine Rollenkette DIN 8187 — 05 B — 2 × 124. Sie wird durch ein Spannrad mit $z_4 = 19$ Zähnen gespannt. Das Kurbelwellenrad hat ebenfalls $z_1 = 19$ Zähne und die Drehzahl $n_1 = 6000\ \text{min}^{-1}$, Drehzahl des Zwischenrades für den Ölpumpenantrieb $n_2 = 3931\ \text{min}^{-1}$, des Nockenwellenrades $n_3 = 3000\ \text{min}^{-1}$. Die Kette hat eine Nennleistung $P = 3$ kW zu übertragen, Betriebsfaktor $f_1 = 1{,}5$. Es sind die Teilkreisdurchmesser der Kettenräder zu errechnen und anhand der im Bild angegebenen Abmessungen die Kettenlänge zeichnerisch zu bestimmen und danach zu prüfen, ob die Gliederzahl richtig gewählt wurde. Außerdem sind die Bruchsicherheiten zu kontrollieren und die zu erwartende Lebensdauer bei Drucköl-Umlaufschmierung zu ermitteln.

25

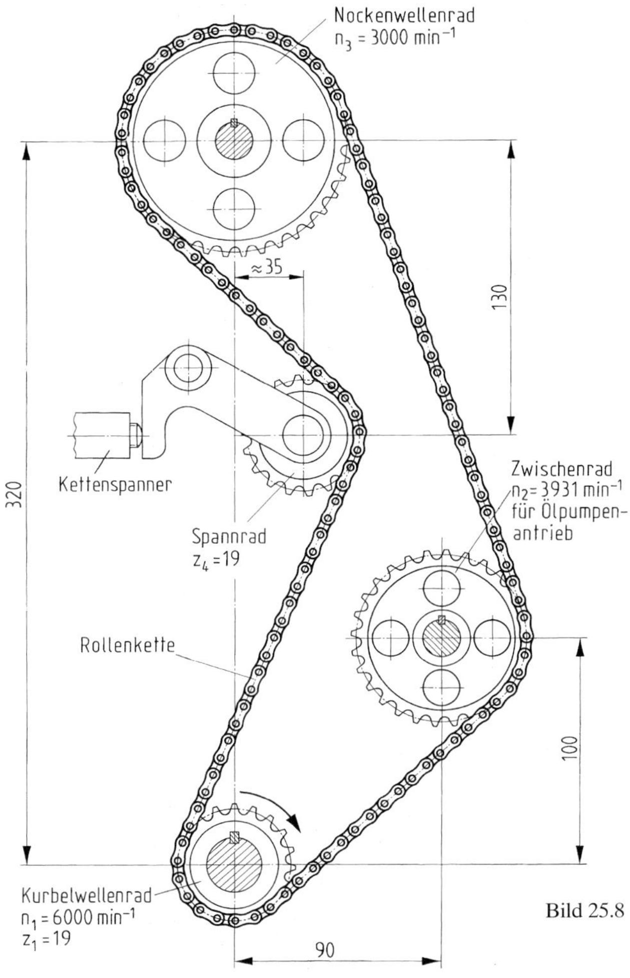

Bild 25.8 Zweifach-Rollenkette für den Nockenwellen- und Ölpumpenantrieb in einem Viertakt-Ottomotor

E: $d_1 = d_4 = 48{,}6$ mm ($\tau_1/2 = \tau_4/2 = 9{,}474°$, $p = 8$ mm), $d_2 = 73{,}99$ mm ($i_{1/2} = 1{,}526$, $z_2 = 29$, $\tau_2/2 = 6{,}207°$), $d_3 = 96{,}87$ mm, ($i_{1/3} = 2$, $z_3 = 38$, $\tau_3/2 = 4{,}737°$), $X = 124$ richtig gewählt (Kettenlänge $L_K \approx 992$ mm zeichn. ermittelt, Bogenlängen nach gemessenen Winkeln errechnet), $S_B \approx 39{,}6 > 7$ und $S_D \approx 20{,}6 > 5$, beide ausreichend ($v = 15{,}2$ m/s, $F \approx 197$ N, $F_d \approx 296$ N, $q = 0{,}36$ kg/m, $F_f \approx 83$ N, $F_g = 379$ N, $F_B = 7{,}8$ kN, $L_h < 2000$ h, da $p_{zul}/p_g \approx 0{,}5 < 0{,}8$ ($A = 0{,}22\ \text{cm}^2$, $p_g = 1723\ \text{N/cm}^2$, $p_0 \approx 1040\ \text{N/cm}^2$, $c = 0{,}9$, $\lambda \approx 0{,}92$, $p_{zul} \approx 861\ \text{N/cm}^2$).

L: z_2 und z_3 nach Gl. (25.13), d_1 bis d_4 nach Gl. (25.1), Kettenlänge L_K nach maßstäblicher Zeichnung des Kettentriebes, $X = L_K/p$, S_B, S_D und L_h sinngemäß wie unter 3. in Aufg. 25.6.

25

26 Flachriementriebe

Riemenscheiben

26.1 Für einen Spannrollentrieb (siehe Bild 26.16) sind die Abmessungen der großen geteilten Riemenscheibe aus EN-GJL-200 mit einem Durchmesser $d = 2\,500$ mm zu berechnen (entspr. ME Bild 26.8). Die Scheibe soll eine Breite $B = 450$ mm erhalten und gewölbt ausgeführt werden mit einer Wölbhöhe $h = 6$ mm, Bohrungsdurchmesser $d_B = 150$ mm. Es ist eine Umfangskraft $F = 3\,820$ N zu übertragen. Zu ermitteln sind:

1. Die Armzahl z und Kontrolle, ob ein Armstern genügt,
2. Die Kranzdicke k, auf volle mm aufgerundet,
3. Die Nabenlänge L_N (mittlerer Erfahrungswert auf volle 10 mm abgerundet), die Nabendicke w und der Nabendurchmesser d_N,
4. Die Querschnittsmaße a_1 und a_2 der vollen elliptischen Arme mit dem Verhältnis $a_1/a_2 = 2$ sowie das Maß a_3 der geteilten Arme, jeweils auf volle mm gerundet,
5. Der Durchmesser d_S der Verbindungsschrauben.

E: **1.** $z = 8$ ($z_{erf} \approx 7{,}58$), ein Armstern genügt noch, da $B = 0{,}1d + 200$ mm $= 450$ mm.
2. $k = 12$ mm ($k_{erf} \approx 11{,}25$ mm).
3. $L_N = 200$ mm ($L_{N\,erf} \approx 180 \ldots 225$ mm), $w = 70$ mm, $d_N = 290$ mm.
4. $a_1 = 86$ mm, $a_2 = 43$ mm, $a_3 = 52$ mm ($\sigma_{b\,zul} = 50\,\text{N/mm}^2$, $y = 1\,105$ mm, $W_{b\,erf} = 31\,658\,\text{mm}^3$).
5. Gewählt $d_S = 30$ mm (errechnet $d_S \approx 30{,}66$ mm).

L: Wie ME Beisp. 26.1, jedoch zu 4. Errechnung von $W_{b\,erf}$ nach Gl. (26.6), damit $a_1 \approx \sqrt[3]{20\,W_{b\,erf}}$ (da $W_b \approx 0{,}1a_1^2 \cdot a_2 = 0{,}1a_1^2 \cdot a_1/2$), $a_3 = 0{,}6a_1$ (s. ME Abschn. 26.4).

26.2 Die kleine Riemenscheibe eines Spannrollentriebes (siehe Bild 26.16) hat einen Durchmesser $d = 500$ mm und eine Breite $B = 450$ mm, Bohrungsdurchmesser $d_B = 100$ mm. Sie ist ungeteilt und zylindrisch ausgeführt aus EN-GJL-200 und hat eine Umfangskraft $F = 3{,}82$ kN zu übertragen. Folgende Abmessungen sind zu ermitteln:

1. Die Armzahl z und der Mittenabstand l_A der beiden Armsterne, falls zwei erforderlich sind (mittlerer Erfahrungswert auf volle 10 mm gerundet),
2. Die Kranzdicke k (auf volle mm gerundet), die Nabendicke w und der Nabendurchmesser d_N,
3. Sind die Querschnittsmaße $a_1 = 50$ mm und $a_2 = 25$ mm der elliptischen Arme ausreichend?
4. Die Nabenlänge L_N (auf volle 10 mm gerundet, bei zwei Armsternen nach $L_N \approx l_A + 4a_2$ mit den Teilnabenlängen $l = 0{,}6d_B$, siehe ME Bild 26.9).

E: **1.** $z = 4$ ($z_{erf} \approx 3{,}4$), zwei Armsterne erforderlich, da $B > 250$ mm, $l_A = 250$ mm ($\approx 225 \ldots 270$ mm).
2. $k = 5$ mm ($k_{erf} \approx 4{,}5$ mm), $w = 50$ mm, $d_N = 200$ mm.
3. Ja, $\sigma_b \approx 34{,}4\,\text{N/mm}^2 < \sigma_{b\,zul} = 50\,\text{N/mm}^2$ ($y = 150$ mm, $W_b = 6\,250\,\text{mm}^3$).
4. $L_N = 350$ mm mit $l = 60$ mm.

26

L: Wie ME Beisp. 26.1, jedoch zu 3. Kontrolle von σ_b nach Gl. (26.6) mit $2z$, da zwei Armsterne. Die Angaben für L_N sind Erfahrungswerte bei Ausführungen mit zwei Armsternen.

26.3 Für den Entwurf der großen Riemenscheibe mit Elektromagnetkupplung nach Bild 26.3 zum Antrieb eines Sägegatters mit einem gekreuzten Flachriementrieb (siehe Bild 26.7) sind die wichtigsten Abmessungen zu errechnen. Es betragen der Durchmesser der gewölbten Riemenscheibe $d = 800$ mm, die Riemenbreite $b = 160$ mm, der Bohrungsdurchmesser $d_B = 165$ mm, der Wellendurchmesser $d_w = 90$ mm, Werkstoff: EN-GJL-200. Es ist eine Umfangskraft $F = 1270$ N zu übertragen. Folgende Kranz-, Naben- und Armabmessungen sind zu ermitteln (auf volle mm gerundet):

1. Die Kranzbreite B, die Kranzdicke k, die Nabenwanddicke w (nach dem Wellendurchmesser d_W bestimmt) und der Nabendurchmesser d_N,
2. Die Armzahl z und Kontrolle, ob ein Armstern genügt,
3. Die Querschnittsmaße a_1 und a_2 der elliptischen Arme mit dem Verhältnis $a_1/a_2 = 2{,}5$.

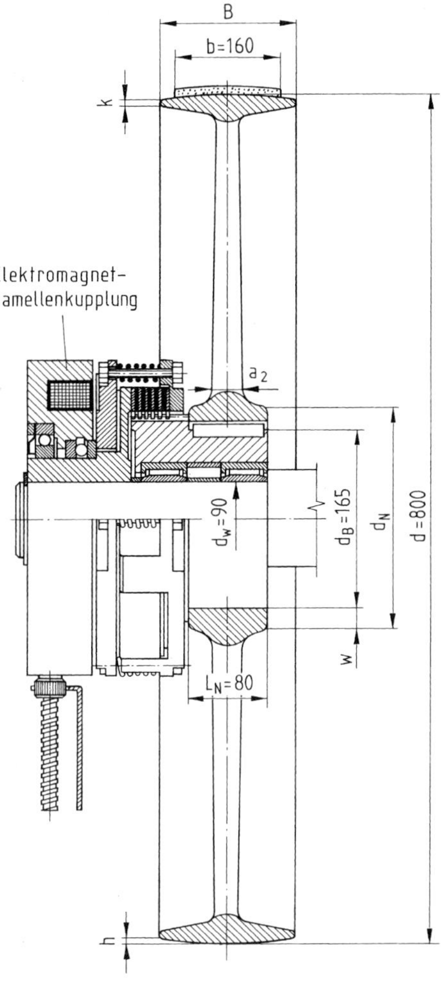

Bild 26.3 Riemenscheibe mit Elektromagnet-Lamellenkupplung für einen Sägegatterantrieb

E: **1.** $B = 180$ mm, $k = 6$ mm, $w = 46$ mm, $d_N = 257$ mm.
2. $z = 5$ ($z_{erf} \approx 4{,}29$), ein Amstern genügt, da $B < 280$ mm.
3. $a_1 = 47$ mm, $a_2 = 19$ mm ($\sigma_{b\,zul} = 50\,\text{N/mm}^2$, $y = 272$ mm, $W_{b\,erf} = 4145\,\text{mm}^3$).

L: Wie Aufg. 26.1 mit B nach Tab. 26.1.

Geometrie der Flachriementriebe

26

26.4 Ein offener Flachriementrieb für den Antrieb eines Generators hat die Riemenscheibendurchmesser $d_g = 2$ m, $d_k = 0{,}56$ m und den Achsabstand $e = 5$ m. Welche Innenlänge L_i muss der Riemen nach dem Vorspannen haben?

E: $L_i = 14125$ mm ($\alpha = 8{,}28° = 0{,}1445$ rad).

L: Wie ME Beisp. 26.2.

26.5 Der offene Flachriementrieb nach Aufgabe 26.4 soll im Spannwellenbetrieb mit einem endlosen Riemen von der Innenlänge $L_i = 14$ m betrieben werden. Welcher Achsabstand e ist vorzusehen, und in welchen Grenzen e_{max} und e_{min} muss er verstellbar sein? Gegeben sind die Riemenscheibendurchmesser $d_g = 2$ m und $d_k = 0{,}56$ m.

E: $e = 4937$ mm ($f_1 = 2494{,}7$ mm, $f_2 = 259200$ mm^2, Probe: $\alpha = 8{,}386°$, $\widehat{\alpha} = 0{,}14636$, $L_i = 14000$ mm), $e_{max} = 5357$ mm ($x = 420$ mm), $e_{min} = 4727$ mm ($y = 210$ mm).

L: Wie ME Beisp. 26.3, zusätzlich $e_{max} = e + x$, $e_{min} = e - y$.

26.6 Der offene Flachriementrieb zum Antrieb eines Kolbenverdichters (siehe Bild 26.8) soll mit den Riemenscheibendurchmessern $d_k = 315$ mm und $d_g = 900$ mm ausgeführt werden, Achsabstand $e \approx 1500$ mm. Es sind der Umschlingungswinkel β an der kleinen Scheibe, eine Standard-Innenlänge L_i für den Riemen und die Grenzen e_{max} und e_{min} für die Verstellbarkeit des Achsabstandes zu ermitteln, falls Spannwellenbetrieb vorgesehen wird, ggf. ist nach der gewählten Innenlänge ein neuer Achsabstand festzulegen.

E: $\beta = 157{,}5°$ ($\alpha = 11{,}245°$, $\widehat{\alpha} = 0{,}19626$), $L_i = 5000$ mm ($L_{i\,erf} = 4965{,}7$ mm), Achsabstandsänderung erforderlich auf $e = 1517$ mm ($e_{erf} \approx 1517{,}6$ mm, $f_1 = 772{,}87$ mm, $f_2 = 42778{,}1$ mm^2, Probe: $L_i = 5001{,}84$ mm), $e_{max} = 1667$ mm ($x = 150$ mm), $e_{min} = 1442$ mm ($y = 75$ mm).

L: Wie die Aufgn. 26.4 u. 26.5, der geringe Versatz der Riemenscheibenmitten (s. Bild 26.8) kann vernachlässigt werden.

26.7 Ein gekreuzter Flachriementrieb nach Bild 26.7 zum Antrieb eines Sägegatters (siehe Aufgabe 26.11) hat den Achsabstand $e = 3000$ mm und die Riemenscheibendurchmesser $d_k = 250$ mm, $d_g = 800$ mm. Wie groß sind der Umschlingungswinkel β an der kleinen Scheibe und die Innenlänge L_i des Riemens?

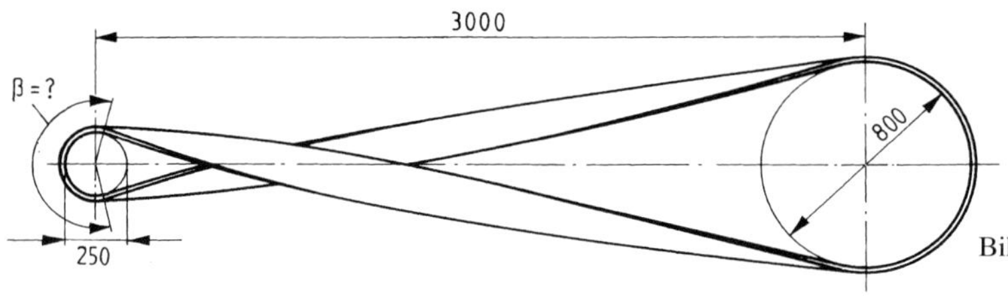

Bild 26.7 Gekreuzter Flachriementrieb

E: $\beta = 200{,}16°$ ($\alpha = 10{,}08°$, $\widehat{\alpha} = 0{,}1759$), $L_i \approx 7741$ mm.

L: Nach den Gln. (26.12) bis (26.14).

26

Berechnung von Antrieben mit Leder- und Geweberiemen

26.8 Ein zweistufiger Kolbenverdichter mit einem Leistungsbedarf von 36 kW soll unter normalen Umweltbedingungen von einem Elektromotor mit der Drehzahl $n_a = n_k = 1450$ min^{-1} durch einen Flachriemen angetrieben werden (Bild 26.8). Vorgesehen ist ein hochgeschmeidiger Chromleder-Riemen HGC mit der Dicke $s = 8$ mm, Durchmesser der kleinen Antriebsscheibe $d_k = 315$ mm, der großen getriebenen Scheibe $d_g = 900$ mm. Letztere ist aus EN-GJL-200 hergestellt mit einem Nabendurchmesser $d_N = 250$ mm und $z = 6$ ellipti-

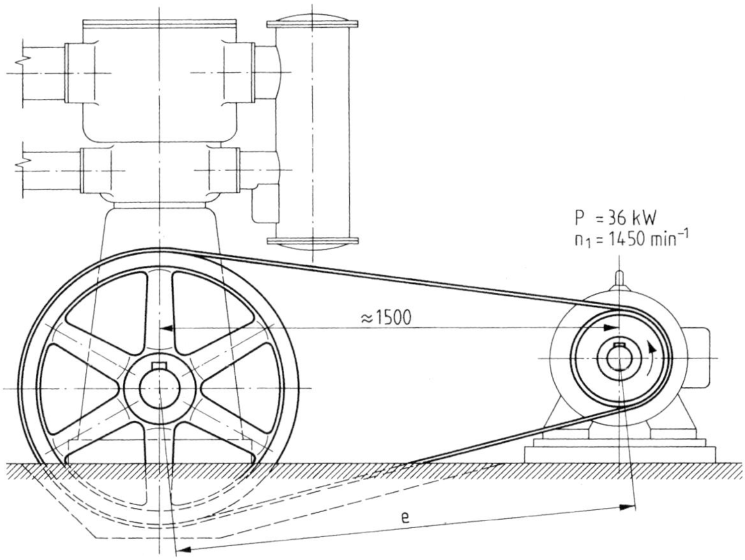

Bild 26.8 Flachriementrieb eines zweistufigen Kolbenverdichters

schen Armen mit den Querschnittsmaßen $a_1 = 60$ mm, $a_2 = 30$ mm. Der Umschlingungswinkel an der kleinen Scheibe beträgt $\beta = 157{,}8°$ ($\widehat{\beta} = 2{,}754$), der Achsabstand $e = 1517$ mm, die Riemenlänge $L_i = 5\,000$ mm (siehe Aufgabe 26.6). Anlauf mit Direkteinschaltung im 8-h-Betrieb. Für diesen Riementrieb sind zu ermitteln:

1. Die Übersetzung i und die Drehzahl $n_b = n_g$ der großen getriebenen Scheibe,
2. Sind die Riemengeschwindigkeit v, die Biegefrequenz f_B und das Verhältnis s/d_k zulässig?
3. Wie groß sind die spezifische Nennleistung P_n und die optimale Riemengeschwindigkeit v_{opt}?
4. Welche genormte Riemenbreite b und Kranzbreite B sind zu wählen, und welche Wölbhöhe h erhält die große Scheibe?
5. Welche Auflegestreckung ΔL ist erforderlich, und wie groß wird die Achskraft F_W bei Dehnungsbetrieb?
6. Ist die Biegespannung σ_b in den gefährdeten Armquerschnitten zulässig?

E:
1. $i = 2{,}86$, $n_b = n_g \approx 507\ \text{min}^{-1} = 8{,}45\ \text{s}^{-1}$.
2. Ja, $v = 23{,}9$ m/s < 50 m/s, $f_B = 9{,}56\ \text{s}^{-1} < 25\ \text{s}^{-1}$, $s/d_k = 0{,}0254 < 0{,}05$.
3. $P_n = 5343$ W/cm ($\sigma_{zul} = 550\ \text{N/cm}^2$, $E_b = 5000\ \text{N/cm}^2$, $\varrho = 900\ \text{kg/m}^3$, $\mu = 0{,}507$, $m = 4{,}03$, $k = 0{,}752$, $\sigma_b = 127\ \text{N/cm}^2$, $\sigma_f = 51{,}4\ \text{N/cm}^2$), $\sigma_{1\,zul} = 371{,}6\ \text{N/cm}^2$), $v_{opt} \approx 39{,}6$ m/s.
4. $b = 90$ mm ($C_B = 1{,}2$, $C_\mu = 1$, $b_{erf} = 8{,}1$ cm), $B = 100$ mm, $h = 1$ mm.
5. $\Delta L = 65$ mm, $F_W \approx 6$ kN ($F = 1506$ N).
6. Ja, $\sigma_b = 22{,}7\ \text{N/cm}^2 < \sigma_{b\,zul} = 50\ \text{N/mm}^2$ ($y = 325$ mm, $W_b = 10\,800\ \text{mm}^3$, $R_m = 200\ \text{N/cm}^2$).

L: Wie ME Beisp. 26.4 und zusätzlich Berechnung von σ_b nach Gl. (26.6) und Vergleich mit $\sigma_{b\,zul}$ (s. ME Abschn. 26.4). 26

26.9 Die Schleifspindel einer Flächenschleifmaschine im 16-h-Tagesbetrieb (Bild 26.9) soll mit einem 140 mm breiten und 3 mm dicken, endlosen Naturseide-Riemen angetrieben werden. Es herrschen normale Umweltbedingungen, geringe Überlastungen sind möglich. Vorgesehen ist Direkteinschaltung, Leistungsbedarf $P = 19$ kW bei der Antriebsdrehzahl $n_a = n_k = 1\,450\ \text{min}^{-1}$, Durchmesser der kleinen treibenden Riemenscheibe auf der Motorwelle $d_k = 160$ mm, der großen getriebenen Scheibe auf der Schleifspindelwelle $d_g = 300$ mm, Achsabstand $e = 1\,400$ mm. Zu ermitteln sind:

1. Der Umschlingungswinkel β an der kleinen Scheibe und die erforderliche Innenlänge L_i des Riemens als Standardlänge,
2. Die Riemengeschwindigkeit v, die Biegefrequenz f_B und das Verhältnis s/d_k, jeweils verglichen mit dem zulässigen Wert,
3. Die zulässige Lasttrumspannung $\sigma_{1\,zul}$ und die spezifische Nennleistung P_n,
4. Ist die Riemenbreite b richtig gewählt?

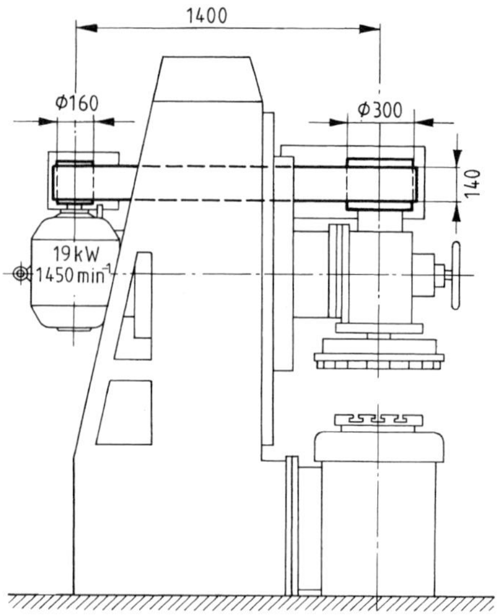

Bild 26.9 Flachriementrieb zum Antrieb der Schleifspindel einer Flächenschleifmaschine

E: 1. $\beta = 174{,}27°$, $\widehat{\beta} = 3{,}042$ ($\alpha = 2{,}866°$, $\widehat{\alpha} = 0{,}05$), $L_i = 3\,550$ mm ($L_{i\,erf} = 3\,526$ mm).
2. $v = 12{,}15$ m/s < 60 m/s, $f_B = 6{,}85\ \text{s}^{-1} < 80\ \text{s}^{-1}$, $s/d_k = 0{,}0188 < 0{,}06$, alle Werte sind zulässig.
3. $\sigma_{1\,zul} \approx 811\ \text{N/cm}^2$ ($\sigma_{zul} = 900\ \text{N/cm}^2$, $E_b = 4\,000\ \text{N/cm}^2$, $\varrho = 950\ \text{kg/m}^3$, $\sigma_b \approx 75\ \text{N/cm}^2$, $\sigma_f \approx 14\ \text{N/cm}^2$), $P_n = 1\,768$ W/cm ($\mu = 0{,}3$, $m = 2{,}49$, $k = 0{,}598$).
4. Ja, $b_{erf} = 129$ mm < 140 mm ($C_B = 1{,}2$, $C_\mu = 1$).

L: 1. Nach den Gln. (26.8) bis (26.10) und Tab. 26.2.
2. Nach den Gln. (26.16) u. (26.17) und Tab. 26.3.
3. Nach den Gln. (26.20) u. (26.21) mit σ_b nach Gl. (26.18) u. σ_f nach Gl. (26.19) sowie Tab. 26.3.
4. Nach Gl. (26.23) und den Tabn. 26.4 u. 26.5.

26.10 In einem Sägewerk wird ein Generator mit der Drehzahl $n_b = n_k = 1\,000\ \text{min}^{-1}$ mittels eines 5 mm dicken Gummi-Geweberiemens aus Baumwollfasern (zweilagig) von einer Einzylinder-Dampfmaschine nach Bild 26.10 angetrieben. Die Dampfmaschine leistet 140 kW bei der Drehzahl $n_a = n_g = 280\ \text{min}^{-1}$. Das Schwungrad der Maschine ist zugleich Riemenscheibe mit dem Durchmesser $d_g = 2\,000$ mm und der Kranzbreite $B = 600$ mm, Achsabstand $e = 4\,500$ mm. Wegen der Einzylinder-Dampfmaschine ist der Betriebsfaktor C_B wie für Kolbenpumpen bei schwerem Antrieb der Gruppe A anzunehmen. Es liegen normale Umweltbedingungen vor. Für diesen Antrieb sind für einen 8-h-Tagesbetrieb zu ermitteln:

1. Der Durchmesser d_k der kleinen Scheibe auf der Generatorwelle,
2. Die erforderliche Innenlänge L_i,
3. Die Riemengeschwindigkeit v, die Biegefrequenz f_B und das Verhältnis s/d_k, jeweils mit dem zulässigen Wert verglichen,
4. Die optimale Riemengeschwindigkeit v_{opt},
5. Die erforderliche Riemenbreite b,
6. Die erforderliche Auflegestreckung ΔL und die Achskraft F_W bei Dehnungsbetrieb.

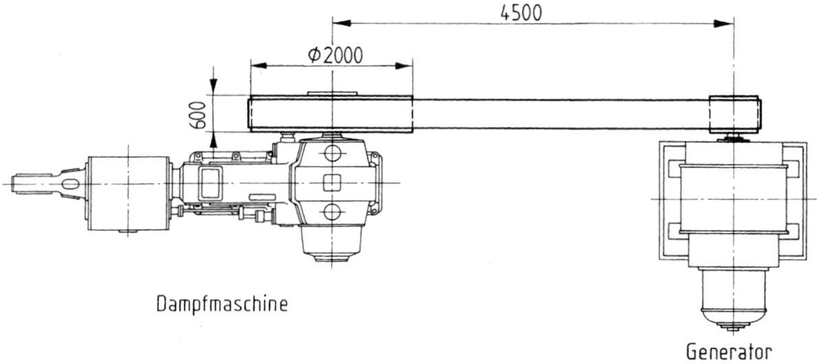

Bild 26.10 Einzylinder-Dampfmaschine mit Flachriementrieb zum Antrieb eines Generators

E: **1.** $d_k = 560$ mm ($i = 0{,}28$).
2. $L_i = 13\,137$ mm ($\alpha = 9{,}2°$, $\widehat{\alpha} = 0{,}1606$, $\beta = 161{,}6°$, $\widehat{\beta} = 2{,}82$).
3. $v \approx 29{,}33$ m/s < 50 m/s, $f_B = 4{,}47\ \text{s}^{-1} < 20\ \text{s}^{-1}$, $s/d_k \approx 0{,}009 < 0{,}035$, alle Werte sind zulässig.
4. $v_{opt} = 33{,}1$ m/s ($\sigma_{zul} = 440$ N/cm², $E_b = 5000$ N/cm², $\varrho = 1200$ kg/m³, $\sigma_b \approx 45$ N/cm²).
5. $b = 519$ mm ≈ 520 mm ($\mu = 0{,}5$, $m = 4{,}1$, $k = 0{,}756$, $C_B = 1{,}2$, $\sigma_f = 103{,}2$ N/cm², $\sigma_{1\,zul} = 292$ N/cm², $P_n = 3237$ W/cm).
6. $\Delta L = 788$ mm, $F_W \approx 19$ kN ($F = 4{,}77$ kN).

L: **1.** Nach Gl. (26.15) mit $d_b = d_k$ u. $d_a = d_g$ (Übersetzung ins Schnelle).
2. u. **3.** Wie unter 1. u. 2. in Aufg. 26.9, jedoch ohne Tab. 26.2.
4. Nach Gl. (26.22).
5. Nach Gl. (26.23) mit m, k, σ_f, $\sigma_{1\,zul}$ u. P_n nach den Gln. (26.2), (26.4), (26.19) bis (26.21) und den Tabn. 26.4 u. 26.5.
6. Nach Gl. (26.24) und Tab. 26.6.

26.11

Für den Antrieb eines Sägegatters im 18-h-Tagesbetrieb ist der gekreuzte Flachriementrieb mit einem 160 mm breiten Kernleder-Riemen der Sorte G zu berechnen. Die Umweltbedingungen sind normal. Die Einschaltung erfolgt mit Anlasser. Es ist eine Leistung $P = 16$ kW bei der Antriebsdrehzahl $n_a = n_k = 960\ \text{min}^{-1}$ zu übertragen. Gegeben sind (siehe auch die Aufgaben 26.3 und 26.7): Durchmesser der kleinen Antriebsscheibe $d_k = 250$ mm, der großen Scheibe $d_g = 800$ mm, Umschlingungswinkel an der kleinen Scheibe $\beta = 200{,}16°$ ($\widehat{\beta} \approx 3{,}5$), Innenlänge des Riemens $L_i = 7740$ mm, Zugkraft $F = 1{,}27$ kN. Zu ermitteln sind die Drehzahl n_g der großen Riemenscheibe, die Riemengeschwindigkeit v und die Biegefrequenz f_B (beide mit den zulässigen Werten verglichen), die Riemendicke s, wenn für das Verhältnis s/d_k die Hälfte des zulässigen Wertes gewählt wird, die erforderliche Riemenbreite b (verglichen mit dem vorgesehenen Wert), die erforderliche Auflegestreckung ΔL und die Achskraft F_W bei Dehnungsbetrieb.

E: $n_g = n_b = 300\ \text{min}^{-1} = 5\ \text{s}^{-1}$ ($i = 3{,}2$), $v = 12{,}57$ m/s < 40 m/s und $f_B = 3{,}25\ \text{s}^{-1} < 10\ \text{s}^{-1}$ (beide Werte zulässig), $s = 5$ mm (zul. $s/d_k = 0{,}04$), $b = 156$ mm < 160 mm ($\sigma_{zul} = 450$ N/cm², $E_b = 6000$ N/cm², $\varrho = 950$ kg/m³, $\sigma_b = 120$ N/cm², $\sigma_f \approx 15$ N/cm², $\sigma_{1\,zul} = 315$ N/cm², $\mu \approx 0{,}37$, $m = 3{,}651$, $k = 0{,}726$, $C_B = 1{,}4$, $P_n = 1437$ W/cm), $\Delta L \approx 101$ mm, $F_W \approx 5{,}1$ kN.

L: Wie Aufg. 26.10, jedoch Übersetzung ins Langsame, $n_g = n_b$ nach Gl. (26.15) und $s = 0{,}5(s/d_k) \cdot d_k$ mit dem zulässigen Verhältnis s/d_k nach Tab. 26.3.

Berechnung von Antrieben mit Mehrschichtriemen

26.12 Im Antrieb einer Kolbenpumpe mit einem Ungleichförmigkeitsgrad $> 0{,}0125$ soll der 160 mm breite und 5 mm dicke Kernlederriemen der Sorte G durch einen Extremultus-Mehrschichtriemen Bauart 80 (Fa. Siegling, Hannover) in der Ausführung LT ersetzt werden. Die erforderliche Riemengröße und die Riemenbreite sind zu bestimmen. Es ist eine Leistung $P = 14$ kW zu übertragen. Der antreibende Elektromotor mit der kleinen Scheibe von $d_k = 250$ mm Durchmesser hat eine Drehzahl $n_a = n_k = 1450\ \text{min}^{-1}$, Durchmesser der großen Scheibe auf der Pumpenwelle $d_g = 1250$ mm, Achsabstand $e = 2000$ mm. Für diesen offenen Riementrieb sind zu ermitteln:

1. Die Drehzahl $n_b = n_g$ der Pumpenwelle mit der großen Scheibe,
2. Die Innenlänge L_i des Riemens,
3. Die Riemengeschwindigkeit v, eine dafür geeignete Riemengröße und die Biegefrequenz f_B, verglichen mit $f_{B\,zul}$,
4. Die erforderliche Riemenbreite b als Standardbreite,
5. Die erforderliche Auflegestreckung ΔL und die Achskraft F_W.

E: 1. $n_b = n_g = 290\ \text{min}^{-1} = 4{,}83\ \text{s}^{-1}$ $(i = 5)$.
2. $L_i \approx 6480$ mm $(\alpha = 14{,}48°,\ \widehat{\alpha} = 0{,}2527,\ \beta = 151{,}04°)$.
3. $v \approx 19$ m/s, Riemengröße 20 $(C_1 \approx 0{,}88,\ d_k \cdot C_1 = 220$ mm$)$, $f_B = 5{,}86\ s^{-1} < f_{B\,zul} = 30\ \text{s}^{-1}$.
4. $b = 60$ mm $(F_N = 200$ N/cm, $P_N = 3{,}8$ kW/cm, $C_B = 1{,}5$, $C_\beta \approx 1{,}09$, $b_{erf} = 6$ cm$)$.
5. $\Delta L = 162$ mm $(C_2 = 2{,}1,\ C_3 = 0{,}3,\ C_4 = 0{,}1)$, $F_W = 2318{,}4\ \text{N} \approx 2{,}32$ kN.

L: Wie ME Beisp. 26.5. Aus dem Ergebnis geht hervor, dass Mehrschichtriemen wesentlich schmaler ausgeführt werden können als Lederriemen bei gleicher Übertragungsfähigkeit.

26.13 Für den Antrieb einer Textilmaschine soll ein Extremultus-Mehrschichtriemen Bauart 80 in der Ausführung LL eingesetzt werden und in einem Mehrscheibentrieb nach Bild 26.13 laufen. Es handelt sich um einen ungleichmäßigen Antrieb mit Stößen und mittlerer Massenbeschleunigung, der eine Leistung $P = 22$ kW zu übertragen hat bei einer Antriebsdrehzahl $n_a = n_k = 940\ \text{min}^{-1}$. Der Umschlingungswinkel an der Antriebsscheibe mit dem Durchmesser $d_k = 315$ mm beträgt $\beta = 145°$, die Innenlänge des gespannten Riemens $L_i = 6$ m. Welche Riemengröße und Standard-Riemenbreite sind zu wählen?

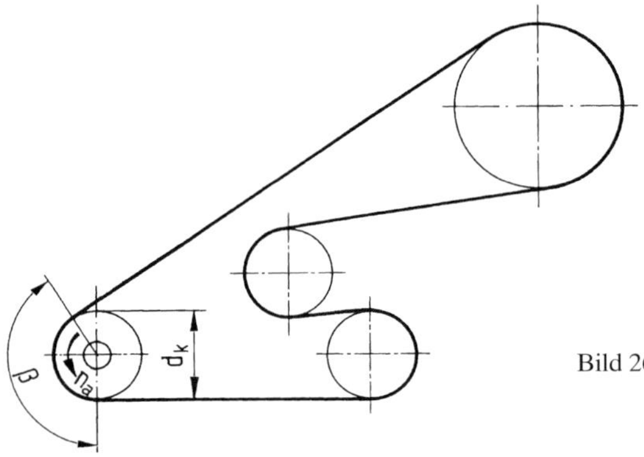

Bild 26.13 Flachriementrieb im Antrieb einer Textilmaschine

26

E: Riemengröße 28 $(v = 15{,}5$ m/s, $C_1 \approx 0{,}95$, $d_k \cdot C_1 \approx 300$ mm, $Z = 4$, $f_B = 10{,}3\ \text{s}^{-1} < 15\ \text{s}^{-1})$, $b = 75$ mm $(P_N = 4{,}34$ kW/cm, $C_B = 1{,}3$, $C_\beta \approx 1{,}105$, $b_{erf} \approx 7{,}3$ cm$)$.

L: Wie unter 3. u. 4. in ME Beisp. 26.5 und Aufg. 26.12.

26.14

Ein Kollergang soll über einen Habasit-Mehrschichtriemen von einem Getriebemotor angetrieben werden. Es ist unter erschwerten Betriebsbedingungen eine Leistung von 4,2 kW zu übertragen. Die Drehzahl der kleinen Scheibe am Getriebemotor beträgt 60 min^{-1}. Die große Scheibe am Kollergang soll mit ca. 12 min^{-1} umlaufen. Für diesen Antrieb, der als offener Riementrieb mit dem kleinstmöglichen Achsabstand ausgeführt werden soll, sind zu ermitteln:

1. Die Scheibendurchmesser d_k und d_g (Normmaße nach Tab. 26.1) und die Riemenausführung,
2. Der Achsabstand e (e_{min} auf volle 10 mm gerundet),
3. Die Innenlänge L_i des gespannten Riemens,
4. Die erforderliche Riemenbreite b (auf volle 10 mm gerundet),
5. Die erforderliche Auflegestreckung ΔL,
6. Die Achskraft F_W.

E: **1.** $d_k = 315$ mm, $d_g = 1\,600$ mm, Riemenausführung A-3 wegen erschwerter Betriebsbedingungen ($P/n_k = 0{,}07$ kW · min, $d_{g\,erf} = 1\,575$ mm).
2. $e = 1\,410$ mm ($i = 5{,}08$, $e_{min} \approx 0{,}88 d_g = 1\,408$ mm).
3. $L_i = 6\,126$ mm ($\alpha = 27{,}1° = 0{,}473$ rad, $\beta = 125{,}8°$).
4. $b = 240$ mm ($v \approx 1$ m/s, $P_N \approx 0{,}3$ kW/cm, $C_B = 1{,}4$, $C_\beta \approx 1{,}19$).
5. $\Delta L \approx 141$ mm ($C_1 \approx 2{,}29$, $C_2 = 0$).
6. $F_W \approx 11{,}7$ kN ($C_3 = 1$, $F_e = 212$ N/cm).

L: Wie ME Beisp. 26.6.

26.15

In Bild 26.15 ist der Antrieb einer Drehmaschine schematisch dargestellt. Die kleine Riemenscheibe ist schwenkbar und spannt den Riemen (Selbstspanntrieb). Sie erhält über das Schieberädergetriebe eine niedrigste Drehzahl $n_a = n_k = 450$ min^{-1}. Der Flachriementrieb mit der Übersetzung $i = 1{,}6$ hat eine Leistung $P = 2{,}5$ kW zu übertragen. Verwendet werden soll ein Habasit-Mehrschichtriemen Typ F-2 (Fa. Habasit GmbH, Urberach) mit der Breite $b = 70$ mm und der Innenlänge $L_i = 2\,500$ mm. Es ist zu prüfen, ob der gewählte Riemen für diesen Antriebsfall geeignet ist, und zu ermitteln, welche Scheibendurchmesser d_k, d_g und Kranzbreite B infrage kommen. Ferner sind der Achsabstand e (verglichen mit e_{min}), die Auflegestreckung ΔL und die Achskraft F_W zu errechnen.

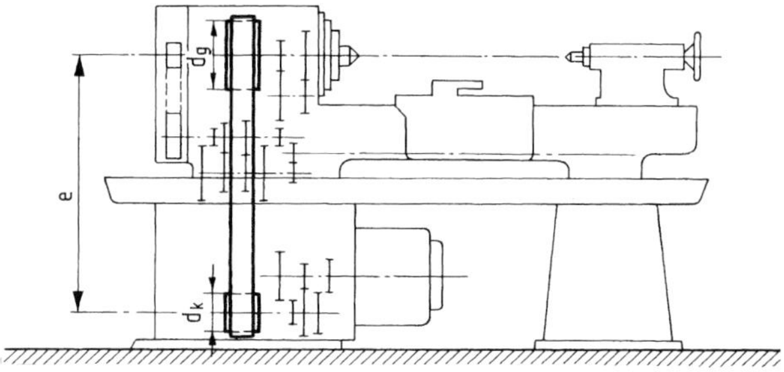

Bild 26.15 Hauptantrieb einer Drehmaschine mit Flachriemen

26

E: Riemen F-2 geeignet mit $d_k = 125$ mm ($P/n_k = 0{,}00556$ kW · min), $d_g = 200$ mm, $B = 80$ mm, $e = 994$ mm $> e_{min} = 232$ mm ($f_1 = 497{,}37$ mm, $f_2 = 703{,}13$ mm^2), $b = 70$ mm $> b_{erf} = 6{,}6$ mm ($\alpha = 2{,}16°$, $\beta \approx 175{,}7°$, $v = 2{,}95$ m/s, $P_N \approx 0{,}42$ kW/cm, $C_B = 1{,}1$, $C_\beta \approx 1{,}01$), $\Delta L = 52{,}5$ mm ($C_1 = 2{,}1$, $C_2 = 0$) $F_W = 1\,882$ N ($C_3 = 1$, $F_e = 128$ N/cm).

L: Mit P/n_k Ermittlung von d_k und Prüfen der Eignung des Riemens nach Tab. 26.14, $d_g = d_b$ nach Gl. (26.15), B nach Tab. 26.1, e nach Gl. (26.11), Überprüfung von b nach Gl. (26.28) mit P_N nach Diagr. 26.1, dafür errechnen: α nach Gl. (26.8), β nach Gl. (26.9), v nach Gl. (26.16), ΔL nach Gl. (26.29) und F_W nach Gl. (26.30) wie unter 5. u. 6. in ME Beisp. 26.6 und Aufg. 26.14.

Berechnung von Spannrollentrieben

26.16 Für den Antrieb einer Fördermaschine, der mittels eines $b = 400$ mm breiten und $s = 7$ mm dicken Gummigeweberiemens (Baumwolle, zweilagig) erfolgen soll, wird eine Leistung $P = 75$ kW benötigt. Es wird ein Spannrollentrieb nach Bild 26.16 gewählt, um aus Platzgründen einen möglichst geringen Achsabstand zu erhalten, u. z. $e = 4$ m. Der antreibende Drehstrommotor läuft mit der Drehzahl $n_a = n_k = 750\ \text{min}^{-1}$. Motorscheiben- und Spannrollendurchmesser sind gleich, nämlich $d_k = d_R = 500$ mm, Durchmesser der großen, geteilt ausgeführten Scheibe $d_g = 2500$ mm (siehe auch die Aufgaben 26.1 und 26.2). Die Spannrolle hat von der kleinen Scheibe einen Mittenabstand $a_2 = 900$ mm und die Masse $m_R = 45$ kg. Der Riemenantrieb, die Riemenlänge und der erforderliche Abstand des Gegengewichts mit der Masse $m_G = 50$ kg sind zu berechnen. Im Einzelnen sind zu ermitteln:

1. Die Drehzahl $n_g = n_b$ der großen Scheibe,
2. Sind die Riemengeschwindigkeit v und die Riemendicke s zulässig?
3. Der Umschlingungswinkel β an der kleinen Scheibe, der Leertrumbeugungswinkel φ an der Spannrolle und die Innenlänge L_i des Riemens, ermittelt nach einer anzufertigenden maßstäblichen Zeichnung des Riementriebs,
4. Entsprechen die Abstände a_1 zwischen der Spannrolle und der kleinen Scheibe und a_3 zur großen Scheibe den üblichen Werten?
5. Genügt die gewählte Riemenbreite b, wenn ein mittelschwerer Betrieb (Betriebsfaktor $C_B = 1{,}5$) und normale Umweltbedingungen angenommen werden?
6. Ist die Biegefrequenz f_B zulässig?
7. Welche Rollendruckkraft F_3 ist erforderlich, und in welchem Abstand l_G von der Spannrolle ist das Gegengewicht anzuordnen?
8. Wie groß wird die Achskraft F_W?

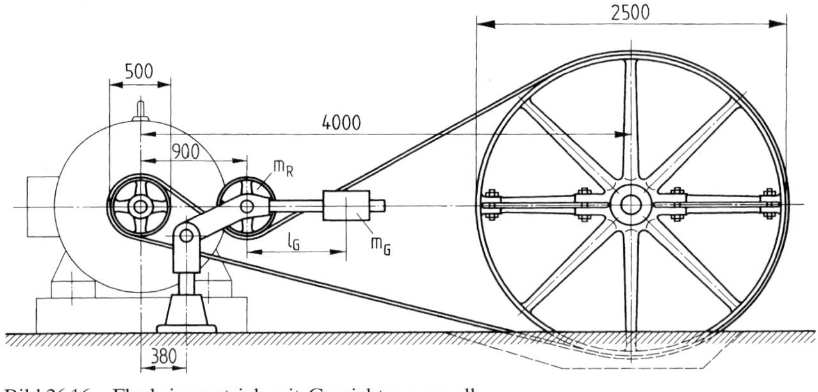

26

Bild 26.16 Flachriementrieb mit Gewichtsspannrolle

E: **1.** $n_g = n_b = 150\ \text{min}^{-1} = 2{,}5\ \text{s}^{-1}$ ($i = 5$).
2. Ja, $v = 19{,}63$ m/s < 50 m/s, $s = s_{max} = 7$ mm, $s/d_k = 0{,}014 < 0{,}035$.
3. $\beta = 200°$, $\widehat{\beta} = 3{,}49$, $\varphi = 59°$, $L_i = 13\,376$ mm, Entwurfszeichnung mit Teillängen und Winkeln s. Bild E 26.16. ($\widehat{\gamma} = 3{,}892$, $\widehat{\delta} = 1{,}082$, $L_k = 873$ mm, $L_g = 4865$ mm, $L_R = 278$ mm).

4. Ja, $a_1 = 400$ mm > 300 mm (bei $d_k = 500$ mm), $a_3 = 1\,600$ mm $> a_1$,
5. Ja, $b = 306$ mm < 400 mm ($\sigma_{zul} = 440$ N/cm², $E_b = 5\,000$ N/cm², $\varrho = 1\,200$ kg/m³, $\mu = 0{,}5$, $\sigma_b = 70$ N/cm², $\sigma_f \approx 46{,}2$ N/cm², $\sigma_{1\,zul} \approx 324$ N/cm², $m = 5{,}726$, $k = 0{,}825$, $P_n \approx 3673$ W/cm).
6. Ja, $f_B = 4{,}4\ s^{-1} < 20\ s^{-1}$ ($z = 3$).
7. $F_3 = 1\,632$ N ($F_2 = 1\,584$ N), $l_G = 709$ mm ($l_1 = 510$ mm nach Zeihnung, $l_2 = 1\,229$ mm, $l_3 = 520$ mm).
8. $F_W = 7{,}64$ kN ($F = 3{,}82$ kN).

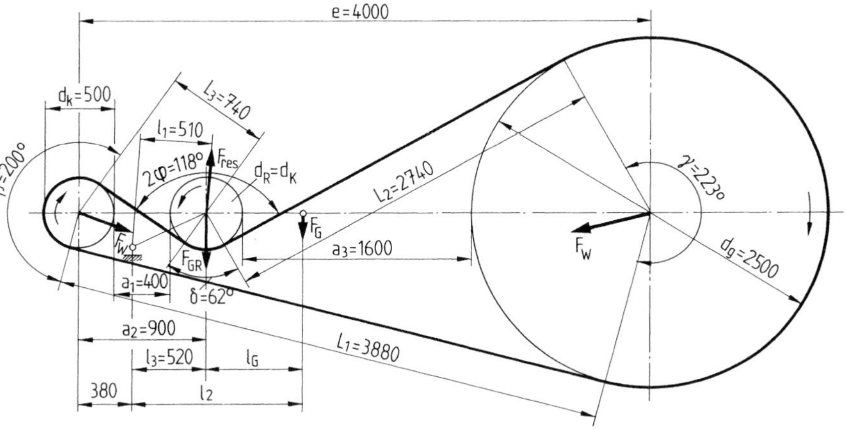

Bild E 26.16 Entwurfszeichnung des Spannrollentriebes nach Bild 26.16

L: **1.** Nach Gl. (26.15).
2. Nach Gl. (26.16) und Tab. 26.3.
3. Ausmessen der Winkel β, γ und δ sowie der geraden Riementeillängen L_1, L_2 und L_3 nach der maßstäblichen Entwurfszeichnung des Riementriebs (s. Bild E 26.16), damit werden $2\varphi = 180° - \delta$ und $L_i = L_1 + L_2 + L_3 + L_k + L_g + L_R$ mit $L_k = \beta \cdot d_k/2$, $L_g = \gamma \cdot d_g/2$ und $L_R = \delta(d_R/2 + s)$, Winkel in rad einsetzen.
4. Abstände nach Zeichnung ausmessen und mit Angaben nach ME Abschn. 26.9 vergleichen.
5. Sinngemäß wie unter 3. u. 4. in Aufg. 26.9 (s. ME Abschn. 26.7).
6. Nach Gl. (26.17) mit $Z = 3$ und Tab. 26.3.
7. Nach Gl. (26.32) mit F_2 nach Gl. (26.31). Für die Berechnung von l_G ist die Resultierende F_{res} aus den Leertrumkräften F_2 als Gegenkraft der Rollendruckkraft F_3 einzusetzen (d. h. $F_{res} = F_3$, s. Bild E 26.16), damit kann $l_G = l_2 - l_3$ errechnet werden mit l_2 aus der Momentengleichung $F_G \cdot l_2 + F_{GR} \cdot l_3 - F_{res} \cdot l_1 = 0$ (Gewichtskräfte $F_G = m_G \cdot g$, $F_{GR} = m_R \cdot g$).
8. Nach Tab. 26.6.

26.17 In Bild 26.17 ist der Spannrollentrieb für den Antrieb einer Presse schematisch dargestellt. Er soll mit einem Chromleder-Riemen der Sorte HGC eine Leistung von 12 kW übertragen werden. Der Treibriemen ist 112 mm breit und 4 mm dick, er hat eine Innenlänge von 5,6 m. Die große Riemenscheibe mit 1 000 mm Durchmesser läuft mit der Drehzahl von 350 min⁻¹. Die Durchmesser der kleinen Antriebsscheibe und der Spannrolle sind gleich, und zwar 125 mm. Die Spannrolle wiegt 6 kg. Der Umschlingungswinkel an der kleinen Scheibe beträgt 188°, der Trumbeugungswinkel an der Spannrolle $\varphi = 69°$.

1. Sind die Riemengeschwindigkeit und die Biegefrequenz zulässig?
2. Ist der Riemen richtig bemessen, wenn normale Umweltbedingungen vorliegen und es sich um einen sehr schweren Antrieb handelt ($C_B = 1{,}7$)?
3. Mit welcher Masse muss das Gegengewicht ausgeführt werden?

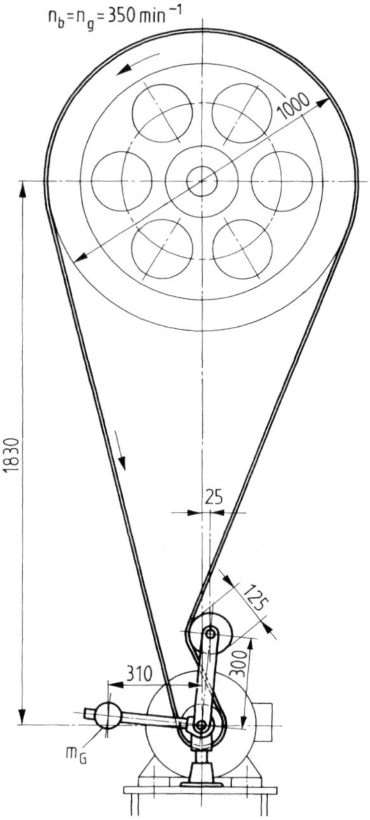

Bild 26.17 Schematische Darstellung des Spannrollentriebes an einer Presse

E: 1. Ja, $v = 18{,}3\ \text{m/s} < 50\ \text{m/s}$, $f_B = 9{,}8\ \text{s}^{-1} < 25\ \text{s}^{-1}$ ($z = 3$).
2. Ja, $s/d_k = 0{,}032 < 0{,}05$, $b = 102\ \text{mm} < 112\ \text{mm}$ ($\sigma_{zul} = 550\ \text{N/cm}^2$, $E_b = 5000\ \text{N/cm}^2$, $\varrho = 900\ \text{kg/m}^3$, $\mu \approx 0{,}44$, $\sigma_b = 160\ \text{N/cm}^2$, $\sigma_f \approx 30\ \text{N/cm}^2$, $\sigma_{1\,zul} \approx 360\ \text{N/cm}^2$, $m = 4{,}236$, $k = 0{,}764$, $P_n \approx 2\ \text{kW/cm}$).
3. $m_G = 27{,}2\ \text{kg}$ ($F_2 = 378\ \text{N}$, $F_3 = 271\ \text{N}$).

L: Wie unter 2. und 5. bis 7. in Aufg. 26.16, zum Ansatz der Momentengleichung für die Ermittlung von m_G s. Bild L 26.17 (zu 3.).

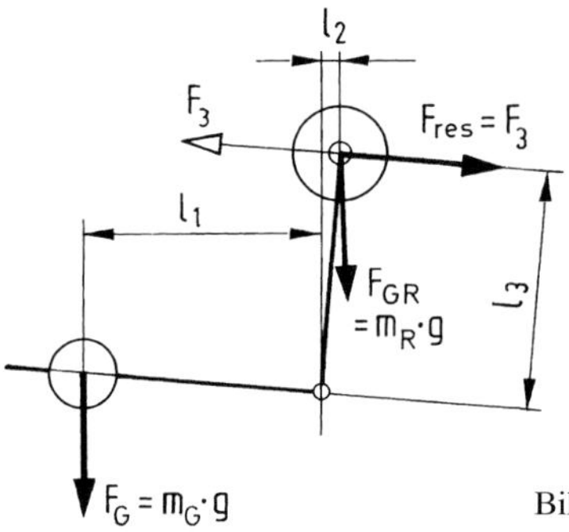

Bild L 26.17 Berechnungsskizze

26.18 Bild 26.18 zeigt schematisch den Antrieb einer Spanplatten-Presse mit einem Flachriementrieb als Spannrollentrieb mit Federspannrolle. Es ist eine Leistung $P = 8{,}2\ \text{kW}$ bei einer Antriebsdrehzahl $n_a = n_k = 450\ \text{min}^{-1}$ und einer Übersetzung $i = 6{,}25$ zu übertragen. Es handelt sich um einen ungleichförmigen Betrieb mit geringen Stößen bei trockener Luft unter großer Staubeinwirkung. Vorgesehen ist ein Habasit-Mehrschichtriemen der Ausführung C. Für den Entwurf dieses Riementriebs sind zu ermitteln:

26

1. Die Durchmesser d_k und d_g der kleinen und der großen Riemenscheibe und die Riemengröße (C-2 oder C-3),
2. Die erforderliche Riemenbreite b auf volle 10 mm gerundet, wenn von dem Umschlingungswinkel an der kleinen Scheibe $\beta = 180°$ und dem Betriebsfaktor $C_B = 1{,}3$ ausgegangen wird, und die Kranzbreite B,
3. Die erforderliche Rollendruckkraft F_3 bei Annahme des üblichen Leertrumwinkels $2\varphi = 120°$,
4. Die Innenlänge L_i des Riemens bei einem Spannrollendurchmesser $d_R = d_k$ (zeichnerisch).

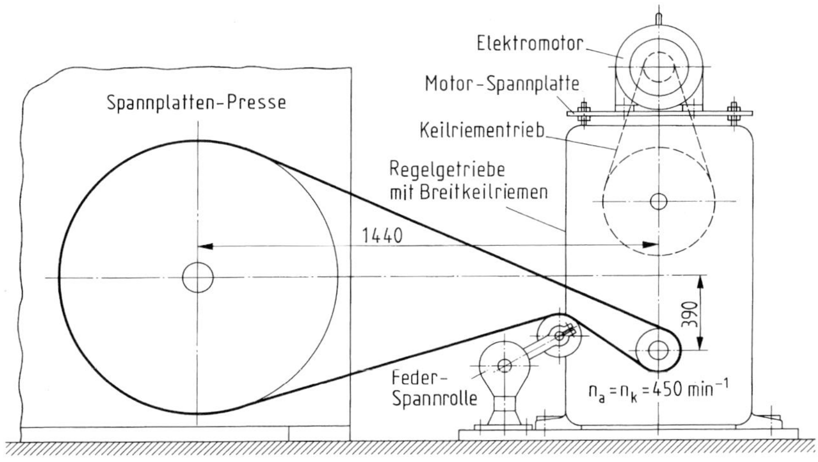

Bild 26.18 Flachriementrieb mit Federspannrolle an einer Spanplatten-Presse

E: **1.** $d_k = 200$ mm $= d_R$ ($P/n_k = 0{,}018$ kW · min), $d_g = 1\,250$ mm, Riemengröße C-3.
2. $b = 90$ mm ($v = 4{,}7$ m/s, $P_N \approx 1{,}25$ kW/cm, $C_\beta = 1$, $b_{erf} = 8{,}53$ cm), $B = 100$ mm.
3. $F_3 = 300$ N ($\mu = 0{,}7$, $m = 9$, $F_2 \approx 300$ N).
4. $L_i = 5\,600$ mm.

L: **1.** Wie unter 1. in ME Beisp. 26.6.
2. Wie unter 4. in ME Beisp. 26.6, B nach Tab. 26.1.
3. Wie ME Beisp. 26.7 mit $P_n = P_N/C_\beta$ und m nach Gl. (26.2) (μ nach Tab. 26.13).
4. Durch Aufzeichnen des Riementriebs entspr. Bild E 26.16 und Abmessen der geraden Teillängen und des Umschlingungswinkels an der großen Scheibe (wie unter 3. in Aufg. 26.16).

27 Keilriementriebe

27.1 Eine Presse soll von einem Drehstrommotor mit normalem Anlaufmoment über einen offenen Keilriementrieb ohne Spannrolle angetrieben werden. Bei einer täglichen Betriebsdauer bis 10 h ist eine Leistung $P = 2{,}5$ kW zu übertragen mit den Drehzahlen $n_a = n_k = 960\ \text{min}^{-1}$ und $n_b = n_g = 192\ \text{min}^{-1}$. Vorgesehen sind endlose Normalkeilriemen DIN 2215. Für den Entwurf dieses Antriebs sind zu ermitteln:

1. Das Riemenprofil, die Wirkdurchmesser d_{wk} und d_{wg} der Riemenscheiben als Normwerte (für d_{wk} ist im Interesse einer möglichst hohen Lebensdauer der Riemen der Oberwert aus der Richtlinie nach DIN 2218 zu wählen) und der vorläufige Achsabstand e (Mittelwert der Normempfehlung auf volle 100 mm abrunden),
2. Die Riemengeschwindigkeit v, eine genormte Riemenlänge L_w und der endgültige Achsabstand e,
3. Die erforderliche Anzahl n der Keilriemen und die Kranzbreite B der Riemenscheiben,
4. Die Überprüfung der Biegefrequenz f_B,
5. Die Achskraft F_W.

E:
1. Profil A ($C_B = 1{,}1$, $P \cdot C_B = 2{,}75$ kW, $d_{wk} = 80 \ldots 100$ mm), $d_{wk} = 100$ mm, $d_{wg} = 500$ mm, $e \approx 800$ mm ($e = 420 \ldots 1200$ mm).
2. $v \approx 5$ m/s, $L_{w\,erf} = 2593$ mm ($\alpha \approx 14{,}5° = 0{,}253$ rad), gew. $L_w = 2530$ mm, $e \approx 768$ mm ($f_1 = 396{,}88$ mm, $f_2 = 20000\ \text{mm}^2$).
3. $n = 3$ ($P_N \approx 1{,}04$ kW, $\beta = 149{,}8°$, $c_\beta = 0{,}92$, $c_L = 1{,}09$), $B = 50$ mm ($f = 10$ mm, $a = 15$ mm).
4. $f_B = 3{,}95\ \text{s}^{-1} < 60\ \text{s}^{-1}$ ($Z = 2$), somit zulässig.
5. $F_W \approx 825 \ldots 1100$ N.

L: Wie ME Beisp. 27.1, zusätzlich zu 3.: Kranzbreite $B = 2f + (n - 1)\,a$ mit f und a nach Tab. 27.2.

27.2 Der offene Keilriementrieb für den Antrieb einer Presse nach Aufgabe 27.1 soll mit Schmalkeilriemen DIN 7753 ausgeführt werden, wobei ein möglichst geringer Raumbedarf anzustreben ist. Gegeben sind: Leistung $P = 2{,}5$ kW, Belastungsfaktor $C_B = 1{,}1$, $P \cdot C_B = 2{,}75$ kW, Drehzahlen $n_k = 960\ \text{min}^{-1}$ und $n_g = 192\ \text{min}^{-1}$, Übersetzung $i = 5$. Zu ermitteln sind:

1. Das Riemenprofil, die Scheibendurchmesser d_{wk} (Unterwert der Richtlinie nach DIN 7753) und d_{wg} sowie der vorläufige Achsabstand e (Unterwert der Normempfehlung auf volle 100 mm aufgerundet),
2. Die Riemengeschwindigkeit v, die Wirklänge L_w als Normwert und der endgültige Achsabstand e,
3. Die erforderliche Anzahl n der Keilriemen und die Kranzbreite B der Riemenscheiben,
4. Die Achskraft F_W,
5. Die Grenzwerte e_{min} und e_{max} des Achsabstandes für die Verstellbarkeit.

E:
1. Profil SPZ ($d_{wk} = 63 \ldots 100$ mm), $d_{wk} = 63$ mm, $d_{wg} = 315$ mm, $e = 300$ mm ($e = 265 \ldots 756$ mm).
2. $v = 3{,}17$ m/s, $L_w = 1250$ mm, ($\alpha = 24{,}83° = 0{,}4334$ rad, $L_{w\,erf} = 1247{,}5$ mm), $e \approx 302$ mm ($f_1 = 164{,}06$ mm, $f_2 = 7928\ \text{mm}^2$).
3. $n = 4$ ($P_N \approx 0{,}88$ kW, $\beta \approx 130{,}7°$, $c_\beta \approx 0{,}86$, $c_L = 0{,}94$, $z_{erf} = 3{,}86$), $B = 52$ mm ($f = 8$ mm, $a = 12$ mm).
4. $F_W \approx 1300 \ldots 1740$ N.
5. $e_{min} = 283$ mm, $e_{max} = 340$ mm ($x \approx 38$ mm, $y \approx 19$ mm).

L: Wie ME Beisp. 27.2, zusätzlich Kranzbreite B wie unter 3. in Aufg. 27.1, $e_{min} = e - y$ und $e_{max} = e + x$.

27.3 Zwei Hammermühlen werden von einem Elektromotor mit hohem Anlaufmoment (über zweifachem Nennmoment) über Keilriemen nach Bild 27.3 angetrieben. Die Keilriemen sollen durch einen Keilrippenriemen DIN 7867 ersetzt werden. Es ist eine Leistung $P = 60$ kW bei der Motordrehzahl $n_a = n_k = 950 \text{ min}^{-1}$ zu übertragen. Die Mühlen arbeiten mit einer Drehzahl $n_b = n_g = 600 \text{ min}^{-1}$ und sind täglich über 16 h im Einsatz. Vorgesehen sind der Achsabstand $e \approx 1200$ mm und der Bezugsdurchmesser der kleinen Scheibe $d_{bk} = 315$ mm. Der Antrieb mit Keilrippenriemen ist wie folgt zu berechnen:

1. Das Riemenprofil, die Übersetzung i, der Bezugsdurchmesser d_{bg} der großen Scheibe und die Riemengeschwindigkeit v, verglichen mit der zulässigen Geschwindigkeit,
2. Der Achsabstand e und die Bezugslänge L_b,
3. Die erforderliche Anzahl n der Rippen und die Normbezeichnung des gewählten Riemens sowie dessen Breite b und die Mindest-Kranzbreite b_K der Riemenscheiben,
4. Eine Überprüfung der Biegefrequenz f_B.

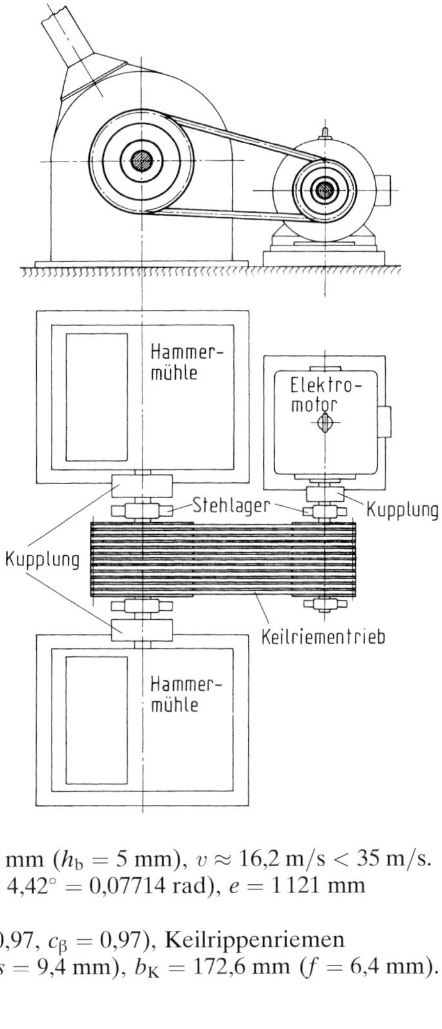

Bild 27.3 Antrieb zweier Hammermühlen

E: **1.** Profil PM ($C_B = 1{,}6$), $i = 1{,}569$, $d_{bg} = 500$ mm ($h_b = 5$ mm), $v \approx 16{,}2$ m/s < 35 m/s.
2. $L_b = 3530$ mm ($L_{b\,erf} = 3687$ mm mit $\alpha = 4{,}42° = 0{,}07714$ rad), $e = 1121$ mm ($f_1 = 562{,}45$ mm, $f_2 = 4278{,}1$ mm^2).
3. $n = 18$ ($n_{erf} = 17{,}53$, $P_N \approx 5{,}82$ kW, $c_L = 0{,}97$, $c_\beta = 0{,}97$), Keilrippenriemen DIN 7867 – 18 PM 3530, $b = 169{,}2$ mm, ($s = 9{,}4$ mm), $b_K = 172{,}6$ mm ($f = 6{,}4$ mm).
4. $f_B \approx 9{,}1 \text{ s}^{-1} < 120 \text{ s}^{-1}$ ($Z = 2$).

L: Sinngemäß wie ME Beisp. 27.3, jedoch d_{bg} nach Tab. 27.2 festlegen und zusätzlich b und b_K nach Tab. 27.3 errechnen.

27.4 Der Achsabstand des Flachriementriebes nach Bild 26.8 für einen zweistufigen Kolbenverdichter muss aus Platzgründen auf $e \leq 1000$ m verringert werden. Anstelle des in diesem Falle erforderlichen Spannrollentriebes soll ein Keilriementrieb mit endlosen Normalkeilriemen DIN 2215 vorgesehen werden, der für die zu übertragende Leistung $P = 36$ kW und die Drehzahlen $n_a = n_k = 1450 \text{ min}^{-1}$ und $n_b = n_g = 500 \text{ min}^{-1}$ bei einem 16-h-Tagesbetrieb geeignet ist. Der antreibende Elektromotor hat ein normales Anlaufmoment (bis 2faches Nennmoment). Für die Auslegung des Antriebes sind zu ermitteln:

1. Das Riemenprofil, die Scheibendurchmesser d_{wk} (als Kleinstwert) und d_{wg} (als Normwert) und die daraus folgende Drehzahl n_g,
2. Die Wirklänge L_w und die Normbezeichnung des gewählten Keilriemens,
3. Liegt der auszuführende Achsabstand e in den empfohlenen Grenzen, und welche Abstände x und y sind für den Verstellbereich vorzusehen?
4. Welche Riemenanzahl n ist erforderlich und welche Kranzbreite B und Außendurchmesser d_{ak} und d_{ag} müssen die Riemenscheiben erhalten?
5. Wie groß ist die Riemengeschwindigkeit v, ist die Biegefrequenz f_B zulässig, und welche Achskraft F_W ist zu erwarten?

E:
1. Profil C ($C_B = 1{,}3$, $P \cdot C_B = 46{,}8$ kW, $d_{wk} = 200 \ldots 315$ mm), $d_{wk} = 200$ mm, $d_{wg} = 560$ mm ($d_{wg\,erf} = 580$ mm), $n_g \approx 518\,\text{min}^{-1} = 8{,}63\,\text{s}^{-1}$ ($i = 2{,}8$).
2. $L_w = 3202$ mm ($\alpha = 10{,}37° = 0{,}181$ rad, $L_{w\,erf} = 3226$ mm), Keilriemen DIN 2215 – C 3202.
3. Ja, $e \approx 988\,\text{mm} \mathrel{\hat{=}} e = 532 \ldots 1520$ mm ($f_1 = 502$ mm, $f_2 = 16200\,\text{mm}^2$), $x \approx 96$ mm, $y = 48$ mm.
4. $n = 8$ ($\alpha = 10{,}5°$, $\beta = 159°$, $c_\beta \approx 0{,}95$, $c_L = 0{,}97$, $P_N \approx 6{,}43$ kW), $B = 216$ mm ($f = 17$ mm, $a = 26$ mm), $d_{ak} = 210$ mm ($c \geq 4{,}8$ mm), $d_{ag} = 570$ mm.
5. $v \approx 15{,}2$ m/s; ja, $f_B \approx 9{,}5\,\text{s}^{-1} < 60\,\text{s}^{-1}$ ($Z = 2$), $F_W \approx 4{,}6 \ldots 6{,}2$ kN.

L:
1. Nach Diagr. 27.1 mit C_B nach Tab. 26.4 und nach Gl. (27.1), Normwert für d_{wg} nach Tab. 27.2.
2. Nach Gl. (27.6), Tab. 27.8 und ME Abschn. 27.1.
3. Nach Gl. (27.8) sowie Angaben nach ME Abschn. 27.3.
4. Nach Gl. (27.9) mit P_N nach Tab. 27.4 umgerechnet von $d_{wk} = 180$ mm auf $d_{wk} = 200$ mm (interpoliert), B s. Hinweis zur Aufg. 27.1, $d_a = d_w + 2c$ mit c nach Tab. 27.2.
5. Nach den Gln. (27.2) u. (27.10) sowie Gl. (27.12).

27.5 Anstelle der endlosen Normalkeilriemen DIN 2215 sollen für den Antrieb nach Aufgabe 27.4 endlose Schmalkeilriemen DIN 7753 mit der Wirklänge $L_w = 3150$ mm verwendet werden unter Beibehaltung der ermittelten Scheibendurchmesser $d_{wk} = 200$ mm und $d_{wg} = 560$ mm. Gegeben sind: Leistung $P = 36$ kW, Drehzahl der kleinen Scheibe $n_k = 1450\,\text{min}^{-1}$, Betriebsfaktor $C_B = 1{,}3$, $P \cdot C_B = 46{,}8$ kW. Es sind die Normbezeichnung der Keilriemen, der Achsabstand e und dessen Verstellwerte x und y, die erforderliche Riemenanzahl n, die Kranzbreite B und die Außendurchmesser d_{ak} und d_{ag} der Riemenscheiben zu ermitteln.

E: Schmalkeilriemen DIN 7753 – SPA 3150 ($d_{wk} = 200 \ldots 250$ mm), $e = 961$ mm ($f_1 = 489$ mm, $f_2 = 16200\,\text{mm}^2$), $x \approx 94$ mm, $y \approx 47$ mm, $n = 6$ ($c_L = 1{,}04$, $P_N \approx 8{,}62$ kW, $\alpha \approx 10{,}8°$, $\beta = 158{,}4°$, $c_\beta \approx 0{,}95$, $n_{erf} = 5{,}48$), $B = 95$ mm ($f = 10$ mm, $a = 15$ mm), $d_{ak} = 206$ mm ($c \geq 2{,}8$ mm), $d_{ag} = 566$ mm.

L: Wie Aufg. 27.4, jedoch nach Diagr. 27.2 und Tab. 27.6.

27

27.6 Der Keilriementrieb zum Antrieb eines Resonanz-Schwingsiebes (Bild 27.6) ist zu berechnen. Das Sieb arbeitet im Dauerbetrieb täglich 24 h. Der antreibende Elektromotor läuft mit der Drehzahl $n_a = n_k = 1420\,\text{min}^{-1}$ und hat ein normales Anlaufmoment (bis zweifaches Nennmoment). Die Drehzahl der großen Scheibe soll $n_g = n_b = 355\,\text{min}^{-1}$, der Achsabstand $e \leq 600$ mm betragen. Vorgesehen sind endlose Schmalkeilriemen DIN 7753, die eine Leistung von 6 kW zu übertragen haben. Es sind zu ermitteln:

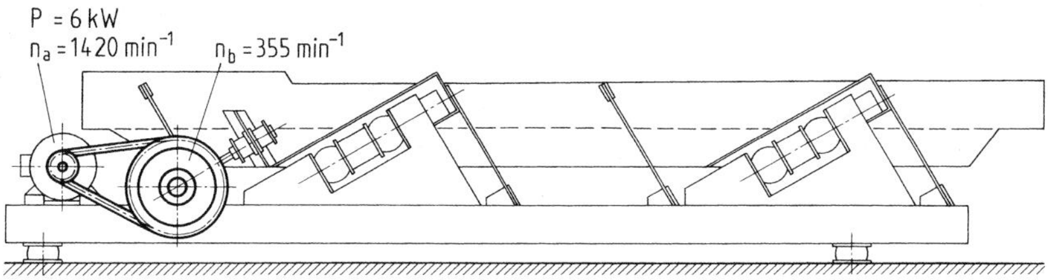

Bild 27.6 Antrieb eines Resonanz-Schwingsiebes mit Keilriemen

1. Die Riemengröße, die Wirkdurchmesser d_{wk} (Unterwert der Richtlinie nach DIN 7753) und d_{wg} (als Normwert) der Riemenscheiben und die Drehzahl n_g der großen Scheibe,
2. Die Wirklänge L_w, die Normbezeichnung der gewählten Riemen, der Achsabstand e (verglichen mit der Normempfehlung) und die Abstände x und y des Verstellbereichs,
3. Die erforderliche Riemenanzahl n,
4. Die Riemengeschwindigkeit v, die Biegefrequenz f_B und deren zulässigen Wert,
5. Die Achskraft F_W.

E: **1.** Profil SPZ ($C_B = 1{,}3$, $P \cdot C_B = 7{,}8$ kW, $d_{wk} = 112 \ldots 180$ mm), $d_{wk} = 112$ mm, $d_{wg} = 450$ mm ($d_{wg\,erf} = 448$ mm), $n_g = 353{,}4\ \text{min}^{-1} \approx 5{,}9\ \text{s}^{-1}$ ($i = 4{,}018$).
2. $L_w = 2000$ mm ($\alpha = 16{,}36° = 0{,}2855$ rad, $L_{w\,erf} = 2130{,}7$ mm), Schmalkeilriemen DIN 7753 – SPZ 2000, $e \approx 532$ mm $\hat{=}$ e = 393 … 1124 mm ($f_1 = 279{,}3$ mm, $f_2 = 14280{,}5\ \text{mm}^2$), $x = 60$ mm, $y = 30$ mm.
3. $n = 3$ ($\alpha \approx 18{,}5°$, $\beta \approx 142°$, $c_\beta \approx 0{,}9$, $c_L = 1{,}02$, $P_N \approx 3$ kW, $n_{erf} = 2{,}8$).
4. $v = 8{,}33$ m/s, $f_B = 8{,}33\ \text{s}^{-1} < 100\ \text{s}^{-1}$ ($Z = 2$), zulässig.
5. $F_W = 1{,}4 \ldots 1{,}87$ kN.

L: Wie die Aufg. 27.4 u. 27.5, jedoch ohne B und d_a.

27.7

Der Antrieb eines Schlagbrechers für Steine soll als offener Keilriementrieb mit 10 Schmalkeilriemen DIN 7753 — SPB 6300 ausgeführt werden. Der Brecher ist bis 12 h pro Tag in Betrieb und benötigt eine Antriebsleistung von 70 kW. Er wird von einem Elektromotor mit ca. 3fachem Anlaufmoment angetrieben. Die Drehzahl der Motorwelle, auf der die kleine Scheibe mit einem Wirkdurchmesser von 250 mm sitzt, beträgt 960 min^{-1}. Am Brecher befindet sich die große Scheibe mit 1120 mm Wirkdurchmesser.
1. Entspricht die Riemengröße der Richtlinie nach DIN 7753?
2. Welcher Achsabstand ist vorzusehen, und in welchen Grenzen muss er verstellbar sein?
3. Ist die Riemenanzahl ausreichend?
4. Wie groß ist die Riemengeschwindigkeit, und ist die Biegefrequenz zulässig?
5. Mit welcher durchschnittlichen Achskraft werden die Wellen und Lager belastet?

E: **1.** Ja, $d_{wk} = 250$ mm entspr. Richtlinie ($C_B = 1{,}6$, $P \cdot C_B = 112$ kW).
2. $e \approx 2027$ mm ($f_1 = 1037$ mm, $f_2 = 94612{,}5\ \text{mm}^2$), $e_{min} \approx 1932$ mm ($y \approx 94$ mm), $e_{max} \approx 2216$ mm ($x = 189$ mm).
3. Ja, $n_{erf} = 9{,}93 < 10$ ($\alpha \approx 12{,}4°$, $\beta \approx 155{,}2°$, $c_\beta \approx 0{,}935$, $c_L = 1{,}1$, $i = 4{,}48 > 3$, $P_N = 10{,}97$ kW).
4. Ja, $v = 12{,}45$ m/s, $f_B = 3{,}95\ \text{s}^{-1} < 100\ \text{s}^{-1}$ ($Z = 2$), somit zulässig.
5. $F_W \approx 15{,}7$ kN (ca. 13,5 … 18 kN).

L: Wie Aufg. 27.6 ohne Berechnung von L_w, Grenzwerte für Verstellbereich von e s. Hinweis zur Aufg. 27.2.

27.8 In Bild 27.8 ist eine luftgekühlte Kolbenkompressoranlage mit Keilriemenantrieb dargestellt. Die große Riemenscheibe mit dem Wirkdurchmesser $d_{wg} = 630$ mm ist als Lüfter ausgebildet und läuft mit der Drehzahl $n_g = n_b = 710\ \text{min}^{-1}$. Der Achsabstand soll 760 mm nicht überschreiten. Die Anlage ist täglich bis zu 8 h in Betrieb. Der vorgesehene Elektromotor läuft mit der Drehzahl $n_a = n_k = 2\,800\ \text{min}^{-1}$ und hat ein normales Anlaufmoment. Die erforderliche Leistung $P = 3$ kW soll von einem endlosen Schmalkeilriemen nach DIN 7753 übertragen werden. Für die Auslegung dieses Antriebs sind zu ermitteln:

1. Der Wirkdurchmesser d_{wk} der kleinen Scheibe, die Übersetzung i, das Profil und die Wirklänge L_w eines geeigneten Riemens,
2. Der Achsabstand e (verglichen mit der Normempfehlung) und die Abstände x und y für seinen Verstellbereich,
3. Ist ein Riemen des gewählten Profils ausreichend, und ist die Biegefrequenz zulässig?
4. Welche durchschnittliche Achskraft ist von den Wellen und Lagern aufzunehmen?

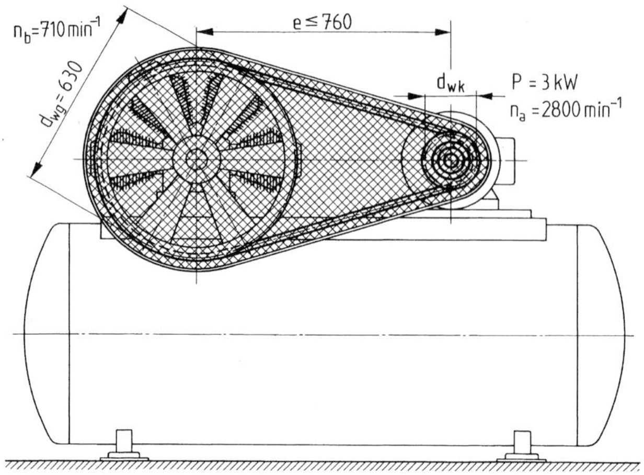

Bild 27.8 Keilriementrieb in einer luftgekühlten Kompressoranlage

E: **1.** $d_{wk} = 160$ mm, $i = 3{,}94$, Profil SPZ ($C_B = 1{,}2$, $P \cdot C_B = 3{,}6$ kW), $L_w = 2\,800$ mm ($\alpha = 18° = 0{,}3142$ rad, $L_{w\,erf} = 2834$ mm).
2. $e \approx 742$ mm $\hat{=}$ $e = 553 \ldots 1\,580$ mm ($f_1 = 389{,}8$ mm, $f_2 = 27\,612{,}5\ \text{mm}^2$), $x = 84$ mm, $y = 42$ mm.
3. Ja, $n_{erf} \approx 0{,}5 < 1$ ($\alpha = 18{,}46°$, $\beta \approx 143°$, $c_\beta \approx 0{,}9$, $c_L = 1{,}09$, $P_N \approx 7{,}7$ kW), $v \approx 23{,}5$ m/s, $f_B \approx 16{,}8\ \text{s}^{-1} < 100\ \text{s}^{-1}$ ($Z = 2$).
4. $F_W \approx 268$ N (ca. 230 ... 306 N).

L: **1.** Nach den Gln. (27.1) u. (27.6) sowie Diagr. 27.2 und den Tabn. 26.4 u. 27.9.
2. Nach Gl. (27.8) und ME Abschn. 27.3.
3. u. **4.** Wie unter 4. u. 5. in Aufg. 27.4 sowie Aufg. 27.5.

27.9 Bild 27.9 zeigt den Antrieb eines Bandförderers für Pakete (leichtes Gut), der täglich bis 16 h im Einsatz ist. Die Leistung des Antriebsmotors, der ein normales Anlaufmoment hat, wird über ein Schneckengetriebe mit der Übersetzung $i_s = 14$ und einen Keilriementrieb in die Antriebstrommel des mit der Geschwindigkeit $v_B = 1{,}29$ m/s laufenden Förderbandes eingeleitet. Die Antriebstrommel hat den Durchmesser $D = 440$ mm, die auf ihrer Welle angeordnete große Riemenscheibe den Wirkungsdurchmesser $d_{wg} = 400$ mm. Die vertikale Komponente des Achsabstandes der Keilriemenscheiben beträgt $e_y = 750$ mm. Der Antrieb ist zu berechnen, wobei zu prüfen ist, ob 2 Schmalkeilriemen DIN 7753 – SPB 2800 für die Übertragung der Leistung $P = 2$ kW ausreichen. Es sind zu ermitteln:

1. Die Drehzahlen n_k und n_g der Riemenscheiben, der Wirkdurchmesser d_{wk} der kleinen Scheibe, die Übersetzung i des Keilriementriebes und die Gesamtübersetzung i_{ges} des Antriebs,
2. Der Achsabstand e (verglichen mit der Normempfehlung) und seine horizontale Komponente e_x sowie die waagerechten Spannwege X und Y, um die der Spannschlitten mit dem Motor und dem Schneckengetriebe verstellbar sein muss,
3. Ist die Biegefrequenz zulässig, und genügen die zwei vorgesehenen Keilriemen?

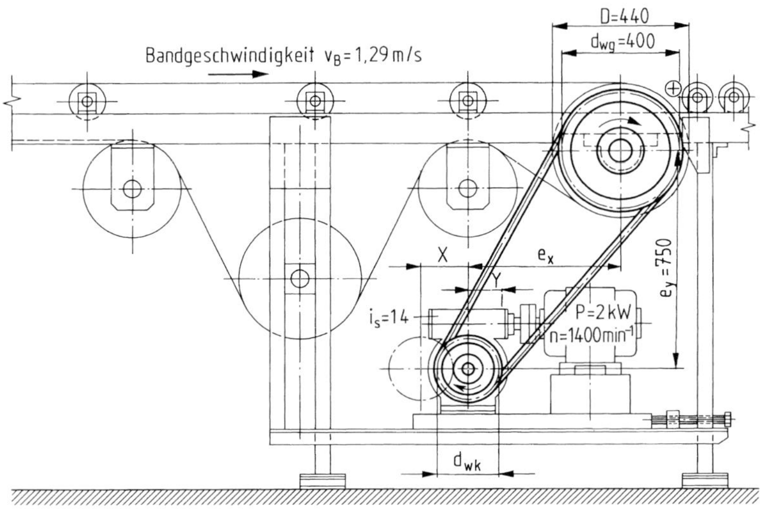

Bild 27.9 Keilriementrieb an einem Bandförderer für Pakete

E: **1.** $n_k = 100\ \text{min}^{-1} = 1{,}67\ \text{s}^{-1}$, $n_g = 56\ \text{min}^{-1} = 0{,}933\ \text{s}^{-1}$, $d_{wk} = 224$ mm, $i = 1{,}786$, $i_{ges} = 25$.
2. $e = 906$ mm $\mathrel{\hat{=}} e \approx 437 \ldots 1248$ mm ($f_1 = 455$ mm, $f_2 = 3872\ \text{mm}^2$), $e_x = 508$ mm, $X = 138$ mm, $Y = 79$ mm ($x = 84$ mm, $y = 42$ mm, $e_{max} \approx 990$ mm, $e_{min} \approx 864$ mm).
3. Ja, $f_B = 0{,}84\ \text{s}^{-1} < 100\ \text{s}^{-1}$ ($v = 1{,}17$ m/s, $Z = 2$), $z = 1{,}86 < 2$, ($\alpha \approx 5{,}6°$, $\beta = 169°$, $c_\beta \approx 0{,}97$, $C_B = 1{,}1$, $c_L = 0{,}96$, $P_N \approx 1{,}27$ kW).

L: **1.** $n_k = n/i_s$, $n_g = v_B/(D \cdot \pi)$, d_{wk} und i nach Gl. (27.1), $i_{ges} = i_s \cdot i$.
2. e nach Gl. (27.8); $e_x = \sqrt{e^2 - e_y^2}$, $X = \sqrt{e_{max}^2 - e_y^2} - e_x$ und $Y = e_x - \sqrt{e_{min}^2 - e_y^2}$ nach Bild L 27.9 (x u. y nach ME Abschn. 27.3).
3. Nach den Gln. (27.2), (27.10), (27.3), (27.5) u. (27.9) sowie den Tabn. 27.11, 26.4, 27.9 u. 27.6 (P_N umrechnen für $d_{wk} = 224$ mm und extrapolieren für $n_k = 100\ \text{min}^{-1}$).

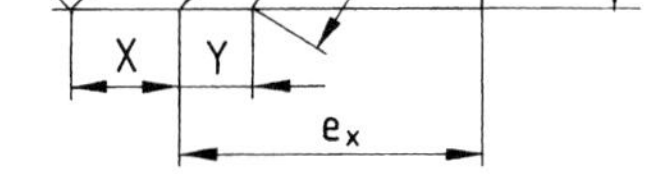

Bild L 27.9 Berechnungsskizze für Achsabstände

27

27.10

In Bild 27.10 ist der zweistufige Keilriementrieb zum Antrieb der Waschtrommel einer Haushaltswaschmaschine schematisch dargestellt. Die Maschine ist weniger als 10 h pro Tag im Einsatz. Für jede Stufe ist ein Schmalkeilriemen DIN 7753 – SPZ 1000 vorgesehen. Der antreibende Elektromotor mit einer Leistung von 55 W und einer Drehzahl von 1 450 min^{-1} hat ein normales Anlaufmoment. Er ist an einer Wippe befestigt und spannt den Riemen der ersten Stufe. Die Riemenscheibendurchmesser $d_{wk} = 50$ mm und $d_{wg} = 280$ mm sind für beide Stufen gleich, sodass auch die Achsabstände gleich groß werden. Es sind die Achsabstände e als Kleinstwert und die Achskräfte F_{W1} und F_{W2} für beide Stufen zu ermitteln. Ferner ist zu prüfen, ob je Stufe ein Keilriemen der vorgesehenen Größe zur Übertragung der Motorleistung ausreicht (da der Wirkdurchmesser d_{wk} kleiner ist als der übliche Mindestwirkdurchmesser $d_{wk\,min}$, muss der Tabellenwert für P_N mit dem Verhältnis $d_{wk}/d_{wk\,min}$ multipliziert werden.

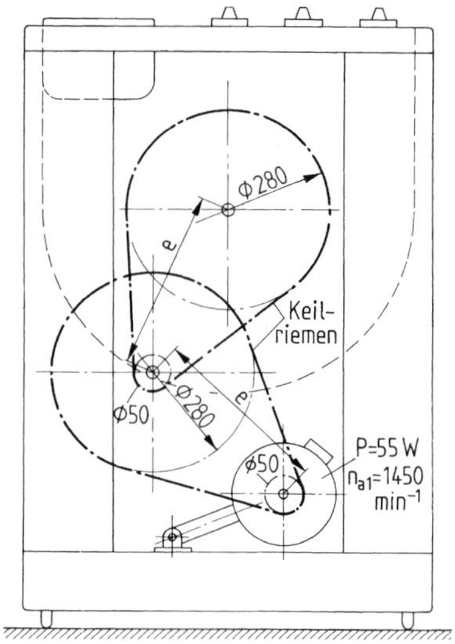

Bild 27.10 Waschtrommelantrieb mit Keilriemen in einer Haushaltswaschmaschine

E: $e \approx 209$ mm ($f_1 = 120{,}41$ mm, $f_2 = 6\,612{,}5\ mm^2$), $F_{W1} \approx 24 \ldots 32$ N ($v_1 \approx 3{,}8$ m/s), $F_{W2} \approx 133 \ldots 178$ N ($n_{k2} = n_{g1} \approx 259\ min^{-1} = 4{,}32\ s^{-1}$, $v_2 \approx 0{,}68$ m/s), $n_{1\,erf} \approx 0{,}09 < 1$ ($\alpha = 33{,}35°$, $\beta = 113{,}3°$, $c_\beta \approx 0{,}79$, $C_B = 1{,}1$, $c_L = 0{,}9$, $i = 5{,}6$, $d_{wk\,min}/d_{wk} = 63/50 = 1{,}26$, $P_{N1} \approx 0{,}98$ kW), $n_{2\,erf} < 1$, ($P_{N2} \approx 0{,}23$ kW), somit je Stufe ein Keilriemen ausreichend.

L: Nach den Gln. (27.8), (27.1) bis (27.5) u. (27.9) sowie den Tabn. 27.11, 26.4, 27.6 u. 27.9.

27.11 Zum Antrieb der Lichtmaschine des in Bild 27.11 dargestellten Verbrennungsmotors wird ein endloser Schmalkeilriemen DIN 7753 — 9,5 × 1400 La verwendet. Er hat bei einer Motordrehzahl von 2500 min^{-1} eine Leistung von 220 W zu übertragen. Die große Riemenscheibe auf der antreibenden Kurbelwelle hat einen Wirkdurchmesser $d_{wg} = 250$ mm, die kleine Scheibe auf der Lichtmaschinenwelle $d_{wk} = 100$ mm, Achsabstand $e = 412$ mm.

1. Genügt der Riemen den Anforderungen einer täglichen Betriebsdauer von mehr als 16 h (leichter Antrieb)?
2. Ist die Biegefrequenz zulässig?
3. Ist der Achsabstand für die Riemenlänge richtig bemessen?

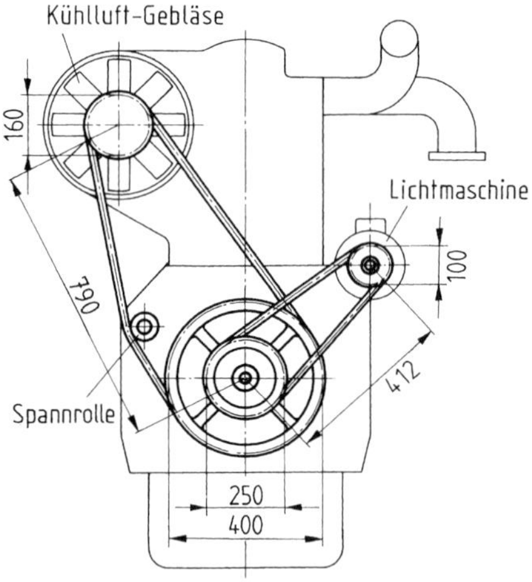

Bild 27.11 Keilriementriebe für Gebläse und Lichtmaschine an einem luftgekühlten Verbrennungsmotor

27

E: 1. Ja, $n_{erf} \approx 0{,}044 < 1$ ($\alpha = 10{,}49° = 0{,}183$ rad, $\beta \approx 159°$, $c_\beta \approx 0{,}95$, $C_B = 1{,}2$, $c_L = 0{,}96$, $1/i = 2{,}5$, $n_k = 6\,250\ min^{-1} = 104{,}2\ s^{-1}$ $P_N \approx 6{,}5$ kW).

2. Ja, $v = 32{,}7$ m/s, $f_B = 47{,}1\ s^{-1} < 100\ s^{-1}$ ($Z = 2$).

3. Ja, $L_W = 1\,387$ mm (errechnet $L_W = 1\,387{,}5$ mm).

L: **1.** Nach den Gln. (27.1), (27.3), (27.5) u. (27.9) sowie den Tabn. 27.11, 26.4, 27.6 u. 27.9.
2. Nach den Gln. (27.2) u. (27.10) sowie Tab. 27.12.
3. Nach Gl. (27.6).

27.12 Zum Antrieb des Kühlluftgebläses eines luftgekühlten Verbrennungsmotors (Bild 27.11) soll ein endloser Schmalkeilriemen DIN 7753 — 12,5 × 2500 La verwendet werden. Bei einer Motordrehzahl von 2500 min^{-1} ist eine Leistung von 4,4 kW zu übertragen. Es betragen die Wirkdurchmesser der treibenden Kurbelwellenscheibe $d_{wg} = 400$ mm, der getriebenen Gebläsescheibe $d_{wk} = 160$ mm, der Achsabstand $e = 790$ mm. Die Riemenspannung wird durch eine Spannrolle erzeugt, deren Einfluss auf die Biegefrequenz zu berücksichtigen ist, während die geringe Ablenkung des Riemens bei der Berechnung des Umschlingungswinkels vernachlässigt werden kann.
1. Genügt ein Riemen bei einer Betriebsdauer von täglich mehr als 16 h?
2. Ist die Biegefrequenz zulässig?
3. Ist der Achsabstand für die Riemenlänge richtig bemessen?

E: **1.** Ja, $n_{erf} = 0{,}917 < 1$ ($\alpha = 8{,}73° = 0{,}1524$ rad, $\beta = 162{,}74°$, $c_\beta \approx 0{,}96$, $C_B = 1{,}2$, $c_L = 1$, $1/i = 2{,}5$, $n_k = 6250\ \text{min}^{-1} = 104{,}2\ \text{s}^{-1}$, $P_N \approx 6$ kW).
2. Ja, $f_B = 63{,}2\ \text{s}^{-1} < 100\ \text{s}^{-1}$ ($v = 52{,}36$ m/s, $Z = 3$).
3. Ja, bei Spannrollentrieb, da ohne Spannrolle $L_{w\,erf} = 2478$ mm etwas kleiner als $L_w = 2482$ mm.

L: **1.** u. **2.** Wie in Aufg. 27.11.
3. Nach Gl. (27.6).

27.13 Für den Zweischeibenantrieb einer Presse ist ein geeigneter Keilrippenriemen DIN 7867 zu bestimmen. Die Leistung des antreibenden Elektromotors mit hohem Anlaufmoment beträgt 6,8 kW bei $n_a = n_k = 700\ \text{min}^{-1}$, tägliche Betriebsdauer bis 16 h. Die große Scheibe mit dem Bezugsdurchmesser $d_{bg} = 630$ mm soll mit $n_b = n_g \approx 135\ \text{min}^{-1}$ laufen. Es sind ein genormter Bezugsdurchmesser d_{bk} für die kleine Scheibe und ein geeigneter Keilrippenriemen mit Normbezeichnung zu ermitteln, wobei als Achsabstand etwa die Summe der Scheibenbezugsdurchmesser zu wählen ist.

E: Profil PL ($C_B = 1{,}3$), $d_{bk} = 118$ mm ($d_{bk\,erf} = 115{,}5$ mm, $i \approx 5{,}2$, $h_b = 3{,}5$ mm), $L_b = 2745$ mm ($L_{b\,erf} = 2763$ mm, $e_{erf} \approx 750$ mm, $\beta \approx 140°$), $e = 741$ mm ($f_1 = 392{,}5$ mm, $f_2 = 32768\ \text{mm}^2$), $n = 9 > n_{erf} = 8{,}92$ ($P_N \approx 1{,}05$ kW, $c_L = 1{,}06$, $c_\beta = 0{,}89$), $v = 4{,}58\ \text{m/s} < 40\ \text{m/s}$, $f_B = 3{,}3\ \text{s}^{-1} < 120\ \text{s}^{-1}$ ($Z = 2$), Keilrippenriemen DIN 7867 – 9 PL 2745.

L: Sinngemäß wie ME Beisp. 27.3, jedoch mit $d_{bk} = d_{bg}/i + 2h_b(1/i - 1)$.

28 Synchron- oder Zahnriementriebe

Antriebe mit Synchroflex-Zahnriemen

28.1 Eine Nähmaschine soll mittels eines Synchroflex-Zahnriemens von einem Elektromotor mit der Drehzahl $n_a = n_k = 4500\,\text{min}^{-1}$ angetrieben werden. Es ist eine Leistung $P = 75$ W bei einer Übersetzung $i = 3$ zu übertragen, vorgesehener Achsabstand $e \leq 90$ mm, Betriebsdauer bis 8 h täglich. Für diesen offenen Riementrieb sind die erforderlichen Berechnungen wie folgt vorzunehmen:

1. Riemengröße, Zähnezahlen z_k (als zweifacher Betrag der Mindestzähnezahl z_{min}) und z_g sowie Teilkreisdurchmesser d_k, d_g und Kopfkreisdurchmesser d_{ek}, d_{eg} der Riemenscheiben,
2. Anzahl X der Riemenzähne einer geeigneten Standard-Riemenlänge,
3. Endgültiger Achsabstand e,
4. Eingriffszähnezahl z_e,
5. Riemenbreite b als Standardmaß (Belastungsfaktor $C_B = 1{,}7$),
6. Kontrolle der Zugkraft F auf Zulässigkeit und die Normbezeichnung des Riemens,
7. Durchschnittliche Achskraft F_W.

E:
1. Type T 2,5 ($P_{max} = 0{,}5$ kW $> P = 0{,}075$ kW), $z_k = 24$ ($z_{min} = 12$), $z_g = 72$, $d_k = 19{,}1$ mm ($m = 0{,}796$ mm), $d_g = 57{,}3$ mm, $d_{ek} \approx 18{,}6$ mm ($u = 0{,}27$ mm), $d_{eg} \approx 56{,}8$ mm.
2. $X = 114$ ($\alpha = 12{,}25° = 0{,}2138$ rad, $L = 304$ mm, $X_{erf} = 121{,}6$).
3. $e = 80{,}2$ mm ($f_1 = 41{,}248$ mm, $f_2 = 182{,}4\,\text{mm}^2$).
4. $z_e = 10{,}16 \approx 10 < 15$ ($\beta = 152{,}4° = 2{,}661$ rad).
5. $b = 6$ mm ($P_N \approx 23{,}5$ W/cm, $b_{erf} = 0{,}54$ cm).
6. $F = 16{,}7\,\text{N} < F_{zul} = 35{,}3$ N ($v = 4{,}5$ m/s, $F_N = 100$ N/cm), somit zulässig. Normbezeichnung: Riemen DIN 7721 – 6 T2,5 × 285.
7. $F_W \approx 28{,}4$ N.

L: Wie ME Beisp. 28.1. Normbezeichnung s. Fußnote zur Tab. 28.1.

28.2 Zum Antrieb einer Knetmaschine ist ein offener Synchronriementrieb nach Bild 28.2 vorgesehen. Die erforderliche Antriebsleistung $P = 6$ kW soll von einem

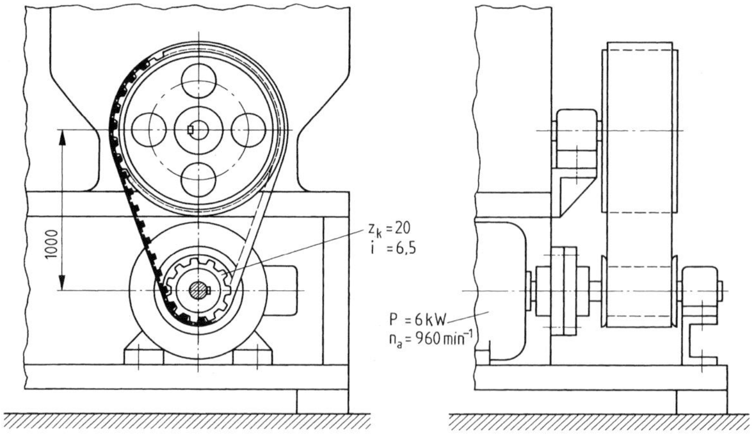

Bild 28.2 Zahnriementrieb an einer Knetmaschine

Synchroflex-Zahnriemen Type T20 übertragen werden bei einer Antriebsdrehzahl $n_a = n_k = 960\ \text{min}^{-1}$ und der Übersetzung $i = 6{,}5$, Achsabstand $e = 1000$ mm. Die Maschine arbeitet im 8 h-Tagesbetrieb. Für die Auslegung des Antriebs sind zu ermitteln:

1. Eine Überprüfung der Zähnezahl z_k auf Zulässigkeit, die erforderliche Zähnezahl z_g der großen Scheibe und die Teilkreisdurchmesser d_k, d_g sowie die Kopfkreisdurchmesser d_{ek}, d_{eg} der Scheiben,
2. Die Anzahl X der Riemenzähne einer Standardlänge und der endgültige Achsabstand e,
3. Die Riemenbreite b als Standardmaß ($C_B = 2{,}3$) und die Normbezeichnung des gewählten Riemens,
4. Die Überprüfung der Zugkraft F auf Zulässigkeit und die Achskraft F_W,
5. Könnte die große Scheibe auch zylindrisch ohne Verzahnung ausgeführt werden? Welchen Außendurchmesser d_{eg} müsste sie dann erhalten?

E: **1.** $z_k = 20 > z_{min} = 15$, somit zulässig, $z_g = 130$, $d_k = 127{,}3$ mm ($m = 6{,}366$ mm), $d_g = 827{,}6$ mm, $d_{ek} \approx 124{,}5$ mm ($u = 1{,}42$ mm), $d_{eg} \approx 824{,}8$ mm.
2. $X = 181$ ($\alpha = 20{,}5° = 0{,}3578$ rad, $L = 3623{,}9$ mm, $X_{erf} = 181{,}2$), $e = 998{,}6$ mm mit $L = 3620$ mm.
3. $b = 75$ mm ($\beta = 139° = 2{,}426$ rad, $z_e = 7{,}7 \approx 7 < 15$, $P_N \approx 306$ W/cm, $b_{erf} = 6{,}44$ cm). Normbezeichnung: Riemen DIN 7721 – 75 T20 × 3620.
4. $F \approx 0{,}94$ kN $< F_{zul} \approx 5{,}2$ kN ($v \approx 6{,}4$ m/s, $F_N = 1{,}6$ kN/cm), somit zulässig, $F_W \approx 2{,}2$ kN.
5. Ja, da $i = 6{,}5 > 3{,}5$, $d_{eg} = 814{,}8$ mm ($h = 5$ mm).

L: Wie ME Beisp. 28.1 u. Aufg. 28.1. Bei $i > 3{,}5$ genügt eine zylindrische große Scheibe mit d_{eg} nach ME Abschn. 28.2.

28.3 In einer Haushalts-Küchenmaschine werden die Zusatzgeräte, wie Rühr-, Schlag- und Knetwerk sowie Schneid- und Schnitzelgerät, von der Motorwelle, die gleichzeitig Mixer-Antriebswelle ist, über einen zweistufigen Zahnriementrieb nach der schematischen Darstellung in Bild 28.3 angetrieben. Die erste Stufe ist mit einem Synchroflex-Zahnriemen Type T5 von der Länge $L = 250$ mm und der Breite $b = 10$ mm ausgerüstet. Die Übersetzung beträgt $i = 4{,}4$, der Achsabstand $e \approx 50$ mm, die zu übertragende Leistung $P = 320$ W bei einer Motordrehzahl $n_{a1} = n_{k1} = 15000\ \text{min}^{-1}$. Die antreibende kleine Scheibe ist mit der Mindestzähnezahl ausgeführt. Es ist der genaue Achsabstand für die angegebene Riemenlänge zu ermitteln. Da die tägliche Betriebsdauer weit weniger als 8 h beträgt, ist mit einem Belastungsfaktor $C_B = 0{,}7$ zu rechnen. Ist die Riemenbreite b ausreichend? Wie lautet die Normbezeichnung des Synchronriemens?

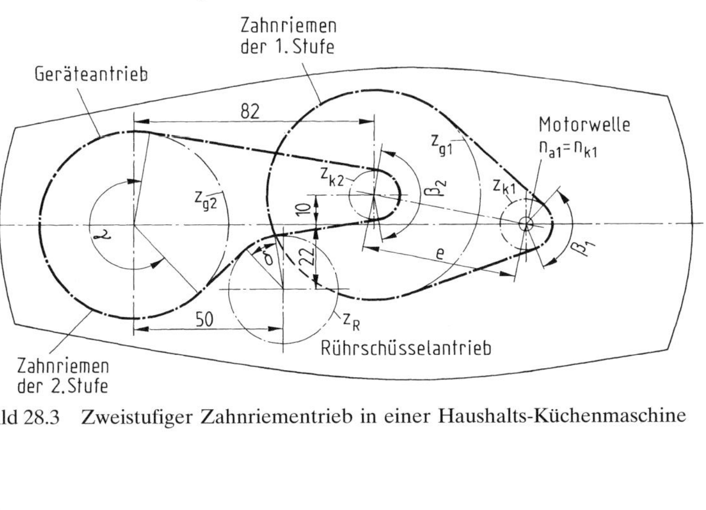

Bild 28.3 Zweistufiger Zahnriementrieb in einer Haushalts-Küchenmaschine

E: $e = 50{,}3$ mm ($z_{k1} = 10$, $z_{g1} = 44$, $m = 1{,}592$ mm, $d_{k1} = 15{,}9$ mm, $d_{g1} = 70$ mm, $d_1 = 28{,}77$ mm, $f_2 = 365{,}85$ mm^2), der Riemen ist ausreichend, da $b_{erf} = 0{,}79$ cm < 10 mm ($\alpha = 32{,}5°$, $\beta_1 \approx 115° \approx 2$ rad, $z_e = 3{,}18 \approx 3 < 15$, $P_N = 94$ W/cm) und $F = 25{,}6$ N $< F_{zul} \approx 514$ N ($v = 12{,}5$ m/s, $F_N = 360$ N/cm). Normbezeichnung: Riemen DIN 7721 – 10 T5 × 250.

L: Zweckmäßiger Rechnungsgang: $z_{k1} = z_{min}$ (Tab. 28.1), $z_{g1} = z_{k1} \cdot i$ entspr. Gl. (28.1), d_{k1} u. d_{g1} nach Gl. (28.3) mit m nach Tab. 28.1, e nach Gl. (28.8), α, β u. z_e nach den Gln. (28.5), (28.6) u. (28.9), P_N nach Tab. 28.5, b nach Gl. (28.10), v nach Gl. (28.2), F u. F_{zul} nach Gl. (28.11). Normbezeichnung s. Fußnote zur Tab. 28.1.

28.4 Die zweite Stufe des Zusatzgeräte-Antriebs in einer Haushalts-Küchenmaschine nach Aufgabe 28.3 (Bild 28.3) enthält als Antriebsorgan einen doppelseitig verzahnten Synchroflex-Zahnriemen Type T5 mit der Breite $b = 16$ mm und der Länge $L = 300$ mm. Dieser Riemen treibt in einem Dreiwellentrieb mit seiner Außenverzahnung die Ritzelwelle für die Drehbewegung der Rührschüssel. Gegeben sind: Zähnezahl der kleinen Scheibe $z_{k2} = z_{k1} = z_{min} = 10$, der großen Scheibe $z_{g2} = 39$, der mittleren Scheibe $z_R = 23$, Modul $m = 1{,}592$ mm, Teilkreisdurchmesser $d_{k2} = d_{k1} = 15{,}9$ mm, Übersetzung der ersten Stufe $i = 4{,}4$, Antriebsdrehzahl der ersten Stufe $n_{a1} = n_{k1} = 15\,000$ min^{-1}, Leistung $P = 320$ W, Belastungsfaktor $C_B = 0{,}7$ (wie in Aufgabe 28.3). Zu ermitteln sind:

1. Die Drehzahlen n_{k2}, n_{g2} und n_R der drei Scheiben,
2. Der Umschlingungswinkel β_2 an der kleinen Scheibe und eine Kontrolle der Riemenlänge L (durch maßstäbliches Aufzeichnen des Riementriebs entsprechend Bild 28.3),
3. Ist der Riemen ausreichend bemessen (spezifische Nennleistung P_N und zulässige Zugkraft F_N wie bei einseitig verzahnten Riemen) und wie lautet seine Normbezeichnung?

E:
1. $n_{k2} = 3409$ min^{-1} $= 56{,}8$ s^{-1}, $n_{g2} = 874$ min^{-1} $= 14{,}6$ s^{-1}, $n_R = 1482{,}2$ min^{-1} $= 24{,}7$ s^{-1}.
2. $\beta_2 = 160° = 2{,}7925$ rad ($d_{g2} = 62{,}1$ mm, $d_R = 36{,}6$ mm), $L = 300$ mm wie vorgesehen ($L_k = 22{,}2$ mm, $\gamma = 227° = 3{,}9619$ rad, $L_g = 123$ mm, $\delta = 26° = 0{,}4538$ rad, $L_R = 8{,}3$ mm, $L_1 = 81$ mm, $L_2 = 40$ mm, $L_3 = 25{,}5$ mm).
3. Ja, $b_{erf} \approx 16$ mm ($z_e = 4{,}44 \approx 4 < 15$, $P_N \approx 34$ W/cm), $F \approx 113$ N $< F_{zul} \approx 823$ N ($v = 2{,}84$ m/s, $F_N = 360$ N/cm). Normbezeichnung: Riemen DIN 7721 – 16 T5 × 300 D.

L:
1. Nach Gl. (28.1): $n_{k2} = n_{g1} = n_{k1}/i$, $n_{g2} = n_{k2} \cdot z_{k2}/z_{g2}$, $n_R = n_{k2} \cdot z_{k2}/z_R$.
2. d_{g2} u. d_R nach Gl. (28.3), zeichnerische Ermittlung von β_2 und L sinngemäß wie unter 3. in Aufg. 26.16 (s. Bild E 26.16).
3. Nach den Gln. (28.9), (28.10), (28.2) u. (28.11), P_N nach Tab. 28.5 interpolieren. Normbezeichnung s. Fußnote zur Tab. 28.1.

Antriebe mit Power Grip HTD-Zahnriemen

28.5 Die Messerwelle einer Hobelmaschine für Holzbearbeitung soll mit einer Drehzahl $n_b = n_k \approx 4500$ min^{-1} laufen und über einen offenen Power Grip HTD-Zahnriementrieb von einem Drehstrommotor mit normalem Anlaufmoment angetrieben werden, der eine Drehzahl $n_a = n_g = 2800$ min^{-1} hat, Betriebsdauer bis 10 h täglich, vorgesehener Achsabstand $e \approx 500$ mm. Es ist ein Riemen in Standardausführung für eine Leistung $P = 6$ kW wie folgt zu ermitteln:

1. Wahl der Riemengröße (Type),
2. Zähnezahlen z_k (als doppelter Wert der Mindestzähnezahl z_{min}) und z_g, Scheibendurchmesser d_k und d_g sowie d_{ek} und d_{eg},

3. Riemenlänge L und endgültiger Achsabstand e,
4. Riemenbreite b,
5. Achskraft F_W.

E: **1.** Type 8 M mit $p = 8$ mm, $m = 2{,}5465$ mm, $u = 0{,}7$ mm, $z_{min} = 18$ ($P/n_a = 0{,}00214$ kW · min < 2,02 kW · min).
2. $z_k = 36$, $z_g = 58$ ($i = 1/1{,}607$, $z_{g\,erf} = 57{,}86$), $d_k = 91{,}67$ mm, $d_g = 147{,}7$ mm, $d_{ek} = 90{,}3$ mm, $d_{eg} = 146{,}3$ mm.
3. $L = 1\,440$ mm mit $X = 180$ ($\alpha = 3{,}21° = 0{,}05606$ rad, $L_{erf} = 1\,377{,}6$ mm, $X_{erf} = 172{,}2$), $e = 531{,}3$ mm, ($f_1 = 266$ mm, $f_2 = 392$ mm^2).
4. $b = 20$ mm ($C_L = 1{,}1$, $C_B = 1{,}4$, $C_i = 0{,}1$, $P_N = 5\,048$ W/cm, $b \cdot k = 1{,}96$ cm, $k = 1$, $b_{erf} = 19{,}6$ mm).
5. $F_W \approx 390$ N ($v = 21{,}6$ m/s, $F \approx 278$ N).

L: Wie ME Beisp. 28.2.

28.6

Für den Antrieb einer Fräsmaschine ist ein offener Zahnriementrieb mit einem Power Grip HTD-Zahnriemen Type 14M vorgesehen, der eine Breite $b = 55$ mm und eine Länge $L = 1890$ mm hat. Es ist eine Leistung $P = 12$ kW zu übertragen. Der antreibende Drehstrommotor hat ein normales Anlaufmoment und die Drehzahl $n_a = n_k = 1\,450$ min^{-1}, Zähnezahlen der kleinen Scheibe auf der Motorwelle $z_k = 30$, Übersetzung $i = 3{,}2$. Zu ermitteln sind:
1. Die Zähnezahl z_g der großen Scheibe, die Scheibendurchmesser d_k, d_g, d_{ek}, d_{eg} und der Achsabstand e,
2. Genügt die Riemenbreite für eine tägliche Betriebsdauer von mehr als 16 h (Belastungsfaktor wie für Bohrmaschinen)?
3. Wäre ein Power Grip HDT-Zahnriemen Type 8M mit der größten Standardbreite $b = 85$ mm und einer Länge $L = 1800$ mm ebenfalls ausreichend?

E: **1.** $z_g = 96$, $d_k = 133{,}7$ mm ($m = 4{,}4563$ mm), $d_g = 427{,}8$ mm, $d_{ek} = 130{,}9$ mm ($u = 1{,}4$ mm), $d_g = 425$ mm, $e = 481{,}5$ mm ($f_1 = 252$ mm, $f_2 = 10\,811{,}85$ mm^2).
2. Ja, $b = 55$ mm > $b_{erf} \approx 48{,}3$ mm ($C_L = 0{,}95$, $C_B = 1{,}9$, $C_i = 0$, $P_N \approx 4346$ W/cm, $b \cdot k = 4{,}98$ cm, $k = 1{,}03$).
3. Nein, obwohl $P/n_a = 0{,}008$ kW · min < 0,02 kW · min wird $b_{erf} > 85$ mm ($C_L = 1{,}2$, $P_N = 1\,604$ W/cm, $b \cdot k = 17{,}06$ cm).

L: **1.** Nach den Gln. (28.1), (28.3), (28.4), (28.8) und Tab. 28.2.
2. Nach Gl. (28.12) und den Tabn. 28.3 bis 28.7 ($C_i = 0$, da Übersetzung ins Langsame, P_N für $n_k = 1450$ min^{-1} nach Tab. 28.6 interpolieren).
3. Wie 2., zusätzlich Kontrolle des Verhältnisses P/n_a nach Tab. 28.2.

28.7

Eine Drehmaschine soll von einem Elektromotor mit der Leistung $P = 5$ kW (normales Anlaufmoment) und der Drehzahl $n_a = n_k = 1\,450$ min^{-1} über einen HTD-Zahnriemen angetrieben werden, Abtriebsdrehzahl $n_b = n_g \approx 1\,000$ min^{-1}, tägliche Betriebsdauer bis 16 h. Der Teilkreisdurchmesser d_g der großen Scheibe darf 150 mm nicht überschreiten, Achsabstand $e \approx 300$ mm. Es sind eine geeignete Riemengröße, die Zähnezahlen und Durchmesser der Zahnscheiben, die Riemenlänge und die Riemenbreite sowie der endgültige Achsabstand und die Achskraft zu ermitteln.

E: Type 8 M mit $p = 8$ mm, $m = 2{,}5465$ mm, $u = 0{,}7$ mm ($P/n_a = 0{,}00345$ kW · min < 0,02 kW · min), $z_g = 58$, $z_k = 40 > z_{min} = 18$ ($i = 1{,}45$), $d_g = 147{,}7$ mm < 150 mm, $d_{eg} = 146{,}3$ mm, $d_k = 101{,}9$ mm, $d_{ek} = 100{,}5$ mm, $L = 960$ mm mit $X = 120$

($\alpha \approx 4{,}38° = 0{,}0764$ rad, $L_{erf} = 993{,}8$ mm, $X_{erf} = 124{,}2$), $e = 283$ mm ($f_1 = 141{,}98$ mm, $f_2 = 262{,}2$ mm^2), $b = 30$ mm ($C_L = 1$, $C_B = 1{,}6$, $C_i = 0$, $P_N \approx 2676$ W/cm, $b \cdot k = 29{,}9$ mm, $k = 1{,}05$, $b_{erf} = 28{,}5$ mm), $F_W \approx 1034$ N ($v \approx 7{,}74$ m/s, $F \approx 646$ N).

L: Sinngemäß wie ME Beisp. 28.2 und Aufg. 28.5, jedoch Übersetzung ins Langsame. Die mit $d_g = 150$ mm errechnete Zähnezahl z_g auf ganzzahligen Wert abrunden.

29 Rohrleitungen

29.1 Für eine 4 m lange Leitung aus Kupferrohr — 54 × 2 — DIN EN 12449, das im Betriebszustand eine Temperatur von 80 °C erreicht, sind die Verlängerung Δl und die von den Festpunkten aufzunehmende axiale Rohrkraft F_a zu errechnen. Bei Betriebsbeginn ist die Rohrtemperatur gleich der zwischen 20 °C und 25 °C schwankenden Raumtemperatur.

E: $\Delta l = 3{,}84$ mm ($\Delta\vartheta = 60$ K, $\alpha = 16 \cdot 10^{-6}$ K^{-1}), $F_a \approx 39{,}2$ kN ($E = 125\,000$ N/mm^2, $A = 326{,}7$ mm^2).

L: Nach den Gln. (29.1) und (29.3) mit α und E aus Tab. 9.2 und $\Delta\vartheta = \vartheta_B - \vartheta_U$ (Tab. 29.8, Temperaturbereich $\vartheta_B \geq \vartheta_U$).

29.2 Wie groß ist die Vorspannlänge l_V für die 4 m lange Rohrleitung aus Kupfer nach Aufgabe 29.1, wenn bei der Montage eine Vorspannung von 50 % aufgebracht werden soll und bei 20 °C montiert wird? Es betragen die Raumtemperatur 20 ... 25 °C und die Betriebstemperatur 80 °C.

E: $l_V = 1{,}92$ mm ≈ 2 mm ($f_V = 0{,}5$, $\Delta\vartheta_V = 0$ K).

L: Nach Gl. (29.2) mit $\Delta\vartheta_V = \vartheta_M - \vartheta_U$ wie unter 2. in ME Beisp. 29.1.

29.3 Eine 60 m lange Leitung aus Rohr — 114,3 × 2 — DIN EN 10217-3 — P355NH soll in einer Werkhalle bei 22 °C montiert werden. Die Betriebstemperatur beträgt 50 °C, die Umgebungstemperatur schwankt zwischen 18 °C und 28 °C. Zu ermitteln sind:

1. Die Verlängerung Δl,
2. Die axiale Rohrkraft F_a,
3. Die Vorspannlänge l_V bei einer Montagevorspannung von 55 %.

E: **1.** $\Delta l = 21{,}12$ mm ($\alpha = 11 \cdot 10^{-6}$ K^{-1}, $\Delta\vartheta = 32$ K).
2. $F_a \approx 52{,}16$ kN ($A = 705{,}6$ mm^2).
3. $l_V = 8{,}98$ mm ≈ 9 mm ($\Delta\vartheta_V = 4$ K).

L: Sinngemäß wie ME Beisp. 29.1.

29.4 Durch eine Leitung aus Rohr — 406,4 × 6,3 — DIN EN 10217-3 — P355NH wird Öl mit der Dichte $\varrho = 900$ kg/m^3 gepumpt. Wie groß ist der Massenstrom in t/h, wenn mit dem Mittelwert der üblichen Strömungsgeschwindigkeit für Fernleitungen gerechnet wird?

E: $\dot{m} = 191{,}83$ kg/s $= 690{,}6$ t/h ($d_i = 393{,}8$ mm, $w = 1{,}75$ m/s).

L: Aus Gl. (29.4) mit $d_i = d_a - 2s$ und w aus Tab. 29.9.

29.5 Die Nennweite einer Druckluftleitung soll für einen Volumenstrom von 400 m^3/h und eine mittlere Strömungsgeschwindigkeit $w = 10$ m/s bestimmt werden.

E: DN 125 ($\dot{V} = 0{,}111$ m^3/s, $d_i = 119$ mm).

L: Erforderlicher Innendurchmesser d_i nach Gl. (29.5), nächstgelegenen Wert für DN nach Tab. 29.1 wählen.

29.6 Für eine 120 m lange Wasserleitung aus geschweißtem Stahlrohr mit der Normbezeichnung Rohr – 88,9 × 3,2 – DIN EN 10217-3 – P355NH (Nennweite: DN 80) soll die Verlustleistung ermittelt werden. Es sind 50 000 l/h Frischwasser in einen offenen Behälter zu fördern. In der Leitung befinden sich folgende Einbauteile: 1 scharfkantiger Eintritt, 2 glatte Rohrbogen 90° ($R/d = 5$), 1 glatter Rohrbogen 60° ($R/d = 5$), 1 glattes Knie 30° und 2 Geradsitz-Durchgangsventile. Mit den mittleren Erfahrungswerten für die absolute Rauhigkeit k und die Verlustzahl ζ sind zu errechnen:

1. Die mittlere Strömungsgeschwindigkeit w,
2. Der Druckverlust Δp_R in der neuen Rohrleitung,
3. Der Druckverlust Δp_E durch die Einbauteile,
4. Die Verlustleistung P_V bei einer Förderhöhe von 20 m.

E: **1.** $w = 2{,}6\,\text{m/s}$, ($\dot{V} = 0{,}0139\,\text{m}^3/\text{s}$, $d_i = 82{,}5\,\text{mm}$).
2. $\Delta p_R \approx 147\,430\,\text{Pa}$ ($Re = 1{,}65 \cdot 10^5 > 2300$, $k = 0{,}07\,\text{mm}$, $\lambda \approx 0{,}03$, $\varrho = 999{,}6\,\text{kg/m}^3$, $\nu = 1{,}297 \cdot 10^{-6}\,\text{m}^2/\text{s}$).
3. $\Delta p_E \approx 33\,270\,\text{Pa}$ ($\zeta_1 \approx 0{,}45$, $\zeta_2 = 2 \cdot 0{,}1$, $\zeta_3 = 0{,}067$, $\zeta_4 = 0{,}13$, $\zeta_5 = 2 \cdot 4{,}5$, $\sum \zeta = 9{,}874$).
4. $P_v = 5238\,\text{W} \approx 5{,}24\,\text{kW}$ ($\Delta p \approx 376\,820\,\text{Pa}$).

L: Sinngemäß wie ME Beisp. 29.5.

29.7 Für eine Kaltwasserleitung soll ein geschweißtes Stahlrohr mit Abnahmeprüfzeugnis und der Normbezeichnung Rohr – 219,1 × 3,6 – DIN EN 10217-1 – P265TR1 (Bruchdehnung $A_5 = 21\,\%$) eingesetzt werden. Ist die Wanddicke dieses Rohres mit DN 200 für PN 16 ausreichend bemessen?

E: Ja, $s = 2{,}51\,\text{mm} < s_e = 3{,}6\,\text{mm}$ ($d_a/d_i = 1{,}034 < 2$, $p = 1{,}6\,\text{N/mm}^2$, $K = 265\,\text{N/mm}^2$, $S = 1{,}58$ interpoliert für $A_5 = 21\,\%$, $\sigma_{zul} = 167{,}7\,\text{N/mm}^2$, $v_N = 0{,}9$, $s_v = 1{,}16\,\text{mm}$, $c_1 = 0{,}3\,\text{mm}$, $c_1' = 10$, $c_2 = 1\,\text{mm}$).

L: Sinngemäß wie ME Beisp. 29.6 mit $p = 16$ bar und s nach Gl. (29.11) bzw. nach Gl. (29.12).

29.8 Eine Siedewasserleitung DN 250 soll aus nahtlosem Stahlrohr ohne Abnahmeprüfzeugnis hergestellt werden, Werkstoff: DIN EN 10216-2 – P265GH (Bruchdehnung $A_5 = 23\,\%$). Für einen Berechnungsdruck von 40 bar und eine Temperatur von 240 °C ist ein geeignetes Rohr auszuwählen. Es sind zu ermitteln:

1. Ein passender Rohraußendurchmesser d_a der Reihe 1,
2. Die erforderliche Mindestwanddicke s,
3. Die Normbezeichnung des gewählten Rohres.

E: **1.** $d_a = 273\,\text{mm}$.
2. $s = 7{,}75\,\text{mm}$ ($K = 175\,\text{N/mm}^2$ interpoliert für 240 °C, $S = 1{,}7$, $\sigma_{zul} = 102{,}9\,\text{N/mm}^2$, $v_N = 1$, $p = 4\,\text{N/mm}^2$, $s_v = 5{,}2\,\text{mm}$, $c_1' = 20$, $c_2 = 1\,\text{mm}$).
3. Rohr 273 × 8 – DIN EN 10216-2 – P265GH mit $s_e = 8\,\text{mm} > s$ und $d_a/d_i \approx 1{,}06 < 1{,}67$.

L: **1.** Nächstliegender Wert in Tab. 4.21.
2. Nach Gl. (29.12) mit s_v nach Gl. (29.14), K nach Tab. 4.29, weitere Größen entsprechend Legende zu den Gln. (29.13) bis (29.16).
3. Nach Tab. 4.21 mit $s_e \geq s$.

29.9 In einer Druckluftleitung DN 100 treten Druckschwankungen zwischen 10 und 50 bar bei Temperaturen bis 50 °C auf. Für diese Leitung ist ein geeignetes Stahlrohr nach DIN EN 10216-2 aus P235GH (Mindestzugfestigkeit $R_m = 350\,\text{N/mm}^2$ (Bruchdehnung $A_5 = 25\,\%$) mit Abnahmeprüfzeugnis wie folgt zu bestimmen:

1. Rechnerische Wanddicke s_V gegen Verformung nach Wahl eines passenden Außendurchmessers d_a der Reihe 1 in DIN EN 10216,
2. Rechnerische Wanddicke s_V gegen Dauerbruch,
3. Erforderliche Mindestwanddicke s,
4. Normbezeichnung eines geeigneten Rohres.

E: **1.** $d_a = 114{,}3$ mm, $s_v = 1{,}82$ mm ($p = 5\,\text{N/mm}^2$, $K = 235\,\text{N/mm}^2$, $S = 1{,}5$, $\sigma_{zul} = 156{,}7\,\text{N/mm}^2$, $v_N = 1$).
2. $s_v = 2{,}05$ mm ($\sigma_{Sch/D} = 170\,\text{N/mm}^2$, $\sigma_{zul} = 113{,}4\,\text{N/mm}^2$, $\Delta p_S = 40\,\text{bar} = 4\,\text{N/mm}^2$).
3. $s = 3{,}48$ mm ($s_v = 2{,}05$ mm, $c_2 = 1$ mm, $c_1 = 0{,}4$, $c_1' = 12{,}5$).
4. Rohr 114,3 × 3,6 DIN EN 10216-2 – P235GH mit $s_e = 3{,}6\,\text{mm} > s$ und $d_a/d_i = 1{,}067 < 2$.

L: **1.** Nach Gl. (29.13) mit d_a aus Tab. 29.5 und $p = p_{max}$, K und S nach Tab. 29.15 und Tab. 29.14 (Bereich I), $v_N = 1$ (nahtloses Rohr).
2. Nach Gl. (29.16) und Tab. 29.14 (Bereich III).
3. Nach Gl. (29.12) mit größerem s_V-Wert und c_1' nach Tab. 29.12.
4. Nach Tab. 29.5 mit $s_e \geq s$.

29.10 Eine Brauchwasserleitung soll für einen Volumenstrom von 600 m³/h bei 20 °C und PN 16 ausgelegt werden. Vorgesehen sind geschweißte Stahlrohre aus P235TR1 (Bruchdehnung $A_5 = 21\,\%$) ohne Abnahmeprüfzeugnis, die mit Korrosionsschutz versehen werden. Welche Nennweite ist bei Zugrundelegung von 70 % des oberen Erfahrungswertes für die Strömungsgeschwindigkeit erforderlich, und wie lautet die Normbezeichnung eines geeigneten Rohres der Reihe 1 nach DIN EN 10217-1?

E: DN 400, $d_a = 406{,}4$ mm ($w = 1{,}4$ m/s, $\dot{V} = 0{,}167\,\text{m}^3/\text{s}$, $d_{i\,erf} = 390$ mm), Rohr 406,4 × 3,6 DIN EN 10217-1 – P235TR1 mit $s_e = 3{,}6\,\text{mm} > s = 2{,}91$ mm und $d_i = 399{,}2$ mm ($p = 1{,}6\,\text{N/mm}^2$, $K = 235\,\text{N/mm}^2$, $S = 1{,}7$ für $A_5 = 25\,\%$, $\sigma_{zul} = 138\,\text{N/mm}^2$, $v_N = 0{,}9$, $s_v = 2{,}61$ mm, $c_1 = 0{,}3$ mm, $c_1' = 10$, $c_2 = 0$, $d_a/d_i = 1{,}018 < 2$).

L: Zweckmäßiger Rechnungsgang: w nach Tab. 29.9 ($= 0{,}7 \cdot 2$ m/s für Brauchwasserleitungen), $d_{i\,erf}$ mit Gl. (29.5), nächstliegenden Wert für DN nach Tab. 29.1 und für d_a nach Tab. 29.6 wählen, K nach Tab. 29.15, S nach Tab. 29.14 für Bereich I, s_v mit Gl. (29.13), c_1, c_1' nach Tab. 29.12, c_2 entfällt wegen Korrosionsschutz, s mit Gl. (29.11) bzw. Gl. (29.12), Rohrwanddicke nach Tab. 29.15, sodass $s_e \geq s$ ist, Kontrolle von d_a/d_i, Normbezeichnung entspr. Tabellenüberschrift.

29.11 Für eine Fernheizung soll eine 700 m lange Rohrleitung aus nahtlosem Stahlrohr nach DIN EN 10216-1 (Reihe 1) projektiert werden, Werkstoff: P235GH (Bruchdehnung $A_5 = 25\,\%$) ohne Abnahmeprüfzeugnis. In der ohne Höhenunterschied zu verlegenden Leitung sind 20 Rohrkrümmungen 90° ($R/d = 2$, rau) und 2 Schieber vorgesehen. Es betragen der Volumenstrom 150 m³/h bei einer Strömungsgeschwindigkeit von 1,4 m/s, der Betriebsdruck 20 bar bei 150 °C (Dichte $\varrho = 917{,}7\,\text{kg/m}^3$, kinematische Viskosität $\nu = 0{,}2 \cdot 10^{-6}\,\text{m}^2/\text{s}$), die Umgebungstemperatur 10 °C. Der Druckverlust darf im gebrauchten Zustand der Rohrleitung 10 % des Betriebsdruckes nicht überschreiten.

Die erforderliche Nennweite und die Normbezeichnung eines geeigneten Rohres sind zu ermitteln und außerdem die Verlängerung Δl und die axiale Rohrkraft F_a zu errechnen.

E: DN 200 ($d_{i\,erf} = 195$ mm), gew. Rohr 219,1 × 6,3 DIN EN 10216-1 – P235GH mit $d_a/d_i = 1{,}061 < 1{,}67$ und $s_e = 6{,}3$ mm $> s = 3{,}39$ mm ($K = 187\,\text{N/mm}^2$, $S = 1{,}7$, $\sigma_{zul} = 110\,\text{N/mm}^2$, $v_N = 1$, $s_v = 1{,}97$ mm, $c_1 = 0{,}4$, $c_1' = 12{,}5$, $c_2 = 1$ mm), $\Delta p \approx 76\,000$ Pa $= 0{,}076$ MPa $< 0{,}1p = 0{,}2$ MPa ($Re = 1{,}45 \cdot 10^3 > 2\,300$, $k = 0{,}3$ mm, $k/d_i = 1{,}45 \cdot 10^{-3}$, $\lambda \approx 0{,}023$, $\zeta_1 = 20 \cdot 0{,}3$, $\zeta_2 = 2 \cdot 0{,}25$, $\sum \zeta = 6{,}5$), $\Delta l \approx 1{,}08$ m ($\Delta\vartheta = 140$ K, $\alpha = 11 \cdot 10^{-6}/\text{K}$), $F_a \approx 1{,}36$ Mn ($E = 210\,000\,\text{N/mm}^2$, $A = 4\,212\,\text{mm}^2$).

L: Zweckmäßiger Rechnungsgang: $d_{i\,erf}$ mit Gl. (29.5), nächstliegenden Wert für DN nach Tab. 29.1 und für d_a nach Tab. 29.5 sowie Rohr mit kleinster Wanddicke wählen, K nach Tab. 29.15, S nach Tab. 29.14 für Bereich II, s_v mit Gl. (29.14), s nach Gl. (29.11) bzw. Gl. (29.12) mit c_1, c_1' aus Tab. 29.12 und $c_2 = 1$ mm, Re mit Gl. (29.7), k nach Tab. 29.11 (Mittelwert für gebrauchte Heißwasserleitung), λ aus Diagr. 23.1 für k/d_i, ζ_1 und ζ_2 nach Tab. 29.13 (Mittelwert für Schieber), Δp mit Gl. (29.9), worin $\Delta H = 0$, da kein Höhenunterschied, Rohr ist richtig gewählt, wenn $s_e \geq s$ und $\Delta p \leq 0{,}1p$, Δl mit Gl. (29.1) und F_a mit Gl. (29.3).

29.12 In einer Hochdruckanlage ist eine 60 m lange Leitung DN 80 aus geschweißtem Rohr — 88,9 × 7,1 — DIN EN 10216-2 — P355NH (Bruchdehnung $A_5 = 23\,\%$) eingebaut, durch das stündlich 40 m³ Wasser mit einer Temperatur von 10 °C und einem Druck von 200 bar gefördert werden. Betriebsbedingt treten Drucksteigerungen von 50 bar auf. Die Förderhöhe beträgt 20 m, die Mindestzugfestigkeit des Rohrwerkstoffs 500 N/mm². An Einbauteilen enthält die Rohrleitung 6 Bogen 90°, 2 Bogen 45°, 2 Bogen 30 ° (alle Bogen hydraulisch glatt und $R/d = 4$) und 2 Schieber.

1. Wie groß sind die Strömungsgeschwindigkeit w und der Druckverlust Δp (Dichteänderung des Wassers vernachlässigen, niedrigsten Wert der Rauigkeit für neue Rohre wählen)?
2. Ist die Wanddicke s_e des gewählten Rohres mit Abnahmeprüfzeugnis ausreichend bemessen, wenn der Schwingbereich der Druckschwankungen als gleichbleibend angenommen wird?

E:
1. $w = 2{,}535$ m/s ($\dot{V} = 0{,}011\,\text{m}^3/\text{s}$, $d_i = 74{,}7$ mm), $\Delta p = 249\,775$ Pa $\approx 0{,}25$ MPa $= 2{,}5$ bar ($\varrho = 999{,}6\,\text{kg/m}^3$, $\nu = 1{,}297 \cdot 10^{-6}\,\text{m}^2/\text{s}$, $Re = 1{,}46 \cdot 10^5 > 2\,300$, $k = 0{,}03$ mm, $k/d_i = 4 \cdot 10^{-4}$, $\lambda \approx 0{,}019$, $\zeta_1 = 6 \cdot 0{,}11$, $\zeta_2 = 2 \cdot 0{,}055$, $\zeta_3 = 2 \cdot 0{,}037$, $\zeta_4 = 2 \cdot 0{,}3$, $\sum \zeta = 1{,}444$).
2. Ja, $s_e = 7{,}1$ mm $> s = 6{,}95$ mm mit $s_v = 5{,}4$ mm gegen Verformung, $c_1 = 2$, $c_1' = 8$ und $c_2 = 1$ mm ($p = p_{max} = 25\,\text{N/mm}^2$, $K = 355\,\text{N/mm}^2$, $S = 1{,}56$ interpoliert für $A_5 = 22\,\%$, $\sigma_{zul} = 228\,\text{N/mm}^2$, $v_N = 0{,}9$; gegen Dauerbruch: $s_v = 1{,}47$ mm, $\sigma_{Sch/D} = 230\,\text{N/mm}^2$, $\sigma_{zul} = 153{,}3\,\text{N/mm}^2$, $\Delta p_S = 5\,\text{N/mm}^2$).

L:
1. w aus Gl. (29.4) und Δp nach Gl. (29.9) mit den in der Legende angegebenen Größen sinngemäß wie ME Beisp. 29.5.
2. Mit den Gln. (29.13), (29.16), (29.11) und (29.12) sinngemäß wie ME Beisp. 29.7.

Eric H. W. Aldington

Was tu ich nur mit diesem Hund?

Von der gewaltfreien (Um)Erziehung des Hundes
Wie und warum Verhaltensstörungen entstehen
wie man sie rechtzeitig erkennt, vermeidet und behebt

40 Fotos
20 Zeichnungen, Übersichten, Tabellen, Abbildungen

Zeichnungen Rüdiger Gollwitzer

1994
Verlag Gollwitzer Weiden

Das Titelbild zeigt die Französische Bulldogge »Fidus vom Hochwald am Grünstein«
Aufnahme Lienert-Gentner

Einbandgestaltung und Gestaltung des Buches: Werkstatt igoll

2. Auflage 1994
3. Auflage 1995
4. Auflage 1996
5. Auflage 1997
6. Auflage 1998

ISBN 3-923555-08-3

Inhaltsverzeichnis

Wie dieses Buch entstand und warum

Was ich auf den folgenden Seiten zusammengestellt und in drei Hauptteile geordnet habe, hat sich im Verlaufe vieler Jahre mehr oder weniger zufällig angesammelt. Waren es zunächst nur Anrufe aus dem Bekannten- und Freundeskreis, die »mal eben« einen Rat wegen ihres Hundes brauchten, nahmen die Anfragen und Briefe lawinenartig zu, als meine Bücher *»Hundezucht naturgemäß mit Liebe und Verstand«* und *»Das Gangwerk des Hundes«**) erschienen waren. So gern ich auch bereitwillig half, so sehr mich das alles interessierte, ziemlich bald war es beim besten Willen nicht mehr zu schaffen, jeden Brief einzeln zu beantworten, zumal häufig eine Menge Dinge erst nachgefragt werden mußten, was dann einen zweiten Brief nach sich zog. So stellte ich einen kleinen Fragebogen zusammen mit all den Fragen, die man Hundeleute so fragt, kommen sie mit ihrem Hund nicht zurecht. Das ermöglichte eine vereinfachte Beantwortung, wozu dann auch die Angabe von nützlichen Adressen und der Hinweis, daß dies ein Fall zuerst für den Tierarzt sei, gehörte. Überraschenderweise kam aber auch so mancher beim Ausfüllen der einzelnen Punkte von selbst darauf, was die Quelle all der Komplikationen sein könne.

Für mich wurden aber diese Fragebögen eine Fundgrube. Selbst, wenn in einer Woche nur wenige davon bei uns eintrafen, summierten sie sich im Laufe der Jahre beträchtlich auf einige Hundert. Dabei kristallisierte sich immer mehr heraus, daß es sich bei den Störungen, die Hunde nach Ansicht ihrer Besitzer zeigten, um *die fast zwangsläufige Folge bestimmter Vorbedingungen handelte.* Bei gelegentlichen Abweichungen von meiner »Theorie« kam meist zutage, daß die eine oder andere Frage ungenau oder tatsächlich falsch beantwortet war.

Da die Fragebögen nur Fakten abfragten und keinerlei Wertung enthielten, wurden sie meist auch gewissenhaft ausgefüllt. Ich erfuhr daraus, um welchen Hund, welcher Rasse, welchen Geschlechts es sich handelte, wieviele Stunden er sich und wo allein oder in Gesellschaft seiner Menschen oder anderer Hunde aufhielt, ob er bei Tisch oder mit

---

*) Eric H.W. Aldington, Ilse Sieber »Hundezucht naturgemäß mit Liebe und Verstand« Verlag Gollwitzer, Weiden
Eric H.W. Aldington, Friederun Stockmann »Das Gangwerk des Hundes« (erw. Neuauflage 1993 unter dem Titel »Vom Körperbau des Hundes«, Verlag Gollwitzer, Weiden

Fertigfutter gefüttert wurde, wer die Bezugsperson war. Wir hatten Angaben über das Übernahmealter von Züchter, Zooladen oder Massenzucht, geschenkt oder geerbt, Anzahl und Dauer der Spaziergänge, über Zwingeraufenthalt, Krankheiten. Wir erfuhren über die Familiensituation, ob mit oder ohne Kinder, über Veränderungen im Familienleben durch hinzugekommene Kinder, Umzug, Scheidung oder Tod. Man hatte diese oder jene Vorstellung, wie sich ein Hund verhalten sollte und hatte ihn auf diese oder jene Weise zu erziehen versucht oder erziehen lassen - oder eben garnichts getan. Wie mancher »Lassie« verblüffte seine Besitzer, daß er eben nicht von Geburt an stubenrein war, noch vollbrachte er all die Wundertaten des berühmten Vorbildes. Stattdessen zog er an der Leine wie eine Lokomotive und schien ohne Leine sofort jeden Kontakt mit seinen Besitzern abzubrechen. Natürlich wurde weitgehend behauptet, dieser Hund, bzw. diese Rasse sei eben total überzüchtet, d.h. all seiner *natürlichen* Anlagen von vornherein beraubt worden. Welch verheerende Wirkung derart von Dummheit und Sentimentalität strotzende Filme auf doch sonst mit ganz normaler Intelligenz begabte Menschen haben können, gehört zu den nie klärbaren Rätseln.

Zunächst war die Korrespondenz nach den Adressaten geordnet. Als ich dann aber eines Tages die Briefe nach den angesprochenen Problemen umsortierte, stellte sich heraus, wie oft mir schon ganz ähnliche Probleme geschildert worden waren. Also konnte ich mir das Beantworten etwas erleichtern, indem ich aus den bereits geschriebenen Briefen einen etwas allgemeineren Text machte, den ich dann mit einigen persönlichen Hinweisen verschicken konnte. Diese Texte, wie auch die Fragebögen, wurden im Laufe der Zeit immer wieder etwas verbessert. Da ich gleichzeitig, auf Bitten meines Verlegers, an einem allgemeinen Buch über das Verhalten des Hundes*) arbeite, konnte ich dann auch schon daraus bestimmte Abschnitte beifügen, denn es war immer wieder erstaunlich, wie *mangelhaft das Wissen um das typische Verhalten und die besonderen Bedürfnisse des Hundes war.*

Tatsächlich war das, was die Hundehalter als eine *Verhaltensstörung* ihres *Hundes* bezeichnet hatten, oft ein *Spiegelbild der individuellen*

*) Das Buch: Eric H.W. Aldington, »Von der Seele des Hundes«, Verlag Gollwitzer, Weiden, liegt nun bereits in der 5. Auflage vor.

Probleme der dazugehörigen Menschen. Nur war denen das erstmal gar nicht wirklich bewußt, obwohl sie irgendwelche Zusammenhänge vermuteten, wenn sie das auch gleich in der Form in Frage stellten, indem sie schrieben, es könne doch wohl einem *Hund* kaum etwas ausmachen, daß...

In anderen Fällen zeigte es sich, daß ein, aus welchen Gründen auch immer, wenig pflegeleichter Hund zu einem gewaltigen Störfaktor werden konnte, der die, oft genug auf tönernen Füßen stehende, *Selbstachtung seiner Menschen* in überraschendem Ausmaß ins Wanken bringen konnte. Ohne daß sich viele dessen zunächst wirklich selbst bewußt waren, war das viel störender, als alle die Unarten zusammengenommen, die sich der Hund so angewöhnt hatte. Statt sinnvoller Maßnahmen gestaltete sich, was man die *Erziehung* des Hundes nannte, zu einer Mischung aus *Selbstverteidigung der gekränkten Eitelkeit* und oft *drakonischen Strafen,* die nichts anderes waren als ein *Rachefeldzug* Auge um Auge, Zahn um Zahn. Derart verhärtete Fronten konnten logischerweise zu nichts anderem führen, als zu sich ausweitenden Katastrophen, bei denen mehrfach Menschen ernsthaft Schaden erlitten und die nicht selten schließlich dem Hund das Leben kosteten.

Eines Tages sprach ich mit einem Freund, der sich mit *Verhaltensstörungen bei Kindern* beschäftigte, darüber, daß es dennoch eigentlich erstaunlich sei, wieviele Unannehmlichkeiten die Leute mit ihren Hunden trotz aller Widrigkeiten auf sich nehmen, ohne sich kurzerhand der Störenfriede zu entledigen. Wir blätterten in den Fragebögen, und mein Freund sagte, das alles sei gar nicht so neu. Er kannte verschiedene Untersuchungen aus den USA, wo man höchst erstaunt festgestellt hatte, daß die *Häufigkeit der Verhaltensstörungen bei Hunden in etwa der Häufigkeit von Verhaltensstörungen bei Kindern* entspreche.

Auch aus unseren Fragebögen war ersichtlich, daß Hunde, als Familienmitglieder betrachtet, nicht selten eine den Kindern vergleichbare Position einnehmen. Aus den in den USA veröffentlichten Untersuchungen, berichtete mir mein Freund, ging hervor, daß Kinder, mehr als Erwachsene, aber ebenso wie Hunde, auf atmosphärische Störungen, (beispielsweise zwischenmenschlicher Beziehungen und die vielerlei Formen von Streß) gleicherweise empfindlich mit *Verhaltensstörungen* reagieren.

Nun leuchtet jedermann ein, daß man gestörte Kinder nicht einfach weggibt oder gar töten läßt. Aber auch hinsichtlich oft wahrer Plagegeister von Problemhunden konnten sich deren unglückliche Besitzer aus zwei immer wieder genannten Gründen nicht von ihnen trennen. Erstens *liebten* sie ihren Hund und zählten als »Ausgleich« für seine oft entnervenden Unarten eine lange Liste *liebenswerter* Eigenschaften auf, zu denen auch gehörte, daß auch der Hund sie trotzdem liebe und an ihnen hänge. Zweitens fühlten sich viele Hundebesitzer für die Unarten ihres Lieblings selbst *verantwortlich,* so, wie man bei »mißratenen« Kindern nur zu gern voller Genugtuung die Schuld bei den Eltern sucht (des berühmten Pastors berühmte, selten bis nie geratende Kinder und des berühmten Müllers mißratenes Vieh). Gerade so, wie manche der geprüften Pastoreneltern, versuchen auch Hundehalter, die Untugenden ihrer Vierbeiner, wenn sie sich dann trotz größter Umsicht nicht verbergen und vertuschen lassen, durch entsprechende Entschuldigungen umzudeuten und zu relativieren.

Die *Furcht vor der Mißbilligung durch die Umwelt* ist bei Pastoren und Hundehaltern vergleichbar. Sie versuchen, möglichst, ohne aufzufallen und ohne fremde Hilfe anzunehmen, mit dem Problem in aller Stille irgendwie fertig zu werden, zumal es nur wenig diskrete, qualifizierte Hilfsstationen für geplagte Eltern und noch weniger fachmännische Anlaufstationen für Halter »verhaltensgestörter« Hunde gibt.

Auch wenn Ihnen dieser Vergleich etwas frivol erscheint: Es gibt noch weitere Gemeinsamkeiten. Viele Hundehalter haben nämlich, ähnlich Pastoreneltern, durchaus schon »Schritte« zur Erziehung ihres Vierbeiners hinter sich. Häufig wird diese Aufgabe an Fachleute »außer Haus« delegiert, wofür, je nach Vermögenslage und Stellung, entsprechende Summen aufgewendet, d. h. *nachgewiesen* werden. Aber, gerade so, wie selbst die beste und teuerste Schule dem Menschen nur einen *Teil* seiner Ausbildung und Lebensanschauung vermitteln kann, ersetzen einmal in der Woche Übungsplatz oder ein paar Wochen in einem Hundeinternat, eben *nicht* die tägliche, *lebenslange Zuwendung und Erziehung,* die der Hund von seinem Menschen braucht. Im Gegenteil ist es dann so, daß der Hund auf dem Übungsplatz oder bei seinem Ausbilder hervorragend funktioniert. Kaum ist er aber wieder in seiner heimischen Umgebung, sind alle seine Untugenden wie von Zauberhand wieder parat - denn leider hat inzwischen *nur der Hund* etwas dazugelernt, nicht aber sein Herr.

In Fragen der täglichen Lebenspraxis, sind Hunde, auf ihre ganz besondere Weise, ihren Menschen, oft unerwartet, erstaunlich überlegen, insbesondere, wenn dies mit Lustgewinn für sie verbunden ist.

Lesen Sie den letzten Satz ruhig noch einmal. Denn, bis auf tatsächlich kranke oder genetisch geschädigte Hunde, beruhen *alle* Komplikationen mit Hunden letztlich auf *ungeklärten Dominanzverhältnissen,* und diese wiederum auf einer *mangelhaften Kenntnis des Menschen von den besonderen Eigenschaften und Bedürfnissen des Hundes.*

Wie bereits ausgeführt, gibt es Gemeinsamkeiten in der Position, die Kinder und Hunde in einem Haushalt einnehmen. Es gibt Gemeinsamkeiten, wie bei beiden Störungen hervorgerufen werden können, und Ähnlichkeiten darin, wie von Seiten der »Erwachsenen« darauf reagiert wird.

Weil es überhaupt Ähnlichkeiten bei sozialen Lebewesen gibt, wird nur zu leicht übersehen, daß der Hund aus seiner ihm angeborenen typischen »Lebenslogik« eben trotz all seiner Fähigkeit, sich anzupassen, *immer* ein Hund bleibt, wie ein solcher reagiert und auch so behandelt werden will und muß.

Mehr noch: Mißratene Kinder und mißratene Hunde deprimieren ihre Erwachsenen gleicherweise. Sie erwecken Schuld- und Rachegefühle, führen zum Zwang, sich permanent rechtfertigen zu müssen und zu Schuldzuweisungen nach allen Seiten. Das Problem sitzt tief: Wer sich so selbst auf die Angeklagebank verbannt, der fühlt sich nicht wohl in seiner Haut und außerdem als Außenseiter am Rande des schöneren Lebens der anderen, die all das haben, was man selbst so gern auch hätte. Aber, ebenso, wie ein »wohlgeratenes« Kind im Leben seiner Eltern ein unvergleichliches Glücksgefühl und Erfolgserlebnis sein kann, wenn Probleme endlich gelöst und zu einem guten Ende geführt worden sind, bedeutet auch der »wohlgeratene« Hund für seine »Erwachsenen« das stolze Gefühl, wirklich etwas geleistet zu haben. Während man Kinder selbstverständlich dazu erzieht, selbständig zu werden und ein eigenes Leben, unabhängig von den Eltern zu führen, und diesen eine Anteilnahme nur noch aus der Ferne und die Erinnerung an vergangene Tage bleibt, die Hunde *bleiben.* Was sich bei Kindern nicht durchführen läßt, daß man immer wieder neu von vorn anfangen kann, bei Hunden kann man seine verbesserten Fähigkeiten an immer besser werdenden Hunden unter Beweis stellen.

Schon bei nur laienhafter Hundehaltung wird der Herr mit einem Übermaß an Zuneigung und allzeitbereiter Aufmerksamkeit bedingungslos überschüttet. Es wird dem Menschen, durch direkte *Belohnung*, leicht gemacht, das eigene Verhalten, probeweise, wegen der besseren Erziehungserfolge bei dem Hund, zu verändern, Launenhaftigkeit und Ungeduld zurückzunehmen, jedoch ohne sich etwas zu vergeben. Denn nichts ist schädlicher für das Mensch-Hund-Verhältnis als unklare Beziehungen, unlogische Verhaltensweisen, Launen, Rücksichtslosigkeit. Gar mancher hat dabei viel für sich selbst gelernt, denn eine sanfte, aber konsequente Hand, innere Sicherheit aufgrund unmerklich gewonnenen Wissens und das Sammeln immer neuer Erfahrungen machen nicht nur das tatsächliche Erreichen eines klar umrissenen Ziels immer schneller möglich, sondern verändern Lebenseinstellung, Fühlen und Denken der betroffenen Menschen mehr, als diesen oft selbst bewußt ist.

Diese *Bedingungslosigkeit*, mit der ein Hund sich seinem Menschen zugehörig fühlt, ist die Grundlage der vielfachen Auswirkungen, die aus der Gemeinsamkeit zwischen Mensch und Hund entstehen. Hier wird nicht der Raum dafür sein, von den faszinierenden Ergebnissen zu sprechen, zu denen der zunächst zufällige, dann gezielte Einsatz von Hunden bei Menschen mit psychischen Defiziten und Störungen geführt hat.*)

Wer dieses Buch einmal lesen wird, hat sich sicherlich selbst bei dem Stoßseufzer ertappt: *Was tu ich bloß mit diesem Hund?* Denn Sie wissen es selbst nur zu genau, wieviel, ohne daß man es sich zunächst bewußt macht, alles daran hängt, daß ein Hund eben *nicht* so ist und sich *nicht* so verhält, wie man das erhofft und im Stillen auch erwartet hat.

Gar mancher geht schon gar nicht mehr gern nach Hause, weil er sich vor dem fürchtet, was ihm dieser Hund nun schon wieder angetan hat. Der Höllenkrach, den ein ständig bellender Hund verursacht,

*) Ausführlich nachzulesen in: Eric H.W. Aldington, »Von der Seele des Hundes«, Verlag Gollwitzer, Weiden

scheinbar ohne zu erschöpfen, führt nicht nur zu Ärger mit Mitmenschen, sondern macht einen selbst regelrecht verrückt. Hunde die nicht stubenrein werden oder, kommt man heim, wieder einmal beträchtliche Zerstörungen vorweisen, können einen zur Verzweiflung bringen. Unerzogene, überaktive Hunde können einem das Gefühl geben, daß man sie auch nicht einen Tag länger ertragen könne. Wegen des mißratenen Hundes brechen Freundschaften ab, wagt man nicht mehr, Besucher einzuladen, kommt andererseits kaum noch von zu Hause fort. Jeder Spaziergang mit einem auf andere Hunde überaggressiv reagierenden und auch anderweitig ungefügigem Hund wird zu einen Spießrutenlauf. Viele haben seit Jahren schon keinerlei Reisen, ja nicht einmal mehr Ausflüge unternehmen können, weil der Hund sich weder unterwegs, noch im Auto, noch im Hotel wenigstens annähernd akzeptabel verhielt. Und doch wurde solch ein Hund nur in den wenigsten Fällen, auf welche Weise auch immer, tatsächlich eliminiert.

Wie schon gesagt, schlimmer als die Untaten des Hundes ist *das Gefühl eigener, uneingestandener Unfähigkeit,* mit dem einen solch ein Hund täglich neu konfrontiert. Tatsächlich ist es diese, einem stets vor Augen geführte Niederlage, dieses permanente Mißlingen, was letztlich zu all den Auseinandersetzungen rund um die Haltung des Hundes und dem Deprimiertsein seines Menschen führt.

Man kann es auch andersherum sagen: Klappt es schließlich doch mit dem Hund, sind »unlösbare« Riesen-Probleme klein, handlich und Vergangenheit geworden, hat sich für so manchen auch seine Lebensphilosophie zum Positiven gewendet. Irgendwie meint man Anlaß zu der Überzeugung zu haben, daß sich auch andere Probleme, geht man sie endlich nur einmal »richtig« und konsequent an, irgendwie werden lösen lassen.

Trotz aller Zweifel, die Sie jetzt haben werden, gehören die Probleme mit Ihrem Hund zu den absolut lösbaren. In erster Linie, wie Sie auf den folgenden Seiten lesen werden, ist der erste Schritt, *daß Sie zuallererst Ihr Verhalten überdenken und revidieren...*

Das Buch richtet sich in erster Linie an die große Zahl jener Hundehalter, die nicht die Zeit oder die Möglichkeit haben, sich mit ihrem Vierbeiner auf einem Übungsplatz die wichtigsten Grundkenntnisse anzueignen. Es richtet sich aber auch an die Ausbilder dort, die hier all die Erklärungen finden sollen, mit denen sie den Hundefreunden die Grundlagen des hundlichen Denkens vermitteln können. Wer begriffen hat, daß ein Hund kein »Kind« ist, dem fällt das Erziehen um vieles leichter.

Das Buch ist in drei Teile gegliedert. Sie sollten es auch in dieser Reihenfolge lesen. Schrittweise wird Ihnen erklärt, was Sie vom Verhältnis zu Ihrem Hund wissen sollten. »Using your brain for a change« ist die berühmte These Bandlers. Benutzen Sie zuallererst Ihr Gehirn, Ihren Verstand, dann aber auch den Ihres Hundes für alles, was Sie verändern, d.h. natürlich zum Besseren wenden wollen.

Im ersten Teil erfahren Sie, warum Hunderziehung eigentlich ganz einfach wäre. Vorwiegend scheitert es nämlich nicht am Hund, sondern am Halter. Hunderziehung ist auch mit Selbsterkenntnis und - Selbsterziehung verbunden. Ihr Hund, das müssen Sie sich immer klar machen, hat von Natur aus alle guten Gaben unverändert mitbekommen, auch wenn man Ihnen etwas anderes einreden will. Wer sich länger mit Hunden beschäftigt, lernt auch sehr bald, daß er von allen Vorschriften, die einem so übermittelt werden, nichts blind übernehmen darf. Jeder Hund ist, wie auch sein Mensch, ein einzigartiges Individuum.

Vor allem gilt es, den Hund das *Lernen* zu lehren, und dabei nur den Grad an Gewalt anzuwenden, der wirklich unumgänglich ist. Der Hund muß lernen zu tun, was Sie von ihm wollen, und nicht nach Lust und Laune seinen Instinkten zu folgen. Von denen aber müssen Sie eine Menge wissen, weil das erst die Grundlage jeder erfolgreichen und weitgehend gewaltfreien Erziehung ist.

Im zweiten Teil erfahren Sie den tieferen Grund, warum heute so viele Menschen Schwierigkeiten haben, mit ihrem Hund klarzukommen. Was sich verändert hat, sind aber nicht die Hunde, sondern *unsere Lebensumstände.* Die sind es, die letztlich zu all den Komplikationen führen. Die Hunde sind dabei alles andere als »verhaltensgestört«, sondern benehmen sich - den Umständen entsprechend - völlig normal. Sie müssen erkennen lernen, auf welche Weise Ihr Hund die vielen Gelegenheiten, die sich täglich für ihn ergeben, auf ganz natürliche und naive Weise für sich »ausnutzt«, ohne daß man sich dessen eigentlich recht bewußt ist.

Im dritten Teil werden Sie überrascht feststellen, daß Hunderziehung keinesfalls ein Riesenberg ist, durch den man sich nie und nimmer durcharbeiten kann. Tatsächlich, und das war für viele Hundehalter überraschend, ist zuallererst einmal die Rangfolge eindeutig herzustellen und dann sind es nur *sieben Schlüsselworte,* die ein Hund zu verstehen lernen muß, damit er sich problemlos in Ihr Familienleben einreihen kann. Im dritten Teil ist auch die *»Generalüberholung«* zu finden, der sich Herr und - Hund unterziehen müssen, damit Sie ein für alle mal »Alpha«, d.h. das Oberhaupt Ihres Rudels werden und bleiben.

Und wenn Sie und Ihr Hund bis zur letzten Seite des Buches vorgedrungen sind und die ersten Erfolge sich einstellen, werden auch Sie sich fragen, wer denn nun mehr gelernt hat dabei, ob es Ihr Hund ist oder vielleicht mehr noch Sie selbst gewonnen haben dabei. Vielleicht werden auch Sie, wie so mancher nachdenkliche Hundefreund, darüber nachsinnen, ob vieles, was Sie zusammen mit Ihrem Hund gelernt haben, nicht etwas ist, was sich auch auf andere Lebensbereiche übertragen läßt. Werden und bleiben Sie *Alpha!* Es sagt nicht anders, als daß es Ihnen gelungen ist, zwischen sich und Ihrem Hund (oder sich und Ihren Mitmenschen) eine Beziehung auf der Grundlage von Wissen, gegenseitiger Zuneigung, Achtung und Vertrauen aufzubauen.

Das also ist es, wie dieses Buch entstanden ist und - warum.

Vorwort des Verlages zur ersten Auflage

Nachdem die Bücher von Eric H.W. Aldington, die in unserem Verlag erschienen sind, dank der großen Nachfrage schon mehrere Auflagen erleben konnten, freuen wir uns besonders, nun auch dieses Buch aus dem Nachlaß Aldingtons vorlegen zu können, dessen gesamte Rechte bei unserem Verlag liegen.

Die große Zahl an Vorbestellungen, die seit Ankündigung dieses Buches bei uns eingegangen sind, bestätigen sowohl, daß ein derartiges Buch dringend erwartet wurde, wie auch, welch große, treue Lesergemeinde Eric H.W. Aldington mit seinen Büchern gefunden hat.

In diesem Buch beantwortet er die rein praktischen Fragen, die viele Hundehalter täglich vor - nur scheinbar - unlösbare Probleme stellen. Die Gesichtspunkte und Antworten sind einfach und oft überraschend.

Es soll kein Buch sein, das »Fälle und Lösungen« aufführt. Es wird aber jeden Leser zu jenem Verständnis führen, aufgrund dessen er selbst in der Lage ist, für seinen besonderen Fall eine Lösung zu finden.

Die in diesem Buch enthaltenen Hundegeschichten sind typische Beispiele, in denen gar mancher sich und seinen Hund wiederfinden mag. Wie alle Bücher Aldingtons ist es lebendig, spannend und für jedermann verständlich geschrieben. Achtung, Wissen und Liebe zu den zwei- und vierbeinigen Gefährten sind das Thema dieses Buches.

Wie bei allen Büchern Aldingtons lag das Lektorat in den Händen von Frau Ingeborg Gollwitzer, die in akribischer Kleinarbeit die Herausgabe nach seinen Manuskripten vornahm und in seinem Sinne zum Druck vorbereitete.

Weiden, Sommer 1993

Vorwort des Verlages zur dritten Auflage

Innerhalb weniger Monate erreicht dieses Buch nun seine 3. Auflage. Ein Beweis dafür, daß es seine »Erprobung« mehr als gut überstanden hat, denn wer es gelesen hat, dem fielen zahlreiche weitere Hunde bzw. deren Menschen ein, die dieses Buch dringend lesen sollten. Es hat sich herumgesprochen wie ein Lauffeuer, daß dieses Buch - auch in »hoffnungslosen Fällen« - wirklich weiterhilft. Und wer erstmals oder wieder einmal mit einem Welpen neu anfängt, der sollte zuvor in diesem Buch nachlesen, was zu tun und zu beachten ist, damit es erst gar nicht zu »Notfällen« kommt. Bis auf die Beseitigung von kleinen Druckfehlern geht das Buch erneut unverändert in Druck. Möge es noch vielen Lesern und ihren Vierbeinern zu einem gedeihlichen Miteinander verhelfen.

Weiden, Dezember 1994

Erster Teil

Lernen und Erziehen - einmal aus anderer Sicht

Von Dackel Fietje und der Erziehung

Wenn ich an das Erziehen eines Hundes denke, fällt mir unweigerlich als erstes meine Tante Lotte ein. Als sie hochbetagt starb, sagten alle, sie hätte dem Tod die letzten Jahre ihres Lebens nur wegen ihres Dackels *FIETJE* regelrecht abgetrotzt, den sie sich, schon über siebzig, unter dem Protest der ganzen Verwandtschaft, angeschafft hatte. Als Püppchen, ihre Zwergpudelin dahingegangen war, hatten nämlich alle gedacht, nun würde ihr Tante Lotte wohl auch bald folgen. Gefehlt. Eines Tages war eben *FIETJE* da, und böse Zungen behaupteten später, er hätte es geschafft, in all den Jahren seines langen Hundelebens seinem Fraule auch nicht ein *einziges* Mal zu folgen.

Sein Tag begann mit dem Morgengrauen, woran seiner Ansicht nach auch Tante Lotte (deren Nachtlager selbstverständlich auch das seine war) teilzunehmen hatte, die er mit großen Getöse zu wecken pflegte. Zuerst mußte sie ihn zu seinem »Geschäftel« hinausbegleiten, anschließend füttern, wobei sie sich auch ein eiliges Häppchen zu genehmigen pflegte, allerdings gerade nur so lange, bis *FIETJE richtig* ausgeführt zu werden wünschte. Hatte *FIETJE* dann einen gewissen Grad an Nachgiebigkeit erreicht, und war es Tante Lotte gelungen, ihn vermittels eines Käsescheibchens (die eigens dafür in größeren Mengen gekauft wurden) in sein Körbchen zu locken, gab es für Tante Lotte die ersehnte »Verschnaufpause«, in der sie das wirklich Dringendste in ihrem Haushalt erledigen konnte. Kaum aber erkannte *FIETJE* am Klappern des Geschirrs, daß Tante Lotte ihr Mittagsmahl einnehmen würde, war er sofort zur Stelle, und in einem Näpfchen, zu ihren Füßen, wurden Bissen von Fraules Mahlzeit deponiert; solange *er* sich damit beschäftigte, hatte Tante Lotte selbst Zeit, etwas zu sich zu nehmen.

Das ganze Haus konnte den Tagesablauf von Tante Lotte und *Fietje* genauestens verfolgen, da sie unaufhörlich und laut mit ihrem Plagegeist herumschimpfend die jeweiligen Situationen kommentierte. Dazwischen bellte *Fietje*. Kurz, nur wenn *Fietje* seinen gewissen Stand an Nachgiebigkeit erreicht hatte, konnte es Tante Lotte gelingen, ihn vermittels Käsescheibchen zu einem annähernd ihren Wünschen entsprechendem Verhalten zu bringen. Für das Anleinen Ihres Kobolds hatte sie sogar mehrere Tricks und war stets stolz, war er schließlich auf einen davon hereingefallen, so daß sie mit ihm das Haus verlassen konnte. Außerhalb des Hauses hielt sie die Leine fest entschlossen zweimal um ihr Handgelenk gewickelt. Den so verminderten Bewegungsspielraum glich *Fietje* aus, indem er sein Fraule bei wahren Marathon-Ausgängen hinter sich her zerrte, bis er es leid war, und sie wieder heimwärts dirigierte. Sie wurde altersbedingt fortlaufend etwas kleiner und »Fietje-bedingt« in jedem Jahr auch etwas magerer.

Aber, bis jetzt ist an dieser Geschichte noch gar nicht Besonderes. Dreimal im Jahr jedoch verreiste Tante Lotte, mit der ihr eigenen Gewissenhaftigkeit, jedesmal pünktlich und jedesmal für längere Zeit. Einmal wegen ihrer Gicht zur Kur, einmal zu einer größeren Bildungsreise, einmal zu ihren Kindern.

Dann kam *Fietje* zu Onkel Paul in die Försterei, wo *Fietje* auch das Licht der Welt erblickt hatte. Kaum hatte aber Onkel Paul *Fietje* bei Tante Lotte in Empfang genommen, samt Körbchen, Näpfchen, Leine (und Käsescheibchen, versteht sich), kaum saß *Fietje* bei Onkel Paul hinten im Auto, dann hätte niemand geglaubt, daß es *Fietje* sei, der dort, auf den kurzen Befehl »Down«, nur noch wie eine Beule auf dem Rücksitz zu erkennen war und sich aber auch nicht im Geringsten muckste. Onkel Paul brauchte keine Leine und erst recht keine Käsescheibchen. Er hatte eine Hundepfeife und der für niemanden hörbare Pfiff leitete die sofortige Ankunft *Fietje*s bei Onkel Paul in die Wege. *Fietje* schoß, auch aus größerer Entfernung, herbei wie ein geölter Blitz, machte vollendet, fraglos und begeistert »Down«, »Bleib« oder »Sitz«, kaum daß Onkel Paul diesen Befehl nur *gedacht* zu haben schien, ging tadellos bei Fuß und suchte sein Körbchen jedesmal sofort dann auf, wenn dies von ihm verlangt wurde. *Fietje* wurde - ohne Leine - mitgenommen ins Revier, selbstverständlich brauchten auch keine Näpfchen mit Leckerbissen auf den Boden gestellt werden, wenn oben die Familie ungestört zu essen wünschte. Wenn man Onkel Paul nach dieser Wandlung befragte, sagte er jedesmal philosophisch: »Fietje is' eben 'n besonders kluger, gelehriger Hund. Der weiß genau, wo's langgeht.«

Nach einigen Wochen wurde dann *Fietje* wieder bei Tante Lotte abgeliefert, mit Leine, Körbchen und frischen Käsescheibchen, versteht sich. Und Tante Lotte wickelte *Fietje*s Leine gleich am Auto zweimal um ihr Handgelenk. Bald darauf hörte man sie oben im Haus mit ihrem *Fietje* lamentieren, und der bellte dazu.

Wenn Sie nun sagen, *Fietje* sei eben nichts als ein total unerzogener Schoßhund einer etwas dusseligen, älteren Dame gewesen, wird Ihnen jeder recht geben, obwohl das eigentlich *so* gar nicht stimmt. *Fietje* war, so widersinnig Ihnen das jetzt erscheinen mag, in beiden Fällen, sowohl bei Tante Lotte, wie auch bei Onkel Paul, *ein tadellos erzogener Hund:* Er tat erwiesenermaßen jeweils genau das, was man ihm beigebracht hatte.

Tante Lotte hatte, vom ersten Tages ihres Beisammenseins, jede seiner Regungen mit höchster und niemals nachlassender Aufmerksamkeit verfolgt und jedesmal mit entsprechender *Zuwendung,* in ihrem Falle das Lamentieren, die Häppchen, das Hinausgehen, das Füttern, reagiert. Wenn Tante Lotte nicht lamentierte, war das für *Fietje* der Fingerzeig, daß *er* nun etwas unternehmen mußte, um sie und sich wieder so richtig in Aktion zu bringen und damit *Gemeinsamkeit* herzustellen. Das Lamentieren, das sich auch außer Haus, wenn er sie an der Leine hinter sich her zerrte, weiter fortsetzte, war für ihre Gemeinsamkeit so selbstverständlich und notwendig, wie für den Fisch das Wasser. Nie wäre Tante Lotte auf die Idee gekommen, wenn sie sich wieder einmal über die Untaten ihres Kobolds ausließ und beklagte, daß er ihr, soviel sie auch auf ihn einwirke, noch immer überhaupt nicht folge, daß er in Wirklichkeit genau *das* tat.

Bei Onkel Paul war das ganz anders. Bei ihm konnte *Fietje* grundsätzlich nur dann Zuwendung und Gemeinsamkeit erwarten, wenn *Onkel Paul das von sich aus gewährte.* Und der tat das *nur* dann, wenn *Fietje* sich so benahm, wie von Onkel Paul gewünscht. Als *Fietje* noch klein war, hatte ihm Onkel Paul das Folgen auch in Entfernung vermittels einer Zwille nahegebracht, so, wie das die anderen Hunde von Onkel Paul auch gelernt hatten. Onkel Paul hatte gelegentlich auch Situationen herbeigeführt, in denen der sich entfernende *Fietje* vermutlich nicht folgen würde, und prompt hatte er auf seinem kleinen Hinterteil eine schmerzhafte Einwirkung von einem gut gezielten Zwillen-Schuß. Kurz, Onkel Paul hatte nur wenige Wochen gebraucht, bis *Fietje* genau wußte: »Hier heißt es parieren«, und wenn er das getan hatte, war das Lob jedesmal ganz enorm. Denn für Onkel Paul stellte sich die Frage, *ob* ein Hund ein »richtiger« Hund ist, und ob der seinem Herrn treu ergeben und gehorsam ist, gleich überhaupt nicht. Alle seine Hunde waren bestens erzogen, richtig ausgebildet, hatten schon viele Preise gewonnen auf allen möglichen Prüfungen und Wettbewerben.

Bei *Fietje*, der bei Leibe nichts von einem verhaltensgestörten Hund an sich hatte, konnte man aber auch ganz gut beobachten, *wie leicht es bei einem Hund zu einer Verhaltensstörung kommen kann.* Glücklicherweise hatte er diese »Zustände«, wie Tante Lotte das nannte, immer nur kurze Zeit und zwar immer dann, wenn in seine Zweisamkeit mit Tante Lotte Besuch, womöglich Logierbesuch, einbrach. Das ganze Haus wußte ziemlich bald von dem Ereignis, denn *Fietje* war nicht zu überhören. Sobald er sich längere Zeit weniger als sonst beachtet glaubte, sauste er zunächst hysterisch winselnd und durchdringend jaulend, wobei er ein Hinterbein hochgezogen hatte, also jammervoll nur noch auf drei Beinen lief, in der Wohnung von einem Zimmer in das andere, kratzte an Türen, versuchte Teppiche zu schütteln, oder probierte, wild herumwirbelnd, sich in den Schwanz zu beißen.

Hatte also Tante Lotte Besuch, bleib ihr nichts anderes, als *Fietje* während dieser Zeit möglichst viel mit sich *herumzutragen,* der dabei größere Mengen Käsescheibchen vertilgte, denn nur das konnte *Fietje* beruhigen. War der Besucher endlich überstanden, war *Fietje* wieder ganz der alte, und man hörte Tante Lotte lamentieren, wie unmöglich er, *Fietje*, sich wieder benommen habe, niemand würde mehr zu ihr kommen ...

Aber es gab noch eine weitere Gelegenheit, bei der man hätte meinen können, *Fietje* gehörte wohl doch in die Hand eines »Hunde-Psychiaters«. Nicht nur des nachts, sondern überhaupt konnte es *Fietje* keinesfalls leiden, wenn Tante Lotte ihn *allein* ließ, sogar »dorthin« mußte er sie begleiten, und nachdem sie einmal ohne ihn beim Friseur, und das andere Mal ohne ihn beim Zahnarzt gewesen war, hatte ihr *Fietje* beigebracht, zu was er, trotz seiner geringen Körperkraft und -größe fähig sein konnte. Er hatte nicht nur geheult, gewinselt und gebellt, sondern im einen Falle einen Sessel, im anderen gar das kostbare Chintz-Sofa total zerfetzt und aufgewühlt, daß das Roßhaar nur so herumgeflogen war, hatte die Fußleisten um den Teppichboden herum herausgerissen und mehrere Seen und Häufchen nicht etwa nur im Bad, sondern im Wohnzimmer, sogar auf Tante Lottes Bett, und gleich auf dem Fußabstreifer direkt an der Etagentür so postiert, daß Tante Lotte, ahnungslos wie sie war, hineingetreten war und den Segen dann ihrerseits gründlich verbreitet hatte, als sie ihren *Fietje* suchte, von dem erst mal nichts zu sehen war, da er *beleidigt* (sagte sie) unter dem Küchentisch gehockt hatte und sie demonstrativ zu *übersehen* versuchte.

Nun weiß ich bis heute nicht, ob Tante Lotte nicht im Stillen die Sache mit sich und ihrem *Fietje* ganz richtig eintaxiert hatte. Künftig nämlich, wenn sie *Fietje* einmal nicht mitnehmen konnte, lieferte sie ihn irgendwo im Haus zu Aufbewahrung ab. Mit dem knappen, erstaunlichen Hinweis: »Gib ihm einen Klaps auf die Schnauze, wenn er Krach macht«, leinte sie ihn an irgendeinem Tisch- oder Stuhlbein an. Tatsächlich hat *Fietje* diesen Klaps nur drei oder viermal entgegennehmen müssen. An das jeweilige Tisch- oder Stuhlbein angeleint, verharrte er mustergültig, als könne er kein Wässerchen trüben - bis Tante Lotte ihren etwas beleidigt wirkenden Quälgeist wieder abholte und ihm zur Wiedergutmachung ein Käsescheibchen präsentierte.

Falls Sie selbst schon einmal so etwas wie einen *Fietje* erlebt oder gar besessen haben, können wir jetzt versuchen, die Angelegenheit nun einmal sachlich zu betrachten. *Fietje*, das zeigte seine gespaltene Natur bei Tante Lotte einerseits und bei Onkel Paul oder »am Stuhlbein« andererseits, war schlicht nichts anderes als das Produkt seiner Umwelt.

Für Onkel Paul war er ein *Hund.* Nichts mehr und nichts weniger. Bei Onkel Paul war er genau das, was Onkel Paul von einem »guten Hund« erwartete. *Onkel Paul war der »Boß«,* und für *Fietje* gab es nichts Schöneres, als wenn sich Onkel Paul ihm zuwendete, und das tat Onkel Paul nur dann, wenn *FIETJE* tat, was er *sollte.* Sonst war *FIETJE* Luft und wartete begierig darauf, daß Onkel Paul irgendetwas von ihm forderte.

Für Tante Lotte war *FIETJE* ein *Lebewesen,* ein *Kindersatz,* ein *Gesprächspartner,* etwas, wofür sie *sorgen »mußte«,* denn alle, für die sie in ihrem langen Leben schon gesorgt hatte, waren längst gestorben oder, wie ihre Kinder, weit fort gezogen, und sie hatte manchmal das unbestimmte Gefühl, daß sie die besser nicht einmal zu oft anrufen sollte.

Natürlich *hätte* sie *FIETJE erziehen* können, und ihr Hinweis auf den Klaps, der *FIETJE* zur Räson bringen würde, zeigte auch, daß ihr die Wirkung derartiger Maßnahmen durchaus geläufig war, sie aber in ihrem Fall wohl gar keine Veranlassung dazu sah. Denn was hätte sie mit einem überaus folgsamen, braven *FIETJE* überhaupt anfangen sollen den lieben langen Tag? *FIETJE,* der Kobold, der Quälgeist, die Nervensäge war so geworden, weil sie alle seine Mucken und Macken gleichermaßen unbewußt und zielstrebig selbst *gefördert* hatte. *FIETJE* war das *vollendete* Produkt ihrer »Erziehung«.

Auf diese Weise war *FIETJE* tatsächlich genau der Hund, den Tante Lotte brauchte, und zu einem gestörten, weil *störenden* Hund kam es nur dann, wenn der Alltagstrott der beiden in irgendeiner Weise unterbrochen wurde.

Zu Katastrophen und somit zu der Notwendigkeit, einschneidende Erziehungsmaßnahmen zu ergreifen, wäre es nur dann gekommen, wenn sich beispielsweise ein Logierbesuch für *dauernd* einquartiert hätte. Aber ich bin sicher, in einem solchen Fall hätte Tante Lotte ihrem *FIETJE* dann selbst einmal mit dem heilsamen Klaps bedeutet, wo's langgeht. Viele Jahre »litt» und lamentierte sie, daß man ihre helle Stimme durch das ganze Haus hörte, bis *FIETJE* eines Tages »nicht mehr war«, wie sie es nannte. Dann hatte sie, die mit ihren *FIETJE* von morgens bis abends herumgewirtschaftet hatte, kaum noch Lust, am Morgen ihr Bett überhaupt zu verlassen. Eines Tages »war auch sie nicht mehr«. Ohne daß man dies gleich richtig gemerkt hatte, war sie ihrem *FIETJE* ganz leise gefolgt.

Erziehen: Voller Widersprüche und Verwirrung

In den meisten Büchern über Hundeerziehung, die ich kenne, wird die Angelegenheit - natürlich unbeabsichtigt - unnötig kompliziert und vor allem keinesfalls einheitlich dargestellt. Meistens fangen sie schon auf den ersten Seiten damit an, daß sie dem bildungshungrigen Leser erklären: »Es muß ihm (womit der Hund gemeint ist) sofort klargemacht werden, was er *nicht* tun darf.« Dies sei, so kann man dann lesen, die Grundlage für die richtige Erziehung zum Gehorsam auch in kritischen Situationen. Vorher oder bei dieser Gelegenheit wird dem Leser noch erklärt, daß der Hund vom Wolf abstammt (»Aha«, sagt man sich,

»er ist also auch zu »bändigen«), und was man deswegen alles beachten und wissen muß.

Vor dem inneren Auge des Lesers, der womöglich erst zu lesen anfängt, wenn er den Hund gerade ins Haus geholt hat, tut sich nun die ganze Bandbreite dessen auf, was er mit dem Hund da auf sich geladen hat. Denn - genau genommen - *darf* so ein Hund, überdenkt man das richtig, fast überhaupt nichts. Er darf nicht bellen (vor allem nicht nachts oder wenn er allein ist, und allein muß er oft bleiben), keine »Seen« und »Würstchen« hinterlassen, wo es ihm beliebt, er darf keine Sofakissen zerreißen, Schuhe, Tisch- und Stuhlbeine, Teppiche, Lichtleitungen sind tabu, er darf nicht betteln, nicht weglaufen, nicht beißen, er darf keine Katzen jagen, er darf nicht in beispielsweise die Küche oder überhaupt nicht ins Haus, er darf nicht ins Bett, er darf keine Löcher in den Rasen graben, oder keine Blumen aus dem Beet ziehen, er darf nicht allein auf die Straße, nicht an der Leine ziehen- je mehr der geneigte Leser besorgt um sich blickt, umso mehr sieht er sich von immer mehr Dingen umringt, die ein Hund nicht »darf«.

Doch nicht genug damit. Auch für *uns* gibt es eine ganze Menge Verbotenes, damit wir den Hund nicht *verderben:* Von Anfang an, wird uns permanent eingeimpft, sollen wir ihm, notfalls mit Gewalt, zeigen, »wer der Herr im Haus ist«. Andere wieder beschwören uns, daß wir ihn nicht erschrecken dürfen, nicht grob mit ihm umgehen, nicht wild an ihm herumzerren, wenn er Ruhe braucht, die Zeitungsrolle, seit Generationen bewährtes Erziehungsmittel, ist neuerdings nicht mehr geeignet... Wir dürfen ihn nicht verunsichern, nicht verhauen. Wir dürfen ihm aber keinesfalls irgendetwas Verbotenes durchgehen lassen, und das dann sofort mit entsprechenden *Lauten,* d.h. Befehlen, ihm kundtun, obwohl uns gleichzeitig versichert wird, daß er unsere Sprache überhaupt nicht versteht. Sinnigerweise wird empfohlen, dem Kleinen für seinen Nagetrieb nicht nur Knochen und kleine Bälle zur Verfügung zu stellen, sondern auch alte Pantoffeln (wobei nicht gesagt wird, woran dann der Kleine erkennen soll, wann welche Pantoffeln alt, oder doch noch nicht alt genug sind).

Besorgt betrachten wir unseren Kleinen, der, erschöpft von seiner eben erfolgten Ankunft, scheinbar tiefschlafend in einem Körbchen liegt. Gleich daneben auf dem Teppich ein nasser Fleck. Wir nutzen die

Zeit aus, um noch weiter in den »Gebrauchsanweisungen« für Hunde zu blättern, irgendwo müßte doch stehen, was man *jetzt* eigentlich mit ihm machen soll. Und nun diese Widersprüche!

Wir dürfen, lesen wir weiter, auch nicht eine einzige Sekunde Anzeichen von *Führungsschwäche* zeigen, beziehungsweise dürfen wir keinesfalls die Zügel schleifen lassen, weil der Hund *das* sofort bemerkt und sich folglich sofort darum bemühen wird, unsere Führungsschwäche nachdrücklich auszunutzen. Andererseits sollen wir dafür sorgen, daß der Hund nicht demütig-unterwürfig, mißtrauisch oder unsicher wird.

Wenn auch viel von seinem Bellen, das meist unerwünscht ist, zu lesen ist, nirgendwo steht, wie *lautlos* ein junger Hund vor sich hinwirken kann. Das merken wir nämlich jetzt.

Während wir so angestrengt in unseren Leitfaden versunken waren, ist unser Hundchen offensichtlich, von uns unbemerkt, erwacht, hat den Papierkorb nicht nur ausgeleert, den Inhalt weit verstreut und den Rand in Fransen zernagt, hat er nicht nur auf dem Couchtisch die Schale mit den Kartoffelchips ausgeleert und die Krümel überall verstreut, hat er nicht nur nun auch das Schaffell vor dem Kamin gründlich eingefeuchtet und einen weiteren See auf dem Parkett daneben hinterlassen, nein, er ist auch *in* den Kamin hineingestiegen, um sich, rußgeschwärzt, nun mit einem der Scheite zu vergnügen, das er, eine schwarze Spur zeigt uns den dabei eingeschlagenen Weg genau, mitten ins Zimmer gezogen hat, es zwischen den Vorderpfoten hält, und genußvoll daran nagt - nein, er hat dafür auch noch eine weiche Unterlage gesucht, wofür ihm unsere schöne, weißblaue Wolljacke am ehesten geeignet erschien, die einfach so herumgelegen hatte.

Wir blättern verzweifelt die Seiten in unserem Buch zurück: Nirgendwo hat gestanden: »Lassen Sie nichts herumliegen.« Nirgendwo hat gestanden: »Lassen Sie den Hund nicht aus den Augen.« Nirgendwo hat gestanden: »Hunde kennen keinen Schmutz.«

Jetzt sollen wir vor allem *Überlegenheit* demonstrieren. Gleichzeitig wird verlangt, wir sollen unseren Hund nur dann *strafen,* wenn wir ihn auf frischer Tat ertappen. Das mit dem Papierkorb, den Kartoffelchips, dem Schaffell, dem Kamin, dem Holzscheit, der Wolljacke - »Längst verjährt« - sagen wir (und außerdem haben wir das Kapitel, wie man *strafen* soll, noch gar nicht erreicht) und räumen erst mal auf, bevor die Hausfrau dazu kommt und das Chaos entdeckt. Jetzt haben wir Zeit, denn unser Hundchen ist, wie schon zuvor, wieder tief eingeschlafen und seufzt im Traum ein bißchen. Wer schläft, sündigt nicht.

Auch wenn es widersinnig klingen mag: Die meisten, anfänglich oft geringen Komplikationen, die später so leicht zu den *verhaltensgestörten Hunden* führen, entstehen einerseits durch Unkenntnis dessen, was für ein Tier ein Hund eigentlich ist, und andererseits durch unser allzu paragraphengläubiges, bedenkenloses Befolgen dessen, was uns die verschiedenen Anleitungen zur Erziehung unseres Hundes anempfehlen. Nun mag das gewissenhafte Befolgen einer Gebrauchsanweisung das allein Richtige zur Inbetriebnahme eines Autos oder einer Waschmaschine sein. Ein Hund ist aber keine Maschine. Er wird nicht sofort für alle Zeiten zerstört, wenn man sich anfänglich hier und da einmal irrt, was wir ja ausgleichen können, weil *wir* inzwischen etwas dazu gelernt haben. Andererseits, wenn wir nicht bereit sind, unsere Irrtümer zu revidieren, haben wir, bei *dauernder* Falschbehandlung über kurz oder lang genau das, was wir eigentlich verhindern wollten: einen *Problem-Hund.*

Das mit den vielen Dingen, die man einem Hund von vornherein nicht erlauben darf, leuchtet uns ja schon allein deswegen ein, da nach diesem Muster leider auch die Erziehung der meisten Menschen abgelaufen ist. Wir finden es also natürlich, daß vieles verboten ist. Nur hat die Sache einen Haken: Einem Kind, mit dem eine, wenn auch anfänglich bescheidene Verständigung uns geläufig ist, kann man zunehmend auch erklären, warum es dies und das nicht darf. Genau das versuchen dann auch nicht wenige Hundehalter, mit dem Ergebnis, daß ihr Hund, je mehr Personen an seiner Erziehung beteiligt sind, wenig bis überhaupt keine Fortschritte macht.

Wir haben es spaßeshalber einigemale mit dem Tonband aufgenommen, mit welchem Wort- und Redeschwall die einzelnen Mitglieder einer Familie (Vater, Mutter, Kinder und Tante) von einem Hund im Laufe eines Tages verlangen, er solle dies oder jenes tun oder lassen. (Damals gab es leider noch keine Video-Kameras.)

Aber das anschließend wiedergegebene »Hörspiel« machte allen Beteiligten dann sofort besser als jede Theorie klar, warum dieser Hund, bis auf eine Ausnahme, absolut nicht das tat, was er sollte. Die Ausnahme war, daß man mit der *Futterschüssel* klapperte, wenn man ihn garantiert und schnellstens herbeiholen wollte. Dieses Klappern war, wie man zugeben mußte, das einzige, von allen *einheitlich* benutzte Signal.

Auch diese Familien hatten willig übernommen, daß dem Hund alles Unerlaubte unbedingt verboten werden müsse; alle waren damit beschäftigt, hinter dem Hund herzurennen, um ihn das Verbotene so *unangenehm* wie möglich zu machen, d.h. ihm so ziemliches alles zu verleiden, was er zu unternehmen gedachte.

Dabei wäre, das haben wir dann in längeren Gesprächen gemeinsam herausgefunden, der *umgekehrte* Weg der einfachere, weniger anstrengende und tatsächlich zum Erfolg führende gewesen.

Was diese Familien nämlich durchgeführt hatten, war eine *Negativ-Erziehung,* und zwar in jeder Hinsicht. Bedingt durch die Fülle des zu Verbietenden und die Anzahl der Erziehungsberechtigten hatte man nämlich das Wichtigste überhaupt übersehen: Daß zuerst nämlich der Hund einmal *verstehen* können muß, was man von ihm verlangt. Wurde ihm etwas »verleidet«, teilte ihm jeder das eben auf seine Weise und mit den Ausdrücken mit, die jedem gerade einfielen: Wenn der Hund etwas unterlassen sollte, wurde ihm das wahlweise mit »Geh weg!«, »Laß das!«, »Willst du wohl..!«, »Pfui!«, »Nein!«, »Aus!«, »Marsch!«, »Böser Hund!«, »Donnerwetter noch mal!«, begleitet von Klapsen mit einer Zeitungsrolle (wenn man sie gerade zu Hand hatte), dem Nachwerfen von Schlüsselbunden, den Schüssen aus einer Wasserpistole, mit einem Klaps, mit Schütteln am Nackenfell, »verleidet«.

Nachdem der Hund von all dem nichts begriff, zog er den von sich aus gesehen einzig logischen Schluß: Er mied seine Zweibeiner, so gut ihm dies möglich war, und, da er oft genug gescholten und bestraft worden war, gesellte er sich doch einmal zu ihnen, kam er überhaupt nicht mehr, wenn man ihn rief.

SATAN

In einem dieser Fälle, dem gelben, wunderschönen Labrador-Mischling *SATAN* war man, nach einigen, ähnlich den oben geschilderten Erziehungsversuchen, zu der Ansicht gekommen, der mittlerweile acht Monate alte Hund sei wohl noch zu unausgereift für die »Erziehung« und hatte ihn in einen Zwinger, der etwas abgelegen im Garten war, umquartiert. Es war ein klirrend kalter Winter, weswegen man dem Hund wöchentlich frisches Stroh in seine Hütte gab, und betonte, wie wohl er sich dort fühle, man sähe ihn fast niemals außerhalb im Zwinger herumlaufen. Hier war der Hund nun den lieben langen Tag und die kalte, dunkle, lange Nacht allein. Morgens, mittags und abends wurde er für genau fünfzehn Minuten, von einem turnusmäßig dafür bestimmten Familienmitglied, »Gassi« geführt. Aber auch nach Wochen, wenn man ihn probeweise wieder einmal mit ins Haus nahm, stellte man immer wieder die Diagnose, daß der Hund noch immer nicht die richtige Reife habe, er folgte noch immer nicht. Vor allem war er genau das Gegenteil von »stubenrein«, da er überall im Haus sein Bein hob und Wände, Türpfosten und Stuhlbeine beregnete, wenn er, wie wild geworden, ziellos durch die Zimmer raste, allerlei Gegenstände mit sich forttrug, Decken von den Tischen und Kissen von den Sesseln herabriß, hier und da wild scharrend ein Loch in den Teppich graben wollte und eine lange Liste weiterer Untaten mehr.

Viel gefressen hatte er ohnehin nie. Aber schließlich ließ er fast alles liegen, was man ihm abends als Futter in den Zwinger gab. Auch in dieser Hinsicht, sagten sie, *sei dieser Hund nicht normal,* da er selbst Schweinegurgeln und -ohren, halbgefrorenen Pansen, Dosenfutter oder trockene Flocken schließlich einfach liegen ließ, aber *sichtbar* immer magerer wurde.

Nun ist es ja so, daß, wenn ein Hund sich als *unerziehbar* erweist, der jeweilige Besitzer nur zu leicht ungestraft behaupten kann, Schuld daran sei der Hund (die Rasse ist total überzüchtet), oder der Züchter (wegen fehlerhafter Auswahl der Elterntiere oder mangelhafter Welpenaufzucht), und sich so ganz gut herausreden kann. Magert aber ein Hund für jedermann sichtbar bis auf die Knochen ab, wendet sich das Blättchen und alle Welt beschuldigt nun den Besitzer, daß er den Hund, vermutlich aus Geiz oder Unmenschlichkeit, ganz offensichtlich verhungern lasse. Der nun doch hinzugezogene Tierarzt konnte keinerlei körperliche Ursachen feststellen. Glücklicherweise aber konfrontierten ihn die Besitzer auch mit der langen Liste der weiteren Mängel des Hundes und einer lückenlosen Aufzählung dessen, was man bereits alles mit ihm unternommen habe, damit er die richtige Reife bekomme. Glücklicherweise deswegen, weil der auch mit uns gut befreundete Tierarzt, den man mit diesen Ausführungen dazu bewegen wollte, den restlos untauglichen Hund nun einzuschläfern, ihnen zu ihrer Überraschung erklärte, daß er nun doch wisse, was dem Hund fehle: Es sei dem, was man beim Menschen *Trauer* und *Depression* nenne, vergleichbar, ein tiefe, verzweifelte *Seelenkrise* - und alles andere als eine unheilbare Krankheit, bei der ein »Gnadentod« das einzig Sinnvolle sei. Er jedenfalls würde den Hund nicht töten, er empfehle aber, den Hund zum Züchter zurückzugeben, der ihn dann schon wieder aufpäppeln würde. Aber eine Mischung aus Angst vor der Blamage und plötzlichem schlechten Gewissen ließ die Besitzer diesen Vorschlag ablehnen. Ob es nicht doch noch einen anderen Weg gäbe, sie würden nun alles versuchen.

Als ich diese Geschichte erfuhr, war ich derartig zornig und aufgebracht, daß ich zunächst auch nicht die geringste Lust hatte, mit diesen Leuten überhaupt nur zu reden. Aber unser Tierarzt meinte, sie müßten einmal irgendwo erleben, wie einfach man mit Hunden in der Familie und im Haus zusammenleben, und wie schön und störungsfrei das ablaufen könne. Als sie dann ehrlich bestürzt und zerknirscht eines Tages mit *SATAN* bei uns auftauchten, hatten wir zumindest den unglaublich mageren gelben Hund sofort ins Herz geschlossen, als er mit seinen großen, sanften Augen zurückhaltend und fragend zu uns aufblickte. Kurz angeleint, lag er bald auf einer Decke neben meinem Sessel, wenn er unruhig wurde, genügte ein kurzes Streicheln, und er entspannte sich wieder, gelegentlich ging ich mit ihm kurz hinaus in den Garten, damit er sich lösen konnte. Während wir ihn sonst während unserer Gespräche, natürlich ging es dabei um Hunde, kaum beachteten, fiel es kaum auf, daß er sich lang ausgestreckt gerade so hin hingelegt hatte, daß er seinen Kopf auf meinem Fuß ablegen konnte. Es war mehr als nur Wärme, die da von ihm ausging, ich wußte, man würde sehr gut mit ihm zurecht kommen, wenn man nur wollte.

Die W.'s, *SATAN*s Besitzer, haben dann mit dem, was wir *Positive-Erziehung* nennen, noch einmal ganz von vorn angefangen mit ihrem Hund, mit dem zusammen sie auch die *»Drei-Wochen-Kur«* hinter sich brachten. Was sie erstaunte, sie hatten anderes erwartet: Auch bei einem älteren Hund verläuft die Erziehung in der selben Reihenfolge wie bei einem Welpen. Allerdings kann es länger dauern und mühevoller sein. Im Gegensatz zum Welpen, der ein noch unbeschriebenes Blatt ist, hat ein älterer Hund ja bereits einen, weitgehend negativen Erfahrungsschatz und allerlei Angewohnheiten, die man zuallererst als Folge vorangegangener Ereignisse erkennen und begreifen muß, um sie dann zusammen mit dem Hund schrittweise zu überbrücken. Neugier und Lebensfreude, die uns bei Welpen so besonders entzücken, sind häufig bei solchen älteren Hunden von Zurückhaltung und Mißtrauen überdeckt.

Aber bei *SATAN*, dessen Lebensgeister sich wieder einstellten, als er zaghaft auch wieder zu fressen begann, hat sich die sicherlich große Mühe und Geduld seiner zerknirschten Menschen mehr als gelohnt. Was sie anfänglich für restlos unmöglich gehalten hätten: Noch nach Jahren, als *SATAN* sie, hochbetagt, schon lange verlassen hatte, sagten sie oft, in Wirklichkeit sei er der beste ihrer Hunde gewesen, und an keinem der späteren hätten sie jemals so gehangen, wie gerade an ihm.

Sie hatten es nicht bei seiner Grunderziehung bewenden lassen. Weil sie zu erkennen glaubten, daß er »unheimlich gern Neues lerne«, waren sie mit ihm auf dem örtlichen Übungsplatz gelandet und haben wirklich alle dort durchführbaren Prüfungen mit ihm abgelegt. Als Jagdhund wäre er sicherlich noch besser, bedauerten sie; leider gab es für sie keine Gelegenheit, auch dies auszuprobieren.

Hunden, so sehr sie jede Form von »Arbeit« und Erziehung lieben, ist das mit der Prüfung ohnehin herzlich gleichgültig. Ob es ein »guter Hund« ist, und ob es auch ein gutes Hundeleben war, das kann man nicht an der Anzahl der Urkunden und Pokale ablesen.

Nimm keine Axt

Beim Lesen so mancher Erziehungsanleitung für Hunde fällt mir gelegentlich ein altes chinesisches Sprichwort ein: *»Nimm keine Axt, um eine Fliege aus dem Gesicht eines Freundes zu verscheuchen.«* Wenn sich auch in den letzten Jahrzehnten gegenüber alten Abrichtebüchern mancherlei verbessert hat, die alte Grundregel, daß der Hund zu einem wie auch immer gearteten sklaven-ähnlichem Verhalten anzuleiten sei, ist unterschwellig, liest man genau nach, auch in solchen Büchern zu finden, auf deren Deckel versprochen wird, daß man hiernach den Hund *ohne Zwang* erziehen könne.

Auch der Hinweis auf das Rudelverhalten des Wolfes, von dem der Hund abstammt, mit seiner klar definierten Hierarchie, wird aus Unkenntnis der Hintergründe oft mißverstanden. Aber darauf, so interessant das ist, was man hier entdecken kann, will ich an dieser Stelle nicht näher eingehen, da ich es anderweitig bereits in aller Ausführlichkeit erläutert habe.*) Was uns hier interessiert, sind rein praktische Fragen, nämlich, wie man bei der Erziehung des Hundes von vornherein vermeidet, daß es ein *»Problem-Hund«* wird, beziehungsweise, wie man mit den Problemen des Hundes umgeht, wenn sie trotz allergrößtem Bemühen dann doch entstanden sind.

Vom Tauziehen zwischen Herr und Hund

All die Warnungen, warum man es sich gut überlegen sollte, einen Hund anzuschaffen (weil er Geld kostet, Arbeit macht, Sie dafür verantwortlich sind usw.) werde ich Ihnen hier nicht aufzählen. Wer sich entschließt, einen Hund anzuschaffen, geht meistens von einem Idealbild von Hund aus, den er besitzen möchte und ist überzeugt davon, daß auch der eigene »fast von selbst« diesem Idealbild entsprechen wird. Ich gehe hier einfach davon aus, Sie haben, nach diesbezüglichen Überlegungen, Ihren Hund bereits im Haus. Sie haben ihn auch recht gern und eigentlich bereitet er ihnen auch Freude.

---

*) Ausführlich nachzulesen in: Eric H.W. Aldington, Von der Seele des Hundes, Wesen, Psychologie und Verhaltensweisen des Hundes, Verlag Gollwitzer, Weiden

Trotzdem, Sie haben auch festgestellt, daß das mit dem Erziehen komplizierter ist, als gedacht, und daß alle möglichen Erziehungstricks, von denen Sie gelesen haben, mindestens bei *Ihrem* Hund, nicht so prompt wirken, wie der Groschen, den Sie in eine Musikbox werfen. Sie führen wenig oder völlig unerwartete Effekte herbei. In die Zeitungsrolle beißt er fröhlich hinein, weil er sie für ein neues Spielchen hält, oder er verschwindet sofort mit eingezogenem Schwanz in die hinterste Ecke unter Tisch oder Sofa, hört er nur so etwas wie Papier knistern. Mit der Wurfkette haben Sie ihn zufällig einmal sogar getroffen, aber, selbst wenn Sie überzeugt sind, daß er ganz woanders hinguckt, scheint er schon zu merken, wenn Sie nur *vorhaben,* damit nach ihm zu werfen, jedenfalls verduftet er auch dann schleunigst. Ähnlich geht es Ihnen mit der Wasserpistole, die er fürchtet oder mag; jedenfalls, bis Sie das Ding auf ihn angelegt haben und zielen ... Letztlich auch das ein Gegenstand mehr, der den Hund das Fürchten vor Ihnen lehren *kann,* und ihn argwöhnisch jede Ihrer Bewegungen verfolgen läßt. Keiner meiner Hunde hat sich ernsthaft durch mein hochgezogenes Knie vom Anspringen abhalten lassen, auch war es mehr oder weniger sinnlos, ihm das mit einem Fußdruck auf seine Hinterpfote zu unangenehm zu machen.

Nebenbei sei hier noch angemerkt, daß auch das, was Sie sich als *Bestrafung* Ihres Hundes ausgedacht haben, verblüffenderweise bei diesem die gerade *entgegengesetzte* Wirkung hervorrufen kann, weil sie für ihn *belohnenden* Charakter hat. Dies findet insbesondere dann statt, wenn sich Ihr Hund, um Ihre Aufmerksamkeit zu erregen, allerlei Aktionen ausdenkt: Er bellt, er kratzt Sie am Arm, stößt Sie mit der Schnauze an, kratzt an Türen, springt wie wild an Ihnen hoch. Ihn in solchen Situationen heftig und ausdauernd zu beschimpfen, bedeutet für ihn, daß er sein Ziel erreicht hat: Sie haben auf seine Anregung reagiert, d.h. *er hat Sie sozusagen »herumkommandiert«,* und gerade das ist unbedingt zu vermeiden. Hier muß man sehr genau überlegen, ob man mit *Nichtbeachtung* erreicht, daß er seine Aktionen schließlich läßt, oder ob man auf andere Weise vorbeugen kann, daß er gar nicht zu derartigem Verhalten kommt. Aber darauf kommen wir an anderer Stelle noch ausführlicher zurück.

Das Gegenteil vom *Verleiden* ist das *Loben.* Von manchen gar gutwilligen Mitmenschen wird der Hund derart für jede Kleinigkeit mit Lob überschüttet, daß der schon gar nicht mehr merkt, daß er gelobt wird.

Sind Sie *wirklich* hellauf begeistert, weil Sie außerordentlich glücklich darüber sind, wie gut Ihr Hund etwas weisungsgemäß erledigt hat, dann wird diese *wirkliche Begeisterung* sich auch klar an Ihrem *Tonfall,* an ihrer *helleren Stimme* erkennen lassen. Loben Sie ihn aber, weil er etwas schon ganz schön gemacht hat und Sie ihm demzufolge, wie Sie gelesen haben, nun pflichtschuldigst loben müssen, dann wird sich das häufig leider nur wenig an ihrem beiläufigen Tonfall erkennen lassen. Der Hund kann an der Art, wie Sie mit Ihm reden, nicht zweifelsfrei erkennen, ob Sie nur so mit ihm reden, ihm einen Befehl geben oder ihn loben.

Mißverständnisse und Verständigungsschwierigkeiten

Am besten, Sie nehmen einmal mit einem Kassettenrecorder auf, wie sich das anhört, wenn Sie sich mit Ihrem Hund beschäftigen. Ganz objektiv können Sie dann selbst feststellen, wie wenig sich an Ihrer Stimmlage erkennen läßt. Aber ebenso, wie *echte* Freude und Begeisterung sich ganz von selbst in Ihrer Stimmlage ausdrückt, auch, wenn Sie richtig und von Herzen wütend sind, kann man das sofort an ihrer gewaltigen Stimmentwicklung erkennen, *selbst wenn man kein einziges Wort versteht.*

Und das ist unser Stichwort: Der Hund versteht, zunächst jedenfalls, unsere *Worte* nicht als solche, sondern an der *Stimmlage,* dem *Tonfall,* was Sie damit ausdrücken wollen. (Später, wenn er mehr an Sie gewöhnt ist, werden Sie dann merken, daß er selbst an feinsten Nuancen erkennt, was Sie ihm sagen wollen, und davon überzeugt sein, Ihr Hund verstehe wirklich jedes Wort.)

Wenn Sie also mit Ihrem Hund so reden wollen, daß er Sie auch versteht, müssen Sie zunächst einmal *sich selbst dazu erziehen,* daß er das, was sie ihm sagen wollen, ganz deutlich auch an Ihrer Stimmlage erkennen kann. Dabei ist zweierlei zu beachten:

Erstens müssen Sie die paar Befehle, die Ihr Hund beachten soll, selbst sicher beherrschen. Daß das gar nicht selbstverständlich ist, kön-

»Der Professor und sein neuer Hund« gezeichnet von Adolf Oberländer (1845 in Regensburg geboren) für die »Fliegenden« Blätter illustriert schon damals auf köstliche Weise eine der vielen Möglichkeiten, bei der Herr und Hund sich mißverstehen können. Das Problem ist wirklich so alt, wie die Hund-Mensch-Beziehung selbst, vielleicht aber auch eine ihrer Wurzeln.

nen Sie immer wieder beobachten. Da wird dem Hund für ein und dieselbe Tätigkeit der Befehl leider sehr leicht mit verschiedenen Worten gegeben. Statt eindeutig bei *»Sitz!«* zu bleiben, heißt es dann außerdem vielleicht etwa »Setz Dich hin«, oder versehentlich werden auch die Befehle »Sitz!« und »Platz!« alternativ benutzt, weil sie dem Hundehalter gerade so einfallen. Auch »Platz!« bedeutet nicht immer, wie es sein sollte, daß der Hund sich hinlegen soll. Sein Herr versucht beispielsweise mit »Platz!« seinem Hund mitzuteilen, er solle seinen Platz, sein Körbchen aufsuchen. Nahezu unerfüllbar wird es aber für den Hund, wenn Sie mit ein und dem selben Wort Unterschiedliches von ihm verlangen. Einmal sagen Sie »Komm!« und meinen damit, daß er kommen soll, das andere Mal meinen Sie mit »Komm!« etwa »Laß das sein!« Ein klassisches Beispiel lieferte mir einer meiner besten Freunde, dessen Hund infernalisch bellte und ihn obendrein noch ansprang, während wir telefonierten. Er unterbrach sich, um seinem Hund empört zuzurufen: »Geh in Dein Körbchen - oder mach wenigstens Platz!« Also, *zwei* Befehle aufeinmal, das kann kein Hund nachvollziehen.

Zweitens wird oft die Aussprache von beispielsweise »Sitz!« und »Platz!« nicht klar genug unterschieden: Der scharfe Zischlaut »tz« am Ende der Worte wird zwar klar hervorgebracht, nicht aber der vorangegangene Vokal, bei »Sitz!« das helle, betonte »i«, bei »Platz!« das volle, betonte »a«.

Ihr Hund hört, auch das sei gleich hier gesagt, um einiges besser als Sie. Brüllen brauchen Sie deshalb überhaupt nicht, sonst müssen Sie *immer* brüllen, weil er sich sofort merkt: *»Nur Brüllen geht mich an, sonst nichts.«* Bevor Sie daher mit Ihrem Hund zu Werke gehen, üben erstmal *Sie* die deutliche, d.h. *eindeutige Aussprache* dessen, was Sie ihm jeweils bei welcher Gelegenheit mitteilen wollen. Ihr »Sitz!«, »Platz!«, »Fuß!«, »Down!«, »Bleib!«, »Steh!«, »Nein!«, »Soo ist's brav!«, »Aus!« oder welche Ausdrücke Sie hauptsächlich verwenden wollen, müssen wirklich prägnant, typisch und deutlich ausgesprochen werden. Es bleibt Ihnen völlig unbenommen, welche Worte Sie auswählen. Sie müssen nur den Hund zweifelsfrei erkennen lassen, was er tun soll, wenn er sie hört. Wollen Sie aber Ihren Hund später einer weiterführenden Ausbildung zuführen, ist es besser, man gewöhnt ihn (und sich) gleich an die allgemein üblichen Befehle. Aber, das mit den Worten ist nur der eine Teil der Verständigung. Doch davon später mehr.

Vor allem: Ordnung muß sein!

Wie sein Stammvater, der Wolf, ist auch der Hund ein soziales Lebewesen, ein Rudeltier. In einem Wolfsrudel herrscht ein geradezu fanatischer Drang zur *Loyalität* den anderen Rudelmitgliedern gegenüber. Denn es ist die Grundlage ihres Daseins, daß sie nur *gemeinsam* stark sind und nur *gemeinsam* überleben können. Die Rudelmitglieder ordnen sich in strenger Hierarchie denen unter, die sie zu ihren Leitfiguren gemacht haben. Also nicht der *selbsternannt* körperlich Stärkste dominiert von sich aus die Schwächeren, sondern man hat sozusagen ausprobiert und ausgehandelt, wer die dominierendste Persönlichkeit ist, und fühlt sich unter seiner Obhut wohl und sicher. Wie auch umgekehrt das Leittier sich in seiner anerkannten Position sicher und wohl fühlt. D.h. jeder Wolf will genau wissen, wo sein Platz ist: Ob er es ist, der führt oder der ist, der sich führen läßt. Seine Position im Rudel entspricht dann seiner individuellen Natur, oder anders gesagt, in einem Wolfsrudel haben die unterschiedlichsten Charaktere durchaus ihren sinnvollen Platz, mit dem aber, anders als bei so mancher menschlichen Hierarchie, *keine Wertung* verbunden ist.

Auch unser Hund ist ein Rudeltier. Auch er will und muß wissen, wo sein Platz und seine Position ist, nur so fühlt er sich wohl, und demzufolge probiert es jeder Hund immer wieder einmal aus, wo er nun wirklich hingehört. Ein Hund braucht klare Verhältnisse. Ohne die ist er unsicher, ängstlich, aggressiv und schwer bis nicht erziehbar. Gleich hier sei es gesagt: *Nahezu alle Probleme mit Hunden haben ihre Ursache in ungeklärten Dominanzverhältnissen.*

Auch andere Stärken und Schwächen unserer Hunde sind aus ihrem Rudelverhalten erklärbar. Sie verteidigen ihren Lebensraum, ihr *Territorium.* Aber manchmal werden sie dabei eine Gefahr für ihre Umwelt, und gelegentlich grenzen sie auch Territorien gegen gerade jene ab, zu deren Rudel sie eigentlich gehören sollten, wie etwa ein Yorkshire, der den neuen Gefährten seines Fraules nicht in deren Bett dulden will.

Bübchen

Bübchen, einem dicken, brummigen, starrköpfigen Bernhardiner, war es plötzlich eingefallen, einzelnen Familienmitgliedern das Betreten der Küche zu verwehren. Erst tat er dies nur, wenn dort das Essen zubereitet wurde, und man ließ ihn erheitert gewähren. Dann aber steigerte sich seine Bewachertätigkeit, indem er ein Familienmitglied nach dem anderen am Betreten der Küche zu hindern versuchte, und sein Benehmen wurde zunehmend drohender dabei. Von da aus war es nur noch ein kleiner Schritt, sich auch anderweitig »querzustellen«. Er folgte, statt, wie bis dahin, *gelegentlich,* nun *gar nicht* mehr, ließ sich nur unter Protest anleinen und versuchte sogar, zuzuschnappen, wenn ihn auch zunächst seine eigene *Beißhemmung* im letzten Moment zurückhalten konnte. Aber es war absehbar, daß er auch diese Schwelle womöglich bald übertreten würde. Hier half nur gezieltes, zähes und bestimmtes *Unterordnungstraining,* nämlich die *»Drei-Wochen-Kur«,* an der sich aber nach und nach alle Familienmitglieder beteiligen mußten. Bei diesem Hund, der mit seinen riesigen Körperkräften ja tatsächlich jedem überlegen war, hätte jede Gewaltmaßnahme leicht zu einer Katastrophe umschlagen können. Er hätte dies als *Kraftprobe* betrachtet, und seine inzwischen erreichte *dominante Stellung* zu verteidigen gesucht, was allerdings keine Verhaltensstörung, sondern in dieser Situation ein natürliches Verhalten des Hundes gewesen wäre.

Unser Hund, das Rudeltier, benötigt also für sein *Wohlbefinden* genau gesteckte *Grenzen,* eine *absolute Ordnung,* eine *Leitfigur,* kurz, einen *»Chef«,* und damit sind Sie, seine menschlichen Rudelgefährten, gemeint. Ist das nicht der Fall, wird auch der winzigste Zwerghund schleunigst die Initiative ergreifen, und *seinerseits* das Regiment im Hause führen.

Dominantes Verhalten bei unseren Hunden ist keine Frage der Körpergröße und Kraft, sondern der Erfahrung und Einstellung. Entweder das eine oder das andere. Das müssen Sie unbedingt wissen: In dieser Hinsicht kann kein Hund aus seiner Haut. Es ist also völlig *natürlich,* daß er in Ihren schwachen Minuten immer wieder erproben wird, wer das Sagen hat. Hat er sich beispielsweise eine bestimmte Aktion in den Kopf gesetzt, und es immer wieder probiert, und Sie haben, weich geworden, dann doch einmal oder ein andermal zugelassen, daß er etwas tut, was er eigentlich nicht darf, oder daß *Sie* etwas tun, was er von Ihnen verlangt, erbettelt oder erbellt ... Es ist erstaunlich, wie schnell ein Hund sich das merkt, und prompt auch in anderen Situationen Ihre Standhaftigkeit auf die Probe stellt. Und damit wackelt Ihre Position.

Ihr Hund - das Ungesagte nimmt er wörtlich!

Sie müssen wissen, daß Ihr Hund Ihnen in entscheidenden Punkten glatt überlegen ist. Obwohl er *kein* Wort versteht, den Sinn von noch so langen Reden nicht begreift - oder gerade *deswegen* - kennt er Sie vermutlich sogar besser, als Sie selbst sich kennen. Denn weil er vieles nicht versteht, beginnt er, weil er alles von Ihnen wissen will, Sie ganz genau zu beobachten.

Es ist unmöglich, einen Hund zu belügen, denn er liest alles von Ihnen an Ihrer Körpersprache ab: An Ihren Bewegungen, Ihrer Körperhaltung, dem Ton Ihrer Stimme, an Ihrem Gesichtsausdruck; er kennt Ihren sich in bestimmten Situationen verändernden Körpergeruch, spürt Ihre sich ändernde Atemfrequenz, er weiß, wenn Sie müde, verärgert, traurig oder fröhlich und gutgelaunt sind - und weiß *alles* von Ihnen, nicht aber, *warum* Sie so oder so sind.

In diesem Zusammenhang läßt sich auch ein merkwürdiges Phänomen erklären: Je länger Herr und Hund zusammen sind, umso ähnlicher scheinen sie sich in vielen Grundeigenschaften zu werden. Der als *neurotisch* bezeichnet Hund hat bisweilen nichts weiter als die (oft uneingestandenen) Neurosen seines Herrn übernommen. Der ängstliche Besitzer wundert sich über seinen Hund, der zu *Übersprungshandlungen* - unmotiviert auftretendem Kratzen, Scharren, intensives Sich-lecken, an den Pfoten kauen, häufiges Gähnen, Zerbeißen von Gegenständen, dem eigenen Schwanz in höchster Erregung nachjagen - neigt, womit sich eine innere Konfliktsituation des Hundes ausdrückt.

Diese seltsame Seelenverwandtschaft zwischen Herrn und Hund entsteht durch *Stimmungsübertragung.* Auch unerklärliche Veränderungen im Verhalten eines Hundes stehen oftmals im Zusammenhang mit einer Veränderung der Seelenlage seiner Menschen. Todesfälle, Trennungen, Familien- oder Berufskrisen verändern den Hund dann so, daß er zu einem zusätzlichen Problem wird, das sich niemand richtig erklären kann.

Vor allem aber kennt Ihr Hund Ihre Stärken und Ihre Schwächen, ihre Autorität oder ihre Inkonsequenz, ihre Gutmütigkeit oder ihre Bequemlichkeit. Das nutzt er wahrhaft meisterhaft für sich aus, aber er weiß auch ganz genau, wann es für ihn nichts zu holen gibt.

Sehen wir es einmal anders herum: Die »Waffen«, die Ihr Hund bei der Verteidigung seiner Bastion gegen Sie ins Feld führt, sind *nicht* seine Körperkraft, seine Schnelligkeit, oder irgendwelche anderen Formen von »Gewalt«, sondern sind seine ureigensten Instinkte, sein *Kopf,* sein *Verstand.*

Kraft, Gewaltanwendung und auch Zerstörungsdrang sind erst *Folgeerscheinungen,* eine logische Entwicklung vorangegangener, erfolgloser Versuche, die für ihn chaotische Situation zu klären.

Das sind dann auch die hauptsächlichen Gründe, warum immer wieder Versuche, einen Hund zu erziehen, Schiffbruch erleiden.

Häufig bedenkt man nicht ausreichend, daß der Hund, außer den an ihn gerichteten ausdrücklichen Befehlen, auch eine Menge anderer Signale von Ihnen erhält und zu verarbeiten sucht.

Sirius

Ein typisches Beispiel dafür war die rätselhafte Veränderung des dreijährigen Schäferhundes *Sirius*, der seit einiger Zeit, wie es dieser nannte, seinen Herrn zur Weißglut brachte. Herr B., der deswegen bei uns angerufen katte, erklärte, der Hund würde nicht mehr ordentlich »arbeiten« und wünschte nun zu erfahren, was man da tun könne, denn bis vor einiger Zeit habe der Hund tadellos »funktioniert«. Der Hund sei wochentags wie ein störrischer Esel, erklärte Herr B. es näher. Sobald sie am Wochenende auf dem Übungsplatz seien, ginge plötzlich wieder alles wie geschmiert, aber von Montag bis Freitag sei mit dem Hund absolut nichts anzufangen.

Herr B., der im übrigen sehr an seinem schönen und gutausgebildeten Hund hing und alles für ihn getan hätte, füllte dann dem ihm zugesandten Fragebogen gewissenhaft aus. Obwohl er es erst kaum glauben wollte, kam er dabei selbst auf des Rätsels Lösung. Das veränderte Verhalten des Hundes hatte etwa zeitgleich eingesetzt, als Herr B. beruflich in eine enorme Konfliktsituation geraten war. Statt, wie erwartet, in eine bestimmte Führungsposition zu kommen, hatte man ihm einen, noch dazu jüngeren, Nebengeschäftsführer beigesellt. Herrn B. plagte die Vorstellung, daß man zwar seine berufliche Erfahrung zu schätzen wußte, ihn aber möglicherweise der besser, moderner ausgebildete Jüngere ausbooten könne.

Kam Herr B. nach Hause, hatte er Sorgen und auch einen beträchtlichen, mühsam unterdrückten Zorn in sich. Er ertappte sich dabei, daß er, war er mit dem Hund unterwegs, gereizte Selbstgespräche führte und er, anders als sonst, mißgelaunt und ungeduldig reagierte, wenn sein Hund, wie es ihm vorkam, lustlos, gelangweilt und unaufmerksam bei der Sache war.

Herr B. jedoch kam, bei dieser »Fragebogen-Inventur«, wie er es nannte, noch zu einer anderen, für ihn sehr wichtigen Einsicht. Genau genommen wiederholte sich jetzt, wenn der Hund »nicht funktionierte«, die gleiche Situation, wie er sie derzeit täglich an seinem Arbeitsplatz erlebte: Er geriet in eine heftige Abwehrhaltung, weil es ihm so vorkam, daß ihm auch sein Hund persönliches Ungenügen bescheinige.

Auf meinen Vorschlag hin änderte Herr B. wochentags seinen Umgang mit dem Hund. War er bis dahin, kaum heimgekehrt, sofort mit diesem aufgebrochen (weil er den Kopf voll hatte und frische Luft brauchte), legte er von nun an erst eine »gemütliche Pause« ein, trank in Ruhe mit seiner Frau Kaffee, duschte sich und machte sich dann in dem gleichen Jogging-Anzug, mit dem er am Wochenende auf den Übungsplatz ging, auf seinen alltäglichen Rundgang mit dem Hund.

Er achtete jetzt bewußt darauf, daß er sich voll auf den Hund konzentrierte, den er mit Unterordnungsaufgaben »wieder auf Vordermann brachte« und ihn lobte und anfeuerte. Das war so anstrengend, daß Herrn B. das Hemd auf der Haut klebte, aber er sagte, er habe so auch seine Sorgen aus seinen Gedanken herausgeschwitzt. Jedenfalls dachte er während dieser Zeit überhaupt nicht mehr daran. Er berichtete froh, daß er nun auch wieder schlafen könne wie ein Stein, und am nächsten Morgen ausgeruht aufwache und seine Arbeit mit klarem Kopf und voller Zuversicht beginne.

Dank dieser Bemühungen änderte sich aber erstaunlicherweise nicht nur das Verhalten des Hundes, der bald wieder »völlig normal« war. Auch an sich selbst stellte Herr B. überrascht täglich allerlei Veränderungen fest. Für ihn war es eine wichtige Erkenntnis, daß er selbst letztlich die Ursache für des Hundes unerfreuliches Verhalten gewesen war, das sich folglich auch nicht durch drakonische Erziehungsmaßnahmen, sondern durch eine Änderung des eigenen Verhaltens hatte beilegen lassen.

Herr B. fragte sich, nachdenklich geworden, auch, ob er nicht durch seine permanente Krisenstimmung womöglich selbst dazu beitrage, daß sich sein Arbeitsalltag so schwierig gestaltete, ob er nicht seine Mitarbeiter, es gab häufig schwerwiegende Kommunikationsprobleme, unbewußt in ebensolcher Weise negativ beeinflussen könne, wie es ihm sein Hund vor Augen geführt hatte. Er versuchte, die gelöste Freizeitstimmung, die er sich mit dem Jogginganzug überstreifte, auch sonst beizubehalten. Er war freundlich und sachlich, und brachte es sogar fertig, dem jüngeren Kollegen anerkennend zu erklären, wieviel er von dessen moderneren Kenntnissen profitiere. Schließlich löste sich das Problem ganz von selbst. Statt, wie von Herrn B. befürchtet, sich selbst um eine andere Position bemühen zu müssen, ergab sich für den jüngeren Kollegen ein anderweitiges, sehr viel lukrativeres Betätigungsfeld, und dem zuverlässigen, bewährten Herrn B. wurde dann »selbstverständlich« die alleinige Gesamtverantwortung übertragen.

Von der Persönlichkeit des Hundehalters

Außer der Stimmungsübertragung gibt es noch eine zweite, sehr wesentliche Ursache, warum man mit den Erziehungsversuchen des Hundes Schiffbruch erleidet. Auch diese hat sehr viel mehr mit der *Person des Herrn* als mit negativen Eigenschaften des Hundes zu tun.

Von der Menge der Ge- und Verbote, Richtlinien und Maßstäbe, die auf den bereitwilligen Leser einer Erziehungsanleitung einstürmen, haben wir bereits gesprochen. Aber diese werden keinesfalls von allen Hundebesitzern gleicherweise verstanden und in die Tat umgesetzt, sondern entsprechend deren typischer Einstellung zu ihrem Leben, ihrer Umwelt und zu ihrem Hund.

Eine Untersuchung in den siebziger Jahren in den USA brachte zutage, daß sich die Persönlichkeiten der Hundehalter in fünf verschiedene Kategorien einteilen lassen.

Es gibt den *»Kumpan-Halter«*, der einen netten, lustigen Hund als Familienmitglied wünscht, und ein entsprechend entspanntes, liebevolles Verhältnis zu seinem Vierbeiner hat, an dem er sich freut, auch wenn der Hund den einen oder anderen Fehler hat.

Die *»Tierliebenden«* haben zwar Freude an ihrem Hund, schätzen besonders aber dessen Fähigkeit, ihnen »Natur«, was auch immer sie darunter verstehen, näher zu bringen, neigen aber dazu, auf eine gewisse Distanz zum Tier zu achten, also kein besonders inniges Verhältnis aufkommen zu lassen.

Auch die *»Sorgenvollen«* haben ihre Vierbeiner recht gern. Sie sind ängstlich bemüht, den Hund zu verstehen und artgerecht zu halten, und haben daher, da sie sich ständig selbst in Frage stellen, wenig Freude an ihrem Hund, der ihnen Sorgen bereitet. Sie sind Leser von Dutzenden Büchern über hundliches Verhalten, sitzen in den Praxen der Tierärzte oder suchen Hundepsychologen auf.

Eine weitere Kategorie ist jene der *»Eigentümer von Objekten«*, für die ein Hund zu *funktionieren* hat, als Sportgerät, als Jagdhelfer, als Schlittenhund, als Ausstellungssieger, als Zuchttier usw. Eine besondere, persönliche Beziehung zu einem Hund wird dabei weniger entwickelt.

Zuletzt gibt es noch die Gruppe der *»Unzufriedenen«*, für die ein Hund nichts als überflüssiger Ballast ist, über den sie sich permanent beschweren, darunter leiden, ihn »ertragen«.

Interessanterweise gibt es fließende Grenzen zwischen den *Sorgenvollen* und den *Unzufriedenen*, was aber auf einer abflauenden Zuneigung, als Folge enttäuschter Erwartungen, beruht; in dieser Gruppe sind dann jene zu finden, die kurzentschlossen ihren Hund einschläfern lassen, »weil der Hund unheilbar verhaltensgestört ist« oder »weil das für den Hund am besten ist«.

Vielfältige Formen bei Zuneigung zu Hunden

Weil man es genau wissen wollte, wurde dann auch das *Maß an Zuneigung* und das *Wesen der Zuneigung* zu den Hunden nachgeprüft. Die Gegensätze waren dabei *zärtlich* und *unsentimental* einerseits, bzw. *emotionale* und *rationale* Zuneigung andererseits.

Die *emotional* veranlagten Hundebesitzer wünschen Hunde, die *liebevoll* und *abhängig* sind, haben zu ihnen ein eher kindähnliches Verhältnis, nehmen sie mit ins Bett, füttern sie bei Tisch oder teilen mit ihnen ihren eigenen Leckerbissen.

Für die *rationaler* Veranlagten sind die wesentlichsten Eigenschaften ihres Hundes sein Maß an *Intelligenz* und *Gehorsam.* Hier wird auch überwiegend Fertigfutter gefüttert, auf gute Ausbildung und insgesamt »geordnete Verhältnisse« geachtet.

Der Hund als zweites »Ich«

Über die komplizierten und sehr interessanten Hintergründe, warum Menschen sich überhaupt in so vielfältiger Weise ausgerechnet zu einem Hund hingezogen führen, habe ich an anderer Stelle bereits ausführlich berichtet.*) Hier in diesem Zusammenhang interessiert uns aber viel mehr, ob und wie sich die unterschiedlichen Typen der Hundehalter mit der Erziehung ihres Hundes beschäftigen. Man fragt sich unwillkürlich: *Kann die Ursache für den verhaltensgestörten Hund nicht bereits mit der Person seines Besitzers vorprogrammiert sein?* Sie werden bereits ahnen, daß dies so ist.

*) Siehe: Eric H.W. Aldington, Von der Seele des Hundes

Hört man aufmerksam zu, was Hundefreunde von sich und ihren Vierbeinern erzählen, erkennt man sofort, auf welch vielfältige, ja gelegentlich wunderliche Weise sich das Zusammenleben gestaltet. Gern belächelt werden jene Menschen, *für die der Hund etwas wie ein Mitmensch ist.*

Sehr interessant sind aber auch jene, für die der Hund ein Mittel ist, um sich selbst so darstellen zu können, wie Sie sich selbst sehen und von anderen gern beurteilt werden möchten. Weil sie zwar dringend über sich, ihre Gedanken, Erlebnisse und Beweggründe anderen etwas mitteilen wollen, sich aber nicht trauen, finden wir das dann in den Briefen wieder, in denen *Hunde* von sich und ihrem Frauchen oder ihrer Familie zu berichten pflegen. Wie wichtig es für viele ist, auf diese Weise *ihren Hund sozusagen zu ihrem zweiten Ich zu machen,* kann man daran erkennen, daß diese Briefschreiber sich nicht darauf beschränken, diese Briefe nur bestimmten Empfängern zu senden. Man erhöht ihre Breitenwirkung noch, indem man sie in Hunde- und Clubzeitungen veröffentlicht. Natürlich kommen dabei der Hund und seine Menschen ziemlich gut weg. Selbst wenn dabei auch ironisch kleinere oder größere Mißgeschicke beschrieben und Erziehungs- oder Charaktermängel als lustige Episoden dargestellt werden, sind die darin geschilderten Eigenschaften des Hundes denen sehr ähnlich, die auch der Mensch für die seinen hält.

Haben die briefeschreibenden Hundebesitzer selbst ein ganz gut ausgeglichenes Seelengefüge, schildert auch die Selbstbiographie ihres Hundes diesen als freundlich und ausgeglichen. Leute mit komplizierterer Seelenlage wiederum verpassen ihrem Hund all die Winkelzüge und Komplikationen, die sie für sich selbst so nie eingestehen würden. Ihr Hund muß, wie sie, viele Lebensprobleme erleiden, bewältigen, er ist empfindlich, leicht beleidigt, eifersüchtig, nervös.

Spiegeln Problem-Hunde die Psyche ihrer Halter?

Diese »Hundebriefe« sind eine Fundgrube. Weitere Einblicke vermitteln aber auch die Gespräche mit so manchem Besitzer »schwieriger« Hunde. Hier kam noch etwas anderes, wirklich Überraschendes ans Tageslicht. So sehr sie auch die vielen Schattenseiten in der Psyche ihres Hundes beklagen und vorgeben, *alles* für eine Besserung zu tun, in sehr vielen Fällen nehmen sie dennoch die Angelegenheit niemals *ernsthaft* in Angriff. Nicht aber etwa aus Bequemlichkeit. Es geht ihnen - natürlich unbewußt - im Grunde gar nicht um des Hundes seelische Verfassung, sondern sein Schicksal (womit sie ihr eigenes gleichsetzen) ist der Beweis dafür, wie ausweglos und unveränderbar es ist, daß also nicht sie, sondern bestimmte, unerträgliche, unabwendbare Schicksalsschläge dafür verantwortlich sind.

Beobachtet man diese Personen im Umgang mit ihren Hunden, stellt man erstaunt fest, daß sie, trotz genauer Anleitung, wie sie etwas anders machen könnten, *immer wieder in die alten Fehler verfallen,* und gerade damit am unerwünschten Verhalten des Hundes festhalten oder dieses sogar noch verstärken. Und das, obwohl die Mühe des Umerziehens gering ist, angesichts der Komplikationen, die ein »Problem-Hund« bereiten kann.

Nun sagt man leichtfertig dahin, daß eben die Menschen ehrlicher mit sich selbst ins Gericht gehen sollten, ihre Fehler einsehen und ihre Gefühle ändern sollten, dann käme auch der Hund zurecht.

Tatsächlich ist es oft so, daß den *Verhaltenstörungen* eines Hundes ganz empfindliche, ängstlich verborgene Punkte in der Gefühlswelt seines Menschen zugrunde liegen. Man macht es sich zu leicht, und daher ist es auch sinnlos, wenn man einem Hundebesitzer erklärt (oder es hinter seinem Rücken sagt), er sei selbst daran schuld, daß sein Hund nichts taugt. In den meisten Fällen wird der Hundehalter das empört von sich weisen, da er dies so versteht, daß man *ihm* bescheinigt, auch er tauge nichts.

Geradeso haben auch wir, wenn wir mit einem Hund, aus welchen Gründen auch immer, nicht klar kommen, zwar dunkel die Ahnung, daß wir selbst etwas damit zu tun haben könnten, suchen aber mit größter Beharrlichkeit gern zuerst nach dem Splitter im Auge unseres Hundes, statt nach dem Balken im eigenen. Jedoch ist es nun auch nicht angebracht, daß wir jetzt unser Innerstes zerfleischen, wir werden davon weder glücklicher, noch ein anderer Mensch. Es ist praktischer, uns darum zu kümmern, wie wir, *trotz* unserer eigenen »verborgenen Mängel«, unseren Hund am sinnvollsten und einfachsten so erziehen können, daß wir die gefährlichen Klippen, an denen er dank *unseres* Verhaltens scheitern könnte, umschiffen.

Am problemlosesten leben die *»Kumpan-Halter«* mit ihren Vierbeinern zusammen. Statt zahllose Theorien zu befolgen, ist für sie der Hund *auch* ein Familienmitglied, dem sie zugestehen, daß er, wie alle, ein Gehirn, einen Verstand, eine Seele und viele Gefühle sein eigen nennt. Sie bringen ihm geduldig eins nach dem anderen bei. Sie haben Zeit für ihren Vierbeiner, weil er ihnen Freude macht. Sie lassen ihn nicht unnötig allein, weil sie nachfühlen können, daß er darunter leidet. Wie ein ungezogenes Kind kriegt so ein Hund auch mal einen Klaps, was ihn aber nicht übermäßig bedrückt. Seine Menschen sind seine Oberhäupter, daß er zu ihnen und sie zum ihm gehören, daran gibt es keinen Zweifel. Trifft man derartige Hunde mit ihren Herrn auf den Übungsplätzen, fällt zwar auf, daß sie leicht und freudig folgen, daß aber das Erringen von Pokalen und Ehren für den Herrn eine angenehme, jedoch nicht lebenswichtige Begleiterscheinung ist. Er freut sich, wenn's gut klappt, war's nichts, geht die Welt auch nicht unter.

Wieviel schwerer tun sich aber jene, für die das Besitzen eines Hundes mit erheblichen *Erwartungen* und *Absichten* verbunden ist. Sie legen großen Wert sowohl auf einen allen Regeln des Standards entsprechenden, wie auf einen hervorragend ausgebildeten Hund. Sie absolvieren ein ausgefeiltes Erziehungsprogramm und verlangen dabei oft genug viel zu viel auf einmal und viel zu früh von ihrem Hund.

Für sie ist nicht der Hund, sondern seine *Leistung* das Wichtigste. Sie sind zornig, wenn der Hund, dank ihrer Ungeduld, nicht gleich oder nicht dauerhaft das Gewünschte vorweisen kann. Selbst wenn das in den Lehrbüchern erwähnt wird, halten sie sich nicht besonders lange damit auf, zunächst eine innere Verbindung, Verständnis und Verständigung geduldig aufzubauen. Sie erinnern in manchem an einen Lehrer, der immer recht hat mit seinen Anweisungen, obwohl diese absurd sind, solange er nicht sichergestellt hat, daß seine Schüler sie auch nachvollziehen können.

Nur zu oft wird hier mit angeblichem Sachverstand und Tierkenntnis geblufft und zu imponieren versucht. In Wahrheit überspringen sie das eigentlich Wichtige, den »Kopf« ihres Hundes, und versuchen im Grunde nichts anderes, als seinen Körper wie eine *Marionette* agieren zu lassen.

Wer so rechthaberisch, hektisch und ungeduldig vorgeht, hat schließlich einen Hund, der nicht, selten oder nicht sicher folgt, der knurrt, beißt, bellt, aus Unsicherheit oder Angst, aus Wut, manchmal aus beidem. Oder aber sein Hund folgt ihm wie ein entmutigter Knecht. Die schnell und mit Gewalt erzwungenen Leistungen vieler Hunde erweisen sich oft als Strohfeuer. Während langsamer und behutsamer ausgebildete Hunde ihre Leistung lebenslang noch steigern können, sind die hart ausgebildeten Hunde plötzlich von der Bildfläche verschwunden. Sie haben ein bestimmtes Soll an Prüfungen hinter sich, werden einige Male verkauft, dann hört man nichts mehr von ihnen. Sie wurden »verbraucht«.

Wieviel »sachverständiger« und klüger fängt es dagegen unser Hund an. Was alles versucht er, um sich mit uns auseinanderzusetzen, sich mit uns auszukennen, uns zu begreifen. Versuchen wir es einmal mit seiner Taktik, seinen natürlichen, ihm angeborenen »Waffen«: Beobachten auch wir ihn, versuchen wir zu erkennen, was er mit seinem Körper alles ausdrückt, wie er sich in bestimmten Situationen benimmt. Ich habe die Körpersprache des Hundes*) an anderer Stelle ausführlich beschrieben und wiederhole es hier deshalb nicht nochmals.

Gibt es ungeeignete Hundehalter?

Noch etwas sei hier angemerkt: Alle Gründe, einen Hund zu halten, sind legitim, solange sie nicht auf Kosten des Hundes gehen. Mit allem Nachdruck sei es gesagt: *Sein Wohlbefinden und sein Maß an Erziehung bedingen einander.* Ein schlecht erzogener Hund ist auch ein unglücklicher, unzufriedener, nervöser, neurotischer, aggressiver Hund, an dem niemand Freude hat und der Ihnen das Leben für ziemlich lange Zeit ganz schön versalzen kann.

Daher soll Ihnen auch der Hinweis auf die grobe Klassifikation der *Hundehalter* in fünf »Typen« eine nützliche Hilfe sein. Versuchen Sie einmal selbst, sich in eine der Gruppen einzuordnen. Es ist *keinerlei* Wertung damit verbunden, sondern dient lediglich dazu, daß Sie selbst sich darüber klar werden, auf welche besonderen Schwierigkeiten aufgrund Ihrer persönlichen Ausgangsposition Sie stoßen *könnten.*

*) Eric H.W. Aldington, Von der Seele des Hundes, Wesen, Psychologie und Verhaltensweisen des Hundes, Verlag Gollwitzer, Weiden

Nirgendwo steht geschrieben, daß Sie schon deswegen von vornherein ungeeignet sein werden oder bombensicher Schiffbruch erleiden, weil Sie zu der einen oder anderen Gruppe zuzurechnen sind. Nehmen Sie es *sachlich* als *Tatsache* hin, daß Sie nun zu erkennen glauben, sie seien weniger der komplikationslosere *»Kumpan-Halter«,* vielleicht paßt das überhaupt nicht zu Ihnen. Vielleicht sind Sie mehr der *»Tierliebende«,* oder Sie ahnen bereits jetzt, daß Sie sicherlich zu den *»Sorgenvollen«* gehören werden. Auch wenn Sie feststellen, im Grunde Ihres Denkens ein *Perfektionist* zu sein, für den der Hund ein *»Objekt«* für bestimmte Aufgaben und Zwecke zu sein hat, mehr nicht, dann müssen Sie eben besonders darauf achten, daß Sie Ihre eher rationale Veranlagung etwas unter Kontrolle halten müssen, soll Ihr Hund wirklich zu dem werden, was Sie von ihm erhoffen.

Nur wer zu ahnen beginnt, daß er möglicherweise der Gruppe der *»Unzufriedenen«* zuzurechnen ist, der sollte sich wirklich ernsthaft befragen, ob er denn überhaupt einen Hund haben sollte, bzw. diesen behalten sollte. Vielleicht ist Ihnen ja von irgendwem empfohlen worden, sich einen Hund anzuschaffen, weil er sie schützt, das Haus bewacht, damit sie nicht allein sind, damit Sie an die frische Luft kommen. Oder ein Hund wurde angeschafft, weil die Kinder so gern einen wollten oder der Lebenspartner. Wenn dabei dann die Hauptlast auf Ihnen liegt, und Sie das auch als *Last* empfinden, dann suchen Sie besser nach einem Haustier, das weniger Zuwendung von Ihnen braucht, oder überhaupt nach irgendeiner anderen schönen Freizeitgestaltung, die Ihnen wirklich Freude bereitet. Manchmal gelingt es ja auch, die Haupt-*Last* an dem Vierbeiner, mit dem man selbst nicht zurecht kommt, an den weiterzugeben, der auch die Haupt-*Lust* daran hat.

Ober aber Sie sagen sich, daß das mit dem Hund hinten und vorn nicht klappt, liegt an Ihrer eigenen *Unzufriedenheit.* Versuchen Sie es *nochmals* ganz bewußt und gezielt mit Geduld und Erziehung. Verbieten Sie sich, nur das Negative an Ihrem Vierbeiner zu sehen und *freuen* Sie sich über jeden noch so kleinen *Fortschritt,* den Sie erzielen. Glauben Sie es mir, auch Ihr Hund ist geradezu fabelhaft in seiner Wandlungsfähigkeit. Vielleicht entdecken Sie dann auch an sich selbst nach einigen Wochen, Monaten, einem Jahr, daß Sie anfangen, sich heimlich zu freuen an diesem Vierbeiner, mit dem Sie doch erst überhaupt nicht zurechtgekommen sind. Etwas von Ihrer positiveren Einstellung hat sich dann auf ihn übertragen, und - was Sie sich überhaupt nicht hätten vorstellen können - etwas von Ihrem Vierbeiner geht auch auf Sie über, für das man nur schwer die richtigen Worte findet.

Erziehen - eigentlich ganz einfach

Erziehen, das müssen Sie sich klar machen, fängt ganz einfach an und ist auch, zumindest bei einem Hund, ganz einfach. Aber es gibt darüber, wie und wann man es anfangen soll, einige Irrtümer, von denen wir gleich hier reden wollen. Manche meinen, sie lassen den Hund erstmal so ziemlich unbehelligt vor sich hinwachsen, füttern ihn regelmäßig und dann geben sie ihn irgendwo zum Erziehen hin. Und eine sehr häufig geäußerte Frage ist immer wieder: Soll ich meinen Hund selbst erziehen, oder ihn irgendwo »dressieren« lassen?

Grundsätzlich ist dazu zu raten, einen Hund *selbst* zu erziehen. Erstens, weil die *Erziehung*, bzw. das *Lernen* eines noch so kleinen Hundes in dem Augenblick einsetzt, wenn er seine Pfoten über Ihre Schwelle gesetzt hat. Schieben Sie seine Erziehung immer wieder hinaus (mit Hinblick auf seine später erfolgende »Dressur«), *lernen* tut er trotzdem, weil er gar nicht anders kann, aber leider dann nicht unbedingt das, wovon Sie möchten, daß er es lernen soll.

Zweitens lernt beim »Erziehen« nicht nur der Hund, sondern auch der Mensch, und Sie haben sicherlich auch schon von so manchem Hundefreund gehört: »Ich weiß nicht, wer am meisten gelernt hat, mein Hund von mir oder ich von meinem Hund!« Also, versuchen Sie es selbst, einen besseren Weg gibt es nämlich nicht.

Die *Grunderziehung* ist deswegen tatsächlich einfach, weil Sie Ihrem Hund ja garnicht etwas für ihn vollständig Neues beibringen müssen, sondern ihn daran gewöhnen, daß er all die Dinge, die er sowieso schon von sich aus kann und tut, *nun auf Ihren Befehl hin tun oder lassen soll.*

Sagen Sie »Sitz!«, aber, wie gesagt, ganz deutlich bitte, wenn er sich sowieso hinsetzt, oder »Komm!«, wenn Sie wissen, daß er schon fast auf dem Sprung zu Ihnen ist, wenn Sie z.B. sein Futter fertig haben. Vor allem muß er bald lernen, was sein *Name* ist. Es ist für mich immer wieder erstaunlich, wie schnell ein Hund gerade dieses, für ihn im Grunde »Unnatürliche«, zu begreifen lernt.

Wenn er zu Ihnen kommt, wenn Sie ihn mit seinem Namen gerufen haben, muß er belohnt werden, damit es sich immer lohnt, zu Ihnen zu kommen. Das können Leckerbissen sein oder Lob oder ein Spielchen oder der Aufbruch zum Spaziergang. *Für Ihren Hund muß es immer die beste und herrlichste Sache der Welt sein, zu Ihnen zu kommen.*

Was Sie daher *niemals* tun dürfen, wenn Ihr Hund zu Ihnen kommt, ist, ihn zu schelten oder zu bestrafen. *Millionenmal wird jährlich gegen diese ganz einfache Regel verstoßen!* Wieder einmal zeigt es sich, daß der Mensch, wie schon eingangs gesagt, ohne sich dessen recht bewußt zu sein, seinen Hund ähnlich wie ein Kind (leider manchmal auch wie einen Sklaven) in seine Umwelt eingliedert.

Ein Hund ist kein Kind

Hat ein Kind etwas ausgefressen, und ruft man es zu sich, um es deswegen auszuschelten, kann das Kind aus Ihren Ausführungen durchaus entnehmen, weswegen Sie sich geärgert haben und dem Kind nun sagen, was es falsch gemacht hat. Ihr Kind hat seine Füße nicht ordentlich abgetreten und den Schmutz aus dem Garten durch das ganze Haus getragen. Ein Kind hat wieder sein Zimmer nicht aufgeräumt oder verbotenermaßen den ganzen Pudding vertilgt, selbstverständlich vor dem Essen. Ihr Kind versteht, wenn Sie ihm schildern, wie schmutzig alles ist und daß nun alles geputzt werden muß, daß es nicht vor dem Essen allen Pudding wegnaschen soll und dafür dann bei der Mahlzeit keinen Hunger mehr hat.

Ihr Hund versteht in einem solchen Falle nur, daß er gescholten wird, *wenn er kommt.* Alles andere entzieht sich seinem Verständnis, weil er nicht eine längst in der *Vergangenheit liegende Begebenheit* mit dem *gegenwärtigen Geschehen* in Einklang bringen kann. Ein Hund begreift nicht den *Inhalt* Ihrer Worte, sondern nur ihre *augenblickliche Bedeutung* für ihn: Nämlich, Sie sind wütend auf ihn, der gerade zu Ihnen kommt. Für ihn steht Ihr *Wütend-Sein* mit seinem *Kommen* in Zusammenhang.

Erziehen = Freiheit nehmen und Freiheit geben

Ganz gleich, ob Sie mit einem Welpen erste Schritte der Erziehung unternehmen, oder ob Sie bei Ihrem schon älteren Hund nun mit seiner Unterweisung endlich ernst machen wollen, Sie müssen sich zunächst selbst über einiges klar werden und außerdem ein paar Vorbereitungen treffen.

Erziehung ist aber alles andere als ein unnatürlicher Zwang für Ihren Hund. Nur durch geduldige Anleitung können Sie in Ihrem Hund das für ihn notwendige *Rudelgefühl* erzeugen, das er, genau wie seine wildlebenden Artgenossen, als wichtigste Grundlage seiner psychischen Stabilität benötigt. Erziehung heißt, daß Sie die Grundlagen für eine Verständigung herbeiführen, damit Sie ihm überhaupt sagen können, was Sie von ihm wollen, und ihm die Grenzen zu erkennen geben, innerhalb derer sich sein Platz im Rudel befindet.

Erziehung grenzt daher einerseits seinen Freiraum ein, wie es ihm gleicherweise auch Freiraum gewährt.

Es ist eine der wichtigsten Grundbedingungen überhaupt, daß Sie in jeder Hinsicht mit *kleinen Schritten* anfangen, ihm beispielsweise zunächst einen sehr begrenzten Freiraum gewähren, den Sie, je sicherer der Hund sich darin bewegt, zunehmend vergrößern können.

Aus unseren Fragebögen haben wir schnell erfahren, daß hier bereits die ersten entscheidenden Fehler gemacht wurden. Der Welpe oder der ziemlich unerzogene ältere Hund hatte, weil die Besitzer sich nicht ausreichend darauf vorbereitet hatten, von Anfang an zu viel Bewegungsfreiheit, d.h. man ließ ihn im Haus oder im Garten uneingeschränkt frei herumlaufen, ohne eine Möglichkeit zu haben, in bestimmten Fällen sofort auf ihn einwirken zu können. Nach Möglichkeit paßte man allerdings auf, ob er etwas Verbotenes tat, rannte dann eiligst hinzu, um ihm das zu verbieten. Natürlich hat jeder Hund es bald heraus, daß es besser ist, sich schleunigst davon zu machen, wenn jemand seinen Namen ruft oder gar rufend angerannt kommt. Wundert es Sie, daß diese Hunde das dann auch mit ziemlicher Perfektion taten?

Als erstes also müssen Sie sich darüber Gedanken machen, daß Sie, damit Sie den Hund nicht aus den Augen lassen und jederzeit auf ihn einwirken können, *zunächst* seinen *Freiraum* wirkungsvoll und sinnvoll *begrenzen* müssen. Einer der Hauptfehler ist es, dem Hund zuerst alle Freiheiten zu lassen, »weil er ja noch so klein ist«, »weil er sich noch eingewöhnen muß«. *Erweitern Sie seinen Freiraum entsprechend seiner Fortschritte.*

Korb, Käfig, Sessel oder Zwinger -
Der Hund braucht seinen festen Platz

Vor allem müssen Sie einen oder mehrere Plätze festlegen, wo Ihr Hund sich zu bestimmten Zeiten oder in besonderen Situationen aufhalten muß.

Er braucht also ein »Körbchen«, wohin er sich zum Ausruhen zurückziehen kann. Welpen brauchen diesen friedlichen Ort besonders dringend, da sie, wie kleine Kinder, noch viel schlafen. Wenn der Hund nur zu einem bestimmten Raum im Hause Zutritt haben soll, befindet sich selbstverständlich auch dort sein »Platz«.

Sehr oft fragen mich neue Hundebesitzer, wo sie nun den *gerade erworbenen Welpen nachts unterbringen* sollen. »Fachleute« empfehlen hier gern, den Hund in einem Raum im Keller, in der Küche oder im Badezimmer, also außer Hörweite unterzubringen, das nächtliche Jammern höre schon von selbst auf, wenn man nicht darauf reagiert. Ganz abgesehen davon, daß sich auf diese Weise die Sauberkeitserziehung länger hinzieht, gibt es auch »humane« Gründe, so einen sozial lebenden Winzling nicht in die Isolation zu verbannen. Man kann einen Welpen auf *wirklich einfachste Weise* auch ohne die geringste nächtliche Störung in seinen Haushalt integrieren. Man nimmt einfach einen Karton oder Wäschekorb, den man fest auspolstert und neben das eigene Bett stellt. Wenn man selbst schlafen geht, kommt auch der Welpe in sein »Bett«, worüber man dann ein Frottee-Tuch, einen alten Bademantel oder eine leichte Decke legt, so daß eine warme Höhle entsteht. Jetzt hat es der Hundewinzling schön warm und dämmrig. Wird er einmal des nachts wach und unruhig, kann er wegen des Korb- oder Kartonrandes nicht ohne weiteres heraus, so daß Sie seine Unruhe rechtzeitig bemerken. Jetzt müssen Sie ihn nur kurz zu einem bestimmten Platz bringen (tragen!), wo er sich kurz lösen soll, und dann wieder ab in die »Kiste«, zugedeckt, und die Nachtruhe wird fortgesetzt. Wie kleine Kinder lernen auch Welpen bald, die ganze Nacht über durchzuhalten.

Auf diese Weise kommt man auch nicht in die Versuchung, den Hund womöglich mit ins eigene Bett zu nehmen, wo er *nicht* hingehört. Manche Leute meinen, das sei wegen der Hygiene wichtig oder andere warnen davor, den Hund mit ins Bett zu nehmen, weil er später, wenn er größer wird, dann seinem Herrn keinen Platz mehr läßt. Viel wichtiger aber ist, daß es mit dem an das Bett seines Herrn gewöhnten Hund zu *Dominanz-Problemen* kommen kann. Nur zu oft haben wir festgestellt, daß so mancher liebe Vierbeiner, der seinem Menschen nach Herzenslust auf der Nase herumtanzte, seine »Karriere« im - Bett seines Menschen begonnen hat. Natürlich paßt ein solches Verhalten von Herrn/Frau und Hund wieder haargenau auch zum »Psychogramm« der jeweiligen Besitzer.

Wenn, wie bei uns, die Hunde in allen Räumen bei uns sind, haben sie auch in jedem Raum, wo wir uns länger aufhalten, in einer *zugfreien* Ecke eine Decke, ein Kissen, ein Körbchen oder »ihren« Sessel wo sie sich aufzuhalten haben, anstatt allen immerzu zwischen den Füßen herumzuliegen. Sessel sind im übrigen besonders beliebt, weil es dort, über dem Boden, erstens wärmer ist, man zweitens von dort einen besseren Ausblick auf das Geschehen rundherum hat. Auch erinnern sie, mit ihren Arm- und Rückenlehnen, etwas an eine Höhle. Das ist der Grund, weswegen Hunde, wie Wölfe ja Höhlenbewohner, sich auch gern in ein rundherum geschlossenes Hundekörbchen - oder einen - Käfig zurückziehen. (Darüber gleich unten etwas mehr.) Aber, Vorsicht! Genehmigen Sie Ihrem Hund »seinen« Sessel und sonst keinen. Sonst liegt er bald überall auf Ihren Sofas und Sesseln herum, und kann bald Ihre schöne Einrichtung ruinieren, denn er trocknet und bürstet sich ja nicht ab, wenn er naß und schmutzig von draußen herein kommt. Oder aber, wenn er bei Ihnen überall liegen darf, legen Sie Decken, die man hin und wieder auswaschen kann, auf die Sitzmöbel. Man kann einem Hund auch beibringen, daß er die Sitzmöbel nur *mit* aufgelegter Decke benutzen darf, sonst sind sie tabu. (Denn manchmal hat man ja, trotz aller Hundenarretei, auch das Bedürfnis, einen zweibeinigen Besuch in einer wenigstens halbwegs gepflegten Häuslichkeit begrüßen zu können.)

Damit Ihr Hund, haben Sie ihn dann an seinen Platz geschickt, sich nicht gleich wieder davon macht, brauchen Sie für den Anfang dort eine Möglichkeit, ihn - kurz - anzuleinen. Er gewöhnt sich so erstaunlich schnell daran, daß er dort nun erstmal bleiben soll, wenn Sie ihm das mit »Bleib da!« zu verstehen gegeben haben, daß man das Anleinen bald weglassen kann. Manchmal »vergißt« er dann nach einiger Zeit das Dortbleiben. *Sofort* wird er ruhig wieder mit einem entsprechenden Befehl zu seinen Platz zurückgeführt und wieder angeleint, bis er sich, nach einigen erfolglosen Versuchen, wieder sicher »erinnert«.

Zumindest, solange die Erziehung des Hundes noch nicht gefestigt ist, benötigt man unbedingt einen Ort, wo man den Hund unbeaufsichtigt »aufbewahren« kann. Einerseits kann man so sicher sein, daß er, in Ihrer Abwesenheit, nicht allerlei demoliert, andererseits ist so ein Ort auch ein Platz der Besinnung, wo man ihn hinspediert, wenn er etwas ausgefressen hat und in sich gehen soll.

Auch für die *Sauberkeitserziehung* (wir kommen darauf später noch ausführlich zurück) ist ein derartiger Platz ein wirkungsvolles Hilfsmittel. Wobei damit dann auch klar ist, daß dieser Raum *nicht zu groß* sein darf, damit der Hund hier nicht eine besondere Ecke für seine Bedürfnisse auserwählt, und sich etwas entfernt davon trotzdem ganz wohl fühlt.

Da wir viel Platz haben, trennten wir für den jeweils einzugewöhnenden Hund in unserer großen Diele einfach mit einem hochkant gestellten Tapetentisch einen Teil für den Hund ab, wohin dieser dann »sichergestellt« werden konnte. Für sehr junge Hunde kann man auch ein Kinder-Laufställchen nehmen, allerdings eines aus Holz, denn eine Stoffumspannung wird von unserem Kleinen schnell und leicht zerstört, weil er unbedingt sehen will, was draußen passiert.

Praktisch und vieldiskutiert: die »Hundebox«

Wer nicht so viel Platz hat, für den empfiehlt sich eine *Hundebox,* die man in den unterschiedlichsten Ausführungen kaufen kann. Ist man künftig häufig mit den Hund unterwegs, kann man sich gleich auch einen *Transportkäfig* anschaffen und den Hund von vornherein daran gewöhnen, daß er sich *gern* darin aufhält und darin schläft, weil er sich darin zu Hause fühlt. Dies hat den Vorteil, daß man dieses Gehäuse samt dem Hund nach überall hin mitnehmen kann, und der Hund überall seinen festen Platz vorfindet. Auch ist es ihm vertraut, daß die Tür dieses »Käfigs« gelegentlich geschlossen ist, er also nicht nach Lust und Laune hinaus kann. Auch wenn man später die Tür normalerweise offen läßt, sollte den Hund die geschlossene Tür nicht so verwirren, daß er Terror macht.

Manche schwören darauf, daß dieser »Käfig« (was ein häßliches Wort für eine praktische Sache ist) immer etwa so groß sein soll, daß der Hund darin stehen und liegen kann. Das würde aber bei einem wachsenden Hund bedeuten, daß man im Laufe der Zeit mehrere Boxen braucht, was nur zweckmäßig ist, wenn man immer wieder einmal Welpen und größere Hunde hat. Man kann aber aus ökonomischen Überlegungen auch gleich mit der »Endbox« anfangen, man muß sie nur anfänglich mit einer Zwischenwand etwas verkleinern, und nach und nach den Raum vergrößern.

Den Hund in den Zwinger?

Wer einen Garten sein eigen nennt, fragt nun gleich nach dem *Zwinger.* Jedesmal, wenn ich zu Leuten komme, die ihren Hund fast *ausschließlich* im Zwinger halten, frage ich mich unwillkürlich, wozu sie den Hund eigentlich haben. Besonders, wenn man nur einen Hund dort hält, ist dies, selbst wenn die behördlich angeordneten Maße und Vorrichtungen erfüllt sind, *keine* artgerechte Hundehaltung. Ein Hund braucht Kommunikation, Geselligkeit und Streicheleinheiten. Wer einen Hund erwirbt, der fast ausschließlich im Zwinger gehalten wurde, erlebt ein Debakel auch hinsichtlich der Stubenreinheit. Je älter solch ein Hund ist, umso mühevoller ist es, ihm diese beizubringen. Nützlich sind Zwinger aber dann, wenn man darin den »sicheren Ort« sieht, wo man den Hund einmal gefahrlos für einen gewissen Zeitraum sich selbst überlassen kann. Nicht immer sind Gärten ausbruchsicher eingezäunt, man kann also den Hund meist dort nicht lange Zeit allein lassen. Am günstigsten sind Zwinger, die einen Zugang zum Haus haben, so daß der Hund sich nach Belieben sowohl drinnen, wie draußen aufhalten kann. Ist der Zwinger groß genug, kann es auch der Löseplatz für den Hund sein, d.h. man kann längere Zeit fortbleiben, ohne daß der Hund »platzt«. Nicht immer wird ausreichend darauf geachtet, den Zwinger peinlich sauber zu halten, was dann hinsichtlich der Sauberkeitserziehung der Hunde an anderer Stelle zu Komplikationen führen kann.

Aber, auch wenn man mehrere Hunde dort hält, also das Problem der Vereinsamung nicht so groß ist, verführt die Zwingerhaltung natürlich auch zu einer gewissen Bequemlichkeit. Wer einen Hund *nur* im Haus hält, ist viel mehr darauf angewiesen, ihn grundsätzlich gut zu erziehen, will man es mit ihm aushalten. Zusammenfassend ist also zu sagen, daß ein *Zwinger* für eine *vorübergehende Unterbringung* des Hundes nützlich sein kann, aber *kein Erziehungsmittel* ist; ein Problem-Hund wird sich damit nicht vermeiden oder umerziehen lassen. Aber er kann hier entstehen.

Halsband und Leine

Ferner benötigen Sie *Halsband* und *Leine.* Ich bin kein Freund von *Brustgeschirren,* die manche benutzen, weil sie das Halsband für ihren Kleinen zu grausam finden. Nur bei wirklichen Minihunden sind sie - vielleicht - geeignet, aber auch diese kann man ganz gut an einem normalen Lederhalsband anleinen. Gelegentlich sieht man auch größere Hunde mit Brustgeschirr. Nur selten sind diese Hunde jedoch »leinenführig«, sie zerren ihren gutwilligen Menschen nach Lust und Laune hinter sich her und sind des öfteren auch sonst mehr oder weniger liebenswerte Tyrannen.

Halsbänder gibt es in den verschiedensten Ausführungen, solche von größtem Luxus, oder solide aus Leder oder Nylon und Ketten- bzw. Gliederhalsbänder. Es gibt Halsbänder mit und ohne *Würgezug,* den man begrenzt oder unbegrenzt einstellen kann. Mir sind am liebsten leichte, *langgliederige* Gliederhalsbänder, die das Fell nicht zerstören. Man kann sie kaufen, sie aber auch aus einer Kette und einem Schlüsselring selbst anfertigen. Die Stärke der Kettenglieder muß der Größe des Hundes angepaßt sein, zu schmale Ketten schneiden bei einem großen, kräftigen Hund zu stark ein. Die Selbstgemachten kosten wenig, so daß man immer wieder bei Bedarf zur nächsten Größe übergehen kann.

Seien Sie unbesorgt, auch wenn der Hund noch so zieht und keucht, er wird mit einem Halsband mit unbegrenztem Zug *nicht ersticken,* sondern sehr schnell heraushaben, daß er nur weniger ziehen muß,

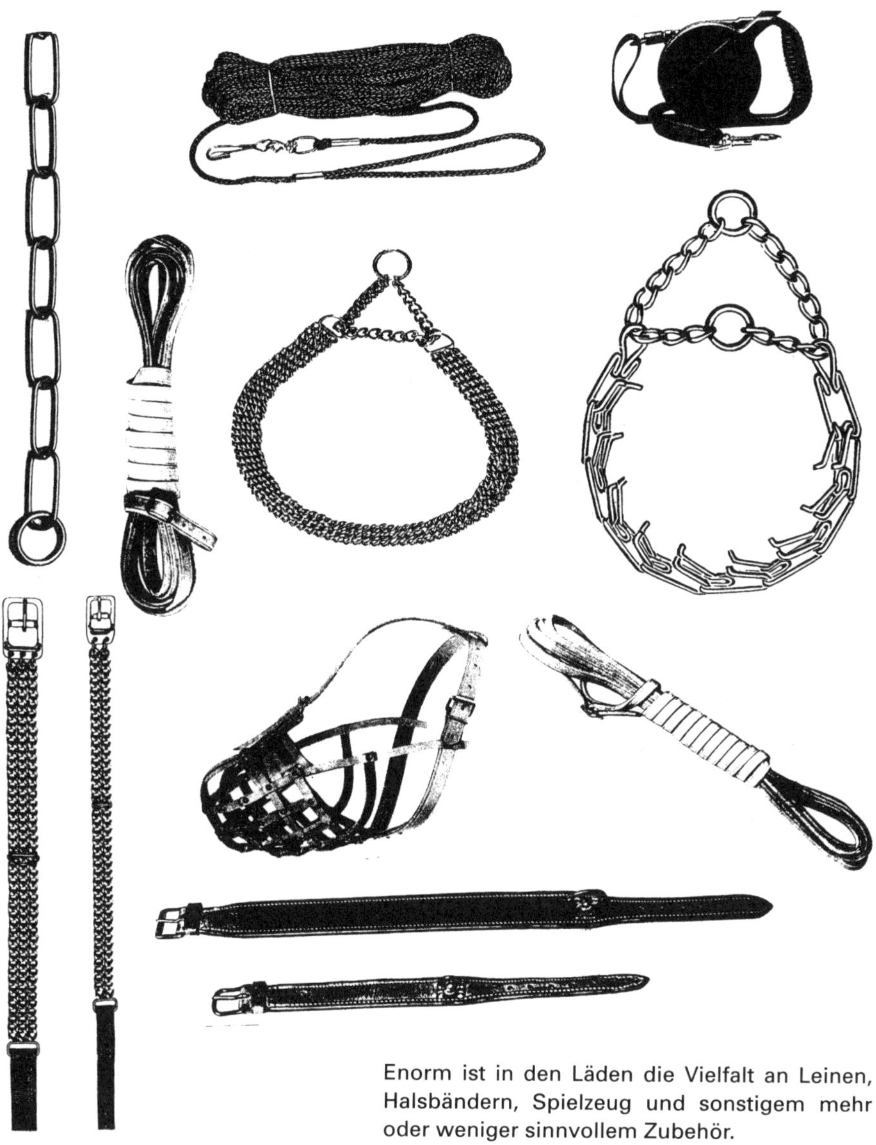

Enorm ist in den Läden die Vielfalt an Leinen, Halsbändern, Spielzeug und sonstigem mehr oder weniger sinnvollem Zubehör.

wenn er keine Luft mehr bekommt. Wie der Hund lernt, nicht zu ziehen, davon im 3. Teil.

Man braucht mehr als eine Leine

Der nächste Fehler wird dann gemacht, wenn man meint, mit nur *einer* Leine auszukommen. Es empfiehlt sich eine *sehr kurze Leine* (kann ein Stück Rest-Leine oder ein kurzer Strick ohne Handschlaufe sein, gerade so lang, daß sie, vom Hals des Hundes herabhängend, etwa 1 cm über den Boden reicht), eine *normal kurze Leine* (ca. 120 cm), eine *sehr lange Leine* (5 m, 10 m, 15 m, 20 m). Großer Beliebtheit erfreuen sich auch die *Ablaufleinen,* mit der man über einen Mechanismus dem Hund mal mehr oder mal weniger Spielraum gewähren kann. Aber gerade die braucht man gar nicht unbedingt.

Bei Hunden, die aggressiv auf zu starke Einwirkung am Halsband reagierten, haben wir gelegentlich aus einem umfunktionierten Beißkorb eine Art Halfter gemacht, indem wir das vordere Teil abschnitten und den Rest wie einen Ring, an dem eine zusätzliche leichte Leine befestigt war über die Schnauze des Hundes schoben. Auf diese Weise konnten wir seinen *Kopf* in die gewünschte Richtung dirigieren und damit auch den Hund selbst. *Kein Hund kann eine andere Richtung einschlagen, als es sein Kopf vorgibt.* Aber natürlich sah das dann nicht besonders elegant aus, und die Leute sprachen uns darauf an, ob unser Hund *bissig* sei, was uns, obwohl sich diese Konstruktion als sehr wirkungsvoll erwies, gelegentlich etwas peinlich war.*)

Die *sehr kurze* und die *normal kurze Leine* sollten aus gutem *Leder,* und weder zu leicht, noch zu schwer sein. In den Läden sind sie relativ teuer. Man kann sie sich dort ansehen und auch sie viel billiger selbst machen, indem man den der Größe und Stärke des Hundes entsprechenden Lederstreifen kauft, und mit Nieten einen Karabinerhaken daran befestigt, wie man ebenso auch die Handschlinge, am anderen Ende, mit Nieten befestigt. Eine solche Leine kann man auch doppelt nehmen, so daß man, wenn man den Hund längere Zeit kurz halten muß, das Ende an einem Haken der Leine ein- und später wieder ausklinken kann. Man kann sich eine solche Leine auch so anfertigen, daß

*) Anmerkung des Lektorats: Inzwischen gib es ein richtiges Hundehalfter unter dem Namen »Halti« in den Fachgeschäften.

man sie sich selbst über die Schulter hängt. Den Varianten sind keine Grenzen gesetzt.

Die sehr lange Leine ist aus Nylon, man bekommt sie als sogenannte *»Schweißleine«* (10 oder 20 m lang) in den Fachgeschäften. Allerdings muß man lernen, sie zwischen Daumen und Ellenbogen richtig aufzudocken, damit sie sich nicht heillos verwirrt, und auch, daß man sie regelrecht auswerfen muß, bevor man den Hund damit laufen läßt, weil sie sich sonst ebenfalls heillos verknotet.

Was man normalerweise *nicht* braucht, ist ein sogenanntes *Stachelhalsband.* Ich will gar nicht beschreiben, wieviele infame Varianten es davon gibt. Die stumpfen (leider von manchen noch spitz geschliffenen) Stifte sind nach innen, zum Hals des Hundes hin, gerichtet und krallen sich in seinen Hals ein, wann er oder der Herr an der Leine zieht. Wenn man gelegentlich ein solches Halsband benützen muß, müssen die Stifte stumpf sein, keinesfalls aber zugespitzt!

Als Dauereinrichtung nützen diese Halsbänder wenig. Im Gegenteil. Erstens merkt ein Hund genau, *wenn* er so ein Ding am Hals hat und wird sich in dieser Zeit sehr vorsichtig verhalten, aber nur dann. Zweitens kann bei einem *aggressiven* Hund ein Stachelhalsband genau das Unerwünschte bewirken, nämlich den Hund zusätzlich in Wut bringen. In der Hand eines erfahrenen, besonnenen Ausbilders kann es übergangsweise nützlich sein, für den täglichen Gebrauch sind sie, mit ganz wenigen Ausnahmen, nicht sinnvoll.

Die *sinnvolle Ausnahme* tritt dann ein, wenn eine Person mit nicht besonderer Körperkraft einen Hund führen soll und verhindern will, daß der Hund merkt, er kann ungestraft ziehen, soviel er will, und ein Kettenhalsband nicht ausgereicht hat. Aber auch hier ist das Stachelhalsband nur für eine kurze Übergangsperiode einzusetzen. Wir haben es beispielsweise dann gelegentlich benutzt, wenn unsere *Kinder* lernen sollten, mit einem größeren, angeleinten Hund zu gehen. Selbstverständlich war der Hund selbst bereits erzogen, und unsere Kinder hatten schon gelernt, mit welchen Befehlen oder Leinenrucken sie den Hund dirigieren sollten, und das Stachelhalsband war nur für den Anfang sinnvoll, um den Hund, da die Kinder ja weniger Kraft hatten, nicht auf dumme Gedanken kommen zu lassen. Sobald der Hund das Kind als Führer anerkannt hatte, genügte das normale Halsband. Weiterhin kann es bei besonders widerborstigen Hunden bei anfänglichen Unterordnungsübungen gelegentlich notwendig sein, übergangsweise ein Stachelhalsband zu benutzen. Davon im 3. Teil.

Absolut *überflüssig für den Hausgebrauch* sind alle Formen von *Elektroschock-Halsbändern,* auch wenn sie noch so angepriesen werden. Sie *schaden,* da ihre Anwendung sichere Kenntnisse voraussetzt, grundsätzlich mehr, als sie je nützen können. Wer meint, er könne seinen Hund nur auf diese Weise erziehen, sollte besser keinen, wenigstens aber nicht diesen Hund haben.

Maulkorb

Zur Ausrüstung eines erwachsenen Hundes gehört auch ein gutsitzender Maulkorb. Bitte einen sorgfältig angepaßten Leder-Maulkorb verwenden, der den Hund nicht unnötig irritiert. Selbst bei völlig normalen Hunden kann ein Maulkorb plötzlich wichtig sein. Daher ist es gut, wenn man einen besitzt und den Hund daran gewöhnt hat. Wer beispielsweise nach Österreich fährt, steht plötzlich vor der Tatsache, daß in öffentlichen Verkehrsmitteln ein Maulkorb Vorschrift ist. Aber auch zur Erziehung und Umgewöhnung kann ein Maulkorb unglaublich nützlich sein. Hunde begreifen nämlich sofort, daß sie so nicht zubeißen können und lassen es dann sein. Liebt ein Hund es, wartenderweise das Auto seines Herrn zu zerfetzen, sollte man ihm gleich bei den ersten Anzeichen davon im Auto mit angelegtem Maulkorb warten lassen. Wird nämlich erst das *»Warten«* mit *»Sitze zerlegen«* gleichgesetzt, ist es ungleich schwerer abzugewöhnen.

Wer sich nicht sicher ist, ob ein Hund mit Kindern zurecht kommt, oder wer einen Hund hat, der ambivalent auf Kinder reagiert, kann die Gewöhnung erstmal mit Maulkorb starten. Dies hat der Vorteil, daß man den Hund nicht unbedingt angeleint halten muß. Er kann sich also frei bewegen und ausweichen, wo ihm dies geboten zu sein scheint. Werden dann auch die Kinder richtig angewiesen, was man mit einem Hund tun darf und was nicht, ergeben sich bald ganz selbstverständliche Verhältnisse.

Warum ich das alles so ausführlich beschreibe, kommt daher, weil ich aus den Fragebögen weiß, daß der Anfang so mancher mißglückten Hunderziehung durch *unzureichende Ausrüstung* entstand, nämlich der Hund keinen festen Platz und der Herr unzureichende verbale und technische Möglichkeiten hatte, auf den Hund einzuwirken.

Kurzzeituhr oder Küchenwecker

Wie sehr man sich in der Zeit verschätzen kann, wissen Sie selbst. Bei vielen Übungen wird es Ihnen so gehen, daß Sie entweder meinen, daß sie schon »ewig« lange oder nur ganz kurz andauern. Dabei ist es eminent wichtig, daß Sie die jeweils zehn oder fünfzehn Minuten, die Sie sich vorgenommen haben, einhalten, d.h. sie nicht unter- oder überschreiten. Üben sie zu kurz, prägt es sich dem Hund nicht ein, üben Sie zu lange, verliert er die Lust, und sie lassen ihm, der unkonzentriert wird, zu viel durchgehen, oder aber er sperrt sich bei allen kommenden Lektionen. Ein kleiner Küchenwecker in der Tasche ist ein gewissenhafter Signalgeber auch dann, wenn Sie unterwegs beim Spazierengehen ein paar Übungen einschieben. Die zählen nämlich auch zum »Gesamt-Übungsprogramm«, was dann ihren *zusätzlich* aufzubringenden Zeitbedarf schrumpfen läßt.

Halsband und Leine auch im Haus

Halsband und *Leine* sind auch keinesfalls »nur für draußen«. Ziemlich bald merkt ein Hund, daß man ihn an Halsband oder Leine jederzeit erreichen kann, weniger gut aber ohne.

Ein plastisches Beispiel war *JESSIE*, eine meiner Hündinnen. Wegen ihres dicken Fells war das Bürsten und Kämmen eine größere Prozedur. *Ohne* Halsband war die tägliche Striegelei eine Tortur, so sehr hampelte sie auf dem Kämmplatz herum. Streifte man ihr aber nur das Halsband über, blieb sie mustergültig stehen und ließ die langwierige Unternehmung, zum Standbild erstarrt, geduldig über sich ergehen.

Man sollte es sich zur *Regel* machen, einen Hund, der sich noch in der Erziehung befindet, niemals ohne wenigstens sein Halsband herumlaufen zu lassen. Leider erlebt man es immer wieder bei Leuten, die sich beklagen, daß ihr Hund unerziehbar sei, daß dieser ohne Halsband und Leine in Haus und Garten frei herumläuft. Natürlich hat man aber bei einem solchen Hund überhaupt keine Möglichkeit, ihn bei unerwünschtem Verhalten irgendwo sicher festzuhalten. Leider weiß der Hund das auch und nutzt es weidlich aus.

Es kommen dann *immer die gleichen Begründungen,* warum man *daheim das Halsband ablehnt.* Die einen wünschen, ihr Hund solle sich daheim »glücklich, natürlich und frei fühlen«, wollen also etwas wie eine *antiautoritäre* Erziehung ihres Hundes, was aber, für einen Hund, etwas seinem Naturell absolut *Gegensätzliches* ist. Andere fürchten, es *beschädige das Fell.* Auch hier wieder das »Psychogramm« des Hundehalters, der dann später einen tadellos bis in die Krallenspitzen gepflegten und womöglich parfürmierten Hund sein eigen nennt, gleichzeitig aber dessen offensichtliche Unerziehbarkeit beklagt. Andere fürchten, der Hund könne sich an seinem Halsband irgendwo festhängen und womöglich ersticken. Also, wenn Sie diese Angst haben, dann machen Sie es sich zur Regel, daß der Hund, *solange er in Ihrer Gegenwart ist,* immer ein Halsband trägt, an dem praktischerweise auch die kleine, kurze Leine angehängt ist.

Im Haus treten bei uns die *ganz kurze* und die *sehr lange* Leine häufig in Aktion. Die sehr *kurze* Leine (es kann, wie gesagt, auch ein Stück Bindfaden oder Strick sein) haben wir am Halsband des Hundes befestigt. Damit er nicht darüber stolpern kann, ist der Strick ohne Handschlaufe, aber wir haben einen »Griff«, an dem wir ihn festhalten können, wenn wir ihn selbst nicht mehr erwischen konnten.

An eine *sehr lange* Leine hängen wir ihn auch im Haus dann an, wenn wir auch aus größerer Entfernung auf ihn einwirken wollen. Vorsicht! Mit der von ihm nachgezogenen sehr langen Leine muß der Hund unter Aufsicht bleiben, damit er sich nicht darin verwirrt oder sich erwürgt. Übt man aber beispielsweise Befehle wie »Komm!« oder »Aus!« oder »Nein!«, kann man auch aus größerer Entfernung an dem Hund ziehen oder rucken, was diesen stets enorm beeindruckt.

Wenn wir anfangs davon gesprochen haben, daß man einen Hund beobachten und nicht aus den Augen lassen soll, tut man dies selbstverständlich am praktischsten so, daß man ihn, wenn er wach ist und allerlei Aktivitäten entwickeln möchte, einfach überall hin mitnimmt. Auch hier wieder eine Leine oder ein Strick, den man sich um die Taille wickelt, damit man die Hände frei behält und seiner Tätigkeit nachgehen kann. Das Hundchen nimmt man einfach überall hin mit, es hat genügend Bewegungsraum.

Wenn ich beispielsweise einen jungen Hund habe, der nun lernen soll, friedlich in seinem Körbchen zu bleiben, solange ich am Schreibtisch arbeite, ist er an einer leichten, langen Leine angehängt. Soll er dort bleiben, hänge ich sie einfach über eine Stuhllehne in seiner Nähe oder über einen Haken hinter seinem Platz. Will er sich dann, ohne meine Erlaubnis, davon machen, brauche ich bloß an der Leine zu ziehen, und er wird, mit meinem Befehl, sofort wieder an den gewünschten Ort zurückgezogen, ohne daß ich deswegen aufstehen und *direkt* auf ihn einwirken muß. Mit einer leichten Bewegung kann ich aber die Leine jederzeit aus ihrer Befestigung herausheben, so daß ich den Hund dann auch zu mir herrufen kann. In überraschend kurzer Zeit wird die Leine nicht mehr benötigt. Sie hilft einem aber über die erste Zeit gut hinweg, da man auch ohne größere Konzentration merkt und *sofort* reagieren kann, wenn sich bei unserem Hundekind etwas regt: Wenn es unruhig wird oder weiter weg will, als es sollte, wenn es gezielt anfängt, herumzuschnüffeln, was ein sicheres Zeichen dafür ist, daß es demnächst »muß«. Doch darauf kommen wir bei der Sauberkeitserziehung.

Natürlich darf man hierbei nicht übertreiben. Ein Hund, der pausenlos mit Ihnen via Strick verbunden ist, lernt es sehr schnell, daß er ohne Sie nicht sein kann, d.h. er will nicht alleinbleiben. Daher sollte er in seinen Ruhephasen lernen, daß er sie allein verbringt, von wo es nur ein kleiner Schritt ist, ihn nach und nach daran zu gewöhnen, auch sonst einmal ohne Sie auszukommen. Mehr darüber im 3. Teil.

Viele Irrtümer über Denken und Lernen des Hundes

Wenn wir weiter oben darüber gesprochen haben, daß man alle Befehle, die man seinem Hund gibt, *deutlich* aussprechen muß, und weiterhin erwähnt haben, daß er etwas in der *Vergangenheit* Liegendes nicht mit einer *später* erfolgenden Strafpredigt in Zusammenhang bringen kann, haben wir auch etwas von der Art und Weise seines Denkens beschrieben. Weil ich es bereits anderweitig ausführlich erläutert habe*), erkläre ich hier die Art, wie ein Hund denkt und fühlt, nicht

*) Siehe: Eric H.W. Aldington, Von der Seele des Hundes, Verlag Gollwitzer, Weiden

nochmals, sondern bleibe wieder bei dem nur praktischen Teil, den wir für seine Erziehung brauchen.

Eine der Klippen beim Erziehen des Hundes ist - wieder einmal - sein Mensch, der, angesichts des schlauen Vierbeiners, zu der *irrtümlichen* Annahme verleitet wird, sein Hund denke auch wie ein Mensch. Wir müssen uns jedoch, allen Reaktionen des Hundes zum Trotz, die uns täglich sein »menschenähnliches« Denken zu beweisen *scheinen,* darüber klar sein, daß unser Hund weder unsere Sprache, noch unsere Worte, oder gar unsere Grammatik »versteht«, noch ein moralisches Empfinden hat. Es ist also höchst sinnlos, anzunehmen, der Hund halte »gut« und »böse« auseinander, wolle uns nur »ärgern«, sich »rächen« oder habe gar ein »schlechtes Gewissen«. Es erstaunt mich immer wieder, wenn selbst langjährige, »erfahrene« Hundebesitzer etwas Derartiges von ihren Hunden behaupten und dies selbstverständlich auch den Anfängern so weitergeben.

Seine gedrückte, ängstliche Stimmung, die manche für »Schuldbewußtsein« halten, wenn er etwas ausgefressen hat, ist im Gegenteil das *sichere* Zeichen dafür, daß sein Herr bei der Erziehung etwas falsch gemacht hat. Zu oft nämlich ist solch ein Hund bei der Rückkehr seines Herrn für etwas bestraft worden, was er in dessen Abwesenheit ausgefressen hat, so daß der Hund grundsätzlich der Rückkehr seines Menschen mit gemischten Gefühlen entgegensieht. (Daß manche mangelhaft erzogene Hunde tatsächlich auch meistens etwas ausgefressen haben, kommt hinzu, bestätigt aber nur scheinbar unsere irrtümliche Vermutung.) Auch wenn ein Hund, nachdem er ausgerissen war, mit allen Zeichen »schlechten Gewissens« wieder heimkehrt, zeigt dies lediglich nur an, daß sein Herr sich falsch verhalten hat, nämlich bei früheren ähnlichen Anlässen seinen Hund schon heftig gescholten oder gar geschlagen hat. Richtig wäre es gewesen, den Hund freundlich zu empfangen und weiteren Wiederholungen besser vorzubeugen.

Einmal Gelerntes ist nicht für immer gelernt

Auch können Hunde nicht in unserem Sinne *Gesetzmäßigkeiten* begreifen. Wenn wir unserem Hund eine bestimmte Handlung beigebracht haben, wird er sie nach einiger Zeit *gewohnheitsmäßig* ausführen, ohne daß wir ihm jedesmal einen entsprechenden Befehl geben, z.B. am Gehsteig sitzenbleiben, wenn wir dort anhalten oder, wenn wir ihn zum Einkaufen in die Stadt mitnehmen, brav bei Fuß gehen. Je älter und geübter Hunde werden, umso seltener müssen wir sie unterwegs ermahnen, aber außergewöhnliche Ereignisse können sie plötzlich alles vergessen lassen. Einmal Gelerntes ist für unseren Hund *nicht* für *immer* gelernt, während wir, um es zu vergleichen, als Autofahrer beispielsweise, grundsätzlich und unter allen Umständen bestimmte Regeln ein für allemal gelernt haben. Das heißt aber auch, daß Fähigkeiten des Hundes, werden sie seltener eingesetzt, in Vergessenheit geraten, wir also bei unserem Übungsprogramm auch weniger häufig Benötigtes immer wieder üben und auffrischen müssen.

Eine wesentliche Eigenschaft unseres Hundes ist, daß er nicht nur von Natur aus lernfähig ist, sondern auch, daß er von Natur aus *immer* lernt. Von sich aus, von selbst. Auch ohne, daß wir ihm etwas beibringen.

Tun wir das nicht, lernt unser Hund trotzdem etwas, aber eben die Dinge, die für *ihn* von *Vorteil* sind, für sich auszunutzen.

Meistens denkt man ja als Mensch nicht weiter darüber nach, daß bei unserem Zusammenleben der Hund ähnlichen Grundmotiven folgt wie wir. Noch weniger sind wir uns darüber klar, daß es in den Motiven, etwas zu tun oder zu lassen, eine Menge Gemeinsamkeiten gibt. Im Gegenteil: Fällt uns gelegentlich auf, daß uns eine Reaktion sehr verständlich erscheint, amüsieren wir uns über das »menschliche« Verhalten des Hundes. Dabei fällt aber auch auf, wie schwierig es doch ist, genau zu erklären, was nun »typisch Hund« und was eigentlich »typisch Mensch« ist, weil man von beidem erstaunlich wenig weiß.

Soviel aber steht bei nüchterner Betrachtung fest: Beide »Parteien« tun, und das ist bemerkenswert, tun alles nur Erdenkliche, um eine möglichst umfassende Übereinstimmung herzustellen. Wenn dies auch jeder auf seine Weise zu bewerkstelligen versucht, ist das Ziel bei Mensch und Hund das gleiche: *Nämlich das dem eigenen Wohlbefinden entsprechende Verhalten des anderen.* Logischerweise deckt sich das Ziel beider Parteien *nicht,* wenn es nicht auf irgendeine Weise geregelt wird. Damit haben wir zwischen Mensch und Hund Verhältnisse wie in einem Rudel. Aber: Unsere Erziehung *muß* bewirken, daß die Beziehung Mensch-Hund, anders als im Wolfsrudel (wo sie immer wieder einmal neu zur Disposition steht), *ein für allemal in unserem Sinne festgeschrieben wird.*

Wollen wir unserem Hund etwas beibringen, gehen wir im Grunde genau so vor, wie beispielsweise ein »autodidaktischer Hund«, wenn er sich selbst etwas (oftmals von uns Unerwünschtes) angewöhnt, und sich dabei, das sei hier angemerkt, zu absoluter Perfektion steigern kann.

Purzel

Am besten kann ich derlei am traurig-komischen Beispiel von *Purzel* erklären. Er war der mißratendste und zugleich einer der schlauesten Hunde, den wir hatten. Wie kein anderer unserer Hunde führte er uns *unsere mangelhaften Erziehungsfähigkeiten* einerseits und andererseits *seine immense Lernfähigkeit* drastisch vor Augen. Wie er uns immer wieder unsere Unfähigkeit bewies, entbehrte jedoch nicht auch einer gewissen Komik: Weil es uns erheiterte, waren wir zu duldsam, zu inkonsequent, was sein Verhalten zusätzlich verstärkte, worauf wir aber etwas später noch ausführlicher zu sprechen kommen. In der Fachsprache heißt das, was *Purzel* tat, *»instrumentelles Lernen«*, also *»RRV« = Reiz, Reaktion und Verstärkung.* Um es gleich zu sagen, *Purzel* hatte sich auf diese Weise allerhand beigebracht. Eines davon war das Klauen. Er war ein Meisterdieb.

Lag also ein Stück Wurst, Brot oder sonst etwas Eßbares auf dem Tisch oder sonstwie in seiner Reichweite, war dies für *Purzel* ein *Reiz.* Weil wir meistens achtgaben, lag eine Wurst auf dem Tisch und war *Purzel* in der Nähe, konnte er nur mit entsprechender *Reaktion* zum Ziele kommen, die er analog seinem jeweiligen Erfolg = *Verstärkung* verfeinerte. Da wir also gelernt hatten, aufzupassen, hieß dies für *Purzel*, daß er unvermuteter und *schneller* zuschlagen mußte, als wir reagieren, d.h. sein Vorhaben vereiteln konnten.

Also, zurück zur Wurst, die auf dem Tisch oder Teller lag, *Purzel* brav zu unseren Füßen, als könne er kein Wässerchen trüben. Dann plötzlich erhebt sich *Purzel*, ohne vorherige Anzeichen, dafür aber blitzartig und lautlos, schnappt, noch in der Aufwärtsbewegung, gezielt zu, erwischt die Wurst (manchmal in der Eile *samt* Teller) und auf und davon wie ein geölter Blitz. Das konnte *Purzel* aber nicht von Anfang an so perfekt. Seine Fähigkeiten besserten sich zusehends. Da er mit einigen Reaktionsweisen eben nicht oder selten zum gewünschten Ziel kam, wurden diese also nicht (durch die Wurst) verstärkt. Er probierte folglich alle möglichen Varianten aus, bis er eine herausgefunden hatte, bei der es sich fast immer lohnte. Er unterließ es, seine »Absicht« durch sichtbare Vorbereitungen anzukündigen, weil wir ihm dann sofort das Ablegen befahlen. Ergebnis: Keine Wurst. Als blutiger Anfänger hatte er auch zuerst, die Vorderpfoten aufstützend, längere Zeit auf dem Tisch herumgesucht, um bedächtig und versunken auszuwählen, was es dort alles zu rauben gäbe. Auch das wurde ihm, erwischten wir ihn dabei, schleunigst mit »Nein!« verboten. Wieder keine Wurst. Aber: Das Tischdecken aufmerksam beobachten, sich scheinbar völlig unbeteiligt zu uns zu gesellen, mucksmäuschenstill neben unserem Stuhl liegen und dann blitzschnell zuschlagen: Das führte zur Wurst! Vom Klauen oder Stehlen später mehr. Bleiben wir erstmal beim *»RRV«*.

Nach diesem Prinzip verläuft auch die »normale«, also *unsere* Grunderziehung des Hundes. Wir geben ihm einen Befehl, z.B. »Sitz« *(Reiz)*, und belohnen, wenn er das tut *(Reaktion)* mit Lob oder einem Leckerbissen *(Verstärkung)*. Aber, Vorsicht! Welche Fehler man dabei machen kann, davon später.

Um bei *PURZEL* zu bleiben: Wenn uns Freunde, anläßlich seines »normalen« Verhaltens gelegentlich erheitert vorhielten, er kenne ja nicht einmal die allerprimitivsten Grundbegriffe, konnten wir sie schnell eines Besseren belehren. Man brauchte nur *PURZELs* Futterschüssel in der Hand zu halten, und ihm schnell hintereinander die Befehle »Sitz!«, »Platz!«, »Sitz!«, »Fuß!« »Hol die Leine!«, und was wir ihm noch alles beigebracht hatten, zuzurufen, dann bewies *PURZEL*, mit welcher Geschwindigkeit er, der sonst so taub schien, auf unsere Anweisungen reagieren konnte. Wenn er wollte.

Jetzt wollte er! Bei »Sitz!« flog er auf sein Hinterteil, klatschte bei »Platz«, kaum fertig von uns ausgesprochen, platt auf den Boden, saß bei »Sitz!« aber sofort wieder mit hocherhobenem Haupt und blickte erwartungsvoll zu uns auf. Befahl man ihm jetzt womöglich noch, die Leine zu holen, preschte er sofort mit Volldampf nach unten in die Diele, riß die Leine vom Haken, schleppte sie eilends die Treppe herauf und warf sie uns triumphierend vor die Füße, saß, blitzartig, vorschriftsmäßig vor uns und guckte wieder erwartungsvoll, ob es jetzt soweit sei. Selbst wenn wir nun das Maß voll machten, und ihn mit »Bleib!« irgendwo im Flur ablegen ließen, funktionierte auch das bei *PURZEL*, angesichts der Futterschüssel, hervorragend, selbst dann, wenn wir mit der Schüssel aus seinem Blickfeld entschwunden waren. Er lag, vor Erwartung zitternd, eisern an dem ihm zugewiesenen Platz, bis wir ihm erlaubten, nun zu seinem Futter zu rasen.

Von der Rolle des »Trainers« - nicht Vorbild sondern Regisseur

Am Beispiel von *PURZEL* können wir aber auch die Rolle des Trainers, Erziehers, Ausbilders ganz gut erklären. Auch hier machen wir wieder leicht Denkfehler, die zum Scheitern unserer Bemühungen führen werden. Wer einen Hund ausbildet, muß ganz andere Methoden verwenden, als jene, die wir beispielsweise von Lehrern oder Trainern in Schulen und auf Seminaren kennen. Diese beeindrucken uns durch die Art und Weise, wie *sie* sich geben, sie überzeugen durch ihre Person, ihre Kleidung, ihre Aussprache, ihre Perfektion, so daß wir fasziniert lauschen und uns vornehmen, künftig alles genau nach ihrer Anweisung zu tun. *Sie* sind das uns überzeugende *Vorbild.*

Ganz anders derjenige, der den Hund erzieht. Einfach ausgedrückt: Er muß lernen, zu denken wie ein Hund. Was nichts anderes heißt, als daß er dafür sorgen muß, daß das mit der »Wurst« garantiert klappt, wenn der Hund etwas Gewünschtes tut. Er ist also nicht das dominierende Vorbild für den Hund, sondern eher ein *Regisseur,* der einen bestimmten *Handlungsablauf* konstruiert, in dem das *»RRV« (Reiz, Reaktion und Verstärkung)* in gekonnter Weise eingebaut ist. Zuerst wird er spielerisch dem Hund beibringen, bestimmte, vom Hund von selbst ausgeführte Reaktionen mit einem Befehl (Reiz) verknüpfen (z.B. »Sitz!«), und wenn der Hund sich setzt *(Reaktion),* ihn *sofort* entsprechend belohnen *(Verstärkung).* Er wird gewünschte Reaktionen, wenn er dem Hund den Befehl dazu gibt, mit vorsichtigen Einwirkungen gezielt herbeiführen, und dann *sofort* die Belohnung folgen lassen.

Hundeerziehung heißt immer auch: Aktion!

Das Erziehen des Hundes ist immer mit Aktionen verbunden, weshalb es dem Hund, der an sich gern beschäftigt ist, normalerweise schon allein deswegen Freude bereitet. Er lernt schnell, daß es sich für ihn lohnt, einmal begriffene Anweisungen seines Herrn schleunigst in die Tat umzusetzen, weil es sich für ihn *lohnt.* Ein guter Hundeausbilder inszeniert also *anregende Ausbildungsfolgen,* mit ebenso *beflügelnden Belohnungen* für den Hund. *Bei einem guten Ausbilder macht es einem Hund sichtlich Spaß, weil es für ihn angenehme Begleitumstände und Folgen hat.*

Damit ist auch geklärt, daß es absolut nichts nützt, wenn man, bei den Übungen, mit seinem Hund herumschimpft oder ihn gar schlägt oder bestraft. Es nützt nicht nur nichts, sondern macht gar oft eine mühsam aufgebaute Zusammenarbeit und Verständigung zwischen Hund und Mensch zunichte. Daher ist es besser, wenn wir uns vorstellen, der *Regisseur* unseres Hundes zu sein, uns das Trainingsprogramm sorgfältig *vorher* selbst klar machen und für eventuell benötigte Requisiten sorgen.

Auch bei einem Theaterstück erfolgen ja nicht alle Handlungen aufeinmal gleich im ersten Akt. Daher fangen wir auch mit dem Anfang, den Grundübungen an und beginnen, beispielsweise das »Sitz!« auf Befehl mit ihm einzuüben, und loben ihn jedesmal, wenn er weisungsgemäß sitzt.

Nun wird unser Hund das aber nicht immer auch jedesmal tun. Da heißt es nun, konzentriert bei der Sache zu sein. Sobald wir beispielsweise merken, daß der Hund sich nicht *sofort* hinsetzt, müssen wir blitzartig mit der *rechten* Hand seine Leine, dicht am Halsband, senkrecht nach oben leicht zurückziehen und gleichzeitig, mit der *linken* Hand, sein Hinterteil (besser noch mit dem Daumenballen in die Tasche seines Oberschenkels greifend) hinten *kurz* herabdrücken, und ihn sofort loben, wenn er so von uns *sanft* in die Sitzposition befördert wurde. Auch von uns wird dabei etwas Gymnastik verlangt, weil wir dabei, je nach Größe des Hundes, uns mehr oder weniger tief herabbeugen müssen. (Die Grundübungen werden im 3. Teil eingehend beschrieben.)

Die höchste Tugend des Trainers ist Selbstdisziplin

Bleiben wir aber noch etwas bei der Person des Trainers. Menschliche Lehrer haben es vergleichsweise einfach. Unabhängig von ihrer persönlichen Leistung können sie dem Schüler mehr oder weniger gute Noten erteilen und sich damit herausreden, der Schüler sei faul gewesen, habe nicht genug geübt oder sei nicht intelligent genug. Menschliche Trainer können nicht nur mit schlechten Noten »bestrafen«, sondern auch sonst zu Strafmaßnahmen greifen, nachsitzen lassen, in der Ecke stehen, zusätzliche Strafarbeiten auferlegen. Sie können ungeduldig, reizbar, schlecht gelaunt sein. Obgleich auf diese Weise wenig Motivierendes von ihnen ausgeht, bekommt trotzdem der *Schüler* die schlechten Noten.

Leider verlaufen nicht wenige Erziehungsversuche mit Hunden nach diesem menschlichen Modell und haben allein aus diesem Grund wenig oder keinen Erfolg.

Die höchste Tugend eines Hunde-Trainers ist seine *Selbstdisziplin.* Wer einen Hund erzieht, muß sich vorher selbst in eine ausgewogene, ruhige Stimmung versetzen, und sich vornehmen, einen kleinen Erziehungsabschnitt nun eben zu üben und an nichts anderes zu denken. Wer einen Hund erzieht, muß wissen, daß das Wichtigste überhaupt das *RRV* ist, also eine Methode, die den Hund im höchsten Maße *motiviert.* Ungeduld und Bestrafung oder besonders lange, zusätzliche Übungen »zur Strafe« bringen überhaupt nichts.

Manche Hundebesitzer wollen es besonders gründlich machen, und erreichen damit nur, daß der Hund schon von vornherein nicht die geringste Motivation entwickelt. Sie veranstalten wahre Ausbildungs-Seminare, d.h. stundenlange Übungen, so daß dem Hund die Sache regelrecht zum Hals heraushängt, was man sehen kann, da er mit gesenktem Kopf und Schwanz bei der Sache ist. Lernen tut er dabei nichts, da er sich innerlich *sperrt.* Die besonders gründlichen Trainer neigen aber aus dem gleichen Grund zu Unlust und Ungeduld. Weniger wäre hier mehr. Es genügen wirklich täglich 15 - 30 Minuten, die man sogar auf zwei oder mehr »Übungseinsätze« aufteilen kann. Wir kommen später nochmals darauf zurück. Hier nur soviel: Täglich nur wenige Minuten ist etwas, was sowohl Herr wie Hund ohne Komplikationen ertragen können.

Ein ebensogroßer *Fehler* wie Ungeduld, Bestrafung oder zu ausgedehntes Training ist auch das *verärgerte Abbrechen* eines Übungsabschnittes, »weil der Hund heute sowieso nichts mehr richtig macht«. *Man darf das Üben mit dem Hund grundsätzlich nur mit einer gut erledigten Aufgabe beenden,* für die der Hund zu loben ist. Klappt es daher mit dem vorgesehenen Programm nicht, wechselt man taktvoll zu Übungen über, die der Hund garantiert, gern und freiwillig tut, lobt ihn nach getaner Pflicht (auch wenn man eigentlich etwas anders im Sinn gehabt hätte an diesem Tag) und gibt dem Hund dann seine Freiheit. Entläßt man den Hund hingegen nach einer *mangelhaft* ausgeführten Aufgabe, wird dieser sich das erstaunlich schnell merken und mit weiteren *Verweigerungen* darauf reagieren.

Nun nützt, beim Hund wie beim Menschen, ein Lehrer überhaupt nichts, wenn der Schüler weder hinsieht noch zuhört. Aber, wie schon so oft gesagt, liegt die Ursache für einen unaufmerksamen Hund wieder einmal - bei seinem Lehrer.

Einen gut erzogenen Hund kann man überall absitzen und warten lassen. Er bleibt unbeeindruckt von dem Geschehen rundherum, auch wenn er es interessiert beobachtet. Er reagiert unaggressiv und freundlich auf seine Umwelt, freut sich, wenn sein Mensch zurückkehrt und muß lernen, auf Befehl oder Leinenruck sofort seine Verbindung zu fremden Personen abzubrechen, um diese nicht zu belästigen.

Von Gemeinschaftsgefühl oder Verhaltenssynchronisation

Erziehung fängt daher tatsächlich in dem Augenblick an, wo der Hund Ihr Haus betritt, denn er muß lernen, daß es sich *lohnt,* auf Sie zu achten. Von Natur aus tut er das seinen Anlagen gemäß von selbst. Wer einmal einen Wurf Welpen beobachtet hat, wird immer wieder begeistert davon sein, daß sie stets *gemeinsam* in Aktion sind, wie sie auch *gemeinsam* der Ruhe pflegen. *Verhaltenssynchronisation* ist deshalb eine früh einsetzende Verhaltensweise, weil sie für den Zusammenhalt, beispielsweise im Wolfsrudel, eine der wichtigsten Grundbedingungen, also überlebenswichtig ist.

Bei uns im Haus gibt es gelegentlich den klassischen Zustand des »Dornröschenschlafs«. Vielleicht an einem heißen Sonntagmittag im Sommer, wo sich alle Zweibeiner von der Hitze erschöpft zu einem Mittagsschläfchen ausgestreckt haben, findet man dann tatsächlich das ganze Haus in tiefster Ruhe. Überall, wo ein Zweibeiner schläft, haben sich auch ein paar, nämlich »seine« Hunde zu ihm gesellt und schlafen oder dösen ebenfalls. Kaum aber erhebt sich der erste von uns, um nun wieder etwas zu tun, gerät die ganze Meute ebenfalls in Bewegung. Es ist ein allgemeines Gähnen, Schütteln und Sich-Strecken, und macht gar einer von uns Anstalten, das Haus zu verlassen, sind sie alle, hellwach und voller Tatendrang, sogleich zur Stelle.

Normalerweise ist ein junger Hund von sich aus ängstlich bemüht, Sie, der nun sein Rudelersatz sind, nicht aus dem Blickfeld zu verlieren. Sind Sie also mit ihm draußen (wer einen Garten hat, kann dies dort üben) und der Hund vergißt Sie über allerlei Tätigkeiten, empfiehlt es sich, nun selbst zu verschwinden, d.h. sich zu verstecken und nun den Hund zu rufen. Sie aber sind für ihn nicht sichtbar. Leicht verstört wird er aber, tauchen Sie nun wieder auf, sofort zu Ihnen hingestürmt kommen, Sie »wiederfinden«, und sich von Ihnen loben und »belohnen« lassen. Anschließend achtet er schon von sich aus besser darauf, ob Sie noch bei ihm sind. Außerdem lohnt es sich, mit besonderen, später näher erläuterten einfachen Übungen gezielt Aufmerksamkeit und Augenkontakt zu üben.

Ist man unterwegs, hängt man den Hund an eine sehr lange Leine. Prescht er auf und davon, macht man, *ohne etwas zu sagen,* auf dem Absatz kehrt und geht zügig, *ohne sich umzublicken,* in die entgegengesetzte Richtung. Sobald der Hund am Ende der Leine angekommen ist, reißt es ihn naturgemäß herum. Verblüfft entdeckt er, daß Sie nach anderswohin unterwegs sind und folgt Ihnen schleunigst. Loben, wenn er bei Ihnen angekommen ist! Haben Sie das einige Male durchexerziert, werden Sie überrascht feststellen, daß Ihr Hund, läuft er voraus, sich immer wieder vergewissert, ob Sie denn noch in der gleichen Wegrichtung unterwegs sind wie er. Haben Sie inzwischen einen anderen Kurs eingeschlagen, kommt er schleunigst zu Ihnen zurück. Vergessen Sie niemals, das ein freudiges Ereignis für Ihren Hund werden zu lassen!

Überhaupt lieben es besonders junge Hunde, überall mit von der Partie zu sein. Sie machen richtig mit beim Ballspielen oder beim Laufen. Liegt man gymnastiktreibend am Boden, halten sie das für eine neuartige Aufforderung zum Spiel, versuchen, einem das Gesicht abzulecken oder hüpfen an den gen Himmel wackelnden Beinen herauf.

Bim

Dabei fällt mir eine hübsche Geschichte ein. Im vorigen Sommer hatte ich beschlossen, einige kahle Stellen in unserem Rasen neu anzusäen. Außer mir war noch *Bim* im Garten und grub etwas entfernt unter einem Busch ein Loch. Ich ließ ihn gewähren und dachte noch, dort sei ein Loch weniger schlimm als im Rasen, während ich mit einer Hacke und dem Grassamen geduldig von kahler Stelle zu kahler Stelle kroch, den Boden aufrauhte, Rasen einstreute und festklopfte. *Bim* blieb hinter mir, für mich unsichtbar, und vertiefte sein Loch unter dem Busch. Dachte ich jedenfalls. Schließlich war ich fertig und wandte mich um, - aber statt daß ich zufrieden mein soeben vollendetes Werk betrachten konnte, entdeckte ich entsetzt, daß auch *Bim* inzwischen »gearbeitet« hatte: Alle Stellen, von mir mühsam aufgerauht, eingesät und festgeklopft, hatte auch er seinerseits ebenfalls umgegraben und jede davon in ein tiefes Loch verwandelt. Schwanzwedelnd und eifrig bearbeitete er gerade das letzte, die Erde spritzte weit herum - und das war auch einer der Momente, wo sich ein Hundehalter sehr im Zaum halten muß, um nun nicht mit dem Hund abzurechnen. Ich ging also ruhig zu *Bim*, faßte ihn am Halsband, zog ihn zurück und sagte deutlich »Nein!«, holte einen von *Bim*s Bällen und spielte mit ihm, um ihn (und mich) abzulenken.

Belohnen und strafen - wie belohnen?

Ob das Belohnen (oder das Betrafen, worauf wir später noch kommen) für den Hund etwas Einprägsames, Bindendes ist oder aber zerstörende Wirkung hat, hängt wie so vieles, ebenfalls von der Person des Trainers ab. Will er die schnelle, leicht verdiente Mark, wird er bald zu spüren bekommen, wie wenig sich dabei ansammelt und wie schnell das Erworbene wieder dahin ist. Mit Schema-F, in einer knappen Gebrauchsanweisung für Hunde eilig nachgelesen, kommt man nicht weit. Hunde sprechen, schon nach ihrer rassebedingten Veranlagung, auf die unterschiedlichen Varianten der Belohnung mehr oder weniger gut an. Unabhängig von der Rasse sind Hunde obendrein noch Individualisten: Was also beim einen Dobermann auf Anhieb funktioniert, kann beim anderen wirkungslos verpuffen. Aber auch auf Geduld oder Ungeduld, Nervosität, Zurechtweisung oder Strafen fallen die Reaktionen höchst verschieden aus.

Generell gilt, daß *Leckerbissen* ein sehr wirksames Lob, ein großer Anreiz, d.h. Verhaltensverstärker sind. An zweiter Stelle kommt aber nicht, wie viele vermuten, das verbale Lob, sondern die *körperliche Berührung,* also das *Streicheln,* lobend den Brustkorb klopfen usw.

Aber, je größer der Anreiz, umso prompter wird der Hund auch darauf eingehen, was viele zu dem *Trugschluß* verleitet, es sei sinnvoll, diese starken Anreize möglichst häufig einzusetzen. Das verbale (psychische) Lob bekommt außerdem am Anfang erst durch die Verknüpfung mit einer physischen Belohnung, also mit Leckerbissen oder Streicheln gemeinsam, für den Hund eine Bedeutung.

Vielen wird der Hinweis unlogisch erscheinen, daß die für den Hund anziehendsten Belohnungen (Leckerbissen oder Streicheln) in den ersten Lernphasen *keinesfalls* als *regelmäßige* Belohnung eingesetzt werden dürfen, sondern nur in besonderen Fällen, damit sie ihre große Bedeutung für den Hund behalten. Hier wird leider oft aus Bequemlichkeit mancher Fehler gemacht, denn zunächst scheint ja alles wie am Schnürchen zu klappen. (Später, im 3. Teil, werden wir sehen, daß wir bei der »Generalüberholung« aus gutem Grund ausgerechnet all diese Anreize völlig weglassen müssen.)

Die Folge ist, daß der Hund sich angewöhnt, daß es sich *nur* dann zu gehorchen lohnt, wenn es etwas zu Fressen oder Streicheleinheiten gibt, was schwierigere Ausbildungsschritte von vornherein unmöglich macht. Zudem lernt er auf diese Weise, daß es sich *nur* in Ihrer unmittelbaren Nähe lohnt zu folgen, und einige schlaue Vierbeiner stellen ihre Bemühungen sofort dann überhaupt ein, wenn sie merken, daß sie soeben das letzte Leckerle verdrückt haben. Seien Sie sicher, ein Hund merkt sowas.

Man fängt also damit an, daß der Hund lernt, einen Befehl mit einer bestimmten Tätigkeit zu verbinden, ihm das aber so beizubringen, daß er dies nicht *nur* im Hinblick auf die nachfolgende Belohnung tut, sondern aus *Gewohnheit,* und sich dann auch mit einem verbalen Lob zufrieden gibt, es schließlich aber auch ausführt, ohne daß er *jedesmal* gelobt wird. Stellen Sie sich einmal vor, wie mühsam das wäre, wenn Sie ein Leben lang ihren Hund, jedesmal, wenn er absitzt oder ablegt, erst loben müßten, aus lauter Angst, er würde sonst künftig den Anweisungen nicht mehr folgen.

Herr Jungjohann und »Snoopy«

Gar oft muß ich beim Thema Leckerle an meinen Nachbarn, Herrn Jungjohann, denken, der mich einmal bat, mit ihm und seinem Hund einen Rundgang zu machen, da er mit seinem Hund *Snoopy* irgendwie nicht zurecht kam, obwohl er, wie er sagte, täglich mit ihm zu üben versuche.

Herr Jungjohann, ein mittelalterlicher Junggeselle, war stets wohlgekleidet und gepflegt, etwas untersetzt, etwa 1.58m groß und stets von außerordentlicher Zuvorkommenheit, ein netter Nachbar, dem man nichts abschlagen mochte. *Snoopy,* sein Hund von inzwischen sechzehn Monaten, war ihm als siebenwöchiger Welpe als »leicht erziehbarer Labrador« und »stets freundlicher Begleiter« verkauft worden. Aber selbst Herrn Jungjohann war schon nach wenigen Wochen klar, daß sowohl hinsichtlich der Rasse wie der künftigen Eigenschaften dieses Hundes wohl einiges nicht stimmen konnte.

Einige Male hatte er uns den Hund schon zur Begutachtung herübergebracht, da ihm dessen nicht endendes Wachstum und der enorme Appetit Kopfzerbrechen bereiteten. Wir mutmaßten, daß unter *Snoopy*s Vorfahren vermutlich Dogge, Bernhardiner oder irgendein größerer Hirtenhund vorgekommen sein mußten, dann wieder meinten wir, Anzeichen für einen groß geratenen Leonberger zu entdecken. Auf alle Fälle war *Snoopy* kein Labrador und ganz sicher, was sein überschäumendes Temperament ahnen ließ, auch nicht leicht erziehbar, jedenfalls nicht für Herrn Jungjohann, den *Snoopy* an seiner Leine hinter sich herschleifte, wie ein Kind, das sein Wägelchen nachzieht.

Schon SNOOPYs Anleinen für unseren Spaziergang war trickreich genug, aber schließlich gelungen, während SNOOPY ein größeres Stück Brot vertilgte, das Herr Jungjohann eigens für die Anleinprozedur zurechtgelegt hatte, (»Milchdrops verschluckt er zu schnell, SNOOPY, Sitz!«), und wir machten uns auf den Weg.

Wir, das heißt, SNOOPY riß seinen Herrn hinter sich her zum Gartentor und Herr Jungjohann rief mir über die Schulter zu, ich möge es bitte hinter uns schließen, denn er war bereits, die Leine mit beiden Händen haltend, von SNOOPY gezogen Richtung Feldweg unterwegs. Dort angelangt, konnte ich die beiden einholen, weil sich SNOOPY nun damit beschäftigte, sein Bein an verschiedenen Pfosten und Büschen zu heben, an denen er vorher ausführlich herumgeschnüffelt hatte, was uns endlich ermöglichte, einige Worte zu wechseln.

Herr Jungjohann erzählte mir: »Ich weiß nicht, was ich -SNOOPY, Fuß! Brav!« (SNOOPY bekommt einen Milchdrops) - »verkehrt mache, aber der Hund zerrt so gewaltig - SNOOPY, Fuß!, Brav!« (SNOOPY bekommt einen Milchdrops) - »daß man mit ihm überhaupt nirgendwo hingehen - Fuß!, - SNOOPY Brav!« (SNOOPY bekommt einen Milchdrops), »kann...«

Während wir weitergingen, unterbrach Herr Jungjohann seine Redeversuche immer wieder mit -»SNOOPY, Fuß!« (SNOOPY bekommt einen Milchdrops) - wobei seine Stimme immer flehentlich-ärgerlicher und gereizter wurde. Gelegentlich riß er hin und wieder mit beiden Händen den Hund zu sich zurück, und dieser, kaum bei seinem Herrn angelangt, schnappte bisweilen kurz entschlossen gleich nach dem Leckerbissen, machte sozusagen auf dem Absatz kehrt und preschte wieder nach vorn.

»SNOOPY, Fuß!« (SNOOPY bekommt einen Milchdrops), prescht nach vorn. - »Ich habe mich schon ...-»SNOOPY, Komm jetzt bei Fuß!« (SNOOPY bekommt einen Milchdrops) - ... von einem Orthopäden behandeln lassen müssen - ... SNOOPY, Fuß!, Fuß!« (SNOOPY bekommt einen Milchdrops) - »... weil mir SNOOPY das ganze Rückgrat verrissen hat ... SNOOPY!!, Fuß, bitte!!« (SNOOPY bekommt einen Milchdrops) ...

Herr Jungjohann muß nun etwas hüpfen, denn der Hund hat ihn umrundet, weil er *gleich* an die Tasche mit dem Milchdrops will und die Leine dabei um die Beine seines Herrn gewickelt hat.

Schließlich waren wir an der Wiese angelangt, wo Herr Jungjohann seinem SNOOPY, wie gewohnt, die Leine löste und dieser stürmte, in großen Sprüngen weite Bögen ziehend, davon...

»Ein herrlicher Anblick, nicht wahr?« meinte Herr Jungjohann zu mir, »Das entschädigt für alles, - SNOOPY, Komm!« - SNOOPY kam herbeigerast, sprang an seinem Herrn empor, beleckte ihm das Gesicht (SNOOPY bekommt einen Milchdrops) SNOOPY raste wieder davon. Als es Herrn Jungjohann Zeit schien, den Hund anzuleinen, zog er ein größeres Stück Brot hervor, das er eigens dafür mitgenommen hatte, »SNOOPY,

Komm!« *Snoopy* kam herbeigerast, bekam sein Brot, und es gelang, die Leine an ihm, der gerade kaute, zu befestigen.

»*Jetzt* müßte ich mit ihm üben«, sagte Herr Jungjohann, »aber das geht eben nicht. Es geht *nie* mit *Snoopy*!«

Herr Jungjohann war merklich angestrengt, hielt die Leine mit beiden Händen gepackt und zu allem Unglück waren die Milchdrops während unseres Gespräches vorzeitig verfüttert worden. Weil Herr Jungjohann nun nochmals auf seinen »verrissenen Rücken«, der im Augenblick wieder besonders schmerzte, und den Orthopäden zu sprechen kam, nahm ich Herrn Jungjohann die Leine ab, zog sie durch die Handschlaufe und die so entstandene Schlinge über *Snoopy*s Kopf und wir machten uns bedächtigen Schrittes auf den Heimweg. Diesmal hatte ich den Hund übernommen. Sobald *Snoopy* nach vorne preschen wollte, zog sich ihm die Schlinge fest um den Hals, ich mußte nur noch kurz rucken »Fuß!« und *Snoopy* blieb, wenn auch nicht exakt bei Fuß, so doch ziemlich nah neben uns. Er setzte sich sogar einige Male auf Befehl hin, nur wirkte er leicht irritiert, vermutlich weil die Milchdrops ausblieben. Nach ein paar unvermuteten Kehrtwendungen, die *Snoopy*, beleidigt hüstelnd - weil ihn die Lederschlinge am Hals einschnürte - und sichtlich verblüfft mitgemacht hatte, drosselte sich sein Temperament deutlich. Dies erlaubte uns, die letzten 50 Meter wie völlig normale Fußgänger hinter uns zu bringen.

Herr Jungjohann bat mich voller Dankbarkeit noch zu einer Tasse Tee herein. Während er diesen zubereitete, bewunderte ich seine wirklich hervorragende Bibliothek und beobachtete *Snoopy*, der sich, naß und schmutzig wie er war, auf dem Sofa ausgestreckt, oder besser hingelümmelt, hatte. Plötzlich sprang er auf, in der Küche hatte Geschirr geklappert, raste zur Tür und kratzte wie wild daran, woraufhin sie von Herrn Jungjohann eilends geöffnet wurde und *Snoopy*, in der Küche angekommen, einen Milchdrops bekam. »Er macht sonst alles kaputt«, erklärte mir Herr Jungjohann, »er kratzt solange an der Tür und springt solange an mir hoch, aber wenn er die Milchdrops bekommt, ist er ganz brav...« sagte Herr Jungjohann.

»Braaav«, sagte er jetzt auch zu seinem Hund und streichelte diesen, und gewann damit ausreichend Zeit, das Tablett mit der Kanne und den Tassen mit kühnem Schwung ins Wohnzimmer zu tragen.

Unnötig zu sagen, daß Herr Jungjohann mich warnte, nur ja auf meinen Teller mit dem Gebäck achtzugeben, sonst hole sich *Snoopy* davon, ehe ich es überhaupt gemerkt hätte, »Er ist ein so intelligenter Hund, faßt so leicht auf, nichts entgeht ihm, gar nichts an ihm ist degeneriert, er ist noch völlig natürlich«, erläuterte Herr Jungjohann. Unnötig zu schildern, daß nach etwa zehn Minuten *Snoopy* türenkratzend wünschte, in den Garten gelassen zu werden und nach weiteren drei Minuten wieder hereingelassen werden mußte, was sich noch einige Male wiederholte.

Hatte sich *Snoopy* dann für eine Weile irgendwo ausgestreckt, so daß wir in unserem Gespräch fortfahren konnten, erhob er sich von Zeit zu Zeit, ging zu seinem Herrn, stieß ihn mit der Schnauze an oder tapste mit der Pfote nach seines Herrn Hand. Liebevoll streichelte ihn dieser dann gründlich, bis sein Hund sich wieder trollte. *Snoopy*, erklärte mir Herr Jungjohann, habe etwas wie eine innere Uhr. Er dulde es nie, daß Herr Jungjohann länger aufbleibe als etwa 22 Uhr, dann gebe er nicht eher Ruhe, bis Herr Jungjohann sich zur Ruhe begebe und *Snoopy* schliefe bei ihm im Schlafzimmer, allerdings in seiner eigenen Ecke. Manchmal mußte sich Herr Jungjohann sogar dann sein Buch oder eine angefangene Arbeit mit ins Bett nehmen, denn bevor der Hund zu ihm gekommen war, hatte er gewöhnlich nachts lange an seinem Schreibtisch gearbeitet.

Streng genommen, hatten sich zwischen *Snoopy* und seinem Herrn die wünschenswerten Verhältnisse genau ins Gegenteil verkehrt. Statt, daß der Hund, wie es sein sollte, auf die Signale seines Herrn wartete, um darauf zu reagieren, gingen alle Signale vom Hund aus, der seinen Herrn dirigierte wie eine Marionette. Auch für Herrn Jungjohann, wie für viele Menschen in einer ähnlichen Situation, war es nicht leicht einzusehen, daß das, was er für besondere Zuneigung und Anhänglichkeit seines Hundes hielt, etwas sehr Unerwünschtes, nämlich *Dominanz des Hundes über seinen Herrn* bedeutete, was jedwede Erziehungsversuche von vornherein zum Scheitern bringen mußte.

Es ist immer eine etwas heikle Situation, wenn man, wie in diesem Fall bei Herrn Jungjohann, erklären muß, daß dieser seinen Hund tatsächlich jeden Tag von Neuem zu all seinen Unarten regelrecht erzogen und ihn gar noch kräftig dafür belohnt hatte.

Für *Snoopy* war das »Fuß!« der prompt ausgeführte Befehl, herzukommen, Milchdrops zu verschlingen und wieder davonzurasen. Nüchtern betrachtet, bekam *Snoopy* immer, wenn er etwas tat, was er garantiert nicht tun sollte, seinen Milchdrops, und sein Herr war dann jedesmal heilfroh, wenn der Hund ihm danach etwas Verschnaufpause gewährte.

Die gleiche, höfliche Zuvorkommenheit, die für Herrn Jungjohann bei seinem Umgang mit seinen Mitmenschen nur Vorteile brachte, wurde ihm im Umgang mit seinem Hund zum Verhängnis. Es war ihm bis dahin nie in den Sinn gekommen, daß zwischen Hund und Mensch andere, als zwischenmenschliche Regeln angebracht sein könnten. Vor allem mußte er begreifen, daß seinem Hund gar nichts abginge, wenn er auf dessen zahlreiche Aufforderungen nicht mehr reagieren würde.

Schon allein wegen seines schmerzenden Rückens, erklärte Herr Jungjohann sich dann dazu bereit, die *»Drei-Wochen-Kur«* zu machen, von der ich ihm erzählt hatte. Die hatte sich in ähnlichen Fällen immer wieder bewährt, vor allem deswegen, um die *Hundehalter* zu überzeugen, daß sie mit einer einfachen Verhaltensänderung ihrerseits erstaunliche Veränderungen bei ihrem Hund erzielen konnten.

Drei Wochen lang hielt es also auch Herr Jungjohann durch und ignorierte, so schwer es ihm auch fiel, alle Annäherungsversuche seines Hundes. *Snoopy* wurde, nach ausreichendem Ausgang, auf seinen Platz - nicht das Sofa! - komplimentiert und dort angehängt, solange Herr Jungjohann seiner Beschäftigung nachging und dabei den Hund überhaupt nicht beachtete. *Dann* kümmerte sich Herr Jungjohann wieder um seinen Hund, spielte etwas mit ihm, bürstete ihn, ließ ihn in den Garten, rief ihn herbei und fütterte ihn.

Während dieser drei Wochen war *SNOOPY*s Futter auf zwölf gleiche Portionen aufgeteilt, wovon er dann jedesmal, wenn er auf das Rufen gekommen war oder auf Befehl »Sitz!« gemacht hatte oder zu seinem Platz gegangen war, etwas *aus der Hand seines Herrn* zu fressen bekam.

Erschien der Hund jedoch ungerufen, stieß er seinen Herrn an, leckte seine Hand oder sprang an ihm hoch, ging Herr Jungjohann beiseite, als sei überhaupt nichts gewesen, als sei der Hund Luft. Wurde *SNOOPY* penetrant zudringlich, führte Herr Jungjohann ihn zu seinem Platz und leinte ihn dort kommentarlos an.

Auch das Anleinen vor dem Ausgehen, wie ebenso das Vorprellen an der Leine wurde nach einem geduldigen Ritual (wir beschreiben es später näher) in diesen drei Wochen ganz gut unter Kontrolle gebracht.

Drei Wochen, das ist eine für den Herrn überschaubare Zeit, folglich hält er sie auch durch. Aber diese Zeit reicht meist ganz gut dafür aus, daß erstens der Hund begreift, daß *alles von seinem Herrn ausgeht,* etwas anderes gibt es nicht. Zweitens steht aber sein Herr staunend vor der Tatsache, daß es ihm tatsächlich möglich ist, ohne jede Gewaltanwendung oder Kraftprobe nachhaltig auf den Hund einzuwirken

Auch im Fall von Herrn Jungjohann blieb nichts anderes übrig, als diesen außerdem zu einem Besuch auf einem Übungsplatz anzuregen, um sich anzusehen, *was* andere Hundehalter mit ihren Hunden machen und *wie* sie das tun. Mit seiner außerordentlichen Zuvorkommenheit hatte er aber bald das Glück, einen der Hundeführer für sich zu gewinnen, der sich geduldig mit ihm zusammen an des Hundes Erziehung machte. Ganz sicher, *SNOOPY* war mit seinem ungestümen Temperament und seiner Körpergröße ganz und gar nicht der Hund, der zu Herrn Jungjohann gepaßt hätte. Aber der hatte ihn nun mal und hatte ihn in sein Herz geschlossen. Auch wenn auf die Milchdrops nicht grundsätzlich verzichtete wurde, was Herr Jungjohann nichts über's Herz gebracht hätte, so sah er doch ein, daß es so nicht weitergehen konnte, und beide, Herr und Hund, fügten sich den Anweisungen des freundlichen Hundeführers. Nach einem Jahr konnte Herr Jungjohann seinen Hund sogar in die Stadt mitnehmen, »immer heimlich etwas besorgt«, wie er gestand, aber sie hatten *beide* so viel geübt, daß kaum jemals etwas ernsthaft schiefging.

SIMONE UND »TARAN«

Etwas anders waren die Verhältnisse bei unserer Freundin Simone, die wir auf einer Durchreise in Frankfurt besuchten, um endlich ihren etwa zweijährigen, wunderschönen weißen Schäferhund *Taran* zu begutachten, von dem sie uns schon so viel berichtet hatte. Sie hatte ihn als achtwöchigen Welpen aus den USA mitgebracht und war, bis vor einigen Monaten jedenfalls, überaus begeistert von dem intelligenten Tier. Aber sie berichtete, seit sie regelmäßig mit ihm am Wochenende auf dem Übungsplatz arbeitete, hätte sich das Verhältnis zwischen den beiden negativ verändert. Überraschenderweise begann nämlich *Taran*, der bislang so zum Hausgebrauch recht folgsam und willig war, seither den Gehorsam zu verweigern und das steigerte sich auch noch augenfällig.

Seltsamerweise verweigerte er nur bei *ihr*, denn sobald ihn einer der anderen Hundeführer übernahm, arbeitete *Taran* fehlerfrei und sichtlich begeistert. Soviel wußten wir aus Briefen und Telefongesprächen.

Wir kamen gerade pünktlich, um mit Simone noch einen Kaffee zu trinken, später sollten wir sie dann auf den Übungsplatz begleiten. Als wir klingelten, stürmte uns *Taran* bereits zum Gartentor entgegen, hinterdrein Simone:

- »*Taran*, Komm zurück!« - was aber *Taran* nicht aufhalten konnte, der bellend und schwanzwedelnd am Gartentor emporsprang, das Simone für uns öffnete und dabei den Hund am Halsband festhielt.

- »*Taran*, Sitz!" - rief Simone und fiel uns gleich anschließend zur Begrüßung um den Hals, während *Taran* freudig bellend auf die Straße zu unserem Wagen sauste, wohin ihm Simone eiligst nachlief und ihn scheltend in den Garten zurückbeförderte.

Simone hatte alles bereits vorbereitet, wir setzten uns um den Kaffeetisch -»*Taran*, Platz!", worauf *Taran* aus seinem Korb einen Ball herbeischleppte und mir auffordernd vor die Füße warf. Auch auf unserer anschließenden Fahrt zum Übungsplatz turnte *Taran*, von unserer Ankunft sichtlich angeregt, im rückwärtigen Teil des Kombi herum, und das - »*Taran*, Platz!" - das ihm Simone während unseres lebhaften Gespräches hin und wieder zurief, weil er ihr mit seiner Hampelei den Blick im Rückspiegel verstellte, verhallte wirkungslos und - unbeanstandet, da Simone nun nach unseren Kindern, unseren Hunden fragte und von ihrem neuen Job berichtete.

Vermutlich ahnen Sie bereits, daß *Taran*, nachdem ihn Simone am Übungsplatz ausgeladen und einen ihr befreundeten Hundeführer begrüßt hatte, weiterhin unermüdlich und freudig um sie herumtänzelte. Ein heftiges »*Taran*, Fuß!« wurde von ihm völlig ignoriert, worauf sie ihn nun an der Leine energisch zurückriß: »Verdammt nochmal, Fuß!, *Taran*, Fuß!« - und zu ihrem Freund meinte: »Also heute hat er wieder Hummeln in der Hose, kann ich dir sagen« - »Fuß!, *Taran*, Fuß!«, »Jetzt Sitz!, *Taran*, Sitz endlich!«.

Nachdem Simone ihren Hund schließlich in die Ausgangsposition gebracht hatte (der sich dabei neugierig immer wieder zu uns umwandte, und deswegen mit heftigen Leinenrucken ermahnt wurde) und das heutige Übungsprogramm mit ihm zu absolvieren begann, änderte sich einiges. Ihre Befehle kamen knapp, kurz und klar, und sie unterließ auch alle überflüssigen Kommentare. *Taran* jedoch blieb unaufmerksam, wenn er auch hin und wieder tat, was ihm befohlen worden war. Sichtlich verärgert gab sie *TARAN* schließlich an ihren Freund weiter und bat ihn, an ihrer Stelle mit dem Hund weiterzumachen, damit wir Zeit zum Reden hätten.

Wer jetzt *TARAN* beobachtete, der sich bei Simones Freund begeistert und angestrengt bemühte, hätte nicht geglaubt, daß es sich um den gleichen Hund handele. Aufmerksam blickte er zu seinem Führer empor, der in den letzten Wochen schon häufiger für Simone eingesprungen war, wenn *TARAN* wieder einmal »schlecht drauf« zu sein schien. Der hielt sich jetzt schwanzwedelnd korrekt dicht an des Führers Knie, machte alle Übungen an der Leine ohne den geringsten Fehler und, zu unserer Überraschung, blieben seine Leistungen ebenso fehlerfrei, als es ohne Leine weiterging. Mehr noch, er legte tadellos ab und blieb eisern liegen, als sich sein Führer entfernte ... Kein Mensch hätte irgendetwas entdecken können, was auf einen widerborstigen, dickschädeligen, unkonzentrierten Hund hingedeutet hätte.

Am Abend sind wir dann in langen Gesprächen, an denen auch Simones Freund teilnahm, dem Rätsel von *TARAN*s Verhalten auf die Spur gekommen. Bis vor einigen Monaten hatte mit dem Hund ja alles hervorragend funktioniert. Dann aber hatte Simone ihr Angestelltenverhältnis als Grafikerin aufgegeben und war seither freiberuflich tätig. Das bedeutete, sie war nun den ganzen Tag zuhause, und der Hund war sich nicht mehr wie früher einige Stunden selbst überlassen. Da sie deswegen häufig ein schlechtes Gewissen gehabt hatte, hatte sie sich wenigstens in ihrer Freizeit besonders auf ihren Hund konzentriert, für ausreichend Bewegung, Beschäftigung und - Erziehung gesorgt. Letztlich war der Hund sogar ein wichtiger Grund für die Änderung ihrer Lebensweise gewesen. Auch der regelmäßige Besuch des Übungsplatzes hatte sich auf diese Weise erst einrichten lassen.

Im Gegensatz zu früher kamen jetzt tagsüber viele Besucher, die Berufliches mit ihr zu besprechen hatten. Da es wichtige Gesprächspartner waren, trat während dieser Zeit naturgemäß *TARAN* etwas in den Hintergrund.

Das war ihr aber im Grunde gar nicht richtig bewußt geworden, wie auch nicht, wieviele Anweisungen sie dem Hund nun gab, ohne jedesmal darauf drängen zu können, daß sie auch beachtet wurden, da sie sich wieder auf ihre »Brötchengeber« konzentrieren mußte.

Um des lieben Friedens willen ließ sie den Hund gewähren und war froh, wenn er wenigstens nicht störte, und, geradeso wie Herr Jungjohann, hatte auch sie einige *Beruhigungshappen,* so etwa riesige Kauknochen, Brotkanten, Leckerbissen zur Hand, womit sie den Hund, wenn er gar zu unruhig war, ablenken und besänftigen konnte.

Nachdem wir dies alles rekonstruiert hatten, war Simone klar, daß auch sie die »Drei-Wochen-Kur« machen würde. In ihrem Fall bedeutete dies, daß sie wieder *ganz von vorn mit den Grundübungen* anfangen müsse und eisern darauf zu achten habe, daß *sie* dabei, sowohl bei sich wie bei ihrem Hund, auch die geringste Nachlässigkeit vermeiden müsse. Denn, daß ihr Hund könne, *wenn* er nur wolle, darüber bestand gar kein Zweifel. Es machte sie, wie sie sagte, regelrecht »verrückt«, daß ihr Hund zwar bei ihrem Freund, nicht aber bei ihr seine Fähigkeiten zeigte.

Vom Zwiespalt zwischen Übungsplatz und Alltag

Das Problem, das Simone mit ihrem Hund hatte, ist gar nicht einmal so selten. Tatsächlich erleben es viel mehr Hundehalter, als man annimmt, weil merkwürdigerweise in den zahlreichen Erziehungsanleitungen nicht mit dem nötigen Nachdruck darauf hingewiesen wird, daß und wie hier Fehlverhalten entstehen kann.

Erstens entsteht dieses Fehlverhalten unvermutet bei Hunden, die sich schon eine geraume Zeit recht ordentlich benommen haben, zuerst im Alter von 6-8 Monaten, wenn sie geschlechtsreif werden und regelrecht ins Flegelalter kommen. Für einen kurzen Zeitabschnitt scheinen sie dann alle guten Manieren restlos vergessen zu haben. Aber diese Phase endet, ebenso wie beim pubertierenden Zweibeiner, genau so unvermittelt, wie sie begonnen hat und ganz von selbst. Allerdings können hier große Strenge und drakonische Strafen mehr schaden als nützen. Sie zerstören des Hundes Vertrauen zu seinem Herrn. Am besten läßt man diesen Frühlingssturm vorüberziehen, es kommen wieder bessere Tage. Konsequent auf das Befolgen von Befehlen achten muß man natürlich auch in dieser Zeit.

Eine weitere Veränderung ergibt sich bei dem etwa zweijährigen Hund. Dann nämlich hat der Hund, ähnlich wie sein Stammvater Wolf, auch seine »geistige Reife« erreicht, während er seine Geschlechtsreife schon früher erlangt hat, was den Hundehalter zu früh zu dem *Trugschluß* führt, sein Hund sei längst »erwachsen«. Aber, ob und wie gut und sicher ein Hund in der Hand seines Führers ist, stellt sich erst mit seinem tatsächlichen »Erwachsenwerden« heraus. Jetzt erst zeigt sich, ob er nun *mit* oder *gegen* seinen Herrn arbeitet. Denken Sie aber daran, daß große und Riesenrassen nicht nur erheblich später ausgewachsen sind, sondern auch entsprechend später zu »geistiger« Reife gelangen. (Daß es außerhalb der entwicklungsbedingten Lernpausen auch andere, typische Verweigerungsphasen gibt, davon mehr im Zusammenhang mit der »Drei-Wochen-Kur«.)

Zweitens fällt dieses Fehlverhalten ausgerechnet bei Hunden auf, mit denen regelmäßig auf dem Übungsplatz gearbeitet wird, was zeigt, daß ihre Besitzer sich im Grunde schon um eine gute Ausbildung bemühen. Leider macht man sich aber oft nicht ausreichend klar, daß ein Hund eben nicht nur auf dem Übungsplatz, seiner »Schule«, lernt. Er kann nicht, wie ein zweibeiniger Schüler, begreifen, daß besonders das in der Schule erworbene Wissen grundsätzlich gilt, d.h. ein Hund kann nicht zwischen »Ferien und Schule« unterscheiden.

Drittens stehen viele Hundehalter vor manch einem Rätsel, weil sie nicht erkennen, daß ihr Hund sozusagen in *zwei Welten* lebt, die *beide* großen Einfluß auf seine Lernvorgänge haben. Ebenso wie das, was auf dem Übungsplatz mit ihm erarbeitet wird, beeinflussen den Hund auch die vielen Gewohnheiten, die sich zuhause im täglichen Alltag eingeschliffen haben. Oft genug wird durch Alltagsgewohnheiten, ohne daß man sich dessen bewußt ist, das mühevoll Geübte wieder zunichte gemacht.

Merkwürdigerweise, was den Besitzer oft beschämt, zeigen viele dieser Hunde in der Hand eines *anderen Hundeführers* ein völlig *anderes, korrektes Verhalten.* Nur allein deswegen, weil sie bei diesem daran *gewöhnt* sind zu folgen, kommen sie gar nicht darauf, irgendwelche Mätzchen zu entwickeln. Denken wir an Simone, die, während sie mit uns als Hauptpersonen beschäftigt war, ihrem Hund allerlei Befehle zurief, ohne sich darum zu kümmern, ob sie auch befolgt würden; genau genommen rechnete sie nach den bisherigen Alltagserfahrungen auch gar nicht damit.

Wie oft erlebt man es selbst, an einem gemütlichen Sonntagnachmittag beispielsweise, *daß man es nicht weiter tragisch nimmt,* wenn unser Hund dann gelegentlich tut, was *er* gerade mag.

Oder im täglichen Streß ist es ganz einfach zu mühevoll, nun auch noch darüber nachzudenken, ob man dem Hund nicht gerade wieder etwas durchgehen läßt, weil man im Moment entweder keine Zeit oder keine Lust hat, ihn sofort zu korrigieren. Man beruhigt sich mit dem Gedanken, daß man ja *später* wieder mit ihm zum Training auf den Übungsplatz geht.

Befehle, die man auf dem Übungsplatz vorschriftsmäßig erteilt, werden daheim gedankenlos dahingesagt, und man überläßt es dem Hund, ob er sie mal befolgt oder mal eben nicht. Im Gegenteil, oft genug verkürzt man dann eine mühselige Auseinandersetzung, indem man seinem Hund mit einem Leckerle schnell zu dem gewünschten Verhalten verleitet, so daß dieser sich schleunigst merkt, *wenn er nicht gleich folgt, gibt es was Gutes.*

Gleichzeitig gerät aber der Hund in einen Zwiespalt: Für das gleiche, (unkorrekte) Verhalten wird er auf dem Übungsplatz zurechtgewiesen, d.h. bestraft, zuhause aber führt das *Nichtbefolgen* des gleichen Befehls zu etwas, das der Hund als *Belohnung* empfindet, weil er *seinen* Kopf durchgesetzt hat (man läßt ihn tun, was er gerade wollte, man streichelt ihn auf seine Aufforderung hin, man gibt ihm ein Leckerle, damit er dann, nach erfolglosen Befehlen, doch folgt, Ruhe gibt usw.).

Letztlich folgt, was auch Simone mit ihrem Hund erlebte. Wie sie erwarten sehr viele Hundehalter, daß ihre Hunde genau auseinanderhalten können, daß es bestimmte Situationen gibt, »wo es nicht so drauf ankommt«, und andere, wo dies ganz und gar ausgeschlossen ist. Damit sind Hunde aber überfordert. So intelligent sie auch sein mögen, derartige Gedankengänge sind einfach zu kompliziert für sie.

Inkonsequenz seines Herrn - die mächtigste Belohnung für den Hund

Nach und nach nutzen Hunde die häusliche Inkonsequenz ihres Besitzers ganz schön aus. Ohne daß dies rechtzeitig erkannt wird, verkehren sich dabei auch die Dominanzverhältnisse ins Gegenteil des Gewünschten. Aus Bequemlichkeit, Zeitnot oder umstandsbedingt gibt man dem Hund immer häufiger nach oder man »übersieht« geflissentlich, wenn er etwas eigentlich Verbotenes tut.

Was aber viele nicht wissen: *Gerade diese gelegentlichen »Belohnungen« sind einer der stärksten Anreize für den Hund, ein bestimmtes Ziel immer wieder anzustreben.* Es *könnte* ja sein, daß für ihn etwas Lohnendes dabei herausspringt.

Dieses Prinzip läßt sich natürlich auch im *positiven Sinne gezielt für uns ausnutzen,* wenn ein gewünschtes Verhalten nur gelegentlich belohnt wird und der Hund daher besonders motiviert ist, während andererseits ein Verhalten, das wir *regelmäßig* belohnt haben, dann *eingestellt* wird, wenn die *Belohnung ausbleibt.* Wir kommen in anderem Zusammenhang nochmals darauf zurück.

Über kurz oder lang wird aber jeder halbwegs gescheite Hund (und das sind die meisten) beginnen, auch auf dem Übungsplatz oder in anderen, vielleicht sogar wirklich wichtigen Situationen, seinem Herrn den Gehorsam zu verweigern.

Unklare Verhältnisse sind, wie schon erwähnt, Gift für die Seelenlage eines Hundes. Er wird nicht nur störrisch. Bei dann einsetzenden strengeren Erziehungsmaßnahmen wird er versuchen, Gewalt mit Gewalt zu beantworten. Zuerst knurrt er nur, aber er wird sehr bald einmal in einer handgreiflichen Auseinandersetzung ausprobieren, wer denn nun der Stärkere sei.

Gelegentlich hört man dann einen Hundeführer, der sich damit brüstet, daß er seinem Hund einmal richtig gezeigt habe, wo's lang geht. Zu Deutsch: Er hat ihn nach Strich und Faden verprügelt. Solche Verhältnisse können sich ganz schön hochschaukeln. Manchmal geistern dann Schreckensbotschaften durch die Presse: Ein »erfahrener« Hundeführer sei von seinem Hund angegriffen, manchmal sogar tödlich verletzt worden. Die Presse schlachtet jeden dieser Berichte über die todbringenden Bestien gehörig aus. Leider aber erweist sich das, untersucht man die Hintergründe genauer, als alles andere als »unnatürlich«. Es ist das ganz und gar normale, angeborene Verhalten eines Hundes, *dessen Verhältnis zu seinem Herrn gestört ist.* Ist er deshalb aber auch als ein verhaltensgestörter Hund zu bezeichnen? Für das Fehlverhalten seines Herrn wird nicht selten der Hund mit dem Tod bestraft.

Lernen, Belohnen und Strafen - aber nicht nach Schema-F

Nimmt man die Berichte, wie der eine oder andere seinen Hund erzogen hat oder zu erziehen gedenkt, einmal unter die Lupe, wird man schnell feststellen, wieviele Bestrafungs- und Abschreckungsmethoden dabei aufgezählt werden. Das Loben geschieht häufig wirklich nur beiläufig. Dies scheint logisch zu sein, da ja der Hund die feinen Manieren erst noch lernen soll, es also mehr zu kritisieren als zu loben gibt.

Vor allem soll die Erziehung schnell und mühelos vonstatten gehen, und mancher meint, wenn er dem Hund zuerst alles Unerwünschte abgewöhnt, dann ist der Rest ein Kinderspiel. Daß es aber gerade andersherum richtig ist, nämlich der Hund das *Erwünschte zuerst ler-*

nen soll, das muß so mancher Hundehalter erst aus seinen Mißerfolgen zu begreifen lernen. Geradeso wie beim Menschen ersticken Angst vor Strafe und ständiger Zurechtweisung auch beim Hund jeden gewünschten Lernfortschritt im Keim.

Aber auch über die verschiedenen *Belohnungen,* so können Sie nachlesen, ist jedes Hunde-Erziehungsbuch völlig anderer Meinung. Und von »erfahrenen« Hundeausbildern werden Sie immer wieder davor gewarnt, Ihren Hund über seine Freßlust, d.h. mit Leckerbissen erziehen zu wollen. Vielfach wird dies als unfachmännisch belächelt.

Fassen wir aber einmal all das zusammen, was wir in den mancherlei Büchern gelesen und von allerlei Fachleuten gehört haben, kommen wir schließlich sogar zu einer richtigen Erkenntnis: Es gibt ebenso viele unterschiedliche Formen der Belohnung und der Bestrafung, wie es unterschiedliche Situationen und unterschiedliche Hunde und unterschiedliche Hundehalter gibt. Richtig ist also, nicht nach Schema-F zu verfahren, sondern die für die jeweilige Situation und den jeweiligen Hund wirksamste Belohnung oder Bestrafung einzusetzen.

Die wichtigste Frage, die grundsätzlich alle Hundehalter immer als erstes an mich stellen, ist denn auch die nach dem *Patentrezept, das immer wirkt.* Sie wollen die *Zauberformel,* das *Geheimrezept.* Die Antwort darauf ist gut und schlecht zugleich. Gut daran ist, daß es keine »geheimen« oder »Zauber«-Methoden gibt, dafür aber *erprobte Grundsätze,* die man selbst sich eben aneignen und befolgen muß. »Schlecht« daran ist, daß es eben *kein »Rezept« gibt, da man Hunde nicht zubereitet sondern - erzieht.*

Zweitens wollen viele wissen, ob man denn ihren Hund überhaupt (noch) erziehen könne. Auch hier ist die Antwort gut und schlecht zugleich. Grundsätzlich gibt es *keine* Altersbeschränkung. Ein Hund ab dem zarten Alter von drei Monaten kann bis zu seinem Lebensende erzogen werden, d.h. etwas lernen.

Allerdings gibt es hier *Einschränkungen.* Zuerst muß man sich über den Hund selbst einige Gedanken machen, da drei Voraussetzungen seine Erziehung erschweren oder gar unmöglich machen können.

Erstens ist er möglicherweise von Anfang an *mangelhaft aufgezogen* worden und *schlecht sozialisiert.* Das können Hunde aus Massenzuchten, von Hundehändlern oder Großzüchtern sein, aber auch Findelhunde unbekannter Herkunft. Hier kann schon die Erziehung des Junghundes große Probleme mit sich bringen.

Zweitens hat er möglicherweise seine psychischen Defekte schon von seinen Eltern geerbt, ist also genetisch vorbelastet. Häufig trifft sogar beides zusammen: Ein »Vermehrungszüchter« wählt seine Zuchthunde nicht gewissenhaft nach Wesensmerkmalen aus, betreibt also eine Art Karnickelzucht mit größtmöglichem »Welpenertrag«, und zieht diese ebenso bedenkenlos auf billigste und bequemste Weise auf. Obwohl solche Hunde körperlich gesund wirken *können,* haben sie schwerwiegende »verborgene Mängel«, die man nicht oder nur sehr schwer mit Erziehung beheben kann.

Drittens ist der Hund unter Umständen überhaupt krank, er muß also zunächst einmal in tierärztliche Behandlung.

Hier in diesem Zusammenhang wollen wir uns vorerst die verschiedenen Anlässe, aufgrund deren ein Hund etwas »lernt«, nun etwas genauer ansehen. Es gibt keinen Hund, der im Laufe seines Lebens nicht alles mögliche gelernt hat, davon haben wir bereits gesprochen.

Alle unerfreulichen Angewohnheiten, die Sie selbst ihm durch ungeeignete Erziehungsmethoden beigebracht haben, können ihm ebenso auch wieder *ab*-erzogen werden. Allerdings gleicht die Aufgabe dann einem Gang durch einen Irrgarten: Sie müssen herausfinden, wann und warum das unerwünschte Verhalten eingesetzt hat, um nun an den kritischen Stellen mit den »Reparaturen« zu beginnen.

Grundformen des Lernens: Instrumentelle und klassische Konditionierung

So viele erwünschte oder unerwünschte Lernvorgänge wir bei unseren Hunden beobachten können, wir haben es immer, so erstaunlich uns dies zu sein scheint, nur mit *zwei Grundformen des Lernens* zu tun. Wenn auch das Ergebnis, der Hund lernt etwas Erwünschtes oder Unerwünschtes, uns zunächst anzeigt, daß irgendein Lernvorgang stattgefunden hat, ist es keinesfalls bedeutungslos, auf welcher der beiden Grundarten der Lernvorgang beruht hat.

Als erstes sind dies jene Lernvorgänge, die mit einer Belohnung verbunden sind. Woraus diese für den Hund besteht, ist oftmals gar nicht sofort ersichtlich, worauf wir noch kommen. In der Fachsprache bezeichnet man dieses als *»instrumentelle Konditionierung«*, das ist also unser bereits ausführlich erläutertes Modell RRV = Reiz-Reaktion-Verstärkung.

Zweitens gibt es aber auch Unarten und Angewohnheiten, die der Hund »gelernt« hat, obwohl sie nicht mit Belohnungen in Verbindung stehen. Dieses heißt in der Fachsprache *»klassische Konditionierung«*, und die *stellt Sie vor viel größere Probleme,* weil hier psychologische Einsicht Ihrerseits allein nicht ausreicht, da der Hund sie nicht mit dem Verstand, sondern sozusagen mit dem *Körper* gelernt hat. D.h. seine Reaktionen erfolgen *nicht freiwillig aufgrund seiner Erkenntnis,* sondern *unfreiwillig,* als *Reflex,* der vom *autonomen Nervensystem* ausgelöst wird.

Eine weitere Komplikation entsteht dadurch, daß eine derartige Reaktion des Hundes *nicht belohnt* wird. Sie sitzt so tief drin, daß der Hund in bestimmten Situationen nur in einer bestimmten Weise reagieren kann. Da ich diese Zusammenhänge an anderer Stelle ausführlich erkläre*), soll uns hier der Hinweis genügen, daß die verschiedenen Reflexe angeboren, d.h. sozusagen eingebaute Sicherungen und Signalgeber sind, ohne die sowohl Tier wie Mensch generell nicht lebensfähig wären.

Von Reflexen, dem umfassenden Schutz- und Regelsystem

Ich weiß nicht, ob jemals jemand eine vollständige Liste aller im Organismus ablaufenden Reflexe aufgestellt hat, die, ein komplexes, »automatisch« funktionierendes Schutz- und Regelsystem, innerhalb des Körpers für dessen Funktionsfähigkeit sorgen. Bei aller Vielfalt lassen sich jedoch die Reflexe und ihr Wirkungsfeld in drei große Gruppen einordnen, und werden so für uns begreifbar.

> Über Reflexe wird *erstens* das innere Milieu und die Körperzusammensetzung konstant gehalten (Nahrungsaufnahme, Homöostase).
>
> Mit Reflexen wird *zweitens* auf Umweltveränderungen reagiert (Selbstschutz, Situationsreflex)

---

*) Siehe: Eric H.W. Aldington, Von der Seele des Hundes, Verlag Gollwitzer, Weiden

Reflexe dienen *drittens* der Erhaltung der Art (Sexualverhalten, Brutpflege usw.)

Wie wir später sehen werden, befinden sich auch die »wunden Punkte« im Verhalten unserer Vierbeiner in einem oder mehreren dieser Problemkreise.

Was für uns in anderem Zusammenhang noch wichtig sein wird, ist die Tatsache, daß *der Ablauf eines durch einen Reiz ausgelösten Reflexes nur den Bruchteil einer Sekunde dauert.*

Ein ganz einfaches Beispiel: Wird Ihre Hand von einem Schmerzreiz getroffen, so ziehen Sie sie bereits reflektorisch zurück, *bevor* Ihnen der Schmerz *bewußt* wird. Bei diesem *Schutzreflex* wird der *Schmerzreiz* von *sensorischen Nervenendigungen der Haut* aufgenommen und mit einer sensiblen Nervenfaser zum *Rückenmark* geleitet. Hier gelangt die Erregung durch synaptische Übertragung zu den motorischen Nervenzellen des Rückenmarks, die die Erregung wieder zur Peripherie leiten und dort eine Muskelkontraktion (das Zurückziehen der Hand) auslösen. Inzwischen haben aus dem Rückenmark aufsteigende Nervenfasern den *»Schmerz«* und auch die *Bewegungsempfindung* (Sie merken, daß Sie die Hand zurückgezogen haben) zur *sensorischen Hirnrinde* emporgeleitet - jetzt erst *wissen* Sie, was sich vorher ereignet hat, d.h. Sie erfahren erst *nachträglich,* auf welche Weise Sie automatisch auf einen Schmerz reagiert haben.

Wir müssen uns hier vor Augen führen: Was auf dieser Ebene abläuft, hat für das jeweilige Individuum *existentielle Bedeutung,* also einer so oder so eingeschätzten Situation kann *nur* mit einer bestimmten Reaktion begegnet werden. Hierbei kommt es aber *nicht* auf eine *objektive* Bedeutung oder Wertung an, sondern es zählt einzig und allein die *subjektive* Bedeutung oder Einschätzung des einzelnen Individuums, die aber *nicht* über den Verstand, den Willen, die Einsicht beeinflußbar ist. Mit anderen Worten bedeutet dies, daß ein Lebewesen instinktiv eine blitzschnelle Entscheidung in einer Situation trifft, die ein Beobachter aus seiner Sicht völlig anders beurteilen kann, bzw. wird sie auch unabhängig von einer eigenen verstandesmäßigen, »vernünftigen« Bewertung schneller, d.h. im Bruchteil einer Sekunde, ausgeführt, als man denken oder einen Entschluß fassen kann.

Ich will das an einem ganz einfachen Beispiel erklären. Unter meinem Arbeitstisch im Gartenhaus hatte ich vom Tischler ein zweites Ablagebrett anbringen lassen, das dieser so ungünstig befestigt hatte, daß ich jedesmal, setzte ich mich eilig hin, heftig mit der äußerst empfindlichen Kante meiner Kniescheibe dagegen stieß, was so sehr schmerzte, daß mir regelrecht schlecht davon wurde. Nachdem ich mich zwei oder dreimal derart schmerzhaft hingesetzt hatte, ertappte ich mich dabei, daß ich mich an *jedem* Tisch, wenn ich mich niedersetzte, *unwillkürlich* in der Bewegung abbremste und mich ganz vorsichtig und langsam niederließ, um nur ja mein Knie von dem schmerzhaften Kontakt zu verschonen. Erst Wochen, nachdem das Brett schon eine Weile entfernt worden war, verlor sich dieses vorsichtige Niedersetzen.

Pawlow in der Praxis

Wir kennen die klassische Konditionierung aus den Versuchen Pawlows, der in zahlreichen Versuchen die Zusammenhänge von »Drüse und Psyche«*) erforschte. Fast jeder kennt die Berichte, wie er durch das Zusammenfallen von Fütterung mit beispielsweise einem Klingelzeichen die Hunde dazu brachte, daß sie, nach einigen Versuchen, allein durch das Klingelzeichen zu vermehrter Speichelabsonderung veranlaßt wurden.

Die »klassische Konditionierung« verläuft nach einem im Grunde einfachen Schema:

1. Schritt:

Ein Stimulus	erzeugt	Reflexreaktion
: Essensgeruch	=	(Speicheln)
(unbedingter Reiz)	=	(unbedingte Reaktion)

2. Schritt:

Ein Stimulus + neutraler Reiz	erzeugt	Reflexreaktion
: Essensgeruch + Glockenton	=	(Speicheln)
(Unbedingter Reiz + bedingter Reiz)		

3. Schritt:

nur neutraler Stimulus	erzeugt	Reflexreaktion
(*nur* Glockenton = bed. Reiz)	=	(bedingte Reaktion)

*) Siehe: Eric H.W. Aldington, Von der Seele des Hundes, Verlag Gollwitzer, Weiden

Reflexe sind das Ergebnis zahlreicher innerer Reaktionen

Nun werden Sie sagen, daß es sich hier ja auch um eine Art erwarteter Belohnung, d.h. *Vorfreude* gehandelt habe. Daß sich hinter diesen »Lernvorgang« aber viel mehr verbirgt, wird uns klar, wenn wir uns überlegen, wieviele innere Reaktionen ablaufen müssen, bevor es, wie in diesem Beispiel, zur *Speichelabsonderung* kommt, oder aber zu Reaktionen wie Flucht oder Angriff (Angst) führt.

Viele dieser Erkenntnisse waren anfänglich das Ergebnis zufälliger Beobachtungen, die man dann gezielt zu wiederholen und zu verstehen versuchte. Einer der Hunde im Pawlowschen Labor war eine riesige Dogge, die längere Zeit Morphium gespritzt bekam, ohne daß gleichzeitig irgendwelche Reflexe mit ihr ausgearbeitet worden waren. Nach einiger Zeit stellten die Forscher zu ihrer Verwunderung fest, daß diese Dogge, schon *bevor* sie ihre Injektion bekam, alle Phasen der durch Morphium erzeugten Begleiterscheinungen durchlaufen mußte, die mit unstillbarem Erbrechen begannen. Man fand dann heraus, daß bei der Dogge allein der *Anblick* der Spritze ausreichte, um in ihrem Organismus das Räderwerk der Morphium-Reaktion in Gang zu setzen.

Ein andermal wurden Hunde trainiert, während des Fressens grundsätzlich ein Hinterbein auf eine Kiste zu stellen. Später kauten und schluckten sie (auch ohne Futter) automatisch, sobald ihr Bein hochgestellt wurde. Hier löste also eine *bestimmte Körperhaltung* eine bestimmte körperliche Reaktion aus.

Auch bei der alltäglichen Hundeerziehung nutzen wir diesen Effekt aus: Bringen wir unseren Hund durch Befehl oder Zwang in eine *submissive Körperhaltung* (Downlage, Herabdrücken oder Übergreifen der Schnauze), so wirkt sich dies nachhaltig auf seine Stimmungslage aus.

Trixi

Ein eher erheiterndes Erlebnis, bei dem wir viel lernen konnten, hatten wir mit unserer Hündin *Trixi*. Auf einem Spazierweg, den wir oft und gern benutzten, blieb sie an einem Weg hügelaufwärts unvermittelt stehen und war erst gar nicht, und dann nur mit vielerlei Befehlen, Verlockungen, gutem Zureden noch zu einigen wenigen Schritten vorwärts zu bewegen. Allerdings lahmte sie dabei stark und verweigerte schließlich jeden weiteren Schritt vorwärts. Also versuchten wir, nun wenigstens zurückzugehen, allerdings war der humpelnde Hund ein Bild des Jammers. Wir vermuteten, sie müsse irgendwas an einer - aber welcher? - Pfote haben und verluden sie ins Auto. Zuhause wurde sie, wie auch sonst in solchen »Pfoten-Fällen«, vorsichtig in die Badewanne gehoben, in der etwa eine Handbreit warmes Seifenwasser war. Erfahrungsgemäß ließen nämlich unsere Hunde, so ins warme Wasser gestellt, es zu, ihre Pfoten vorsichtig zu untersuchen, die man sonst nicht hätte berühren dürfen.

Bei *Trixi* entdeckten wir dann, nach einer Einweichphase, daß es nichts an Knochen, Gelenken oder den Ballen war, sondern daß sie sich einen nadelspitzen Schotterstein so unglücklich in das leicht verfilzte Haar zwischen die Ballen getreten hatte, daß die Spitze direkt in die feine, empfindliche Haut zwischen den Ballen hineinstach. Es mußte wirklich höllisch weh getan haben.

Aber, obwohl *Trixi* gleich nach Entfernen des Splitters wieder völlig normal im Haus herumlief, war für sie die Angelegenheit damit noch keinesfalls erledigt. Einige Tage später waren wir wieder einmal in dem besagten Waldstück unterwegs. *Trixi* lief völlig normal, bis wir zu dem Weg hügelan kamen. Dort blieb sie plötzlich wieder wie angewurzelt stehen, ging keinen Schritt mehr vorwärts und nur humpelnd zurück zum Auto. Wieder nach Hause, wieder Seifenwasser in die Badewanne - aber diesmal war absolut nichts zwischen den Ballen, wo sich diesmal auch nichts hätte verfangen können, da wir das Fell zwischen den Ballen nun sauber ausgeschnitten hatten.

Am nächsten Tag gingen wir gezielt den gleichen Weg nochmals. Wieder an der gleichen Stelle die Weigerung von *Trixi*, es ging humpelnd zum Auto zurück. Aber statt heimzufahren, gingen wir diesmal um das Auto herum und mit *Trixi* den zweiten Weg, der, fast parallel zu dem ersten, den Hügel ebenso wie dieser bergan ging und dann in einer Schleife in unseren normalen Weg mündete, d.h. dieser Weg war geringfügig länger, weswegen wir ihn sonst nicht benutzten. *Trixi*, die noch eben unter der Last ihres »Schmerzes« jede Vorwärtsbewegung verweigert hatte, lief jetzt, auf dem anderen Weg, ohne zu zögern, ohne zu humpeln und brachte die anschließende fast dreistündige Wanderung ohne die geringste Ermüdungserscheinung hinter sich. Den ganzen Sommer über, so oft wir es auch ausprobierten, hatte dieses kurze, »schreckliche« Wegstück die gleiche *verheerende* Wirkung auf unseren Hund. Auf dem zwei Meter daneben parallel verlaufenden Weg war sie jedesmal von einer Minute zur anderen völlig normal.

Dann wollten wir es genauer wissen. Mit *Zwang* erreichten wir nur, daß sich *Trixi*s Verhalten eher *verschlimmerte.* Nachdem wir sie nämlich einmal mehr oder weniger gezwungen hatten, dieses Wegstück zu benutzen, um ihr zu »beweisen«, daß ihr dort nichts Schlimmes passiere, setzte beim nächsten Mal ihr Verweigern und Humpeln schon einige Meter früher ein, als sie den Weg nur vor sich *sah.*

Wenn gutes und böses Zureden sinnlos verpufft sind, bleiben als probates Mittel - Freßlust und Hunger. *Trixi* wurde demzufolge auf Null-Diät gesetzt, selbstverständlich bei ausreichend Wasser, was auch sichtlich gut für ihre schlanke Taille war. Aber nicht nur das.

Nach einigen Hungertagen fuhren wir wieder zu unserem Spezialweg. *Trixi* hatte unterwegs schon beglückt an dem Futterbeutel herumgeschnuppert und beobachtete, als sie den Wagen verließ, mit Luchsaugen, daß wir den Beutel mitnahmen. Nun ging es auf den »schrecklichen« Weg zu. *Trixi* bekam einen Happen aus unserer Hand und es ging einige Schritte weiter - noch war die bewußte Stelle nicht erreicht - und *Trixi* lief höchst aufmerksam, ohne irgendwelche Zeichen von Beuruhigung, neben uns her. Dann war es soweit: *Trixi* wollte gerade wie angewurzelt mit allen Zeichen großen Schmerzes stehen bleiben, als ihr von Götterhand ein neuer Bissen gereicht wurde, den *Trixi* verschlang und, wenn auch zögernd, einen weiteren Schritt wagte. Wieder ein Happen, wieder ein zögernder Schritt, und so ging es fort, bis wir die »gefährliche« Stelle passiert hatten und zu der Einmündung des »ungefährlichen« Weges kamen, von wo aus unsere weitere Fortbewegung, wie gewohnt, ohne Zögern vonstatten ging. In den nächsten Wochen bekam *Trixi* ihre gesamte Nahrung *nur* auf dem gefährlichen Wegstück verabfolgt. Schon bald änderte sich ihr Verhalten: Anstatt diesem *schreckensvollen Wegstück* sehr zurückhaltend und verunsichert entgegenzugehen, verwandelte sich dieses bald für sie in einen *Ort der Freude,* auf den sie nachdrücklich und gelegentlich speichelnd zustrebte, auch später noch, als sie längst nicht mehr hier, sondern wieder »normal« gefüttert wurde. Sie hatte die »Gefahr« vergessen. Das positive Erlebnis hatte die Negativ-Erfahrungen ausgelöscht.

Natürlich werden Sie nun sagen, es wäre einfacher gewesen, mit *Trixi* diesen Weg eben nicht mehr zu benutzen. Aber wir wollten ja etwas lernen vom Verhalten unserer Hunde, und wenn, wie in diesem Fall, der Auslöser eines abweichenden Verhaltens so eindeutig war, war es jedesmal verlockend, verschiedene Möglichkeiten durchzuprobieren, um zu sehen, wie der Hund auf Befehl, Zwang, Gewöhnung oder Belohnung reagieren würde.

Um es gleich zu sagen: *Gegen tief sitzende Ängste hilft Zwang überhaupt nichts, eher bewirkt dieser eine Verschlimmerung des Zustandes.*

Asta

Welch weitreichende Folgen ein schlimmes Erlebnis für Hunde haben kann, erlebten wir bei Freunden in einer norddeutschen Universitätsstadt. Wir trafen uns anläßlich einer Hundeausstellung, und ich war gespannt, bei dieser Gelegenheit ihre Hündin *Asta* wiederzusehen, um die ich sie schon heimlich beneidet hatte, als sie noch ganz klein war, die aber erstaunliche Fähigkeiten zu entwickeln versprach. *Asta* war ein wunderschöne Airedaleterrier-Hündin. Sie war nicht nur wirklich eine Augenweide, sondern ein kluger, intelligenter und sehr einfühlsamer Hund. Sie gehörte zu den Hunden, die wirklich jedes Wort zu verstehen scheinen, und sie war einerseits bis in ihr hohes Alter ungeheuer verspielt und neugierig, wie auch andererseits furchtlos und mutig.

Ohne daß ihr das jemals jemand beigebracht hätte, bewahrte sie die Frau meines Freundes einmal vor einem bösen Überfall: Niemand hätte in diesem Moment den im Alltag so sanften Hund wiedererkannt, der sich jetzt auf den Zudringling stürzte, diesen zu Boden warf und knurrend und zähnefletschend über diesem stehen blieb, offensichtlich jederzeit bereit, sofort noch weiterzugehen.

Bei unserem Treffen waren wir daher sehr überrascht, als wir erfuhren, daß man *Asta* nun schon seit einiger Zeit nicht mehr zu Ausstellungen mitnehmen könne, denn sie würde jedesmal vor Aufregung regelrecht krank, und man wolle sich und dem Hund diese Tortur ganz einfach ersparen.

Was war geschehen? Nach dem Erlebnis mit dem Überfall hatten unsere Freunde beschlossen, mit diesem Hund, der offensichtlich dafür begabt zu sein schien, eine entsprechende Ausbildung durchzuführen, man wisse ja nie, ob man das nicht nochmals wirklich brauchen könne. Sie begaben sich daher mit *Asta* auf den einzigen Übungsplatz weit und breit, aber zu ihrer wirklichen Überraschung erwies sich *Asta* dort als »Fehlschlag«, jedenfalls wurde ihnen das von den Ausbildern dort so erklärt. Weil aber, was dort geschah, etwas ist, was wir in ungezählten Fällen auch bei anderen Hundehaltern miterlebten, sei hier davon berichtet.

Wie so oft, haben gute Seiten auch ihren Preis. *Astas* große *Sensibilität* und ihr enormes *Gedächtnis,* die das Zusammensein mit ihr zu einem großen Erlebnis werden ließen, hatten ihre Schattenseite in der großen Empfänglichkeit, die *Asta* für Stimmungen und gute, wie auch vor allem *schlechte Erlebnisse* hatte. Hinzu kam, daß *Asta* einen wirklichen »Mangel« hatte: ihre *Empfindlichkeit bestimmten Geräuschen gegenüber,* die die anderen Hunde unserer Freunde völlig kalt ließen. Scheppernde Geräusche störten *Asta* nicht, wohl aber die Abzughaube in der Küche, deren durchdringender Summton *Asta* regelrecht körperliche Qualen verursachte: Am ganzen Leibe zitternd war sie hinterher jedesmal sichtlich erschöpft von dieser großen Aufregung oder Anstrengung. Normalerweise war sie auch auf und davon, wenn das Ding in Betrieb war. Wurde aber das Futter zubereitet, kam sie dann doch hinzu, und verharrte erwartungsvoll, aber gleichzeitig schlotternd in gebührender Entfernung.

Als dann *Asta* auf den Übungsplatz kam, stellte sich heraus, daß sie ebenso empfindlich auch auf die *Pistolenschüsse* reagierte, mit denen die verschiedenen Ausbilder reichlich agierten, während im Haushalt unserer Freunde das Abfeuern von Pistolenschüssen logischerweise nicht vorkam, sie also auf diese Empfindlichkeit ihres Hundes nicht vorbereitet waren. Auf ihre Bitte, *Astas* Schwäche gemächlich zu überwinden und - geduldig - Schüsse und Futter zu verbinden, wurden sie kurzerhand ausgelacht. Einen solchen Hund bildet man eben nicht aus. Beeindruckt von so viel »Kompetenz« stellten sie auch nicht die Frage, ob denn nicht ein Hund trotzdem in anderen Punkten vielleicht ganz gute Leistung erbringen würde, und so wenigstens eine Grundausbildung bekommen könne und solle.

Es war ganz offensichtlich: Solange nicht geschossen wurde, machte *Asta* eindrucksvolle Fortschritte, um die unsere Freunde von manchem beneidet wurden, der noch an Verständigungsschwierigkeiten mit seinem Hund herumdokterte.

Unsere Freunde beschlossen nun, mit *Asta* wenigstens alles, wobei nicht geschossen wurde, auszuarbeiten, denn auf der Fährte war sie begeistert dabei, das Bringen mit Hin- und Rücksprung erledigte sie mit Feuereifer, wie sie überhaupt richtig gierig darauf zu sein schien, etwas Neues zu lernen. Dann aber, an einem heißen Sommertag, vollendete das Genie von einem Ausbildungsleiter sein Werk. Trotz der glühenden Hitze, die alle in den Schatten der umstehenden Bäume zwang, ließ er die Hunde mitten auf dem schattenlosen Rasen des Übungsplatzes ablegen, während mein Freund gerade wegen eines Defektes an seinem Wagen mit einem Techniker beschäftigt, also für kurze Zeit abwesend war. Als er zurückkam, lag *Asta*, wie angewachsen, hechelnd in der glühenden Sonne, die auf ihr schwarzes Fell herniederbrannte, wie er nun erfuhr, bereits seit 15 Minuten. Auch als sie ihn erblickte, rührte sie sich befehlsgemäß nicht von der Stelle und sah ihn hechelnd fragend an.

Mein Freund war empört, rief sie sofort ab und ging mit ihr zum Wagen, wo sie große Mengen Wasser trank und dann erschöpft auf dem Rücksitz liegen blieb. Wie schon bei einigen früheren, unliebsamen Anlässen, schwor sich mein Freund, fiele noch einmal so etwas vor, würde er endgültig vom Übungsplatz Abschied nehmen.

Diese Entscheidung hat ihm *Asta* allerdings abgenommen. Als er das nächste Mal Richtung Übungsplatz unterwegs war, begann sie bereits 50 m, bevor sie diesen erreicht hatten, auf ihrem Rücksitz unruhig zu werden und immer heftiger zu hecheln und zu zittern. Wahrscheinlich war es ein Fehler, an diesem (wieder reichlich warmem) Tag gleich wieder umzudrehen; aber auch ohne, daß sie auf dem Übungsplatz gearbeitet hatten, war *Asta* ebenso erschöpft wie beim letzten Mal.

Asta tat dies nicht nur einmal. Alle Versuche, selbst im Winter bei klirrender Kälte, mit ihr den Übungsplatz zu erreichen, endeten mit ihrer sich von Mal zu Mal steigernden Unruhe und immer heftigerem Hecheln. Unsere Freunde haben es später nochmals bei einem anderen Übungsplatz mit ihr versucht. Ihre Reaktion blieb die gleiche. Sobald sie aus untrüglichen Anzeichen erkannte (Hundegebell, Schüsse, Stimmen, am Wegrand angeleinte Hunde usw.), daß ein Übungsplatz bevorstand, war nichts mehr mit ihr anzufangen.

Doch damit nicht genug. Bald entdeckten unsere Freunde zu ihrer Überraschung, daß *Asta* dieses Verhalten auch auf *ähnliche Situationen* übertrug. Denn beispielsweise auch auf Hundeausstellungen, obwohl diese von unseren Freunden nur als Zuschauer besucht wurden, konnten sie *Asta* später nicht mehr mitnehmen, d.h. jede sich durch bestimmte Geräusche und Gerüche ankündigende Ansammlung von Hunden und Menschen versetzte ihr Inneres in immer den gleichen Aufruhr. Eines Tages, als unsere Freunde ihre Kinder vom Schwimmbad abholen wollten, und auf dem Platz davor einige andere Eltern trafen, die mit ihren angeleinten Hunden vor dem Tor warteten, versetzte auch dieses *Asta* in die bereits bekannte Panikstimmung, und sie mußte daher zum Auto zurück, »in Sicherheit« gebracht werden.

Nun hatte unseren Freunden ohnehin von Anfang an nichts an einem »Schutzhund« oder irgendwelchen Pokalen und Urkunden gelegen, sondern sie waren interessiert an einer etwas perfekteren Ausbildung unter anderen Ablenkungen, als sie sie dem Hund hätten bieten können. Wie mancher Hund von einem Ignoranten von Ausbilder um die so wichtige Ausbildung gebracht wurde und welche Konsequenzen sich oft daraus ergaben, davon könnte ich, nach den Berichten auch anderer Hundefreunde, viele Seiten füllen. Dies ist besonders bedauerlich deshalb, weil in meinen Augen nicht die Schutzhund-Abrichtung das oberste Lernziel eines jeden größeren Hundes sein sollte, sondern generell die in allen Lebenslagen *sicheren* »guten Manieren« von Herr und Hund. Gegen die Gefahren, die uns heute begegnen, kann uns ohnehin ein Hund kaum schützen. Dank mangelhafter Kenntnisse und Fähigkeiten ihrer Halter werden widersinnigerweise leider nun Hunde mit keiner, abgebrochener oder falscher Ausbildung, statt *unser Schutz* zu sein, selbst zur *Gefahr.*

Das beobachtbare Verhalten sagt wenig über dessen Entstehung

Aber *Astas* Geschichte ist noch aus einem anderen Grunde für uns recht interessant. Sie zeigt uns, daß wir vielfach dem *augenblicklich gezeigten Verhalten* des Hundes *nicht* unbedingt auch den *Auslöser* dafür entnehmen können. Denn ohne die Vorgeschichte zu kennen, wäre bei einem Hund wie *Asta*, die sich normalerweise alles andere als ungehorsam oder ängstlich gab, ihre Reaktion bei Hundeausstellungen oder vor dem Schwimmbad absolut unbegreiflich gewesen.

Vor ähnlichen Situationen stehen aber oft Leute, die einen Hund aus zweiter oder dritter Hand erwerben, und von dem Hund - ohne Vorwarnung - mit völlig unverständlichen Verhaltensweisen überrascht werden. So können plötzlich auftretende Aggressionen oder Phobien, bei ansonsten sich bis dahin völlig normal verhaltenden Hunden, auf früheren, einschneidenden Erlebnissen beruhen. Es gibt Hunde, die unvermittelt bestimmte Personen angreifen, kein Mensch weiß, warum. Schlimmer noch. Da hier von den Besitzern, in Unkenntnis der Vorgeschichte, nicht sofort richtig reagiert werden kann, ist es sogar möglich, daß sich eine bestimmte Reaktion des Hundes nun auch auf andere Auslöser hin einstellt.

Bubi

Ein Beispiel hierfür erlebte der neue Besitzer von *Bubi*, einem etwa fünfjährigen Schäferhundmischling aus dem Tierheim. *Bubi* mußte bei einem seiner Vorbesitzer schlechte Erfahrungen mit etwa achtjährigen Jungen gemacht haben. Sobald ein Junge dieses Alters ihnen begegnete, ging *Bubi* mit allen Anzeichen des Zorns darauf los. Sein Besitzer wagte daher nicht mehr, den ihm noch nicht sehr folgsamen Hund auf Wegen, wo mit Kindern gerechnet werden konnte, frei laufen zu lassen. Außerdem bestrafte er *Bubi* jedesmal sehr hart, wenn dieser einen solchen »Anfall« hatte, was von *Bubi* damit beantwortet wurde, daß er seinen neuen Herrn anfletschte und anknurrte und sogar zu beißen versuchte. Tatsächlich wurde aber nach einiger Zeit strenger Bestrafung eine, allerdings ganz und gar unerwünschte Verhaltensänderung des Hundes herbeigeführt. Der Anblick eines etwa achtjährigen Jungen löste weiterhin einen Reflexhandlung bei *Bubi* aus. Jetzt aber versuchte er aufgrund der ihm eigenen »Logik«, knurrend und zähnefletschend auf seinen neuen Herrn loszugehen. Wäre dieser Hund nun wieder zurück ins Tierheim gegeben worden, hätte man ihn mit der Verhaltensbeschreibung »Geht auf Kinder los, versucht seinen Herrn zu beißen« überhaupt nicht mehr weitervermitteln können. Da aber *Bubi* im übrigen ein lieber, anhänglicher Hund war, der wirklich an seinem neuen Herrn hing, wurde dann, beim Zusammentragen aller Fakten klar, daß *Bubi*s Angriffe auf seinen Herrn (er biß niemals wirklich zu) nicht im eigentlichen Sinne aggressive Auflehnung gegen seinen Herrn, sondern *reflexartiges* Verhalten in einer bestimmten Situation waren. Wenn es auch mühselig und langwierig war, gelang es dann doch, *Bubi* dazu zu bringen, den Anblick von achtjährigen Knaben ertragen zu lernen. Sein Besitzer war sehr froh darüber, denn diese »Anfälle«, bei denen *Bubi* auf ihn losging, waren zwar nie wirklich gefährlich, dafür aber jedesmal ungeheuer peinlich für ihn gewesen.

Fehlverhalten als Reflexreaktion auf Umweltreize

In diesem Zusammenhang interessiert uns daher hier vor allem, daß ein bestimmtes (Fehl)verhalten eng mit verschiedenen äußeren Reizen verknüpft sein kann, die eine reflexähnliche Reaktion bei den Hunden auslösen, die diese willentlich nicht beinflussen können. Für uns selbst sind sie unverständlich, weil es oft marginale Umwelt-Ereignisse sind, denen wir zunächst überhaupt keine Beachtung geschenkt haben.

Eine vergleichbare Gefahr besteht auch bei selbst auf dem Übungsplatz hervorragend funktionierenden Hunden, für die jedoch alle

Übungen eng verknüpft sind mit dem *Ort,* also dem Übungsplatz, und die, insbesondere wenn sie versehentlich von einem Ignoranten über den »Beutetrieb« ausgebildet wurden, als Reaktion auf einen bestimmten Stimulus *außerhalb* des Übungsplatzes sich nicht mehr lenken und mäßigen lassen.

Bereits Pawlow arbeitete klar heraus, daß nicht nur besondere, *bewußt* aufgenommene Stimulationen großen Einfluß haben können, sondern daß auch eine bestimme *Umwelt (Situation)* eine geradezu hypnotische Wirkung ausüben kann, ohne daß sie gewünscht oder bewußt ist, und entsprechende Reaktionen auslöst, gegen die das Individuum tatsächlich machtlos sein kann. Auch durch nichts zu unterdrückende, oft unerklärbare *Phobien,* die man bei manchen Hunden beobachten kann, können auf ein oder nur wenige Male wiederholte einprägsame Erlebnisse zurückgeführt werden.

Für Pawlow war es interessant, daß ein (aus mehr als einem Sinnenbereich) *zusammengesetzter Stimulus* jeden dieser Bereiche *einzeln* konditionierte; *einzeln* dargeboten konnte *jeder* von ihnen den bedingten Reiz auslösen, wobei beispielsweise *taktile Reize* stärker waren als *Wärmereize, akustische* stärker als *optische.* Außerdem spielten die Motiviertheit der Hunde und ihre besondere psychische Ausgangslage eine große Rolle.

Wie die »klassische Konditionierung« funktioniert

Fragen wir uns daher nun einmal, was bei der zuvor bereits als Lernschema geschilderten »klassischen Konditionierung« eigentlich alles passiert. Anders als bei der »instrumentellen Konditionierung« werden hier *reflexähnliche Reaktionen* sozusagen »automatisch« ausgelöst, die aus *Kontraktionen der glatten Muskeln* und der *Sekretion von Drüsen* bestehen. (Mit anderen Worten: Es werden bestimmte Bewegungs-Aktionen ausgelöst und eine Reihe von Hormonen ausgeschüttet, die zu weiteren Reaktionen führen.)

Die Antwort auf einen Reiz erfolgt hier *nicht verstandesgemäß, willentlich,* (z.B. weil eine Belohnung in Aussicht ist), sondern automatisch und unaufhaltsam mit dem *gesamten Organismus,* wie z. B. das Speicheln der Pawlowschen Hunde. Ebenso auch die echte *Angstreaktion,* bei der es unter *Adrenalineinfluß* zu *erhöhtem Blutdruck und Körper-*

temperatur kommt, das Blutbild sich verändert. D.h. hier werden an und für sich natürliche körperliche Reaktionen so ausgelöst, wie es im Ernstfall *überlebenswichtig* wäre. Der ganze Organismus wird beispielsweise auf Angst, Frucht oder Aggression umgestellt, Herzschlag und Atemfrequenz sind erhöht, das Blut wird überwiegend in die Skelettmuskulatur verlagert. Gleichzeitig wird die Verdauungstätigkeit reduziert, d.h. Speichelfluß unterbleibt. Die Angstreaktion (Speichelfluß unterbleibt) ist also das deutliche Gegenteil freudiger Erwartung (Speichelfluß gesteigert). Hierher gehören auch jene Reaktionen der Hunde, die vor lauter Unterwürfigkeit urinieren oder koten. In bestimmten Erregungsphasen sind außerdem typische motorische Reaktionen (Bewegungen, Augen, Ohren, Beine, Körper, aber auch Erstarren und Beharren) zu beobachten, ebenso verändern sich Atmung, Herzschlag, Pupillen, die Blutversorgung des Gehirns in jeweils typischer Weise.

Oder anders gesagt: Es werden allein auf bestimmte, oftmals scheinbar nebensächliche *Reize* (d.h. *nicht* unbedingt infolge einer besonderen *Situation) im Bruchteil einer Sekunde* die verschiedensten, angeborenen Programme abgerufen, *als ob* eine bestimmte *Situation* tatsächlich eingetreten wäre. Auf nichts weiter als *nur* auf einen *Reiz* findet also eine *Assoziation* statt und ruft eine negative oder positive *Stimmungslage* mit allen sich daraus für den Hund ergebenden Konsequenzen hervor.

Nun ist es normalerweise so, daß auch angsterfüllende Umstände, wenn sie häufiger vorkommen, *ohne* daß dem Tier dabei ein Leid geschieht, gut verkraftet werden. Jedes Lebewesen ist am Anfang seines Lebens mit vielen unbekannten, furchteinflößenden neuen Eindrücken konfrontiert, auf die es naturgemäß vorsichtig, neugierig oder erschrocken reagiert, seine Furcht davor aber verliert, sobald sie sich als *gefahrlos* erwiesen haben.

So können Straßenverkehr, große Menschensammlungen, Autolärm oder ein tieffliegendes Flugzeug bei Hunden zunächst großen Schrecken verursachen, je häufiger sie aber vorkommen, umso schneller *gewöhnt* sich ein Hund (normalerweise) daran. Natürlich spielt dabei auch die angeborene Veranlagung, das »Nervenkostüm« eines Hundes, eine entscheidende Rolle, wie auch seine sachgemäße Aufzucht in den einzelnen Entwicklungsphasen, wovon noch die Rede sein wird.

Anders ist es, wenn ein bestimmter Reiz, bzw. ein Erlebnis mit einer das Tier direkt betreffenden (unangenehmen) Maßnahme verbunden ist, also ein bestimmter Reiz zu einer *aversiven Stimmungslage* führt. Ein Hund, der einmal beispielsweise wegen Ohrenzwang von einem Tierarzt schmerzhaft behandelt wurde, wird womöglich jeder Annäherung des Tierarztes an seinen Kopf mit heftiger Abwehr oder gar mit Zubeißen beantworten, auch wenn dieser später nur zufällig mit der Hand in Richtung Hundekopf kommt und die Ohren längst verheilt sind. Es muß nicht einmal der *gleiche* Tierarzt sein, vielleicht genügt schon allein die Praxisatmosphäre oder ein weißer Kittel oder nur eine dem Tierarzt ähnliche Person, um, scheinbar ganz unmotiviert, ein solches Verhalten auszulösen.

Hier wird nun deutlich, warum wir uns so ausführlich mit diesem besonderen »Lernvorgang« beschäftigen müssen. Alle auf diese Weise entstandenen Verhaltensweisen eines Hundes müssen als solche klar erkannt werden, weil es ungleich *schwerer* ist, damit fertig zu werden, als mit jenen, die sich der Hund mit seinem *Verstand* angeeignet hat.

Es gibt kein »grundloses« Fehlverhalten

Jeder Problemhund, das zeigen die hier erzählten »Hundegeschichten«, hat bestimmte »Gründe« für sein Fehlverhalten. Auch wenn manche Hundehalter meinen, ihr Hund wolle sie nur »ärgern« oder gar sich »rächen«, so haben sie nur insofern recht, daß es einen *Grund* für das Verhalten ihres Hundes gibt, und oft genug, wie wir bereits gesehen haben, liegen die Gründe für Fehlverhalten des Hundes in der Person des Hundehalters. Dies gilt sowohl bei anerzogenen, erlernten, *motivierten Reaktionen,* wie auch bei den viel schwerer nachvollziehbaren reflexähnlichen, *»unmotivierten Zwangshandlungen«.*

Die Schwierigkeit besteht darin, daß wir nur das *augenblicklich* gezeigte Verhalten des Hundes beobachten können, das zunächst für uns logisch nicht verständlich ist oder aber von uns *mißverstanden* wird, weil in einer bestimmten Verhaltensweise eine Vielzahl angeborener und erlernter Reaktionen vereinigt sein können. Auch darüber habe ich anderweitig ausführlich berichtet*) und möchte daher nur einige alltäglich zu beobachtende Beispiele bringen.

Viele Leute halten es beispielsweise für Zeichen *»abnormen Sexualtriebes«*, wenn sie einen Hund haben, der höchst unangenehm dabei auffällt, weil er bei allen möglichen Gelegenheiten in eindeutiger Weise *»aufreitet«*. Bei Welpen kann man dieses Verhalten im Spiel beobachten, dort wirkt es rührend komisch, wenn sie so »üben«. Aber auch später kann man soetwas sowohl bei Rüden, wie bei Hündinnen erleben, die bei ihrem Herrn, bei Kindern oder Besuchern, aber auch auf leblosen Gegenständen, Kissen oder Sesseln aufreiten.

Statt mit »abnormem Sexualtrieb« haben wir es hier aber mit einer *Übersprungshandlung* zu tun, die eine Reaktion auf einen Konflikt oder einen Erregungszustand ist. Unbekannte Besucher lösen zum Beispiel eine Unsicherheit zwischen aggressivem und freundlichem Verhalten aus. Beim oftmals unberechenbaren Umgang mit Kindern weiß der Hund nicht, was er zu erwarten hat, und seine überschießende Erregung löst bei ihm eine für *ihn typische Reaktion,* das Aufreiten aus, womit der Hund seine innere Streßsituation aufarbeitet, wie wir es beispielsweise tun, wenn wir im Zorn eine Tür zuknallen oder in Zweifelsfragen uns am Kopf kratzen.

Zunächst reitet der Hund nur bei Kindern der eigenen Familie auf, aber er kann dies Verhalten später auch auf generell *alle* Kinder ausdehnen.

WALDEMAR

Wie sich solch ein Verhalten aus zufälligen Anfängen weiterentwickelt, dafür war ein Dobermann, den seine Besitzer, eine befreundete, sehr humorvolle Arztfamilie, auf den schönen Namen *WALDEMAR* getauft hatte, ein geradezu klassisches Beispiel.

WALDEMAR, insgesamt mit einem überschäumenden Temperament und folglich mit vielen interessanten Marotten gesegnet, geriet jedesmal dann völlig aus dem Häuschen, wenn er nur zu ahnen begann, daß es endlich nach draußen ginge. Schon allein der Umstand, daß sich jemand am Schuhschrank zu schaffen machte, oder wenn sein Herr, in vielleicht völlig anderer Absicht, den im Keller des Hauses befindlichen Garderobenraum betrat, brachte *WALDEMAR* so richtig in Fahrt. Anfangs hatte er sich damit begnügt, raketengleich wie wild im Haus herumzurasen, treppauf, treppab und in großen Bögen durch die Diele, Stühle umkreisend, unter Tischen durchtauchend, über Sessel

*) Siehe: Eric H.W. Aldington, Von der Seele des Hundes, Verlag Gollwitzer, Weiden

und Sofa... Eines Tages erwischte er jedoch bei einer dieser Touren ein Sofakissen, das er wie wild mit der Schnauze ergriff, in die Luft schleuderte, es wieder einfing und - es mit den Vorderbeinen umklammernd - darauf aufritt. Die Folge war, daß *WALDEMAR* künftig, befand er sich in Aufbruchstimmung, *regelmäßig* zusätzlich zu seinem Herumrasen nun auch ein Sofakissen zum Aufreiten benötigte.

Bei einem dieser Ausbrüche ergab es sich, daß ihm sein Herr in den Weg kam, der gerade dabei war, sich, in der Diele kniend, die Stiefel zuzubinden. In voller Fahrt konnte *WALDEMAR* vor diesem Hindernis nicht rechtzeitig abbremsen und sprang folglich seinen Herrn von hinten an und - ritt, seinen Herrn mit den Vorderbeinen fest umklammernd - auf, der dabei fast die Balance verloren hätte. Nun war aber *WALDEMAR* im Beibehalten von Untugenden ein rechtes Genie, und so blieb es auch diesmal nicht bei einem einmaligen Ereignis. Sehr bald hatte *WALDEMAR* seine »seltsame Anwandlung« auch bei Anlässen, die überhaupt nichts mit Ausgehsituation und Vorfreunde zu tun hatten. Kaum traf er nämlich in Haus oder Garten auf jemand, der sich irgendwo *niederbeugte oder -kniete,* hatte jener sofort den heftig anklammernden, aufreitenden Hund im Kreuz. Es war unmöglich in Anwesenheit des Hundes einen Fußboden auf den Knien zu wischen (der jedesmal heftige Protest des Hausmädchens war nicht zu überhören), aber auch, wenn im Garten gejätet oder gepflanzt wurde, mußte *WALDEMAR* zuvor in sicheren Gewahrsam gebracht werden.

Aus einem zufälligen Zusammentreffen war also eine Gewohnheit geworden. Wie gesagt, es war eine recht humorvolle Familie, aber nachdem sie dieses Schauspiel, zunächst erheitert, genügend oft vorgeführt hatten, wurde ihnen *WALDEMAR*s Genie im Beibehalten von Untugenden dann doch lästig, denn, konsequent, wie er nun einmal war, ritt er nun bald und überall auf jeder Person auf, die nur Anstalten zu einer in etwa gebückten Körperhaltung machte. Als dann *WALDEMAR* eines Tages im Stadtpark auf einen wildfremden Herrn aufgeritten war, der unschuldig und ahnungslos in *WALDEMAR*s Nähe etwas vom Boden aufhob, war das Maß voll.

Bei nüchterner Betrachtung aller Umstände rang sich *WALDEMAR*s Familie dazu durch, nun unsere, immer wieder bewährte »Drei-Wochen-Kur« durchzuführen. Außerdem (das Erlebnis mit dem Herrn im Park hatte sie doch sehr erschreckt) beschlossen sie, den Aufreitgelüsten ihres Hundes ein für alle Mal ein Ende zu bereiten. Die ganze Familie stellte einen »Lehrplan« auf, bei dem nun derartige Aufreit-Situationen gezielt herbeigeführt wurden, wobei aber der Hund angeleint wurde, so daß man ihn nicht nur zurückhalten, sondern auch mit Ablegen »beschäftigen« konnte, um ihn dann jedesmal ausführlich und einprägsam mit Wort und Brot für sein ruhiges Verhalten und Ablegen zu belohnen. Nach einiger Zeit war der Spuk dann vorbei und - wenn auch nur für den Hund - vergessen. Wie hier davon *erzählt,* wurde noch oft.

Auf ein anders, für Hundehalter sehr wichtiges reflexbedingtes Verhalten kommen wir noch bei der Stubenreinheit, aber auch anderen Gelegenheiten zurück.

Von Schnelligkeit bei Herr und Hund

Zum Schluß dieser Überlegungen komme ich nun noch auf ein anderes Problem, das, weil es oft übersehen und selten ausführlich beschrieben wird, eine Ursache für unerwünschtes Verhalten bzw. für die Unwirksamkeit an sich richtiger Erziehungsmethoden ist.

Wie zuvor bereits ausgeführt, erfolgen viele, besonders aber die unerwünschten, reflexbezogenen Reaktionen eines Hundes im Bruchteil einer Sekunde. Im wahrsten Sinne des Wortes blitzschnell hat Ihr Hund sich davon gemacht, als Sie ihn gerade anleinen wollten, blitzschnell etwas geklaut, blitzschnell zugebissen. Wie gesagt, blitzschnell.

Hier stoßen nun zwei Reaktionsweisen aufeinander, die nicht kompatibel sind. Der *Hund* reagiert *automatisch* im Bruchteil einer Sekunde, während die Reaktion seines *Herrn* über den *Verstand,* also im Verlauf *mehrerer* Sekunden erfolgt.

Bei vielen *motivierten (befehlsgemäßen) Reaktionen* eines Hundes aber ist ebenfalls letztlich erwünscht, daß sie sofort, »blitzschnell«, mit der Schnelligkeit und Zuverlässigkeit eines Reflexes erfolgen. Andererseits hat ein Hund es ziemlich schnell heraus, daß ihm ein Zeitraum von einigen Sekunden ausreicht, dem Befehl seines Herrn *nicht* zu folgen, u.U., weil er den Befehl mißverstanden hat.

Nehmen wir als Beispiel den einfachen Befehl »Sitz!«. Folgt der Hund nicht sofort, ziehen Sie ihn am Halsband hoch und drücken sein Hinterteil kurz aber kräftig hinunter. Womöglich wiederholen Sie nun das »Sitz!« sicherheitshalber nochmals, natürlich auch noch mit leicht verärgerter Stimme. Sie meinen, Sie hätten ihm nun gezeigt, dies sei das Befolgen des Befehls »Sitz!«. Ihr *Hund* denkt sich was ganz anderes dabei. Entweder wartet er nun jedesmal, wenn er sich setzen soll, auf den Druck auf sein Hinterteil. Oder aber das »Sitz!« ist ihm unangenehm geworden, weil es für ihn bedeutet, an seinem Hals wird gezogen und sein Hinterteil (auch noch unsanft) hinabgedrückt. Folglich wird er sich beim nächsten »Sitz!« darum bemühen, möglichst aus Ihrer unmittelbaren Reichweite zu kommen. Daher haben nun diejenigen Recht, die den Befehl »Sitz!« mit dem Augenblick verknüpfen, in dem sich ein Hund tatsächlich hinsetzt. Natürlich ist das zunächst - aber nur scheinbar - langwieriger, als die Einwirkung mit Gewalt, die noch dazu ganz einfach zu spät kommt, also zu einer falschen Assoziation führt.

Oft ist der Mensch einfach zu langsam

Wir kommen also wieder einmal zu der Erkenntnis, daß es nicht zuerst der Hund ist, dessen Gehorsamkeits-Tempo wir steigern müssen, sondern daß wieder einmal zuerst wir es sind, die insgesamt *unsere Reaktionsfähigkeit steigern* müssen. Aber es bedeutet nicht nur, daß wir lernen müssen, blitzschnell zu reagieren, sondern auch, daß wir eine Übung oder Handlung im Voraus *planen* müssen, um dann rechtzeitig zu Stelle zu sein.

Machen Sie einmal selbst den Versuch: Sie wollen Ihren Hund absitzen lassen und sagen »Sitz!«, tut er das nicht sofort, ziehen und drücken sie an ihm herum, wie oben beschrieben. Wenn jemand mitzählt, sobald Sie Ihren Befehl »Sitz!« ausgesprochen haben, z.B. »ein-und-zwanzig«, was etwa die Dauer einer Sekunde hat, werden Sie sehen, wie viel zu viel Zeit zwischen Ihrem Befehl »Sitz!« und dem Niederdrücken des Hundes vergangen ist. Zwei Sekunden? Drei Sekunden?

Eine ähnliche Situation tritt ein, wenn Sie mit »Nein!« ihrem Hund von einer unerwünschten Handlung abhalten wollen. Wie oft hat Ihr Hund schon längst alles erledigt, bis Sie bloß mit Ihrem Verbot zur Stelle waren. Also müssen Sie auch hier lernen, die Reaktionen Ihres Hundes durch Beobachtung vorauszuahnen oder - vorauszuplanen, um dann *rechtzeitig* mit Ihrem Machtwort zur Stelle zu sein.

Leider sind *schnell* und *rechtzeitig* gerade so vieldeutige Begriffe wie das berühmte »Syndrom« bei allerlei Krankheiten. Um zu begreifen, was damit gemeint ist, also der Hund dann auch wunschgemäß reagiert, müssen wir wiedereinmal - üben! - Natürlich üben erstmal wieder *Sie.*

Versuchen Sie einmal, während Sie in ein Gespräch vertieft sind, jemanden zu veranlassen, unvermittelt aus etwa Armhöhe einen Gegenstand, vielleicht seine Autoschlüssel, herabfallen zu lassen und Sie müssen, ganz gleich, was Sie jetzt gerade geredet haben, jedesmal dann »Nein!« rufen, bevor die Autoschlüssel Ihres Helfers den Boden erreicht haben. So schnell und unvermittelt müssen Sie nämlich auch reagieren können, wenn Sie eine *bevorstehende* Aktion Ihres Hundes rechtzeitig abblocken oder eine gewünschte herbeiführen wollen. Beachten Sie hier das Wort *bevorstehend,* denn wenn Ihr Hund erstmal weggerannt ist oder zugebissen hat, ist es bereits zu spät. Oder anders gesagt: Der Zeitraum zwischen Befehl und Handlung ist zu groß, dauert Sekunden, statt den *Bruchteil* einer Sekunde.

Können Sie nun das »Nein!« schon ganz gut, wenn die Autoschlüssel aus Armhöhe herabfallen, dann verringern Sie nun den Abstand zum Boden noch etwas, vielleicht auf Hüfthöhe und üben das »Nein« (oder Sitz, Platz, Fuß, Bleib) auch in dieser Zeitspanne.

Denn, es geht nicht nur um das Verbieten oder Einschreiten, sondern auch darum, daß Sie bei einem bestimmten Befehl, den Sie ihrem Hund mit körperlicher Einwirkung geben, auch ebenso schnell und fast *zeitgleich* reagieren. Nur durch das - nach Ihrem Gefühl zumindest - zeitgleiche Zusammenfallen eines Befehls mit einer Reaktion wird erreicht, daß dieser Befehl für den Hund eine *reflexähnliche Wirkung* bekommt, d.h. daß er schließlich gar keine Zeit mehr zum Überlegen hat, sondern ganz einfach folgen *muß.*

Von Langsamkeit

Verwechseln Sie aber bitte nach dem eben Gesagten nun nicht Schnelligkeit mit Hektik oder Hast. Leider liest man in den Erziehungsanleitungen auch nur wenig von der unbedingt notwendigen *Langsamkeit,* ohne die eine Hundeausbildung *nie* gelingen wird. Zwar wird Ihnen mitgeteilt, daß Sie Geduld haben, keinesfalls ungeduldig sein sollen, aber niemand erklärt genau, was eigentlich damit gemeint ist. Langsamkeit beschreibt es besser, weil damit Ihre *innere Ruhe, Zielstrebigkeit und Gelassenheit* gemeint ist, ohne die Sie niemals zum Oberhaupt Ihres Hundes werden können.

Langsamkeit meint, daß Sie sich erstmal selbst darüber im Klaren sein müssen, in welchen Schritten Sie ihrem Hund eigentlich was beibringen wollen. Tatsächlich sind es nur sieben magische Worte oder Begriffe, die Ihr Hund *wirklich* können muß. Natürlich, darin gebe ich Ihrem Einwand recht, versteht ein voll ausgebildeter Hund erheblich mehr. Aber wenn ich die lange Reihe von Hundehaltern und ihren Hunden vor meinem inneren Auge vorüberziehen lasse, bei wie vielen hapert es schon bereits daran, daß nur diese wenigen Begriffe für die Hunde keine »magische« Bedeutung haben. Und wie ist es da mit Ihrem Hund bestellt? Hand auf's Herz, sind für ihn unter aber auch allen Umständen »Sitz!«, »Platz!«, »Fuß!«, »Bleib da!«, »Komm!« »Nein!«, »Aus!« *Zauberworte?*

In den Berichten oder Briefen von Hundefreunden wird das dann so umschrieben, daß *»mein Hund im Großen und Ganzen schon recht gut folgt, aber ...«.* Nach dem »aber« folgt dann alles das, was sie möchten, daß ihr Hund tut oder nicht tun soll und trotzdem immer wieder tut. Wie viele sind bitter enttäuscht, wird ihnen dann mitgeteilt, daß hier *Langsamkeit* das Stichwort ist, denn bevor ihr Hund diese wirklich nur sieben Begriffe nicht *sicher* versteht und befolgt, ist an eine weitergehende Ausbildung oder an eine Fehlerbeseitigung überhaupt nicht zu denken.

Nun, vielleicht sagen auch Sie jetzt, es sei bewiesen, daß *Ihr* Hund das Wort »Komm!« wirklich begriffen hat, da er meistens kommt, wenn Sie ihn rufen, vor allem dann, wenn er auch mag. Also, er kommt, wenn Sie sich zum Ausgehen fertig machen und ihn rufen, er kommt, wenn Sie das Futter zubereiten, aber er kommt ansonsten eben nur dann, wenn er wirklich nichts Besseres im Sinn hat. Rennt er hinter einer Katze, einem Fahrrad her oder tollt er mit anderen Hunden - auch wenn Sie »verstehen« können, daß er aus wichtigem Grund nicht kommt, so sei es hier gesagt: Ihr Hund kommt eben *nicht,* wenn Sie ihn rufen. Noch schlechter ist es aber erfahrungsgemäß bestellt mit den anderen Befehlen. Kurz, bei Licht besehen, Hunde, von denen die Besitzer annahmen, sie hätten bereits eine Art Grunderziehung in sich aufgenommen, sind tatsächlich alles andere als erzogen.

Langsam ja - aber nicht auf halber Strecke stehen bleiben

Langsamkeit meint, daß Sie zwar wissen müssen, daß alles eben seine Zeit braucht, was aber nicht bedeutet, daß Sie ihm so »allerlei und vielerlei« beibringen, in der Hoffnung, daß er das »nach und nach« dann auch kann.

Geduld sollen Sie schon haben, aber das heißt nicht auch, daß Sie zufrieden damit sein sollen, wenn Ihr Hund »manchmal« das eine oder andere kann.

Geduld heißt, Sie müssen zielstrebig, stur und unbeirrbar solange eins nach dem anderen mit ihn üben, bis es *wirklich* sitzt. Mehr darüber im 3. Teil.

Langsamkeit heißt, Sie müssen erstmal schrittweise mit diesen sieben Schlüsselworten die Grundlage für all das schaffen, was man dann einen gut erzogenen Hund nennt.

Langsamkeit bedeutet, *lassen Sie sich Zeit.* Sie müssen wissen, daß es auch Ihnen *absolut* unmöglich ist, den zweiten Schritt vor dem ersten zu tun. Üben Sie erst mit sich selbst, in Gedanken. Üben Sie dann mit Ihrem Hund, was Sie sich vorgenommen haben, sicher, ausgeruht und freundlich an einem stillen Ort. Üben Sie in Ruhe zuhause, dann auf abgeschiedenen Waldwegen, dann in einer ruhigen Abend- oder Morgenstunde in einer Stadt, einem Dorf, und verlegen Sie erst dann Ihre Übungen auf belebtere Plätze, zu mehr Ablenkungen.

Nehmen Sie sich ein bestimmtes Pensum vor. Wenn Sie merken, es klappt nicht (der Hund ist unkonzentriert, Sie sind ungeduldig, nervös, müde), dann üben Sie stattdessen einfach etwas, was Ihr Hund inzwischen schon ganz gut kann, vielleicht bei Fuß gehen mit zwischenzeitlichem Absitzen, ein paar Kehrtwendungen, und vertagen Ihr eigentliches Pensum auf ein andermal.

Sie werden schnell bemerken, wie sinnvoll so eine Programmänderung sein kann, weil Sie selbst zunehmend entspannt werden und sich freundlich und innerlich gelöst Ihrem Hund zuwenden. Wollen Sie sich und Ihren Hund zwingen, weil Sie heute unbedingt etwas schaffen wollen - denken Sie daran - Langsamkeit befreit *Sie* von Hast, Gereiztheit und Hektik, und Ihren *Hund* davor, sich vor den Übungsstunden zu fürchten.

Zum Stichwort *Langsamkeit* gehört auch, daß *Sie sich gut vorbereiten.* Sie sollten mehr wissen und können als Ihr Hund! Aber bereiten Sie auch eine gute Lernatmosphäre vor. Was den Hund anbelangt, so sollte er nicht gerade ausgiebig gefüttert worden, aber auch nicht ausgehungert sein, dafür aber sollte er sich bereits ausgetobt haben und nicht einen Überschuß an Energie erstmal loswerden müssen.

Ganz anders als Ihr Hund sollten aber *Sie einen Überschuß an Energie haben.* Das heißt, Sie sollten die Aktion nicht mit knurrendem Magen beginnen und nicht schon vorher todmüde und gereizt sein, und »nun auch noch den Hund erziehen müssen«.

Von der richtigen Bekleidung

Leider steht auch wenig in den Erziehungsanleitungen darüber, wie wichtig die richtige Kleidung für Sie ist. Denken Sie daran, daß auch von Ihnen jetzt ein gewisses Maß an körperlicher Anstrengung gefordert wird, d.h. Sie können, wenn Sie es richtig machen, ganz schön ins Schwitzen kommen. Ihre Kleidung muß daher bequem, luftdurchlässig und trotzdem wetterbeständig sein. Sie brauchen feste, aber bequeme Schuhe, damit Sie fest auf dem Boden stehen, ohne daß Ihre Füße bleischwer werden. Auch Sandalen sind ungünstig, weil man zu leicht die Balance verliert, was mir einer meiner Hunde schmerzhaft vor Augen führte, und das, obwohl er tatsächlich hervorragend folgte. Ich konnte ihn überall ohne Leine mitnehmen, aber einmal, als er etwas zurück geblieben war und in einer Wiese ein Mauseloch vertiefte, rief ich ihn, ohne mich umzuwenden, ab, als ich einen anderen Weg einschlagen wollte. Unser Hund setzte denn auch, wie vom Blitz getroffen, sofort zum Spurt in meine Richtung an, hatte aber dann ein solches Tempo, daß er nicht mehr rechtzeitig umlenken oder abbremsen konnte, als er mich erreicht hatte und in voller Wucht in meine Kniekehlen prallte. Prompt verlor ich nicht nur das Gleichgewicht, sondern knickte auf meinen Sandalen so unglücklich um, daß mein Knöchel angebrochen war und in Gips mußte.

Vermeiden Sie auch weite, wehende Capes oder Mäntel. Sie sind erstens schnell zu warm, andererseits verbreitern Sie den Abstand zwischen Ihnen und Ihrem Hund. Statt wirklich bei Fuß zu gehen, geht er dann einen Meter neben Ihnen, weil ihn der Mantel stört. Leider behält er das dann auch sonst bei. Weite Mäntel oder Capes werden außerdem bei Wind stark aufgebläht und Sie können Ihren Hund nicht gut genug beobachten. Vermeiden Sie klirrende Ketten und Halsbänder, die den Hund irritieren können, wenn Sie sich zu ihm herabbeugen, um ihn zu loben oder zu korrigieren.

Halten Sie sich die Hände frei. Am besten sind daher wasserdichte, wunderbar bequeme Parkas aus atmungsaktivem Stoff mit Kapuze. Sie haben große Taschen, in denen Sie Geld, Führerschein und sonstige Utensilien unterbringen können, und wegen der Kapuze brauchen Sie auch keinen Schirm. Wenn Sie unbedingt auf eine Tasche nicht verzichten können, nehmen Sie eine, die Sie sich umbinden können, Ihre Hände müssen für den Hund und seine Leine frei bleiben.

Wohlbehagen - genießen Sie die Stunde!

Bequeme Kleidung hat aber noch einen anderen, wichtigen Nebeneffekt. Sie fühlen sich wohl darin. Sie sind entspannt. Es wird Ihnen, haben Sie den ganzen Tag am Schreibtisch verbracht, nun selbst gut tun, sich einmal richtig körperlich auszuarbeiten. Nutzen Sie diese Chance, die Ihnen Ihr Hund bietet, machen Sie lange Wege mit ihm, Sie müssen ja nicht dauernd nur üben. Laufen Sie sich richtig aus, atmen Sie langsam und tief durch, spüren Sie bewußt den Boden unter Ihren Füßen, riechen Sie, wie würzig die Luft riecht, staunen Sie, wie grün die Bäume, wie blau der Himmel ist oder wie schön die Blätter und Gräser regennaß glänzen und glitzern.

Genießen Sie jeden Ausgang mit Ihrem Hund wirklich aus vollen Zügen. Denn unterwegs ist es nicht nur richtig und wichtig zu lernen, zu üben und sich zu bewegen, wichtig sind auch - die *Pausen.* Nehmen Sie sich Zeit, irgendwo auf einem Baumstamm, an einem Bachlauf oder an einem Aussichtspunkt, mit Ihrem Hund neben sich, in der Sonne zu sitzen, ihn hin und wieder kurz zu streicheln und über allerlei mit ihm zu reden. Er gewöhnt sich an den Klang ihrer Stimme, genießt die entspannte Atmosphäre, und fühlt sich bei Ihnen sicher und geborgen. Auch und gerade das ist etwas, was *Ihre Alpha-Position vielleicht mehr verstärkt, als einige Übungen, die nun unterbleiben.*

Sie werden sehen, auch das ist etwas, was auf geheimnisvolle Weise ein Band zwischen Ihnen und Ihrem Vierbeiner knüpft. Wie wunderbar wohl werden Sie (und das überträgt sich auch auf Ihren Hund) sich fühlen nach solch einem Ausgang.

Welch schlechter Nachgeschmack bleibt jedoch, wenn Sie, schlecht ausgerüstet und schlecht vorbereitet ausgezogen sind, und danach schwitzend, mit wehen Füßen, gereizt und hungrig, halbtot wieder heimkehren. Auch das überträgt sich wieder auf Ihren Hund.

Langsamkeit - denken Sie daran, es sind erstmal nur *sieben Schlüsselworte,* die Ihr *Hund* lernen muß. Wieviel mehr Sie selbst zuvor lernen und begreifen müssen, davon haben wir hier nun gesprochen. Aber, diese Schlüsselworte, die wir im 3. Teil erklären, davon müssen Sie nun überzeugt sein, Sie werden es ganz sicher schaffen, daß Ihr Hund wenigstens das bißchen lernt. Warum das so wichtig ist, wissen Sie nun auch: Niemand kann den zweiten Schritt vor dem ersten tun.

Schrittweise wird es Ihnen gelingen, *gemeinsam* mit Ihrem Hund zu dem großen Ziel zu kommen, das Sie schon so lange als Wunschbild vor Augen haben: Ihr Hund soll so werden, wie Sie sich vorgestellt haben, wie *Ihr* Hund sein soll.

Zweiter Teil

Hunde heute - einmal aus anderer Perspektive

Trotz Gestaltenvielfalt wesensverwandt

Wenn ich so die Ordner mit den Briefen und Berichten von Hundefreunden durchblättere, überrascht mich eines immer wieder von Neuem: So groß auch - schon rein äußerlich - die Unterschiede zwischen den Hunderassen sein mögen, so sehr diese sich individuell, wie auch rassespezifisch in einzelnen Verhaltensbesonderheiten unterscheiden: Wenn es um *Probleme mit Hunden* geht, dann sind es bei Lichte besehen immer *Wiederholungen des gleichen Miniatur-Dramas,* nur mit jeweils anderer Besetzung. Mal ist ein Schäferhund die Hauptperson, mal ist es ein Chihuahua, dann wieder ein Dackel oder ein Dobermann, ein Afghane oder ein Rottweiler - oder ein Mischling.

Natürlich dürfte mich das *nicht* überraschen, weil ich ja *weiß,* sie stammen alle vom *Wolf* ab. Tatsächlich ist es aber so, daß man es sich regelrecht immer wieder klar machen muß, daß Domestikation und die züchterische Abwandlung in die verschiedensten Rassen sozusagen viele *äußere,* sichtbare Schichten des Hundes verändert haben. Je tiefer man aber unter die Oberfläche in die immer älteren Schichten bis zum Zentrum gelangt, umso mehr wird man erkennen, daß die vielen äußeren Veränderungen den Kern *unverändert* gelassen haben - tief drinnen ist es ein - *Wolf* geblieben. Und das aus gutem Grund. Wie ich bereits anderweitig eingehend ausgeführt habe*), beruhen gerade all die Wesenseigenschaften, wegen der Hunde für uns so *wertvoll* sind, auf typischen Wolfs-Eigenschaften.

Hunde heute - von schlechterer Qualität?

Wenn manche der Ansicht sind, heute gäbe es mehr verhaltensgestörte Hunde denn je, sie wären überzüchtet und daher von minderer Qualität, dann haben sie gleicherweise Recht und Unrecht. Was man auch als Beweis für diese These anführen mag, ich behaupte, daß im *Prinzip* die Hunde heute nicht anders sind, als in der berühmten »guten, alten Zeit«, wo angeblich alles, also auch die Hunde besser gewesen sein sollen. Was nur zu leicht vergessen wird, ist aber, daß nicht nur *unser* Leben sich im industriellen Zeitalter und nach zwei Kriegen radikal verändert hat, sondern auch das unserer *Hunde.* Sie haben den enorm schnellen und radikalen Wandel ebensowenig verkraftet, wie der Mensch, der, wie man heute weiß, außerstande ist, Umfang und Ausmaß der Veränderungen insgesamt überhaupt zu begreifen. Für den heutigen Hund ist vielmehr, wie wir gleich sehen werden, sein urgeigenstes »Weltbild« oft geradezu auf den Kopf gestellt. Sein angeborenes, instinktives Verhaltensrepertoire, das sich in Jahrtausenden bereits beim Wolf in dessen Auseinandersetzung mit Umwelt und Überlebensstrategien als außerordentlich erfolgreich erwiesen und somit gefestigt hat, erweist sich heute, in der modernen Umwelt, als Quelle für Verhaltensprobleme.

Überholte Idole der Hundeerziehung

Weil darauf auch in den neueren Büchern über Hunderziehung nicht eingegangen wird, wird heute weitgehend übersehen, um wieviel mehr die Veränderung unseres Lebensstils auch unsere Hunde betrifft und daß dies, viel mehr als es üblich ist, auch berücksichtigt werden müßte. Nichts gegen die Idole der Hundeausbildung! Liest man sich jedoch durch die gängigen »Hunde-Gebrauchsanweisungen« durch, gehen noch heute gar viele von dem Vorbild der alten Ausbilder etwa Hegen-

---

*) Siehe: Eric H.W. Aldington, Von der Seele des Hundes

dorf, Most oder Oberländer aus, die zu *ihrer* Zeit die Lebensformen des heutigen Menschen und der heutigen Hunde noch gar nicht berücksichtigen konnten. Logischerweise werden dort viele Probleme mit Hunden, insbesondere die Problementstehung infolge des *veränderten Lebensstils der Hundehalter,* überhaupt nicht berücksichtigt. Damals, vor hundert Jahren, haben diese Bücher mehr dem *Zeitgeist* entsprochen, als wir dies überhaupt für möglich halten, und entsprechend wurde auch die Hundeausbildung durchgeführt. Ein kurzes Zitat aus Oberländer, geschrieben 1895 mag ein Beispiel dafür sein: »... Wir beginnen die systematische Stubendressur, in welcher der Hund mittels *Korallen* und *Peitsche* zum *unbedingten Gehorsam gezwungen wird.* ... Der Hund muß nur apportieren, weil er muß, dem *eisernen Zwang* gehorchend, nicht dem eigenen Triebe. ... Ich bin der Meinung, daß das *Pflichtgefühl* die Grundlage jeder Dressur sein muß.« Aber auch in einem Lehrbuch von 1981 wird *»... Von Tag zu Tag Zwangsverschärfung...«* bei der Abrichtung empfohlen. Oder aber, der Befehl »Platz!« soll einem Hund dadurch verständlich gemacht werden, daß man ihm dazu mit einer Zeitungsrolle solange auf den Rücken schlägt, bis der überraschte und erschreckte Hund sich hinwirft. Wundert es Sie, daß in derartigen Büchern als besonderes Verhaltensproblem der »handscheue Hund« genannt wird?

Mit Hundeausbildungsbüchern, die auf derartigen, veralteten Grundlagen beruhen, ist aber *heute keine erfolgreiche Hundeerziehung mehr durchführbar,* was die hohe Anzahl angeblich *verhaltensgestörter Hunde* und die unbestritten große Anzahl *ungenügend erzogener Hunde* beweist. Bezeichnenderweise wird in einem der neueren, nach altem Muster gestrickten Erziehungsbücher mit insgesamt nur fünfzehn Zeilen darauf eingegangen, daß ein falsches Verhalten dem Hund *anerzogen* sein kann, wobei dann als Beispiel das Betteln bei Tisch genannt wird. Aber, wieviel komplexer ist dieses Problem tatsächlich!

Nun fragen Sie sicherlich, warum es früher offensichtlich gelungen ist, wenn auch mit hartem Zwang, doch Hunde so zu erziehen, daß sie aus »Pflichtgefühl« den erwünschten »unbedingten Gehorsam« aufwiesen. Oder Sie beschließen heimlich, sich doch eines der alten Abrichtebücher zu besorgen, und es einmal mit rohem Zwang zu versuchen. Schon jetzt kann ich Ihnen sagen, daß Sie mit derartigen Versuchen nicht nur Schiffbruch erleiden werden, sondern tatsächlich zu ernsthaft gestörten Hunden kommen, da, was damals »zeitgemäß« war, es heute ganz einfach nicht mehr ist. Denn nicht nur der moderne Mensch, sondern auch der »moderne Hund« hat heute einen völlig anderen Lebensstil. Wie groß diese Veränderung ist, und warum sich eine moderne Hunde-Erziehung gerade darauf einstellen *muß*, soll sie Erfolg haben, müssen wir uns schon einmal ausführlicher klar machen.

Auch Hunde leben heute anders als früher

Denke ich nur an den für mich überschaubaren Zeitraum von fünfzig oder sechzig Jahren zurück, dann gab es während meiner Kinder- und Jugendzeit im Zusammenleben mit Hunden und anderen Tieren in den Familien kaum größere Probleme. Hunde lebten einfach in den Familien mit und waren - ohne daß man darüber in dicken Büchern nachlesen mußte - ganz *widerspruchslos der Rang-Letzte in der Hierarchie,* was sich ganz selbstverständlich aus der allgemein üblichen Lebensweise ergab.

In früheren Zeiten wäre vieles von dem undenkbar gewesen, was unsere Hunde heute alles »dürfen«, und niemand wäre auf die Idee gekommen, daß den Hunden etwas abginge, wenn vielerlei Dinge ihnen von vornherein nicht gestattet wurden.

Früher hatten Hunde ihren festen Platz nicht nur innerhalb ihrer Familie, sondern ebenso auch in ihrem Zwinger, ihrer Hütte, in der Küche oder im Keller, oder wo sonst sie sich hauptsächlich aufzuhalten hatten. Aus Sparsamkeitsgründen blieben im Zeitalter der Ofenheizung im Winter große Teile des Hauses unbeheizt: Schlafzimmer oder selten benutzte Räume, bei denen dann auch die Türen, wegen der eiskalten Flure, streng verschlossen waren. »Mach die Tür zu!« war, wenn ich darüber nachdenke, eine der häufigsten Aufforderungen, die wir Kinder zu hören bekamen. Zu den »besseren Räumen«, Wohn-, Herren-, Damen- oder Arbeitszimmer hatten die Hunde selten Zutritt. Ganz und gar undenkbar wäre es gewesen, wenn Hunde sich auf den wertvollen, oft von Generationen ererbten Sitzmöbeln oder kostbaren Teppichen niedergelassen hätten. Ein einmaliger, entsprechender Versuch wurde auf derart drakonische Weise gestoppt, daß niemals weitere folgten.

In früheren Zeiten wären Hunde auf Sesseln, Sofas oder im Bett undenkbar gewesen! Nicht jedermann ist klar, daß dies auch eine Wurzel von Erziehungsschwierigkeiten sein kann.
Hunde liegen gern auf Sesseln - aber man sollte ihnen nur einen bestimmten Sessel - nicht aber alle Sessel erlauben. Sessel haben für einen Hund viele »Vorteile«. Sie haben mit Arm- und Rückenlehne Höhlencharakter, sind, weil vom Boden entfernt, wärmer und gewähren einen besseren Überblick über den Raum.
Die Wahl fällt aber nicht nur aus diesem Grund auf den erhöhten Aufenthaltsort. Für den Hund ist damit - instinktiv - auch eine Steigerung seiner Stellung im Dominanzgefüge verbunden, er begibt sich sozusagen auf eine Ebene mit seinem Menschen. Daher werden ebenso gern erhöhte Standorte, wie z.B. Treppenabsätze ausgewählt - der Hund gewinnt so einen höheren Standort für seine Person. Beim Umerziehen dominanter Hunde sind daher seine dominanzsteigernden Aufenthalte, die für den Hund symbolischen Charakter haben, genau zu überprüfen und notfalls auszumerzen.

Noch zu meiner Kinderzeit wurde die Wäsche von Waschfrauen mit der Hand auf umständlichste Weise gewaschen, in großen Kesseln gekocht und - im Bach gespült. Eine derart mühselige Reinigung verbot von vornherein den bloßen *Gedanken*, Hunde mit ins Bett zu nehmen.

Hunde bekamen meistens Essensreste (wieso sie das einwandfrei vertragen haben, mag aus heutiger Sicht ein Rätsel bleiben). Sie wurden daher auch erst *nach* der allgemeinen Mahlzeit mit dem, was übrig blieb, und meist außerhalb des Hauses oder in ihrem Zwinger gefüttert.

So limitiert die Freiheiten des Hundes *innerhalb* des Hauses auch waren, so viel Freiraum hatte er außerhalb. Ich kann mich nicht erinnern, daß es je nötig gewesen wäre, mit den Hunden eigens nach draußen »spazieren zu gehen«. Ihren Auslauf erledigten die Hunde selbst, die oft stundenlang, ohne daß es irgendjemand geängstigt oder gestört hätte, unterwegs waren. Ganz selbstverständlich liefen aber die Hunde - auch unangeleint - nebenher, ging man zum Einkaufen, holte die Kinder von der Schule, oder der Hund begleitete die Kinder bei ihren sonstigen Aktivitäten. Außerdem hatte man für das Vorhandensein eines Hundes meist einen triftigen Grund: Es waren, wie bei uns, Jagdhunde, die zweckgebunden ausgebildet wurden, oder Wachhunde. Oder man hatte eben Hunde, weil traditionsgemäß, solange man denken konnte, Hunde wie allerlei andere Tiere zum Hauswesen dazugehörten, und, wenn auch einen »besonderen«, so doch durchaus den Status eines *Haustieres* beibehielten.

Problemhunde - eine Folge des modernen Lebensstils

Der Kontrast, der sich nur innerhalb der von mir überschaubaren Zeit entwickelt hat, könnte nicht größer sein. *Geradezu ins Gegenteil verkehrt* hat sich beispielsweise *der dem Hund gewährte Freiraum,* was viel weitreichendere Konsequenzen hat, als auf den ersten Blick ersichtlich ist.

Während sich *früher* sein Freiraum, den er weitgehend nach eigenem Geschmack gestalten konnte, *außerhalb* von Haus und Grundstück befand, und er sich *innerhalb* der Grenzen des »Territoriums« streng an die hier geltenden Regeln halten mußte, verläßt er *heute* das »Territorium« sozusagen nur unter Bewachung und unter Beachtung strenger Regeln, während er andererseits *innerhalb* des Hauses/Grundstückes weitgehend frei herumlaufen und nun *dort* mehr oder weniger tun und lassen kann, was er will.

Sein Kontakt mit der Außenwelt wird eng begrenzt, beginnt meist mit einer mehr oder weniger langen Autofahrt, dann folgen eine streng begrenzte Zeit für Auslauf oder Übungsstunden, gefolgt von der Rückfahrt im Kofferraum oder auf dem Rücksitz des Autos. Waren die früher frei herumlaufenden Hunde ganz selbstverständlich an den Umgang mit anderen Hunden und allen möglichen, auch fremden Personen gewöhnt, ergeben sich *heute* immer mehr Probleme mit unverträglichen Hunden, wie auch mit solchen, die das Zusammentreffen mit fremden Personen oder einfachen Passanten keinesfalls natürlich, beiläufig, als Selbstverständlichkeit hinnehmen. Überraschte Fußgänger, die selbst kaum noch wissen, wie man sich einem Hund gegenüber verhält, werden nicht, wie früher, vom Hund ignoriert, sondern häufig beschnüffelt, angesprungen oder anderweitig belästigt. Jogger oder Fahrradfahrer werden verfolgt. Die Leinenführigkeit endet nicht selten abrupt bei der Begegnung mit anderen Hunden, was insgesamt Umstände sein können, daß manche Familien mit ihrem Hund sich jahrelang nur da und dort außerhalb des Hauses aufzuhalten wagen, wenn unliebsame Kontakte von vornherein ausgeschlossen zu sein scheinen. Ich kenne tatsächlich nicht wenige Familien, die den leider unumgänglichen Ausgang mit ihrem Hund in die frühen Morgen- oder späten Abendstunden verlegen, um unerquickliche Zwischenfälle zu vermeiden.

Früher strikt eingehaltene Hierarchien sind längst überwunden: In gut geheizten Häusern gibt es keine geschlossenen Türen. Dieser »offenere Lebensstil« kennt auch keine nur in Ausnahmefällen betretbaren Räume, wie auch das Hierarchiegefälle innerhalb der Familien sich gewandelt hat. Aber nicht nur innerhalb der Familie werden untereinander mehr Rechte als früher eingeräumt, ebenso selbstverständlich läßt man den Hund, mehr als früher, gewähren.

Viele geben zwar noch immer Küche, Keller oder Bad als Ruhezone für den Hund an. Prüft man dies genauer nach, stellt sich dann heraus, daß der Hund am *allerseltensten* sich gerade dort aufhält, wo sich angeblich sein Platz befindet. Merkwürdigerweise hat unser naturentfremdetes Denken, was den Umgang mit Hunden anbelangt, die früher selbstverständliche Barriere *»hier Mensch - da Tier«* überwunden, was bezeichnenderweise seltener in dörflichen Gemeinschaften, dafür aber umso stärker im städtischen Umfeld erkennbar ist. Oft hat man Mühe, aus den Berichten eines Hundehalters zu erkennen, daß von seinem *Hund* die Rede ist, da dieser darin etwa den Stellenwert eines geschätzten, geliebten, kranken oder mißliebigen *Mitmenschen* einnimmt.

Mehr noch. Untersucht man einmal die vom *Hund* im Haus besonders bevorzugten Orte genauer, stellt man fest, daß er *instinktiv* Plätze favorisiert, die für ihn symbolischen, *rangerhöhenden* Wert haben.

Werden Sie jetzt hellhörig, wenn Sie feststellen, daß auch Ihr Hund sich mit großer Vorliebe auf *erhöhten Standorten* niederläßt, also auf Sitzmöbeln, Betten oder am *oberen* Ende einer Treppe, oder, wenn er die Auswahl von mehreren Korridoren hat, den oder die *höher* gelegenen auswählt, selbst dann, wenn die tiefer gelegenen eigens für ihn viel komfortabler eingerichtet sind? Hat er doch von so erhöhter Position die beste Übersicht über alle Tätigkeiten seines »Rudels«. Oder gehört Ihr Hund vielleicht zu jenen, die grundsätzlich quer in stark frequentierten Korridoren herumliegen, so daß man dauernd über sie hinwegsteigen muß, da sie sich auch nicht eine Handbreit aus dem Weg bemühen? Andere Hunde behindern uns auf Schritt und Tritt, indem sie sich wie angewachsen inmitten von Haustüren oder Eingängen ausstrecken und, wie weiland Zerberus, alles unter strengster Kontrolle halten.

Im Zeitalter von Fast-Food und Fertigfutter für den Hund haben sich aber auch die *Füttergewohnheiten* verändert. Wie gesagt, bekam früher der Hund die Reste, *nachdem* allgemein gegessen worden war. Heute füttert man meistens den Hund bereits *vor* den eigenen Mahlzeiten, da man danach »seine Ruhe haben möchte«. Manche füttern ihren Hund auch vor den Mahlzeiten, in der Hoffnung, er würde dann bei Tisch nicht mehr betteln, was sich allerdings schnell als Irrtum herausstellt. Bei genügendem Angebot können Hunde, wie der Wolf, unglaubliche Mengen verdrücken. Für den *Wolf* war das sinnvoll. Vom Wolf übernommen hat aber unser Hund auch *instinktiv* die *innere Gewißheit,* daß, wer als erster ißt, auch der *Ranghöchste* ist.

Langeweile, Einsamkeit und Trennungsangst sind die großen Probleme gar vieler Hunde und die Wurzel von schwerwiegenden Verhaltensstörungen, wie Zerstördrang und Unsauberkeit. Man muß sie von Klein auf schrittweise daran gewöhnen, das zeitweilige Alleinsein ertragen zu lernen.
Je jünger Hunde sind, umso wichtiger ist das richtige Spielzeug, sowohl für ihre Erziehung, wie auch, um sich austoben zu können, da sie sich sonst ihren Zeitvertreib anderweitig beschaffen. Allerdings ist es ein Fehler, den Hund mit Spielzeug zu überschütten. Nur zu leicht hat er dann bald das Gefühl, daß alles, was herumliegt, als Spielzeug für ihn gedacht ist. Ein oder zwei erlaubte Spielzeuge - Bälle, Ringe, Tauenden etc. reichen jeweils aus, zur Abwechslung kann man sie immer wieder einmal austauschen. Der Hund erkennt sie bald an ihrem Geruch, alles andere ist tabu für ihn. Vorsicht aber vor gefährlichen Plastik- und Holzspielzeugen, die zerkaut und abgeschluckt werden können oder den Hund vergiften. Bindfäden und Nylonstrümpfe sind ebenso gefahrvoll, wie auch »alte« Schuhe wegen der möglichen Verwechslungen zu vermeiden sind. Auch Knochen sind keinesfalls problemlos.
Aber auch zu wenig oder gar kein Spielzeug ist der Anfang unliebsamer Umwelterfahrungen, da der Hund für alles, was er in seiner Spiel- und Kausucht verwendet, gescholten oder gestraft wird. Auch junge Hunde lernen schnell, zwischen »Mein und Dein« zu unterscheiden, wenn man sie rechtzeitig und konsequent dazu erzieht.

Hunde heute: Physisch unterfordert - psychisch überfordert

Anders als früher sind die meisten unserer Hunde tatsächlich *physisch* im gleichen Maße *unterfordert,* wie *psychisch überfordert.* Ein Stau nicht abreagierter Energie, wie gleicherweise ein Übermaß an Langeweile führen zu *Ersatzhandlungen,* um den angestauten Druck loszuwerden. Bewegungsarmut, fehlende Beschäftigung und Umweltkontakte führen, wie auch ungeklärte Dominanzverhältnisse, zu *Zerstörungswut, Aggression* und dem ebenso gefürchteten pausenlosen *Bellen* und *Heulen.* In unserer immer hundefeindlicheren Umwelt sind wir ängstlich bemüht, nichts von all dem nach außen dringen zu lassen. Der Hund wird mit Leckerbissen und Belohnungen vom Bellen abzulenken versucht. Wir bemühen uns, seinen Zerstörungsdrang in unserer *Abwesenheit* mit noch stärkerer Einkerkerung zu unterbinden, während wir dem »armen Hund« als Ausgleich dafür dann ausgerechnet in unserer *Gegenwart* ein erhebliches Maß an Freiheiten einräumen.

Sagen wir aber *nicht,* früher war alles besser, sondern stellen wir nur fest, daß *heute fast alles anders* ist, und daß dies, ohne daß wir uns das jemals wirklich klar gemacht haben, besonders für den Hund enorme Konsequenzen hat. Tatsächlich ist einer der wesentlichsten Gründe für problematische Hunde in unserem heutigen *Lebensstil* zu finden. Selbstverständlich bedeutet das aber für uns heute nicht, daß wir auf all die Annehmlichkeiten der Gegenwart verzichten sollten. Aber wir müssen insoweit Konsequenzen daraus ziehen, daß wir über die Erziehung unserer Hunde neu nachdenken, und daher nicht beim Schema von Anno Dazumal stehen bleiben dürfen.

Daß wir noch heute, trotz aller Wandlungen des Lebensstils, gerade Hunde als bevorzugtes Tier in unseren Familien finden, hat zweifellos seinen Grund. Wie außer ihm kein anderes Tier fügt sich ein Hund nahtlos und ganz selbstverständlich in unsere Familie, wie in sein eigenes Rudel, ein. Aber nicht nur das. Wegen seiner besonderen Art der Zuwendung innerhalb seines »Rudels«, d.h. für uns, bringt er vielerlei ausgesprochen liebenswerte und angenehme Komponenten ein. Wie viele weiße Flecken blieben auf der Landkarte unseres Lebens, hätten wir die Hunde nicht.

Das Zusammenleben mit Hunden erweist sich aber heute oft als *eine verhängnisvolle Mixtur aus Emotionalität, Glorifizierung und Ver-*

menschlichung. Folgenschwer ist dies deshalb, weil sehr viele Hundehalter dabei wenig von der wahren Natur ihres Hundes *wahrnehmen* und *wahrhaben wollen.* Weil an der Zuneigung und Zugehörigkeit eines Hundes zu seinem Herrn gerade ihre *Bedingungslosigkeit* besticht, wird dabei irrtümlicherweise nur zu leicht eine *generelle Bedingungslosigkeit* des Hundes angenommen. Man bedenkt nicht, daß ein Hund sich von sich aus keinesfalls selbstverständlich damit begnügt, von vornherein das *Schlußlicht* in der Hierarchie zu sein. Vielmehr beteiligt er sich, von dem Augenblick an, wo er seine Pfoten über unsere Türschwelle gesetzt hat, intensiv und selbstverständlich daran, ein Hierarchiegefüge innerhalb seines Rudels zu erkennen oder aber - zu erstellen. Wenn ihm nicht von vornherein eine bestimmte Position zugewiesen worden ist, ist dies ein für ihn chaotischer Zustand. Instinktiv bemüht er sich seinerseits darum, eine Ordnung herzustellen. Ist, aus seiner Sicht, kein Oberhaupt erkennbar, bemüht er sich, selbst eine möglichst ranghohe Position einzunehmen. Oder anders gesagt: Beim Eintritt in ein menschliches Sozialgefüge verhält sich ein Hund geradeso, wie er es täte, müßte er sich in ein Rudel der eigenen Art integrieren. Warum? Er kann gar nicht anders.

Daß Ranghöhe und Dominanz für Hunde sehr viel mit Äußerlichkeiten und bestimmten Orten und Situationen zu tun haben*), kann man am besten daran erkennen, wie Hunde dies untereinander aushandeln. Dann nämlich versteht man erst, daß sie mit den gleichen Mitteln ihre Stellung auch innerhalb des *menschlichen Rudels* bestimmen und festigen.

Amber und Gypsie

Ein sehr liebenswertes Beispiel waren dafür *Amber* und *Gypsie*, deren Integrierungsphase sich sozusagen auf einer anderen Ebene, zusätzlich zu der Eingliederung in die Familiengemeinschaft, vollzog. Als *Amber*, eine schöne, freundliche Hündin etwa neun Jahre alt war, beschlossen ihre Besitzer, vorbeugend rechtzeitig einen zweiten Hund in die Familie aufzunehmen, denn *Amber* hatte zahlreiche Erkrankungen hinter sich, wenn sich auch ihr seit Jahren erwartetes Lebensende zum Glück immer wieder hinausschieben ließ. Also wurde ein Versuch gemacht, ob *Amber* einen zweiten Hund dulden würde. Zur allgemeinen Freude »duldete« aber *Amber* einen weiteren Hund

*) Über die komplexe Entstehung von Dominanzverhältnissen siehe : Eric H.W. Aldington, Von der Seele des Hundes

nicht nur, nein, sie schien regelrecht begeistert zu sein, als, nach einem vorsichtigen Treffen außerhalb des Hauses, eines Tages *Gypsie* endgültig ihren Einzug hielt. Aber auch für *Gypsie* schien das Paradies angebrochen zu sein. Sie vermißte ihre eigene, im übrigen recht gestrenge Hundemutter offensichtlich nicht eine Stunde, da sich die gutmütige *Amber* anfangs derart viel von ihr gefallen ließ und so geduldig mit ihr spielte, daß es ein rechtes Vergnügen war, das alles zu beobachten. Als *Gypsie* größer wurde, setzte *Amber* ihr allerdings dann doch deutliche Grenzen. Das begann damit, daß nämlich *Gypsie* einmal einen Versuch unternahm, etwas vom Tisch zu naschen. Das war zuviel. Sie bekam von *Amber* derartige »Senge«, daß niemals ein zweiter Versuch unternommen wurde. Klauen, so viel stand fest, durfte ausschließlich *Amber*.

Und doch, beobachtete man die beiden, war es nicht zu übersehen, daß *Gypsie* gezielt das Terrain abtastete, wo es ihr gelingen könnte, von *Amber* angestammte Plätze für sich zu vereinnahmen. Natürlich fiel das anfangs nicht besonders auf, sondern erst, als *Gypsie* ihre Strategie schon recht gut ausgefeilt hatte. Unbestritten war bei beiden, daß der jeweils angestammte Freßnapf für den anderen tabu war. *Amber* hatte dies der kleinen *Gypsie einmal* handgreiflich beigebracht, und *Gypsie* hielt sich daran. Von sich aus hätte *Amber* überhaupt keinerlei Übergriffe auf *Gypsie*s Freßnapf unternommen, da *Gypsie*, sobald sie zu fressen begann, von Kopf bis Fuß zitternd ins Knurren geriet, wenn *Amber* sich nur im gleichen Raum aufhielt oder auch nur in dessen Nähe kam. Also, *Amber* trollte sich, wenn *Gypsie* ihre Mahlzeit einnahm. Aber nur in Bezug auf den Freßnapf bestand *Gypsie*s Strategie aus Drohen und Knurren, denn außerhalb des Freßbereiches hätte die Alte sich das nicht gefallen lassen, was sie *Gypsie* einige Male energisch klar machte, danach reichten leichte Warnungen völlig aus.

Folglich ging *Gypsie* völlig anders vor. Ihre Strategie war absolut *gewaltlos* und bestand aus nichts anderem als aus - *Schnelligkeit.* Wohin es auch ging, sie war grundsätzlich ganz einfach *die Erste.* Ging man mit beiden beispielsweise eine Treppe hinauf oder hinunter, *überholte Gypsie* alle, zumindest aber *Amber*, und verhinderte im Vorauseilen, *mit heftigem seitlichem Hin- und Herbewegen ihres gesamten Hinterteils,* jeden Überholversuch. Daß sie sich auch bei den zweibeinigen Rudelgenossen ebenso verhielt, sei nur am Rande vermerkt.

*Amber*s bevorzugter Liegeplatz war ein alter, bequemer Sessel, der in einer ruhigen Ecke der Bibliothek stand. Nach einiger Zeit entdeckte man mit Erstaunen, daß beim Betreten dieses Raumes *Gypsie* blitzartig *Amber* beiseite drängte, so daß *Gypsie*, *noch auf der Türschwelle,* bereits vor *Amber* gelangte und dann zielstrebig in höchster Eile den geheiligten Sessel bestieg und dort, mit einer gewissen Spannung im Blick, zur nachfolgenden *Amber* herabblickte. Merkwürdigerweise schien diese den Vorfall beim ersten Mal, wie bei den unzähligen Wiederholungen, zu ignorieren. Warum, wurde bald klar. Völlig ungerührt, als sei dies nichts Außergewöhnliches, ging *Amber* an ihrem angestammten Platz vorbei, als habe sie niemals ein Anrecht darauf gehabt und bestieg

- mit ruhiger Würde - nun den Ruhesessel Ihres *Herrn.* War dieser anwesend, bestieg *Amber* das Sofa, das meist Stammsitz der Hausherrin war, war dieses ebenfalls belegt, irgend eine andere angestammte Sitzgelegenheit eines anderen Familienmitgliedes. Waren gelegentlich aber alle Sitzplätze anderweitig vergeben, streckte sich *Amber* dann inmitten der umsitzenden Menschen lang aus, während *Gypsie* weiter *hinten,* etwas abgeschieden, eisern auf ihren Sessel residierte. Wie es sich auch ergab, auf ihre Weise hatte auch *Amber* ihre dominante Würde verteidigt.

Klugerweise wurden nur anfängliche *ernsthafte, handgreifliche Auseinandersetzungen* der beiden abrupt damit abgebrochen, indem ihnen ein Topf kalten Wassers übergeschüttet wurde. So gab es keinen Sieger und Verlierer, da ansonsten die Hunde ihren Stellenwert untereinander selbst festlegten und von Menschenhand dabei nicht eingegriffen, d.h. der jeweilige Kuhhandel respektiert wurde. Untersuchte man jedoch die Hunde nach einer kleineren Rangelei, hatte erstaunlicherweise immer *Gypsie*, also die jüngere, die Blessuren, während man an *Amber* keine Kampfesspuren entdecken konnte.

Typisch für *Gypsie* aber blieb ihr Prinzip, mit Schnelligkeit die *Erste* zu sein. Es befriedigte sie sichtlich, auf dem von *Amber* übernommenen Sessel mit allen Zeichen von Würde zu thronen, sich bei allen Wegen, auf Spaziergängen, beim Durchqueren von Türen stets *an die Spitze* zu setzen. Zuerst hatte man gedacht, daß auch die Aufforderung zu dem wilden Spiel, das täglich pünktlich zur gleichen späten Nachmittagsstunde einsetzte, von *Gypsie* ausginge. Erst durch zufällige Beobachtung kam man aber dahinter, daß diese Rolle *Amber* übernommen hatte. Die alte Hündin wirkte dabei erstaunlich verjüngt, wie sie mit allen Regeln der Kunst die noch dösende *Gypsie* aufweckte und mit allerlei auffordernden Bewegungen zum Mitspielen verlockte. Sprang *Gypsie* während des Herumtobens auf »ihren« Sessel, verfügte sich *Amber* augenblicks auf einen der ihren. Wollte aber *Amber* nach draußen stürmen, wurde sie prompt, unter der Tür, in Windeseile von *Gypsie* überholt, die sich somit grundsätzlich immer als erste in der Diele oder wieder im Zimmer befand, ganz offensichtlich war dies der *einzige* Grund für sie, überhaupt dorthin zu rennen.

Auf erheiternde Weise aber hatten die beiden beim von beiden überaus geliebten Autofahren eine Art Burgfrieden hergestellt. Der angestammte Platz von *Amber* war hinter dem Fahrersitz der Hausherrin, und während der Fahrt liebte es *Amber* nun schon seit Jahren, ihren Kopf auf die *linke* Schulter ihrer Herrin zu legen und nach vorn aus dem Fenster zu schauen. Was aber tat *Gypsie*? Dicht neben *Amber* sitzend legte sie ebenfalls ihren Kopf - allerdings auf die *rechte* Schulter ihrer Herrin und blickte ebenfalls gespannt nach vorn aus dem Fenster. Diesen, ihren *angestammten* Platz im Auto hatte *Amber* nämlich nicht hergegeben, was jedesmal relativ kompliziert war, da *Gypsie* selbstverständlich die erste war, die ins Auto sprang und dann duldete, daß sie für die nachfolgende *Amber* etwas beiseite rücken mußte. Diese hatte sich aber ihrerseits damit abgefunden, daß *Gypsie* direkt neben ihr saß und gegen die Vereinnahmung der *rechten* Schulter des Vordermannes hatte sie keine Einwände.

Auch das auf den ersten Blick lebhafte und ungestüme Spielen der beiden war, betrachtete man es genauer, ein wundervolles Lehrstück, wie Dominanzverhältnisse sich gerade im Spielverhalten ablesen lassen, d.h. eigentlich nichts weiter sind, als ein ständig sich fortsetzender Kuhhandel um Dominanz-Positionen.

Aber, und das ist einer der Gründe, warum ich hier so ausführlich darauf eingehe, dieser »Kuhhandel« fand *täglich* neu statt, und es war interessant zu beobachten, mit welcher Beharrlichkeit *Gypsie* immer wieder versuchte, in die dominanteren Positionen bei der T-Stellung*) zu gelangen, was ihr auf ebenso elegante wie entschiedene Weise von *Amber* verwehrt wurde. Oft genug hatte man schon angenommen, *Gypsie* hätte »es« nun endlich geschafft. Beobachtete man die beiden aber beim Spiel, war und blieb es stets *Amber*, die ihren Kopf auf die Schultern der jüngeren Hündin legte, oder sich mit ihren Vorderbeinen auf deren Rücken stützte, war es stets *Gypsie*, die sich scheinbar spielerisch auf dem Boden auf den Rücken rollte und sich, mit zurückgelegten Ohren, von der Alten inspizieren ließ. Die vielerlei Spiel- und Jagdsequenzen folgten so schnell und leicht aufeinander, daß ein unvoreingenommener Beobachter sie als vollkommen zufällig gesehen und nicht das innewohnende Ritual erkannt hätte.

An der eben beschriebenen Integrierungs-Strategie ist aber noch etwas anderes in diesem Zusammenhang interessant, was erst dadurch deutlich wurde, als man gleichzeitig *Gypsie*s Integrierungs-Strategie mit ihrer Artgenossin mit der verglich, die sie den übrigen Familienmitgliedern gegenüber anwandte. Es war, gleich hier sei es gesagt, haargenau das gleiche Verfahren! Lakonisch drückte es einer der Söhne mit dem Satz aus: »Also, für *Gypsie* ist Frau Paulus wirklich der letzte Arsch der Welt.« Frau Paulus war die Putzfrau. Paßte man nicht auf, fletschte *Gypsie* sie nicht nur an, wenn sie zu fressen geruhte, sondern versuchte auch - erfolgreich! - Frau Paulus überhaupt den Zutritt zur Küche zu verwehren. Die ängstliche Frau Paulus konnte mit ihrer piepsigen Stimme zu *Gypsie* sagen was sie wollte, *Gypsie* dachte gar nicht daran, ihr irgendwie aus dem Weg zu gehen, oder etwas Geklautes herauszurücken. Folglich eilte Frau Paulus zum Telefon, holte Hilfe herbei und *Gypsie* wurde weggesperrt. An *Gypsie*s geheiligtem Freßnapf demonstrierten denn auch nach und nach alle übrigen Familienmitglieder erste Ansätze von Dominanz. Mit einem klatschnassen Scheuerlappen, der der knurrenden *Gypsie* um die Ohren klatschte, wurde ihr bedeutet, sich den Zweibeinern gegenüber zivilisiert zu verhalten. Aber sie probierte, auch mit vielen anderen Aktionen, einen nach dem anderen regelrecht durch, und hatte bald die ganze Familie in bestimmte Abstufungen von Dominanz eingeteilt. Sie wußte genau, bei wem sie sich

*) Siehe Eric H.W. Aldington, Von der Seele des Hundes Seite 320 ff

was erlauben konnte und versuchte, ebenso wie auch bei *Amber*, immer wieder von Neuem, mehr für sich herauszuholen.

Was damit erklärt werden soll, ist, daß dieses immer wieder erneute Abstecken der Grenzen eine der Natur, vor allem des jungen Hundes entsprechende »Sucht« ist, auf die man sich gut vorbereiten muß, d.h. konsequent und beharrlich zu reagieren hat.

Aber dominantes Verhalten kann sich keinesfalls nur auf Artgenossen und Mitmenschen, sondern auch in Bezug auf Räume, Plätze und Situationen erstrecken. Demzufolge wird es oft überhaupt nicht rechtzeitig als solches erkannt. Tatsächlich ergeben sich hieraus ernsthafte Erziehungsprobleme, d.h. wir haben, ohne dies begriffen zu haben, einen Hund, der sich absolut nicht, wie dies nötig wäre, als letztes Glied der Hierarchie einordnet.

Natürlich merkt man dies zuallererst daran, daß der Hund »einem nicht immer folgt«, doch es steckt mehr dahinter. Also doch die »systematische Stubendressur, in welcher der Hund mittels *Korallen* und *Peitsche* zum *unbedingten Gehorsam gezwungen wird*«? Damit würde im besten Falle eine Unterordnung des Hundes unter eine bestimmte Person oder bei bestimmten Situationen erreicht, nicht ihm aber grundsätzlich sein Platz in unserer Gemeinschaft zugewiesen, was sich aus dem insgesamt veränderten Lebensstil ergibt, der dem Hund zu viele Ausweichmöglichkeiten einräumt. *»Überraschenderweise entsteht aber Dominanz durch das Verhalten des untergeordneten Tieres«,* das haben wir an anderer Stelle herausgearbeitet*). Wir also müssen den Hund zu der *Überzeugung* bringen, daß *er uns generell untergeordnet ist,* was sich für ihn unter anderem, auch wenn Sie das überraschen mag, darin ausdrückt, daß er sich bei uns *geborgen* und *sicher* fühlt wie in Abrahams Schoß. Daraus ergibt sich aber auch eindeutig, daß man dies *nicht* mit drakonischer Gewalt, also mit Koralle und Peitsche erreicht, sondern *ausschließlich mit Überzeugungskraft.*

Wie, bitte, werden Sie nun sagen, soll man aber *einen Hund überzeugen?* Nachdem wir in vielen Jahren immer wieder festgestellt haben, daß es fast ausschließlich im Kern *ungeklärte* Dominanzverhältnisse sind, die das Verhalten des Hundes negativ beeinflussen, haben wir, wie oben schon ausgeführt, einmal untersucht, auf welch vielfältige Weise

*) Eric H.W. Aldington, Von der Seele des Hundes Seite 102 ff

ein Hund das, was er als Dominanz für sich beansprucht, ausdrücken kann. Und an gerade all diesen Punkten muß unser Erziehungsprogramm einsetzen, wollen wir das Problem aus der Welt schaffen. Wir haben alles mögliche ausprobiert. Herauskristallsiert hat sich das, was wir im 3. Teil als »Drei-Wochen-Kur« beschreiben.

Der erste Schritt: Das Problem sehen und verstehen lernen

Probleme mit Hunden, haben wir gesagt, entstehen in erster Linie durch das Einwirken des Menschen. Einer der Hauptgründe, wegen der es zu Komplikationen zwischen Mensch und Hund kommt, ist der unausrottbare Drang des Menschen, anzunehmen, daß der Hund, nur weil er mit ihm zusammenlebt, auch in der gleichen Umwelt lebe, wie der Mensch. Daß aber Mensch und Hund, obwohl im gleichen Zimmer vereint, in zwei absolut unterschiedlichen Welten leben, und keiner vom anderen weiß, wie die des anderen aussieht, muß immer wieder betont werden.

Ebenso wie auch der Mensch nimmt der Hund von seiner Umwelt nur das wahr, was er aufgrund seiner eigenen Sinnes- und Verstandesleistungen davon aufnehmen und verarbeiten kann.

Wenn Sie mehr Hintergrundwissen über Gehirn und Sinnesleistung des Hundes suchen, so habe ich das bereits anderweitig ausführlich beschrieben*). Hier interessieren uns wieder mehr die für die *praktische Anwendung* notwendigen Fakten zu Hören, Sehen, Fühlen, Riechen.

Von den völlig anderen Sinneswahrnehmungen der Hunde

Sehen

Schon allein in der Art und Weise, wie ein Hund die Umwelt *sieht,* unterscheidet er sich gravierend vom Menschen. Außerdem ist für den Hund das Auge ein Sinnesorgan, das nicht nur Sinnesleistungen *aufnimmt,* sondern auch wichtige Signale *aussendet.* Ein wichtiger Bestandteil des Dominanzverhaltens ist der *Augenkontakt.* Daß dieser

*) Eric H.W. Aldington, Von der Seele des Hundes Seite 254 ff

auch bei der Erziehung des Hundes eine eminent wichtige Rolle spielt, darauf kommen wir später noch zurück.

Hunde, wenn auch rassespezifisch unterschiedlich, haben einen, besonders seitlich, völlig anderen *Gesichtswinkel,* sie bemerken daher mehr seitlich sich Bewegendes und sind deswegen gleichzeitig zu mehr Bewegungen von Kopf und Augen gezwungen, wenn sie etwas genauer sehen wollen. Vor allem ist aber für Hunde wichtig, daß sich etwas *bewegt,* soll es von Interesse für sie sein. Sie können in der Dämmerung besser sehen, als der Mensch, dafür haben sie kein oder nur ein sehr geringes Farbempfinden, d.h. sie sehen vermutlich Farben nur als verschiedene Abstufungen von Grau. Kurz gesagt, Hunde entnehmen ihrer Umwelt auch optische Signale, die für den Menschen bedeutungslos sind. Bei vielen *bissigen* Hunden erweist es sich, daß sie von bestimmten optischen Signalen geradezu aufgeputscht werden: Sie reagieren gereizt, wenn sie eine Bewegung an frühere, schlechte Erlebnisse erinnert, etwa geschlagen oder bedroht zu werden, oder an die berühmte Erziehungsmaßnahme mit der Zeitungsrolle. Da Hunde, um etwas *richtig* erkennen zu können, dessen *Bewegung* benötigen, können sie auch erregt auf *unklare* visuelle Reizen reagieren: Unbewegliche Personen, vielleicht noch mit großen Hüten, Taschen, Stöcken oder wehenden Mänteln, werden, besonders von nervös-aggressiven Hunden wütend angegriffen, ebenso kann dies aber auch geschehen, wenn etwa in der Dämmerung Busch oder Baum an eine unheimliche, unbewegliche Figur erinnert.

Hören

Auch hinsichtlich des *Gehörten* leben Hunde in einer völlig anderen Welt als wir. Man sagt, sie hätten das *»absolute Gehör«,* denn sie können selbst feine Unterschiede der Klanghöhe, die kaum 1/8 des Tones erreichen, nicht nur *auseinanderhalten,* sondern auch *erinnern.* Ihre *Erinnerung* an Tonfolgen (also auch Stimmen etc.) ist sogar *nachhaltiger* als ihr Gedächtnis für Gerüche. Der Mensch reagiert nur bis zu Tönen bis 20.000 Hz., der Hund bis 35.000 (26.000 /50.000) Hz. Die Zahlen in Klammern zeigen, welch unterschiedliche Meßwerte man schon gefunden hat. Oder am Beispiel des Klaviers erklärt: Die Töne der oberen Oktaven werden vom Menschen am besten unterschieden.

Töne, für die das Klavier keine Tasten mehr hat (weil sie der Mensch nicht mehr hören kann), sind für Hunde deutlich zu hören. (Daher die »tonlosen« Hundepfeiffen.) Der Hund erinnert aber auch Unterschiede in den Pausenlängen. Es ist Ihnen wohl klar, daß dies einer der Gründe dafür ist, warum ein Hund viel mehr aus Ihren Worten entnimmt, als Sie ihm tatsächlich mit Worten gesagt haben. Außerdem können Hunde Geräusche noch aus Entfernungen hören, wo der Mensch absolut nichts mehr bemerkt. So erklären sich auch große Ängste bei Hunden, beispielsweise vor und bei Gewittern oder bei Feuerwerken.

Probleme gibt es logischerweise dann, wenn ein Hund auf akustische Reize reagiert, die sein Mensch überhaupt nicht wahrgenommen hat. Eine weiterer Umstand erschwert es, den Hund zu verstehen. Dieser benötigt einen Hinweis, von wo das Geräusch kommt oder, wenn man mit bestimmten Geräuschen erzieht, ein zusätzliches optisches Signal, um dies überhaupt begreifen zu können. Beim Erziehen eines Hundes werden häufig Befehle *zugleich* mit irgendwelchen körperlichen Berührungen gegeben. Da hierbei der Hund möglicherweise als Wichtigstes die Berührung registriert, ist sein Besitzer, wenn er es später, mit dem Befehl allein versucht, enttäuscht, daß der Hund diesen nicht befolgt, weil er ihn nicht als solchen versteht. Reagiert nun der Mensch verärgert und ungeduldig, verknüpft nur zu leicht der Hund den Befehl jetzt völlig falsch mit einer verärgerten Reaktion.

Es erscheint wie ein Wunder, daß und wie schnell Hunde ihren eigenen Namen begreifen. Allerdings, wird dieser zu oft gesprächsweise oder in belanglosen Situationen verwendet, gewöhnt sich leider der Hund schnell daran, auf die Nennung seines Namens hin *nicht* zu reagieren, weil er erfahren hat, daß sein Name nicht immer bedeutet, daß er auch *angesprochen* ist.

Fühlen

Ist die Bindung zwischen Hund und Mensch nicht gesichert, entstehen erstaunlicherweise eine Vielzahl von Verhaltenskomplikationen und Mißverständnissen durch *Berührung,* bzw., um bei den Sinnen zu bleiben, durch den *Tastsinn.*

Da die Nervenbahnen für visuelle, akustische und taktile Reize im Gehirnzentrum defensiver Reaktionen zusammenlaufen, führen, wie man im Versuch festgestellt hat, taktile Reize offensichtlich besonders leicht zu Reaktionen wie Flucht oder Angriff. Schon sehr früh zeigt sich bei Welpen, daß sie besonders sensibel, d.h. aggressiv auf Berührung reagieren. Die angeborene Reaktion auf Berührung ist zuallererst *defensiv.*

Außerdem haben Sie sicherlich schon selbst beobachtet, daß *Druck* als Reflex *Gegendruck* erzeugt, z.B. um die Balance nicht zu verlieren, auch dies kann zu Schwierigkeiten führen, wenn man Hunde mit starker körperlicher Einwirkung erzieht.

Auch der *chronische Leinenzerrer* wird geradezu dazu *erzogen,* weil je mehr ihn das Halsband drückt, er sich umsomehr dagegen stemmt. Hier hilft nur der berühmte Leinenruck, der den Hund zurückwirft, der dann, wenn er wunschgemäß an *lose* hängender Leine neben einem herläuft, gelobt werden muß. Wenn Sie allerdings warten, daß Ihrem Vierbeiner der ewige Dauerdruck am Halsband einmal zu viel wird, und hoffen, daß er dann schon aufhört, derart zu ziehen, irren Sie sich, und werden ein Leben lang von Ihrem keuchenden Vierbeiner nachgeschleppt. Wie man den Leinenzerrer verhindert, folgt im 3. Teil.

In Versuchen hat man festgestellt, daß die Berührung bestimmter Punkte zu einem Beißreflex führt, also tatsächlich das *Nicht-Zubeißen* im frühen Welpenalter, d.h. im Miteinander der Welpen, *gelernt* werden muß. Erstaunlicherweise ist bei allen Formen der Berührung das Zufügen von Schmerz nicht notwendig, um bei Hunden eine reflexartige Reaktion auszulösen.

Überhaupt kann bei Hunden die Grenze dessen, was als *Schmerz* empfunden wird, sehr unterschiedlich sein. Dies finden wir sowohl individuell wie rassespezifisch. Beispielsweise haben Kampfhundrassen eine erhebliche Schmerztoleranz, während andere Rassen sehr nachdrücklich auf Schmerz reagieren. Hat beispielsweise ein Besitzer einen empfindlichen Hund bei der täglichen Pflege einmal unsanft behandelt, wird es immer, wenn dieser seinen Hund bürsten oder gar die Krallen schneiden will, zur mehr oder weniger aggressiven Verweigerung des Hundes kommen, der sich, z.B. von einer anderen Person, u.U. völlig selbstverständlich versorgen lassen wird. Auch beim Gang zum Tierarzt spielt die Schmerztoleranz eine wichtige Rolle, was Hundehalter wissen sollten. Einige Hund läßt es völlig kalt, wenn sie etwa eine

Spritze bekommen. Für andere kann dies ein traumatisches Erlebnis werden.

Riechen

Daß selbst der dümmste Hund mit seiner Nase dem allerklügsten Menschen haushoch überlegen ist, weiß jeder. Der Geruchssinn ist denn auch sein wichtigster, und auch der, weswegen Hunde immer wieder im Dienste des Menschen unersetzlich sind. Die Fähigkeit kommt daher, daß das Riechorgan des Hundes anders konstruiert ist als das des Menschen und auch sein Riechzentrum im Gehirn stärker ausgebildet ist. Wir müssen uns aber klar machen, daß, wie bei allen Sinneseindrücken des Hundes, ihn *unbekannte* Gerüche verunsichern und ängstigen, d.h. auch zu aggressiven Handlungen führen können.

Jeder Hund wird seine neue Umwelt zuallererst dadurch untersuchen, daß er sie intensiv und nachdrücklich mit der Nase bearbeitet. Erst dann, wenn er alles registrieren konnte, wirkt er sichtlich ausgeglichener.

Auch bei allerlei Gegenständen interessieren ihn nicht Farbe oder Form, sondern zuallererst der *Geruch,* wonach er sie einordnen kann. Nachdem wir beispielsweise einige Male einen recht wertvollen neuen Teppich dadurch eingebüßt hatten, weil ihn ein Hund in einem unbeobachteten Augenblick »untersuchte«, sind wir darauf gekommen, derartige Wertobjekte erstmal im Geruch an uns anzupassen. Ein neuer Teppich, der eine Weile unter unseren Matratzen gelagert wurde, wird vom Hund danach nicht mehr als »neu« betrachtet, d.h. überhaupt nicht beachtet!

Ebenso erkennt ein Hund am Geruch auch, ob wir von außerhalb kommen und begrüßt uns dann stürmisch, nicht aber dann, wenn wir lediglich längere Zeit in einem abgelegenen Teil innerhalb des Territoriums für ihn abwesend gewesen sind. Kommen wir tatsächlich (auch wenn es nur eine kurze Abwesenheit war) von *außerhalb,* werden wir nach allen Regeln der Kunst untersucht, und wenn wir gar Kontakt mit anderen Hunden hatten, »malt« die Hundenase all die Stellen nach, an denen der fremde Hund besonders intensiv zu spüren war. Vergleicht man die Sinne von Mensch und Hund, kann man tatsächlich sagen: *Der Hund sieht mit der Nase!*

Im praktischen Alltag müssen wir wissen, daß bestimmte, mit den Sinnesorganen aufgenommene *Reize* besondere, angeborene *Reflexe* bei Hunden auslösen können. Insbesondere bei der *Sauberkeitserziehung* passieren hier viele Pannen aus Unkenntnis der Hundehalter über den Reflex, der hier abläuft. Sehr früh lernen Welpen, ihr Geschäft außerhalb ihres Nestes zu erledigen, was ihnen sehr bald dadurch erleichtert wird, daß ihnen bestimmte Gerüche signalisieren, daß »hier« der richtige Ort dafür ist. Sie schnüffeln also längere Zeit herum, bevor »es« passiert, plötzlich hocken sie sich unvermittelt hin und entledigen sich ihrer Last. Hat sich nun ein Hund an Stellen versäubert, wo dies nicht erwünscht ist, müssen diese (wir kommen noch darauf zurück) in Abwesenheit des Hundes nachdrücklich nicht nur gereinigt, sondern auch von allen *Geruchsspuren befreit* werden. Geschieht dies nicht, wird es immer wieder diese Stelle sein, wo dem Kleinen, leider aber auch manchem ausgewachsenen Hund, ein »Malheur« passiert. Da dies mit der Unausweichlichkeit eines Reflexes vor sich geht, hilft, solange der alte Duft nicht radikal entfernt ist, auch die allerbeste Erziehung überhaupt nichts.

Besitzer von Rüden können ein Lied davon singen, wie sehr sie immer wieder mit der Riechfähigkeit ihres Hundes konfrontiert werden. Auch auf größere Entfernungen können Rüden durch die spezifischen Düfte von läufigen Hündinnen zu allerlei unerwünschtem Tun veranlaßt werden. Heulen, wehleidig sein, Unruhe, sind das Eine. Daß aber Rüden geradezu genial darin sind zu entkommen, um zu der entsprechenden Hundedame zu gelangen, kann zu allergrößten Aufregungen führen. Daß hier der Grundstein für den generell zum *Streunen* neigenden *Rüden* gelegt wird, sei hier bereits angemerkt. Auch diese Gerüche nimmt der Mensch nicht wahr, ist daher also, zumindest von seiner Nase, nicht gewarnt. Aber bei plötzlichen, typischen Verhaltensänderungen lernt man dann schon zu erkennen, daß irgendwo wieder mal eine der Damen »so weit« ist.

Erstaunlich ist, daß Hunde den Individualgeruch eines Menschen genau von anderen unterscheiden können, was die großen Leistungen der Suchhunde erklärt. Aber: Den richtigen Einsatz seiner Riechfähigkeit muß er Hund erst durch Übung und Erfahrung regelrecht *lernen.* Bei jungen Hunden kann man vergnügt beobachten, daß sie eine

Hasenfährte, deren Richtung wir im Schnee an der Spur erkennen können, nur zu gern sehr aufgeregt in der falschen Richtung verfolgen. Ebenso muß auch das Arbeiten auf der Fährte gewissenhaft in *kleinen Schritten* aufgebaut werden. Wer hier unkundig und ungeduldig verfährt, verbaut sich von vornherein alle Fortschritte. Denn obwohl die Nase des Hundes talentreichstes Organ ist, *ist Arbeit mit der Nase für ihn tatsächlich Schwerstarbeit,* und man muß ihn ständig mit Erfolgen motivieren, seine Leistungen zu verbessern.

Obwohl wir einerseits die Riechfertigkeit unseres Hundes trainieren können, das Gegenteil klappt niemals: Es ist absolut unmöglich, dem Hund abzugewöhnen, etwas zu riechen oder auf Gerüche nicht zu reagieren, da wir selbst viele davon überhaupt nicht wahrnehmen. Denken Sie nur einmal daran, mit welcher Inbrunst Hunde die »Nachrichten« an Laternenpfählen, Hausecken oder Bäumen »studieren«. Ich habe über das Markierungsverhalten von Wölfen und Hunden anderweitig ausführlich berichtet.*) Da aber dabei nur Nachrichten von Hund zu Hund vermittelt werden, interessiert es uns, so faszinierend es auch ist, in Zusammenhang mit Verhaltensproblemen nicht weiter.

Allerdings kann und sollte man seinen Rüden von Anfang an dazu erziehen, daß er, wenn er mit uns in der Stadt unterwegs ist, sich nicht von Ecke zu Ecke und Pfahl zu Pfahl durchschnüffelt und überall sein Bein hebt. Dieser unkonditionierte Reflex kann peinliche Folgen haben, wenn bereits andere schlecht erzogene Hunde ihre Duftmarke an Straßenverkaufsmöbeln oder Gemüse- oder Obstkisten hinterlassen haben. Sie können sicher sein: Jeder Hund, der vorbei kommt, hebt dort sein Bein ebenfalls. Ist es Ihrer, der dabei erwischt wird, haben *Sie* den Ärger.

Allerdings kann man sehr territoriale, dominante Hunde daran erkennen, mit welcher Heftigkeit sie auf bestimmte Situationen mit »Bein heben« reagieren. Sie machen sich auf diese Weise eine ihnen fremde Umgebung »untertan«, indem sie mit ihrer Duftmarke den eventuellen Besitzanspruch anderer Hunde überdecken.

*) Eric H.W. Aldington, Von der Seele des Hundes Seite 230 ff

Sinneseindrücke und Verhalten nicht nur reflexbedingt

Neben der unausrottbaren Überzeugung, des Hundes Denken sei dem des Menschen vergleichbar, behauptet sich ebenso standhaft die entgegengesetzte, aber ebenso falsche Überzeugung, daß Hunde, da sie ja »nur« Tiere sind, nicht *denken,* sondern sich nur artgemäß *verhalten,* also all ihr Tun ausschließlich aus angeborenen, reflexähnlichen Verhaltensweisen bestünde. Daß Hunde durchaus nicht nur reflexbedingt handeln, sondern sehr wohl »denken« können, habe ich anderweitig ausführlich erläutert.*) Hier interessiert uns wieder mehr die rein praktische Seite.

Bereits weiter vorn haben wir die *Reflexe* und die verschiedenen Formen des Lernens erwähnt. Bei den Reflexen unterscheiden wir erstens die *unkonditionierten,* d.h. angeborenen, arteigenen Reflexe, die der Hund sozusagen in die Wiege mitbekommt, und zweitens die *konditionierten,* d.h. die gelernten Reflexe (Handlungsweisen).

Ein unkonditionierter Reflex der ersten Stunde ist der ungerichtete *Suchreflex* des neugeborenen Welpen. Wir können es beobachten, wie die noch blinden Welpen wirklich blindlings ihren Kopf pendelnd hin und her bewegen und nach etwas Warmem suchen. Der neugeborene Welpe ist zunächst ein *»Tastsinn-Tier«.* Seine Umweltkontakte sind auf Berührung, direkten Kontakt beschränkt. Bei warmer Berührung beginnt der Welpe ausdauernd zu kriechen, vor Schmerz und Kälte entfernt er sich schleunigst. Außerdem sind sein *Gleichgewichtssinn* und seine Reaktion *»Angst vor Tiefe«* ebenso gut entwickelt, wie sein Saugreflex.

So paradox es klingt: Welpen sind am Anfang ihres Lebens nicht nur umfassend hilflos, sondern ebenso umfassend geschützt. Nicht nur die Mutter wacht über die Welpen; dank ihrer völlig unterentwickelten Sinnesorgane und ihres ebenso unentwickelten Gehirns sind auch die Welpen selbst gegen die Umwelt restlos abgeschirmt. Mehr noch: Erstaunlicherweise sind bei der Geburt des Welpen gerade die Sinne noch völlig unentwickelt, die später seine wichtigsten sind.

---

*) Eric H.W. Aldington, Von der Seele des Hundes Seite 254 ff

Man kann es aber auch anders sehen: Die Entwicklung der wichtigsten Sinne des Hundes ist immer auch mit *Lernvorgängen* verbunden. D.h., sie sind nicht ganz selbstverständlich von vornherein angeboren und vorhanden, sondern sie müssen sich erst entfalten, wozu ein entsprechendes Umfeld eines der wichtigsten Erfordernisse ist. Damit eng verbunden ist aber auch, daß nur so die *Grundlagen des Verhaltens* überhaupt entstehen können.

Erst wenn sich die Augen der Welpen geöffnet haben, können Umwelteindrücke zunehmend für ihn Bedeutung gewinnen. Jetzt entwickelt sich auch, durch die nun *wahrgenommenen* und *verarbeiteten* Reize, das Gehirn immer mehr, und der Welpe wird sich bald *zielgerichtet* auf bestimmte Ziele zubewegen. Ab etwa der 3. Woche mehren sich die Anzeichen, daß der Welpe nach dem Prinzip Versuch und Irrtum zu *lernen* beginnt, d.h. immer mehr Umweltreize lösen bei ihm immer neue unkonditionierte Reflexe aus, wie aber andererseits zunehmend mehr konditionierte (gelernte) Reflexe hinzukommen.

Von der »inneren« Uhr des Hundes

Um dem Rätsel bestimmter *Verhaltensweisen*, aber auch zahlreicher *Verhaltensstörungen* auf die Spur zu kommen, sollten wir aber auch *die konditionierten Reflexe in zwei Klassen* einteilen.

Ich will dies an einem Beispiel näher erklären: Bei den verschiedenen Versuchen, Hunde zu konditionieren, erkannte man ein merkwürdiges Phänomen. Üblicherweise fanden die einzelnen Versuche, die man beispielsweise mit dem Versuch »Essen-Glocke-Speicheln« machte, innerhalb eines bestimmten Tagespensums, d.h. immer etwa zur gleichen Zeit statt. Bei allen diesen Versuchen wurden aber nicht nur die rein äußerlich sichtbaren Reaktionen (Speicheln), sondern eine Vielzahl anderer Werte gemessen, so auch jene, die im Gehirn dabei abliefen. War aber ein Reflex fertig ausgearbeitet, stellte sich etwas Erstaunliches heraus: Auch wenn *kein* diesbezüglicher Versuch stattfand, also *ohne jeden äußeren Anlaß, lief am nächsten Tag im Gehirn zum Versuchszeitpunkt ein bestimmtes, nämlich für diese Reaktion typisches Erregungsmuster ab.*

Jetzt können wir endlich auch das Geheimnis mit der oft bewunderten *»inneren« Uhr* unserer Hunde lüften. Sie beginnt ja unübersehbar immer dann zu läuten, wenn es beispielsweise im Tagesablauf Zeit für bestimmte, immer wiederkehrende Ereignisse ist. Etwa also die Essenszeit oder die Heimkehr des Hundehalters. In *Erwartung des Kommenden* stellt sich *automatisch* tatsächlich im Gehirn des Hundes ein *Erregungsablauf* ein, ist eine Art Gewitter im Gehirn, dem dann eine Mischung weiterer unkonditionierter und konditionierter Reflexe, allerdings von etwas anderer Art folgen.

Dies sind jene konditionierten Reflexe, bei denen eine Reihe von (oft auch problembehafteten) Aktionen des Hundes zum Ausbruch kommen. Der Hund, von seiner inneren Uhr pünktlich in einen Zustand von Erregung versetzt, muß sich dessen, wenn das Erwartete nicht oder verspätet eintritt, in Überreaktionen oder Ersatzhandlungen entledigen. Als nächster Schritt folgt dann, daß die Überreaktionen oder Ersatzhandlungen selbst sich zu immer wiederkehrenden Handlungsweisen manifestieren, d.h. pünktlich fast mit Glockenschlag fabriziert unser Hund allerlei in unseren Augen höchst Überflüssiges und Unerwünschtes. Das ist der Zeitpunkt, wo dann Bellwut, Zerstörungsdrang, Verunreinigung des Hauses oder Selbstzerstörung fast automatisch, d.h. *ohne* äußeren Anlaß, stattfinden.

In jeder Handlungsweise sind konditionierte und unkonditionierte Elemente enthalten. Ziehen Sie beispielsweise Ihren Hund am Schwanz und er schnappt nach Ihrer Hand, ist dies ein *unkonditonierter Reflex.* Ziehen Sie ihn aber am Schwanz und sagen gleichzeitig »Faß!«, wird er bald gelernt haben, auf dieses Wort hin zuzuschnappen, auch wenn Sie ihn nicht mehr am Schwanz ziehen. In diesem Fall ist dies dann ein *konditionierter Reflex.*

Nun ergibt es sich im Alltag leicht, daß die beiden Gruppen von konditionierten Reflexen für den Hund konfliktreich werden. Sein *»innere Uhr«,* oder anders gesagt: sein *»Gewohnheitsreflex«,* der ihn in Bereitschaft für etwas sicher Erwartetes, also in eine *besondere innere Stimmungslage* versetzt, bzw. bestimmte *autonome Reaktionen* auslöst, kann enttäuscht werden, d.h. seine Erwartung wird nicht erfüllt, oder aber schlimmer noch, genau das Gegenteil des Erhofften tritt ein.

Das löst nun, was wir als die *andere* Form von *konditionierten Reflexen* bezeichnen, bestimmte *motorische Aktionen* aus, d.h. der Hund entscheidet sich für eine bestimmte, ihm angemessen erscheinende Reaktionsweise.

Von den »gemischten« Gefühlen der Problemhunde

Was viele Hundehalter nicht beachten, ist die Tatsache, daß hier komplex verzahnte Reflexmuster beispielsweise eine *gestörte Beziehung* des Hundes zu seinem Menschen *festschreiben.* Bedeutet beispielsweise der Hundebesitzer für seinen Hund eine *positiv besetzte Erwartungshaltung,* ist also sein Gehirn in erwartungsvoll-freudiger Erregung, und er *freut* sich, wird er seines Herrn ansichtig, wird er regelrecht *vor den Kopf gestoßen,* wenn sein Besitzer ihn streng *bestraft* oder *beschimpft,* weil der Hund beispielsweise das Haus verunreinigt hat, etwas zerstört oder vom Streunen zurückkehrt.

Unglücklicherweise fallen aber die Aktionen hinsichtlich der *Stubenreinheit* ausgerechnet gerade in die 8.-10. Woche (siehe später), wo unangenehme, angsteinflößende Ereignisse im Gehirn des Hundes regelrecht eingraviert werden. Tatsächlich wird die Grundlage für einen Hund, der seinem Herrn nicht recht traut, schon in den ersten Wochen und Monaten gelegt.

Man hat nun auch im wissenschaftlichen Versuch nachgewiesen, was die Basis für klassisches neurotisches, psychotisches Verhalten ist. Dies setzt dann ein, wenn ein zunächst positiv besetzter konditionierter Stimulus (z.B. freudige Erwartungshaltung) von einem überlagert wird, der einen klassischen, unkonditionierten Reflex (z.B. Angriff oder Flucht) enthält.

Bei fast allen *Problem-Hunden* können wir entdecken, daß sie *ihrem Herrn gegenüber gemischte Gefühle zeigen.* Man kann dies gut beobachten dann, wenn ein Hund nicht oder nur zögernd kommt, wird er gerufen. Man kann ihm geradezu ansehen, daß er unsicher ist, weil er nicht weiß, was jetzt auf ihn zukommt, d.h. sein im ersten Moment aufkeimendes soziales Angezogensein wird von defensiven Reaktionen (fühlt sich abgestoßen, hat Angst) überlagert.

Von den typischen Reaktionen in Streßsituationen

Je nachdem, ob der Hund mit *mehr oder weniger erregbarem Nervenkostüm* ausgestattet ist, wird er mehr oder weniger schnell in eine *Streß- oder Frustrationssituation* hineingeraten. Und auch wieder auf eine *für ihn typische Weise* wird er versuchen, den Erregungsstau wieder loszuwerden. Hat er sich davon befreit, macht ihn das ebenso »glücklich«, als habe er eine Belohnung bekommen.

Bei der einen Gruppe von Hunden äußert sich dieses *oral* (d.h. sie kauen, zerbeißen, zerstören etwas oder sich selbst). Andere Hunde wieder neigen im Streßzustand zu heftigen, *körperlichen Reaktionen* (sie kratzen, graben, rennen hin und her, springen). Eine weitere Gruppe erlöst sich *vokalisierend* aus dem Streß, (sie bellen, heulen, jaulen).

Hierbei muß man sich aber unbedingt klar machen, daß diese eben genannten »Befreiungshandlungen« *für den Hund ungeheuer attraktiv,* d.h. *selbstbelohnend* und ihm daher nur sehr schwer abzugewöhnen sind. Ebenso aber steht auch fest, daß alle diese Frustrationssituationen vom *Menschen* verursacht werden, also überhaupt nicht aufgetreten wären, hätte sich dieser etwas eingehender mit den Verhaltensbedürfnissen des Hundes auseinandergesetzt. Vorbeugen hätte hier wahrhaft Wunder gewirkt.

Bestimmte *arteigene,* also *typische, eigentlich völlig normale Verhaltensweisen* führen, wenn der Hund sie nicht ausleben kann oder darf, zu jeweils typischen Frustrationshandlungen. Man kann sie nur in der Form unterbinden, daß man den *Auslöser* für dieses Verhalten *ändert,* oder indem man mit *gezielter Erziehung* darauf hinarbeitet, daß bestimmte *instinktive Verhaltensweisen* unterbunden werden, d.h. verboten sind und unter Kontrolle bleiben.

Wichtig ist für uns aber, daß man an den *Unarten* des Hundes wiederum auch ganz gut ablesen kann, was wohl *ursächlich der Grund dafür sein mag.*

Wird sein *Freiraum stark beschnitten* (zu wenig Auslauf, Ketten- oder Zwingerhaltung) wird er mit schöner Sicherheit bei bestimmten Verhaltensweisen zu erheblicher Perfektion gelangen: Graben; Kratzen an Türen, Zäunen und Fenstern; Überspringen von Zäunen; Bellen,

Heulen, Zerstörungswut; Aggressivität, wenn freigelassen oder freigekommen; Aggressivität gegen Hunde

Bei dem *Verteidigungsreflex* müssen wir zwischen *aktiver und passiver Verteidigungsreaktion**) unterscheiden. Je nach seiner individuellen Ausgangslage verteidigt sich ein Hund *aktiv* (greift an) oder *passiv* (flieht). Hierher gehören drohendes Knurren, aggressives Droh-Verhalten, Bellen, Aggressivität gegen Menschen oder Hunde, wie auch generelle Ängstlichkeit, Angst-Beißen, submissives Urinieren.

Gerät er durch seinen *Nahrungsreflex* in Streßstimmung, weil er beispielsweise nicht zur gewohnten Zeit gefüttert wird, äußert sich das in Verunreinigung des Hauses, Zerstördrang. All dies, wie auch Futterneid oder das drohende Bewachen der Futterschüssel, sind Anzeichen für aufkommendes dominantes Verhalten.

Eigentlich kann man sich nicht vorstellen, daß ein Hund durch unbefriedigten *Erkundungsdrang* in Streß geraten kann. Trotzdem kann gerade hier durch Beschneidung seiner Erfahrungs- und Erlebnismöglichkeiten eine Vielzahl an Störungen in nahezu *allen* Verhaltensweisen ausgelöst werden, da der Hund, in oft umfassender Weise, *nicht* die benötigten sozialen oder Umwelterfahrungen machen konnte.

Daß Hunde auch einen *Jagdtrieb* haben, wird spätestens dann klar, wenn sie anfangen, hinter Autos oder Fahrrädern herzurasen, Tiere zu töten, kleine Kinder anzugreifen, und nicht kommen, versucht man sie abzurufen. Hat der Hund einmal eine solche, in seinen Verhaltensrepertoire sehr bedeutende Fähigkeit entdeckt, heißt es spätestens jetzt sofort *nachdrücklich einzugreifen,* bevor ihn künftig bei entsprechenden Auslösern sein Jagdtrieb regelmäßig überkommt.

Allem eben Genannten ist eines *gemeinsam:* Bei vernünftiger Vorbeugung, d.h. einer *sachgemäßen Aufzucht* und einer *soliden Grunderziehung* kämen diese Probleme überhaupt gar nicht erst auf. Da hier der *Dominanz-* bzw. *Selbstbestimmungsfaktor* eine eminent wichtige Rolle spielt, sind alle diese Schwierigkeiten wirkungsvoll und leicht unter Kontrolle zu bringen, indem man zuallererst das soziale Verhältnis Mensch-Hund reguliert, d.h. *die Dominanzverhältnisse eindeutig klärt.* Näheres dazu im 3. Teil.

---

*) Eric H.W. Aldington, Von der Seele des Hundes Seite 179 ff

Kritische Entwicklungsphasen

Insgesamt spielt aber bei dem »Nervenkostüm« und dem »Benehmen« eines Hundes, wozu auch seine Sinnesleistungen gehören, eine überragende Rolle seine »frühkindliche« Erfahrung. Hunde, die ausschließlich im Zwinger, in einer Welt mit *wenig Umweltkontakten* aufgezogen wurden, sind insgesamt ängstlicher und empfindlicher auf neue Umweltreize. Sie reagieren, was aber absolut natürlich ist, mehr wie »wilde« Tiere, für die alles Unbekannte das Signal zu Flucht oder Angriff bedeutet. *Je abgeschiedener ein Hund aufgezogen wurde, umso größer ist für ihn die Menge des »Unbekannten«*

Hinsichtlich der frühen Umweltkontakte können Hunde ihren wildlebenden Verwandten gegenüber tatsächlich *benachteiligt* sein. Ganz selbstverständlich wachsen diese mitsamt ihren Wurfgeschwistern und ihrem Rudel in die für sie notwendigen Sozialkontakte und »Erziehung«, wie auch in eine sich für sie ständig erweiternde Umwelt und entsprechende Erfahrungen hinein.

Wovon man früher in dieser Hinsicht keinerlei Kenntnis hatte, davon weiß man heute umso mehr. Leider wird aber das Wissen um die Bedeutung der kritischen Phasen noch immer nicht ausreichend, oft genug überhaupt nicht beachtet. Was dabei alles abläuft, habe ich bereits anderweitig ausführlich beschrieben*). Hier wieder nur die rein *praktische* Seite.

Kritische Phasen in der *frühen* Entwicklung eines Hundes sind es deshalb, weil die darin zu *bestimmten Zeitpunkten* notwendigen oder erlebten Eindrücke für den Welpen einerseits nicht nachholbar, andererseits nicht auslöschbar sind. In dieser Zeit wird seine Persönlichkeit, sein Verstand, d.h. alles, was ihn ausmacht, aufgebaut, da das Gehirn des neugeborenen Welpen noch höchst unfertig ist und sich erst in einer komplexen Kettenreaktion entwickeln muß.

Als stark vereinfachenden Vergleich stellen Sie sich einmal vor, Sie versuchen, ein Haus zu bauen, indem Sie gleich mit dem Dach anfangen. Natürlich wird das Gebäude überhaupt nur dann zustande kommen, wenn Sie, geduldig mit den Fundamenten beginnend, nach

*) Eric H.W. Aldington, Von der Seele des Hundes Seite 42 ff

und nach das Haus dann, gemäß dem dafür bestehenden Plan, aufbauen.

Auch für den »Aufbau« des Welpen besteht ein derartiger Plan, d.h. die einzelnen Bauabschnitte sind in ihrer Reihenfolge *genetisch* vorbestimmt. Aber, wie Sie bei einem Gebäude nicht einzelne Phasen überspringen oder weglassen können, geht dies bei dem »Aufbau« des Hundes ebenso nicht. In diesen Phasen werden ganz bestimmte Teile seines Gehirns erst stimuliert, strukturiert und gebildet, das erst mit etwa 22 Wochen völlig ausgereift ist. Ausfälle, die hier vorkommen, hinterlassen nicht nur weiße Flecken auf der Landkarte seines Denkens, sondern einzelne Teile des Gehirns sind *meßbar* unterentwickelt.

Welch gravierende Folgen derartige Aufzuchtmängel haben, mag das Folgende erklären, was in zahlreichen Versuchen nachvollzogen wurde. Dabei wurde bei ansonsten völlig *normalen* Hunden, die lediglich in einer dunklen Umwelt aufgezogen wurden, festgestellt, daß nicht nur ihre optischen Nervenbahnen unterentwickelt waren, sondern auch ihr Gehirn ein geringeres Gewicht hatte und weniger gut entwickelt war. Obwohl sich ihre Augen als völlig normal erwiesen, waren sie absolut unfähig zu sehen, d.h. tatsächlich blind.

Bei den kritischen Phasen in der Welpenentwicklung sind die folgenden Abschnitte von besonderer Bedeutung:

Neugeborenen-Phase (etwa 1.u. 2. Woche)
Übergangsphase (zwischen 2. - 3. Woche)
Sozialisierungsphase (3.-12./14. Woche
(... mit dem Höhepunkt in der 6.-8. Woche)
Jugendphase bis zur sexuellen Reife

Was uns hier aber interessiert, ist, welche besonderen Verhaltensprobleme mit den einzelnen Entwicklungsphasen verbunden sind. Wie wir gleich sehen werden, sind dabei nicht nur in den ersten Wochen und Monaten, sondern auch später noch »kritische« Zeitabschnitte zu beachten, die, der Übersichtlichkeit halber, gleich mit angefügt worden sind.

Kritische Entwicklungs- und Problemphasen

Alter (Wochen/Monate)	**Phase**	**Probleme**
3.-12 (14)	Sozialisierung	Unterbleibt die Sozialisierung in dieser Zeit, insbesondere die Gewöhnung an den Menschen, sind die Folge Ängstlichkeit, Aggressivität, wie Schwererziehbarkeit.
6.-8.	Höhepunkt der Sozialisierung	Günstigster Übernahmezeitpunkt. Wenn vor dieser Zeit vom Züchter übernommen, entwickeln sich Scheuheit und /oder zu große Abhängigkeit vom Menschen, was Verteidungsüberreaktionen auslösen kann.
8.-10.	Einprägung von Angsteindrücken	Ungünstiger Übernahmezeitpunkt. Furcht und Unsicherheit können zu traumatischen Eindrücken werden, die ein Leben lang zu unerwünschtem Verhalten führen können.
6.-9. (Mon.)	1. Pubertätsphase	Dummdreist und flegelhaft
12.-18. (Mon.)	2. Pubertätsphase	Aggressive Neigungen müssen beschnitten werden: Erziehung!
12.-14. (Mon.)	Geschlechtsreife	Sexuell motiviertes Aufreiten, sexuelle Interessen bes. bei Rüden.
18.-40. (Mon.)	Territoriales Verhalten	Anbellen und Angreifen von Fremden, die dem Territorium/der Familie zu nahe kommen. Rüden markieren mit Beinheben (auch Zeichen von Dominanz!) Höchste Zeit für Verhaltenskorrekturen!
36.-56. (Mon.)	Besondere Verhaltens-Tendenzen werden erkennbar	Überentwicklung der aggressiven Verteidigungshaltung; bestimmte Verhaltensweisen haben sich manifestiert und sind schwieriger zu korrigieren.
Erw. Hunde	Entwicklungsabschluß	Aggressive Verteidigungstendenzen werden zielgerichtet; Problemverhalten hat *selbstbelohnenden Charakter,* wird daher zur Gewohnheit. Jetzt sind Verhaltenskorrekturen sehr erschwert.

Mit steigendem Alter wachsende Probleme

Der allgemeinen Überzeugung, »das wachse sich schon noch aus«, stehen die Tatsachen extrem entgegen. Untersuchungen aus Amerika sprechen hier eine deutliche Sprache. Sie sollten sich auch die folgende Übersicht (nach Campbell) noch genau ansehen. Sie können daraus erkennen, wie eminent wichtig es ist, nicht auf ein »Wunder« zu hoffen und lieber statt dessen sofort mit der Erziehung zu beginnen.

	6 Monate	7Mon.-1 Jahr	1-2 Jahre	älter als 2 Jahre
Keine Probleme	13%	9%	10%	68%
Probleme	13%	14%	20%	53%
Einzelprobleme:(Norm)	14%	14%	20%	53%
Stubenunrein	23%	6%	13%	58%
Nagesucht	21%	26%	34%	19%
Bellsucht	3%	9%	11%	77%
Anspringen	20%	19%	25%	36%
Beissen/Bissig	23%	10%	6%	61%
Aggressivität	0%	2%	10%	88%
Furcht	3%	7%	24%	66%

Entgegen vielfacher Meinung steigen nämlich, wie hier aus Befragungen von Hundehaltern deutlich wird, die Probleme mit zunehmendem Alter des Hundes an, weil, wie wir immer deutlicher erkennen, die »Selbsterziehung« des Hundes zunehmend an Bedeutung gewinnt und die ungeklärten Dominanz-Verhältnisse zu immer gravierenderem Fehlverhalten führen.

Was bedeutet »Dominanz«?

Wir haben bislang ganz selbstverständlich von *dominantem Verhalten* gesprochen und dabei so getan, als wüßten wir genau, was damit gemeint ist. Befragt man allerdings Hundehalter, was sie unter diesem Begriff verstehen, kommt man zu höchst unterschiedlichen Antworten. Die häufigst genannte, aber ebenso falsche Definition ist dabei der aggressive Hund, aber wir werden gleich sehen, daß sich hinter diesem Begriff viel mehr und viel Komplexeres verbirgt, als oft angenommen wird.

Deuten wir dominantes oder submissives Verhalten, müssen wir uns zuerst darüber klar werden, daß dies sowohl für die *Persönlichkeit des Hundes* einerseits, wie für *sein Verhältnis zum Menschen* andererseits von Bedeutung ist, wie damit aber auch die *Beziehungen unter Hunden* sich definieren können. Wir haben es also mit *drei ganz unterschiedlichen Bereichen,* wo sich dominantes/submissives Verhalten zeigen kann, zu tun. Dabei sei schon jetzt gesagt, daß ein Hund, der sich anderen Hunden gegenüber dominant verhält, sich keinesfalls ebenso dem Menschen gegenüber verhalten muß.

Bei wildlebenden Hundeartigen wird durch die damit verbundenen Verhaltensweisen das *friedliche* Zusammenleben im Rudel geregelt und gewährleistet. Die Rudelmitglieder ordnen sich unter die dominanteren unter. Dazu ist nicht die andauernde körperliche Auseinandersetzung, sondern schließlich ein überwiegend *symbolisches* dominantes oder submissives Verhalten ausreichend. Bei Welpen setzen im Alter von etwa fünf Wochen im Spiel die ersten Rangordnungsauseinandersetzungen ein, wo ein entsprechendes, nicht-verbales Verhaltensrepertoire »gelernt« wird, sich also wieder einmal konditionierte und unkonditionierte Reflexe entwickeln. Hunde verständigen sich untereinander überwiegend durch Körpersprache, d.h. durch besondere Gesten und Positionen, ebenso durch Augenkontakt, wie auch durch Knurren, Bellen und Winseln.

In gleicher Weise leben sich aber Hunde auch in das menschliche Rudel ein, d.h. sie lernen, wo sie selbst auf dominante und submissive Weise reagieren können, wie andererseits auch, sowohl dominante, wie ihrer Ansicht nach ihnen untergeordnete Personen, zu respektieren oder - eben nicht.

In Verständigungsschwierigkeiten gerät aber dabei nicht der Hund, der aus des Zweibeiners Körpersprache und Tonfolge durchaus alles für ihn Wichtige ebenso abzulesen lernt, als »studiere« er seine Wurfgeschwister und Rudelgenossen. Das Unverständnis liegt auf der Seite des *Menschen,* dem ohne Erklärung die Körpersprache des Hundes zunächst so fremd ist, wie eine Fremdsprache, die er erst lernen muß. Leider wird dabei aber nicht nur das, was der Hund »sagen« will, mißverstanden, sondern werden auch dem Hund völlig falsche Signale gegeben, die dem Hund oft genug genau des Gegenteil dessen vermitteln, was von seinem Herrn ursprünglich damit bezweckt wurde.

Nun haben Hunde, ganz gleich, wie auch die Verhältnisse sein mögen, grundsätzlich zu ihren Menschen ein *untergeordnetes, aber dennoch engverbundenes Vertrauensverhältnis* zu haben. Wer also seinen Hund *prügelt,* um ihm zu beweisen, wer der »Herr im Haus« ist, hat, trotz aller Gewalt, schon von vornherein *die Schlacht verloren,* da die wichtigste Grundlage, die soziale Bindung, *vernichtet* wurde. (Im Übrigen: Niemals würde bei *wildlebenden* Hundeartigen ein *aggressiver Raufer* zum Alpha-Tier eines Rudels!)

Ebenso aber erleidet Schiffbruch, wer versucht, sich die Liebe und Anhänglichkeit seines Hundes durch falsch angewandtes Entgegenkommen und pausenlose Liebesbeweise zu erkaufen. Wer sich so verhält, äußert, aus der Sicht des Hundes, »submissives Gedankengut« und wird entsprechend als »under-dog« behandelt.

Soziale Bindung, das müssen wir uns immer wieder vor Augen führen, entsteht nur durch eine klar definierte, friedliche Rangordnung. Soll es der *Hund* sein, der erzogen werden soll, hat dieser sich an der Rangordnungs-Skala *nach allen anderen zweibeinigen Rudelmitgliedern* einzugliedern. Der Mensch muß nur die richtigen Signale dazu geben.

Ist dies nicht der Fall, kann dies zu kleinen oder aber auch großen Problemen führen. Ein charakteristischer Fall, der nur aufgrund unzureichender Hintergrundkenntnis des Menschen entstehen konnte, war *Remus.*

Remus

Ganz gleich, wessen Berichte man über *Remus* hörte, eines war sofort klar: *Remus,* inzwischen sechs Jahre alt, war ein bemerkenswerter Hund. Schon rein äußerlich fiel der Rüde, eine gelungene Mischung aus Schäferhund und Bernhardiner, durch seine außergewöhnlich ausdrucksvolle Gestalt und sein herrlich sandgelb leuchtendes Fell überall auf. In der Nachbarschaft, so erzählten mir seine Besitzer mit einem Unterton von Stolz, sei er verhaßt und gefürchtet, da er das Grundstück, wie sie es von ihm erwarteten, scharf und sicher bewache. Über seinen außergewöhnlichen Mut und seine Körperkraft gäbe es überhaupt keinen Zweifel. Denn, wenn er hin und wieder einmal entkommen hätte können, habe es jedesmal wüste Raufereien mit anderen Hunden gegeben, aus denen ihr Hund immer heil herausgekommen sei, während die anderen - natürlich so verkrüppelte Rassehunde - dabei oft erheblich verletzt worden wären. *Remus* sei eben gerade so, wie ein echter, richtiger Hund sein müsse. Ich könne jetzt ja selbst sehen, daß er nicht gefährlich sei, da er mich ja, obwohl ihm völlig fremd, überhaupt nicht angegriffen habe, da er schon *wisse,* wie er sich Besuchern gegenüber zu benehmen habe.

Angegriffen, nein, das hatte mich *REMUS* nicht. Aber er war steifen Schrittes, leise knurrend und mit leicht hochgezogenen Lefzen langsam auf mich zugegangen, worauf mir - glücklicherweise - nichts Besseres eingefallen war, als so zu tun, als gäbe es ihn nicht und im Gespräch mit seinem Herrn fortzufahren. Irgendwie mußte ihn das verunsichert haben, denn freundlicherweise machte er plötzlich auf dem Absatz kehrt und wandte sich mit allen Zeichen des Hilfesuchens, angelegten Ohren, gesenktem Kopf und Schwanz und leicht winselnd seinem Herrn zu, stieß diesen mit der Schnauze an und wurde denn auch prompt von diesem langanhaltend gestreichelt.

Überhaupt drehte sich bei den Behrendts alles um ihr »Baby«, wie sie ihn, wenn sie über ihn sprachen, in Ermangelung eigener Kinder nannten. Herr Behrendt zeigte sehr stolz verschiedene Fotoalben mit Bildern von *REMUS* in allen Lebensaltern, während ich eigentlich gekommen war, mit Herrn Behrendt, der ein Baugeschäft hatte, das Teeren unserer Garageneinfahrt zu besprechen. Weil ich etwas von Hunden verstünde, meinten sie weiter, könne ich doch nun selbst klar erkennen, daß bei *REMUS* in der mächtigen Verpackung ein weiches, liebevolles Herz stecke. Als hätte der Hund verstanden, was Frau Behrendt über sein Herz berichtet hatte, ging er denn auch gleich zu ihr hin, legte ihr seine Pfoten auf die Schultern und leckte ihr inbrünstig das Gesicht ab, was ihm sofort von Herrn Behrendt verboten wurde, der ihn zurückriß und ihm einen Klaps verabfolgte, worauf sich das Baby dann auch sofort mit allen Zeichen der Demut fügte, und sich nah bei seinem Herrn niederlegte, jedoch bald darauf diesen mit der Schnauze anstieß, um erneut gestreichelt zu werden. Obwohl scheinbar völlig auf seinen Herrn konzentriert, war mir bewußt, daß mich *REMUS* auch nicht einen Augenblick lang unbeobachtet ließ. Jede meiner Bewegungen löste bei ihm zumindest ein leicht zitterndes Hochziehen seiner Lefzen aus, gelegentlich auch ein leichtes Knurren, wobei ihn Herr Behrendt dann beruhigend streichelte, ohne zu ahnen, daß er damit seinen Hund, statt ihn zu mäßigen und zu beruhigen, im Grunde für eben dieses Verhalten lobte und - belohnte.

Was nämlich Remus tatsächlich offenbarte, war ein *in allen Situationen dominantes, d.h. selbstbestimmtes Verhalten.* Seinem Herrn gegenüber war er zwar untergeordnet, dies aber nur *scheinbar,* da es dem Hund jedesmal gelang, seinen Herrn durch bestimmte Aktionen zu für den Hund angenehmen Handlungsweisen (streicheln und liebkosen) zu bewegen. Ganz klar war aber sein dominantes Verhalten der Hausfrau gegenüber, wenn es sich auch durch submissive Gesten ausdrückte, und von ihr als Zeichen besonderer Liebe gedeutet wurde.

Mir, dem Außenseiter gegenüber, war er *eindeutig* feindselig gesonnen, nur hatte ich seiner Anwandlung keine weitere Nahrung gegeben, denn auch eine *freundliche* Annäherung meinerseits wäre von ihm als Übergriff empfunden worden. Herr Behrendt war auch in dieser Hinsicht sehr stolz auf seinen Hund, der, wie er ausführte, sich nur zu ihm und seiner Frau hingezogen fühle. Streicheln, von Fremden etwa, das käme für *Remus* überhaupt nicht in Frage. Erst neulich habe er einem Verwandten, der den schönen Hund ganz begeistert und ahnungslos streicheln wollte, fast die Hand durchgebissen.

Innerhalb seines »Rudels« benutzte *Remus*, was gar nicht so selten vorkommt, submissives Verhalten, um sein soziales Verhältnis zu seinem Herrn *selbst* zu bestimmen, wozu er gleicherweise dominante und submissive Verhaltensweisen einsetzte.

Als unsere Garageneinfahrt einige Wochen später endlich geteert wurde, war im Hause Behrendt die Trauer groß. Von einem seiner Ausflüge war *Remus* nicht mehr heimgekehrt. Man fand ihn erschossen im nahegelegenen Wald, obwohl, wie die Behrendts sagten, für den Jäger hierfür überhaupt kein Grund bestanden hätte, denn selbstverständlich hätte ihr Baby niemals gewildert. Und wenn doch, dann wäre das doch wohl das schönste Zeichen dafür, daß *Remus* bis in die letzte Faser seines Wesens ein richtiger, echter Hund gewesen sei, wie man ihn heute nur noch selten finde.

Alf

Ganz anders war die Sachlage beim Schäferhund *Alf*. Er war das Ein und Alles seines Herrn, der seinen Hund behütete, wie einen Augapfel. Herr Amundsen war Maler und hatte den Hund, als dieser etwa drei Wochen alt war, von einem befreundeten Züchter mitgenommen, der den Welpen, wegen geringerer äußerer Mängel, er war sehr klein, ausmerzen wollte. Herr Amundsen päppelte sein Flaschenkind sorgfältig hoch, das bald seinen Wachstumsrückstand überwunden hatte und, wie könnte es anders sein, wie eine Klette an seinem Herrn hing. Anderen Hunden ging *Alf* tunlichst aus dem Wege, weshalb Herr Amundsen, als der Hund ihm alt genug erschien, mit ihm auf den Übungsplatz ging, wo *Alf*, zu seiner Freude, auch recht vielversprechende Fortschritte machte. Da Herr Amundsen tagsüber immer zuhause arbeitete, ergab es sich ganz zwangsläufig, daß der Hund ganz allein seine Sache war, da er sich tagsüber im Atelier seines Herrn und nachts in dessen Schlafzimmer aufhielt. Doch war dies nicht der einzige Grund. Herr Amundsen, innerlich empört darüber, daß man einen ganz unschuldigen Welpen hatte »ausmerzen« wollen, hatte all seinen Ehrgeiz darein gesetzt, den Winzling durchzubringen, weswegen er auch seine Kinder, aus Furcht, sie könnten zu grob mit dem zarten Geschöpf umgehen, möglichst fernhielt, während Frau Amundsen zwar das Futter zubereiten durfte, der Hund dieses aber nur von Herrn Amundsen persönlich erhielt.

Die ersten Probleme tauchten dann auf, als der Hund etwa zwölf Monate alt war und Herr Amundsen verreisen mußte. Wie befohlen, wollten die Kinder den Hund gewissenhaft ausführen, entdeckten aber zu ihrem Schrecken, daß der Hund, so gut er ihrem Vater auch folgte, dies bei ihnen absolut nicht tat. Im Gegenteil. Bemühten sie sich darum, mit zusätzlichen Spielstunden dem Hund eine besondere Freude zu bereiten, wurden sie von diesem nicht nur sehr unsanft gekniffen, sondern, als sie den Hund deswegen schalten und ihn an die Leine legen wollten, biß dieser zu. Nicht genug damit. Auch Frau Amundsen wurde gebissen. Sie hatte dem Hund das Futter nicht nur zubereitet, sondern nun auch die Schüssel selbst zu dem Hund ins Atelier getragen. Aber *ALF* nippte nur an dem Futter. Freundlich versuchte Frau Amundsen, dem Hund gut zuzureden, doch dieser knurrte sie nur an, fletschte die Zähne, als sie ihn streicheln wollte, und ließ sie weder an sich, noch an den Freßnapf näher herankommen.

Als Herr Amundsen nach einigen Tagen heimkehrte, hatte man *ALF* nur noch in den *Garten* gelassen, wenn dieser nach draußen wollte, und diese Zeit dann benutzt, um schnellstens den alten Futternapf in einen frisch gefüllten auszutauschen, damit der Hund, falls er doch etwas fressen würde, nun nicht noch wegen möglicherweise verdorbenem Futter krank würde. Außerdem wirkte das Atelier, als habe dort ein Orkan gewütet. Nicht nur, daß man *ALF* dort hatte heulen, jaulen und winseln hören. Er hatte es an verschiedenen Stellen verunreinigt, die Pinsel vom Tisch gerissen und angekaut, eine frisch aufgepannte Leinwand zerrissen, den Kittel seines Herrn zerfetzt und dann zu seiner Liegestatt transportiert.

Kurz, Herr Amundsen stand, wieder daheim, entsetzt vor der Erkenntnis, daß sein Flaschenkind sich zu einem *kapitalen Problem* ausgewachsen hatte.

Erstens sind derart früh aus dem Wurf genommene Hunde nicht nur gesundheitlich gefährdet, sondern auch entscheidend in ihrer Entwicklung gehemmt, insbesondere dann, wenn sie, wie *ALF*, ganz ausschließlich von nur einer Person betreut werden, also den Umgang mit Hunden oder anderen Menschen nicht lernen, dafür aber umsomehr auf diese eine Person fixiert sind. Ist diese eine Person nicht anwesend, fühlt sich der Hund restlos verlassen. Je nach Temperament machen solche Hund ihrem Streß, unter dem sie zweifellos stehen, auf die unterschiedlichste Weise Luft.

Zweitens erlebt man ein ähnliches Problem bei allen Hunden, die nur von *einer Person* erzogen und ausgebildet werden. Diese erkennen zwar ihren Herrn ganz selbstverständlich als ihren Herrn und Meister an, *setzen dann aber sich selbst an die zweite Stelle in der Rangfolge,* behandeln daher beispielsweise *übrige Familienmitglieder als ihnen untergeordnete Rudelmitglieder.* Dies kann, selbst bei ansonsten gut ausgebildeten Hunden, vor allem aber bei den größeren Rassen ein tatsächlich *gefährliches Problem* werden. Da sie nur ihrem Herrn gehorchen, sind die übrigen Familienmitglieder keinesfalls in der Lage, einen solchen Hund zu dirigieren. Er läßt sich von diesen nicht abrufen, nichts verbieten, und läßt, wenn sein Herr nicht anwesend ist, seinen Eingebungen freien Lauf.

Entsetzt, wie Herr Amundsen nun war, rief er bei uns an, denn er fürchtete, daß er sein Flaschenkind, dessen Leben er gerettet und behütet hatte, nun womöglich doch »ausmerzen« müsse. Wieder zu jedem Opfer bereit, überlegte er mit uns einen Schlachtplan. Wenn dieser nicht gelingen würde, dann erst wollte Herr Amundsen die »letzte Konsequenz« ziehen.

Wie bei fast allen Problemen mit Hunden steckt immer auch ein menschliches oder Familienproblem dahinter. Als wir nämlich über den Schlachtplan berieten, bemerkte Herr Amundsen erstmals, wie sehr er selbst sich von seiner Familie abgekapselt hatte, fast, als gehöre sie nicht zu ihm. (Was Frau Amundsen, deren liebevoll-tolerante Geduld bemerkenswert war, später dann auch bestätigte.) Außerdem, das mußte er zugeben, hatte sich zwischen ihm und seinem Hund eine Art stillschweigendes Kumpelverhältnis herausgebildet, und Herr Amundsen hatte dies und das getan, um seinem Hund einmal eine besondere Freude zu bereiten.

Zunächst also war Herr Amundsen »reif für die »Drei-Wochen-Kur«. Gleichzeitig wurde mit dem Hund die gesamte Grunderziehung nochmals durchexerziert - aber diesmal mit der *gesamten Familie!* Hatten nicht *alle* Zeit, kam zumindest ein Familienmitglied mit, wenn »dreimal täglich« für zehn Minuten für den Hund Unterordnungszeit war. *Einmal täglich* aber fand sich die ganze Familie zusammen, und spielte gemeinsam mit dem Hund, indem sie ihn nacheinander zu sich riefen. Während dieser Wochen war oberstes Gebot, daß *ALF* nur dann mit Worten *gelobt* wurde, wenn er etwas Gewünschtes getan hatte. Alle Streicheleinheiten unterblieben, zumindest in der ersten Zeit, völlig. Anders als früher trafen sich die Familienmitglieder auch in Vaters heiligem Atelier, wie auch andererseits sich Herr Amundsen nun häufig, mitsamt seinem Hund, zu seiner Familie gesellte. Ein bißchen peinlich war es den halbwüchsigen Söhnen, daß ihr Vater ihnen hin und wieder in *ALFs* Gegenwart den Arm um die Schultern legte und sie an sich zog, wie er auch seine Frau, was ihm in Gegenwart anderer sichtlich schwerfiel, vor allem im Beisein von *ALF* hin und wieder umarmen mußte.

Was *ALF* dabei zu begreifen lernen sollte, war, daß die Familie etwas Gemeinsames war, dem er sich zugeordnet und zugehörig fühlen sollte. Hatte anfangs Herr Amundsen bei den Ruf-Spielen mitgewirkt und ihn gemeinsam mit den anderen gelobt und endlich dann auch wieder gestreichelt, hielt er sich dann völlig heraus und stand unbeteiligt da, während sein Hund nun zwischen den einzelnen Familienmitgliedern hin und herlief und sich dort loben ließ.

Um es gleich zu sagen: *ALF*, das »Flaschenkind«, mußte nicht »ausgemerzt« werden. Aber als diese Sommerferien vorbei waren, war an deren Ende nicht nur ein völlig veränderter Hund, sondern war auch ein völlig neues Familiengefüge entstanden. Vielleicht war es deswegen, weil sie erstmals etwas *gemeinsam* in Angriff genommen und *erfolgreich durchgestanden* hatten. Einander in den Arm zu nehmen, auch wenn es »nur wegen *ALF* sein mußte«, es tat erstaunlicherweise nicht weh und war nicht beschämend, sondern die größere Nähe erwies sich sogar als angenehm. Es gab auch so viel zu reden und zu diskutieren, daß es erst gar nicht auffiel, daß mehr und mehr nicht *nur* über *ALF*, sondern über viele andere Dinge ebenfalls gesprochen wurde. Erstmals erfuhr der Vater vieles aus dem Leben seiner Söhne, wie auch andererseits Herr Amundsen, was er früher mit sich selbst ausgemacht hatte, von seiner Malerei, aber auch von seinen wirtschaftlichen Sorgen berichtete, und alle plötzlich begriffen, mit welch innerer Anspannung der Familienvater nicht nur seine Bilder malte, sondern auch das Ergebnis von Ausstellungen oder die Berichte seiner Galeristen erwartete.

Im Frühjahr des kommenden Jahres absolvierte dann *ALF* seine erste Schutzhundprüfung. Sein Führer war aber nicht Herr Amundsen, sondern dessen ältester Sohn. Nicht nur das »Flaschenkind«, eine Familie war erwachsen geworden.

Geschichten wie diese sind es, warum »Geschichten von und mit Hunden« oft ganz besonders interessant sind. Es ist nicht nur die Unvernunft des Menschen, weswegen es zum Problemhund kommt, oft genug versteckt sich dahinter ein komplexes, sehr tief sitzendes menschliches Problem, das sich so, scheinbar beiläufig, ebenfalls offenbart und sich, ebenso geduldig, wie der Hund erzogen wird, entwirren läßt. *Langsamkeit* - das haben wir früher schon gesagt, führt manchmal auf *kürzestem* Weg zum Ziel. *Denn, in der Ruhe steckt die Kraft!*

Dominant - intelligent und gleichzeitig schwererziehbar

Kommen wir also nun nochmals darauf zurück: Wenn es um *Probleme mit Hunden* geht, dann sind es bei Lichte besehen immer *Wiederholungen des gleichen Miniatur-Dramas,* nur mit jeweils anderer Besetzung. Ganz gleich, welche der vorher bereits genannten Gründe für das Problemverhalten eines Hundes verantwortlich sein können, ist nahezu allen Problem-Hunden eines gemeinsam: Beobachtet man sie innerhalb ihres zweibeinigen Rudels, entdeckt man mit Sicherheit eine bemerkenswerte *dominante, d.h. selbstbestimmende Komponente* in all ihren Verhaltensweisen.

Dies ist für viele Hundehalter sehr schwer einzusehen, da man vergeblich in nahezu allen Büchern über Hunderziehung nach einer gründlichen und allgemeinverständlichen Aufklärung zu diesem so eminent wichtigen Problem sucht. Wir erfahren, wo man den Welpen kauft und füttert, ihn stubenrein bekommt und werden belehrt, daß Erziehung eine Verständigungsmöglichkeit voraussetzt.

Alle diese Bücher gehen aber von der *verbal-betonten Denkwelt des Menschen* aus. Wir lernen, welche Grundübungen man wie durchführt oder wie man Fehler korrigiert. Oder anders gesagt: Viele dieser Erziehungsanleitungen verführen uns zu einem Trugschluß. Ein Hinweis darauf, daß unser Hund auch in dieser Hinsicht in einer völlig anderen, einer *non-verbalen (nicht-sprachlichen)* Welt lebt, und er daher von uns eine Vielzahl (auch unbeabsichtigter) Signale allein aus unserer Körpersprache bekommt, wie ebenso eine Vielzahl von Signalen von ihm ausgehen, die von uns nicht verstanden oder übersehen werden, dieses wichtige Thema kommt zwar, aber mehr oder weniger nur in Nebensätzen, zur Sprache.

Völlig überrascht werden Besitzer besonders anhänglicher, *ängstlicher, kränklicher oder schwächlicher Hunde* sein, wenn gerade sie erkennen sollen, daß das allen Verhaltensproblemen ihres Hundes zugrundeliegende Element ein *dominantes,* d.h. *selbstbestimmtes Verhalten* ihres Vierbeiners ist, der von seinem Besitzer viel zu viel Anteilnahme und Zuwendung bekommt und der umgekehrt auch seinen Besitzer mit viel zu viel Aufmerksamkeit peinigt. Allein gelassen zu werden, empfinden derartige Hunde tatsächlich als körperliche Pein. Um ja das ungeteilte Augenmerk auf sich zu ziehen, können diese Hunde - ähnlich wie hysterische Menschen - allerlei *Krankheiten* sowohl *vorspielen,* wie auch tatsächlich *bekommen.* Immer tiefer verstrickt sich mancher Hundehalter in seiner Besorgnis und Fürsorge für seinen Hund, der, mit überwiegend submissiven Gesten, in steigendem Maße alle Fäden zu ziehen lernt, an denen sein hilfloser Mensch zappelt.

Diese zu sehr auf den Menschen fixierten Hunde sind das eine, jedoch aber auch das kleinere Übel, da deren Besitzer meistens voller Zuneigung nahezu alle Probleme verständnisvoll tolerieren und auch bei der Erziehung viele Abstriche machen, so daß, mit einem Wort, derartige Hunde zwar sehr geliebt, aber gleichzeitig ziemlich unerzogen sind. Ernster wird hier das Problem erst, wenn ein solcher Hund die Wohnung verunreinigt, alles zerkaut oder sich selbst beschädigt, bzw. durch sein pausenloses Heulen und Jaulen die Nachbarn rebellisch macht.

Daß dominantes Verhalten sich auch in anderer Form alles andere als aggressiv äußern kann, dafür war *Elmo* ein typisches Beispiel.

Elmo

Von seinen Besitzern wurde *Elmo*, ein vierjähriger Boxer-Rüde, über alles geliebt. Er war ein so fröhlicher, lustiger Hund, daß sie, wie sie immer wieder gern berichteten, oft gar nicht aus dem Lachen herauskamen über ihren schlauen Vierbeiner. Obwohl irgendwelche Anwandlungen von Gehorsam nur selten bei ihm zu entdecken waren, störte dies kaum jemanden ernsthaft. Er bestach durch andere Qualitäten. Das eine war seine überwältigende Freundlichkeit, die er allen, ganz gleich, ob dies die zahlreichen Mitglieder des eigenen Clans oder deren zahlreiche Besucher waren, entgegenbrachte. War man unterwegs mit ihm, begrüßte er, traf man Bekannte, diese überschwenglich, während er zuhause »immer mittendrin war im Gewühl«, aber niemanden in der großen Familie störte es, wenn man pausenlos über *Elmo* hinwegsteigen mußte.

Im übrigen hatten vier Jahre gut ausgereicht, die Familie darin zu drillen, stets ein wachsames Auge auf ihren Vierbeiner zu haben. Er klaute wie ein Rabe, war geradezu süchtig auf das Innere des Kühlschranks, den er selbst öffnen konnte, im Garten aufgehängte Wäsche schien in seinen Augen dort nur deswegen zu hängen, damit er sie herabzerren konnte. Selbstverständlich wurde er nach jeder seiner »Untaten« tüchtig ausgescholten, wobei er immer das gleiche Verhalten zeigte. Interessiert schien er, mit gerunzelter Stirn zu seinem Menschen emporblickend, aufmerksam jedem Wort der Gardinenpredigt folgen; war diese dann beendet, schüttelte sich *Elmo*, als habe er eben gebadet und trollte sich mit allen Zeichen der Unschuld.

Sein Lieblingsplatz war der riesengroße, weiche Ohrensessel des Großvaters, womit aber dieser nicht einverstanden war. War also der Großvater in Sicht, mußte irgendeines der Familienmitglieder schleunigst versuchen, *Elmo* aus diesem Paradies zu vertreiben. Versuchte man daher, *Elmo* eiligst vom Sessel zu ziehen, zu zerren oder zu schieben, war dessen erste Reaktion, sich sofort in Spielstellung zu bringen, also Kopf und Schultern unten, Hinterteil und wedelnder Schwanzstummel oben, und mit glänzenden Augen zu warten, was nun noch alles Schönes komme. Hatte man *Elmo* schließlich nach unten befördert und meinte, es wäre nun geschafft, drehte *Elmo* zwar einige ablenkende Runden im Zimmer, um dann schnellstens zu versuchen, seinen Thron erneut zu erklimmen, war er dann wieder oben (weil der Großvater zu langsam gewesen war und noch nicht dort saß), bellte *Elmo* auffordernd: das Spiel sollte erneut beginnen. Was ein aggressiver Hund mit Knurren und Zähnefletschen ausgedrückt hätte, bekundete *Elmo* ebenso. Auf seine ihm eigene Weise sagte auch er: *»Nicht jetzt und nicht mit mir«*.

*Elmo*s Gesundheit und Kondition waren hervorragend. Besonders seine Hals- und Nackenmuskeln waren stählern, dank seines täglichen Body-Buildings in Form von ausdauerndem Leinenzerren. Er gab niemals auf, keuchte er auch wie eine Lokomotive und schmerzten seinem jeweiligen Menschen schon Hand, Arm und Schulter vom erfolglosen Zurückzerren des Hundes. Im Gegenteil: Je heftiger an ihm gezogen wurde, umso heftiger zog er zurück. Aber er tat dann jedesmal noch etwas, was seine Menschen erheiterte und verwunderte: Jedesmal, wenn er zurückgerissen worden war, zog es ihn unwiderstehlich zu einem Baum, Pfahl, Busch oder einer Hausecke, hier legte er dann tatsächlich eine kurze Pause ein und hob - nachdrücklich und mit ernstem Blick in die Runde - dort sein Bein!

Allerdings zeigte diese Geste, daß *ELMO* die Bemühungen seiner Besitzer keinesfalls, wie diese meinten, ignorierte. Auf seine ihm eigene Weise teilte er ihnen wieder einmal mit: *»Nicht jetzt und nicht mit mir«*. Denn ebenso, wie Hunde untereinander mit Beinheben signalisieren, daß, wer das letzte Wort hat (also zum letzten Mal das Bein hebt), der Stärkere ist, demonstrierte der lustige *ELMO* auch seinen Zweibeinern, er sei der Boß. *ELMOs* dominantes Verhalten äußerte sich auf interessante Weise, nämlich völlig unaggressiv und liebenswürdig nur durch *passiven Widerstand.*

Problemhunde sind »Führungsnaturen«

Nicht wenige meinen, ihr Hund sei schlicht und einfach *zu dumm* zum lernen, weil dieser nach noch so vielen Erziehungsversuchen noch immer weit davon entfernt ist, als wohlerzogen und folgsam bezeichnet zu werden. Dabei ist oft tatsächlich das *Gegenteil* der Fall: Viele dieser Hunde zeichnen sich durch ein erhebliches Maß an *»Intelligenz«* und durch einen außerordentlichen *Erfindungsreichtum* darin aus, sich nicht nur der »Unterdrückung« durch ihre Menschen zu entziehen, sondern immer erneut dominante Symbole zu setzen.

Untersucht man die Zusammenhänge genauer, stellt sich heraus, daß ihr Charakter, meist gemäß ihrer angeborenen, mehr oder weniger ausgeprägten Veranlagung, zu einem beachtlichen Ausmaß von innerer Unabhängigkeit neigt. Daß dies eine Frage des *Konstitutionstyps**), und dieser wieder der Ausdruck für bestimmte *Reizschwellen* ist, habe ich anderweitig erklärt, wir bleiben hier wieder bei den rein praktischen Fragen. Haben von der Anlage her dominante Hunde ausreichend Auslauf und Beschäftigung, können sie zu hervorragenden Hunden mit ordentlichen Leistungen werden. Leider jedoch kommen solche Hunde viel zu oft in die *falschen* Hände, leben unter räumlich eng begrenzten

*) Eric H.W. Aldington, Von der Seele des Hundes Seite 87 und 104 ff

Verhältnissen und haben zudem meist noch Besitzer, die überhaupt nicht fähig sind, derartige Hunde mit der nötigen Konsequenz fachgerecht zu erziehen.

Generell kann man bei allen Problem-Hunden feststellen, daß ihre *Erziehung* (was die Besitzer gern als *mangelhafte Erziehbarkeit* bezeichnen) sehr zu wünschen übrig läßt, und daß sie entweder gemäß ihrer Veranlagung *»Führungsnaturen«* sind oder aber dank besonderer Umstände ein bemerkenswert dominantes Verhalten an den Tag legen, d.h. *gelernt* haben. Wir haben es, genau genommen, mit zwei unterschiedlichen Formen dominanten Verhaltens zu tun: Dem »angeborenen« (anlagebedingten) und dem anerzogenen.

Dominanz kennzeichnet also nicht nur etwa ein Erziehungsergebnis, sondern ist, viel tiefgreifender, auch das *Charakterbild* des Hundes, welches seine *Grundhaltung* bestimmt, mit der er seiner Umwelt entgegentritt. Wir müssen uns dies klar machen, da, was wir ihm notwendigerweise an Erziehung angedeihen lassen müssen, grundsätzlich damit beginnen muß, daß wir seine *Grundhaltung* korrigieren, d.h. ihn notfalls von seinem Podest herunterholen und ihm den ihm gemäßen Platz zuweisen.

Haben wir es mit einem Hund zu tun, der dank für ihn zu gutwilliger Umstände einfach nur passiven *Widerstand* an den Tag legt, kommt man mit dem Umerziehen, indem man das eigene Fehlverhalten korrigiert, ziemlich schnell ans Ziel. Sehr viel schwieriger ist dies mit Hunden, die genetisch bedingt dominant-aggressiv sind. Hier muß man alles vermeiden, was zu einer Konfrontation führen kann. Bei beiden »Dominanz-Typen« wird man daher mit der »Drei-Wochen-Kur« als Grundlage beginnen müssen, denn dies ist der einzige Weg, bei dem man einen Machtkampf umgehen kann.

Nimmt man es genau, müssen wir nun auch das, was wir als *Erziehung* bezeichnen, in zwei Untergruppen einteilen. Das, was man wirklich als *Erziehung* bezeichnen kann, *ist die Herstellung der sozialen Bindung aufgrund einer zweifelsfrei geklärten Rangordnung.* Erst, wenn in diesem Sinne die Erziehung erfolgt ist, baut darauf das auf, was wir als *Grundausbildung* oder später als *Training* bezeichnen.

Wenn wir es einmal aus anderer Perspektive betrachten, sind das, was wir dem Hund als »Sitz!«, »Platz!«,»Fuß!«, wie auch andere, viel komplizierte Aufgaben beibringen, letztlich nichts anderes als vielerlei Fertigkeiten, die der Hund wie *Tricks* erlernt.

Aber erst auf der Grundlage einer sicheren Rangordnung wird Ihr Hund, wie man so schön sagt, sich vollständig in Ihrer Hand befinden, und alles Gelernte - ganz gleich, unter welchem Umständen - sicher, gemäß Ihrer Anweisung auch durchführen. Sie sind der Boß. *Bei Hunden bestimmt, wer der Boß ist, das Geschehen, und die Untergeordneten verhalten sich blindlings gemäß der ihnen erteilten Anweisung.*

Rangordnung - der große Irrtum vieler Hundehalter

Über nichts sind sich Hundehalter mehr im Unklaren, als über die Rangordnungsbeziehungen in ihrem zwei- und vierbeinigen Rudel. Wenn ich die vielen Anfragen einmal wieder durchblättere, wird meistens wegen irgendeines, oft marginalen Fehlverhaltens des Hundes geschrieben und angefragt, mit welcher List man ihm dies oder das abgewöhnen könne. Bellen oder Anspringen, Nichtkommen oder Weglaufen, Unsauberkeit oder Zerstörwut, Anknurren von bestimmten Personen, ganz gleich, wie lang ich diese Liste fortführen könnte, es ist überwiegend *ein* bestimmtes Verhalten, das man nun nicht mehr unbedingt tolerieren will, und hofft, es gäbe irgendeinen einfachen Kunstgriff, und das Problemchen sei aus der Welt geschafft. Ernster ist es den Briefschreibern schon, wenn beispielsweise Aussteller bekümmert feststellen, daß sich ihr Hund, gerade dann, wenn es darauf ankommt, »nicht zeigt«, oder wenn man sich etwa bei der Schutzhundausbildung an einem bestimmten Punkt festgefressen hat und nicht von der Stelle kommt.

Es ist vielen nur sehr schwer klar zu machen, daß ihr Problem nicht das von ihnen beschriebene Vorkommnis, also eine mehr oder weniger große »Ungezogenheit« des Hundes ist, sondern daß der *eigentliche* Grund dafür ganz woanders zu finden ist.

Am überzeugendsten und einfachsten geht dies, lädt man den betreffenden Menschen samt seinem Hund zu einem kleinen Spaziergang ein. Bedingung ist, daß die Gegend dem Hund fremd, d.h. neu ist.

Dieser Test hat aber den weiteren Vorzug, daß Sie ihn selbst mit Ihrem Hund in aller Stille, d.h. ohne kritischen Beobachter durchführen können, und dann sich und Ihrem Hund selbst die Zensuren erteilen, bzw. den Dingen auf den Grund gehen können.

Für einen Hund bedeutet fremde Umgebung außerordentliche Anspannung, also Streß. Was Sie hierbei interessieren sollte, ist, in welcher Art und Weise sich ihr Hund im Verhältnis zu *Ihnen,* seiner *Umwelt* oder anderen *neuen sozialen Gegebenheiten* (beispielsweise andere Leute oder andere Hunde) verhält, bzw. welcher dieser drei Faktoren für ihn am anziehendsten ist. Nach allem bisher Gesagten ist Ihnen klar: Unter allen Umständen sollten natürlich immer *Sie* der Mittelpunkt seines Denkens sein.

Jetzt versuchen Sie, auch wenn Ihnen das ein bißchen verrückt zu sein scheint, sich einmal vorzustellen, Sie und Ihr Hund seien ein - *Wolfsrudel.* Ein sehr kleines zwar, aber immerhin. Sie sind dabei das *Leittier, meinen* Sie jedenfalls, und das sollten Sie ja auch sein, und Ihr Hund ist das *Rudel,* das seinem Anführer in allen Lebenslagen *blindlings* folgt.

Was jetzt passiert, beweist Ihnen ziemlich schnell, wie es um Ihr Rudel mit Ihnen als Leittier in Wirklichkeit bestellt ist. Ihr Hund rast Ihnen aufgeregt voraus, Sie können rufen und winken, er saust ungerührt weiter hinter einem Schmetterling her, dann sehen Sie ihn eine Weile überhaupt nicht mehr, sondern hören ihn nur irgendwo in den Büschen bellen.

Voller Entsetzen sehen Sie nun vor sich auf dem Weg auch noch einen Jogger. Wenn Sie auf Ihrem alltäglichen Weg Jogger sehen, nehmen Sie Ihren Hund sonst ja immer sofort an die Leine, bzw. diese kurz, wenn er bereits angeleint ist. Also rufen Sie auch jetzt Ihren Hund. Wirklich kommt der auch gleich aus dem Gebüsch, läuft aber nicht zu Ihnen hin, sondern schließt sich sofort begeistert dem Jogger an, wobei er diesen vor lauter Freude gleich auch ein paarmal anspringt. Jetzt wird der Jogger böse. Er hat eine weiße Hose an, Ihr Hund noch schwarze Pfoten von dem Bach, den er vermutlich eben hinter dem Gebüsch durchwartet hat, und eben haben seine Pfoten die weiße Hose des Joggers schwarz gestempelt. Weil der Jogger wütend wurde, ärgert das nun den Hund. Nein, mit *ihm* schimpft man nicht, und er kläfft zurück oder knurrt sogar, wenn der Jogger mit seinen Armen fuchtelt. Sie kommen keuchend angerast, schwitzend, entschuldigen sich tausendmal, wollen Ihren Hund einfangen, der aber schlägt einen Haken und verschwindet wieder irgendwo seitlich im Gebüsch. Während Sie jetzt mit dem Jogger freundlich zu reden versuchen, kehrt Ihr Hund zurück und springt bellend mal an Ihnen, mal an dem Jogger hoch. Endlich gelingt es Ihnen, schneller zu sein als Ihr Hund, und Sie erwischen ihn am Halsband. Ihr Hund ist überrascht und auch ein bißchen erschrocken, Sie glauben, Sie hören nicht richtig, jetzt knurrt er Sie auch noch an!

Glücklicherweise hat sich der Jogger nun beruhigt und trabt weiter seines Weges. Jetzt schimpfen Sie Ihren Hund erst mal richtig aus, während sie ihn anzuleinen versuchen und er sich dem mit geschickten Sprüngen entzieht, vielleicht hauen Sie auch noch mit der Handschlaufe der Leine ein bißchen nach ihm, so ärgerlich sind Sie. Für heute haben Sie genug von der fremden Umgebung, sagen Sie sich und gehen zurück zum Auto. Ihr Hund, Kopf und Schwanz unten, trottelt, nun endlich angeleint, ganz *demütig* hinter Ihnen her. Am Auto angekommen, überholt Sie Ihr Hund plötzlich und stürmt *Ihnen voran,* springt an der Autotür hoch, kaum haben Sie die Tür einen Spalt offen, er, *vor Ihnen,* nichts wie hinein in die sichere Stube. Ganz brav und noch ein bißchen außer Atem sitzt er dann neben Ihnen, auf dem Beifahrersitz, als könne er kein Wässerchen trüben. Aber als Sie den Zündschlüssel umdrehen wollen, stößt er Sie mit der Schnauze an, ganz leicht und ganz leise und ganz nachdrücklich. Sie wissen, jetzt ist er besonders lieb und will gestreichelt werden, und das tun Sie dann auch.

Jetzt stellen Sie sich bitte nocheinmal vor, Sie und Ihr Hund seien ein - *Wolfsrudel.* Ein sehr kleines zwar, aber immerhin. Sie sind dabei das Leittier ... Haben Sie jetzt auch leise Zweifel, ob sich *so* ein Wolfsrudel mit seinem Leittier verhalten würde??

Gehen wir das eben Erlebte nochmals in Gedanken durch, haben wir anfangs einen Hund der, wie Sie sagen werden, weil ihn die neue Umgebung zu stark ablenkt, nicht oder nur sporadisch folgt. Erst am Schluß dieses aufregenden Spazierganges offenbart sich aber endgültig, warum es mit dem Rudelgefüge nicht klappt. Wer hier den Ton angibt, das ist der - Hund!

Denken wir einmal an das früher erklärte Lernprinzip *RRV (Reiz, Reaktion, Verstärkung),* so sehen Sie hier, daß sich die Gegebenheiten so ziemlich auf den Kopf gestellt haben, da ja hierbei der *Reiz* (Befehl), wie auch die *Verstärkung* vom *Menschen,* also dem Leittier ausgehen soll, und dem *Hund* die *Reaktion* zusteht. Was wir eben erlebt haben, ist etwas völlig anderes nämlich das *Gegenteil* des Gewünschten:

Reiz	**Reaktion**	**Verstärkung**
(geht von Hund aus!)	*(geht von Mensch aus!)*	*(geht von Mensch aus!)*
Hund stößt Sie mit Schnauze an	Sie streicheln Hund	Hund stößt nicht mehr an

Noch einige Angewohnheiten Ihres Hundes lassen erkennen, daß er *sich* als Leitfigur empfindet: Er rennt voraus, weil er weiß, Sie werden schon hinterherlaufen, ihn suchen oder auf ihn warten. Er kommt nicht, wenn Sie ihn rufen. Er untersucht das Gelände, ohne weiter auf Sie zu achten, wobei er sowohl besonders forsch, wie aber auch sehr nervös und ängstlich wirken kann. Sprechen Sie mit anderen Personen, springt er Sie und die Person an, d.h. er macht, fröhlich-draufgängerisch oder submissiv um Liebe bettelnd, auf sich aufmerksam.

Dabei sollte Ihr Hund, auch und vor allem in fremder Umgebung, sich immer in Reich- und Rufweite seines Herrn aufhalten und aufmerksam auf alles achten, was sein Herr tut:

Wenn dieser ruft, muß der Hund *sofort* kommen, ändert der Herr seine Wegrichtung, muß der Hund sich *automatisch* darauf einrichten, d.h. bei aller Umweltneugier niemals vergessen, aufmerksam auf seinen Herrn zu achten. Untersucht Ihr Hund das Gelände, sollte er sich dabei nicht ängstlich zeigen: In der Gegenwart seines Herrn fühlt er sich *sicher* und *geborgen* und bleibt daher in dessen Nähe. Fremde Personen, das haben Sie *geübt,* werden nicht angesprungen oder verfolgt. Und ein guterzogener Hund ist niemals der erste, der irgendwo ein- oder aussteigt, es sei denn, er wurde dazu aufgefordert. Auch das müssen Sie, warum, darauf werden wir noch kommen, mit allem Nachdruck mit ihm üben.

Ein besonders Problem sind in solchen Situationen Hunde mit dominant-aggressiven Verhaltensmerkmalen. Statt sich ihrem Herrn zu- bzw. untergeordnet zu fühlen, erwachen in ihnen *Beschützerinstinkte,* d.h. sie versuchen, ihren Herrn (und zugleich damit auch sich selbst) aggressiv gegen *»neue soziale Gegebenheiten«* (beispielsweise andere Leute oder andere Hunde) zu verteidigen.

Ein Wort zu neurotischen und psychotischen Hunden

Bei menschlichen Eltern mit schwererziehbaren oder beispielsweise auch zu dicken Kindern begegnet man gelegentlich einem seltsamen Phänomen: Es fällt ihnen leichter, eine *Krankheit* des Kindes als Ursache zu akzeptieren und diese behandeln zu lassen, als eigenes Fehlverhalten erkennen zu müssen.

Vor einem ähnlichen Problem steht auch so mancher Hundehalter, der sich fragt, ob nun sein Hund »psychotisch« sei, wobei es sich um eine »anerkannte« Krankheit handelt, oder ob es sich »nur« um einen Erziehungsfehler, eine Neurose handelt.

Die Grenze zwischen neurotischem oder psychotischem Verhalten ist schwer zu definieren. Aber es *gibt* Hunde, die wegen bestimmter organischer Fehlsteuerungen psychotisch sind, oder, unter bestimmten Bedingungen, durch falsche Behandlung tatsächlich neurotisch werden und psychotisch wirkende Phobien entwickeln. Leider aber sind viele dieser Verhaltensstörungen Spätfolgen unsachgemäßer Aufzuchtbedingungen, zum Beispiel in sehr reizarmer Umwelt. Dann hat der Hund bestimmte Erfahrungen nicht machen können und sich auf diese Weise sein Gehirn bzw. Nervenkostüm sehr spärlich entwickelt. Des weiteren wirken Hunde »neurotisch/psychotisch« infolge von Erziehungsmaßnahmen. Darauf kommen wir später noch bei den bissigen Hunden und den Raufern zurück.

Um aber überhaupt feststellen zu können, welche Wurzeln ein von uns als neurotisch oder psychotisch bezeichnetes Verhalten haben kann, ist zuerst einmal der Gang zum Tierarzt angesagt, der mit gründlicher Untersuchung die organischen Funktionen des Hundes überprüft.

Hunde mit folgenden Merkmalen sollten daher zuallererst einmal auf Nerven und Nieren untersucht werden, bevor man sich in vielleicht von vornherein hoffnungslose Erziehungsversuche stürzt:

Hunde die überaus ängstlich sind, und es auch bleiben, obwohl man ihnen ausreichend Zeit läßt, sich an allerlei Umweltreize zu gewöhnen.

... die in derartigen Situationen außerordentlich aggressiv überreagieren.

... die generell bei jedem kleinen Geräusch in Aufruhr geraten oder ohne jeden Anlaß ruhelos von einem Raum in den anderen laufen oder im Kreis herum rasen.

... die hyperaktiv sind: sie neigen zu seltsamen, stereotypen Aktionen, neigen zu starker Speichelbildung, haben erhöhte Puls- und Atemfrequenz, dafür aber einen auffallend geringen Urinabgang.

... die ohne größeren äußeren Anlaß, ständig unter Strom stehen. Um sich abreagieren zu können, neigen sie zu Zerstörwut, andere wieder zu intensiver Selbstzerstörung.

... die draußen (womöglich im Zustand großer Erregung auch drinnen) auffallend häufig Kot und Urin absetzen.

Bei einem psychotischen Hund kommt noch ein weiteres ausgeprägtes Merkmal hinzu. Einmal in Fahrt geraten, kann er sowohl *für sich selbst* wie auch *für seine Umwelt* zur Gefahr werden, weil er in bestimmten Situationen *völlig unerwartet außer Kontrolle* gerät. Merkwürdigerweise finden wir bei Hunden ähnliche Psychosen wie auch beim Menschen: Sie können, ohne besonderen äußeren Anlaß, in manisch-depressives Verhalten verfallen, zwischen wilder Aktion und völliger Apathie schwanken. Wir finden aber auch den regelrecht depressiven Hund, der auf keinerlei Verlockungen reagiert und, bildlich gesprochen, selbst angesichts des gefüllten Futternapfes, verhungern würde.

Wir können wieder zwei extreme Grundtypen unterscheiden, deren Verhalten in Streßsituationen entsprechend ihrem *Typ* erfolgt. Wir unterscheiden den

extrovertierten-aktiven Hund	**introvertiert-passiven Hund**
hohe Erregungs-Reizschwelle	niedrige Erregungs-Reizschwelle
aktiver Verteidigungsreflex	passiver Verteidigungsreflex
= greift an	= flieht
zerstört Umfeld	neigt zur Selbstbeschädigung

Zu beachten ist aber, daß eine Neurose oder Psychose nicht typbedingt ist, also bei Hunden beider Grundtypen beobachtet werden kann. Eine Neurose wird regelmäßig dann erzeugt, wenn die Anforderungen die *spezifischen* Kräfte eines Hundes entweder *dauernd,* oder aber bei *einem* Ereignis mit traumatischem Charakter, übersteigen. Sie kann dann entstehen, wenn extrovertiert-aktive Hunde *dauernd* dazu gezwungen sind, ihre Aktivitäten zu unterdrücken, ebenso können introvertiert-passive Hunde mit Störungen reagieren, wenn sie zu lebhafterem, aktiverem Handeln »umerzogen« werden sollen. Emotional veranlagte Hunde sind, auch bei nur *einmaligem* Vorfall, empfindlich gegen Strenge, Schmerz oder Lärm. Die Neigung zu psychotischem Verhalten, bei der Hunde wie aus heiterem Himmel von allen guten Geistern verlassen zu sein scheinen, bissig oder aggressiv reagieren, obwohl sie vorher oder auch danach wieder völlig »normal« zu sein scheinen, kommt bei einigen Rassen gehäuft vor. Hier nützt oder schadet Erziehung überhaupt nichts, wohl aber gelegentlich entsprechende Medikamente, letztlich aber wohl nur, den Hund einschläfern zu lassen, bevor etwas Ernsthaftes passiert. Mehr dazu habe ich bereits anderweitig sehr ausführlich behandelt*), hier interessieren uns wieder die praktischen Fragen.

Vielen ist nicht genügend klar, daß die Verhaltensentwicklung mit dem Ende des Körperwachstums nicht abgeschlossen ist. Für das Wachstum von Einsicht, Verständnis, Wissen, aber auch das Entstehen von Neurosen und Phobien gibt es *keinen* Stillstand. Vielmehr entfalten seine dauernden Lebenserfahrungen je nach Temperament und Veranlagung des Hundes eine *additive* Wirkung. Je größer seine Aufnahmebereitschaft für bestimmte Dinge ist, umso mehr wird er davon auch aufnehmen; es ist dabei leider so, daß er *alles,* also auch *negative Entwicklungen,* weiter aufbaut.

Es ist *absolut sinnlos,* ein Tier, das vor bestimmten Dingen oder Situationen panische Angst zeigt, dadurch »umerziehen« zu wollen, daß man es dauernd absichtlich immer wieder in entsprechende Situationen bringt, um ihm zu »beweisen«, daß sie absolut gefahrlos sind, oder in der Hoffnung, das Tier *gewöhne* sich schon daran.

Tatsächlich wird dabei gerade das *Gegenteil* des Gewünschten erreicht. Das Phänomen daran ist, daß der Hund oft *nicht* den Inhalt einer bestimmten Situation fürchtet, sondern sich in einer solchen Situation an das *Angsterlebnis* als solches erinnert, also nichts weniger empfindet als *»Angst vor dem Angstzustand«,* d.h. das Erlebnis hat sich als *unbedingter Reiz* eingeprägt, der jedesmal auf einen bestimmten Reiz hin reflexbedingte Reaktionen auslöst. Je häufiger man also, in guter Absicht, seinen Hund in die gefürchtete Situation bringt, umso heftiger wird von Mal zu Mal seine *reflexbedingte Angstreaktion* ausfallen.

Wer einen Hund mit Angstneurose besitzt, kann ein Lied davon singen, daß weder Liebe, noch Strenge, noch gute Worte irgendeine Wirkung haben. Es bleiben nur wenige Möglichkeiten, die man versuchsweise einsetzen kann.

Eine der *besten* davon ist, daß man derartige Situationen, die sich vermeiden lassen, konsequent zu *umgehen* versucht. Wenn man Glück hat, verliert sich die Angstreaktion. Wenn sie lange genug ausgeblieben ist und der Hund mittlerweile durch Erziehung und mehr Umwelter-

---

*) Eric H.W. Aldington, Von der Seele des Hundes Seite 116 ff

fahrung mehr Selbstbewußtsein gewonnen hat, wird eine längere Zeit sorgfältig vermiedene Situation von dem Hund jetzt verkraftet. Man tut gut daran, dieses Vermeiden *konsequent* durchzuführen, da sich erfahrungsgemäß das unerwünschte Panikverhalten des Hundes von Mal zu Mal steigert, und ein einmaliger, verfrühter Zwischenfall den mühsam aufgebauten Seelenfrieden des Hundes wieder zunichte macht.

Dies betrifft vor allem auch *panische Reaktionen,* die in *Abwesenheit* des Herrn, also bei vereinsamten, alleingelassenen Hunden ablaufen können. Man merkt, heimgekommen, dann nur am Ergebnis, daß wieder etwas vorfallen sein muß, und muß damit rechnen, daß bei jeder der kommenden ähnlichen Gelegenheiten sich das panische Verhalten schrittweise weiter steigert. Es ist daher dringend geboten, sich die Zeit zu nehmen, den Hund schrittweise an das Alleingelassenwerden zu gewöhnen. Außerdem sind mit Bedacht all die Dinge aus seiner Reichweite zu bringen, die der Hund zerstören könnte. Bei längerer Abwesenheit ist dem Hund trotzdem genügend Bewegungsfreiraum zu lassen, da beengter Raum der Erfahrung nach die Streßsituation des Hundes noch steigert.

Ist der Hund lange allein, sollte vorsichtshalber eine Lampe über eine Zeitschaltuhr rechtzeitig eingeschaltet werden, damit er nicht Stunden im Dunklen verbringen muß. Bewährt hat sich auch, gleichmäßige, beruhigende »Hintergrundmusik« ablaufen zu lassen, was das Eindringen von Außenweltgeräuschen abschwächt und die Totenstille im Haus überbrückt. Wer sich viel Mühe machen will, sollte ein Band zusammenstellen, wo Hintergrundmusik und Hausgeräusche gemischt werden. Eine unserer Hündinnen konnten wir fabelhaft über unsere Abwesenheit hinwegtrösten, indem wir für sie den Fernseher weiterlaufen ließen. Sie lag dabei beglückt und entspannt im Fernsehsessel, während sie zuvor, waren wir einmal abends außer Haus, die ganze Zeit ruhelos, heulend und winselnd durch das Haus geirrt war und restlos erledigt wirkte, kamen wir endlich heim. Einige Hunde lassen sich auch »trösten«, verabfolgt man ihnen zum Abschied einen Knochen, der sie erstmal eine Weile beschäftigt.

Panische Reaktionen bei *Gewittern* oder *Feuerwerk* kann man nicht verhindern. Ist man rechtzeitig gewarnt, kann man mit Medikamenten versuchen, den Hund für diese Zeit ruhig zu stellen. Aber *Vorsicht:* Es gibt Hunde, die auf *beruhigende* Medikamente gerade *entgegengesetzt* reagieren, d.h. ihr Angstverhalten noch steigern. Bei bestimmten Formen von hyperaktiv-aggressiven Hunden hat man erstaunlicherweise gute Erfahrungen gemacht, als man ihnen *Amphetamine,* also eigentlich ein *»Aufputschmittel«* verabreichte. In Amerika ist man vom Gebrauch von Tranquilizern, da sie nicht nur beruhigen, sondern auch die Lernfähigkeit herabsetzen, gelegentlich abgekommen. Statt dessen hat man gute Ergebnisse mit einem Medikament erzielt, mit dem früher die Läufigkeit von Hündinnen kontrolliert wurde, das aber wegen erheblicher Nebenwirkungen nicht mehr verwendet wird. Obwohl niemand den Grund erklären kann, hat Megestrolacetat in vielen Fällen einen beruhigenden Langzeit-Effekt auf einige aggressive Hunde, ohne sie gleichzeitig zu »benebeln«. Selbstverständlich werden derartige Medikamente nur deswegen gegeben, um die *gleichzeitige, systematische Erziehung* zu ermöglichen. Dies insbesondere dann, wenn Rüden ohne jeden Grund andere Rüden angreifen, bei Markierungsverhalten *im* Haus (wenn ansonsten stubenrein!), bei zum Streunen neigenden Hunden, bei übersteigertem Aufreiteverhalten. Weniger erfolgreich waren Versuche bei Aggressionsformen, die entweder territorial- oder angstbedingt waren. Warum und welche Wirkungen bestimmte Drogen oder Hormone auf das Verhalten des Hundes haben können, habe ich bereits ausführlich anderweitig erklärt.*) Bei allen Bemühungen, einen Hund unter Zuhilfenahme von Medikamenten zu »desensibilisieren«, sollten Sie sich einen guten Tierarzt zur Hilfe holen. Nicht immer glücken derartige Versuche, aber man sollte es zumindest in Erwägung ziehen.

Ebenso lohnt sich auch ein Versuch mit homöopathischen Mitteln oder mit der Bachblüten-Therapie. Derart *krankhafte Verhaltensstörungen* sind ja immer nur der *äußere* Ausdruck für eine, dank organischer Imballancen, *innere »Schwachstelle«.* Die *ganzheitlichen Mittel* setzen gerade hier ein, d.h. sie *kurieren nicht die Symptome,* sondern *sanieren das System.*

Leider aber muß man bei all diesen Hunden davon ausgehen, daß sie, trotz aller Bemühungen, immer ein Problemfall bleiben werden, und ihren Besitzern ein gehöriges Maß an Geduld und Einfühlungsgabe

*) Eric H.W. Aldington, Von der Seele des Hundes Seite 197 ff

abverlangen. Sie sind der seltene Fall, wo man nicht unbedingt von ihren Verhaltensfehlern auf ein Verschulden durch den Hundehalter schließen kann, da sie die Anlage zu derart krankhaftem Verhalten schon sehr früh mitgekommen haben.

Hier sei der Hundehalter auf der Hut. Er sollte seinen Hund von vornherein bei anerkannten Züchtern kaufen, die Hunde mit krankhaften Wesenseigenschaften von der Zucht gewissenhaft ausschließen.

Leider hoffen noch immer viel zu viele, daß aus einem »schlechten« Hund durch irgendein Wunder dennoch »gute« Hunde kommen können. Hunde können aber *nur* die guten Eigenschaften besitzen, die auch ihre Eltern haben, wie sie ebenso leider auch deren Mängel in die Wiege gelegt bekommen.

Extrovertiert-introvertiert: Vier gegensätzliche Grundtypen

Wenn von Problemhunden die Rede ist, wird fälschlicherweise immer von »dem« Hund gesprochen, wobei gern außer acht gelassen wird, daß es »den« Hund so gar nicht gibt, sondern einerseits eben sehr unterschiedliche Hunde-Rassen, wie es andererseits - ganz abgesehen von der Rasse - auch große Unterschiede hinsichtlich des Verhaltenstyps oder des Temperaments gibt. Sehr früh wurde dies bereits von Pawlow erkannt. Da ich dies anderweitig bereits sehr ausführlich beschrieben habe*), hier wieder nur das für die Praxis Wichtige.

Die nachfolgende Tabelle zeigt uns die Unterteilung in die *unerwünschten* Extremtypen, wie die ebenfalls typbedingten Gegensätze bei Hunden, die das *wünschenswerte »mittlere«* Temperament habe, daher ebenso gut erziehbar wie integrierbar sind.

---

*) Eric H.W. Aldington, Von der Seele des Hundes Seite 77 ff

Unterteilung der Charaktertypen, unabhängig von der Rasse, in vier Untergruppen:

Die zwei (unerwünschten) Formen des extremen Typs = äußerste Gegensätze

1.) = der extrem erregbare Typ	**2.) = der extrem hemmbare Typ**
= extrovertiert	= introvertiert
= *aktiver* Verteidigungsreflex	= *passiver* Verteidigungsreflex
= hochgradig aggressives Tier	= hochgradig ängstliches Tier
= klar, kämpferisch, übermütig	= entmutigt, sieht überall Gefahren

Die zwei (erwünschten) Formen des mittleren Typs = die zentralen, ausgeglichenen Tiere

3.) = der sanguinische Typ	**4.) = der phlegmatische Typ**
= extrovertiert	= introvertiert
= *aktiver* Verteidigungsreflex	= *passiver* Verteidigungsreflex
= gesundes, ausgewogenes Temperament	= gesundes, ausgewogenes Temperament
= reagiert feurig, außerordentlich beweglich, neugierig auf jede Anregung fehlt Anregung: lustlos, Langeweile	= ruhig, immer gleichmäßig, beharrlich aber schwerfälliger, nicht schreckhaft wenig abhängig von Umwelteinflüssen

Hunde der *Gruppen 1 und 2* sind die absoluten Extremfälle, die glücklicherweise weniger häufig vorkommen, als allgemein angenommen wird. Normalerweise fallen die heutigen Hunde in die *Gruppen 3 und 4;* das bei diesen entwickelte Problemverhalten ist überwiegend auf Aufzucht-, Erziehungs- und Haltungsfehler zurückzuführen.

Sowohl *extrovertierte* wie auch *introvertierte* Hunde haben, je nachdem, wo sie »eingesetzt« werden, durchaus ihre Berechtigung. Schon bei der Ausbildung von Kriegshunden stellte Kruschinsky*) fest, daß sich Hunde mit *aktivem Verteidungsreflex* besonders für den gefährlichen, aufregenden Job der »Anti-Tank-Hunde« eigneten, während solche mit *passivem Verteidigungsreflex,* wegen ihres ruhigen, wenig ablenkbaren Wesens, sich hervorragend beispielsweise als »Melde-Hunde« eigneten.

Was wir als die *charakterlichen Grundeigenschaften* eines Hundes bezeichnen, ist ihm *angeboren* und schon früh bei den Welpen erkennbar; das *individuelle Temperament* färbt alles, was ein Hund tut oder denkt, in typischer Weise ein.

Folgt man den gegenwärtigen Berichten über Hunde, ist dort zumeist deren *»Aggressivität«* das Stichwort, das sowohl falsch benutzt, wie ebenso falsch verstanden wird. Genau genommen, ist

*) siehe: Eric H.W. Aldington, Von der Seele des Hundes Seite 185 ff

dabei von *unerwünscht aggressiven Verhaltensweisen* die Rede, aber es wird dabei übersehen, daß es sich bei *»Aggression«* weniger um ein gemeingefährliches, sondern um ein *elementares, lebenswichtiges Verhaltenselement* handelt. Ich habe dieses wichtige Thema an anderer Stelle*) mehrfach ausführlich erläutert und beschränke mich daher hier auf die für den Alltag wichtigen Dinge. Hier sei nur erwähnt, was auch die nachstehende Tabelle zeigt, daß aggressive Handlungen zu verschiedenen Lebensbereichen gehören, sich als *Angriff, Kampf* oder *Verteidigung* äußern, aber *keinesfalls* unbedingt aufgrund *aversiver Empfindungen* entstehen. Die Reaktion erfolgt, weil sich das Tier entweder von etwas *bedroht* (also abgestoßen) fühlt und sich aggressiv *verteidigt*, oder weil es von etwas *angezogen* wird, das es *verfolgt*, um es zu ergreifen.

Beim aggressiven Verhalten müssen wir daher *drei Untergruppen* zu unterscheiden lernen, die auch, wie Sie gleich erkennen werden, für die tägliche Praxis wichtig sind.

Die drei Bereiche »aggressiven« Verhaltens

1. Beuteverhalten	*2. Verteidigung der Ordnung nach außen*	*3. Verteidigung der Ordnung nach innen*
Erkunden Jagen Töten Fressen	Verteidigung des Lebensraumes (Revier, Territorium) Jungen- u. Selbstverteidigung	Spielerische bzw. ernste Rangauseinandersetzung in der Gruppe (agonistisches Verhalten)

So gesehen, ist das sogenannte aggressive Verhalten ein ausschlaggebendes Element in schlechthin allen, die Lebensbewältigung betreffenden Verhaltensweisen, ist *nicht* aber »das« Verhalten selbst. Bei der Züchtung des modernen Hundes werden die zu den einzelnen Bereichen gehörenden Verhaltensweisen gezielt gefördert oder vermindert. Unter den Jagdhunden ist das Spektrum groß und reicht vom sanften, fügsamen Hund (kann das Wild nicht berühren), bis zu raubzeugscharfen, beiß- und tötungsfreudigen Rassen. Bei einigen Rassen, (z.B. Meutehunde) ist das Verteidigungsverhalten (eine aversive Haltung) gering bis gar nicht ausgeprägt; ein »raubzeugscharfer« Hund ist nicht unbedingt auch »mannscharf«.

Die zur *Gruppe 2* gehörigen Verhaltensweisen werden besonders bei Schutz- und Wachhunden gefördert. Diese haben eine wesentlich emp-

*) Eric H.W. Aldington, Von der Seele des Hundes Seite 344 ff, 225 ff, 208 ff und weiteres

findlichere Nähe-Toleranz; sie fühlen sich und ihr Territorium leicht bedroht, ihre aversive Stimmungslage führt zur Selbst- und Territoriumsverteidigung. Unsinnigerweise wird hier bei mancher Ausbildung (weil auch bei weniger verteidigungsbereiten Hunden wirkungsvoll) die *Beutemotivation* durch Ringhetze und bewegte Beißobjekte angeregt; der Scheintäter (oder eben später leider auch andere Personen oder Kinder) wird folglich nicht wehrhaft abgewiesen, sondern als *Beute* betrachtet und behandelt. Wenn schon der Mensch bei der Ausbildung des Hundes diesen wichtigen Tatbestand nicht auseinanderhalten kann, wieviel weniger ist dies vom Hund zu erwarten!

Alle Fähigkeiten des Hundes können sich nur auf der Grundlage der Verhaltensweisen der *Gruppe 3* entfalten. Hier entsteht die Grundlage für das *Sozialverhalten* des Hundes, wie später auch sein Verhältnis zum Menschen: Verstand, Einsichtsvermögen, Umweltverständnis, Selbstsicherheit, seine verschiedenen Formen von »Aggression«, und seine Fähigkeit, sie *diszipliniert* einzusetzen.

Jeder Form von »aggressivem Verhalten« geht grundsätzlich ein Lernprozess voraus. Nur die Veranlagung und eine mehr oder weniger große Aktivität sind »angeboren«. Erst die Lebensverhältnisse entscheiden über die Entwicklung, die daher *voll in den Verantwortungsbereich des Menschen gehört.*

Hauptprobleme sogenannter »aggressiver« Hunde

Sehen wir uns nun einmal an, was die hauptsächlichen Sorgen von Haltern von *Problemhunden* sind, können wir mit einem Blick auf die obige Tabelle feststellen, daß sie zu allen drei Bereichen gehören. Es sind Jagen, Bellen, Beißen, Streunen, Rangordnungsprobleme und Zerstörwut.

Probleme mit Dauerkläffern

Es ist, dies sei gleich gesagt, völlig normal, daß Hunde bellen, aber typ- und rassebedingt sind sie mehr oder weniger bellfreudig. Wer lärmempfindlich ist oder solche Nachbarn hat, sollte sich nach einer bekannt ruhigen Rasse umtun, bei denen einige allerdings den »Nachteil« haben, als nicht übermäßig wachsam zu gelten.

Exzessives Bellen wird meistens erst dann beklagt, wenn sich die Nachbarn beschweren, weil die Hundehalter selbst sich durch einen wachsamen Hund weniger gestört, dafür aber irgendwie sicherer fühlen. Zunächst wird aufkommendes Gebell also toleriert. Wenn dann, infolge zunehmender Nachbarschaftsbeschwerden, etwas unternommen werden soll, ist das Bellen kein geringes Problem.

Exzessives Bellen ist aber nicht nur das Ergebnis von anfänglicher Duldung, sondern auch der Ausdruck von für den Hund frustrierenden Lebensumständen. Hunde, die viel zu wenig Auslauf und Umweltkontakte haben, die sich in Wohnung, Garten oder Zwinger regelrecht zu Tode langweilen oder fürchten, reagieren zunehmend auf die zahlreichen Reize, die sie von außen erreichen, mit Bellen. Auch, wenn nichts geschieht, befreien sich Hunde von ihrem Streß durch *Bellaktionen,* die schließlich *selbstbelohnenden Charakter* bekommen.

Hunde bellen niemals ohne Grund, d.h. sie bellen etwas an oder über etwas. Hat man den Grund des »sinnlosen« Bellens herausgefunden, kann man sich Gedanken machen über eine zweckmäßige Methode, es abzustellen oder wenigstens einzugrenzen.

Der Grund, warum Hunde exzessiv bellen, liegt aber nicht beim Hund, sondern, wieder einmal, bei seinem Menschen. Dank höchst unzureichender Kenntnisse über die Bedürfnisse des Hundes wird dieser meist schon bald, wenn es beispielsweise mit der Stubenreinheit nicht klappen will, isoliert, eingesperrt oder in den Zwinger verfrachtet, mit dem Hinweis, es sei eben »ein Hund für draußen». Hunde, die sich hier das Bellen angewöhnen, sind unglaublich schwer zu kurieren, weil sie mit dem Gebell nichts anderes tun, als vereinsamte Menschen, die zum Telefon greifen. Meist hat der Hund ja auch Glück mit seiner Aktion: Entweder bellen andere Hunde zurück oder die erbosten Besitzer kommen angestürmt, um ihm das Bellen zu verbieten. Schlicht und ergreifend hilft aber nichts anderes, als die für den Hund unerträgliche Situation zu begreifen und ihm mehr Auslauf, mehr Arbeit und mehr Familienkontakt zu gewähren.

Aus dem eben Gesagten ergibt sich auch klar, daß *Dauerkläffer* zu wahren Quälgeistern werden können, die auf diese Weise leider vor allem *lernen,* ihren Menschen zu dominieren, d.h. zu drillen. Bellen sie, kommt er gerannt, nimmt er Kontakt mit ihnen auf. Dafür, daß überhaupt etwas geschieht, nehmen sie in Kauf, gescholten oder bestraft zu werden, vielmehr wird lediglich ihr Vertrauensverhältnis zum Menschen gestört, da sie Schelte oder Strafe, die viel zu spät erfolgen, *nicht* mit ihrem vorangegangenen Bellen in Zusammenhang bringen können. Für sie bedeutet der Vorgang: »Mensch kommt, sieht mich, ist wütend und schimpft.«

Interessant ist die Beobachtung, daß Hunde ihr Bellkonzert gelegentlich nur dann veranstalten, wenn sie meinen, es sei jemand im Haus. In einem Geschäftshaushalt, bei dem die Wohnung direkt über den Betriebsräumen lag, veranstalteten die beiden Hunde pünktlich jeden Nachmittag gegen 17 Uhr ein weithin hörbares Bell-Duett. Da man diesen Lärm kaum lange aushalten konnte, mußte dann jedesmal irgendjemand noch oben sausen, den beiden etwas Hundekuchen verabreichen, woraufhin wieder Ruhe einkehrte. Bei näherer Beobachtung dieses störenden Verhaltens wurde dann entdeckt, daß die Hunde an Tagen, wo der Betrieb ruhte und auch sonst niemand im Haus war, sich zur üblichen Bellzeit absolut ruhig verhielten. Also entschloß man sich, das »Werktagsgebell« künftig nicht mehr zu belohnen, worauf es schließlich eingestellt wurde.

In diesem Zusammenhang sei hier erwähnt, daß etwas Ähnliches auch bei *Raufereien* beobachtet wurde. Diese bleiben nämlich oft vollständig aus, wenn sich kein Zweibeiner im Haus befand und die Hunde absolut unter sich waren. Man muß also besondere Marotten seiner Hunde wirklich genau beobachten, will man wissen, ob und was man dagegen unternehmen kann.

Daß Hunde ihr *Bellen ziemlich schlau gezielt einsetzen können, um etwas Bestimmtes zu erreichen,* zeigt eine andere, recht lustige Geschichte.

Eine etwa achtjährige Hündin hatte seit Jahren die Angewohnheit, immer dann zu bellen, wenn sich nach dem Läuten der Türglocke ihrer Ansicht nach nicht schnell genug jemand an die Tür begab, um den Ankömmling hereinzulassen. Nach einer Renovierung war die Türklingel defekt, d.h. sie klingelte nicht mehr, sondern summte nur noch kaum vernehmbar. Es erwies sich aber als überflüssig, dies zu beheben, da der Hund jedesmal anzeigte, wenn jemand »geläutet« hatte.

Eines Tages, als die Besitzerin mit ihrer Hündin beim Frühstück saß, meldete diese wieder mit ihrem typischen »Wuff-Wuff«, daß jemand an der Haustür sei, worauf sich die Hausherrin nach unten begab, allerdings zu ihrer Verwunderung niemanden antraf.

Am nächsten und am übernächsten Tag wiederholte sich das Gleiche, und als die Dame kopfschüttelnd zurückkehrte und überlegte, daß die Hündin wohl doch langsam alt würde, stellte sie außerdem verwundert fest, daß ihr Frühstücksbrötchen, das sie nun weiteressen wollte, nicht mehr vorhanden war. Aber sie war sich nicht sicher, ob sie es nicht doch vielleicht schon vorher verzehrt hatte, während sie die Zeitung las. Unvermittelt ging ihr nun durch den Kopf, daß sie auch in den vergangenen Tagen überlegt hatte, ob sie nicht eben noch ein angefangenes Brötchen auf dem Teller gehabt hätte.

Auch am nächsten Morgen ertönte, kaum war das erste Brötchen bestrichen, wieder das typische »Wuff-Wuff«. Nachdem sie sich vergewissert hatte, daß ihr Teller *nicht* leer sei, begab sich die Dame diesmal sehr eilig nach unten an die Tür, wo selbstverständlich niemand zu entdecken war, und kehrte im Eilschritt nach oben zurück - wo sie diesmal, zu ihrem Vergnügen, die Hündin dabei ertappte, das Brötchen eilends herabzuschlingen. Dieser Hund war also alles andere als mittlerweile »leicht verkalkt«!

Zum »vernünftigen« Bellen in Anwesenheit des Besitzers erziehen

Weil also ein Hund niemals grundlos bellt, ist beim beharrlichen Dauerkläffer wieder einmal die »Drei-Wochen-Kur« das Mittel der Wahl, wobei der Hund *täglich* ein bestimmtes Übungsprogramm durchlaufen muß, damit er seine Stellung klar erkennt, da er sich meist, wie zuvor gesagt, unter anderem in der Rangordnung nach oben gebellt hat.

Nützlich ist es außerdem, dem Hund zuerst beizubringen, *auf Befehl zu bellen* und danach, ihn anzuleiten, *das Bellen auf Befehl wieder einzustellen.* Am schnellsten lernt er das mit einem Leckerbissen, den Sie ihm mit »Gib Laut!« vor die Nase halten, bellt er, bekommt er das Leckerle gleichzeitig mit dem Befehl «Aus!«. Da er sowieso gerade »den Mund voll hat«, bellt er auch gerade nicht. Der nächste Schritt ist das »Aus!«, wenn er gerade bellt, und das sofortige Loben, hört er auch auf. Hört er nicht auf, schütteln Sie ihn am Halsband und sagen »Böser Hund« (oder wie Sie ihn sonst beschimpfen), lassen ihn *»Platz!«* machen und wieder »Aus!«.

Weil es aber gelegentlich recht erwünscht ist, daß ein Hund bellt, bringt man seinem Hund außerdem bei, auf *Handzeichen* zu bellen. Zusätzlich zu dem Leckerle und dem »Gib Laut« deuten Sie mit dem Zeigefinger auf ihn, bellt er, wird er gelobt. Der nächste Schritt ist »Fingerzeigen + Leckerle aber *ohne* Befehl«, bellt der Hund, wird er gelobt. Schritt drei ist *nur* »Fingerzeigen«, bellt der Hund, wird er gelobt.

Ohne daß dies in einer für Sie beängstigenden Situation jemandem auffällt, können Sie mit einer ganz *unscheinbaren Handbewegung* Ihren Hund zum Bellen veranlassen.

Wurde jedoch das Wachsamkeitsbellen zur Plage, hilft ein *einfaches Übungsprogramm,* das Bellen vernünftig einzugrenzen. *Zweimal Bellen beim Türklingeln reicht nämlich völlig aus!* Man organisiert einige Besucher, die nichts weiter zu tun haben, als zu klingeln und einzutreten. Bellt der Hund befehlsgemäß auf das Klingeln hin zweimal, muß er lernen, wenn alles in Ordnung ist, auf Befehl nun das Bellen wieder einzustellen. Damit der Hund kapiert, wie das gemeint ist, *wiederholt man das am gleichen Tage mehrmals,* was man auch noch einige Tage weiter fortsetzt. Normalerweise begreifen Hunde, was man von ihnen will, auf diese Weise erstaunlich schnell. Das Problem ist gelöst, jedenfalls dann, wenn man *anwesend* ist.

Alleingelassene Hunde vom Bellen abhalten

Schwieriger und zeitraubender ist es, dem Hund das Bellen in *Abwesenheit* seines Menschen abzugewöhnen. Hierbei muß der Besitzer den Hund allein lassen, also die Wohnung oder das Haus verlassen.

Außerdem benötigt man eine helle Quietsche, wie man sie etwa in Gummitieren oder ähnlichem Quietschspielzeug findet. Unsere Freunde in den USA haben verschiedene Rasseln in sehr hohen Frequenzen, die man hier einsetzen kann; bei uns habe ich sie aber noch niemals irgendwo kaufen können. Das Wichtige an diesem Geräusch ist, daß der Hund es *nicht bereits kennt* und das daher *nur* in derartigen Fällen, wenn der Hund abgelenkt werden soll, eingesetzt werden darf. (Also *nicht* die Quietsche aus einem ausrangierten Spielzeug des Hundes verwenden!)

Ist also der Hundehalter weggegangen, hat die Tür fest hinter sich zugezogen, kehrt er nun, so unbemerkbar wie irgendmöglich, vielleicht durch einen anderen Eingang, zurück. Nun heißt es, den Hund zu beobachten. Sobald man bemerkt, daß der Hund unruhig wird und hin- und herzurennen beginnt, lenkt man den Hund mit den hohen Quietschtönen ab, was sofort seine Neugier weckt: Er wird aufmerksam und überlegt, was das wohl sein könnte. In einer solchen Situation des Nachdenkens ist es einem Hund unmöglich, gleichzeitig auch zu bellen!

Jedesmal, wenn der Hund zum Bellen *ansetzt,* muß es also quietschen, und der Hund hält folglich inne, jedenfalls bellt er nun normalerweise nicht. Je öfter man dies wiederholt, umso häufiger kommt der Hund auf diese Weise einfach nicht dazu, zu bellen und stellt es - was Sie sehen werden - tatsächlich ein.

Kennt man bestimmte Geräusche, auf die ein Hund, besonders in Ihrer Abwesenheit, mit exzessivem Gebell reagiert (z.B. Schritte auf der Treppe, Türenschlagen, Stimmen im Haus, Straßengeräusche, Hundebellen), kann man mit einer Hilfsperson diese Geräusche gezielt erzeugen oder diese auf Tonband aufnehmen und immer wieder abspielen. Sobald man merkt, daß der Hund gleich sein Konzert beginnt, lenkt man ihn möglichst *gleichzeitig mit dem Außengeräusch* vermittels des Quietschens ab. Tatsächlich kann man Hunden, die auf bestimmte Umweltgeräusche mit permantem Bellen reagieren, zumindest das Bellen auf diese Geräusche hin restlos abgewöhnen, der Hund bellt dann nur noch bei unüblichen Geräuschen, was schon viel wert ist. *Hierbei wird ein natürlicher Vorgang benutzt: Je häufiger nämlich ein bestimmter Stimulus erfolgt, umso weniger wird er beachtet.*

Unwirsche Reaktionen auf Besucher

Dies ist übrigens eine Methode, die sich auch anderweitig anwenden läßt, wenn Hunde auf die Ankunft bestimmter oder unbekannter Personen unwirsch reagieren. Diese unwirschen Reaktionen sind ja weiter nichts, als der *Ausdruck ambivalenter Gefühle:* Der Hund ist unsicher, was nun kommt und meint, Unmutszeichen oder Angriff seien vorsichtshalber die beste Verteidigung. Vermittels guter Freunde tut man gut daran, die *Besuchsfrequenz fremder Personen drastisch zu steigern.* Sie werden staunen, wie friedlich Ihr Hund wird, haben Sie mal eine Woche lang ein Haus wie ein Taubenschlag. Dauernd klingeln und kommen Leute, die ein paar Worte mit Ihnen wechseln, kurz bleiben und wieder gehen. So aktiv Ihr Hund sich anfänglich beteiligt hat, wird er, wenn der fünfte oder sechste Besucher durchgezogen ist, der Angelegenheit langsam überdrüssig. Er geht schon noch hin, bellt vielleicht auch kurz, beriecht vielleicht den »Eindringling« und trollt sich wieder, da keiner der vielen »Eindringlinge« dramatische Folgen heraufbeschworen hat.

Völlig *falsch* ist es aber, den Hund vorsichtshalber grundsätzlich wegzusperren. Er gerät dabei in größten Streß, besonders, wenn er womöglich auch noch in einen engen Raum eingesperrt oder an die Leine gehängt wird. Jetzt *lernt* er nämlich, daß *jeder Ankömmling für ihn negative Folgen hat,* und wird sich entsprechend erbost verhalten. Schließlich wird dieses Verhalten dann *generalisiert,* d.h. es läuft automatisch ab.

Wenig sinnvolle »Antibell-Methoden«

Zurück zum Bellen: Wenig sinnvoll sind elektrische Halsbänder, die den Hund für das Bellen bestrafen sollen. Im Gegenteil, da sie die Angst des Hundes eher *vergrößern,* führen sie, als Ersatz für das Bellen, nur zu oft zu anderen Verhaltensstörungen. In seiner Einsamkeit wird der Hund schmerzhaft für jedes Bellen bestraft, was ihn zusätzlich zu dem Einsamkeitsstreß noch Furcht vor der körperlichen Pein empfinden läßt. Ein ähnlich traumatisches Erlebnis können aber auch angsterregende Geräusche sein, die das Bellen zwar stoppen. Für den Hund aber stellen sie eine *Bedrohung* dar, und auf irgendeine Weise muß er den so entstandenen Streß loswerden. Es geht also über die Möbel, den Teppich, alles wird verunreinigt, oder - jeweils nach seinem Temperament - zerkaut oder zerbeißt der Hund sich selbst oder leckt sich erhebliche Wunden.

Auch Beruhigungsmittel sind kein Dauerzustand. Was wollen Sie auch mit einem Hund, der durch die Pillen, sind Sie nicht daheim, zu träge zum Bellen ist, aber eben auch sonst apathisch bleibt.

Außerdem: Läßt man Schockhalsbänder oder Pillen später wieder fort, stellt sich bald auch das Bellen wieder ein. So groß die Versuchung auch sein mag, sich mit technischen oder chemischen Hilfsmitteln einfach aus der Affäre zu ziehen: Dauerhaft hilft nur eines - Erziehung!

Ein gut aufgezogener Hund lernt schon am Anfang seines Lebens, (wie, davon später) einige Zeit auch allein sein zu können. Hat er genügend Auslauf und Ansprache gehabt, schläft er von Natur aus ohnehin erstmal einige Runden. Nur sozial-verunsicherte Hunde, nämlich solche, bei denen Rangordnung und Grunderziehung nicht ausreichend geregelt sind, verfallen, allein gelassen, statt auszuruhen in Panik. Leider führt auch hier unser moderner Lebensstil zu der Versuchung, nicht nur das Dosen-Futter, sondern auch den »*Dosen-Hund*« haben zu wollen.

Es ist übrigens völlig falsch zu denken, daß Hunde, die bellen, nicht beißen. *Exzessives Bellen* gehört in die Gruppe 2 des aggressiven Verhaltens (siehe unsere Tabelle), also in den Bereich der Verteidigung der Ordnung nach außen, ist daher *aggressives Verhalten* und ein Indikator dafür, daß der Hund durchaus noch weitere Probleme entwickeln kann, wozu gehört, daß er zum Streunen oder Zerstören neigt oder sich das aggressive Zubeißen angewöhnen kann.

Probleme mit bissigen Hunden

Für bissige Hunde gilt, was Sie erstaunen mag, das gleiche Prinzip, das wir beim »Beller« vorgefunden haben. Auch das *Beißen* ist leider oft genug das Ergebnis von *anfänglicher Duldung,* und tritt dann später ernsthaft als Ausdruck von für den Hund frustrierenden Lebensumständen auf. Schon bei sehr erregbaren Welpen, die sich *naturgemäß aktiv verteidigen,* kann man in Krisensituationen feststellen, daß sie eben *zwicken* oder *zubeißen.* Die nadelspitzen Zähnchen sind zwar äußerst schmerzhaft zu spüren und die Bekleidung manches Hundehalters mit einem sehr aktiven Welpen wirkt gelegentlich, als seien die Motten darüber gekommen. Leider aber übersehen gar nicht wenige Hundehalter diese Warnzeichen, die den kleinen Teufel möglicherweise nicht nur ganz lustig finden, sondern obendrein noch allerlei wilde Rauf-Spiele oder Tauziehen mit ihm veranstalten und ihn gar zu gern durch allerlei Neckereien richtig in »Rage« zu bringen versuchen.

Erst, wenn der Hund dann einmal *ernsthaft zugebissen* hat, ist guter Rat teuer, denn es stellt sich bald heraus, daß dies kein einmaliges Ereignis bleiben wird.

Betrachten wir einmal einen Wurf Welpen, werden wir sehr schnell erkennen, daß diese sich bei ihren Rangauseinandersetzungen zwar auch, je nach individuellem Temperament, aktiv (sie knurren oder beißen zu) oder passiv (sie geben nach, quietschen oder fliehen) verteidigen. Nur sehr selten ist ein Welpe darunter, der ständig wild um sich beißt und auf alles losgeht. (Das ist dann alles andere als ein Hund, der sich hervorragend beipielsweise als Schutzhund eignet, sondern einer, von dem man besser die Finger läßt.) Bei *normalen* Welpen entdeckt man bald, daß sich eine *Beißhemmung* entwickelt, d.h. gibt der andere nach, stellen sie ihre Aggression sofort ein, ebenso geben sie schleunigst klein bei, erweist sich der andere als der Stärkere. Auch im Umgang mit ihren zweibeinigen Rudelgefährten ist die *natürliche Beißhemmung* eines Welpen nicht zu übersehen, aber ebenso, wie im Welpenrudel, muß bei der Sozialisierung mit dem Menschen, diese natürliche Beißhemmung *zielstrebig gefördert* werden.

Das ist relativ einfach, wenn man seinen Hund auch zu heftigeren Spielchen anregt, zwickt er dann einmal zu, muß man geschickt seinen Fang von oben oder unten umfassen, und mit den Fingerspitzen seine Lefzen über seine Zähne schieben. Beißt er zu, trifft es ihn selbst und er läßt sofort nach. Es bedarf nur weniger Übungen, und der Hund hat kapiert, es *tut ihm selbst weh,* beißt er seinen Menschen.

Zwickt ein sehr junger Welpe Sie im Spiel oder aus Übermut, vielleicht mehr nur versehentlich, lassen Sie ihn keinesfalls gewähren, »weil er ja noch so klein ist«. Machen Sie es so, wie seine Mitwelpen, die, werden sie gezwickt, sofort fürchterlich zu quietschen beginnen, und stoßen Sie ihrerseits einen hellen Jammerlaut aus. Die Beißhemmung gegenüber dem Menschen muß möglichst schon »sitzen«, bevor der Welpe 18 Wochen alt ist, also zur Zeit seines Zahnwechsels. Nach dieser Zeit hat ein Hund grundsätzlich mit seinen Zähnen, und sei es noch so sanft, nicht nach Ihnen zu fassen. Tut er es doch, ziehen sie ihn sofort am Halsband hoch, schütteln ihn tüchtig (auf den Hinterbeinen stehend, die Vorderbeine vom Boden abgehoben), sehen ihn streng an und sagen »Nein!«. Vielleicht setzen Sie ihn danach ein Weilchen in die Einsamkeit eines Badezimmers, oder Sie leinen ihn irgendwo kurz an. Jedenfalls beachten Sie ihn anschließend eine zeitlang nicht.

Ein solches Verfahren kann außerordentlich nachdrücklich wirken. Ich erinnere mich daran, daß mich einmal ein junger Hund in seinem Begrüßungssturm so ungeschickt ansprang, daß er mit seinen Zähnen meine Lippen gegen meine Zähne schlug, was unerhört weh tat, so daß ich unwillkürlich laut aufschrie. Von dem anhaltenden Schmerz der heftig blutenden Lippe wurde mir sogar etwas übel, so daß ich mich für einen Moment hinlegen mußte. Mein Hund folgte bedrippt, stieg auf einen nahestehenden Sessel und linste tief unglücklich zu mir herüber. Nach einer Viertelstunde legte sich mein Schmerz. Ich mußte, angesichts des zerknirschten Hundes, leise auflachen und sagte dann »Da hast Du ja was Schönes angerichtet, Du Teufel!« - Die Seligkeit des Hundes, wieder angesprochen zu werden, war unbeschreiblich. Stürmisch, wenn auch nun sehr vorsichtig, kam er sofort mit allen Zeichen untertänigster Liebe zu mir hin und wurde nun liebevoll gestreichelt. Aber nie wieder ist er irgendjemandem derart wild ins Gesicht gesprungen!

Vom Hund als »Waffe« und »Kampfmaschine«

Nicht selten kommt aber besonders bei den sogenannten »Kampfhundrassen«, wie auch bei den Welpen einiger Schutzhundzüchter, weniger das Temperament der Hunde, sondern die *fragwürdige Gesinnung einiger, glücklicherweise weniger Züchter* zum Ausdruck, die den überscharfen, den *»Hund als Waffe«* züchten wollen. Es gibt beispielsweise Bullterrier-Züchter, die sich auch noch damit brüsten, daß ihre Hündinnen, wie sie sagen, derart »schlechte Mütter« sind, daß sie ihre Welpen eher totbeißen als säugen. Manchen dieser Hündinnen muß man die Welpen zwangsweise anlegen und diese nach dem Säugen gleich wieder entfernen. Selbstverständlich wird eine derartige Hündin keinesfalls aus der Zucht genommen, sondern munter weiter damit gezüchtet.

Bei den Welpen selbst wird hochzufrieden frühzeitig auftretendes aggressives Verhalten nicht nur konstatiert, sondern obendrein noch gezielt gefördert. Da man derartige Welpen angeblich, schon wenn sie sehr klein sind, trennen muß, damit sie sich nicht gegenseitig zerfleischen, fällt also die wichtige »zwischenhundliche« Sozialisierungsphase schon mal flach. Nicht genug damit, wird nichts unversucht gelassen, durch Rauf- und Reizspiele die Aggression der voneinander isoliert aufgezogenen Welpen auch noch zu steigern. Derart rabiate Aufzuchtmethoden führen garantiert zu dem gewünscht gestörten Hund, der, genau genommen, *in seinem Verhalten in nichts mehr an einen Hund erinnert.* Die Adressen derart *entgleister Züchter* sind in den entsprechenden Kreisen wohlbekannt. Sie haben für die von ihnen aufgezogene Teufelsbrut keine Absatzsorgen.

Für manchen wird aber überraschend sein, daß diese Hunde in der Beißstatistik eine *Nebenrolle* spielen. Tatsächlich richtet sich, gemäß ihrer Sozialisation, ihre Aggression in erster Linie gegen andere *Hunde,* wobei sie aber logischerweise außerstande sind, irgendwelche »Regeln« zu beachten. Einmal in Rage geraten, lassen sie auch vom unterlegenen Hund nicht ab, den sie vernichten, trennt man sie vorher nicht gewaltsam.

Obwohl *Hundekämpfe* schon lange verboten sind, gibt es sie bis heute. Für die Besitzer dieser Hunde ist eine besondere psychische Ausgangslage kennzeichnend: Unabhängig von ihrer sozialen Position sind sie introvertierte *Außenseiter,* für die ihr extrovertiert-aggressiver Hund ein *ausgleichendes* Ventil ist. Das Bewußtsein, eine »Kampfmaschine« treu und ergeben an ihrer Seite zu haben, mit der sie, obwohl diese Hunde meist nur wenig erzogen sind, so doch nach Belieben verfahren können, vermittelt ihnen ein *Gefühl von Überlegenheit.*

Im Umgang mit ihren Menschen sind diese Hunde ruhig und überaus angepaßt. Es benötigt aber nur wenig Training, sie auch von ihrer Hemmung, Menschen anzugreifen, zu befreien, d.h. in ihnen eine *aversive* Stimmung gegenüber fremden Personen zu erwecken. Jede Abwehrmaßnahme steigert ihre ohne jede Vorwarnung ausbrechende Wut, die es nicht erlaubt, wieder abzulassen, auch nicht auf den Befehl ihres Herrn. Zumeist sind diese »hochprozentigen« Hunde weder erzogen noch körperlich ausgelastet. Einmal entkommen, kann das Aufgestaute mit katastrophalen Folgen hervorbrechen.

Doch gilt es hier, diese Rassen nicht von vornherein zu verdammen. Gut aufgezogen, sozialisiert und umsichtig erzogen, sind es in den Familien *nervenfeste,* bekanntlich sogar sehr *kinderliebe,* ruhige Zeitgenossen, die, für viele überraschend, durch besonderes Verschmustsein und Anhänglichkeit auffallen. Der Reiz dieser Hunde ist ihre unerschütterliche Gelassenheit und ihre kraftvolle Ruhe. Nicht den Rassen selbst, sondern nur den mißbräuchlichen Auswüchsen einiger Züchter und Halter ist Einhalt zu gebieten.

Unvernünftiges von »erfahrenen« Fachleuten

Leider gibt es aber auch anderweitig und, oft genug unangefochten, heute noch sogenannte erfahrene Hundefachleute, für die das Höchste ein Hund ist, der *ihnen* sklavisch untertan, aber gegen jeden Fremden mißtrauisch und zurückhaltend reagiert. Dem unbedarften neuen Hundebesitzer wird nun erklärt, wie man einen derart »wünschenswerten« Hund erziehe. Man sollte ihn anbinden oder in eine Kiste sperren und dann immer wieder Fremde anregen, den angeleinten oder eingekerkerten Hund zu beschimpfen und zu bedrohen, auf die Kiste zu schlagen etc., wonach dann sein Besitzer wieder zum Zuge kommt, der nun seinem Hund alle Liebe angedeihen lassen soll. Leider gibt es in unserem Strafgesetzbuch keinen Paragraphen, der eine derartige Anleitung unter Strafe stellt. Hier wäre die Zivilcourage derer gefragt, die es besser wissen und den *»professionellen Dummkopf«* für immer vom Platz verweisen sollten.

Wer Hunde ständig im Zwinger isoliert, angeleint oder gar angekettet hält, darf sich nicht wundern, wenn sich bei einem extrovertierten Tier dann leicht ein Raufer oder Beißer entwickelt. Die typische Ausbildung von Hunden, die zu *Angreifern* werden sollen, benötigt nur einen sehr geringen Aufwand, um sie in kürzester Zeit in eine »schußbereite Waffe« zu verwandeln. In nur sechs Wochen, in denen täglich zweimal jeweils 30 Minuten mit angeleinten oder eingesperrten Hunden »trainiert« wird, diese also angegriffen, gereizt oder bedroht werden, ist das Werk vollendet. Diese Hunde reagieren todsicher schon auf die leiseste Annäherung oder den leisesten Reiz mit aggressivem Angriff.

Vom Überwinden der Beißhemmung

Andererseits werden Sie aber auf dem *Übungsplatz* feststellen, mit wieviel *Mühe* Hunde dazu angeleitet werden müssen, »kraftvoll« zuzubeißen, wie das so schön heißt. Neben ihrem Führer kurz angeleint werden sie verlockt, in ein Reizobjekt, einen Schlagsack oder später den Schutzärmel zu beißen, den man vor ihnen hin und her schwenkt. Hat der Hund, oft nach mehreren Versuchen, begriffen, daß er den Sack ergreifen soll, muß der erfahrene Pikör den Sack sofort auslassen, wie gleichzeitig der Hundeführer die Leine lockert und den Hund absitzen oder ablegen läßt. Der soll sich nun beruhigen und den Sack freigeben. Bei sehr erregten Hunden ist es oft gar nicht einfach, haben sie dann endlich zugefaßt, sie nun zum Auslassen zu bringen.

Auch die einzelnen Stufen der späteren *»Mannarbeit«* erfordern unglaublich viel Können und Fingerspitzengefühl. Zunächst schlüpft der Pikör nun selbst in den Schutzärmel - und das ist das, was uns hier interessiert - nicht selten *verweigert* der Hund das Beißen in den

Schutzärmel, wenn er den Arm des Pikörs darin spürt. Noch schwieriger gestaltet sich die später beim Polizeihund gestellte Aufgabe, den Hund dazu zu bringen, in den *ungeschützten* Arm zu beißen.

Auf vielfältige Weise wird also einerseits der *aktive Verteidigungsreflex des Hundes wachgerufen,* der dann zunehmend verstärkt auftritt, wie andererseits die zunächst hohe *Reizschwelle für Zubeißen zunehmend geringer wird.*

Sie können, was sich da abspielt, an einem einfachen Beispiel zu begreifen lernen. Stellen Sie sich einmal vor, irgendjemand tritt *Sie* schmerzhaft, aber versehentlich gegen das Schienbein. Es tut Ihnen weh, sie schreien auf, aber dann ist die Angelegenheit vergessen. Stellen Sie sich aber nun einmal vor, *jedesmal,* wenn Ihnen jemand begegnet, tritt er Ihnen mit voller Wucht gegen das Schienbein. Ziemlich schnell geraten Sie dann so in Wut, daß Sie die Kontrolle über sich selbst verlieren und nun Ihrerseits heftig zurücktreten. Je häufiger Ihnen das passiert, umso wütender und aggressiver werden Sie. Besonders dann, wenn Sie daran gehindert werden, die Flucht zu ergreifen, Sie also, ob Sie wollen oder nicht, alles über sich ergehen lassen müssen. Selbst, wenn Sie sich das bei sich nicht hätten vorstellen können, wird Ihre Reizschwelle, sich heftig zur Wehr zu setzen, von Mal zu Mal geringer. (Das gleiche Prinzip kennen Sie ja auch von anderen, Ihnen permanent zugefügten Bedrohungen oder Beleidigungen.)

Die *angeborene Beißhemmung* bei Hunden ist eine für das Überleben im Rudel unabdingbare Verhaltensweise. Eine *nicht intakte Beißhemmung* ist daher eine *schwere Verhaltensstörung.* Ist aber bei einem gut veranlagten Hund die ursprünglich vorhandene Reizschwelle mit vielerlei Übungen vermindert worden, muß man immer damit rechnen, daß ein solcher Hund stets ein erhebliches Maß an Vorsichtsmaßnahmen erfordert. Diese möglicherweise folgenreiche Ausbildung wird nicht immer mit der genügenden Sorgfalt und Sachkenntnis durchgeführt. Hat ein solcher Hund eine schlechte Allgemeinerziehung, mangelhafte Sozialisierung und hat, obendrein, außerhalb des Übungsplatzes nur wenig Umgang mit freundlich gesinnten Personen, ist die Katastrophe vorprogrammiert.

Ein dem »Schußwaffen-Erziehung« ähnliches Verfahren ist, wie gesagt, bei der *Schutzhundausbildung* der Angriff auf den *»Scheintä-*

ter«, was gleichzeitig fordert, daß hier nur wirklich qualifizierte Ausbilder tätig sein sollten. Denn der Hund muß nicht nur lernen, blindlings und furchtlos *anzugreifen* und *zuzubeißen*, sondern ebenso, *sofort auf Befehl wieder abzulassen.* Erfahrene Ausbilder bezeichnen dies als die Hohe Schule der Unterordnung. Jedoch bleibt gar mancher Laien-Ausbilder auf halber Strecke stecken. Er ist stolz, daß sein »mutiger, schneidiger« Hund bellt und kraftvoll zubeißt. Leider ist die Bell- und Beißerziehung für den Besitzer müheloser durchzuführen, als die zeitraubendere, geduldige allgemeine Grunderziehung. Nicht selten liegt daher die gesamte übrige Erziehung des Hundes sehr im argen. Der Befehl zum Auslassen ist deshalb schwer, oder aber nicht *sicher* trainierbar. Noch schlechter ist die Situation, bedenkt man, daß solch ein Hund nicht daran gewöhnt ist, weiteren Familienmitgliedern sicher zu gehorchen, weil diese oft nur spärliche Kenntnisse über Hunderziehung haben.

Trainierte, scharfe Wach- und Schutzhunde sollten, was schon vor Jahrzehnten von den Menzels gefordert wurde, auch *nur* bei einem entsprechend qualifizierten Hundeführer ihren *»Dienst«* tun. Für Hundesportler, zumindest für solche, die ein gesundes Selbstgefühl haben, gibt es zahlreiche andere Möglichkeiten, einen Hund sinnvoll auszubilden und Pokale zu erobern.

Unerwartete Bissigkeit

Gelegentlich neigen zwar hoch-extrovertierte, aber normalerweise friedliche Hunde, für ihren Besitzer völlig überraschend, zur *Bissigkeit.* Bereits Pawlow hatte dies Phänomen entdeckt, das dann auftrat, wenn solche Hunde in Schwierigkeit dadurch kamen, daß ein ihnen eigentlich vertrauter Reiz sich irgendwie verändert hatte, also zu einem neuen, sehr *ähnlichen* geworden war.

Schon bei einem Wurf Welpen kann man beobachten, daß ein Welpe, der nach längerer Abwesenheit zu den anderen zurückkehrt, von diesen auf heftigste Weise attackiert werden kann. Die gleiche Erfahrung kann man aber ebenso machen, wenn ein Hund aus einer Zwingergemeinschaft nach Abwesenheit zurückkehrt.

In diesem Zusammenhang fällt mir eine Geschichte ein, die ein amerikanischer Tierarzt berichtet hat. Ratlose Hundehalter hatten ihn gebeten, das Rätsel zu lösen, das sie mit ihren beiden Hunden, einem Schäferhund und einem Pudel hatten, die normalerweise friedlich zusammen lebten. Kam jedoch der Pudel vom »Friseur« zurück, ging der Schäferhund regelmäßig aggressiv auf ihn los, so daß man den Pudel jedesmal in Sicherheit bringen mußte. Da der Schäferhund ansonsten ein extrovertiert-neugieriger, aber freundlicher Hund war, mußte sein Verhalten etwas mit des Pudels Verschönerung (was sowohl das sichtbar veränderte Äußere, wie den Geruch betraf) zu tun haben, was den Schäferhund offensichtlich überraschte und in Verwirrung stürzte. Das Problem wurde auf verblüffend einfache Weise für immer gelöst: Beim nächsten Gang zum Hundefriseur wurde der Schäferhund mitgenommen und verfolgte, gemeinsam mit seinem Herrn, die Schönheitsprozedur des Pudels. Nachdem die schrittweise Verwandlung seines Kumpans sich vor seinen Augen abgespielt hatte, traten die seltsamen Angriffe niemals wieder auf.

Über Briefträger und andere »bizarre« Personen

Ein Wort über Briefträger: Verwandt mit der Aggression gegen »unklare Objekte« ist auch der berühmte Hunde-Haß auf Briefträger, Uniformierte oder Personen mit bizarrem Äußeren. Dabei könnte dies Problem, wenigstens hinsichtlich der Briefträger, schon längst für immer beseitigt sein. Aber leider werden Briefträger nach wie vor gebissen, und nach wie vor hört man viele kluge Worte über dieses Phänomen. Nun begreife ich nicht, warum nicht jeder junge Hund, neben seinem Impfpass, Abstammungsnachweis und Fütteranleitung vom Züchter einen Zettel mitbekommen: *»Bitte gewöhnen Sie Ihren Hund vom ersten Tage an die Nachbarn, die Kinder und - den Briefträger.«* Warum also nicht den berühmten »Antrittsbesuch« zur Abwechslung auch mal mit dem neuen Hund in Angriff nehmen?

Beim Briefträger ist es umgekehrt, weil er ja täglich kommt. Vielleicht hängen Sie ihm einen Zettel an den Briefkasten: »Bitte kommen Sie mal kurz herein, wir haben einen neuen, *kleinen* Hund!« So bekanntgemacht und vielleicht mit ein paar Leckerle ausgerüstet, ist der Briefträger für unseren Hund dann keine »bizarre Person«, und Ihr Hund, in der Meinung des Briefträgers, keine langsam aber sicher heranwachsende Gefahr.

Leider geht es in der Realität meist ganz anders zu. Briefträger kommt, klingelt, Briefkasten klappert, Hund bellt, vielleicht *sieht* er den Briefträger sogar, der nicht nur anders aussieht, als andere Leute, sondern sich auch, zumeist schweigend, eiligst wieder entfernt. Für den Hund bedeutet das: »Gefahr ist gekommen, habe gebellt, habe Gefahr beseitigt.« Bei jeder »Landung« des Briefträgers steigert sich der Hund mehr, fühlt er sich doch *bestätigt* in seiner *Verteidigerrolle,* ja, er beginnt mit der Pünktlichkeit einer Uhr sich schon vorzubereiten auf seinen nächsten Auftritt. Wehe, er bekommt dann den Briefträger einmal leiblich zu fassen.

Hinzu kommt, daß Briefträger von Beruf keine Ahnung von Hunden, dafür aber umso mehr Angst vor ihnen haben. Ein Aushilfsbriefträger schob einmal, als er bei uns Hundegebell hörte, furchtsam die Post nur unter dem Türschlitz durch. Natürlich war *das* für die Hunde ein wirklich außergewöhnliches Ereignis. Aufgeregt standen sie alle hinter der Tür und beobachteten kläffend und mit den Pfoten danach tapsend, die stückweise Anlieferung zahlreicher Briefe...

Wenn nun also das Bekanntmachen mit dem Briefträger unterblieben und der Hund ein Problem geworden ist, kann man sein Übungsprogramm selbst starten. Einen fremden Helfer brauchen Sie nicht dazu zu bitten, es ist der Briefträger selbst. Sie wissen, wann er ungefähr kommt, und hängen Ihren Hund vorsorglich schon mal an die lange Leine. Wenn Sie es rechtzeitig abpassen, sagen Sie zu Ihrem Hund »Gib Laut!« in dem Moment, wo der Briefträger sich an der Tür zu schaffen macht, nun soll ihr Hund, wie gewohnt zweimal bellen und dann ruhig bleiben. Kommen Sie aber etwas zu spät, und ihr Hund beginnt schon mit seinem Theater, entweder hinter der Tür oder am Gartentor, reißen Sie ihn heftig an der Leine zurück und sagen »Aus!«, danach muß er »Platz« machen und sich ruhig verhalten. Also, auch beim Briefträger gilt: *Zweimal Bellen reicht.*

Will Ihr Hund sich überhaupt nicht fügen, versuchen Sie einmal mit Wasser, sein »Feuer« zu löschen. Legen Sie eine Wasserpistole bereit oder vielleicht gar den Gartenschlauch. Folgt der Hund nicht auf Ihren Ruf, kriegt er eine tüchtige Ladung Feuchtes. Wie gesagt, das Abgewöhnen dieser bösen Angewohnheit müssen Sie einfach so lange üben, bis es sitzt. Sie werden sehen, es klappt. Im Übrigen: Mit einem vernünftigen Stamm-Briefträger könnte man auch mal eine freundschaftliche Begegnung proben. Besser spät, als nie.

Kinder - oberstes Gebot sind Vorsicht und Sicherheit

Ein ähnliches Problem *»unklare Objekte«* können aber auch Kleinkinder oder gar Säuglinge für Hunde bedeuten und zu aggressiven Angriffen von Hunden führen, von denen das niemand erwartet hätte. Es sind der typische Babygeruch einerseits und die ungewohnten Laute andererseits, die, wie auch ein herumfuchtelnder Säugling oder ein möglicherweise herumkrabbelndes Kind, in dem Hund sowohl Neugierde, Frustration, wie auch den Beutetrieb auslösen können. Hunde sollten daher unbedingt *unter Aufsicht* ein neues Baby untersuchen können, um sich an dessen »Besonderheiten« zu gewöhnen. Daß man Kinder, wegen ihrer und des Hundes Unberechenbarkeit, *grundsätzlich niemals allein mit einem oder gar mehreren Hunden läßt,* ist zwar eigentlich unnötig zu betonen. Offensichtlich haben aber manche Menschen auch den letzten Rest ihres gesunden Menschenverstandes eingebüßt, denn immer wieder gehen Schreckensmeldungen durch die Presse, wo Säuglinge, Kleinkinder und Kinder ihr Leben eingebüßt haben oder für ihr Leben gezeichnet wurden - *nicht* durch einen aggressiven Hund, wie es dann heißt, der das mit seinem Leben bezahlen muß - sondern einzig und allein *durch die Dämlichkeit ihrer Eltern.*

Während herumkrabbelnde Kleinkinder von dem Hund eher als eine Art untergeordneter Mithund betrachtet und auch so behandelt werden, können größere Kinder, sind sie nicht sorgsam angeleitet, dem Hund das Leben zur Hölle machen. Was sich gutmütige Hunde alles von Kleinkindern mit wahrer Engelsgeduld gefallen lassen, ist wirklich rührend. Aber nicht alle Hunde sind rührend, und irgendwann reißt ihnen der Geduldsfaden. Oder sie sind eifersüchtig. Oder sie sind futterneidisch. Selbst wenn ein Hund nur geringfügig kneift, muß er energisch zur Ordnung gerufen, geschüttelt und für eine Weile ins Abseits gebracht werden. Aber auch Kinder müssen unbedingt lernen, daß man Hunde, mehr noch als andere Kinder, zu respektieren hat.

Bei Kindern fremder Leute können Sie überhaupt nicht davon ausgehen, daß diese gelernt haben, wie man mit Hunden umgeht. Daher liegt die Verantwortung voll bei Ihnen. Besonders aber, wenn man selbst keine Kinder hat, sollte man sich um regelmäßigen *Kinderbesuch* bemühen, um dem Hund die richtigen »Kindermanieren« beizubringen. Das heißt nichts anderes, als daß Sie Ihren *Hund* besser erziehen müssen, als gar manche Leute es mit ihren *Kindern* tun.

Ein besonderes Thema sind Kinder, die nicht ahnen können, daß man einen Hund, der etwas frißt, am besten in Ruhe läßt. Wiederum kann man vorbeugend das Problem einmal auf andere Weise lösen. Oft lassen nämlich die Hunde durch einen Erwachsenen den Futternapf sogar wegnehmen, reagieren aber rabiat, wenn Kinder in ihre Nähe kommen. Möglichst schon bei dem jungen Hund bewährt es sich, tut man ihm nur eine geringe Futtermenge in den Napf und regt nun seine Kinder an, zu dem Hund zu gehen und ihm nun weiteres Futter in den Napf zu tun. Damit wird für den Hund die Annäherung eines Kindes zu seiner Mahlzeit ein *angenehmer* Vorgang, so daß er in dieser Situation, statt zu knurren, sogar freundlich und erwartungsvoll mit dem Schwanz wedelt.

Hinsichtlich Kindern und Hunden steht *an erster Stelle die Sicherheit.* Sie können gar nicht gewissenhaft und wachsam genug alle Vorkommnisse durchdenken und beobachten. Nicht nur Hunde können eifersüchtig auf »neue« Kindern sein, auch das Umgekehrte ist möglich. Fühlt sich ein Kind durch den im Mittelpunkt stehenden Welpen gestört, sagt es sogar, der Hund solle wieder fort, heißt es aufpassen. Kinder sind, im Durchsetzen ihrer Gefühle, ebenso erfinderisch wie Hunde. Rein zufällig wird so ein Hund einmal gezwickt, geschlagen oder getreten, wenn gerade niemand hinsieht. Manche Hunde lassen sich das gefallen. Für andere ist das Maß dann irgendwann einmal voll. Dann hat wieder einmal ein bis dahin braver Hund ein Kind »zufällig« gebissen.

Berührungsangst

Bisweilen trifft man auf Hunde, die, so freundlich sie sich auch geben, *schwierig* werden, *faßt man sie an* oder versucht ahnungslos, sie zu *streicheln.* Nun ist es überhaupt eine Ungezogenheit mancher Leute, die ihren »Hundeverstand« dadurch unter Beweis stellen wollen, indem sie jeden Hund sofort ansprechen und zu streicheln versuchen. Bei jungen Hunden oder aber bei gemütlichen ausgewachsenen Hunden führt das zu keinem Problem, sie genießen es sogar ganz offensichtlich.

Etwas anderes ist dies bei kranken Hunden, oder solchen, die eventuell eine Ohrentzündung haben oder hatten, und sich daher gegen jede Berührung am Kopf wehren.

Ein *Problem* entsteht aber nicht selten bei *tendenziös dominanten Hunden,* die mit Knurren oder zumindest hochgezogenen Lefzen ihre *Fremden gegenüber ambivalenten Gefühle* äußern. Einerseits fühlen sie sich in ihrem Selbstgefühl bestätigt, da es bei Hunden ja der *Rangniedere* ist, der um Aufmerksamkeit bittet, andererseits stellt es ihre *Dominanz* in Frage, werden sie an Kopf, Widerrist oder Rücken gestreichelt, wobei sie in eine *Position* geraten, die bei Hunden der *Rangniedere* einnimmt. Am sichersten geht, wer einem Hund so viel Zeit läßt, daß er sich selbst ein Bild von der Lage machen kann. Kommt er von selbst, läßt man ihn gewähren, legt er einem gar den Kopf auf das Knie, kann man sein Angebot mit sachtem Streicheln erwidern.

Angriffe auf den eigenen Herrn

Scheinbar *unmotivierte Angriffe auf den eigenen Besitzer* kommen in Wirklichkeit niemals aus heiterem Himmel. Meist liegen die Ursachen in schwelenden, unklaren Rangordnungsverhältnissen. Manchmal ist ein Hund »nur« krank und hat Schmerzen; aufgrund seines mangelhaften Vertrauens zu seinem Menschen läßt er sich plötzlich von diesem nicht mehr berühren. Natürlich ist zuerst die Krankheit zu behandeln, aber der Hundehalter tut gut daran, auch sein Verhältnis zu seinem Hund einer gründlichen Prüfung zu unterziehen. Kommen zu unklaren Rangverhältnissen noch weitere Änderungen im sozialen Umfeld hinzu, kann der frustrierte Hund sich ebenfalls aggressiv gegen seinen Herrn oder andere Familienmitglieder auflehnen. Aus den gleichen Gründen können aber auch erbarmungslose, wie ebenso inkonsequente Erziehungsmethoden besonders auch bei großen Hunden Gegenwehr oder eine gefährliche Kraftprobe auslösen.

Selbst *Kleinsthunde* können sich plötzlich zu richtigen Beißzangen »fortbilden«. Manchmal fängt das ganz harmlos ein. Sie schelten Ihren »Mini« wegen irgendetwas aus. Oder Besuch, ein ungewohnter oder ungeliebter, erscheint auf der Bildfläche, und ihr Hundchen verschwindet schleunigst unter Bett oder Schrank und bleibt dort in Sicherheit. Wollen Sie ihn hervorholen, giftet er Sie aus dem Dunkel an. Wenn Sie nun meinen, Sie lassen ihn einfach mal da, er wird sich schon beruhigen, können Sie nicht nur sicher sein, daß sich das wiederholt, sondern auch, daß es immer häufiger auftritt. Also hängen Sie ihn an eine dünne, lange Leine und verleiten ihn, mal wieder in seine Festung zu verschwinden. Jetzt rufen und locken Sie ihn in den wärmsten Tönen, woraufhin er vermutlich nicht kommt, dafür aber knurrt. Jetzt ziehen Sie an seinem Strick und befördern ihn mit fester Hand, ohne zu zögern, ans Tageslicht. Stößt er widerstrebend strampeln dabei mit seinem Kopf gegen einen Bettpfosten oder ein Schrankbein, macht das gar nichts. Kaum haben Sie ihn draußen, wird er sofort für das Kommen gelobt, als sei er aus freien Stücken gekommen. Knurrt er Sie an oder versucht gar zu beißen, können Sie ihn jetzt tüchtig schütteln und schelten. Am besten, Ihr Winzling schleift ein Weilchen seine dünne Leine mit sich herum, damit Sie ihn jedesmal, geht er in den Untergrund, entsprechend kurieren können.

Ganz gleich, aus welchem Grund ein Hund Sie anknurrt oder gar beißt, *es ist grundsätzlich verboten und gehört bestraft.* Gleichzeitig heißt es aber in jedem dieser Fälle einmal wieder für den Besitzer, auch die »Beziehungskiste« gründlich aufzuräumen. Auch hier ist die »Drei-Wochen-Kur« (siehe 3. Teil) angesagt.

Zu Bissigkeit neigende Hunde: Früh erkennbar und eindeutig vermeidbar

Unbestritten ist, daß Hunde beißen können. Wie für das Bellen, gilt auch hier, daß *Hunde niemals ohne Grund beißen.* Reden »Fachleute« über bissige Hunde, erkennt man das daran, daß sie fein unterscheiden, ob die *Aggression territorial-, dominanz-, nervös- oder schmerzbedingt ist.* Egal warum, der Hund hat gebissen und das, obwohl, wie oben aufgeführt, Hunde das Beißen oft mühsam lernen müssen. Daher ist es klüger, *statt* gelehrt von den *Formen der Aggressivität* zu reden, sich lieber über deren *Gründe* Gedanken zu machen.

Ein weiteres Phänomen in diesem Zusammenhang ist, daß einerseits in der Öffentlichkeit, auch bei geringen Anlässen, mit großer Bereitwilligkeit von der Aggressivität und Bissigkeit der Hunde geredet wird, während andererseits die Hundehalter selbst das Problem fortzulügen und, mit allerlei Begründungen und Entschuldigungen, herunterzuspielen versuchen. Entweder ist ihr Hund gerade einmal nervös oder verärgert, krank und zufällig einmal etwas »ungezogen« gewesen. Ganz gleich, wie die Ausflüchte auch lauten mögen, fest steht, der Hund hat gebissen, wie auch: *Ein Hund hat nicht zu beißen,* jedenfalls bestimmt nicht in einen Menschen. Macht man mit derartigen Hundehaltern, wie oben beschrieben, den berühmten Ausflug zu einem »unbekannten Ort«, stellt sich ziemlich schnell heraus, daß es ganz eindeutig sowohl mit der Erziehung, wie vor allem mit der Rangordnung hapert.

Ganz sicher ist, daß einige Hunde, nämlich *extrovertiert-aggressive, aber auch hochgradig ängstliche Hunde eher zum Zubeißen neigen,* während bei anderen die Reizschwelle dafür so hoch ist, daß es niemals zu einer Entgleisung kommt. Aber es muß immer wieder gesagt werden, daß es jeder Hundehalter selbst in der Hand hat, ob sein Hund, ganz gleich, wie dieser veranlagt ist, schließlich bissig ist oder nicht.

Erinnern wir uns in diesem Zusammenhang nochmals an die zuvor genannten *»kritischen Phasen«* und die oben aufgeführte Gegenüberstellung der drei Bereiche aggressiven Verhaltens.

Hunde des *extrovertiert-aggressiven Typs* erkennt man bereits in den *ersten vierzehn Lebenswochen,* in der Sozialisierungsphase. Auch in der Periode des größten Angsterlebnisses, also in der 8.-10. Woche, neigen solche Hunde, wenn sie sich fürchten, deutlich zu *aktiver Verteidigung,* und man tut gut daran, sie in dieser Zeit *geduldig-konsequent,* aber, was Sie vielleicht verwundert, mit *Samthandschuhen* anzufassen, denn ein in diesem Zeitraum freundlich gehaltener Hund neigt auch später, trotz seiner extrovertiert-aggressiven Anlage, *weniger* dazu, »bissig« zu werden, als ein hart erzogener Hund. Besonders bei diesen Hunden sind *freundliche,* möglichst umfassende Umweltkontakte dringend gefordert, damit das vorhersehbar ausgeprägte *Territorial-Verhalten* nicht zum Problem wird.

Hunde des extrovertiert-aggressiven Typs sind auch hinsichtlich ihres *Erkundungsdrangs* sehr aktiv. Während kleine Kinder ihre Umwelt im wahrsten Sinne des Wortes zu »begreifen« versuchen, d.h. nichts vor ihren flinken Fingern sicher ist, benutzt der Hund seine *Schnauze, d.h. seine Zähne,* um alles mögliche zu untersuchen, herumzutragen - also nicht nur zum Essen und Trinken. Das bedeutet nichts anderes, als daß einige Hunde mehr als andere dazu neigen, ihre Zähne zu benutzen, z.B. auch dann, wenn sie von ihrem Menschen etwas erreichen wollen. Während manche Welpen dies überwiegend mit den Pfoten tun, benutzen andere mehr ihre Schnauze, stoßen damit an oder fassen, mehr oder weniger sanft zu, um etwas zu erreichen. Wie gesagt, all das kann man bereits sehr früh beobachten.

Je länger derartige Hunde beim Züchter »auf Lager«, d.h. unverkauft bleiben, als umso schwieriger erweist sich ihre spätere Eingewöhnung. Sie haben sich zwar innerhalb der Rangordnung ihres *vierbeinigen* Rudels an ihren »Stammplatz« gewöhnt, können aber diese Kenntnisse nicht gegenüber *zweibeinigen* Gefährten anwenden, d.h. sie sind diesbezüglich *nicht* sozialisiert. Die Folge ist, daß sie sich mit dieser für sie neuen, unbehaglichen Situation vermittels des unter Hunden üblichen Rituals vertraut zu machen suchen: Sie probieren alle möglichen Dominanz-Strategien durch, und oft genug ist der Hundehalter viel zu naiv: Er kann weder die Gründe dieses Verhaltens, noch dessen logische Folge überblicken. Mit viel Geduld heißt es hier, mit den Sozialerfahrungen des Hundes ganz von vorn anzufangen und hoffen, daß er das, was er nun lernen soll, auch begreift.

Mit Einsetzen der *Geschlechtsreife* formt sich auch mehr und mehr die angeborene Neigung, das *Territorium* zu verteidigen. Je nach Rasse kann dies früher, also etwa ab dem 8. Monat oder später einsetzen, ist aber zwischen 14 und 24 Monaten voll ausgebildet. Den in dieser Hinsicht besonders motivierten Hund, *überwiegend Rüden,* aber auch *aggressivere, dominante Hündinnen,* erkennt man unschwer an der stark ausgeprägten Neigung, überall das Revier zu markieren, was sich an der Häufigkeit des »Bein-Hebens« ablesen läßt. Näheres über das Markierungsverhalten des Hundes habe ich bereits anderweitig beschrieben.*)

Betont extrovertiert-aggressive Hunde können wahre Bein-Hebe-Orgien veranstalten, auch dann noch, wenn nicht das geringste Tröpfchen sich mehr herausquetschen läßt. Wenn wir uns klar machen, daß sich so *aggressiv-dominantes Verhalten* ausdrückt, erkennen wir auch, daß wir hier eine Chance einzugreifen haben. Bei unserem Umerziehungsprogramm erweist es sich daher als sinnvoll, dem Hund nur an

*) Eric H.W. Aldington, Von der Seele des Hundes Seite 231 ff

bestimmten Orten und nur für einen jeweils begrenzten Zeitraum sein »Bein-Heben« zu erlauben.

Eine wahre Seuche sind Personen, die an keinem Grundstück, in dem sich ein Hund befindet, vorbeigehen zu können, ohne diesen zu necken oder gar zu reizen. Häufig sind dies Kinder und Jugendliche, was nicht wundert, da man ebenso beobachten kann, daß Eltern sogar dabei zusehen, wenn ihre Kinder einen Hund ärgern. Sie finden das offensichtlich lustig. Weniger lustig werden sie es aber finden, entkommt ein derart aufgeputschter Hund einmal dem sicheren Gelände und stürzt sich dann auf alles, was wie »Kind« aussieht. Leider kann es aus diesem Grund auch für Kinder, die *erlaubterweise* das Grundstück betreten, gefährlich werden, besonders dann, wenn es sich um einen sonst kinderlosen Haushalt handelt. Man kann Hundehaltern mit extrovertiert-aggressiven Hunden nicht oft genug nahelegen, ihr Grundstück nicht nur einzuzäunen, sondern dies auch *»blicksicher«* zu machen. Hecken, die im Winter ihr Laub verlieren, sind nur dann geeignet, wenn man zwischen sie und den Zaun noch Sichtschutzmatten stellt, was nicht nur ganz hübsch aussehen kann, sondern den Hund, aber auch einen selbst, davor bewahrt, ständig auf dem Präsentierteller zu leben. Es ist eine Ausgabe, die sich lohnt, denn es ist nicht nur mühevoll, sondern oft auch unmöglich, einen von Zuschauern permanent aufgehetzten Hund wieder umzuerziehen. Niemals darf man aber vergessen, daß ein noch so schöner und geräumiger Garten für den Hund nur ein Teil der »Umwelt« ist. Er muß immer wieder reichlich Gelegenheit zu freundlichem Umgang außerhalb des Grundstücks haben.

Hunde als Auto- und Fahrradjäger

Obwohl in ihren angeborenen »Gelüsten« Autos oder Fahrräder als Beute-Objekte nicht vorgesehen sind, entwickeln einige Hunde in dieser Hinsicht einen ebenso perfekten, wie unerwünschten »Beutetrieb«. Da Hunde ausgesprochen die Neigung haben, allem, was sich schnell fortbewegt, ebenso schnell zu folgen, kann man zwar verstehen, warum sie hin und wieder etwa einem Fahrrad einige Schritte nachlaufen. Anders ist es mit Hunden, die geradezu *gezielt* auf jede nur mögliche Gelegenheit lauern, um ein Auto oder einen Radfahrer zu verfolgen. Für den Besitzer ist dies aufregend genug, da beim Verfolgen eines

Autos zwar dieses nicht in Gefahr gerät, dafür aber der Hund, der nun jede andere Vorsicht vergißt und womöglich dabei selbst unter die Räder kommt. Großen Ärger aber gibt es mit Radfahrern, die sich zu Recht bedroht fühlen und einen Anspruch darauf haben, beim Radfahren nicht von Hunden gejagt zu werden.

Schon bei den ersten Anzeichen eines derartigen Verhaltens heißt es daher energisch einzugreifen. *Strafen nützen hier überhaupt nichts,* denn hat man den Hund schließlich eingeholt, bringt dieser die nun erfolgende Strafe gedanklich kaum noch mit seiner Autojagd in Verbindung. Noch *unvernünftiger* ist es, was gelegentlich empfohlen wird, den Hund von dem Auto- oder Radfahrer bestrafen zu lassen. Es wird dabei nichts anderes erreicht, als daß der Hund, der zuvor nur seinem Verfolgungsdrang nachgegeben hat, sich nun auch noch von Autos oder Fahrradfahrern *bedroht* fühlt, und sie *aggressiv bekämpft.* Die gleiche unselige Wirkung kann aber auch durch den Einsatz von Schockhalsbändern hervorgerufen werden, da der Hund den ihm zugefügten Schmerz als vom Auto/Radfahrer zugefügten Angriff empfindet. Wieder andere haben versucht, Hunde vom Auto oder Fahrrad aus mit Essigwasser oder allen möglichen Pulvern zu überschütten. Da aber das nächste oder übernächste vorbeifahrende Gefährt nicht über die gleichen Abschreckungsmaßnahmen verfügt, nimmt der Hund das gelegentliche Risiko in Kauf.

Ist nach Lage der Dinge zu erwarten (z.B. häufig befahrene Straße direkt am Grundstück), daß der Hund immer wieder in Versuchung gerät, bleibt nichts anderes übrig, als mit großen Aufwand von Zeit und Geduld, *des Hundes Verhalten von Grund auf zu ändern.*

Das Umerziehen des »Auto-Jägers«

Dazu organisiert man einige gutwillige Auto- und Radfahrer, um die für den Hund so verlockende Situation nun *gezielt* herbeizuführen. Rein zufällig startet man, zu einem ansonsten möglichst verkehrsarmen Zeitpunkt, einen Ausflug mit seinem Hund zu der bewußten Straße. Sinnvollerweise kommt man immer wieder aus einer anderen Richtung, damit der Hund sich nicht an bestimmte örtliche Fixpunkte gewöhnt. Rein »zufällig« kommt dann auch gleich ein Auto oder ein Radfahrer des Wegs. In dem gleichen Augenblick, in dem man bemerkt, daß sich der Hund innerlich zur Jagd rüstet, macht man auf dem Absatz kehrt und rennt, mit lauten, eventuell sogar erschreckten Ausrufen, in die dem Auto entgegengesetzte Richtung. Gleichzeitig hat der Autofahrer seinen Wagen mit aller Kraft, möglichst mit quietschenden Bremsen, abzustoppen, den Motor abzustellen und das Auto absolut geräuschlos stehen zu lassen, bis der Hund samt seinem Besitzer außer Sicht sind.

Da der Hund, solange er angeleint ist, die Jagd kaum aufnehmen wird, muß man ihn wohl oder übel *unangeleint* zum Tatort bringen oder ihn wenigstens kurz vorher ableinen. Bei Hunden, die unangeleint nicht zu gehorchen pflegen, bleibt nichts anderes übrig, als zusätzlich zur Leine am Hund eine zweite leichte Leine zu befestigen, mit der man ihn, folgt er statt seinem rufenden Herrn dennoch dem Auto, herumreißen kann, so daß er gezwungenermaßen ebenfalls auf dem Absatz kehrt machen muß. Meist folgt er dann, derart überrumpelt, seinem Herrn ohne weiteren Widerstand.

Ziel dieser sicherlich mühsamen Operation, die obendrein wochenlang an einigen Tagen ein bis zweimal nacheinander durchexerziert werden muß, ist, daß der Hund angesichts eines Autos/Radfahrers *reflexbedingt* nichts Eiligeres zu tun hat, als auf dem Absatz kehrt zu machen und nach Hause zu eilen. In den »übungsfreien« Zeiten muß man sicherstellen, daß der Hund sich nicht unbeaufsichtigt wieder erfolgreich auf Jagd begibt. Das würde seine schlechten Gewohnheiten sofort wieder aufleben lassen.

Nach etwa vier- bis zwölfmaligem »Einsatz aller Kräfte« stellt sich bei den meisten Hunden, wehrt man gleich den Anfängen und führt man diese Übung in zeitlich nicht zu großem Abständen durch, die gewünschte Umgewöhnung ein, und Fahrradfahrer oder Autos werden zum »Heimkehr-Signal«. Wer allerdings im Abstand einiger Wochen dies hin und wieder einmal durchexerziert, wird wenig erreichen, da der Hund die lange zuvor liegenden Ereignisse längst wieder vergessen hat.

Wenn man bedenkt, daß sich Hunde selbst dann, wenn sie von einem Auto bei ihrer Jagd einmal schmerzhaft angefahren wurden, nicht von dieser unseligen Leidenschaft abbringen lassen, ist es diese zwar mühevolle, aber einzig erfolgversprechende Maßnahme schon wert. Selbstverständlich muß dies alles auch von weiteren Erziehungsmaßnahmen begleitet werden. Vor allem ist angesagt, die Unterordnung, das »Platz!«, »Bleib!« und das sichere Folgen *ohne* Leine in gesonderten Übungen zu festigen.

Unverträgliche Hunde und Raufer

Sofort beim Einzug in unser Ferienhaus hatten wir, oder genauer gesagt, unsere beiden Hunde, ohne es zu wollen, einen geschworenen Feind. Unserem Grundstück gegenüber residierte nämlich bereits seit Jahren *Robby*, ein kleiner, ständig kläffender Spitz-Mischling, der sich offenbar durch uns Neuankömmlinge in seinem angestammten Revier (dies war die gesamte Straßenzeile) beeinträchtigt fühlte. Wie nicht wenige Leute legten dessen Besitzer großen Wert darauf, daß ihr Hund nicht nur das Haus, sondern auch ihr *Grundstück* sauberhielt. Niemals eingesperrt oder angeleint, »entsorgte« er sich regelmäßig in der gesamten Umgebung.

Unsere doppelte Ausfertigung auch noch großer, wenn auch freundlicher Hunde versetzte *Robby*, jedoch unter peinlich eingehaltenen Vorsichtsmaßnahmen, in nicht zu übersehende »Kampfeshandlungen«. Liefen dagegen unsere Hunde frei herum, verschwand er lautlos zu einem sicheren Aussichtsposten, um aus gehöriger Entfernung giftig und aufgeregt herüber zu kläffen, was von unseren Hunden allerdings, wie auch seine übrigen hysterischen Veranstaltungen, restlos ignoriert wurde.

Interessant wurde es, wenn unser Erzfeind beobachtet hatte, daß unsere Hunde vor einer Ausfahrt sicher im Auto untergebracht waren. Waren alle Türen geschlossen, stolzierte *Robby*, hocherhobenen Hauptes aus seinem Gartentor heraus, umrundete, Schwanz und Nackenkrause steil aufgestellt, steifen Schrittes das Auto, um dann, mit nur als »cholerisch« zu bezeichnendem Beinheben, die Parade der Zaunpfosten abzuschreiten. Nicht einen oder zwei, nein, die ganze Straße hinab, was naturgemäß so lange andauerte, daß das Auto zwischenzeitlich längst abgefahren war. In der Fachsprache nennt man dies: *»Markieren vertikaler Objekte als ein Zeichen von Territorialanspruch«*. Welch tiefen Groll *Robby* aber tatsächlich empfand, bewies er jeden Morgen erneut auf erheiternde Weise. Kaum aus seinem Haus gelassen, überquerte er schnurstracks die Straße, hob an unserem Gartentor sein Bein und - setzte zur Bekräftigung gleich auch noch ein Häufchen dazu.

Wie man hier sieht, gehören aber zum Ausbruch von körperlichen Kampfeshandlungen einer, der angreift, und einer, der sich wehrt, weil er sich angegriffen fühlt. Nur ein Blick unserer Hunde, die seinem Treiben zwar interessiert folgten, ihn aber sonst ignorierten, genügte für *Robby*s sofortigen Rückzug, während *Robby* allein durch das Vorhandensein unserer Hunde in Rage geriet.

Kastration und Sterilisation

Bei einem Rüden, der auffallend häufig in Raufereien verwickelt ist und auch sonst zum Streunen und zu dominanter Aggression neigt, ist oft die innere Triebfeder so stark gespannt, daß auch die beste Erziehung wirkungslos verpufft. Hier hilft nur *Kastration,* die aber andererseits *niemals* als Ersatz für Erziehung angesehen werden darf! Die verminderte Testosteronproduktion »beruhigt« das Zentralnervensystem, so daß aggressive Angriffe auf Rüden, Streunen und starker Urinierdrang eingedämmt werden oder ganz unterbleiben.

Keine Wirkung hat Kastration auf *territoriale Aggressivität,* die oft auch bei Hündinnen sehr stark ausgeprägt und daher nicht geschlechtsgebunden ist. *Keine* Wirkung hat Kastration auch bei angstbedingtem aggressivem Verhalten und bei Angstbeißern. Mehr über die Wirkung von Hormonen bei Rüden und Hündinnen habe ich anderweitig ausführlich beschrieben.*)

Bei der Kastration der Rüden kommen oft aber unbegründete schwere Bedenken der Besitzer, daß sie ihrem Hund etwas »nehmen«. Außer den oben beschriebenen Notwendigkeiten sind kastrierte Rüden im Alltag leichter zu handhaben. Für die Blindenhundausbildung, beispielsweise, werden nur Hunde die kastriert/sterilisiert sind, eingesetzt. Rüden werden deswegen nicht weniger wachsam, nicht weniger jagdwillig. Vielmehr können sie sich erheblich besser auf ihre Aufgaben konzentieren. Zu Unrecht wird immer wieder behauptet, kastrierte/sterilisierte Hund neigen zu Fettsucht. Wird, was aber nur selten zu beobachten ist, die Aktivität eines Hundes durch die Behandlung reduziert, muß man eben die Futterration den tatsächlichen Bedürfnissen anpassen. Kann man den Brustkorb des Hundes unter der Haut nicht mehr spüren, heißt es einfach: Weniger Futter.

Ist man sich allerdings sicher, daß mit einem Hund garantiert nicht gezüchtet werden soll, ist die Kastration/Sterilisation von Rüden und Hündinnen, die gezielt ausgebildet werden sollen, eine sinnvolle Maßnahme.

*) Eric H.W. Aldington, Von der Seele des Hundes Seite 214 ff

Scheinträchtigkeit

Auch eine sterilisierte Hündin ist im Alltag einfacher zu halten, da die *Läufigkeit* mit all ihren unerwünschten Nebenerscheinungen ausbleibt. Nebenerscheinungen drücken sich durch Veränderungen im Verhalten aus: Obwohl eine Hündin nicht gedeckt wurde, kann sie alle Zeichen von Schwangerschaft aufweisen, die sogenannte *Scheinträchtigkeit.* Ebenso wie die körperlichen Funktionen, meist hat die Hündin sogar Milch im Gesäuge, ändert sich auch ihr *Verhalten.* Hündinnen werden unkonzentriert, haben vielerlei Stimmungsschwankungen von hochgradig depressiv bis reizbar und zeigen starke Formen von Irritiertsein. Sie wählen die merkwürdigsten Gegenstände als »Welpen« aus, die sie betreuen. Man kann in dieser Zeit nichts anderes tun, als die Hündin auf halbe Ration zu setzen, ihr die »Welpen« wegzunehmen und sie besonders viel zu beschäftigen, so daß sie keine Zeit zum Nachdenken hat. Da sich dieser Zustand alle sechs bis acht Monate wiederholen kann, ist der einmalige Eingriff oft wirklich sinnvoll. Auch fällt bei sterilisierten Hündinnen die gefürchtete Gebährmutterentzündung weg, wie auch spätere Tumore am Gesäuge.

Feindschaft zwischen fremden Hunden

Feindschaften unter Hunden fallen in zwei Kategorien. Das eine sind solche zwischen *fremden Hunden,* das andere die Feindlichkeiten von *Hunden, die in einem Haushalt* zusammenleben. Jedoch, ganz gleich, in welche Kategorie (oft zu Unrecht) als »Raufer« bezeichnete Hunde fallen, in nahezu allen Fällen geht dies Verhalten auf das Konto des Menschen, da sich hier die Folgen sowohl *mangelhafter Sozialisierung* wie *kümmerlicher Erziehung* offenbaren.

Auch die Feindseligkeiten zwischen fremden Hunden sortieren wir, der besseren Übersicht wegen, nochmals in zwei Kategorien. Einerseits gibt es nicht wenige Hunde, die sich - das behaupten jedenfalls ihre Besitzer - grundsätzlich auf alles stürzen, was wie »Hund« aussieht. Wir kommen gleich darauf zurück.

Das andere sind solche Hunde, bei denen man klar erkennen kann, daß sich ihre *Feindseligkeit auf ihr »Territorium«* bezieht. Verteidigung des Territoriums ist ein *»Wolfserbe«,* wo das Rudel fremde Eindringlinge massiv abwehrt. Die Grenzen des jeweiligen Reviers sind sorgfältig abgesteckt, d.h. markiert und werden von Rudelfremden normalerweise respektiert. Nicht so bei Hunden, die zwar ebenfalls ihr Territorium markieren können, bei denen aber, dank der engeren räumlichen Gegebenheiten, »Übergriffe Rudelfremder« regelrecht vorprogrammiert sind. Bei aggressiv-dominanten Hunden kann dies zu ernsthaften, wie aber durch vernünftige Vorsorge vermeidbaren Auseinandersetzungen führen.

Das Markierverhalten unter Kontrolle halten

Nicht wenige Hundehalter, wie auch die Besitzer von *ROBBY*, halten es für ein *Grundrecht* von elementarer Bedeutung, daß ihr Hund reichlich Gelegenheit haben muß, an allen möglichen »vertikalen Objekten« sein Bein zu heben. Allerdings geht es ihnen dabei nicht so sehr um seine Reviermarkierung (wovon die meisten ohnehin nichts wissen), sondern sie nehmen vielmehr an, daß ihr Hund sich, ohne das häufige Beinheben, nicht ausreichend entleeren könne. Selbst in ländlichen Gegenden leben Hunde oft so dicht beieinander, daß sich auf diese Weise entstehende »Revierüberschneidungen« überhaupt nicht vermeiden lassen.

Dabei wäre es dringend erwünscht, daß Hundehalter begreifen würden, daß Hunde durchaus lernen können, ihre Toilette entweder auf dem eigenen Grund und Boden, oder auf bestimmten, dafür vorgesehenen Plätzen, wie auch auf »neutralem« Boden, also in Feld, Wiese Wald oder anderen typischen Auslaufplätzen zu erledigen. Bei nachbarschaftlich lebenden, extrovertiert-aggressiven Hunden kann eine zunächst völlig unverständliche Feindschaft aus »rein hunde-rechtlichen Gründen«, also durch Revier-Überschneidungen bzw. »Grenzverletzungen« entstanden sein.

Aber noch aus einem anderen Grund empfiehlt es sich bei derartigen Problemhunden, das *Ausscheide-Verhalten energisch unter Kontrolle zu bringen.* Grundsätzlich hat sich Ihr Hund nur dann und unter Aufsicht zu entleeren, wenn *Sie ihm dies erlauben.* Damit können Sie von vornherein Markierverhalten und Verunreinigung in der Nachbarschaft unterbinden. Jedoch hat diese Kontrolle einen weiteren, ebenfalls sehr wichtigen Effekt. Sie zwingen auf diese Weise Ihren Hund, auch mehrere Stunden auszuhalten, d.h. er setzt nun Urin ab, weil er wirklich dringend »muß«, aber seine Urinausscheidung ist in einem solchen Fall *keine* aggressive Dominanz-Demonstration, mit der für ihn, ohne daß Sie das verhindern könnten, immer auch entsprechende *aggressiv-dominante Gefühle* verbunden sind.

Wenn sich viele zwar erklären können, daß Hunde ihr Haus, Grundstück, Wohnung, also ihr *Territorium* scharf bewachen, ist es für viele unverständlich, warum freilaufende Hunde sich auch außerhalb ihres Territoriums aggressiv-angriffslustig verhalten.

Raufer werden dazu erzogen

Wenn Hunde sich grundsätzlich auf alles, was wie ein Hund aussieht, stürzen wollen, ist dies viel seltener als angenommen, die Folge mangelhafter früher Sozialisierung, da ja Welpen, normalerweise wenigstens, den Umgang miteinander ausprobieren konnten. Nur in seltenen Fällen sind es Einzelkinder, oder solche, die zu früh aus dem Wurf herausgenommen wurden.

In Wirklichkeit sind aber Hunde, von denen behauptet wird, sie seien der *geborene Raufer,* alles andere als das. Sie sind der *erzogene Raufer,* und ihre Besitzer sind auch keinesfalls besonders bösartige, sondern zumeist sehr liebe, ängstliche, rücksichtsvolle Personen, und man wundert sich, warum gerade sie mit solch einem rauflustigen Hansel gesegnet sind.

Statt des Verhaltens ihrer Hunde sei zuerst einmal das ihrer Besitzer unter die Lupe genommen. Man erkennt sie daran, daß sie zu möglichst »verkehrsarmen« Zeiten, also womöglich morgens oder abends in der Dunkelheit, zu ihrem Hundeausgang starten. Sie suchen das Terrain nicht nur sorgfältig aus, sondern halten es stets wachsam im Auge. Irgendwo auftauchende Hunde erkennen sie meilenweit im voraus, wie sie ebenso mit einem Blick erkennen, ob es sich bei dem »gegnerischen« Hund um einen Rüden oder eine Hündin handelt. Das haben sie nämlich gelernt: Rüden gehen eher auf Rüden, Hündinnen eher auf Hündinnen los; letztere geben sich dabei sogar noch besonders giftig.

Ganz gleich, ob sie einen munteren, gut sozialisierten Welpen erworben haben, oder einen, der sich aus mangelnder Umwelterfahrungen etwas ängstlich gibt, ausgerechnet die rücksichtsvollen, ängstlichen, höflichen Hundebesitzer sind es letztlich selbst, die dafür sorgen, daß gerade sie schließlich einen Teufelsbraten an der Leine haben.

Ist der Welpe noch sehr klein, führen sie ihn, um ihn ja nicht zu überanstrengen, nur kurz und selten aus. Natürlich angeleint, er könnte ja weglaufen. Begegnen sie nun anderen Hunden, und kommt gar ein freilaufender Hund auf sie zu, nehmen sie instinktiv die Leine besonders kurz, und, um ganz sicher zu gehen, fuchteln sie mit ihrem Armen und rufen laut, um den anderen Hund zu vertreiben. Natürlich überträgt sich ihre Aufregung auf ihren Kleinen. Kurz angeleint, kann er sich nicht einmal verdrücken, was er jetzt gern täte, aber es ist ihm auch unmöglich, wenigstens eine submissive Haltung einzunehmen, mit der er sich, noch daheim bei seinem Züchter, immer ganz wirkungsvoll aus der Affäre ziehen konnte. Jetzt reißt ihn sein aufgeregter Besitzer auch noch mit sich fort, und unserem Kleinem bleibt nichts anderes übrig, als seinen Streß mit Knurren und Zähnefletschen Ausdruck zu verleihen. Nicht nur das: Damit sich das Hundchen, der Gefahr entronnen - der feindliche Hund hat sich verzogen - nun wieder beruhigt, wird es jetzt von seinem Herrn gestreichelt und mit Worten »beruhigt«. Das braucht man nur drei- oder viermal wiederholen, und der Kleine hat gelernt: »Kommt ein anderer Hund, steht große Aufregung bevor. Wenn ich knurre und zähnefletsche, werde ich gelobt, und der andere Hund verschwindet wieder.« Das Ergebnis ist der angebliche »Raufer« und ein Hund, der nur noch angeleint an die frische Luft geführt wird. Ein Teufelskreis hat seinen Anfang genommen.

Nun passiert normalerweise niemals etwas Ernsthaftes, wenn freilaufende Hunde einander begegnen. Sie beriechen sich, führen allerlei Dominanz-Gehabe auf, rangeln vielleicht ein bißchen miteinander. Wer jetzt, ohne sich um die Hunde zu kümmern, möglichst gleichmütig einfach weitergeht, dem wird sein Hund bald nachlaufen, wie auch der andere seines Weges geht. Sicherlich gibt es dominant-aggressive Hunde, die lustvoll möglichst keinen Streit vermeiden, also »aggressives Verhalten« demonstrieren. Aber so gefährlich es ausgesehen haben mag, untersucht man die Hunde hernach, hat ihr Kampf erstaunlicherweise kaum Verletzungen hinterlassen. Dafür trägt aber nicht selten ihr Besitzer ernsthafte Blessuren davon, nämlich dann, hat er sich eingemischt.

Die Begegnung von Hunden folgt strengen Regeln, bei denen vor allem eine ausgefeilte Körpersprache eine große Rolle spielt, die von allen Hunden beherrscht und verstanden wird. Der unten im Bild hinzugekommene, sichtlich ängstliche Irish Setter trollte sich dann auch schleunigst, während die beiden sehr selbstbewußten Hunde ihre Rangfolge dann in einer kurzen Rauferei aushandelten, was nicht mehr im Bild festgehalten wurde.
Angeleinte Hunde neigen viel schneller dazu, aggressiv aufeinander loszugehen. Je seltener Hunde ihre Beziehungen in Freiheit miteinander auszuhandeln lernen, umso aggressiver oder ängstlicher reagieren sie auf andere Hunde.

Geradezu das Gegenteil des Gewünschten wird erreicht, verprügelt man seinen Hund jedesmal nach einer Rauferei. Jeder Anblick eines Hundes wird doppelte Streßbelastung, da er ja zwangsläufig eine Bestrafung nach sich zieht und folglich energisch bekämpft werden muß.

Ganz gleich, wo und aus welchen Gründen sich Hunde verbissen haben: Keinesfalls dürfen Sie selbst - auch bei den eigenen Hunden nicht! - dazwischen gehen, oder, ist ein fremder Hund beteiligt, womöglich noch auf den feindlichen Hund einzuschlagen versuchen, um dem Ihren beiseite zu stehen. In einer solchen Situation können als einziger Sie es sein, der wirklich ernsthaft verletzt wurde, womöglich sogar noch vom eigenen Hund. Ist kein Wasser zur Hand, bleibt oft nichts anderes übrig, als daß jeder Hundehalter mit wirklich beherztem Griff seinen Hund an den Hinterbeinen ergreift, um mit kräftigem Ruck die Hunde zu trennen. Derart überrumpelt, ohne Boden unter den Füßen, ist glücklicherweise dann schlagartig die Wut verflogen. Alleingelassen mit zwei raufenden Hunden bleibt oft nichts anderes übrig, als den Dingen ihren Lauf zu lassen und - weiterzugehen. Plötzlich löst sich das Knäuel wie von selbst auf, und, wenn Sie nachsehen, hat Ihr Raufbold nicht eine Schramme davongetragen.

Den Raufer mutig umerziehen

Ist es schließlich soweit gekommen, daß ein Hund angesichts eines anderen reflexartig in Rage gerät, ist nun das *Umerziehen* angesagt. Man braucht dazu: Etwas Mut und Selbstvertrauen für sich selbst, ein neutrales Gelände, einen fremden, auserwählt geduldigen Hund und anfangs sicherheitshalber einen leichten *Maulkorb* für den eigenen. Hunde wissen sehr genau, daß sie mit Maulkorb nicht zubeißen können und versuchen es dann auch gar nicht erst.

Als erstes muß allerdings der fremde, geduldige Hund auf den Platz gebracht werden, so daß der Raufer von vornherein in die Position des »Hinzugekommenen« versetzt wird, also keinen Anlaß sieht, seinen Raum zu verteidigen. Nun hat man nichts anderes mehr zu tun, als die Hunde einfach miteinander Hunde sein zu lassen. Ziemlich schnell wird sich herausstellen, daß sich dabei der Hundehalter mehr aufregt als sein Hund, der sich überraschend schnell mit seinem jeweiligen Gefährten arrangiert. Mutig geworden, lernt so gar mancher Besitzer, seine Frucht dauerhaft zu bezwingen, und muß nun nur noch das Versäumnis nachholen, mit seinem Hund das Frei-folgen zu trainieren. Einst scheinbar unüberwindliche Hindernisse sind bald vergessen, wie auch der Maulkorb nur übergangsweise benötigt wird.

Nicht immer ist Hundehaltern klar, daß sie durch Beobachtung des Hundes Raufereien im Keim ersticken können. Geht ihr Hund angesichts eines anderen entspannt neben ihnen weiter, ist, wenigstens vom dem eigenen, kein Unheil zu erwarten. Strafft sich aber sein Körper, beginnt er steifen Schritte auf den anderen zuzugehen, ist *jetzt* der einzig richtige Moment, mit *»Nein!«* und einem kräftigen Leinenruck vorbeugend einzugreifen. Natürlich darf die dabei nicht reißen, sorgen sie also für eine sichere Leine! Natürlich dürfen sie auch den Hund, nach dem Leinenruck, nun nicht stark zurückhalten, da auch das seine Aggressivität nun gleich wieder steigert. Machen sie also die Leinenübungen, die Sie im 3. Teil finden und auch die *»Drei-Wochen-Kur«!*

Um Hunde *generell* umzuerziehen, ist das Arbeiten auf einem Übungsplatz die beste Schule. Grundsätzlich sollte auch hier der »Aggressivling« *zuletzt* auf den Platz kommen. Dann formiert man die Hunde in zwei gegenüberstehende Gruppen und geht (den »Aggressivling« vorsichtshalber *mit* Maulkorb) aufeinander zu, so daß die Wege der Hunde sich schließlich kreuzen. Jedes Aufmucken oder auch nur das bloße *Interesse* an den Entgegenkommenden wird sofort mit Leinenruck und *»Nein!«* unterbunden. Marschiert man in dieser Weise an jedem Übungstag drei oder viermal »gegeneinander«, kommt auch hier bald zum Tragen, daß ständig sich wiederholende Reize abstumpfen, so daß die Hunde wirklich lernen, aneinander nicht interessiert zu sein.

Der *echte* Raufer aber, also ein Hund, der nicht nur dank Erziehungsfehler seines Herren auf andere losgeht, wird niemals unangeleint und unbeaufsichtigt frei herumlaufen dürfen. Man kann diese Hunde nur soweit kurieren, daß sie sich unter Aufsicht ihres Besitzers im Zaum halten. Aber auch das Temperament des Besitzers spielt eine große Rolle. Ist er selbst aggressiv oder ängstlich, wird sich das immer auch bei seinem Hund widerspiegeln. Anders ist es, hat der Besitzer nicht nur die Kontrolle über seinen Hund, sondern auch das Selbstvertrauen, davon überzeugt zu sein. Nicht zuletzt ist die Anlage zum Raufen genetisch bedingt. Hier ist die große, oft versäumte Pflicht der Züchter, für einwandfreie Elterntiere zu sorgen, wie auch die der Käufer, die sich den Zwinger, bei dem sie ihren Hund kaufen, wirklich genau ansehen sollten.

Feindschaft zwischen gemeinsam lebenden Hunden

Selbst Hunde, die schon jahrelang friedlich vereint in einem Haushalt leben, geraten, zum Entsetzen Ihrer Besitzer, aneinander, was dann nicht selten der Beginn aufreibender, immer heftiger ausartender Kampfeshandlungen ist. Ich kann es nicht mehr zählen, wie oft ich deswegen von völlig verunsicherten Hundehaltern angerufen worden bin, denn selbstverständlich liebten sie alle ihre Hunde und wollten sich von keinem trennen. Und nun das.

Plötzlich und scheinbar aus heiterem Himmel auftretende Reibereien zwischen gemeinschaftlich lebenden Hunden kommen jedoch niemals grundlos. Leider erkennt man erst *hinterher,* was man besser hätte *vorhersehen* sollen, und auch mancher Versuch, in die aktuellen Ereignisse einzugreifen, macht leider nur zu oft alles eher schlechter als besser.

Züchter, bei denen eine größere Anzahl von Hunden beisammen leben muß, wissen recht gut, daß es tatsächlich Hunde gibt, die sich nicht ausstehen können. Gelegentlich brechen Auseinandersetzungen zwischen Rüden aus, wenn Hündinnen heiß sind. Da in dieser Zeit ohnehin verschiedene Vierbeiner separiert werden müssen, trennt man eben auch die männlichen Raufbolde, aber nicht eher, als bis man sie, bei frischer Rauferei erwischt, beispielsweise mit einem kräftigen Strahl aus einem Wasserschlauch abgekühlt und ihnen beigebracht hat, daß man diese Manieren *keinesfalls* zu dulden bereit ist. Überhaupt ist bei feindselig ineinander verkeilten Hunden ein ordentlicher, eiskalter Wasserguß im ersten Moment ein probates Mittel, mit dem man, rechtzeitig und regelmäßig angewendet, *allen* beteiligten Hunden ihre Rauflust schnell abgewöhnen kann.

Wenn Hunde zu raufen beginnen, ist dies aber immer auch ein *sicheres Zeichen für schon lange auf mehreren Ebenen schwelende Dominanzprobleme,* die nun gewaltsam aufbrechen. Erstens stellt sich bei näherer Betrachtung meist heraus, daß hier der Mensch nicht unbedingt der Herr der Lage ist, denn alle beteiligten Hunde haben als gemeinsames Merkmal, daß ihre *Erziehung* in vielerlei Hinsicht zu wünschen übrig läßt. Ist also schon die Rangordnung »von oben nach unten« nicht sichergestellt, ist es absehbar, daß es auch »unten« zu Rangordnungsauseinandersetzungen kommen muß.

Die falsche Reaktion des Hundehalters verschärft die Situation

Auch in diesem Fall muß der Mensch lernen, erst - wie ein *Hund* - zu denken, statt, ohne nachzudenken, »nur« wie ein Mensch zu handeln. Versuchen wir, das alles an einem ganz alltäglichen Beispiel zu erklären. Haben sich zwei Hunde den Krieg erklärt, und greift der Besitzer zwar erschrocken, aber entschlossen ein, macht er dabei oft nicht wenige Fehler, womit er auch gleich dem Samen für künftige Raufereien legt. Im ersten Schrecken wird nicht bedacht, daß immer *zwei* zu einer Rauferei gehören, und nicht selten wird nur *einer* der Hunde, nämlich jener, der sich besonders angriffslustig gebärdet, laut bellt und knurrt und die Zähne fletscht, als *der* Missetäter angesehen und heftig bestraft. Tatsächlich hat aber manchmal gerade der andere, stillere, vom Besitzer in Schutz genommene, auf infame Weise den anderen schon so lange gereizt, (ihn z.B. »nur« mit anmaßenden Blicken und dominanter Körperhaltung bedroht), bis diesem gar nichts anderes übrig blieb, nun zu Gegenwehr überzugehen. Geht jetzt der Mensch dazwischen, bestätigt er, mit der Bestrafung des angeblichen Missetäters, das Recht des tatsächlichen Aggressors, sich so zu verhalten, der noch dazu dafür gelobt wird, weil »er ja nichts getan hat.« Kompliziert? Hundelogik!

Es gibt Leute, die jahrelang versuchen, derart verfeindete Hunde räumlich zu trennen. Aber kein Mensch kann seine Hunde immer sorgfältig in verschiedenen Zimmern verbarrikadieren. Bleibt einmal versehentlich eine Tür auf, folgt die Katastrophe auf dem Fuße. Sie werden nicht müde, die für alle Beteiligten sehr mühsamen Lebensumstände zu erklären, es ist, fürwahr, eine - auch die Hunde - entnervende Situation. Außerdem macht der fehlende Kontakt von vornherein jede Verhaltensänderung unmöglich.

Die richtigen Hunde auswählen

Schon allein die Wahl der falschen Hunde *kann* das Unheil heraufbeschwören. Ganz ohne Frage leben sowohl Rüden mit Rüden, wie auch Hündinnen mit Hündinnen komplikationslos miteinander, ebenso Hunde der gleichen Rasse und des gleichen Alters. Aber Sie können sicher sein, in all diesen Fällen ist immer auch *der Mensch eindeutig der Herr seines Rudels* und hat ganz selbstverständlich jeden seiner Hunde von Anfang an ordentlich erzogen.

Wer sich seiner Eignung als Rudeloberhaupt weniger sicher ist, muß, will er einen zweiten Hund anschaffen, wissen: Problemloser lassen sich Hunde zusammen halten, die sich in Größe, Kraft, Temperament, Geschlecht und Alter deutlich *unterscheiden.* Zu Schwierigkeiten kommt es auch dann, nimmt man, vielleicht zu einem älteren, einen zweiten Hund in den Haushalt auf, und wächst der Kleine dem Älteren im Laufe der Zeit über den Kopf. Natürlich wollen Sie, daß auch ihre Hunde sich lieben und respektieren und - denken dabei wieder einmal zu sehr wie ein Mensch - indem Sie den älteren, angestammten Hund verteidigen, denn Sie wollen ja nicht, daß er unter dem Neuankömmling zu leiden hat. Andere wieder versuchen empört, den deutlich schwächeren, ängstlicheren Hund vor dem anderen in Schutz zu nehmen, und ohne dies zu wollen, haben Sie gerade auf diese Weise das Problem erst selbst inszeniert.

Die Rangfolge der Hunde respektieren

Wer mehrere Hunde hält, muß noch mehr als sonst lernen, auch wie ein *Hund* zu denken. Das heißt nichts anderes, als daß auch der Zweibeiner die Regelung, die Hunde unter sich ausgemacht haben, erkennen und akzeptieren muß. Erweist sich also einer der Hunde (auch wenn es der Neuankömmling ist) eindeutig als der dominantere der beiden, haben Sie das anzuerkennen. Wollen Sie, daß alle in Frieden miteinander leben, müssen auch Sie den dominanteren Hund (auch wenn das Ihrer edleren Gesinnung zuwider läuft) achten und bevorzugen. Er bekommt zuerst das Futter, er wird zuerst gestreichelt, sein höherer Rang wird immer wieder betont, allerdings nur soweit, daß er sich nicht auch Ihnen gegenüber dominant empfindet. Respektieren Sie in jedem Falle die Rangfolge, die die Hunde untereinander als richtig empfinden.

Selbst harmlosere Kabbeleien sind sofort mit einem eiskalten Wasserguß zu beenden. Sie selbst überrumpeln die *beiden* mit der Wucht eines Orkans: »Zum Donnerwetter, Nein!!!« klingt wirklich wunderbar wütend, danach werden *beide* Hunde mit *absoluter Nichtachtung* bestraft. Wer sich anfänglich nicht sicher ist, ob sich zwei Hunde aneinander gewöhnen, tut gut daran, immer einen Eimer klares Wasser in Reichweite zu haben, um im Notfall wirklich *sofort* reagieren zu können. Die paar Wasserflecken auf dem Boden sind schneller zu entfernen, als zu der später beschriebenen zeitraubenden Prozedur gezwungen zu werden.

Bei Feindseligkeiten zwischen fast gleichstarken Rüden, aber auch Hündinnen, kann man versuchen, den vielleicht auch nur minimal Rangniederen zu kastrieren, um auf diese Weise das Gefälle zwischen den beiden zu vergrößern.

Raufereien bei Hündinnen

Hündinnen sind ein Thema für sich. In vielen Fällen leben sie friedlich miteinander, manchmal lebenslang. Gelegentlich bricht aber anläßlich einer Läufigkeit ein heftiger Zwist aus, warum, weiß niemand genau. Bei entsprechend konsequenter Erziehung sind meist auch solche Hündinnen zum verträglichen Miteinander zurückzuführen. Wenn nicht, hilft letztlich nur, sie für immer zu trennen. Leider ist es oft so, daß sich Hündinnen (auch fremde) nicht nur raufen, und, ist der Sieger bekannt, wieder voneinander lassen, sondern sich wirklich bis aufs Blut ineinander verbeißen können. Vermutlich ein Wolfserbe, wo nur den Ranghöheren das Recht zusteht, sich fortzupflanzen, und mögliche Rivalinnen erbarmungslos vertrieben werden.

Manche Hündinnenbesitzer können ein Lied davon singen. Schon eine weitere Hündin im gleichen Haus oder in der gleichen Straße kann jede Begegnung zu einem Fiasko werden lassen. Man kann es als gegeben hinnehmen und sich bemühen, einander aus dem Wege zu gehen. Klüger ist es, sich von Anfang an miteinander zu verständigen und, in einem gemeinsamen Erziehungsprogramm, den Hündinnen die Grundregeln zivilisierten Benehmens beizubringen.

Überwiegend wird leider auch hier meist das Falsche getan: Angesichts der Rivalin reißt aufgeregt jeder seinen keifenden Vierbeiner mit sich fort, was zu nichts weiter führt, als daß diese Hündinnen sich bei jeder Annäherung immer giftiger anstänkern, da sie jedesmal doppeltem Streß, der Aufregung ihres Herrn und dem Wutausbruch der Feindin, ausgesetzt sind.

Kampfhähne umerziehen

Trotzdem ist die Überzeugung, daß eben manche Hunde nicht in einem Raum zusammenleben können, falsch. Man wird das Problem niemals los, auch wenn man die Hunde noch so mit ausgeklügelten Strategien voneinander fernzuhalten versucht. Außer, daß man einen der Hunde eben weggibt (was viele entrüstet von sich weisen), hilft wirklich nur eines, und das ist wiedereinmal - *Erziehung.*

Falsch ist es auch, *nur einen,* nämlich den vermeintlichen »Aggressor« zu bestrafen und nur mit diesem Gehorsam und Unterordnung zu üben. Wieder einmal ist als erstes die »Drei-Wochen-Kur«, aber für *alle vorhandenen Hunde,* angesagt, die nun, jeder einzeln, einmal nachdrücklich daran erinnert werden müssen, daß *Sie* der zentrale, tonangebende Mittelpunkt des Rudels sind. Für eine Übergangszeit versucht man derweil, allen Möglichkeiten zu Raufereien listenreich aus dem Wege zu gehen, damit die Gemüter Zeit haben, sich abzukühlen.

Dann aber wird es ernst. Die Kampfhähne müssen in *einen Raum* zusammengebracht werden, und dazu *gezwungen* werden, *angeleint* und *abgelegt,* den Anblick und die Nähe des anderen zu ertragen. Wer ganz sicher gehen will, hilft den Tieren anfänglich mit Tranquilizern über die erste große Aufregung hinweg. Jedesmal, wenn sich bei dieser Begegnung einer auch nur leise muckst, droht ihm sofort ein Kübel kaltes Wasser, ein heftiges Geschütteltwerden und Ihr energisches, aber bitte nicht aufgeregtes »Nein!«. Schon bald haben die Hunde heraus, daß es einfacher ist, einander zu ertragen, als mit Ihnen und dem kalten Wasser in Berührung zu kommen. Sie merken das daran, daß einer schon *fast* zum Knurren vielleicht ansetzt oder seine Lefzen ein bißchen hochzieht, es aber, mit einem Seitenblick zu Ihnen herauf, sofort wieder sein läßt.

Klappt es mit den angeleinten Hunden schon ganz hoffnungsvoll, braucht man nun einen Helfer, da niemand zwei unangeleinte Hunde gleichzeitig in Schach halten kann. Zuerst versucht man nur, im Garten oder einem neutralen Gelände, in Sichtweite mit den Hunden, die eine leichte *Sicherheitsleine* nachschleppen, herumzugehen, und bei jedem Anzeichen von Angriffslust werden sie an ihrer Leine ergriffen und energisch zurechtgewiesen, worein sie sich, als Ergebnis der *»Drei-Wochen-Kur«*, auch fügen werden. Auch hier kann man anfangs die Hunde leicht sedieren und ihnen einen leichten Beißkorb anlegen, damit nichts passiert, geraten sie doch einmal aneinander. *Schrittweise* geht man nun dazu über, die Hunde damit vertraut zu machen, einander in immer größerer Nähe zu ertragen, bis dann endlich, nach einer etwas aufreibenden Zeit, »Plisch« und »Plum«, wie in der guten alten Zeit, wieder friedlich mit ihrem zweibeinigen Rudel gemütlich im Wohnzimmer vereint sind. Aber Vorsicht! Bei jedem noch so leisen Aufflackern irgendwelchen Grolls müssen Sie auch künftig immer bereit sein, sofort und energisch dazwischen zu gehen.

Introvertiertes und angstvolles Verhalten

Viele Hundefreunde werden durch scheinbar sehr widersprüchliche Verhaltensweisen ihrer Hunde, die sie nicht verstehen können, nur zu leicht über deren tatsächliche innere Verfassung hinweggetäuscht.

Die eine Gruppe sind jene etwas undurchsichtigen Hunde, bei denen nur Eingeweihte in der Lage sind, an ihrem Verhalten irgendwelche Gemütsregungen abzulesen. Bildlich gesprochen, ist ihnen selten ein Lächeln abzuringen, sie scheinen erhaben über den Dingen zu stehen. Auf diese Weise entziehen sie sich auch ziemlich allen Erziehungsversuchen. Stolz berichten ihre Herren, daß man ihre Hunde nicht, wie andere, »dressieren« könne, sondern man müsse sie eher vorsichtig um etwas »bitten«. Jede Form von Zwang würde bei ihnen bestenfalls nur einen Zustand des »Beleidigtseins« erzeugen. Andere berichten, daß ihre Hunde sich jede Form von Zwang leise, aber unübersehbar drohend verbitten würden. Obgleich auf diese Weise weitgehend unerzogen, sind diese Hunde andererseits keine Temperamentbündel, sie fallen daher auch nicht besonders auf. Gelegentlich wird man aber von ihrem Herrn darauf hingewiesen, den Hund besser nicht anzufassen, da er das nicht möge und vielleicht ohne vorherige Warnung zubeißen könne. Die kühle Oberfläche täuscht nur zu leicht über die Glut darunter hinweg. Auf ihre distanzierte Weise dominieren diese Hunde ihren Herrn viel mehr, als diesem zumeist bewußt wird. Wehe, wenn nun plötzlich hervorbrechende Verhaltensweisen es wünschenswert machen, daß der Hund dennoch erzogen sei. Die Erziehungsversuche führen nur zu leicht zu Verhaltensstörungen sowohl beim Hund wie beim Herrn, da letzterem die plötzliche »Aggressivität«, aber auch Zerstördrang, Verunreinigung des Hauses unbegreiflich wird. So eisern sich diese Hunde gegen jede Dominierung zu wehren verstehen, man muß sie dennoch mit Samthandschuhen anfassen und mit ungeheurer Geduld und Selbstbeherrschung nun das kleine 1 x 1 der Rangordnung wie auch der Grunderziehung mit ihnen nachholen. Auch diese introvertierten, unabhängigen Hunde verleiten, durch ihr distanziertes Verhalten, ihre Menschen zu gerade jenen Verhaltensweisen, die folgerichtig gerade zu den für sie typischen, unerwünschten Verhaltensweisen führen.

Andere Hunde wieder, die innerhalb der Familie mehr als anhänglich und überfügsam, andererseits sehr argwöhnisch und gelegentlich bissig gegenüber Fremden sind, werden von ihren Herrn als gleichermaßen besonders lieb und treu, wachsam und mutig bezeichnet. Solange der Hund noch klein ist, sind sie der Überzeugung, daß sich die eine oder andere weniger angenehme Seite seines Verhaltens noch auswachsen werde. Zum Beispiel, daß er noch immer nicht sicher stubenrein ist, noch immer alles zernagt, was ihm zischen die Zähne kommt, wie auch Gewitterangst, Scheue vor Geräuschen aller Art, Autokrankheit, Angst vor Schatten oder fremder Umgebung. Weniger oft wird seine große Anhänglichkeit beklagt, da sie den Besitzern zunächst schmeichelhaft erscheint.

Bei anderen Hunden wiederum kommt es, sind sie den Kinderschuhen bereits entwachsen, »plötzlich« zu den oben genannten Verhaltensweisen. Was es auch immer sei, die Besitzer schwören, daß Sie nichts unversucht gelassen hätten, ihrem Hund das alles abzugewöhnen, aber nichts habe genützt. So sehr sie sich bemüht hätten, bleibe der ängstliche Hund weiterhin nicht nur angstvoll, sondern, im Gegenteil, seine Angstzustände scheinen sich noch zu steigern. Der stille, introvertierte Hund wird aus heiterem Himmel »unberechenbar«. Der zeitweilig bissige, sonst aber eher ängstliche Hund sei mit noch so drakonischen Strafen nicht von seiner Aggressivität zu befreien, und andere Hunde wieder scheinen nur darauf zu warten, daß die Besitzer aus dem Haus seien, um nun das Haus zu verunreinigen, zu zerkauen, zu zerfetzen. Selbst die anfänglich so geschätzte Anhänglichkeit des Hundes hat, wie sich im Laufe der Zeit herausstellt, durchaus auch ihre Schattenseiten, da der Hund schließlich nicht nur anhänglich ist, sondern überhaupt nicht alleinbleiben will.

Aus kleinen Anfängen, von denen man gehofft hat, es würde sich schon noch geben, sind plötzlich große Probleme geworden. Vor allem: Trotz aller sanften oder drakonischen Erziehungsmethoden folgen diese Hunde, wenn auch »manchmal schon ganz gut«, so doch nur unzuverlässig.

Ebenso, wie wir Menschen als »introvertiert« dann bezeichnen, wenn sie, etwas undurchschaubar, ein sehr geringes oder eher mißtrauisches Interesse an ihrer Umwelt haben und mehr »in sich gekehrt« vorwiegend mit sich selbst beschäftigt sind, können wir ähnliche Züge auch bei nicht wenigen Hunden beobachten. Diese Hunde zeichnen u.a. durch Inaktivität einerseits oder aber andererseits durch Nervosität, Überaktivität und häufig durch Ängstlichkeit aus, die bei ihnen aber nicht nur nach *außen* gerichtete Reaktionen hervorrufen, sondern auch solche, die *innerlich* ablaufen oder *gegen sich selbst gerichtet* sind.

Statt Über-Mut die Über-Angst

In der Öffentlichkeit beherrscht die Diskussion über »aggressive« Problemhunde das Bild. Dies täuscht darüber hinweg, daß bei sehr vielen Problem-Hunden *nicht* der *Über-Mut,* sondern die *Über-Angst* das Kernproblem ist, das den Hundehaltern allerdings mehr in den eigenen vier Wänden zu schaffen macht und Außenstehenden auf diese Weise verborgen bleibt. Nur in Ausnahmefällen, etwa bei *störendem Bellen* oder bei *Angstbeißern* dringt etwas nach draußen; zumeist werden dann diese Hunde fälschlicherweise auch den »aggressiv-dominanten« zugerechnet und entsprechend falsch behandelt.

Tatsächlich ist es aber so, daß Hunde mit *Über-Angst* für ihre Halter oft ein ungleich größeres, tiefgreifenderes Problem sein können, als gemeinhin angenommen wird. Wer niemals selbst einen derartigen Hund besessen hat, mag vielleicht die Vorstellung haben, daß ein etwas zaghafterer, introvertierter Hund relativ einfacher zu halten und zu erziehen sein müsse, da er sich wohl kaum jemals ernsthaft widersetzen würde und man auch nicht mit Umwelt-Schwierigkeiten rechnen müsse.

Weit gefehlt! Hunde, aus welchen Gründen sie auch ängstlich sein mögen, können nicht nur schwer- bis nicht erziehbar sein, weil einige Besonderheiten ihres Verhaltens von den Hundehaltern ebenso mißverstanden werden, wie sie außerdem diese auch fast zwangsläufig zu Erziehungsmaßnahmen und Handlungsweisen verleiten, die Probleme ihrer Vierbeiner weiter verstärken, statt sie zu beheben. Gar mancher Hund wird aufgrund dieser »Mißverständnisse« nicht nur zu einer gravierenden Störung, sondern kann das Leben einer Familie in vielfältigster Weise unerträglich werden lassen.

Nach nur etwas über einem Jahres des Zusammenlebens mit *WINNI*, von der unten die Rede ist, stellte das Ehepaar Hartmann eine einigermaßen katastrophale Bilanz auf: Erneuerung der zerstörten Sitzgarnitur, Erneuerung aller Tapeten und Teppichböden, Einglasen eines großen Blumenfensters, tiefe Kratzspuren in nahezu allen Türen, Bau eines Zwingers (der schließlich nicht benutzt werden konnte), zerfetzte Autositze, Einkommenseinbußen infolge eingeschränkter Tätigkeit (die freiberuflich tätigen Eheleute konnten des Hundes wegen zeitweise nur umschichtig arbeiten), Krisenstimmung zwischen den Eheleuten, hohe Kosten für den Tierarzt. Und das alles nur, weil ein Hund - *Über-Angst* hatte.

WINNIE

Die Besitzer von *WINNI*, einer schönen, jetzt zweijährigen Irish-Wolfhound-Hündin, waren, wie sie sagten, zu ihrem Hund gekommen, wie die berühmte Jungfrau zu ihrem Kind. Für die Aufnahmen zu einem Landschaftsbildband unterwegs, kehrten sie auf einem Gehöft ein und entdeckten dort, auf einem etwas abseits gelegenen eingezäunten Gelände, neben einem Schuppen, einen älteren Rottweiler und eine etwa acht Monate alte, sehr schöne Irish-Wolfhoundhündin. Zu ihrem Entsetzen erfuhren sie, daß der alte Hund dort schon seit vielen Jahren lebe, die junge Hündin aber erst vor etwa drei Monaten hinzugekommen sei, da der Hund laut deren Vorbesitzern, trotz heftiger Prügel, nicht stubenrein geworden sei und diese ihn daher verschenkt hatten. Kurz, der Bauer hielt die Hunde, wie auch sein Vieh, auf der Weide, wenn ihm auch die erheblichen Futtermengen (Schweinefutter!), die das »Geschenk« vertilgte, für einen »Wachhund« recht kostspielig erschienen.

Von Mitleid für den schönen Hund ergriffen, kauften die Hartmanns dem Bauern den Hund ab und nahmen ihn auch gleich mit, nicht ahnend, welche Kette von Komplikationen nun ihren Anfang nehmen sollte. Anfänglich schien sich alles sogar ganz gut zu entwickeln, denn mit wahrer Engelsgeduld gelang es den Hartmanns, die des Hundes wegen diesmal ihren Urlaub zuhause verbrachten, die anfängliche Scheu des Hundes zu überwinden und ihn auch einigermaßen stubenrein zu bekommen. Sie waren sehr stolz und gerührt, wie eng und vertrauensvoll sich *Winni* ihnen in so kurzer Zeit angeschlossen, »anvertraut« hatte und nun wie eine Klette an ihnen hing.

Am Ende des Urlaubs war *Winni* tatsächlich zu einem angenehmen, ruhigen Hausgenossen geworden - jedenfalls solange sie sich innerhalb des eigenen Grundstückes aufhielt und solange sie wenigstens *einen* ihrer Besitzer in ihrer Nähe wußte. Jeder Besuch aber versetzte *Winni* in Panik, man hoffte, auch das würde sich auswachsen. Statt dessen wurden Ihre Versuche, zu fliehen und sich zu verstecken, je größer sie wurde, umso problematischer, so sehr auch die Hartmanns versuchten, sie mit Liebkosungen oder Leckerbissen zu beruhigen. Es war ein Bild des Jammers, wenn sie sich verzweifelt bemühte, unter einem Tisch, einem Sessel oder in einem Winkel zu verschwinden, der sich, da der Hund ausgewachsen war, nun als nicht mehr groß genug erwies. Im Verlauf derartiger Fluchteskapaden begann *Winni* wieder, das Haus zu verunreinigen, und es dauerte oft Stunden, bis man den Hund beruhigt hatte. Nicht genug damit. Ihre große Angst allem Fremden gegenüber machte es auch unmöglich, sie irgendwohin mitzunehmen. Schon allein, daß ihr das Autofahren schlecht bekam, war lästig genug. Katastrophal waren jedoch die Folgen, ließ es sich gelegentlich nicht vermeiden, sie im abgestellten Wagen einmal kurze Zeit zurückzulassen: Zuerst fanden die Hartmanns nur ein verunreinigtes Auto vor, dann aber begann sie, systematisch die Autositze und die Innenbespannung des Wagens zu zerfetzen.

Also ließ man sie möglichst nicht mehr im Wagen zurück, was sich aber als ebenso problematisch erwies. Sie fiel leider nicht nur wegen ihrer stattlichen Größe überall auf, sondern vor allem durch ihr überaus angstvolles Verhalten: Am ganzen Körper zitternd, mit eingeknickten Beinen widerstrebend sich fortbewegend, schien es in ihrem Kopf nur den einzigen Gedanken zu geben fortzulaufen, um sich angstvoll irgendwo verbergen zu können.

Ebenso problematisch war es aber, *Winni* nicht mitzunehmen, da immer einer ihrer Besitzer ebenfalls daheim bleiben mußte. Alleingelassen, hatte sie in der Wohnung nicht nur die Polstermöbel zu zerfetzen begonnen, sondern eines Tages war sie durch die Scheibe des Blumenfensters nach draußen gesprungen und man hatte viele Stunden nach ihr, die verletzt und verstört umhergeirrt war, suchen müssen.

Bald hatte sich der Lebensrhythmus ihrer Besitzer wegen des Hundes in unvorstellbarer Weise verändert. Immer blieb wenigstens einer von ihnen daheim, und nur, wenn es unumgänglich war, *Winni* allein zu lassen, wurde sie nun in einen eigens dafür erbauten Zwinger getan, wo sie wie ein wildes Tier hektisch hin und hereilte. Bei Rückkehr ihrer Besitzer war sie restlos erschöpft, hatte weder etwas gefressen noch getrunken und klebte mehr noch als sonst an den Fersen ihrer Menschen.

Bei *WINNI* war wirklich so ziemlich alles schief gelaufen. Höchst unzureichend aufgezogen, mangelhaft sozialisiert, hatte sie innerhalb von wenigen Monaten nun schon den vierten, noch dazu mit Hunden völlig unerfahrene Besitzer, die gerade durch ihre Gutwilligkeit die seelischen Störungen des Hundes noch weiter gefestigt hatten. Schließlich stand täglich die Frage im Raum, ob man den Hund nicht doch vielleicht einschläfern lassen solle, denn auch der Versuch, den Hund unter dem Einfluß von Tranquilizern »umzuerziehen«, war fehlgeschlagen.

Das schließlich dennoch gute Ende dieser Geschichte bringt uns aber zu einem Gesichtspunkt, der ebenfalls für Problem-Hunde typisch ist: *Problemhunde sind es erst dann, wenn ihre Halter sie auch als »Problem« empfinden.* Bei dem Hartmann zog nämlich die Mutter des Hausherrn in die kleine Einliegerwohnung, die schon seit Jahren für sie eingerichtet worden war. Von einem Tag zum anderen wurde die riesige, ängstliche *WINNI* ihr liebevoll behütetes »Kind«, wie sich andererseits die alte Dame in Gegenwart des großen Hundes niemals einsam und als gut bewacht empfand. Letztlich wurden auf einen Schlag gleich mehrere Probleme glücklich gelöst: *WINNI* wich nun auch nicht mehr einen Schritt von der Seite der alten Dame, die wiederum von ihrer neuen Aufgabe wirklich restlos ausgefüllt war.

Probleme sogenannter »ängstlicher« Hunde

Generell gesagt, sind Hunde ängstlich immer aufgrund einer entsprechenden *Anlage,* die bei gewissenhafter Haltung aber nicht unbedingt auch zum Durchbruch kommen muß. Verstärkt wird sie durch mangelhafte Früherziehung und Aufzucht einerseits und andererseits durch Haltungs- und Erziehungsfehler. Bei einem Hund mit einem *robusten* Nervenkostüm muß schon einiges zusammenkommen, um sein Selbstwertgefühl und seine Sicherheit dauerhaft zu beeinträchtigen. Auch an sich robuste Hunde können, als Folge schlechter, d.h. mangelhafter Aufzuchtbedingungen sich *zeitweilig* scheu oder ängstlich geben, aber sie werden sich schnell mit den vielen neuen Umweltreizen auseinandersetzen. *Sie sind von Geburt an neugierige Optimisten.*

Anders ist es bei einem von Geburt an zartbesaiteten oder gar nervösem Hund. *Er ist von Geburt an ein ängstlicher Pessimist,* bei dem mangelhafte Aufzuchtbedingungen nur noch das Tüpfelchen auf dem i bedeuten. Viele introvertierte Hunde neigen, dank ihres angeborenen psychischen Fundaments, zu furchtsamen und scheuen Verhaltensweisen, also zu *passiven Verteidungsreflexen* schon *bei geringen Anlässen.* Daß derartige Hunde später bei ihren ahnungslosen Besitzern ein zwar gutgemeintes, aber *kontraindiziertes* Verhalten fast zwangsläufig hervorzurufen pflegen, darauf kommen wir gleich noch zurück.

Wir müssen uns klar machen, daß es ist *nicht* »normal« ist, wenn Hunde *dauerhaft* auf andere Hunde, Menschen, plötzliche laute Geräusche oder Autofahren mit submissiver Körperhaltung (Kriechen, auf den Rücken rollen, Urinieren, Kotabsetzen, eingezogener Schwanz, angelegte Ohren, Zittern, Speicheln, Erbrechen) reagieren. Wir müssen aber auch danach fragen, ob ein solches Verhalten wirklich unvermeidbar ist, oder ob derart extreme Verhaltensweisen eben auch *anerzogen,* d.h. durch falsch verstandene Erziehungsmaßnahmen sogar noch *verstärkt* worden sind. Da man diese Frage in fast allen Fällen mit »JA« beantworten kann, heißt dies gleichzeitig auch, daß es gegen unerwünschte Verhaltensweisen letztlich nur *ein* Mittel, nämlich - *Erziehung* gibt.

Die zwei Extreme, über die Besitzer am häufigsten klagen:

Der »aggressive Hund«	Der »ängstliche Hund«
Über-DOMINANT	Über-SUBMISSIV
= Über-MUT	= Über-ANGST
SELBST-bestimmt	FREMD-bestimmt
UNABHÄNGIG	ABHÄNGIG
AKTIVE Verteidigung	PASSIVE Verteidigung
= GREIFT an	= FLIEHT
* *dominiert seinen Halter*	* *dominiert seinen Halter*
= mit DOMINANTEM Verhalten	= mit SUBMISSIVEM Verhalten

Bei der obigen Gegenüberstellung wird Ihnen auffallen, daß diese Hunde sich in allen Punkten, *bis auf einen* *, deutlich unterscheiden. *Beide Extreme dominieren, wenn auch auf unterschiedliche, für sie typische Weise, ihre Besitzer.* Natürlich ist denen das meist überhaupt nicht bewußt, noch weniger ahnen sie, daß ausgerechnet sie selbst es sind, die das *unerwünschte* Verhalten des Hundes verstärken. Wie das beim dominanten Hund vor sich geht, haben wir bereits besprochen. Aber viele Hundehalter sind höchst erstaunt darüber, daß auch bei einem *ängstlichen* Hund sie selbst erst die unerwünschten Verhaltensmerkmale zur vollen Blüte haben heranreifen lassen, weil in diesem Fall ihr Hund sie mit submissivem Verhalten dominiert hat. Bei allem Gemeinsamen bleibt, jeder Hund ist ein besonderer Fall. Man muß mit Geduld, Fingerspitzengefühl und dem Mut zur Selbstkritik herausfinden, auf welche Ursache hin sich sein angstvolles Verhalten vermutlich entwickelt hat.

Trennungsangst - oft verkannte Problem-Ursache bei Zerstörung und Selbstzerstörung

Wie auch bei dem extrovertiert-aktiven Hund ist es auch bei den *introvertiert-passiven* Hund oft nur *ein* einzelnes, im Grund nur sekundäres Problem, das den Besitzern unerträglich geworden ist. Auch sie hoffen nun auf ein Wunder aus der »Trick-Kiste«, um dem endlich ein Ende zu bereiten. So unterschiedliche Störfaktoren hier genannt werden können, nur zu oft sind sie nur ein *Zeichen* für das zugrundeliegende eigentliche, völlig andere Problem. Hinzu kommt, daß die Besitzer selbst schon die eine oder andere »Diagnose« gestellt und versuchsweise entsprechend gehandelt haben. Hat sich ihr Hund beispielsweise die Pfoten bis aufs rohe Fleisch wundgeleckt und -genagt, oder an seinem Bauch oder seinen Lenden sind durch Leckaktionen große Wundflächen entstanden, tippen sie zuallererst einmal auf eine plötzlich aufgetretene Allergie. Nur, der Tierarzt kann keine Ursache ermitteln, und alle Pillen, Tropfen, Salben haben, was sich bei näherer Befragung herausstellt, nur solange geholfen, wie der Besitzer sich intensiv mit seinem Hund beschäftigt hat. Auch an den Wochenenden oder in den Ferien scheint auch die »Allergie« zurückzugehen. Fragt man die Besitzer ziemlich penetrant weiter aus, um noch mehr über deren Familien- und Berufsleben als solches und weiteres über den Hund herauszufinden, sind die Selbstbeschädigungen nur das dem Halter *vordringlichste* Problem. Meist hat der Hund, der überschwenglich als besonders lieb, sensibel und anhänglich beschrieben wird, auch noch einige andere Marotten, die aber eben nicht als besonders störend empfunden werden.

Zu ähnlichen Ergebnissen kommt man, befragt man Besitzer von Hunden, die beispielsweise darüber klagen, daß ihr Hund das Haus verunreinige, obwohl er ursprünglich schon nach wenigen Wochen tadellos stubenrein gewesen sei. Andere Hunde wieder, längst dem Nagealter entwachsen, veranstalten wahre Kau-Orgien, nichts ist mehr vor ihren Zähnen sicher. Tisch- und Stuhlbeine wirken, als hätten sie Borsten bekommen, Tapeten und Fußleisten werden zerfetzt, ein durchgekautes Kabel hat für totalen Stromausfall gesorgt. Aus den Teppichböden wurden große Löcher herausgescharrt. Nicht nur die Türen selbst haben tiefe Kratzspuren, sondern auch die Wand neben dem Türstock. Schuhe, Bettvorleger, Putzlappen, Bücher wirken, kehren die Besitzer heim, als wären sie zwischenzeitlich in den Reißwolf gekommen. Ebenso phantasiereich wie vergeblich wird nun mit Strafen, Sprays, Mausefallen, Klingeln und anderen Hilfsmitteln versucht, dem beizukommen.

Bei anderen Hunden wieder könnte man annehmen, daß sich unter ihren Vorfahren versehentlich ein Maulwurf befunden haben müsse. Sie haben den Garten in Kraterlandschaften verwandelt, sich unter Mauern und Zäunen durchgewühlt oder den Zaun selbst kurzerhand zerrissen. Die meisten Hundehalter sind nicht nur entsetzt über den oft ganz erheblichen Schaden, sondern auch überrascht darüber, welch unglaubliche Kraft ein Hund, der gar nicht groß zu sein braucht, mit seinen Zähnen und seinen Pfoten entwickeln kann.

Ist es ein Rüde, der plötzlich nichts unversucht läßt, um zu entkommen, *kann* des Rätsels Lösung der Duft einer läufigen Hündin sein, was ihn magisch anzieht. Ist aber der Rüde ein »Ganzjahres-Gräber« und da Hündinnen nicht dauern läufig sind, ergibt die Besichtigung der übrigen Lebensumstände ziemlich bald, daß hier *Langeweile* und *Einsamkeit* die Wurzel des Übels sind, wenn es vielleicht auch eine läufige Hündin war, die den ersten Anstoß geliefert hat.

Ich habe bereits anderweitig ausführlich beschrieben, daß die isolierte Beobachtung eines bestimmten Verhaltens wenig bringt.*) Ein äußerlich ähnlich wirkendes Verhalten kann durch verschiedene Ursachen geformt sein. Wir müssen immer bedenken, daß alle Handlungsweisen unserer Hunde ihrer inneren Motiviertheit (ihrer Seelenverfassung, ihren Wünschen, Ängsten, Bedürfnissen) entsprechen.

Verblüffenderweise kann man aber oft, haben Hundebesitzer die oben beschriebenen Klagen, auch ohne den Hund selbst gesehen zu

---

*) Eric H.W. Aldington, Von der Seele des Hundes Seite 171 ff

haben, allein aus der Befragung der Besitzer auf des Rätsels Lösung kommen.

Trennungsangst - Entwicklung und Konsequenzen

Zumeist ergibt sich, wenn auch in Variationen, ein etwa folgendes Bild. Der Hund wird als sehr anhänglich und lieb beschrieben. Schlafen tut er zumeist im Schlafzimmer oder auch gleich im Bett seiner Besitzer. Seine Anhänglichkeit beweist er dadurch, daß er seinen Menschen auf Schritt und Tritt folgt, sogar »dorthin« muß er mit. Er bleibt niemals allein in einem Raum. Daher tut man gut daran, die Türen möglichst angelehnt zu lassen, da er sie sonst zerkratzt, hat man ihn einmal irgendwo vergessen. Macht er sich dennoch an der Tür bemerkbar, wird sie schnellstens für ihn geöffnet, womöglich der Hund noch dazu gestreichelt, als wolle man sich für die geschlossene Tür entschuldigen. Oder, in anderen Worten: Der Hund kann, selbst dann wenn jemand im Haus ist, nicht ertragen, allein zu sein, und seinen diesbezüglichen Wünschen wird bereitwilligst gefolgt. Weil - insgeheim fühlt man sich ja auch etwas geschmeichelt oder ist gerührt davon, wie sehr doch so ein Hund an einem hängt! Gebärdet sich ein Hund schon, solange jemand im Haus ist, derart beunruhigt, wird er, völlig allein gelassen, sich aufgeregt und hektisch in einen Zustand höchster Erregung hineinsteigern. Seine innere Spannung löst sich, wenn er etwas (oder sich selbst) zernagt, etwas zerreißt, irgendwo ein Loch gräbt. Jetzt fühlt er sich wenigstens ein bißchen besser, also nagt, zerreißt oder kaut er nach einem Weilchen wieder. Das aber ist erst die *Stufe eins.*

Die *Stufe zwei* wird erklommen, kehrt der Besitzer heim und steht erstarrt vor dem, was er nun antrifft. Daß der Hund sich erfreut auf ihn stürzen will, entgeht ihm völlig, stattdessen »begrüßt« er nun seinen Hund, indem er ihn heftig beschimpft, bestraft, verhaut. Jetzt ist der Hund, der sich gerade von dem vorangegangenen Streß zu erholen anfing, schon wieder in einem »Streß-Tief«, denn die miese Stimmung seines Herrn hält an, natürlich kapiert sein Hund absolut nicht, warum.

Die Folge davon ist *Stufe drei.* Der Hund gerät, kaum hat sein Mensch die Tür hinter sich zugezogen, in seine »Mensch-ist-weg-Panik«, aus der er sich rettet, indem er etwas zerkaut oder zerreißt, oder sich in Form eines Bächleins oder Häufchens erleichtert. Nun fühlt er sich besser. Aber - je näher die Stunde rückt, in der sein Mensch erfahrungsgemäß heimkehrt, gerät der Hund nun zunehmend in seine »Mensch-kommt-gleich-Panik«. Also zerreißt er noch ein paar Kleinigkeiten oder auch etwas Größeres, oder bringt sein Inneres mit Bächlein und Häufchen einigermaßen ins Gleichgewicht. Kurz, er tut nichts anderes, als ein labiler Mensch, der kettenraucht, sich betrinkt oder nägelbeißt.

Wir haben bereits früher von der *»inneren Uhr«* des Hundes gesprochen. Es bedarf, wie bereits gesagt, schließlich nicht einmal mehr einer bestimmten Situation, sondern der *innere Aufruhr* setzt, einmal etabliert, *pünktlich* zu bestimmten Zeitpunkten ein. Ziemlich bald hat sich so die in drei Stufen entwickelte Katastrophenstimmung nun derart verdichtet, daß für den Hund das Alleingelassensein etwa vergleichbar ist dem *»Schmoren im Höllenfeuer ewiger Verdammnis«*. Beobachten Hundehalter ihren Waldi einmal unter diesem Gesichtspunkt, stellen sie fest, daß er, auch in ihrer Gegenwart, zu bestimmten Zeitpunkten besonders *»aktiv«* zu sein scheint, häufig hinaus verlangt, unruhevoll hin- und herläuft. Da sie aber jetzt anwesend sind, machen sie halt geduldig Türen auf und zu, lassen den Hund hinaus und wieder herein, streicheln ihn, weil er sie vermehrt mit der Pfote oder der Schnauze anstößt und so weiter.

Die Wurzel von Zerstörungsdrang und Verunreinigung ist also nichts anderes als *»Trennungsangst«*, und, so gesehen, werden Sie nun auch sofort verstehen, daß hier *Strafe*, ganz gleich in welcher Form, *überhaupt nichts nützt*, sondern, im Gegenteil, die Verhaltensprobleme noch weiter eskalieren läßt. Allerdings wird das Ausmaß des täglichen Schadens Sie doch davon abhalten, Ihren Hund voller Mitleid gewähren zu lassen, nur weil Sie ja nun »verstehen« können, wie schlimm es um sein Inneres bestellt ist.

Weil Strafe eindeutig nichts nützt, Sie aber ihre Wohnung und die Seele Ihres Hundes retten wollen, bleibt wieder einmal nichts anderes, als die *Verhältnisse* zu ändern *und* den Hund zu *erziehen*.

Die schrittweise Umerziehung

Da, wie man einen Hund an das Allein-Sein gewöhnt, auch in anderem Zusammenhang wichtig ist, finden Sie dies im 3. Teil. Hier daher nur in Stichworten, welche Schritte zur Besserung Sie einschlagen müssen:

Relativ schnell lassen sich die ersten Maßnahmen in Angriff nehmen: In erster Linie muß der Hund, der sich, wie eben beschrieben, gemäß seiner inneren Uhr, dauernd in einer Streß-Situation befindet, in ein inneres Gleichmaß gebracht werden. *Tranquilizer* sind nur aktuell, sozusagen als *»Erste Hilfe«*, nicht aber dauernd sinnvoll einzusetzen, weil sie die notwendige Erziehung und Umstellung des Hundes eher behindern als fördern. Da die Schulmedizin nichts anderes kennt, muß man sich nun unter den *homöopathischen, ganzheitlichen Mitteln* oder beispielsweise auch den *»Bachblüten«* umtun, um das für den Hund Geeignete herauszufinden. Glücklicherweise kennen sich auch immer mehr Tierärzte auf diesem Gebiet aus. Vielleicht haben Sie das Glück, einen solchen zu finden.

Desweiteren muß alles, was Ihr Hund zerstören könnte, beiseite geräumt werden, oder, wenn er seine ganze Umgebung demoliert oder beschmutzt, kommt der Hund in einen Raum, in dem er relativ wenig verwüsten kann. (Nützlich kann hier auch der früher beschriebene Zimmer-Zwinger sein.)

Also richten Sie ihm eine »gemütliche Ecke« (Wassernapf nicht vergessen!) beispielsweise im Badezimmer ein oder im Keller, aber nur, wenn der hell und warm genug ist. Auch wenn Sie zuhause sind - das ist sogar besonders wichtig! - muß er sich hin und wieder dort aufhalten, zuerst nur wenige Minuten. Sie bringen ihn hinein, schicken ihn auf seinen Platz »Bleib da!«, gehen, ohne weiteren Kommentar hinaus und machen die Tür zu. Nach ein oder zwei Minuten - jedenfalls so schnell, daß er möglichst noch nicht gebellt oder gekratzt hat - gehen sie zu ihm hinein, er kriegt ein Leckerle und darf wieder hinaus. Auch wenn Sie sich ein bissel blöd vorkommen, spielen Sie mehrmals an einem Tag *»Hund-rein — Türzu-warten — Hund-Leckerle-raus«*, wobei Sie die Wartepausen schrittweise geringfügig verlängern. (Bitte beachten Sie ab sofort, daß für alle Zeiten Ihr Hund, auch wenn Sie im Haus sind, es täglich einige Male hier klaglos ohne Sie auszuhalten lernen muß.)

Natürlich findet er dort ein Spielzeug oder einen Kauknochen oder hin und wieder ein Leckerle vor, mit dem er sich zunächst kurz beschäf-

Auch wenn es gern als »normal« bezeichnet wird, daß kleine Hunde vielerlei kaputt machen - letztlich ist es nichts als ein Zeichen dafür, daß der Mensch sich nicht vorsorglich genug um den Hund gekümmert hat. Schon bei den ersten Anzeichen sollte man ernsthaft mit sich zu Rate gehen und die Lebensumstände des Vierbeiners nachhaltig ändern. Ausgewachsene Hunde werden so leicht eine teure Angelegenheit - ein Zeichen mangelhafter Erziehung und mühevoll und nur mit viel Geduld umzuerziehen.
Was hier im Bild so niedlich wirkt - schon mancher wertvolle Teppich ist das Opfer kleiner, emsiger Hundezähne und -pfoten geworden. Leider bleibt es aber oft genug nicht beim einmaligen Unfall. Besonders jüngere oder neu angeschaffte Hunde sollten sinnvolles Spielzeug haben und keinesfalls längere Zeit und mit Dingen allein gelassen werden, die sie nicht zerstören sollen. Aus dem Zufall wird gar bald System, weil der alleingelassene Hund seinen Frust dann an allerlei Gegenständen, aber auch Tapeten, Lichtleitungen, Fußböden, Möbeln etc. auslebt.
Einsamkeit und Langeweile sind die großen Probleme gar vieler Hunde - und der Beginn ernsthafter Störungen des so wichtigen Vertrauensverhältnisses zwischen Mensch und Hund.

tigt, so daß er wenigstens so lange Ruhe gibt, daß Sie ihn wieder, ohne von ihm dazu aufgefordert zu sein, herauslassen können.

An eben diesen Ort (weshalb Sie von Anfang an auch den Wassernapf dort deponieren sollen) kommt er nämlich auch dann, wollen Sie für länger fort. Vielleicht müssen Sie, wenn Ihr Hund nach einiger Zeit ganz manierlich geworden ist, die zerkratzte Badezimmertür neu streichen lassen. Aber, was ist schon *eine* Tür! Auch hier gilt: Der Hund wird, ohne großen Kommentar nur mit einem »Bleib da!« in den Raum gebracht, wo sich sein Spielzeug usw. befindet und *unverzüglich* die Tür geschlossen. Sie gehen weg, als sei dies die selbstverständlichste Sache der Welt. Aber, wenn Sie zurückkommen, ganz gleich, was der Hund inzwischen angestellt hat, wird er *kurz,* voller Freude und mit aller Liebe, aber *nicht überschwenglich* begrüßt. Danach wenden Sie sich anderen Dingen zu und beachten den Hund nicht mehr besonders.

Was länger dauert, ist das Umerziehungsprogramm, bei dem nicht nur Ihr Hund, sondern ganz besonders auch Sie selbst, einiges lernen und beachten müssen. Vor allem müssen Sie sich auch fragen, ob Ihr Hund überhaupt ausreichend erzogen worden ist, wobei Sie nun erkennen, es ist Zeit für die *»Drei-Wochen-Kur«.* Denn bei Lichte besehen ist es ja Ihr Hund, der Sie, mit seinen liebevollen, unterwürfigen Gesten den ganzen lieben langen Tag dazu verleitet, genau nach seiner Pfeife zu tanzen. Eigentlich soll es aber genau andersherum sein.

Außerdem werden Sie, wenn Sie ehrlich sind, vermutlich feststellen, daß Ihr Hund insgesamt zu wenig Auslauf und Bewegung hat. Es genügt also nicht, ihn morgens und abends mal ein Viertelstündchen zu seinem Baum zu führen, wie auch ein noch so großer Garten kein »Auslauf« ist. Betrachten Sie auch kritisch Ihren eigenen Tagesablauf. Nutzen Sie wirklich jede Gelegenheit, bei der Sie Ihren Hund mitnehmen könnten? Selbst, wenn er aus dem Auto gar nicht herauskommt, findet er es schön, wenn Sie ihn zum Supermarkt mitnehmen. Auch die paar Schritte zum Briefkasten an der Ecke - was alles kann ein Hund da erleben! Sagen Sie nicht: »Davon hat der Hund doch gar nichts!«, wenn es Ihnen bei geringfügigen Anlässen in Wirklichkeit nur ein bißchen lästig ist. Es ist *kein* Widerspruch, wenn Sie gleichzeitig mit ihm üben, daß er auch das »Alleinsein« auszuhalten lernen muß.

Die Hauptfehler beim Umgang mit ängstlichen Hunden

Wer einen jungen Hund ins Haus nimmt und ihn ängstlich vor allem zu bewahren versucht, wobei ihm »etwas passieren könnte«, ist auf dem besten Wege dazu, seinen Hund einerseits zur Ängstlichkeit zu erziehen und ihn andererseits aller Möglichkeiten, etwas zu lernen, zu berauben. Hunde, die beim Züchter nur im Zwinger großgeworden sind, haben oft Angst vor Treppen oder glatten Fußböden. Statt sie nun von Treppen und glatten Fußböden fernzuhalten oder aber sie, wenn sie Angst davor haben, zu trösten und zu streicheln, ist es richtig, so zu tun, als sei überhaupt nichts und statt dessen dem Hund vorsichtig zu helfen, diese Schwierigkeiten zu überwinden. Auf Treppen, besonders solche, die hinten offen sind, legt man beispielsweise zunächst große Handtücher, so daß der Welpe sie zu benutzen lernt, ohne zu rutschen und ohne durch den Blick in die Tiefe geängstigt zu werden. Auch auf glatten Fußböden lernt der Welpe bald ohne Schwierigkeiten zu laufen, wenn man ihm anfänglich etwas hilft, also z.B. eine elastische Binde wie eine Schlaufe unter seinem Bauch durchzieht, so daß man ihn etwas abstützen kann. Oder man legt für eine Übergangszeit einen rutschfesten Streifen Teppichboden in eine überglatte Diele. Nachdem der Welpe anfänglich die Diele über diese Brücke sicher zu überqueren gelernt hat, kann man sie stückchenweise verkleinern, so daß es immer größere Strecken »normaler« Boden sind, auf denen der Welpe sich fortzubewegen lernt. Meist überwinden neugierige Welpen derartige Hindernisse bald schon von selbst, haben sie es *einmal* geschafft, ist der Bann gebrochen. Aber eben nur dann, wenn Sie nicht voller Trost und Mitleid »geholfen« haben.

Was »normal« ist

Es ist normal, wenn Hunde ungewohnten Umständen mit einer gewissen Zurückhaltung begegnen. Entdecken sie beispielsweise im Garten einen Igel, werden sie ihn erst vorsichtig umkreisen, dann mit der Pfote danach tappen, daran herumschnüffeln und sich in die Nase stechen lassen - erfolgt natürlicherweise weiter kein Gegenangriff, werden sie sichtlich mutiger und ihre Untersuchung des fremden Objekts immer nachdrücklicher. Der Geruch des Igels ist aber für die meisten Hunde sehr anziehend, denn auch wenn sie sich mehrfach die Nase und die Pfoten daran wundgestochen haben, reicht das nicht aus, um sie von der Untersuchung weiterer Igel abzuhalten. Im Gegenteil.

Auch bei anderen Gelegenheiten, die für den Hund vollständig neu sind, wird zurückhaltend-vorsichtig, aber normalerweise dennoch neugierig reagiert. *Normalerweise* fühlt sich ein Hund *hingezogen* zu neuen Reizen. Dieses angeborene Neugier-Verhalten (Neophilia) führt auf natürliche Weise zur Entdeckung der Umwelt und Wissenserweiterung, wird begrenzt durch die ebenfalls angeborene Furcht vor Unbekanntem (Neophobia). Das angeborene Neugierverhalten wird verstärkt dadurch, daß die Mehrzahl der Entdeckungen angenehme Folgen für den Hund haben, oder aber sich als bedeutungslos, also *furchtauflösend* erweisen, was letztlich auch eine *»Belohnung«* darstellt. Also finden wir auch hier wieder das Prinzip, daß sich das *belohnte Verhalten verstärkt durchsetzt.*

Demzufolge wird ein Welpe, der ausreichend Gelegenheit zu Sozialerfahrungen, zur Eroberung seiner Umwelt hat, auch weniger ängstlich sein. Man kann dies durch Anreicherung der Umwelt, vermehrte Sozialkontakte und durch »early handling« noch gezielt verstärken, also das Nervenkostüm des Welpen schon bereits von Geburt an stärken. Eine wichtige Funktion hat das »early handling«. Dabei wird weiter nichts getan, als Welpen, vom Tage ihrer Geburt bis zum Alter von vier Wochen, täglich künstlichem, »mildem Streß« auszusetzen. Es genügt, jeden Welpen einzeln herauszunehmen, ihn einige Male mit den Händen umzudrehen, ihn einige Minuten zu streicheln, und ihn dann zurückzusetzen. Auch wenn man ihn *eine Minute* lang auf eine kühle Unterlage setzt, entsteht kurzfristig »milder Streß«.

Anlage zur Ängstlichkeit früh erkennbar

Nicht nur für den Welpen ist eine derartige Frühbehandlung (early handling) von Vorteil. Der Züchter erfährt aus den Reaktionsweisen des jeweiligen Welpen eine Menge über dessen Temperament, d.h. er kann ziemlich früh erkennen, welcher Welpe eine *Anlage zur Ängstlichkeit* hat. Welpen, die dazu neigen, vor Schreck zu erstarren oder zu wimmern, wenn man sie vorsichtig zwischen den Händen umdreht, brauchen auch eine gewisse Zeit, sich von dem Schreck zu erholen. Aber schon im Alter von drei oder vier Tagen haben derartige Welpen eine deutlich niedrigere Ruhe-Herzrate. Aufgrund welcher organischen Besonderheiten Verhaltensunterschiede zustande kommen, habe ich bereits anderweitig ausführlich beschrieben.*) Aber was tut man, hat man aus irgendwelchen Gründen eine solche Bangebüchse im Haus?

Da man die Anlage zu Ängstlichkeit früh erkennen kann, ergibt sich daraus auch, daß man dem rechtzeitig gegensteuern kann. In der Sozialisierungsphase sind drastische Erziehungsmaßnahmen zu unterlassen, da sie sich als Angsterlebnisse im Welpen festsetzen und sein Selbstbewußtsein vermindern. Ein ängstlicher Welpe lernt auch deutlich weniger. Da bei ihm das Vorsichtsverhalten überwiegt, setzt sich also bereits im frühen Welpenalter ein Teufelskreis in Gang, der sich, gibt man dem aus Mitleid nach, im weiteren Leben noch verstärkt.

Bereits der Züchter kennt, ist er gewissenhaft, schon früh das unterschiedliche Temperament seiner Welpen. Ebenso, wie er den offensichtlichen Raufer dämpfen, d.h. gelegentlich sanft aber bestimmt disziplinieren kann, ist es ebenso möglich, die *Entwicklung des ängstlichen Welpen zu beeinflussen.* Besonders wichtig ist dies dann, wenn man beobachtet, daß einer der Welpen zum *Prügelknaben* für alle anderen wird. In diesem Fall muß man den Welpen schleunigst aus dem Wurf herausnehmen. So macht er zwar weniger, dafür aber keine dauerhaft nur negativen Sozialerfahrungen, und schließt sich dafür mehr und oft nur dem Menschen an. Hat man mehrere Würfe, kann man versuchen, den besonders ängstlichen Welpen in einem Wurf mit weniger aggressiven Gefährten unterzubringen oder ihn in die Gesellschaft eines freundlichen älteren Hundes zu tun. Ehrlicherweise sollte aber dem Käufer auch gesagt werden, daß dieser Hund besonders zart besaitet ist, und zugleich erklären, was man bei diesem Hund tun oder lassen sollte.

Formen der Ängstlichkeit

Wir müssen zwei Formen der Ängstlichkeit unterscheiden. Das eine ist generelle Scheu, das andere ist eine Art introvertierter Zurückhaltung. Letztes sind extrem zuvorkommende, freundliche Welpen, die sich aber zu sehr eigenständigen, unabhängigen Hunden entwickeln. Bei den anderen nimmt, je älter sie werden, die Ängstlichkeit zu. Bei

*) Eric H.W. Aldington, Von der Seele des Hundes Seite 188 ff

allem, was ihnen fremd erscheint, ganz gleich, ob Mensch oder Tier, ziehen sie sich zurück und verstecken sich. Meist sind dies Welpen, die beim Züchter »auf der Etage«, also vorwiegend innerhalb des Hauses aufgezogen wurden, und nur wenig von der Umwelt mitbekommen haben.

Meist merkt auch der neue Besitzer schon in den ersten Tagen, daß er einen ängstlichen oder auch besonders geräuschempfindlichen Welpen bekommen hat. Als wir eine unserer Hündinnen mit etwa 12 Wochen zu uns in Haus holten, war bereits in der ersten halben Stunde klar, daß sie überempfindlich auf Geräusche reagierte. Sie wurde, nachdem sie sich im Garten versäubert hatte, in die Küche mitgenommen, wo ich, stark erkältet, heftig niesen mußte - und der Hund verschwand sofort unter einem Schrank und war erst mit viel gutem Zureden wieder hervorzuholen. Bei unseren übrigen Hunden hätten noch ganz andere Geräusche nicht zu einem solchen Verhalten geführt. Diese Hündin blieb geräuschempfindlich bis an ihr Lebensende.

Reagiert ein Welpe ängstlich auf fremde Personen, sind zwei scheinbar ganz gegensätzliche Dinge zu beachten. Erstens hat es überhaupt keinen Zweck, den Welpen, ehe er richtig eingewöhnt ist, forciert fremden Personen auszusetzen, dies wird seine Ängstlichkeit noch steigern. Außerdem darf man, ist der Welpe (oder der ausgewachsene Hund) ängstlich Fremden gegenüber, ihn dann keinesfalls mit Worten und Streicheln zu beruhigen versuchen, da er auf diese Weise nicht beruhigt, *sondern für sein ängstliches Verhalten gelobt wird,* was sich daher noch steigert.

Merkt man, daß der Welpe Schwierigkeiten mit Fremden haben wird, muß man ihn gewähren lassen, d.h. kein besonders Aufheben davon machen. Praktisch ist es aber, wenn sich die Bezugsperson, an die sich der Welpe vertrauensvoll angeschlossen hat, einen bestimmten Geruch, Rasierwasser, Seife, Parfüm benutzt, an den sich der Welpe ebenfalls gewöhnt. Nach und nach können auch andere Familienmitglieder oder Freunde ihre Hände ganz leicht mit dem »Familienduft« betupfen, da der Einheitsgeruch den Welpen in Sicherheit wiegt. Bei einem uns bekannten Ehepaar duftete sogar die (an Hunde gewöhnte) Familienkatze tagelang, bis der Welpe sich eingelebt hatte, nach dem After-Shave des Hausherrn.

Es sind aber im Grunde immer die beiden höchst gegensätzlichen Verhaltensweisen der Hundehalter, die, obwohl gut gemeint, die Angstreaktionen des Hundes zunehmend verstärken, statt seine Angst abzubauen.

Angst auf vernünftige Weise überwinden

Die einen versuchen, ihren Hund *mit Gewalt zu zwingen,* sich an furchterregende Personen, Tiere oder Situationen zu gewöhnen, statt ihn, wie gleich beschrieben, sanft umzuerziehen. In Wirklichkeit wird aber hier nicht Furcht abgebaut, sondern die Verunsicherung des Hundes zunehmend *vergrößert.*

Andere wieder bemühen sich ängstlich, alles Fremde, Furchteinflößende so weit möglich von ihrem Hund fernzuhalten. Läßt es sich jedoch nicht vermeiden, werden sie durch das angstvolle Verhalten des Hundes oft zu gerade der falschen Reaktion veranlaßt: Sie überschütten ihn mit Liebkosungen, nehmen ihn auf den Arm, oder geben ihm mit tröstenden Worten Leckerbissen. *Seien Sie sicher, Ihr Hund wird sich umso ängstlicher geben, je mehr Sie ihn trösten!*

Ängstliche, submissive Hund haben aber noch eine weitere Eigenschaft, die ihre Halter im Laufe der Zeit vor nicht geringe Probleme stellt. Sie werden durch die anschmiegsamen, ängstlichen Gesten ihres Hundes, ohne dies zunächst selbst zu bemerken, von diesem regelrecht dominiert.

Als oberstes Gebot gilt: Die Angstreaktionen des Hundes nicht zu beachten, ihn also weder zu trösten, noch ihn dafür zu bestrafen, falls er sich beispielsweise vor Angst »in die Hose macht«. Als nächstes müssen Sie eine Liste der Dinge/Situationen aufstellen, bei denen Ihr Hund sich ängstlich zeigt, und sie nach Schweregraden sortieren. Nun überlegen Sie, wie Sie sich beispielsweise in den einzelnen Situationen zu verhalten pflegen und *verbieten sich selbst* zuerst alle Verhaltensweisen, mit denen Sie, unbewußt, die Ängstlichkeit Ihres Hundes bislang belohnt und damit verstärkt haben. Dann suchen Sie nach geeigneten Schritten, wie Sie seine Angst auf vernünftige Weise überwinden können. Natürlich fangen Sie nicht gleich mit dem an, wovor sich Ihr Hund am meisten fürchtet, sondern mit einer »kleinen« Angst, die nämlich nicht so häufig vorkommt, daß Ihr Hund täglich die Gelegenheit zu Rückfällen hat, denn Sie können ja nicht alles und jedes im Tagesablauf vorprogrammieren.

Nehmen wir als Beispiel, daß Ihr Hund sich vor Fremden fürchtet und sich demzufolge möglichst hinter Ihnen zu verstecken sucht. Bislang haben Sie seiner Angst nachgegeben, ihn gestreichelt, getröstet, auf den Arm genommen. Jetzt nehmen Sie sich vor, nicht auf seine Angst einzugehen, sondern in statt dessen mit »Fuß-Sitz-Bleib!« neben sich absitzen zu lassen und ihn dann, hat er das getan, *dafür* sofort zu loben, das aber so schnell, daß er noch keine Zeit hatte, Zeichen von Angst zu zeigen, da Sie sonst ja diese belohnen würden. Setzt sich Ihr Hund daher zwar hin, versucht sich aber gleichzeitig zu verstecken, gehen Sie, ohne ihn zu loben oder zu schelten, ein paar Schritt mit ihm weiter und lassen ihn erneut absitzen und sind mit dem Loben diesmal etwas schneller. Somit haben Sie ihn gleichzeitig abgelenkt, wie ebenso für etwas Lobenswertes belohnt.

Als nächsten Schritt bitten Sie ein paar Bekannte, Ihnen, beispielsweise auf einem Spaziergang, zufällig zu begegnen. Sehen Sie die Personen auf sich zukommen, lassen Sie den Hund neben sich absitzen »Sitz-Bleib!« und die Passanten gehen an der linken Seite des Hundes so dicht vorbei, wie es dieser gerade zuläßt, ohne Angst zu zeigen. Wer an Ihnen vorbeigeht, hat aber gleichzeitig ein Stückchen Leberwurstbrot oder einen anderen, begehrten Leckerbissen in der linken Hand, was sie dem Hund anbieten. Wenn Sie Glück und einen gefräßigen Hund haben, wird er früher oder später den Leckerbissen haben wollen. Wenn nicht, gehen Sie mit dem Hund einige Schritte weiter, lassen ihn absitzen, dann wieder bei Fuß gehen, wieder absitzen und starten die Begegnung erneut. Gelobt und beachtet wird Ihr Hund von Ihnen nur für das ordentliche Absitzen, und von den »Fremden« nur in der Form, daß er von ihnen, wenn er mag, etwas Gutes angeboten bekommt.

Auch beim ängstlichen Hund ist eine ordentliche Grunderziehung, wie ebenfalls die *»Drei-Wochen-Kur«* das Mittel der Wahl. Da er Sie, wie Sie schnell feststellen werden, durchaus auf seine Weise tyrannisiert, ist auf diese Weise sein *vertrauensvoll-untergeordnetes* Verhältnis zu Ihnen zu festigen. Gehen Sie grundsätzlich mit ihm die einfachen Übungen der Grunderziehung durch. Alle. Wenn er schon viele davon beherrscht, umso besser, denn umso häufiger haben Sie Grund, ihn zu loben. Kann er noch überhaupt nichts davon, ist es nun aber allerhöchste Zeit!

Zunächst üben Sie zuhause, dann außerhalb, wobei Sie möglichst häufig den Ort wechseln, wenn Sie auch anfänglich an Orten ohne größere Ablenkungen zu üben beginnen. Sie müssen soweit kommen, daß Sie, wenn sich Ihr Hund vor irgendetwas fürchtet, ihn veranlassen können, etwas zu *tun,* nämlich sich hinzusetzen oder hinzulegen oder auch einige Kunststückchen, die er besonders mag. In Situationen, in denen er sich vorher gefürchtet hat, ist er nun vertrauensvoll damit *beschäftigt,* etwas zu tun, was sie von ihm verlangen, was wiederum Sie davon abhält, sein unerwünschtes Verhalten auch noch zu verstärken.

Aber auch dies sei gesagt: Hunde, die sich ängstlich und introvertiert zeigen, tun dies, weil dies auch ihrer *Veranlagung* entspricht. Wären sie mit einem robusteren Nervenkostüm ausgerüstet, würden sie vieles von dem, was sie in eine Krise stürzt, leichter wegstecken. Ein harter, ungeduldiger Besitzer wird mit derartigen Hunden unweigerlich Schiffbruch erleiden, während sie in der sanften Hand eines einfühlsamen Herrn trotz allem sehr liebenswerte, sensible Hausgenossen sein können.

Extrem ängstliche, introvertierte Hunde sollte es, wenn überhaupt, nur in Ausnahmefällen geben, sie sind das Ergebnis unsachgemäßer Zucht. *Keinesfalls* sollte mit ihnen, auch wenn sie erfolgreich »umerzogen« sind, *gezüchtet* werden, sollten sie auch noch so schön und schließlich auch liebreizend geworden sein.

Der extrem geräuschempfindliche Hund

Befragt man die Besitzer von *extrem geräuschempfindlichen Hunden* genauer, geben diese ohne größere Überlegung an, daß ihr Hund insgesamt ein nervöser Typ sei. Aber stimmt das überhaupt? Bei näherer Untersuchung stellt sich heraus, daß es nur *bestimmte Geräusche* sind, die den Hund aus der Fassung bringen. Bei dem einen Hund sind es *Gewitter,* beim anderen *Schüsse,* beim dritten vielleicht *Feuerwerk.* Ein anderer fürchtet *Straßen-* oder *Flugzeuglärm.* Da nicht alle Hunde geräusch-überempfindlich sind, muß man also davon ausgehen, daß einige Hunde tatsächlich die *Anlage* dazu haben, was aber nicht auch gleichzeitig bedeutet, daß sie unbedingt durch ein derartiges Geräusch lebenslang auch in *Panik* geraten müssen. Wenn sich Ihr Hund bei Gewittern, Schüssen, Staubsaugern, Abzughauben etc. zu fürchten scheint, dürfen Sie eines bestimmt nicht tun: Ihn zu beruhigen versuchen. Übersehen Sie seine Angst vollständig, tun Sie, als sei überhaupt nichts los. An bestimmte Geräusche, z.B. Schüsse, kann man ihn schrittweise gewöhnen, indem man zunächst leisere Schüsse (z.B., eine Schreckschußpistole in größerer Entfernung, in mehrere Kartons verpackt) abfeuert und dem Hund gleichzeitig etwas Gutes zu Fressen gibt. Nach und nach entfernen Sie die Kartonhüllen und reduzieren die Entfernung.

Bei einigen Hunden war außerdem die Geräuschempfindlichkeit nicht von Anfang an bemerkbar, sondern sie stellte sich erst, wie nachfolgend berichtet, als Folge eines einschneidenden Erlebnisses ein.

Billy

Auf welch einfältige Weise die Besitzer selbst ein derartiges Ergebnis herbeiführen können, zeigt die Geschichte von *Billy*, einem »übernervösen« Boxer, dessen Besitzerin, Frau Heimann, mich eines Tages um Rat bat. Wie bei fast allen Ratsuchenden war das Problem, weswegen sie anrief, wiedereinmal ein nur sekundäres Zeichen für ein viel größeres, das sozusagen die Quelle war nicht nur für das zunächst beschriebene, sondern noch einige weitere Verhaltensprobleme. Kurz, sie wußte nicht mehr weiter, weil ihr Hund seit einiger Zeit sich mit allen Zeichen der Angst wehrte, das Haus zu verlassen, wie andererseits ebenso sie selbst niemals mehr ohne den Hund fortgehen konnte, ohne daß sich daraus ein Drama entwickelte.

Wenn Hunde nicht aus dem Haus gehen wollen, steckt *immer* ein Erziehungsfehler dahinter, aber - so *einheitlich* sich diese Weigerung äußert, so *mannigfaltig* sind die Ursachen, denen man nun auf den Grund gehen muß. Nicht immer steckt, wie gleich bei *Billy* berichtet wird, etwas Todesangst-Ähnliches dahinter. Manchmal wurde der Hund nur sehr spät und dann sehr grob an die Leine gewöhnt. Oder in einem anderen Beispiel war ein junger Hütehund-Mischling plötzlich etwa 1 m nach der Haustür zu keinem weiteren Schritt mehr zu bewegen. Er legte sich hin und rührte sich nicht mehr. Bei näherer Besichtigung der Umstände kam man bald auf den Grund. Solange der Welpe noch »neu« war, hatte er nämlich tadellos und freudevoll die seinen nach draußen begleitet. Alle hatten sie Spaß an dem Kleinen, immer gingen daher *mehrere* Familienmitglieder mit. Erst als man das »Nach-draußen-Führen« umorganisierte, so daß immer nur *eine* Person mit dem Hund beschäftigt war, setzte die Weigerung ein. Kurzerhand *trug* man also den Hund die paar Schritte bis zum Auto, von dort an war der Hund wieder völlig normal. Schließlich war der Hund ausgewachsen und als eine Person den Hund nicht mehr tragen konnte, gingen erst immer zwei bloß bis zum Auto mit. Ganz im Stillen aber hatte der Hund die seinen schon ganz schön unter dem Pantoffel, d.h. er folgte selten bis gar nicht. Nachdem man mit ihm die gesamte Grunderziehung und die *»Drei-Wochen-Kur«* durchexerziert hatte, löste sich nicht nur das Trage-Problem, wie auch so manch anderes, wie von selbst.

Zurück zu *Billy*. Frau Heimann, die nun Näheres berichtete, hatte vor ihm schon andere Hunde besessen und, solange der Welpe nur von ihr im Haus großgezogen wurde, war nichts Außergewöhnliches an ihm zu bemerken gewesen. Alles war wie sonst, bis ihr Mann, wie sie selbst sagte, auf die »Schnapsidee« kam, er müsse den Hund von Anfang an auch an *Geräusche*, sprich Schüsse gewöhnen, da auf seinem Weinberg der Vögel wegen häufig geschossen werde. Also nahm er den Welpen, der bislang an sein Fraule und deren friedlichen Haushalt gewöhnt war, mit sich und begann, kaum hatten sie das für den Hund fremde Gelände erreicht, sogleich mit der »Schießkur«. Mit allen Zeichen des Schreckens hatte der Hund versucht, sich loszureißen, wofür er sofort von seinem Herrn streng gestraft, d.h. geschlagen wurde, woraufhin noch einige Male geschossen wurde. Natürlich »gewöhnte« sich der Hund auch auf die Strafe hin nicht daran.

Wieder daheim verkroch sich *Billy* in irgendeinen Winkel, und nur mit vielen Liebkosungen und Leckerbissen gelang es der Hausfrau, ihn wieder halbwegs zu beruhigen. Seither wich er nicht mehr von ihrer Seite. Wenn sie allerdings mit ihm das Haus zu verlassen suchte und deswegen die Leine bereits ergriffen hatte, verschwand er mit allen Zeichen der Angst und war, schließlich angeleint, auch nicht dazu zu bringen, die Haustürschwelle nach draußen zu überschreiten. Um ihn überhaupt für sein tägliches Geschäft nach draußen zu bekommen, mußte sie ihn jedesmal zum Auto *tragen*. Waren sie schließlich unterwegs im Wald, wie sogar auch in der Stadt, benahm er sich völlig normal. Allerdings konnte sie ihn niemals mehr ableinen, denn bei dem geringsten lauten Geräusch (das Zuschlagen einer Autotür reichte bereits) wäre er sofort wieder auf und davon gewesen. Alle ihre liebevollen Beruhigungsversuche, er fürchtete sich nun auch vor Gewittern, waren absolut wirkungslos, im Gegenteil, nahmen die Angstzustände immer krassere Formen an. Inzwischen war es so, daß sie, solange ein Gewitter andauerte, bei ihrem zitternden Hund am Boden saß und ihn umarmt halten und streicheln mußte, sonst wäre er in katatonische Krämpfe gefallen.

Noch schlimmer waren die Folgen, mußte sie ihn notgedrungen allein zu Hause lassen. Der verlassene Hund heulte und jaulte, kratzte an den Türen, und, obwohl er bereits stubenrein gewesen war, verunreinigte er nun wieder jedesmal sowohl das Wohnzimmer, wie auch die Küche, worauf er ins Bad gesperrt werden mußte, wo sich der Schaden leichter beheben ließ. Betrat aber Herr Heimann das Haus, verschwand der Hund auf den Dachboden und verkroch sich, solange der Hausherr anwesend war und folglich auch über Nacht, hinter einem Wäschekorb. Nun wollte Herr Heimann den, wie er sagte, untauglichen Hund erschießen, oder, lieber noch, dem Züchter zurückbringen und den Kaufpreis zurückverlangen.

Das Hauptproblem aber war, wie Frau Heimann geprächsweise nun eingestand, nicht so sehr der Hund, wie viel mehr ihr Mann. Selbst wenn *sie* es versuchen würde, den Hund schrittweise wieder zu normalisieren, sie hatte längst erkannt, daß ihr Mitleid und ihre Fürsorge ein gut Teil zu der Entwicklung beigetragen hatten, ihr Mann würde da niemals mitmachen. Sie hielt es vernünftigerweise für das Beste, ihren *Billy*, so sehr sie auch an ihm hing, an Leute zu verschenken, die mit genügend Erfahrung und Geduld den Hund sicher wieder ins Lot bringen könnten.

Wie so oft lagen Glück und Unglück dicht beisammen. Ein uns bekanntes Ehepaar hatte vor wenigen Tagen traurig vom Tod ihres alten Boxers berichtet. Obwohl sie »eigentlich nie wieder einen Hund hatten haben wollen«, nahmen sie sich des »Notfalls« sofort an, als ich sie deswegen anrief.

Billy wurde zwölf Jahre alt. In seinem neuen Heim wurde nicht geschossen. An das Zuschlagen von Autotüren gewöhnte er sich ebenso, wie auch an Gewitter. Er zog sich zwar vorsichtshalber in seinen Ruhekorb zurück, das war aber auch alles. Warum? Seine neuen Herren ignorierten sowohl Angstzustände, wie Gewitter, dafür legten sie großen Wert auf ordentliche Erziehung und brachten ihrem *Billy*, mit dem sie lieber nicht auf den Übungsplatz gingen, dafür allerlei Kunststücke bei: *Billy* holte die Zeitung aus dem Kasten und trug den Einkaufskorb, er konnte Türen öffnen und - wieder schließen, er schwamm hinter ihrem Boot her, man konnte mit ihm richtig Ballspielen und - der »ängstliche« Hund lernte sogar, über eine Leiter auf einen Holzstoß zu klettern. Jahrelang war dieser Ausguck, ein schönes Zeichen für sein wiedergewonnenes Selbstvertrauen, sein liebster Platz; im Zeitalter der Ölheizung hatte der letzte Holzstoß so doch durchaus einen Sinn.

Angstverhalten nur in Gegenwart des Besitzers

Manchmal zeigen Hunde überzogen submissivive oder passive Verhaltensweisen überwiegend *in Gegenwart ihres Besitzers.* Sie verdrücken sich in irgendeine Ecke, unter einen Schrank, oder sie urinieren oder koten bei der Begrüßung, bei der sie sich sofort auf den Rücken rollen. Nicht selten werden sie dann noch für ihre »Unsauberkeit« bestraft, was aber, wie so ziemlich alle anderen Erziehungsversuche auch, nichts bringt, als daß sich das Verhalten noch ausgeprägter entwickelt.

Viele Hundebesitzer halten fälschlicherweise derartige Hunde für *»scheu«*. Sie erkennen nicht, daß sich hier lediglich *Angst* vor dem Besitzer offenbart und mit submissiven Gesten versucht wird, um gut Wetter zu bitten. Nicht immer ist solch ein Hund schon schlecht sozialisiert zu seinem neuen Herrn gekommen, vielleicht aber zu einem ungünstigen Zeitpunkt inmitten der Angstphase. Aber *rigorose Erziehungsmaßnahmen,* beispielsweise bei der *Sauberkeitserziehung,* dauerndes Schelten, Prügel und inkonsequentes Verhalten, oder ein Herr, der seinem Hund gleich von Anfang an gründlich beweisen will, wer der Herr im Haus ist, lassen einem sensiblen Hund überhaupt keine Chance. Daß *Angst ein schlechter Lehrmeister* ist, zeigt sich hier überdeutlich. Trotz aller Erziehungsanstrengungen lernt der Hund nichts *Gewünschtes* hinzu; stattdessen wird sein submissives Verhalten dem Besitzer gegenüber *generalisiert,* d.h. ohne daß dieser irgendwelche Erziehungsmaßnahmen ergriffen hat, genügt schließlich für den Hund schon der *bloße Anblick, die Nähe* oder *die Ankunft* seines Herrn, um echte Angstreaktionen (z.B. Auf-den-Rücken-Rollen, Urinieren) auszulösen.

Hier heißt es für den Menschen, in sich zu gehen und alle drakonischen Strafmaßnahmen und das Dauerschelten *sofort einzustellen.* Statt dessen muß man mit einfachen Mitteln versuchen, das stark dezimierte Selbstvertrauen des Hundes wieder herzustellen, der sich in seiner Rangfolge so tief unten angesiedelt hat, daß er, bildlich gesprochen, den Boden unter den Füßen verloren hat. Glücklicherweise sind Hunde in dieser Hinsicht sehr bereitwillig, ihr Verhalten zu ändern. Die ersten Anzeichen seiner Umstellung bemerkt man bereits nach wenigen Tagen. Das nachfolgende Umerziehen wird allerdings schon einige Wochen, in denen vor allen der Besitzer *sich selbst* sehr konsequent kontrollieren muß, in Anspruch nehmen.

Hier, aber *nur* hier, ist ausnahmsweise eine Übung verlangt, die *völlig entgegengesetzt* zu jenen Übungen verläuft, mit denen man sonst die richtige Rangfolge einübt. Ausnahmsweise müssen Sie sich einmal mit dem Hund auf eine Ebene, nämlich auf den Fußboden begeben, sich also sichtlich *klein* machen und ihn rufen. Kommt er, oder besser, schon dann, wenn er *nicht wegläuft* und vielleicht nur zu Ihnen *hinsieht,* wird er sofort *gelobt* und wenn möglich gestreichelt, selbst wenn er dabei vor Schreck ein Pfützchen macht, was Sie aber zu übersehen haben.

Sogar beim *Streicheln des furchtsamen Hundes* sollten Sie alles, was Dominanz ausdrücken kann, *unterlassen.* Streicheln Sie ihn an *Kehle und Brustkorb,* nicht aber am Kopf oder auf dem Widerrist. Die Angst vor Ihnen muß sich verlieren.

Nach dem Kommen üben Sie freundlich und sanft das »Sitz!« mit ihm, wobei Sie einen Leckerbissen so hoch über seinen Kopf halten, daß er sich einfach hinsetzen muß, will er ihn richtig sehen. Sie können nachhelfen, indem Sie sanft die Hand auf seinen Kopf legen und ihn sacht herabdrücken. Sitzt der Hund, wird wieder gelobt!!

Spielen ist angesagt. Mit dem Hund auf ebener Erde mit einem alten Lappen Tauziehen üben und *den Hund gewinnen lassen.* Jetzt heißt es für den Menschen, diszipliniert und ruhig zu verfahren. Jede Form von Bestrafung ist zu unterlassen, bei einem nicht ordentlich ausgeführten Befehl *unterbleiben* lediglich Lob und Beachtung. Nach Möglichkeit werden überwiegend die Dinge geübt, die der Hund schon so gut kann, daß man einen Grund hat, ihn zu loben. Jede Ungeduld oder Inkonsequenz wird Ihnen auf Heller und Pfennig in Form von Rückfällen des Hundes präsentiert. Sehr wichtig ist, jede Übungsfolge mit etwas zu beginnen und zu beenden, was der Hund garantiert gern und gut kann, und ihn aus vollem Herzen zu loben.

Angstverhalten nur in Gegenwart von Fremden

Ganz anders liegen die Dinge, zeigt ein Hund derart überzogene submissive Verhaltensweisen überwiegend *allem Fremden gegenüber,* fürchtet sich also vor Hunden, fremder Umgebung, Geräuschen, so haben Sie es mit ziemlicher Sicherheit mit einem *Zwinger-Hund* zu tun. Infolge unsachgemäßer Aufzuchtbedingungen (nur im Zwinger, nicht im Haus und nicht mit Menschen großgeworden, kaum Außenweltkontakte, oder noch monatelang beim Züchter unverkauft übriggeblieben) ist er oft derart ängstlich, daß man sicherheitshalber durch einen Tierarzt abklären lassen sollte, ob nicht doch irgendein organisches Leiden vorhanden ist.

Ist der Hund aber gesund, heißt es nun, *geduldig* all das *nachzuholen,* was dem Hund bisher entgangen ist und nach Möglichkeit eine Vielzahl von Umwelt- und Mitmensch-Kontakten vorsichtig und in betont *heiterer* Atmosphäre zu ermöglichen. Auch hier sollte *jede Form von Strafe,* wie aber auch *jede tröstende, beruhigende Geste* konsequent *umgangen* werden. Die wenigen Übungen, die der Hund schon ganz gut kann, sind bevorzugt immer wieder zu üben und so zu loben, als sei es nobelpreisverdächtig. Um es ganz einfach auszudrücken: Bei solchen Hunden müssen Sie auf jede nur erdenkliche Weise versuchen, ihn möglichst oft zum *Schwanzwedeln* anzuregen, ihm also häufig *Anlaß zur Freude* zu vermitteln. Wie man ihn vorsichtig umgewöhnt, wird hier am Beispiel des »Angstbeißers« ausführlicher beschrieben, weiteres auch im 3. Teil.

Angst vor dem Autofahren

Merkwürdigerweise finden sich besonders unter den introvertierten Hunden viele, die das *Autofahren schlecht vertragen.* Da der Züchter den Welpen nicht rechtzeitig ans Auto gewöhnt hat, wird die erste Autofahrt, oft ist es die mit dem neuen Besitzer, für den Hund nicht nur angsterfüllt, sondern zu einem *traumatischen Erlebnis.* Folglich wird für ihn das Autofahren als solches künftig, und das sich von Mal zu Mal steigernd, als reflexähnliche Reaktion Unruhe, Speicheln, Erbrechen auslösen. Was Sie auf keinen Fall anfangen dürfen, ist, den Hund zu bemitleiden und zu trösten, mit Sicherheit wird dies seine »Autokrankheit« noch erheblich steigern. Mit Hilfe des Tierarztes kann man es mit beruhigenden »Auto-Tabletten« versuchen zu mildern, was aber keine Langzeitlösung sein kann. Der stark sedierte Hund hat wenig Möglichkeit, sein Verhalten zu ändern, da dieses nur zeitweilig unterdrückt wird. Wie so oft, ist das nachträgliche Umgewöhnen sehr viel mühseliger als die rechtzeitige Gewöhnung.

Es bleibt also nicht anderes übrig, als den Hund zunächst - nachdem er sich versäubern konnte! - an den Aufenthalt in einem *stehenden* Auto zu gewöhnen, ihn vielleicht dort sogar zu füttern oder dort mit ihm zu spielen, bis er den Aufenthalt im Auto als wirklich angenehm empfindet und womöglich sogar freiwillig hineinspringt. Als nächster Schritt kommen dann *sehr* kurze Autofahrten von nur wenigen Minuten, wobei der Hund abgelenkt und gelobt wird, aber nur solange, wie er keine »Auto-Angst« zeigt. Diese Fahrten kann man dann sachte zu steigern versuchen, aber eben nur so weit, als der Hund es sicher verträgt. Brechen Sie jedoch die Fahrt erst dann ab, wenn der Hund schon zu hecheln beginnt, belohnen Sie ihn damit ja für das *Hecheln,* was aber völlig unbeachtet bleiben muß.

Auch hier wieder: Geduld ist gefragt. Man muß sich vorstellen, daß Ihr Hund, jedenfalls solange er im Auto sitzt, sich zunächst als dem Untergang geweiht betrachtet. Beobachtet man den Hund auch bei anderen Gelegenheiten, kommt man schon darauf, daß er sich generell sehr unsicher fühlt, so daß man auch bei anderen Gelegenheiten sein *Selbstvertrauen* und seine *Lebensfreude* regelrecht wecken muß. Auch eine solche Prozedur kann sich über Wochen hinziehen, was aber immer noch besser ist, als ein Hund, mit dem jede Autofahrt eine Tragödie wird. Für manche Hunde ist es günstiger, wenn sie während der Fahrt aus dem Fenster schauen können, während anderen wieder gerade davon »schlecht« wird. Man muß ausprobieren, was davon infrage kommt. Ist ein Hund besser dran, wenn er nichts sieht, muß er lernen, auf dem Rücksitz oder auf dem Wagen-Boden abzuliegen. Grundsätzlich sollten Hunde aber beim Autofahren niemals herumturnen dürfen. Das »Sitz-Bleib!« oder »Platz-Bleib!« muß eisern geübt werden. Am besten, man leint anfänglich den Hund an und zieht die Leine durch eine Schlaufe am Boden des Wagens. Das Leinenende hält der Fahrer oder Beifahrer. Man kann so den Hund, ohne sich umwenden zu müssen, jeweils mit einem Leinenruck zur Ordnung rufen. Sicherheitsgurte für Hunde sind kein Ersatz für gute »Auto-Manieren«. Jeder Hund muß konsequent dazu erzogen werden, daß er sich auch unangeleint ordentlich zu benehmen weiß.

Der Angstbeißer

Der Angstbeißer ist, wie schon die Bezeichnung sagt, ein ängstlicher, nervöser Hund, der sich oft nicht nur vor Geräuschen, unbekannten Gegenständen und Personen fürchtet, sondern nicht selten auch besonders berührungsempfindlich ist und - aus lauter Angst zubeißt. Für seinen Besitzer selbst ist ein solcher Hund nicht gefährlich, wenn er auch die seinen mit seiner Angst ausreichend tyrannisiert, sie aber nicht zu beißen pflegt. Dafür ist ein Angstbeißer für seinen Herrn außerordentlich unangenehm, da er niemals sicher sein kann, ob und wann sein Hund zuschnappt. *Ein Angstbeißer greift nicht an, sondern sein Zubeißen ist sozusagen sein letzter Ausweg,* wenn er nicht fliehen kann. Je nachdem wie ängstlich er ist, umso häufiger ist eine solche Situation für ihn gegeben, d.h. er beißt zu und versucht davonzulaufen. Dieses

Verhalten wird durch die *anschließende Strafaktion* seines Herrn noch verstärkt: Befremdliche Personen sind nicht nur an sich, sondern wegen der normalerweise nachfolgenden Bestrafung furchterregend, so daß sich seine wachsame Ängstlichkeit im Laufe der Zeit noch steigert. Auf Ausstellungen ist solch ein Hund, da er sich nicht anfassen läßt, schon schwierig genug, kein Richter läßt sich gern beißen. Wenn überhaupt, bekommt er kaum gute Bewertungen, denn ein *solches* Verhalten, so wenig leider sonst davon bewertet wird, wird immer erkannt. Viel schwieriger ist es aber, wenn Angstbeißer, wollen ahnungslose Mitmenschen sie freundlich streicheln, kurzerhand zubeißen.

Also, so sehr Sie auch Mitleid mit Ihrem ängstlichen Hund haben: Es gibt keine Entschuldigung dafür, daß er irgendwelche Leute anknurrt oder gar beißt. In diesem Moment ist er ein *aggressiver* Hund, was ihm schnellstens abzugewöhnen ist.

Als erstes ist es wieder Zeit für die *»Drei-Wochen-Kur«*, denn Sie werden nun zugeben, daß Sie auf die vielen angstvollen Reaktionen Ihres Hundes meist nicht sachgerecht eingegangen sind, Sie also nicht Herr der Lage sind. Auch wenn Sie nun sagen, Ihr Hund folge doch »meistens schon recht schön«, er sei daheim so anhänglich und lieb, nur eben manchmal raste er aus. Mit dem Ungehorsam des Hundes ist es wie mit der Schwangerschaft: Ein bißchen schwanger gibt es nicht.

Schrittweise Umgewöhnung des Angstbeißers

Wieder einmal muß die gesamte *Grunderziehung* des Hundes durchgeführt werden. Wenn er schon vieles sehr gut kann, umso besser, desto häufiger haben Sie Grund, ihn zu loben. Besonders wichtig ist aber das »Sitz-Bleib!« und das »Platz-Bleib!«, das Sie mit ihm üben müssen, bis er es wirklich im Schlaf und unter allen Umständen befolgt. Klugerweise haben Sie auch das lange »Down« schon ein paar mal mit ihm durchexerziert. Lassen Sie nicht locker, es muß sein!!

Haben Sie die Grunderziehung soweit gefestigt, laden Sie freundliche Mitmenschen ein, die Sie vorher über den Zweck der Aktion informiert haben. Bereits an der Tür muß der Hund brav sitzen bleiben, bis die Besucher hereinkommen, und an Ihnen vorbei ins Wohnzimmer gehen. Falls diese den Hund überhaupt beachten, sagen sie nur »Na *Bobby*!« und sollen ihn ansonsten ignorieren, Sie passen derweil auf, daß der Hund eisern sitzen bleibt. Sind die Besucher vollzählig, folgen Sie mit Ihrem *Bobby* nach. Dies ist wichtig, da dann er der Neuankömmling ist und sich nicht bemüßigt fühlt, seinen Platz oder seinen Raum zu *verteidigen.* Sie nehmen Platz, auch *Bobby* liegt angeleint neben Ihnen, Sie sitzen auf seiner Leine, damit Ihnen ja keine Bewegung entgeht. Solange der »Besuch« nun da ist, wird *Bobby* nicht beachtet, nicht gestreichelt, nicht angesprochen, während Sie mit Ihrem Besuch etwa zehn Minuten über irgendetwas - aber nicht über den Hund - reden, was dieser merken würde. Dann geht Ihr »Besuch« ein bißchen spazieren, danach wiederholen Sie die obige Prozedur, die aber jedesmal fünf bis zehn Minuten länger dauert. Wenn Sie es geschickt einrichten, können Sie das Ganze an einem Tag dreimal wiederholen, so daß Ihr Hund Zeit hat, die gewünschten feinen Manieren bei Besuch und dessen absolute *Gefahrlosigkeit* zu kapieren.

Natürlich ist es am besten, Sie können ein paar geduldige Hundefreunde mobilisieren. Wer selbst einen Hund hat, weiß nur zu genau, daß man einem Hund derart üble Angewohnheiten dringend abgewöhnen muß, sie werden Sie daher auch nicht für leicht verrückt halten. Denn möglichst schon am nächsten Tag sollten Sie das Ganze wiederholen. Allerdings hat *Bobby* diesmal eine längere Leine und eine leichte Sicherheitsleine an seinem Halsband. Also wieder: Besuch klingelt, Hund sitzt brav neben Ihnen, Besuch kommt herein, sagt höchstens »Hallo *Bobby*«, nimmt im Wohnzimmer Platz, Sie folgen mit *Bobby*, der wird, wie gehabt, abgelegt. Wirkt *Bobby* noch immer etwas verunsichert, bleibt es bei dem obigen Verfahren, zeigt sich *Bobby* aber der Situation gewachsen, bekommt einer der Besucher die Leine und lockt »*Bobby*, komm!«, und zieht den vielleicht noch widerstrebenden *Bobby* an der Leine sanft zu sich hin. Ist *Bobby* wunschgemäß in seine Nähe gekommen, wird der Hund überschwenglich gelobt - nicht berührt! - und die Leine wandert weiter, der nächste Gast ruft *Bobby* zu sich. Sträubt sich der Hund, wird er sanft aber nachdrücklich in die gewünschte Richtung gezogen und im Näherrücken freundlich und ruhig gelobt. Aber nur dann, wenn er nicht knurrt, dann nämlich wird er übersehen und der nächste Gast bekommt die Leine.

Am nächsten Tag soll *Bobby* noch näher zu den Besuchern hin, die ihn diesmal nicht nur locken, sondern ihm, ist er bei ihnen, mit einem

Leckerbissen belohnen. Vorsichtshalber haben Sie aber immer noch die Sicherheitsleine, damit sie *Bobby*, sollte er etwa doch... sofort zurückreißen können. Da wir aber bei einem Angstbeißer davon ausgehen, daß dieser nicht angreift, sondern nur aus Furcht zuzubeißen pflegt, ist in einer derart entspannten Atmosphäre damit zu rechnen, daß alles wunschgemäß klappt. Ist der Hund sehr nervös, können Sie ihn anfänglich noch mit einem Tranquilizer beruhigen, besser ist es allerdings, Sie versuchen es ohne.

Noch eines: Versuchen Sie, diese »Besuchstage« möglichst aufeinander folgen zu lassen, denn nur so werden sie die für den Hund gewünschte *Übung*. Schon nach etwa einer Woche wird Ihr Hund wesentlich zuversichtlicher in Gegenwart von Fremden sein. Tun Sie ein übriges: Nehmen Sie Ihren Hund so oft nur irgend möglich mit, wenn Sie unter Menschen kommen. Treffen Sie Bekannte, lassen Sie den Hund neben sich absitzen. Versucht er, sich trotzdem hinter Ihnen zu verstecken, heißt es wieder: »Fuß-Sitz-Bleib«, und der Hund muß an genau der gleichen Stelle wieder absitzen.

Problemhunde und moderne Hundezucht

Obwohl oft genug erwähnt, wird die entscheidende Rolle, die der Züchter beim Zustand der gegenwärtigen Hunderassen spielt, wenn überhaupt, leider oft nur an der falschen Stelle wirksam. Daß Züchter »Verantwortung« haben, sind oft nur Lippenbekenntnisse, denn nirgendwo ist eindeutig und umfassend festgelegt, auf welche entscheidenden *Zuchtziele hinsichtlich des Verhaltens bei den modernen Hunden* heute eigentlich hingearbeitet werden soll.

Hundezucht, eine noch junge Wissenschaft, hat einen gefährlichen Weg eingeschlagen. Ausgerechnet da, wo sich augenscheinlich ihre Stärke dokumentiert, liegt gleichzeitig ihre größte *Schwäche:* In den *Rassenstandards.* Diese halten nämlich in Zentimeter, Gramm und Farbe genau fest, wie ein Hund äußerlich sein soll, aber über sein Inneres werden höchst nebulöse Angaben gemacht, die dann auch niemand kontrollieren kann, und die daher auch nicht gerichtet, d.h. bewertet werden können. Auch bei der Zuchtzulassung können nur Hunde mit allergröbsten Verhaltensfehlern eliminiert werden. Wäre es anders, würde hier sorgfältiger über weitere Prüfungsmöglichkeiten wünschenswerter Eigenschaften nachgedacht, hätten wir weniger Problemhunde.

Liest man vielmehr gezielt in den Rassestandards nach, wird man bei dem für den Besitzer wichtigsten Teil, nämlich den Charaktereigenschaften, mit wenigen, austauschbaren Zeilen abgespeist. Setzt man eine Folge von derartigen Charakter-Beschreibungen hintereinander, ist es schlicht unmöglich, nur *daraus* zu erkennen, zu welcher Rasse sie gehören sollen. Dabei wäre es durchaus möglich, die sehr unterschiedlichen Charaktereigenschaften eines Schäferhundes, eines Dackel, eines Afghanen, eines Border-Collie eindeutig zu beschreiben. Daß viele Standards auch an anderen Punkten unsinnige, bzw. schädliche Vorschriften enthalten, zeigt, wie reformbedürftig hier vieles ist.

Noch schwieriger wird es, sind bestimmte Grundeigenschaften gelegentlich auch die Quelle möglichen Fehlverhaltens. Einig ist man sich oft nur darüber, daß Hunde nicht ängstlich oder überaggressiv sein sollen. Aber was genau mit ängstlich oder überaggressiv gemeint ist, bleibt offen. Noch weniger wird darauf hingewiesen, daß man bei bestimmten Körper-Formen auch auf bestimmte Verhaltenstendenzen schließen kann. Ich habe das anderweitig ausführlich beschrieben*); leider wird der Weg, mit der Zucht auf bestimmte Äußerlichkeiten auch bestimmte Charaktergrundtendenzen zu beeinflussen, nur in wenigen Ausnahmefällen auch beschritten.

Wer züchtet, braucht Ausstellungserfolge. Also werden die Forderungen des Standards, auch wenn man weiß, daß sie unsinnig sind, zu erfüllen versucht oder aber so weit ausgelegt, wie es der herrschenden Mode entspricht. Für den *Laien* ergibt sich daraus der gefährliche *Trugschluß*, daß sein preisgekrönter Hund, oder sein von preisgekrönten Hunden abstammender Hund, auch einer ist, der sich gut in das häusliche Leben integrieren lassen wird.

Nur wenige Generationen zurück, züchtete man Hunde in erster Linie ihrer besonderen Gebrauchseigenschaften wegen. Gute Schäferhunde wurden als Eltern weiterer guter Schäferhunde eingesetzt, die Schönheit war da nicht so wichtig.

---

*) Eric H.W. Aldington, Vom Gangwerk des Hundes,
erweiterte Neuauflage 1993 unter dem Titel »Vom Körperbau des Hundes«

Auch hier treffen wir wieder auf das Problem des veränderten Lebensstils: Denn kaum jemand braucht noch einen Schäferhund, einen Hütehund, einen Polizeihund, und trotzdem steigt die Zahl der gezüchteten Hunde, die nun in einem überhaupt nicht zu ihrem eigentlichen Charakter passenden Umfeld leben müssen, wobei beides gleich problematisch ist: Erstens besteht die Gefahr, daß wünschenswerte Eigenschaften verlorengehen, oder, zweitens, daß ausgerechnet deren Erhalt zu Problemen führt.

Bleibt also, für die *Ausstellungserfolge* zu züchten, denn, welche besonderen Charaktereigenschaften ein Hund in unserer modernen Umwelt vorrangig haben sollte, nach einer derartigen Untersuchung sucht man leider vergebens.

»Schön« soll der Hund sein, Preise soll er gewinnen (weil das für seinen Züchter beim Verkauf seiner Hunde viel Geld bedeuten kann). Der Hund wird gemessen und gewogen, aber vielleicht braucht er heimlich Tranquilizer, um den Ausstellungsstreß zu überstehen, ist irritiert vom Straßenlärm und frustiert vom Bewegungsmangel, unter dem ein einst eigentlich als Arbeitstier gezüchteter Hund besonders leiden kann.

Wir dürfen dies nicht außer acht lassen: Hinter jedem Rassehund steht ein Zuchtprogramm, das zuallererst auf äußere Merkmale hinarbeitet, wobei sowohl körperliche wie Verhaltensmerkmale ihr Bestehen auch *rezessiven Erbgängen* verdanken.

Die tückischen Folgen rezessiver Merkmale

Rezessive Merkmale können tückische Folgen haben, da man sie oft erst spät bemerkt. Wir kennen das alle, jenen berühmten, hochdekorierten »Champion«, um den sich alle Hündinnenbesitzer reißen, um auch einen Wurf nach ihm zu haben. Je flächendeckender ein solcher »Übervater« gewirkt hat, als umso katastrophaler kann, nach einigen Generationen, sich sein Wirken dann offenbaren.

Gar mancher *»Champion«* wäre besser als *»Champignon«* bezeichnet worden! Je mehr Hunde mit seinen rezessiven, d.h. nicht bemerkbaren Eigenschaften herumlaufen, umso größer wird die Chance, daß sich *»rezessiv x rezessiv«* nun trifft, und *völlig unerwünschte Eigenschaften nun überall wie Pilze aus dem Boden schießen.* Und darunter können auch schwere Verhaltensanomalien sein oder, dank besonderer

Umstände, sich bevorzugt entwickeln. Allergische Probleme, die nur mit Kortison in Schach gehalten werden können, sind eigentlich organische Leiden, die aber, unter der Kortisoneinwirkung, Verhaltensmängel aufbrechen lassen können. Hautprobleme können auch der Grund zur Selbstzerstörung sein, da die Hunde sich wundlecken, -kratzen oder -kauen, besonders zur Überwindung von Streßsituationen. Genetisch bedingte Magenerkrankungen können die Erziehung zu Stubenreinheit, dank ständigen Durchfalls, zunichte machen und in Kettenreaktion zu weiteren Verhaltens- und Beziehungsstörungen führen.

Verwischen rassebedingter Besonderheiten

Ein weiterer, wichtiger Gesichtspunkt sind jene Gebrauchsbesonderheiten, wegen der eine Rasse überhaupt gezüchtet wurde. Machen wir uns klar: Am Anfang jeder Rasse standen immer auffallende Besonderheiten sowohl im Aussehen wie im Charakter, die man vermittels gezielten Züchtens erhalten oder gar noch zu verstärken versuchte.

Denken wir an das traurige Beispiel der Setter. Einst reine Gebrauchshunde, haben bei ihnen, zum Ausstellungshund degradiert, jetzt die Fellfarbe und die Befederung triumphiert; von den besonderen Charaktereigenschaften ist oft nur ihre hochgradige Erregbarkeit, d.h. Nervosität übriggeblieben. Schutzhunde, mit der besonderen Gabe, sich aktiv und aggressiv zu verteidigen, hatten ursprünglich immer auch eine hohe Erregungs-Reizschwelle.

Rassebedingte Verhaltensbesonderheiten, das habe ich anderweitig ausführlich erklärt, sind letztlich nichts als das Ergebnis der Kombination unterschiedlicher Reizschwellen*). Aber was bedeutet das für die tägliche Praxis? Nehmen wir als Beispiel die Gegensätze Schäferhund und Retriever. Letzterer ist als Jagdhund mit einer niedrigen Erregungs-Reizschwelle gezüchtet, gleichzeitig hat er eine weiche Schnauze. Da er das Wild beim Apportieren nicht verletzen darf, muß er eine Tendenz zu »passiven Verteidigungsreflexen« haben. Hier sind eindeutig genetische Grundlagen beweisbar, wie auch, daß mit bestimmten Eigenschaften gleichzeitig auch andere verbunden sind. Ein sicherer Eignungstest

*) Eric H.W. Aldington, Von der Seele des Hundes Seite 95 ff

für Welpen, die zu Blindenhunden ausgebildet werden sollten, ist der Apportier-Test.*)

Der Schutzhund hingegen muß eine hohe Erregungs-Reizschwelle, d.h. ein größeres Maß an Selbstkontrolle bei Umweltreizen haben, andererseits aber eine deutliche Tendenz zu »aktiver Verteidigung«. Betrachtet man die tatsächlichen Gegebenheiten, haben wir stattdessen häufig Hunde mit der Tendenz »aktive Verteidigung« gepaart mit einer niedrigen Erregungs-Reizschwelle. Und nicht selten sind dann auch noch deren Züchter überaus stolz auf ihr derartiges Zuchtergebnis, sie wollen, wie mir erst heute wieder einer lang und breit erklärte, das »Raubtier« im Hund erhalten und - fördern. Befragt nach den besonderen Eigenschaften dieser Spezies, kam dann auch genau jenes Monster zutage, was letztlich kaum einer haben und noch weniger wirklich brauchen kann.

Es sind daher nicht bestimmte Verhaltensweisen, sondern bestimmte Verhaltenstendenzen, die durch *sinnvolle* Zucht gefördert oder vernachlässigt werden können und sollten. Es sind die »aktiven bzw. passiven Verteidigungsreflexe« einerseits, wie andererseits die mehr oder weniger hohe Erregungsreizschwelle, die sämtlich in bestimmten Fällen wünschenswertes Zuchtziel, wie andernfalls als absolut unerwünscht zu vermeiden sind.

Zuletzt noch kommen Hunde, bei denen die Arbeitseigenschaften sorgfältig erhalten wurden, nur zu oft, weil sie »Mode« geworden sind, in die falschen Hände. Ein Border-Collie auf dem Sofa in einer Etagenwohnung ist ein Unding! Wo aber sind die Eigenschaften festgehalten, die ein normaler *Familienhund* unbedingt haben sollte? Wo wird untersucht, ob es möglich ist, Hunde zu züchten, die es leichter als andere aushalten, längere Zeit alleingelassen zu werden, die so nervenfest sind, daß sie auch ungeschickte und unfähige Hundehalter ohne Schaden überstehen? Wo wird untersucht, wie weit ein Hund auch Bewegungsmangel ohne Schaden überstehen kann, denn es gibt zweifelsfrei Hunde, die gerade hier mit einem absoluten Minimum auskommen können.

*) Mehr dazu siehe: Eric H.W. Aldington, Von der Seele des Hundes Seite 185 ff

Ganz offensichtlich wird hier - sehr »Verbraucher-unfreundlich« - auf zwei Ebenen operiert. Das eine ist das Züchten für den Ausstellungserfolg. Das andere sind jene Hunde, die tatsächlich von dem normalen Hundehalter erwartet werden, dessen Bedürfnisse aber in den Standards unberücksichtigt geblieben sind. Leider merkt der das dann erst, kommt er mit seinem Hund nicht zurecht. Ihm nützt es herzlich wenig, einen »Champion« sein eigen zu nennen. Aber, auch das sei hier gesagt: Nicht nur die »Verbraucher« wären besser dran, sondern auch die Hunde selbst, wenn man dafür sorgen würde, daß sie, viel besser, als dies derzeit geschieht, schon vom ersten Tage ihrer Geburt richtig auf das Leben, das sie erwartet, vorbereitet sind.

Nun kann man einwenden, daß es den Hund aus dem »Baukasten« schon deswegen nicht geben könne, weil ja jeder die Möglichkeit habe, sich aus hunderten von Rassen die für ihn geeignete herauszusuchen. Dem gegenüber steht aber die Forderung, daß Hunde, gleich welcher Rasse, so gezüchtet sein müssen, daß sie auch heute gemeinsam mit uns leben können, ohne zu leiden.

Dritter Teil

Hilfen und Tips zur Grunderziehung und Generalüberholung

Erziehen - nur sieben Worte wirken Wunder

Auch wenn Sie sicher sind, hier komme nun gerade das, wonach Sie schon so lange suchen, sollten Sie trotzdem nicht hier, sondern vorn im Buch zu lesen anfangen. Bei der Erziehung des (Problem-)Hundes nützt Ihnen etwas wie ein »Kochbuch« wenig, da bei jedem Hund und seinem Halter die Probleme anders gelagert sind. Bei der Erziehung oder der Umerziehung müssen Sie zuerst das *Prinzip* verstehen, um dann selbst zu entscheiden, welche Schritte in Ihrem Fall die geeigneten sind.

Ein Buch, das »Fälle und Lösungen« enthält, läßt Sie letztlich allein; niemals wird es möglich sein, exakt jene Situation zu beschreiben, die für Sie zutrifft. Was Sie tun können und müssen, ist, das bei Ihnen zugrundeliegende Problem zu analysieren.

Sie müssen *verstehen,* wovon früher ausführlich die Rede war, daß fast jedes offensichtliche Fehlverhalten meist nur ein Zeichen für das *dahinterliegende, eigentliche Problem* ist. Um es bildlich auszudrücken: Es nützt überhaupt nichts, wenn Sie im Keller das Wasser auspumpen, solange Sie nicht vorher das Leck in der Leitung gestopft haben.

In den vorangegangenen Seiten haben wir mehrfach festgestellt, daß den Problem-Hunden häufig eines gemeinsam ist: Das mit der *»Grunderziehung«* ist keinesfalls sicher, was bewiesen wird, wenn die Besitzer, stolz, hervorheben, daß ihr Hund »schon ziemlich gut«, »möglicherweise«, »vielleicht« oder »meistens« folge. Das alles sagt nichts anderes, als daß der Hund eben *nicht* erzogen ist. Entweder, oder.

Nahezu alle Probleme mit Hunden haben ihren Ursprung in der Unkenntnis ihrer Besitzer. Die einen sehen in ihrem Hund einen Sklaven und erwarten, daß er computergleich funktioniere, geben Sie nur die richtigen Befehle ein. Dabei übersehen sie, daß auch der Computer nur aufgrund vorangegangener Arbeit, nämlich eines Programms, funktioniert. Auch der Hund funktioniert nicht auf »Knopfdruck«. Sein »Programm« heißt *Erziehung* auf Grund seiner angeborenen Veranlagung. Andere wieder lieben ihren Hund auf falsche Weise. Sie meinen, ihm einen Gefallen zu tun, wenn sie ihn »natürlich« aufwachsen lassen. Sie lehnen jeden »soldatischen Drill«, wie sie ihn gelegentlich auf den Übungsplätzen beobachten, kategorisch ab und beschließen gleichzeitig, von jeder Form der Erziehung abzusehen.

Wer so denkt, hat mißverstanden, daß *ein Hund nicht nur lernen muß und soll,* sondern, gemäß seiner Natur, auch *von sich aus immer lernt.* Bringen *Sie* ihm nichts oder aber etwas unrichtig bei, lernt er *trotzdem* etwas, leider aber oft *das Falsche.* Dies wiederum macht Sie nervös, verärgert und den Hund zu einer Nervensäge - der Problemhund ist geschaffen.

Es würde diesen Rahmen sprengen, folgte hier nun ein ausführliches Ausbildungsprogramm. Nicht nur, weil dieses von gar manchem dann doch nicht durchgeführt würde, sondern weil es ausreichend, wenn auch oft mißverständliche und veraltete Erziehungs- und Ausbildungsanleitungen gibt.

Was uns hier beschäftigen soll, sind die überraschend *wenigen* Dinge, die *jeder Hund unbedingt lernen sollte* und die überraschend viele Hunde nicht beherrschen. Aber sie sind die unverzichtbare Grundlage dafür, daß sich Ihr Hund störungsfrei in die menschliche Gemeinschaft einfügt. Außerdem, hat Ihr Hund schon einige schlechte Angewohnheiten, können Sie ihm viele davon nur auf der Basis der *Grunderziehung* abgewöhnen. Im Übrigen werden Sie zu erkennen lernen, was Sie bei den »normalen« Erziehungsanleitungen guten Mutes übernehmen oder aber andererseits vielleicht lieber etwas verändert durchführen sollten.

Ganz gleich, ob Sie mehr oder weniger »vorgebildet« sind, auch, daß Sie wenig Zeit haben, spielt überhaupt keine Rolle. Sie werden gleich selbst zugeben, daß es wohl eigentlich kein Problem sein kann, Ihrem Hund (der sich inzwischen vielleicht schon Dutzende von Unarten selbst beigebracht hat!) die Bedeutung von *»Sitz-Platz-Fuß-Komm-Bleib da-Nein-Aus«*, also nur sieben Begriffen beizubringen, wenn Sie dafür täglich tatsächlich nur einige Minuten aufbringen müssen. Genau genommen sind es sogar nur fünf Grundbegriffe *»Sitz-Platz-Fuß-Komm-Bleib da«*, außerdem muß er noch lernen, was ein *»Nein!«* oder *»Aus!«* und was *»Bobby, schau her!«* bedeutet, wie er außerdem sehr schnell begreift, daß *»So ist's brav!«* ein dickes Lob ist.

Auch wenn Sie das nun nicht sehr gern hören: Sollte Ihr Hund, Ihrer Meinung nach, offensichtlich außerstande sein zu begreifen, was mit dem *»Sitz-Platz-Fuß-Komm-Bleib da-Nein-Aus«* gemeint ist, ist das nicht ein Beweis *seiner* Unfähigkeit, sondern der seines Menschen. Es ist auch sinnlos, mit ihm den Sinn der Worte nur solange zu üben, bis er sie »manchmal« befolgt. Erst, wenn er unter wirklich allen Umständen sofort tut, wie ihm geheißen, können Sie auch behaupten, daß Ihr Hund erzogen sei.

Das mit dem Erziehen ist alles andere als »Drillen«. Er »lernt« dabei ja nichts anderes, als etwas, was er ohnehin »kann« , auf Ihren Wunsch hin zu tun oder zu unterlassen. Beim Erziehen beeinflussen Sie aber nicht nur sein Verhalten, sondern, was viel wichtiger ist, Sie bauen damit eine *Beziehung* zwischen sich und Ihrem Hund auf der Grundlage von *gegenseitiger Zuneigung, Achtung und Vertrauen* auf.

Sie haben richtig gelesen: Es geht um *Zuneigung, Achtung und Vertrauen!* Sie sind das *Fundament* auch seiner angestammten Rudelbeziehung, die *Basis* jeder »Rangordnung«, ohne die ein friedliches, harmonisches Miteinander unmöglich ist.

Noch vor wenigen Jahren waren »Zwang«, »Drill«, »Strafe« die großen Stichworte der Hundeabrichter. Das »Verleiden« ungewünschter Handlungen und die verschiedenen Formen der »Strafen« füllten seitenweise die Abrichtebücher. Heute weiß man, daß man das fast alles vergessen, wie die früheren Generationen untergehen lassen kann. Unsere wichtigsten *Grundvoraussetzungen* sind *Konsequenz* und *Geduld,* ist unsere *freundliche,* aber dennoch *zielgerichtete Zuwendung,* und unsere *feste Überzeugung,* daß unser Hund all das *lernen kann* und *will,* was wir ihm beizubringen wünschen.

Damit Sie sich alles etwas besser vorstellen können, heißt unser »Musterhund« künftig *BOBBY*. Stellen Sie ihn sich so ähnlich vor, wie den Ihren: Klein oder groß, jung oder alt, brummig, aggressiv, übermütig oder sanft.

Was übt man wie, wo, wann und wielange?

Wenn ich Ihnen auch versprechen kann, daß Ihr Zeitaufwand beim Erziehen von *BOBBY* nur gering ist, müssen Sie sich von verschiedenen Vorstellungen befreien. Es hat überhaupt keinen Zweck, zu versuchen, *BOBBY* möglichst viele Dinge aufeinmal und das möglichst noch an einem oder zwei Wochenenden beibringen zu wollen. So vielleicht von 8 - 18 Uhr, mit einer Stunde Mittagspause, weil Sie sich ausruhen wollen! So also geht es nicht.

Es ist auch nicht möglich, ihm Dinge prinzipiell abzugewöhnen, die zu seinem *typischen* Verhalten gehören. Wer beispielsweise einen Rüden hat, kann ihm das »Bein-heben« nicht grundsätzlich aberziehen, wohl aber kann er lernen, es in bestimmten Situationen zu unterlassen. Einem Jagdhund können Sie die Jagdpassion nicht austreiben, einem Hütehund nicht die Neigung zum Hüten. Wenn für Sie bestimmte, eingefleischte Neigungen unerwünscht sind, müssen Sie den Hund entsprechend auswählen, also statt des Rüden eine Hündin, statt des Jagdhundes einen ohne größere Jagdpassion. Andererseits gibt es keine Rasse, die grundsätzlich nichts lernt und nicht gehorcht.

Es ist auch nicht möglich, von einem eben erworbenen Welpen zu erwarten, daß er innerhalb weniger Tage sicher gehorcht und stubenrein ist. Andererseits ist ein Hund niemals zu alt, um etwas zu lernen. Wie lange es dauert, bis ein Hund etwas Bestimmtes gelernt hat, hängt, außer von Ihrem pädagogischen Geschick, sowohl vom Alter des Hundes, wie von der Schwierigkeit der Aufgabe ab. Je mehr eine Übung seinem instinktiven Verhalten entspricht, umso schneller wird er lernen. Einem Retriever können Sie das Apportieren sehr viel leichter beibringen, als

Solange jeder seinen eigenen Gedanken nachhängt, ist die gemeinsame Plattform für das Üben und Gehorchen noch nicht gefunden. Mensch und Hund müssen sich ganz bewußt aufeinander konzentrieren, die Initiative dazu muß aber vom Menschen kommen. Dazu gehören sowohl der wörtliche, immer exakte Befehl, der Leinenruck bzw. Körperkontakt, die richtige Körpersprache, d.h. Körperhaltung des Menschen.

beispielsweise einem Hütehund. Der Lernerfolg entspricht also oft den typischen Eigenschaften seiner Rasse, bei Mischlingshunden kommen die Eigenschaften der Eltern zutage.

Ihre positive Grundhaltung, Geduld und - gute Manieren

Wie gern und leicht *Bobby* lernt, hängt viel mehr, als Sie ahnen, im wahrsten Sinne von *Ihren guten Manieren* ab. Seien Sie freundlich, d.h. machen Sie ein *freundliches Gesicht* und lächeln Sie, wenn Sie mit ihm reden. Seien Sie andererseits, haben Sie etwas zu bemängeln, ernst, aber höflich, d.h. brüllen Sie nicht und zeigen niemals Ihre Ungeduld oder gar schlechte Laune. Behandeln Sie *Bobby* nicht wie einen Leibeigenen, sondern wie einen *Partner*, denn *Sie* sind es, der etwas von ihm will. Korrigieren Sie *Bobby* immer sachlich und nachdrücklich, wenn er etwas falsch verstanden hat, und zeigen Sie es nochmals genau, damit er wirklich begreift, was Sie gemeint haben.

Ihre Vorbereitung für die 10-20 Minuten, in denen Sie mit *Bobby* üben, ist vergleichbar mit jenen, die Sie für eine wichtige Verhandlung treffen. Sie haben ein bestimmtes Ziel vor Augen und müssen nun erreichen, daß Ihr Partner - nämlich *Bobby* - Ihren Wünschen willig weitgehend entspricht. Stoßen Sie unerwartet auf Widerstand, müssen Sie geschickt taktieren, damit Ihr Partner - nämlich *Bobby* - nicht für alle Zeiten die Lust am Umgang mit Ihnen verliert. Seien Sie diplomatisch und geben Sie sich, vorerst wenigstens, mit einem Teilerfolg zufrieden und - bleiben trotzdem freundlich! Auch beim Umgang mit *Bobby* gilt: Sie sollten aus einer »Verhandlung« zumindest nicht schlechter herauskommen, als Sie hineingegangen sind.

Schon früh, aber altersgemäß beginnen

Ihre wichtigste Frage ist zweifellos, ab wann Sie mit *Bobbys* Erziehung beginnen können. Früher ließ man die Hunde lange, wie es hieß, »roh« und verschenkte damit kostbare Monate, die man dann mit drakonischen Erziehungsmaßnahmen wieder wettmachen mußte.

Wenn *Bobby sieben Wochen alt* ist, ist sein Gehirn ausgereift, und er wird es auch benutzen. Aber gerade, weil er noch klein und ein unbeschriebenes Blatt ist, lernt er leicht und vor allem, das früh gelernte prägt sich ihm für alle Zeiten ein. Sollte *Bobby* beispielsweise ein Bern-

Achten Sie auf auch Ihre »guten Manieren«: Machen Sie immer ein freundliches Gesicht und lächeln Ihrem Hund zuversichtlich zu!

Vor jedem Üben bringt man den Hund dazu mit Aufruf »Schau her!« und einer Handbewegung dazu, sich auf seinen Menschen zu konzentrieren.
Wichtig ist dabei weniger der Zug an der Leine (sie hängt lose durch), als vielmehr der Augenkontakt, mit dem eine innere Verbindung zwischen Mensch und Hund eingeleitet wird.
Mensch und Hund müssen wirklich aufeinander konzentriert sein. Sonst sind noch so viele Übungen sinnlos.

hardiner sein, wie viel handlicher ist dieser mit sieben Wochen! Das gilt aber für kleinere Rassen ebenso. Außerdem, wollen Sie warten, bis sich BOBBY etwas Falsches angewöhnt hat, um es ihm dann mühsam wieder abzugewöhnen?

Sicherlich, mit sieben Wochen ist BOBBY in vielem noch ungeschickt, wie auch seine Fähigkeit, sich zu konzentrieren, nur kurze Zeit anhält. Aber, Sie sehen ihm sofort an, wenn er müde ist, keine Lust hat oder krank ist. Das ist kein guter Zeitpunkt zum Lernen. Bald werden Sie auch merken, ob BOBBY in bestimmter Hinsicht besonders sensibel ist. Vielleicht verstört es ihn, wenn Sie zu laut mit ihm herumkommandieren oder er wird nervös, wenn Sie zu heftig an seiner Leine ziehen. Es heißt also, *immer mit dem geringst möglichen Aufwand von Kraft auszukommen,* das gleiche gilt auch, wenn Sie ihn einmal korrigieren (bestrafen) müssen. Beobachten Sie eine Hundemutter mit ihren Welpen, werden Sie sehen, daß diese ihre Welpen *schnell,* d.h. *im Augenblick der »Untat«* , energisch und immer in der richtigen Weise und Dosierung diszipliert. Mal reicht ein Knurren, ein andermal drückt sie ihn energisch zu Boden. Kein Welpe fürchtet seine Mutter, er versteht, was sie gemeint hat und blickt mit anhänglichem Respekt zu ihr auf.

Auch für Sie gilt: Sagen Sie energisch mit tiefer Knurrstimme »Nein!«, oder »Aus!« oder »Laß das!«, was in etwa dem Knurren der Hundemutter entspricht. Oder packen Sie BOBBY, solange er klein ist, an Halsband oder Leine und schütteln ihn, während Sie »Nein!«, »Aus!« oder »Laß das!« sagen. Ist BOBBY größer, schütteln Sie ihn, indem Sie sein Fell rechts und links an seinem Hals packen, sein Vorderteil zu sich hochheben, ihm ernst in die Augen blicken (Augenkontakt, davon später mehr) und wiederholen so Ihr »Nein«, »Aus« oder »Laß das!«. Ist es wirklich ernst, aber nur dann, gibt es, mit Ihrer Hand oder dem Leinenende, einen kräftigen Klaps auf den Rücken seiner Schnauze oder unter sein Kinn. Dies ist reserviert für Fälle, wo sich BOBBY unerlaubt aggressiv benimmt. Stellen Sie sich vor, BOBBY ginge auf eine Katze los. Die würde sich fauchend zu ihm umdrehen und ihm fix mit ihren scharfen Krallen tüchtig eins auswischen. Wer dies einmal miterlebt hat, weiß, wie gut das wirkt!

Die Methode mit der Zeitungsrolle sollten Sie schnell vergessen. Sie hat mehr Schaden angerichtet, als sie je nützen konnte und gehört zu den gleichen *Ammenmärchen,* wie auch das, man solle junge Hunde mit der Nase in ihr unerwünschtes Geschäft stoßen, damit sie stubenrein würden. *»Nimm keine Axt, um eine Fliege aus dem Gesicht eines Freundes zu verscheuchen.«*

Das vielfach empfohlene Schütteln am Nackenfell ist ebenso nicht problemlos. Angeblich soll das die Hundemutter tun, und wir sollen ebenso verfahren. Leider aber kann daraus der »handscheue« Hund entstehen, der sich vor Ihren Zugriffen fürchtet und auch ausweicht, wenn Sie nur seinen Kopf streicheln wollen. Also am Nackenfell nur in den Ausnahmefällen schütteln, wenn weder Halsband noch Leine angelegt sind.

Wo übt man am besten mit seinem Hund

Als nächstes wollen Sie wissen, *wo* Sie mit *Bobby* das Üben anfangen sollen. Zuerst übt man zuhause in der gewohnten Umgebung und so, daß man möglichst wenig gestört wird dabei. Sehr viele Grundübungen können Sie mit *Bobby* geschickterweise dann üben, wenn Sie ihn auf dem Tisch haben, wo Sie ihn *täglich kämmen und bürsten.* Auch wenn er noch ziemlich wenig Haare hat, ist dies der Erziehung wegen besonders wichtig. Auf dem Tisch können Sie mit ihm auf sanfte Weise die ersten Versuche mit »Sitz!«, »Platz!«, »Steh!« »Bleib da!« machen. Gleichzeitig lernt er auch, daß Sie »Macht« über ihn haben: Sie können ihn anfassen, hochheben, auf den Rücken rollen, seine Schnauze öffnen. Je größer er wird, umso wichtiger ist es, daß er das ganz selbstverständlich mit sich geschehen läßt.

Je weiter seine Fähigkeiten sich entwickeln, umso häufiger üben Sie unter zunehmender *Ablenkung.* Im Garten, im Wald, in den Außenbereichen Ihrer Stadt. Nach den Übungen zu verkehrsarmen Zeiten, verlegen Sie diese in immer abwechslungsreichere Gegenden: Üben Sie inmitten von Verkehr, Menschenmengen, Kindern, Hunden, Autos. Ihr Hund soll das alles möglichst nicht weiter beachten, er hat sich vor allem auf *Sie* zu konzentrieren und auf das, was er gerade tun soll.

Wieviel Zeit wird benötigt?

Die bange Frage, wieviel Zeit Sie das alles kosten wird, ist schnell beantwortet. Die allerersten Anfangsübungen fallen nur ganz kurz aus, also *5-10 Minuten zweimal am Tag* reichen. Haben Sie das »Sitz!« beispielsweise bereits auf dem Tisch beim Kämmen mit *Bobby* geübt, zählt diese Zeit mit. Haben Sie die ersten zaghaften Versuche hinter sich, üben Sie zweimal oder dreimal am Tag, je nachdem, wie Sie sich das einteilen, immer etwa *zehn Minuten,* also *20-30 Minuten täglich.* Viele der Übungen können Sie auch so »nebenher« erledigen, z.B. das »Platz!«, wenn Sie ohnehin in der Küche oder am Schreibtisch zu tun haben. Sie müssen nur gewissenhaft darauf achten, daß *Bobby* jede Anweisung auch wirklich korrekt befolgt.

Je *jünger* der Hund ist, umso *kürzer* müssen die einzelnen Übungsabschnitte sein. Bis zum Alter von sechs Monaten sind alle Übungen nur positiv, d.h. es gibt nur die Wiederholung und *»Nein!«,* aber keine drakonischen Strafen. In dieser Zeit bauen Sie *Bobby*s Selbstvertrauen auf. Wenn *Bobby* älter wird, lernt er durch das Üben, sich auch längere Zeit zu konzentrieren. Ganz gleich, wie oft Sie täglich mit dem Hund üben, immer muß er danach einige Stunden Zeit für sich haben. Dafür müssen Sie aber wirklich auch *jeden Tag* mit *Bobby* üben und nach Möglichkeit auch zur etwa der gleichen Zeit. Sie werden sehen, er richtet sich bald darauf ein und kommt von selbst, wenn seine Zeit gekommen ist.

Dies alles gilt für die Grundübungen. Mit der ernsthaften, »richtigen« Ausbildung zum Fährtenhund, Schutzhund usw. muß man schon warten, bis *Bobby* wirklich ausgereift ist. Wieviel leichter fällt ihm aber jede weiterführende Ausbildung, kommt er aus einer guten Kinderstube mit guten Hundemanieren.

Ist aber, umgekehrt, Ihr *Bobby* eigentlich schon erwachsen und trampelt auf Ihren Nerven herum, dann müssen Sie auch in diesem Fall, wie mit einem Welpen, das kleine 1x1 von Anfang an mit ihm durchexerzieren.

Wenn *Bobby* sechs Monate alt ist, sollte er das Folgende begriffen habe: Er ist stubenrein (weitgehend jedenfalls), er zerkaut und zerreißt nur noch seine eigenen Sachen, er verträgt das Alleinsein für einige Zeit, er geht ordentlich an der Leine mit, er fährt gern im Auto, er ist brav auf seinem Tisch zum Kämmen und Bürsten, er kommt, wann man ihn ruft, und befolgt auch schon ganz schön das »Sitz!« und »Platz!«. Man kann ihn auch überall hin mitnehmen, ohne daß er sich vor fremden Personen fürchtet.

Obwohl das viel zu sein scheint, lassen Sie es langsam angehen, seine Lernfähigkeit nimmt, schon durch das Lernen selbst, täglich zu. Überfordern Sie ihn jedoch, wird er ängstlich, bockig und scheint plötzlich alles zu vergessen, statt etwas dazu zu lernen.

Es gibt keine Regel, wie lange Sie was mit *Bobby* üben sollen. Es dauert eben solange, wie er zum Begreifen braucht. Das kann mal schnell gehen oder ein andermal schrecklich lange dauern. Was zählt, ist aber letztlich *nur* das Gelernte, nicht der dazu benötigte Zeitaufwand gezählt nach Tagen, Wochen oder gar Monaten. Üben Sie daher eins nach dem anderen, erst wenn etwas begriffen ist, fangen Sie mit etwas Neuem an.

Wenn Sie nun doch wenigstens *ungefähr* wissen möchten, wieviel Zeit man so beim Lernen von etwas Bestimmten ansetzen muß, dann rechnen Sie, daß *Bobby* etwa 30-45 Tage benötigt, bis sich in seinem Gehirn etwas festgesetzt hat. Wenn Sie also das »Sitz!« mit ihm üben, brauchen Sie etwa sechs Wochen dafür. Haben Sie die Grundlagen für das »Sitz!« mit ihm erarbeitet, wozu Sie vier bis fünf Tage brauchen, und fangen Sie etwa eine Woche später an, ihm beispielsweise auch das »Bleib da!« beizubringen, wird er sich das ebenfalls nach etwa sechs Wochen, also in der siebten Woche eingeprägt haben. So fädeln Sie nach und nach Ihr Grundprogramm ein, bei dem zunehmend mehr Übungen in einer Lektion zusammengefaßt werden können. Sie müssen und dürfen auch nicht jeden Tag 30 Minuten lang nur »Sitz!« mit ihm üben, sondern müssen die Übungen abwechslungsreich gestalten.

Der richtige »Mix« von Gasgeben und Bremsen

Die Übungen fallen in zwei Kategorien: das *Gehen bei Fuß an der Leine*, das *Apportieren* oder das *Kommen* sind beispielsweise Übungen, bei denen der Hund in *Bewegung* ist, während beim *Ablegen* und *Bleiben* sich der Hund sehr *stark zurückhalten* muß, was ihn naturgemäß mehr anstrengt und weniger Spaß macht. Daher sollten Sie nicht gerade »Steh!« und »Platz« innerhalb einer Lektion üben, sondern für einen interessanten Mix sorgen. Haben Sie andererseits einen richtigen Treibauf an der Leine, ist es besser, seine große Aktivität durch zwischengeschobene, »bremsende« Übungen zu dämpfen.

Wenn Sie mit etwas »durch« sind, heißt das aber nicht, daß Sie das nicht mehr üben müssen. Sie müssen es nun nicht mehr täglich, aber immer wieder einmal zur *Auffrischung* wiederholen, sonst wird es vergessen. Am besten macht man sich, je größer die Fortschritte werden, einen richtigen Plan: Was jeweils neu ist, wird verstärkt geübt, davor und dazwischen Dinge, die der Hund schon gut kann und daher gern tut, und an einigen Wochentagen noch ein paar Wiederholungen. Merkt man, daß irgendetwas nicht mehr so gut klappt, stuft man es übergangsweise wieder wie eine neue Übung verstärkt ein. Ebenso gestalten Sie die Übungsorte abwechslungsreich. Sonst laufen Sie Gefahr, daß *Bobby* bestimmte Dinge nur an bestimmten Orten »kann«.

Konsequenz vor allem im Alltag

Die wenigen Übungen, um dies es hier geht, werden *sämtlich* im täglichen Leben *dauernd* gebraucht. Sie haben, ist die Grundlage erst gelegt, dann eigentlich *weiter nichts zu tun,* als *eisern darauf zu achten, daß jede Ihrer Anweisungen auch immer korrekt, und nicht nur ein bißchen, befolgt wird.* Verlangen Sie von *Bobby*, er solle sich setzen, hat er sich auf »Sitz!« auch *sofort* hinzusetzen. Fangen Sie erst garnicht damit an, einen Befehl noch einige Male zu wiederholen, bis er endlich befolgt wird, sondern korrigieren Sie *Bobby* sofort, ohne den Befehl zu wiederholen. Verschenken Sie nicht die vielen Möglichkeiten, die sich Ihnen, täglich im Umgang mit *Bobby*, ohne besondere Anstrengung »nebenher« ergeben!

Viele Hundehalter machen den Fehler, den *Namen ihres Hundes falsch zu benutzen.* Sein Name wird *nur* im Zusammenhang mit einer Anweisung genannt, bei der er etwas *tun* muß. Soll er hingegen *nichts* tun, heißt es nur *»Bleib da!«, »Nein!«, »Aus!«.* Noch schlimmer ist es, wenn Sie *nur* seinen Namen drohend ausrufen, wenn Sie ihn ermahnen wollen. Soll er etwas unterlassen, heißt es nicht etwa *»Bobby!!!«,* sondern *»Neiiin!!!«.* Mit seinem Namen muß für *Bobby* immer etwas Angenehmes verbunden sein, niemals aber eine Strafe oder Ermahnung, dafür gibt es eigene Worte.

Nehmen Sie sich aber genügend Zeit, jedesmal nach dem Üben noch etwas mit *Bobby* zu *spielen.* Lassen Sie ihn anfänglich auch dabei *ange-*

leint, damit er sich auch jetzt noch von Ihnen geführt fühlt. Das Ende des Übens darf nicht heißen: Leine ab und ab durch die Mitte!

Etwas dürfen Sie niemals vergessen: Es genügt nicht, den Hund zu loben, wenn er etwas gut gemacht hat, *Sie müssen ihm auch sagen, wenn Sie mit dem Üben fertig sind.* Üben Sie also das »Bei-Fuß-Gehen«, dürfen Sie nicht zulassen, daß *BOBBY* sich schließlich von Ihnen entfernt, nur weil Sie meinen, es hätte eh ausgereicht. Wenn *BOBBY* nicht mehr »Bei-Fuß« zu gehen braucht, erlauben Sie ihm das ausdrücklich, beispielsweise mit »Lauf zu!«. Haben Sie ihm das Entfernen nicht ausdrücklich gestattet, müssen Sie ihn wieder zur Ordnung rufen. Das gilt grundsätzlich für alle Anweisungen, da der Hund sonst lernt, eine Aufgabe nach eigenem Ermessen zu beenden.

»Sitz!«, »Schau-her!«; »Bleib da!« und »Genug!«

»Sitz!«

Hunde setzen sich schon von sich aus oft hin. Wenn sie nachdenken, Sie anschauen oder etwas erwarten. Daher hat man auch beim jungen Hund immer wieder eine Gelegenheit, wenn er sich hinsetzt, ihm auch den Befehl *»BOBBY, Sitz!«* dazu zu sagen, und ihn dann, wenn er sitzt, zu loben: *»So ist's Braav!«* Je früher man das *»Sitz!«* zu üben beginnt, was daher auch unsere erste Übung ist, umso selbstverständlicher und leichter geht es. Wenn Ihnen das obige Verfahren zu lange dauert, gibt es mehrere Verfahren, das *»Sitz!«* gezielt zu üben.

Achten Sie bei allen Maßnahmen, mit denen Sie Ihren Hund manipulieren, darauf, daß *Sie sich immer auf der rechten Seite Ihres Hundes befinden,* Ihr Hund sich also immer auf Ihrer linken Seite befindet. Auch später ist seine Ausgangsposition, z.B. das »Bei-Fuß-Gehen«, immer auf Ihrer *linken* Seite.

Bei einem Welpen oder einem Kleinhund legt man den Grundbegriff am besten, wenn man ihn auf einen *Tisch* setzt. Mit der *rechten Hand* halten Sie ihn an seiner Leine, gleich wo sie am Halsband befestigt ist, der Rest der Leine hängt lose herab. Mit der *linken Hand* fahren Sie sanft über seinen Rücken herab bis zu seinen »Kniekehlen« , und schieben diese sanft, aber bestimmt nach vorn. Notgedrungen setzt er sich hin, da Sie ihn gleichzeitig an der Leine nach oben-hinten ziehen, so daß er sich nicht vorwärtsbewegen kann. Gleichzeitig, während er so niedergeht, sagen Sie mit fester, freundlicher Stimme *»BOBBY, Sitz!«*, und, wenn er dann sitzt, halten Sie ihn einige Sekunden in dieser Position fest und wiederholen das *»BOBBY, Sitz!«*, dann loben Sie ihn mit heller fröhlicher Stimme *»So ist's Braav!«*. Ihre Hände müssen dabei gleichzeitig samtweich und fest sein, Sie wollen ja den Hund nicht erschrecken, sondern nur ein bißchen nachhelfen. Dann lockern Sie den Griff und sagen freundlich *»Genug!«*, und erlauben *BOBBY* aufzustehen und ein Leckerle bekommt er auch.

Also: *BOBBY links* von Ihnen. *Rechte Hand* an der Leine (nach oben-hinten ziehen) *linke Hand* in seiner Kniekehle (nach vorne schieben) *»BOBBY, Sitz!«*, *»So ist's braav!«*, Leckerle, *»Genug!«*.

Nach dem gleichen Prinzip können Sie auch mit ihm auf dem Boden arbeiten, Sie knien sich an seiner rechten Seite dabei zu ihm herab, und dann, siehe oben.

Eine weitere Möglichkeit ist, einen Leckerbissen so nah über seinem Kopf nach hinten zu bewegen, daß er diesem mit seiner Schnauze folgt und sich dabei ebenfalls wieder hinsetzt. Die Befehle wieder wie oben. Viele werden diese absolut gewaltlose Übung vorziehen. Ich meine aber, daß es besser ist, ihn mit »drücken-ziehen-schieben« zu beeinflussen, da er dann diese *Körperbewegung* mit dem Befehl verknüpft, während er sie sonst zu sehr mit dem über seinem Haupte schwebenden Keks verbindet.

Vor allem bei einem größeren Hund können Sie aber auch *rechts* neben Ihrem angeleinten Hund *stehen, rechte Hand* wie oben an der Leine dicht am Halsband, mit der *linken Hand drücken Sie sanft sein Hinterteil herab,* während Sie die Leine wieder nach oben-hinten ziehen. Befehle und Lob wieder wie oben. Vergessen Sie niemals das *»Genug!«*, dann erst darf er aufstehen.

Auf diese Weise erreichen Sie, daß er die Schlüsselworte *»Sitz!«*, *»So ist's braav!«*, *»Genug!«* mit bestimmten Bewegungen zu verknüpfen lernt, und das sogar überraschend schnell. Bei jeder Übung halten Sie ihn etwas länger in der Sitzposition fest, damit er nicht meint, schnell mal hinsetzen und dann kommt gleich was Gutes, sei der Sinn der Sache. Legt er sich hin, statt sitzen zu bleiben, ziehen Sie ihn freundlich am Halsband hoch in die Sitzposition, und wiederholen anfangs

»Bobby, Sitz!«. Später korrigieren Sie ihn wortlos oder mit *»Nein!«* hochziehend.

»Schau-her!«

Sitzt *Bobby* nun so brav links neben Ihnen, versuchen Sie es gleich mal mit dem *»Augenkontakt«*. Bei gut erzogenen Hunden, die ganz prima folgten, haben Sie schon beobachtet, daß diese nicht irgendwo herumschauen, sondern immer erwartungsvoll zu ihrem Herrn und Meister aufblicken. Die tun das nicht nur, wenn sie absitzen, sondern auch dann, wenn sie neben ihrem Herrn herlaufen. Natürlich ist Ihnen klar, daß so ein aufmerksamer Hund viel besser folgen wird, als einer, der an wer weiß was denkt.

Außerdem ist *»Augenkontakt«* etwas für den Hund Natürliches, denn bei den Wölfen beispielsweise sucht das Alphatier den Augenkontakt mit den Untergeordneten, *»Augenkontakt« ist also wichtig für die Rangordnung.*

Sitzt also nun *Bobby* brav links neben Ihnen, halten Sie ihn, diesmal mit der *linken Hand* an der bestimmten Stelle der Leine sanft fest, mit der rechten Hand fassen Sie sacht unter *Bobby*s Kinn und heben seinen Kopf sanft in die Richtung ihres *freundlichen* Gesichtes zum *»Augenkontakt«*, wozu Sie ihm das Schlüsselwort sagen: *»Bobby, Schau her!«* Vielleicht mag aber *Bobby* nicht am Kinn gehalten werden. Sie versuchen es also mit einem Leckerbissen, den Sie ihm dicht vor die Nase halten und ihn dann bis zu Ihren Augen führen und ihn mit *»Bobby, Schau her!« »So ist's braav!« »Bobby, Schau her!«* loben und solange locken, daß er wenigsten ein paar Sekunden fasziniert in Ihre Augen blickt. Dann sagen Sie *»Genug!«* und geben ihm den Leckerbissen. Das wiederholen Sie noch ein paar Mal, *Bobby* begreift schnell, daß er Sie *ansehen* soll. Legt er sich allerdings zwischenzeitlich einfach mal hin, ziehen Sie ihn energisch in die Sitzposition zurück.

Klappt es mit Kinnhalten oder Leckerle schon ganz gut, versuchen Sie es einfach mal ohne diese Hilfen. Sie zeigen einfach nur auf Ihre Augen und sagen *»Bobby, Schau her!«*. Vielleicht haben Sie Glück, und er guckt auch gleich, wie gewünscht. Wenn nicht, tippen Sie ihm mit Ihrem Finger auf seine Nasenspitze oder seinen Kopf, führen dann den Finger zu Ihren Augen hinauf: *»Bobby, Schau her!«*. Was Sie erreichen müssen ist, daß er Ihnen etwa fünf Sekunden seine volle Aufmerksamkeit zuwendet. Sicherheitshalber üben Sie es nun umschichtig mal mit Kinnhalten, mal mit Leckerle, mal mit Finger-Tippen, mal ohne alles. Da wir später noch darauf kommen, wie wichtig »Augenkontakt« auch anderweitig noch ist, üben Sie fleißig weiter. Nach zwei oder drei Wochen haben Sie Ihren *Bobby* soweit, daß er die fünf Sekunden schon ganz gut durchhält.

Bobby soll deswegen zu Ihnen aufsehen, damit er immer gleich sofort merkt, wenn Sie ihm etwas mitzuteilen haben. Jetzt soll er nämlich das *»Bleib da!«* lernen, was, wie Sie noch sehen werden, etwas *ungeheuer Wichtiges* ist.

»Bleib da!«

Das *»Bleib da!« (nicht »Bobby, Bleib da!«)* ist eine sehr wichtige Übung. *Bobby* lernt dabei, daß er in einer bestimmten Haltung verharren muß, bis Sie ihm wieder erlauben, etwas anderes zu tun. Hier lernt er es nun in Verbindung mit dem Sitzen kennen.

Bis jetzt hat sich *Bobby* fix hingesetzt und war dann schnell wieder oben, um sich anderen Dingen zuzuwenden.

Jetzt lassen Sie ihn links neben sich absitzen, bringen ihn mit Leckerle oder Fingertippen dazu, zu Ihnen aufzuschauen und sagen *»Bleib da!«*, wobei Sie mit Ihrer linken Hand seine Leine noch oben gestrafft halten und gleichzeitig als *Handzeichen Ihre rechte Handfläche in Höhe seines Gesichtes* halten. Die Leine ist jetzt etwas länger, Sie halten sie gestrafft und machen mit Ihrem *rechten Fuß* einen Schritt, so daß Sie nun *Bobby* genau gegenüber stehen. Die gestraffte Leine hält ihn in seiner Position, mit Ihrer Fingerspitze regen Sie ihn an, wieder fünf Sekunden aufmerksam zu Ihnen hochzuschauen. Dann machen Sie den Schritt wieder zurück wieder in die Ausgangsposition.

Jetzt probieren Sie alles gleich nochmal. *»Bleib da!«* (Wort und Handzeichen) vor ihn hintreten, fünf Sekunden »Augenkontakt«, zurück in die Ausgangsposition. Wenn *Bobby* gut gelaunt ist, macht er das Spielchen ein paar mal mit, und Sie versuchen, die Zeit des *»Bleib da!«* immer ein bißchen mehr auszudehnen, aber immer noch halten Sie die Leine straff. Will er sich vorzeitig erheben, bringen Sie ihn mit kräftigem Leinenruck und *»Nein!«* an haargenau die Stelle zurück, auf der er eben gesessen hat.

Jetzt haben Sie das Gefühl, er fängt an zu begreifen, was das alles soll, und versuchen einmal, wenn Sie vor ihm stehen, die Leine etwas locker zu lassen, während Sie gleichzeitig *»BOBBY, Schau her!«*, *»Bleib da!«* sagen und ihm das *Handzeichen* dazu geben und er aufmerksam zu Ihnen hochsieht, während Sie ihn tüchtig loben *»So ist's braav!«*. Natürlich wird er die vermehrte Bewegungsfreiheit gleich auszunutzen versuchen. Er schaut mal eben weg, will sich lieber hinlegen - aber sofort sagen Sie energisch *»Nein!«* *»Bleib da!«* und ziehen ihn entschlossen in seine Sitzposition zurück, und ansehen soll er Sie auch.

Nach ein paar Übungen lassen Sie es gut sein, erlauben ihm *»Genug!«* und üben anschließend etwas Lustigeres mit ihm.

Nach und nach werden Sie merken, daß *BOBBY* das *»Sitz!«* und *»Bleib da!«* schon ganz schön in Fleisch und Blut übergegangen ist, und Sie geben ihm nach und nach mehr Leinenspielraum, indem Sie rückwärtsgehend den Zwischenraum vergrößern, wie Sie außerdem ausprobieren, ob es auch klappt, wenn *BOBBY* etwas *abgelenkt* wird. Zunächst gehen Sie, sitzt er brav da, einige Male hin und her, vielleicht umrunden Sie ihn auch. Steht er auf, solange das »Sitz« gilt, muß er immer wieder mit *»Nein!«* auf die gleiche Stelle zurückgeführt werden. Sie versuchen das alles dann mal im Wald, mal im Park, dann in verkehrsarmer Zeit in der Stadt und werden immer mutiger, wie *BOBBY* immer sicherer wird. Sie lernen nun aber auch, seine Körpersprache zu verstehen und bemerken es jedesmal, wenn er nur anfängt, unkonzentriert zu sein, sich nach etwas umzuschauen oder gar aufstehen zu wollen. Sofort korrigieren Sie ihn mit einem tüchtigen Leinenruck und *»Nein!«*.

Aber, bei jeder neuen Situation fangen Sie wieder damit an, daß Sie zunächst *BOBBY* fest mit der Leine kontrollieren; er darf nämlich gar nicht auf die Idee kommen, daß unter bestimmten Voraussetzungen das *»Sitz!«* *»Bleib da!«* vielleicht nicht gilt.

Klappt das *»Bleib da!«* mit der lose hängenden Leine schon ziemlich sicher, fangen Sie an, *BOBBY*s Verständnis noch weiter zu vertiefen. Sein Halsband darf dabei nicht auf Zug gestellt sein, so daß, wenn Sie jetzt sanft an der Leine ziehen, *BOBBY* einen gleichmäßigen Druck verspürt, dem er aber *nicht* nachgeben darf. Macht er auf den Zug hin Anstalten aufzustehen, sind Sie sofort bei ihm und bringen ihn energisch mit *»Bleib da!«* in seine Sitzposition an haargenau der gleichen Stelle zurück.

Der nächste Schritt ist nun, daß BOBBY das *»Bleib da!« nur auf das Handzeichen* hin befolgen muß. Er geht daher angeleint neben Ihnen, Sie sagen *»Bobby, Sitz!«*, wobei Sie dies vorerst noch mit einem leichten Leinenruck bekräftigen, geben ihm das *»Bleib-Handzeichen«* und gehen, *diesmal mit dem Rücken zu ihm*, weiter. Will er nun doch gleich mit, führen Sie ihn, mit energischem *»Nein!«* zum Absitzen an genau der gleichen Stelle zurück. Damit Sie sich nicht zu ihm umdrehen müssen, kontrollieren Sie ihn mit einem Handspiegel, steht er auf, müssen Sie ihn sofort wieder mit *»Nein!«* zu seiner Ausgangsstelle zurückbefördern.

Ist er brav sitzengeblieben, kehren Sie nach einigen Schritten wieder zu ihm zurück, bleiben einige Sekunden vor ihm stehen, loben ihn, dann umkreisen Sie ihn, bleiben an seiner rechten Seite stehen, zählen innerlich bis fünf, und lassen ihn dann frei mit *»Lauf zu!«*.

Was Sie erreichen wollen ist, daß BOBBY auf *»Sitz!«* und *Handzeichen »Bleib da!«* sich sofort setzt und sitzen bleibt, auch wenn Sie weitergehen. Außerdem springt er nicht sofort auf, wenn Sie zurückkehren, sondern muß warten, bis Sie ihm entweder mit *»Lauf zu!«* die Freiheit gegeben haben, oder ihm mit einem neuen *»BOBBY, Fuß!«* zum Weitergehen neben Ihnen auffordern.

Kühn geworden, meinen Sie, jetzt muß es auch ohne Leine klappen. Am besten probieren Sie das zuerst im Haus aus, damit BOBBY sich auch richtig konzentrieren kann. Vorsichtshalber legen Sie ihm aber doch die lange Sicherheitsleine an, und bei jeder Übung vergrößern Sie nun den Abstand zwischen sich um dem sitzenden Hund. Merken Sie sich die Stelle genau, an der BOBBY sitzt. Denn, sobald er sich unerlaubt zu entfernen oder hinzulegen versucht, bringen Sie ihn zu haargenau der gleichen Stelle zurück, und lassen ihn wieder absitzen *»Bleib da!«* und entfernen sich wieder. Wenn es mit dem *»Bleib da!«* im Haus schon ganz zufriedenstellend klappt, verlegen Sie nun die Übung in eine einsame Gegend und verfahren wie oben.

Will BOBBY, wenn Sie sich entfernt haben, wiederholt nicht bleiben, müssen Sie wohl oder übel noch mal mit ihm üben, indem Sie *direkt* vor ihm stehen. Aber, Sie werden ihn jetzt auch energischer korrigieren, vielleicht schütteln Sie ihn sogar seitlich an Nackenfell zurecht und sagen *»Nein!«* , *»Bleib da!«*.

Lassen Sie sich Zeit mit dieser Übung, geben Sie hier niemals nach, denn sie muß sitzen. Macht *Bobby* Schwierigkeiten, selbst wenn Sie in seiner Nähe sind, hilft in diesem Fall nur, ihn vermittels des *Stachelhalsbandes* energisch zu gesteigerter Aufmerksamkeit, sowohl beim *»Schau her!«*, wie bei der Sitzposition zu zwingen. Er muß wissen, Sie lassen nicht locker und das kann sich für ihn verdammt ungemütlich anfühlen. Klappt es in Ihrer Nähe, dafür aber nicht in Entfernung, müssen Sie jedesmal wieder in seiner Nähe anfangen, und den Abstand dann schrittweise wieder vergrößern. Schließlich haben Sie es geschafft: Sie stehen am Ende der 20 m Leine und *Bobby* bleibt tatsächlich fünf Minuten sitzen. Für den Anfang ist das schon allerhand. Wenn Sie diese Übung vertiefen, müssen Sie darauf achten, daß Sie *mit jedem Meter,* den Sie sich weiter von ihm entfernt haben, wieder erst mit nur *wenigen Sekunden* zufrieden sein, und seine Ausdauer fortlaufend *minutenweise,* bis zu fünf Minuten steigern müssen.

Warum das »Sitz-Bleib da!« so nützlich ist

Das *»Sitz!« »Bleib da!«* ist eine der wichtigsten Übungen überhaupt. Sie bringen, ganz gleich, welche »Untat« er gerade im Sinn hat, ihn sofort nicht nur unter Ihre Kontrolle, sondern wirken gleichzeitig ungeheuer beruhigend auf ihn. Nicht zuletzt spielt das *»Sitz!«, »Bleib da!«* eine wichtige Rolle bei allen möglichen Übungen, bei deren Beginn er erstmal sitzen bleiben muß, wenn Sie sich von ihm entfernen.

Wir haben früher in diesem Buch bereits davon gesprochen, wie nützlich das *»Sitz!«, »Bleib da!«* ist. Wenn der Hund Besucher manierlich empfangen soll, wenn er Angst hat und brav neben Ihnen sitzen bleiben soll, wenn Sie unterwegs Freunden oder Bekannten begegnen, die er nicht anspringen soll. Statt Angst zu haben oder aggressiv zu sein, ist er nun mit dem Ausführen dieses Befehls beschäftigt, was gleichzeitig seinen inneren Aufruhr stoppt.

Aber mit diesem Befehl sorgen Sie auch für seine Sicherheit. Beispielsweise hat er im Auto sitzen zu bleiben, bis Sie ihm erlauben, auszusteigen; er prescht also nicht vor Ihnen heraus und kommt womöglich in voller Fahrt gleich unter die Räder des nächsten Autos. Ebenso muß er absitzen, bis Sie die Autotür für ihn geöffnet haben und ihm erlauben, einzusteigen.

Freilich, gerade wenn Sie Besuch haben, ist die Ablenkung groß und Sie müssen das erstmal gründlich mit ihm üben. Am besten, Sie laden wieder einige verständnisvolle Hundekundige ein, die Sie nicht für verrückt erklären, wenn Sie, während Sie sich unterhalten, immer wieder unterbrechen müssen, um *Bobby*s Sitzposition nochmals zu korrigieren. Erst, wenn es bei guten Freunden sicher klappt, können Sie sich weiter vorwagen und vielleicht mit *Bobby* in ein Restaurant gehen. Auch hier helfen »Beziehungen« . Sicherlich gibt es einen freundlichen Gastwirt, vielleicht hat er selbst einen Hund, der Ihnen in einer ruhigeren Zeit erlaubt, auch bei ihm mit *Bobby* zu üben. Sie werden sehen, nach und nach ist es für Ihren *Bobby* ganz selbstverständlich, mustergültig an einer gewünschten Stelle sitzen zu bleiben.

Sie müssen darauf achten, daß grundsätzlich immer Sie der erste sind, der durch eine Tür oder eine Treppe herauf- oder herabgeht. Erst Sie, dann *Bobby*. Um das mit ihm zu üben, lassen Sie ihn wieder,*»Bleib da!«*, vor der Tür oder Treppe absitzen, bis Sie die Tür geöffnet und durchschritten haben oder am Ende der Treppe angekommen sind. Dann darf *Bobby* Ihnen folgen. Erst später, wenn er schon vielerlei kann, können Sie ihm mit *»Bobby Geh Voran!«* ausdrücklich erlauben, auch einmal vorauszugehen.

Nicht alle Hunde lieben es, von Fremden angefaßt zu werden. Das ist schwierig, wenn der Hund zum Tierarzt muß und ärgerlich auf Ausstellungen. Auch hier nützt es wieder, das mit dem *»Sitz!« »Bleib da!«* schrittweise zu üben. Sie fangen damit an, daß Sie *Bobby* absitzen lassen, und seitlich vor ihm stehend, vorsichtig seinen Körper, seinen Kopf, seinen Rücken, seine Beine berühren, anheben, seinen Kopf berühren, seine Schnauze öffnen usw. Wenn er dabei seine Position verändern will, korrigieren Sie ihn wieder mit dem *»Nein!«*, er muß wieder genau an der gleichen Stelle sitzen. Das Ganze nochmal, bis *Bobby* kapiert hat, daß er in dieser Stellung allerlei Handgriffe über sich ergehen lassen muß. Als nächstes bitten Sie dann jemand, der *Bobby* schon ganz gut kennt, sich wie beschrieben mit *Bobby* zu beschäftigen und dulden Sie auch hier keinesfalls, daß *Bobby* das verweigert. Erst, wenn

So sitzt der Hund tadellos in Grundposition neben seinem Menschen. Die Leine muß immer lose durchhängen und wird in der RECHTEN Hand gehalten, bzw. über die RECHTE Schulter gelegt.
Die LINKE Hand ist aber stets bereit, zu Korrekturzwecken sofort energisch zuzugreifen. Nach erfolgter Korrektur ist die Leine mit der linken Hand sofort wieder loszulassen und muß, wie oben beschrieben, wieder locker durchhängen.

So bringt man den Hund wieder in die richtige Grundstellung links neben sich. Beachten Sie, daß sich der Mensch nicht zum Hund hinwendet, sondern seine Position beibehält. Beachten Sie auch den Leinenwechsel von einer Hand in die andere hinter dem Rücken (hier in Bild 2 übertrieben vorgeführt), sie geht einem bald in Fleisch und Blut über.

Hinter dem Rücken des Hundeführers wechselt die Leine von der rechten in die linke Hand.
Hat der Hund den Führer umrundet, wechselt dieser die Leine wieder von der linken in die rechte Hand.
Danach sitzt der Hund links neben dem Hundeführer wieder ab.
Zu beachten ist, daß sich die Grundstellung des Menschen nicht verändert, d.h. nur der Hund verändert seinen Standort.

Verschiedene Möglichkeiten den Hund in die Sitz-Position zu bringen. Man kann mit der rechten Hand den Hund am Halsband oder aber an der Leine, nah am Halsband, direkt mit bei dem Befehl »Sitz!« ruckartig nach oben-hinten ziehen. Mit der linken Hand drückt man gleichzeitig entweder mit der gespreizten Hand in die Lendentasche des Hundes nach hinten-unten, oder aber drückt mit der Handfläche die Kruppe des Hund kurz nach unten. Sitzt der Hund, Loslassen, Loben und Leine-Lockerlassen nicht vergessen! In allen Fällen bleiben die Füße des Menschen nach vorn gerichtet, d.h. er wendet dem Hund nur seinen Oberkörper zu.

Die richtige Grundstellung

Der Hund darf nicht zu dicht (oben) oder zu weit entfernt (unten) von seinem Menschen stehen, sitzen, liegen oder laufen.

die »Untersuchung« beendet ist, wird *Bobby* jedesmal gelobt, bekommt einen Leckerbissen, und dann wird er mit *»Genug!«* entlassen.

Knurrt *Bobby*, fletscht er gar Zähne, machen Sie »Augenkontakt«, sagen energisch *»Nein!«* und rucken ihn scharf zurecht. Ist er hingegen ängstlich, kommen Sie bitte nicht auf die Idee, ihn trösten oder beruhigen zu wollen, auch hier gilt es nur wieder *»Sitz!« »Bleib da!«*, worein sich *Bobby* zu fügen hat.

Die nächste Station ist dann ein zwar Hundekundiger, aber dem Hund Fremder. Wenn Sie *Bobby* das *»Sitz!« »Bleib da!«* befohlen haben, ist das für ihn das Signal, daß er sich das Anfassen gefallen lassen muß, ob er mag oder nicht. Auch das, ein paar mal geübt, wird er lernen. Vergessen Sie aber niemals, ihn auch zu loben *»So ist's braav!«*.

Es gibt unzählige Situationen in denen Sie mehr als dankbar dafür sein werden, daß Sie das *»Sitz!« »Bleib da!«* so gewissenhaft geübt haben.

Das Üben mit und ohne Leine

Wie gut Ihr Welpe von seinem Züchter für sein künftiges Leben präpariert worden ist, erkennt man unter anderem daran, wie mehr oder weniger schwierig es ist, ihn an Halsband und Leine zu gewöhnen. Führt er sich auf, als habe sein letztes Stündlein geschlagen, wenn Sie ihm das Halsband umlegen, können Sie sicher sein, daß er Ihnen, dank mangelhafter Frühest-Erziehung, auch in anderer Hinsicht Schwierigkeiten bereiten wird.

Jetzt bleibt Ihnen nichts anderes übrig, als ihm, vielleicht, wenn es zum Futter geht, ein leichtes Halsbändchen und eine leichte Leine anzulegen, die er, mit dem Futter beschäftigt, dann nicht so stark beachtet. Um ihn an die Leine zu gewöhnen, lassen Sie ihn auch sonst mit nachschleifender Leine (unter Ihrer Aufsicht!) herumlaufen. Auf diese Weise lernt er von selbst, *auf die Leine zu achten,* da er stolpert, wenn er darauf tritt, und so lernt, daß er die Leine neben sich haben muß.

Nur zu oft begegnen Sie Hunden, die wie eine kleine Lokomotive vor ihren Herrn gespannt zu sein scheinen, den sie keuchend nachschleppen. Seien Sie sicher, dies macht weder dem Herrn noch dem Hund wirklich Spaß. Also soll *Bobby* gleich lernen, wie man sich an der

Leine zu benehmen hat. Gleich von Anfang an bringen Sie ihm bei, daß er nicht ziehen soll. Wenn er nämlich von Anfang an nicht zerrt, müssen Sie ihm das später auch nicht abgewöhnen. Auch dies ist, wie Sie gleich sehen werden, eine Fortsetzung von *»auf die Leine achten«.*

Bevor Sie sich, auf einem ruhigen Waldweg etwa, mit Ihrem *Bobby* auf den Weg machen, sitzt er an der normalen Lederleine angeleint auf Ihrer linken Seite und sieht erwartungsvoll zu Ihnen empor - wie man das erreicht, wissen Sie ja nun. Sein Halsband ist diesmal *nicht* auf Zug, sondern fest eingestellt, Sie haben ein paar Leckerle griffbereit, was seine Aufmerksamkeit merklich steigert und gehen nun einfach *flott* voran, *Bobby* läuft auf Ihrer linken Seite mit, überholt Sie und ist schnell am Ende der Leine angekommen. Jetzt *würde* er ziehen, aber bevor es soweit ist, rucken Sie kurzentschlossen kräftig an der Leine, womit seine Vorwärtsbewegung gestoppt wird und sagen *»Nicht ziehen!«*, wobei Sie beide Wörter betonen. Sie müssen nicht so stark reißen, daß *Bobby* fast umfällt, sondern nur gerade so stark, daß seine Bewegung gestoppt wird.

Jetzt beugen Sie sich zu ihm vor, geben ihm ein Leckerle und loben ihn *»So ist's braav!«*. Sie müssen aufpassen, daß die Leine immer leicht durchhängt, sobald sie sich strafft, wird sofort geruckt, *»Nicht ziehen!«*, es gibt ein Leckerle und gelobt wird auch. *Sinn der Übung ist* aber, daß nicht Sie, sondern *Bobby* lernt, darauf zu achten, daß die Leine immer locker bleibt.

Trottelt *Bobby* jedoch hinter Ihnen her, schleifen Sie ihn nun nicht an der Leine nach, sondern drehen sich zu ihm um, gehen etwas in die Hocke und locken ihn mit einem Leckerle. Angekommen, wird er gelobt, und Sie gehen flotten Schrittes weiter, was ihn ohnehin zum Mitlaufen motiviert.

Sollte Ihr *Bobby* aber bereits groß und kräftig oder ausgewachsen sein, können Sie ihn vielleicht nur mit Ihren Armen nicht zurückziehen. Wenn *Bobby* zu ziehen anfängt, machen Sie auf dem Absatz kehrt und gehen zügig weiter, so daß Sie und *Bobby* in entgegengesetzte Richtungen ziehen, was ihn mit einem ziemlichen Ruck in die Leine laufen lassen wird. Wieder heißt es *»Nicht ziehen!«*, wenn er nun innehält: großes Lob. Er wird nach ein oder zwei solcher Erlebnisse ohnehin vorsichtiger werden und besser auf Sie und die Leine achten.

Vergessen Sie niemals, *Bobby* mit Belohnung zu loben, nachdem Sie ihn korrigiert haben. Erstaunlich schnell lernt er, wie weit er gehen kann, und nach nur zwei Wochen, wenn Sie jeden Tag mit ihm in dieser Weise unterwegs waren, werden Sie ihn höchstens noch ein- oder zweimal pro Ausgang an das Ende der Leine erinnern müssen.

Was aber, wenn *Bobby* nicht hält, was ich Ihnen eben versprochen habe? Jetzt gilt: »Wer nicht hören will, muß fühlen« , und Sie legen *Bobby*, so leid er Ihnen auch tut, das *Stachelhalsband* an, und verfahren, wie vorher ohne. Sobald Sie merken, daß er diesmal kapiert, was Sie von ihm wollten und sich danach richtet, legen Sie ihm wieder sein normales Halsband an.

Nach dem Üben in stiller Abgeschiedenheit begeben Sie sich nun mit *Bobby* in immer belebtere Gegenden, und üben auch dort mit ihm, »an das Ende der Leine zu denken« .

»Nicht ziehen!«, »Warten!« und erstes »Kommen«

Wenn Sie mit ihm an lose durchhängender Leine auf dem Gehsteig gehen, wird es vorkommen, daß *Bobby* vor Ihnen, ohne an der Leine zu ziehen, am Bordstein ankommt. Jetzt rucken Sie trotzdem an der Leine und rufen ihm zu *»Warten!«* und halten die Leine weiter straff, bis Sie bei Ihm sind, loben ihn, sagen *»Genug!«* und *»Nicht ziehen!«* und überqueren mit ihm die Straße. Am besten machen Sie einen kleinen Umweg und kehren gleich noch mal zu dem Bordstein zurück, und wiederholen die Übung mit dem *»Warten!«* noch dreimal, damit er sich das schon mal einprägt. Will er ohne zu warten gleich über die Straße, gehen Sie mit ihm nochmals zurück und wiederholen das *»Warten!«*.

Noch lange aber ist es nicht an der Zeit, *Bobby* ohne Leine mitzuführen. Davon später. Aber Sie wechseln zu der 20 m langen Leine über und üben das *»Nicht ziehen!«* und vor allem das *»Warten!«* mit ihm. Jetzt gilt es, darauf hinzuarbeiten, daß *Bobby* lernt, sich grundsätzlich nicht weiter als etwa 20 m von Ihnen zu entfernen. Selbst, wenn er später keine Leine mehr braucht, hat er sich die 20 m Leine als *unsichtbare Leine* eingeprägt. Wenn Sie nun probeweise die Leine weglassen, tun Sie dies erst nur für kurze Zeit und rufen *Bobby*, entfernt er sich zu weit von Ihnen, zurück oder lassen ihn auf sich warten. Außerdem sollten Sie nun, wenn Sie zu dem wartenden *Bobby* kommen, auch das *»Sitz!«*

und *»Bleib da!«* wieder in Ihre Spaziergänge einfließen lassen, um es zu wiederholen.

Lange-Leine »Regeln«

Für den Fall, daß Sie *Bobby* später einmal nicht unangeleint lassen können, ihm aber trotzdem möglichst viel Spielraum lassen wollen, sollten Sie *Bobby* vorbeugend schon jetzt einige andere Lange-Leine-Regeln angewöhnen. Wegen Tollwutgefahr ist beispielsweise in einigen Gegenden »Leinenzwang« , aber glücklicherweise steht nirgendwo, wie lang oder kurz die Leine sein soll. Oder Sie sind im Urlaub und haben keine Neigung, *Bobby*, der vielleicht trotz bester Manieren einem Hasen nachjagt, in fremder Umgebung zu suchen oder zu hoffen, daß er, laut Lehrbuch, immer zu Ihnen zurückkommt. Oder aber, *Bobby* ist im Gehorsam schon ganz gut, aber eben nur »ganz« gut.

An der 20 m-Leine kann *Bobby* sich rund um Sie herum viel Bewegung schaffen, sie ist »fast« Freilaufen, was Sie ihm mit *»Lauf zu!«* ausdrücklich erlauben. Was er aber, außer den »normalen« Befehlen, unbedingt lernen muß, ist, daß er auf den Zuruf *»Bobby Geh zurück!«* sofort und genau an seiner langen Leine zurückgehen muß. Hat er beispielsweise einen Baum oder ein Hindernis umrundet, muß er lernen, auf *»Bobby Geh zurück!«* genau an der *Leine* zurückzugehen, statt weiterzulaufen, und sich fest zu verhängen. Dann macht das Spazierengehen nämlich keinem von beiden mehr Spaß: *Bobby*, weil er sich dauernd irgendwo festhängt und dasteht und »dumm schaut« , und Ihnen nicht, weil Sie jedesmal über Gräben oder Büsche steigen dürfen, um Ihren *Bobby* zu befreien.

Natürlich können Sie *»Geh zurück!«* nicht mehr rufen, wenn *Bobby* seine Leine schon um drei Bäume gewickelt hat, sondern Sie ermahnen ihn so rechtzeitig, daß es noch sinnvoll ist.

Er kann auf diese Weise mal rechts oder links vom Wege allerlei untersuchen, wenn er sich gerade festzuhängen droht oder aber über einen Graben springend im Wald zu verschwinden gedenkt, rufen Sie rechtzeitig *»Bobby Geh zurück!«*.

Er lernt das ziemlich schnell, wenn Sie ihn an der langen Leine, die Sie dabei etwas kürzer gefaßt halten, gezielt an einigen Bäumen oder Pfosten vorbeiführen, und er links und Sie rechts etwa 1 m-1.50 m an dem Pfosten vorbeigehen. Haben Sie beide den Pfosten überholt, rufen Sie *»Bobby Geh zurück!«*, und ziehen, indem Sie weitergehen, die Leine kräftig nach. Bobby wird also abgebremst, zurückgezogen, stößt sich womöglich an dem Posten, um den er herum muß. Kaum ist er dort herum und auf einer Linie mit Ihnen, lassen Sie sofort die Leine locker, locken mit ein paar schnellen Vorwärtschritten *Bobby* zu sich hin und loben ihn *»So ist's braav!«*, geben ihm aber dann gleich wieder mit *»Lauf zu!«* seine Freiheit zurück. Man braucht etwa drei Pfosten, bis *Bobby* das »Prinzip« klar ist, und noch einige Wiederholungen auf den Spaziergängen. Der Unterschied zwischen *»Geh zurück!«* und *»Komm!«* ist klar. Rufen Sie den unangeleinten *Bobby* zurück, will er gerade im Wald oder Gestrüpp verschwinden, ist es gleich, welchen Weg er wählt, nicht aber, ist er an der langen Leine. Es kann aber sogar soweit kommen, daß *Bobby* in »verzwickten« Situationen eher auf das *»Bobby Geh zurück!«* reagiert, weil sich dieses für ihn als unausweichlicher erwiesen hat. Ansonsten gelten an der langen Spazierleine alle anderen Regeln und Befehle, wie bei der Leinenführigkeit und beim »Kommen« .

Auch das *»Kommen«* üben Sie schon mal an der langen Leine. Läuft er Ihnen fröhlich voraus, sammeln Sie die Leine soweit ein, daß Sie diese im Falle eines Falles ruckartig zurückziehen können. Dann rufen Sie *»Bobby Komm!«*, macht *Bobby* nicht sofort kehrt, verhelfen Sie ihm mit einem kräftigen Leinenruck zur Kehrtwendung. Bewegt Ihr Hund sich zu Ihnen hin, machen Sie sich etwas kleiner und ermuntern ihn, strahlend lächelnd, mit einigen Schnalzlauten, näher zu Ihnen zu kommen. Ist er dann bei Ihnen angekommen und stößt Sie vielleicht sogar beglückt mit seiner Schnauze an, loben und streicheln Sie ihn *»So ist's braav!«*. Achten Sie darauf, daß Sie das *»Bobby Komm!«* nur einmal sagen, wollen Sie ihn näher locken, verwenden Sie Schnalzlaute oder klopfen mit der Hand auf Ihren Oberschenkel, um ihn anzuspornen. Macht er hingegen zwischendurch kehrt, weil er sich's anders überlegt hat, gibt es nochmals einen Leinenruck. Mehr über das »Kommen« etwas weiter unten.

»Bei Fuß gehen«

Sind Sie jetzt mit *Bobby* unterwegs, sind Sie schon ein recht schönes Paar. Also, geht er an der Leine, ohne zu zerren, müßte er doch auch das

Handzeichen »Sitz!« (oben)

Handzeichen »Platz!« (Mitte)

Beim Gehen »bei Fuß« wird die Leine mit der rechten Hand gehalten oder lose über die rechte Schulter gelegt. Die linke Hand ist allerdings stets bereit, zur Verbesserung blitzartig zuzugreifen. Nach erfolgter Korrektur muß die Leine mit der linken Hand sofort losgelassen werden und wieder lose durchhängen. Sonst wird der Hund durch den Druck am Hals zum Gegendruck veranlaßt, d.h. er gewöhnt sich daran, heftig an der Leine zu ziehen.

»Bei Fuß-Gehen« lernen können. Aber was heißt das eigentlich »Bei Fuß«?

Scheinbar ist *»Bei Fuß«* etwas ganz Einfaches: Es besagt nichts anderes, als daß *Bobby*, der in die gleiche Richtung wie Sie blickt, sich sitzend, stehend, liegend oder gehend auf Ihrer linken Seite, *dicht* neben Ihnen befinden soll. Sein Schulterblatt soll sich etwa in einer Linie mit Ihrer linken Hüfte befinden. Er darf Sie dabei nicht berühren, sich nicht bei Ihnen anlehnen oder sich gar auf Ihren Fuß setzen. Das alles muß man dem Hund *richtig* beibringen. Was so einfach aussieht, ist eine der komplexesten Aufgaben, weil der Hund dabei sehr viel zu beachten lernen muß.

Hier, bei den *Leinenübungen* bedeutet das: Statt vor Ihnen oder hinter Ihnen herzulaufen, hat also *Bobby* nichts weiter zu tun, als eisern an Ihrer linken Seite zu bleiben, ganz gleich, wie schnell, wie langsam und in welche Richtung Sie gehen. Er läuft nicht nur links *neben* Ihnen her, sondern auch dicht bei Ihnen.

Sie müssen dabei zweierlei beachten. Erstens soll *Bobby* immer (oder wenigstens häufig) *konzentriert* zu Ihnen emporblicken. Zweitens muß er lernen, außer dem Schlüsselwort *»Bobby, Fuß!«*, auch die Sprache Ihrer Füße zu beachten. Wenn Sie sich nämlich vorwärts bewegen, beginnen Sie *immer mit dem linken Fuß!* Bleiben Sie stehen, setzen Sie jedoch den rechten Fuß fest auf, und ziehen den linken Fuß in dessen Höhe. Vielleicht üben Sie das erstmal ohne den Hund. (Wenn es Ihnen allerdings lieber ist, mit dem rechten Fuß zu beginnen, dann können Sie auch das tun. *Immer aber müssen Sie grundsätzlich bei dem gleichen »Anfangsfuß« bleiben.*)

Damit *Bobby* zu erkennen lernt, *wo* er sich genau neben Ihnen befinden *soll*, geben Sie ihm noch eine kleine Hilfe: Sie halten ein Leckerle links in Höhe Ihrer Hüfte, und animieren *Bobby*, dorthinauf zu schauen. Ist er in der richtigen Position, loben Sie ihn. Später, wenn er das schon gut begriffen hat, genügt es, wenn Sie mit der flachen Hand leicht in Höhe von Hüftgelenk/Oberschenkel klopfen, um *Bobby* zur Aufmerksamkeit zu ermuntern.

Fangen wir also an. *Bobby* sitzt angeleint links neben Ihnen und sieht aufmerksam zu Ihnen empor. Sie haben das Ende der Leine entweder in Ihrer *rechten Hand* oder aber über Ihre *rechte Schulter* gelegt, die Leine hängt also *nicht gestrafft* diagonal in Richtung Hund an Ihnen herab. Wie schon oben geübt, darf der Hund die Leine nicht straffen, wie er überhaupt die Leine nur dann spüren darf, wenn Sie ihn korrigieren. Wenn Sie sich jetzt mit dem linken Fuß zuerst in Bewegung setzen, sagen Sie nur *»Bobby, Fuß!«*, schnalzen vielleicht nochmal aufmunternd oder klopfen auf Ihre Hüfte und gehen zügig voran. Sobald *Bobby* sich nicht exakt neben Ihnen befindet, ergreifen Sie jetzt mit Ihrer *linken* Hand die Leine möglichst nah am Halsband und ziehen ihn mit energischem, kurzen Ruck zu sich hin, danach lassen Sie die Leine *sofort* wieder los. Sobald Sie *Bobby* in die richtige Position gebracht haben - Sie gehen natürlich ohne irgendeine Pause zügig weiter - loben Sie ihn *»So ist's braav!«*. Sobald sich *Bobby* irgendwie von Ihrer linken Seite entfernt, gibt es sofort den scharfen Ruck und dann, sobald *Bobby* wieder richtig neben Ihnen ist, sofort das Lob. Der Befehl *»Bobby, Fuß!«* wird *nur* am Beginn gegeben, und, während Sie gehen, nicht mehr wiederholt, weil er sich sonst daran gewöhnt, daß er erst den mehrfachen Befehl beachtet.

Versuchen Sie von Anfang an, *mit ihm gemeinsam in einem bestimmten Rhythmus* zu gehen, vielleicht summen Sie ein flottes Wanderlied vor sich hin. Obwohl sich das mancher nicht vorstellen kann, wirkt es motivierend auf den Hund, er wird sich dem Rhythmus anpassen und sehr viel konzentrierter bei der Sache sein, als ohne Melodie. Flott geht es beispielsweise mit »Das Wandern ist es Müllers Lust« , vielleicht mögen Sie aber ein anderes lieber. Auch das langsame Gehen bei Fuß können Sie musikalisch untermauern, vielleicht mit »Gute Nacht, Kameraden« oder einem anderen, langsameren, getrageneren Lied. Wer keine Lust zum Singen hat, kann im Takt mitzählen, um sich zu kontrollieren, daß man das Tempo gleichmäßig einhält. Aber Sie wollen ja das Bei-Fuß-Gehen in fröhlicher Stimmung bewältigen, es geht wirklich leichter mit einem Lied, als in heiterer Tonlage 1-2-3-4 zu zählen. In manchen Büchern wird empfohlen, mit dem Hund zu reden, um ihn aufmerksam zu halten. Aber, probieren Sie es aus, es stört dem fließenden Geh-Rhythmus; Sie werden nämlich später sehr froh sein, wenn Ihr Hund gelernt hat, grundsätzlich Ihren Rhythmus zu dem seinen zu machen.

Dies *Einüben eines gemeinsamen Rhythmus* vereinfacht aber nicht nur das Lernen. Sollten Sie später vielleicht *Bobby* einmal ausstellen wollen, macht es einen hervorragenden Eindruck, wenn Hund und Führer perfekt harmonieren, es erleichtert auch das Miteinander-Gehen. Sie wissen selbst, wenn Sie mit einer anderen Person zusammen gehen, macht schnell einer einen zusätzlichen Schritt, um die Bewegungen zu *synchronisieren.*

Wollen Sie *schneller* gehen, machen Sie mit Ihrem *linken* Fuß einen *kürzeren, schnelleren Schritt.* Wollen Sie hingegen das *Tempo drosseln,* machen Sie mit Ihrem *linken* Fuß einen *längeren, langsameren Schritt. Bobby* wird das bald kapiert haben. Er bekommt auf diese Weise auch »mehr Gefühl« für Ihre Körperhaltung: Gehen Sie schneller, ist Ihr *Oberkörper* mehr *vorwärts* geneigt, werden Sie langsamer, lehnen Sie, unbewußt natürlich, Ihren *Oberkörper* leicht *zurück.*

Achten Sie darauf, daß auch *Sie immer geradeaus sehen* und wenn Sie sich doch einmal zu Ihrem Hund hinwenden müssen, sollten Ihre Füße in der Gehrichtung bleiben. d.h. Sie nur Ihren Oberkörper bewegen. Erfahrungsgemäß merkt er an der Veränderung Ihrer Fußrichtung, daß Sie womöglich etwas an ihm korrigieren wollen, und wird daher leicht irritiert werden.

Von jetzt an beginnen Sie grundsätzlich jeden Ausgang mit *Bobby* mit zwei Minuten (nicht mehr!) flottem, konzentriertem »Bei Fuß gehen« . Entweder beginnen Sie so Ihren täglichen Ausgang oder aber jede Übungslektion mit ihm. Dabei wechseln Sie das Tempo von normal zu langsam oder schnell. Vermindern Sie das Tempo, sagen Sie leise zu ihm *»langsaam!«* oder schnalzen einmal. Werden Sie schneller, schnalzen Sie zweimal oder sagen leise *»marsch-marsch!«.* Für die Dauer ist es praktischer, *Bobby* an den Schnalzlaut zu gewöhnen. Sind Sie später mit ihm irgendwo unterwegs, können Sie ihn, ohne daß dies Fremden besonders auffällt, so ein Signal geben, das ihn zu erhöhter Aufmerksamkeit anregt. Alles übrige zeigen ihm die Bewegung Ihres linken Fußes, ihre veränderte Körperhaltung oder auch Handzeichen an, auf die wir noch kommen. Ebenso können Sie ihn unterwegs mit dem *zweifachen Schnalzlaut zur Beschleunigung* anregen, trottelt er hinter Ihnen her, statt ordentlich neben Ihnen zu gehen. Mit *einfachem*

Schnalzen können Sie ihn ermahnen, nicht zu weit vorauszulaufen, sondern sich etwas *langsamer fortzubewegen.*

Die Leine muß ständig durchhängen

Ein Wort zu der Leine. Sie ist Ihr »elektrischer« Draht zu Ihrem Hund, und Sie sollten sich vorstellen, die Leine steht unter Strom, d.h. sie möglichst wenig mit Ihren Händen berühren. Wenn Sie nämlich, wie in manchen Anleitungen zu lesen ist, *Bobby* beim Einüben des »Bei Fuß« an der straffen Leine führen, um ihm so zu zeigen, daß er dicht neben Ihnen bleiben soll, verleitet der ständige Druck *Bobby* dazu, zu ziehen. Probieren Sie es einmal aus. Haben Sie *Bobby* straff angeleint und er geht »Bei Fuß« und Sie lassen unter dem Gehen die Leine locker, prellt er sofort vor, weil er sich auf den *Gegendruck* eingestellt hat. Als Prinzip gilt daher auch hier: *Die Leine muß ständig durchhängen,* aber Sie müssen jederzeit bereit sein, *Bobby* blitzartig mit einem leichten oder, bei wiederholter Berichtigung, kräftigen Ruck zu korrigieren. Dann aber die Leine sofort loslassen, wie gesagt, sie ist »elektrisch«. Außerdem ist bei dem Üben mit loser Leine der spätere Übergang zum »ohne Leine« leichter zu bewerkstelligen.

Ein Wort zum Loben. Bei allen Leinenübungen sollten Sie *nur mit Worten und nur sehr selten mit einem Leckerle loben* und es vermeiden, den Hund zu streicheln oder zu liebkosen. Sie verleiten ihn sonst, seine womöglich bis dahin tadellose Körperhaltung zu verändern. Er rückt vielleicht zu nah zu Ihnen hin oder sitzt plötzlich krumm da, so daß Sie ihn im Anschluß an das Lob gleich wieder korrigieren müßten.

Wendungen nach rechts und links

Rechtswendungen

Damit der Hund lernt, sich unter allen Umständen an Ihrer Seite zu halten, üben Sie *Wendungen* und *Kreise.* Bei den *Rechtswendungen* ist der Hund an der *Außenseite* der »Kurve« , und geht praktisch außen um Sie herum. Nachdem Sie also etwa 5 m »Bei Fuß« mit ihm gegangen sind, setzen Sie, ohne in der Gehbewegung zu stoppen, Ihren linken Fuß vorn schräg vor den rechten, machen bei dem nächsten Schritt eine *Kehrtwendung nach rechts* (180°), und gehen in der gleichen Spur zurück. Aber bevor Sie mit zwei Schritten »wenden« , sagen Sie kurz *»Bobby, Fuß!«* und nehmen mit der linken Hand seine Leine *möglichst nah am Halsband*, so daß Sie mit kraftvollem Griff *Bobby nah zu sich heranziehen* und ihn so zwingen, die Kehrtwendung, ohne daß sich sein Abstand zu Ihnen vergrößert, mitzumachen. Haben Sie gewendet, rucken Sie notfalls den Hund leicht in die richtige Position neben sich und gehen zügig weiter.

Am besten, Sie üben diese Kehrtwendung zunächst aus dem Stand einige Male, damit Ihr Hund zu begreifen lernt, was Sie von ihm wollen. Der Hund *sitzt* neben Ihnen, Sie machen die Kehrtwendung nach rechts, wie oben beschrieben, dann bleiben Sie stehen, sagen *»Bobby, Sitz!«* und rucken den Hund so zurecht, daß der Hund ordentlich links neben Ihnen sitzt.

Achten Sie darauf, daß Sie die Leine *senkrecht nach oben-vorn* ziehen. Ziehen Sie die Leine zu sehr nach hinten, kommt der Hund zu weit hinter Ihnen zum Sitzen. Ziehen Sie die Leine diagonal, sitzt der Hund schräg, d.h. sein Kopf ist in der Nähe Ihres Knies, sein Hinterteil ist aber zu weit links. Der Hund sollte *kerzengerade* dicht neben Ihnen sitzen, ohne Sie zu berühren! Die Leine lassen Sie augenblicklich wieder los und loben *»So ist's braav!«*. Das wiederholen Sie pro Lektion fünfmal (zweimal mit Absitzen, dreimal mit Weitergehen) zwischendurch gehen Sie mit *»Bobby, Fuß!«* wieder ein paar Schritte nur geradeaus.

Damit der Hund nun nicht alle fünf Schritte wartet (manchen Hunden scheint das nämlich richtig Spaß zu machen), daß nun wieder eine *Kehrtwendung* kommt, schieben Sie noch eine *Rechtswendung* (90°) ein.

Auch hier, ohne langsamer zu gehen oder anzuhalten ergreifen Sie, wie oben beschrieben, seine Leine, und setzen Ihren linken Fuß zu einem großen Schritt *rechts-seitwärts*. Mit *»Bobby, Fuß!«* ziehen *Bobby* mit sich herum in die gewünschte Richtung und gehen weiter. Bleiben Sie jedoch alternativ einmal stehen, sagen Sie *»Bobby, Sitz!«*, und rucken *Bobby* so wie oben beschrieben zurecht, daß er brav neben Ihnen zum Sitzen kommt. Dann sofort wieder Leine loslassen und loben *»So ist's braav!«*. Sie wiederholen das Ganze pro Lektion insgesamt fünfmal (zweimal mit Absitzen, dreimal mit Weitergehen), wobei Sie zwischen den einzelnen Rechtswendungen noch ein paar Schritte geradeaus gehen. Versuchen Sie hin und wieder einmal, beim Stehenbleiben den Befehl *»Sitz!«* wegzulassen, vielleicht setzt *Bobby* sich schon »automatisch« hin.

Sie könnten nämlich hier das mit zu üben beginnen, was wir später als »automatisches Sitz« beschreiben. Der Hund würde es nämlich bereits hier begreifen, während hingegen der noch ungeübte Hundeführer oft Schwierigkeiten hat, sich allzuviel gleichzeitig nicht nur zu merken, sondern auch richtig weitergeben zu können. Daher ist es besser, man arbeitet sich gemeinsam *schrittweise* vor.

Linkswendungen

Bei der *Linkswendung* (eine Vierteldrehung nach links!) befindet sich der Hund auf der Innenseite der »Kurve« . Wenn Sie eine Linkswendung beabsichtigen, gehen Sie etwas langsamer, sagen *»Bobby, Fuß!«*, rucken mit der linken Hand kurz an der Leine und setzen Ihren linken Fuß nach *links vor den Hund*, den Sie damit abbremsen, falls er vorprellt. Mit einem großen Schritt umrunden Sie mit Ihrem rechten Fuß den linken und stellen ihn soweit davor, daß der Hund genügend Platz zum Wenden hat und gehen im gleichen Tempo weiter. Bleiben Sie jedoch alternativ stehen, geben Sie dem Hund nochmals einen kurzen Leinenruck *»Bobby, Sitz!«*, und sorgen dafür, daß er wieder tadellos links neben Ihnen sitzt. *»So ist's braav!«*. Sie wiederholen das Ganze pro Lektion insgesamt fünfmal (zweimal mit Absitzen, dreimal mit Weitergehen), wobei Sie zwischen den einzelnen Linkswendungen noch ein paar Schritte geradeaus gehen.

Mit der Linkswendung (wie später auch der Kreis linksherum) wirken Sie auf mehreren Ebenen auf Ihren Hund ein. Mit der Linkswendung können Sie *Bobby* korrigieren, wenn er zu weit vorprellt. Er kollidiert dann mit Ihrem linken Bein, was er sich bald merkt, wenn Sie dies ein paar Mal gemacht haben, hat er sich zu weit vorgewagt. Das Linksherumgehen fällt dem Hund weniger leicht als das »Rechtsherum« . Er befindet sich in der *Innenseite* des Kreises, was für ihn bedeutet, daß er sich sehr »zusammenreißen« muß. Weil damit auch das besonders langsame Gehen verbunden ist, muß er sich dabei, mehr als sonst, auf Sie konzentrieren.

Die Kehrtwendung nach Links (180°) hat ebenfalls doppelten Nutzen und muß daher sorgfältig geübt werden. *Bobby* wird dabei nicht nur an eine weitere Art der Richtungsänderung gewöhnt, sondern, was viel wichtiger ist, er lernt, *hinter* Ihnen durchzugehen, um in der »Bei Fuß-Position« zu bleiben. (Das Gleiche wird später beim *»Komm«* wieder gebraucht.)

Also, *Bobby* geht brav neben Ihnen »Bei Fuß« . Jetzt wollen Sie die Kehrtwendung nach links machen, d.h. Sie müssen sich, ohne dabei Ihren Schritt zu stoppen, praktisch *zum Hund hindrehen,* wozu Sie *Ihr Gewicht diesmal auf das rechte Bein verlagern* müssen. Die Leine halten Sie jetzt in der rechten Hand. Jetzt drehen Sie sich also sozusagen in den Hund hinein, während Sie gleichzeitig, im Gehen!, *hinter Ihrem Rücken die Leine von der rechten in die linke Hand nehmen,* und mit *»Bobby, Fuß!«* ermuntern Sie *Bobby*, nun hinter Ihnen herumzugehen und dann wieder richtig links neben Ihnen weiterzugehen.

Am besten, Sie üben diese Linkswendung zunächst aus dem Stand einige Male, damit die verschiedenen Handgriffe und Schritte sich Ihnen einprägen. Dabei *sitzt* der Hund neben Ihnen, Sie drehen sich zu ihm hin um, wechseln die Leine hinter Ihrem Rücken. Wenn Sie den Hund dann herumgezogen haben, hat er sich links neben Ihnen hinzusetzen.

Mir ist diese Bewegungsfolge so in Fleisch und Blut übergegangen, daß ich sie eben erstmal selbst praktisch durchführen mußte, um sie Ihnen auch beschreiben zu können. Dabei fiel mir besonders etwas auf, was ich hier anfügen möchte: Wieviel Spaß machen einem Hund alle diese Übungen, hat er sie »mit leichter Hand« gelernt. Jetzt nämlich sitzt »mein« *Bobby* betrübt da; er hätte nur zu gern noch weitere Wendungen gemacht. Übrigens: Wenn die Wendungen erst mal »sitzen« , braucht *Bobby* meistens den Befehl »Fuß« gar nicht mehr, da er sich immer wacker auf Ihrer linken Seite hält, wohin Sie sich auch wenden.

Im Kreis gehen

Nachdem Wendungen *Bobby* auf eindrucksvolle Weise gezeigt haben, daß er sich auch bei Richtungsänderungen eng an Ihrer linken Seite zu halten hat, üben Sie nun mit ihm, *im Kreis zu gehen.*

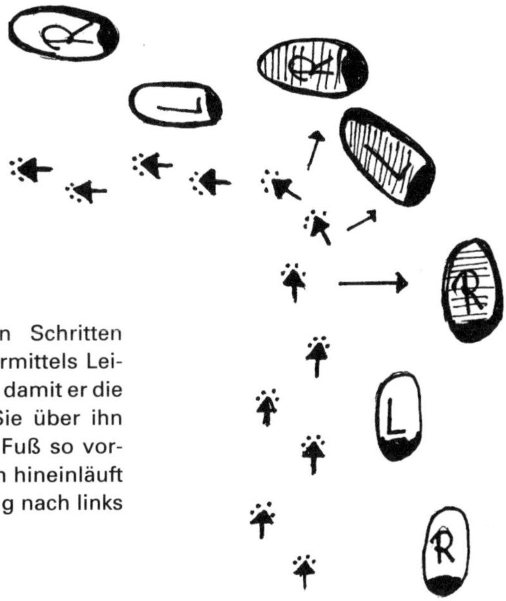

Linkswendung:
Bei den schraffiert eingezeichneten Schritten langsamer werden und den Hund vermittels Leinenruck zurück und zu sich hin ziehen, damit er die Linkswendung vollzieht, ohne daß Sie über ihn stolpern. Man kann auch den linken Fuß so vorziehen, daß der Hund beim Vorprellen hineinläuft und so gezwungenermaßen rechtzeitig nach links geht.

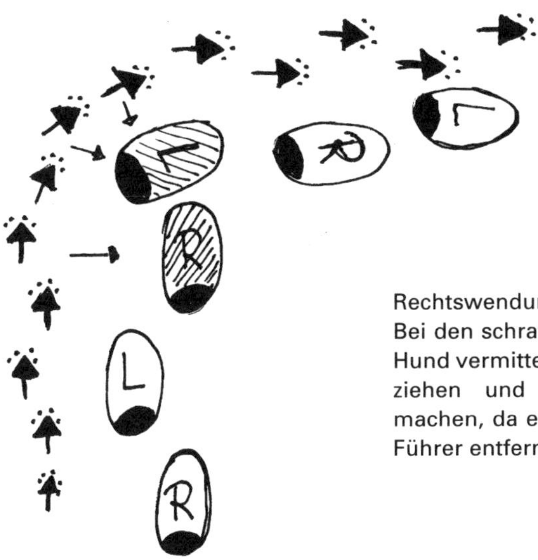

Rechtswendung:
Bei den schraffiert eingezeichneten Schritten den Hund vermittels Leinenruck und Befehl zu sich hin ziehen und auf die Wendung aufmerksam machen, da er sich sonst zu weit nach links vom Führer entfernt.

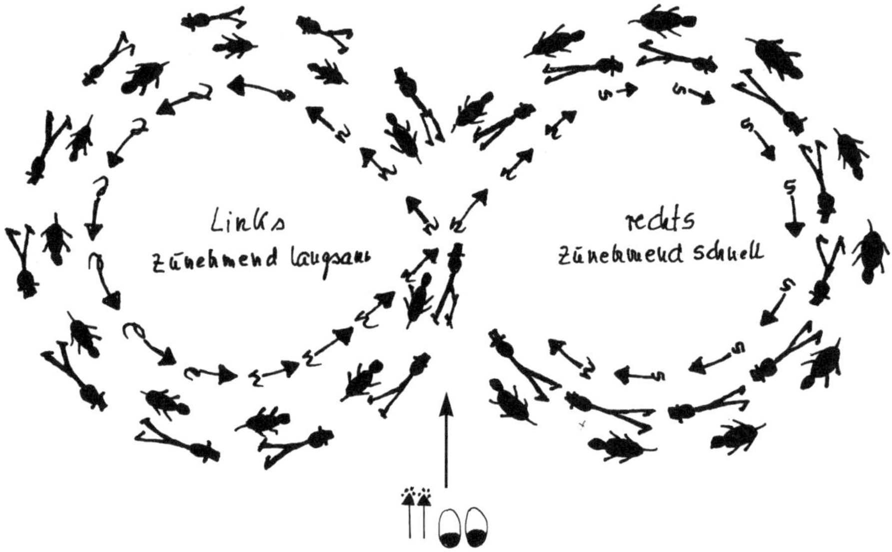

(n= Normal, l= langsam, s= schnell)

Beim ›Gehen von Achten‹ stellen Sie zwei Stühle (man kann auch Bücher oder andere Gegenstände als verwenden) im Abstand von 3-4 Metern auf, sie sind der jeweilige Mittelpunkt, den Sie in einer schleifenförmigen Linie einer liegenden Acht in Abstand von etwa einer Armlänge umrunden. Vor Beginn stehen Sie etwa 60 cm vom Mittelpunkt der gedachten Linie und lassen den Hund neben sich absitzen. Mit dem Befehl »Fuß!« und mit Ihrem rechten Fuß beginnend umrunden Sie den linken »Pfosten« erst in normalem Tempo. Je mehr Sie sich in die Kurve legen müssen, umso langsamer wird Ihr Schritt und auch der des Hundes. Der Hund befindet sich im Inneren des Kreises. Nach der Kurve Trittwechsel und in normalem Tempo weiter.

Bei der Umrundung des rechten »Pfostens« (diesmal Beginn mit dem linken Fuß) ist der Hund außerhalb des Kreises, er muß, je mehr Sie sich in die Kurve legen, sein Tempo zunehmend beschleunigen, während Sie Ihre Schritte etwas beschleunigen und verkürzen, damit er korrekt an Ihrer linken Seite bleibt. Auch hier wieder mit Trittwechsel zum normalen Schrittempo zurück kommen.

Bei jedem Tempowechsel sagen Sie anfänglich entweder »langsaam!«, beim Beschleunigen »komm-komm!« oder Sie schnalzen bei »langsam « einmal, bei »schneller« zweimal. Nach der ersten Acht gehen Sie gleich noch eine zweite und dritte, damit der Hund sich angewöhnt, sich ganz auf das von Ihnen vorgegebene Tempo zu konzentrieren und eng an Ihrer Seite zu bleiben.

Zuerst gehen Sie linksherum. Die Leine hängt lose durch, aber Sie sind jederzeit bereit, sie mit der linken Hand möglichst nahe am Halsband (dies hängt auch von der Größe des Hundes ab, Sie sollen ja aufgerichtet gehen dabei!) zu ergreifen, um ihn zu korrigieren. Sie sagen also *»Bobby, Fuß!«* und gehen mit ihm *sehr langsam* einen vollständigen Kreis von etwa 1 m Durchmesser linksherum. *Bobby* befindet sich in der *Innenseite* des Kreises. Sind Sie am Ende des Kreises angekommen, nehmen Sie die Leine in die rechte Hand, ziehen sie senkrecht hoch und sagen *»Bobby, Sitz!«*, mit der linken Hand drücken Sie ihn möglichst ohne sich zu ihm hinzuwenden, in die Sitzposition links neben sich. Leine sofort locker lassen, loben *»So ist's braav!«*.

Jetzt geht das ganze rechtsherum. Leine wieder wie oben, *»Bobby, Fuß!«*, aber jetzt machen Sie *kurze, schnelle Schritte,* verändern aber Ihr Tempo nicht. *Bobby* befindet sich an der Außenseite des Kreises, er muß jetzt schneller gehen als Sie, wenn er genau neben Ihnen bleiben will. Fängt er an, nachzuhängen, beschleunigen Sie seine Schritte mit zwei Schnalzlauten. Sind Sie am Ende des Kreises angelangt, bleiben Sie stehen und lassen *Bobby*, wie oben beschrieben, absitzen.

Also, linksherum gehen Sie sehr langsam, rechtsherum mit schnellen, kurzen Schritten, d.h. Sie sollen *nicht laufen!* Ganz gleich, wie Sie auch gehen, *Bobby* muß immer gut »Bei Fuß!« neben Ihnen bleiben. Jeden der Kreise wiederholen Sie dreimal.

Gehen Sie »Achten«!

Diese Übung ist ebenso praktisch wie nützlich. Trotz geringem Platzbedarf, man kann es zuhause im Garten oder notfalls auch in einem geräumigen Zimmer üben, können Sie *Bobby* wundervoll unter Ihre Kontrolle bringen. Außerdem wirkt diese Übung, bei der er sich sehr konzentrieren muß, sehr besänftigend auf sein Gemüt. Also, wenn *Bobby* allerlei Mucken hat, sich als Ihr Herr und Gebieter aufspielen will: Gehen Sie »Achten« ! Es ist außerdem eine Vorübung für den späteren »Ernstfall« , bei dem sich *Bobby* tadellos neben Ihnen halten soll, müssen Sie in den Straßen in einer Art Slalom die zahlreichen Passanten umrunden.

Für die »Achten« stellen Sie zwei Stühle - Sie können auch zwei Bücher auf den Boden legen - im Abstand von drei bis vier Metern auf, sie sind die jeweiligen Mittelpunkte, die Sie in einer schleifenförmigen Linie einer liegenden Acht im Abstand etwa einer Armlänge umrunden.

Bevor Sie beginnen, stehen Sie etwa 60 cm vom Mittelpunkt der gedachten Verbindungslinie und lassen *Bobby* neben sich absitzen. Sie sagen *»Bobby, Fuß!«*, und, mit Ihrem *rechten* Fuß beginnend, überschreiten Sie die gedachte Verbindungslinie linksherum erst in normalem Tempo, in Richtung des linken »Pfosten« , den Sie dann etwa im Abstand vom 30-50 cm linksherum umrunden wollen. Je mehr Sie sich jetzt in die Kurve legen müssen (was Sie an der Veränderung Ihrer Schultern bemerken) umso *extrem langsamer* wird Ihr Schritt. Ihr Hund befindet sich im Inneren des Kreises.

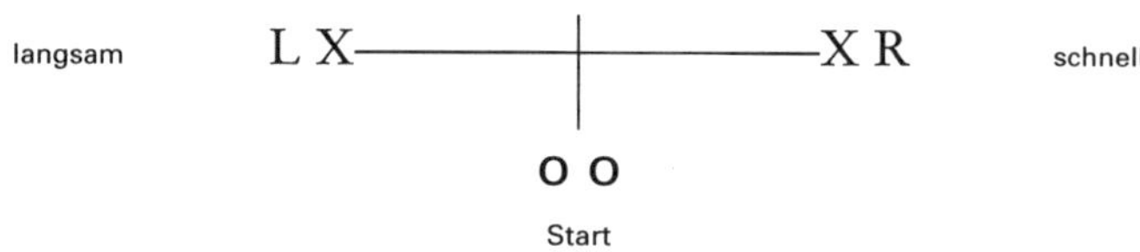

Haben Sie die Kurve hinter sich, wechseln *(mit Trittwechsel!)* Sie zum *normalen Schrittempo* über und steuern nun, über die gedachte Mittellinie hinweg, den *rechten* »Pfosten« an, den Sie nun, diesmal mit dem *linken* Fuß beginnend, mit einer Rechtskurve umwandern. Je mehr Sie hier in die Kurve kommen, umsomehr muß *Bobby* seine Schritte *beschleunigen,* damit er sich genau neben Ihnen befindet, während Sie Ihr Tempo in etwa beibehalten. Haben Sie die Kurve hinter sich, gehen Sie, *(mit Trittwechsel!)* wieder zum normalen Schrittempo über. Beim Umrunden des rechten »Pfostens« befindet sich der Hund auf der Außenseite des Kreises.

Jedesmal, wenn Sie das Tempo wechseln, sagen Sie entweder *»langsaam!«*, beim schneller werden *»komm-komm!«*, oder Sie schnalzen bei »langsam« *einmal,* bei »schneller« *zweimal.* Haben Sie die erste Acht hinter sich, gehen Sie zügig sogleich die zweite und danach die dritte an. Dann lassen Sie's genug sein. Auch hier gilt: *Nicht die Länge der einzelnen Übung, sondern die Zahl der Wiederholungen an verschiedenen Tagen sind das Ausschlaggebende!*

Das »automatische Sitz!"

Wenn Sie bei den Wendungen stehengeblieben sind, haben Sie *BOBBY* schon einige Male absitzen lassen. Jetzt üben Sie gezielt das »automatische Sitz!«. Auch das ist eine eminent wichtige Übung. *BOBBY* lernt dabei, daß er sich *unaufgefordert* sofort hinzusetzen hat, sobald Sie irgendwo stehen bleiben. Wenn Ihr *BOBBY* sich sowieso dann jedesmal hinsetzt, ist das sehr schön. Jetzt müssen Sie ihn aber regelrecht drillen, damit er, bleiben Sie stehen, überhaupt nicht anders kann, als sein Hinterteil ruckartig auf den Boden zu drücken.

Die Meinungen, ob man dabei jedesmal *»Sitz!«* sagen soll, gehen weit auseinander. Logisch richtig ist es, darauf hinzuarbeiten, ihm *keinen* Befehl zu geben, weil für *BOBBY Ihr Stehenbleiben das Signal sein soll, sich hinzusetzen.* Nur am Anfang oder in besonders kritischen Situationen geben Sie ihm sicherheitshalber mit einem Leinenruck oder mit *»BOBBY, Sitz!«* eine kleine Hilfe.

Also, beim nächsten »Bei Fuß Gehen« lassen Sie vorerst mal alle Kurven und Kreise weg und gehen flott fünf Schritte geradeaus. Die Leine halten Sie lose durchhängend in der *rechten* Hand. Nach fünf Schritten bleiben Sie stehen, ziehen mit der rechten Hand die Leine nach oben-hinten, und drücken mit der linken Hand auf *BOBBY*s Kruppengegend, so daß er sich nun, vorne gezogen und hinten gedrückt, niedersetzt und jetzt loben *»So ist's braav!«!* Jetzt gehen Sie weiter *»BOBBY, Fuß!«* und nach fünf Schritten wieder stehen bleiben, ziehen und drücken, und, wenn *BOBBY* sitzt *»So ist's braav!«.* Nach drei- oder viermaligem Stehenbleiben versuchen Sie, beim Stehenbleiben nur etwas an der Leine zu ziehen. Wenn sich *BOBBY* jetzt hinsetzt, wieder loben! Diese Übung müssen Sie am Anfang möglichst oft hintereinander machen, damit *BOBBY* das Absitzen wirklich in Fleisch und Blut übergeht. Sie merken das daran, daß er schon, wenn Sie nur anfangen, langsamer zu gehen, sich bereit macht, sein Hinterteil abzusenken. Jetzt wissen Sie, er hat es schon ganz gut intus.

Nun können Sie das »automatische Sitz« in das langsame und schnellere Gehen im Wechsel, wie auch in die Wendungen einzubauen, damit *BOBBY* lernt, daß er sich *immer,* aber auch *nur* bei Ihrem Stehenbleiben *ohne* ausdrücklichen Befehl hinsetzen soll.

Haben Sie das »automatische Sitz« zunächst auf einem stillen Waldweg trainiert, versuchen Sie es nun in immer belebteren Gegenden. Gehen Sie nun in der Stadt mit ihm, üben Sie auch gleich, daß er sich an jedem Bordsteinrand - natürlich bleiben auch Sie da stehen! - sofort hinsetzt. Danach üben Sie das »automatische Sitz« bei besonders starken Ablenkungen. Sie bleiben stehen, wenn Sie einen anderen Hund sehen und *Bobby* muß sich nun ebenfalls sofort hinsetzen. Oder Sie gehen mit ihm in die Nähe anderer Tiere. Wenn er angesichts einer Katze oder von Hühnern nun doch vorpreschen will, während Sie aber stehen geblieben sind, müssen Sie ihn vielleicht mit etwas mehr Nachdruck ans Sitzen erinnern, ihn aber sofort loben, wenn er sich nun doch, wenn auch sichtbar erregt, niedergesetzt hat. Wenn Sie derartig extreme Ablenkungen üben, haben Sie ein paar Leckerle parat, damit *Bobby* für seine große Überwindung nun auch besonders nachhaltig entschädigt wird.

Das »automatische Sitz« ist keine belanglose Übung. Gerade, wenn *Bobby* ein lebhafter, leicht erregbarer Hund ist, können Sie seine Erregung, einfach nur dadurch, daß Sie stehenbleiben, wirkungsvoll abbremsen. Daher müssen Sie auch das »automatische Sitz« immer wieder einmal gezielt mit ihm üben. Besonders dann, wenn es längere Zeit nicht so oft vorkam, gerät es leicht etwas in »Vergessenheit«.

Über das Herbeirufen und Kommen

Viele Hundehalter setzen im Stillen voraus, daß ihr Hund, wenn sie ihn rufen, auch kommt. Sie sind dem Irrtum zig-tausender Hundehalter erlegen: Wenn vor allem ein junger Hund kommt, ruft man seinen Namen, sei das auch ein Zeichen dafür, daß er das auch wirklich begriffen hat und »kann« . Sicher, wenn Sie mit der Futterschüssel oder der Leine klimpern und nach ihm rufen, dann ist jeder Hund gleich zur Stelle.

Aber wie oft haben Sie schon nach dem irgendwo abwesenden *Bobby* gerufen, nur um ihn wieder in Ihre Sichtweite zu bekommen. Wie oft haben Sie sich dann damit zufrieden gegeben, wenn er nach einiger Zeit nur etwa in Ihrer Nähe war, und - gelobt haben Sie ihn natürlich auch nicht. Auch wenn Sie das »Kommen« hin und wieder an der langen Leine ausprobiert haben, hat es ziemlich oft geklappt, vor allem,

Herbeirufen des Hundes

Der Hund sitzt vor dem Hundeführer ab und sieht zu ihm auf..

Auf Befehl beginnt der Hund den Hundeführer zu umrunden, um dann neben ihm Platz zu nehmen.

weil *Bobby* da sicher sein konnte, daß er jedesmal ein dickes Lob einheimsen konnte.

Aber dann ist, dank vieler schon früher beschriebener Irrtümer, allerlei passiert. Sie haben den Hund ausgescholten, weil er weggelaufen war, womöglich haben Sie ihn verhauen. Sie haben ihn, wenn Sie heimgekommen sind, beschimpft, hat er etwas kaputt gemacht oder Seen angelegt. Sie waren ungeduldig, unklar mit Ihren Befehlen. Also, das Urvertrauen des Kleinen hat Risse bekommen. Es ist für ihn, um es hart auszudrücken, gar nicht immer empfehlenswert, in Ihre Reichweite zu kommen.

Sie haben aber noch einiges mehr getan, um ihm das Kommen abzugewöhnen. Sie haben ihn, als er unangeleint war, gerufen, und, ist er nicht gekommen, sind Sie hinter ihm hergerannt und haben dabei andauernd nach ihm gerufen und ihm womöglich wortreich bedroht, »Willst du wohl sofort herkommen!« ... Aus dem *»Bobby Komm!«* ist, zumindest solange er *ohne* Leine ist, im besten Fall ein Nachlauf-Spiel geworden, womöglich löst es aber bei ihm nichts als Angst aus, weil Sie ihn, haben Sie ihn endlich eingefangen, für das *Fortlaufen* ausschelten *wollten,* er das aber auf sein »Bei-Ihnen-Sein« bezogen hat.

Als oberstes Erziehungsziel gilt: Wenn Sie nach *Bobby* rufen, muß er garantiert auf der Stelle zu Ihnen kommen. Zwei Grundregeln müssen Sie dabei beachten: Erstens: Ich laufe *Bobby* niemals hinterher, wenn er zu mir kommen soll. Zweitens: Ist *Bobby*, wie auch immer, bei mir angekommen, schimpfe und bestrafe ich ihn niemals, sondern mache, trotz allem Unmut, ein strahlend freundliches Gesicht.

Also, solange *Bobby* noch kleiner ist, ist die Prognose, daß er kommt, wenn gerufen, noch relativ gut. Aber kommt er dann ins Flegelalter und wird langsam erwachsen, versucht er nur zu gern, ob Sie es wirklich ernst meinen. Einerseits ist also seine kindliche Naivität verflogen, andererseits können Sie jetzt schon auf allerlei Gelerntes zurückgreifen, wenn Sie nun ernst machen, *Bobby* auch das »Kommen« richtig und nachdrücklich beibringen.

Sie nehmen ihn an die 20 m-Leine und mit dem *»Sitz!« »Bleib da!«* lassen Sie ihn absitzen und gehen, mit dem Rücken zu ihm, soweit die Leine reicht. Mit einem Handspiegel kontrollieren Sie, ob er sitzen bleibt, wenn nicht, wird er mit *»Nein!«* wieder an der alten Stelle zum Sitzen gebracht.

Schließlich bleibt er sitzen, und Sie drehen sich langsam zum ihm um, gehen ein bißchen in die Knie und rufen mit fröhlicher Stimme *»Bobby Komm!«*. Meistens ist er so froh, daß er aus der blöden Sitz-Position wieder herausdarf, daß er sofort angestürmt kommt.

Jetzt gehen Sie langsam mit fröhlichem Lächeln ihm ein oder zwei Schritte entgegen, und ergreifen, ist er vor Ihnen, mit der rechten Hand seine Leine dicht am Halsband und, die zwei Schritte wieder rückwärts gehend, ziehen Sie *Bobby* etwas nach oben-hinten hoch, so daß *Bobby* nun *vor Ihnen* zum Sitzen kommt. Nun wird er erstmal gelobt, dann sagen Sie *»Bobby, Fuß!«*, und leiten ihn rechts an sich vorbei *hinter sich herum,* wobei Sie hinter Ihrem Rücken die Leine in die linke Hand nehmen, und lassen ihn *links* neben sich absitzen. *»So ist's braav!«*. Jetzt hat er sich auch das Leckerle, das Sie in der Hand gehalten haben, redlich verdient. Trotzdem muß er sitzen bleiben, bis Sie im Stillen bis zehn gezählt haben. Das war eine Menge, also lassen Sie ihn mit *»Lauf zu!«* wieder vorauslaufen, um dann das *»Bobby Komm!«* nochmals auszuprobieren. Wenn Sie das dreimal gemacht haben, reicht es für diesen Tag, weniger sollte es aber auch nicht sein, damit er sich den Ablauf schon mal klar macht. Je häufiger Sie das an aneinanderfolgenden Tagen mit ihm üben, wird er zwar weiterhin mit Worten gelobt, bekommt aber nicht jedesmal ein Leckerle. Daß ab und an etwas Nahrhaftes für ihn abfällt, erhöht für ihn die Spannung enorm, aber Sie müssen verhindern, daß er das Kommen unterläßt, wenn Sie nichts Eßbares zu bieten haben.

Ist *Bobby* allerdings einmal am Ziel vorbeigeschossen, d.h. an Ihnen vorbeigelaufen, drehen Sie sich zum ihm um, und bringen ihn mit einer Kehrtwendung und *»Bobby, Fuß!«* wieder richtig in »Bei-Fuß-Position« .

Auch zuhause üben Sie jetzt das *»Bobby Komm!«*. Auch hier achten Sie darauf, daß er sich immer *vor Ihnen* hinsetzt. Da er im Haus nicht angeleint ist, müssen Sie das etwas anders arrangieren als draußen. Statt ihn an der Leine zu ergreifen, haben Sie jetzt ein Leckerle. Kommt *Bobby* auf Sie zu, gehen Sie ihm mit dem Leckerle einen halben Schritt entgegen, halten es dicht über seine Nase und bringen ihn so dazu, sich vor Ihnen hinzusetzen. Wenn Sie ihm nicht entgegen gehen, bereitet sich *Bobby* innerlich rechtzeitig darauf vor, zum Leckerle hochzuspringen; indem Sie ihm entgegengehen, ist das Leckerle, *bevor* er danach schnappen kann, über seiner Nase, und er muß sich danach ausrecken, so daß er dabei zum Sitzen kommt. Natürlich bekommt er nicht nur das Leckerle, sondern viel Lob. Es wäre ein Fehler, ihn nun gleich wieder laufen zu lassen. Lassen Sie ihn auch jetzt noch »Bei Fuß« absitzen, oder gehen Sie mit ihm »Bei Fuß« in ein anderes Zimmer, oder ein anderes Stockwerk. Sonst merkt sich *Bobby*, daß er nur kommt und sich dann schleunigst wieder verdrückt, weil »sonst nicht anliegt« . Aber mal eben mit in den Keller oder auf den Boden zu gehen, das ist für ihn schon was Schönes.

Auch wenn *Bobby* das »Komm« an der langen Leine, im Haus und vielleicht auch auf dem Übungsplatz schon ziemlich ordentlich befolgt, seien Sie mehr als vorsichtig, ihn nun auch gleich überall von der Leine zu lassen. Immer wieder sei es gesagt: Mit nichts können Sie *Bobbys* anfängliche Erziehungserfolge schneller verderben, als wenn Sie ihm zu früh zu viel Freiheiten lassen. Viele Hundehalter sind so entzückt von den ersten Anzeichen von Gehorsam, daß sie darüber vergessen, darauf zu achten, daß man erst dann von erfolgreicher Erziehung sprechen kann, wenn ein Befehl immer und unter allen Umständen fehlerfrei befolgt wird.

Trainieren Sie erst das etwas später beschriebene Üben ohne Leine, und bauen Sie dort nach und nach das »Kommen« ein. Folgt er ohne Leine nicht sofort, sollen Sie laut einiger Lehrbücher mit der Wurfkette versuchen, in ihm den Glauben an die unendliche Reichweite Ihrer Arme zu erwecken. In der Praxis allerdings sieht das aber womöglich so aus, daß *Bobby*, sollten Sie ihn tatsächlich getroffen haben, *doch* merkt, woher der Schuß kam, und er wird künftig seinen Abstand von Ihnen gleich von vornherein ausreichend weit bemessen. Es hilft tatsächlich nur eines: Wenn *Bobby* das »Kommen« nicht beachtet, müssen Sie wieder zum Üben an der Leine zurück, weil es sich ihm noch nicht fest genug eingeprägt hat. Nur zu leicht wird er so zum »Ausreißer«, was ein wirklich schlimmes und nerventötendes Fehlverhalten ist.

Der Ausreißer

Um es gleich zu sagen: Der chronische »Ausreißer« ist nicht »angeboren«, sondern »anerzogen«. Er beweist in erster Linie, daß mit Ihrer »Beziehungskiste« einiges nicht stimmt. Wahrscheinlich waren Sie bei den »Komm-Übungen« oder vorher schon beim »Sitz-Bleib« oder noch früher beim »Erziehen« überhaupt zu nachgiebig. Jedenfalls hat *Bobby* sich nicht nur angewöhnt, nicht unbedingt sitzen zu bleiben und nicht immer zu kommen, sondern auch, daß er selbst es ist, der beschließt, was er zu tun oder zu lassen hat. Er folgt, wie es so schön heißt, »meistens«, und ab und an reitet ihn der Teufel, und er ist auf und davon.

Jetzt heißt es kühlen Kopf zu bewahren, sich selbst einen Strafzettel auszustellen, und - mit dem Üben wieder von vorn anzufangen. Wenn wir früher schon davon gesprochen haben, daß es etwa sechs Wochen dauert, bis *Bobby* etwas sicher beherrscht, müssen Sie sich jetzt klar machen, daß es ebenfalls sechs Wochen dauert, bis *Bobby* das herrliche Gefühl wegzulaufen, d.h. zu tun und zu lassen, was ihm behagt, wieder vergessen hat. Wenn Sie also am 1. Mai beschließen, daß *Bobby* unbedingt kommen soll, dann werden Sie, überschlagsweise, bis Mitte Juni brauchen, um sein Gehirn diesbezüglich zu waschen.

Also, sechs Wochen lang darf *Bobby* nicht mehr von der Leine, und sechs Wochen lang müssen Sie mit ihm das »Sitz-Bleib« und das »Kommen« mit allergrößter Korrektheit üben. Anfangs, wenn er unglaublich »taub« zu sein scheint oder überhaupt nicht das geringste Sitzfleisch hat, bleibt nichts übrig, als notfalls mit dem Stachelhalsband nachzuhelfen, bis *Bobby* sich wieder besinnt.

Aber, das ist auch das Höchste, was Sie an »Strafmaßnahmen« anwenden dürfen. Gerade in einer solchen Situation müssen Sie, bei gleichzeitig allergrößter Konsequenz, eine so positive Atmosphäre zwischen sich aufbauen, wie Ihnen dies nur irgend möglich ist, um die innere Verbindung herzustellen, denn letztlich stimmt einiges nicht mit Ihren hund-menschlichen Beziehungen.

Hat aber Ihr *Bobby* das Ausreißen schon länger im Programm, und Sie lesen deswegen diese Zeilen besonders hoffnungsvoll, dann gilt auch für Sie nichts anderes, als dringend *Bobby*s Erziehung generalzuüberholen, d.h. es ist Zeit für die *»Drei-Wochen-Kur«*. Nebenher üben Sie jeden Tag zehnmal *»Bobby Komm!«*, und achten eisern darauf, daß er es sorgfältig beachtet. Es geht kein Weg daran vorbei: Machen Sie das *zwei Wochen lang jeden Tag zehnmal.*

So lästig Ihnen das auch sein mag, denken Sie an die früher beschriebenen *»guten Manieren«* und seien Sie fröhlich, positiv, aber bestimmt in allem, was Sie von *Bobby* verlangen. Machen Sie die oben beschriebenen Übungen an der langen Leine, verlangen Sie von ihm - freundlich - Aufmerksamkeit und Augenkontakt. Locken Sie ihn herbei, flöten Sie *»Bobby Komm!«*, indem Sie leicht in die Knie gehen. Ihren Oberkörper halten Sie dabei *aufrecht*, eher nach hinten gelehnt und breiten so, lockend und lächelnd, die Arme weit aus. Loben Sie ihn auch dann enthusiastisch, wenn Ihnen die ewige Überei und Loberei längst zum Hals heraushängt. Sagen Sie sich immer wieder: »Es geht grundsätzlich nicht, daß *Bobby* wegläuft oder nicht kommt!«

Üben mit dem Ausreißer

Haben Sie nun die zwei Wochen hinter sich, versuchen Sie erneut, auszuprobieren, wie weit *Bobby* nun zum »Kommen« bereit ist. Dazu schaffen Sie für *Bobby* und sich eine Art Ferienstimmung. Sie machen es sich, im Garten oder in einem störungsfreien Gelände gemütlich, holen sich einen Liegestuhl und sagen zu *Bobby* ein paar freundliche Worte. Dann lassen Sie ihn mit schleppender langer Leine *»Bobby, Sitz!««* irgendwo absitzen, und kümmern sich scheinbar erst mal nicht um ihn, wohl aber darum, daß das Leinenende in Ihrer Reichweite bleibt. Irgendwann wird er sich von der Stelle bewegen und, nach den vorangegangenen strengen Übungstagen, sich mit einem Seitenblick auf Sie, dennoch aufmachen, das Gelände zu erkunden. Plötzlich fällt Ihnen ein, daß Sie *»Bobby Komm!«* rufen, und wenn Sie Glück haben, tut er das auch, dann loben Sie ihn gewaltig. Kommt er nicht, ziehen Sie ihn mit einem heftigen Ruck an der langen Leine zu sich her, und wiederholen *»Bobby Komm!«*. Loben tun Sie ihn auch, aber nur ein bißchen. So toll war's ja auch wieder nicht.

Der Sinn der Übung ist, daß *Bobby* Sie für »geistig abwesend« hält, und nun, während er seiner Wege geht, überrascht davon ist, daß Sie erstens was von ihm wollen und das zweitens auch noch durchsetzen können.

Nachdem Sie ein paar Tage mit der langen Leine geübt haben, lassen Sie ihm eine kurze Leine nachschleifen, wenn er das nächste Mal auf einem größeren, aber überschaubaren Gelände herumlaufen darf. Auch hier beschäftigen Sie sich und rufen gelegentlich *»Bobby Komm!«*. Kommt er, wird er jedesmal gelobt und wieder mit *»Lauf zu!«* für einen längeren Zeitraum entlassen, dann rufen Sie ihn wieder herbei. Versuchen Sie zu erreichen, daß er wenigstens dreimal hintereinander kommt, dann lassen Sie's für diesen Tag gut sein. Am nächsten Tag wiederholen Sie erneut.

Hat *Bobby* einmal ganz offensichtlich keine Lust und denkt gar nicht daran zu kommen, müssen Sie seine nachschleppende Leine erwischen und *auf* der Leine zu ihm hingehen, ihn schütteln und schelten und ihn dann hintereinander an der Leine fünf- bis sechsmal eisern mit *»Bobby Komm!«* zu drillen. Aber bitte mit freundlichem Gesicht und viel Lob! Ist er sehr widerborstig, ziehen Sie ihn notfalls an der schleppenden Leine zu sich hin, aber jetzt dürfen Sie ihn bitte nicht etwa beschimpfen, sondern ihn loben, kommt er bei Ihnen an.

Und was, wenn er sich mitsamt der Leine überhaupt nicht mehr in Ihre Nähe begibt und Sie befürchten, daß er gleich überhaupt auf und davon ist? Dann bleibt nichts anderes, als der alte Trick, laut *»Bobby Komm!«* rufend von *Bobby* wegzulaufen. Er ist naiv genug, sofort hinterdrein zu kommen, so daß Sie ihn auf diese Weise wieder einfangen können. Aber Sie müssen wissen: Er ist dabei nicht auf Ihren Ruf hin gekommen, sondern Ihnen bloß nachgerannt. Sie müssen also wieder von vorn anfangen: Nochmals mit der langen Leine, der kurzen Leine, ohne Leine. Sie geben nicht auf. Natürlich gehen Sie außerdem mit ihm alle Grundübungen eine nach der anderen durch, gehen Kurven und Achten, lassen ihn absitzen, machen Augenkontakt. Sie sind überzeugt, daß am Ende der sechs Wochen *Bobby* immer kommen wird, wenn Sie ihn rufen. Endlich ist es »Mitte Juni«, und irgendwie scheint sich *Bobby* jetzt an das sofortige Kommen gewöhnt zu haben. Aber, Vorsicht! Nicht nur, daß Sie das *»Bobby Komm!«* weiterhin mit ihm üben. Hat er einen »Rückfall« , müssen Sie wieder zur Leine greifen...

Es sei nochmals wiederholt: Wenn *Bobby* ein Ausreißer ist, stimmt etwas mit Ihrer Beziehungskiste nicht. Und die haben Sie, in den letzen sechs Wochen, ja mal gründlich aufgeräumt. *Bobby*, das merken Sie jetzt selbst, gehört jetzt *wirklich* zu Ihnen, also kommt er auch, wenn es Sie nach ihm verlangt. Er kommt gern, und Sie freuen sich.

Das Üben ohne Leine

Auch wenn viele Ihnen einreden wollen, *Bobby* müsse sich von Anfang an in Wald und Flur unbedingt ohne Leine frei bewegen dürfen, weil das für ihn »natürlich« sei - binden Sie sich die Ohren zu und sagen Sie sich: *»Den größten Fehler, den ich machen kann, ist, Bobby zu früh von der Leine zu lassen«* . Sie müssen erst ganz und gar sicher sein, daß *Bobby* an der kurzen und an der langen Leine alle Übungen, und *ohne daß Sie ihn noch mit der Leine korrigieren müssen,* zuverlässig kann. Erst dann machen Sie die ersten Versuche, aber bitte diesmal nicht mitten auf einem abgeschiedenen Waldweg, sondern auf einem stillen, *eingezäunten Gelände.* An den Wochenenden oder am frühen Morgen oder nach Feierabend sind Schulhöfe, die großen Parkplätze vor Einkaufsmärkten oder Fabriken nützlich für Ihre Zwecke.

Denn, davon haben Sie ja auch keine Ahnung: Was sollen Sie tun, wenn *Bobby* plötzlich abhaut?? Auch das müssen Sie wissen: Hat *Bobby* erst mal Blut geleckt, kommt er viel häufiger in Versuchung, viel schlimmer noch, es wirft alle Erziehung um Wochen zurück! Selbst bei gut ausgebildeten Hunden kommt es vor, daß sie einmal auf und davon sind. Leider merken sie sich, was für ein herrlicher Zustand das war.

Jetzt wollen Sie wissen, wie alt *Bobby* denn sein soll, bis Sie ihn »loslassen« dürfen? Das hat nicht so sehr mit dem Alter etwas zu tun, wie viel mehr mit seinem Ausbildungsstand. Nachlässig oder oberflächlich erzogene Hunde kann man vielleicht niemals in ihrem Leben überall frei laufen lassen, ohne daß sich irgendetwas Aufreibendes ereignet.

Aber soviel als ungefähren Hinweis: Selbst ein erfahrener Ausbilder braucht ungefähr ein Jahr, bis das gesamte »Bei Fuß« hundertprozentig sicher sitzt. Das hat nichts damit zu tun, daß ein Hund schon vorher einige Prüfungen ordentlich ablegen kann oder auf bekanntem Gelände leinenfrei problemlos ist. Was hier gemeint ist, ist der Hund, auf den man sich in allen Situationen, auch ohne Leine, blindlings verlassen kann.

Hier gilt mehr als irgendwo sonst: *Wer sich auf seinen Hund blindlings verlassen will, muß umgekehrt dafür gesorgt haben, daß auch der*

Tricks mit der Leine.

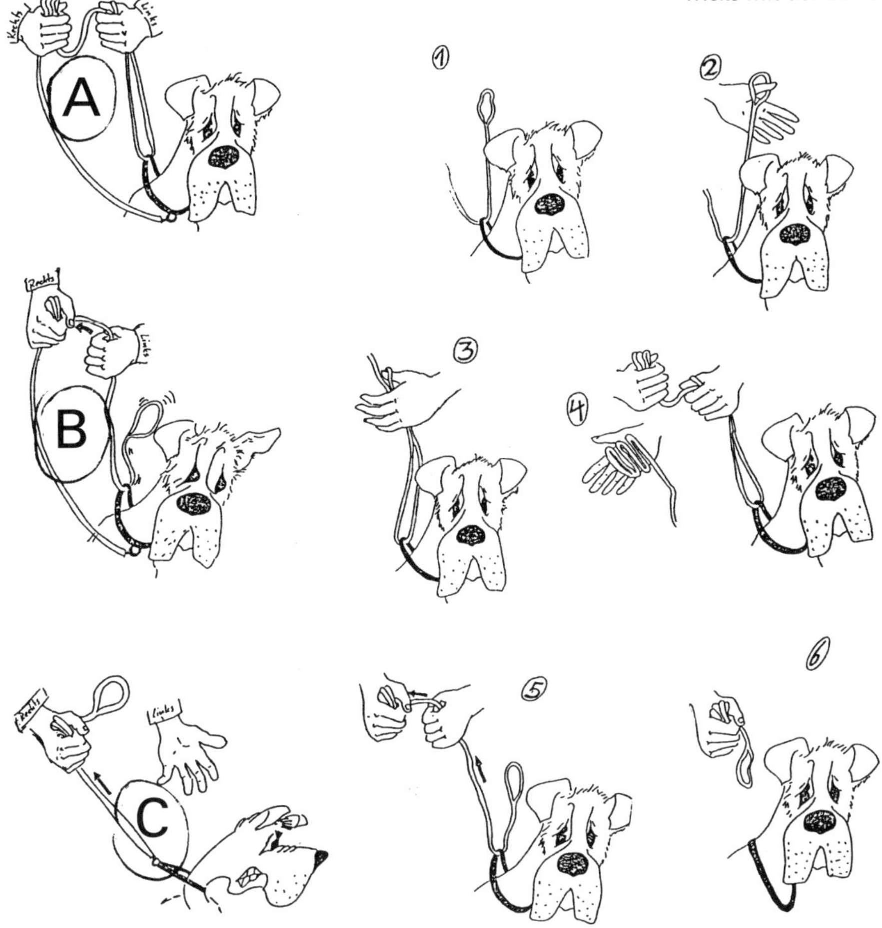

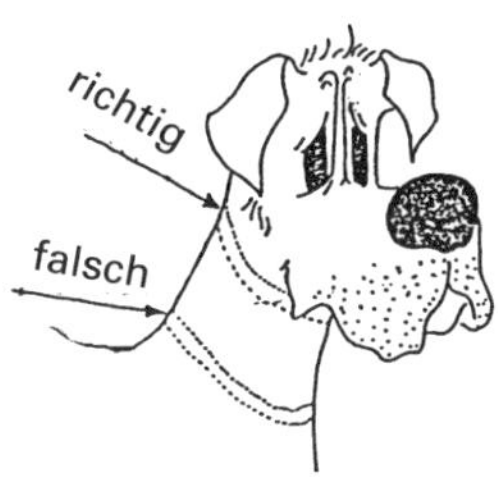

Damit der Hund nicht lernt, sofort auf und davon zu gehen, sobald man ihn ableint, verfährt man anfangs wie bei ABC. Bei C sehen Sie, wie man den Überraschungseffekt ausnutzen kann.

Geht der Hund schon ganz ordentlich angeleint »bei Fuß«, sehen Sie von 1-6 eine geschickte Methode, wie man ihn unbemerkt ableinen kann.

Man kürzt man die Leine vorsichtig mit der rechten Hand, indem man sie durch die linke Hand laufen läßt.

Der Hund wird weiterlaufen, in der Überzeugung, noch angeleint zu sein. Je sicherer er sich hier benimmt, umso längere Zeitabschnitte läßt man ihn so »frei« laufen.

Hund seinem Herrn blindlings vertraut. Also, erst wenn es *mit* der Leine tadellos klappt, *Bobby* fröhlich auch unter Ablenkung alles tut, was von ihm erwartet wird, können Sie vorsichtig versuchen, die Leine wegzulassen. Was Sie jetzt brauchen, ist die normale Lederleine und eine leichte, etwa 2 m lange Sicherheitsleine, die Sie an *Bobby*s Halsband befestigen und das Ende um Ihre Taille binden können. Wichtig ist, daß, wenn Sie und *Bobby* daran angeleint sind, Sie die Leine *niemals* mit den Händen berühren dürfen!

Bei den ersten Übungen klinken Sie die *Lederleine* ein, ziehen aber zusätzlich die Handschlaufe unter seinem Halsband durch, so daß Sie in Ihrer Rechten ein Stück der Leine halten, die Handschlaufe haben Sie über den linken Daumen gelegt, die Finger umschließen lose das Leinenende wie eine Röhre.

Ziehen Sie jetzt mit der rechten Hand die Leine zurück, erzeugt dies bei *Bobby* das Gefühl, er sei abgeleint worden. Will er jetzt »Ab durch die Mitte« , reißen Sie ihn mit der rechten Hand energisch an der noch immer an seinem Halsband eingeklinkten Leine zurück und sagen *»Nein!«*. Also, begreift *Bobby*: »Ableinen bedeutet nicht unendliche Freiheit« .

Bei der nächsten Etappe befestigen Sie die 2 m lange Sicherheitsleine an *Bobby*s Halsband und binden das Ende um Ihre Taille.

Die Lederleine klinken Sie diesmal *nicht* am Ring ein. In Ihrer Rechten halten Sie das Schnallen-Ende der Leine, zickzack-gefaltet, die Handschlaufe ziehen Sie unter dem Halsband durch und haben Sie über den linken Daumen gelegt, die Finger umschließen lose das Leinenende wie eine Röhre. Wenn Sie jetzt »Bei Fuß« voranschreiten, lassen Sie das Schlaufenende vom Daumen gleiten und, *ohne* die linke Hand zu bewegen, holen Sie nach und nach mit der rechten Hand zickzackfaltend die Leine ein, womit Sie aus dem Halsband des Hundes gezogen wird. (Am besten Sie üben das Zick-Zack-Falten erstmal ohne Hund!)

Sie beginnen die Übung mit der Ausgangsposition, d.h. *Bobby* sitzt angeleint links neben Ihnen. Nun veranlassen Sie *Bobby*, zu Ihnen emporzublicken *»Bobby, Schau her!«* und gehen *»Bobby, Fuß!«* zunächst *linksherum* und lassen unterm Gehen die Leine aus dem Halsband gleiten. (Nun sind Sie nur noch durch die leichte Sicherheitsleine *unmerklich* verbunden.) Bei »Linksherum« ist *Bobby*, wie schon oben beschrieben, im *Inneren* des Kreises, wo er ohnehin inzwischen gelernt hat, nicht vorzupreschen.

Wenn Sie jetzt in normalem Tempo *gerade* weitergehen, wird *Bobby*, selbst, wenn er nicht versucht, »abzuhauen« , hin und wieder aus der »Bei-Fuß-Position« kommen: Der seitliche Abstand wird zu groß oder er ist kurz davor, zu weit vorn zu sein. *Jetzt reißen Sie ihn nicht etwa an der Sicherheitsleine zurück!* Stellen Sie sich bitte vor, die Leine steht jetzt besonders unter Strom und darf absolut nicht berührt werden. Sie ist wirklich nur zur Sicherheit da und soll *Bobby* daran hindern, frohgemut zu türmen. Vor allem ist sie aber beruhigend für *Sie,* denn *Sie* sollten jetzt besonders gelassen und kein bißchen nervös sein.

Also, kommt *Bobby* einmal aus der »Bei-Fuß-Position« , geraten Sie nicht in Aufruhr, sondern greifen rechtzeitig mit Ihrer linken Hand *langsam* und über seinen Kopf und bringen ihn mit einem *festen, aber sanften Druck auf seine linke Wange* wieder in die »Bei-Fuß-Position« zurück, dann sofort loben *»So ist's braav!«* Jetzt gehen Sie noch ein paar Schritte weiter und lassen es dann für diesmal genug sein.

Vielleicht wird *Bobby*, auch wenn Sie noch so vorsichtig waren, Ihrer Hand auszuweichen versuchen. Lassen Sie sich nicht beeindrucken, er kann ja nicht weg, sondern gehen fröhlich lächelnd auf ihn zu, bringen ihn mit *sanfter* Hand in die »Bei-Fuß-Position« zurück, und gehen, nachdem Sie ihn gelobt haben, mit ihm weiter, als sei nichts geschehen.

Lassen Sie sich Zeit. Üben Sie immer ein paar Minuten länger auf die oben beschriebene Weise, werden Sie merken, daß *Bobby*, heben Sie die linke Hand, um ihn zu korrigieren, nicht mehr ausweicht, sondern sich friedlich von selbst wieder in die richtige Position bringt. Es hängt wirklich alles von dem Ausmaß an Verbindung und Vertrauen zwischen Ihnen und Ihrem Hund ab, wie schnell und ob Sie zum Ziel kommen. Jetzt gehen Sie alle Leinen-Übungen, die Sie vorher mit Leine durchgeübt haben, Stück für Stück erst mit der unberührbaren Sicherheitsleine, dann ohne Leine mit ihm durch.

Vergrößert *Bobby* den seitlichen Abstand zu Ihnen besonders auf geraden Strecken, gehen Sie zur Übung mal in schnellem, mal in langsamem Tempo dicht an einer Haus- oder Zaunwand mit ihm entlang (der Hund natürlich an der Zaunseite). Ausnahmsweise haben Sie mal wieder ein Leckerle dabei, was Sie bei sich in Brusthöhe halten, was *Bobby* dazu veranlaßt, schön eng neben Ihnen gehend, gespannt zu Ihnen hochzulunsen. Hängt er nach, schnalzen Sie zweimal, ist er zu weit vor, einmal, wir haben das oben besprochen. Am Ende wird *Bobby*, den Sie jedesmal, wenn er sich auf das Schnalzen hin korrigiert hat, auch gleich lobten, nun mit seinem Leckerle beglückt.

Jetzt wissen Sie auch, warum wir von allem Anfang an auf der normalerweise durchhängenden Leine bestanden haben, und warum Sie das notwendige Korrigieren zunehmend mit Worten oder Schnalzlauten, und immer seltener mit Leinenrucken vornehmen sollen, und warum *Bobby* lernen soll, den synchronen Rhythmus anzustreben und Ihre Körpersprache zu beachten. Wer das nicht geglaubt hat, merkt jetzt, wie nützlich es gewesen *wäre.* Jetzt nämlich haut *Bobby* möglicherweise ab, wenn er die Leine los ist, und es bleibt Ihnen dann wirklich nichts anderes übrig, als die Leinen-Übungen nochmals, diesmal aber richtig, durchzuexerzieren. Diesmal wird es viel schwerer, denn *Bobby* hat zwar vielerlei, aber leider auch mancherlei Falsches gelernt.

Das »Steh!« und »Bleib da!«

Wenn *Bobby* das *»Sitz!« »Bleib da!«* und das »Bei-Fuß-Gehen« schon recht gut beherrscht, muß er nun lernen, auf Befehl stehen zu bleiben. die Grundbegriffe haben wir ihm bereits als Welpen auf dem »Wickeltisch« beigebracht, indem wir ihn aus dem Sitzen in den Stand gehoben haben und den einen Arm unter seinem Bäuchlein durchgeschoben haben und *»Steeh!«* sagten. Auch bei der täglichen Körperpflege veranlassen wir ihn auf diese Weise, sich an das Schlüsselwort *»Steh!«* zu gewöhnen, wobei er mehr und mehr, auch ohne daß Sie ihn unterstützen, stehen bleibt. Zunächst reichen etwa 15 Sekunden völlig aus, aber Sie arbeiten schon mal auf wenigstens eine Minute hin.

Das *»Steh!« »Bleib da!«* üben wir wieder aus der Grundstellung. *Bobby* steht links neben Ihnen »bei Fuß« , nun sagen Sie *»Steh!« »Bleib da!«* und treten einen Schritt vor ihn, wobei die Leine locker durchhängt, zählen im Stillen bis zwanzig, gehen dann um ihn herum an seine rechte Seite, verharren nochmals fünf Sekunden, loben ihn *»So ist's Braav!«* und geben ihm mit *»Lauf zu!«* die Freiheit. Setzt er sich unerlaubter Weise hin, heben Sie ihn sofort in den Stand zurück. Sinkt er konsequent in die Sitz-Position oder legt sich gar hin, ziehen Sie das Ende der langen Leine unter seinem Bauch durch, so daß er, wie in einer Schlaufe hängend, jederzeit mit einem energischen *»Nein!«* leicht in die Höhe befördert werden kann.

Jetzt folgt die gleiche Prozedur, wie wir sie vom *»Sitz!«* bereits kennen. Wir vergrößern vermittels der langen Leine sowohl den Abstand wie auch den Zeitraum, in dem *Bobby* auf unseren Befehl hin stehen bleiben soll. Schließlich lassen Sie *Bobby* an der langen Leine vorauslaufen. Auf das Schlüsselwort *»Steh!«* soll er sofort stehen bleiben, bis Sie bei ihm angekommen sind, und ihm dann mitteilen, was Sie nun von ihm wollen. Ziehen Sie ihn nicht an der Leine, falls er nicht stehen bleibt, was ihn womöglich zum Sitzen animiert, sondern gehen auf der nachschleppenden Leine zu ihm hin.

Ebenso wie beim Sitzen muß *Bobby* auch beim Stehen unbedingt lernen, daß an ihm manipuliert wird. Dies ist insbesondere beim Tierarzt, aber auch auf Ausstellungen oder beim Hundefriseur mehr als nützlich.

Dazu halten Sie Ihre rechte Hand unter seine Kehle und ziehen ihn am Halsband nach vorn, während Ihre linke Hand ihn etwas oberhalb seines »Knies« noch oben-hinten hebt und sagen nachdrücklich *»Steh!« »Bleib da!«*, und halten ihn einige Sekunden in dieser Position, während Sie, vorerst weiterhin das Halsband haltend, mit der rechten Hand sanft über seinen Rücken, sein Hinterteil, seinen Bauch, seinen Brustkorb streichen. Will er sich setzen, wird er sofort mit *»Nein!«* korrigiert.

Wenn sich *Bobby* sowohl auf dem Tisch, wie auch auf dem Boden mit *»Steh!« »Bleib da!«* daran gewöhnt hat, daß Sie ihn an allen möglichen Stellen seines Körpers berühren, seine Pfoten anheben, seine Schnauze öffnen, bitten Sie nun eine dem Hund bekannte Person, die gleichen Manipulationen an *Bobby* vorzunehmen, den Sie dabei mit der Hand unter seiner Kehle am Halsband leicht festhalten. Will er sich setzen oder der Berührung entziehen, korrigieren Sie ihn sofort. Als nächstes kommt dann der Versuch mit einem Hundekundigen, aber dem Hund Fremden. Ist Ihr *Bobby* aber sehr nervös oder ängstlich, ist es besser, wenn ihm die ihn jeweils »untersuchende« Person immer zuerst mit einem Leckerle erfreut, das *Bobby* diesmal ausnahmsweise *vor* der Aktion bekommt. Hinterher dann noch eines.

Je sicherer *Bobby* wird, umso mehr sollten Sie darauf hinarbeiten, daß Sie ihn nicht mehr unterstützen müssen, sondern sich nur noch in seiner Nähe aufhalten.

Selbstverständlich muß *Bobby* jedesmal ausdrücklich aus der Steh-Position entlassen werden und ebenso selbstverständlich tüchtig gelobt werden. *»So ist's Braav!«*

Das »Platz!« und »Bleib da!«

Beide Befehle *»Platz!«*, wie auch *»Down!«* sind gebräuchlich, wobei Fachleute mit dem *»Down!«* bezeichnen, daß der Hund nicht nur liegt, wie bei *»Platz!«*, sondern, möglichst auf Trillerpfiff, wie tot zu Boden fällt und mit seinem Kopf an den Boden gepreßt regungslos verharren soll. Hier wollen wir uns damit zufriedengeben, daß *Bobby* sich sofort niederlegt und liegenbleibt.

Schon, wenn *Bobby* noch ein Welpe ist, können Sie das *»Platz!«* mit ihm, im Anschluß an das *»Sitz!«*, üben, er kann und soll früh lernen, daß er sich bei *»Platz!«* hinlegen soll. Zweifellos ist das *»Platz!«* eine der wichtigsten Übungen, besonders dann, wenn *Bobby* später gelernt hat, auch in Entfernung von Ihnen sofort zu Boden zu gehen und sich nicht mehr von der Stelle zu rühren. Leider wird selbst in modernen Erziehungsbüchern empfohlen, dem Hund bei dieser Übung einen großen Schrecken einzujagen, damit er sich sofort voller Angst zu Boden wirft. Dabei ist das *»Platz!«* für jeden Hund, auch ohne drakonische Maßnahmen, genau so erlernbar, wie alle anderen Übungen auch. Aber er befindet sich dabei in der wehrlosesten aller Positionen, hat sich Ihnen also absolut untergeordnet. Gerade deswegen darf aber diese Übung keinesfalls mit Angstgefühlen verbunden sein!

Wenn man bereits auf dem »Wickeltisch« das *»Platz!«* übt, geht man ganz sanft vor, und schiebt, wenn *Bobby* sitzt, vorsichtig seinen Arm seitlich unter *Bobby*s Brustkorb und drückt seine Vorderbeine nach vorn, wobei er dann auf dem Tisch zu liegen kommt. Natürlich wird er dann gelobt und eine Weile in dieser Position festgehalten. Eine weitere sanfte Methode ist, nach dem *»Platz!«* ein Leckerle unter der Handfläche auf dem Boden vor ihm herzuschieben, woraufhin er, um es zu erreichen, zu Boden geht und dann das Leckerle und viel Lob einheimsen kann. Diese Übungen führen zwar nicht dazu, daß *Bobby* wirklich

Platz-Machen kann man 'sanft' (schon sehr früh beim Welpen zu empfehlen) üben, indem man bei dem sitzenden Hund mit der rechten Hand die Vorderläufe sanft nach vorn schiebt und gleichzeitig mit der linken Hand einen leichtem Druck auf einen Punkt auf dem Rücken zwischen den Schulterblättern nach unten-hinten ausübt. Dazu den Befehl »Platz!«. Der Druck muß sofort beendet werden, wenn der Hund richtig liegt - und - das Loben nicht vergessen!

sofort auf das *»Platz!«* hin zu Boden geht, aber sie reichen für die Babyschule voll aus. Gewöhnen Sie ihm gleich an, daß Sie ihn aus dem *»Platz!«* immer erst in die Sitzposition kommen lassen, bevor die Übung abgeschlossen ist.

Das richtige Üben beginnt, wenn *Bobby* die Grundbegriffe von *»Sitz!«* und *»Bleib da!«* und *»Bobby, Fuß!«* schon ganz gut begriffen hat.

Sitzt er jetzt in Ausgangsposition, also links neben Ihnen, lassen Sie die Leine so weit durchhängen, daß sie unter Ihrem linken Fuß durchgezogen ist, das Ende halten Sie in der rechten Hand. Jetzt sagen Sie *»Bobby, Platz!««* und ziehen gleichzeitig mit kräftigem Ruck an der Leine, die, unter Ihrem Fuß hindurch, nun *Bobby*, durch den Druck an seinem Halsband, zu Boden zieht. Mit der linken Hand drücken Sie *Bobby* mit festem Druck an jener Einkerbung, hinter dem oberen Rand seiner Schulterblätter, mit Daumen und Zeigefinger seine Wirbelsäule umgreifend, nach vorn-unten hinab. An dieser Stelle genügt bereits ein geringfügiger Druck, um ihn zu Boden zu bringen. Ganz gleich, wie krumm und schief *Bobby* nun liegen mag, es kommt nicht auf Schönheit an, sondern auf den Effekt. Sie halten den liegenden *Bobby*, indem Sie innerlich bis zehn zählen, mit sanftem Griff in dieser Position fest, loben ihn gewaltig und erlauben ihm dann mit *»Bobby, Sitz!«* sich hinzusetzen, bevor Sie ihn, mit *»Lauf zu!«* entlassen.

Nach ein paar Schritten rufen Sie in wieder in die »Bei-Fuß-Position« , lassen ihn absitzen, bringen mit einer schnellen Bewegung die Leine unter Ihren Fuß und befehlen erneut *»Bobby, Platz!«*. Diesmal zählen Sie innerlich bis fünfzehn, bevor Sie ihn loben und wie oben aus dem *»Platz!«* entlassen.

Nachdem Sie fünfmal das *»Bobby, Platz!«* aus der Sitzposition geübt haben, ist es genug für den ersten Versuch. Am nächsten Tag wiederholen Sie es nur dreimal aus der Sitzposition, damit er erinnert, was gewünscht wird, und üben nun, daß er das *»Bobby, Platz!«* auch, wenn er neben Ihnen geht, d.h. aus der *Bewegung*, sofort befolgen soll. Wieder bringen Sie mit einer flinken Bewegung die Leine unter Ihren linken Fuß und ziehen, ohne Ihre Schritte zu verlangsamen, *Bobby* gleichzeitig mit dem *»Platz!«* mit einem kräftigen Ruck zu Boden. Dann wieder bis zehn zählen, loben und verfahren dann wieder wie oben

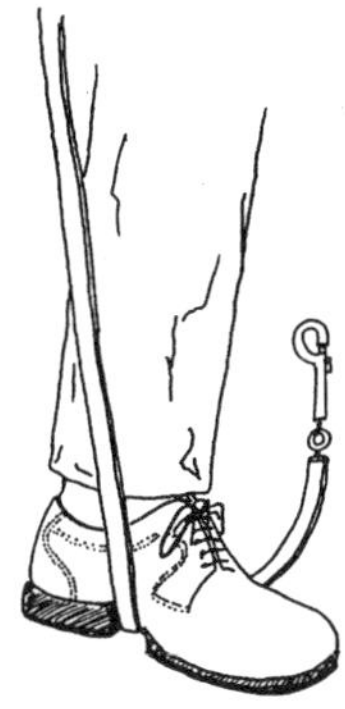

Platz machen mit unter dem Fuß durchgezogener Leine.
Bei dem Befehl »Platz!« (beachten Sie auch das Handsignal!) hält der Hundeführer die Leine straff, die gleich hinter dem Absatz unter seinem Fuß durchgeführt ist. Indem er den Fuß ruckartig niedersetzt und gleichzeitig die Leine nach oben zieht, reißt er den Hund aus der Sitzposition (später auch aus dem Stand) mit dem Befehl »Platz!« zum Boden hinab. Alles muß blitzartig geschehen. Ist der Hund zum Liegen gekommen, wird die Leine sofort locker gelassen und der Hund gelobt.

beschrieben. Das wiederholen Sie fünfmal, damit *Bobby* begreift, daß das *»Platz!«*, ganz gleich, was Sie tun, immer bedeutet, daß er *sofort* zu Boden gehen muß.

Worauf Sie achten müssen ist, daß *Bobby* auch wirklich mit dem ganzen Körper den Boden berührt, und nicht bloß ein bißchen in dessen Nähe geduckt ist, jederzeit bereit, wieder aufzuspringen. Manche Hunde versuchen, nur mit dem Kopf am Boden, mit dem Hinterteil in der Luft zu bleiben, also ziehen und drücken Sie unbeirrbar, bis er wirklich unten ist.

Erweist sich *Bobby* als extrem widerborstig, bleibt manchmal nichts anderes übrig, als ihm das schnelle zu-Boden-Gehen mit einem Stachelhalsband abzutrotzen. Aber meist ist man schon am ersten, spätestens aber am dritten Tag soweit, daß *Bobby* begriffen hat, was er auf das *»Platz!«* hin zu tun hat. Nun verwenden Sie bitte sofort wieder das normale Halsband. Das heißt aber noch keinesfalls, daß er das *»Platz!«* nun »richtig« kann.

Bleibt *Bobby* dann entspannt neben Ihnen liegen, bis Sie im Stillen bis fünfzehn oder zwanzig gezählt haben, sagen Sie mit Handzeichen *»Bleib da!«*, und treten, wie schon beim *»Sitz!«* geübt, mit einem Schritt vor ihn. Steht *Bobby* auf, sagen Sie energisch *»Nein!«*, und zwingen Sie ihn mit einem Ruck an der unter Ihrem Fuß durchgezogenen Leine wieder auf den Boden zurück. Es ist völlig gleichgültig, wie krumm und schief *Bobby* dabei herumliegt, verändern Sie jetzt keinesfalls seine Lage, es würde ihn nur motivieren, sich wieder zu erheben.

Sie werden erstaunt feststellen, wie bald *Bobby* auf das Schlüsselwort *»Platz!«* immer prompter darauf reagiert, und daß Sie auch immer seltener mit einem Leinenruck nachhelfen müssen. Auch seine zunächst oft seltsame Liegeweise normalisiert sich von selbst, je entspannter er bei dieser Übung ist.

Wenn Sie soweit sind, ändern Sie das Befehlswort und sagen nur noch kurz, scharf und hart *»Platz!«*, und geben ihm gleichzeitig das Handzeichen dafür, indem Sie Ihre linke Hand sichtbar waagerecht über ihn halten oder aber mit dem Zeigefinger zu Boden zeigen.

Jetzt üben Sie das *»Bleib da!«* mit der langen Leine ebenso schrittweise, wie Sie es schon beim *»Sitz!« »Bleib da!«* getan haben. Auch hier gilt: Jede größere Entfernung von Ihnen muß immer erst mit einer

Ein wichtiger Befehl ist das »Bleib da!«, bei dem der Hund solange an einer bestimmten Stelle stehen, sitzen oder liegen bleiben soll, bis man ihm erlaubt, sich zu entfernen. Damit der Hund begreift, was damit gemeint ist, probiert man wortlos mit sanftem Leinenzug aus, ob der Hund wirklich an der bestimmten Stelle bleibt. Folgt er dem Zug der Leine, bringt man ihn sofort wieder mit »Nein!« in die alte Position zurück und befiehlt erneut »Bleib da!«

»So ist's braav!«
Vergessen Sie das Wichtigste niemals: Loben Sie Ihren Hund. Ein kurzes, aber kräftiges Streicheln, Augenkontakt und verbales Lob wirken nachhaltiger als die beliebten Leckerle, die man nur gezielt und vereinzelt einsetzen sollte.

wenige Sekunden dauernden Übung begonnen werden, und der Zeitraum darf bei jeder neuen Entfernung immer nur *minutenweise* gesteigert werden. Schließlich bleibt er fünf Minuten am äußersten Ende der 20 m Leine entfernt von Ihnen liegen. Versuchen Sie nun, mit *»Bobby, Schau her!«* seine Aufmerksamkeit zu steigern. Reagiert er nicht darauf, gehen Sie *auf* der langen Leine zu ihm hin, tippen ihm mit dem Finger auf den Kopf, zeigen dann auf Ihre Augen und wiederholen *»Bobby, Schau her!«* und gehen langsam wieder an das Ende der Leine zurück. Steht er auf, wird er mit *»Nein!«* zu exakt der gleichen Stelle zurückgebracht. Schenken Sie ihm keinen einzigen Millimeter!

Solange *Bobby* nun abliegt, gehen Sie einher. Sie gehen um ihn herum, steigen über ihn hinweg. Will er aufstehen, bringen Sie ihn sofort wieder an seinen »Platz« zurück. Schließlich bleiben Sie an seiner rechten Seite stehen, zählen bis zwanzig, bringen ihn in die Sitzposition, loben ihn tüchtig und geben ihm dann mit *»Lauf zu!«* seine Freiheit.

Ist *Bobby* schon sehr sicher, gehen Sie nach dem *»Platz!« »Bleib da!«* von ihm fort, ohne ihn anzusehen, und bleiben stehen, indem Sie ihm den Rücken zukehren, so daß er das Gefühl hat, Sie könnten ihn nicht sehen. (Tatsächlich beobachten Sie ihn wieder mit Ihrem Handspiegel, um ihn gegebenenfalls sofort korrigieren zu können.) Gelegentlich wird es vorkommen, daß *Bobby* dann versuchen wird, zwar auf dem Boden zu bleiben, sich aber *kriechend* zu Ihnen hinzubewegen. Es könnte ja sein, daß Sie nur gemeint haben, sein Bauch solle auf dem Boden bleiben. In einem solchen Fall gehen Sie ruhig zu ihm hin und bringen ihn mit einem energischen *»Nein!«* zu seinen »Platz« zurück und legen ihn mit *»Platz!« »Bleib da!«* wieder ab.

Damit sich *Bobby* das *»Bleib da!«* noch besser einprägt, lassen Sie ihn ablegen, treten vor ihn hin und versuchen, ihn wortlos an der Leine sanft zu sich hin zu ziehen. Steht er auf, bringen Sie ihn mit *»Nein!«* sofort wieder in seine Ausgangslage zurück.

Geht *Bobby* auf das *»Platz!«* hin sofort zu Boden, ist der nächste Schritt, ihn dies auch in Entfernung von Ihnen tun zu lassen. Sie können versuchen, ob es schon klappt, wenn *Bobby* Ihnen mit schleppender Sicherheitsleine ein paar Schritte vorausläuft und Sie ihm *»Platz!«*

zurufen. Klappt dies nicht, laufen Sie ihm auf seiner Leine nach, und ziehen ihn dann sofort zu Boden.

Eine weitere Möglichkeit ergibt sich, wenn Sie ihn mit *»Bobby, Sitz!« »Bleib da!«* absitzen lassen, sich von ihm fortbewegen und ihm dann *»Platz!«* zurufen. Geht er zu Boden, wird er sofort gelobt. Sie gehen dann langsam zu seiner rechten Seite, lassen ihn sitzen und geben ihm dann mit *»Lauf zu!«* seine Freiheit.

»Platz Bleib da!« und das »Parken«

Mit der Platz-Übung ist *Bobby* den himmlischen Gefilden, wo sich die Hunde mit guten Manieren versammeln, ein erhebliches Stück näher gerückt. Es ist nämlich keinesfalls so, daß das *»Platz!«* nur dann sinnvoll ist, wenn Sie mit *Bobby* eine »offizielle« Ausbildung oder Prüfung anstreben. Und falls Sie *Bobby* bedauern, weil das *»Platz!«* seine Freiheit so sehr beschneide, so ist tatsächlich genau das Gegenteil der Fall: Wenn *Bobby* das *»Platz!«* einwandfrei beherrscht, kann er Sie immer und unter allen Umständen begleiten, ohne jemals im Wege zu sein, in Gefahr zu geraten.

Seit Jahren propagieren die amerikanischen Hundeausbilder das »Lange Down« als eine der wichtigsten Erziehungs- und Unterordnungsübungen. Die »normale« Hundeausbildung sieht ein Platz oder Down von wenigen Minuten vor. Bei dem »Langen Down« muß der Hund 30 Minuten in der Down-Lage zubringen; wir nennen es daher die »Park-Position« .

Schon bei den täglichen Übungen ist es von Vorteil, wenn Sie eine Kurzzeituhr in der Tasche haben, um die Länge der einzelnen Übungen kontrollieren zu können. Denken Sie immer daran, daß die *zu ausgedehnte Übung* eher den *Widerwillen* des Hundes, als den Erziehungserfolg fördert. Bei der »Park-Position« brauchen Sie wirklich eine Uhr, denn 30 Minuten sind eine lange Zeit.

Manche halten es für schlichtweg unmöglich, daß ihr *Bobby* es aushalten soll, 30 Minuten »geparkt« zu werden; sie sind schon froh, wenn er ein oder zwei Minuten abgelegt liegen bleibt.

Ernsthaft üben können Sie das »Parken« , wenn *Bobby* das *»Platz!« »Bleib da!«* perfekt, womöglich schon allein auf Handzeichen beherrscht. Allerdings sollten Sie *Bobby* nicht schon zu oft mit *»Platz!«*

»Bleib da!« bereits nach wenigen Minuten entlassen haben, sondern statt dessen die Dauer des Abliegens kontinuierlich ausdehnen: Erst drei Minuten, dann fünf, dann fünfzehn, zwanzig und schließlich 30 Minuten anstreben.

Das »Parken« ist eine Übung für zuhause. Sie legen *Bobby* an die Leine und lassen ihn der Nähe eines für Sie bequemen Stuhls mit *»Platz!« »Bleib da!«* ablegen. Außer Ihnen sollte sich niemand im Raum befinden, und vorerst jede Störung unbedingt vermieden werden. Gehört *Bobby* zu den »Jo-Jo-Hunden«, die, kaum daß sie Platz gemacht haben, schon wieder aufspringen, binden Sie ihn jetzt so kurz an, daß er unter keinen Umständen aufstehen kann, sonst genügt es, die Leine schleifen zu lassen. Sie haben nun weiter nichts zu tun, als ein Buch zu lesen, fernzusehen oder einen Brief zu schreiben und *Bobby*, von ihm unbemerkt, verstohlen zu beobachten. Steht *Bobby* auf, führen Sie ihn ruhig mit *»Nein!«* zu haargenau seinem Platz zurück und lassen ihn ablegen. Nach zehn Minuten geben Sie ihm eine Belohnung und entlassen ihn mit *»Genug!«*. Nach einiger Zeit wiederholen Sie das »Parken« wieder für zehn Minuten. Innerhalb einer Woche dehnen Sie dann die Übungen soweit aus, daß Sie die 30 Minuten erreicht haben.

Wenn Sie sich so in Klausur mit ihm befinden, bringen Sie von sich aus Ablenkungen herein. Stehen oder springen Sie von Ihrem Stuhl auf, wird *Bobby* anfänglich auch seinerseits sich sofort erheben wollen. Jetzt muß er lernen, daß er auch dann liegenzubleiben hat, wenn Sie herumgehen, herumlaufen, springen, das Zimmer erst kurze Zeit, dann immer länger verlassen. Damit Sie ihn in Ihrer Abwesenheit kontrollieren können, hängen Sie ihm ein Glöckchen oder einen leichten Schlüsselbund ans Halsband, so können Sie jederzeit *hören*, wenn *Bobby* sich möglicherweise aus dem Staub machen will.

Inzwischen hat *Bobby* begriffen, daß er hin und wieder für eine »Ewigkeit« irgendwo »geparkt« wird, und Sie können nun dazu übergehen, diese Übung an allen möglichen Orten und mit zunehmender Ablenkung durchzuführen. Zum Beispiel, wenn Sie in der Küche oder am Schreibtisch beschäftigt sind, wenn die Familie um den Fernseher oder um den Eßtisch versammelt ist oder wenn Besuch kommt.

Anfänglich empfiehlt es sich, *Bobby* stets angeleint abzulegen und ihn, wenn er sehr unruhig ist, anzubinden. Nach und nach wird das aber nicht mehr nötig sein. Allerdings müssen Sie mit Nachdruck darauf bestehen, daß *Bobby* das »Parken« auch wirklich konsequent einhält.

Versucht *Bobby* anfänglich mehrfach hintereinander, aufzustehen und sich zu trollen, sollten Sie den Nachdruck, mit dem Sie ihn korrigieren, steigern. Steht er versuchsweise nur mal ein bißchen auf, sagen Sie energisch *»Nein!«* und bringen ihn dann mit Befehl und Handzeichen *»Platz!« »Bleib da!«* an seinen Liegeort zurück. Hat er sich aber schon zurückverfügt, als Sie ihn nur angesehen haben, loben Sie ihn diesmal nicht, sondern sagen überhaupt nichts. Beim zweiten Mal gehen Sie, ganz gleich, ob *Bobby* sich freiwillig bereits zurückbegeben hat oder nicht, zu ihm hin, schütteln ihn oder geben ihm einen Klaps unter das Kinn. Er soll merken, daß er nicht dauernd Stehaufmännchen spielen kann, nur um Sie zu beschäftigen. Bleibt er trotzdem nicht liegen, leinen Sie ihn wortlos und so kurz an, daß er sich einfach nicht mehr rühren kann. *Bobby* muß merken, daß Sie hier nicht gewillt sind, auch nur eine Sekunde zuzugeben. Er darf erst aufstehen, wenn Sie ihm das mit *»Genug!«* ausdrücklich erlaubt haben.

Das heißt aber auch, daß Sie niemals vergessen dürfen, *Bobby* aus dem »Parken« wirklich zu entlassen. Sonst merkt er sich, daß er das Parken, wenn es *ihm* zu lange dauert, von sich aus beenden kann.

Vermeiden sollten Sie, *Bobby* an ungünstigen Stellen ablegen zu lassen. Er sollte nicht mitten im Raum herumliegen, wo er jedermann im Wege ist, aber auch nicht direkt neben Ihnen, um zu verhindern, daß er hin und wieder von Ihnen eine Streicheleinheit nebenher abbekommt. Lassen Sie ihn irgendwo am Rand oder in einer Ecke oder in seinem Korb ablegen, aber so, daß Sie ihn immer im Auge behalten und jederzeit korrigieren können.

Das »Parken« , wenn Besuch da ist, üben Sie bitte erst in Gegenwart eingeweihter Hundekundiger, die es nicht seltsam finden, daß Sie *Bobby* anfänglich immer wieder einmal korrigieren müssen. Unterlassen Sie es, weil Sie sich bei fremden Besuchern genieren, hat *Bobby* nämlich fix heraus, daß er bei Besuch nicht unbedingt gehorchen muß. Das kann Sie jedesmal mit Ihren Erziehungserfolgen weit zurückwerfen.

Das »Parken« ist bei vielen Gelegenheiten überaus praktisch. Wohin Sie auch mit *Bobby* kommen, immer wird er sich mit *»Platz!« »Bleib da!«* manierlich benehmen. Er hampelt nicht mehr im Auto herum, bettelt nicht mehr bei Tisch. Sie können ihn ins Gasthaus oder zu Freunden mitnehmen und sicher sein, daß *Bobby* niemals unangenehm auffallen wird. Hier wird es wichtig, daß Sie *Bobby* beigebracht haben, auch entfernt von Ihnen, und auch etwas abseits vom allgemeinen Trubel, garantiert liegen zu bleiben.

Auch wenn Sie ihn beim Einkaufen nicht in ein Geschäft mitnehmen dürfen, können Sie ihn vor der Tür »parken«. Aber lassen Sie ihn nicht unnötig lange dort und möglichst nicht aus den Augen, man weiß ja nie, wer da alles noch vorbeikommt!

(Keine) Probleme mit der Stubenreinheit

Zweifellos ist die vielbesprochene »Stubenreinheit« einer der ersten und wichtigsten Erziehungsabschnitte im Leben eines jeden Hundes. Also sollte man annehmen, daß hier längst von jedermann ein erprobtes Verfahren angewendet würde. Weit gefehlt! Kaum irgendwo anders werden mehr Fehler gemacht, halten sich hartnäckig die seltsamsten Ratschläge und Ammenmärchen, werden gerade hier die Grundlagen für manchen späteren »Problemhund« gelegt.

Das mit der »Stubenreinheit« ist tatsächlich das erste, was der kleine *Bobby* von uns beigebracht bekommt. Warum es oft nicht klappt, oft sehr unterschiedlich lange braucht, bis man einen Erfolg verzeichnen kann, hat vielerlei Ursachen. Die drei wichtigsten Grundlagen wollen wir uns hier vor Augen führen.

Wie schnell Sie zum Erfolg kommen, hängt nicht nur von Ihrem Erziehungsgeschick ab, sondern davon, in welchem *Alter* Sie *Bobby* ins Haus genommen haben. Kleine Hunde sollten zwar mit etwa acht Wochen gezielt in Richtung Stubenreinheit erzogen werden, sind aber frühestens im Alter von drei oder vier Monaten soweit, daß sie Blase und Darm *wirklich* kontrollieren können.

Zweitens ist hier die »Vorleistung« des *Züchters* eminent wichtig. Bereits mit drei Wochen beginnen Welpen instinktiv ihr Lager zwecks Kot- und Harnabsatz zu verlassen. Haben sie keine Möglichkeit dazu (gewissenhafte Züchter helfen hier schon gezielt nach), sind sie später schwer stubenrein zu bekommen. Sind Hunde nur in einer Zwingeranlage groß geworden und nicht ans Haus gewöhnt, tun sie sich erheblich schwerer bei der Eingewöhnung, da sie zwar an bestimmte Plätze außerhalb ihres Lagers gewöhnt sind, wo »man es tut« , aber keine »Tabuzonen« in unserem Sinne kennen. Viele Züchter behaupten froh, ihre Welpen seien bereits stubenrein. Das stimmt und stimmt auch wieder nicht. Die Welpen sind, in ihrer gewohnten Umgebung, vom Züchter daran gewöhnt worden, ihr Geschäft an bestimmten Stellen nicht und dafür an anderen zu erledigen. Sie müssen es aber, in der neuen Umgebung, erneut wieder lernen, *wo* man hier *was* tun soll und wo *nicht*. Selbstverständlich werden derart vorgebildete Welpen, bei richtiger Behandlung durch ihren neuen Besitzer, viel schneller sauber. (Der dritte wichtige Punkt ist die Ernährung des Hundes. Davon weiter unten mehr.)

Wie schon zuvor erwähnt, ist es auch hinsichtlich der Stubenreinheit unerläßlich, daß Sie *Bobby* anfänglich nur einen begrenzten Freiraum geben, damit Sie ihn beobachten und im entscheidenden Moment das Richtige unternehmen können. Aber was ist das Richtige? Fest steht, wenn Sie nur wenige Grundregeln beachten, ist das mit der »Stubenreinheit« kein Problem.

Schon wenn Sie am ersten Tag mit *Bobby* nach Hause kommen, müssen Sie ihn an irgendeinen im Voraus gut geplanten Ort führen, damit er sich dort nach der Fahrt entleeren kann. Also, *nicht* zuerst in die Wohnung, sondern zuerst zu einem grünen Fleck im Garten, am Randstein oder eben - wenn Sie es nicht anders einrichten können - zu jener Lage Zeitungen im Bad oder Keller. Wichtig ist, daß es jener Ort ist, der auch künftig *Bobbys* »Toiletten-Ecke« sein soll. Führen Sie ihn, wenn er schon an die Leine gewöhnt ist, *angeleint* dort hin, sonst *tragen* Sie ihn und setzen ihn an der bewußten Stelle sanft ab, sagen zu ihm *»Bobby, Mach was!«* und warten geduldig, bis er zumindest einen kleinen See fabriziert hat. Dann loben Sie ihn. Die Grundlage ist damit gelegt: Er hat jetzt einen Ort, wo es so riecht, wie er es benötigt, um sich lösen zu können. Hätten Sie ihn nämlich gleich mit in die Wohnung genommen und hätte er sich schon mal gleich dort verewigt, dann hätte eben nun dieser Fleck genau den richtigen Duft, der so anregend für *Bobbys* Verdauung ist.

Umgekehrt bedeutet dies aber auch, daß Sie jeden Ort, an dem sich *Bobby* unerwünschter Weise versäubert hat, gründlichst mit Essig- oder

Sagrotan-Wasser von allen Geruchsspuren befreien müssen, sonst passiert es an dieser Stelle mit tödlicher Sicherheit immer wieder. Je mehr derartiger Stellen möglicherweise in Ihrer Wohnung »angelegt« sind, umso komplizierter wird es logischerweise, vor allem auch deshalb, weil *Sie* ja den magischen Duft nicht lokalisieren können.

Je jünger *Bobby* ist, umso häufiger »muß« er. Merken Sie sich, daß er nach jedem Schläfchen, jedem Trinken und nach dem Essen dazu bereit ist. Also, kaum ist er aus einem Nickerchen erwacht, müssen Sie ihn sofort an eine geeignete Stelle führen und ihn mit *»Bobby, Mach was!«* animieren und ihn dann sofort *»So ist's Braav!«* enorm loben. Auch wenn er beim Spielen plötzlich mit angestrengtem Gesichtsausdruck schnüffelnd, im Kreis gehend, umherzusuchen beginnt, ist dies ein sicheres Zeichen dafür, daß *Bobby* »muß« und nun dringend nach einer dafür passenden Stelle sucht.

Vielen Hundehaltern ist nicht klar, daß bei dem Urin- und Kotabsatz eines Hundes von Natur aus eine *klassische Konditionierung* stattfindet. Die *unbedingten* Reize, durch die diese Reaktionen ausgelöst werden, sind einerseits die *innerlichen körperlichen Bedürfnisse* und andererseits *äußerliche Umgebungsreize,* wie etwa der Geruch von altem Urin, ein Rasenstück, ein Randstein und - wenn Sie es richtig gemacht haben, Ihr *»Bobby, Mach was!«* . Noch aus einem anderen wichtigen Grund empfiehlt es sich, von Anfang an das Versäubern mit einem bestimmten Befehl zu verknüpfen: Es erleichtert es später, daß *Bobby* lernt, sein Geschäft grundsätzlich auf Befehl zu erledigen.

Bei der Erziehung zur Stubenreinheit ist es daher außerordentlich wichtig, daß man von Anfang an beharrlich darauf achtet, daß der Hund an bestimmte Umgebungsreize und bestimmte Befehle gewöhnt wird. Am besten ist es, wenn man es einrichten kann, daß *Bobby* sein Geschäft niemals *innerhalb* des Hauses erledigt, was er dann nach einiger Zeit tatsächlich einfach nicht »kann« . Wir haben schon früher gesagt, daß die Besonderheit der klassischen (im Gegensatz zur instrumentellen) Konditionierung ist, daß hierbei keine äußere Belohnung notwendig ist, da sie *selbstbelohnenden* Charakter hat, d.h. daß der Hund sich erleichtert, ist die Belohnung an sich. Daraus ergibt sich aber auch, daß der Hund bei Mißerfolgen nicht gescholten oder gar bestraft werden darf, also beispielsweise dann, wenn man ihn nach draußen zu seinem

Toilettenort führt, und er nicht sofort tut, was er soll. Wenn Ihnen hier das geduldige Warten zunächst etwas mühselig zu sein scheint, es macht sich nur kurze Zeit später mehr als bezahlt.

Natürlich wird es auch bei Ihnen, trotz aller Umsicht, passieren, daß *Bobby* ein Mißgeschick passiert. Bitte glauben Sie niemals das Ammenmärchen, daß man nur *Bobby* mit der Nase hineinstoßen müsse, um ihm »soetwas« ein für alle Mal zu verleiden. Auf diese Weise wird *Bobby* niemals begreifen, was er darf und soll und was nicht. Erwischen Sie *Bobby* auf *frischer Tat,* heben Sie ihn mit beiden Händen vom Boden zu sich hoch, sagen mit tiefer Stimme *»Nein!«,* schauen ihm ernst und tief in die Augen - und tragen ihn dann sofort zu dem für sein Geschäft bestimmten Ort und animieren ihn *»Bobby, Mach was!«* Natürlich müssen Sie ihn bei Erfolg tüchtig loben, und - ohne daß er das sieht - die verunreinigte Stelle im Haus gründlich reinigen, d.h. geruchsfrei machen. Manchmal wird empfohlen, statt den Hund hochzuheben, ihn von oben am Kragen zu schütteln. Dies führt leicht dazu, daß der Hund Angst vor Ihrem Zugreifen bekommt, was ja zu vermeiden ist. Haben Sie ihn *nicht* auf frischer Tat ertappt, müssen Sie das Ganze stillschweigend übergehen, lediglich die Stelle gründlich reinigen und künftig besser aufpassen.

Wenn Sie *Bobby* nachts *nicht* irgendwo in Bad, Küche oder Keller unterbringen, sondern in einem Körbchen in der Nähe Ihres Bettes einquartieren, werden Sie kaum Schwierigkeiten haben, ihn nachts »unfallfrei« zu halten, und außerdem die »Stubenreinheit« erheblich beschleunigen. Die meisten Welpen halten nachts, da auch ihr Organismus nachts langsamer arbeitet, ziemlich bald durch. Wird er nachts in seinem Körbchen unruhig, werden Sie das sofort merken und können *Bobby* schnell an die richtige Stelle bringen, wo das *»Bobby, Mach was!«* sofort zum Erfolg führt und Sie die Nachtruhe wieder fortsetzen können. Beim abseits untergebrachten Hund geht diese Chance ungenutzt vorüber. Er wird sich in irgendeiner Ecke erleichtern, aber sonst nichts Wesentliches lernen. Aber das längere Aushalten in der Nacht ist kein Zeichen dafür, daß *Bobby* seine Eingeweide bereits unter Kontrolle hat: Sein Körper arbeitet jetzt nur auf Sparflamme, am Tage sind seine »trockenen Intervalle« erheblich kürzer.

14 Stichworte zur Stubenreinheit

Damit die Sache mit der Stubenreinheit nicht zu einem zermürbenden Kleinkrieg wird, hier in 14 Punkten die wichtigsten Stichworte:

1. Legen Sie von vornherein fest, wo *Bobbys* »Toilettenort« sein soll, und führen ihn gleich am ersten Tag als erstes dort hin, und auch künftig immer wieder zu dieser Stelle. Am günstigsten ist eine Stelle außerhalb des Hauses, notfalls aber auch die Lage Zeitungen an einer bestimmten Stelle innerhalb des Hauses.

2. Um beim »Zeitungstraining« zu vermeiden, daß *Bobby* sein Geschäft nur innerhalb des Hauses auf den Zeitungen erledigen kann, bringen Sie ihn regelmäßig auch außerhalb des Hauses dazu, sich an einer bestimmten Stelle oder auch beim Spazierengehen zu lösen.

3. Geben Sie *Bobby* anfänglich einen begrenzten Freiraum, so daß Sie ihn ständig beobachten können. Müssen Sie ihn einmal allein lassen, verfrachten Sie ihn an einen »sicheren« Ort: in ein Kinderställchen, in einen Stubenkäfig, in einen abgegrenzten Ort im Bad oder Küche. Lassen Sie ihn nachts in seinem Körbchen in Ihrer Nähe schlafen.

4. Befördern Sie *Bobby* (angeleint oder getragen), auch wenn man ihm nicht anmerkt, daß er vielleicht »muß« , zu *festen Zeiten* nach draußen oder »dorthin« ; *immer* aber nach dem *Schlafen*, nach dem *Füttern* und zu jenen Zeiten, von denen Sie, bei *pünktlicher* Fütterung, wissen, daß *Bobby* nun soweit sein wird.

5. Gehen Sie mit *Bobby* zu »seinem« Toilettenort und bleiben dort eisern solange mit ihm, bis es, *»Bobby, Mach was!«* geklappt hat.

6. Alle Stellen, an denen *Bobby* ein *Unglück* passiert ist, müssen gründlich von allen Geruchsspuren befreit werden, sonst passiert es hier immer wieder.

7. Erwischen Sie *Bobby* auf frischer Tat, nehmen Sie ihn sofort mit entschlossenem Griff mit beiden Händen hoch, sagen *»Nein!«* und bringen ihn zu seinem Toiletten-Platz. Schlagen oder Strafen nützen überhaupt nichts, sondern schaden nur. Warum, haben wir bereits erklärt.

8. Wenn Sie *Bobby nicht* auf frischer Tat erwischen, nützen Strafen und Schelten schon gleich überhaupt nichts. Sie können nichts weiter tun, als alles gründlich zu reinigen und künftig besser aufzupassen.

9. Machen Sie keine Experimente mit *Futterwechsel*, wenn Sie vom Züchter einen Futterplan mitbekommen haben, bei dem *Bobby* eine geregelte Verdauung und keinen Durchfall hat. Wenn Sie dennoch das Futter wechseln müssen, tun Sie es *schrittweise* und beobachten genau, welche Veränderung in der Verdauung sich daraus ergibt. Durchfall kann die Folge von Überfütterung sein, aber auch andere Gründe haben. Mit Knochenmehl kann man einen festeren Stuhl, aber bei Übermaß auch Verstopfung erzeugen. Der Kot sollte festgeformt und braun sein. Ist er zu weich oder gar flüssig, stimmt etwas mit der Ernährung oder der Gesundheit nicht. Ist er bröcklig-grau und hart, haben Sie zuviel Knochen gefüttert. Am besten ist es, Sie vermeiden jeden Futterwechsel, bis die Stubenreinheit gesichert ist.

10. Füttern Sie grundsätzlich, zu festgesetzten Zeiten, die Sie aber auch an Sonn- und Feiertagen ebenso einhalten müssen.

11. Legen Sie sich für *Bobby* einen »Terminkalender« an, in dem Sie alles notieren: Zeitpunkt und Art der Fütterung, wann geschlafen, wann aufgewacht, wann mit ihm draußen, wann gespielt, wann ein »Mißgeschick« im Haus, wann »erfolgreich« beim Ausgang. Bald haben Sie so heraus, in welchem zeitlichen Abstand *Bobby* die unverdauten Reste seiner Mahlzeiten wieder ans Tageslicht befördert. Auf diese Weise lernen Sie bald, seinen Verdauungsrhythmus Ihrem eigenen Tagesplan anzupassen, indem Sie die Fütterung nun gezielt so legen, daß Sie hinterher auch Zeit haben, den Hund zu seinem Geschäft zu animieren.

12. Lassen Sie *Bobby* sofort von Ihrem Tierarzt gründlich auch auf Wurmbefall untersuchen und gegebenenfalls entwurmen.

13. Hat *Bobby* Durchfall oder ist er krank, müssen Sie besonders auf ihn achten. Natürlich dürfen Sie ihn jetzt schon gar nicht schelten oder strafen, müssen aber besonders häufig mit ihm ins Freie und eventuelle Mißgeschicke sofort gründlich entfernen, damit nicht, ist der Hund wieder gesund, er nun seine guten Manieren vergessen hat.

14. Erst wenn *Bobby* älter als sechs oder sieben Monate ist, können Sie von einem »Problem« hinsichtlich der Stubenreinheit reden.

Weitverbreitete Irrtümer

Daß ein Hund nicht davon »stubenrein« wird, wenn man zur Strafe seine Nase in seinen See oder sein Häufchen drückt, haben wir bereits gesagt. Leider ist es aber auch ein Irrtum, daß Hunde, wie so oft und gern behauptet wird, »von Natur aus ihr Nest sauber halten«. Zunächst müssen sie überhaupt die Möglichkeit haben, sich außerhalb ihres »Nestes« begeben zu können, um ihr Geschäft zu erledigen. Wer einen jungen oder auch älteren Hund solange an einem begrenzten Ort festhält, daß er einfach »platzt« , wird sehr schnell erleben, daß der Hund diese natürliche Barriere nicht mehr beachtet.

Dies kann insbesondere bei den berühmten »Wochenend-Hunden« die für sehr lange Zeit allein gelassen werden, sehr leicht zu großen Problemen führen, wenn man nicht richtig vorsorgt. Ist ein Hund sich lange allein überlassen, und wird er anfänglich in einen begrenzten Raum »sichergestellt«, muß dieser der *Dauer des Aufenthaltes* entsprechen. Für *kurzzeitig* verwahrte Hunde muß der Raum so klein sein, daß der Hund kein abgelegenes Eckchen für sein Geschäft findet. In bestimmten Abständen muß man jedoch *gewissenhaft* dafür sorgen, daß der Hund die Möglichkeit hat, sich außerhalb zu entleeren. Anders ist es jedoch, muß man den Hund für *längere Zeit* allein lassen (was allerdings bei jungen Hunden besser überhaupt zu vermeiden wäre). In diesem Fall muß der Raum so groß sein, daß der Hund eine, eventuell durch Zeitungslagen klar erkennbare Zone, in ausreichender *Entfernung* von seinem Liegeplatz vorfindet, damit er diesen vom Toilettenort unterscheiden kann. Ist dies nicht der Fall, wird sich der Hund notgedrungen schließlich überall entleeren, wenn ihm danach ist.

Manche meinen auch ganz selbstverständlich, daß der Hund Haus und Wohnung sogleich als sein »Nest« betrachtet, und dies folglich rein hält. Was er als sein »Nest« anzusehen hat, muß er erst durch Erziehung, Erfahrung und Gewöhnung zu begreifen lernen.

Wie lange das dauern kann, und welch komplizierte Erwägungen ein Hund dabei anstellen kann, zeigt das Beispiel von *MOSES*, der, als »Zeitungspapier-Welpe« , von seinem Züchter zu einer Familie mit einem sehr großen, geräumigen Haus kam. Selbstverständlich sollte *MOSES* sofort vom unnatürlichen Zeitungspapier auf den natürlichen Garten umgestellt werden. Aber trotz aller Anstrengungen war dies ein langwieriger Umgewöhnungsprozess, da *MOSES* eben daran gewöhnt war, sich im Haus zu versäubern. Es ging schrittweise: Zuerst begriff *MOSES*, daß er in bestimmten Räumen nicht durfte, also wich er auf den Korridor aus. Als er beigebracht bekam, daß er auch dort nicht sollte, erledigte er sein Geschäft erst im Treppenhaus, dann im daruntergelegenen Korridor, dann im Hausflur, dann direkt vor der Haustür, weil er es kaum noch aushalten konnte, bis man ihn endlich an das ausschließliche Benutzen des Gartens gewöhnt hatte. Entsprechend lange dauerte es auch, bis *Moses* begriffen hatte, daß er sich bemerkbar machen konnte, wenn er hinaus mußte. Dann schließlich »ging« es zwar im Garten, aber nun wieder *nur* dort, so daß seine Familie gezwungen war, mit ihm wirklich stundenlange Ausgänge zu veranstalten, damit ihm gar nichts anderes übrig blieb, als sich schließlich auch unterwegs zu lösen.

Manche Hundehalter schwören, daß ihr Hund genau wisse, daß er beim Verunreinigen des Hauses etwas *»Verbotenes«* getan habe, denn er komme ihnen dann jedesmal mit allen Zeichen der Demut, eingezogener Rute *»schuldbewußt«* entgegen. Leider ist das allzu menschlich gedacht. Der Hund hat in diesem Moment nichts anderes als Angst. Aber nicht etwa, weil er etwas »Verbotenes« getan hat, sondern weil er ziemlich sicher sein kann, daß, nach gemachten Erfahrungen, zugleich mit seinem Menschen oft drakonische Strafen und heftiges Schelten über ihn hereinbrechen werden. »Stubenrein« wird ein Hund auf diese Weise niemals, sehr oft allerdings »verhaltensgestört« . Über die Sauberkeitserziehung bei älteren Hunden unten gleich mehr.

Vom sogenannten Zeitungstraining

Ich will nicht verhehlen, daß ich diese Methode nur in begründeten Ausnahmefällen empfehlen kann, denn logischerweise sollte ein Hund sich grundsätzlich *innerhalb* des Hauses überhaupt nicht lösen. Aber wer im 10. Stock in einer Großstadt wohnt und möglicherweise von berufswegen den Hund längere Zeit allein lassen muß, dem bleibt schließlich nichts anderes übrig, seinen Hund an einen bestimmten Ort innerhalb der Wohnung oder, was wenigstens in etwa in die richtige Richtung ginge, auf dem Balkon als »Toilette« zu gewöhnen. Grundsätzlich gilt: Haben Sie die Möglichkeit, den Hund regelmäßig ins Freie zu bringen, fangen Sie das mit dem »Zeitungstraining« gar nicht erst an, auch wenn Ihnen Bekannte erzählt haben, wie bequem das doch sei. Ein Hund ist keine Katze, die man ohne »Nebenwirkungen« komplikationslos an die Katzentoilette gewöhnen kann. Wer einem Hund erlaubt, sich innerhalb des Hauses zu lösen, kann, wie wir gleich bei der Sauberkeitserziehung des älteren Hundes sehen, in der Folge mit einer Reihe anderer Probleme konfrontiert werden.

Also, wenn's gar nicht anders geht, legen Sie eine »Toiletten-Ecke« im Bad, im Keller, in der Küche, auf dem Balkon, jedenfalls für den Hund leicht erreichbar, fest, wo Sie einen bestimmten Platz mit mehreren Lagen Zeitungen belegen. Vielleicht glückt es Ihnen schon am ersten Tag, ihn dort zu einem See zu animieren, die Grundlage ist geschaffen.

Natürlich räumen Sie die beschmutzten Zeitungspapierlagen möglichst oft weg, aber ein Restchen nasses Papier heben Sie auf und legen es auf die frischen Zeitungspapiere, damit *Bobby* den gewissen Duft genau dort immer wieder vorfindet. Am Anfang ist die Zeitungsauslage noch sehr geräumig, nach und nach schieben Sie die Zeitungen immer mehr zusammen, so daß *Bobby* nur noch der Platz von ein oder zwei voll aufgefalteten Zeitungen zur Verfügung steht. Jedenfalls haben Sie nun die Stelle, wohin Sie *Bobby* jedesmal befördern können, wenn er etwas machen soll, oder nachdem ihm ein Mißgeschick passiert ist.

Haben Sie sich, weil es anfänglich so bequem war, zu sehr auf das Zeitungspapier konzentriert, kann es, wie oben beschrieben, zu Problemen kommen, weil *Bobby* nur dort »kann« . Auch jetzt können Ihnen Teile der nassen Zeitung nützlich sein, die Sie nun, anfänglich ein- oder zweimal, außerhalb des Hauses an jenen Stellen auslegen, wo Sie künftig mit *Bobby* hingehen möchten. Nehmen Sie die Zeitung groß genug, daß Sie diese mit Steinen beschweren können, so daß sie nicht schon davongeflogen ist, bis Sie mit *Bobby* dort ankommen. Denn, je größer *Bobby* wird, und wenn er nicht gerade ein Zwerghund ist, umso problematischer wird das mit den Zeitungen im Haus. Nicht nur, weil das Fassungsvermögen der Zeitungen begrenzt ist.

Fütterung und Stubenreinheit

Wie schon gesagt, sollten Sie Experimente mit dem Futter solange zu vermeiden versuchen, bis die Sauberkeitserziehung abgeschlossen ist. In den meisten Büchern werden Sie über die Bedeutung der »ausgewogenen« Fütterung belehrt, obwohl Sie nur wenig Genaues darüber erfahren. Anderweitig habe ich dies, sowohl für die Sauberkeitserziehung, wie bei Verhaltensproblemen wichtige Ernährungs-Thema ausführlich behandelt*), hier nur einige praktische Hinweise.

Wer seinen Hund mit einem gut funktionierenden Futterplan erhalten hat, sollte diesen zunächst beibehalten. Leider haben oft genug Welpen, bedingt durch die Umstellung, vielleicht aber auch vom Züchter verschwiegen, Durchfall, dann muß man zuallererst nach einer Ernährungsweise suchen, die dieses Problem behebt.

Grundsätzlich gilt: Je *höherwertig* ein Futter ist, umso weniger »Unverdauliches« hat der Hund auszuscheiden. Dosenfutter sind mit ihrem hohen Wassergehalt und ihrer »Würze« , auch wenn es sich ausdrücklich um Welpenfutter handelt, bedauerlicherweise gelegentlich eine Quelle für weichen, zu reichlichen Stuhl. Sehr teuer ist es obendrein. Ebenso sind häufig Halbfeucht- oder auch Trockenfutter mit vielen, im Grunde für den Hund nicht nur überflüssigen, sondern direkt schädlichen Zusätzen versehen, die die Haltbarkeit des Futters erhöhen, dem Auge des Menschen wohlgefallen und den Hund, dank bestimmter Aroma-Zusätze, zum begeisterten Fressen anregen. Im Halbfeucht-Futter ist obendrein ein hoher Zuckeranteil enthalten. Die herrlichen roten und gelben Farben entstehen nicht durch Ei oder Rindfleisch, sondern durch - Farbstoffe, und sein halbfeuchter Zustand wird durch - Chemikalien, nicht aber durch »Frische« erhalten. Insgesamt hat es eine geringe Verdaulichkeit, was in anderen Worten nichts anderes bedeutet, daß die Folge ein erhebliches Kot-Volumen ist, also der Sauberkeitserziehung absolut kontraindiziert ist.

Es ist ein Unsinn, daß Welpen unbedingt eine dicke Schicht Babyspeck haben sollten. Auch ein junger Hund sollte nicht fett sein. Sobald Sie mit Ihrer Hand seinen Brustkorb unter der Haut nicht mehr spüren können, haben Sie ihn zu gut gefüttert und müssen das Futter reduzieren. Alles ist in Ordnung, solange der tägliche Stuhl kompakt, aber nicht hart oder schleimüberzogen ist, und solange Sie *Bobbys* Brustkorb noch gut spüren können. Machen Sie es Ihrem Hund nicht unnötig schwer, indem Sie ihn zu reichlich oder aber unausgewogen füttern. Auch erhöhen viele Zusatzstoffe (die besonders schönes Fell etc. versprechen) u.U. die Verdauungsgeschwindigkeit. Mal eben vom

*) Eric H.W. Aldington, Ilse Sieber: Hundezucht naturgemäß mit Liebe und Verstand, Verlag Gollwitzer, Weiden

Tisch sollte *Bobby* ohnehin nichts bekommen, aber während der Sauberkeitserziehung, wegen der unvorhersehbaren Wirkung, wirklich überhaupt nicht.

Wichtig ist die *pünktliche Fütterung.* Verteilen Sie die Gesamtnahrungsmenge zunächst so, wie Ihnen vom Züchter geheißen, auf drei oder vier Mahlzeiten, die Sie nach und nach reduzieren und auf Zeitpunkte verlegen können, die auch zu Ihrem Tagesrhythmus passen. Obwohl immer noch empfohlen wird, den Hund schließlich nur einmal täglich zu füttern, ist von dieser Fütterungsweise abzuraten und eine zweimalige Fütterung, nämlich jeweils am frühen Vor- und Nachmittag anzustreben, bzw. so, wie es in Ihren Tagesrhythmus paßt. Daß die zweimalige Fütterung sowohl hinsichtlich der Gesundheit geboten sein kann, wie auch eine Reihe von Verhaltensproblemen regulieren hilft, habe ich im Rahmen der Ernährungslehre bereits anderweitig ausführlich behandelt.*)

Kein Hund sollte immer frei verfügbares Futter haben. Pünktlich füttern bedeutet nämlich auch, daß dem Hund nur zu *bestimmten Zeiten Futter zur Verfügung steht,* das dann, wenn er nach 10 -15 Minuten nicht oder nur wenig gefressen hat, wieder weggeräumt wird. Nur wenn er wirklich Hunger hat und sich auf sein Futter freut, wird er es, sobald es gereicht wird, auch sofort verspeisen. Nebenbei: Bei der Fütterung wird Ihr »Alpha-Status« enorm aufgewertet. *Sie* sind der Herr des Futternapfes, den *Sie* geben und nehmen. Bei der »freien Fütterung« wird diese Chance verschenkt. Außerdem haben Hunde kein »natürliches« Gefühl dafür, wieviel sie fressen sollten. Haben sie viel, fressen sie viel und - »machen« sie natürlich auch viel!

Geben Sie *Bobby* eine bestimmte, ruhige »Freß-Ecke« , lassen Sie ihn sich allein und ungestört sich mit seinem Freßnapf beschäftigen, bis abgeräumt wird. Beobachten Sie nicht ängstlich, ob er das »mag« , was Sie ihm vorsetzen. Mancher mäklige Hund wird so erzogen: Er betrachtet gedankenvoll sein Futter, weil er eigentlich ohnehin noch keinen rechten Hunger hat. Sofort eilt sein Besitzer herbei, und tropft liebevoll noch etwas Butter, Honig oder Bratensoße, ein wenig Fleischbrühe oder was auch sonst noch in das Futter hinein - natürlich wird *Bobby*

*) Eric H.W. Aldington, Ilse Sieber: Hundezucht naturgemäß mit Liebe und Verstand, Verlag Gollwitzer, Weiden

auch künftig darauf achten, daß »noch etwas hinzukommt« . Merken Sie's? Aus bescheidenen Anfängen formt sich, was Ihnen später als »Dominanz-Problem« bei ganz anderer Gelegenheit zu schaffen machen wird! Mag er nicht, weg mit dem Napf. Nach spätestens drei Tagen hat *Bobby* auch dieses System durchschaut und wird eiligst fressen, wenn er was bekommt. Auch das mit der Stubenreinheit werden Sie nur so in den Griff bekommen, weil nur das und dann »herauskommen« kann, was und wann es »hineingekommen« ist.

Natürlich braucht *Bobby* auch Wasser. Obwohl er ruhig mal ein oder zwei Tage (wenn er älter ist, auch länger) ohne Futter auskommen kann, Wasser braucht ein Hund immer. Bei einem ausgewachsenen, stubenreinen Hund sollte der Wassernapf mit sauberem Wasser immer zur Verfügung stehen. Während der Sauberkeitserziehung müssen Sie auch hier dosieren und das Wasser zu bestimmten Zeitpunkten reichen. Wie gesagt, was drin ist, kommt auch wieder raus. Sind Sie länger abwesend, müssen Sie *Bobby* trotzdem mit dem Wassernapf allein lassen. Wollen Sie verhindern, daß er, besonders an heißen Tagen, gleich alles aufeinmal aufschlappt, und seine Blase sofort stramm auffüllt, können Sie einen Eisblock in seinen Napf legen, so steht *Bobby* nur das jeweils Getaute zur Verfügung.

Sauberkeits- und Verhaltensprobleme mit erwachsenen Hunden

Manchmal nimmt man einen älteren Hund, vielleicht aus dem Tierheim, zu sich, oder aber es ist Ihnen nicht gelungen, *Bobby* »sauber« zu bekommen, und er ist nun schon erwachsen. In beiden Fällen können Sie nicht mehr darauf hoffen, daß sich »das noch auswachsen wird«. Nun müssen Sie etwas unternehmen. (Auf die weitere Möglichkeit, daß ein Hund rückfällig wird, kommen wir weiter unten.)

Wir haben schon früher davon gesprochen, daß bei Hunden der Kot- und Harnabsatz zwar einerseits etwas mit der Verdauung zu tun hat, für ihn aber noch ganz anderen, nämlich »Signal-Charakter« hat, er also etwas damit ausdrückt.

Bei einem nicht stubenreinen, ausgewachsenen neuen oder Tierheim-Hund kann man oft beobachten, daß, sorgt man vor Betreten des Hauses nicht sorgfältig für seine Versäuberung, ähnlich wie ein Welpe sofort im Haus seine Markierungen setzt. Hier muß man gleicherweise wie beim Welpen verfahren, d.h. zunächst den unbeobachteten Aktionsradius des Hundes begrenzen.

Lebt ein Hund schon eine Weile mit Ihnen zusammen und uriniert und kotet er unverfroren überall dort, wo es ihm beliebt, müssen Sie das auch so verstehen, daß er damit dokumentiert, daß er Haus und Wohnung als *sein* »Territorium« betrachtet, mit Ihnen lediglich als Kumpel oder Inventar. Hunde können in solchen Situationen, in denen sie sich als Herr im Haus betrachten, sehr weit gehen. Je größer die Streßsituation ist, in der sie sich, beispielsweise bei Änderungen im Sozialleben ihrer Menschen, befinden, um so nachdrücklicher können sie zu diesem Weg der Dokumentation ihres Alpha-Status greifen. Nicht selten wird von Hunden berichtet, die nicht nur, wo es ihnen beliebt, das *Haus* verunreinigen, sondern gezielt die Betten ihrer Menschen verschmutzen oder gar das Bein an dem einen oder anderen Familienmitglied heben.

Vielfach geht dieses Problem dann nahtlos in ein weiteres über: Der unsaubere Hund wird von der menschlichen Gemeinschaft ausgeschlossen, in den Keller oder einen Zwinger gesperrt, darf niemals mehr in die Wohnung - nur, »stubenrein« wird er auf diese Weise garantiert nicht, wohl aber zunehmend verhaltensgestört: Bissig, ein unerträglicher Beller, Raufer, aber auch krank, die Nahrung verweigernd, abmagernd und letztlich nichts als ein kostenträchtiges Ärgernis, wenn man dann auch noch einen Tierarzt braucht.

Tatsächlich bleibt, will man das alles vermeiden, nichts anderes übrig, als die Sauberkeitserziehung ebenso nachdrücklich, wie bei einem Welpen, schrittweise durchzuführen, und den Hund, was die schnellste und sicherste Methode ist, zwischendurch in einem Zimmerkäfig festzulegen, und ihn in regelmäßigen Abständen zum Lösen zu führen.

Legen Sie sich, was ebenso wichtig ist, wie bei einem Welpen, einen *festen Tagesplan* an, in dem Sie festlegen, wann Sie ihn füttern, mit ihm üben, mit ihm hinausgehen usw. *Begrenzung seines Freiraums* innerhalb des Hauses und *ständige Beaufsichtigung* sind die Stichworte. Damit Sie ihn nicht stundenlang einsperren müssen, nehmen Sie ihn zwischendurch, angeleint!, mit sich, wenn Sie im Hause etwas zu tun haben, und führen ihn immer wieder regelmäßig nach draußen. Müssen Sie ihn allein lassen, muß er, auch nachtsüber, in die »Kiste«. Daß Sie, bevor Sie diese Aktion starten, alle früher verunreinigten Stellen gründlich mit Sagrotan- bzw. Essigwasser gereinigt haben, versteht sich von selbst.

Ist nun doch, was vorkommen wird, ein Unglück passiert und ertappen Sie ihn hoffentlich auf frischer Tat, schütteln Sie ihn, indem Sie ihn am Halsband soweit hochziehen, daß seine Vorderbeine den Boden nicht mehr berühren. Schimpfen Sie energisch *»Nein!«. »Nein!«*, schlagen mit der Hand laut auf den Boden und führen ihn sofort nach draußen. Kommen Sie zurück, führen Sie ihn nochmals zu der Unglücksstelle, schlagen nochmals kräftig auf den Boden, sagen nochmals *»Nein!«, »Nein!«* und sperren ihn, unter deutlicher Mißachtung, für eine Weile »in die Kiste« oder leinen ihn an einem abgelegenen Ort kurz an, bis es Zeit zum nächsten Ausgang ist. Inzwischen reinigen Sie die Stelle sorgfältig.

Auf diese Weise schlagen Sie zwei Fliegen mit einer Klappe: Einerseits begreift der Hund, und das ziemlich schnell, was er innerhalb des Hauses nicht tun darf, andererseits polieren Sie Ihren »Alpha-Status« enorm auf, was sich auf ganz andere Weise auf das Markierverhalten Ihres Hundes auswirkt. Natürlich sollten sich Ihre Erziehungsmaßnahmen nicht nur auf die Reinheits-Dressur beschränken. Unsauberkeit bei erwachsenen Hunden ist immer ein Zeichen dafür, daß mit Ihrer allgemeinen Erziehung etwas nicht stimmt. Sie wissen inzwischen: Es sind ja nur sieben Schlüsselworte, die *Bobby* wirklich lernen muß, und gehen diese, wie oben beschrieben, geduldig mit ihm durch. Außerdem ist der »unsaubere Hund« , wie schon so oft gesagt, immer auch ein Kandidat für die *»Drei-Wochen-Kur«*.

Dem Problem, daß *alleingelassene Hunde* die Wohnung verunreinigen, liegen oft mehrere Ursachen zugrunde: Einerseits hat der Hund vielleicht nicht gründlich genug gelernt, daß er drinnen nichts verunreinigen darf. D.h. er wurde zu früh sich selbst überlassen, und man kann nun wieder ganz von vorn anfangen.

Selbst, wenn er die Sauberhaltung gelernt hat, bedeutet dies aber nicht, daß man ihn nun so lange einsperren darf, wie es einem beliebt, ohne daß er »platzt«. Wer sich nun, heimkommend, angesichts der Bescherung nicht zusammennimmt, sondern den Hund fürchterlich bestraft, und, was dann auch oft genug vorkommt, die Unglücksstelle nur oberflächlich reinigt, hat schon den Grundstein für ein Problem gelegt. Bei der nächsten körperlichen Anwandlung wird sich der Hund genau an der bereits einmal benutzten Stelle versäubern, und - seinem Herrn mit allen Zeichen »schlechten Gewissens« begrüßen, wenn dieser, angesichts der erneuten Malheurs, die aufkommende Unmut zeigt.

Rückfälle und submissives Urinieren

Rückfälle erlebt man besonders bei Hunden, die wegen einer Erkrankung nicht schnell genug nach draußen gelangen können. Hier reicht es meist aus, die Stellen gründlich zu reinigen, bald wird der Hund wieder normal sein. Leider aber erlebt man auch bei älteren Hunden, daß sie die Kontrolle über ihre Ausscheidungen verlieren. Hier helfen keine Erziehungsmaßnahmen mehr, sondern nur noch, die stets gründliche Reinigung, das pünktliche Füttern und sorgfältige Ausführen des Hundes nach einem festgelegten Plan. Man kann auch versuchen, ihnen innerhalb des Hauses Höschen anzulegen, ansonsten wird man es, solange es irgend geht, zu ertragen versuchen, solange dies der einzige Mangel ist, den der liebgewordene alte Hund hat.

Rückfälle erlebt man aber auch bei Hunden, kommt ein neuer Hund hinzu, und auch bei anderen Anlässen als Folge von *Eifersucht.* Hier muß man sowohl erzieherisch eingreifen, da es ein aufkommendes Dominanzproblem ist, andererseits aber auch überprüfen, ob man dem »alten« Hund auch genügend Erziehung, Zuwendung und Beschäftigung angedeihen läßt. Meist genügt es schon, mit jedem der vorhandenen Hunde ein etwa gleichwertiges Erziehungsprogramm, das ja pro Hund nicht lange dauert, durchzuführen, d.h. jeden Hund immer auch einzeln anzusprechen. Tut man das nicht, hat man mit zwei Hunden nicht etwa, wie viele hoffen, für den gleichen Zeitaufwand gleich doppelte Freude, sondern eine mehrfache Last.

Manche Hundehalter haben ein Problem, was nicht, wie sie meinen, »Unsauberkeit« , sondern »submissives Urinieren« ist. Wenn sie nach Hause kommen, werden sie von ihrem Hund, mit angelegten Ohren, schwanzwedelnd voller Freude begrüßt, und voller Aufregung produziert er regelmäßig ein Pfützchen. In Wirklichkeit ist seine Freude ambivalent: Vor allem geht es ihm darum, Ihnen zu versichern, daß er Sie wirklich als den riesengroßen Alpha-Boß anerkennt und sicherheitshalber schwenkt er auf seine Weise die berühmte weiße Fahne des sich Ergebenden.

In diesem Fall müssen Sie nicht den Hund, sondern sich selbst erziehen und Ihre übergroße Dominanz zurücknehmen. Heimkehrend oder wenn Sie überhaupt mit Ihrem Hund umgehen, begeben Sie sich etwas auf seine Ebene hinunter, begrüßen ihn ruhig und freundlich und versichern ihm auf diese Weise Ihre Zuneigung. Das Pfützchen übersehen Sie und putzen es stillschweigend weg.

Versäubern auf Befehl - der Hund wird »straßenrein«

Haben Sie Ihrem Hund, wie oben beschrieben, das Reinhalten des Hauses beigebracht und ihn auch gleich an ein bestimmtes *Schlüsselwort* dabei gewöhnt, ist es nur ein kleiner Schritt, ihn auch dazu zu bringen, sich überhaupt *auf Befehl zu versäubern.* Wir winken Pawlow dankbar zu, und nützen seine Erkenntnisse wieder einmal praktisch, indem wir Reizwort und Aktion möglichst dicht zusammenfallen lassen, nämlich einen *»konditionierten Reflex«* erzeugen.

Wem das *»BOBBY, Mach was!«* in der Öffentlichkeit peinlich zu sein scheint, kann es mit dem Schlüsselwort *»Tu was!«* trainieren, was Sie immer im dem Moment *mehrfach* wiederholen, wenn *BOBBY* beginnt, sein jeweiliges Geschäft zu erledigen, d. h. herumsucht, im Kreise geht und schließlich zum Punkt kommt. Hat er seine Arbeit dann fast beendet, loben Sie ihn ruhig und freundlich, aber nicht aufgeregt und beglückt. Natürlich setzen Sie diese Übung nur dann an, wenn Sie ziemlich sicher sind, daß *BOBBY* ohnehin unverzüglich in Aktion treten wird. Es ist sinnlos, mit einem Hund zu üben, bei dem im wahrsten Sinne des Wortes nichts mehr herauskommen kann.

Sie werden, wenn Sie das täglich konsequent an zunächst immer der gleichen Stelle nur etwa fünfmal durchexerzieren, innerhalb von drei bis vier Wochen erreicht haben, daß bei Ihrem Hund auf das *»Tu was!«* sofort alle inneren Kräfte mobilisiert werden, die notwendig sind, um sein Geschäft auszulösen. D.h. er beginnt sofort, mit am Boden suchender Nase die Zeremonie zu starten, die dann auch bald zum Erfolg führt. Bitte sagen Sie das *»Tu was!«* immer sanft und leise, es ist *kein* Befehl, sondern *BOBBY* soll diesen Vorgang nur mit diesem Schlüsselwort verknüpfen. Natürlich müssen Sie ihn loben, nicht überschwenglich, sondern mit ruhiger Stimme und erst dann, wenn er mit seinem Geschäft kurz vor Abschluß steht. Loben Sie ihn zu früh, loben Sie ihn für das Anfangen, nicht für das Ausführen des *»Tu was!«*

Die *Unart der Hundehalter,* die ihren Hunden erlauben, sich überall auf Gehwegen und Straßen zu versäubern, hat Hunden mehr Feinde geschaffen, als alle Hundebisse zusammen es je schaffen konnten. Daher sollte man mit dem *»Tu was!«* versuchen, daß sich *BOBBY* zu Anfang eines Ganges durch die Stadt an einer geeignetem Stelle verewigt, und ihm ansonsten rundherum verbieten, wenn er »Bei Fuß« neben Ihnen geht, irgendwelche Anstalten in dieser Richtung zu unternehmen. Auch Parks, es sei denn, sie sind eigens für Hunde gestattet, sind kein Hunde-Klo. Wer nun überhaupt keinen geeignetem grünen Fleck in seiner Nähe hat, sollte seinem Hund zumindest beibringen, sich nur im Rinnstein des Gehsteigs zu lösen. In einem der mir bekannten Fälle ging das soweit, daß der besagte Hund sich nur noch zwischen zwei parkenden Autos erleichtern konnte, die aber auch nicht immer zur Verfügung standen.

Ist dennoch anfänglich unterwegs ein Unglück passiert, kann man leicht einen mitgeführten Plastikbeutel darüber stülpen, um das Häufchen aufzunehmen. Ein Hund, der gelernt hat, sich beim »Bei-Fuß-Gehen« zurückzuhalten, weil ihm anderwärts ausreichend Möglichkeit zur Verfügung gestanden hat, ist schließlich wirklich »straßenrein« . Leider gibt es, was sinnvoll wäre, für derartige Hunde keine grüne Plakette, vielleicht eine grüne Hundemarke, mit der sie, derart »ausgezeichnet« , auch für manch anderen Hundehalter ein Ansporn sein könnten, daß auch sein Hund eine derartige Plakette tragen darf. Je mehr solcher Hund herumliefen, umso sauberer wären unsere Straßen... Wieviel wirklich unnötige Feindschaft bliebe uns auf diese Weise erspart!

Nützliches aus nur sieben Schlüsselworten

Anspringen von Fremden und Besuchern

Anspringen fremder Personen im Haus. In unzähligen Situationen anwendbar ist das überaus nützliche »Sitz!-Bleib!«. Auch wenn Besuch kommt, ist es nicht nur wichtig, das Dauergekläff unseres Vierbeiners zu dezimieren (siehe »Probleme mit Dauerkläffern«) sondern auch seine Begrüßungszeremonie muß den Regeln guten Benehmens entsprechen. Nicht in Ordnung sind diese, wenn Sie Ihren Gästen etwa beruhigend versichern müssen: »Er tut wirklich nichts, er freut sich nur so sehr!« oder »Das hat er noch nie gemacht!« , »Er möchte nur wissen, wer Sie sind - ein bißchen an Ihnen schnuppern.« Oder: »Keine Angst, er beißt nur, wenn man ihn streichelt« oder: »Seine Pfoten sind ganz sauber!« Was also von diesen Worten begleitet wird, sind ziemliche schlechte Manieren. Aber wie stellt man die ab?

Wieder einmal sei es gesagt: Bleibt Ihr Hund, kommt Besuch, auf Ihre Anweisung hin nicht sitzen, ist dies kein Zeichen dafür, daß er mit Fremden besonders freundlich ist, sondern schlicht und ergreifend nichts anderes als ein Zeichen seiner Dominanz.

Also spielen (= üben!) Sie mit Ihrem Hund: Es kommt Besuch. Er kriegt die kurze Leine an sein Halsband und zuerst üben Sie nun mit einem Familienmitglied, oder wer gerade Zeit hat. Der »Probebesucher« klingelt, und bevor Sie die Tür öffnen, heißt es »Sitz!-Bleib!«. Öffnen Sie nun die Tür und Ihr Hund steht auf, schließen Sie sofort mit lautem Knall die Tür vor des Probebesuchers Nase, und bringen Ihren Hund, mit kräftigem Ruck an seiner Leine, in die Sitz-Position, aber bitte, an *haargenau* die gleiche Stelle - zurück. Das Klingeln, Türzuschlagen, Hund korrigieren wiederholen Sie notfalls noch einige Male, bis Ihr Held kapiert hat, was von ihm erwartet wird. Nur, wenn er wirklich eisern sitzen bleibt, kommt auch jemand herein.

Ist der Besucher endlich »drin« , kommt der zweite Teil der Lektion, den Sie aber vorher schon, weil damit auch das *Nicht*-Anspringen Fremder abgestellt wird, wie folgt gezielt geübt haben.

Anspringen fremder Personen außer Haus. Am besten üben Sie das mit einer gutwilligen Person, die normalerweise von Ihrem Hund mit stürmischem Anspringen begrüßt wird. Sie organisieren also ein »rein zufälliges Treffen« . Merken Sie, daß Ihr (angeleinter) Hund den Ankömmling entdeckt hat, sagen Sie energisch »Fuß!«, was Sie notfalls mit einem Leinen-Ruck bekräftigen. Stehen Sie beide nun der Person gegenüber, heißt es »Sitz!-Bleib!«, auch hier notfalls mit einem kräftigen Leinen-Ruck nachhelfen. Steht er aber sofort wieder auf, um nun doch endlich, wie gewohnt, an seinem Liebling hochzuspringen, reißen

Sie in mit heftigem Leinenruck und gleichzeitig scharfem »Nein!-Sitz!-Bleib!« in seine Sitzposition zurück. Kein Wort sonst. Jetzt machen Sie einen kleinen Umweg und inszenieren die Begegnung nochmals wie gehabt. Wenn Sie das drei- oder viermal geübt haben, werden Sie merken, daß sich Ihr Hund nun schon an Ihre seltsame neue Marotte gewöhnt hat und brav sitzen bleibt. Am nächsten Tag wird das zufällige Rendez-Vous mit dem nun unangeleinten Hund (Sie haben ihn fühlbar abgeleint, aber er schleift eine dünne Sicherheitsleine nach) durchexerziert. Es ist gar nicht schlecht, wenn er nun im letzten Moment doch ausbricht, und voller Freude an dem Bekannten hochspringt. Jetzt reißen Sie ihn an seiner Sicherheitsleine mit dem gleichzeitigen kurzen und scharfen »Nein!-Sitz!-Bleib!« zurück. Auch diese Szene spielen Sie einige Male durch. Natürlich kann man auch auf normale Situationen warten und hoffen, daß einem schon genügend *verständnisvolle* Leute begegnen werden. Wenn Sie nämlich Pech haben, kann es Ihnen passieren, daß sich Ihr uneingeweihter Bekannter auf die Seite Ihres Hundes schlägt: »So streng muß man doch nicht sein!« und ihn gar noch anlockt: »Na komm schon, mich stört ein Hund wirklich nicht!«, und Ihre ganze schöne Mühe war vergebens.

Die Trainings-Person hingegen hat einen dreifachen Vorteil: Erstens ist sie genau informiert und weiß, wie sie sich zu verhalten hat. Zweitens sind Sie völlig ruhig und vorbereitet und können alles richtig und rechtzeitig in Angriff nehmen, drittens prägt sich Ihrem Hund durch die Wiederholung viel schneller ein, was Sie von ihm verlangen.

Haben Sie mit einer bestimmten Person nun die Grundlage gelegt, können Sie es mit noch einigen anderen bestellten Personen üben. Danach begeben Sie sich mit ihrem Hund etwa auf einen Einkaufsbummel oder dahin, wo Sie erfahrungsgemäß möglichst vielen Leuten begegnen und üben nun nachdrücklich das »Fuß!-Sitz!-Bleib!«, das »Sitz!-Bleib!«, oder, wenn Ihr Hund einmal in seine alte Gewohnheit zurückfällt das »Nein!«.

Was Sie unterwegs schon ganz gut können, wird nun, kommt Besuch, auch eisern *im* Haus durchgeführt. Auch wenn Freunde kommen, die sich normalerweise über das Anspringen Ihres Hundes gefreut haben, bitten Sie diese, sich nun den Übungen gemäß zu verhalten. Auch bei dieser Übung werden Sie mit Erstaunen feststellen, wie schnell Ihr Hund das nicht nur begriffen hat, sondern auch beibehält und unter allen Umständen höchst manierlich dasitzt, als sei er am Boden angewachsen.

Alle diese Übungen hätten Sie sich sparen können, wenn Sie Ihrem Welpen und Junghund konsequent von Anfang an dazu angeleitet hätten, daß er sich grundsätzlich hinzusetzen und sitzen zu bleiben hat, bekommen Sie Besuch oder treffen Sie Bekannte. Ein Leinenruck und ein sanfter Druck auf sein Hinterteil, ein ruhiges »Sitz!-Bleib!« hätte ihm von Anfang an manierliches Benehmen zur Gewohnheit werden lassen.

Wie man die »Nagesucht« in Grenzen hält

Während kleine Kinder alles mit ihren Händen begreifen, benutzt der junge Hund dazu seine Schnauze, genauer noch seine Zähne. Daß nichts vor der Nagesucht junger Hunde sicher ist, weiß jeder. Also tut man gut daran, zunächst alles, was er nicht zerbeißen soll, aus seiner Reichweite zu räumen, so weit dies möglich ist jedenfalls. Stuhlbeine und Lichtleitungen muß man bewachen und dem Kleinen beibringen, daß diese verboten sind.

Trotzdem ist es auch hier, wie bei anderen Lastern unserer Hunde: Auch das Zerbeißen und Zerstören geht vielfach auf Fehler des Menschen zurück. Zunächst ist es wenig klug, einen Welpen geradezu mit, wenn auch erlaubten, Kauspielzeugen zu überschütten. Die Menge allein bringt ihn zu der Überzeugung, daß alles, was herumliegt, sich auch für ihn zum Zerkauen eignet, was er dann ja auch erfolgreich erprobt.

Manche Leute geben ihrem Hund dann alte Schuhe, Pantoffeln oder was sie sonst für nicht sehr wertvoll halten, damit er sich damit beschäftigen kann. Was aber, erwischt er dann einmal einen Schuh, den er zufällig findet, der aber noch nicht alt genug ist? Kein Hund kann Schuhe soweit von einander unterscheiden. Schuhe sind Schuhe.

Sind kleine Kinder frustriert, müde oder gelangweilt, nuckeln sie an ihrem Daumen oder Schnuller, um sich zu beruhigen. Das klassische, beruhigende »Daumenlutschen« des kleinen Hundes ist, sich etwas Vertrautes zum Zerkauen zu suchen. Eine typische Frust-Situation setzt ein, wenn ein Welpe, nach großartiger Abschiedsszene, sich selbst überlassen wird. »Total verlassen« sucht er sich seinen »Schnuller«, also möglichst etwas, was nach seinem Herrn riecht, einen Schuh, Strümpfe, eine Jacke oder sonst was Schönes und macht sich genußvoll darüber her. Die Arbeit des Nagens und der Duft beruhigen gleicherweise. Bald ist daraus eine liebe Gewohnheit geworden, die auch nach dem Welpenalter erhalten bleibt. Läßt man daher seinen Hund, gleich welchen Alters, allein, sollen Abschied und Ankunft nicht emotionsüberladen sein. Zumindest nicht der Abschied. Sie gehen einfach weg und kommen irgendwann einfach wieder.

Natürlich braucht ein *junger* Hund etwas zum Zerkauen. Geben Sie ihm *ein* Spielzeug, einen Knochen. »Sein« Spielzeug erkennt er bald am Geruch, alles andere ist für ihn tabu.

Erwischen Sie ihn dennoch mit einem unerlaubten Kauobjekt, nehmen Sie ihm das sofort ab, sagen mit einer tiefen Knurrstimme *»Nein!«* und schütteln ihn ein bißchen. Aber schieben Sie ihm jetzt nicht etwa sofort sein eigenes Spielzeug zwischen die Zähne, in der guten Absicht, ihm begreiflich zu machen, daß dieses erlaubt sei, sondern lassen ihn erst ein Weilchen zerknirscht sein. Auch dafür, daß er *aufhört* zu kauen, wird er nicht gelobt.

Worum es geht, ist erstens, daß ein Hund *wenn,* dann nur *seine* eigenen Sachen zernagen darf, aber zweitens muß er auch lernen, daß er *nicht pausenlos etwas zum Kauen zur Verfügung haben muß.* Geben Sie ihm sein Kauspielzeug nur von Zeit zu Zeit, denn *er muß zunehmend lernen, auch ohne »Schnuller« auszukommen.*

Vom »Stehlen« oder »Klauen«

Beim *Stehlen* oder *Klauen* gelten ähnliche Überlegungen, wie bei der Nagesucht, d.h. der Hund muß lernen, daß bestimmte Dinge für ihn tabu sind. Nun gibt es Hunde, die für uns verstehbar, sich ausgesprochen auf Eßbares konzentrieren, d.h. kein irgendwie erreichbares Nahrungsmittel ist vor ihnen sicher. Andere Hunde wieder interessieren sich überhaupt nicht für Eßbares, sondern stehlen, was wir merkwürdig finden, lauter Dinge, die *uns* gehören und die man ihnen jedesmal mit ziemlichem Hallo wieder abjagen muß.

Beide Arten des Stehlens haben aber, wenn sie auch unterschiedlichen Motiven entspringen, selbstbelohnenden Charakter, d.h. sie sind

Manche Hunde bringen es - was das Stehlen anbelangt - zu wahrer Meisterschaft, die oft im krassen Gegensatz zu ihrer sonstigen Erziehung steht. Hat ein Hund den Dreh erstmal heraus, ist es sehr schwer, ihm das wieder abzugewöhnen, weil diese Beschäftigung zu denen gehört, die selbstbelohnenden Charakter haben.
Drum gilt auch hier: Wehret den Anfängen! Das Umerziehen ist mit ziemlichem Aufwand und zahlreichen Rückfällen verbunden und für den Hund meist obendrein alles andere als vergnüglich. Allerdings gibt es eine, wenn auch etwas zeitraubende Methode, bei der der Hund auch hier belohnt werden kann.

das Ergebnis einer ungeeigneten Reaktion des Menschen, der die Motive des Hundes falsch einschätzt.

Schon beim Spielen der Welpen können Sie beobachten, daß diese demonstrativ bestimmte Dinge in der Absicht ergreifen, daß ihre *Kumpel* hinter ihnen herlaufen, um sie ihnen zu entreißen. Es sind also völlig natürliche Spiele, die wichtig sind, um das Verfolgen und Jagen, wie auch ein Spielchen gegen die Langeweile, ebenso auch die Auseinandersetzung im Rudel zu ermöglichen. Je mehr ein Welpe vor den anderen zusammenraffen kann, umso ausgeprägter ist sein Dominanzstreben.

Jetzt sehen Sie es mit ganz anderen Augen, wenn Sie beobachten, daß ein Hund etwas, das Ihnen lieb und wert ist, an sich nimmt! Erfolgt doch sofort von Ihnen eine entsprechende Reaktion, d.h. Sie beschäftigen sich, hat *Bobby* Ihre Handtasche oder Ihren Schuh an sich genommen, auch dann sofort intensiv mit ihm, wenn Sie eigentlich überhaupt keine Zeit dafür hätten. Genau genommen kommen solche Anwandlungen des Hundes *immer* genau im ungeeigneten Augenblick, dann nämlich, wenn er sich »unterbeachtet« fühlt und Sie ohnehin im Streß sind.

Meist sind es dann bestimmte Gegenstände, die *Bobby* in seiner Methode »Kümmer Dich mal um mich!« bevorzugt, so daß man ihm das dann schließlich abgewöhnen kann. Allerdings sollten Sie sich gleichzeitig auch einmal befragen, ob Sie Ihrem *Bobby* insgesamt genügend Zuwendung, Beachtung und - Erziehung zukommen lassen, oder ob nicht sein »Stehlen« in Wahrheit eine Demonstration ist, der Sie, wenn auch in falscher Reaktion, immer sofort nachkommen.

Nehmen wir also einmal an, *Bobby* bemächtigt sich allzugern Ihrer Handtasche. Statt Sie ihm nun, wie gewohnt, scheltend und schimpfend zu entreißen, d.h. sich um ihn kümmern (womit ja sein dringendster Wunsch erfüllt wäre, denn von der Tasche hat er überhaupt nichts) müssen Sie nun die Angelegenheit logisch angehen.

Also wird sowohl *Bobby*, wie auch die geliebte Handtasche an eine leichte Leine gelegt und die Tasche verführerisch in seine Reichweite gebracht. Sie beschäftigen sich demonstrativ und konzentriert mit etwas absolut anderem. Nun schlägt *Bobby* zu! Statt nun hinter ihm und der Tasche nachzujagen, können Sie ihn an seinem Strick ergreifen und zurückziehend *»Nein!«* rufen und ihm, hat er sie bereits ergriffen, die Tasche aus den Zähnen zu ziehen versuchen. Läßt er auf *»Aus!«* nicht ab, legen Sie ihm Ihre Hand über den Fang, schieben Ihre Finger über seine Lefzen und zwingen ihn so mit *»Aus!«*, die Zähne zu öffnen. Nun loben Sie ihn sofort und geben ihm eines seiner Lieblingsspielzeuge als Ersatz. Aber bitte keine Futterbelohnung. Das wäre nun direkt die Aufforderung, sich der Tasche noch öfter, als ohnehin schon, zu bemächtigen.

Dank der zweierlei Stricke können Sie aber *Bobby* und die Handtasche mit einem *»Nein!«* schon dann trennen, wenn *Bobby* sie gerade ergreifen will, ihm dann sein Spielzeug geben usw. Nach einigen Aktionen mit der Handtasche oder noch anderen von *Bobby* bevorzugten Diebesgütern werden Sie energischer. Sie verleiten ihn zum Stehlen, gehen dann auf seinem langen Strick zu ihm hin (er kann dann nicht weg) und schütteln ihn an seinem Halsband tüchtig hin und her und sagen *»Nein!«*, geben ihm *sein* Spielzeug und lassen ihn ansonsten unbeachtet.

Wie gesagt, dieses Stehlen ist sowohl ein Hilferuf, wie auch, was Sie nach dem Vorangegangenen nicht wundern wird, eine Dominanz-Geste Ihres Hundes. Auch er ist wieder ein Kandidat für ein tägliches Erziehungsprogramm, wo er lernt, sein Gehirn und seine Kräfte sinnvoll zu nutzen. Trotz aller Hektik kann man nämlich »nebenher« seinen Hund auch sinnvoll »beschäftigen« : Mit einem langen »Parken« , wie oben beschrieben, aber man kann ihn auch sein Spielzeug apportieren lassen, und sich so selbst die Hände freihalten.

Dem Stehlen von Nahrungsmitteln sind schon ganze Torten, Aufschnittplatten, tonnenweise Steaks und sonstige kostspielige Objekte zum Opfer gefallen. Es hat manchen Hundehalter in peinliche Situationen gebracht, wie manchem Hund einen ernsthaft verdorbenen Magen beschert. Natürlich ist es an sich völlig normal für einen Hund, wenn er sich um seine Ernährung kümmert, aber - ein gut erzogener Hund hat sich seine Nahrung nicht zu nehmen, sondern geben zu lassen.

Nun gibt es Hunde, die klauen von Natur aus nicht. Andere wieder scheinen nur »das« im Sinn zu haben, und denen muß man das schleunigst abgewöhnen, selbst dann, wenn es einen im Stillen amüsiert, wie raffiniert der Vierbeiner das doch jedesmal hinkriegt.

Nun können Sie *Bobby*, klaut er in Ihrer Gegenwart, auf frischer Tat erwischen, ihn vom Tisch zurückreißen, *»Nein!«*, *»Nein!«* rufen und ihn schütteln. Künftig wird er nach einigen derartigen Erlebnissen zu der logischen Erkenntnis gelangen, daß er in Ihrer Gegenwart nichts klauen darf. Aber, wenn Sie einmal nicht da sind??

Peinlich war's jedenfalls unseren Freunden, als sie, nach einem längeren Spaziergang heimkehrend, eine Torte (die freilich etwas verdrückt wirkte), vom Schrank im Eßzimmer auf den bereits gedeckten Kaffeetisch stellten, um den wir uns alle niederließen. Kaum hatten wir Gespräch und Mahl begonnen, der Kaffee duftete, als der Sohn des Hauses herein stürmend mitteilte: »Die *Dixi* war vorhin an der Torte, ich hab' sie hoch gestellt«, und sich, des Besuchs ansichtig werdend, sofort betreten zurückzog. Denn *Dixi* war die Airedalehündin, die auch jetzt, neben uns sitzend, uns jeden Bissen in den Mund zu zählen schien.

Nun drehte sich das Gespräch ganz selbstverständlich um *Dixis* Klausucht und darum, ob man soetwas nicht ganz prinzipiell aberziehen könne. Man kann.

Zunächst muß der Hund lernen, daß er, *ohne* Ihre Erlaubnis überhaupt *nichts* zu fressen hat. Das klingt einfacher, als es ist, aber nur so ist das Problem gelöst, was man leider anders auch nicht mit Mausefallen oder anderen Tricks *grundsätzlich* erreichen kann; der Hund wird es sonst immer wieder versuchen.

Am besten, Sie fangen damit an, daß Sie jedesmal, wenn Sie den Hund füttern, ihm dies augenblicklich mit *»Ist gut!«* erlauben. Weil Sie das *»Ist gut!«* jedesmal mit freundlicher, heller Stimme sagen, wenn Sie ihm einen Bissen oder seinen Futternapf reichen, wird er sich das Schlüsselwort schnell einprägen. Natürlich müssen auch alle anderen Familienmitglieder, die dem Hund etwas verabfolgen, dies ebenfalls mit *»Ist gut!«* verbinden. Nach zehn Tagen können Sie dann zum nächsten Schritt Ihrer Strategie übergehen. Sie reichen ihm wortlos einen Leckerbissen, nach dem er sofort schnappen will, rufen aber sofort energisch *»Nein!«*, decken Ihre andere Hand über den Leckerbissen, was ihn einigermaßen verblüffen wird, er sieht zu Ihnen hoch, jedenfalls hat er nicht gefressen, was sie ihm nun mit *»Ist gut!«* und nach dem Wegnehmen der Hand, endlich erlauben. Jetzt loben Sie ihn auch noch dafür, daß er den Bissen nimmt, was gleich eine doppelte Belohnung für ihn ist. Sie üben das so lange, bis er jedesmal, wenn er einen Bissen in Ihrer Hand sieht, sich solange zurückhält, bis Sie ihm mit *»Ist gut!«* erlauben, ihn zu nehmen und ihn dann auch noch loben. Nach und nach dehnen Sie den Zeitraum, bis Sie *»Ist gut!«* sagen, immer etwas länger aus, auch das Abdecken mit der Hand reduzieren Sie, und tun dies nur notfalls, um ihn zu erinnern.

Das richtige Üben, d.h. daß Sie ihm hintereinander einen Bissen reichen, erledigen Sie aber nur einen um den anderen Tag, damit *Bobby* nicht einen seelischen Knacks bekommt. Nur bei der täglichen Fütterung bestehen Sie unnachgiebig darauf, daß er erst dann zu fressen anfangen darf, wenn Sie es mit *»Ist gut!«* erlaubt haben.

Mit einer schönen, dicken Schreibe Schinkenspeck, die Sie auf dem Küchentisch deponieren, geht es nun weiter. *Bobby* wird flugs versuchen, sich ihrer zu bemächtigen, noch schneller aber sind Sie, der ihn mit *»Nein!«* heftig zurückreißt, oder aber ihn mit dem Strahl aus einer Wasserpistole im entscheidenden Moment verscheucht. Hat er den Schinken dennoch erwischt, müssen Sie ihm diesen, trotz aller Gegenwehr, mit *»Nein!«, »Gib's her!«*, aus der Schnauze fischen, sonst hätte *Bobby* doch einen Erfolg zu registrieren gehabt. (Haben Sie allerdings einen Hund, mit dem Sie ohnehin gerade die Dominanz-Verhältnisse neu aushandeln, verschieben Sie eine derartige Machtprobe lieber auf einen Zeitpunkt, bei dem seine Erziehung schon gut fortgeschritten ist. Sonst werden Sie möglicherweise gebissen, und haben, vielleicht sogar unbewußt, künftig etwas Angst vor Ihrem Hund, was dieser sofort merkt und ausnutzt.)

Nicht immer gehen derartige Versuche wirkungsvoll aus. Es bleibt dann nichts anderes übrig, als mit *präparierten Bissen* (mit Pfeffer oder scharfem Senf) *Bobby* nun beizubringen, daß alle Bissen, die er sich ohne das *»Ist gut!«* aneignet, fürchterlich schmecken. Sie legen also eine derart verschönte Schinkenscheibe aus, hat *Bobby* sie erwischt, rufen Sie empört *»Nein!«, »Nicht gut!«* und veranlassen ihn mit *»Gib's her!«*, Ihnen den Bissen wieder zu überlassen. Meist tut der Pfeffer oder Senf schon seine Wirkung und *Bobby* wird ohnehin seine Beute angewidert wieder hergeben. Sie sollten sich bei den präparierten Bissen nicht nur auf Schinkenscheiben beschränken, sondern auch Käse, Wurstbrote und Ähnliches immer wieder als Falle auslegen, aber möglichst so, daß Sie *Bobby* mit dem *»Nein!«*, der Bekräftigung *»Nicht gut!«* und dem *»Gib's her!«* möglichst wirkungsvoll zur Seite stehen können. Gibt er die Sache heraus, müssen Sie ihn natürlich loben, ihn aber anschließend sehr wenig beachten. Er begreift ohnehin in absehbarer Zeit, daß die Dinge, die bei Ihnen überall herumliegen, obwohl sie so verlockend aussehen, dennoch *»Nicht gut!«* sind. Natürlich bekommt er sein Futter immer erst, wenn Sie *»Ist gut!«* erlaubt haben, und es dürfen selbstverständlich noch lange Zeit niemals Dinge für ihn erreichbar sein, die so gut schmecken, daß alle seine schrecklichen Erlebnisse wieder vergessen sind.

Eine weitere Methode ist relativ mühselig vorzubereiten, indem man leckere Köder mit einem Strick an einem Bündel kleiner Blechdosen, oder an einer mit Nägeln oder Knöpfchen gefüllten, verschlossenen Blechdose befestigt, die dann rasselnd herabfallen; *Bobby* wird sich meist mit einem entsetzten Sprung von seiner Beute entfernen. Wenn man das aber nicht häufig genug durchzieht, wird das erschreckende Scheppern wieder vergessen, und *Bobby*, von Natur aus ein Optimist, wird es bald wieder versuchen. Die präparierten Bissen kann man hingegen im voraus in größeren Mengen vorbereiten und einfrieren, so daß man für eine längere Zeit vorsorgen kann und die Köder nur noch auszulegen hat. Vor allem müssen Sie vermeiden, daß *Bobby* dieses negative Erlebnis mit Ihrer Person in Verbindung bringt. Sie geben ihm lediglich die Schlüsselworte *»Ist gut!«* oder *»Nicht gut!«* und können ihn bald, nun aber mit einer Kombination aus *»Nein!«*, *»Nicht gut!«* und einem *»Sitz!«* oder *»Platz!«* auch dann zurückrufen, wenn Sie ihn beobachten, daß er gerade wieder einmal zu einer frischen Tat ansetzen möchte. Besonders das Aufnehmen von unerwünschten Dingen unterwegs, wo der Hund u.U. verdorbene Nahrungsmittel ergattern kann, können Sie mit dem *»Nein!«*, *»Nicht gut!«*, haben Sie es konsequent geübt, wirkungsvoll verhindern. Noch besser ist es, *Bobby* entsinnt sich auch hier, daß er nur *dann* etwas aufnehmen darf, wenn Sie es ihm mit *»Ist gut!«* erlaubt haben.

Die Generalüberholung für Ihren Hund

Wenn Sie sich bereits einmal mit alternativen Heilmethoden auseinandergesetzt haben, kennen Sie das dort zugrunde liegende Prinzip bereits: Wenn sich auch eine Krankheit an bestimmten Symptomen oder in klar erkennbaren Körperabschnitten zeigt, ist das nur ein Zeichen dafür, daß der Organismus *insgesamt* nicht ordnungsgemäß funktioniert. Ein intakter Organismus ist in der Lage, mit den unterschiedlichsten, ihn bedrohenden Infekten aus eigener Kraft fertig zu werden. Alternative Heilweisen zeichnen sich daher dadurch aus, daß sie das Individuum als ein komplexes *Ganzes* betrachten und bei den Heilversuchen nicht die Symptome bekämpfen, sondern den Organismus *ganzheitlich* wieder ins Gleichgewicht zu bringen versuchen. Was zunächst scheinbar als Umweg erscheint (mit Penizillin wäre das Fieber am nächsten Tag abgeklungen!), erweist sich aber letztlich als der bessere Weg, weil diese Art der Heilbehandlung keine nachteiligen Nebenwirkungen oder Schäden hinterläßt, sondern, im Gegenteil, der Organismus danach insgesamt weniger störanfällig, d.h. gesund ist.

Das gleiche Prinzip liegt aber zugrunde, wenn Ihr Hund in mehr oder weniger schwerwiegender Weise nicht so ist, wie Sie denken, daß Ihr Hund oder Ihr Idealbild von einem Hund sein sollte.

Selbst bei ganz einfachem Fehlverhalten: Ihr Hund kommt nicht, wenn Sie ihn rufen, Ihr Hund läuft weg, Ihr Hund folgt nur selten, kann man seinen Kopf verwetten, daß sich hinter dem scheinbar geringfügigen Fehlverhalten ein umfassender Fehler im System verbirgt. Oh nein, Ihr Hund ist keineswegs krank, sondern sogar pumperlgesund dabei! Aber das System, der Organismus, der aus Ihnen und Ihrem Hund gebildet ist, hat einen schwerwiegenden, Ihnen gar nicht auf den ersten Blick erkennbaren, verborgenen Defekt. Die trifft zu bei unerwünscht oder exzessiv betriebenen hier von A-Z aufgeführten Verhaltensweisen wie:

> **A**ggressives Verhalten / **A**nspringen / **A**ufreiten / **A**uto-Psychosen (unerwünschtes Verhalten beim Autofahren) / **B**ell- oder Heulsucht / **B**etteln / **B**issigkeit / **B**riefträgerbeißen / **E**ifersucht / **F**urchtsamkeit / **G**raben und Wühlen / **L**ecken / **L**eine-Zerren / **N**icht-allein-bleibenwollen / **N**icht-Kommen bei Rufen / **R**auflust mit anderen Hunden / **S**tehlen / **Ü**beraktivität / **V**erfolgen und Jagen anderer Tiere / **V**erfolgen von Autos / **V**erfolgen von Fahrrädern / **V**erfolgen von Personen / **V**erunreinigung (Stuben***un***reinheit) / **W**eglaufen / **Z**erstörungswut

Alle diese Verhaltensprobleme haben, neben vielleicht noch mehreren anderen Wurzeln, aber *alle eines gemeinsam:* Sie entstehen auf

Grund von *Beziehungsproblemen* zwischen dem Hund und seiner Umwelt, d.h. also seinem menschlichen Rudel. Aus vielen Gründen, die Sie individuell selbst, anhand der zuvor beschriebenen Möglichkeiten, herausfinden müssen, ist Ihr Hund nicht ganz selbstverständlich Ihr stets ergebener Diener, bzw. sind Sie für ihn nicht immer und unter allen Umständen das allmächtige Idol all seiner Gedanken. In aller Stille, wie früher bei *Gypsie* näher beschrieben, empfindet *er* sich als »Boß«. Dies kann sich nur auf bestimmte Situationen beschränken, aber in der überwiegenden Zahl aller Fälle stellt sich heraus, daß der Hund sich zu den Zweibeinern verhält wie ein Genosse, ein Wurfgeschwister, wie ein Kumpel - und er - wie oben *Gypsie* - versucht immer auf's Neue, sich eine immer bessere Stellung im Dominanzgefüge zu erobern. *Schonungslos sei es ausgesprochen: Ihr Hund nimmt Sie nicht ernst.*

Erbarmungslos läßt er Sie das immer und überall fühlen: Denn Sie können an ihm herumerziehen, so viel Sie auch wollen, er wird es nicht - jedenfalls nicht immer - für voll nehmen. An einen zuverlässig folgenden Hund ist nicht zu denken, dafür aber sicherlich an einen Tyrannen, der Ihnen das Leben ganz schön schwer machen kann.

Man macht es sich leicht, wenn man nach »Schuldigen« sucht. Die sind, wie wir oben gelesen haben, gar nicht einmal so schuldig, wie es mancher sagt, der behauptet, der Hundebesitzer sei selbst schuld, er habe eben den Hund, den er verdiene.

»Schuld« ist, wenn man den Ausdruck denn beibehalten will, wie schon früher ausgeführt, in sehr hohem Maße unser Lebensstil und unser daraus resultierendes Verhältnis zum Hund. Weil man aber, wie gesagt, die Errungenschaften unserer Zivilisation nicht mehr missen möchte, bleibt uns nur, schleunigst unser Verhältnis zum Hund ein für alle Mal klar zu definieren. Aber bitte, es geht ohne Koralle und Peitsche und, was Sie gleich sehen werden, es erfordert wenig Mühe, im Grunde wenig Zeit und von Ihnen eigentlich nur die wilde Entschlossenheit, daß Sie nun endlich ein vernünftiges Miteinander erreichen wollen.

Machen Sie sich bitte klar, daß, so einfach die einzelnen Schritte auch sind, es sich dennoch um eine Radikalkur handelt, denn sie stellt das Verhältnis zwischen Ihnen und Ihrem Hund auf den Kopf, d.h. ist alles durchgestanden. Dann sind Sie oben = *Alpha,* und er, klein, demütig, vertrauensvoll, begeistert - aber *»unten«.*

Was Sie nachfolgend durchführen müssen, hat nichts mit der Erziehung zu besonderen Fähigkeiten zu tun. Sie üben dabei etwas anderes als Sitz, Platz oder Fuß. Sie üben *seine Einstellung zu Ihnen neu ein,* und alle anderen Übungen, die vorher nur höchst mangelhaft geklappt haben, werden sich hinterher sehr viel einfacher auch bewerkstelligen lassen.

Alles, was Sie dazu brauchen, ist etwas Zeit und Konsequenz. Sonst nichts.

Jeden Tag üben Sie mit Ihrem Hund wie gewohnt einige Dinge, die er schon ganz gut kann. Also zum Beispiel bei Fuß gehen mit Absitzen. Vielleicht Achten gehen dabei oder ihn rufen, daß er kommt. Wichtig ist aber jetzt, daß Sie, anders als vielleicht sonst, ein erhebliches Tempo und *schnelle,* klar ausgesprochene Befehle geben. Kurz, Sie arbeiten mit ihm konzentriert, zielbewußt, freundlich, geduldig, aber unnachgiebig. Das wird ihn erschüttern in seinen Gewohnheiten. Und das soll es auch.

Die Drei-Wochen-Kur

Warum gerade *drei* Wochen? Vermutlich wissen Sie selbst, wenn man Ihnen erklärt, Sie hätten von nun an ein Leben lang eine bestimmte Übung durchzuführen oder etwas Bestimmtes zu beachten, daß Sie dann die Angelegenheit etwas lässiger angehen, weil Sie ja noch so viel Zeit dafür haben. Erfahren Sie dann, daß Sie absolut in größter Konsequenz verfahren müssen, soll es klappen, dann läßt man erfahrungsgemäß gleich die Finger davon, weil man meint, das hielte man doch nicht durch.

Drei Wochen, dem werden Sie zustimmen, sind eine überschaubare Zeit und überdies ein Zeitraum, den man innerhalb beispielsweise seines Urlaubes gut in Angriff nehmen und abschließen kann. Weiterhin haben wir festgestellt, daß drei Wochen für eine Stimmungsänderung des *Hundes* durchaus ausreichen, aber auch dafür, daß der *Mensch* sich die wesentlichsten Grundzüge dessen angeeignet hat, was er in die Tat umsetzen soll. Sie können natürlich auch von vornherein vier Wochen planen. Aber Vorsicht: Gaukeln Sie sich nicht vor, Sie hätten nun mehr

Zeit und könnten daher etwas laxer verfahren. Jede Sekunde Nachgiebigkeit wirft Sie, das müssen Sie wissen, um Wochen zurück!

Zuguterletzt ist noch ein weiterer Gesichtspunkt bedeutungsvoll. Erfahrungsgemäß - warum, darüber gibt es nur Vermutungen - zeigt sich bei der Erziehung von Hunden nach einer gewissen Zeit eine Art *Stillstand* von einigen Tagen. Zu diesem Zeitpunkt ist vieles bislang tadellos Gekonnte plötzlich wie weggewischt, und man muß, allerdings nur für ein paar Tage, wieder von vorn anfangen. Danach ist der Hund wieder auf dem alten Stand, d.h. das Gelernte klappt wieder.

Dieser *Stillstand* zeigt sich bei den Hunden ganz individuell, es kann nach drei Wochen oder auch vier oder fünf Wochen sein, wo sich dieser Zustand vorübergehend einstellt, trotzdem hat es nur den *Anschein,* daß nun wieder alles verlorengegangen sei. Üben Sie unbeirrt weiter, es kommt schon wieder. Somit kann man also in drei Wochen einen schönen Erziehungsabschnitt erfolgreich abschließen, was für den Hund wie auch für seinen Herrn stark motivierend ist, und geradezu Lust darauf macht, nun zu weiteren Erfolgen vorzudringen.

Nur zu oft haben Sie von »erfahrenen« Hundehaltern angesichts Ihres widerborstigen Hundes gehört, Sie sollten ihm endlich nachdrücklich zeigen, *»wer hier der Boß ist«* . Natürlich ist das richtig. Aber leider nur zu oft wird dann rohe Gewalt vorgeschlagen. In einem derzeit noch lieferbaren Hundebuch wird empfohlen, den Hund an einen Pfahl anzubinden, ihn zu reizen, daß er auf seinen Herrn losginge, um dann den garantiert wehrlosen Hund nach Strich und Faden durchzuprügeln. Wenn Sie das tun, dann hoffe ich, daß dieses Buch in Ihren Händen zu glühen anfängt und Ihnen die Hände nachdrücklich verbrennt! Denn diese Methode ist nicht nur unmenschlich, sondern auch noch absolut verkehrt. Mit roher Gewalt erzieht man seinen Hund niemals zu einem vertrauensvollen Gefährten, mit dieser Methode sind Sie alles andere als der »Boß« im Sinne des Hundes.

Wir haben am Anfang dieses Buches die vielen Methoden, mit denen der Hund aus seiner Sicht das Dominanzgefüge dokumentiert bzw. dementiert, beschrieben. Die folgende Methode, die, im Laufe vieler Jahre unter Einbeziehung von viel Theorie aus den verschiedensten Quellen und deren Erprobung in der Praxis mit vielen Hundehaltern, sich nach und nach entwickelt hat, erwies sich als überraschend erfolgreich. Wohl darum, weil sie so einfach, wie sie ist, ohne Umschweife direkt zum Kern des Problems vorstößt.

So weit sich der Hund auch von seinem sogenannten Stammvater, dem Wolf, im Laufe der Domestikation entfernt hat, haben sich in allen Hunden, vom Chihuahua bis zum Irish Wolfhound, die grundlegenden Charakterzüge des Wolfes erhalten. Erhalten hat sich auch der Vorgang der frühen Prägung, der darüber bestimmt, ob und wie gut sich zwischen Hund und Mensch jene Bande knüpfen, die Grundlage eines hierarchischen Rudelgefüges sind, bei dem der Hund die Rolle des fügsamen, *vertrauensvollen* Rudelmitgliedes einzunehmen hat, das sich auf Gedeih und Verderb im Gefolge seines Alphatieres befindet.

Innerhalb des Rudels wird das Gefüge durch eine feinabgestimmte, für alle Beteiligten verstehbare Kommunikation aus Körpersprache und Signalen hergestellt. Dem Hund sind diese Sprachmittel angeboren*), sie zu verstehen, muß er erst lernen. Wächst beispielsweise ein Welpe ausschließlich mit jungen Katzen auf, wird er auf sie mit seinen eigenen »Sprachmitteln« einwirken, wie auch deren »Katzensprache« zu verstehen lernen, aber unfähig sein, sich beispielsweise mit anderen *Hunden* zu verständigen, wenn er deren Mitteilungen nicht zu verstehen gelernt hat.

Ähnlich geht es dem Hund mit dem Menschen. Er muß früh an ihn gewöhnt sein, um dessen Sprachformen begreifen zu können, seine eigene Ausdrucksweise aber bleibt immer die eines Hundes. Für den Menschen bedeutet dies, daß er selbst die Körper- und Signalsprache des Hundes zu verstehen lernen muß, wie auch seine eigene Ausdrucksweise dahingehend kontrollieren muß, daß der Hund ihr die gewünschten Informationen entnehmen kann.

Die Denkweise des Hundes kennt nur »Ja« oder »Nein« , *kein* »Wenn« oder »Aber« , kein »Manchmal« oder »Vielleicht« . Er hat ganz bestimmte Anhaltspunkte, aus denen er instinktiv entnimmt, ob er sich einem Alphatier, einem Kumpel oder untergeordneten Rudelmitglied gegenüber befindet, denn der Hund zieht den Menschen in seine Denkweise ein, er hat keine andere.

*) Siehe: Eric H.W. Aldington, Von der Seele des Hundes, Seite 42 ff

Betrachten wir einfache Fakten, um es besser zu verstehen. Normalerweise hat jeder Hund seinen Liegeplatz, sein Körbchen, seine Hütte. Dennoch teilen Tausende von Hunden mit ihren Menschen Bett, Sofa und Sessel, sie liegen neben ihnen beim Fernsehen... Eindeutig ist es der Hund, der darüber bestimmt, wo er sich aufzuhalten hat, denn er setzt sich, so oft er auch verjagt werden mag, auf seine penetrante Weise immer wieder durch. Ebenso wie Hunde nur zu gern inmitten vielbegangener Flure, in Haustüren oder oben auf Treppenstufen herumliegen, und jedermann über sie hinwegsteigen muß, weil sie keinen Millimeter weichen. Ohne Worte ist es für den Hund klar: Wer nicht aus dem Weg geht, ist der Boß. Wer also ist Inhaber des Alpha-Status?

Beobachten Sie einmal, wenn Sie mit Ihrem Hund eine Treppe hinauf- oder hinabgehen. Ist nicht der Hunde jeweils voraus und wartet oben oder unten auf der Stufe darauf, daß Sie nachkommen?

Aus Bequemlichkeitsgründen wird vielfach der Hund gefüttert, *bevor* die Familie ihr Mahl einnimmt, oft genug wird der Hund auch noch bei Tisch gefüttert. Aus der Sicht des Hundes ist aber, wer zuerst ißt, der »Boß« !

Wie Hunde »unerkannt« Dominanz ausdrücken

Tragen wir einmal nur zehn der »Pluspunkte« , die eine Vielzahl von Hunden zu ihren »Gunsten« zusammengetragen hat, zusammen:

1. Obwohl er sich mehrfach bitten läßt, oder es völlig ignoriert, wenn wir etwas von ihm wollen, beantworten wir wiederum seine Aufforderung, ihn zu streicheln, zu füttern, mit ihm zu spielen oder hinauszugehen, bereitwillig und meist sofort.

2. Er bestimmt, wo er im Hause zu liegen oder sich aufzuhalten hat, während niemand von uns ihm seinen Lagerplatz jemals streitig macht. Er geht uns voraus bei Türen und Treppen.

3. Er bekommt sozusagen als erster seine Mahlzeit, wir haben uns, symbolisch natürlich, mit dem zufrieden zu geben, was er uns übrig läßt. Er nimmt sich auch sonst von herumliegenden Nahrungsmitteln was ihm beliebt, während er uns energisch von seinem Futternapf vertreibt und sich geraubte Nahrung nicht oder nur schwer wieder abnehmen läßt. Wir fügen uns, weil »man einem Hund eben das Futter nicht wegnehmen kann« .

Ungeklärte Dominanzverhältnisse kann man besonders am Verhalten des Hundes beim Autofahren ablesen: Zeigt er hier schlechte Manieren, weil sein Herr nicht sofort auf ihn einwirken kann, gehorcht er auch anderweitig »selten, nicht immer oder nur manchmal«.

Bevor der Hund in das Auto steigt, sollte er absitzen, bis er die Erlaubnis dazu bekommt.

Ebenso hat er sitzen zu bleiben, wenn die Wagentür oder Heckklappe geöffnet ist, bis ihm erlaubt wird, das Auto zu verlassen.

Während der Fahrt muß der Hund ruhig sitzen bleiben. Es gibt Sicherheitsgurte für Hunde, aber auch unangeleint muß der Hund lernen, sich während der Fahrt manierlich zu verhalten.

Auch im geparkten Wagen hat der Hund sich diszipliniert zu benehmen. Ein Maulkorb ist das sicherste Mittel, auch dem alleingelassenen Hund das Zerstören des Autos wieder abzugewöhnen.

4. Er markiert außerhalb aber auch innerhalb des Hauses sein Territorium, wozu auch Unsauberkeit innerhalb des Wohnbereiches gehört.

5. Mit seinem penetranten Selbstbestimmungsrecht dominiert er uns sogar mit scheinbar submissiver Strategie.

6. Er bestimmt, wohin das Rudel geht, d.h. er zieht an der Leine und zerrt seinen Herrn hinter sich her, bzw. läßt seinen Herrn warten, wenn er unterwegs etwas zu untersuchen gedenkt.

7. Unterwegs hält er das Rudel zusammen, indem er mal hinter, mal neben, mal vor uns herläuft, und kaum ein Hund läßt zu, daß ein menschliches Rudelmitglied hinter der Truppe zurückbleibt oder ihr weit voraus ist.

8. Er verteidigt unaufgefordert Territorium und sein Rudel gegen Artgenossen und fremde Menschen. Das macht ihn laut, störend und oft auch aggressiv.

9. Indem er fortläuft und nicht kommt wenn wir ihn rufen, wir ihn also als »Ausreißer« bezeichnen, verhält er sich im Grunde genommen nicht anders, als das Alphatier, das die Jagd einleitet.

10. Eventuelle Übergriffe auf seinen Alpha-Status, d.h. einen Eingriff in seine Privilegien, wehrt er, als Akt der Selbstverteidigung notfalls auch gegen seine menschlichen Rudelmitglieder nachdrücklich ab.

Die Liste ließe sich endlos fortsetzen, denn nahezu alle Variationen dessen, was wir als »Problem-Hund« bezeichnen, ließen sich in diese Liste eingliedern. In diesem Zusammenhang müssen wir uns nochmals daran erinnern, daß, wenn von einem »dominantem« Hund gesprochen wird, man normalerweise an den »aggressiven« Hund denkt, was aber keinesfalls immer der Fall ist. Wir kennen, was wir schon früher beschrieben haben, auch den Hund mit »passiver Dominanz« , der uns nicht weniger Schwierigkeiten bereitet, obwohl er überhaupt keinerlei Aggressivität zeigt.

Wenn wir aber einmal festlegen, daß *Dominanz* schlechthin nichts anderes bedeutet, als daß jemand *bestimmenden Einfluß auf das allgemeine Geschehen hat* - wofür schon früher in diesem Buch einzelne Beispiele gezeigt wurden, ergibt sich auch, daß wir, *vor* allen Erziehungsversuchen erstmal die Grundlagen der Rangfolge neu festlegen müssen. Das heißt oft nichts anderes, als das *Rollenspiel innerhalb unseres Rudels ins Gegenteil zu verkehren.*

Dominanz ist in aller erster Linie eine *Frage der Einstellung:* Unser Hund muß davon *überzeugt* sein, daß *wir,* nicht er, *in allen Lebenslagen die dominante Position einnehmen.* Ist er nicht dieser Überzeugung, haben wir ihm, natürlich ohne uns dessen bewußt zu sein, zu viele Privilegien eingeräumt. Daher gibt es nur einen Weg, ihn von dieser Überzeugung abzubringen, indem wir die *Privilegien* (von denen wir nicht einmal wußten, daß es in seinen Augen welche sind) nun schleunigst *abbauen* und so, auf verblüffend einfache Weise, das Rollenspiel ins Gegenteil zu verkehren.

Bedenken Sie bitte, daß nur auf der Grundlage einer eindeutig geregelten Rangfolge eine Erziehung Erfolg haben kann. Nun werden Sie sagen, daß ja gerade diese durch Erziehung hergestellt würde. Gerade hier liegt aber bei vielen der Irrtum, die von ihrem Hund, der »manchmal« oder »meistens« folgt, schon annehmen, daß er erzogen sei. In Wirklichkeit ist hier weder eine Erziehung noch die richtige Rangfolge eindeutig hergestellt.

Was man drei Wochen lang tun und lassen soll

Das folgende Sechs-Punkte-Programm sollten Sie nun Punkt für Punkt durchlesen und es im Zeitraum von drei Wochen eisern, also absolut konsequent, durchhalten.

Die ersten sechs Punkte müssen Sie jeden Tag gewissenhaft »abarbeiten« , aber drei Wochen lang werden Sie das schon durchhalten:

1. *(Zeitbedarf ca. 10-15 Min. je nach Größe des Hundes)*
Sie beginnen jeden Tag, vor dem Füttern, mit einer ordentlichen Körperpflege Ihres Hundes. BOBBY wird dazu auf den dafür vorgesehenen Tisch gestellt, und hat sich widerstandslos von Ihnen bürsten und kämmen zu lassen. Benutzen Sie das Schlüsselwort *»Steh!«* und *»Bleib da!«*. Will BOBBY sich setzen oder legen, ziehen Sie ihn mit einem tiefen *»Nein!«* in die Stehposition zurück. Sie sind freundlich, aber bestimmt, schreien ihn nicht an, sondern korrigieren ihn ohne großen Kommentar. Die Kämm-Periode ist der einzige, liebevolle Körper-Kontakt mit BOBBY. Jedes andere Lob erfolgt ausschließlich verbal.

2. *(Zeitbedarf ca. 1 Minute)*

Nach der Körperpflege lassen Sie *Bobby* auf den Boden zurück, nehmen in wortlos an die Leine, führen ihn in irgendeinen Raum und lassen ihn absitzen. Dann treten Sie vor ihn, beugen sich etwas zu ihm herab und veranlassen ihn mit tiefer Stimme *»Bobby, Schau her!«* zu einem Augenkontakt von vier oder fünf Sekunden. Versucht er an Ihnen vorbei irgendwohin zu schauen, legen sie Ihre Hand unter seine Schnauze und heben seinen Kopf so zu Ihnen hoch, daß er Sie ansehen muß. Hat er die wenigen Sekunden verblüfft zu Ihnen emporgeblickt, loben Sie ihn freundlich *»So ist's Braaav!«*, verlassen wortlos den Raum wieder mit ihm und leinen ihn kommentarlos ab. Diesen Augenkontakt wiederholen Sie in gleicher Weise im Verlaufe des Tages nochmals: *Bobby* wird angeleint, in ein Zimmer geführt, Augenkontakt, loben, Zimmer wieder verlassen. Das Nachhelfen mit der Hand schränken Sie schnellstmöglich ein, *Bobby* soll von sich aus zu Ihnen hochsehen.

Das hat einen guten Grund: Die meisten dominanten Hunde sehen ihren Herrn nur dann an, wenn *ihnen* danach ist. Jetzt wird, für den Hund völlig überraschend und für ihn logisch nicht einsehbar, eine besondere Situation herbeigeführt, in der er nichts weiter zu tun hat, als Sie anzublicken.

(Die ersten, die diese Übung propagierten, waren meines Wissens übrigens die Mönche von New Skete. Aus purer Neugierde haben wir sie zunächst ungläubig ausprobiert, sind aber immer wieder überrascht darüber, welch überwältigende Veränderung man bei einem Hund damit auslösen kann.)

3. *(Kein besonderer Zeitbedarf)*

Füttern Sie *Bobby* zweimal täglich, d.h. verteilen Sie seine Gesamtfuttermenge auf zwei Mahlzeiten, einmal am frühen Vormittag, einmal am frühen Nachmittag. Bestimmen Sie einen Raum als Futterecke, reichen Sie ihm den Napf und lassen Sie ihn allein. Nach 15 Minuten nehmen Sie ihm den Napf schweigend wieder ab; es kümmert Sie nicht, ob und wieviel er gefressen hat. Auf diese Weise erreichen Sie, daß *Bobby* bald zügig sein Futter annimmt, da er zwischendurch absolut auch nicht einen Bissen bekommt, er aber andererseits niemals restlos ausgehungert ist, was insgesamt einen beruhigenden Einfluß auf sein Gemüt hat. Ausnahme: Ist *Bobby* besonders schwer erreichbar, teilen Sie die Gesamtfuttermenge auf viele kleine Einzelportionen, mit denen Sie *Bobby* bei den Übungen belohnen können. Nach und nach reduzieren Sie aber die Futtergaben, um möglichst schnell wieder zu den »normalen« Mahlzeiten zu kommen.

4. *(Zeitbedarf 2 x täglich 10 - 15 Minuten)*
Anschließend machen Sie mit ihm die erste von den zwei täglichen Lektionen. In insgesamt zehn bis fünfzehn Minuten üben Sie mit *Bobby* zuerst etwas, was er bereits kann, dann eine neue oder unsichere Übung einfügen, und danach wieder mit einer erfolgreichen Übung abschließen. In der ersten Woche finden diese »Übungsstunden« innerhalb des Hauses statt, in der zweiten und dritten Woche findet die zweite Übungs-Session im Rahmen Ihres Spazierganges statt.
Das besondere Merkmal dieser Übungen ist, daß Sie sich vorher genau präpariert haben, was Sie mit ihm üben wollen, die Übungen flott aufeinander folgen und die Schlüsselworte so gegeben werden, daß *Bobby* sie prompt und zügig befolgen muß. Ihre plötzlich entfachte Energie soll ihn, ohne daß Sie ihn dabei strafen oder anschreien, so verblüffen, daß er völlig überrumpelt Ihre Anweisungen befolgt. Sie belohnen ihn ausschließlich mit Worten, jede andere Belohnung mit Leckerbissen oder Streicheln unterbleibt.
Bei Hunden, die ständig in Ihrer Nähe sind, empfiehlt es sich, sie vor den Übungslektionen etwa zwei Stunden lang in einen abgelegenen Raum oder in »die Kiste« zu sperren. Dies steigert die Aufmerksamkeit, die Ihr Hund Ihnen entgegenbringt, außerordentlich.

5. *(Zeitbedarf 1 x täglich 30 Minuten, in denen Sie aber etwas anderes tun können)*
Jeden Tag muß *Bobby* einmal für 30 Minuten das »lange Down« machen, also 30 Minuten irgendwo angeleint neben Ihnen »parken« und sich während dieser Zeit nicht von der Stelle rühren, die Sie ihm einmal zugewiesen haben. Legen Sie diese Übung so, wie es in Ihren Tagesrhythmus[*)] paßt, also wenn Sie beispielsweise am Schreibtisch (setzen Sie sich dabei einfach auf das Leinenende) oder in der Küche zu tun haben, essen oder fernsehen. Wichtig ist nur, daß *Bobby* nach dem *»Platz!« »Bleib da!«* an einer von Ihnen bestimmten Stelle abgelegt liegen bleibt, bis Sie, nach genau 30 Minuten (Kurzzeituhr stellen!) ihm mit *»Genug!«* erlauben, sich wieder anderweitig zu beschäftigen.
Steht er auf, führen Sie ihn mit einem tiefen *»Nein!«* wieder zu haargenau der gleichen Stelle zurück und ziehen ihn zu Boden. Kriecht er auch nur wenige Zentimenter zu Ihnen hin, muß er ebenfalls zu exakt genau der gleichen Stelle zurück. Erlauben Sie ihm auch nicht einen Millimeter. Während dieser Zeit wird *Bobby* weder gestreichelt, noch sonstwie beachtet. Erlaubt er sich gar, zu winseln, geben Sie ihm einen Klaps unter das Kinn und sagen wieder mit tiefer Stimme *»Nein!«*. Kaut er an

der Leine, ziehen Sie ihm diese kurz quer durch die Schnauze und sagen wieder mit tiefer Stimme *»Nein!«*. *Bobby* hat 30 Minuten nichts anderes zu tun, als 30 Minuten absolut gar nichts zu tun. Für ihn ist das schwere Arbeit. Schläft er dabei ein, stört Sie das allerdings nicht.

*) Als Ausnahme gilt hierfür: Ist *Bobby* aufgrund seiner inneren Uhr zu bestimmten Zeiten besonders nervös, laut oder aggressiv, sollte diese *Ruhigstellung* möglichst genau in seine sonst überaktive Zeit fallen, um so den Rhythmus zu durchbrechen zu versuchen.

6. *(Zeitbedarf 3 x täglich 5 Minuten)*

Verlegen Sie *Bobby*s Hauptlagerplatz in Ihren Schlafraum*), wo er auch nachts in Ihrer Nähe bleiben soll. Veranlassen Sie ihn aber dreimal täglich, mindestens fünf, maximal zehn Minuten auf seinem »Platz« zuzubringen. Bleiben Sie nicht die ganze Zeit anwesend und steigern Sie die Dauer seines Aufenthaltes langsam. Verlassen Sie in der ersten Woche den Raum während dieser Zeit mehrmals, versuchen Sie in der zweiten und dritten Woche zu erreichen, daß *Bobby* diese Zeit auch *allein* in diesem Raum auf seinem Lager verbringt, während Sie sich anderweitig beschäftigen. Hängen Sie dazu *Bobby* ein Glöckchen an das Halsband, damit Sie sofort bemerken, wenn er sein Lager verläßt und führen Sie ihn sofort wieder mit *»Nein!«*, *»Platz!« »Bleib da!«* dorthin zurück. In der dritten Woche soll *Bobby* lernen, dort auch fünf Minuten auf seinem Lager allein in diesem Raum zuzubringen, wenn Sie die Tür hinter sich geschlossen haben.

*) Keinesfalls darf *Bobby* allerdings mit ins Bett. Das ist *Ihr* Ruheplatz, und Sie sind *Alpha!*

Wenn Sie jetzt nachrechnen, ist der »zusätzliche Zeitbedarf«, den Sie während dieser drei Wochen aufbringen müssen, weniger als eine Stunde. Allerdings ist es mit diesen sechs Punkten nicht getan.

Die folgenden zehn Punkte zählen auf, was Sie während dieser drei Wochen konsequent zu beachten und einzuhalten haben.

1. Einer der wichtigsten Punkte ist die strikte Einhaltung der beiden Übungs-Sessionen, wie auch andererseits, daß Sie konsequent darauf achten, daß *Bobby* auch sonst alle ihm erteilten Befehle oder Schlüsselworte tatsächlich beachtet. Scheint eine bestimmte Übung überhaupt nicht in sein Hirn zu gehen, üben Sie diese *morgens, mittags und abends jeweils siebenmal direkt hintereinander*. Am nächsten Tag, werden Sie

sehen, funktioniert sein Gedächtnis erheblich besser. Die meisten Problemhunde sind nicht ohne Grund mangelhaft erzogen.
Meist haben sie auch keine oder zu wenig Bewegung an der frischen Luft, so daß sie überhaupt nicht genügend Möglichkeit haben, Dampf abzulassen und sich zu beruhigen. Mancher Hundehalter ist verblüfft, daß für einen Hund auch *Nichtstun* und *Langeweile* ein enormer *Streßfaktor* sind und den Hund keinesfalls beruhigen, sondern in einen erheblichen Erregungsstau versetzen!
Auch ein noch so großer Auslauf im Garten ist für den Hund kein Ersatz für einen Spaziergang. Nehmen Sie Ihren Hund an der Leine mit zu einem Dauerlauf oder lassen Sie ihn neben dem Rad herlaufen. Steigern Sie, je nach Größe und Alter des Hundes die Strecke, die Sie mit ihm *zügig* gehen, laufen oder fahren, langsam von zunächst 1/2 km, dann 1 km, dann 1.5 km. Legen Sie diesen Weg konsequent, ohne eine Pause einzulegen, während der drei Wochen täglich, später mindestens viermal wöchentlich zurück.

2. Ein guterzogener Hund sollte niemals *vor* seinem Herrn durch eine Tür, durch eine Engstelle oder eine Treppe gehen. Lassen Sie sich daher von *Bobby* möglichst oft bei Ihren Wegen durch die Wohnung begleiten und veranlassen Sie ihn nachdrücklich dazu, sich dabei immer *hinter* Ihnen zu halten. Schlagen Sie ihm die Tür vor der Nase zu, wenn er versucht, vor Ihnen hindurchzugehen. Veranlassen Sie ihn mit *»Bobby, Sitz!«* dort zu warten, bis Sie die Tür öffnen und ihm erlauben, durchzugehen. Sie werden erstaunt sein, wie oft, von Ihnen bislang unbemerkt, *Bobby* bislang bei Durchgehen von Türen und auf Treppen auf seine Weise dokumentiert hat: »Ich bin der Erste!« Ebenso verhält es sich beim Autofahren. Lassen Sie *Bobby* vor dem Wagen absitzen, bis Sie ihm erlauben, einzusteigen, und er darf, heimkehrend, das Auto auch erst verlassen, wenn Sie ihm das erlauben und hat sich dann sofort hinzusetzen, bis Sie das Auto abgeschlossen haben und zum Haus gehen. Auch das Haus betritt *Bobby* immer erst *nach* Ihnen.
Üben Sie das »Besucherspiel« , bei dem *Bobby* lernt, sich auch in Erwartung Fremder an der Tür zurückzuhalten. Wenn er Ihnen irgendwo im Weg liegt, verändern Sie Ihre Richtung nicht, sondern veranlassen *Bobby*, beiseite zu gehen. Führen Sie vielmehr die Situation, daß *Bobby* Ihnen ausweichen muß, bei jeder sich bietenden Möglichkeit herbei. Selbst wenn Sie nur mal eben in die Küche oder das Bad gehen, ein Fenster schließen, legen Sie Ihren Weg so, daß *Bobby* aufstehen, und Ihnen ausweichen muß.

3. Während dieser drei Wochen räumen Sie *Bobbys* sämtliches Spielzeug, bis auf eines, radikal weg. Was er zum Spielen bekommt, erhält er demonstrativ *nur* aus Ihrer Hand, alles andere ist für ihn tabu. Nur so kommen Sie letztlich, wie bereits beschrieben, mit seiner Nagesucht klar. Nach den drei Wochen geben Sie ihm vereinzelt weiteres Spielzeug, entfernen dafür aber anderes, so daß niemals überall im Haus »Hundezeug« verstreut ist.

4. Unterlassen Sie alle Fang-Spiele (d.h. Sie laufen und *Bobby* läuft Ihnen nach oder umgekehrt) und jedes Tauziehen um etwas. Versuchen Sie lediglich, *Bobby* etwas apportieren zu lassen, *»Brings!«*. Folgt er Ihrer Anweisung nicht, gehen Sie einfach und strafen ihn mit Mißachtung.

5. Mindestens jeden zweiten Tag führen Sie eine Situation herbei, in der Sie das *»Sitz!«* oder *»Platz!«* bei *Bobby* überprüfen. Lassen Sie ihn angeleint absitzen oder sich hinlegen und ziehen vorsichtig an seiner Leine. Bewegt er sich von der Stelle oder macht er nur Anstalten hierfür, korrigieren Sie ihn sofort mit einem *»Nein!«* mit tiefer Stimme und bringen ihn zu seiner Ausgangsposition zurück.

6. Gehen Sie mindestens jeden zweiten Tag mit ihm »Achten«. Das fördert seine Aufmerksamkeit auf Ihren Bewegungsrhythmus. Beginnen Sie daher diese Übung, indem Sie zunächst eine Strecke mit ihm geradeaus »Bei Fuß« gehen und summen sie dabei ein Lied, wie schon bei den Übungen beschrieben. Fügen Sie bei den »Achten« einige »automatische Sitz« mit ein.

7. Einmal in der Woche überprüfen Sie seine Geduld beim *»Platz!« »Bleib da!«*. Sie lassen *Bobby*, dem Sie die kurze Leine angelegt haben, irgendwo im Haus ablegen und begeben sich in Ihr Zimmer oder in die Küche. Befestigen Sie das Glöckchen an seinem Halsband, so daß Sie rechtzeitig hören, wenn er im Anmarsch ist. Jetzt stürmen Sie ihm entgegen, nehmen ihn an seiner kurzen Leine und führen ihn mit *»Nein!«* im Eiltempo zu genau jener Stelle zurück, die er widerrechtlich verlassen hat, und geben Sie ihm erneut das Schlüsselwort *»Platz!« »Bleib da!«*.

8. Gewöhnen Sie sich in diesen drei Wochen an, ab sofort niemals mehr mit Ihrem Hund herumzuschreien, zu brüllen oder zu schelten. Geben Sie alle Befehle und Schlüsselworte in ruhiger, tiefer Stimme oder ver-

suchen Sie gar, ihm diese mit besonders leiser, fast flüsternder Stimme zu geben. Loben Sie ihn aber mit deutlich erhobenem, hellem Tonfall. Die meisten Problemhunde haben längst gelernt, das ständige Schreien und Schimpfen ihres Herrn restlos zu mißachten, umsomehr fällt ihnen auf, wenn jetzt alles, was ihnen mitgeteilt wird, mit leiser oder gar flüsternder Stimme gesagt wird. In diesem drei Wochen haben auch Sie ausreichend Zeit, sich das ewige überflüssige Lamentieren und Kommentieren restlos abzugewöhnen.

9. *Unterlassen* Sie, zumindest in den ersten beiden Wochen, *jede körperliche Zuwendung*, jedes längere Streicheln. Keinesfalls wird *Bobby* dann gestreichelt, wenn er Ihnen dies mit Schnauzen- oder Pfotenstoß entlocken möchte. Sie sagen dann lediglich *»Nein!«* und übersehen ihn ansonsten. Erst in der dritten Woche können Sie ihn vereinzelt bei besonderen Leistungen wieder einmal *kurz* streicheln. Damit wird der Wert der Streicheleinheiten enorm heraufgesetzt. Außerdem wird betont, daß Sie - Alpha! - es sind, der dies gewährt. Achten Sie darauf, daß *keine Streicheleinheit länger währt als zehn Sekunden*, und ihn mit *leichter* Hand berührt. Verwechseln Sie das Streicheln nicht mit einer beruhigenden Massage, die eine bewußt ausgeführte Tätigkeit, aber keine Liebkosung ist.

10. Erst ab der dritten Woche sollten Sie einmal in der Woche sich zu Ihrem Hund auf den Boden setzen, und, vom Kopf beginnend, mit beiden Händen sanft aber fest über seinen Körper zu streichen beginnen. Streichen Sie dann über seinen Brustkorb und nehmen Sie sich jedes seiner Beine einzeln vor. Sie werden sehen, daß Ihr Hund sich wohlig ausgestreckt und entspannt und zunehmend vertrauensvoll liegen bleibt.
Ab der dritten Woche heben Sie etwas von der sehr zweckdienlich-sterilen Atmosphäre auf, die Sie zwischen sich und dem Hund aufgebaut haben. Einmal am Tag versuchen Sie etwas, was Sie, wenn Sie das jetzt lesen, leicht verrückt finden werden.
Sie haben schon beim Gehen beobachten können, daß Ihr Hund (jedenfalls tun die meisten Hunde das) sehr positiv reagiert hat, wenn Sie ein flottes Lied gesungen haben. Jetzt probieren Sie einmal aus, wie *Bobby* reagiert, wenn Sie ihm ein richtig fröhliches, flottes Lied oder einen Schlager oder Ohrwurm, den Sie besonders mögen, vorsingen oder -pfeifen. Sie können auch laut und herzlich lachen und mit ihm herumtollen dabei. Sie werden sehen, wie sich alle seine Geister augenblicks beleben, wie Glanz in seine Augen kommt und all seine Muskeln sich

straffen. Singen Sie aber nicht bloß vor sich hin, sondern sehen Sie *Bobby* an dabei, oder nehmen Sie seine Vorderbeine, wenn er erfreut an Ihnen hochsteigt, und tanzen Sie mit ihm im Zimmer herum. Nur ein paar Minuten, dann sagen Sie *»Aus!«* und gehen nun Ihrer Tätigkeit wieder nach. Sie sind es, der auch über Frohsinn, Lachen und Übermut gebietet. Sie sind Alpha.

Und nach der »Drei-Wochen-Kur«?

Während der ersten Tage haben sowohl Sie wie auch *Bobby* geächzt und unter der Mühsal gelitten. In der zweiten Woche haben Sie plötzlich gemerkt, daß sowohl Sie, wie auch *Bobby*, schon allerhand gelernt haben, und daß Ihnen beiden schon einiges ganz gut in Fleisch und Blut übergegangen ist. In der dritten Woche hat es schon angefangen, Ihnen Spaß zu machen - und nun ist die Zeitspanne, die Sie sich gesetzt haben, aufeinmal herum. Eigentlich schade und viel zu schnell.

Bobby hat, dank der täglichen Pflege, ein wunderbar glänzendes Fell, auch sein Übergewicht hat er, infolge der rationierten Mahlzeiten und dem Weglassen aller Leckerbissen und nicht zuletzt als Ergebnis der regelmäßigen Spaziergänge verloren. (Vielleicht nicht nur *Bobby*!) Er hat glänzende Augen, und - zu Ihrer Überraschung - seine Erziehungserfolge machen so rasche Fortschritte, und es geht nun auch Ihnen, wie Sie jetzt sagen, mit den »paar Schlüsselworten«, alles so leicht von der Hand.

Wenn ich Sie jetzt frage, wer nun wohl mehr gelernt hat in den nur drei Wochen, vielleicht werden Sie sogar sagen, daß im Grunde Sie selbst am meisten profitiert haben.

Sie haben etwas Positives getan. Nicht nur den Hund erzogen. Sie haben über schlechte Gewohnheiten, die Sie für unüberwindbar gehalten haben, gesiegt. Sie haben, weil Sie es dann eindeutig leichter hatten mit *Bobby*, gelernt, fröhlich, ausgeglichen und ruhig auch dann zu sein, wenn Sie meinten, daß Ihnen dies ganz und gar unmöglich sein würde. Sie haben sich auch überlegt, vielleicht jedenfalls, ob man nicht mit einer ähnlichen *»Drei-Wochen-Kur«* auch andere unschöne Lebensumstände zielstrebig und konsequent eliminieren könnten. Vielleicht sagen Sie nun weniger oft: »Man sollte...« , sondern packen das eine oder andere wirklich an und *tun* es einfach.

Sie haben außerdem auch noch einen neuen Hund gewonnen. Einen, den Sie überall mit hinnehmen können und der es Ihnen leicht macht, wenn Sie nun, von den Grundübungen anfangend, zu *immer* höheren Übungsformen vordringen möchten.

Vielleicht ist Ihnen nicht alles geglückt. Vielleicht erleben Sie auch wieder einmal einen Rückschlag. Aber, was Sie nun wissen, jedenfalls wenn Sie nur drei Wochen lang konsequent gewesen sind, ist, daß man immer, jeden Tag neu, wieder von vorn anfangen kann und - daß es immer etwas bringt.

Sie sind - *Alpha!* Was nichts anderes besagt, daß es Ihnen gelungen ist, zwischen sich und Ihrem Hund (oder sich und Ihren Mitmenschen) eine Beziehung auf der Grundlage von *gegenseitiger Zuneigung, Achtung und Vertrauen* aufzubauen.

Am Ende dieses Buches möchte ich einen dankbaren Gruß an all die vielen Hundefreunde richten, mit deren Hilfe und - Hilfenahme dieses Buch überhaupt erst entstehen konnte. Es ist das Ergebnis vieler Bemühungen, vieler Versuche, vieler Mißerfolge, Niederlagen und Erfolge. Nur weil die meisten ehrlich und ohne Beschönigung davon berichtet haben, ließen sich sowohl Fehlerquellen wie mögliche Chancen erkennen und ausnutzen.

Auch im Zusammenleben mit unserem Hund setzt sich das Bild aus vielen Mosaiksteinen zusammen. Aber - es liegt an uns, ob das Bild vollständig und in hellen, frohen Farben erstrahlen kann oder ob es ewig unvollendet auf der Strecke bleibt.

Seien und vor allem *bleiben* auch Sie - *Alpha* - es lohnt sich.

Weitere Bücher unseres Verlages

Eric H.W. Aldington
Von der Seele des Hundes

Das Standardwerk über das Verhalten des Hundes.
ISBN 3-923555-05-9

Eric H.W. Aldington
Von der Gesundheit des Hundes

Von Haut- & Haar-Problemen, Allergien, Jugend & Alter, Medikamenten, Heilkräutern, Hausmitteln
ISBN 3-923555-01-6

Eric H.W. Aldington /Friederun Stockmann
Vom Körperbau des Hundes

Das Standardwerk über Körperbau und Bewegung des Hundes
Erw. Neuauflage von Das Gangwerk des Hundes
ISBN 3-923555-04-0

Eric H.W. Aldington
Mach mehr aus Deinem Hund

Der sichere Weg zum richtigen Hund, Hundetypen – Menschentypen Grundlage der Beziehung, Wie, wann & warum Hunde lernen, Vom ersten Tage an: Für jedermann leicht verständlich & logisch in 56 Schritten zum idealen, problemlosen Haushund kommen, Zeitsparendes Erziehungssystem für die ganze Familie
ISBN 3-923555-11-3

Eric H.W. Aldington / Ilse Sieber
Hundezucht naturgemäß mit Liebe und Verstand

Das Standardwerk über naturgemäße Hundezucht, gesunde Ernährung, Hausmittel und prakt. Tips
ISBN 3-923555-03-2

Eric H.W. Aldington
Die Andy Geschichte

Erzählung.
Von der Liebe eines Mannes zu einem ganz besonderen, seinem ersten Hund.
ISBN 3-923555-07-5

Hellmuth Wachtel
Hundezucht 2000

Gesunde Hunde durch Genetisches Management, Populationsgenetik für Hundezüchter & andere Kynologen, Hundezucht nach neuesten genetischen Erkenntnissen, Der neue Weg zu erbgesunden Hunderassen
Das Verhängnis der genetisch bedingten Krankheiten
ISBN 3-923555-10-5

Friederun Stockmann/Renate Osterberg
So einfach wird Ihr Boxer erzogen, gut aufgezogen und richtig ernährt vom Welpen bis zum alten Hund

ISBN 3-923555-01-6

Friederun Stockmann
Der Promethüritas
oder
Von Tücken und Taktik mit Tieren und Technik

Heiter-ernste Hunde- und Tiergeschichten aus einem tierverrückten Familienleben
ISBN 3-923555-06-7